Hans Joachim Fiedler

Böden und
Bodenfunktionen

FORUM EIPOS   Band 7

Böden und Bodenfunktionen

in Ökosystemen, Landschaften
und Ballungsgebieten

Mit 118 Bildern,
41 Übersichten,
78 Tabellen und
548 Literaturstellen

Prof. Dr. Dr. h. c. mult. Hans Joachim Fiedler

expert verlag

EIPOS

Die Deutsche Bibliothek – CIP-Einheitsaufnahme

Fiedler, Hans Joachim:
Böden und Bodenfunktionen : in Ökosystemen, Landschaften und Ballungsgebieten / Hans Joachim Fiedler. – Renningen-Malmsheim : expert-Verl., 2001
(Forum EIPOS ; Bd. 7)
ISBN 3-8169-1875-1

Adresse des Autors:
Prof. Dr. rer. nat. habil. Dr. h. c. mult. Hans Joachim Fiedler,
Europäisches Institut für postgraduale Bildung an der
TU Dresden e. V., Goetheallee 24, D-01309 Dresden

Die Herausgabe dieses Buches ist mit Mitteln der
Deutschen Bundesstiftung Umwelt gefördert worden.

ISBN 3-8169-1875-1

DTP-Satz: Antje Anhalt, Einbandentwurf: Brita Gey

In der Reihe FORUM EIPOS werden Publikationen des Europäischen Instituts für postgraduale Bildung an der TU Dresden e. V. – EIPOS – veröffentlicht.

Bei der Erstellung des Buches wurde mit großer Sorgfalt vorgegangen; trotzdem können Fehler nicht vollständig ausgeschlossen werden. Verlag und Autoren können für fehlerhafte Angaben und deren Folgen weder eine juristische Verantwortung noch irgendeine Haftung übernehmen. Für Verbesserungsvorschläge und Hinweise auf Fehler sind Verlag und Autoren dankbar.

© 2001 by expert verlag, 71272 Renningen, **http://www.expertverlag.de**
Alle Rechte vorbehalten
Printed in Germany

Das Werk einschließlich aller seiner Teile ist urheberrechtlich geschützt. Jede Verwertung außerhalb der engen Grenzen des Urheberrechtsgesetzes ist ohne Zustimmung des Verlags unzulässig und strafbar. Dies gilt insbesondere für Vervielfältigungen, Übersetzungen, Mikroverfilmungen und die Einspeicherung und Verarbeitung in elektronischen Systemen.

Herausgeber-Vorwort

FORUM EIPOS ist eine Buchreihe, die das Europäische Institut für postgraduale Bildung an der TU Dresden e. V. – EIPOS – in Zusammenarbeit mit dem expertverlag herausgibt. Die Themenbände sind zunächst ein inhaltlicher Ausschnitt aus dem Weiterbildungsprogramm des Instituts. Dieses Programm ist seit der Gründung von EIPOS im September 1990 auf die berufliche Bildung zugeschnitten. Dabei wird im Hause EIPOS Weiterbildung immer auch als ein Beitrag zur Beschäftigungssicherung verstanden. Das bedeutet vor allem zweierlei:

- EIPOS sucht nach Weiterbildungsinhalten, die neue Beschäftigungsfelder eröffnen können und konzipiert geeignete Weiterbildungsveranstaltungen.
- Die Lehrgänge und Studien vermitteln nicht nur das entsprechende Fachwissen, sondern weitgehend auch das nötige methodische Rüstzeug. Die so entwickelten Befähigungen, beispielsweise im kommunikativen Bereich, werden gebraucht, um das neu erworbene Wissen in den unterschiedlichen, teils neuen beruflichen Tätigkeiten mit der gewünschten Effektivität anwenden zu können.

EIPOS hat daher seit seiner Gründung immer wieder Projektthemen aufgegriffen und, zumeist mit Partnern der Wirtschaft und Bildung des In- und Auslandes, als Forschungsaufgaben bearbeitet. Das betrifft vorrangig die Untersuchung von Trends in Schwerpunkten europäischer Wirtschafts- und Gesellschaftsentwicklung und, damit im Zusammenhang, die Untersuchung neuer Berufs- und unternehmerischer Einsatzfelder. Daraus leiten wir entsprechende Konsequenzen für die Entwicklung der Studieninhalte und die Weiterbildungsformen ab.

FORUM EIPOS soll auch diese Anliegen unserer Tätigkeit widerspiegeln.

Wir hoffen, daß die Reihe für die Interessenten von besonderem Nutzen ist.

Prof. Dr. paed. habil. Günter Lehmann
Wissenschaftlicher Direktor des EIPOS

Vorwort

Dieses Fachbuch der Bodenkunde ist gleichermaßen für Studenten an Universitäten und Fachhochschulen zum Gebrauch neben einer Vorlesung wie auch für Fachleute aus Wissenschaft und Praxis gedacht. Es eignet sich auch zur postgradualen Weiterbildung und bei entsprechender Vorbildung zum Selbststudium. Das Buch bietet den Stoff in konzentrierter Form. Die Vertiefung interessierender Probleme ermöglicht die angeführte vorwiegend zusammenfassende Literatur. Das Buch befaßt sich mit den Böden als wesentlichem Bestandteil unserer Umwelt und als Lebensgrundlage der Menschheit in theoretischer und angewandter Sicht. Die Böden werden zunächst als Naturkörper und damit als Bestandteil von Ökosystemen und Landschaften naturwissenschaftlich abgehandelt. Dazu wird auf ihre Bestandteile, Eigenschaften, Entstehungsprozesse und Systematik eingegangen. Danach werden die Böden als Wirtschaftsobjekte bzw. Produktionsmittel betrachtet, wobei die Bodennutzung in Land- und Forstwirtschaft und ihre Beziehung zur Wasserwirtschaft den Vorrang hat. Probleme des Schutzes, der Umweltbelastung, der Sanierung und Rekultivierung von Böden werden anschließend im Zusammenhang mit ihren Funktionen erörtert. Hier werden Interessen der Kommunen, der Industrie, des Bergbaus und des Naturschutzes berührt. Den Abschluß bilden Hinweise auf Bodengesetze sowie ein Abriß der Geschichte der Bodenkunde. Insgesamt wird die Bodenkunde oder Pedologie als Naturwissenschaft und Umweltwissenschaft mit dem Ziel der Vermittlung eines soliden Grundlagenwissens geboten.

Das Studium der Bodenkunde ist in Deutschland bisher nicht im Rahmen einer selbständigen Fachrichtung möglich, sondern an das der Landwirtschaft oder Forstwirtschaft, in jüngerer Zeit auch der Geographie, Geologie und Geoökologie gebunden. Dies ist verwunderlich, da die Bodenkunde in Deutschland starke Wurzeln hat, und zwar nicht nur in ihrer Anwendung auf Land- und Forstwirtschaft und ihrer Beziehung zur Geologie, sondern auch in ihrer Entwicklung als selbständige Naturwissenschaft. Im Gegensatz hierzu kann man Bodenkunde im westlichen wie östlichen Ausland als Fach studieren. Erst jetzt vollzieht sich in Deutschland die lange fällige Korrektur im Zuge der allgemeinen Entwicklung der Umweltwissenschaften und unter Förderung der Deutschen Bodenkundlichen Gesellschaft. So gesehen ist die Bodenkunde in Deutschland einerseits eine alte, andererseits eine sehr junge Disziplin an Hochschulen.

Mit dem gewachsenen gesellschaftlichen Interesse am Umweltmedium Boden bzw. an der Pedosphäre haben sich die Gewichte gegenüber früheren Zeiten verschoben. Zwar ist die Bedeutung des Bodens als Produktionsmittel in der Land- und Forstwirtschaft nach wie vor groß, doch interessiert heute der Boden auch in der Wasser- und Kommunalwirtschaft, in Ballungs-, Erholungs- und Sportgebieten sowie in den verschiedenen Schutzzonen für die Erhaltung der Natur. Die Bodenkunde wechselt damit aus dem Rahmen einer integrierten Spezialwissenschaft in ein eigenes umweltrelevantes breites Arbeitsfeld. Als Folge der beschleunigten und weltweiten Degradation und Devastierung von Böden durch ungeeignete Bodenbewirtschaftung, Bevölkerungsdruck, Bergbau, Schadstoffe und Klimaänderung ist heute ein bodenkundliches Grundwissen in vielen Berufszweigen und der Einsatz von Bodenkundlern zur Bodenkartierung und Bodeninventarisierung, zur Lösung spezieller Probleme, wie in der Archäologie, zur allgemeinen Überwachung des Bodenzustandes sowie zur Erhaltung der Bodengüte und des Bodenfonds nützlich und notwendig. In den letzten zwei Jahrzehnten hat sich somit die Bedeutung der Bodenkunde stark erhöht und ihr Anwendungsgebiet erheblich erweitert. Sie ist heute ein unverzichtbarer Teil der Umweltwissenschaften. Die Bodenkunde hat hier ihren Platz an der Schnittstelle von Geo- und Biowissenschaften.

Zur Einführung in das Gebiet ist eine ganzheitliche Betrachtung angebracht, die es mit dem unbedingt notwendigen Faktenwissen zu untersetzen gilt. Da der Boden erst als Naturkörper verstanden werden sollte (Aufgabe der Grundlagenforschung), ehe man sich dem Überbau in Form von Nutzung und Schutz zuwendet (Aufgabe der angewandten Forschung), steht in den Ausführungen zunächst die naturwissenschaftliche Vorgehensweise, später der Anwendungsaspekt im Vordergrund. Wesentliches Ziel ist es, den Boden als wissenschaftliches Objekt und wesentliche Grundlage des Lebens auf der Erde dem Leser näher zu bringen und in ihm das Bedürfnis zu wecken, sich mit der Materie weiterhin und vertieft zu befassen. Ist doch auch die Geschichte der Menschheit eng an die Nutzung und den Besitz des Bodens gebunden und der Boden durch den wirtschaftenden Menschen tiefgreifend verändert worden.

Der Verfasser stützt sich bei der Stoffauswahl und Darstellung auf seine langjährigen Lehrerfahrungen an Fakultäten für Land- und Forstwirtschaft sowie Landschaftsarchitektur, bei der Umweltausbildung von Ingenieuren und Naturwissenschaftlern an einer Technischen Universität und der postgradualen Qualifizierung auf den Gebieten Ökosystembewirtschaftung und Bodenschutz im Rahmen der UNESCO und des Europäischen Instituts für postgraduale Bildung an der TU Dresden. Möge das Buch dazu beitragen, den Einstieg in die Wissenschaft vom Boden sowie die Nutzung des Wissens vom Umweltmedium Boden zu erleichtern.

Der Autor dankt dem expert-Verlag für seine Bereitschaft, ein umfangreiches Fachbuch herauszubringen, das gleichermaßen ökologie-, produktions- und umweltbezogen ist. Dank gilt auch dem Europäischen Institut für postgraduale Bildung an der TU Dresden für die Ausführung des DTP-Satzes sowie die Aufnahme des Werkes in die Reihe „Forum EIPOS". Herrn Dr. Peter Schoenball gilt mein besonderer Dank für die gründliche und kritische Durchsicht des Manuskriptes. Der Deutschen Bundesstiftung Umwelt sei für ihr förderndes Interesse an einer nachhaltigen Bodennutzung gedankt.

Der Autor

Inhaltsverzeichnis

1	Einleitung	1
2	**Definition, Aufbau und Bedeutung der Böden**	3
2.1	Der Boden als Naturkörper	3
2.2	Das Bodenprofil und seine Horizonte	7
2.3	Bedeutung des Bodens	11
2.4	Zusammenfassung	12
3	**Bodenbestandteile**	13
3.1	Feste Bestandteile	13
3.1.1	Bodenminerale und amorphe anorganische Bestandteile	13
3.1.1.1	Silicate und Quarz	14
3.1.1.2	Tonminerale	22
3.1.1.3	Nichtsilicate	31
3.1.1.4	Mineralbestand der Böden	34
3.1.2	Organische Substanz (Humus)	35
3.2	Flüssige und gasförmige Bestandteile	43
3.2.1	Bodenwasser	44
3.2.2	Bodenluft	48
3.3	Wurzeln und Edaphon	49
3.3.1	Wurzeln	49
3.3.2	Bodenfauna	53
3.3.2.1	Gruppierung der Bodentiere	54
3.3.2.2	Wirbellose Bodenfauna	55
3.3.2.3	Vertebraten	59
3.3.3	Bodenmikroflora	59
3.3.3.1	Bakterien und Aktinomyzeten	60
3.3.3.2	Pilze	62
3.3.3.3	Algen und Flechten	64
3.4	Zusammenfassung	65
4	**Bodenbildende Faktoren**	67
4.1	Gestein	67
4.1.1	Magmatite	70

4.1.2	Sedimentite	79
4.1.2.1	Klastische Sedimentgesteine	80
4.1.2.2	Chemische und biogene Sedimentgesteine	87
4.1.3	Metamorphite	92
4.1.4	Vom Gestein zum Boden	95
4.1.4.1	Periglaziäre Lockergesteinsdecken im Mittelgebirge und Hügelland	96
4.1.4.2	Periglaziäre Deckzone im Tiefland	102
4.2	Klima	103
4.2.1	Klima und Verwitterung	103
4.2.2	Klima und Bodenausbildung	106
4.2.2.1	Böden arktischer Bereiche	108
4.2.2.2	Böden gemäßigt-humider Bereiche	110
4.2.2.3	Böden tropischer Bereiche	111
4.3	Relief	111
4.3.1	Bodenausbildung im Tiefland	114
4.3.2	Bodenausbildung an Hängen	114
4.3.3	Höhenzonale Bodenausbildung (Gebirgsböden)	120
4.4	Wasser	121
4.4.1	Böden mit Sickerwasser oder aszendierendem Wasser	121
4.4.2	Böden mit Stau- und Grundwasser	121
4.4.3	Böden im Fließwasserbereich und subhydrische Böden	122
4.5	Organismen	122
4.5.1	Zur Wirkung der Bodenorganismen	122
4.5.2	Zur Wirkung der Vegetation	123
4.6	Menschliche Arbeit	124
4.6.1	Von der Natur- zur Kulturlandschaft	124
4.6.2	Veränderung der Böden durch Bodenbewirtschaftung	125
4.7	Zeit	127
4.7.1	Geologische Zeitskala	127
4.7.1.1	Tertiär	128
4 7.1.2	Pleistozän	128
4.7.1.3	Holozän	131
4.7.2	Alter der Böden	132
4.8	Zusammenwirken der Faktoren, Änderungen in Raum und Zeit	133
4.8.1	Zeitlicher Ablauf	134
4.8.2	Räumliche Übergänge	137
4.9	Zusammenfassung	137

5	**Bodenbildende Prozesse**	141
5.1	Grundprozesse	142
5.1.1	Verwitterung	142
5.1.1.1	Physikalische Verwitterung	142
5.1.1.2	Chemische Verwitterung	145
5.1.1.3	Biologische Verwitterung	150
5.1.1.4	Verwitterungsstabilität, Verwitterungstiefe und Verwitterungsgrad	152
5.1.2	Verlagerungsprozesse, Pedoturbationen	156
5.1.3	Gefügebildung	158
5.2	Spezielle bodengenetische Prozesse	158
5.2.1	Humusakkumulation und Bildung von Humusformen	158
5.2.1.1	Humifizierung des Ausgangsmaterials	158
5.2.1.2	Terrestrische Humusformen	161
5.2.1.3	Semiterrestrische und subhydrische Humusformen	167
5.2.2	Verlehmung und Verbraunung	168
5.2.3	Lessivierung (Tonverlagerung)	168
5.2.4	Podsolierung	169
5.2.5	Redoximorphose (Vergleyung, Pseudovergleyung)	170
5.2.6	Versalzung, Carbonatisierung und Verkrustung	173
5.2.7	Rubefizierung und Desilifizierung (Fersiallitisierung und Ferrallitisierung)	174
5.3	Zusammenfassung	175
6	**Bodeneigenschaften**	177
6.1	Physikalische Eigenschaften	177
6.1.1	Gründigkeit	177
6.1.2	Körnung und Bodenart (Bodentextur)	178
6.1.3	Aggregate und Poren (Bodengefüge)	186
6.1.3.1	Bindigkeit	186
6.1.3.2	Bodengefüge	187
6.1.3.3	Bodendichte und Bodenporosität	195
6.1.4	Bodenwasser und Bodentemperatur	201
6.1.4.1	Infiltration	201
6.1.4.2	Wasserspeicherung	202
6.1.4.3	Bodenwasserpotentiale	203
6.1.4.4	Pflanzenverfügbares Wasser	208
6.1.4.5	Wasserbewegung (Wasserfluß)	212
6.1.4.6	Wasserdampfbewegung	217
6.1.4.7	Wasserhaushalt	218

6.1.4.8	Konsistenzbereiche und Scherfestigkeit	225
6.1.4.9	Strahlung, Bodenwärmefluß und Bodentemperatur	226
6.1.5	Bodengashaushalt (Gasaustausch)	233
6.1.6	Bodenfarbe	236
6.2	Chemische Eigenschaften	237
6.2.1	Sorptionseigenschaften	239
6.2.1.1	Kationenaustausch	244
6.2.1.2	Kationenaustauschkapazität und Basensättigung	245
6.2.1.3	Sauer wirkende Kationen	247
6.2.1.4	Anionenaustausch	248
6.2.2	Azidität und Pufferkapazität	249
6.2.2.1	Bodenazidität und Bodenalkalität	249
6.2.2.2	Pufferkapazität und Pufferbereiche	256
6.2.3	Redoxpotential des Bodens	259
6.2.4	Gehalt und Bindungszustand von Bodenelementen	261
6.2.4.1	Makronährelemente	262
6.2.4.2	Mikronährelemente	269
6.3	Biologische Bodeneigenschaften	282
6.3.1	Bodenleben und biologische Vielfalt	273
6.3.2	Zahl, Masse und Verteilung der Organismen im Boden	275
6.3.3	Biologische und enzymatische Aktivität	277
6.3.4	Bodenbiologischer Stoffumsatz	281
6.3.4.1	Kohlenstoffumsatz	281
6.3.4.2	Stickstoffumsatz	284
6.3.5	Rhizosphäre und Mykorrhiza	287
6.3.5.1	Rhizosphäre	287
6.3.5.2	Mykorrhiza	287
6.4	Zusammenfassung	289
7	**Bodenklassifikationssysteme und bodengeographische Einheiten**	293
7.1	Soil Taxonomy (USA)	294
7.1.1	Bodennomenklatur	294
7.1.2	Diagnostische Bodeneigenschaften und Bodenhorizonte	296
7.1.3	Soil Orders	298
7.1.3.1	Beschreibung der orders	298
7.2	Böden der Weltbodenkarte (FAO)	303
7.2.1	Bodengruppen	303

7.3	Systematik der Böden Deutschlands	311
7.3.1	Terrestrische Böden	313
7.3.1.1	Klasse: Terrestrische Rohböden – Ai/C-Profil	313
7.3.1.2	Klasse: Ah/C-Böden	313
7.3.1.3	Klasse: Schwarzerden (Steppenböden) Ah/C-Profil	317
7.3.1.4	Klasse: Pelosole Ah/P/C- Profil	319
7.3.1.5	Klasse: Braunerden	320
7.3.1.6	Klasse: Lessivés	323
7.3.1.7	Klasse: Podsole	326
7.3.1.8	Klasse: Stauwasserböden	328
7.3.1.9	Kolluvisole (Ah/M/II-Profil)	331
7.3.2	Semiterrestrische Böden (Grundwasser- und Überflutungsböden)	331
7.3.2.1	Klasse: Auenböden	332
7.3.2.2	Klasse: Gleye	334
7.3.2.3	Klasse: Marschen	335
7.3.3	Subhydrische Böden und Moorböden	338
7.3.3.1	Klasse: Natürliche Moore	338
7.3.4	Anthropogene Böden	340
7.3.4.1	Terrestrische anthropogene Böden (Terrestrische Kultosole)	341
7.3.4.2	Anthropogen veränderte Moorböden und kultivierte Moore	343
7.3.5	Quartäre und präquartäre Paläoböden	344
7.3.5.1	Klasse: Terrae calcis	344
7.3.5.2	Klasse: Fersiallitische und ferrallitische Paläoböden bzw. Plastosole und Latosole	346
7.3.5.3	Paläoböden des Quartärs	347
7.4	Bodengesellschaften und Bodenverbreitung	348
7.4.1	Bodenformen, Bodengesellschaften und Bodenregionen	349
7.4.2	Bodenlandschaften Deutschlands	352
7.4.2.1	Bodengesellschaften der norddeutschen Jung- und Altmoränenlandschaften	353
7.4.2.2	Bodengesellschaften der Löß- und Sandlöß-Landschaften	357
7.4.2.3	Bodengesellschaften der Berg- und Hügelländer	358
7.4.2.4	Bodengesellschaften der Flußlandschaften	361
7.4.3	Bodenkarten	362
7.5	Zusammenfassung	367
8	**Bodenökologie und Bodenkultur**	**369**
8.1	Bodenfunktionen	369
8.2	Bodenfonds und Nutzungsformen des Bodens	371
8.2.1	Bodenfonds und Flächenerhalt	371

8.2.2	Art und Intensität der Landnutzung	374
8.2.2.1	Forst- und wasserwirtschaftliche Nutzung	376
8.2.2.2	Landwirtschaftliche Bodennutzung	390
8.3	Erhaltung und Mehrung der Bodenfruchtbarkeit	393
8.3.1	Bodeneigenschaften und Bodenfruchtbarkeit	393
8.3.2	Bodenfruchtbarkeit und Ertragsfähigkeit	396
8.3.3	Reproduktion der Bodenfruchtbarkeit	398
8.3.4	Grundlagen der Bodenbearbeitung, Düngung und Melioration	399
8.3.4.1	Bodenbearbeitung	399
8.3.4.2	Kalkung und Düngung	401
8.3.4.3	Bodenmeliorationen	407
8.4	Standortgerechte und nachhaltige Nutzung des Bodens	412
8.4.1	Nährstoffkreislauf und Nährstoffbilanzen von Waldökosystemen	413
8.4.2	Bodentyp, natürliche Vegetation und Bodennutzung	420
8.5	Bodenbewertung und Bodeninformationssysteme	427
8.5.1	Bodenbewertung und Bodenschätzung	427
8.5.2	Bodeninformationssysteme	430
8.6	Zusammenfassung	431

9	**Bodenschutz und Bodensanierung**	**433**
9.1	Begründung und Ziele	433
9.2	Bodenbelastungen und Bodenveränderungen	436
9.2.1	Physikalische Belastungen	437
9.2.1.1	Radioaktive Strahlung	437
9.2.1.2	Bodenverdichtungen	438
9.2.1.3	Bodenerosion	441
9.2.1.4	Bodenvernässung	448
9.2.1.5	Bewässerung	449
9.2.1.6	Bodenversiegelung	449
9.2.1.7	Streunutzung und Waldbrand	450
9.2.2	Chemische Belastungen	451
9.2.2.1	Eutrophierung	452
9.2.2.2	Belastungen des Bodens durch Luftverunreinigungen	453
9.2.2.3	Versauerung, Entbasung und Alkalisierung von Waldböden	457
9.2.2.4	Belastung mit Schwermetallen	463
9.2.2.5	Belastung mit organischen Stoffen	468
9.2.2.6	Rezyklierung organischer Abprodukte	473
9.2.3	Biologische Belastungen	475

9.2.4	Bodendauerbeobachtungsflächen und Grundwasserschutzgebiete	477
9.2.5	Extensivierung und Bodenrenaturierung	478
9.3	Bodensanierung	480
9.3.1	Deponierung und Bodensicherungsverfahren	482
9.3.2	On-site-Dekontaminationsverfahren	484
9.3.2.1	In-situ-Reinigungsverfahren	484
9.3.2.2	Ex-situ-Reinigungsverfahren	490
9.3.3	Off-site-Reinigungsverfahren	491
9.3.4	Altlastensanierung und komplexer Bodenschutz	492
9.4	Bodenrestaurierung in Bergbaufolgelandschaften	495
9.5	Rechtliche Regelungen (Bodenschutzgesetz)	499
9.6	Zusammenfassung	506

10	**Geschichte der Bodenkunde**	509
10.1	Frühe Erfahrungen bei der Bodenkultur	509
10.2	Beginn der wissenschaftlichen Bodenkunde im 18. Jahrhundert	512
10.3	Entwicklung der Bodenkunde als Wissenschaft seit dem 19. Jahrhundert	515
10.3.1	Bodengeologische Richtung	515
10.3.2	Bodenchemische Richtung	519
10.3.3	Bodenphysikalische Richtung	522
10.3.4	Bodenbiologische Richtung	524
10.3.5	Bodengenetische und bodensystematische Richtung	526
10.4	Zusammenfassung	530

11	**Literatur**	531
11.1	Zeitschriften	531
11.2	Lehr- und Fachbücher	532
11.3	Methodenbücher und Karten	547
11.4	Zeitschriften- und Buchartikel, Dissertationen	552

Anhang
Maßeinheiten und Umrechnungen ... 563

Sachregister ... 573

Farbtafeln ... 593

1 Einleitung

Die Bodenkunde oder **Pedologie** befaßt sich mit den **Böden als Naturkörpern**, im einzelnen mit ihren Bestandteilen, Eigenschaften, den in ihnen ablaufenden Prozessen, ihrer Entstehung und Umwandlung, Systematik und Verbreitung, ihrer Funktion, Nutzung und Bewirtschaftung sowie ihrem Schutz. Wie in anderen Naturwissenschaften unterscheidet man zwischen einer theoretischen oder allgemeinen und einer angewandten oder speziellen Bodenkunde. Eine der Hauptaufgaben der angewandten Bodenkunde besteht in der Entdeckung wachstumsbegrenzender Faktoren sowie der Mittel zu ihrer Verbesserung.

Eine besondere Stellung nimmt die **Bodenmechanik** als Ingenieurwissenschaft ein, die sich mit dem „Boden" im Sinne eines **Erdstoffes** (Lockergestein, unverfestigte Ablagerung, Verwitterungsprodukt) und einer Trägersubstanz von Bauwerken befaßt, die Druck- und Scherkräften ausgesetzt ist. Bodenmechanik ist die Lehre von den Kräften im Boden und ihren Wirkungen. Die Bodenmechanik erfaßt und berechnet z. B. die Wechselwirkungen zwischen Baugrund und Bauwerk. Sie befaßt sich mit dem mechanischen Verhalten von Böden bei Belastungsänderungen. Von Interesse sind Spannungsverhältnisse, Formänderungs- und Festigkeitseigenschaften sowie das Verdichtungsverhalten des Bodens.

Die Faktoren der Bodenbildung bedingen, daß zum Verständnis der Böden das Wissen und die Methodik anderer Naturwissenschaften benötigt werden, so der Mineralogie, Petrographie und Geologie, der Geomorphologie, Geographie, Meteorologie und Klimakunde, Physik, Chemie, Biologie und Ökologie. Entsprechend unterscheidet man die **Teildisziplinen** Bodengeologie, Bodenmineralogie, Bodenphysik, Bodenhydrologie, Bodenchemie, Bodenzoologie, Bodenmikrobiologie, Bodenbiochemie, Bodenökologie und Bodengeographie. In diesem Sinne ist die Bodenkunde eine interdisziplinäre oder synthetische **Naturwissenschaft**. Bodenuntersuchungen können daher eng spezialisiert, häufig aber auch multi- oder interdisziplinär sein. Verständlich ist somit die enge Bindung der frühen Bodenkunde an die Geologie und Agrikulturchemie. Die nachhaltige Nutzung des Bodens sowie die angewandte Bodenkunde schlechthin setzt Kenntnisse in verschiedenen Wirtschaftszweigen voraus, aber auch die Berücksichtigung sozioökonomischer und rechtlicher Gegebenheiten. Dies wird in den Richtungen der landwirtschaftlichen, forstlichen und technischen Bodenkunde berücksichtigt. Enge Beziehungen entwickelten sich über die Bodenmelioration zur Wasserwirtschaft und Kulturtechnik, über die Bodenkartierung zur Geodäsie, Photogrammetrie und Luftbildauswertung sowie seit altersher über die Bodennutzung zum Ackerbau und Waldbau, später auch zum Landmaschinenbau. Die Bodenkunde weist somit enge Bindungen zu den Geowissenschaften, den Umweltdisziplinen und der Landnutzung auf.

Böden sind die Grundlage des Pflanzenwachstums, insbesondere der Lebensraum von Wurzeln höherer Pflanzen sowie von tierischen und pflanzlichen Organismen, die als Zersetzer (Destruenten) organischer Stoffe, wie der Streu, den Nährstoffkreislauf in Ökosystemen ermöglichen. Böden speichern Wasser und Nährstoffe in pflanzenverfügbarer Form. Sie dämpfen (puffern) in der Wurzelzone Schwankungen von Faktoren, die das Pflanzenwachstum beeinflussen, wie z. B. die Wassermenge, die Temperatur, die Azidität und den Ionengehalt der Bodenlösung. Böden sind Filter für Niederschlagswasser und belastete Wässer auf ihrem Weg zum Grundwasser. Sie sind Senke und Quelle für Ionen und Moleküle, für feste, flüssige und gasförmige Stoffe.

Ziel einer nachhaltigen **Bodennutzung** ist die Erhaltung und Mehrung der Bodenfruchtbarkeit. Gebietsweise führte die Bodennutzung jedoch zu erheblichen Schäden an der Bodendecke durch Bodenabtrag, Nährstoffverarmung, Versauerung und Versalzung. Böden üben globale ökologische Funktionen aus. Der Bodendecke muß daher unsere Fürsorge auf globaler, regionaler und lokaler Ebene gelten, mit dem Ziel, sie zu erhalten, vor Degradation zu schützen und sie notfalls wiederherzustellen. Bodendegradationen sind in die globalen Umweltveränderungen einzuordnen. Sie bedrohen unsere Ernährungssicherheit. Über die Tragweite der Bodendegradationen ist sich die Gesellschaft bis heute nicht bewußt.

Kenntnisse über den Boden als Lebensgrundlage für Pflanzen, Tiere und Menschen helfen, das Funktionieren von Biosphäre und Ökosystemen sowie die Wechselwirkungen von Gesellschaft und Umwelt besser zu verstehen. Kennt man die Eigenschaften eines Bodens, die in ihm ablaufenden Prozesse, und betrachtet man ihn als einen mit Leben erfüllten, dynamischen Naturkörper, so wird man ihn sicher besser und schonender bewirtschaften, als wenn man ihn für einen an der Oberfläche liegenden, unbelebten und statischen Erdstoff hält, den man mit technischen Mitteln hinsichtlich Lage und Beschaffenheit beliebig verändern kann.

2 Definition, Aufbau und Bedeutung der Böden

"Es gibt in der ganzen Natur keinen wichtigeren, keinen der Betrachtung würdigeren Gegenstand als den Boden! Es ist ja der Boden, welcher die Erde zu einem freundlichen Wohnsitz des Menschen macht; er allein ist es, welcher das zahllose Heer der Wesen erzeugt und ernährt, auf welchem die ganze belebte Schöpfung und unsere eigene Existenz letztlich beruhen." ALBERT FALLOU (1795–1877)

2.1 Der Boden als Naturkörper

Böden sind schwer zu definieren. DOKUCAEV verstand „unter Boden nur die oberflächlichen oder der Oberfläche nahen Schichten von Gestein (ganz gleich von welchem), welche auf mehr oder weniger natürliche Weise unter ständigem Einfluß des Wassers, der Luft und verschiedener Organismen – lebender und toter – verändert worden sind, was durch bestimmte Art in der Zusammensetzung, Struktur und Farbe solcher Verwitterungsprodukte zum Ausdruck kommt." „Der Boden hat seine eigene Herkunft, seine chemische Zusammensetzung und physikalischen Eigenschaften, eine ihm eigene Struktur, seinen Habitus, seine bestimmte geographische Verbreitung." Boden im Sinne des Bundes-Bodenschutzgesetzes ist die oberste Schicht der Erdkruste, soweit sie Träger von Bodenfunktionen ist, einschließlich der flüssigen (Bodenlösung) und gasförmigen Bestandteile (Bodenluft), ohne Grundwasser und Gewässerbetten.

Der Boden als Objekt der Pedologie bedarf einer Abgrenzung von Gestein und Verwitterungsmaterial als Objekte der Geologie. Böden entstehen als Teil der Erdkruste an der jeweiligen Erdoberfläche unter dem Einfluß physikalischer, chemischer und biologischer Faktoren durch eine Umwandlung von Gesteinen und eine ergänzende Verlagerung der Umwandlungsprodukte. Sie sind die belebte Verwitterungszone der Gesteine. Ihr Substrat besteht meist aus mineralischem Lockermaterial, das aus der Gesteinsverwitterung hervorgegangen und mit teilweise zersetztem organischen Material, dem Humus, durchsetzt ist. Von dem bodenbildenden geologischen Substrat unterscheidet sich der Boden qualitativ durch die Bodenfruchtbarkeit, die ihn als Standort und Lebensraum von Organismen geeignet macht. Böden sind den Naturgesetzen unterworfene Körper, die sich je nach ihren Eigenschaften unter äußerer Einwirkung entsprechend verändern und verschiedene Zustände (labile Eigenschaften, wie Struktur und Humus) annehmen.

Böden bedecken in Form einer **Pedosphäre** (Bodendecke) Landschaften als Kontinuum, das für Klassifikationszwecke in Segmente mit definierten Merkmalsbereichen zerlegt wird. Böden sind Bestandteil terrestrischer und aquatischer Ökosysteme. Der Boden bildet die Grenzschicht zwischen verschiedenen Umweltkompartimenten, z. B. der Atmosphäre und Geosphäre. Die Pedosphäre ist der Bereich der Erdrinde, in dem Material der Lithosphäre durch Agentien der Atmo- und Hydrosphäre und Organismen umgewandelt wird. Böden sind somit das Ergebnis bio-geosphärischer Wechselwirkungen. In der Pedosphäre durchdringen sich Litho-, Atmo-, Hydro- und Biosphäre (Abb. 2.1).

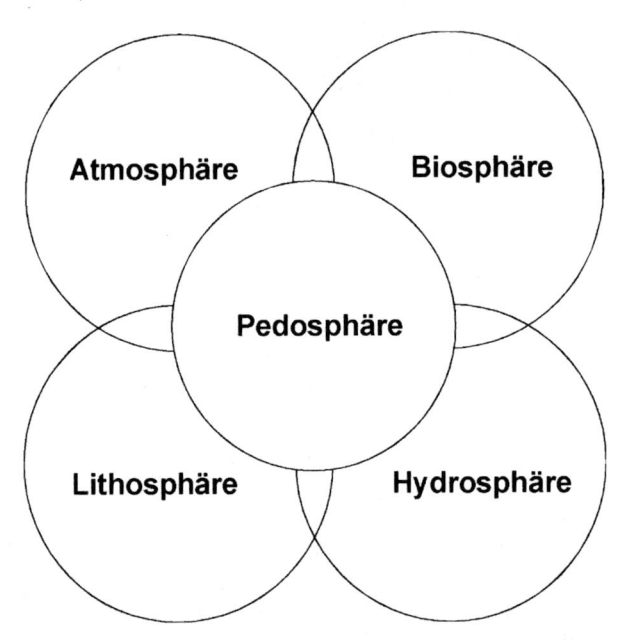

Abb. 2.1: Stellung der Pedosphäre in der Umwelt.

Der Boden ist das klimabedingte, petro- und biogene Umwandlungsprodukt der äußersten lockeren Erdkruste. Ausgangsgestein sowie Organismen und ihre Rückstände sind zwar die stofflichen Voraussetzungen für die Entstehung von Böden, die Intensität von Verwitterung und Humifizierung wird aber durch das Klima bestimmt. In Böden laufen biotische und abiotische bzw. biosphärische Wechselwirkungen ab, sie sind entwicklungsfähige dynamische Geobiosysteme. In ihnen durchdringen sich biologische und abiologische Prozesse bzw. der biologische und geochemische Stoffkreislauf.

Die erwähnte Pedosphäre ist in der Vertikalen deutlich gegliedert. Bodentypen als dreidimensionale Ausschnitte aus der Pedosphäre repräsentieren charakteristische Umwandlungsformen der Lithosphäre. Sie spiegeln die Wirkung lokaler und zonaler bodenbildender Faktoren wider. Eine spezifische Kombination dieser Faktoren führt zu spezifischen Bodenbildungsprozessen und einer besonderen Morphologie der Böden, die durch eine Abfolge genetischer Horizonte gekennzeichnet ist (s. Kap. 5). Um die Natur des Bodens zu bestimmen, müssen seine **Schichten (Lagen)** und

Definition, Aufbau und Bedeutung der Böden

Horizonte untersucht werden. Bei den geologisch bedingten Schichten handelt es sich um unverfestigte Erdstoffe (Lockersedimente), die ein poröses System bilden. In ihm laufen bodenbildende Prozesse ab. Dies sind Prozesse der Stoffumwandlung, Stoffverlagerung und Gefügebildung, die zur Ausbildung von Horizonten führen. An der Stoffumwandlung sind sowohl Abbauprozesse, wie die Verwitterung von Mineralen und die Zersetzung organischer Stoffe, als auch Aufbauprozesse in Form der Tonmineral- und Huminstoffbildung beteiligt. Zu den Vorgängen der Stoffverlagerung zählen der Bodenabtrag durch Wasser, Wind und Schwerkraft, die Bodendurchmischung durch Tiere, Wurzeln, Frost und Quellung sowie die Filtrationsverlagerung durch Wasser. Der Boden ist also der lockere Teil der festen Erdkruste, der durch Humusbildung, Verwitterung sowie Verlagerung von Verwitterungs- und Humifizierungsprodukten umgestaltet ist.

Böden sind komplexe Systeme, in denen Wasser- und Stoffflüsse stattfinden. Sie sind der Lebensraum für Pflanzenwurzeln und eine sehr große Zahl von Bodenorganismen. Diese pflanzlichen und tierischen Organismen sind ein wesentlicher Bestandteil der Böden als lebenerfüllte bzw. als physikalisch-chemisch-biologische Systeme. Der Boden hebt sich vom Nicht-Boden (Erdmaterial, Substrat) durch Zeichen biologischer Aktivität ab. Kein Boden ohne Leben! Der durchwurzelte Teil des Bodenprofils ist das Solum. Tiefere Schichten beeinflussen die Bewegung und den Gehalt von Wasser und Luft im Boden.

Böden sind polydispers. Sie sind Dreiphasensysteme aus Festsubstanz und komplementären Anteilen von Wasser und Gasen (Bodenwasser und Bodenluft), wobei sich diese Phasen gegenseitig durchdringen. Reaktionen an der Grenzfläche fest/flüssig bestimmen die Puffer- und Transformationsfunktion der Böden. Der Drei-Phasenaufbau bestimmt auch weitgehend das mechanische Verhalten der Böden.

Böden sind ein natürliches Medium für das Wachstum höherer Pflanzen. In dem porösen Bodenmedium überwiegen gewöhnlich massemäßig die anorganischen Verbindungen, doch dominieren in Bezug zum Pflanzenbestand häufig wirkungsmäßig die abgestorbene organische Substanz und die lebenden Bodenorganismen. Das inhomogene, luft- und wasserführende Porensystem des Bodens ist der Lebensraum der Pflanzenwurzeln. Die durch Verwitterung und Zersetzung laufend freiwerdenden anorganischen und organischen Stoffe werden teils im Bodenwasser gelöst, teils an Bodenkolloide (Humus, Ton) angelagert. In dem System Kolloidoberfläche – Wasserfilm – Pflanzenwurzel laufen Austauschprozesse ab, die die Nährstoffversorgung der Vegetation gewährleisten. Boden und Vegetation bilden eine höhere Einheit.

Böden durchlaufen mittel- bis langfristige Entwicklungen, bei denen ihr stofflicher Bestand und ihre Eigenschaften auch kurzfristigen Veränderungen unterliegen. Solche kurzfristigen Prozesse sind der Gasaustausch, die Filterung und Pufferung sowie die Umwandlung der organischen Substanz. Der Boden ist ein wirksames Filter-, Puffer- und Speichersystem.

Böden entwickeln sich unter dem Einfluß der Umweltfaktoren durch Umwandlung und Umlagerung von anorganischen und organischen Substanzen. Im Ergebnis der bei einer bestimmtem materiellen Zusammensetzung ablaufenden Prozesse (Fließgleichgewichte) entstehen ein Humus- und Mineralbodenprofil und die Bodenfruchtbarkeit.

Zuerst bildet sich aus einem Lockersediment oder dem Verwitterungsmaterial eines festen Gesteins ein Rohboden, der bei weiterem Ablauf der bodenbildenden Prozesse in der Regel einer fortschreitenden Entwicklung unterliegt. Hierbei entstehen makroskopisch erkennbare Bodenhorizonte, deren vertikale Abfolge das Bodenprofil bildet. Charakteristische Horizontabfolgen werden als **Bodentyp** bezeichnet. Im Bodentyp sind Böden vereinigt, die sich in der Entstehung sowie in den Stoffumwandlungs- und Verlagerungsprozessen gleichen und daher einheitliche Merkmale und Eigenschaften aufweisen. Diagnostische Merkmale der Böden sind ihre Substrate (Material), ihre Eigenschaften und ihre Horizonte.

Bodensubstrate und -horizonte zeichnen sich durch mineralogische, chemische, physikalische und biologische Eigenschaften aus. Diese Eigenschaften sind gemeinsam zu betrachten (Organismen mit ihrem Lebensraum). Das jeweilige Ausgangsgestein der Bodenbildung beeinflußt in starkem Maße die körnungsmäßige, mineralogische und chemische Zusammensetzung des Bodens.

Böden weisen eine räumliche und zeitliche Variabilität auf. Die Heterogenität der Böden in physikochemischer und mikrobiologischer Hinsicht prägt Prozesse wie Wasserfluß, Stofftransport, Wärmebewegung und mechanische Verformung.

Als **Pedon** wird ein dreidimensionaler Bodenkörper bezeichnet, der groß genug ist, um die repräsentativen Variationen in den Eigenschaften und Horizonten zu erfassen. Es ist die kleinste räumliche Bodeneinheit und die für die Beschreibung und Probenahme geeignete Einheit (1–10 m^2). Ihr Inhalt wird durch die Bodenform gekennzeichnet.

Ein **Polypedon** besteht aus mehreren Pedons. Es ist eine bodengeographische Einheit und damit die Kartierungseinheit (> 1 m^2 bis unbestimmte Größe). An seinen natürlichen Grenzen besteht ein deutlicher Unterschied in zumindest einem bodenbildenden Faktor. Die Bodenkartierung hat die Aufgabe, die Grenzen zwischen Polypedons zu ermitteln.

Als offene, belebte, physikalisch-chemische Systeme weisen Böden einen Eintrag von Energie und Stoffen in Form von Strahlung, Streu und Ernterückständen (von Pflanzen und autotrophen Mikroorganismen als Primärproduzenten), Wasser, Gasen (O_2, N_2, CO_2 aus der Atmosphäre), Ionen (aus der Gesteinsverwitterung) und atmogenen Schadstoffen (wie H_2SO_4 und Schwermetalle) auf. Die Sonnenenergie verursacht direkt sowie indirekt über die Vegetation Stoff- und Energieumsetzungen im Boden. Dieser steht mit seiner Umgebung (Vegetation, Atmosphäre und Untergrund) im Stoff- und Energieaustausch, der teilweise zyklisch verläuft (täglicher und jahreszeitlicher Gang). Böden sind Kompartimente von Ökosystemen (Abb. 2.2).

Böden speichern Stoffe oder wandeln sie um bzw. zersetzen sie völlig, sie wirken also wie ein biologisch-chemischer Reaktor, der organische Substanzen abbaut und umsetzt, bzw. als Filter-, Puffer- und Transformationsmedium. Böden geben Energie und Stoffe ab, so Strahlung in die Atmosphäre und Energie in tiefere Bodenschichten, ferner im Sickerwasser gelöste Stoffe (An- und Kationen, Komplexverbindungen, organische Stoffe) und Gase (CO_2, CH_4, N_2O, NH_3).

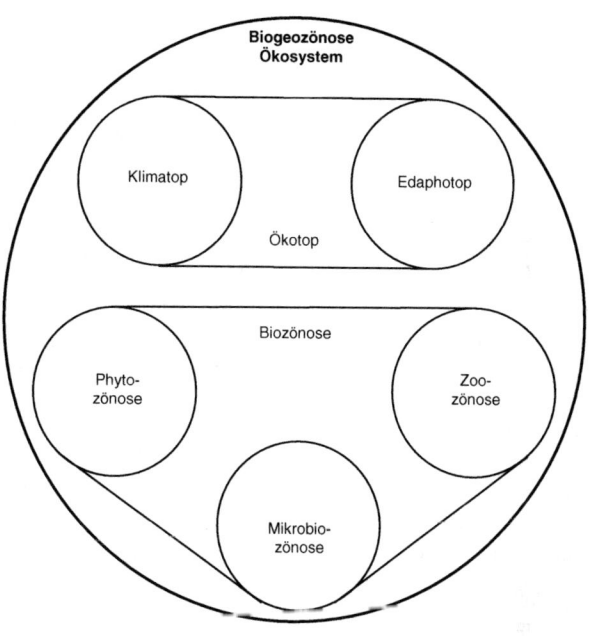

Abb. 2.2: *Stellung des Bodens (Edaphotop) im Ökosystem. Das Beziehungsgefüge aus Atmosphäre, Boden und Vegetation ist Gegenstand der Standortlehre.*

Böden im weiteren Sinne umfassen außer dem Boden im engeren Sinne auch den tieferen Untergrund einschließlich des verwitterten Gesteins. Grund und Boden ist dagegen ein Begriff für die Bodenfläche aus dem Eigentumsrecht an Liegenschaften (Grundbuch- und Katasterämter).

2.2 Das Bodenprofil und seine Horizonte

Das Bodenprofil ist die vertikale Schnittfläche des Bodens, die man durch die Anlage einer Bodengrube gewinnt und an der die Bodenbeschreibung und die Entnahme von Bodenproben zur Untersuchung erfolgen. Das zweidimensionale Bodenprofil sollte nach Möglichkeit bis in das Ausgangsmaterial des Bodens reichen. Der Schnitt macht verschiedene Lagen bzw. die jeweilige Horizontkombination sichtbar.

Eine althergebrachte Unterteilung des Bodenprofils ist die in Oberboden, Unterboden – beide werden als Obergrund zusammengefaßt – und Untergrund. Der **Oberboden** weist die größte biologische Aktivität, die höchste Wurzeldichte, den höchsten Humusgehalt und die beste Krümelung auf. Er umfaßt auch die Auswaschungshorizonte. Der **Unterboden** kann bei Ackerböden in einen krumennahen (2,5–5 dm u. Fl.)

und einen tiefen (> 5 dm u. Fl.) Bereich untergliedert werden. Er umfaßt Eisenfreilegungs-, Tonbildungs- und Einwaschungshorizonte. Der **Untergrund** beinhaltet Übergangshorizonte zum unverwitterten Grundgestein bzw. anders gearteten geologischen Material. In flachgründigen Böden kann der Unterbodenbereich fehlen.

Neben den geologisch entstandenen Schichten der Lockersedimente ermöglichen die pedogenetisch entstandenen Horizonte eine weitere vertikale Unterteilung der Böden. Die Horizonte unterscheiden sich hinsichtlich ihrer Lage im Profil, ihrer Mächtigkeit und ihrer Beschaffenheit.

Bodenhorizonte sind etwa parallel zur Erdoberfläche verlaufende genetisch entstandene dreidimensionale Ausschnitte des Bodens. Ihre Zusammensetzung, Eigenschaften und Aufeinanderfolge sind für Böden charakteristisch und damit wesentliche Kriterien ihrer taxonomischen Abgrenzung. Horizonte sind das Ergebnis von Bodenentwicklungsprozessen, ihre vertikale Abfolge ergibt das **Bodenprofil**.

Die **Horizontsymbole** ermöglichen eine kurze Beschreibung des Bodenprofils (Übersicht 2.1). Jeder Horizont wird durch einen Großbuchstaben (Hauptsymbol) charakterisiert. Kleinbuchstaben (Zusatzsymbole) stehen für wichtige Bodenmerkmale. Geogene und anthropogene Merkmale werden den Großbuchstaben vorangestellt, pedogene nachgestellt. Übergangshorizonte werden durch Symbolkombinationen gekennzeichnet, wobei das dominierende Merkmal am Ende steht.

Übersicht 2.1: Auswahl von Bodenhorizont-Symbolen.

Hauptsymbole	
Organische Horizonte (> 30 Masse-% organische Substanz)	
F	organogene Unterwasserbildungen, am Gewässergrund
H	Torf
Humus auf dem Mineralboden	
L	Förna, Streu; auch Ol; < 10 Vol.-% Feinsubstanz
O	Ansammlung stärker zersetzter Pflanzensubstanz, > 10 Vol.-% Feinsubstanz
Mineralische Horizonte (< 30 M. % organische Substanz)	
A	humushaltiger Oberbodenhorizont
B	Unterbodenhorizont, Verwitterungs- oder Illuvialhorizont
C	Untergrundhorizont
P	Unterbodenhorizont aus Tongestein (z. B. Schieferton, Tonmergel)
T	Unterbodenhorizont bei Lösungsrückständen aus Karbonatgestein
S	Unterbodenhorizont mit Stauwassereinfluß
G	Horizont mit Grundwassereinfluß
M	Horizont aus holozänem sedimentierten Solummaterial
Anthropogene Horizonte	
E	aus aufgetragenem Plaggenmaterial entstanden
R	durch tiefgreifende Bodenmischung entstanden (Rigolen, Tiefumbruch), > 4 dm
Y	Horizont im Substratauftrag (oder durch Reduktgas geprägt)

Zusatzsymbole

vor den Großbuchstaben (für geogene und anthropogene Merkmale)	
(I), II, III usw.	bodengeologische Schichten, verschiedene Ausgangssubstrate
f	fossiler (begrabener) Horizont (begrabene Böden sind mit einer Oberflächenschicht aus neuem Bodenmaterial von 30 bis > 50 cm Mächtigkeit bedeckt)
r	überprägter, reliktischer Horizont
a	Auenlage (Auendynamik)
b	braun bei Plaggenesch aus Grassoden
g	grau bei Plaggenesch aus Heideplaggen
j	anthropogen umgelagerte Natursubstrate (juvenil)
y	anthropogen akkumulierte (umgelagerte) künstliche Substrate
nach den Großbuchstaben (pedogene Merkmale)	
a	anmoorig, 15–30 % organische Substanz
c	Sekundärkarbonat (Lößkindl, Kalkpseudomyzel)
d	dicht, sickerwasserstauend
e	eluvial, podsoliert
f	Auflagehumus mittlerer Zersetzung
g	haftnässebeeinflußt
h	humos bzw. für Auflagehumus starker Zersetzung
i	initial (beginnend)
l	lessiviert bzw. für Auflagehumus schwacher Zersetzung
n	frisches Gestein
o	oxidiert
p	gepflügt,
r	reduziert
s	Anreicherung von Sesquioxiden (Al, Fe)
t	Anreicherung von Ton
v	verwittert, verbraunt, verlehmt
w	stauwasserleitend
Symbolkombinationen, die spezifische bodenbildende Prozesse anzeigen (Auswahl)	
Ol, Of, Oh	Akkumulation organischer Substanz auf dem Mineralboden mit zunehmender Humifizierung
Ah	Humusakkumulation im mineralischen Oberboden
Ap	Ackerkrume
Ae und Bhs	Podsolierung mit Eluvial- und Illuvialhorizont
Al und Bt	Lessivierung (Tonverlagerung) mit Eluvial- und Illuvialhorizont
Bv	Verbraunungs- und Tonbildungshorizont (Verwitterung)
Bs	mit Sesquioxiden angereicherter Illuvialhorizont
Bt	durch Einwaschung von Ton angereicherter Illuvialhorizont
Cv	Gesteinsverwitterung
Cc	C-Horizont mit Anreicherung von Sekundärkarbonat (Karbonat-Untergrundhorizont)
Sw und Sd	bei Pseudovergleyung (Wasserleit- und Wasserstauhorizont bzw. Stauzone und Staukörper)
Sg	haftnasser S-Horizont
Go und Gr	bei Vergleyung (Oxydations- und Reduktionshorizont)

Ein Bodenprofil kann sich aus einem O-, A-, B- und C-Horizont zusammensetzen (Abb. 2.3). Der O-Horizont entspricht dem Auflagehumus eines Waldbodens, der im Falle der Humusformen Rohhumus und Moder weiter differenziert wird. Mit steigendem Zersetzungsgrad der organischen Substanz folgen dem **Streuhorizont** (Ol) der **Vermoderungs-** (Of) und der **Humusstoffhorizont** (Oh). A- und B-Horizont bzw. die Bodenhorizonte ohne O und C werden auch als **Solum** (Boden i. e. S.) bzw. bei einer Abfolge von Eluvial- und Illuvialhorizont als „**Sequum**", der C-Horizont als Nichtboden oder geologisches Substrat bezeichnet. Lithologische Diskontinuitäten werden durch römische Ziffern angegeben.

Bei Horizontabfolgen werden die einzelnen Horizonte durch einen Schrägstrich voneinander getrennt (z. B. Ah/Bv/C). Bei Übergangshorizonten werden die zugehörigen Hauptsymbole durch einen Bindestrich verbunden (z. B. Bv-C)

bodenökologisch	bodengeologisch	bodengenetisch	horizontmäßig	
Intensivwurzelzone	Humusschicht	Auflagehumus	O	
	Deckfolge	Oberboden	A, E	} Solum
	Hauptfolge	Unterboden	B, G	
Extensivwurzelzone	Basisfolge	Untergrund	C Verwitterungsmaterial	
	Zersatz			
	Gestein			

Abb. 2.3: *Bodenprofil aus bodenökologischer, bodengeologischer und bodengenetischer Sicht.*

Beispiel: Bodenprofilbeschreibung
Lage des Profils: Forstamt Tharandt, Revier Niederschöna, Abt. 5, eben, 420 m NN
Bestockung: Fichtenbaumholz
Ol 1–2 cm; locker gelagerte Fichtennadelstreu
Of 3–4 cm; mehr oder weniger stark zersetzte Nadelstreu
Oh 2 cm; schwarze, amorphe, brechbare Substanz
I Ah 0–4 cm; schwarzbrauner (7,5 YR 4/2), stark humoser, sehr schwach grusiger Schluff
   S 4–14 cm; rosa-grauer (7,5 YR 6/2), sehr schwach humoser, sehr schwach grusiger lehmiger Schluff
   Sw 14–50/70 cm; rosa-grauer (7,5 YR 7/2), schwach grusiger lehmiger Schluff
II Sd 50/70–110 cm; rötlichgelber (7,5 YR 7/6), marmorierter, von Bleichadern durchzogener, schwach steiniger, stark grusiger Schlufflehm
    110–150 cm; rotgelber (7,5 YR 6/6), sehr stark steiniger, sehr stark grusiger Ton
III 150–180 cm; rotgelber (7,5 YR 6/6), stark steiniger Ton
Humusform: Rohhumus
Wasserhaushalt: wechselfrisch
Bodentyp: Pseudogley

Durch die Bodenprofilbeschreibung wird die Bodeneinheit Pedon charakterisiert. Bodenökologisch läßt das Bodenprofil in Abfolge und Mächtigkeit der verschiedenen Mineralbodenhorizonte Rückschlüsse auf das durchwurzelbare Bodenvolumen bzw. die Gründigkeit, die Sauerstoffversorgung im Wurzelraum und unter Berücksichtigung der Bodenart auf die Speicherkapazität des Wurzelraums für pflanzenverfügbares Wasser zu (s. Kap. 6). Bevor man die Veränderungen des Bodens durch den Menschen beurteilen kann, muß zunächst der natürliche Aufbau des Bodens ermittelt werden.

2.3 Bedeutung des Bodens

Aus ökologischer Sicht ist das System Pflanze – Boden als Einheit aufzufassen. Dabei stellt die Bodenmikroflora einen wesentlichen Bestandteil des Bodens dar. Der Boden mit seiner morphologischen Struktur ist der Lebensraum für eine Vielzahl von Organismen sowie die Lebensgrundlage (Standort) für Pflanzen, Tiere und Menschen. Böden gehören zu den wichtigsten Ressourcen eines Landes. Sie sind als Teilökosysteme Bestandteil von übergeordneten Ökosystemen und damit von Landschaften. Ihre Entwicklung sollte daher nicht von diesen isoliert betrachtet werden. Auch die horizontale Stoffverlagerung zwischen Böden durch Grund- und Oberflächenwasser erfordert eine Betrachtung im Landschaftsmaßstab.

Der Boden dient dem Menschen als Produktionsgrundlage für Nahrungs- und Futtermittel sowie pflanzliche Rohstoffe. Er ist ein wesentliches Landschaftselement und trägt zum Erholungswert der Landschaft bei. Der Boden stellt ein Archiv und Dokument der Erd-, Landschafts- und Kulturgeschichte dar. Dies betrifft z. B. die Entwicklung des Klimas, der Vegetation, der Landoberfläche und des Wasserhaushaltes. Hierbei ist zwischen rezenten Böden und Paläoböden zu unterscheiden.

Der Boden ist die Basis menschlichen Lebens. Die geschichtliche Entwicklung der Menschheit ist daher eng an den Boden gebunden. Dies gilt sowohl für aride Gebiete in Hinblick auf die Bewässerung und Versalzung der Böden, als auch für humide Gebiete. So sind gute Böden oder Bodensubstrate, wie der Löß, bevorzugte Siedlungsgebiete seit der Steinzeit. Andererseits führte dies zu einer besonderen Gefährdung dieser Böden durch Entwaldung, Flächenverbrauch, Humusverlust, Erosion und Umweltbelastung. Die Einstellung einer Gesellschaft zu Boden und Wald beeinflußt ihre gegenwärtige und künftige Entwicklung. Das Wissen um diese Problematik bzw. Kenntnisse über Ursachen und Konsequenzen einer starken anthropogenen Beeinflussung der Böden gilt es verstärkt in die Gesellschaft und die Politik zu tragen. Herausragende Probleme sind eine nachhaltige Bewirtschaftung der Böden und ihrer Ökosysteme unter Beachtung der unterschiedlichen sozialen Systeme in der Welt und damit eine Bekämpfung der Degradation, Kontamination und Versiegelung der Böden.

2.4 Zusammenfassung

Der Boden ist als Naturkörper ein physikalisch-chemisch-biologisches System. Er unterscheidet sich vom Ausgangsgestein bzw. dessen Verwitterungsprodukt durch seine spezifische Struktur und Funktion sowie die Bodenfruchtbarkeit. Der Bodenbegriff hat eine Entwicklung durchlaufen. Boden wurde und wird z. T. noch als ein poröses, strukturiertes Gemisch aus mineralischer und organischer Substanz verstanden. Boden ist das mit Wasser, Luft und Lebewesen durchsetzte, unter dem Einfluß der Umweltfaktoren an der Erdoberfläche entstandene und im Ablauf der Zeit sich weiterentwickelnde Umwandlungsprodukt organischer und mineralischer Substanzen mit eigener morphologischer Organisation, das in der Lage ist, höheren Pflanzen als Standort zu dienen, und das die Lebensgrundlage für Tiere und Menschen bildet. In diesem Buch wird der Boden als Teilökosystem verstanden, bei dem die strukturierte feste Phase mit ihren Hohlräumen den Lebensraum bildet, der durch Bodenorganismen zum Ökosystem komplettiert wird, in dem bodenökosystemare Prozesse ablaufen. Die vorangehenden Definitionen bezogen sich auf Bestandteile, Kompartimente oder Prozesse dieses ganzheitlichen Systems. Böden sind Kompartimente von natürlichen, forstlichen oder landwirtschaftlichen Ökosystemen. Ihre strukturierte Festphase mit ihren luft- und wassererfüllten Hohlräumen bildet den Lebensraum der Bodenorganismen, der sie mit organischen und anorganischen Nährstoffen sowie mit Wasser und Sauerstoff versorgt sowie physikalische und chemische Belastungen abpuffert. Böden sind das klima- und gesteinsbedingte sowie biogene Umwandlungsprodukt der äußeren Erdkruste. Böden als Naturkörper sind offene, physikalisch-chemisch-biologische, dynamische Systeme, die aus mineralischer und organischer Substanz bestehen und in denen Wasser-, Stoff- und Energieflüsse sowie bodenbildende Prozesse ablaufen.
Böden bedecken in Form der Pedosphäre, in der sich Litho-, Atmo-, Hydro- und Biosphäre durchdringen, Landschaften als Kontinuum. Dreidimensionale Ausschnitte aus der Pedosphäre sind die Bodenformen, die durch eine Abfolge geologisch bedingter Schichten (Substrattyp) und genetisch bedingter Horizonte (Bodentyp) gekennzeichnet sind. Als Pedon wird ein Bodenkörper bezeichnet, der groß genug ist, um die repräsentativen Variationen in den Eigenschaften und Horizonten zu erfassen. Die Horizonte sind das Ergebnis von Bodenentwicklungsprozessen, ihre vertikale Abfolge ergibt das Bodenprofil. Das Bodenprofil gliedert sich allgemein in Ober- und Unterboden sowie Untergrund.
Böden sind Träger von Bodenfunktionen. Sie sind ein natürliches Medium für das Wachstum der höheren Pflanzen und wirken ferner als Filter-, Puffer-, Speicher- und Transformationsmedium.

3 Bodenbestandteile

Böden sind Systeme, die sich aus Gasen, Wasser bzw. Lösung, festen Stoffen und Organismen zusammensetzen sowie oberflächenaktive Phasen besitzen. Sie sind also Vielkomponentengemenge. Im folgenden werden die anorganischen, organischen und mikrobiellen Bodenkomponenten behandelt.

3.1 Feste Bestandteile

Böden enthalten Teilchen unterschiedlicher Art, Größe und Form (s. 6.1). Die Korngrößenzusammensetzung muß in der Regel als unveränderliche Bodeneigenschaft betrachtet werden. Die mineralogische Zusammensetzung von Lockergesteinen und Böden bestimmt zahlreiche physikalische und chemische Eigenschaften derselben. Geologische Herkunft, Transport und Verwitterungszustand der Partikel ermöglichen zusätzlich Einblicke in die Entstehung des bodenbildenden Substrats, in dem sich der Boden entwickelt hat. Bei der Bodengenese werden die Minerale verlagert, zersetzt oder neu gebildet. Von der toten Materie sind Ton und Humus als die wichtigsten Bodenbestandteile anzusehen. Ihre Eigenschaften sind unter dem Einfluß von Umwelteinflüssen wandelbar. Im humiden Klima sind die anorganischen festen Bodenbestandteile im wesentlichen schwerlösliche Verwitterungsprodukte des jeweiligen Ausgangsgesteins der Böden, während im ariden Klima lösliche Salze hinzutreten.

3.1.1 Bodenminerale und amorphe anorganische Bestandteile

Die Bodenbildungsprozesse werden von Gesteins- und Mineralverwitterung und Mineralneubildung begleitet (s. 5.1.1). Die Bodenminerale stammen vorwiegend aus dem Mineralbestand des Ausgangsgesteins (**primäre Minerale**). Mineralneubildungen werden als sekundäre oder pedogene Minerale bezeichnet. **Sekundäre Minerale** entstehen im Zuge der Verwitterung. Zu ihnen gehören von den Silicaten die Tonminerale, ferner Oxide und Hydroxide sowie Carbonate, Sulfate und Phosphate.

Leichtminerale, wie Feldspat und Glimmer, besitzen eine Reindichte von < 2,9 g cm^{-3}, **Schwerminerale,** wie Apatit, Zirkon, Turmalin, Rutil, Epidot, Granat, Magnetit, Disthen und Staurolith, sowie Augit und Hornblende eine solche von > 2,9 g cm^{-3}. Der Gehalt an Schwermineralen in Böden liegt unter 2 %. In metamorphen Gesteinen treten u. a. die Minerale Sillimanit, Disthen, Staurolith und Granat auf.

Beispiele:
Granat (Pyrop) $Mg_3Al_2[SiO_4]_3$,
Turmalin $XY_3Z_6[(OH,F)_4/(BO_3)_3/Si_6O_{18}]$ mit X = Na,Ca, Y = Li, Al, Mg, Fe, Mn und Z = Al, Mg.

Im Thüringer Buntsandsteingebiet enthält Löß, der der oberen Deckschicht der Böden beigemengt ist, stets mehr Schwerminerale sowie als Leichtminerale Biotit, Muskovit und Plagioklas als das anstehende Buntsandsteinverwitterungsmaterial. Diese mineralogischen Unterschiede prägen sich im Spurenelementgehalt der Böden aus. Die Schwerminerale sind Träger für Cr, Ni, V, Mn, Zr, Ti, die Feldspäte für Ba und Sr, die Glimmer für Sr (s. a. 6.2.4).
Die häufigsten Elemente in der Erdkruste sind Sauerstoff (46,5 %), Silicium (27,6 %), Aluminium (8,1 %) und Eisen (5,1 %). Entsprechend sind die verbreitetsten primären Minerale – in Gesteinen wie Böden – die Silicate. Amorph (nichtkristallin) können Fe- und Mn-Oxide sowie Si- und Al-Verbindungen auftreten.

3.1.1.1 Silicate und Quarz

Von den Strukturen der Festkörper des Bodens interessieren besonders die der Silicate und speziell der Tonminerale. Hierbei geht es um die räumliche Anordnung der Atome im **Kristallgitter**. Die Atome oder Ionen sind im Kristall so angeordnet, daß sich kleinste Zwischenräume ergeben. Das Größenverhältnis dieser Gitterbausteine bedingt mit den strukturellen Aufbau des Kristallgitters (Tab. 3.1). Si und Al als Vertreter der 4- und 3-wertigen Ionen haben kleine, Ca und K als 2- und 1-wertige Ionen große Ionenradien. Die Zahl der ein **Zentralatom** umgebenden Ionen wird durch den Ionenradienquotienten bestimmt. Beträgt dieser 0,2–0,4, so bedingt dies eine **Koordinationszahl** (KZ) 4, bei 0,4–0,7 liegt die KZ 6 vor. Entsprechend werden Si von 4, Al von 4 oder 6, Mg und Fe von 6 und die größeren Na-, Ca- und K-Ionen von 12 Sauerstoffatomen umgeben. Als Grundstruktur besitzen Silicate und Quarz ein Si-Tetraeder mit einem kleinen Si-Atom im Zentrum und 4 großen O-Atomen an den Ecken, entsprechend der Formel $(SiO_4)^{4-}$ (Abb. 3.1).

Tab. 3.1: *Ionenradien von Sauerstoff und einigen Kationen in Kristallen.*

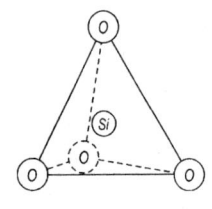

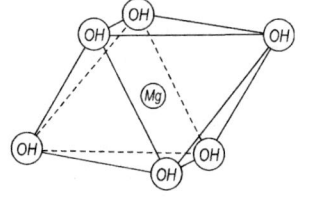

Ion	Ionenradius [nm]	Ion	Ionenradius [nm]
O^{2-}	0,132–0,140	Mg^{2+}	0,065–0,078
OH^-	$\cong$ 0,15	Ca^{2+}	0,099–0,106
Si^{4+}	$\cong$ 0,042	Na^+	0,095–0,102
Al^{3+}	0,050–0,057	K^+	0,133–0,138
Fe^{3+}	0,060–0,067	NH_4^+	0,143–0,148
Fe^{2+}	0,074–0,078	Rb^+	0,147
Mn^{2+}	0,080–0,083	Cs^+	0,169

Abb. 3.1: *Siliciumtetraeder und Aluminiumoktaeder, Grundbaueinheiten der Tonmineralstrukturen.*

Die **(SiO$_4$)-Tetraeder** können im Kristallgitter in isolierter Form vorliegen oder zu Gruppen, Ringen, Ketten, Bändern, Schichten und Gerüsten miteinander verbunden sein. Übersicht 3.1 und Abb. 3.2 vermitteln die auftretenden **Silicatstrukturen**.

Übersicht 3.1: Silicatstrukturen (Bedeutung von a–g s. Abb. 3.2).

Struktureinheit	Si:O-Verhältnis	Beispiel
Inselsilicate, Nesosilicate (a)	1:4 (SiO$_4$)$^{4-}$	Olivin, Granat, Zirkon, Andalusit
Gruppensilicate, Serosilicate (b)	2:7 (Si$_2$O$_7$)$^{6-}$	Epidot, Cordierit, Akermanit
Ringsilicate, Cyclosilicate (c)	1:3 (Si$_6$O$_{18}$)$^{12-}$	Turmalin, Beryll
Kettensilicate, Inosilicate Einzelketten (d) Doppelketten (e)	1:3 (SiO$_3$)$^{2-}$ 4:11 (Si$_4$O$_{11}$)$^{6-}$	Pyroxene (Augite, Enstatit), Hypersthen, Diopsid Amphibole (Hornblende, Tremolit, Actinolit)
Schichtsilicate, Phyllosilicate (f)	2:5 (Si$_2$O$_5$)$^{2-}$	Glimmer, Chlorite, Tonminerale, Serpentine
Gerüstsilicate, Tectosilicate (g)	1:2 (SiO$_2$)^0	Feldspäte, SiO$_2$-Gruppe (Quarz, Tridymit, Christobalit), Zeolite (Analcim), Nephelin

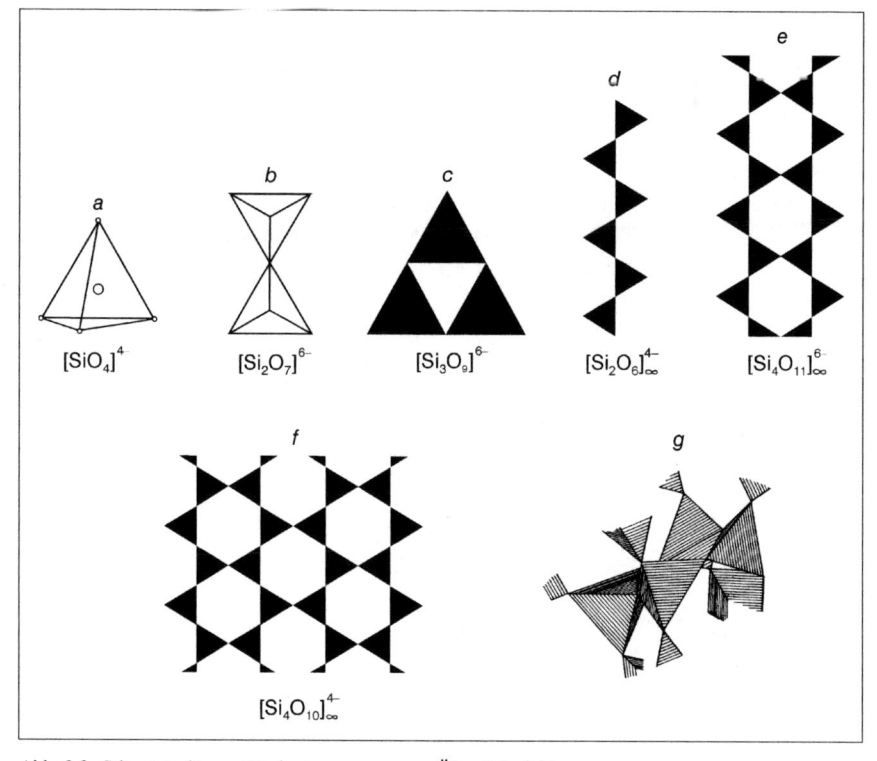

Abb. 3.2: Silicatstrukturen (Bedeutung von a–g s. Übersicht 3.1).

In den Inselsilicaten werden die Einzeltetraeder durch Mg oder Fe verbunden. Bei den Pyroxenen und Amphibolen werden die Si-Tetraeder-Einzel- und -Doppelketten durch Ca, Mg oder Fe zusammengehalten. Bei den Schichtgittersilicaten bilden die SiO_4-Tetraeder und die $Mg(O,OH)_6$- bzw. $Al(O,OH)_6$-Oktaeder ebene Schichten. Die Tetraeder-Anordnung entspricht dabei einem hexagonalen Netzwerk. Die Gerüstsilicate bieten für Ionen wie Na und Ca in Hohlräumen Platz.

Wenn im Kristallgitter Ionen durch räumlich etwa gleich große mit gleicher oder niedrigerer Wertigkeit und gleicher Koordinationszahl ersetzt werden, liegt **isomorpher Ersatz** vor (Tab. 3.1). Dieser kommt bei Silicaten häufig vor, z. B. kann Si^{4+} durch Al^{3+} teilweise ersetzt werden. Tritt das Al in Silicaten als Kation auf, liegen Aluminiumsilicate vor. Dieses Al-Ion wird oktaedrisch von O- oder OH-Ionen umgeben (s. Abb. 3.1). Schichtgitterminerale, bei denen ein Teil des Si in der Tetraederschicht durch Al ersetzt ist, nennt man Alumosilicate. Die dadurch entstehende zusätzliche freie negative Ladung ermöglicht die Bindung von Kationen. Ähnliche Ionenradien besitzen auch Ca und Na (wesentlich für die Natron-Kalkfeldspäte) sowie Fe(II) und Mg (s. Olivin).

Beispiele:
Serpentin $\quad Mg_6[(OH)_8/Si_4O_{10}]$ Silicat, trioktaedrisch
Andalusit $\quad Al_2[O/SiO_4]$ Aluminiumsilicat
Sillimanit $\quad Al[AlSiO_5]$ Alumosilicat mit isomorphem Ersatz eines Si durch Al.

Spezielle Minerale
Feldspäte als für die Bodenbildung wesentliche Gerüstsilicate werden in die beiden Gruppen Kalifeldspäte (Orthoklas, Mikroklin) und Natron-Kalkfeldspäte (Plagioklase, u. a. Albit oder Natronfeldspat sowie Anorthit oder Kalkfeldspat) untergliedert.
- Kalifeldspat (Orthoklas, $K[AlSi_3O_8]$), schwerer verwitternd, Si-reicher (64,7 % SiO_2, 16,9 % K_2O), (Abb. 3.3–3.5)
- Natron-Kalkfeldspäte
  • Plagioklasreihe (Na, Ca) $[Al(Si, Al)Si_2O_8]$
  • Natronfeldspat (Albit, $Na[AlSi_3O_8]$, enthält 0,45 % CaO.
  • Kalkfeldspat (Anorthit, $Ca[Al_2Si_2O_8]$, leichter verwitternd, Si-ärmer (43,3 % SiO_2, 20,1 % CaO).

Von den Silicaten der Erdrinde machen die Feldspäte 58 Gew.-% aus. Von letzteren sind etwa 40 % Plagioklase. In Böden Mitteleuropas beträgt der Feldspatgehalt (meist Alkalifeldspäte) 5–30 %. Lößböden haben Feldspatgehalte von 10–15 %. Albit ist ein typischer Bestandteil von Löß und Lößlehm. Die Feintonfraktion des Bodens ist weitgehend feldspatfrei.

Bodenbestandteile

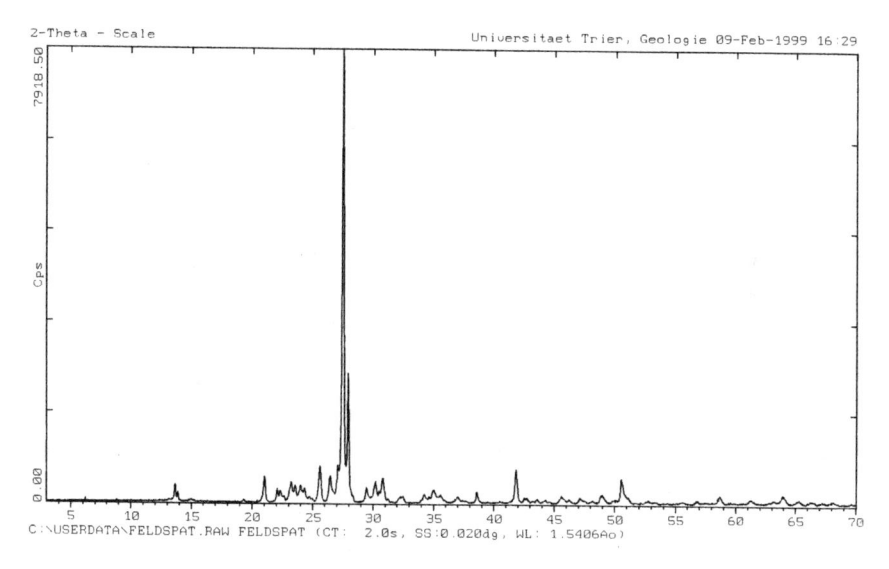

Abb. 3.3: Diffraktogramm von K-Na-Feldspat. Aufnahme: BRÜCKNER, Trier.

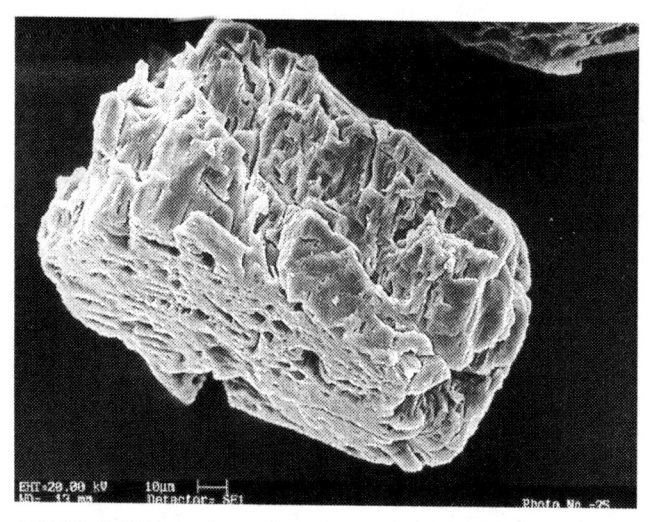

Abb. 3.4: Kalifeldspat-Korn mit angelöster Oberfläche. Rasterelektronenmikroskopische Aufnahme. Cv-Horizont eines Hangpseudogleys auf Luxemburger Sandstein. Aufnahme: BRÜCKNER, Trier.

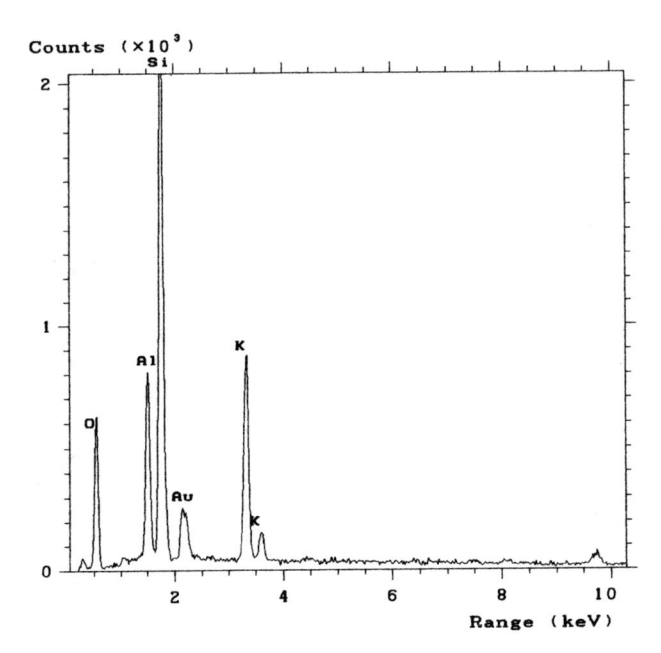

Abb. 3.5: Elementzusammensetzung des Kalifeldspat-Korns in Abb. 3.4. Aufnahme des Spektrums mit einem energiedispersiven Röntgenmikroanalysesystem. Peaks der Elemente Si, Al, K, O entsprechend der Formel $KAlSi_3O_8$. Der Au-Peak ist methodisch bedingt. Aufnahme: BRÜCKNER, Trier.

Glimmer gehören zu den Alumosilicaten und Schichtsilicaten.
- Muskovit (heller Glimmer, $KAl_2[(OH,F)_2\ AlSi_3O_{10}]$), widerstandsfähig, 11,8 % K_2O.
- Biotit (dunkler Glimmer, $K(Mg,Fe,Mn)_3[(OH,F)_2\ AlSi_3O_{10}]$), leicht verwitternd.

Glimmer, meist Muskovit, reichern sich in der Schlufffraktion der Böden an. Sie verwittern im Boden zu aufweitbaren Tonmineralen wie Vermiculite und Smectite. Die höhere Pufferkapazität des Biotits beruht auf dessen trioktaedrischem Aufbau im Gegensatz zum stabileren dioktaedrischen Muskovit. Serpentin $Mg_3Si_2O_5(OH)_4$ ist ein trioktaedrisches 1:1-Schichtsilicat und Hauptmineral der Serpentinite.

Pyroxene und **Amphibole** als Ketten- bzw. Bändersilicate.
Enstatit $MgSiO_3$
Hornblende $(Ca, Na)_{2-3}(Mg,Fe,Al)_5Si_6(Si,Al)_2O_{22}(OH)_2$
Olivine $(Mg, Fe)_2[SiO_4]$ als Inselsilicate sind dunkle, rasch verwitternde Minerale.
Plagioklase, Pyroxene, Amphibole und Olivine treten in den gröberen Fraktionen des Feinbodens auf.
Zirkon $Zr[SiO_4]$ ist verwitterungsstabil, Reindichte 4,7 g cm^{-3}. Das Mineral dient als Bezugsmineral zur Beurteilung der Verwitterungsverluste anderer Bodenminerale sowie als Indikatormineral zum Nachweis der Homogenität des bodenbildenden Ausgangsmaterials (Feinsandfraktion).

Quarz SiO₂ zeichnet sich durch ein räumliches Netzwerk von Silicium-Sauerstoff-Tetraedern aus, das elektrisch neutral ist. Quarz wird erst oberhalb pH 9 löslich. Die Löslichkeit nimmt von Quarz über Cristobalit, Opal zu amorphem SiO₂ zu. In Böden entsprechen die Quarze häufig denen des Ausgangsgesteins. Quarz ist in Sandböden stark angereichert. Er ist im gemäßigten Klima – im Gegensatz zu den feuchten Tropen – weitgehend verwitterungsbeständig und reichert sich dadurch in der Sand- und Schlufffraktion an. Sein Gehalt nimmt zur Tonfraktion hin ab. Im Ergebnis äolischer Prozesse im Pleistozän ist Quarz verstärkt in der Schlufffraktion angereichert. Beträchtliche Mengen an Quarz können deshalb auch in Böden über quarzfreien Grundgesteinen gefunden werden, zumal auch die petrographische Zusammensetzung der Schuttdecken als bodenbildende Substrate von der der Festgesteine im Untergrund abweichen kann. Quarz dient in diesen Fällen als Indikatormineral (Abb. 3.6–3.10).

Cristobalit (SiO₂) tritt in Böden aus Vulkanasche auf. **Opal** (SiO₂ · nH₂O) ist ein Gemisch aus amorpher Kieselsäure und kristallinem α-Cristobalit. **Phytoopal** ist pflanzlichen Ursprungs (aus Si-reichem Pflanzenmaterial wie Gräsern, Schachtelhalm und Fichtennadeln).

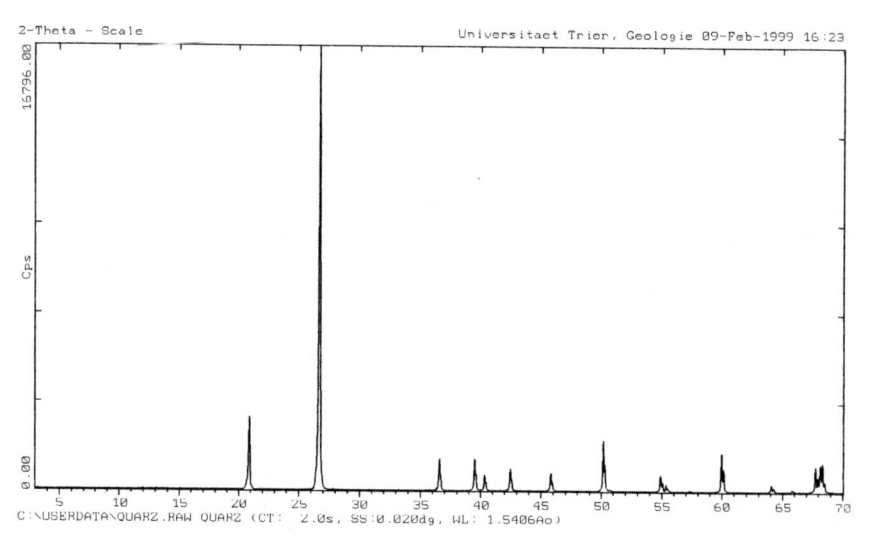

Abb. 3.6: Diffraktogramm von Quarz (cp$_s$ counts s^{-1} als Ausdruck der Intensität).
Aufnahme: BRÜCKNER, Trier.

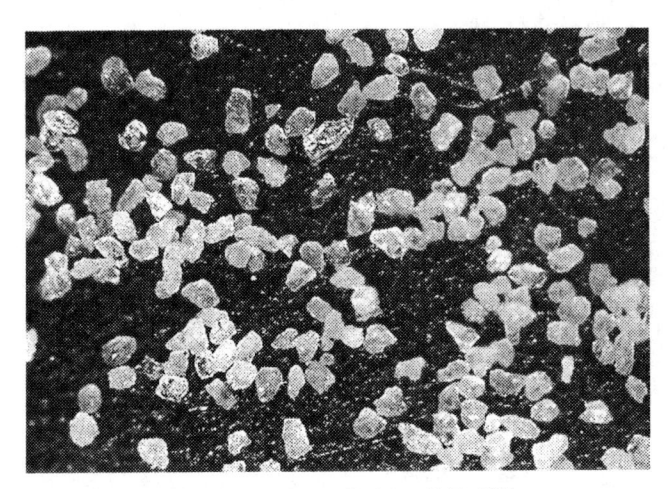

Abb. 3.7: *Körnerpräparat von Quarz, Fraktion 63 bis 125 µm, Cv-Horizont eines Bodens auf Luxemburger Sandstein. Stereomikroskop, Auflicht. Aufnahme: BRÜCKNER, Trier.*

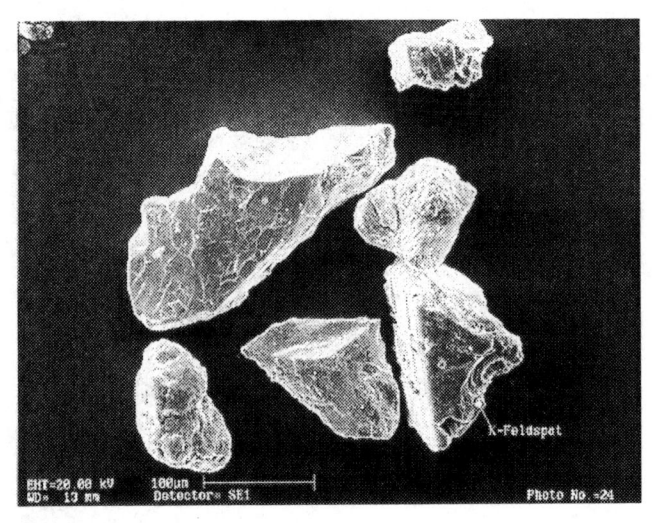

Abb. 3.8: *Mehrere Quarzkörner (ohne Bezeichnung) und ein K-Feldspat-Korn (mit Bezeichnung). Herkunft s. Abb. 3.7 Rasterelektronenmikroskopische Aufnahme: BRÜCKNER, Trier.*

Bodenbestandteile

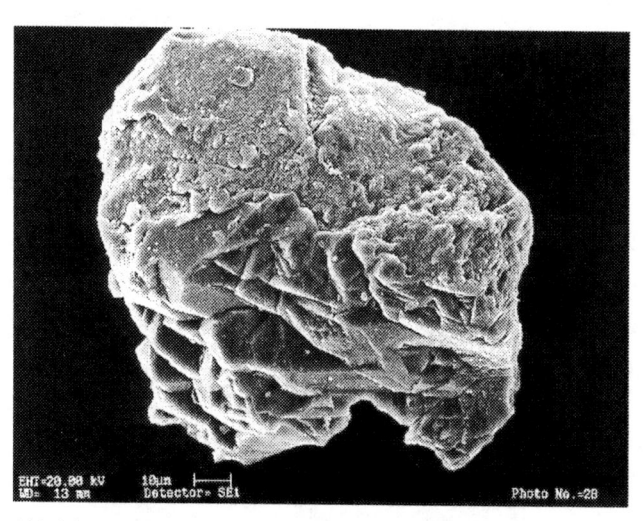

Abb. 3.9: *Quarz mit korrodierter Oberfläche. Herkunft s. Abb. 3.7.
Rasterelektronenmikroskopische Aufnahme: BRÜCKNER, Trier.*

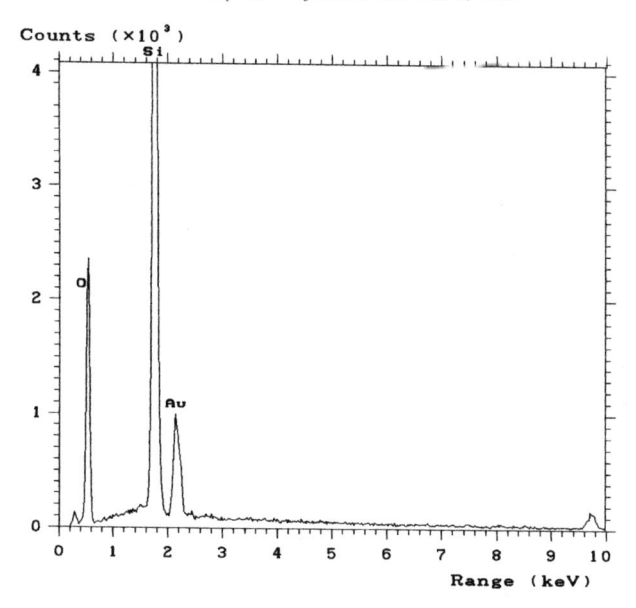

Abb. 3.10: *Qualitative Analyse des Quarzes von Abb. 3.9 mit einem energiedispersiven Röntgenmikroanalysesystem, das mit dem Rasterelektronenmikroskop gekoppelt ist. Die Peaks der Elemente Si und O entsprechen der Formel SiO_2. Der Au-Peak ist methodisch bedingt. Aufnahme: BRÜCKNER, Trier.*

Beispiel:
Die stoffliche Zusammensetzung von Sanden wird nach der Silicatzahl und dem Basenmineralindex beurteilt. Unter der **Silicatzahl** versteht man den prozentualen Anteil an Silicatkörnern an einer größeren ausgezählten Kornmenge eines Streupräparates. Der %-Wert für Silicate wird mit der Zahl für den Anteil der Fraktion an der Sandprobe multipliziert, und die so für die einzelnen Fraktionen errechneten Werte werden addiert (Tab. 3.2). Der **Basenmineralindex** ist der in einer Sandprobe ermittelte prozentuale Wert an Mineralen mit der Reindichte > 2,68 g cm^{-3}. Mit einer schweren Flüssigkeit der Dichte 2,68 g cm^{-3} werden die Schwerminerale und leicht verwitterbaren Plagioklase als die für die Bodenfruchtbarkeit wertvolleren Minerale vom Quarz und den schwer verwitterbaren Kalifeldspäten und kalkarmen Plagioklasen getrennt.

Tab. 3.2: Beurteilung des Silicatgehaltes von Sanden. Nach KUNDLER 1956.

Bezeichnung der Stufe	Silicatzahl	Basenmineralindex
silicatarm	< 6	< 0,3
schwach silicathaltig	6–9	0,3–0,7
mäßig silicathaltig	9–13	0,7–1,2
stark silicathaltig	13–18	1,2–2,0
silicatreich	18–24	2,0–2,8
sehr silicatreich	> 24	> 2,8

3.1.1.2 Tonminerale

Tonminerale sind die wichtigste Mineralneubildung im Boden. Die Tonminerale treten in der Tonfraktion des Bodens auf und sind für die Sorptionskapazität der Böden und den Ionenaustausch verantwortlich (s. 6.2). Sie bestimmen damit entscheidend die Bodenfruchtbarkeit. Tonminerale sind Alumosilicate bzw. kristallisierte Hydroxysilicate. Sie treten in unterschiedlichen Kombinationen von Siliciumtetraeder- und Aluminiumoktaederschichten auf. Man unterscheidet Allophane (Vorstufen), 2-(1:1) und 3- (2:1) Schicht-Tonminerale sowie Wechsellagerungsminerale.

Eine Tetraeder-Schicht besteht aus SiO$_4$-Tetraedern, deren 3 basale O-Atome sich jeweils 2 benachbarte Tetraeder teilen. Das vierte O-Atom wird nicht mit einem anderen Tetraeder geteilt (apicaler O). Bei den Oktaederschichten unterscheidet man zwei Arten. Bei der **Trioktaederschicht** mit der Zusammensetzung Mg$_3$(OH)$_6$ oder Mg(OH)$_2$ (Brucit-Schicht) ist jedes Mg^{2+} mit 6 OH$^-$ umgeben. Bei der **Dioktaederschicht** Al$_2$(OH)$_6$ oder Al(OH)$_3$ (Hydrargillitschicht) sind nur 2 von 3 möglichen Oktaederplätzen besetzt, jedes Al^{3+} wird von 6 halben OH$^-$-Gruppen umgeben. Durch die Verringerung der Kationen in der Oktaederschicht wird die höhere Ladung der dreiwertigen Kationen kompensiert. Zweiwertige Kationen bilden also trioktaedrische, dreiwertige dioktaedrische Schichten. Zu den dioktaedrischen Zweischicht-Silicaten gehört die Kaolinitgruppe Al$_4$[(OH)$_8$/Si$_4$O$_{10}$], zu den trioktaedrischen Zweischicht-Silicaten die Serpentingruppe Mg$_6$[(OH)$_8$/Si$_4$O$_{10}$] (Blätter- und Faser-Serpentin).

Dreischicht-Silicate wie Smectite und Illite besitzen di- und trioktaedrische Vertreter. Bei den Dreischicht-Silicaten kann eine Zwischenschicht fehlen (Pyrophyllit, Talk), oder sie ist vorhanden und besteht aus hydratisierten austauschbaren Kationen (Smectite und Vermiculite), aus nichthydratisierten nichtaustauschbaren Kationen (Illite und Glimmer) oder aus einer Hydroxidschicht (Chlorite bzw. 4- (2:2 oder 2:1:1) Schicht-Tonminerale). Die Schichtladung beträgt beim Pyrophyllit 0, bei den Smectiten 0,2–0,6, bei den Vermiculiten und Illiten 0,6–0,9 und bei den echten Glimmern 1. Bei den 4-Schicht-Tonmineralen ist sie variabel.

Allophan ist eine Gruppenbezeichnung für nichtkristallines, wasserhaltiges Aluminiumsilicat mit Si-O-Al-Bindungen, das sich u. a. bei der Verwitterung von Vulkanasche zu Böden bildet. Es besitzt eine große Oberfläche (700–900 $m^2\ g^{-1}$), eine pH-abhängige Ladung (s. Silanolgruppen) und damit positive wie negative Ladungen und ist zur Kationen- wie Anionensorption fähig (s. 6.2.1.2). Die Anionenaustauschkapazität liegt bei 5–30 mäq/100 g. Allophane fixieren Phosphat. Allophanhaltige Böden sind die Andisols (ando japanisch schwarz). Sie zeichnen sich im Ah-Horizont durch hohen Humusgehalt aus, woraus auf eine Bindung von Huminsäuren an Allophane geschlossen wird. Die negative Ladung stammt vorwiegend von Si-OH-Gruppen in der Si-O-Tetraederschicht her.

Bei amorphen Verbindungen des Si, Al und Fe sowie beim Allophan treten an den Oberflächen —Si-OH (Silanol)-, —AlOH- oder —FeOH-Gruppen auf.
Imogolit $(HO)_3\ Al_2O_3\ SiOH$ bzw. $1,1SiO_2\ Al_2O_3 \cdot 2,3-2,8H_2O$ besteht aus Röhren mit 1 nm innerem und 2 nm äußerem Durchmesser, deren äußere Oberfläche durch Al-OH- und deren innere durch Si-OH-Gruppen gebildet wird. Das Mineral tritt zusammen mit Allophan im B-Horizont von Andisols im pH-Bereich 5–7 auf. Die KAK liegt bei 20–30 mval/100 g.

Der überwiegende Teil der Bodenkolloide (< 2 μm) besteht aus Tonmineralen, die definierte Kristallgitter und meist Plättchenform besitzen. Gemeinsame Baugruppen sind die zu hexagonalen Ringen verknüpften, in einer Schicht liegenden Silicium-Sauerstoff-Tetraeder sowie die oktaedrischen Hydrargillit-(Aluminiumhydroxid-) bzw. Brucit-(Magnesiumhydroxid)Schichten. Beide Schichttypen wechseln in einer bestimmten Reihenfolge miteinander ab. In der Tetraederschicht liegen drei Sauerstoffatome in einer Ebene. Die Lücke zu dem aufgelegten vierten wird mit dem kleineren Silicium ausgefüllt. Im Zentrum des Oktaeders, dessen 6 Ecken von Sauerstoff- bzw. fast gleichgroßen Hydroxylionen besetzt sind, befindet sich ein Al-, Mg- oder Fe-Ion. Die Si-Tetraeder sind in hexagonalen Ringen angeordnet, die einen Durchmesser von etwa 0,26 nm haben. Jede Oktaederschicht kann über Valenzen mit einer oder zwei Tetraederschichten verbunden sein. Mehrere dieser Schichtkombinationen (Kristalleinheiten) können übereinander gepackt sein.

Durch isomorphen Ersatz kann in einem Teil der Tetraeder das vierwertige Si durch das dreiwertige Al ersetzt werden, außerdem in den Oktaedern das Al durch Eisen und Magnesium. Die dadurch entstehende permanent negative Überschußladung wird z. T. durch fest eingebaute K-Ionen und durch sorbierte austauschbare Kationen abgesättigt. Jede Tonmineralgruppe kann wie folgt zweigeteilt werden: Bei den dioktaedrischen Mineralen sind zwei Drittel der Oktaederplätze mit dreiwertigen Kationen besetzt, bei den trioktaedrischen drei Drittel der Oktaederzentren durch zweiwertige Kationen.

Die Zweischichtminerale (Tetraeder-Oktaeder) haben eine Sauerstoffschicht von den Tetraedern und eine Hydroxylschicht von den Oktaedern als äußere Begrenzungsfläche der Schichtpakete (Abb. 3.11 a). Die Dreischichtminerale (Tetraeder-Oktaeder-Tetraeder) werden dagegen auf beiden Seiten von Sauerstoffschichten begrenzt (Abb. 3.11 b). Der Abstand zwischen den Basisflächen zweier Schichtpakete (Silicatschichtenkombinationen einschließlich ihres Zwischenraums, Abb. 3.11 c, d) wird als Basisabstand bezeichnet und dient mit zur Bestimmung der Tonminerale.

Zweischichtminerale (1:1-Tonminerale) sind **Kaolinit** $Al_4[(OH)_8/Si_4O_{10}]$ und Halloysit $Al_4[(OH)_8/Si_4O_{10}] \cdot 4H_2O$ mit einer regelmäßigen Abfolge von je einer Tetraeder- und Oktaeder-Schicht. Im Kaolinitgitter sind alle elektrischen Ladungen ausgeglichen. Dank seiner äußeren Hydroxyl-Gruppen besitzt der Kaolinit aber eine pH-abhängige Ladung. Das Mineral hat zwei Arten von Oberflächen. Zwischen den äußeren H-Ionen der Oktaederschichten und den Sauerstoffionen der Tetraederschichten des folgenden Schichtpakets besteht eine Wasserstoff-Brückenbindung. Die

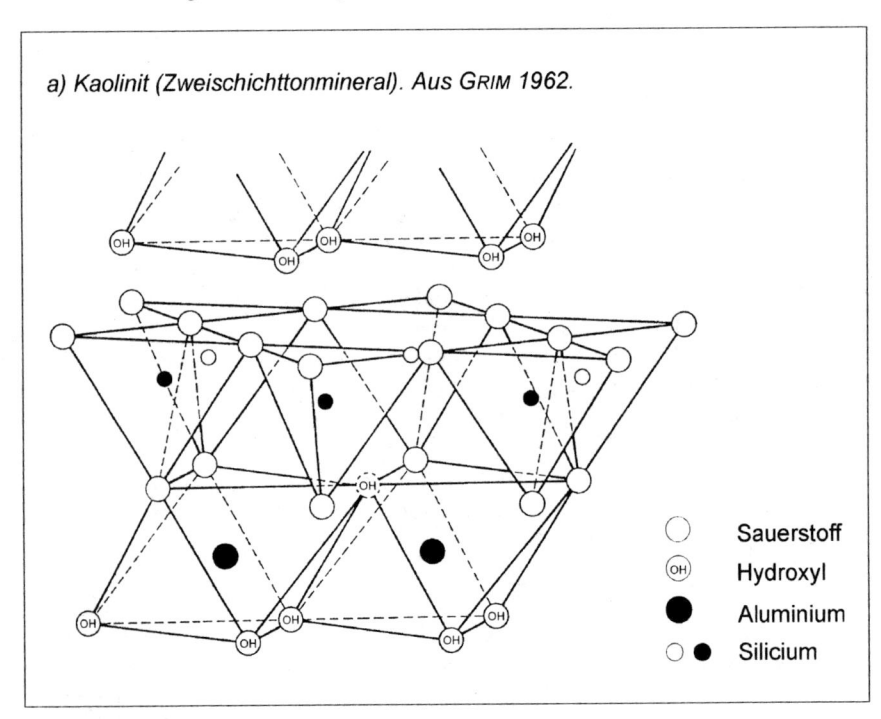

a) Kaolinit (Zweischichttonmineral). Aus GRIM 1962.

○ Sauerstoff
(OH) Hydroxyl
● Aluminium
○● Silicium

Abb. 3.11: Räumliche Anordnung der Tetraeder und Oktaeder.

Bodenbestandteile

b) Montmorillonit (Dreischichttonmineral). Aus GRIM 1962.

austauschbare Kationen
nH₂O

○ Sauerstoff
⊙ Hydroxyl
● Aluminium
○● Silicium

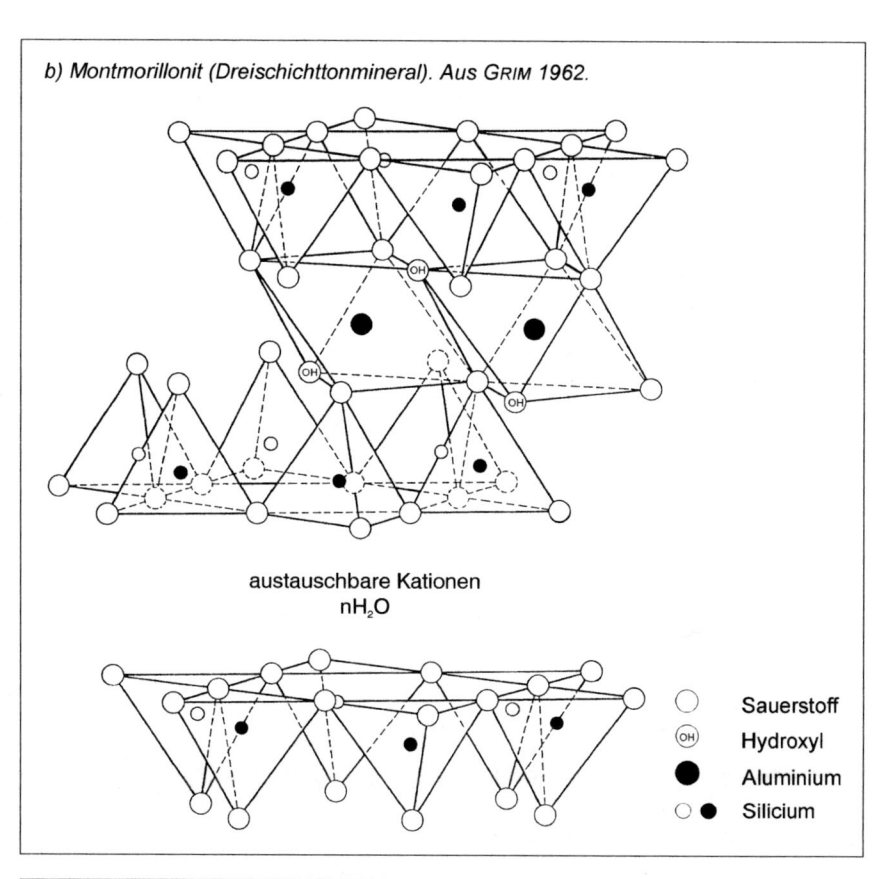

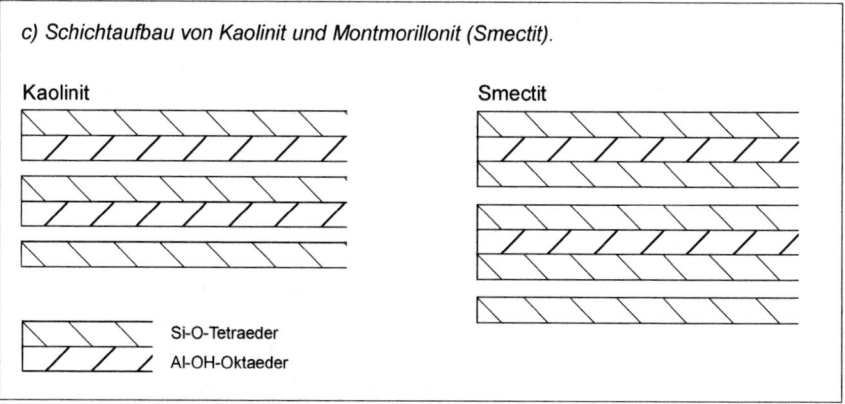

c) Schichtaufbau von Kaolinit und Montmorillonit (Smectit).

Kaolinit

Smectit

Si-O-Tetraeder
Al-OH-Oktaeder

Abb. 3.11: Räumliche Anordnung der Tetraeder und Oktaeder.

d) Illit mit nicht aufgeweiteter Mittel- und aufgeweiteter Randpartie.

Ca^{2+}, Mg^{2+}

Ca^{2+}, Mg^{2+}

K$^+$

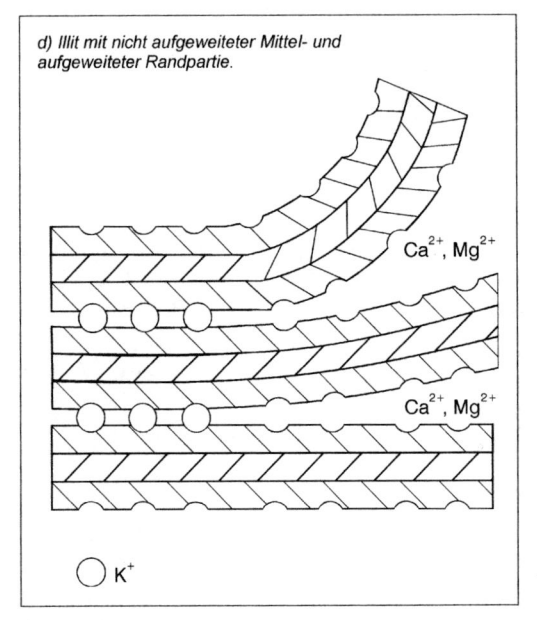

Abb. 3.11: Räumliche Anordnung der Tetraeder und Oktaeder.

Bindung zwischen den Schichtenlagen ist entsprechend stark. Der Kaolinit quillt daher nicht und besitzt nur ein geringes Sorptionsvermögen. Die Entfernung zwischen zwei Tetraederschichten, der sogenannte Basisabstand, beträgt 0,714 nm. Die Böden Oxisols und Ultisols können höhere Anteile an Kaolinit in der Tonfraktion aufweisen. Beim Halloysit treten röhrenartige und sphäroidale Strukturen auf. Halloysit kann wie Kaolinit bei der Verwitterung von Plagioklasen entstehen.

Beispiel:
Intensive Verwitterung fördert die Kaolinitbildung. Eine solche fand z. B. im Tertiär im Granodiorit und in der Grauwacke der Lausitz statt. Dabei entstand der Kaolin als Gesteinszersatz mit Kaolinit als Tonmineral. Feldspäte und Glimmer wurden in Kaolinit umgewandelt, der Quarz blieb als verwitterungsresistentes Mineral zurück (z. B. Lagerstätte bei Caminau). Weiträumig wurde dieser Gesteinszersatz abgetragen. Kaoline treten ferner in NW-Sachsen und um Meißen sowie in NW-England auf (s. a. Abb. 3.12 und Abb. 3.13).

Dreischichtminerale (2:1-Tonminerale) wie Illite, Vermiculite, Smectite weisen eine wiederholte Abfolge aus Tetraeder-/Oktaeder-/Tetraeder-Schichten auf. Zu ihnen gehört die Smectit-Gruppe (früher Montmorillonit, Abb. 3.12) mit aufweitbaren Mineralen, da keine Wasserstoffbrückenbindung zwischen den Schichtpaketen möglich ist. Die Zwischenschichten zeigen ein Quell- und Schrumpfverhalten. Bei den nicht bzw. begrenzt quellbaren Illiten ist der Zusammenhalt der Silicatschichten durch Kaliumionen relativ stark.

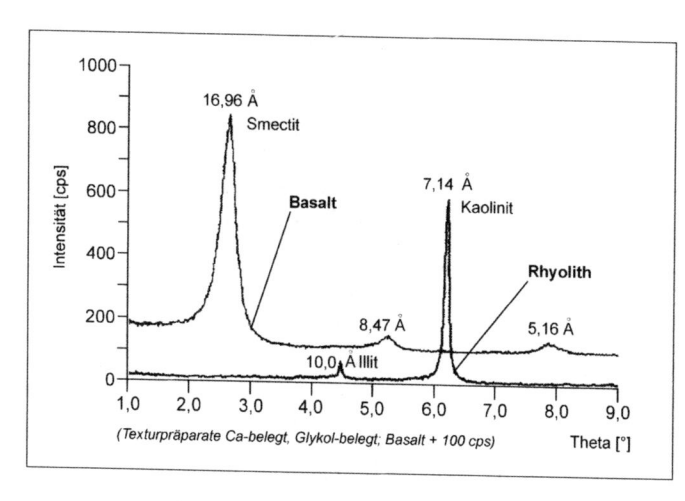

Abb. 3.12: Röntgenographischer Nachweis von Smectit in Basaltverwitterungsmaterial und von Kaolinit in Rhyolithverwitterungsmaterial des oberen Osterzgebirges. Aufnahme: KSCHIDOCK, Tharandt.

Die aus den Glimmern entstandenen, glimmerähnlichen **Illite** sind die dominierenden Tonminerale des gemäßigt-humiden Klimabereichs. Sie sind insbesondere in Lößböden weit verbreitet. Illite kommen vorwiegend in der Grobtonfraktion (2–0,2 µm) vor (Abb. 3.13). Sie können auch in der Fraktion > 2 µm auftreten.

Illitische Tonminerale variieren stark in ihrer Chemie und Struktur. Illite enthalten weniger K und mehr SiO_2 (50 %) als Glimmer, trotzdem sind sie mit etwa 7 % K reich an diesem Element, das bei stärkerer Verwitterung durch H_3O-Ionen aus den Zwischenschichten ausgetauscht wird, wobei das Gitter sich aufweitet. Mg ist in Illit zu 1,2 % MgO enthalten.

Abb. 3.13: Rasterelektronenmikroskopische Aufnahmen von Tonmineralen. Aufnahmen Abt. Geologie, Universität Trier.

a) Kaolinit, Hirschau, Oberpfalz (Bayern).

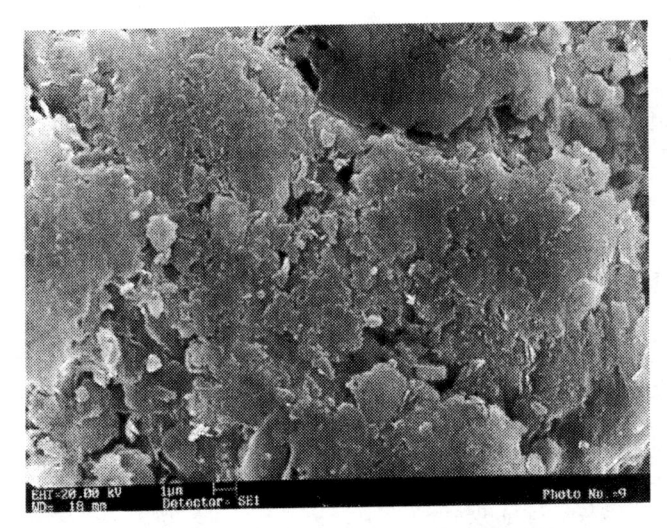

b) Illit, Silver Hill, Mont. Jefferson Canyon, Montana USA (Cambrian shale).

c) Montmorillonit, Otay, San Diego County, California (USA).

Die Schichten im Illit haben eine konstante Dicke von 1 nm. Der Basisabstand beträgt 1 nm. Beim Illit ist in den Tetraederschichten ein Viertel des Si durch Al ersetzt, und die entsprechenden freien Valenzen (negative Schichtladung) werden durch K-Ionen abgebunden. Die Oktaederschicht ist dioktaedrisch. Die Schichtladung je Formeleinheit beträgt 0,6–0,8 Ladungen.

Bei Verwitterung entstehen durch Kationenaustausch in den Zwischenschichten und Aufweitungen derselben Vermiculit und Bodenchlorit. Der Prozeß ist teilweise reversibel.

Die Umbildung von Schichtsilicaten folgt den Reihen

Glimmer $\xrightarrow{-K}$ Illit $\xrightarrow{-K}$ Vermiculit $\xrightarrow{+Al}$ sekundärer Chlorit (Bodenchlorit)
Feldspate, Pyroxene, Amphibole → Zerfallsprodukte $\xrightarrow{+Mg,Ca}$ Smectit.

In stark sauren Böden führt die beschleunigte Illit-Verwitterung zu amorphen SiAl-Verbindungen und damit zu irreversiblen Tonmineralverlusten. Dabei werden gebundenes Al und Mg frei.
Vermiculit $[Mg(H_2O)_6]_n[(Mg, Fe)_3(Si_{4-n}, Al_n)O_{10}(OH)_2]$ oder $Mg_3Si_4O_{10}(OH)_2 \cdot H_2O$ ist ein Mg-Al-Silicat, bei dem das Mg die Oktaederpositionen einnimmt. Das Tonmineral weist einen starken isomorphen Ersatz des Si durch Al in den Tetraedern auf, was seine sehr hohe negative Ladung bedingt, die die des Smectits übertrifft (s. Tab. 6.20). Eine Einlagerung von $Al(OH)_3$ in die Zwischenschichten ist möglich. Vermiculit kann wie Illit K- und NH_4-Ionen fixieren.
Smectit (Montmorillonit) $Na_x[(Al_{2-x} Mg_x) Si_4O_{10}(OH)_2]$ bzw. $(Al_2O_3 \cdot 4SiO_2 \cdot H_2O+xH_2O)$. Die Minerale sind sehr feinkörnig (Abb. 3.13). Die negative Ladung stammt vorwiegend aus isomorphem Ersatz. Mg- und Fe-Ionen befinden sich in oktaedrischer Position. Mg ist im Smectit zu 3,9 % MgO enthalten. Die quellfähigen Tone besitzen, u. a. wegen ihrer hohen negativen Ladung, eine Oberfläche bis zu 800 m^2 g^{-1} (s. 6.16). Der Basisabstand (von einer Tetraederschicht zur analogen des nächsten Schichtpakets) beträgt im lufttrockenen Zustand der Minerale 0,24–1,4 nm. Eine Aufweitung kann bis zur Auflösung der Kristalle in einzelne Schichtpakete erfolgen. Die Tone binden Metallionen wie organische Verbindungen. Smectite sind charakteristische Tonbestandteile der Vertisols (s. Kap. 7). Trocknen feuchte, smectithaltige Böden aus, entstehen durch Schrumpfung der Tonminerale breite Trockenrisse. Im feuchten Zustand sind diese Böden plastisch.
Dreischichttonminerale mit einer zusätzlichen Zwischenschicht (Vierschichttonminerale). Die Chlorite (2:2-Typ) $[Al Mg_2(OH)_6]_x[Mg_3(Si_{4-x} Al_x)O_{10}(OH)_2]$ oder $(Mg, Fe, Al)_6(Si,Al)_4O_{10}(OH)_8$ entsprechen dem 2:1-Typ mit einer zusätzlichen Zwischenschicht aus Mg-OH- (Brucit $Mg(OH)_2$) oder Al-OH- (Hydrargillit $Al(OH)_3$) Oktaedern je Schichtpaket. Sie bestehen damit aus 2 Tetraeder- und 2 Oktaederschichten (Abb. 3.14). Der Zusammenhang der Schichten ist groß (keine innerkristalline Quellung), der Basisabstand beträgt 1,4 nm. Die Einlagerung von Al-Zwischenschichten in Dreischicht-Tonminerale wird als Chloritisierung bezeichnet. Eine Sorption von Ionen in den Gitterzwischenräumen ist nicht mehr möglich. Der isomorphe Ersatz findet in der Tetraeder- (Si durch Al) und Oktaederschicht (Mg durch Fe, Al) statt. Der Ersatz von Mg durch Al bedingt einen positiven Ladungsanteil, der die Höhe der negativen Gesamtladung reduziert.
„Vierschicht"-Tonminerale (Al-Chlorit oder Sekundärchlorit bzw. Bodenchlorit) bilden sich in sauren Böden aus.

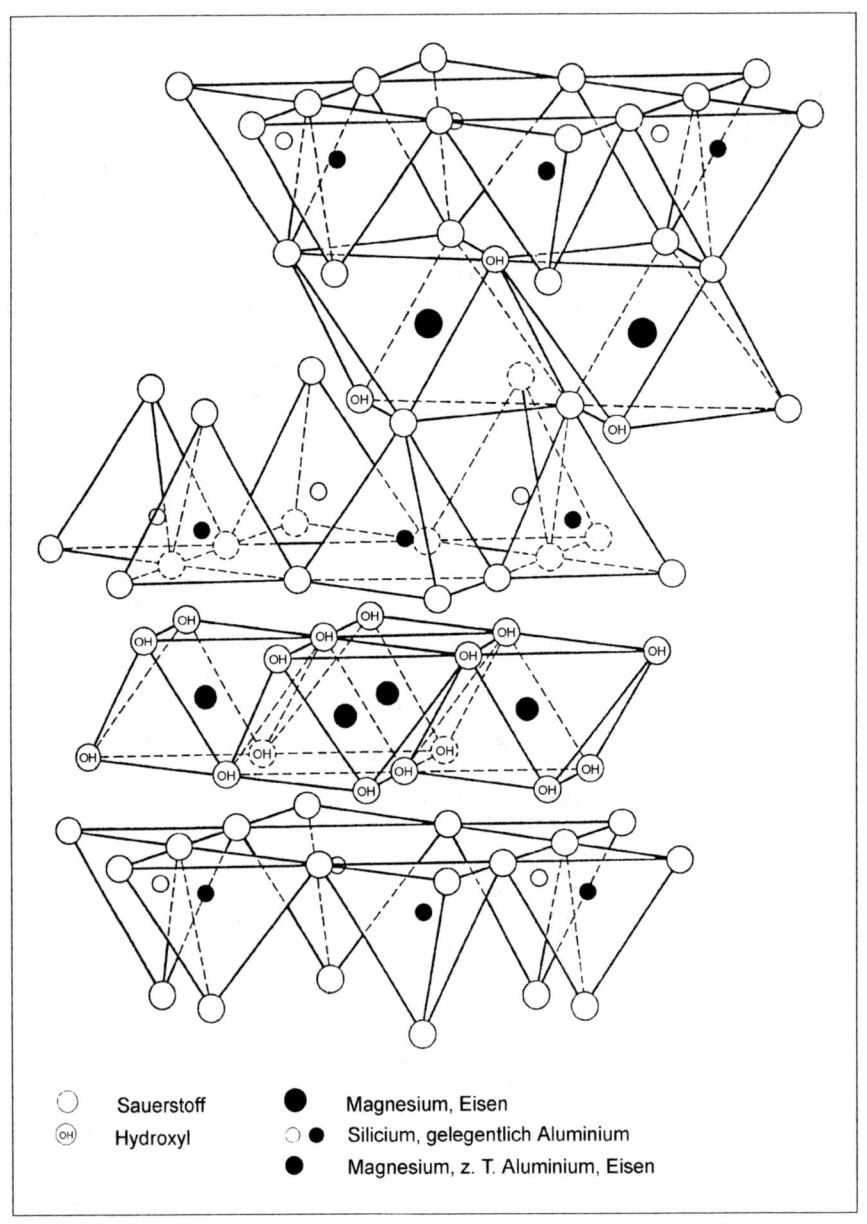

○	Sauerstoff	●	Magnesium, Eisen
(OH)	Hydroxyl	○●	Silicium, gelegentlich Aluminium
		●	Magnesium, z. T. Aluminium, Eisen

Abb. 3.14: Schichtaufbau eines Dreischichttonminerals mit sekundär eingelagerten Al-OH-Oktaedern (Chlorit). Nach GRIM, 1962.

In **Tonmineralen mit Wechsellagerung** wechseln Schichtpakete verschiedener Tonminerale miteinander ab, z. B.
- Illit/Smectit- und Illit/Vermiculit-Wechsellagerungen
- Chlorit/Smectit- und Chlorit/Vermiculit-Wechsellagerungen
- Vermiculit/Smectit-Wechsellagerungen.

Die **Tonfraktion** der Böden enthält meist mehrere Tonmineralarten. Im Geschiebemergel Nordostdeutschlands, und damit ererbt auch in dessen Parabraunerde, treten in der Tonfraktion vorwiegend Illit, daneben auch Vermiculit und Smectit auf. In sauren Waldböden Nordwestdeutschlands enthält die Tonfraktion neben Illit als Verwitterungsprodukt auch aufgeweitete Illite, deren Zwischenschichten durch Al blockiert sind. Böden mit Dreischicht-Tonmineralen sind fruchtbarer als solche mit Zweischicht-Tonmineralen.

3.1.1.3 Nichtsilicate

Carbonate
- **Calcit** (Kalkspat $CaCO_3$) und Dolomit $CaMg(CO_3)_2$ halten in Böden ein alkalisches Milieu aufrecht.

$$CaCO_3 + 2H^+ = Ca^{2+} + H_2O + CO_2$$

Alkalische Bedingungen bei der Verwitterung von basischen Silicatgesteinen begünstigen die Carbonatbildung im Boden, indem sie das obige Gleichgewicht nach links verschieben.
Böden mit einem $CaCO_3$-Gehalt > 30 Masse-% werden als Kalkböden bezeichnet (Tab. 3.3). Dem Pilzmyzel ähnelnde weiße Kalkausscheidungen, wie sie in Lößböden auftreten, werden Kalkpseudomyzel genannt. Lößkindel sind knollig geformte und verfestigte Kalkkonkretionen im Löß. Beim Wiesenkalk handelt es sich um eine Kalkanreicherung auf oder in Niederungsböden.

Tab. 3.3: *Einteilung des Carbonatgehaltes von Böden. Nach AG Boden 1994.*

Gehalt in Masse-%	Bezeichnung
0,5–2	carbonatarm
2–10	carbonathaltig
10–25	carbonatreich

- **Siderit** (Eisencarbonat $FeCO_3$, weißgrau) und Calcit können durch Einwirkung von Kohlensäure in das entsprechende wasserlösliche Bicarbonat übergehen, z. B. $Fe(HCO_3)_2$.
- **Dolomit:** $CaMg(CO_3)_2 + 2H_2CO_3 = Ca(HCO_3)_2 + Mg(HCO_3)_2$.

- Mangancarbonate sind nur in kalkreichen Böden vorhanden.
- Natriumcarbonat (Soda) $Na_2CO_3 \cdot 10\ H_2O$ tritt als Salzausblühung auf Alkaliböden auf.

Sulfide und Sulfate
- FeS, Eisensulfid, und FeS_2, **Pyrit** (Eisendisulfid), schwarz, blauschwarz. Pyrit bildet sich unter stark reduzierenden Verhältnissen unter Mitwirkung des Bakteriums *Desulfovibrio desulfuricans* (s. a. 5.2.5 und Tab. 6.26):
$Fe(OH)_2 + H_2S \rightarrow FeS + 2H_2O$
$FeS + S + e^- \rightarrow FeS_2$.
- $FeSO_4 \cdot 7H_2O$ Eisensulfat, bläulich-grün.
- **Gips** $CaSO_4 \cdot 2H_2O$, vorwiegend in Böden arider Gebiete (pulverförmig und in Sandkorngröße).
- Coelestin $SrSO_4$, verursacht zusammen mit Strontianit $SrCO_3$ im Unteren Muschelkalk (Wellenkalk) und seinen Böden den erhöhten Sr-Gehalt.
- Jarosit $KFe_3(SO_4)_2(OH)_6$, in sauren Sulfatböden, bei der Verwitterung von Sandstein.

Phosphate
- **Apatit** $Ca_5(F,Cl,OH)(PO_4)_3$, Reindichte 3,1–3,2 g cm^{-3}, besteht zu 53,9 % aus CaO und enthält 46,1 % P_2O_5. Er liegt in Graniten häufig als Einschluß in anderen Mineralen vor. Eruptivgesteine enthalten im Durchschnitt 0,3 % P_2O_5. Apatit ist im Mineralreich der Hauptträger der Phosphorsäure. Der P-Gehalt steigt im allgemeinen mit dem Basengehalt des Eruptivgesteins an.
- Variscit $Al(OH)_2H_2PO_4$ bzw. $AlPO_4 \cdot 2H_2O$ und Strengit $Fe(OH)_2H_2PO_4$ bzw. $FePO_4 \cdot 2H_2O$, grauweiß, sind pedogene schwer lösliche Phosphate in sauren Böden (pH < 4).
- Vivianit $Fe_3(PO_4)_2 \cdot 8H_2O$ ist ein farbloses, an der Luft blau werdendes Mineral in Niedermooren.

Oxide
- Titanoxide TiO_2: Rutil, Anatas u. a., Reindichte 4,2, in Sandböden, schwer verwitterbar,
- Ilmenit $FeTiO_3$, schwer verwitterbar,
- Zirkon ZrO_2, gesteinsbürtig, schwer verwitterbar.

Al- und Fe-Verbindungen
Al- und Fe-Oxide sind amphoter. Die Sesquioxide sind mit für die pH-abhängige Ladung der Tonfraktion verantwortlich, sie sind bei niedrigem pH zur Anionensorption fähig, was insbesondere für tropische Böden von Bedeutung ist, in denen sie mit Kaolinit in größerer Menge auftreten können. Die Oxide von Si, Al und Fe können

im Boden als selbständige Minerale auftreten oder in amorpher Form hüllenartig andere Bodenminerale umgeben.

Aluminium:
- **Gibbsit** γ-Al(OH)$_3$;
  $Al^{3+} + 3H_2O = Al(OH)_3 + 3H^+$
  Gibbsit (Hydrargillit) bestimmt die Al-Löslichkeit in Mineralböden. Es tritt in stark verwitterten tropischen Böden auf (Ultisols, Oxisols, auch in Bauxit-Lagerstätten).
- Böhmit γ-AlOOH (seltener)

Eisen:
- Lepidokrokit (γ-FeOOH), gelblich bis hell-orange.
- **Goethit**, Nadeleisenerz (α-FeOOH); für die gelbe bis braungelbe Farbe des Bodens verantwortlich (früher auch Limonit, Brauneisenstein). Die kleine Korngröße des Goethits im Boden bedingt eine spezifische Oberfläche bis zu 200 m^2 g^{-1} Mineral.
- **Hämatit**, Roteisenstein (α-Fe$_2$O$_3$,), rötlich, verursacht die rote Farbe tropischer Böden.
- Magnetit Fe$_3$O$_4$, magnetisch, Reindichte 5,2, gesteinsbürtig, in Sandfraktion des Bodens vorkommend.

Fe(III)-Oxide sind ein verbreitetes Produkt der chemischen Verwitterung eisenhaltiger Minerale. Sie sind farbgebend für zahlreiche Gesteine (z. B. für die rote Farbe von Buntsandstein und Rotliegendsedimenten) und Böden. Bodenbildende Prozesse wie Verbraunung (brauner Bv-Horizont, braune Oxidhäutchen um Minerale), Vergleyung (Rostflecken und Raseneisenbildungen im Oxidationshorizont), Pseudovergleyung (Rostflecken und Konkretionen), Podsolierung (Eisenanreicherung im Bs-Horizont, Ortstein) und Lateritisierung (Krustenbildung, Rotfärbung durch Hämatit) sind an den Kreislauf des Eisens gebunden. Raseneisenstein trat im größeren Umfang im Oberlausitzer Teichgebiet auf, wo er als Eisenerz abgebaut wurde.

Amorphes Fe(III)-hydroxid tritt als junge Bildung in Böden verbreitet auf und altert häufig zu Gemischen aus α-Fe$_2$O$_3$ und α-FeOOH. Es entsteht durch Hydrolyse von Fe(III)-Verbindungen und tritt in Böden und Sedimenten in größerer Menge auf. (Fe(OH)$_2$ ist eine grauweiße Verbindung).

Eisenminerale weisen eine spezifische (kovalente) und unspezifische (elektrostatische) Sorption bzw. Ionenbindung auf. Die spezifische Adsorption ist für Phosphat- und Schwermetallionen von Bedeutung. Fe-Oxide und Fe-Oxidhydroxide binden die Spurenelemente Cu und Mn.

Von den kristallisierten Eisenoxiden kommen in Sedimenten und Böden vor allem Goethit und Hämatit, seltener Lepidokrokit vor. Lepidokrokit bildet in Stauwasserböden orangerote Flecken. Er kann durch Oxidation von Fe(II)-Verbindungen entstehen.

Goethit besitzt eine hohe Stabilität. Goethit ist in Nord- und Mitteleuropa, Hämatit im Mediterranbereich stärker in Böden verbreitet. Die Bildung von Hämatit ist an wärmere Klimate gebunden. Verwitterungsbildungen tropisch-humider Gebiete (Laterite, Oxisole) enthalten neben Hämatit meist auch Goethit. In Böden, die sich aus hämatithaltigen Gesteinen (z. B. Buntsandstein, Rotliegendes) in Mitteleuropa bilden, geht die Umwandlung von Hämatit in Goethit nur sehr langsam vor sich.

Manganoxide
- Manganit γ-MnOOH,
- Pyrolusit MnO_2,
- Vernadit γ-$MnO_2 \cdot nH_2O$,
- Hausmannit Mn_3O_4, stabil.

Mn-Oxide des Bodens haben eine hohe Affinität für Co.

3.1.1.4 Mineralbestand der Böden

Der Mineralbestand kann als bodengenetischer Indikator dienen. Das Ausgangsmaterial eines Bodens gilt als einheitlich, wenn das Verhältnis zweier verwitterungsresistenter Minerale, z. B. Quarz : Zirkon einer verlagerungsresistenten Kornfraktion (Grobschluff) in allen Bodenhorizonten konstant ist. Entsprechendes gilt, wenn das Verhältnis zweier verlagerungsresistenter Kornfraktionen eines verwitterungsresistenten Minerals, z. B. Feinsandquarz zu Mittelsandquarz, gleich ist (Homogenitätsprüfung). Verlagerungsresistent bzw. nicht am Prozeß der Lessivierung teilnehmend sind alle Nicht-Tonfraktionen (6–200 µm).

Viele Mittelgebirgsböden haben sich in einem Mischsubstrat aus Löß und anstehendem Gestein entwickelt (s. 4.1.4). Carbonatfreie, lößgeprägte Böden des Solling bestehen aus Quarz, Albit, Orthoklas, Illit/Glimmer und etwas Kaolinit. Der Nachweis einer Fremdbeimengung von Löß gelingt über Indikatorminerale, die im Löß, nicht aber in der Gesteinskomponente (z. B. Basalt, Sandstein, Quarzit) vorhanden sind. An Lößmineralen eignen sich hierzu u. U. die Schwerminerale Almandin (Granat), Pikotit (roter Spinell) und Epidot.

Um das Ausmaß einer Bodenentwicklung in einem einheitlichen Substrat abzuschätzen, wird eine Bilanz aufgestellt. Bei dieser wird mit Hilfe eines Indexminerals der Ausgangszustand des Substrats rekonstruiert und die Differenz zum gegenwärtigen Zustand ermittelt.

Die primären Minerale (u. a. Feldspäte und Glimmer) entstammen dem Mineralbestand des bodenbildenden Gesteins und lassen sich in der Sand- und Schlufffraktion mikroskopisch nachweisen. Sofern sie schwer verwittern, reichern sie sich im Boden an. Im Zuge der Verwitterung entstehen sekundäre Minerale (Carbonate; Hydroxide, Oxidhydroxide und Oxidhydrate des Aluminiums, Eisens und Mangans; Tonminerale), die verstärkt in der Tonfraktion auftreten.

Minerale geben bei der Verwitterung langsam Ionen wie K^+, Na^+, Ca^{2+} und Mg^{2+} an die Bodenlösung ab. Apatit verwittert leicht und stellt eine Phosphorquelle für die Pflanzen dar. An der Kali-Versorgung der Pflanzen sind Tonminerale, Muskovit und Kalifeldspat beteiligt. Ca-Quellen sind außer Calcit und Dolomit die Plagioklase und einige dunkle Minerale, Mg liefern Dolomit, Biotit und Olivin.
Bodenkolloide können nur elektronenmikroskopisch sichtbar gemacht werden. Kenntnisse über die Struktur anorganischer Bodenbestandteile stützen sich vorwiegend auf röntgenographische Untersuchungen. Zusätzliche Informationen, z. B. über die Lage der Hydroxylgruppen, erhält man durch Infrarotspektroskopie.

3.1.2 Organische Substanz (Humus)

Die organische Substanz des Bodens umfaßt die lebende organische Substanz (s. 3.3) und die tote organische Substanz. Letztere umfaßt die Gesamtheit der abgestorbenen und in Umwandlung befindlichen organischen Stoffe auf und in dem Boden. Die organische Substanz des Bodens leitet sich von in Zersetzung befindlichem Pflanzen-, Mikroben- und Tiermaterial – und damit fast aller Gruppen organischer Stoffe – ab, wovon das Pflanzenmaterial die Hauptquelle darstellt. Die Stoffumwandlung erfolgt chemisch und biologisch. Die hier zu behandelnde tote, in Umsetzung befindliche organische Substanz (Humus) besteht aus Nichthuminstoffen (z. B. Kohlenhydrate, Lignine, Lipide, Eiweiß, insgesamt Verbindungen definierter chemischer Zusammensetzung) und **Huminstoffen**. Bei den Huminstoffen handelt es sich um Neubildungen, die zu einer Stabilisierung der organischen Substanz im Boden führen. Sie interessieren besonders für kolloidchemische Betrachtungen.

Deshalb wird für sie der Begriff Humus enger gefaßt, wobei unzersetzte Pflanzen- und Tiergewebe und die lebenden Organismen ausgeschlossen werden. Da sich eine solche Trennung häufig nicht durchführen läßt oder, wie in morphologischen oder bodengenetischen Untersuchungen, auch nicht angestrebt wird, muß jeweils gesagt werden, wie der Begriff Humus gebraucht wird.

Huminstoffe können terrestrischer (Ligno-Proteinkomplexe), aquatischer (Kohlenhydrat-Proteinkomplexe) oder geologischer Herkunft (Huminsäuren in Braunkohle) sein.

Die organische Bodensubstanz ist Quelle wie Senke für Kohlenstoff und Nährstoffe. Menge und Qualität der organischen Substanz sind für die Produktivität der Bodennutzung in Land- und Forstwirtschaft von ausschlaggebender Bedeutung. Akkumulation oder Verlust an organischer Bodensubstanz auf großen Flächen können das Weltklima beeinflussen.

Unter **Humusgehalt** ist der Gehalt der Feinerde an organischer Substanz zu verstehen. In Abhängigkeit von Bodentyp, Klima und Bewirtschaftung stellt sich in jedem Boden nach einiger Zeit ein bestimmter Humusgehalt ein, der nur schwer zu verändern ist (Tab. 3.4). Hohe Humusgehalte weisen Grünland- und Waldböden auf. Der Humusgehalt kann über den Geamtkohlenstoff (TOC total organic carbon) bestimmt werden. Böden mit > 30 % Humus, wie Niedermoor und Hochmoor, bezeichnet man als organische Böden.

Der Humusvorrat läßt sich aus Horizontmächtigkeit, Lagerungsdichte und C-Gehalt berechnen. In Wäldern NO-Deutschlands haben sich auf Braunerden bis 10 cm Mineralbodentiefe Humusvorräte bis zu 1 000 dt ha^{-1} ausgebildet. Bei Ackerböden betragen die Humusvorräte bis 40 cm Tiefe für Parabraunerden 850 dt ha^{-1}, für Schwarzerden 2 000 dt ha^{-1}. Der „aktive" Anteil dieses Humusvorrates ist nur ein Bruchteil des Gesamtvorrates.

Tab. 3.4: Humusgehalt und Einteilung des Humusgehaltes der Böden (Gehalte in Masse-%). Einteilung nach AG Boden 1994.

a) Humusgehalt von Böden.

Sandböden, grundwasserfern	1 %
Sandböden, grundwasserbeeinflußt	2 %
Lehmböden	2 %
Schwarzerde	3 %
Lehmböden, Mittelgebirge	4 %
Anmoorböden	15–30 %
Moorböden	> 30 %

b) Einteilung des Humusgehaltes landwirtschaftlich genutzter Böden.

Gehalt	Bezeichnung
< 1	sehr schwach humos
1–2	schwach humos
2–4	mittel humos
4–8	stark humos
8–15	sehr stark humos
15–30	anmoorig
> 30	organisch

c) Einteilung des Humusgehaltes forstwirtschaftlich genutzter Böden.

lehmige und tonige Böden	Sandböden	Bezeichnung
< 2 %	< 1 %	humusarm
2–5 %	1–2 %	schwach humos
5–10 %	2–5 %	humos
10–15 %	5–10 %	stark humos
15–20 %	10–15 %	sehr stark humos

Bodenbestandteile

Bildung von Huminstoffen

Die organische Substanz ist nach Menge, Zusammensetzung und Verteilung im Bodenprofil das Ergebnis der Wirkungen der Biosphäre und der biologisch-chemischen Umsetzungsbedingungen im Boden, die ihrerseits wieder von Geofaktoren gesteuert werden. Huminstoffe sind als Stoffneubildungen des Bodens ein Indikator des physikalischen, chemischen und biologischen Bodenzustandes. Die mit der Streu, mit Totholz, abgestorbenen Wurzeln und Bodenorganismen im Wald sowie mit den Ernterückständen, der Gründüngung und dem Stallmist in der Landwirtschaft anfallende organische Substanz besteht vorwiegend aus Polysacchariden, Lignin und Proteinen. Sie wird durch biochemische und chemische Prozesse teils zu CO_2, H_2O und NH_3 abgebaut (Mineralisation) oder in die relativ stabile, dunkle bodeneigene organische Substanz, die Huminstoffe, umgewandelt (Humifikation).

Die Polysaccharide (Cellulose, Hemicellulosen, Stärke) werden enzymatisch zu Zuckern, besonders Glucose, hydrolysiert. **Lignin** ist in den Rückständen von Nadelhölzern, dikotylen Pflanzen und Gräsern zu 10–30 % enthalten und schwer abbaubar. Der Ligninabbau im Boden wird durch spezialisierte Mikroorganismen befördert (Basidiomyceten, Fungi imperfecti, Aktinomyzeten), deren Peroxidasen Sauerstoff aus H_2O_2 übertragen und Spaltungsreaktionen in den Seitenketten, den Methoxyl- und Ringbindungen einleiten. Der Abbau erfolgt unter aeroben Bedingungen und cometabolisch unter Verwendung leicht abbaubarer C-Verbindungen. Bei der Ligninumwandlung entstehen hydrophile Carboxyl- und Hydroxylgruppen, die das zunächst hydrophobe Lignin zunehmend wasserlöslich machen und zur Chelatbindung befähigen.

Die Huminstoffe sind im O-, Ah- und Ap-Horizont angereichert. Huminstoffe stellen einen spezifischen, aber veränderlichen Zustand der Materie dar. Dem Sauerstoff als Elektronenakzeptor kommt für den Beginn der Huminstoffbildung große Bedeutung zu. An der Bildung von Huminstoffen sind Hauptvalenzbindungen zum Aufbau der Kernstrukturen und zwischenmolekulare Kräfte, die den Einbau von Nicht-Huminstoffen ermöglichen, beteiligt.

Chemische Zusammensetzung und Struktur der Huminstoffe

Bausteine für Huminstoffe sind C (etwa 54 %), O (etwa 33 %) und H (etwa 4–5 %), insbesondere in Form aromatischer Ringe, die von Pflanzen (Lignin) oder Mikroorganismen stammen (Abb. 3.15, Tab. 3.5). Diese Ringe werden oxidiert (durch Autoxidation oder Oxidasen, wie die Polyphenoloxidase), wodurch z. B. aus Polyphenolen die entsprechenden Chinone als sehr reaktionsfähige Produkte entstehen, die polymerisieren.

Stickstoff (etwa 2–3 %), als Bestandteil von Aminosäuren, Amiden und Heterozyklen, wird in die neue organische Substanz eingebaut. Für die Bildung von Huminstoffen ist Stickstoff nicht unbedingt notwendig, doch tritt er unter natürlichen Bedingungen immer als Bestandteil auf. Praktisch der gesamte Stickstoff des Bodens ist in der organischen Substanz gebunden (s. Kap. 6). Vor allem biologische Prozesse sind für die Immobilisierung des Stickstoffs in der Humusauflage verantwortlich, was aus seiner Bindung in proteinähnlichen Strukturen geschlossen wird. Diese Strukturen besitzen vermutlich eine erhöhte Abbauresistenz.

a) Coniferylalkohol als Baustein des Lignins

b) Chinone und Hydroxychinone

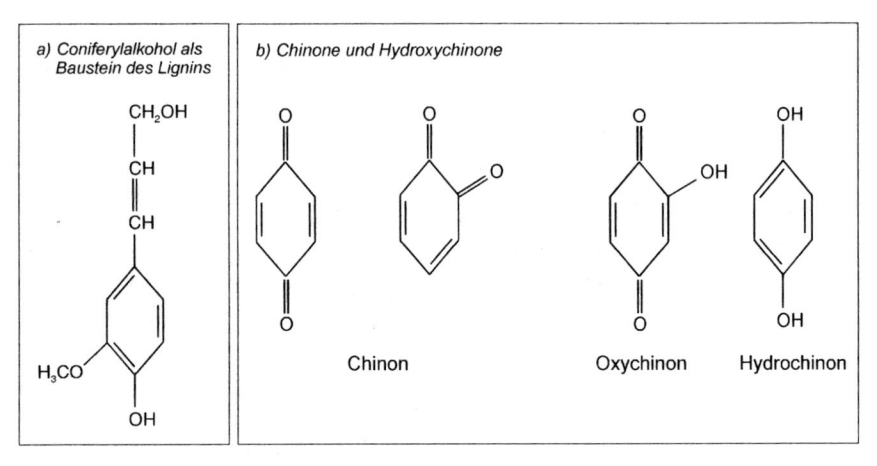

Chinon   Oxychinon   Hydrochinon

Abb. 3.15: Bausteine für Huminstoffe.

Tab. 3.5: Elementare Zusammensetzung von Fulvo- und Huminsäuren (% aschefreie Trockenmasse).

Element	Fulvosäuren	Huminsäuren
C	40–50	50–60
O	44–50	30–35
H	4–6	4–6
N	< 1–3	3–7
S	0–2	0–2

Als weitere Elemente seien Schwefel (etwa 1–2 %, C/S = 100–200 (60–120), etwa 50 % als Ester) und Phosphor (60–90 % als Orthophosphatmono- und -diester, C/P etwa 100) genannt. Das C/N/P/S-Verhältnis in Böden liegt in der Größenordnung 140 : 10 : 1,3 : 1,3. Anthropogene Huminstoffe können sich gegenüber natürlichen durch höhere S-Gehalte auszeichnen.

In der Bodennutzung wird die Güte des Humus über das **C/N-Verhältnis** charakterisiert, das bei Mull als Humusform 10–15 beträgt. In Waldböden Mitteleuropas mit ihrem starken atmogenen N-Eintrag liegt dieses Verhältnis für Rohhumus bei 26 (früher > 29), für Moder bei 24 und für Mull bei 16. Der N-Gehalt der Streu und die N-Immobilisierung im Humus nehmen zu. Gegenüber dem organischen Ausgangsmaterial, z. B. Stroh mit C/N 50–100, tritt bei der Humifizierung durch CO_2-Abgabe eine wesentliche Verengung des C/N-Verhältnisses ein. Das C/P-Verhältnis liegt mit 100–150 deutlich höher (s. 6.2.4).

Bodenbestandteile 39

Chemische und kolloidchemische Eigenschaften
Huminstoffe sind amorph, von gelber bis braun-schwarzer Farbe, kolloidal polydispers – sie besitzen also eine Molekulargewichtsspanne – und von kugelförmiger Gestalt. Huminstoffe sind ein Gemisch vorwiegend makromolekularer Substanzen, das chemisch in Fraktionen zerlegt werden kann. Huminstoffe haben eine **Molmasse** von 500–10 000 bis > 100 000 g mol^{-1} (Werte stark methodenabhängig). Mit wachsendem Molekulargewicht bzw. abnehmender Löslichkeit unterscheidet man Fulvosäuren (rotgelb, wasserlöslich), Huminsäuren (braun bis schwarz, in NaOH löslich, Molgewicht 20 000–100 000) und Humine (unlöslich), die zusammen die Huminstoffe ausmachen. Da auch in den Fraktionen noch Substanzgemische vorliegen, sind die Produkte amorph und besitzen keine chemische Formel.

Als Äquivalentmasse wird bei Huminstoffen die Masseeinheit definiert, die mit einer sauren funktionellen Gruppe ausgestattet ist. Die Anzahl der funktionellen Gruppen tritt hier an die Stelle der Wertigkeit für die Äquivalentmasse anderer Stoffe.

Die Zahl und Art der sauerstoffhaltigen **funktionellen Gruppen** beeinflußt das Reaktionsvermögen der Huminstoffe, so die Kationenaustauschkapazität, die Chelatbildung und die Säurewirkung (s. 6.2). Erwähnt seien die Carboxyl-, die phenolische und alkoholische Hydroxyl-, die Carbonyl-(ketonisch oder chinoid) sowie die Methoxylgruppe und die Ätherbrücke. N-haltige funktionelle Gruppen sind die Aminogruppe und der heterozyklische Stickstoff (Abb. 3.16).

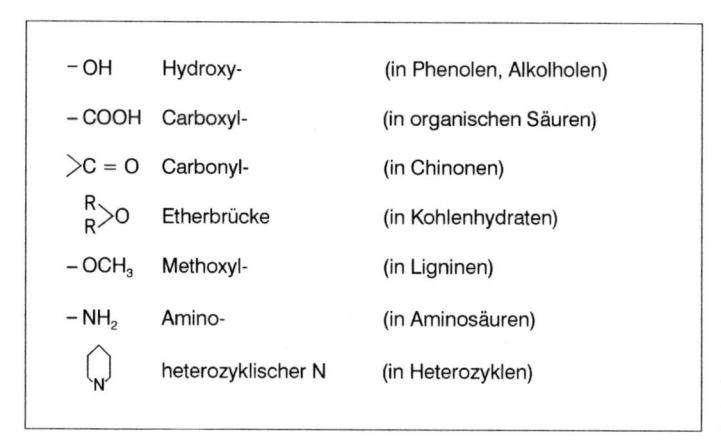

– OH	Hydroxy-	(in Phenolen, Alkolholen)
– COOH	Carboxyl-	(in organischen Säuren)
$>$C = O	Carbonyl-	(in Chinonen)
$^R_R\!>$O	Etherbrücke	(in Kohlenhydraten)
– OCH$_3$	Methoxyl-	(in Ligninen)
– NH$_2$	Amino-	(in Aminosäuren)
⟨N⟩	heterozyklischer N	(in Heterozyklen)

Abb. 3.16: Funktionelle Gruppen der Huminstoffe.

Für die chemische Reaktionsfähigkeit der Fulvo- und Huminsären haben die Carboxylgruppen die größte Bedeutung. Sie dissoziieren zwischen pH 3,0 (4,5) und 7. Die dadurch entstehende pH-abhängige negative Ladung befähigt die Huminstoffe zur Kationensorption. Phenolische OH-Gruppen dissoziieren erst ab pH 9. Mit abnehmenden pH-Werten sinkt die Polarität der organischen Substanz, da die dissoziierbaren OH- und COOH-Gruppen protoniert und damit weniger hydrophil werden.

In chemischen Komplexverbindungen fungiert häufig ein Schwermetallkation hoher Wertigkeit als Zentralatom mit kleinem Ionenradius. Als Liganden treten Anionen, wie Cl^-- oder OH^--Ionen, und ungeladene Moleküle, wie H_2O und NH_3, auf. Organische Liganden, die zwei oder mehr funktionelle Gruppen besitzen, mit denen sie mehrere Koordinationstellen des Zentralions besetzen, bezeichnet man als multidental, die zugehörigen Komplexe als Chelatkomplexe oder Chelate. Lösliche organische Verbindungen im Humus bilden z. B. mit Fe-, Mn- und Al-Ionen Chelate, die in Böden wandern können (Abb. 3.17). Die Löslichkeit nimmt von Fe zu Al zu. Die Beständigkeit der Komplexe ist abhängig vom pH-Wert des Bodens, dem isoelektrischen Punkt der Verbindung, dem Ca-Gehalt der Bodenlösung und der biologischen Zersetzung der komplexierenden Anionen. Bildung und Verlagerung organischanorganischer Komplexe sind für die Pedogenese wesentlich. Eine starke Produktion komplexierender Anionen, hohe Azidität und reduktive Verhältnisse begünstigen die Mobilisierung der zur Chelatbildung geeigneten Kationen.

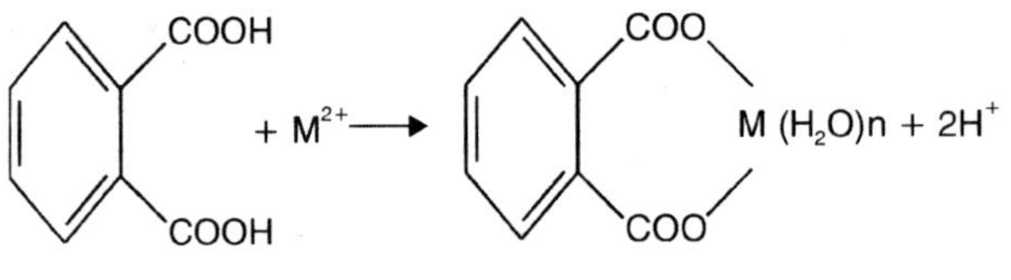

Abb. 3.17: Zur Chelatbildung geeignete Teilstruktur einer Huminsäure.

Huminstoffe treten mit Bodenmineralen, Schwermetallen und Xenobiotica in Wechselwirkung. Monokieselsäure $Si(OH)_4$ kann mit Fulvo- und Huminsäuren Komplexe oder Chelate bilden, wodurch die weitere Polymerisation der Kieselsäure verhindert wird. Huminstoffe sind natürliche Entgiftungsmittel des Bodens und fördern das Pflanzenwachstum. Huminsäuren können kleinere organische Moleküle relativ fest anlagern.

Die chemische **Fraktionierung** der Huminstoffe stützt sich auf Löslichkeitsunterschiede im alkalischen und sauren Milieu. Dadurch gelingt eine Differenzierung in der Reihenfolge steigenden Molekulargewichts in Fulvosäuren, Hymatomelansäuren, Braun- und Grauhuminsäuren und unlöslichen Rest (Humine) (s. Übersicht 3.2). Huminsäuren sind die Hauptfraktion der Huminstoffe.

Die beweglichste Form des C im Boden ist der wasserlösliche organische Kohlenstoff (DOC; gelöste organische Substanz DOM). Seine Mobilisierung beruht auf biotischen Prozessen im Oberboden, seine Immobilisierung auf der Sorption im mineralischen Unterboden.

Extraktionsverfahren zeigen, daß Fette, Wachse und Harze 1–6 % des Humus ausmachen.

Übersicht 3.2: Einteilung der Huminstoffe.

Bezeichnung	Huminsäurevorstufen		Huminsäuren		Humine
	Fulvosäuren	Hymatomelansäuren	Braun-Huminsäuren	Grau-Huminsäuren	
C-Gehalt [%]	< 50	58–62	50–60	58–62	
Farbe	gelb	braun	tiefbraun	grau-schwarz	schwarz
löslich in	Wasser und NaOH	Alkohol und NaOH	NaOH	NaOH	unlöslich in Wasser, Alkohol, NaOH und Säuren
durch HCl	nicht fällbar	bedingt fällbar	fällbar	fällbar	-
Reaktivität	Radikalbildung	hoch	mittel	mittel	gering

Von den Fulvosäuren zu den Huminen verändert sich die Farbe von gelb nach schwarz, C- und N-Gehalt steigen an, Molekulargewicht, Aromatengehalt und innere Vernetzung nehmen zu, funktionelle Gruppen, Sauerstoffgehalt und Säurestärke nehmen ab.

Fulvosäuren sind eine heterogene, relativ niedermolekulare Stoffgruppe (MG ≤ 1 000). Sie lösen sich mit gelber bis gelbroter Farbe in Wasser (fulvus, lat. rotgelb) (s. a. wasserlöslicher organischer Kohlenstoff DOC). Ihr C-Gehalt liegt meist unter 50 %, der N-Gehalt bei 0,7–2,6 %. Fulvosäuren werden im O- und A-Horizont gebildet und mit dem Bodenwasser Richtung B-Horizont verlagert, sie besitzen chelatbildende Eigenschaften und reagieren stark sauer. Ihr Gehalt an Carboxylgruppen übertrifft mit 7,9–9,1 mval g^{-1} Fulvosäure den der Huminsäuren um das zwei- bis dreifache (Gesamtazidität 10–12 mval g^{-1} Fulvosäuren). Die meist leichtlöslichen Salze der Fulvosäuren sind die Fulvate. Fulvosäuren enthalten auch phenolische Gruppen.

Den Übergang zu den Huminsäuren bilden die Hymatomelansäuren, die nicht mehr in Wasser löslich sind und im Gegensatz zu den Fulvosäuren durch Elektrolyte ausgefällt werden.

Huminsäuren sind höhermolekular und dunkler als Fulvosäuren, in Laugen löslich und durch Elektrolyte fällbar. Sie werden nach der Farbe in **Braun- und Grauhuminsäuren** unterteilt, erstere treten u. a. in Braunerden, letztere in Schwarzerden auf. Die Grauhuminsäuren sind fester an anorganische Bodenbestandteile gebunden (mineral-organische Komplexe) und stickstoffreicher als die Braunhuminsäuren (etwa 5 % N gegenüber 3 % N). Ihr C-Gehalt liegt zwischen 58 und 62 %. Grauhuminsäuren zeichnen sich durch hohe Elektrolytempfindlichkeit und hohe Kationenaustauschkapazität aus. Die Salze der Huminsäuren werden als Humate bezeichnet. Alkali- und Ammonium-Humate sind wasserlöslich, Ca-Humate und die Fe- und Al-Humate schwerlöslich. Die Huminsäuren und Ca-Humate sind der wertvollste

Bestandteil des Humus. Die Ca-Humate treten in fruchtbaren Böden, wie den Schwarzerden, verstärkt auf. Die Gesamtazidität der Huminsäuren liegt bei 6–9 mval g^{-1}.

Bei den Huminsäuren handelt es sich um dreidimensional vernetzte Sphärokolloide, die in Abhängigkeit vom Bodenwassergehalt quellen und schrumpfen. Der Kohlenstoff liegt in aromatischen und aliphatischen Strukturen vor. Die Huminsäuren haben einen aromatischen Kern (etwa 25 %), an den u. a. Kohlenhydrate und Proteine angelagert sind. Ihre Sorptionskapazität liegt bei 500–1 200 mval/100 g. Für Huminsäuren der Schwarzerde wurde ein Alter bis zu 5 000 Jahren nachgewiesen.

Ton-Humus-Komplexe (organo-mineralische Komplexe) sind für die Bodenbildung von großer Bedeutung. Sie werden im Darm der Regenwürmer gebildet, so daß sie in biologisch aktiven Böden (Mullböden) stark vertreten sind. Beim Aufbau von Ton-Humus-Komplexen übernehmen die Bindungskationen Fe^{3+}, Al^{3+} und Ca^{2+} eine Brückenfunktion zwischen Ton und Humus. Hervorzuheben sind Montmorillonit-Fe^{3+}-Huminsäure-Komplexe.

Bei den tonorganischen Komplexen findet eine teilweise Einlagerung der organischen Substanz (reaktionsfähige Huminsäure-Vorstufen) in die Zwischenschichten der Tonminerale statt (H-Brücken, van der Waals-Kräfte, Elektronen-Donator-Akzeptor-Beziehungen). Über 50 % des Boden-C können in tonorganischen Komplexen gebunden sein. Ein Großteil der in Mullböden vorkommenden organischen Substanz ist an die Minerale der Tonfraktion gebunden. Die Wechselwirkung zwischen reinen Tonmineralen und fertigen kugelförmigen Huminsäuren scheint dagegen gering zu sein.

Humine bilden den mengenmäßig überwiegenden, chemisch weitgehend inaktiven, nur z. T in heißer Natronlauge löslichen Rest.

Noch geringere Reaktionsfähigkeit besitzt die **Humuskohle**. Der pyrogene Kohlenstoff kann in Böden als Ergebnis häufiger Brände (Waldböden, Prärieböden) angereichert sein. Durch Ascheemission von Kraftwerken kommt es zu einer Kohleanreicherung im Boden.

Daneben werden aus Nichthuminstoffen des Bodens mikrobiell auch farblose organische Makromoleküle gebildet. Diese **Polyuronide** oder Polysaccharide sind als Linearkolloide ausgebildet und können gleichfalls Carboxylgruppen tragen (Abb. 3.18).

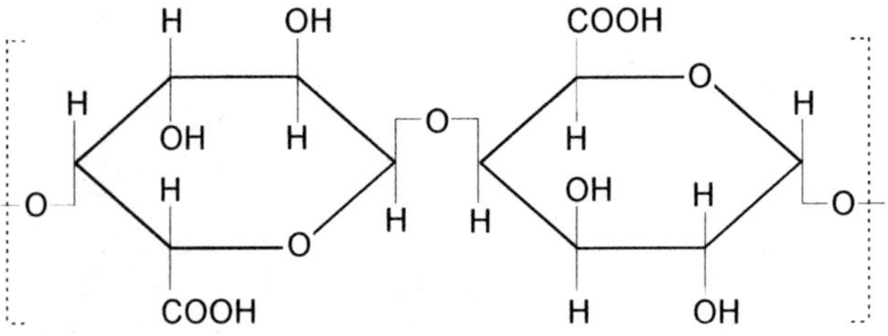

Abb. 3.18: Polygalacturonsäure als Polysaccharid.

Während die dreidimensionalen Huminsäuren sich vorwiegend über Eisenbrücken mit Tonteilchen zu Ton-Humus-Komplexen verbinden, ist bei den Polyuroniden eine direkte Bindung zu Tonmineraloberflächen über die Carboxylgruppen und damit auch ein Brückenschlag zwischen Tonteilchen möglich, wodurch sie zur Strukturierung des Bodens beitragen.

Bedeutung
Huminstoffe beeinflussen den physikalischen, chemischen und biologischen Zustand des Bodens. Erwähnt seien Quellung und Schrumpfung, Ionenaustausch, Metallkomplexe und Nährstoffangebot (N, P und S). Sie beeinflussen das Wachstum von Mikroorganismen und höheren Pflanzen indirekt und direkt. Der im Humus gebundene N der Schwarzerden kann in der Ackerkrume 7–10 t ha^{-1} ausmachen. Die organische Substanz trägt ferner zur Bindung von Ca und zur Entgiftung von Al und Schwermetallen im Boden bei. Huminsäuren lagern manche kleineren organischen Moleküle an. Sie treten mit Umwelt- und Agrochemikalien in Verbindung oder Wechselwirkung (z. B. Bindung von Phenolen, Wechselwirkungen mit manchen Herbiziden, wie solchen der Triazin-Reihe). Allgemein sind sie für die Pedogenese von herausragender Bedeutung (s. 5.2.1). Nach ihrer Funktion unterscheidet man bei Ackerböden **Nähr-** und **Dauerhumus**. Ersterer enthält mikrobiell leicht, letzterer schwer zersetzliche Stoffe. In Sandböden besitzt die Anreicherung von Humus wegen seiner hohen Sorptionskapazität besondere Bedeutung für die Erhöhung der Bodenfruchtbarkeit. Hinsichtlich ihrer physikalischen Wirkung ist die Förderung der Bodenstrukturierung und der Wasserbindung hervorzuheben.

3.2 Flüssige und gasförmige Bestandteile

Bodenlösung und Bodenluft eignen sich für den Nachweis eines Phasenwechsels von Stoffvorräten (z. B. Nährelementpool) im Boden bzw. des Übergangs von Stoffen (z. B. organische Substanz) aus der Festphase in die Transportphasen desselben. Von ökologischem Interesse sind in der Bodenluft O_2, CO_2, N_2O und CH_4, in der Bodenlösung Kat- und Anionen sowie gelöste organische Substanz. Als Treibhausgase interessieren CO_2, NO_x und CH_4. Bodenluft und Bodenlösung stehen in Kontakt mit den Wurzeln, die beide durch Stoffaufnahme und -abgabe verändern. Luftdruckschwankungen beeinflussen die Konzentration von Bodengasen. Im Bodenschutz interessiert der Gehalt der Bodenluft an ^{222}Rn (Radon). Dieses Gas ist in Benzin und Öl (Erdöl) stark löslich, was zur Senkung des Normalgehaltes in der Bodenluft führt und so einen Nachweis dieser Verunreinigungen ermöglicht.

3.2.1 Bodenwasser

In Abb. 3.19 sind die festen, flüssigen und gasförmigen Anteile des Bodens modellhaft dargestellt. Entgegen ihrer normalen Durchdringung liegen sie jetzt sortiert vor. Auf dieser Basis lassen sich zahlreiche physikalische Kenngrößen des Bodens ableiten. Der **Wassergehalt** ist der prozentuale Anteil des Bodenwassers am Gesamtboden. Er wird in Wasser-Vol.-% [Wv-%; $m^3 \cdot m^{-3} \cdot 10^{-2}$ bzw. $cm^3/100\ cm^3$ Boden] oder in Wasser-Masse-% [Wm-%; $kg \cdot kg^{-1} \cdot 10^{-2}$ bzw. g/100 g Boden] angegeben.

Nach Abb. 3.19 gilt:

Wm = Masse des Wassers/Masse des feuchten Bodens

$$= \frac{\rho_w \cdot b \cdot F}{\rho_m \cdot k \cdot F} = \frac{\rho_w \cdot b}{\rho_m \cdot k}$$

ρ_m = Feuchtrohdichte des Bodens
ρ_w = Dichte des Wassers (1 $g \cdot cm^{-3}$)

Wv = Volumen des Wassers/Volumen des feuchten Bodens

$$= \frac{b \cdot F}{k \cdot F} = \frac{b}{k}$$

$$Wv\text{-}\% = Wm\text{-}\% \cdot \frac{\rho_m}{\rho_w}$$

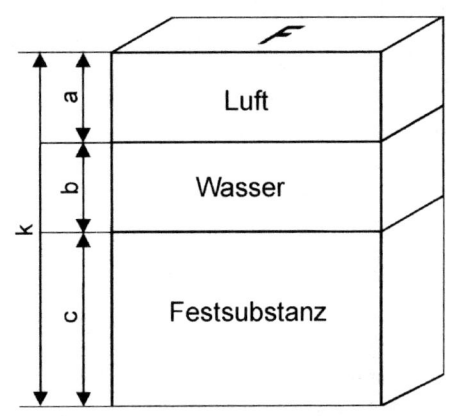

Abb. 3.19: *Anteile von Festsubstanz, Wasser und Luft bei getrennter Anordnung in einem Bodenkubus.*

Der Wassergehalt wird ferner in mm Wassersäule (1 l m^{-2}) angegeben. 1 dm Bodenlage mit 1 Vol.-% Wasser entspricht 1mm Regenhöhe bzw. 1 l m^{-2}.

Beispiel:
15 Masse-% Wasser entsprechen bei einer Bodendichte von 1,5 $g\ cm^{-3}$ einem Wassergehalt in Vol.-% von 22,5 $cm^3 \cdot 10^{-2}\ cm^{-3}$ oder 225 mm WS einer 10 dm mächtigen Bodenzone.

Der Wassergehalt lufttrockenen Bodens reicht von 0 (Sandboden) bis 8 Masse-% (Tonboden). Feuchte Böden enthalten 10–30 % Wasser. Bei Feldkapazität nimmt das Wasser 10–55 % des Bodenvolumens, beim Permanenten Welkepunkt 5–35 % desselben ein. Die volle Wassersättigung (maximale Wasserkapazität) liegt bei 40–60 % des Bodenvolumens (s. 6.1.4). Das Wachstum höherer Pflanzen wie auch die biologische Aktivität des Bodens haben ihr Optimum bei etwa 60 % der Bodenwasserkapazität (s. Kap. 6).

Bodenbestandteile

Bodenlösung (Bodenporenlösung): Von der Bodenmatrix abgetrenntes Wasser wird als Bodenlösung bezeichnet. Die Bodenlösung bildet die chemische Umwelt der Pflanzenwurzeln. Sie setzt sich aus Wasser, Kolloiden und gelösten Substanzen (Salze, Gase, organische Verbindungen) zusammen und erfüllt folgende Funktionen:
- Wasserversorgung der höheren Pflanzen,
- Wasser- und Luftfeuchteversorgung der Bodenorganismen,
- Lösung von Nährstoffen für Organismen,
- chemische Reaktionen an den Bodengrenzflächen,
- Transport von Stoffen im Boden (gelöste und feste Substanzen),
- Durchfeuchtung des Bodens, Verdrängung von Luft,
- Wärmespeicherung, Eisbildung im Boden.

Die **Elektrolytkonzentration** der Bodenlösung (Bodenporenlösung) ist im humiden Klima mit 0,02–0,05 % niedrig, der zugehörige osmotische Druck liegt bei 0,2–1 atm. Salzböden im ariden Klima weisen dagegen hohe Salzgehalte in der Bodenlösung auf (> 0,4 %–5 %). Entsprechend hoch ist der osmotische Druck (s. 6.1.4).

Die Bodenlösung steht in Kontakt mit den Bodenmineralen und Bodenkolloiden einerseits und den Pflanzenwurzeln und Mikroorganismen andererseits. Ihre Ionenkonzentration hängt damit von der Verwitterung und der Pflanzenernährung ab, sie wird weiter von der Witterung beeinflußt. Während in neutralen bis schwach sauren Ackerböden die basischen Kationen Ca, K und Mg dominieren, treten diese in sauren Waldböden zugunsten von Al-, H-, Fe- und Mn-Ionen (saure Kationen) zurück (Tab. 3.6). Der Mn-Gehalt der Bodenlösung ist pH- und Eh-abhängig, er ist bei pH 3 hoch, bei pH 7 sehr niedrig.

Bei den Anionen tritt in landwirtschaftlichen Böden verstärkt Nitrat, in Waldböden unter Koniferen an erster Stelle Sulfat auf. Die Konzentration der Nährelemente in der Bodenlösung ist stets nur gering. Ihre Konzentration wird durch verschiedene Mechanismen gepuffert, z. B. bei basischen Kationen durch ihre austauschbare Bindung an Bodenkolloide. Die Menge des austauschbaren K ist bis zu 100fach größer als die in Lösung vorliegende. Wird K z. B. durch Wurzeln aus der Lösung entzogen, wird es von den Austauschern desorbiert, bis der Ausgangswert etwa erreicht ist. Im Sickerwasser unterhalb der Wurzelzone landwirtschaftlich genutzter Sandböden liegt die mittlere Nitrat-Konzentration zwischen 15 und > 200 mg l^{-1}, bei Acker auf Lößböden bei etwa 50 mg l^{-1} Nitrat.

Die gelösten **Gase** stehen mit der Bodenluft im Gleichgewicht. Die Löslichkeit der Gase im Bodenwasser folgt dem **Henry'schen Gesetz**. Die Löslichkeit ist proportional dem Partialdruck des in Kontakt mit der Bodenlösung stehenden Gases.

$$C_g = k \cdot P_t$$

C_g Konzentration des gelösten Gases in mol l^{-1}, k Konstante (mol l^{-1} at^{-1}),
P_t Partialdruck des Gases in at bei der Temperatur t.
k beträgt für CO_2 3,38 · 10^{-2}, für O_2 1,28 · 10^{-3}.

Kohlendioxid ist besser wasserlöslich als Sauerstoff. Die Konzentration des Hydrogencarbonats in der Bodenlösung ist eine Funktion des pH-Wertes und des CO_2-Partialdrucks. Sehr gut wasserlöslich sind Ammoniak (Düngung mit flüssigem Ammoniak möglich) und SO_2 (mögliche direkte Bodenaufnahme dieses Luftschadstoffes). Die Zusammensetzung des Bodenwassers ermöglicht einen Einblick in den bodenchemischen Zustand. Ergänzende Untersuchungen der Bodenfestphase sind jedoch angebracht.

Die Ionenstärke des **Sickerwassers** wird durch die Konzentration der Anionen starker Mineralsäuren (H_2SO_4, HNO_3, HCl) kontrolliert. Für die ökologische Beurteilung saurer Waldböden interessieren das Ca/Al-, Ca/H- oder Ca + Mg + K/Al-Ionenverhältnis (Al^{3+} ist phytotoxisch, Ca^{2+} wirkt als Antagonist). Der pH-Wert des Sickerwassers saurer Waldböden des Erzgebirges liegt im Oberboden bei 3,4–4. In den Boden eingetragene Luftschadstoffe verändern die Konzentration wesentlicher Ionen in der Bodenlösung, wodurch die Beziehung zur chemischen Zusammensetzung des Bodens und zu witterungsabhängigen mikrobiologischen Prozessen überdeckt werden kann (Tab. 3.6).

Tab. 3.6: Zusammensetzung des Sickerwassers.
a) In sauren Waldböden des Osterzgebirges unter Fichte. Nach ABIY 1998.
b) Nahe Berlin unter Kiefer in 50–200 cm Tiefe. Nach CORNELIUS et al. 1986–94.
c) Unter Wiese und Nadelwald im Thüringer Schiefergebirge. Nach SCHWALBE 1998.
Angaben in mg · l^{-1}.

Ion	a)	b)	c)
NO_3-N	< 0,2–33,5	0,7–0,2	0,03–13,6
NH_4-N	0,1–2,3		0,2
PO_4			0,2
S	1–550 ($\bar{x}$ 15–77)	42–45	0,005–4,9
Cl	0,2–89		0,7
Ca	1,4–114	22–26	14
Mg	0,1–26	3–4	1,3
Na	0,6–46	8	0,4
K	< 0,3–17,4	3–2	0,4
Al	1–259	10	0,35
Fe	Spuren–3,7		0,06
Mn	0,3–39	2	0,007
Zn	0–3,7	1,1–0,7	0,008
Cu			0,008
Ca/Al	0,2–7,2		
Ca/H	0,3–19,2		
Cd (µg/l)		4,1–3,1	
Pb (µg/l)		2,6–2,1	
pH		4,0–4,4	6,0

Bodenbestandteile

Prüfwerte für Spurenelemente enthält Tab. 3.7.

Element	Prüfwert
Pb	25
Cd	5
Cr	50
Cu	50
Hg	1
Zn	500
As	10
F	750

Tab. 3.7: Prüfwerte ($\mu g \, l^{-1}$) für Spurenelemente zur Beurteilung von Sickerwasser im Boden bzw. des Wirkungspfads Boden – Grundwasser. Nach LAWA-LABO-LAGA-AG 1996 und Bundes-Bodenschutzgesetz.

Die **Alkalinität** von Sickerwasser kann durch die beiden Seiten der folgenden Gleichung definiert werden:

$$([Na^+] + [K^+] + 2[Ca^{2+}] + 2[Mg^{2+}]) - ([Cl^-] + [NO_3^-] + 2[SO_4^{2-}]) = ([HCO_3^-] + [A^-]) - ([H^+] + \Sigma [Al^{n+}])$$

[ ] Angaben in mmol[äq] l^{-1}, A^- organische Anionen, ΣAl^+ Summe aller positiv geladenen Al-Spezies.

H_2CO_3 tritt nur oberhalb pH 5 dissoziiert auf. Negative Werte der Alkalinität zeigen versauerte Wässer an. Der zeitliche Verlauf der Ca- und Mg-Konzentrationen im Sickerwasser ähnelt häufig dem des Nitrats und Sulfats. In Böden mit hoher Basensättigung geht der Gehalt an sauren Kationen, wie Al, im Sickerwasser gegen Null. **Wasserlösliche organische Stoffe** in der Bodenlösung sind an Komplexierungs- und Verlagerungsvorgängen und damit bodengenetischen Prozessen beteiligt. Die aus der Streu und dem Humus ausgewaschenen organischen Verbindungen (DOC dissolved organic carbon, gelöster organischer C bzw. DOM gelöste organische Substanz, vorwiegend Phenole und Zucker; s. a. Fulvosäuren) treten teils als Anionen, teils als Komplexbildner für Schwermetalle (wie Eisen und Mikronährstoffe) sowie Al auf. Sie tragen so zur Elektroneutralität der Bodenlösung (Summe der Anionen gleich Summe der Kationen) und zur Verlagerung von Kationen in sauren Waldböden bei. Bei der Aufstellung von Ionenbilanzen ergibt sich im Oberboden ein Kationenüberschuß, der durch diese organischen Anionen reduziert wird (s. Kap. 8). Al^{3+}-Ionen werden durch die Komplexierung entgiftet. Als niedermolekulare organische Säuren verlagern sie ferner H-Ionen aus dem Auflagehumus in den Mineralboden, in dem sie die Verwitterung beschleunigen. Im Mineralboden werden diese organischen Verbindungen mit zunehmender Bodentiefe weitgehend sorbiert oder abgebaut. Dies betrifft vor allem höhermolekulare und hydrophobe Bestandteile. Aus dem Auflagehumus eines Fichtenforstes können 200–300 kg ha^{-1} a^{-1} DOC in den Mineralboden verlagert werden. Die DOM-Bestandteile üben ferner als lösliche Sorbenten für hydrophobe organische Umweltchemikalien eine Trägerfunktion aus (s. Kap. 9). Die mittlere Gesamtladung der DOM beträgt etwa 7 mval · g^{-1}.

3.2.2 Bodenluft

Die Bodenporen machen etwa 50 Vol.-% aus. Der Gehalt an Bodenluft in ihnen variiert invers zu dem des Bodenwassers und ist damit sehr variabel (etwa < 5–40 %). Die Bodenluft ist ein Mehrkomponenten-Gasgemisch. Hauptgase der Bodenluft sind N_2, O_2 und CO_2, hinzu kommt der Wasserdampf. Der Dampfdruck des Wassers bei 25 °C beträgt 0,0313 at.

Die **Zusammensetzung** der Bodenluft unterliegt jahreszeitlichen Schwankungen sowie starken Änderungen in Abhängigkeit von der Intensität der bodenbiologischen Prozesse, dem Gasaustausch mit der Atmosphäre (s. Kap. 6) und dem Wassergehalt des Bodens. So kann der CO_2-Gehalt bis über 6 % ansteigen und der O_2-Gehalt von etwa 21 auf 1 Vol.-% bei Vorliegen von Staunässe fallen. Bereits in der obersten Bodenzone steigt der CO_2-Gehalt der Bodenluft auf 0,3 Vol.-% an, er nimmt nach der Bodentiefe hin zunächst zu. Die Bodenluft enthält wegen der Atmung von Wurzeln und Bodenorganismen immer mehr CO_2 und weniger O_2 als die Luft über dem Boden (0,03 % CO_2, 78 % N_2 und 20 % O_2 in der Atmosphäre). Ursache dafür ist die aerobe Zersetzung organischer Substanz zu CO_2 und H_2O. Ein Sauerstoffgehalt von > 10 % ist für die Pflanzenproduktion anzustreben. Die CO_2-Konzentration steigt wie die Atmung der Bodenorganismen mit der Bodentemperatur, sie erreicht maximale Werte im Sommer. Ein CO_2-Gehalt > 1 % kann auf Pflanzen toxisch wirken. In einem gut belüfteten Boden werden jedoch Konzentrationen von 1–2 % CO_2 nicht überschritten.

Im Vergleich zur atmosphärischen Luft hat die Bodenluft einen hohen Feuchtigkeitsgehalt. Sie ist unterhalb des Permanenten Welkepunktes (pF 4,2) praktisch wasserdampfgesättigt (> 95 %), worauf die Bodenorganismen eingestellt sind (s. 6.1.5).

$$\text{Relative Luftfeuchte} = \frac{P_w}{P_{ws}} \cdot 100\%$$

mit P_w Partialdruck des Wasserdampfes und P_{ws} als Sättigungsdruck.

Bei Sättigung ist $P_w = P_{ws}$ und die relative Feuchtigkeit der Bodenluft 100 %. Die zugehörige Temperatur ist der Taupunkt. Sinkt die Temperatur unter den Taupunkt, tritt Taubildung bzw. Kondensation ein.

Unter reduzierenden (anaeroben) Bedingungen kann die Bodenluft Methan (CH_4) und Schwefelwasserstoff (H_2S) sowie flüchtige organische S-Verbindungen (Mercaptane, Alkylsulfide) enthalten. Methanbildung tritt nicht nur bei Deponieböden, sondern auch bei der Salzmarsch, überfluteten Reisböden, Mooren und Sapropelen auf. Die Zusammensetzung der Vegetation und der Bodenmikroorganismen spiegelt Sauerstoffmangel im Boden deutlich wider (s. 3.3). Unter anaeroben Bedingungen kann sich ein Gasdruck aufbauen:

$$C_6H_6O_6 \rightarrow 3CO_2 + 3CH_4.$$

Bodenbestandteile 49

Methanotrophe Bakterien leben im oxischen Bereich von Feuchtböden und oxidieren dort das in der Tiefe gebildete und zur Oberfläche emittierte Methan. Andere Bodenbakterien sind zur Oxidation des in Spuren in der Atmosphäre enthaltenen Methans befähigt. Die Oxydation des Methans ist an ein Methan-Monooxygenase-System gebunden.

Über uranhaltigen Bodensubstraten bzw. Gesteinen, wie z. B. manchen Graniten oder Schiefern, ist in der Bodenluft Radon angereichert. Dieses kann mit transportablen Geräten heute im Feld gemessen werden.

Der Boden steht in Wechselwirkung mit der Atmosphäre und hat wesentlichen Anteil an der Bildung von **Treibhausgasen**. Die CO_2-Abgabe wie O_2-Aufnahme je Jahr und Hektar bewachsenen Bodens liegt bei etwa 4 000–10 000 m^3. Von Waldböden werden etwa 5–10 t CO_2-C ha^{-1} a^{-1} und 1–2 kg N_2O ha^{-1} a^{-1} freigesetzt. Von den weltweit freigesetzten relevanten Gasen stammen 20 % des CO_2, 35 % des CH_4 und 65 % des NO_x (z. B. N_2O) aus Bodenprozessen (z. B. Respiration, Denitrifikation, s. Kap. 6). Hauptursache für den Anstieg der N_2O-Konzentration in der Atmosphäre sind Landnutzungsänderungen und ein zunehmender N-Eintrag in die Böden, z. B. durch Düngung. N_2O-Emissionen der Böden sind das Ergebnis von Nitrifikation (Bildung) und Denitrifikation (Verbrauch, s. Kap. 6). Bezüglich der klimawirksamen Gase kann der Boden als Quelle wie als Senke wirken.

3.3 Wurzeln und Edaphon

Den Bodenorganismen dient der Boden als Lebensraum. Die Aktivität der Bodenorganismen und die biochemischen Prozesse im Boden finden ihren sichtbaren Ausdruck in dem Abbau der Streu sowie im Auftreten und in den Eigenschaften der Humushorizonte. Die Strukturierung des Bodens und die Stabilität der Bodenaggregate sind weitgehend auf die Tätigkeit der Bodenorganismen zurückzuführen. Die Gesamtheit der Bodenorganismen – Bodenflora und -fauna – bezeichnet man als **Edaphon** (edaphos, gr., Erdboden). Edaphon und Wurzeln zusammen bilden die lebende Biomasse des Bodens.

3.3.1 Wurzeln

Wurzeln wirken auf den sie umgebenden Boden durch ihr Wachstum, ihre Stoffaufnahme (Wasser und Nährstoffe) und -abgabe (CO_2, wasserlösliche organische Verbindungen, H-Ionen), über Mikroben-Wurzel-Interaktionen sowie nach ihrem Absterben als Ausgangsmaterial der Huminstoffbildung und Leitbahnen für Sickerwasser. Lebende und tote Wurzeln dienen vielen edaphischen Tierarten als Nahrung. Der Einfluß der Pflanzenwurzeln erstreckt sich u. a. auf den Boden-pH-Wert sowie die

Eigenschaften von Tonmineralen, z. B. die Kaliumverarmung von Glimmern und Tonmineralen. Die Wirkungen der Wurzeln werden bei der Rekultivierung von Kippenrohböden, der Bodensanierung und der Hebung der Bodenfruchtbarkeit genutzt. Die Wurzeln der Waldbäume machen etwa 20 bis 25 % ihrer Biomasse aus. Die Masse der lebenden Wurzeln im Boden wird als **Wurzelbiomasse** bezeichnet. Die Wurzelbiomasse eines Buchenwaldes kann 21 t ha^{-1} betragen. In feucht-tropischen Wäldern kann der Anfall toter Wurzeln bei 25 dt ha^{-1} a^{-1} liegen. Bei landwirtschaftlichen Kulturen variiert die Menge der Wurzelrückstände von < 10 (Rüben, Kartoffeln) über 15 (Getreide) bis maximal 60 dt ha^{-1} (Klee-Gras, Luzerne). Diese erhebliche Masse lebender und toter Wurzeln in einem Boden beeinflußt seine Eigenschaften merklich, so die Bildung von Wurzelkanälen in schweren Böden als Wasserleitbahnen, die Förderung der Bodenstruktur über die Feinwurzeln und die Lieferung organischer Substanz für die Humusbildung und die Erhöhung der C-Vorräte im Unterboden. Ferner nehmen die Wurzeln Einfluß auf den Wasser-, Luft- und Nährstoffhaushalt des Bodens durch ihre Atmung und Aufnahme von Wasser und anorganischen Nährstoffen. Der biochemische Stoffumsatz wird insgesamt gesteigert. Das Ausmaß des Bodenlebens hängt stark von der Durchwurzelung des Bodens ab. Dies betrifft besonders die Anreicherung des Edaphons in der Rhizosphäre (Wurzelumgebung) durch Wurzelausscheidungen (Exsudation leicht abbaubarer C- und N-haltiger Substanzen), pH-Verschiebungen und Absterben der Haarwurzeln. An den Wurzelspitzen werden Schleimstoffe (Linearkolloide) ausgeschieden (Mucilage), die die Diffusion von Nährionen und des toxischen Al^{3+} sowie die Mobilisierung des Phosphats beeinflussen.

Man unterscheidet zwischen einer **Pflanzenbewurzelung** (Abb. 3.20) und einer **Bodendurchwurzelung** (Abb. 3.21). Von Interesse ist die Variation der Wurzelverteilung im Boden bezüglich ihrer Form, die genetisch und umweltbedingt ist. Bei den Baumarten unterscheidet man **Pfahlwurzler**, wie z. B. die Eiche und Kiefer, oder **Herzwurzler**, wie z. B. Tanne und Buche, und **Flachwurzler**, wie z. B. Fichte und Birke (Abb. 3.22). Doch gibt es hiervon auch zahlreiche Variationen, da die jeweilige Bodenausbildung das Wurzelwachstum über den Ton- und Humusgehalt

Abb. 3.20: Bewurzelung einer Buche auf mäßig ausgeprägtem Pseudogley. Wermsdorf, NW-Sachsen.

Bodenbestandteile **51**

sowie den Wasserhaushalt stark beeinflußt. Deshalb ist eine genaue Beschreibung der „Wurzeltracht" jeweils notwendig. Mechanische Sperren, wie Bodenverdichtungen, können das Wurzelwachstum hemmen.

Abb. 3.21: Zwischenflächendurchwurzelung im Eichenmischwald. Fasenenholz, Hubertusburg. Extremer Pseudogley; 6 dm Staublehm über sandig-lettigem Ton. Aufnahme: MÜLLER 1937.

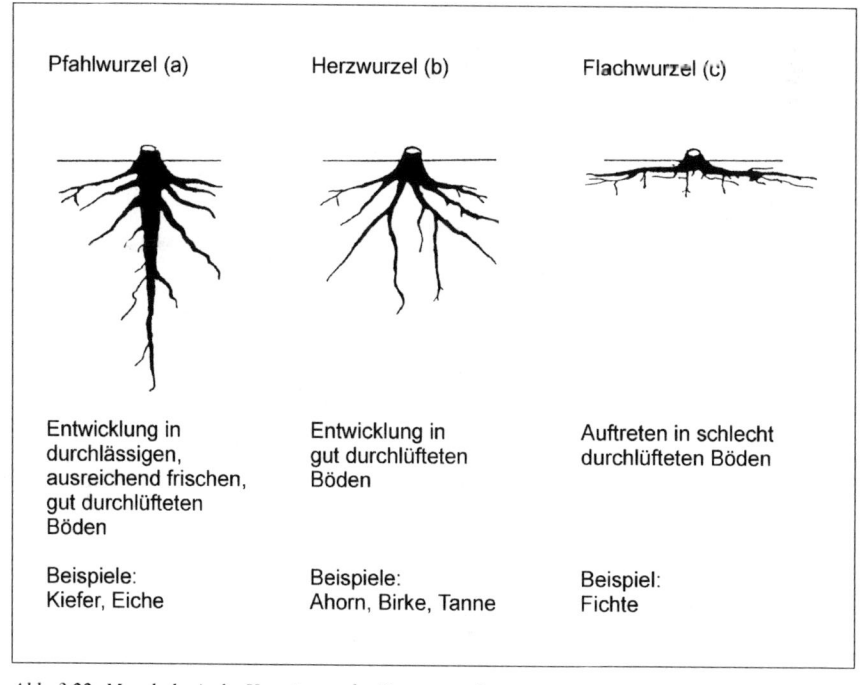

Pfahlwurzel (a)	Herzwurzel (b)	Flachwurzel (c)
Entwicklung in durchlässigen, ausreichend frischen, gut durchlüfteten Böden	Entwicklung in gut durchlüfteten Böden	Auftreten in schlecht durchlüfteten Böden
Beispiele: Kiefer, Eiche	Beispiele: Ahorn, Birke, Tanne	Beispiel: Fichte

Abb. 3.22: Morphologische Haupttypen der Baumwurzeln.

Die Durchwurzelung interessiert vor allem für die Zwischenflächen (Bodenraum im Wald zwischen den Wurzelstöcken). Sie läßt die Ausnutzung des Bodens durch die vorhandene Vegetation erkennen und ermöglicht Einblicke in die Bodenbeschaffenheit. Vergleichende Durchwurzelungsuntersuchungen stützen sich vor allem auf die Feindurchwurzelung, die nach Wurzelmenge und Häufungsweise erfaßt wird. Bei den Wurzeln interessiert ferner ihre Verteilung auf die Bodenhorizonte oder bodengeologischen Schichten, die Mächtigkeit des Haupt- und Nebenwurzelraums und die Durchwurzelungstiefe. Entsprechend unterscheidet man eine Intensiv- und eine Extensivwurzelschicht des Bodens. Die **Intensivwurzelschicht** ist in der Regel locker und weist ein gut ausgebildetes Aggregatgefüge auf. In der **Extensivwurzelschicht** ist die Lagerungsdichte des Bodens meist hoch, das Gefüge oft kohärent. Die Durchwurzelbarkeit ist u. a. über die Bodenbelüftung vom Grobporenanteil des Bodens abhängig. Das Optimum der Wurzelausbreitung liegt bei pF 2,0–2,5.

Bei den meisten Mittelgebirgsstandorten kann unabhängig von der Baumart von einer maximalen **Durchwurzelungstiefe** von 10–12 dm ausgegangen werden. Stark staunasse Böden und Gleyböden lassen ein tiefes Eindringen der Wurzeln nicht zu, alle Baumarten wurzeln hier flach (maximale Tiefe 6 dm). Fichte wie Buche bilden dann tellerartige Wurzelsysteme von 1–4 dm Tiefe. Von den heimischen Waldbäumen entwickelt die Eiche die höchste Wurzelenergie, doch muß selbst sie auf verdichteten Pseudogleyen ein mehr horizontal geprägtes Wurzelsystem anlegen. In normal durchlüfteten Böden des Flach- und Hügellandes bildet die Eiche ein sehr kräftiges, intensives Pfahlwurzelsystem aus, das den tieferen Unterboden in Stocknähe kräftig durchwächst, gleichzeitig legt sie eine weitstreichende Zwischenflächendurchwurzelung an. Über die Mächtigkeit des Hauptwurzelraumes landwirtschaftlicher Kulturen informiert Tab. 3.8. Für Überschlagsrechnungen geht man bei Acker von einer Bodenmächtigkeit bis zu 3 dm, bei Grünland bis zu 1 dm aus.

Tab. 3.8: Mittlere Mächtigkeit des Hauptwurzelraumes einjähriger landwirtschaftlicher Nutzpflanzen bei verschiedenen Böden. Nach RENGER *et al. 1974.*

Bodenart	Bodentyp	Hauptwurzelraum [dm]
Sande	Podsole	4–6
	Braunerden	5–7
lehmige Sande, sandige Lehme	Braunerden, tiefe Gleye	6–8
schluffige Tone bis Tone		6–10
tonige Schluffe	Auenböden (Lößböden)	10–15

In der Landwirtschaft werden Gras-Leguminosengemische angebaut, wenn eine intensive Durchwurzelung des Bodens und in deren Gefolge eine Gefügeverbesserung und Anreicherung organischer Substanz erreicht werden soll. Bei Grünlandnutzung kann man mit einer Durchwurzelungstiefe von 40 cm rechnen.

Mit zunehmender Durchwurzelungstiefe steigt der als Speicher für Wasser und Nährstoffe nutzbare Bodenraum. Wurzeln entziehen dem Boden Wasser und Nährstoffe und reichern ihn mit organischer Substanz an.

Bodenbestandteile

Die Wurzeln selbst werden nach ihrem Durchmesser in Klassen eingeteilt:
Feinstwurzeln   < 1 mm
Feinwurzeln   1–2 mm
Schwachwurzeln   2–5 mm
Mittelwurzeln   5–10 mm
Grobwurzeln   10–20 mm

Die Masse der **Feinwurzeln** ist im Oberboden lokalisiert (Oh- und A-Horizont). Die Feinwurzelmasse entspricht in einem Kiefernbestand etwa der Nadelmasse (2–3 t ha^{-1}), in Mischwäldern 1,2–6,5 t ha^{-1}. Eichen- und Buchenfeinwurzeln unterscheiden sich in ihrer Empfindlichkeit gegenüber Trockenstreß, wobei die Buchenfeinwurzeln die höhere Mortalität aufweisen.

Mit steigendem Stickstoffgehalt des Bodens bzw. abnehmendem C/N-Verhältnis nimmt in der Regel die Menge der feineren Wurzeln ab. Wasser und Nährstoffaufnahme der Pflanzen sind auf die Feinstwurzeln beschränkt. Die Bodenerschließung erfolgt durch das Spitzenwachstum dieser Wurzeln. Der Auflagenhumus und der humose Mineralboden weisen eine starke Durchdringung mit Feinstwurzeln auf. Die Masse lebender Feinstwurzeln (< 0,5 mm) kann in einem Kiefernbestand im Auflagehumus 15–25 g m^{-2} bei einer Länge von 250–400 m m^{-2} betragen. Auf der Oberfläche der Wurzel, der Rhizoplane, sind Mikroorganismen angesiedelt. Teilweise gehen die Wurzeln noch engere Verbindungen mit den Mikroorganismen ein. Es bilden sich symbiontische Beziehungen in Form der Rhizosphäre und der Mykorrhiza aus (s. 6.3.5). Bei der Beurteilung der Biomasse der Feinstwurzeln ist das Ausmaß ihrer Mykorrhizierung zu berücksichtigen, da die Mykorrhizapilze die Stoffaufnahme der Wurzeln unterstützen. Die Feinstwurzelmasse und das Ausmaß der Mykorrhizierung nehmen in Waldböden mit der Bodentiefe ab. Von Interesse sind neben der Wurzellänge die Wurzelverzweigungen und die Größe der Wurzeloberfläche.

In einem Waldökosystem treten neben den Baumwurzeln noch die Wurzeln der Bodenvegetation auf. In stark vergrasten Fichtenkulturen oder Kiefernbeständen (mit Drahtschmiele (*Avenella flexuosa*) oder Sandrohr (*Calamagrostis epigejos*)) kann es dabei zur Wurzelkonkurrenz kommen.

3.3.2 Bodenfauna

Bodentiere im engeren Sinne leben ständig im Auflagehumus oder im Mineralboden. Ihre Tätigkeit konzentriert sich auf die oberen 25 cm mit Ausnahme mancher Regenwürmer und größerer Tiere. Die Biomasse der Bodentiere nimmt vom Mull über Moder zum Rohhumus ab. Im Vergleich zur toten organischen Substanz des Bodens ist die Masse der Bodenorganismen gering.

Die Fauna wirkt durch die Zerkleinerung der Streu und die Anreicherung von Exkrementen mechanisch und stofflich auf den Boden ein. Entscheidend ist ihre Aktivität beim Stoffabbau und der Nährstofffreisetzung. An der CO_2-Bildung (Bodenatmung) sind die Wurzeln zu $^1/_3$, das Edaphon zu $^2/_3$ beteiligt. Davon haben die Bodenmikroorganismen etwa einen Anteil von 90 %,

die Bodentiere von 10 %. Die saprophagen Bodentiere tragen aber auch indirekt zur Zersetzung der toten organischen Substanz bei, indem sie die mikrobiellen Umsetzungsprozesse durch Oberflächenvergrößerung fördern (Zerkleinerung durch Fraß, minierende Tätigkeit in Nadeln, Produktion von Kotpellets).
Von Interesse ist die jeweilige Zersetzergesellschaft im Boden. Hierunter versteht man eine typische, von Umweltbedingungen abhängige Artenkombination streuzersetzender Mikroorganismen und Tiere, die aufeinander angewiesen sind und miteinander konkurrieren (s. 6.3).

3.3.2.1 Gruppierung der Bodentiere

Außer nach taxonomischen (systematischen) Gesichtspunkten (Taxozönosen; s. 3.3.2.2) können die Bodentiere auch nach funktionellen Gruppen (Zersetzer, Räuber), nach Körpergröße, Habitat, Bindung an die Bodenfeuchte oder Aktivität gruppiert werden.

An **Größenklassen** unterscheidet man Megafauna (> 20 mm), Makrofauna (2–20 mm), Mesofauna (0,2–2 mm) und Mikrofauna (0,002–0,2 mm).

Megafauna und Makrofauna: Vertebrata (Wirbeltiere); Lumbricidae (Regenwürmer); Mollusca (Weichtiere), größere Arthropoden (Gliederfüßer) wie Isopoda (Asseln), Myriopoda (Tausendfüßer); Larven und Imagines von Insekten, Coleoptera (Käfer), Termiten.
Zur saprophagen Makrofauna gehören Lumbricidae, Gastropoda (Schnecken), Isopoda, Diplopoda (Doppelfüßer), Elateridae, zur phytophagen Makrofauna Heteroptera (Wanzen), Aphidina, Curculionidae, Lepidoptera (Schmetterlinge), zur zoophagen Makrofauna Araneida (Spinnen), Pseudoscorpionida (Pseudoskorpione), Chilopoda (Hundertfüßer), Carabidae (Laufkäfer), Staphylinidae und Hymenoptera (Hautflügler).

Mesofauna: Enchytraeidae (Borstenwürmer); größere Nematoden (Fadenwürmer); Jugendstadien von Makroarthropoden; Acari (Milben), Gamasina (Raubmilben, zoophag), Collembola (Springschwänze), Arachnida (Spinnentiere); Ameisen (Formicidae).

Mikrofauna: Testacea, Turbellaria, Nematoda, Rotatoria, Tardigrada.

Bindung an die Bodenfeuchte

Die Glieder der Mikrofauna des Bodens und der Laubstreu sind alle hydrobionte Organismen. Sie können nur im „freien Wasser" (Kapillarwasser) leben (Wassertiere wie Protozoen). Die hygrophilen Tiere benötigen feuchte Bodenverhältnisse (Feuchtlufttiere wie Enchitraeiden). Sie ziehen sich bei Trockenheit tiefer in den Boden zurück, sind sehr beweglich und haben in Abhängigkeit von der Bodentiefe unterschiedliche Lebensformtypen entwickelt. Die xerophilen Tiere vertragen Trockenheit gut (Trockenlufttiere wie Spinnen und Insekten). Viele von ihnen sind nur temporäre Bodenbewohner. Sie besiedeln die obersten Bodenschichten und die Bodenstreu. Eine analoge Einteilung differenziert in Bodenlösungs- und Bodenluftfauna, je nach dem Aufenthalt der Tiere im Porenwasser bzw. in der Porenluft des Bodens.

Bodenbestandteile

Die **Aktivität** bezieht sich vorrangig auf die bevorzugte Nahrung und die Bewegung der Bodentiere. Einige Bodentiere gehören zur Gruppe der Räuber. So können sich Protozoen von Bakterien oder anderen Protozoen ernähren oder Maulwürfe von Regenwürmern. Andere Tiere ernähren sich von lebenden Pflanzen. So sind manche Nematoden Wurzelparasiten. Viele in der Humusauflage von Waldböden lebende Tiere nehmen totes Pflanzenmaterial auf. Diese saprophagen Organismen (z. B. Nematoden, Milben, Borstenwürmer, Springschwänze und Regenwürmer) benötigen z. T. die Vorarbeit von Mikroorganismen. Manche Tiere ernähren sich von Bakterien, Pilzen und Algen. Insgesamt bildet sich im Boden ein komplexes Nahrungsnetz aus. Die Bodentiere zersetzen (zerkleinern) die Waldstreu und vermengen sie z. T. mit dem Mineralboden. Besonders aktiv sind an dieser Vermengung die Regenwürmer, die Enchitraeiden und höhere Tiere, wie Ziesel und Hamster, beteiligt. Regenwürmer produzieren Exkremente in einer Menge von 20–300 dt ha^{-1} a^{-1}. Die Zerkleinerung der Streu durch die Primärzersetzer (z. B. Regenwürmer, Asseln, Insektenlarven, Schnecken und Doppelfüßer) erleichtert ihren mikrobiologischen Abbau. In den Kotballen der Primärzersetzer wird erst nach einiger Zeit, in der Pilze und Bakterien wirken, humose Substanz beobachtet.

3.3.2.2 Wirbellose Bodenfauna

Zur bodenbewohnenden Invertebraten-Fauna gehören die Nematoden, Gastropoden, Enchytraeiden, Lumbriciden, Isopoda, Diplopoda und Gruppen der Insecta (Collembola, Diptera, Coleoptera). Im folgenden werden einige systematische Gruppen herausgehoben.

Die **Protozoen**, Stamm Protozoa (Urtiere), als kleinste Bodentiere sind einzellige eukaryotische Organismen, die in Mengen von 10^4 g^{-1} Boden und in großer Artenfülle auftreten. Innerhalb der Bodentiergemeinschaft sind die Protozoen nach den Regenwürmern die wichtigste Tiergruppe, da sie für rund zwei Drittel der tierischen Respiration verantwortlich sind. Die Aktivität der Protozoen ist auf den wassergefüllten Porenraum des Bodens beschränkt. Trockenzeiten können sie als Zyste überdauern. Die Bodenstruktur ist für sie weniger wichtig als das Nahrungsangebot. Ihre Ernährungsweise ist vorwiegend heterotroph (artabhängig vorwiegend Bakterien oder sich zersetzende organische Stoffe). Etwa 60 % der aufgenommenen Nährstoffe werden wieder ausgeschieden.

Von diesen eigentlichen Wassertieren seien als Bewohner feuchter Böden die heterotrophen Flagellaten (Klasse; Geißeltierchen, 20–50 µm), die Ordnungen der Amöben (Nacktamöben) und Testaceen (Schalenamöben) sowie die Klasse der Ciliaten (Wimpertierchen) erwähnt. Flagellaten und Ciliaten sind im Rhizosphärenboden angereichert. Kleinere Flagellaten fressen Bakterien, größere Algen. Die nackten Amöben sind gewöhnlich die wichtigste Gruppe der Protozoen im Boden. Testaceen reagieren auf Grund ihrer kurzen Generationszeit schnell auf Änderungen der Bodenfeuchte und Bodentemperatur. Sie sind wegen ihrer hohen Individuendichte und Zellgröße für Untersuchungen besser geeignet als die meist nur in geringer Dichte auftretenden aktiven Ciliaten.

Nematoden (Fadenwürmer) gehören als Klasse zum Stamm der Nemathelminthes (Rundwürmer). Die Bodenformen der Nematoden sind zwischen 0,5–1,5 mm lang und haben einen Durchmesser von 20–50 µm. Freilebende Nematoden leben im Wasserfilm, der um Bodenteilchen ausgebildet ist. Sie treten in Mengen von 10–100 g^{-1} Boden bzw. 10^6 Ind. m^{-2} auf und sind in sich zersetzender organischer Substanz sowie in der Rhizosphäre angereichert. Die Bodennematoden lassen sich für ökologische Betrachtungen in funktionelle Gruppen einteilen. Freilebende, nichtparasitäre Arten sind überwiegend Verzehrer toter und sich zersetzender organischer Substanz sowie von Bakterien (bakteriovore Nematoden), Pilzen (fungivore Nematoden) und Algen. Bakterienfresser dominieren im Mull, Pilzfresser im Moder. Andere Nematoden ernähren sich von Pflanzen (Wurzelparasiten, Wurzelhaarfresser). Wurzelfressende Nematoden sind in Grünlandböden stark verbreitet. Eine weitere Gruppe lebt räuberisch. Nematoden beeinflussen die Nährstoffmineralisation. Bei Waldböden liegt ihre Bedeutung in der Streuverarbeitung. Sie sind jedoch nur mit weniger als 1 % an der Bodenatmung beteiligt. 1 500 Gattungen der im Boden lebenden Nematoden sind bekannt

Unter **Anneliden** (Ringelwürmer; Unterstamm der Articulata (Gliedertiere)) faßt man die Regenwürmer (Lumbriciden) und Kleinringelwürmer (Enchyträen, terrestrische Polychäten) zusammen. Erstere gehören zur Makro-, letztere zur Mesofauna. Anneliden sind feuchthäutige Tiere und gehören deshalb zur „Bodenlösungsfauna". Die Artengemeinschaften der Anneliden weisen standörtlich bedingte Unterschiede auf, die für eine biologische Beurteilung der Böden dienen (s. Kap. 6). Enchyträen treten antagonistisch dort stärker in Erscheinung, wo Regenwürmer zurücktreten.

Die meist weißen, 2–50 mm langen und < 1mm dicken **Enchytraeiden** (Borstenwürmer) haben wegen ihrer hohen Individuendichte (2 000–10 000 m^{-2} in Ackerböden, bis 200 000 m^{-2} in Waldböden) und großen Stoffwechselleistung größere bodenbiologische Bedeutung. Sie gehören in „Sauerhumuswäldern" bzw. im Rohhumus und Moder zu den dominierenden Zersetzern der Streu. Enchytraeiden benötigen ein ausreichendes Feuchtigkeits- und Sauerstoffangebot, überstehen aber auch Überflutungen und Trockenheit. Sie weiden hauptsächlich Mikroben von der Oberfläche sich leicht zersetzender organischer Substanz ab. Auch Bodenpartikel werden aufgenommen und beim Darmdurchgang mit organischen Resten vermischt. Manche Arten vermehren sich besonders schnell nach organischer Düngung.

Lumbricidae (Regenwürmer; Klasse Oligochaeta mit Lumbricus, Allolobophora und Eisenia) werden seit den Untersuchungen von Darwin (1881) zu den wichtigsten Bodentieren gezählt. Sie tragen zur Gefügeregeneration des Bodens bei und beeinflussen Dränage, Durchlüftung und Nährstoffverteilung, insgesamt die Bodenfruchtbarkeit, positiv.

Bodenbestandteile

In Mitteleuropa treten etwa 20 Arten häufig auf (2–20 cm Länge). Sie leben teils im Mineralboden, teils im Humus. So existieren *Eisenia foetida* im Kompost, *Lumbricus rubellus* in der Waldstreu und *Aporrectodea*-Arten sowie *Lumbricus terrestris* im Mineralboden.
Bei den Regenwürmern unterscheidet man drei **Lebensformtypen**: die **epigäische** (Oberflächen- bzw. Auflagenbewohner, Streuform), die **endogäische** (Mineralbodenbewohner, geophag) und die **anecische** (Tief-(Vertikal-)Gräber).

Beispiele:
Die Art *Lumbricus rubellus* lebt überwiegend epigäisch, *Aporrectodea caliginosa* und *Octolasion. tyrtaeum* endogäisch und *Lumbricus terrestris* anecisch. Die Streuformen sind einjährig, die Tiefgräber leben bis zu 6 Jahren. Als anecische Art legt *L. terrestris* dauerhaft bewohnte Gänge an, die endogäische Art *A. caliginosa* bewohnt kein festes Gangsystem, sondern verfüllt beim Durchgraben des Bodens ihre Gänge mit Losung. Sandige Ackerböden werden von endogäischen Arten, Ackerstandorte auf Lehm sowie Grünlandstandorte auch von anecischen Arten besiedelt. Anecische Regenwürmer fehlen in nassen Böden. Endogäische wie anecische Regenwürmer fehlen an sehr sauren Standorten. Auf bodensauren Waldstandorten treten vorwiegend epigäische Arten auf, sie sind aber auch an Standorten mit neutraler Bodenreaktion vorhanden. Ein Waldboden aus Lehm mit Mull sollte von allen drei Lebensformtypen bewohnt sein. Ein durch Bioturbation gebildeter humoser Mineralbodenhorizont geht auf die Aktivität endogäischer und anecischer Regenwurmarten zurück. Eine Besonderheit stellt der in Waldböden des Schwarzwaldes lebende sehr große Regenwurm *Lumbricus badensis* dar, der auch saure Bodenreaktion verträgt.

Die Ausbreitungsgeschwindigkeit von Regenwürmern in Ackerböden liegt bei 10–20 m a^{-1}. In Schwarzerden und besten Wiesen- und Weidenböden kann der Regenwurmbesatz 10–20 dt ha^{-1} Lebendgewicht erreichen. Der Regenwurmbesatz der meisten Waldböden liegt unter dem guter Grünlandböden. Im Kalkbuchenwald kann *Lumbricus terrestris* etwa ein Drittel der gesamten Zoomasse ausmachen.
Die Leistung der Regenwürmer liegt in der Dekompostion organischer Substanz und in der Verbesserung der Bodenstruktur. Unter sauren (< pH 5), trockenen oder nassen Bedingungen ist ihre Aktivität gering. Günstig wirken relativ hohe pH-Werte sowie eine schluffige bis tonige Körnung. Sandige Textur ist nachteilig für anözische Regenwürmer. Organische Substanz mit engem C/N-Verhältnis wird als Nahrung bevorzugt. So wird Eschenlaub schneller als Buchenlaub verarbeitet. Die Regenwürmer nehmen mit der organischen Nahrung auch anorganische Substanz auf. Entsprechend enthält die **Wurmlosung** etwa 50 % organische Substanz. Die Losung wird auf und in dem Boden abgesetzt. In Waldböden stellen die Kotkrümelhaufen im Röhreneingangsbereich von *Lumbricus terrestris* mit ihrer erhöhten bakteriellen Biomasse ein Mikrohabitat (Kleinlebensraum) für andere Invertebraten dar (Amöben, Nematoden, Collembolen).

Beispiele:
In Mullböden besteht bis zu einem Viertel der Oberkrume aus rezenter Wurmlosung. In Wiesenböden können bis zu 250 t ha^{-1} a^{-1} Bodenmasse in vertikaler Richtung transportiert werden. In Ackerböden rechnet man mit 20 t ha^{-1} a^{-1} Wurmlosung. In fruchtbaren Ackerböden konnten unter der Ackerkrume je m^2 100–1 000 senkrechte Wurmgänge von 5–10 mm Durchmesser ermittelt werden. Im Kalkbuchenwald wurden 20 Individuen m^{-2} gezählt. Ein so hoher Besatz setzt ein reiches Angebot an eiweißreicher Nahrung voraus. Allerdings sind Acker- und Waldböden gebietsweise fast frei von Regenwürmern im Ergebnis von Kulturmaßnahmen und Bodenbelastungen (Bodenversauerung, Kalkarmut, Bodenverdichtung).

Arthropoden (Gliederfüßer; Unterstamm der Articulata) werden unterteilt in die Pararthropoda, u. a. Tardigrada (Bärtierchen) und die Euarthropoda. Zu letzteren gehören die Arachnida (Spinnentiere), Crustacea (Krebstiere; Klasse), Myriopoda (Tausendfüßer) und Hexapoda (Insekten; Klasse). Arthropoden besitzen eine wasserabweisende Körperoberfläche. Man unterscheidet Saprophage (Streufresser) einschließlich der Mikrophytophagen (Bakterien- und Pilzfresser), Zoophage (Räuber und Parasiten) und Phytophage (Pflanzenfresser). Bei Fehlen von Regenwürmern, wie in trockenen Rendzinen, können Arthropoden bei der Verarbeitung des Bestandesabfalls dominieren. Es entsteht dann „Arthropodenmull" (s. 6.3.4).

Zu den **Kleinarthropoden** rechnet man die Collembolen (Springschwänze, 0,5–2 mm) und Acarina (Milben, 0,2–1 mm). Sie treten in Mengen von 20 000–400 000 Ind. · m^{-2} bevorzugt im oberflächennahen Boden auf. Mit zunehmender Bodentiefe sind die Genera kleiner und schwächer pigmentiert. Die meisten Mikroarthropoden ernähren sich von Mikroorganismen, insbesondere Pilzhyphen (mycophytophag), oder toter organischer Substanz (Detrivoren, Detritus fressend) und Pflanzenstreu. Hornmilben (Oribatida) und Springschwänze steigern den Abbau der Zellulose in der Waldstreu. Bodenbearbeitung setzt ihre Zahl stark herab. Oribatiden und Collembolen können acidophil sein, entsprechend werden sie durch Kalkung gehemmt.

Collembolen (Springschwänze, zu den Urinsekten (Apterigota) gehörig; Ordnung) sind meist kleiner als 5 mm und flügellos. Ihre Masse liegt bei 20–130 mg TM m^{-2}. Springschwänze sind auf Bodenhohlräume angewiesen und treten gehäuft in 5–10 cm Bodentiefe auf. Collembolen sind in der Regel feuchtigkeitsliebend sowie gegen tiefe Temperaturen und Luftmangel unempfindlich. Sie treten in Böden von Wäldern und Wiesen sowie in höheren Gebirgslagen auf.

Aus der Gruppe der Arachnida (Spinnentiere) kommt den Acari (**Milben**) die größte Bedeutung im Boden zu. Innerhalb der Milben gehören die Hornmilben (Oribatida) zu den häufigsten Bodenarthropoden. Der Körper der Oribatiden besteht aus 14–16 Segmenten, die größtenteils verschmolzen sind. Extrem tiefe Temperaturen im Winter wie auch Trockenheit im Sommer wirken auf sie negativ. Neben den Collembolen gehören die Oribatiden zu den artenreichsten Bodentiergruppen von Wäldern der gemäßigten Breiten. Die Oribatiden ernähren sich von Bodenpilzen, bevorzugt von solchen mit dunklen Hyphen (Dematiacea; Pilze der Gattung Cladosporium), zu deren Verbreitung sie beitragen. Sie fördern die Zersetzung der Blatt- und Nadelstreu sowohl auf sehr sauren (Rohhumus, Moder) als auch auf Mullböden (Rendzinen, Kalk-Buchenwald). Im Rohhumus ist ihre Abundanz am höchsten, hier können bis zu 400 000 Ind. m^{-2} sowie 50–100 Arten (vorwiegend sehr kleine) auftreten. Die TM m^{-2} liegt bei 0,3–1,5 g. Milben höhlen im großen Umfang Koniferennadeln in der Bodenstreu aus, indem sie das Mesophyllgewebe angreifen. Die Laubstreu ist meist schwach besiedelt und enthält größere, trockenresistente Arten. Die Nahrung wird von ihnen wenig ausgenutzt. Im Gegensatz zu den fungivoren Oribatida lebt die Gruppe der Gamasina (Raubmilben) räuberisch.

Zu den **Großarthropoden**, die meist auf der Bodenoberfläche leben, gehören die Käfer. Die nachtaktiven häufig flugunfähigen räuberischen Carabidae (Familie der Laufkäfer, ≥ 1 cm) leben auch in der Erde, sie verdauen ihre Nahrung außerhalb ihres Körpers. Coleopteren wie Mistkäfer und Maikäfer beeinflussen den Waldboden u. a. durch Verzehr von Pflanzenteilen und Kotausscheidung.

Zu den Crustacea (Krebstieren) gehören die Isopoda (Landasseln), zu den Myriopoda (Tausendfüßer) die Chilopoda (Hundertfüßer) und Diplopoda (Doppelfüßer). Tausendfüßer treten bevorzugt im mullartigen Moder auf. Diplopoden sind vorwiegend Pflanzenfresser und an der Zersetzung der Waldstreu beteiligt. Bei den Mollusca (Weichtiere; Stamm) ist zwischen Nacktschnecken und Land-Gehäuseschnecken zu unterscheiden (Klasse Gastropoda, Schnecken, z. B. die rote Wegschnecke *Arion rufus*). Schnecken bevorzugen Laubstreu, die von Pilzen besiedelt ist.
Zu den Insekta (Klasse) zählen u. a. die Coleoptera (Käfer; Ordnung), Diptera (Zweiflügler; Ordnung; Fliegen, Mücken) und Hymenoptera (Hautflügler; Ordnung). Von letzteren verändern die Ameisen (Formicidae) durch den Transport von Bodenteilchen an die Oberfläche und das Einbringen organischer Substanz in den Boden dessen Eigenschaften. In gleicher Weise beeinflussen Termiten (Isoptera; Ordnung) in Ferralsols und Nitisols die Bodenstruktur günstig (s. biologische Pedoturbation 5.1.2). Termiten sind zum Abbau von Lignozellulosen befähigt.

3.3.2.3 Vertebraten

Wirbeltiere beeinflussen den Boden über die Trittwirkung (große, schwere Tiere, insbesondere Huftiere, Weidetiere), Veränderungen der Vegetationsdecke (Weidetiere wie Ziegen, Schafe) und grabende und wühlende Tätigkeit im Boden (Wildschweine, Hamster, Ziesel, Maulwurf, Dachs, Fuchs, Wildkaninchen, Wühlmäuse, Erdhörnchen). Zur eigentlichen Bodenfauna gehören nur einige Vertreter der Kleinsäugerarten. Der Maulwurf lebt vorwiegend von Regenwürmern, doch kann diesbezüglich nicht von einer Schadwirkung gesprochen werden.

3.3.3 Bodenmikroflora

Bodenmikroorganismen treten im humosen Oberboden in sehr großer Zahl auf. Viele Millionen können in einem Gramm Boden enthalten sein.
Durchmesservergleich:

Sandkorn	< 2 000 µm	Pilzhyphe	< 10 µm
Enchytraeide	< 1 000 µm	Tonteilchen	< 2 µm
Schluffteilchen	< 50 µm	Bakterium	< 1 µm

Die Masse der lebenden Mikroben im Boden wird als mikrobielle Biomasse bezeichnet. Sie macht 2–4 % der organischen Bodensubstanz aus. Der Boden selektiert und reichert einige Mikroorganismen an (Homeostasis). Tonminerale üben eine direkte und indirekte Wirkung auf Mikroorganismen aus. Wachstum und Überleben der Mikroben werden weitgehend durch die physikochemischen Bodeneigenschaften bestimmt (z. B. verfügbares Wasser, Temperatur, pH, Redoxpotential, Energieqellen). Mikroorganismen können sich zudem variierenden Bedingungen physiologisch und genetisch anpassen. Bodenkrümel dienen ihnen als Mikrohabitate.

Durch den Abbau der organischen Substanz des Bodens werden Nährstoffe in pflanzenverfügbarer Form freigesetzt. Mit der Humusabnahme nach der Tiefe geht auch die Mikrobenzahl zurück. Der Grund liegt darin, daß die überwiegende Zahl dieser Organismen heterotroph ist, also zum Leben organische Verbindungen benötigt. Daneben gibt es aber auch photoautothrophe Bodenmikroorganismen (Algen, chlorophyllhaltige Bakterien). Die meisten Algen leben wegen ihres Lichtbedarfs zur Photosynthese an der Bodenoberfläche. Neben diesen Organismen existieren chlorophyllfreie chemoautotrophe Mikroorganismen, die ihre Energie zur Kohlendioxidbildung aus chemischen Reaktionen (Oxidationen) beziehen.

Die meisten Mikroorganismen leben aerob, benötigen also molekularen gasförmigen Sauerstoff zur Atmung. Dagegen beziehen die anaeroben Mikroorganismen ihren Sauerstoff aus sauerstoffhaltigen chemischen Verbindungen, sie werden durch freien Sauerstoff geschädigt. Fakultativ anaerobe Mikroorganismen können unter beiden Bedingungen leben.

Die Bodenmikroorganismen gehören den Gruppen der Bakterien, Aktinomyzeten, Pilze (Hefen) und Algen an (s. a. Kap. 6).

3.3.3.1 Bakterien und Aktinomyzeten

In Ackerböden liegt die Zahl kultivierbarer **Bakterien** in 1 g Boden-TM bei 10^8. Die Zahl der tatsächlich vorhandenen Mikroben dürfte bis zehnmal größer sein. Die bakterielle Biomasse entspricht damit etwa 1 % der Bodentrockenmasse bzw. $1–2 \cdot ha^{-1}$. Bakterien treten verstärkt in der Rhizosphäre auf (s. 6.3).

Die Verteilung der Bakterien im Boden ist nicht gleichförmig. Sie sind an Oberflächen konzentriert (Ton, organische Substanz) und treten koloniemäßig bzw. örtlich gehäuft auf. Die physikalische Heterogenität des Bodens, z. B. bei der Porengröße, schränkt die Bewegung der Bakterien ein, auch können sich dadurch auf benachbarten Mikrostandorten unterschiedliche bis entgegengesetzte Prozesse abspielen.

Die Diversität der Bodenbakterien ist groß (Abb. 3.23). Ein wesentlicher Teil von ihnen konnte bisher nicht kultiviert werden. Unter den kultivierbaren Bakterien dominieren Arthrobacter, Bacillus, Pseudomonas, Agrobacterium, Alcaligenes und Flavobacterium. Gram-negative Bakterien überwiegen. Mikroorganismen werden auch von außen dem Boden zugeführt, so mit Stallmist und Gülle oder im Wald mit den abfallenden Nadeln (Phyllosphärenmikroflora).

Bodenbestandteile

Kugelige Bakterienformen

Mikrokokken   Diplokokken   Streptokokken   Sarcina

Zylindrische Bakterienformen (Stäbchenbakterien)

Kurzstäbchen   Langstäbchen   Bazillen (mit Sporen)

Schraubig gekrümmte Bakterienformen

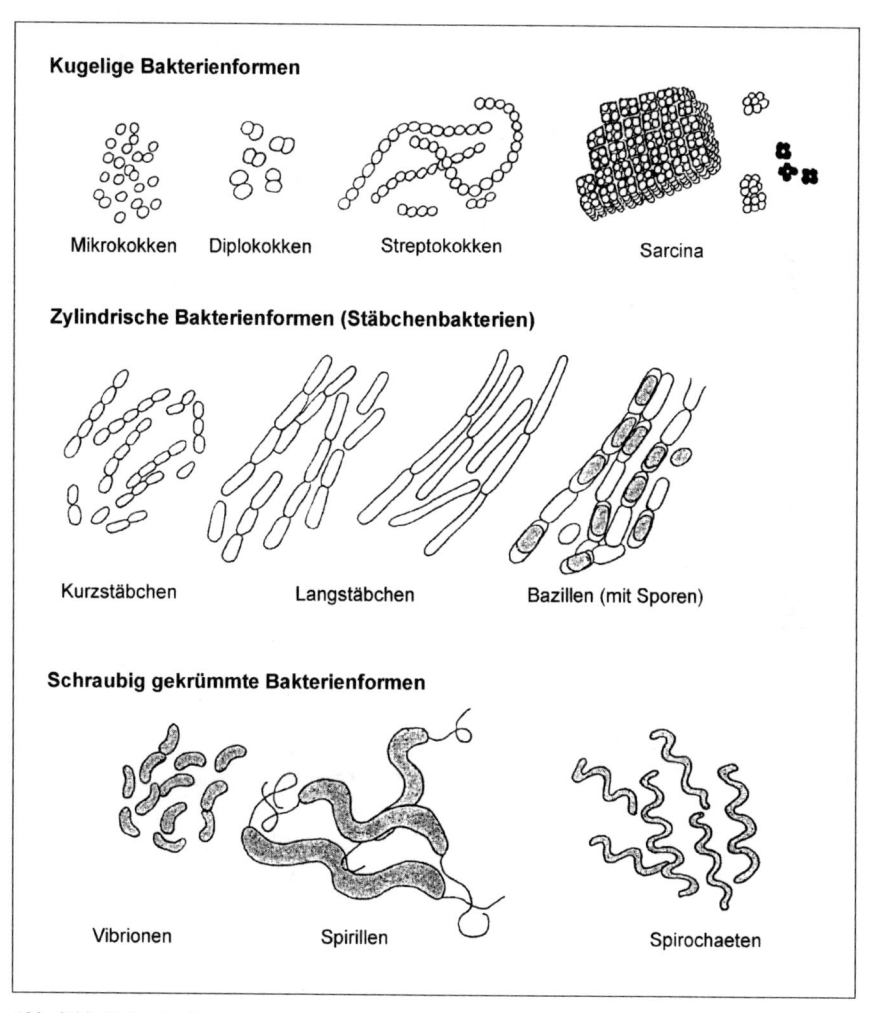

Vibrionen   Spirillen   Spirochaeten

Abb. 3.23: Bakterienformen.

Die Masse der Bakterien hat ihr pH-Optimum im Boden bei 5–7. Bakterien können aerob, fakultativ aerob und anaerob im Boden leben.

Ein wesentlicher Teil der Bodenbakterien, insbesondere der nichtsporulierenden, befindet sich meist in einem durch Hunger bedingten Ruhestadium. Bacillus-Sporen als inaktive Stadien nehmen in Waldböden von der Humusauflage zum Mineralboden (A- und besonders B-Horizont) zu. Außer in normaler Größe existieren viele Bakterien bei Energiemangel als „Zwergform" mit Durchmessern bis unter 0,3 µm, die nicht kultivierbar sind. Sie nehmen unterhalb der Ackerkrume relativ zu. Der physiologische Zustand von Bakterien in einem Boden weist eine große Spanne auf. Einige kommen als Sporen, andere als vegetative Zellen vor, wobei letztere je nach den Umweltbedingungen unterschiedliche Stoffwechselaktivität aufweisen können. Die überwiegende Zahl der Bodenbakterien ist heterotroph. Bakterien sind überwiegend Saprophyten, leben also von toter organischer Substanz. Dabei setzen sie insbesondere N, P und S aus organischen Molekülen frei (Mineralisierung), die als Ammonium, Phosphat und Sulfat den Pflanzen zur Verfügung stehen. Die Mikrobengemeinschaft des Bodens kann fast alle natürlichen Stoffe und die meisten synthetischen organischen Stoffe abbauen. Sie trägt damit wesentlich zum Nährstoff- und Energiefluß bei. Bakterien haben eine hohe Atmungsaktivität und bauen viel organische Substanz zu CO_2 ab. Daneben existieren in geringerer Zahl autothrophe Bakterien, die das CO_2 der Bodenluft mit Hilfe chemischer Energie binden, die sie aus der Oxidation anorganischer Verbindungen des S, N und Fe gewinnnen. Der Anteil chemoautotropher Bakterien an der Bildung organischer Substanz im Boden ist aber gering.

Beim Abbau organischer Substanz bilden die kurzlebigen Bakterien Sukzessionen aus. Bakterien können eine ausgeprägte Spezialisierung des Stoffwechsels besitzen. Beispiele hierfür sind die Zellulosezersetzung (Myxobakterien), die Bindung des Luftstickstoffs (Azotobacter, Azospirillum, Clostridium), Nitrifikation und Denitrifikation sowie der Schwefel- und Eisenumsatz (s. Kap. 6).

Aktinomyzeten (Strahlenpilze) bilden Myzel aus sehr feinen Hyphen aus, die zu Sporen zerfallen können. Im Boden weit verbreitete Gattungen sind die Streptomycetes sowie Nocardia, auch die Micromonospora-Gruppe ist stark vertreten. Die Streptomyzeten sind die artenreichste Gattung. Neben saprophytischen Formen treten im Boden auch pathogene auf.

Die Gattung Frankia (auch bei Bakterien geführt) bindet in Symbiose mit Erle oder Sanddorn Luftstickstoff. Aktinomyzeten erzeugen im Boden den typischen Erdgeruch sowie Antibiotika. Sie sind in der Lage, schwer abbaubare organische Substanzen, wie Lignocellulosen und Huminstoffe, zu zersetzen. Thermophile Streptomyzeten sind am Ligninabbau bei der Kompostierung beteiligt. Aktinomyzeten bevorzugen alkalische Bodenreaktionen (pH 6,8–8) und sind deshalb in sauren Waldböden (pH < 5) nur schwach vertreten. Sie werden durch Kalkung, reichliche Gaben organischer Substanz (Stallmist) sowie trocken-warme Bodenbedingungen im Wachstum gefördert. Unter für sie günstigen Bedingungen können die Aktinomyzeten auf Kosten der Bakterien 30–40 % der Gesamtkeimzahl des Bodens erreichen. Aktinomyzeten treten verstärkt in Hochtemperatur-Komposten auf.

3.3.3.2 Pilze

Pilze dominieren innerhalb der Bodenmikroorganismen in Böden des gemäßigten und kühlen Klimas, wenn diese gut belüftet, sauer und oligotroph bzw. von weitem

Bodenbestandteile 63

C/N-Verhältnis sind (z. B. Waldböden mit Rohhumus). Ihre Verbreitung auf Waldstandorten hängt von der Basensättigung ab. Durch Kalkung kann es bei Makropilzen zu einer Veränderung der Artenzusammensetzung und der Fruchtkörperbildung kommen (Zunahme saprophytischer Pilze, Abnahme bei Mykorrhizapilzen). In landwirtschaftlich genutzten Böden können Pilze auf wenige Prozent der Mikrobenmasse zurückgehen.

Menge: 10^4–10^6 koloniebildende Einheiten bzw. 100–1 000 m Hyphen g^{-1} Boden-TM, 40–180 g TM m^{-2}.

Taxonomische Gruppen:
Division Myxomycota (bewegungsfähige Pilze), u. a. Class Myxomycetes
Division Eumycota, u. a.:
Subdivision Zygomycotina (Zygomycetes, vielsporige Sporangien weisen eine Kolumella auf). Die saprophytischen Zygomycetes (z. B. Rhizopus) lassen sich leicht, die endomycorrhiza-bildenden Glomales nur schwer kultivieren.
Subdivision Ascomycotina (Ascomycetes). Die Pilze vermehren sich sexuell durch Asci, die Ascosporen enthalten. Viele Ascomycetes bilden Flechten, einige Ektomykorrhiza. Zu den makroskopischen Formen gehören die Trüffel und Morcheln. Viele Ascomyceten sind zum Abbau von Hemicellulosen befähigt.
Subdivision Deuteromycotina. Sie enthält die sich asexuell vermehrenden Formen. Die meisten Vertreter sind mit den Ascomycetes verwandt, einige auch mit den Basidiomycetes. Beispiele sind Aspergillus, Penicillium, Trichoderma, Fusarium, Cephalosporium. Im Rohhumus von Waldböden treten Arten von Penicillium, Trichoderma und, mit der Bodentiefe zunehmend, Mucorales auf (Abb. 3.24).
Subdivision Basidiomycotina (Basidiomycetes). Die Pilze vermehren sich sexuell durch Basidia, die Basidiosporen enthalten. Viele sind am Ligninabbau und an der Ektomykorrhiza beteiligt. Auftreten als Hutpilze und steriles weißes Myzel.

Bedeutung

Pilze dienen einigen Bodentieren als Nahrung, z. B. Nematoden, Milben und Collembolen. Pilze, die ihre Nahrung von toten Pflanzen oder Tieren beziehen, werden als Saprophyte bezeichnet. Bodenpilze wirken auf Bodenbakterien ein. Sie könnnen bakteriolytische Enzyme wie auch antibakterielle Antibiotika ausscheiden (z. B. die Ascomycetes).

Bodennutzung und bevorzugtes Vorkommen

Waldböden – Mortierella, Mucor, Penicillium, Oidiodendron, Verticillium.
Im Laufe eines Abbauprozesses treten Pilzsukzessionen auf. Einige Pilze (z. B. Species von Russula) bilden mit Pflanzenwurzeln eine Symbiose, die Mykorrhiza (s. 6.3.5).
Grünland – Aspergillus, Fusarium, Papulaspora, Periconia.
Funktionell lassen sich die Pilze in Zersetzer, Mykorrhizabildner und räuberische Pilze einteilen. Besonders in Waldböden sind Bodenpilze über die Streuzersetzung am Nährstoffkreislauf und Nährstofftransport beteiligt. Besondere Bedeutung kommt den ligninabbauenden Pilzen, wie z. B. den Weißfäulepilzen, für die Huminstoffbildung zu.

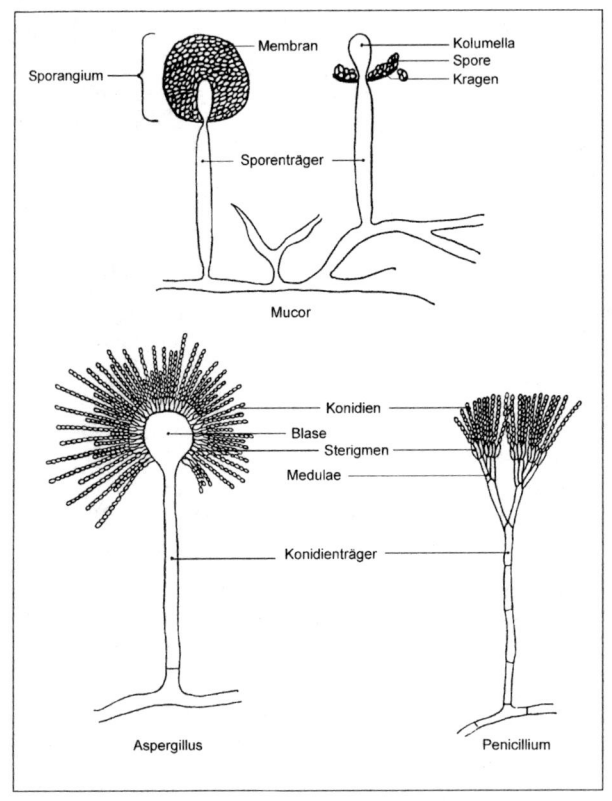

Abb. 3.24: Fungi imperfecti.

Beim **Ligninabbau** nehmen Oxidoreduktasen, so die Peroxidasen von holzabbauenden Basidiomycetes, wie *Phanerochaete chrysosporium*, und Laccasen der Ascomycetes eine Schlüsselposition ein. Die Zersetzbarkeit der Streu hängt mit vom Lignin/N-Verhältnis ab. Cellulasen sind in Ascomycetes weit verbreitet, die entsprechend cellulolytisch wirksam sind und eine größere Bedeutung für den Streuabbau besitzen.

3.3.3.3 Algen und Flechten

Algen
Verglichen mit Bakterien und Pilzen ist die Zahl der Algen in terrestrischen Böden gering. Ausreichende Feuchtigkeit bzw. Wasser ist für ihr optimales Gedeihen erforderlich. Deshalb kommt ihnen in den wasserüberstauten Reisböden (s. 7.3.5) erhebliche Bedeutung zu. Die Algen sind wegen ihres Lichtbedarfs für die Photosynthese

Bodenbestandteile

an die Bodenoberfläche gebunden, doch gibt es auch farblose Arten, die heterotroph im Boden leben. Die meist kleinen Bodenalgen vermehren sich durch Knospen oder Sporen. Sie lassen sich in Blaualgen (Cyanophyceen), Grünalgen (Chlorophyceen) und Kieselalgen (Diatomeen) einteilen. Blaualgen bevorzugen mehr alkalische, Grünalgen dagegen mehr saure Böden. Diatomeen zeichnen sich gegenüber anderen Algen durch eine Kieselsäurehülle aus. Beispiele für Bodenalgen sind Vertreter von Xanthonema, Stichococcus, Klebsormidium und Chlamydomonas. Algen erhöhen über die Photosynthese den Gehalt organischer Substanz im Boden und über die CO_2-Bildung die Löslichkeit der Carbonate. Einige Algen können auch Luftstickstoff binden, sie sind damit hinsichtlich der C- und N-Ernährung autotroph und zum Wachstum auf Extremstandorten geeignet. Die N_2-Bindung hat beim Reisanbau praktische Bedeutung.

Flechten

Eine Flechte ist eine stabile symbiotische Gemeinschaft zwischen einem Pilz (Mykobiont) und einer Alge (Grünalgen oder Cyanobacteria als Photobiont). Cyanobacteria sind allein und in Flechten zur Stickstoffbindung befähigt. Epiphytische Flechten werden zum SO_2-Monitoring genutzt. Im Vergleich zu epiphytischen Flechten sind epilithische Krustenflechten unempfindlicher gegenüber Schadstoffeinflüssen.

Algen und Flechten besiedeln als Pionierpflanzen Fest- und Lockergesteine sowie Rohböden. Flechten bilden den Anfang einer Akkumulation organischer Substanz auf nacktem Gestein, das sie chemisch (Flechtensäuren) wie mechanisch (durch Wachsen auf und unter der Gesteinsoberfläche) zerstören. Unter extrem klimatischen Bedingungen, wie in polaren und ariden Zonen, bilden Algen, Cyanobakterien, Flechten und Moose eine biotische Bodenkruste (Matte), die sich mit C und N selbst versorgt.

3.4 Zusammenfassung

Der Boden besteht aus festen, flüssigen und gasförmigen Bestandteilen. Zu den festen Bestandteilen gehören die Minerale und Huminstoffe. Primäre Minerale des Bodens, wie Glimmer, Feldspat und Quarz, stammen aus dem Ausgangsgestein, sekundäre Minerale sind Verwitterungsneubildungen. Zu den Mineralneubildungen im Boden gehören u. a. die Tonminerale sowie Oxidhydroxide des Eisens. Glimmer und Tonminerale sind Schichtsilicate, Feldspat und strukturmäßig auch der Quarz gehören zu den Gerüstsilicaten. Isomorpher Ersatz als Austausch von Si^{4+} durch Al^{3+} bzw. von Al^{3+} durch Fe^{2+} tritt bei Silicaten häufig auf und verleiht entsprechenden Tonmineralen eine permanente negative Überschußladung, die durch sorbierte Kationen kompensiert wird. Die Schichtsilicate sind aus Lagen von Si-Tetraedern und Al-Oktaedern in unterschiedlicher Anordnung aufgebaut. Man unterscheidet Zwei- und Dreischicht-Tonminerale wie Kaolinit bzw. Illit und Smectit. Zweischichtminerale besitzen die sich wiederholende Abfolge Tetraeder-Oktaeder, Dreischichtminerale die Kombination Tetraeder-Oktaeder-Tetraeder. Dreischichttonminerale können zusätzlich eine oktaedrische Zwischenschicht aus Mg- oder Al-Hydroxid enthalten. Der Zusammenhalt der Zweischichttonminerale beruht auf der Wasserstoffbrückenbindung, der der Illite auf der Einlagerung von K-Ionen in den Zwischenraum der Schichten. Kaolinit besitzt die geringste, Smectit die größte Quellfähigkeit. An Nichtsilicaten treten in Böden Carbonate (Kalkspat, Dolomit), Phosphate (Apatit), Al-Oxide (Gibbsit) und Eisenoxide (Goethit, Hämatit) auf. Der Mineralbestand, insbesondere auch der an Schwermineralen wie Granat und Turmalin, kann zur Aufklärung der Substratherkunft herangezogen werden.

Die im Ökosystem anfallende organische Substanz wird durch biochemische Prozesse zu CO_2, NH_3 und H_2O unter Freisetzung anorganischer Nährelemente abgebaut oder in bodeneigene organische Substanz, die Huminstoffe, umgewandelt. Huminstoffe sind für die Pedogenese von herausragender Bedeutung. Sie enthalten ungefähr 54 % C, an weiteren Elementen O, H, N, S und P. Das C/N-Verhältnis des Humus erweitert sich vom Mull über Moder zu Rohhumus. Bestandteil der Huminstoffe sind die Fulvo- und Huminsäuren sowie Humine. Zahl und Art der funktionellen Gruppen, wie z. B. der Carboxylgruppe und der phenolischen OH-Gruppe, bestimmen das Reaktionsvermögen der Huminstoffe. Huminstoffe sind zum Ionenaustausch und zur Chelatbildung befähigt. Sie sind polydispers, von kugelförmiger Gestalt und amorph. Mit steigendem Molekulargewicht nimmt ihre Löslichkeit ab. Ca-Humate und Ton-Humus-Komplexe sind Bestandteil fruchtbarer Böden. Polyuronide können als Linearkolloide durch direkte Bindung zu Tonmineralen die Aggregatbildung und -stabilisierung fördern.

Kenntnisse über den Gehalt eines Bodens an Tonmineralen, Huminstoffen und Kalk sind erforderlich, um seine optimale Nutzung, seine Melioration und Bodenschutzmaßnahmen beurteilen zu können.

Die Bodenlösung, als von der Bodenmatrix abgetrenntes Wasser, enthält Salze, organische Verbindungen und gelöste Gase. Sie stellt die Brücke zwischen Bodenkolloiden und Pflanzenwurzeln her. Die Konzentration der Nährelemente in der Bodenlösung ist gering und gepuffert. Die gelöste organische Substanz tritt teils in Anionenform auf. Sie bildet Komplexe mit Al sowie Fe und anderen Schwermetallen.

In Bodenporen variiert der Gehalt an Bodenluft invers zu dem an Bodenwasser. Die Bodenluft enthält mehr CO_2 und weniger O_2 als die atmosphärische Luft, sie hat einen hohen Feuchtigkeitsgehalt. Ein Sauerstoffgehalt von > 10 % ist für die Pflanzenproduktion anzustreben. Unter anaeroben Bedingungen können Methan und Schwefelwasserstoff auftreten. Die im Boden gebildeten chemisch reaktiven Spurengase CO_2, CH_4, N_2O, NO_x und NH_3 wirken über Erwärmung, Eutrophierung und Versauerung auf die Umwelt ein.

Lebende Bestandteile des Bodenökosystems sind die Wurzeln und das Edaphon. Wurzeln wirken über die Durchwurzelung des Bodensubstrats, ihre Biomasse, über die Rhizosphäre und die Mykorrhiza sowie über ihre Stoffaufnahme und -abgabe physikalisch, chemisch und biologisch auf den Boden ein. Bei Bäumen ist neben ihrer Bewurzelung die Zwischenflächendurchwurzelung zu beachten. Die Masse der Feinwurzeln ist im Oberboden lokalisiert. Im Vergleich zur toten organischen Substanz des Bodens ist die Masse der Bodenorganismen gering. Bodentiere und Bodenmikroorganismen zersetzen die anfallende organische Substanz und fördern die Aggregatbildung im Boden. Ihre Tätigkeit konzentriert sich auf den humosen Oberboden. Besondere Bedeutung kommt unter den Bodentieren den Lumbriciden und Enchytraeiden sowie Säugetieren in Steppenböden zu. Regenwürmer tragen zur Regeneration des Bodengefüges bei. Wachstum und Überleben der Bodenmikroorganismen werden weitgehend durch die physikochemischen Bodeneigenschaften bestimmt. Die Mikrobengemeinschaft des Bodens umfaßt vorwiegend Bakterien, Aktinomyzeten und Pilze, sie ist wesentlich am Nährstoff- und Energiefluß im Boden beteiligt. Hervorzuheben sind die CO_2-Freisetzung und die Stickstoffumwandlung. Bodenmikroorganismen sind meist heterotroph. Zu den autotrophen Vertretern gehören Bodenalgen und chemotrophe Mikroorganismen wie Nitrosomonas und Nitrobacter. Bakterien und Aktinomyzeten dominieren in landwirtschaftlichen Böden, Pilze in Waldböden, Algen in Reisböden und Flechten bei der Verwitterung von Gesteinen an der Erdoberfläche.

4 Bodenbildende Faktoren

In der Bodengenetik werden Entstehung und Entwicklung des Bodens aus seinen Ausgangssubstanzen bis zum derzeitigen Zustand erforscht. Für die Deutung und Einordnung der Bodenprofile gilt es, Faktoren der Pedogenese, bodenbildende Prozesse und Bodenmerkmale (Horizonte, Eigenschaften) zu betrachten. Böden spiegeln die Wirkung lokaler und zonaler bodenbildender Faktoren wider. Eine spezifische Kombination dieser Faktoren führt zu einer besonderen Morphologie der Böden, den genetischen Horizonten. Auf die Bodenbildung wirken die zunächst zu behandelnden Faktoren teilweise unabhängig voneinander ein, sie stehen aber auch häufig in vielfältigen Wechselbeziehungen zueinander. So wird z. B. das Klima durch das Relief und die Vegetation abgewandelt, die Vegetation wiederum ist vom Klima und Gesteinsmaterial abhängig. Langfristig wird auch das Relief weitgehend von Gestein und Klima bestimmt. Für eine bestimmte Kombination dieser Faktoren bei unterschiedlicher Gewichtung derselben ist das System Boden festgelegt. Die Bodeneigenschaften sind eine Funktion dieser Bodenbildungsfaktoren. Man kann daher die Böden als jene Teile der festen Erdrinde betrachten, deren Eigenschaften sich mit den bodenbildenden Faktoren ändern. Dieser Zusammenhang läßt sich wie folgt formulieren (DOKUCAEV, GANSSEN, JENNY):
B = f (Klima; Ausgangsgestein; Relief; Vegetation, Tiere, Bodenorganismen; Mensch bzw. menschliche Arbeit oder Bewirtschaftung; Zeit) mit B für Boden oder Bodeneigenschaft,
B = f (K, G, R, O, M, t) mit O für Organismen oder
B = f (K, G, R, Zw, O, M, t) mit Zw Zuschußwasser.

Als bodenbildende Faktoren wirken also Geo- und Biofaktoren. Ausgangsgestein und Vegetation sind die stofflichen Voraussetzungen für die Entstehung der Böden. Das Gestein wirkt außer über das Bodensubstrat auch über die Untergrunddränage. Die Vegetation schützt gegen Bodenabtrag durch Wasser und Wind und ist Energie- und Stofflieferant für das Edaphon. Die Verwitterungsintensität (Gesteine) sowie der Humifizierungsablauf (organische Rückstände) werden durch das Klima bestimmt. Es beeinflußt die Richtung des Wassertransports im Boden. Das Relief (bzw. die Topographie) wirkt vorwiegend über Bodenwasserhaushalt, Erosion und Akkumulation von Substrat und damit die Bodentiefe, ferner über die Einstrahlung. Das Wasser beeinflußt die Richtung des Stofftransportes, die Redoxverhältnisse und das bodeneigene Klima. Der Mensch wirkt über seine Arbeit auf den Boden ein: die Art der Bodenkultur, die Intensität der Bodenbearbeitung und die Nachhaltigkeit der Nutzung. Die Zeit ist über die Dauer bodenbildender und bodenzerstörender Prozesse wirksam.

4.1 Gestein

Das geologische Substrat (Gestein) liefert die mineralischen Bodenbestandteile und beeinflußt die Richtung und Geschwindigkeit der Bodenbildung. Einfluß nehmen die

Ausbildung als Fest- oder Lockergestein, Körnung und Gefüge, Klüftung und Porosität, die mineralogische Zusammensetzung sowie der Basengehalt. Die örtliche Dominanz des Ausgangsgesteins für die Bodenbildung kommt in Bezeichnungen wie Granit- oder Basaltboden zum Ausdruck. **Lithomorphe Bodentypen** sind z. B. Syrosem, Ranker, Rendzina, Pelosol, Vertisol, Braunerde und Podsol sowie Wüstenböden (s. Kap. 7). Über den Wasserhaushalt wirkt das Gestein stark auf die Bodenentwicklung ein. Die Natur des Gesteins spiegelt sich um so mehr in den Bodeneigenschaften wider, je schwächer die chemische Verwitterung in einem Gebiet ist. Im Bergland ist das geologische Substrat der wichtigste Faktor aus der Reihe der bodengestaltenden Kräfte. Gerade in Mitteleuropa, wo die klimatischen Unterschiede gering sind, der Gesteinswechsel aber groß ist, ist die Kenntnis des Ausgangsmaterials für die Beurteilung der Bodenentwicklung wesentlich. Im gemäßigten Klima macht sich der Einfluß des Muttergesteins bei den meisten Böden noch im voll entwickelten Zustand bemerkbar. Das Filtergerüst des Bodens hängt nach Körnung und Mineralbestand vom Muttergestein ab. Die Bodenart bedingt häufig Humusgehalt und Humusform sowie den Bodentyp. Auch der natürliche Nährstoffgehalt der Böden beruht in erster Linie auf der mineralogischen Zusammensetzung der Ausgangsgesteine (quarzitische, silicatische, mergelige oder carbonatische Ausgangsgesteine). In stark vereinfachter Form bestehen folgende Beziehungen zwischen Gestein und Bodentyp (Übersicht 4.1):

Übersicht 4.1: Beziehungen zwischen Gestein und anhydromorphen Böden in Mitteleuropa.

Gestein	Bodentyp
Magmatite	
Gabbro, Basalt, Diabas, Diorit, Andesit	Braunerde
Granodiorit, Dazit	Braunerde, Sauerbraunerde
Granit, Rhyolith (Quarzporphyr)	Ranker, Podsol-Braunerde, Braunerde-Podsol
Eibenstocker Turmalingranit	Podsol
Sedimente und Sedimentite	
Kalkstein, Dolomit, Gips	Rendzina, Terra fusca
Mergel	Pararendzina, Kalkbraunerde, Parabraunerde
Löß	Schwarzerde
Lößlehm	Parabraunerde
Geschiebedecksand	Sauerbraunerde bis Podsol
Sandersand	Podsol-Braunerde
Dünensand (kalkfrei)	Regosol, Podsol
Sandstein (toniges Bindemittel)	Sauerbraunerde, Podsol-Braunerde
Sandstein (kieseliges Bindemittel)	Podsol, Braunerde-Podsol
Grauwacke (metamorph)	Podsol-Braunerde
Ton, Schieferton	Pelosol
Metamorphite	
Marmor	Rendzina
Kalkphyllit, Amphibolit	Braunerde
Gneis	Sauerbraunerde, Podsol-Braunerde, Braunerde-Podsol
Tonschiefer, Phyllit, Glimmerschiefer	Braunerde-Podsol bis Podsol-Braunerde
Quarzit, Quarzitschiefer	Podsol

Die Bodenkennzeichnung verlangt die Angabe pedogener wie lithogener Merkmale. Geologische Karten sind eine wesentliche Arbeitsgrundlage für die Bodenkartierung und für die land- und forstwirtschaftliche Bodennutzung (s. 7.4.2). Mit ihrer Hilfe lassen sich regionale geologische und standortkundliche Einheiten abgrenzen, die ein bestimmtes Gesteinsmosaik beinhalten.

Beispiel:
Sachsen gliedert sich in die folgenden sieben geologischen Einheiten, die sich durch ihre Gesteine und Böden unterscheiden:
1. Vogtländisches Schiefergebirge
2. Erzgebirge (magmatische und metamorphe Gesteine)
3. Vorerzgebirgssenke (Rotliegendes)
4. Granulitgebirge
5. Nordwestsächsisches Tiefland (alte Ergußgesteine, pleistozäne Sedimente)
6. Elbezone (Elbsandstein, Meißener Plutonite, Löß)
7. Lausitz (Schiefergebirge, Plutonite, junge Ergußgesteine, Löß und andere pleistozäne Sedimente).

Gesteine sind Aggregate aus gleich- oder verschiedenartigen Mineralen, die eine annähernd konstante chemische und mineralogische Zusammensetzung aufweisen und größere, geologisch selbständige Räume der festen Erdkruste einnehmen. Man unterscheidet zwischen
- einfachen oder monomineralischen Gesteinen, die im wesentlichen aus nur einer Mineralart zusammengesetzt sind (z. B. Marmor, Quarzit) und
- zusammengesetzten oder polymineralischen Gesteinen, die aus mehreren Mineralarten bestehen (z. B. Granit) sowie
- Festgesteinen, bei denen die mineralischen Gemengteile miteinander verwachsen bzw. durch eine Grundmasse oder ein Bindemittel miteinander verbunden sind (z. B. Quarzporphyr), und
- Lockergesteinen, deren mineralische Gemengteile isoliert nebeneinander liegen (z. B. Sande).

Die Eigenschaften der Gesteine werden von dem **Gefüge** und der mineralogischen Zusammensetzung bestimmt. Unter dem Gefüge eines Gesteins versteht man seinen inneren Aufbau, der durch Struktur und Textur bestimmt wird:
- Struktur: Größe, Form und Kristallentwicklung der Minerale,
- Textur: räumliche Anordnung und Verbindungsart der Minerale (s. Übersicht 4.2).

Entsprechend ihrer Entstehung werden drei **Gesteinsgruppen** unterschieden:
- magmatische Gesteine oder Magmatite (Erstarrungsgesteine)
- Sedimentgesteine oder Sedimentite (Absatzgesteine)
- metamorphe Gesteine oder Metamorphite.

Übersicht 4.2: Gefügemerkmale der Magmatite.

Struktur	Textur
Kristallinitätsgrad (Verhältnis von kristallinen und glasigen Anteilen im Gestein); Gesteinsglas tritt bei Vulkaniten auf	*Raumordnung* richtungslos; fluidal (Fließgefüge); sphärolitisch (radialstrahlige Bildungen in Vulkaniten)
Korngröße makrokristallin, mikrokristallin (mikroskopisch sichtbar), kryptokristallin (nicht mehr mit dem Lichtmikroskop zu bestimmen)	*Raumerfüllung* kompakt; für Vulkanite: schlackig (erstarrte Lava); schwammig (Bimsstein); blasig (Mandelstein); porös
Kornverteilung (relative Korngröße) gleichkörnig, wechselkörnig, ungleichkörnig (z. B. porphyrisch mit Einsprenglingen in der Grundmasse)	
Kornform (äußere Gestalt der Minerale als Formmerkmal der Bildungsbedingungen) idiomorph (eigengestaltig; Einsprenglinge); vorherrschende Kornform: hypidiomorph (teils eigen-, teils fremdgestaltig), xenomorph (fremdgestaltig)	
Kornbindung (Verwachsungsverhältnisse; Verzahnung von Korngrenzen; Arten von Kornverbänden)	

4.1.1 Magmatite

Magmatische Gesteine (Erstarrungsgesteine) erstarren aus einer 800–1 200 °C heißen, gashaltigen silicatischen Schmelze. Erstarrt die Gesteinsschmelze innerhalb der Erdkruste, dann wird sie als Magma bezeichnet, erstarrt sie auf der Erdoberfläche bzw. dem Meeresboden, wird sie Lava genannt. Die Viskosität der basaltischen Magmaergüsse ist gering, die andesitischer Magmen mittel und die rhyolitischer Magmen hoch. Die ursprünglichen Gesteine der Erde sind daher Magmatite, aus denen durch geologische Prozesse Sedimentgesteine und Metamorphite hervorgehen.

Bei den Magmatiten unterscheidet man **Tiefengesteine** (Plutonite), Ganggesteine und **Ergußgesteine** (Effusiva, Vulkanite). Zu jedem Tiefengestein gibt es ein Ergußgestein, das ihm hinsichtlich der chemischen Zusammensetzung entspricht, sich aber im Gefüge von ihm unterscheidet. Die Tiefengesteine sind in der Regel grobkörniger ausgebildet als die Ergußgesteine, ihr Anteil an wasserhaltigen Mineralen liegt bedeutend höher.

Zwischen der chemischen Zusammensetzung der magmatischen Gesteine und ihrem Mineralbestand besteht ein enger Zusammenhang. Die Unterteilung der Magmatite nach der chemischen Zusammensetzung berücksichtigt deren Gehalt an Silicium, Alkalien und Aluminium (Abb. 4.1). Der Elementgehalt wird in Oxidform

Bodenbildende Faktoren **71**

ausgedrückt. Der SiO_2-Gehalt schwankt zwischen 40 % und 75 %. Innerhalb dieses Bereiches wird weiter differenziert in
saure Gesteine > 65 % SiO_2
intermediäre Gesteine 52–65 % SiO_2
basische Gesteine < 52–45 % SiO_2 und
ultrabasische Gesteine < 45 % SiO_2.

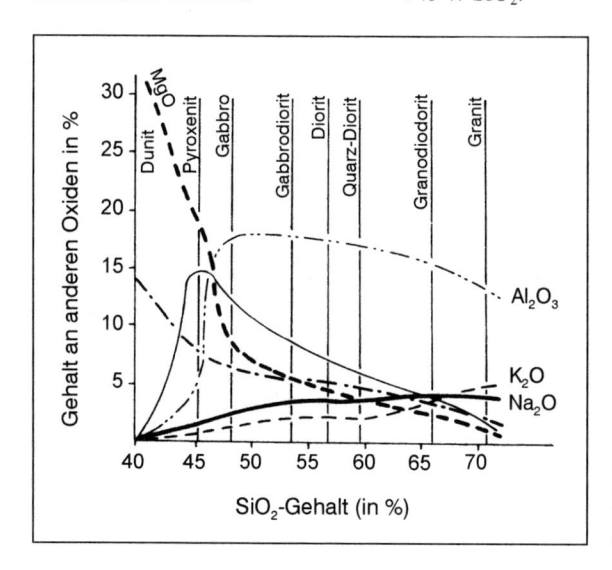

Abb. 4.1: Ungefähre chemische Zusammensetzung der wichtigsten Tiefengesteine. Nach BETECHTIN 1957.

Nach dem Chemismus lassen sich zwei Magmatitreihen unterscheiden: Kalkalkaligesteine und Alkaligesteine (Trachyt, Nephelinit).

Zur weiteren Unterteilung dienen die Mengenverhältnisse der hellen Minerale Quarz, Feldspäte und Feldspatvertreter (Foide). So tritt freier Quarz nur in sauren Gesteinen auf, die im Vergleich zu den vorhandenen basischen Metalloxiden einen SiO_2-Überschuß aufweisen. In normalen basischen Gesteinen fehlt freier Quarz.

Wesentliche Minerale in den Magmatiten sind der Quarz (mittlerer Gehalt 12 %) und die Feldspäte (mittlerer Gehalt 59 %). Mit diesen erfolgt die graphische Darstellung der Magmatite über zwei zusammenhängende Dreiecksdiagramme, deren Eckpunkte (jeweils 100 %) von Quarz, den Alkalifeldspäten, den Plagioklasen und den Feldspatvertretern gebildet werden (s. Abb. 4.2).

Quarz- bzw. Foidanteil von Σ der hellen Gemengteile		Plagioklasanteil am Feldspatgehalt	Anorthitgehalt des Plagioklases	Nr.	Tiefengesteine	Ergußgesteine
Q = 60–100	Q = 90–100 Q = 60–90	0–65 65–100		1a 1b 1c	Quarzgesteine Quarzgranit Quarzgranodiorit	
Q = 20–60		0–10 10–65 10–35 35–65 65–90 90–100	< 50 > 50	2 3 3a 3b 4 5	Alkaligranit Granit Syenogranit Monzogranit Granodiorit Granogabbro Quarzdiorit	Alkalirhyolith Rhyolith Rhyodacit Dacit Quarzandesir
Q = 0–20 oder F = 0–10		0–10 10–35 35–65 65–90 90–100	< 50 > 50 < 50 > 50	6 7 8 9 10	Alkalisyenit Syenit Monzonit Monzodiorit Monzogabbro Diorit Gabbro	Alkalitrachyt Trachyt Latit Latit-Andesit Latit-Basalt Andesit Basalt
F = 10–60		0–10 10–50 50–90 90–100	< 50 > 50	11 12 13 14	Foyait Plagifoyait Essexit Essexitgabbro Theralith	Phonolith Tephritischer Phonolith Tephrit
F = 60–100	F = 60–90 F = 90–100	0–50 50–100		15a 15b 15c	Foyaitischer Foidit Theralithischer Foidit Foidit	Phonolitischer Foidit Thephritischer Foidit Nephelinit, Leucit

Abb. 4.2: Graphische Darstellung der Magmatite nach STRECKEISEN (1967).
a) System der magmatischen Gesteine.

Bodenbildende Faktoren 73

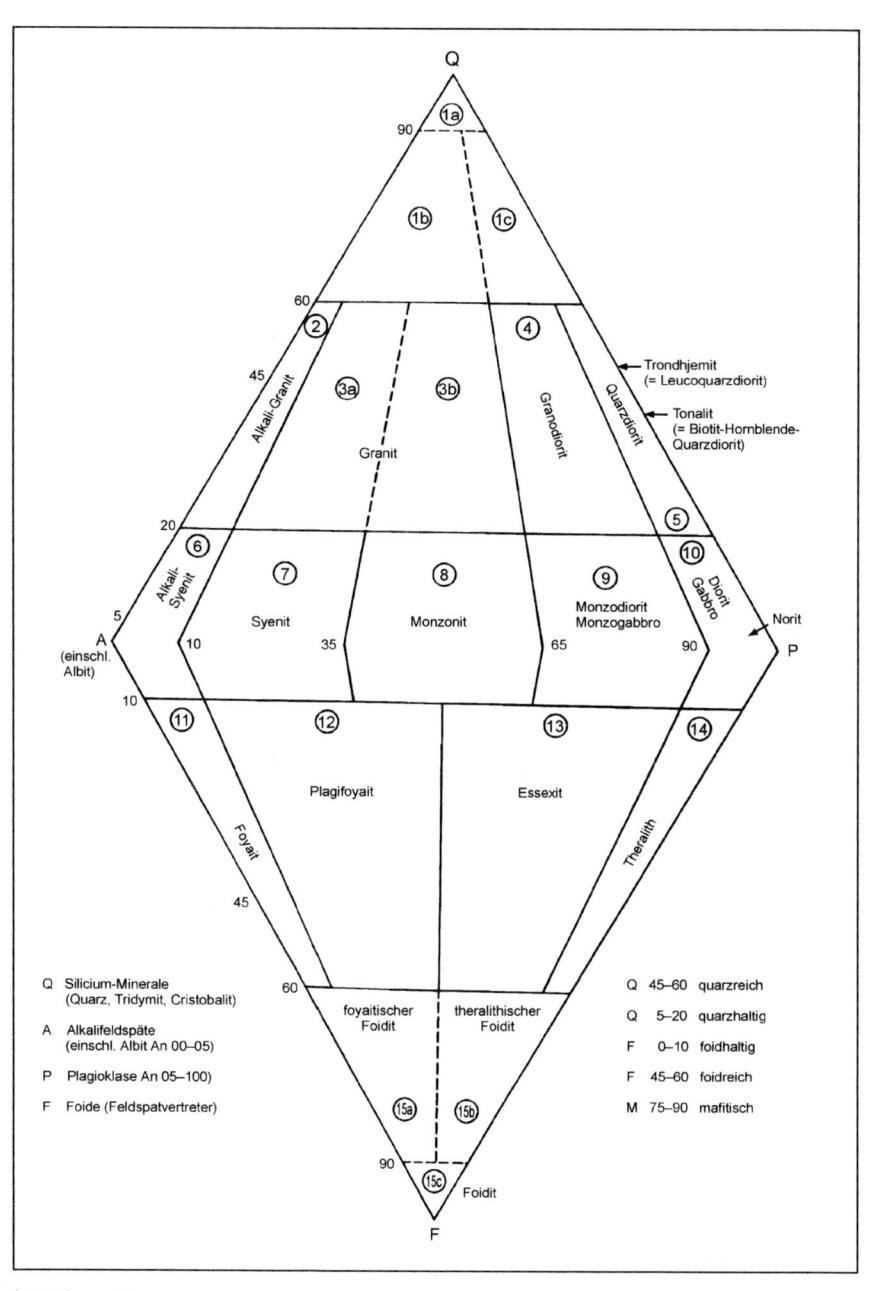

b) Tiefengesteine.

74 *Bodenbildende Faktoren*

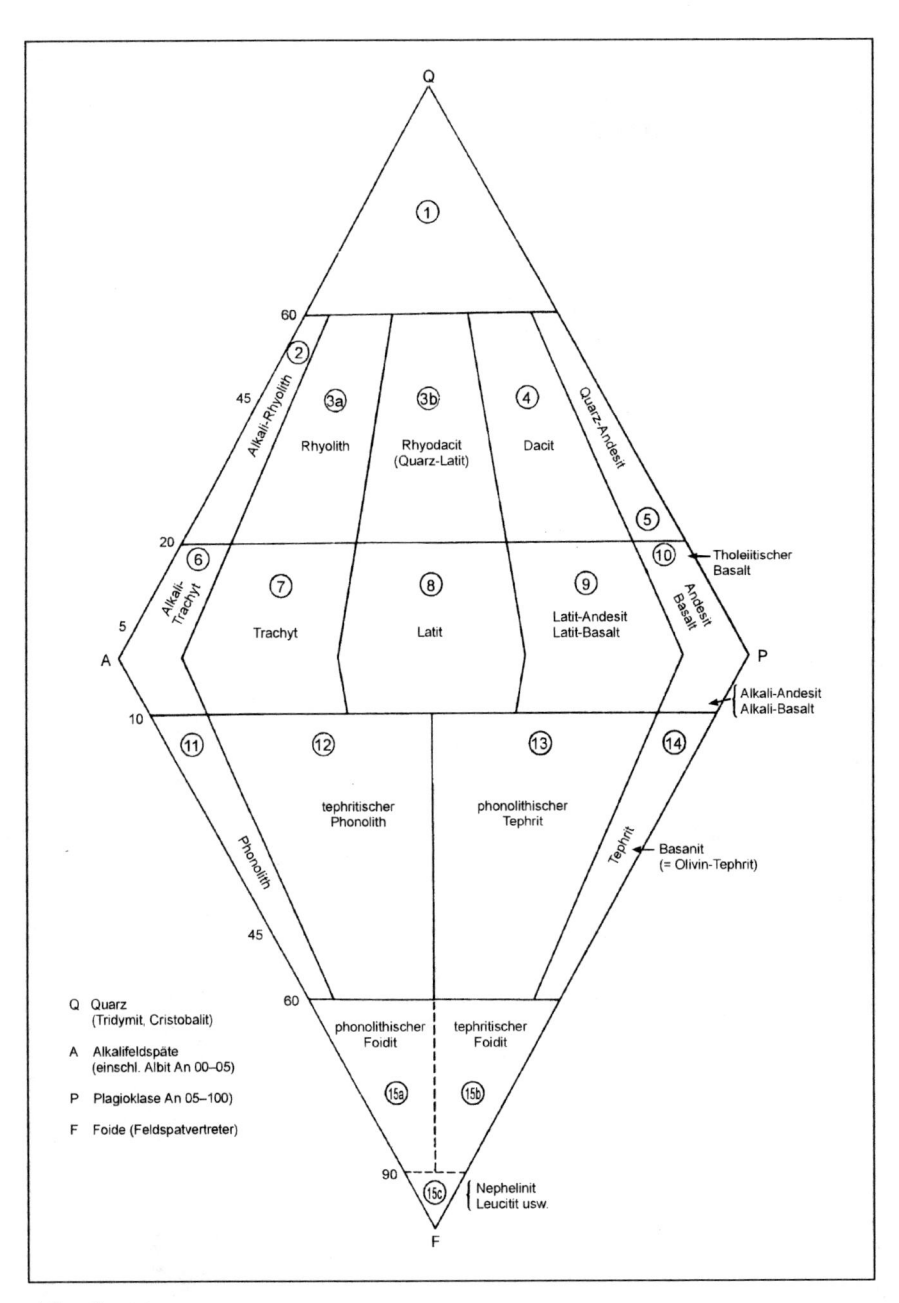

c) Ergußgesteine.

Bodenbildende Faktoren

Weitere wesentliche Minerale sind Glimmer (Muskovit und Biotit, mittlerer Gehalt 4 %), Pyroxene und Amphibole (mittlerer Gehalt 17 %) sowie Olivine (Abb. 4.3, Übersicht 4.3).

Beispiel:
Mineralogische Zusammensetzung des Lausitzer Granodiorits in Vol.-%:
Quarz 31,8 %, Alkalifeldspat 5,9 %, Plagioklas 29,7 % und Biotit 32,6 %.

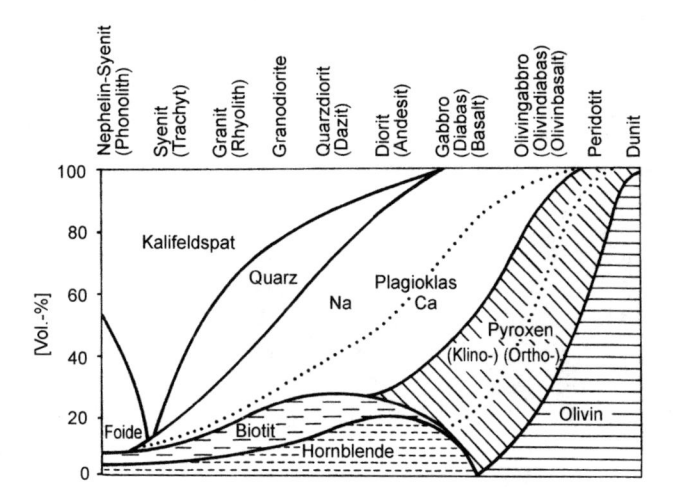

Abb. 4.3: Ungefähre Mineralzusammensetzung der magmatischen Gesteine.
Aus RÖSLER und LANGE, 1965.

Übersicht 4.3: Mineralbestand der magmatischen Gesteine.

Hauptgemengteile		
salische Minerale	Quarz SiO_2	
	Feldspäte	Orthoklase (K, Na)[$AlSi_3O_8$] als Sanidin in Vulkaniten, als Mikroklin in Plutoniten Plagioklase. Mischkristalle von Albit Na[$AlSi_3O_8$] und Anorthit Ca[$AlSi_2O_8$]
	Feldspatvertreter (Foide)	Nephelin Na[$AlSiO_4$] Leucit K[$AlSi_2O_6$]
	Glimmer	Muskovit $KAl_2[(OH)_2/AlSi_3O_{10}]$
mafische Minerale		Biotit $K(Mg, Fe)_3[(OH)_2/AlSi_3O_{10}]$
	Amphibole	z. B. $(Ca, Na)_2(Mg, Fe, Al)_5[OH/Si_4O_{11}]_2$
	Pyroxene	z. B. Orthopyroxene $(Mg, Fe)_2[Si_2O_6]$
	Olivin	$(Mg, Fe)_2[SiO_4]$
Akzessorien		
	Zirkon $Zr[SiO_4]$	
	Apatit $Ca_5[(F, OH)/(PO_4)_3]$	
	Ilmenit $FeTiO_3$	
	Magnetit Fe_3O_4	

Die häufigsten Elemente in Magmen sind Sauerstoff und Silicium, gefolgt von Aluminium und Eisen sowie Calcium, Natrium, Kalium und Magnesium. Die höchste prozentuale Verteilung in der Lithosphäre weisen bei den magmatischen Gesteinen die Granite und Granodiorite sowie der Gabbro auf.

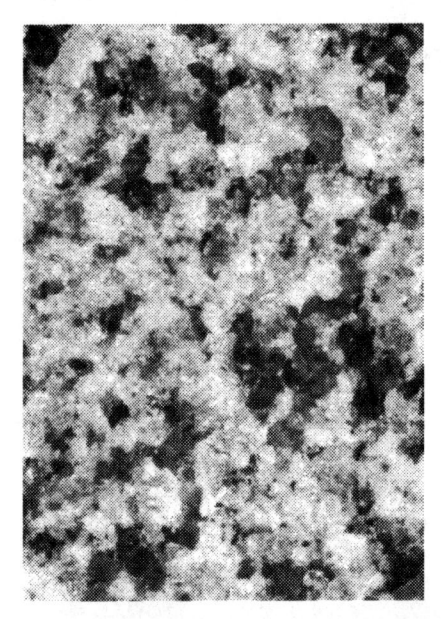

Granit
60–80 % SiO_2, hohe Alkaligehalte, geringe Fe- und Mg- sowie Ca-Gehalte; Kalifeldspat, Plagioklas, Quarz, Glimmer (Abb. 4.4. und 4.5).
Vorkommen: Brocken- und Rambergmassiv (Harz); Eibenstocker Turmalingranit, Granit von Ehrenfriedersdorf (Erzgebirge); Fichtelgebirge, Bayerischer Wald und Schwarzwald. Granodiorit: Hauptvorkommen in der Oberlausitz (s. Tab. 4.1). Wollsack- bzw. Matratzen-Verwitterungsformen.

Abb. 4.4: Granit, körniges Gefüge, Handstück, geschliffen.

Abb. 4.5: Dünnschliff von Biotit-Granit, Riesengebirge, Spindlermühle, Tschechien. Aufnahme mit gekreuzten Polarisatoren. BRÜCKNER, Trier.

Tab. 4.1: *Chemische Zusammensetzung bodenbildender Gesteine (Angaben in %).*
Nach LENTSCHIG.

	Rhyolith (Quarzporphyr) Tharandter Wald (Grillenburg), Osterzgebirge	**Gneis** Tharandter Wald (Dorfhain), Osterzgebirge	**Granodiorit** Czorneboh, grobkörnig, Oberlausitz	**Olivin-Nephelinit** Dolmar, Thüringen
SiO_2	73,97	68,31	65,50	38,73
TiO_2	0,17	0,48	0,80	3,50
Al_2O_3	14,64	15,21	16,88	13,21
Fe_2O_3	1,55	1,52	1,04	8,84
FeO	0,22	2,62	4,10	5,14
MnO	0,01	0,04	0,03	0,12
MgO	0,36	1,35	2,65	10,90
CaO	0,36	1,61	0,85	12,70
Na_2O	3,40	3,00	2,88	3,10
K_2O	5,30	4,33	3,46	0,86
P_2O_5	0,015	0,10	0,09	0,99
Glühverlust	0,62	1,27	1,63	2,20
Summe	100,61	99,84	99,91	100,29

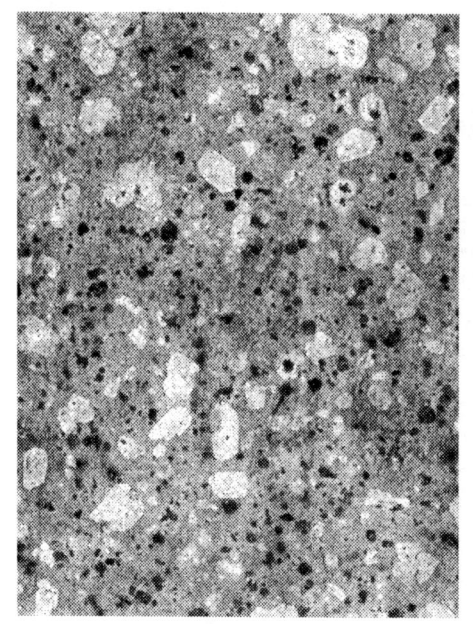

Quarzporphyr, Rhyolith

Als Einsprenglinge treten Quarz, Feldspäte und Glimmer auf. Die feine Grundmasse enthält dieselben Minerale (Abb. 4.6 und 4.7). Die chemische Zusammensetzung entspricht etwa der des Granits, das Gestein ist reich an Kalium und arm an Erdalkalien.

Vorkommen: Osterzgebirge, Hallescher Porphyrkomplex, Thüringer Wald; Bozen in Südtirol als größtes Vorkommen in Mitteleuropa. Der Nordsächsische Vulkanitkomplex im Raum Wurzen, Rochlitz, Oschatz wird von Quarzporphyren (Rhyolithen) und Tuffen aufgebaut.

Abb. 4.6: *Quarzporphyr, porphyrisches Gefüge. Handstück, geschliffen.*

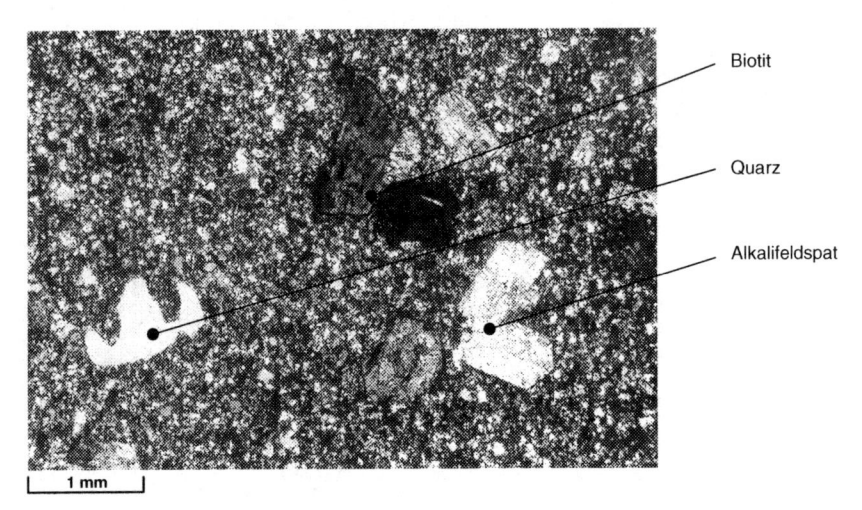

Abb. 4.7: Dünnschliff von Quarzporphyr (Rhyolith), Traisen bei Bad Kreuznach, Nahe, Aufnahme mit gekreuzten Polarisatoren. Einsprenglinge von Quarz (z. T. resorbiert), Biotit und Alkalifeldspat. BRÜCKNER, Trier.

Basalte und Diabase

Sie besitzen hohe Nährstoffgehalte bis auf den relativ niedrigen Kaliumgehalt (Tab. 4.1).
Vorkommen: Basalt-Tafelberge (Augitnephelinit) in Sachsen, wie Scheibenberg, Pöhlberg und Bärenstein. Der Löbauer Berg (Nephelinbasalt) ist der Rest eines Lava-Vulkans, dessen Magma durch den Lausitzer Granodiorit brach. Vogelsberg, Rhön. Auf Basalt nehmen in Hessen eutrophe Buchenwälder 5 % (30 000 ha) der Waldfläche ein. Diabase entstanden im Devon im Hunsrück und Lahngebiet.

Beispiele:

In den jungpleistozänen Sedimenten der Insel Usedom treten als Geschiebe u. a. folgende magmatischen Gesteine auf: Syenogranit und Syenogranit-Porphyr (Bornholmgranit, Granit Mittelschwedens, Åland-Granit, SW-Finnland), Monzogranit (Uppsalagranit), Rapakivi-Granit (Åland), Granitporphyr (Åland), Granodiorit (Mittelschweden), Amphibolit (Skandinavien), Diabas (Mittelschweden).
In den elstereiszeitlichen Ablagerungen um Leipzig überwiegen Gesteine des mittel- und nordschwedischen, in den saaleeiszeitlichen Sedimenten dagegen aländisch-finnischen Raumes, Geschiebe Süd- und Mittelschwedens.
Am Aufbau des sächsischen Erzgebirges sind wesentlich die Magmatite Granit, Quarzporphyr (Rhyolith) und Granitporphyr beteiligt.

Vulkanische Aschen (Tuffe)

Vulkanische Lockerprodukte werden als Tephra bezeichnet. **Tuffe** (Teilchen > 2 mm) sind an Vulkantätigkeit gebunden. Sie nehmen eine Zwischenstellung zwischen Erstarrungsgesteinen und Sedimenten ein. Tuffe treten im lockeren und verfestigten Zustand auf. Sie setzen sich aus Asche und gröberen Bestandteilen zusammen, besitzen aber kein Bindemittel.

Bodenbildende Faktoren

Pyroklastika

Pyroklastische Gesteine entstehen beim Auswurf aus Vulkanschloten. Pyroklastisches Auswurfmaterial von 2–64 mm Durchmesser bezeichnet man als Lapilli.
Beispiele:
Der Rochlitzer Berg (Quarzporphyrtuff) in Sachsen ist der Rest eines vulkanischen Tuff-(Asche-) Kegels der Rotliegendzeit von mehreren hundert Metern Mächtigkeit. In vulkanischen Landschaften, wie im Gebiet des Vesuv oder Ätna in Italien, können sich aus Vulkanasche fruchtbare Böden bilden (Weinanbau, früher Wald und stickstoffsammelnde Pionierpflanzen, s. Kap. 7). Bekannt ist der Bims der Osteifel. Dünne Lagen von allerödzeitlicher Bimsasche aus der Vulkaneifel (Laacher-See-Tuff) sind in den periglazialen Deckschichten (Hauptfolge) in weiten Teilen Deutschlands verbreitet. Sie sind reich an Cer, Lanthan und Niob. Die Maare der Eifel entstanden in verschiedenen Abschnitten der Eiszeit und im Tertiär durch Kontakt eindringenden Oberflächenwassers mit dem Magma, wobei der gebildete Wasserdampf die Explosion bewirkte. Die heutigen um 50 m tiefen Seen sind mit einem vulkanischen Sedimentwall umgeben.

4.1.2 Sedimentite

Der erdgeschichtlichen Zeitskala liegt die **Schichtfolge** der Sedimente zugrunde. Mit Hilfe der Stratigraphie und Paläontologie lassen sich die gegenseitigen Altersbeziehungen der Gesteine klären. Schichten gleichen Alters führen die gleichen Versteinerungen. Gleichaltrige Sedimentgesteine können in Abhängigkeit von geographischen und klimatischen Bedingungen unterschiedlich ausgebildet sein (Fazies eines Sedimentgesteins). Unterschiede bestehen nicht nur zwischen kontinentaler und mariner Fazies, sondern auch innerhalb derselben, z. B. durch die Entfernung zur Küste (sandige Gesteine in Küstennähe, tonige Gesteine in Küstenferne) oder zum Ausblasungsgebiet (z. B. Abfolge Flugsande, Sandlöß, Löß). Mehrere Schichten eines Sedimentgesteins lassen sich häufig zu einer Zone zusammenfassen, die durch ein Leitfossil gekennzeichnet wird. Die übergeordneten systematischen Einheiten sind Stufe, Abteilung und Formation. Innerhalb einer Formation ändert sich der Charakter der Tier- und Pflanzenwelt nur unwesentlich. Mehrere Formationen bilden ein Erdzeitalter.

Verwittertes Gestein wird nach dem Transport zunächst locker abgelagert. Es entstehen Lockergesteine wie Kies und Sand. Werden diese Massen von neuen Ablagerungen überdeckt, so verfestigen sie sich durch Druck, Entwässerung, chemische Umbildung und Verkittung. Alle Vorgänge nach der Ablagerung, die zur Verfestigung von Sedimenten führen, werden als **Diagenese** bezeichnet (s. 4.1.3). Durch Diagenese wird aus Kies ein Konglomerat, aus Sand ein Sandstein. Durch Verwitterung und Transport gehen insbesondere die Amphibole, Pyroxene, Olivine und Biotite der abgetragenen Eruptivgesteine verloren. Die Feldspäte gehen mengenmäßig stark zurück, Quarz wird relativ angereichert (s. 5.1.1; Tab. 4.2).

Tab. 4.2: Mittlere mineralogische Zusammensetzung der Sedimentgesteine in %.

Quarz	30–38		Carbonate	8,5–20
Glimmer	20–23		Limonit	3–5,5
Tonminerale	9–17,5		Chlorit	2
Feldspäte	7–9		Wasser	2

Sedimentite oder Absatzgesteine entstehen aus dem Verwitterungsschutt praeexistierender Gesteine durch die geologische Wirksamkeit von Schwerkraft, Wind, Wasser und Eis (äolische, marine, limnische, fluviatile und glaziale Sedimente). Wichtige **Gefügemerkmale** der Sedimentgesteine sind die Korngrößenverteilung, die Kornform und die Schichtung. Die **Schichtung** ist bedingt durch einen Wechsel im Gesteinsmaterial oder durch die Verfestigung einer Schicht vor Ablagerung der nächstjüngeren während einer Pause innerhalb der Ablagerungsvorgänge. Hierbei entsteht zwischen den älteren und jüngeren Ablagerungen eine Schichtlücke.

Nach der Art der Entstehung unterteilt man die Sedimentgesteine folgendermaßen:
- Klastische Sedimentgesteine: Sie bauen sich aus Verwitterungsrückständen auf, die beim Transport durch Wasser und Wind nach ihrer Größe sortiert und an anderer Stelle wieder abgesetzt werden. Beim Eistransport findet keine Sortierung statt. Wesentliche quartäre Lockersedimente sind die Schuttdecken, Fließerden, Lösse und Schotter.
- Chemische Sedimentgesteine: Sie werden durch Änderung der Lösungsbedingungen aus Verwitterungslösungen ausgeschieden.
- Biogene Sedimentgesteine: Sie entstehen unter Mitwirkung von Organismen oder stellen Organismenreste (Skelette) dar.

Zu den Hauptgesteinsgruppen rechnen:
- Sandsteine, Konglomerate, Brekzien (vorwiegend Sandstein);
- Silt-(Schluff-) und Tongesteine (vorwiegend Tonschiefer);
- Carbonatgesteine (vorwiegend Kalkstein).

Die Sedimentgesteine stellen den weitaus größten Teil der bodenbildenden Gesteine Deutschlands. Die Häufigkeit der Sedimentgesteine nimmt in folgender Reihenfolge ab: Tonschiefer und Tone > Sandsteine > Kalke, Dolomite. Rote Sedimentgesteine treten weltweit im Perm und in der Trias auf. Ihre Farbe entsteht im Zuge der Diagenese und beruht auf Hämatitgehalt.

4.1.2.1 Klastische Sedimentgesteine

Das Material klastischer Sedimente (Trümmergesteine) stammt aus der mechanischen Zerstörung anderer Gesteine. Von den Sedimentgesteinen sind die klastischen bei weitem die häufigsten. Klastische Sedimentgesteine haben einen Transport hinter sich und werden nach ihrer mittleren Korngröße untergliedert in
- Psephite: > 2 mm
- Psammite 2–0,02 mm
- Pelite < 0,02 mm

Lockergesteine (klastische Sedimentite) lassen sich in Korngrößenklassen nach Tab. 4.3 einteilen.

Tab. 4.3: Korngrößenklassen für Lockergesteine.

Grobeinteilung	Feineinteilung	mm
Blöcke	-	≥ 2000
Steine	große Steine mittlere Steine kleine Steine	2000 bis 630 630 bis 200 200 bis 63
Kies	Grobkies Mittelkies Feinkies	63 bis 20 20 bis 6,3 6,3 bis 2
Sand	Grobsand Mittelsand Feinsand	2 bis 0,63 0,63 bis 0,2 0,2 bis 0,063
Schluff	Grobschluff Mittelschluff Feinschluff	0,063 bis 0,02 0,02 bis 0,0063 0,0063 bis 0,002
Ton	Grobton Mittelton Feinton	0,002 bis 0,00063 0,00063 bis 0,0002 ≤ 0,0002

Tongesteine und Sandsteine sind die häufigsten klastischen Sedimentgesteine.

Psephite

Zu ihnen gehören Schutt (kantig) und Geröll (gerundet) als Lockergesteine und Brekzie (kantige Steine) und Konglomerat (gerundete Steine) als verfestigtes Gestein. Meist handelt es sich um eine Mischung von Gesteinsbruchstücken verschiedener stofflicher Zusammensetzung. So sind an der Zusammensetzung der Flußschotter widerstandsfähige Gesteine wie Quarzit, Kieselschiefer, Grauwacke und Porphyre beteiligt. Auch das feinere Material, das lose zwischen den Gesteinsbruchstücken liegt oder diese fest miteinander verbindet, ist stofflich verschieden.

Als Geröll werden durch Wassertransport gerundete Steine bezeichnet. Geschiebe sind Gesteinsbrocken, die vom Gletschereis transportiert worden sind.

Beispiele:
Blockschutt ist im Harz über Granit, Gabbro, Diorit, Quarzkeratophyr und Quarzporphyr sowie Quarzit und Hornfels anzutreffen, also Gesteinen, die Härtlinge und damit die Höhen bilden. Markante Blockbildungen finden sich im Bereich des Brocken- und Ilsensteinmassivs. Blockschutte im Brockengebiete treten insbesondere oberhalb 650 m ü. N. N. auf.
In der frühen Saaleeiszeit kam es im Saale-Elberaum zu einer starken Schotterakkumulation, die stellenweise 50 m erreicht und große Flächen im Tiefland einnimmt.
Mit Nagelfluh bezeichnet man im Alpenraum ein Block-Konglomerat der Molasse.

Psammite

Hierher gehören neben Sand die verfestigten Sedimentite Grauwacke, Sandstein, Arkose, Flysch und Molasse (s. Abb. 4.8). Flysch, der die Alpen begleitet, besteht aus Abfolgen von Ton, Sand und Feinkies. Grauwacken des Harzes bestehen vorwiegend aus Quarz, Feldspat und Glimmer sowie an die 30 % Gesteinsbruchstücke. Die **Sandsteine** bestehen im wesentlichen aus Verwitterungsresten, zum überwiegenden Teil (etwa 90 %) aus Quarz, enthalten daneben aber auch Silicate. Die Körner können durch kieseliges, carbonatisches, toniges und eisenoxidhaltiges Bindemittel miteinander verkittet sein. Das Bindemittel der Sandsteine ist neben ihrem Silicatgehalt entscheidend für den Nährstoffgehalt der aus ihnen entstehenden Böden (Tonsandstein, Mergelsandstein, Kalksandstein, Kieselsandstein).

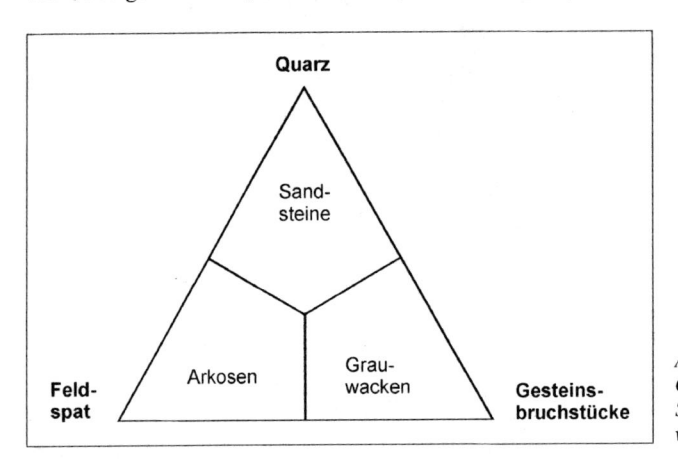

Abb. 4.8: Psammite. Charakterisierung von Sandsteinen, Grauwacken und Arkosen.

Beispiel:
Die Sandsteine der Kreide und des Buntsandsteins nehmen weite Flächen Deutschlands ein, der Buntsandstein etwa 30 000 km^2. Bei kieseligem Bindemittel ist letzterer meist mit Wald bestockt. Gleichfalls kieseliges Bindemittel besitzt der Quadersandstein der Sächsischen Schweiz (Tafelberge Königstein und Lilienstein).

Im Flachland treten sandige Substrate u. a. als Sander, Talsand, Flugsand, Geschiebedecksand und Sandlöß auf. Weichseleiszeitliche Windsedimente im Vorland des Inlandeises sind zonal gegliedert (Abb. 4.9). Die eiszeitlichen Winde, insbesondere die über den Gletschern abgekühlten, mit hoher Geschwindigkeit von den Gletscherenden herabwehenden Fallwinde, trieben die gröbere Sandfraktion als Laufsand (**Treibsand**) am Boden hin, die feineren **Flugsande** wurden weiter transportiert und der Flugstaub weit weggetragen. Die pleistozänen großflächig verbreiteten Flugsanddecken sind steinfrei und meist > 60–100 cm mächtig. Sandablagerungen treten als Decksande (flächenhafte Ablagerung) und als Dünen auf. Bei letzteren werden Küsten- und Binnendünen unterschieden. Binnendünen trifft man u. a. in der niederrheinischen Bucht und oberrheinischen Tiefebene (Niederterrassenfelder) an. In Sachsen sind Dünen in der Dresdener Heide, im Elbtal und auf den Lausitzer Sandflächen verbreitet.

Sander-Sande sind glazifluviatile Sande vor der Eisrandlage. Talsande, gleichfalls glazifluviatiler Entstehung, liegen in Urstromtälern. Die typischen, silicatarmen Talsande im Lausitzer Urstromtal sind stein- und fast kiesfrei (< 1 % Kies). Die Mittelsandfraktion stellt mit 50–70 % den Hauptanteil an der Korngrößenzusammensetzung. Ton- und Schluffgehalt liegen bei < 3 %.

Unter **Geschiebedecksand** versteht man die ungeschichtete, anlehmige bis lehmige, geschiebeführende Sandschicht, die im norddeutschen Flachland und angrenzenden Gebieten (z. B. in der Altmark) Geschiebemergel bzw. -lehm oder geschiebefreie Schmelzwassersande deckenförmig überzieht. Geschiebedecksande sind 0,4–0,6 (0,5–1,0) m mächtige, schluffarme (< 15 % Grobschluff), sandige Decken, die an der Basis durch eine Steinsohle begrenzt werden. Der Geschiebedecksand ist im Alt- wie Jungmoränengebiet in fast geschlossener Verbreitung vorhanden. An seiner Bildung im Altmoränengebiet waren vorrangig äolische Vorgänge neben solifluidalen Prozessen beteiligt. Geschiebedecksande werden mit zunehmender Entfernung vom Lößgebiet schluffärmer. An Bodentypen treten in ihnen Fahlerden und Braunerden sowie deren Übergänge auf.

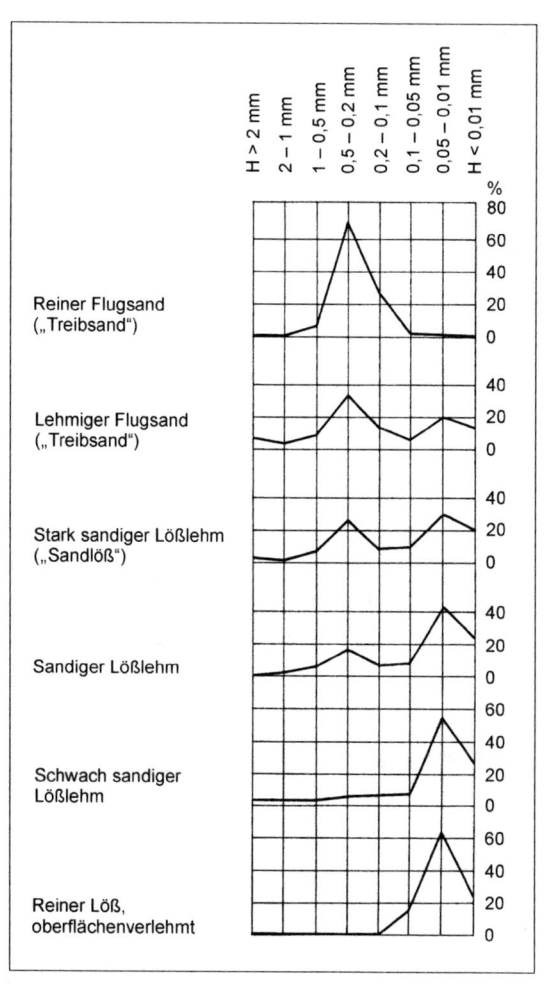

Abb. 4.9: Kornverteilungskurven äolischer Sedimente. a) Kornverteilung der wichtigsten bodenbildenden Windablagerungen in Nordsachsen. Nach KRAUSS et al. 1939.

Sandlöß stellt eine grobkörnige Abart des Lösses dar. Sandlösse haben gegenüber den Lössen einen höheren Sandanteil und erreichen im Grobschluffgehalt 20 %, nicht

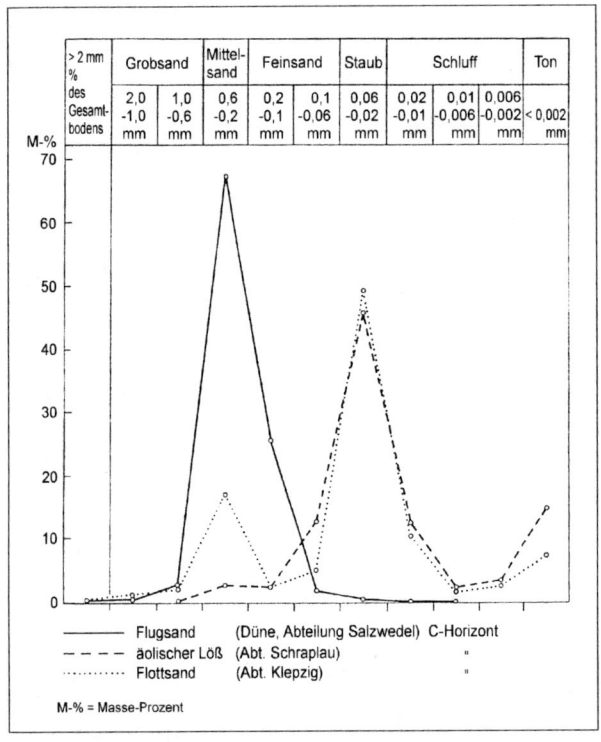

>2 mm % des Gesamt-bodens	Grobsand	Mittel-sand	Feinsand		Staub		Schluff			Ton
2,0 -1,0 mm	1,0 -0,6 mm	0,6 -0,2 mm	0,2 -0,1 mm	0,1 -0,06 mm	0,06 -0,02 mm	0,02 -0,01 mm	0,01 -0,006 mm	0,006 -0,002 mm	<0,002 mm

―――― Flugsand (Düne, Abteilung Salzwedel) C-Horizont
― ― ― ― äolischer Löß (Abt. Schraplau) "
·········· Flottsand (Abt. Klepzig) "

M-% = Masse-Prozent

Abb. 4.9 b) Kornverteilungskurven von Flugsand, Sandlöß und Löß. Nach ALTERMANN.

jedoch die Werte der Lösse. Schluffreiche Sandlösse kommen nahe am Lößgebiet, schluffarme in größerer Entfernung von diesem vor. Sandlösse haben eine ein- oder zweigipfelige Häufigkeitskurve (Maxima im Grobschluff und/oder Mittelsand). Sandlößdecken sind etwa 0,5–1,0 m mächtig und an der Basis durch eine deutliche Steinsohle von den liegenden Substraten (z. B. Schmelzwassersande oder Geschiebemergel) getrennt. Sie sind überwiegend entkalkt. Sandlösse treten u. a. in Niedersachsen, der Altmark und im Fläming sowie im Leipziger Land auf. Die Sandlößdecken sind häufig in einen sandreicheren oberen und in einen sandärmeren unteren Teil differenziert.

Der **Löß** ist ein carbonathaltiges, braun- bis graugelbes, äolisches und damit meist ungeschichtetes Lockersediment, das ein Grobschluffmaximum von 0,063–0,02 mm Durchmesser besitzt. Der Anteil der Tonfraktion (< 2 μm) beträgt etwa 10–25 (< 20) %, der der Schlufffraktion (2–63 μm) 70–80 % und der der Sandfraktion 10–15 % (vorwiegend Fein- und Mittelsand, 63–630 μm) (Tab. 4.4). Der locker abgelagerte Löß ist an Böschungen standfest, er ist leicht bearbeitbar, aber setzungs- und frostempfindlich (Straßenbau).

Als „Gebirgslöß" bezeichnet man ein äolisches Sediment mit < 10 Vol.-% Grobskelett (> 20 mm Durchmesser), > 50 % Schluff und > 25 % Grobschluff. Er wurde vorwiegend durch äolische Prozesse gebildet. Durch Kryoturbation gelangte Skelettmaterial aus dem Liegenden in den Löß. Nach dem Skelettanteil kann der meist kalkfreie Gebirgslöß in die Substrate Berglöß (< 10 % Skelett) und Schuttlöß untergliedert werden.

Tab. 4.4: *Weichsel-Löß (Wγ), Profil Zehren, Elbtal bei Meißen.*
a) *Mineralogische Zusammensetzung. Angaben in Masse-%. Nach* LENTSCHIG *1965, gekürzt.*

Korngrößen [µm]	Korngrößen-verteilung	Aggregate	Quarz	Feldspat	Glimmer	Quarz: Feldspat
2000–500	0,1	0,1	-	-	-	-
500–200	0,2	0,2	-	-	-	-
200–63	5,5	-	3,70	0,14	1,22	26,5
63–20	60,7	-	30,84	10,74	11,90	2,9
20–6,3	18,0	-	9,45	3,51	3,24	2,7
6,3–2	7,0	-	2,15	0,95	2,95	2,3
< 2	8,5					
Summe	100,0	0,3	46,14	15,34	19,31	-

b) *Chemische Zusammensetzung*

SiO_2	71,10
TiO_2	0,48
Al_2O_3	8,11
Fe_2O_3	3,01
MnO	0,04
MgO	1,75
CaO	6,12
K_2O	2,16
Na_2O	1,12
P_2O_5	0,10
Glühverlust	5,50
Summe	99,49

c) *Zusammensetzung der Schwermineralfraktion in Masse-%. Nach* MÜLLER *1959.*

Hornblende	19–22	Anatas	0–1
Granat	6–11	Rutil	12–15
Zirkon	36–40	Augit	1–10
Titanit	4–10	Sillimanit	0–1
Turmalin	2–7	Disthen	1–2

Der Quarz steht mit etwa 50 % an der Spitze aller Lößminerale und kommt vorwiegend im Körnungsbereich von 20–63 µm vor. Feldspäte (Alkalifeldspäte, Plagioklase) treten in der gleichen Fraktion mit etwa einem Drittel der Menge des Quarzes auf. Abweichend hiervon steigt der Gehalt der Glimmer (Muskovit, Biotit, Chlorit) zu den feinen und feinsten Fraktionen hin an. Ein erheblicher Teil der Minerale im Löß ist mit Eisenoxidhydraten umkrustet. In der Tonfraktion dominieren Illit und Quarz. Kaolinit kann primär mit Anteilen bis zu 0,5 % auftreten. Primäre Calcit-Körner sind in der Feinsand- und Grobschluff-Fraktion nachzuweisen (10–30 %). Von den Schwermineralen im Weichsellöß, die als Indexminerale für die Anwesenheit von Löß in Substratmischungen dienen können, seien Hornblende, Epidot, Zirkon, opake Minerale, Granat (Almandin) und Picotit genannt. Als chemische Indikatoren für das Auftreten von Löß können die Gehalte an Na und Ba sowie die Quotienten Na/Al und K/Ba herangezogen werden.

In ariden Gebieten (in Mitteleuropa im Pleistozän) haben äolische Prozesse große Bedeutung. Die Hauptmasse des Lösses liegt im planaren und kollinen Bereich. Im Lausitzer Bergland und im Zittauer Gebirge treten mächtige zusammenhängende äolische Decken bis in 450 m Höhe auf, bis in Höhen von 650 m kann Löß nachgewiesen werden. Beispiel für ein Kernlößgebiet ist die „Lommatzscher Pflege" bei Meißen. Die sächsischen Lösse stammen aus der Mittel-Weichselkaltzeit. Weitere Lößgebiete sind die Magdeburger Börde, die Niederrheinische Bucht und Soester Börde sowie die Calenberger und Hildesheimer Börde südlich von Hannover. Unter dem Weichsellöß ist örtlich ein geringmächtiger saaleeiszeitlicher Löß erhalten geblieben.

Die Mächtigkeit der Lößdecke erreicht in China örtlich 300 m. Löß tritt großflächig auch im Einzugsbereich des Mississippi sowie in den Pampas Argentiniens auf.

Zur Lößgrenze hin nimmt die Mächtigkeit der Lößdecken auf < 1 m ab. In Gebieten mit stärkerer Reliefenergie sind häufig nur noch Lößschleier (< 0,4 m) erhalten geblieben bzw. der Löß wurde hier in Solifluktionsmaterial der anstehenden Gesteine eingearbeitet.

Lößlehm wurden unter den humiden Klimabedingungen der Nacheiszeit weitgehend entkalkt, ihr Porenvolumen liegt mit 35–42 % unter dem des Lösses mit 40–52 %. Sie können auch primär kalkfreie äolische Schluffsedimente sein. Lößlehme besitzen einen Schluffanteil > 50 Masse-%; Grobschluff dominiert mit > 30 Masse-%, der Sandanteil liegt bei < 20 Masse-%.

Vorkommen: In Mitteldeutschland folgt auf eine breite nördliche Zone aus Geschiebedecksand und Treibsand ein Gürtel aus Sandlöß, der in Löß übergeht. Im Süden folgen höhen- und niederschlagsbedingt Solifluktions- und Gleylösse und schließlich die Zone der Schuttdecken mit teilweise eingewehtem Löß. Innerhalb der Abfolge Löß-Sandlöß-Geschiebedecksand nimmt der Schluffanteil ab und der Sandanteil zu. Mit abnehmender Mächtigkeit der Deckschichten steigen meistens der Grobsandgehalt sowie der Skelettanteil an.
Löß liefert hochwertige Ackerstandorte (u. a. Magdeburger Börde, Börden der Harzvorländer, Thüringer Becken, Lößhügelländer südlich von Halle-Leipzig). Die verbreitetsten Bodentypen im Löß bzw. Lößlehm sind Schwarzerde, Parabraunerde, Fahlerde und Pseudogley.

Pelite
Bei den Ton- und Schluffsedimenten handelt es sich um feinstkörnige Absätze aus Gewässern. Die häufigsten Pelite sind Tonstein und Schieferton. Neben feinkörnigen Verwitterungsresten sind Tonmineralneubildungen ein wesentlicher Bestandteil dieser Tonsteine. Tonsteine treten z. B. in Rheinland-Pfalz im Rotliegenden, im Röt, im Unteren Muschelkalk sowie im Oberen Keuper und Lias auf. Geschichtete unverfestigte Tone sandigen Charakters werden als Letten bezeichnet. Sie sind rot, grün oder violett gefärbt (z. B. Keuperletten). Zwischen Kalken und Tonen gibt es alle Übergänge. Bodenkundlich wichtige Sedimente, die an der Grenze zwischen Psammiten und Peliten stehen, sind Löß und Mergel.

Bodenbildende Faktoren

Geschiebemergel sind Sedimente der End- und Grundmoränen. Sie sind ungeschichtet und werden von größeren Gesteinsbruchstücken, den Geschieben, durchsetzt, das Material ist also unsortiert. Petrographisch ist das Sediment ein toniger, sandiger Schluff. Der graue oder graubraune Geschiebemergel kann 10–12 % $CaCO_3$ enthalten. Der Carbonatgehalt des Geschiebemergels in Mecklenburg rührt von der Schreibkreide her, die im Ostseeraum von den Inlandeismassen überfahren und aufgearbeitet wurde. Die Tonfraktion des Geschiebemergels besteht vor allem aus Illit, daneben sind Kaolinit, Smectit und Vermiculit vertreten. Der zugehörige Bodentyp ist die Rendzina.

Durch Verwitterung entkalkte, braungefärbte Geschiebemergel werden als **Geschiebelehm** bezeichnet. Auf dem Geschiebelehm des ostdeutschen Jungmoränengebietes herrscht der Bodentyp Fahlerde bzw. Lessivé vor.

Bei den **Bändertonen** und Bänderschluffen handelt es sich um rhythmisch geschichtete quartäre Eisstauseesedimente. Sie sind das Ergebnis großflächiger Überstauungen im Vorfeld des skandinavischen Inlandeises. Sie treten in Mitteleuropa im Vorland der Mittelgebirge, in Endmoränengebieten und in Grundmoränenseen auf, ferner auch als Eisstauseesedimente der Gebirgsgletscher. Es lassen sich schluffige Sommer- und tonige Winterlagen der **Warven** unterscheiden. Ein Beispiel ist der Dehlitz-Leipziger Bänderton. Im Auenbereich der Täler sedimentiert der **Auenlehm** (Hochflutlehm). Die Entstehung kann spätglazial/altholozän oder mittel- und jungholozän sein, sie ist abhängig von Klima und Bodennutzung.

4.1.2.2 Chemische und biogene Sedimentgesteine

Die meisten chemischen Sedimente entstanden im Meer. Chemische Sedimente werden durch Änderung der Lösungsbedingungen aus Lösungen ausgeschieden. Zur Gruppe der **Ausfällungsgesteine** (nach Verdunstung des Meerwassers im Seichtwasserbereich aus übersättigter Lösung ausgefällt) gehören Kalkstein (z. B. Rogenstein) und Dolomit, zur Gruppe der **Eindampfungsgesteine** (aus eingedampfter Lösung ausgeschieden) Carbonate, Gips und Anhydrit (Hauptbestandteil $CaSO_4 \cdot 2H_2O$ bzw. $CaSO_4$) sowie Salzgesteine (Evaporite wie Steinsalz und Kalium-Magnesium-Chloride bzw. „Kalisalze").

Biogene Sedimente entstehen unter der Mitwirkung von Organismen oder aus Hart- und Weichteilen von Organismen (z. B. Kalkalgen, Korallen, Foraminiferen, Bryozoen und Trilobiten) oder von diesen abgeleiteten Stoffen. Kalk kann aus Gewässern bzw. Bodenwasser über den CO_2-Entzug durch höhere Pflanzen ausgeschieden werden (z. B. Wiesenkalke).

$$Ca^{2+} + 2HCO_3^- = CaCO_3 + H_2O + CO_2\uparrow$$

Zu den kalkigen Sedimenten gehören Foraminiferen-, Korallen- und Schillkalk, zu den kieseligen Sedimenten zählt der Kieselschiefer (aus Radiolarien). Von den bituminösen Sedimenten interessieren Torf und Kohle. Zur Kohlebildung kam es im Oberkarbon und Perm, in der Oberkreide und im Tertiär.

Kalksteine – aus Calcit nebst Aragonit und Verunreinigungen – besitzen nach den klastischen Sedimenten die größte Verbreitung. Biogener Kalk ist häufig klastischen Sedimenten beigemengt. Sandstein kann so über Kalksandstein in Kalkstein übergehen. Der maximale Ca-Gehalt des Kalksteins beträgt 56 %. Übergänge bestehen von Kalk zu Dolomit und von diesem zu den dolomitischen Mergeln. Die Benennung der Kalke berücksichtigt neben dem Fundort (z. B. Pläner von Plauen bei Dresden) auftretende Versteinerungen (z. B. Muschelkalk), die Formationszugehörigkeit (z. B. Jurakalk) sowie das Aussehen (z. B. Plattenkalk).
Ein charakteristischer Bestandteil der Kreidekalke (Rügen, englische Südküste) ist der **Feuerstein** (Flint, SiO_2), der durch Eisvorstöße und als Werkzeug in der Steinzeit eine weite Verbreitung gefunden hat. In der Feuersteinleitlinie markiert er die maximale südliche Ausdehnung des Inlandeises in Deutschland. Die Feuersteine bilden sich aus der im Kalk vorhandenen Kieselsäure, die aus den Skeletten der Radiolarien (Strahlentierchen), Diatomeen (Kieselalgen) und Schwammnadeln stammt (Abb. 4.10). Der Kalk der Schreibkreide stammt überwiegend aus den Skeletten von Coccolithophorida, einem planktonisch lebenden Einzeller.

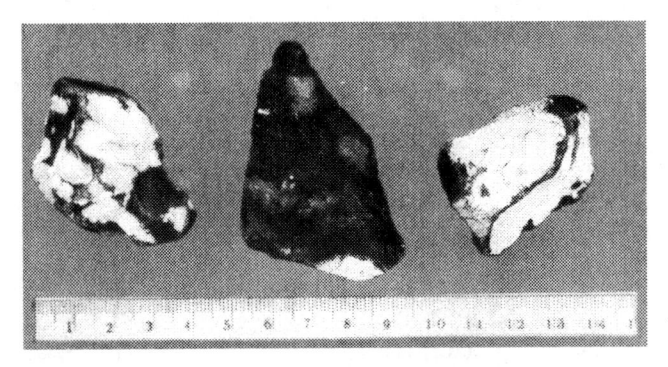

Abb. 4.10: Feuersteine, Ostseestrand.

Beispiel:
Aus Kalkstein können sich durch Lösungsverwitterung **Karstlandschaften** bilden, wie im mediterranen Gebiet, der Slowakei und in Ungarn. Typisch für diese sind Dolinen sowie Kalkhöhlen, die zu Einsturzdolinen führen können, ferner unterirdische Wasservorräte, die sich im angrenzenden Gebiet zur Bewässerung nutzen lassen. Von nackten Kalkbergen mit steilen Hängen umgebene Hochebenen (Polje) in Südeuropa können vernässen und vermooren, liefern aber bei Dränage fruchtbare Äcker. In mediterranen Kalkgebirgen, wie auf Mallorca, sind die Gebirgshänge mit Stieleiche, Aleppo-Kiefer und Pinie bewachsen, Olivenanbau wird an den terrassierten Unterhängen und Landwirtschaft (Getreideanbau, Obstplantagen und Weinanbau) in den Trockentälern betrieben. An Bodentypen dominieren Terra fusca und Terra rossa.

Kalksteine sind das bodenbildende Material der mittel- und süddeutschen Muschelkalk- und Juralandschaften (Schichtstufenlandschaften). Über Kalkgestein treten hier drei Gruppen von Böden auf:
1. Böden, die sich in den Verwitterungsrückständen (Lösungsrückständen) des Kalksteins gebildet haben (Terrae calcis),

Bodenbildende Faktoren

2. Böden in kalkhaltigen bis kalkfreien Sedimenten wie Fremddecken aus Löß(lehm) und Geschiebemergel in ebenem bis flach geneigtem Gelände (Braunerde, Lessivé),
3. Böden in Schuttdecken an steileren Hängen (Rendzina, s. 7.3).
Böden über reinen Kalksteinen können eine geringe Produktionskraft besitzen.

Gips kann geologischer Herkunft oder das Ergebnis eines Anreicherungsprozesses im Bodensubstrat sein. In Gipsböden bestimmt der hohe Gipsgehalt ihr physikalisches, chemisches und biologisches Verhalten. Die Bezeichnung als „Gips-Horizont" setzt mehr als 25–33 % Gips voraus. Gips übt auf die meisten Pflanzen weder toxische noch osmotische Wirkungen aus. Gips-Böden sind in ariden Gebieten weit verbreitet (Böden mit Gips), treten aber auch unter humiden Klimabedingungen auf Gipsgestein auf (Böden aus Gips).

Vorkommen: Gips zwischen Südharz und Kyffhäuser-Gebirge (Zechstein); Kalkstein des Göttinger Waldes; Muschelkalk der Randzone des Thüringer Beckens (Trias); Kalkstein der Schwäbischen Alb (Jura).

Etwa 3 % der Erdoberfläche sind von **Mooren** bedeckt. Moore bestehen aus Schichten von **Torf**. Die Schichtenfolge der Moore beruht auf den klimatischen und hydrologischen Veränderungen, denen das Moor ausgesetzt war. Torf entsteht aus den Resten der Moorpflanzen. Torfausbildungsformen unterscheiden sich hinsichtlich der pflanzlichen Zusammensetzung, der mineralischen Anteile und des Zersetzungszustandes (Humifizierungsgrades). Torfe sind alle Bildungen mit mehr als 30 Gew.-% organischer Substanz, soweit sie aus Resten der torfbildenden Pflanzendecke von Mooren an Ort und Stelle (sedentär) abgelagert worden sind. Hauptgruppen der Torfe sind die Hochmoortorfe (ombrogene Torfe, Regenwassertorfe) und die Gesamtheit der übrigen Torfe (Nichthochmoortorfe, topogene Torfe, Mineralbodenwasser-Torfe), letztere können weiter in Niedermoor- und Übergangsmoortorfe untergliedert werden. Nieder- und Übergangsmoore werden unter der Bezeichnung **Flachmoore** zusammengefaßt. Flachmoore sind reliefbedingte topogene Moore, also an Wasseransammlungen in Einsenkungen gebunden. So werden beim Niedermoor u. a. Seggen- und Schilftorf ausgeschieden. Beim **Hochmoor** dominieren Sphagnen als anspruchslose Torfmoose. Bei den Hochmooren NW-Deutschlands unterscheidet man den jüngeren schwach zersetzten **Weißtorf** und den ihn unterlagernden älteren stärker zersetzten **Schwarztorf**. Der Wechsel vom Schwarz- zum Weißtorf vollzog sich im Subatlantikum. Voraussetzung für eine positive Stoffbilanz der Moore, also ein Überwiegen der Torfbildung gegenüber der Mineralisierung, ist ihre Wassersättigung im Bereich der obersten Torflagen.

Kriterium für die Einordnung der Moore ist ihre pflanzliche Zusammensetzung. In Hochmooren treten ausschließlich Reste von Hochmoorpflanzen auf, z. B. Sphagnumarten (Bleichmoose), *Eriophorum vaginatum* (Scheiden-Wollgras), *Scheuchzeria palustris* (Beise) und Ericaceen (z. B. *Calluna vulgaris*, Heidekraut). Dem Zersetzungsgrad, ermittelt durch Quetschen von feuchtem Torf, liegt eine zehnstufige Skala zugrunde. Bei den Graden 1–5 sind die Pflanzenstrukturen im Torf noch deutlich zu erkennen.

Im Moor auftretende Minerale sind Pyrit (Eisensulfid), Vivianit (Eisenphosphat), Siderit (Eisencarbonat) und „Limonit".

Hochmoortorfe können von Nichthochmoortorfen, beide von **Mudden** unterlagert werden oder einen mineralischen Untergrund besitzen. Bei der Mudde handelt es sich um organische und mineralische Ablagerungen, die in ruhenden oder langsam fließenden Gewässern entstanden sind. Der Anteil an organischer Substanz ist erheblich. Zur näheren Kennzeichnung dienen der Zerkleinerungsgrad ihrer organischen Komponente (z. B. Feindetritusmudde) sowie ihre mineralische Komponente (z. B. Tonmudde).

Schichtabfolge der Moore (s. a. Abb. 4.11):
– Jüngerer Sphagnumtorf, aschearm
– Grenzhorizont
– Älterer Sphagnumtorf
– Grenze zum Hochmoor
– Kiefernwaldtorf mit Birkenresten, Wollgrastorf (Sauergräser) als Bildungen der Übergangsmoore
– Mudde (Ton-, Sand-, Kalk- sowie Leber- und Torfmudde (Schilf-, Seggen-(Ried-) und Bruchwaldtorf als Ende der Niedermoor-Bildung), aschereich
– Mineralboden, Untergrund eines postglazialen Stausees.

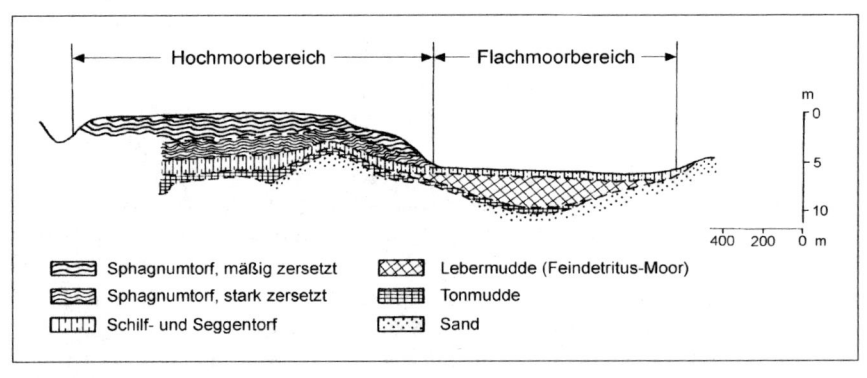

Abb. 4.11: Göldenitzer Moor. Nach GEHL *1952.*

In Westnorwegen mit seinen hohen Niederschlägen sowie in den niederschlagsreichen höheren Gebirgslagen Mitteleuropas haben sich Moore auch direkt auf dem Grundgestein entwickelt.

Beispiel: Schichtung der Erzgebirgsmoore
– Heutige Oberfläche
– jüngerer Moostorf (Sphagnum)
– jüngerer Waldtorf (Grenzhorizont)
– älterer Moostorf (Sphagnum)
– älterer Waldtorf (aus Hasel und Birke)
– Schilftorf
– Lebermudde
– Schicht über Gneis

Bodenbildende Faktoren

Der Begriff **Hochmoor** hat mit der Höhenlage nichts zu tun, sondern bezieht sich auf die Form der Mooroberfläche. Die Hochmoor-Oberfläche ist konvex gewölbt. Das Oberflächengefälle nimmt von der Mitte der Hochfläche zum Schild und Randgehänge zu. Die Gebirgs-Hochmoore (z. B. Hohes Venn, Harz, Solling, Rhön und Erzgebirge) sind durch den Menschen relativ wenig beeinflußt. Die norddeutsche Tiefebene und das Alpenvorland weisen eine Vielzahl von Flachland-Hochmooren auf. Besonders moorreich ist Niedersachsen (9 % der Fläche). Für Nordwestdeutschland seien als Hochmoore das Königsmoor und das Teufelsmoor genannt. Hochmoore sind an arme Grundgesteine, wie Granite in Plateaulagen des Gebirges oder altpleistozäne Sande des Tieflandes, gebunden.
Hochmoore, wie sie z. B. in der Schweiz in Höhen zwischen 800–1 600 m ü. N. N. auftreten, entstanden, als sich vor ca. 15 000 Jahren die Gletscher unter dem Einfluß des milden Klimas zurückzogen und Mulden mit einem verdichteten, wenig wasserdurchlässigen Untergrund zurückließen, auf dem die abgestorbenen Pflanzen bei Sauerstoffmangel zu Torf umgewandelt wurden. Hochmoore sind extreme Lebensräume, die infolge ausgeprägter Nährstoff- und Sauerstoffarmut, hohen Säuregrades und unausgeglichenen Kleinklimas nur von hochspezialisierten Pflanzenarten besiedelt werden können (Torfmoose, Sonnentau).
Die Hochmoore Nordwestdeutschlands sind in ihrer Mehrzahl durch zwei sehr verschiedene Ausbildungsformen des Hochmoortorfs gekennzeichnet: In der Tiefe findet sich der stark zersetzte, vielfach als „älterer Hochmoortorf" bezeichnete Torf. Dieser wird überlagert von einer meist etwa 1 bis 2 m mächtigen Schicht von schwach zersetztem, „jüngerem", vielfach auch „Weißtorf" genanntem Hochmoor- oder Bleichmoostorf. Dieser schwach zersetzte Bleichmoostorf ist hell bis mittelbraun, und die Pflanzenreste sind in ihm noch gut zu erkennen. Der ältere Hochmoortorf bildet eine kompakte, dichte Masse, die beim Trocknen sehr stark schrumpft und hart wird.

Niedermoor entsteht unter Wasser durch die Verlandung stehender Gewässer. In Deutschland gibt es über eine Million ha Niedermoore. In NO-Deutschland sind stickstoffreiche Niedermoore im Umfang von 425 000 ha vorhanden. Flachgründige Niedermoore treten in NO-Deutschland mit 225 000 ha, tiefgründige mit 200 000 ha auf. Bewaldete Niedermoore nehmen hier 70 000 ha ein. Mecklenburg-Vorpommern besitzt 282 000 ha Niedermoor (12 % der Fläche). Niedermoore enthalten bis zu 1 100 t C und 60–120 t N ha^{-1} m^{-1}. Beispiele für intensiv genutzte Moore sind das tiefgründige Niedermoor (bis etwa 10 m) „Friedländer Große Wiese" (9 300 ha) in Mecklenburg-Vorpommern und die flachgründigen Niedermoore „Rhinluch" und „Havelländisches Luch" (50 000 ha, > 1 m) im Thorn-Eberswalder-Urstromtal bzw. in den havelländischen Niederungen, Brandenburg. Ferner seien die Lewitz, das Tollensetal und das Finowtal genannt. Weitere Niedermoore treten in NW- und S-Deutschland auf.

Moore sind stark im Norden Amerikas und Eurasiens sowie in Chile verbreitet. Über ihre Verbreitung in Deutschland informiert Tab. 4.5.

Tab. 4.5: Verbreitung der Moore in Deutschland (in Tausend ha).

	Niedermoor	Hochmoor	insgesamt
Ostdeutschland	605	9	614
Westdeutschland	683	442	1125

Beispiele:
Die westliche Hocheifel (Hohes Venn) ist eine Mittelgebirgslandschaft (bis 690 m ü. N. N.) mit hohen Niederschlägen (1 100 mm a^{-1}) und als Naturraum durch ausgeprägte Sumpf- und Moorbereiche geprägt. Flach-, Zwischen- und Hochmoore unterlagen in diesem Jahrhundert Entwässerungsmaßnahmen. Eine teilweise Renaturierung der Moore wird angestrebt (s. 9.2.4). Das Teufelsmoor bei Bremen (Niedermoor und Hochmoor) ist mit 361 km^2 das größte Moorgebiet in Niedersachsen. Um 6 500 v. d. Z. kam es in diesem Gebiet durch den Meeresspiegelund damit Grundwasseranstieg zur großräumigen Bildung von Niedermooren, denen im Atlantikum (4 000–5 000 v. d. Z.) die Hochmoore folgten. Letztere werden als Grünland (Deutsche Hochmoorkultur) oder Ackerland (Sandmischkultur nach Tiefumbruch) genutzt (s. 8.3). Im Subatlantikum treten dann „wurzelechte" Hochmoore hinzu, die zunächst nicht vermoorte Podsole überdeckten.

4.1.3 Metamorphite

Metamorphite machen zwar nur etwa 4 % der Erdkruste aus, nehmen aber etwa 25 % der Erdoberfläche und in Mittelgebirgen große Flächen der Waldböden ein. Sie sind durch erhöhten Druck und erhöhte Temperaturen aus bereits vorhandenen Gesteinen, z. B. Magmatiten oder Sedimentiten, hervorgegangen. Entsprechend unterscheidet man Ortho- und Paragesteine. Der Mineralbestand eines Gesteins ist nur unter den Druck- und Temperaturbedingungen stabil, unter denen er entstanden ist. Steigen Druck und Temperatur (über 300 °C) für ein an der Erdoberfläche gebildetes Sediment an, kommt es unter Mitwirkung einer chemisch aktiven wäßrigen Phase zu Mineralneubildungen, die im Bereich der Diagenese (Verfestigung, bis 200 °C als erster Stufe oder Vorstufe der Metamorphose) von Sedimenten nicht möglich sind. Erreicht die Temperatur mehr als 700–800 °C, beginnen quarz- und feldspathaltige Gesteine zu schmelzen, es entstehen Anatexite (Abb. 4.12).

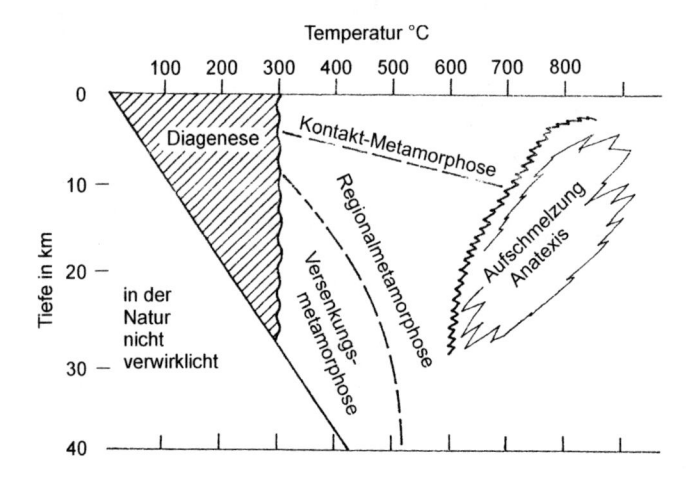

Abb. 4.12: Temperatur-Druck-(Tiefe)-Diagramm mit Einordnung von Diagenese und Metamorphosearten.

Bodenbildende Faktoren

Alle Vorgänge, bei denen es durch Änderungen in den Druck- und Temperaturbedingungen zu einer Umwandlung von Gesteinen innerhalb der Erdkruste kommt, werden unter dem Begriff der Metamorphose zusammengefaßt. Die Metamorphose nimmt den Bereich zwischen Diagenese und Aufschmelzung ein. Ändert sich der chemische Gesamtbestand bei der Metamorphose nicht, so liegt eine isochemische Metamorphose vor. Im Falle einer Stoffzufuhr spricht man von Metasomatose. Man unterscheidet:
- **Dynamometamorphose**: Sie führt vorwiegend zu mechanischen Veränderungen der Gesteine.
- **Kontaktmetamorphose**: Bei ihr ist der Belastungsdruck gering, die lokale Temperaturerhöhung aber groß. Die Veränderungen treten im Nebengestein durch Aufheizung beim Kontakt mit einem aufsteigenden Magma ein. Die umgewandelte Zone ist meist nur wenige hundert Meter breit und wird als Kontakthof bezeichnet. In der Kontaktzone kommt es zu Mineralumbildungen und -neubildungen. Die neuen Gesteine werden als Knotenschiefer und Hornfelse bezeichnet.
- **Regionalmetamorphose**: Die regionale Thermo-Dynamo-Metamorphose ist an Geosynklinalen und großräumige gebirgsbildende Vorgänge (Orogenesen) geknüpft. Neben erhöhten Temperaturen sind auch höhere Drücke und mechanische Durchbewegungen erforderlich. Die Umwandlung erstreckt sich über größere Gebiete. Die entstehenden Gesteine (Glimmerschiefer, Gneise) werden als **kristalline Schiefer** bezeichnet. Aus Tonschiefer bilden sich mit steigendem Metamorphosegrad die Gesteine der Übersicht 4.4.

Übersicht 4.4: Stufen steigenden Metamorphosegrades.

Tonschlamm → Ton → Tonstein → Schieferton →

Tonschiefer → Phyllit → Glimmerschiefer → Gneis → Granulit

Tonschiefer enthalten Tonminerale, **Phyllite** Serizit und Quarz als Hauptminerale. Der Serizit verleiht den Phylliten ihren seidigen Glanz. Beim **Glimmerschiefer** erreichen die Hauptbestandteile Quarz und Muskovit Korngrößen, die mit dem bloßen Auge erkannt werden können (klein- bis mittelkörnig). Bei einer höhergradigen Metamorphose wird der Feldspat, der im Glimmerschiefer nur zu < 20 % enthalten ist, zu einem vorherrschenden Gemengteil. Er gehört mit > 20 % neben Quarz, Biotit und Muskovit zu den Hauptbestandteilen des **Gneises**. Dieser ist mittel- bis grobkörnig und hat ein Parallelgefüge. Glimmerschiefer und Gneise weisen für die Metamorphose typische Minerale, wie den Granat, auf.

Das wichtigste Gefügemerkmal der metamorphen Gesteine ist die **Schieferung.** Sie ist das Ergebnis der Einregelung der Mineralgemengteile eines Gesteins unter der Einwirkung von gerichtetem Druck. Die lagenförmig-parallele Anordnung der

blättchen- und stäbchenförmigen Minerale führt zu einer Teilbarkeit der Gesteine. Schiefer (Tonschiefer, Phyllit) spalten vorwiegend in Platten bis zu 1 cm Dicke, Glimmerschiefer und Gneise in Platten von cm bis dm Dicke. Mit „Fels", z. B. Hornfels der Kontaktmetamorphose, werden dagegen Gesteine ohne Parallelgefüge bezeichnet. Es handelt sich um massige Gesteine von meist feinem bis dichtem Korn.
Die Gliederung der metamorphen Gesteine und die Charakterisierung der Umwandlungsbedingungen erfolgt nach der metamorphen Facies. Sie umfaßt Gesteine beliebiger chemischer und damit auch variierender mineralogischer Zusammensetzung, die während der Metamorphose unter bestimmten physikalischen Bedingungen chemisches Gleichgewicht erreicht haben. Die einzelnen Facies werden nach bestimmten, unter diesen Druck-Temperatur-Bedingungen erstmalig gebildeten Mineralparagenesen (gesetzmäßiges Nebeneinandervorkommen von Mineralen) bezeichnet. Charakteristisch für Metamorphite sind Minerale wie Granat, Staurolith, Disthen, Andalusit, Sillimanit, Cordierit, Zoisit, Epidot, Wollastonit, Chlorit, Serpentin und Talk.

Beispiele:
Die in der Tiefe im Kern von Gebirgen gebildeten Metamorphite gelangen durch Hebung von Krustenteilen mit anschließender Erosion an die Erdoberfläche: Tonschiefer im Taunus, Phyllit im Vogtland, Glimmerschiefer im Westerzgebirge, Gneise im Erzgebirge (Graugneise und Rotgneise) und Bayerischen Wald (Cordieritgneis).
Die Böden aus vogtländischem und bayerischem **Phyllit** bereiten durch ihre einseitig schluffige Körnung und Basenarmut und der damit verbundenen Dichtlagerung des Substrats erhebliche waldbauliche Schwierigkeiten. Dies war Anlaß zur Entwicklung spezieller Meliorationsverfahren, z. B. des Adorfer Verfahrens.
Der nährstoffarme und schwer verwitternde **Quarzit** liefert ohne Lößbeimengung, ähnlich wie der Kieselschiefer, Podsole, die selbst forstlich schwer zu bewirtschaften sind (in Sachsen Collmberg westlich Oschatz, Hohe Dubrau bei Niesky, Adorf-Kottenheider-Quarzitschiefer-Sattel; in Thüringen der Frauenbach-Quarzit; Harz. Man hat zwischen dem Felsquarzit, z. B. dem Taunusquarzit aus dem Devon, und dem Süßwasserquarzit (kein Metamorphit), z. B. im Westerwald aus dem Tertiär, zu unterscheiden.
Serpentinit ist ein ultramafisches (ultrabasisches) Gestein (Mineral Serpentin). Er enthält < 45 % SiO_2 und > 30 % MgO. Die aus ihm hervorgehenden Böden zeichnen sich durch ein extremes Elementangebot für Pflanzen (relative Ca- und K-Armut, hohes Angebot an Mg und Schwermetallen, wie Cr, Ni und Co) und eine spezifische Vegetation aus (z. B. Serpentinfarn mit hohem Mg-Gehalt).

Die Gehalte an Elementen im Gestein, insbesondere die Ca-Gehalte, ermöglichen – unter Beachtung ihrer mineralogischen Bindung – eine erste Beurteilung der zu erwartenden Bodengüte. Der Ca-Gehalt gibt Hinweise auf die Bodenfruchtbarkeit bzw. Trophie, der Mg-Gehalt auf die Widerstandsfähigkeit der Fichte gegenüber den „neuartigen Waldschäden", der Gehalt an P und K über die zu erwartende Versorgung des Waldökosystems mit diesen Nährelementen (Tab. 4.6 und 4.7).

Tab. 4.6: *Gliederung einiger Gesteine des Harzes nach der Summe der Erdalkalien (MgO + CaO) (Mittelwerte in Masse-%). Nach* SCHRÖDER *1972, vereinfacht.*

reich	%	mittel	%	arm	%
Magmatite					
Olivingabbro	18,3	Keratophyr	4,0	Kerngranit	1,3
Diabas	13,8	Hornblendegranit	3,9	Quarzporphyr	1,0
Melaphyr	12,3	Porphyrit	3,0	Zweiglimmergranit	0,74
Sedimente, z. T. schwachmetamorph					
Tonschiefer, kalkreicher	21,0	Wissenbacher Schiefer	4,4	Kieselschiefer	1,2
Kalksandstein, Unterrotliegendes	15,8	Tanner Grauwacke	3,9	Kahleberg-Sandstein	0,96
Kalkgrauwacke	10,9	Grauwacke	2,6	Acker-Bruchberg-Quarzit	0,59
Metamorphite					
Kalksilicathornfels	23,1	Grauwackenhornfels	4,9	Ottrelithschiefer	0,81
Diabashornfels	15,3	Tonschieferhornfels	3,0	Karpholithschiefer	0,48

Tab. 4.7: *Mittlere Gesamtnährstoffgehalte (Gew.-%) kristalliner Grundgesteine des Thüringer Waldes. Nach* NEBE *und* FIEDLER *1970, Auszug.*

Vorrat/Gestein	CaO	MgO	K_2O	P_2O_5
hoch				
Diabase	8,8	13,1	0,80	0,32
Diorite (Brotterode)	6,3	6,7	2,7	0,42
Porphyrite (Oberhofer Schichten)	4,6	4,4	3,3	0,16
mittel				
Porphyrite (Gehrener Schichten)	3,6	4,2	4,8	0,46
Ruhlaer Granite	2,1	1,1	5,7	0,23
Laudenbacher Gneis	2,0	1,2	3,5	0,11
gering				
Phyllitische Schiefer	0,59	2,0	4,4	0,13
Quarzporphyre	0,15	0,19	8,8	0,03

4.1.4 Vom Gestein zum Boden

Die Erdkruste ist überwiegend aus magmatischen und metamorphen Gesteinen aufgebaut. Sedimentgesteine sind an ihr mit nur 1 % beteiligt, bedecken aber als relativ dünne Schicht 75 % der festen Erdoberfläche. In Deutschland beträgt der Flächenanteil der Bodenausgangsgesteine für quartäre Lockergesteine (ohne Küstensedimente, Auenböden und Torfe sowie mit Fluß- und Schmelzwasserablagerungen) 57 %, für Tongesteine 12 % und für Carbonatgesteine 8 %. Der Flächenanteil der Festgesteine liegt bei 20–23 %.

Am Gesteinsbestand der Erdkruste sind gewichts- oder volumenmäßig folgende Gesteine wesentlich beteiligt:

Basische Magmatite > Gneise > saure Magmatite > kristalline Schiefer, Tonschiefer und Tone > Kalkgesteine > Sande und Sandsteine.

An der Oberfläche, wo sich Böden bilden, dominieren jedoch die Sedimentgesteine in Form von Lockergesteinen und Schuttdecken über Festgesteinen.
Eine wesentliche Aufgabe der Bodenkunde ist es zu klären, wie aus einem Gestein ein Boden wird. Die an der Oberfläche anstehenden Gesteine bestimmen die wesentlichen Eigenschaften der Böden, u. a. deren Korngrößenzusammensetzung und Nährstoffnachlieferungsvermögen.
Um bei der Bodenbildung abgelaufene Veränderungen festzustellen, führt man u. a. Bilanzen zum Elementgehalt von Gestein und Boden(horizonten) durch. Die Berechnung der Menge eines Elementes in kg m^{-2} und Horizont bzw. Profiltiefe erfolgt für das Ausgangsgestein nach der Gleichung

$$Me\ [kg\ m^{-2}] = Me_{Ge}\ [‰] \cdot h\ [dm] \cdot \rho\ [kg\ dm^{-3}] \cdot 0{,}1$$

und entsprechend für das Solum

$$Me\ [kg\ m^{-2}] = Me_{FE}\ [‰] \cdot FE\ [\%] + Me_{Fsk}\ [‰] \cdot$$
$$Fsk\ [\%] \cdot h\ [dm] \cdot \rho\ [kg\ dm^{-3}] \cdot 0{,}001.$$

Darin bedeuten: Me bestimmtes Element, Ge bestimmtes Gestein, FE Feinerde, Fsk Feinskelett (20–2 mm), ρ Raumgewicht, h Horizontmächtigkeit. Grobskelett wird nicht berücksichtigt, da es sich wie das anstehende Gestein verhält. Den Mengen des Ausgangsgesteins werden dann die des Solums gegenübergestellt.

4.1.4.1 Periglaziäre Lockergesteinsdecken im Mittelgebirge und Hügelland

Magmatische, sedimentäre und metamorphe Festgesteine der Mittelgebirge und Hügelländer sind in Mitteleuropa meist von etwa 2 m mächtigen periglaziären Decken (Deckschichten, Lockergesteinsdecken) überlagert. Zusammensetzung, Mächtigkeit und Verbreitung der Schuttdecken hängen vom Ausgangsmaterial und Relief (Inklination, Exposition und Höhenlage) ab. Die Böden haben sich somit nicht aus einem „in situ" entstandenen, anstehenden Verwitterungsmaterial entwickelt, sondern aus nach Mächtigkeit, Zusammensetzung und vertikaler Abfolge sich unterscheidenden pleistozänen Decksedimenten. Dies trifft besonders für die Mittelgebirge zu, u. a. für Harz, Odenwald, Schwarzwald, Erzgebirge, Thüringer Wald, Bayerischer Wald und Westkarpaten. Die Böden sind daher meist mehrschichtig, ihre Horizontgrenzen fallen häufig mit Substratgrenzen zusammen. Durch die periglaziären Prozesse können sehr unterschiedliche Gesteine vermengt sein. Die genaue Kenntnis des lithologischen Aufbaus der Pedosphäre ist deshalb unverzichtbar. Manche Teile des Bodenprofils, die früher als bodengenetisch entstanden angesehen wurden, erweisen sich heute als unterschiedliche geologische Schichten, die schon verschiedene Verwitterungs-, Transport- und Bodenentwicklungsstadien durchlaufen haben, ehe sie durch rezente Prozesse bodengenetisch überprägt wurden.

Die Abgrenzung der verschiedenen Lockersedimente erfolgt nach der Genese und Korngrößenzusammensetzung. Dem Skelettanteil (> 2 mm) in den Lockerdecken kommt als Abgrenzungskriterium besondere Bedeutung zu. Für geologische Fragestellungen werden diese Sedimente nach lithogenetischen (Gebirgslöß, Fließerden, Solifluktionsschutt) und lithostratigraphischen Gesichtspunkten (z. B. Basis-, Zwischen-, Mittel- und Decksediment) differenziert. Die Bodensubstrate und ihre Abfolge sind die Grundlage für die Gliederung der „Substrattypen", um Haupt- und Lokalbodenformen zu bilden. Bodenaufschlüsse sind daher nach bodengeologischen und bodengenetischen Kriterien zu kennzeichnen.

Bei den Solifluktionssedimenten faßt man die skelettärmeren als **Fließerden** (< 10 Vol.-% Grobskelett), die skelettreicheren als **Solifluktionsschutte** (> 10 Vol.-% Grobskelett) zusammen (Abb. 4.13). Der Feinerdeanteil kann verschiedener Zusammensetzung sein, z. B. aus Lehm bestehen. Lößfließerden entstanden aus umgelagertem Gebirgslöß (s. 4.1.2.1). Fließerden mit höheren Gehalten älterer Verwitterungsprodukte werden als Braunlehm-, Graulehm- bzw. Rotlehmfließerde bezeichnet. Die Untergliederung der Solifluktionsschutte erfolgt über die Gesteinsart (z. B. Quarzit-Schutt).

Meistens liegen mehrgliedrige Decken von Lockermassen vor. Im Hügelland- und Mittelgebirgsbereich dominiert die dreigliedrige Deckschichtenfolge. Diese unverfestigten klastischen Sedimente sind durch intensive Frostverwitterung, Solifluktion und Kryoturbation sowie Hangabspülung im Vorfeld des Eises entstanden. An der Entstehung der Decken können äolische Materialverlagerungen beteiligt gewesen sein. In ebenen Lagen hat keine Solifluktion stattgefunden, hier besteht das Decksediment nur aus Material des Liegenden, vermischt mit äolischem Fremdmaterial; es wurde vor Ort durch Kryoturbation umgelagert.

Auf der **Zersatzzone** (Abb. 4.13) des anstehenden Grundgesteins liegt ein basales Periglazialsediment (Basisfolge oder Basislage; Basisschutt), dem ein mittleres, feinerdereicheres Sediment folgt (Hauptfolge oder Mittel- und Hauptlage; Mittelschutt, zweigliedrig) und eine obere, abschließende periglaziale Ablagerung (Deckfolge oder Oberlage; Deckschutt) (Übersicht 4.5). Die unterste und oberste Schicht sind in ihrer mineralogischen und chemischen Zusammensetzung dem Grundgestein ähnlich, die mittlere Schicht ist häufig durch zugemischtes äolisches Fremdmaterial (Löß) in ihrer Zusammensetzung verändert. Die Decken setzen sich also aus Lokal- und Fremdanteil zusammen.

Übersicht 4.5: Abfolge der periglazialen Deckschichten im Mittelgebirge. Nach
a) AK Bodensystematik der DBG 1991,
b) SCHWANECKE (Forstliche Standortkartierung) 1965,
c) SCHILLING UND WIEFEL 1962.

a)	b)	c)
Oberlage	γ-Zone	Deckfolge
Hauptlage	δ-Zone	Hauptfolge
Mittellage	ε-Zone	Hauptfolge
Basislage	ξ-Zone über Zersatz	Basisfolge
	Auflockerungszone	
	Anstehendes	

Abb. 4.13: Podsol auf einer etwa 1 m mächtigen grobsandig-grusig-steinigen Verlagerungsdecke mit eingeregelten, kantengerundeten Blöcken über einer mächtigen Zersatzzone aus Turmalingranit. Forstbetrieb Klingenthal/Vogtland. Aufnahme: HUNGER, Tharandt.

Im Liegenden der pleistozänen Schichtenfolge stehen neben pleistozänem (kaltaridem) Zersatz auch fossile siallitische Verwitterungsbildungen in Form von kaolinithaltigen Rotlehmen an, die im Erzgebirge in der Unterkreide gebildet wurden (Abb. 4.13).

Dominierende Prozesse während der Zeit der Basissedimentgenese waren Frostschuttbildung sowie kryoturbate und solifluidale Verlagerung. Die jüngeren Basisschutte sind in der Regel lößfrei bis lößarm und wurden während der frühweichselzeitlichen Frostschuttverwitterung und -umlagerung gebildet. Die Basissedimente

(**Basislage**) können vorwiegend aus Gesteinszersatz bestehen. Sie lagern über dem Komplex aus anstehendem Gestein, Auflockerungszone und Zersatzzone. Sie treten als Basisschutte, Basisfließerden und Kryoturbate auf und sind zwischen 0,3 und 1,5 m mächtig (Abb. 4.14). Die Mächtigkeit des Basisschuttes nimmt mit steigender Höhenlage über N. N. ab. Im Ostharz macht die Basislage etwa 50 % der Gesamtmächtigkeit der periglazialen Schuttdecken aus. Der Basisschutt bildete sich vom älteren Teil der Weichsel-Zeit ab bis nach dem „Paudorfer Interstadial" unter feuchtkalten Bedingungen, und zwar durch hangabwärts gerichtete Verlagerung und Abspülung aus dem anstehenden Gestein. Der Basisschutt ist oft verdichtet (Verhärtung bis betonartige Verfestigung). Er kann dann als Staukörper wirken. An die Stelle des Basisschuttes kann der Basislehm treten, wenn z. B. ein schluffig-toniges, wenig Skelett erzeugendes Gestein, wie Schieferton, vorliegt. Dort, wo die mesozoisch-tertiäre Verwitterungsdecke teilweise im Pleistozän erhalten blieb, tritt in der Basislage saprolitisiertes Gesteinsmaterial auf.

Abb. 4.14: Periglazial verlagerter Blockschutt aus Granatglimmerfels und Gneis, in staubig-lehmigem „Gleitmaterial" fest eingebettet, von jüngerer Staublehmschicht überdeckt (Hauptfoge über Basisfoge). Erzgebirge. Aus HUNGER 1961.

Zwischen Basis- und Mittelschutt können Fließerden ausgebildet sein, z. B. Lößfließerden, desgleichen eine Steinsohle als Merkmal einer Denudationsphase. Das darüber lagernde Mittelsediment (**Haupt- und Mittellage**) tritt im oberen Teil als Mittelschutt und Gebirgslöß auf. Die Feinerde ist überwiegend äolischen Ursprungs (Maximum in der Grobschlufffraktion, höhere Illitgehalte), der Skelettanteil stammt aus den liegenden Lockersedimenten. Im unteren Teil treten Schutt, Fließerden und Kryoturbate auf. Mit zunehmender Mächtigkeit dominiert der Anteil ortsfremden Materials (Löß). Die Mächtigkeit des Mittelschutts nimmt vom Flachhang zum Steilhang ab, die Schicht kann am Steilhang auch ganz fehlen, so daß der Deckschutt direkt dem Basisschutt aufliegt. Der Mittelschutt entstand währen der Hauptphase der Lößaufwehung zwischen Paudorf und Alleröd in einem kaltariden Klima durch periglaziäre Aufbereitung des Basisschutts bei Einwehung von Lößstaub. Die großflächige Gleichartigkeit des Mittelschuttes beruht auf der Lößsedimentation. Nach der Sedimentation des Lösses fanden eine Vermengung desselben mit autochthonem Skelett und eine intensive kryogene Durchmischung des so gebildeten Sediments, verbunden mit Frosthebung des Skeletts, statt. Die Mittellage ist im Bergland in erosionsgeschützten Lagen erhalten. Die Hauptlage tritt außerhalb holozäner Erosion weit verbreitet auf. In den Mittelsedimenten sind in der Regel die B-Horizonte der Böden ausgebildet. Die Mittelsedimente sind mit dem hochglazialen Löß der Weichsel-Kaltzeit zu parallelisieren.

Die Decksedimente bilden die oberste Zone (**Oberlage**, Decklage). Sie treten vorwiegend als Deckschutt in höheren Lagen (> 500 m, Kamm- und Hochlagen) auf. An Steilhängen, besonders im Bereich klippenbildender Gesteine und an Hangkanten, reicht der Deckschutt bis herab zu 250 m ü. N. N. Seine Mächtigkeit liegt meist unter 0,75 m (< 30–100 cm), der Feinerdeanteil ist gewöhnlich gering. Das Material entstammt dem in unmittelbarer Umgebung auftretenden Gestein.

Der Deckschutt besitzt im Ergebnis der Frostverwitterung häufig einen hohen Skelettanteil, wobei an stärker geneigten Hängen die Blöcke dominieren können. Bei seiner Wanderung hat er Teile des Mittelschuttes aufgearbeitet, so daß die Feinerde in den basalen Lagen gelegentlich einen hohen Schluffgehalt besitzt. Der Deckschutt kann in der Jüngeren Dryas-Zeit gebildet oder jüngeren Datums sein. Die Oberlage bedeckt unmittelbar Haupt- oder Basislage oder örtlich den Fels.

Im Gelände fällt die eine oder andere Deckschicht aus. Kombinationen aus Basis- und Mittelsediment sind am weitesten verbreitet (Abb. 4.15). Die lithologischen Unterschiede in der Vertikalabfolge führen zu Sprüngen in den Bodeneigenschaften, z. B. in der Körnung und hier auffällig im Skelettgehalt sowie in den Bodenwasserverhältnissen. Die Bodengenese bzw. der Bodentyp wird von der Zusammensetzung, Mächtigkeit und Abfolge der Decken wesentlich bestimmt. Die Horizontabfolge der Böden ist an die Deckenfolge angelehnt. Die Bodennutzung läßt direkte Beziehungen zur Verbreitung der verschiedenen periglazialen Deckschichten erkennen.

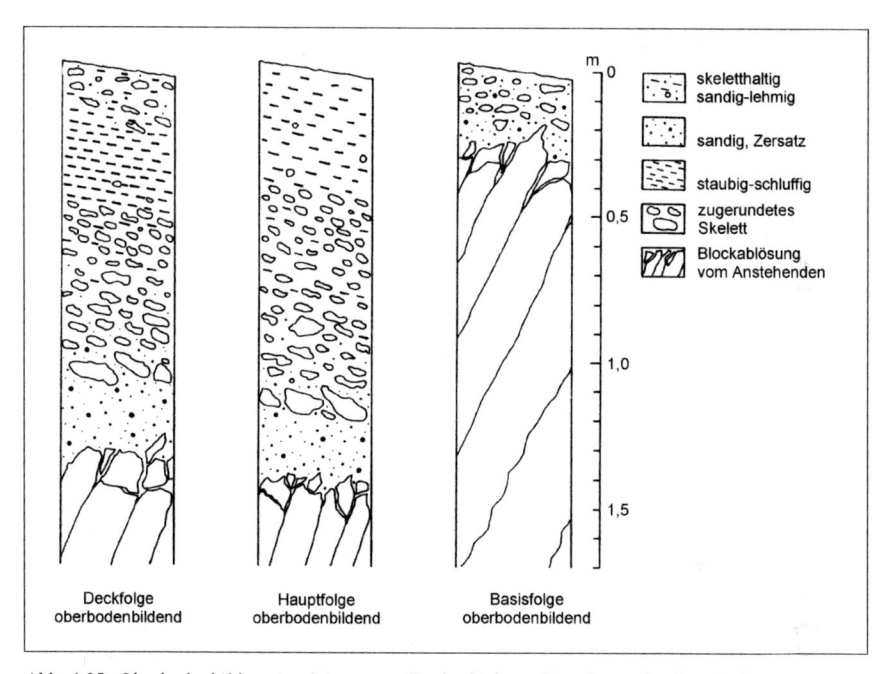

Abb. 4.15: *Oberbodenbildung in pleistozänen Deckschichten (Hanglagen der Mittelgebirge).* Aus FIEDLER und HUNGER 1970.

Beispiel:
Hauptbodenform: Berglöß-Fahlerde über Gestein (nach ALTERMANN et al. 1988, vereinfacht)

Profil der Lockergesteinsdecke		Bodenprofil	
lithostratigraphisch	lithologisch	Substrat	Horizont
Hauptfolge	Gebirgslöß über Löß-Fließerde	Berglöß	I Ap, Al Bv, II Al Bt
Basisfolge	Lehm-Tonschieferschutt	Lehmschutt	III C Bt
anstehendes Gestein	Tonschiefer	Gestein	IV C

Im Osterzgebirge sind in den höheren Lagen auf den Rhyolithstandorten mit Deckfolge in allen Expositionen Podsole ausgebildet. In den mittleren und unteren Lagen mit einer Hauptfolge als oberer Abschluß liegen dagegen auf gleichem Grundgestein Podsol-Braunerden vor. In Abhängigkeit von ihrem Schlufflehm-Gehalt gehören sie den Trophiestufen M- oder M+ an (s. Kap. 8). Quartäre Schuttdecken liegen auch über Kalkgestein vor, so über Muschelkalk in Thüringen. Auch in Südwestdeutschland sind die Schatthänge in der Muschelkalklandschaft von mächtigen periglazialen Schuttmassen überzogen.

4.1.4.2 Periglaziäre Deckzone im Tiefland

Der Übergangsbereich zwischen den Periglazialbildungen des Tieflandes und denen der Hügelländer und Mittelgebirge weist in Ostdeutschland von Süden nach Norden die folgende laterale Abfolge auf:
- Lößdecken,
- Sandlößdecken,
- Geschiebedecksand schluffreicher Ausprägung,
- Geschiebedecksand sandiger Ausprägung.

Alle Glieder der Abfolge können durch Flugsanddecken beeinflußt sein.

Im Tiefland sind die anstehenden pleistozänen Lockersedimente, wie Geschiebemergel, Endmoränensande oder Sandersande, von periglazialen Decken überlagert. In der Regel sind die Böden daher mehrschichtig.

Unter einem **Perstruktionsprofil** versteht man Profildifferenzierungen, die durch nachträgliche Veränderungen des Ausgangsmaterials infolge kryo- und biogenen Filtergerüstumbaus entstanden. Das **Horizontprofil** kennzeichnet dagegen Profildifferenzierungen durch nachträgliche Veränderungen in situ infolge Verwitterung oder Zersetzung organischer Substanz, der Neubildung mineralischer und organischer Substanz, Filterverlagerung und biologischen Transportes sowie Aggregation der Primärteilchen.

Bei den Periglazialbildungen des Tieflandes (periglaziäre Perstruktionsserie oder periglaziäre Deckserie; Mächtigkeit bis 2,5 m) bildet das Hangende die **Deckzone** mit Windkantern im Liegenden, der nach unten eine **Übergangszone** folgt, die sich in einen oberen und unteren Teil gliedern läßt. Darunter folgt das unveränderte Substrat.

Bodengeologischer Profilaufbau:
- periglaziäre Deckzone (Löß, Sandlöß, Geschiebedecksand oder Flugsand),
- periglaziär entschichtete Übergangszone, oberer Teil, mit Steinen durchsetzt,
- Steinsohle oder Steinanreicherungszone als Leitzone in etwa 40–70 cm Tiefe,
- periglaziär entschichtete Übergangszone, unterer Teil, bisweilen fast steinfrei,
- geschichtetes Ausgangsmaterial bzw. intaktes Liegendsediment (moränale, glazifluviatile und fluviatile Sedimente).

Die Bodenprofile auf pleistozänen Sedimenten im norddeutschen Tiefland zeigen in einem Tiefenbereich von mehr als einem Meter eine durchgreifende Entschichtung des Substrates und auf der Mehrzahl der Standorte überdies eine Zweiteilung des entschichteten Profilabschnitts durch eine Steinanreicherungszone. Häufig wird eine Koinzidenz der periglazialen Deckzone mit dem verbraunten Horizont der Braunerden und Braunpodsole beobachtet. Unterhalb der Steinsohle treten Kryoturbationen, Eiskeile und Frostspalten auf. Die Sedimente im Liegenden des Geschiebedecksandes und der Sandlößdecken wurden im Periglazial der Weichseleiszeit aufbereitet und zum Teil zu Fließerden umgewandelt. Durch Abspülung, Solifluktion und Deflation wurden Denudationssteinsohlen (Denudationspflaster) gebildet. Die Periglazialbildungen im Gebiet nördlich der Lößzone bzw. im Altmoränengebiet zeigen eine deutliche Zonierung. Die Decken im südlichen Teil des Periglazialgebietes sind älter als im nördlichen, da mit dem Zurückweichen des Eises der letzten Kaltzeit sich auch der Gürtel des Periglazialbereiches nach Norden verschob. Die periglaziale Überprägung der Oberflächenformen ist im Jungmoränengebiet zwischen Brandenburger und Pommerscher Eisrandlage bedeutend schwächer als im Altmoränengebiet. Die periglaziale Deckserie ist aber ähnlich ausgebildet wie im Altmoränengebiet. Die äolischen Bildungen sind hier meist von sandiger Beschaffenheit, Sandlösse treten stark zurück. Noch schwächer ist die periglaziale Beeinflussung nördlich der Pommerschen Eisrandlage.

4.2 Klima

Das Klima bestimmt weitgehend die Geschwindigkeit bodenbildender Prozesse. Zwischen Klima und Bodentypen bestehen enge Beziehungen (klimatomorphe Böden, vertikal-zonale Böden, s. 7.1). Das klimatisch bedingte Ziel einer Bodenentwicklung nennt man Klimax. So kann z. B. der Ranker im Hochgebirgsklima das Klimaxstadium der Bodenentwicklung darstellen. Auch bodenkundliche Prozesse, wie Erosion und Auswaschung, oder unterschiedliche Halogengehalte der Böden zwischen Küsten- und Inlandstandorten, wie in Norwegen, hängen von atmosphärischen Einflüssen ab.

4.2.1 Klima und Verwitterung

Der Verwitterungsverlauf der anstehenden Gesteine ist in starkem Maße klimaabhängig. Je höher die mittlere Jahrestemperatur und je höher die Niederschläge sind, um so intensiver und tiefgründiger verläuft die chemische Verwitterung. Neben dem rezenten Klima sind die in geologischen Zeiträumen eingetretenen Klimaänderungen an ein- und demselben Ort zu berücksichtigen. So entstanden im warm-feuchten Klima präcenomaner Zeit in den unteren Lagen des Osterzgebirges aus Gneis und Rhyolith rotlehmartige Verwitterungsprodukte, die sich in ihren physikalischen und chemischen Eigenschaften deutlich vom Verwitterungsmaterial des Quartärs unterscheiden (7.3.5.2).

In **tropisch-humiden Gebieten** erreicht die Gesteinsverwitterung ein bedeutendes Ausmaß. Die hydrolytische Silicatverwitterung führt zu mächtigen kaolinisierten Bodendecken über dem anstehenden Gestein. Tropische, intensiv verwitterte Substrate mit Krustenbildung aus Eisen- und Aluminiumoxiden werden als Laterite bezeichnet. Rote und lateritische Böden liegen in semiariden bis humiden Gebieten. Sie bedecken etwa 13 % der Landfläche der Erde und nehmen 25 % der Fläche Indiens ein.

In tropischen Gebieten mit Wechsel zwischen ausgeprägten Trocken- und Regenzeiten herrscht die Gesteinsvergrusung vor. Dem anstehenden frischen Gestein folgt dabei ziemlich unvermittelt eine grusige Zersatzzone, in der große gerundete Blöcke (Wollsäcke; selektive Verwitterung) „schwimmen". Die zermürbten Schalen der Blöcke, die sich konzentrisch um den noch frischen Kern legen, lassen das allmähliche Fortschreiten der Verwitterung erkennen (Beispiel: Steinbrüche der Lausitz). Dieser Prozeß der Blockbildung vollzieht sich mehrere Meter unter der Oberfläche in einer Übergangszone zwischen dem frischen Gestein und der bereits blockfreien Gruszone. Der Grus in der Blockbildungszone läßt noch deutlich das ehemalige Gesteinsgefüge erkennen. Wird der Grus zwischen den oberen Blocklagen fortgeführt, so entstehen Blockanhäufungen.

Über dem anstehenden Gestein der mitteleuropäischen Mittelgebirge tritt häufig eine unterschiedlich mächtige Vergrusungszone als fossile Verwitterung auf (präquartär, z. B. an der Grenze von Tertiär zu Pleistozän gebildet). Im Granitgrus treten Quarz und Alkalifeldspat in etwa gleicher Größe wie im festen Gestein auf. Eine schwache chemische Verwitterung ist an der Neubildung von Kaolinit zu erkennen, und zwar durch Zersetzung der Plagioklase, Ausscheidung von Eisenhydroxiden und teilweise Bleichung des dunklen Glimmers.

Unter **arktischen Bedingungen** unterliegen die oberflächlich anstehenden Gesteine einer physikalischen Verwitterung. Geringe Grusbildung, und auch nur in scharfkantiger Form, ist für die Verwitterung im arktischen Klima typisch. Gesteinsabhängig können statt scharfkantiger Blöcke auch handtellergroße Verwitterungsscherben Ausdruck der periglaziären Verwitterung sein. Selbst dort, wo ein Transport nachweisbar ist, weist der Hangschutt nur mäßige Abrundung auf.

Das lockere bodenbildende Substrat im **mitteleuropäischen Mittelgebirgsraum** haben vorwiegend drei verschiedene Klimate geformt:
1) Im warm-wechselfeuchten tertiären Klima entstanden mächtige Zonen aus kantengerundeten, von Grus umhüllten Blöcken.
2) Das Periglazialklima des Pleistozäns förderte besonders die physikalische Verwitterung und löste Solifluktionsprozesse aus. Es bildeten sich scharfkantiger Schutt und schluffreiche äolische Sedimente als Deckschichten über der Gruszone des anstehenden Gesteins. Die fossilen Blockströme Mitteleuropas setzen sich sowohl aus kantengerundeten Blöcken (tertiäre Verwitterung) als auch aus scharfkantigen Blöcken (periglaziale Verwitterung) zusammen. Die blockbildenden Gesteine können dabei Magmatite, Sedimentite oder Metamorphite sein (Abb 4.16). Während der Weichselkaltzeit entstanden durch Sedimentation äolische Decken, denen für die Bodenbildung in Mitteldeutschland größere Bedeutung zukommt.
3) Schließlich bewirkte das gemäßigte feuchte Klima der Postglazialzeit eine wenig intensive physikalisch-chemische Verwitterung sowie örtlich einen Abtrag des bodenbildenden Substrats.

Bodenbildende Faktoren **105**

Abb. 4.16: *Blockfeld aus grobkörnigem Biotitgranit. Forstrevier Hartmannsdorf. Nach* HUNGER *1954.*

Im Pleistozän erstreckte sich in Mitteleuropa das Periglazialgebiet zwischen der nordischen Inlandvereisung und der Alpenvereisung. In Ostdeutschland lassen sich von N nach S periglaziale Gürtel ausscheiden:
– Gürtel der Sand-Deckserie des südlichen Jungmoränengebietes (Brandenburger Stadium),
– Gürtel der Sand-Deckserie des Altmoränengebietes,
– Sandlößgürtel und inselartige Sandlößvorkommen,
– Gürtel mit äolischem Löß und Lößderivaten,
– Gürtel der lößbeeinflußten Schuttdecken,
– Gesteinsschuttdecken.

Im Hochglazial der Weichseleiszeit vor 20 000–15 000 Jahren war das nichtvereiste norddeutsche Tiefland eine Zwergstrauchtundra, die mitteleuropäischen Mittelgebirge stellten eine Lößsteppe dar.

4.2.2 Klima und Bodenausbildung

Der Einfluß des **physikalischen Klimas** auf die Bodenbildung findet in der Einteilung der Böden, z. B in arktische und tropische Böden oder aride und humide Böden, seinen Ausdruck. Paläoböden können als Indikatoren globaler Klimaschwankungen dienen. Mit ihnen läßt sich eine pedostratigraphische Gliederung des Quartärs in Mitteleuropa durchführen (7.3.6).

Feucht-heiße Klimate weisen die stärksten Mineralumformungsprozesse und damit einen hohen Anteil einfach zusammengesetzter, beständiger Minerale als Neubildungen auf (u. a. Kaolinit, Oxide des Al und Fe). Primäre Minerale treten entsprechend stark zurück, während sie in Trockengebieten weitgehend erhalten bleiben. Hier treten an Mineralneubildungen u. a. Ca- und Na-Carbonate sowie Gips auf. In gemäßigt-humiden Gebieten entstehen 3- und 4-Schicht-Tonminerale, während in kalt-humiden Gebieten die Zersetzung primärer Minerale durch die Podsolierung gefördert wird, wobei u. a. freie Sesqioxide entstehen.

An der Ausbildung der Böden sind Feuchtigkeit und Wärme sowie die Richtung des Wassertransportes maßgeblich beteiligt. Innerhalb eines Klimas sind die Strahlungsbilanz und das Verhältnis von Niederschlag und Verdunstung für die Bodenbildung ausschlaggebend. Menge und Verteilung der Niederschläge sowie der Temperaturgang im Verlaufe des Jahres wirken sich entscheidend aus. Je mehr Regenwasser versickert, desto größer ist die Auswaschung. Starke Niederschläge nach längerer Trockenzeit beinhalten die Gefahr eines intensiven Bodenabtrages in sich. Entsprechend reagiert der Boden auf Klimaänderungen direkt sowie indirekt über Änderungen des Ökosystems. Klimaänderungen beeinflussen außer der Bodenhydrologie die Bodenerosion, die Landschaftsentwicklung, die Versalzung, die Desertifikation, den Humus und die Bodenbiologie.

Das **chemische Klima** und die damit verbundene Bodenveränderung unterliegt in den letzten Jahrzehnten einer starken Dynamik. Der Anstieg von CO_2 um 25 %, von Ozon um 100 % und eine Vervielfachung der Säurebildner (SO_2, NO_x, NH_4^+) hinterlassen ihre Spuren direkt oder indirekt über die Vegetation im Boden. Die heutige Situation in Mitteleuropa stellt sich als langanhaltende Bodenversauerung mit hohen Stickstoffeinträgen und Aufhebung der CO_2-Limitierung bei Pflanzen dar (s. Kap. 9). Depositionsgesteuert finden sich in der Bodenlösung der Wälder vorwiegend Aluminium und Sulfat.

Zonalität der Bodenbildung
Bei den zonalen Böden ist das Klima der ausschlaggebende bodenbildende Faktor (Übersicht 4.6). Im heißen, immer- oder wechselfeuchten Klima entstanden so durch intensive chemische Verwitterung tiefgründige Böden mit leuchtend roten oder gelbbraunen Farbtönen (Tropenböden). Bei den intrazonalen Böden, die nicht an bestimmte Klima- und Vegetationszonen gebunden sind, dominieren dagegen die Faktoren Gestein, Relief und Wasser.

Bodenbildende Faktoren

Übersicht 4.6: Zonale Böden.

Tropenklima	Tropenböden, z. B. Terra rossa, Terra fusca, Solontschak, Solonetz, Latosole, Plastosole
Trockenklima	Steppen-, Halbwüsten- und Wüstenböden
Gemäßigtes Klima	Mediterranböden; mitteleuropäische Böden (kühl-gemäßigtes Klima), z. B. Braunerden, Parabraunerden
Boreales Klima	Podsole
E-Klimazone nach KÖPPEN	Tundren- und Frostmusterböden

Der Einfluß des Klimas und der vom Klima abhängigen Vegetation auf die Ausbildung der Böden in Form von **Bodenzonen** wird bei Betrachtung großräumiger Gebiete besonders deutlich.

Beispiel:
In den GUS-Staaten unterscheidet man von Norden nach Süden bzw. mit abnehmenden Niederschlägen und zunehmenden Temperaturen folgende Abfolge der Bodenklassen (mit Angabe einiger Typen der automorphen Böden) (s. a. Abb. 4.17):
1. Zone der Tundrenböden (u. a. Frostmusterböden, arktische Rohböden, Gley, Podsol),
2. Zone der Taiga-Böden (nördliche Waldzone, Permafrost im Untergrund; Podsole, Rasenpodsole, Podzoluvisols),
3. Zone der Grauen Waldböden und degradierten Schwarzerden (Laubwald, Waldsteppe; auf den Grauen Waldböden wachsen die besten Eichenwälder der GUS-Staaten),
4. Zone der Tschernoseme und tschernosemartigen Wiesenböden (Steppe),
5. Zone der kastanienfarbigen Steppenböden (Kastanozeme; Trockensteppe),
6. Zone der Wüstensteppenböden und Salzböden (Halbwüsten- und Wüstenzone). Solonetz-, Solod- und Solontschakböden; Burosem (brauner Halbwüstenboden; Takyr), Serosem (grauer Halbwüstenboden); Hangfußböden in der Halbwüstenzone (z. B. Sierosem),
7. Böden der feuchten subtropischen Gebiete (z. B. Roterde),
8. Halbwüstenböden der subtropischen Gebiete (z. B. Zimtfarbiger Boden, Grauer zimtfarbiger Boden).

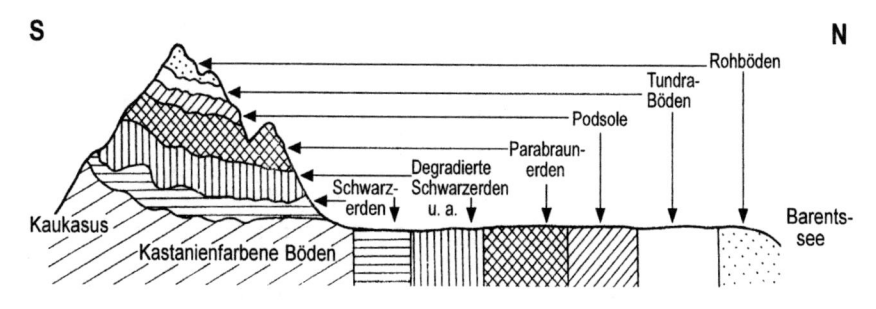

Abb. 4.17: Zonalität der Böden zwischen Barentssee und Kaukasus. Nach ZACHAROV 1931, vereinfacht.

Humusgehalt und Humuseigenschaften der Böden sind eng mit dem zonalen Bodentyp korreliert. Zwischen dem Humus des kontinentalen und atlantischen Klimas besteht ein wesentlicher Unterschied. Klimazonen sind deshalb bei großräumiger Betrachtung bodenbildender Prozesse eine gute Grundlage für eine Systematik der Böden. Die **regional- und lokalklimatologische Klimatypisierung** interessiert insbesondere für die Verhältnisse im Gebirge. Beim Basisklima wird das Gelände als nur mit Kurzgras bewachsen angenommen. Das Basisklima läßt sich nach den Merkmalen Klimastockwerk, Luv/Lee und Relief gliedern. Im Gebirge unterteilt man beim Klimastockwerk zunächst in den wolkenfreien Raum und den Wolkenraum. Die Grenze liegt in Mitteldeutschland bei etwa 650 m ü. N. N. Im Gebirge unterscheidet man Luv- oder Staugebiete, Leegebiete (Föhngebiete) sowie Indifferenzgebiete. Reliefeigenschaften wie Voll- und Hohlformen (z. B. Bergrücken, Täler) oder Hänge beeinflussen das Klima über Strahlung und Wind. Vollformen sind windreich, besitzen eine geringe Tagestemperaturschwankung und eine hohe potentielle Verdunstung im Gegensatz zu den windarmen Hohlformen mit geringer potentieller Verdunstung. Die Hangexpositionen unterscheiden sich wie folgt:
– Süd: strahlungsreich, trocken, sehr hohe potentielle Verdunstung,
– Nord: strahlungsarm, feucht, sehr geringe potentielle Verdunstung,
– West: windreich, hohe potentielle Verdunstung (besonders Oberhänge und Oberkanten),
– Ost: windarm, geringe potentielle Verdunstung (besonders Unterhänge).

Diese Klimaunterschiede im Gebirge führen über lange Zeiträume zu deutlichen Unterschieden in der Bodenausbildung (s. a. 4.3).

Beispiel:
In den Gebirgen Mitteleuropas, wie im Böhmerwald, den Beskiden, dem Böhmischen Massiv und den Karpaten, führen die klimatischen Verhältnisse in Verbindung mit Höhenlage und Exposition zu einer vertikalen Bodenzonalität, beginnend mit den Auenböden und Schwarzerden (200–300 m ü. N. N.) über die Braunerden bis hin zu den humusreichen Gebirgspodsolen (1 100–1 600 m ü. N. N.). Der Einfluß der Exposition auf die Bodenentwicklung tritt bis zu einer Höhe von 900–1 100 m ü. N. N. deutlich hervor. In der Berührungszone von Braunerden und Gebirgspodsolen kommen gewöhnlich die Braunerden auf den südlichen und die Podsole auf den nördlichen Expositionen vor.

4.2.2.1 Böden arktischer Bereiche

Vom Permafrost (Dauerfrost) betroffene Böden im zirkumpolaren und alpinen Bereich sind das ganze Jahr hindurch gefroren. Sie kommen in Gebieten mit etwa – 6 °C Jahresmitteltemperatur und geringmächtiger Schneedecke vor. Die Böden werden als Cryosole bezeichnet. Sie sind Bestandteil der Taiga und Tundra. 20–25 % der Böden der Welt sind durch Permafrost geprägt. Dauerfrostböden treten großflächig in Nordsibirien, der Mongolei, Nordkanada und Alaska sowie Grönland und Island auf. Frostmusterböden weisen als Ergebnis des Wechsels von Frieren und Tauen eine Materialsortierung nach feinen und groben Bestandteilen auf (Steinring-, Steinstreifen- und Polygonböden). Sie sind ein Zeichen für das Vorherrschen periglazialer

Bedingungen. Durch die Einwirkung des Menschen sind arktische Böden in hohem Maße degradationsgefährdet.

Permafrostböden bleiben ganzjährig gefroren, teilweise bis in große Tiefen, und tauen nur im Sommer oberflächlich auf. Sie frieren von der Oberfläche und von unten her zu. Einfluß auf den Wärmehaushalt der Böden nehmen im Winter die isolierende Schneedecke und im Sommer das infiltrierende Schmelzwasser. Die durch Frost hervorgerufene undurchlässige Schicht spielt die Hauptrolle im Wasserhaushalt. Im Winter ist der ganze, relativ trockene Bodenblock gefroren, die Wasserbewegung ist minimal. Im Sommer taut in Zentral- und Ostsibirien der Boden 2–3 m tief auf (Auftauboden), so daß auftretendes Schmelzwasser meist im auftauenden Boden versickern kann und Oberflächenabfluß selten ist (Übersicht 4.7). Bei starkem Sommerregen bildet sich ein Wasserspiegel oberhalb des Permafrosthorizontes, welcher im Laufe des trockenen Herbstes durch Evaporation der Pflanzendecke wieder verschwindet. In dem über dem Dauerfrostboden liegenden Auftauboden kommmt es zu einer Entmischung. Auffrieren der Steine führt zu einer Steinpflasterbildung an der Oberfläche, auch ist eine Anreicherung von Steinen über dem Dauerfrostboden durch Einsinken denkbar.

Übersicht 4.7: Böden kalter Zonen in der russischen Bodensystematik.

Klasse	Unterklasse	Typ
Arktische Böden	automorphe Böden	Arktischer Boden
	semihydromorphe Böden	Anmooriger arktischer Boden
		Solontschakartiger arktischer Boden
	hydromorphe Böden	Arktischer Moorboden
Tundraböden	automorphe Böden	Tundraboden
		Anmooriger Tundraboden
	semihydromorphe Böden	Tundra-Anmoor
	hydromorphe Böden	Tundra-Moor
Böden der Taiga-Waldgebiete	automorphe Böden	Podsoliger Boden
		Rasengesteinsboden
		Rasencarbonatboden
		Grauer Waldboden
		Wiesenwaldpermafrostboden
	semihydromorphe Böden	Moor-Podsol
		Rasengley
		Grauer Waldbodengley
	Moorböden	Hochmoor
		Niedermoor
	Auenböden	Rasenauenboden
		Rasengleyauenboden
		Moorauenboden

Beispiel:
In der Zone der Permafrost-Taiga-Böden bedingt der Permafrost im Untergrund einen Kälte- und Stauwasserhorizont. Unter Kiefern-Lärchenwäldern bildet sich ein L/Of/Oh/Ah/Sw/Ci-Profil aus. Humusauflage plus A-Horizont können bis 30 cm mächtig sein, der Gehalt an organischer Substanz kann bis 30 % betragen. Der Sw-Horizont ist stark kryoturbiert und die Bodenoberfläche durch ein polygonales Mikrorelief gekennzeichnet. Sibirien (52.–53. Breitengrad) zeichnet sich durch ein stark kontinentales Klima mit einer mittleren Jahrestemperatur von − 2 bis − 4 °C und > 10 °C im dreimonatigen Sommer sowie eine mittlere Niederschlagssumme von 300 mm a^{-1} aus. Die geringen Winterniederschläge lassen die Schneedecke kaum über 30 cm ansteigen. Der Boden ist bis Ende Juni meist gefroren, das Auftauen vollzieht sich langsam bei starker Sonneneinstrahlung. Das Tauwasser des Schnees geht dabei für den Boden weitgehend verloren, die Feuchtigkeit steigt von unten nach oben. Ein Bodenbrei entsteht beim Auftauen nie. Dies, sowie basisches Ausgangsgestein, wirkt einer Podsolierung entgegen. Die alte Verwitterungsdecke trägt daher keineswegs nur Podsole.

In arktischen Niederungs- bzw. Plateaugebieten treten sowohl mittig aufgewölbte **Polygone** (high centre polygons) als auch mittig eingemuldete (low centre polygons) auf. Bei ersteren sind die Feinerdekerne gegenüber dem Schuttpflaster herausgehoben. Kryoturbation kann ein prägendes Merkmal von Permafrostböden sein. Hohe Schluff- und Tonanteile sowie häufiger Wechsel zwischen Gefrieren und Auftauen der Böden verstärkt die Durchmischung. Gröberes mineralisches Material (Sand, Steine) wird aufwärts transportiert und in der Längsachse vertikal ausgerichtet.

Der C_{org}-Gehalt der Permafrostböden kann relativ hoch liegen (20–50–100 kg m^{-2}). Die Zersetzung der organischen Substanz wie die chemische Verwitterung ist gering.

Eiskeile sind im rezenten Dauerfrostboden mit Eis, im fossilen Dauerfrostboden mit Boden- oder Schuttmaterial aus dem Hangende (Eiskeil-Pseudomorphosen) gefüllt. In der norddeutschen Moränenlandschaft sind glaziäre Eiskeile und Frostspalten häufiger als im Mittelgebirge nachzuweisen.

Beispiel:
Bei den von Geschiebedecksand überzogenen Grundmoränenplatten des Berliner Raumes treten im Geschiebemergel bis 3 m tiefe, oben bis 0,5 m breite, mit Sand gefüllte, fossile „Eiskeile" auf. Ihr Abstand voneinander beträgt 2–10 m, sie bilden ein Frostkeil-Polygonnetz. Wie in heutigen polaren Gebieten werden sich im Permafrostboden bei sehr kaltem, trockenem Klima Risse (Spalten) durch Dehydratations- bzw. Kälteschrumpfung gebildet haben, in die danach aus benachbarten Talsanden Sand eingeweht wurde; Eiskeile müssen nicht vorgelegen haben. Die Spalten wurden durch ein Gemisch aus Geschiebelehm und Flugsand oben abgedichtet und später mit Geschiebedecksand überzogen.

4.2.2.2 Böden gemäßigt-humider Bereiche

In Mitteleuropa sind die früheren, tropischen Klimaten zugehörigen Verwitterungsmaterialien und Böden im Pleistozän bis auf Reste durch das Gletschereis und Solifluktionsprozesse beseitigt worden. Die in der Weichseleiszeit neu gebildete Verwitterungs-

Bodenbildende Faktoren

decke in Form eines unverfestigten klastischen Sedimentes über den Grundgesteinen beträgt lediglich etwa 1–2 m, ohne daß dieser Raum von der rezenten Bodenbildung im postglazialen Klima bisher voll erfaßt worden ist. Die hierher gehörenden Böden Deutschlands werden unter 7.3 behandelt.
Ein Klimawandel trat in Deutschland um 800 n. d. Z., im 14. Jahrhundert (Niederschlagsdepression, Auftreten von Wüstungen im Spätmittelalter, vorwiegend auf Sandböden) und am Anfang des 18. Jahrhunderts ein.

4.2.2.3 Böden tropischer Bereiche

Im gemäßigt-humiden Klima ist die biologische Aktivität wegen der relativ niedrigen Temperaturen im Vergleich zu den humiden Tropen gering, entsprechend sammelt sich in den Tropen weniger Humus auf und im Boden an. Die Nährstoffe sind weniger im Boden als im Nährstoffkreislauf und Pflanzenbestand gespeichert.

Deutlich verschieden hiervon sind die Böden im warm-ariden Klimabereich, die von Salz beeinflußt sind. Sie neigen zur Akkumulation von Na_2CO_3 und besitzen dann pH-Werte bis zu 10,5. Ferner kann sich Gips im Boden akkumulieren (s. 5.2.6). In Böden arider Gebiete ist der Humusgehalt und damit der Gehalt an organisch gebundenem Stickstoff gering. Wüstengebiete können aus Sand, Kies oder Gestein bestehen. Der Salzgehalt des Bodens erhöht für die Pflanzen die Wirkung der Aridität. Bodentypen der Tropen werden in Kap. 7 behandelt.

4.3 Relief

Das Studium der Beziehungen zwischen Form, Material und Prozeß in der Landschaft ist Gegenstand der Geomorphologie.

Tektonik ist die Lehre vom Bau der Erdkruste und den Bewegungen und Kräften, die diesen erzeugt haben.
Kontinentaldrift: Lithosphärenplatten umfassen sowohl Kontinente als auch Ozeane. Sie bewegen sich in Zentimeter-pro-Jahr-Beträgen. In mittelozeanischen Rücken steigt Basaltmaterial aus dem Erdmantel auf und schiebt die angrenzenden Platten auf die Kontinente zu. Dort tauchen sie unter deren Platten ab. In einer Subduktionszone sinkt ein Erdkrustenblock relativ zu einem anderen ab. In diesen aktiven Zonen treten verstärkt Vulkanismus und Erdbeben auf. An den Kontinenträndern entstehen Tiefseegräben, vulkanische Inselbögen oder Vulkanketten, wie im Bereich des Pazifischen Ozeans. An konvergenten **Plattengrenzen** ablaufende Geoprozesse gestalten somit wesentlich das Bild der Kontinente. Hier entstehen Orogene im Zusammenhang mit Ozean/Kontinent-Subduktionsvorgängen (Anden, Kordilleren) oder finden Kontinent/Kontinent-Kollisionen (Ural, Himalaya) statt. Ein europäisches Beispiel für eine konvergente Plattengrenze ist die hellenische Subduktionszone im südöstlichen Mittelmeer. Hier taucht die afrikanische Lithosphärenplatte nach Nordwesten unter die europäische Platte ab.

Orogenese ist ein Prozeß, bei dem es innerhalb eines Gebirges zu Faltung, Bruchtektonik und Deckenschüben in den äußeren und höheren Lagen sowie Metamorphose und Plutonismus in den inneren und tieferen Regionen kommt. Folgende Gebirgsbildungen fanden statt: Assyntische Faltung im Präkambrium, Kaledonische und Variszische (Herzynische) Faltung im Paläozoikum, Kimmerische Faltung im Mesozoikum und die Alpidische Faltung im Känozoikum. Durch diese Gebirgsbildungen entwickelte sich Europa vom alten Festlandskern Fennosarmatia (Schweden, Finnland, russische Tiefebene bis zum Ural) zu seiner heutigen Form. Durch die Kaledonische Faltung entstanden z. B. in Europa das norwegische (kaledonische) Hochgebirge und größere Teile Englands.

Vulkanismus ist das Ergebnis eines Schmelzprozesses und des damit gekoppelten Wärmetransports aus tieferen Bereichen der Erde (oberer Erdmantel) bis an die Oberfläche. Ein Vulkan ist der Ort des Aufdringens von Magma oder Gasen aus dem Erdinneren an die Oberfläche. Die Ausbruchsart kann explosiv oder effusiv sein. Vulkanismus trägt wesentlich zur Bildung und stofflichen Entwicklung der Erdkruste bei. Durch explosive Förderung SiO_2-reicher Schmelzen entstehen große ringförmige Einbruchsstrukturen (z. B. Long Valley Caldera in Kalifornien). Vulkanformen sind die kegelförmigen Strato- oder Gemischten Vulkane, die Lava- oder Schildvulkane und die Gas- oder Lockerstoffvulkane (Maare).

Sedimentbecken sind große tektonische Senkungsstrukturen der Erdkruste, die mit sedimentären und magmatischen Gesteinen gefüllt sind. Sie enthalten große Mengen an Kohlenwasserstoffen.

Aufgrund der geologisch-historischen und tektonischen Entwicklung in Mitteleuropa lassen sich drei **Stockwerke des geologischen Baus** unterscheiden (Übersicht 4.8).

Übersicht 4.8: Geologischer Stockwerksbau am Beispiel des Gebietes um Tharandt (Sachsen).

Quartär	**Tafelstockwerk**	Gesteine, rezente Böden,
Tertiär		Basalte, Verwitterungsbildungen (Braunlehm)
Kreide (Jura, Trias, Zechstein)		Sandsteine
Rotliegendes	**Molasse- oder Übergangsstockwerk**	Komglomerate, Sandsteine, Schiefertone u. Porphyrite, Rhyolithe
Variszische Gebirgsbildung: Metamorphose, Faltung, Granitintrusionen		
Unterkarbon	**Grundgebirgsstockwerk**	Tonschiefer
Devon		Kieselschiefer, Diabase
Silur, Ordovizium		Tonschiefer, Alaunschiefer
Kambrium		Phyllite, Quarzite
Präkambrium		Edukte der Gneise

Mit der **Variszischen Orogenese** wurde die Bildung des Grundgebirges abgeschlossen (Grundgebirgsstockwerk). Es handelt sich um metamorphe Gesteine, die während der Gebirgsbildung gefaltet und geschiefert wurden und um magmatische Gesteine, die während und nach der Gebirgsbildung in die gefalteten Serien eindrangen. Das Molassestockwerk beinhaltet die Bildungen des Abtragungsschuttes (Molasse) des Variszischen Gebirges und den nachfolgenden

Bodenbildende Faktoren

Vulkanismus. Die meist rot gefärbten Molassesedimente wurden in intramontanen Becken des Gebirges abgelagert. In diese Sedimentgesteine drangen Vulkanite ein und ergossen sich auf der Erdoberfläche. Von der Transgression des Zechsteinmeeres im Oberen Perm (Zechstein) an begann die Entwicklung des Tafelstockwerkes mit den Decksedimenten, die bis zum Tertiär anhielt. Die Klimaverschlechterung im Pleistozän führte schließlich zur Ablagerung glazialer Sedimente. Die geologischen Stockwerke treten in der Landschaft material- und reliefdifferenzierend in Erscheinung.

Das Relief wirkt vorwiegend über Bodenwasserhaushalt, Erosion und Akkumulation von Substrat und damit die Bodentiefe, ferner über das Standortklima (Einstrahlung). Entsprechend beeinflußten geologische Hebungen und Senkungen in Norddeutschland über die Stärke des Bodenabtrages und die Veränderungen in der Hydrologie die Bodendecke. Böden verschiedener Reliefformen nahmen eine unterschiedliche Entwicklung. Die **Bodentypen** Gley, Hanggley, Pseudogley, Hangpseudogley, Stagnogley und Ranker sowie die Verbreitung der Kolluvien weisen eine enge Bindung an das Relief auf.

In Mitteleuropa mit seinem relativ niedrigen Sonnenstand gewinnen die Geländeformen über das Lokalklima Einfluß auf den Boden. Insbesondere treten schärfere Gegensätze bezüglich der Dauer der Schneebedeckung, der Häufigkeit des Gefrierens und Auftauens, der Stärke der Austrocknung sowie der Ausblasung des Fallaubes bei Bewaldung und im täglichen Temperaturgang zwischen verschiedenen Hangrichtungen auf.

Charakteristische **Landschaftsformen** mit zugehörigen Böden sind die Jungmoränenlandschaft Mecklenburgs, die Schichtstufenlandschaften Südwestdeutschlands, des Leine-Weser-Berglandes und Thüringens, die Schichtkammlandschaften des Kalkgebirges auf Mallorca oder des nördlichen Harzvorlandes, die Rumpfflächenlandschaften auf alten Faltungszonen wie im Rheinischen Schiefergebirge und Harz oder die vulkanischen Landschaftsformen (Vogelsberg, Rhön, Eifel) (s. a. 7.4).

Beispiele:
Die **Südwestdeutsche Schichtstufenlandschaft** umfaßt den Buntsandstein im Ostteil des Schwarzwaldes und des Odenwaldes, den Muschelkalk auf den Gäuflächen (Baar und Teile des Wuchsgebiets Neckarland), den Keuper im Keuperbergland, den Schwarzen und Braunen Jura im Albvorland und den Weißen Jura auf der Schwäbischen Alb. Jeweils die härtesten Gesteine bilden das Dach von Schichtstufen.
In der **Schichtkammlandschaft** des Leine-Berglandes (Muschelkalk) bilden steilstehende Gesteinshärtlinge die Schichtkämme, während die weicheren Gesteine ausgeräumt werden. Die hohe Reliefenergie führt zu einem starken Auftreten von holozänem Hangschutt.
Die Böden **Sachsen-Anhalts** lassen sich in folgende reliefbezogene Bodenbildungsbereiche einordnen: Böden der Mittelgebirge und Bergländer, Böden der Löß- und Sandlößgebiete sowie der Löß-Hügelländer, Böden der pleistozänen Hochflächen, Böden der Niederungen und Böden der Flußauen. Schwarzerden und Braunschwarzerden nehmen großflächig die zentralen Trockenbereiche der Lößhochflächen ein, die eine Lößdecke von 6– > 20 dm aufweisen.

4.3.1 Bodenausbildung im Tiefland

Die Formen der noddeutschen Tiefebene und des Alpenvorlandes entstanden weitgehend während der Eiszeit. Das Relief beeinflußt die Bodenentwicklung im Tiefland u. a. durch den Abstand der Bodenoberfläche zum Grundwasserspiegel. Bei schwerem, undurchlässigen Untergrund können in ebener Lage bereits kleine Erhebungen und Senken auf die Bodenentwicklung von großem Einfluß sein, wie dies beim Bodentyp Pseudogley deulich zum Ausdruck kommt.

Im **Jungmoränengebiet** Nordostdeutschlands folgt die Gliederung in Landschaftstypen der „**Glazialen Serie**" und führt damit zu einer nach Relief, Substrat, Wasser, Vegetation und Mesoklima typisierten Gliederung, die die Böden als Resultierende einschließt (s. a. 7.4.2.1):

Grundmoränenlandschaft: Es wird zwischen kuppiger (Grünlandnutzung, vernäßte Hohlformen) und flachwelliger Grundmoräne (Ackerbau) differenziert, das Ertragspotential ist gut. Binneneinzugsgebiete mit Söllen als abflußlose Senken können gebietsweise einen erheblichen Flächenanteil besitzen. Sie entstanden postglazial durch Abschmelzen von Toteisblöcken.

Endmoränenlandschaft: Sehr stark bewegtes Relief durch langgestreckte Hügelketten, geeignet für forstwirtschaftliche Nutzung. Auf Moränenhochflächen entwickelten sich Fahlerden und Fahlerde-Braunerden.

Sanderlandschaft: Flache, in Form einer schiefen Ebene von der Endmoräne abfallende Landschaft, vorwiegend Waldbau. Sander-Hochflächen tragen podsolige und Podsol-Braunerden, die mit Abfall zum Urstromtal Übergänge zwischen Braunerde und Gley bilden.

Landschaften der großen Täler und Niederungen: Urstromtäler mit vorwiegender Grünlandnutzung. Urstromtäler weisen als Bodentypen Gley, Humusgley, Anmoorgley und Niedermoor auf.

4.3.2 Bodenausbildung an Hängen

Die bodenbildenden Schuttdecken der Hänge im Mittelgebirge sind das Ergebnis von Frostverwitterung, Kryoturbation, Solifluktion, Verlagerung durch fließendes Wasser und äolische Sedimentation. Von Interesse sind die Beziehungen zwischen Bodeneigenschaften bzw. Böden und dem Oberflächenrelief (Reliefform, Hangneigung, Exposition). Folgende Kriterien werden miteinander korreliert: bei den Bodeneigenschaften – Verwitterungstiefe, Schicht- und Horizontmächtigkeit, Azidität, Körnung; bei den Reliefmerkmalen – Hangposition, -neigung , -länge, -wölbung und -krümmung.

Hinsichtlich der **Lage im Relief** unterscheidet man zwischen Kulminations-, Tiefen- und Hangbereich. Geringmächtigen, an feinen Bodenbestandteilen ärmeren Böden des Oberhanges stehen mächtige, feinerdereiche und fruchtbare Böden des Unterhanges gegenüber. Ursachen hierfür sind Solifluktion bzw. Erosion und Akkumulation. Typisch für die Verlagerungsprozesse ist das „Hangkriechen". Hangböden können durch Gesteine höherer Lagen überrollt sein. Hangböden werden von abwärtsfließendem, nährstoffhaltigen Wasser durchfeuchtet (Hangwasser), was ihre Ertragsleistung fördert.

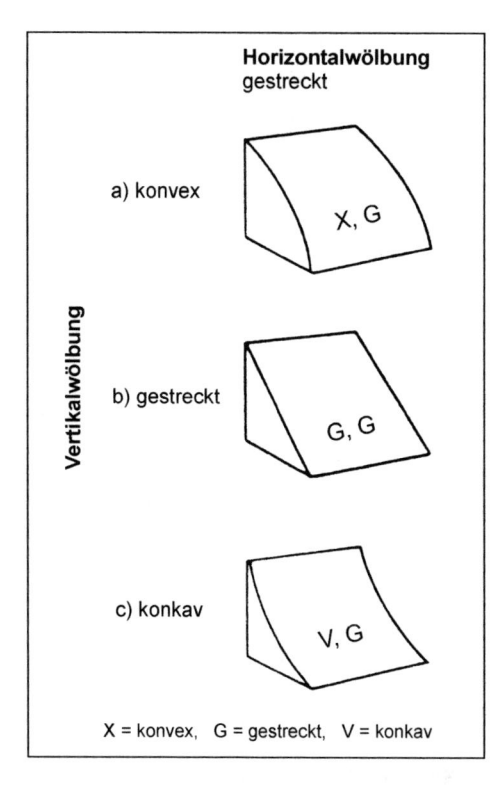

Einheitlich gewölbte Flächen charakterisiert man durch die **Wölbung**srichtung, die Wölbungstendenz und die Wölbungsstärke. Bei der Wölbungsrichtung unterscheidet man zwischen der Horizontalwölbung (Änderung der Exposition) und der Vertikalwölbung (Änderung der Neigungsstärke). Die Wölbungstendenz kann als konvex, gestreckt oder konkav ausgewiesen werden. Die Wölbungsstärke wird durch den geschätzten Radius eines Kreises ausgedrückt, von dem ein Kreisbogensegment dem Schnitt durch die gewölbte Fläche so weit wie möglich angenähert werden kann (Abb. 4.18).

Abb. 4.18: Beschreibung des Reliefs für:
Horizontalwölbung gestreckt,
Vertikalwölbung
a) konvex,
b) gestreckt oder
c) konkav.

Hangrichtung und **Hangneigung** variieren Klima und Bodenwasserhaushalt. Die Neigung (Inklination) wird in Grad oder Prozent bzw. in Hangneigungsstufen angegeben. Neigung und Wölbung bestimmen mit das Abflußgeschehen (Abb. 4.18). Mit zunehmender Hangneigung steigt die Wirkung der Erosion. Gründigkeit, Wärme- und Wasserhaushalt und damit auch die Vegetation verändern sich. Nur die schwach geneigten Hangbereiche können ackerbaulich genutzt werden, die steileren Lagen sind dem Wald oder der Weide vorbehalten.

Die Hangrichtung (Neigungsrichtung, Exposition) wird durch die Himmelsrichtung bzw. als Sonn- oder Schattseite gekennzeichnet. Expositionsbedingte Hangbodenunterschiede treten an Oberhängen am deutlichsten hervor (kein Nachschaffen von Wasser und Nährstoffen). Böden an Südhängen sind häufig sandiger, solche an Nordhängen lehmiger und tiefer. Diese Unterschiede gehen bis auf das Periglazial zurück. Südwesthänge sind durch Sonne und Wind der Austrocknung ausgesetzt, der durchlässige Boden verschärft den Wassermangel. Südhänge sind um so trockener, Nordhänge um so frischer, je steiler sie sind.

Die Hangexposition beeinflußt über die Luv- und Leewirkung nicht nur die Niederschlagshöhe, sondern auch die Verbreitung äolischer Sedimente (Löß).
Im Mittelgebirge und Hügelland liegen in Abhängigkeit von der Hangneigung bzw. Lage am Hang unterschiedliche quartärgeologische Deckschichten vor, in denen sich unterschiedliche Böden entwickelt haben. Genetisch sind die Böden am Hang in einer Richtung miteinander verbunden, es liegt eine charakterisische Abfolge reliefbedingter Bodenentwicklungen vor. So ändern sich die Hydromorphiemerkmale gerichtet von der Kuppe zum Hangfuß. Die Zusammenhänge werden durch Sequenzen oder Catenen erfaßt. Der Begriff **Sequenz** wird für räumliche Abfolgen und ihre Beziehungen zu einem bodenbildenden Faktor verwandt. Sequenzen erfassen die Abhängigkeit der Böden und ihrer Merkmale von einzelnen Landschaftselementen: Klimasequenz, Lithosequenz, Hydrosequenz, Bio(Phyto)sequenz, Chronosequenz, Toposequenz (reliefbedingte Abfolge, topos gr. Ort). Der **Catena**-Begriff dient zur Kennzeichnung der regelhaften Wiederholung einer charakteristischen Bodenabfolge in Beziehung zu einem charakteristischen Relief (Topographie). Mit Hilfe von Catenen werden die gesetzmäßige Anordnung von Böden unter den Bedingungen des variierenden Reliefs und die Beziehungen zwischen den Böden in reliefierten Gebieten untersucht. Eine strenge Trennung zwischen Sequenz und Catena ist nicht immer möglich (Abb. 4.19).

Das äußere Relief eines Hanges stimmt nicht immer mit dem „inneren", alten Relief bzw. Relief des Festgesteins überein. Dieses bestimmt aber über die Mächtigkeit der Decken die Bodentiefe, die Wasserführung und andere Standorteigenschaften. Die Hydrologie von Hängen wird stark durch die Eigenschaften der periglazialen Lagen mitbestimmt.

Ein Relikt der pleistozänen Frostverwitterung sind die Blockschutte an Hängen der Mittelgebirge, wie sie z. B. am Rochlitzer Berg (Tuff) in Sachsen oder in der Oberlausitz (Granodiorit) ausgebildet sind.

Für periglazial geformte Täler Mitteleuropas sind Sohlentäler mit breiten Talböden typisch. Ein Schotterkörper wird von einer Hochflutlehmdecke überlagert. Die Talhänge sind durch Schotterterrassen gegliedert. **Talterrassen** wurden im Jungtertiär und Pleistozän angelegt. Terrassen sind das Ergebnis der Wechselwirkung von Einschneidung und Erosion, die an unterschiedliche Wasserführung der Flüsse gebunden sind. Die oberste Terrasse ist die älteste. Auf alte Terrassen (Hochterrassen) kann Löß aufgeweht sein (Beispiel Oberrhein).

Beispiel:
In der Schichtstufenlandschaft der Schwäbischen Alb werden die Impressa-Mergel im Bereich von Hangfuß und Talaue landwirtschaftlich genutzt. Die Weißjura β-Kalke bilden steile Talhänge mit Kalkbuchenwald aus. Auf den Hochflächen schließen sich Malmmergel (Weißjura γ) an.

Bodenbildende Faktoren

Abb. 4.19: Bodencatenen.

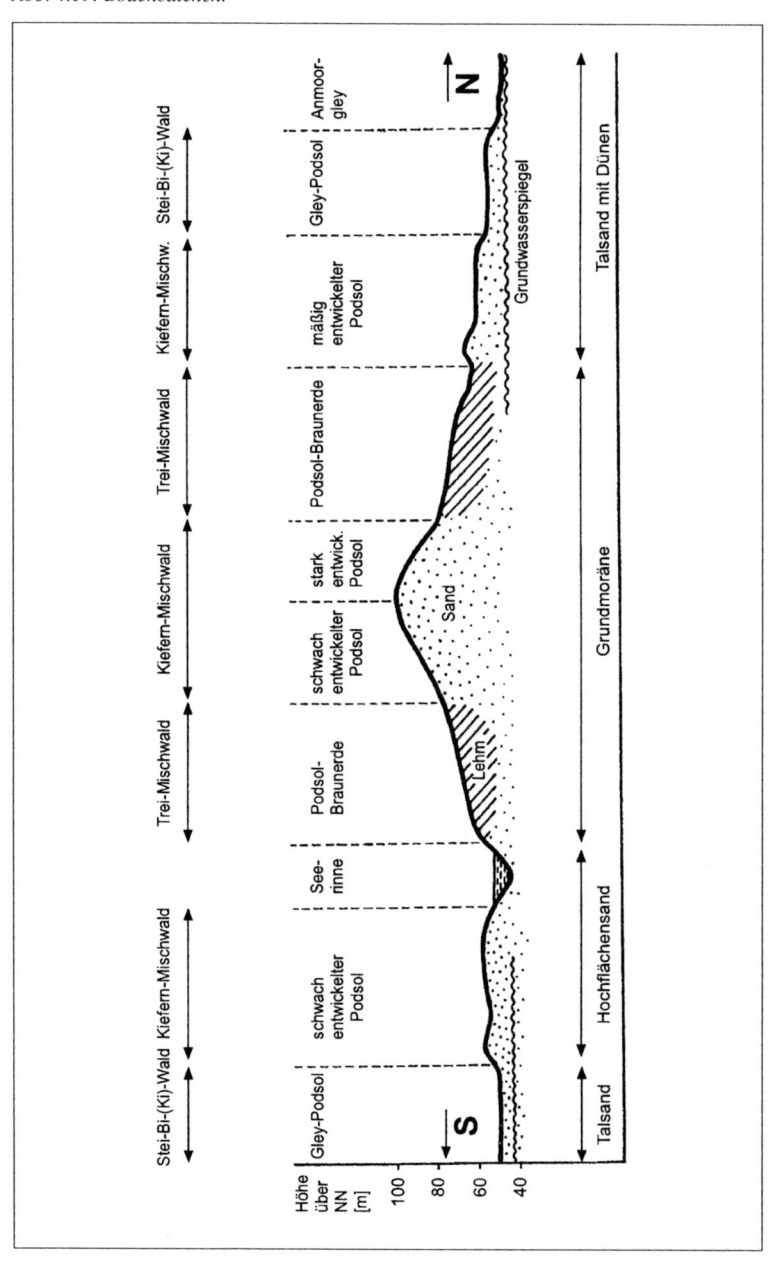

a) Pleistozäne Ablagerungen in Mittelbrandenburg. Nach KOPP, Potsdam, vereinfacht.

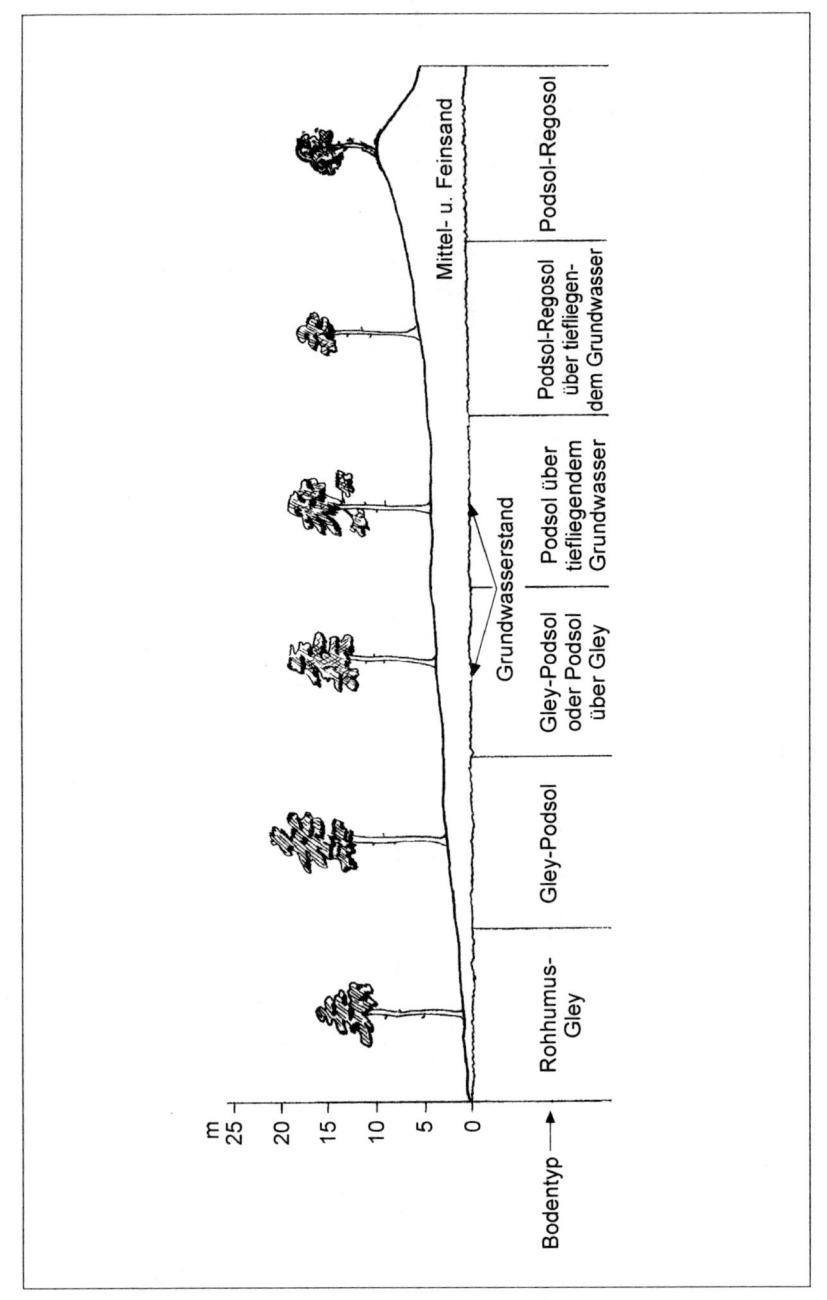

b) *Ulbyster Teichlandschaft (teichfern) und Spreeaue. Nach MARSCHNER, Tharandt.*

Bodenbildende Faktoren

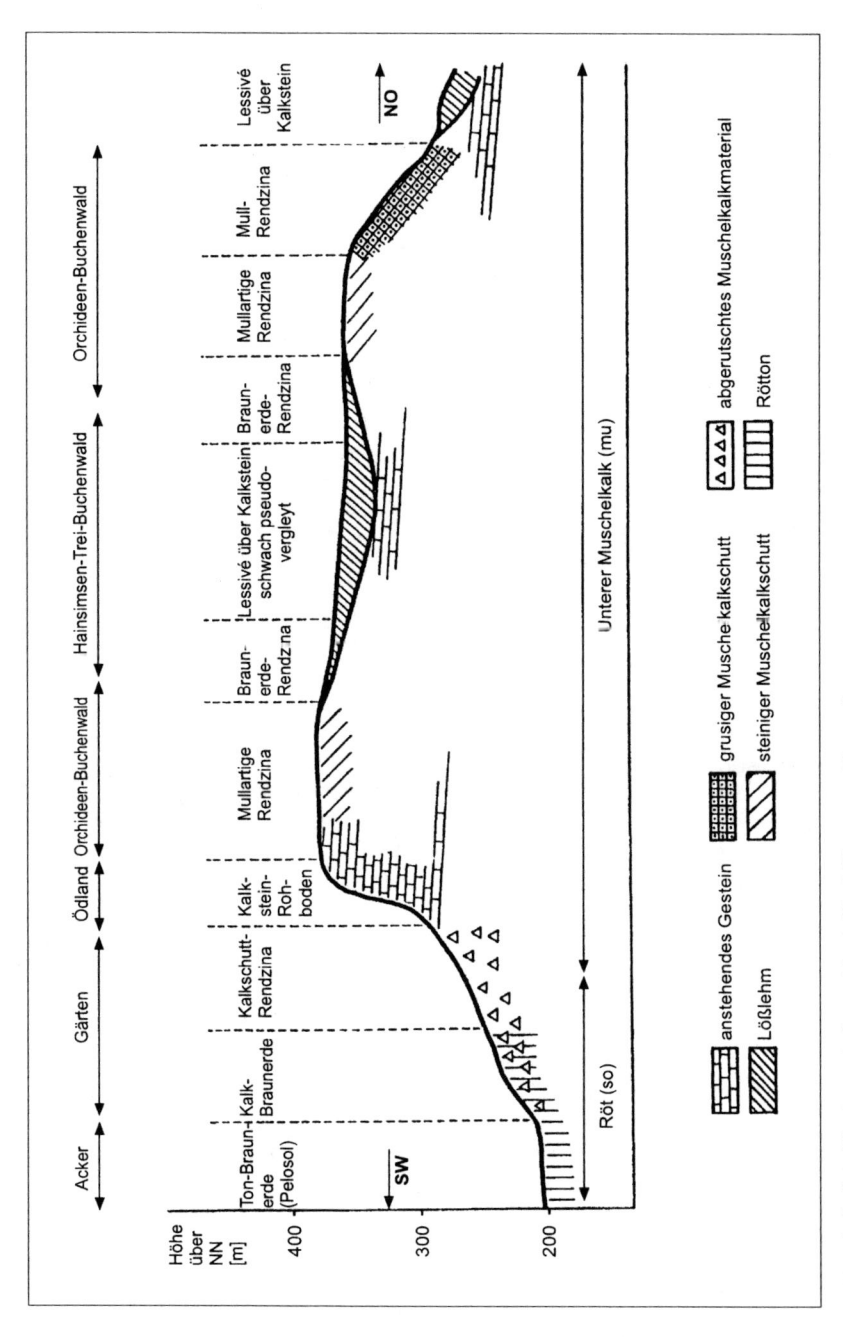

c) Muschelkalk in Thüringen (schematisiert). Nach HOFMANN, Tharandt.

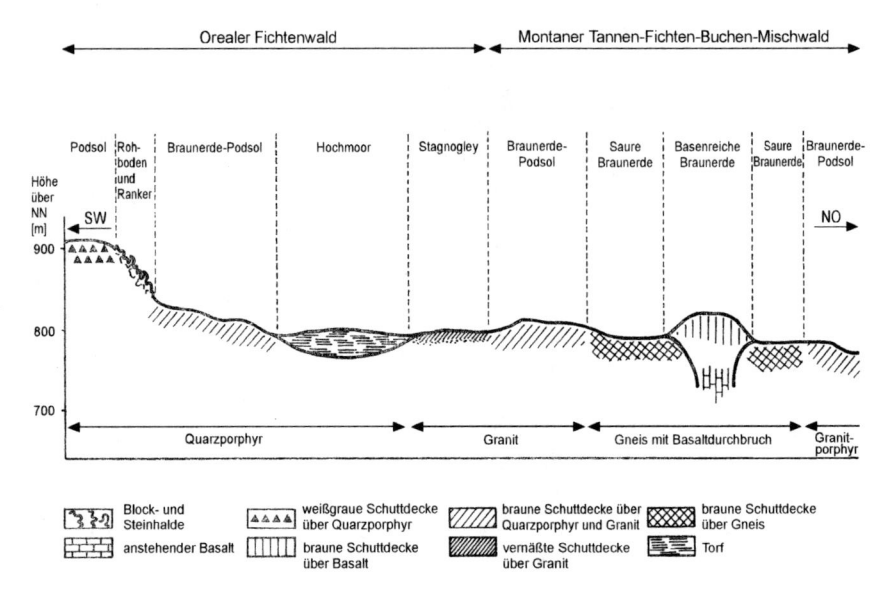

120   *Bodenbildende Faktoren*

d) Osterzgebirge (schematisiert). Nach HOFMANN, *Tharandt.*

4.3.3 Höhenzonale Bodenausbildung (Gebirgsböden)

In Gebirgen sind bei Vegetation und Böden Höhenstufen deutlich ausgebildet. In den **Mittelgebirgen** erfolgt mit zunehmender Meereshöhe eine Abnahme der Temperatur und Zunahme der Niederschläge. Dadurch nimmt die Rohhumusbildung und Auswaschung (Podsolierung) mit der Höhe zu. Staunässeböden sind bei dichtem Untergrund auf den Verebnungen und Hochflächen des Berglandes verbreitet. Auf den Gebirgskämmen können sich Hochmoore ausbilden. Eine vertikale Bodenabfolge bilden mit zunehmender Höhe Parabraunerde, Braunerde und Podsol (s. a. 7.4.2.3).

In den **Hochgebirgen** reicht die vertikale Bodenzonierung von der Waldzone über die Krummholzzone und Mattenstufe bis zur nivalen Stufe. Bis 1 000 (1 500) m entsprechen die Böden weitgehend denen der Mittelgebirge. In der subalpinen Waldstufe tritt der Tangelhumus über Kalk- wie Silicatgesteinen auf. In der Krummholzstufe (Latschen) sind über Kalkstein Tangelrendzinen, über Silicatgestein alpine Ranker ausgebildet. Die Frostmusterböden der Mattenstufe gehen in der subnivalen Stufe in Syroseme (Kalkstein- oder Silicat-Rohböden) über.

4.4 Wasser

Als Lösungs- und Transportmittel ist das Wasser an fast allen im Boden ablaufenden Prozessen beteiligt. Auch die meisten Verwitterungsprozesse sind an das Wasser gebunden. In der Bodensystematik werden die unterschiedlichen Wasserverhältnisse der Böden als Gliederungsmerkmal benutzt. So werden in der deutschen Bodensystematik terrestrische, semiterrestrische und subhydrische Böden unterschieden (s. Kap. 7). Das Wasser wirkt vorwiegend über die Richtung des Stofftransportes und die Redoxverhältnisse. Es prägt das bodeneigene Klima. Zu den **hydromorphen Böden** gehören Stauwasser- und Grundwasserböden (Pseudogleye, Gley, Marschböden, Auenböden, Moorböden).

Das Wasser ist als bodenbildender Faktor keine unabhängige Variable, sondern wird in seiner Wirkung von Klima, Relief, Grundgestein, biotischen Faktoren und der Einwirkung des Menschen beeinflußt. Entsprechend bestehen enge Beziehungen der Bodenkunde zur Hydrologie und Kulturtechnik. Die Verbesserung des Wasserhaushalts landwirtschaftlich genutzter Böden obliegt häufig der Wasserwirtschaft (landwirtschaftlicher Wasserbau) bzw. dem Meliorationswesen.

Wasser entfaltet seine Wirkung als Sickerwasser, als aufsteigendes Wasser, Grund- und Stauwasser sowie erodierendes Oberflächenwasser.

4.4.1 Böden mit Sickerwasser oder aszendierendem Wasser

Man unterscheidet die grundwasserunabhängigen Landböden von den Grundwasserböden und Unterwasserböden. Beispiele für Landböden sind die Bodentypen Braunerde, Fahlerde und Schwarzerde. Das Wasser verlagert von oben nach unten Stoffe wie Ionen bzw. lösliche Salze, Bestandteile der Tonfraktion und organische Verbindungen.

In Gebieten, in denen die Verdunstung die Niederschläge übersteigt, bewegt sich das Waser aus tieferen Bodenlagen zur Oberfläche und bewirkt dabei eine Anreicherung von löslichen Salzen, Gips und Kalk im Oberboden oder an der Bodenoberfläche (s. 5.2.6).

4.4.2 Böden mit Stau- und Grundwasser

Gestautes Niederschlagswasser (Stauwasser, Staunässe) führt über Redoxprozesse bei zeitweisem Luft- oder Wassermangel zu Stauwasserböden (Pseudogleye), Grundwasser zur Ausbildung von Grundwasserböden (Beispiele sind Gley und Marsch) oder Semiterrestrischen Böden (s. Kap. 5 und 7). Grundwasser kann anaerobe Verhältnisse und ein kühlfeuchtes Bodenklima erzeugen. Es reduziert damit die Zersetzung der organischen Substanz bzw. fördert eine Humusakkumulation. In den Senken des Tieflandes häufen sich entsprechend bei sehr hoch anstehendem Grundwasser organische Substanzen an, wodurch sich Niedermoore ausbilden. Im Grundwasser gelöste Stoffe, wie Fe-Verbindungen, Bicarbonate, Sulfate und Chloride, können sich klimaabhängig im Boden anreichern (s. 4.4.1). Einflüsse von Stau- und Grundwasser weisen die Stagnogleye auf.

4.4.3 Böden im Fließwasserbereich und subhydrische Böden

Zeitweilig (periodisch) überflutete Böden, z. B. im Uferbereich von Flüssen, erhalten eine Zufuhr von Schweb und im Wasser gelösten Verbindungen, was, wie früher im Falle des Nils, ihre Fruchtbarkeit erhöhen kann. Überflutungen verzögern die Bodenbildung bzw. führen sedimentationsbedingt zu einer Folge von A-Horizonten. Die Böden weisen kaum redoximorphe Merkmale auf. Entsprechende Böden werden als Auenböden, Fluvisols, Schwemmlandböden oder alluviale Böden bezeichnet (s. Kap. 7).

Subhydrische Böden sind durch eine Wasserschicht von der Atmosphäre getrennt und neigen zu anaeroben Verhältnissen und gehemmtem Humusabbau. Beispiele für Unterwasserböden sind Dy, Gyttja und Sapropel.

4.5 Organismen

Organismen, insbesondere höhere Pflanzen und Bodenorganismen, wirken über Humusakkumulation, Humusform und Stoffkreislauf. Die Vegetation bildet einen Schutz gegen Bodenabtrag durch Wasser und Wind und ist Energie- und Stofflieferant für das Edaphon. Pflanzen beeinflussen die Mineralverwitterunng, das Bodengefüge und ermöglichen die Ausbildung der Rhizosphäre.

4.5.1 Zur Wirkung der Bodenorganismen

Die Tätigkeit der Makro- und Mikrolebewelt fördert die Zerkleinerung und Mineralisierung der organischen Substanz, sorgt für eine Durchmischung, Aggregierung und Vergrößerung des Porenvolumens im Boden und ist an der Bildung der Humusformen (z. B. Wurm- und Arthropodenmull) beteiligt (s. a. Kap. 5 und 6).
Die Änderung des Humusgehaltes in den Böden der GUS von Norden nach Süden hängt mit der unterschiedlichen Massenproduktion an organischer Substanz zusammen, die sich zudem vom Podsol zum Tschernosem durch zunehmende Zersetzbarkeit auszeichnet. Südlich der Tschernoseme tritt infolge Feuchtigkeitsmangels eine Verminderung der jährlich anfallenden organischen Masse ein. Die von Norden nach Süden temperaturbedingt zunehmende mikrobiologische Aktiviät wird durch die in gleicher Richtung zunehmenden Trockenperioden auf immer kürzer werdende Zeiträume im Jahr beschränkt.

In der Bodenbiologie (Kap. 3 und 6) interessiert vorrangig die Gesamtwirkung einer komplexen Lebensgemeinschaft auf den Stoff- und Energieumsatz im Boden. Die biologische Aktivität beim Stoffabbau hängt von der Bodentemperatur, der Wasser- und Luftversorgung, dem Nährstoffangebot und insbesondere der Verfügbarkeit des organischen Materials ab. Leicht zersetzliches Pflanzenmaterial wird innerhalb eines Jahres, schwerer zersetzliches Material über mehrere Jahre hin abgebaut. Humus als stabile organische Substanz des Bodens kann wenige tausend Jahre alt werden.

Ausgangssubstanzen für die Huminstoffe sind die Pflanzenwurzeln, die Streu, Ernterückstände, abgestorbene Bodenorganismen und organische Dünger (10–20 dt ha^{-1} bei Acker).

Im Zuge der Bodenbildung führt der Weg unter Mitwirkung der Bodenorganismen von der abgestorbenen organischen Substanz zu den Huminstoffen. Die durch Pflanzen in den Boden gelangende C-Menge dominiert dabei, ihr Abbau erfolgt durch Mineralisierung, ihr Umbau durch Humifizierung. Abgestorbene Pflanzenteile bestehen zu 50–60 % aus Polysacchariden und zu 20–30 % aus Lignin. Polysaccharide werden durch hydrolytisch wirkende Enzyme, Lignin durch oxidativ wirkende Enzyme (Peroxidasen) gespalten. Der Ligninabbau verläuft unter aeroben Bedingungen. Zu den ligninabbauenden Mikroorganismen gehören Basidiomyceten, Fungi imperfecti, Deuteromyceten und Streptomyceten. Mit zunehmender Humifizierung nehmen die hydrolysierbaren Polysaccharide ab. An weiteren organischen Stoffen fallen stickstoffhaltige Verbindungen (< 20 %) sowie in kleineren Mengen Fette, Wachse und Harze an. Die Abbauresistenz dieser Verbindungen nimmt von Zuckern, Stärke und Proteinen über Hemizellulosen und Zellulose zu Ligninen, Wachsen und Harzen zu.

4.5.2 Zur Wirkung der Vegetation

Pflanzen beeinflussen den Boden direkt und indirekt. Dies betrifft die Mineralverwitterung, das Bodengefüge, die Nährstoffdynamik und die Rhizosphäre. Der Boden entwickelt sich in Wechselwirkung mit der Vegetation. Die Vegetation schützt die Bodenoberfläche vor einem direkten Aufprall der Regentropfen und beeinflußt den Bodenwasserhaushalt über Interzeption und Transpiration. Sie wirkt ausgleichend auf die Temperatur- und Feuchtigkeitsverhältnisse des Bodens. Die Vegetation hemmt oder unterbindet die Erosion u. a. durch das Netzwerk ihrer Wurzeln, liefert organische Substanz für den Boden und trägt zur Ausbildung der unterschiedlichen Humusformen bei. Wald beeinflußt zusätzlich auch den tieferen Boden über die Durchwurzelung und den Stammabfluß. Über die Bäume werden Nährstoffe aus dem Unterboden in den Oberboden im Rahmen des Nährstoffkreislaufes verlagert, wodurch die Nährstoffauswaschung gemildert oder rückgängig gemacht wird (biologische Nährstoffakkumulation). Die Pflanzendecke wirkt durch ihren Wasserbedarf während der Vegetationszeit in humiden Gebieten zusätzlich der Bodenauswaschung entgegen.

Durch die Wirkung des Waldes als Wasserpumpe wird die Vernässung gegenüber der Freifläche bei Pseudogleyen und Gleyen gemildert.
Häufig wirkt das Klima über die Vegetation auf die Bodenentwicklung ein. Im Ergebnis entstehen die **klimaphytomorphen Böden**, wie z. B. in Rußland die der Taigazone (Rasenpodsole, Podzoluvisols) oder der Steppenzone (Phaeozems, Chernozems) (s. Kap. 7). Klima-, Vegetations- und Bodenzonen verlaufen unter natürlichen Verhältnissen weitgehend parallel.

4.6 Menschliche Arbeit

Die Beziehungen des Menschen bzw. der Menschheit zum Boden sind von besonderer Bedeutung. Menschliche Aktivität wandelt den Boden oft schnell um, wobei positive wie negative Effekte für den Menschen und seine Umwelt auftreten können. Die Art der Bodennutzung beeinflußt die im Boden ablaufenden Prozesse, was sich u. a. in der Menge und Qualität der organischen Substanz äußert. Stadtböden, stadtnahe Böden mit gärtnerischer Nutzung sowie intensiv genutzte landwirtschaftliche Böden und Böden unter Koniferenmonokulturen weisen stärkere Veränderungen auf (s. a. 7.3.4).

4.6.1 Von der Natur- zur Kulturlandschaft

Der Mensch wirkt erst seit wenigen Jahrtausenden durch seine Arbeit wesentlich auf den Boden ein. In das Pleistozän fällt das erste **Auftreten des Menschen** in Europa. Der Saale-Elbe-Raum wurde erst nach der Elstereiszeit von Hominiden betreten. In der Holsteinwarmzeit (mit einer Dauer von 15 000 Jahren zwischen 250 000 und 200 000 Jahren vor heute) trat der aus Afrika stammende Homo erectus auf (Funde in einer Quellkalkabfolge nahe Bilzingsleben in Thüringen). Für die Eem-Warmzeit kann der Neandertaler *(Homo sapiens neanderthalensis)* in Europa nachgewiesen werden (vor etwa 100 000 Jahren, Altsteinzeit). Der moderne Mensch, *Homo sapiens sapiens,* erschien – gleichfalls aus Afrika kommend – in Europa vor etwa 35 000 Jahren. Der Neandertaler lebte sehr lange in Europa, bevor er nach 10 000 Jahren gemeinsamen Auftretens mit dem Homo sapiens vor 30 000 Jahren ausstarb. Der Übergang von der Sammlertätigkeit zur seßhaften landwirtschaftlichen Tätigkeit (Hackbau) erfolgte im mittleren Neolithikum vor etwa 10 000 Jahren. Landwirtschaftliche Siedlungen entstehen 6 000–5 000 v. d. Z. (Jungsteinzeit, Linearbandkeramik), von da ab verstärken sich die Eingriffe in die natürliche Umwelt durch Bodennutzung und Viehhaltung.
Im atlantisch getönten Klima war Mitteldeutschland völlig mit Wald bedeckt. Im Tief- und Hügelland überwog der Laubwald. Um eine sichere bodengenetische Ausgangsbasis zu haben, kommt dem Studium der Bodenbildungsprozesse unter Wald daher besondere Bedeutung zu. Ab Atlantikum/Subboreal setzen anthropogene Erosionsprozesse ein. Unter anfänglich subkontinentalen Bedingungen existierten offene, trockene Eichen-Hasel-Wälder.
Die Altsteinzeit dauerte von 22 000–10 000 v. d. Z., die Neusteinzeit von 7 000–4 000 v. d. Z. Kulturstufen: Neolithikum, Bronzezeit, Eisenzeit, Früh-, Hoch- und Spätmittelalter, Neuzeit.

Bodenbildende Faktoren 125

Im Frühmittelalter (6.–9. Jh.) war Deutschland noch zu etwa 90 % bewaldet, am Ende des Mittelalters (Ende 15. Jh.) betrug die Bewaldung nur noch 30 %. Die mögliche Landwirtschaftsfläche war damit erschlossen, trotzdem konnte die wachsende Bevölkerung mit den infolge Übernutzung in ihrer Fruchtbarkeit abnehmenden Böden nicht mehr ausreichend versorgt werden. Gebietsweise wurde die Bodenfruchtbarkeit durch Plaggendüngung (s. Kap. 7), Streunutzung und Mergeln in der Landwirtschaft örtlich erhöht.

Die Naturlandschaften Mitteleuropas sind demnach durch menschliche Leistung weitgehend in **Kulturlandschaften** umgewandelt worden. In Gebieten mit intensiver Bodennutzung ist die menschliche Arbeit gegenwärtig der wirksamste Bodenbildungsfaktor. Der Mensch wirkt heute über seine Arbeit bzw. wirtschaftliche Tätigkeit direkt und indirekt auf den Boden ein. Zu den direkten positiven Wirkungen gehören die Kulturmaßnahmen (Art der Kultur, Intensität der Bodenbearbeitung und die Nachhaltigkeit der Nutzung) mit dem Ziel der Erhaltung oder Steigerung der Bodenfruchtbarkeit und Ertragsfähigkeit, zu den indirekten Wirkungen die Veränderung des physikalischen (Erwärmung) und chemischen Klimas (Saurer Regen), der Vegetation, des Reliefs (Terrassierung, Auf- und Abtrag) und des Wasserhaushalts. Der Mensch bzw. die menschliche Gesellschaft kann bewußt und zielgerichtet in die Bodenentwicklung eingreifen. Der Mensch kann im Boden ablaufende Prozesse hemmen, beschleunigen, rückgängig machen oder in eine andere Richtung lenken. Durch die land- und forstwirtschaftliche Nutzung wird die Bodenentwicklung in ihrer Richtung und Geschwindigkeit beeinflußt. Zu diesen Maßnahmen gehören die Umwandlung der Wälder in Forsten sowie die Rodung der Wälder und ihre Umwandlung in Grün- und Ackerland. Durch die Maßnahmen zur Gewinnung von Marschböden wird die unter natürlichen Bedingungen wesentlich langsamer ablaufende Bodenentwicklung erheblich beschleunigt. Der Podsolierung und Lessivierung kann durch meliorative Maßnahmen entgegengewirkt werden (Kalkung, Tiefpflügen).

4.6.2 Veränderung der Böden durch Bodenbewirtschaftung

Mit seinen Kulturmaßnahmen wandelt der Mensch langfristig den Naturboden in einen Kulturboden bzw. den Waldboden in eine Kultursteppe um. Die Umwandlungen sind z. T. tiefgreifend, wie im Fall kultivierter Sandböden oder Podsole (Altmark, Lüneburger Heide). Alle Maßnahmen zur Regulierung der Bodenfruchtbarkeit beeinflussen die Bodeneigenschaften und die Bodenentwicklung. Der landwirtschaftliche Pflanzenbau wirkt auf den Boden ein über Bodenbearbeitung, Kalkung und Düngung sowie Meliorationsmaßnahmen, wie Entwässerung, Bewässerung (Berieselung und Beregnung), Rigolen (tiefes Wenden des Bodens), Tieflockerung, sowie durch den Anbau der Pflanzen (Fruchtfolge, Durchwurzelung des Bodens) selbst. Dabei kann aus einer natürlichen Braunerde eine Ackerbraunerde mit wesentlich veränderten Eigenschaften, z. B. einem vertieften Oberboden, werden. Bodenbearbeitung führt zu einer Vermischung von Bodenschichten oder -horizonten und damit zu einer Homogenisierung des Bodens. Aber auch durch die Forstwirtschaft wurde der Boden in Mitteleuropa großflächig verändert, indem natürliche Wälder mit ihrem starken Laubholzanteil in Koniferenmonokulturen (z. B. Kiefer, Fichte) umgewandelt wurden. Die dadurch bedingten Änderungen der Bodendurchwurzelung und der Humusform haben andere physikalische, chemische und biologische Bodeneigenschaften erzeugt.

Die Bodenwirtschaft vollzog sich über lange Zeit in Mitteleuropa unter ständigem Bevölkerungsdruck, wie heute noch in den Entwicklungsländern. Da die wachsende Bevölkerung fast nur in der Landwirtschaft eine Existenzgrundlage finden konnte, dehnte sich die Nutzung auf immer schlechtere Böden und ungünstigere Lagen aus. Die Bodenerosion wurde durch Waldrodung und den gesteigerten Getreideanbau seit dem späten 13. und 14. Jh. stark gefördert, wodurch es zur Auenlehmbildung kam. Erosionsfördernd wirkte auch die Viehweide in den höheren Lagen der Hochgebirge über die Vernichtung des Waldes (Vermurung von Gebirgstälern). Im mediterranen Bereich haben Ziegenherden durch die Verhinderung einer Wiederbewaldung der zuvor durch Raubbau entwaldeten Flächen zu einem sehr starken Bodenabtrag in den Kalkgebirgen geführt. Auch im Balkan hat die Viehweide (Ziegen, Schafe, Kühe) starke Bodenerosion ausgelöst. Ein Teil dieser erodierten Flächen wurde später mit Schwarzkiefer aufgeforstet.

In Norddeutschland sind durch bäuerliche Streunutzung, Plaggenhieb und Viehweide (Schafe) starke Bodendegradationen eingetreten, die teilweise zur Ausbildung großer Heidegebiete geführt haben (Lüneburger Heide). Erst durch die industrielle und wirtschaftliche Entwicklung der letzten Jahrzehnte wird die landwirtschaftliche Nutzung ertragsschwacher Böden, der sogenannten Grenzertragsböden, eingestellt. Teilweise werden diese Flächen aufgeforstet.

Bei Ackerböden bildet sich an Stelle der ursprünglichen Oberbodenhorizonte ein Ap-Horizont aus, der höhere pH- und P-Werte und eine Pflugsohlenverdichtung besitzen kann. An Kuppen und Oberhängen ackerbaulich genutzter Flächen treten durch Bodenerosion häufig gekappte Profile auf, während an Unterhängen und in Mulden mächtigere Kolluvien entstanden sind. Negative Folgen von Ackerbau und Überweidung sind eine verstärkte Erosion und anderenorts Akkumulation (Auenlehm) von Bodenmaterial sowie von Ackerbau der Humusschwund und die Krumendegradation. Menschliche Tätigkeit verursacht die beschleunigte Versauerung der Böden in Mitteleuropa (Saurer Regen, hohe Ernten) und häufig eine Grundwasserabsenkung. Nach Grundwassererhöhung (Bewässerung) tritt in ariden Gebieten Versalzung ein.

Böden, die durch menschliche Eingriffe ihren natürlichen Aufbau weitgehend oder völlig verloren haben, werden als anthropogene Böden bezeichnet (z. B. Plaggenesch; s. 7.3.5, 8.3 und 9.2).

4.7 Zeit

Die Zeit selbst übt keine direkte Wirkung auf die Bodenbildung aus. Sie beeinflußt aber über die Dauer der Wirkung anderer Faktoren die Bodenentwicklung wie Bodenzerstörung. In einer Boden-Chronosequenz sind Böden mit unterschiedlichen Eigenschaften vereinigt, die das Ergebnis der Zeit und nicht anderer bodenbildender Faktoren sind. Böden können nicht nur verschieden alt sein, sondern auch eine unterschiedliche Entwicklungsgeschichte aufweisen.

Bei Konstanz der übrigen bodenbildenden Faktoren bilden sich in Abhängigkeit von der Zeit Sukzessionen von Bodentypen aus. Befindet sich ein Boden im Gleichgewicht mit seiner Umwelt (Klimaxstadium), so erfolgt keine Änderung der Bodeneigenschaften mit der Zeit. Bei den Böden vollziehen sich die Änderungen allerdings meist so langsam, daß sie sich der direkten Beobachtung entziehen.

Landböden gibt es seit dem erdgeschichtlichen Auftreten von Landpflanzen und Landtieren, vermutlich seit dem Devon. Gebirgsbildungen im Verlauf der Erdgeschichte (im Karbon sowie an der Wende Kreide/Tertiär) und das Inlandeis (Pleistozän) führten in Mitteleuropa zu einer Abtragung vorhandener Böden und der Verwitterungsrinde. Laubwaldböden kann es erst seit der Kreidezeit geben (Entstehung der Angiospermen). In Mitteleuropa wich das Eis der Weichseleiszeit durch Abschmelzen langsam nach Norden zurück und verschwand vor 15 000 Jahren gänzlich aus diesem Raum, womit die „rezente" **Bodenbildung** einsetzte.

Jeder heutige Boden hat seine wechselvolle Geschichte. Er hat sich mit der Zeit, und zwar über Jahrhunderte und Jahrtausende entwickelt. Der Mensch kann ihn innerhalb kurzer Zeit schädigen oder verbrauchen. Hingewiesen sei auf den Klima- und Vegetationswechsel seit der letzten Vereisung (Tundra bis Laubwald). Schwierig zu entscheiden ist es, ob die heute nebeneinander vorkommenden typischen Böden und ihre Übergänge das Ergebnis einer historischen Entwicklungsfolge (Phasen eines Formenwandels) sind oder Parallelentwicklungen darstellen. Marschböden aus Seeschlick sowie Regosole und Podsole auf Dünensanden lassen die Bedeutung des Faktors Zeit für ihre Entwicklung gut erkennen.

So konnte eine chronologisch belegte Entwicklungsreihe vom jungen Dünen-Syrosem zum alten Podsol auf der Insel Usedom in einer Küstenzone mit langsamer Anlandung nachgewiesen werden. Die jüngste Düne lag dabei am Strand, die älteste vor einem alten, inaktiven Kliff.

4.7.1 Geologische Zeitskala

Die geologische Zeitskala gliedert sich von großen zu kleinen Einheiten in Ära, Periode, Epoche, Alter und Zeit (z. B. Känozoikum, Quartär, Pleistozän, Dauer 2,5 Millionen Jahre). Zum Verständnis der bodenbildenden Substrate und der Bodenbildung sind Kenntnisse über die zeitliche Gliederung der Erdneuzeit (**Känozoikum**, Tertiär und Quartär, Beginn vor 65 Millionen Jahren) von Vorteil.

So wird bei der Ausscheidung von Substrattypen für die Rekultivierung im Braunkohlentagebau ihre Entstehungszeit berücksichtigt (s. 9.4). Von den physikalischen Datierungsmethoden gestattet die Lumineszenzmethode, für Sedimente wie Löß, Dünensand und glazifluviatile Ablagerungen, an den Mineralen Quarz und Feldspat den Zeitraum von einigen hundert Jahren bis zu einer Million Jahren genauer zu erfassen. Fossilien (versteinerte Organismen) belegen die Entwicklung der Erdkruste für einen Zeitraum von 3 Milliarden Jahren, die Erdgeschichte begann vor 4 ½ Milliarden Jahren. Fossilien ermöglichen eine Rekonstruktion der Temperatur- und Niederschlagsverhältnisse und der Zusammensetzung der Atmosphäre für bestimmte Zeiten, so die in Hessen gelegene Fossilfundstelle „Grube Messel" (50 Millionen Jahre alte Ölschiefer) für das Eozän.

4.7.1.1 Tertiär

Das Alttertiär (Paläogen) mit Paläozän, Eozän und Oligozän ist durch ein warmes Klima gekennzeichnet. Im Alttertiär versumpfen weite Strecken Mitteldeutschlands. Gegen Ende dieser Zeit dringt das Meer kurzfristig wieder auf norddeutsches Gebiet bis in die Leipziger Tieflandsbucht vor. Das Jungtertiär (Neogen) mit Miozän und Pliozän weist im Pliozän einen Abfall der Temperatur auf.

Orogenese findet im alpiden Bereich und Bruchtektonik im außeralpiden Bereich statt, es kommt u. a. zur Bildung der Alpen und Karpaten, von Horstschollen im Mittelgebirgsraum und von Gräben, wie dem Rheintalgraben, der Hessischen Senke und der Nordböhmischen Senke. Durch Hebung in Verbindung mit Bruchbildung entstehen die deutschen Schollengebirge, wie das Rheinische Schiefergebirge, der Harz, Thüringer Wald und das Erzgebirge. In Süd- und Mitteldeutschland (Siebengebirge, Eifel, Hegau, Oberpfalz) herrscht lebhafte Vulkantätigkeit (Basalt, Phonolith, Rhyolith, Trachyt, Andesit).

Hebungsphasen mit Erosion und Verebnungsphasen mit intensiver tropischer Verwitterung (Kaolinisierung) wechselten sich ab. Zur Braunkohlebildung kam es am Rande des Tertiärmeeres und in terrestrischen Becken, z. B. im Geiseltal bei Halle (Mitteleozän), im Weißelsterbecken bei Leipzig (Eozän/Oligozän) und im Cottbus-Senftenberger Braunkohlenrevier in der Niederlausitz (Oligozän/Miozän). Am Ende des Tertiärs war die heutige Oberflächengestalt weitgehend vorgegeben.

Zwischen Kreidezeit unf Tertiär starben die Dinosaurier aus. Seit dem Tertiär entwickeln sich die heute lebenden Pflanzen und Tiere (Epoche der Säugetiere).

4.7.1.2 Pleistozän

Das Quartär begann vor etwa 2,5 Millionen Jahren, die Menschheit vor etwa 1,5 Millionen Jahren.

Etwas mehr als 16 Millionen Quadratkilometer, das sind rund 11 % der Landfläche auf der Erde, sind zur Zeit mit Gletschereis bedeckt. Im Pleistozän als älterem

Bodenbildende Faktoren **129**

Abschnitt des Quartärs hatte die Eisbedeckung weit größere Ausmaße. Sie umfaßte große Teile Nordamerikas, Eurasiens und Südamerikas. Man unterscheidet u. a. ein laurentisches (Nordkanada), ein britisches, ein mitteleuropäisches und ein osteuropäisches Vereisungsgebiet. Durch die Vereisungen sank der Meeresspiegel um etwa 130 m. Im Pleistozän trat ein zyklischer Wechsel von Kalt- und Warmzeiten auf, dem eine Periodizität der Ablagerungen entspricht (Übersicht 4.9). Im Durchschnitt kann man mit 60 000–80 000 Jahren je Vereisung rechnen. Langfristige Klimaschwankungen und damit der Wechsel von Glazial- und Interglazialzeiten gehen vermutlich auf Änderungen der Bahnparameter der Erde zurück.

Unter dem Einfluß des Schweden OTTO TORELL setzte sich die Inlandeistheorie in der zweiten Hälfte des vorigen Jahrhunderts in Deutschland durch, nachdem zuvor der Schweizer A. V. MORLOT 1844 die frühere Existenz eines skandinavischen Gletschers in Sachsen behauptet und der sächsische Geologe C. F. NAUMANN im gleichen Jahr die ersten Schliffmale in Sachsen nachgewiesen hatte.

Übersicht 4.9: Mitteleuropäische Glaziale und Interglaziale im Pleistozän (Auszug).

„Beginn" vor Jahren	Norddeutschland	Süddeutschland (Alpen)
11 000	Weichsel-Kaltzeit	Würm-Kaltzeit
115 000	Eem-Warmzeit	Riß-/Würm-Warmzeit
130 000	Saale-Kaltzeit	Riß-Kaltzeit
280 000	Holstein-Warmzeit	Mindel-/Riß-Warmzeit
350 000	Elster-Kaltzeit	Mindel-Kaltzeit

Die Äquivalente in Polen sind die südpolnische Vereisung, die mittelpolnische Vereisung (Oder und Warthe) und die nordpolnische Vereisung (Vistulian, Weichsel, Würm) (Abb. 4.20).

An der Wende Tertiär zu Quartär wurden die Mittelgebirge tektonisch gehoben, was ein schnelles Tieferschneiden der Flüsse zur Folge hatte.

Die Klimaschwankungen lösten Wanderungen der Tiere und Pflanzen aus. Die Eiszeiten und Stadiale wurden durch Grassteppen eingeleitet. In der kältesten Phase einer Eiszeit dominierten Tundren. Das Frühpleistozän ist durch Erosion und glazialklimatische Aufschotterung gekennzeichnet. Eiskeilpolygone sowie Brodel- und Tropfenböden (sommerliche Auftauböden) waren weit verbreitet.

Das Inlandeis der **Elsterkaltzeit** (500 000–350 000 Jahre v. d. Z.) hinterließ Ablagerungen von zwei Eisvorstößen in Mitteldeutschland. In der Elsterkaltzeit reichte das skandinavische Eis in Ostdeutschland bis in die Oberlausitz, an den Fuß des Erzgebirges und bis in das Thüringer Becken (Verlauf Erfurt, Jena, Gera, Zwickau, Chemnitz, Dresden). Die Verschüttung der Täler durch Moränenmassen führte zu einschneidenden Flußverlegungen. Am Ende der Elsterkaltzeit war etwa ein Drittel des Tieflandes zwischen Saale und Elbe mit Schottern bedeckt. Diese sind ein

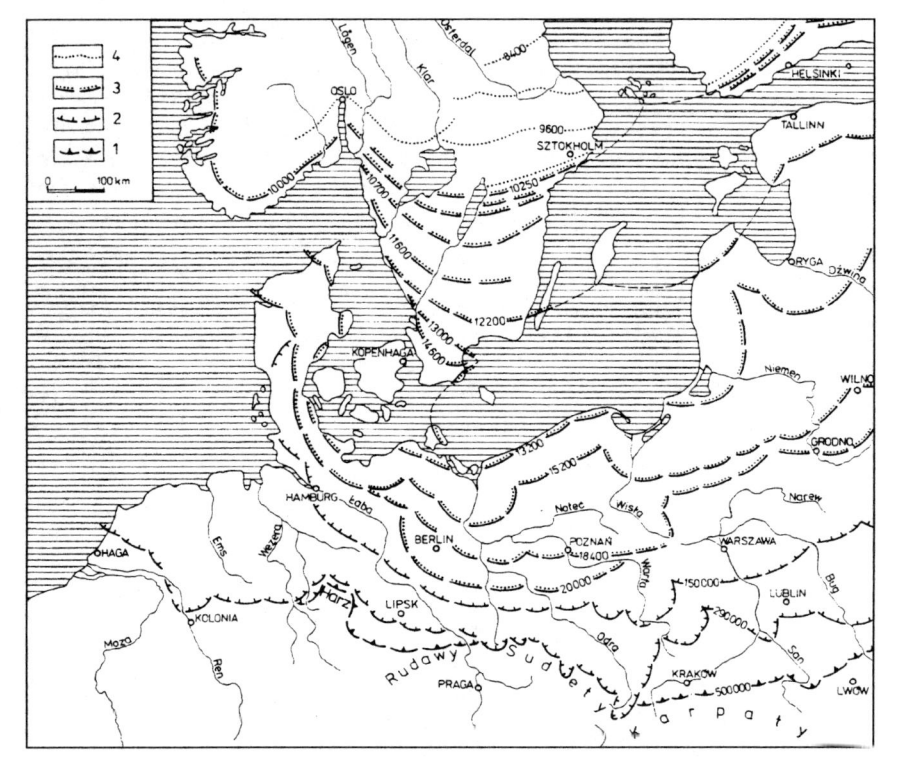

Abb. 4.20: Endmoränenverlauf in Deutschland und Polen. Nach KROLIKOWSKI.

Zeichen intensiver Frostverwitterung. Die Schotterkörper werden regional von breiten Strömen aus Fließerden und Schwemmsanden begleitet, was auf starke periglaziale Hangabtragung hinweist. Vor dem Eisrand bildeten sich große glaziale Stauseen aus, in denen sich tonige Winter- und sandig-schluffige Sommerlagen, die sogenannten Warven, absetzten (Dehlitz-Leipziger Bänderton).

Das **Holsteininterglazial** (Warmzeit) dauerte 15 000–50 000 Jahre und wies ein maritim getöntes Klima auf. Es war ein nadelbaumbetontes Interglazial.

Das Inlandeis der **Saalekaltzeit** (280 000–130 000 Jahre v. d. Z.; Mächtigkeit etwa 2 km, maximal 3,5 km) blieb im Süden Ostdeutschlands in der Ausdehnung 20–50 km hinter dem Elsereis zurück. Es erreichte den Rand des Harzes und verlief südlich von Halle und Leipzig und nördlich von Dresden. Auf das Drenthe-Stadium folgte der jüngste bedeutende Vorstoß des Saaleeises, der Warthe-Vorstoß. Seine Randlagen treffen wir in der Altmark und im Fläming an. Durch das Inlandeis wurden die Flüsse wieder aufgestaut. In den entstehenden Stauseen lagerten sich mehrere Meter dicke **Bändertone** ab. Saaleeiszeitliche Lößbildung ist nachweisbar.

Im Nordwesten wurden im frühen Drenthe-Stadium die Endmoränenwälle der Rehburger, Dammer und Fürstenauer Berge gebildet. Im jüngeren Drenthe-Stadium stauchte das Eis u. a. die Lamstedter Endmoränen auf. Die Schmelzwässer sammelten sich im Breslau-Magdeburg-Bremer Urstromtal.

Das **Eem-Interglazial** war dagegen mehr kontinental geprägt. In dieser Warmzeit wurde das Laubwaldstadium deutlicher als in der Holsteinzeit durchlaufen, in der Abklingphase traten Fichte, gefolgt von Birke und Kiefer, auf. Der Meeresspiegel stieg an, so daß die Nordsee Teile des heutigen Festlands überflutete.

In der **Weichselkaltzeit** (115 000–10 000 Jahre v. d. Z.; untergliedert in Ober-, Mittel- und Unterweichsel) lag z. B. der sächsische Raum im Vorfeld des Eises, einem Periglazialgebiet mit Tundra oder Kältesteppe. Das Glogau-Baruther Urstomtal ist der südlichste Abfluß der weichselkaltzeitlichen Inlandeisbedeckung. Die sich nördlich anschließende Jungmoränenlandschaft weist noch gut erhaltene glaziale Aufschüttungs- und Abtragungsformen auf, während die südliche Altmoränenlandschaft durch periglaziale Abtragungsvorgänge eingeebnet wurde. Zum Absatz gelangten mächtige fluviatile Schotter und der Hauptlöß. Die Schotterakkumulation erreichte jedoch nicht mehr die Ausmaße der älteren Kaltzeiten. Der Löß wurde aus dem Vorland des Inlandeises ausgeweht. Im Hügelland und Gebirge entstanden Schuttdecken und Fließerden.

In der Weichselkaltzeit lag der Meeresspiegel 130 m tiefer als heute. Die Nordsee hatte sich weit nach Norden zurückgezogen. Im Alleröd (Spätweichseleiszeit) kommt es zur Sedimentation des Lacher-See-Tuffs (Bimstuff), der selbst noch in Mitteldeutschland nachweisbar ist (s. 4.8.1). Die letzte kaltzeitliche Temperaturdepression fand in der Jüngeren Dryaszeit statt. Im Spätpleistozän kam es zu einer tiefgehenden Auswaschung der Carbonate aus Lockersedimenten. Die Entkalkung der Böden erleichterte eluviale Prozesse.

4.7.1.3 Holozän

Die alpidischen Gletscher lassen die Schotterflächen des bayrischen Alpenvorlandes zurück, analog die abschmelzenden Gletscher im Norden die heutigen Landschaftsformen Norddeutschlands. Der **Meeresspiegel** stieg wieder an, Nord- und Ostsee ergreifen vor 7 000 Jahren von ihren heutigen Bereichen Besitz. An der Küste folgen von N nach S aufeinander: Nordsee-Inseln – Watten – Marschen – Geest mit der zugehörigen Substratabfolge Strandsand – Dünensand – Wattsedimente – Brackwassersedimente – Verzahnung von Torfen mit klastischen Sedimenten – pleistozäne Sedimente. Moore breiten sich flächenhaft aus. Die Anreicherung an organischer Substanz fand in kühl-feuchten Perioden statt, besonders im Subboreal und zu Beginn des Subatlantikums. Maximale Humusakkumulation erfolgte um 9 000 v. d. Z. in kalten Steppen. Schwarzerden waren im Boreal bereits großflächig ausgebildet.

Im Holozän wurden in den Tälern bis 10 m mächtige Flußschotter und darüber 1–5 m mächtige **Auenlehme** abgelagert. Seit der neolithischen Besiedlung im 5. Jahrtausend v. d. Z. und besonders seit dem Boreal finden eine Nutzung und Verdrängung der Wälder durch den Menschen und ein flächenhafter Bodenabtrag statt. Die anthropogene Hauptauenlehmbildung begann im 2. Jh. n. d. Z. bzw. im Frühmittelalter.

4.7.2 Alter der Böden

Die heutigen Böden sind nicht nur das Produkt der rezent herrschenden Bodenbildungsbedingungen, sondern auch das Ergebnis einer langen bodengeschichtlichen Entwicklung. Viele rezente Böden entwickelten sich auf und in dem Material älterer Bodenbildungen. So weisen Bodenprofile oft mehrere Schichten auf, und häufig ist nur die oberste Schicht von den rezenten Prozessen geprägt. Das Bodenalter weist Beziehungen zum Alter der jeweiligen Landschaft auf. In vielen Landschaften treten Böden auf, deren Erscheinungsformen nicht mit den aktuell wirkenden Kräften kausal verknüpft sind, weshalb der Bodengeschichte Beachtung zu schenken ist. **Polygenetische Bodenbildungen** liegen dann vor, wenn die Entstehung des Bodens durch frühere, andersartige Klimate bedingt ist und der Boden heute einem erneuten Prozeß unterworfen ist.

Automorph werden solche Böden genannt, die sich nach der Entstehung des bodenbildenden Substrats entwickelt haben. Bei syngenetischen Böden fallen Substratablagerung und Bodenbildung weitgehend zusammen, wie bei manchen Auen- und Kolluvialböden.

Man nimmt an, daß bereits im Spätpleistozän und Frühholozän in den Böden intensive Tonverlagerungen und die Bildung staunasser Horizonte ohne wesentliche Mitwirkung höherer Pflanzen abliefen. Die Lessivierung ist dabei ein bodenbildender Prozeß, der auch noch in jüngeren Epochen stattfand.

Archäologische Methoden sind für die Bodenkunde hilfreich, wenn es um die Datierung von Böden geht. Für die absolute **Datierung von Böden** wird die ^{14}C-Methode eingesetzt. Mit ihr ließ sich zeigen, daß selbst die organische Substanz des Bodens 5 000–6 000 Jahre alt werden kann, so in Schwarzerden, Lessivés und Vertisolen. Ein standorttypischer Humusgehalt stellt sich im Laufe von Jahrzehnten bis wenigen Jahrhunderten als Ergebnis folgender Prozesse ein: jährliche Biomassezufuhr und Mineralisierung derselben, Huminstoffbildung aus der Biomasse und Mineralisierung des Humus.

Als **begrabene Böden** werden alle diejenigen bezeichnet, die nach ihrer Entstehung eine Überdeckung durch Sedimente geringeren Alters erfahren haben. Kubiena (1953) bezeichnete als **fossile Böden** solche, in denen ein „petrifizierter" (zu Stein gewordener), d. h. post-pedogen (nach Ablauf der Bodenbildung) durch geologische Einwirkungen (vorzugsweise Diagenese) sekundär veränderter Boden vorliegt. Ein

Beispiel dafür sind Böden im Buntsandstein. Die **Paläopedologie** befaßt sich mit der Erforschung der begrabenen und fossilen Böden (s. 7.3.6). In Mitteleuropa sind Paläoböden häufig in mächtigen Lößprofilen (meist Ablagerungen des Würmlösses) aufgeschlossen. Sie ermöglichen eine Stratigraphie der letzten Kaltzeit bzw. des Pleistozäns.

Das hohe Alter tropischer Böden führt im Ergebnis intensiver Verwitterung zu silicatarmen Böden mit hohem Anteil von Al- und Fe-Oxiden und Armut an Nährelementen (s. Braunlehme, Rotlehme). Bodenbildungen des Tertiärs haben sich in erosionsgeschützten Lagen der Mittelgebirge (Rumpfflächen, Verebnungsflächen) zumindest materialmäßig erhalten (Frankenalb, Vogelsberg, Eifel, Solling, Reinhardswald, Kaufunger Wald, Erzgebirge).

Studien zur **Chrono-(Alters-)Sequenz** ermöglichen Einblicke in die zeitliche Dynamik der Bodenentwicklung bzw. in den Ab- und Aufbau von Vorräten in Bodenkompartimenten. Die Untersuchungen können u. a. an die Entwicklung von Waldbeständen (Sukzessionen, Waldbrände) angebunden werden und zielen auf mittel- bis langfristige Bodenveränderungen ab. Chronosequenzen liegen bei Bodenreihen vor, die sich auf gleichartigen, aber verschieden alten Substraten unter gleichen Bedingungen entwickelt haben, ferner bei begrabenen Böden und ihnen benachbarten heutigen Böden.

Beispiel:
Das südwestdeutsche Alpenvorland ist durch die äußerste Würmvereisungsgrenze in Jungmoräne und Altmoräne geteilt. In der Jungmoränenzone kommen ausschließlich etwa gleichaltrige Böden vor, die jünger als würmzeitlich sind. In der Altmoränenzone blieben auch ältere als würmzeitliche Böden erhalten, es liegt ein Nebeneinander von älteren und jüngeren Böden vor.

4.8 Zusammenwirken der Faktoren, Änderungen in Raum und Zeit

Die im Boden ablaufenden Prozesse haben eine zeitliche (Bodendynamik) und räumliche Dimension. Die Veränderung vieler Bodeneigenschaften verläuft langfristig.

Die spezielle Entwicklung eines Bodens kann man als die Resultierende aus dem Wechselspiel sämtlicher Bodenbildungsfaktoren ansehen. Je nach der Faktorenkonstellation tritt der eine oder andere Bodenbildungsfaktor stärker hervor. Der Bodentyp ist damit die Projektion der Umweltbedingungen auf ein gegebenes Substrat. Der Podsol ist z. B. meistens genetisch bedingt durch ein kühlfeuchtes Klima, eine rohhumusbildende Vegetation und ein basenarmes Grundgestein. Substrat, Relief und Wasserverhältnisse bestimmen in Mitteleuropa die Ausbildung des Bodentyps wesentlich mit.

Ein Geländeschnitt duch die Schichtenfolge des Muschelkalks zeigt, daß Änderungen in der Petrographie mit Änderungen des Reliefs gekoppelt sind, wodurch sich zusätzlich der Wasserhaushalt und die Einstrahlung ändern. Der Bodentyp ist die Resultierende dieser komplexen Einwirkung (s. a. 4.3.2).

Durch die Überschneidung zweier Entwicklungstendenzen können **Übergangstypen** entstehen, die Merkmale und Eigenschaften zweier Bodentypen in sich vereinen. Wenn z. B. im Oberboden ein Podsolierungsprozeß und im Unterboden unter dem Einfluß von Grundwasser ein Vergleyungsprozeß abläuft, so entsteht im Ergebnis ein Gley-Podsol. Der Fall, daß Böden als das Ergebnis mehrerer typischer Prozesse aufzufassen sind, tritt häufig auf.

Stellt sich zwischen dem Boden und den auf ihn einwirkenden Faktoren ein Gleichgewichtszustand ein, ist die Profildifferenzierung abgeschlossen. Dieser Zustand tritt jedoch selten ein, weil sich im Laufe der Zeit die Faktorenkombination ändert und damit eine neue Entwicklungsrichtung eingeleitet wird. Böden, die sich im Gleichgewicht mit ihrer Umwelt befinden und deren Eigenschaften sich deshalb mit der Zeit nicht ändern, haben das „**Klimaxstadium**" erreicht (Klimax, griech., Stufenleiter).

Böden unterliegen in der Regel Veränderungen in Raum und Zeit. Von Interesse ist daher die Untersuchung des zeitlichen Ablaufs der Prozesse und ihrer räumlichen Verteilung.

4.8.1 Zeitlicher Ablauf

Die heute an der Oberfläche liegenden Böden sind nicht immer allein das Produkt der derzeitig auf sie einwirkenden Bodenbildungsfaktoren. Zum Verständnis der Bodenbildungen ist daher häufig die Kenntnis der Wandlung der wichtigsten Faktoren während der jüngeren geologischen Entwicklung notwendig.

In der **Kreidezeit** bildeten sich in Mitteleuropa auf Grund des herrschenden Klimas in großen Gebieten subtropische Böden aus.

Im **Tertiär** entstanden in Sachsen in Senkungsräumen ausgedehnte Braunkohlenmoore, die mit Fluß- und Meeresablagerungen verzahnt waren. Das Tertiär ist hier gleichzeitig eine Zeit tiefgründiger Kaolinisierung des festen Gesteins (Beispiel Rochlitzer Quarzporphyr, Leipziger Grauwacke, Lausitzer Granodiorit). Die Kaolinisierung erleichterte die Erosion. Im Tertiär entstanden bei ständiger, langsamer Temperatursenkung in Mittel- und Südeuropa auf Kalken die heute fossilen Roterden und Rotlehme. Der Wandel von Klima, Vegetation und Relief hatte zur Folge, daß schon zu Beginn des Pleistozäns nur noch Reste der tertiären und prätertiären Böden erhalten waren. Soweit sie nicht überdeckt wurden, unterlagen sie während des Pleistozäns und Holozäns einer erneuten, anders gearteten Bodenentwicklung (Verbraunung, Lessivierung, Podsolierung). In geologisch alten Landschaften der humiden Tropen, wie z. B. in Brasilien, haben sich auf den mindestens seit dem Tertiär der Bodenbildung ausgesetzten Oberflächen polygenetische Böden, hier Oxisols, gebildet, bei denen sich verschiedene Phasen der Bodenbildung überlagerten.

Viele holozäne Böden Mitteleuropas haben Eigenschaften aus dem **Pleistozän** geerbt. Sie unterliegen damit einer langzeitigen dynamischen Entwicklung mit Phasen der Bodenbildung und Bodenzerstörung sowie wärmeren und kälteren Klimas, die

Bodenbildende Faktoren **135**

sich in den Bodenhorizonten und bodengeologischen Schichten abzeichnen. Die Vegetation der Taiga, Tundra und Steppe war an der Bodenentwicklung beteiligt. Die Permafrostböden sind das Substrat der heutigen Nach-Permafrostböden. Werden die heutigen Böden zerstört, so sind sie bezüglich ihrer ererbten Merkmale nicht reproduzierbar. Ein Verständnis holozäner Böden wird daher durch Betrachtungen zu ihrer Geschichte gefördert. Die Geschichte der Böden ist dabei eng an die des bodenbildenden Substrats gebunden. Weite Flächen Mitteleuropas befanden sich während und unmittelbar nach der letzten Vereisung lange Zeit im Bereich arktischer Wüsten, subarktischer Tundren und Steppentundren, so daß die ungeschützte Bodendecke ständiger Wind- und Frosteinwirkung ausgesetzt und bis zu einer beträchtlichen Tiefe zu Dauerfrostboden erstarrt war. In Sachsen rechnet man mit folgenden Mindestfrosttiefen: Frühpleistozän 3–5 m, frühe Elstereiszeit 18 m, frühe Saaleeiszeit 30 m, Saalehochglazial 40 m, frühe und hohe Weichseleiszeit 50 m. Die Stärke der Auftauböden schwankte zwischen 9,5 und 0,5 m. Bereits im Frühpleistozän bildete sich zeitweise ein Permafrostboden. Seit dem jüngeren Frühpleistozän treten vermutlich lange Permafrostabschnitte auf. Dies führte zu kryoturbaten Verknetungen, Fließerden und Strukturböden.

Die Bodenbildungen im Löß hängen eng mit dem Klima der Interglaziale und Interstadiale zusammen. Während dieser wärmeren Zeitspannen fand in Mitteleuropa wiederholt eine Bodenentwicklung statt, die in den anschließenden Kaltzeiten durch erneute Sedimentation beendet wurde. Diese Paläoböden treten in den Lößablagerungen oft stockwerkartig auf.

Die Allerödzeit (10 000–9 000 v. d. Z.) brachte das Klimaoptimum für das Weichsel-Spätglazial, doch war das Klima noch erheblich kühler als heute. Im Alleröd wurden größere Teile Deutschlands von einer dünnen Schicht vulkanischer Asche (Tuff) des Laacher Ausbruchs (Eifelvulkanismus, Laacher Bimstuff) überzogen. Die alleröd-interstadialen Bodenbildungen lassen sich in manchen Gebieten mit Hilfe der tuffigen Ablagerungen des Eifelvulkanismus gut datieren. Neben terrestrischen Bodenbildungen kam es gebietsweise zu stärkeren organischen Ablagerungen.

Während in der Späteiszeit die mechanische Verwitterung vorherrschte, führte in der **Nacheiszeit** die verstärkte chemische Verwitterung zu intensiverer Bodenbildung. Im Holozän vollzog sich ein Klimawandel vom anfänglichen Periglazialklima über ein warmes trockeneres zum heutigen gemäßigten und feuchteren Klima (Übersicht 4.10).

Im Atlantikum mit seinem feucht-warmem Klima waren günstige Bedingungen für die Bildung der Braunerden und Parabraunerden gegeben. Die Schwarzerden, deren Bildung (Humusakkumulation) bereits im Alleröd einsetzte und mit Beginn des Atlantikums im wesentlichen abgeschlossen war, entstanden in trockeneren, kontinentaleren Gebieten vermutlich unter einer Steppenvegetation, während die Bildung der Podsole feuchtes ozeanisches Klima voraussetzte, das im nordwestdeutschen Tiefland durch die Küstennähe gegeben war. Ferner fand eine Verlandung der Seen statt, die zur Niedermoor- und Hochmoorbildung führte. Der ältere Hochmoortorf entstand hauptsächlich im Atlantikum und Subboreal. Im Subatlantikum mit seinem feuchtkühlen Klima unterlagen ein Teil der Braunerden und Parabraunerden der Podsolierung und die Schwarzerden teilweise der Verbraunung (Degradierung). Mit Beginn des Subatlantikums setzte das Wachstum der Hochmoore erneut ein (Jüngerer Hochmoortorf). Während der Glazialzeiten herrschte neben der baumlosen Lößsteppe die ebenso baumlose Tundra vor. In den Warmzeiten entwickelten sich dagegen Wälder, eine Tundrazone fehlte weitgehend. Im Alleröd kam es zur Ausbildung von Birken- und Kiefernwäldern. Während der jüngeren Tundrenzeit (Jüngere Dryaszeit) verschwanden die Wälder wieder weitgehend aus Mitteleuropa. Im Atlantikum (5 500–2 500 v. d. Z.) erreichte die Vegetationsentwicklung schließlich wieder einen Höhepunkt. Eichen- und Mischwälder herrschten während dieses fast 3 000 Jahre andauernden Klimaoptimums vor. Die Vegetationsgrenzen in den Gebirgen lagen um mehrere hundert Meter höher als heute. Im Subatlantikum (seit 600 v. d. Z.) hat die Buche die Vorherrschaft erreicht. Vor Einsetzen der mittelalterlichen Besiedlung besaß die Hainbuche ihre größte Häufigkeit (Übersicht 4.10).

Übersicht 4.10: Klimaperioden des Spät- und Postglazials in Mitteleuropa.

Holozän (Postglazial)	Nachwärmezeit	Subatlantikum	kühl, feucht	Beginn vor 2000 Jahren
	Wärmezeit	Subboreal	z. T. trocken, kühler als Atlantikum	4 000
		Atlantikum	warm, feucht; postglaziales Klimaoptimum, günstiger als heute	7 000
		Boreal	warm, trocken	8 500
	Vorwärmezeit	Präboreal	kühl-kontinental, Erwärmung	10 000
Spätglazial (jüngstes Pleistozän)	subarktische Zeit	Jüngere Dryaszeit	kalt, Eiskeilbildung	10 600
		Alleröd-Interstadial	wärmer	12 000
		Ältere Dryaszeit	kalt	13 000
		Bölling-Interstadial	etwas wärmer	13 500
	arktische Zeit	Älteste Dryaszeit	kalt	> 18 000

Was die Bodenbildungen des Pleistozäns anbetrifft, so blieben von den Böden, die älter als die Saaleeiszeit sind, nur wenige erhalten. Die meisten warmzeitlichen Böden stammen aus der Saale-Weichsel-(Eem-)Warmzeit, die meisten periglazialen Böden aus der Weichseleiszeit (Übersicht 4.11). Interstadial-Böden sind in der Regel schwächer ausgeprägt als Interglazial-Böden.

Übersicht 4.11: Stratigraphische Deutung der periglazialen Deckschichten des östlichen Harzes. Nach SCHRÖDER *und* FIEDLER *1976.*

Spätweichsel	oberer Skelettlöß, Fein- und Grobdeckschutt
Jungweichsel	Mittelschutt und unterer Skelettlöß
Frühweichsel	Basisschutt und Basislehm
Eem	Bodenbildung

Bodenbildende Faktoren 137

Beispiel:
In Nordostdeutschland folgte auf die spätglaziale periglaziale Phase der Substratgenese (Jüngere Dryas) die Herausbildung rezenter Böden im Altholozän unter einer geschlossenen Vegetationsdecke (Braunerde, Pararendzina, Schwarzerde; Moore). Bis zum frühen Mittelalter haben sich die Böden tief entwickelt. Durch Rodung nimmt die Ackerfläche im 13. Jahrhundert erheblich zu. Im 14. Jahrhundert nahm die Erosion extreme Ausmaße an, es bildeten sich mächtige Kolluvien, die Bevölkerungszahl ging gleichzeitig stark zurück. Ab dem 15. Jahrhundert wird ein Teil der aufgegebenen und inzwischen bewaldeten Ackerflächen zurückgewonnen. Die erneut einsetzende Bodenerosion war erträglich. Erst die Intensivierung der Landwirtschaft zu Zeiten der DDR führte zu einer erheblichen Steigerung derselben.

4.8.2 Räumliche Übergänge

Auf Grund der allmählichen räumlichen Übergänge der einzelnen Klimate ineinander treten auch Übergangsbildungen zwischen den einzelnen Bodentypen auf. Braunerde und Parabraunerde können daher als Vertreter des humiden Klimas nicht scharf gegen die Schwarzerde als Vertreter des semihumiden Klimas abgegrenzt sein. Klima- und substratbedingte Übergänge bestehen auch zwischen Schwarzerde und Rendzina.

Auch durch Grundwasser und Staunässe können Übergangsbildungen zu den vom Sickerwasser geprägten Böden entstehen. So bilden alle Bodentypen, die mit Gleyen und Pseudogleyen vergesellschaftet sind, räumliche Übergänge mit diesen.

4.9 Zusammenfassung

Zu den bodenbildenden Faktoren zählen das Gestein, das Klima, das Relief, bedingt das Wasser, die Organismen, die menschliche Arbeit und die Zeit. Die Entwicklung eines Bodens ist die Resultierende aus den Wechselwirkungen sämtlicher Bodenbildungsfaktoren.
Lithomorphe Bodentypen sind Syrosem, Ranker, Rendzina, Vertisol, Pelosol und Braunerde.
Für Mitteleuropa ist die Kenntnis des Ausgangsmaterials der Bodenbildung wesentlich, da sich der Einfluß desselben noch im voll entwickelten Zustand der Böden bemerkbar macht. Neben Böden über Fest- und Lockergesteinen sowie Silicat- und Kalkgesteinen sind folgende petrographische Gruppierungen zu unterscheiden: Magmatite (Tiefen- und Ergußgesteine), Sedimentite (klastische, chemische und biogene) und Metamorphite. Sedimentgesteine bedecken als dünne Schicht 75 % der festen Erdoberfläche. Intrazonale Böden sind nicht an bestimmte Klima- und Vegetationszonen gebunden, bei ihnen dominieren die Faktoren Gestein, Relief und Wasser.
Unter den **Sedimentiten** nehmen die im periglaziären Bereich entstandenen quartären Schuttdecken in der Bodengeologie eine wichtige Stellung ein. Ausgangsgesteinsdecken in Form der Lockergesteinsdecken der Mittelgebirge, der Löß- und Sandlößdecken des Hügellandes und der sandigen bzw. sandig-lehmigen Decken des Tieflandes überlagern in unterschiedlicher Mächtigkeit die älteren, von der Bodenbildung nicht erfaßten Fest- und Lockergesteine. Die Ausgangsgesteinsdecken lassen sich vertikal häufig in vier lithostratigraphische Deckenglieder differenzieren, z. B. im Mittelgebirge in eine obere, eine zweigliedrige mittlere und eine untere Decke. Lithogenetisch kann es sich um äolische Decken, Fließerdedecken, Schuttdecken oder

Kryoturbationsdecken handeln. Lithologisch setzen sich die Decken aus einem ortsständigen Anteil und einem Fremdanteil zusammen. Die Horizontabfolge der Böden ist in starkem Maße vom Vorhandensein und der Beschaffenheit der Deckenglieder abhängig. Mächtigkeit und Zusammensetzung der periglazialen Lagen beeinflussen die Gründigkeit, die Speicherkapazität für Wasser, die Sickerwasserbildung bzw. das Auftreten von Staunässe und damit das Abflußgeschehen.

Zwischen **Klima** und Bodentypen bestehen enge Beziehungen (klimatomorphe Böden; zonale Böden: arktische, gemäßigt-humide und tropische Böden, Böden arider und humider Bereiche). Die Verwitterung der anstehenden Gesteine und der Böden ist in starkem Maße klimaabhängig. Gleiches gilt für den Anfall und die Zersetzung organischer Substanz. Das klimatisch bedingte Ziel der Bodenentwicklung nennt man Klimax. Klimazonen sind bei großräumiger Betrachtung eine gute Grundlage für die Bodeneinteilung. Im Gebirge bildet sich eine vertikale Bodenzonalität aus. Paläoböden können als Indikatoren globaler Klimaschwankungen dienen. Die Warmzeiten des Pleistozäns ermöglichten eine Bodenbildung. Klimaschwankungen im Holozän beeinflußten über die Vegetation die Entwicklung der Böden. Allmähliche räumliche Übergänge zwischen den Klimaten führen zu Übergangsbildungen zwischen Bodentypen (Beispiel: Schwarzerde – Parabraunde).

Das **Relief** wirkt über das Standortklima, den Bodenwasserhaushalt sowie Erosion und Akkumulation des Bodensubstrats. Die Bodentypen Gley, Hanggley, Pseudogley, Hangpseudogley, Stagnogley, Ranker und Kolluvium weisen eine enge Bindung an das Relief auf. An Hängen sind Reliefform, Hangneigung und Exposition sowie die Höhenstufe zu berücksichtigen. Die gesetzmäßige Anordnung von Böden in Abhängigkeit vom Relief wird mit Hilfe von Catenen untersucht.

Das **Wasser** wirkt vorwiegend über die Richtung des Stofftransports und die Redoxverhältnisse in Böden. Es prägt das bodeneigene Klima. In der Bodensystematik Deutschlands unterscheidet man terrestrische, semiterrestrische und subhydrische Böden. Nach dem Wasserhaushalt lassen sich ferner Böden mit Sickerwasser (z. B. Braunerde), Stauwasser (Pseudogley), Grundwasser (Gley) und Fließwasser (Auenböden) unterscheiden.

Vegetation und Tiere wirken aktiv auf den Boden ein, z. B. über die Durchwurzelung, die Bodendurchmischung und die Bildung spezifischer Humusformen. Häufig beeinflußt das Klima über die Vegetation den Boden (klimaphytomorphe Böden, z. B. Böden der Taiga- oder Steppenzone).

Der **Mensch** verändert den Boden über die Art der Bodennutzung bzw. die Bodenbewirtschaftung. Er wandelt natürliche Ökosysteme in Forsten und Ackerkulturen um, er verändert die hydrologischen Verhältnisse. Er kann den Boden für seine Zwecke verbessern (durch Bodenbearbeitung, Düngung und Melioration), bei unsachgemäßem Vorgehen aber auch verschlechtern oder zerstören (Erosion, Versalzung, Versauerung, Humusschwund). Stark vom Menschen geprägte Böden werden als anthropogene Böden bezeichnet (Beispiele: Plaggenböden, Kippenböden).

Die **Zeit** beeinflußt über die Wirkung der anderen bodenbildenden Faktoren die Bodenausbildung (Beispiel: Chronosequenzen bei Marschböden und Kippböden). Zwischen dem Alter der Gesteine, der sie überlagernden bodenbildenden Substrate und der zugehörigen Böden gilt es zu unterscheiden. Mitteleuropäische Böden weisen Bodenrelikte aus der tropischen Zeit (Tertiär und älter), Substrate aus dem Pleistozän und eine rezente Entwicklung im Holozän auf. Die rezenten Böden Mitteleuropas sind nach dem Abschmelzen des Eises entstanden und daher nicht älter als 10 000 Jahre. Im Gegensatz hierzu können Böden in erosionsgeschützten Lagen der Tropen sehr alt sein. Der zeitlichen Einordnung dient die Gliederung der Erdgeschichte (Ära, System, Abteilungen, Stufen und Zonen):

Neozoikum (Ära)	Quartär (System)	Holozän	Beginn vor 10 000 Jahren
		Pleistozän	Beginn vor 2,2 Mill. J.
	Tertiär	Pliozän	
		Miozän	
		Oligozän	
		Eozän	
		Paläozän	67 Mill. Jahre v. h.
Mesozoikum	Kreide	Obere Kreide	
		Untere Kreide	140 Mill. Jahre v. h.
	Jura	Malm	
		Dogger	
		Lias	200 Mill. Jahre v. h.
	Trias	Keuper	
		Muschelkalk	
		Buntsandstein	250 Mill. Jahre v. h.
Paläozoikum (Teil)	Perm	Zechstein	
		Rotliegendes	290 Mill. Jahre v. h.

Unter Verwendung der Bodenbezeichnungen der FAO-UNESCO lassen sich die nicht anthropogenen Mineralböden nach dem vorrangigen Bodenbildungsfaktor wie folgt gliedern (s. DRIESSEN und DUDAL 1991; Kap. 7.):

Gesteinsbedingte Böden	vulkanisches Substrat	Andosols
	Sande	Arenosols
	aufweitbare Tone	Vertisols
Reliefbedingte Böden	Tiefland, eben	Fluvisols
		Gleysols
	höhere Lagen, uneben; erodierte Gebiete	Leptosols
		Regosols
Junge Böden		Cambisols
Klima- und vegetationsbedingte Böden	feuchte tropische und subtropische Gebiete	Plinthosols
		Ferralsols
		Nitisols
		Acrisols
		Alisols
		Lixisols
	aride und semiaride Gebiete	Solonchaks
		Solonetz
		Gypsisols
		Calcisols
	Steppengebiete	Kastanozems
		Chernozems
		Phaeozems
		Greyzems
	subhumide Wald- und Graslandgebiete (humid-temperiertes Gebiet)	Luvisols
		Podzoluvisols
		Planosols
		Podzols

5 Bodenbildende Prozesse

Unter Bodenbildung versteht man die Entstehung des Bodens aus seinen Ausgangsmaterialien bzw. aus einem dafür geeigneten Substrat. An der Bodenbildung sind Verwitterung und Mineralisierung als abbauende und Tonmineralbildung und Humifizierung als aufbauende Prozesse beteiligt. Bodenprozesse werden durch den hydrologischen Kreislauf und den von Organismen bewirkten biochemischen Kreislauf beeinflußt. Der Boden ist kein statisches, sondern ein dynamisches und damit wandelbares, entwicklungsfähiges Geobiosystem. Seine Entwicklung wird durch Prozesse der Mobilisierung, des Transportes und der Immobilisierung gelöster und suspendierter Bestandteile mitbestimmt (Übersicht 5.1). Die Bodenentwicklung führt zu Veränderungen, die typologisch zu kennzeichnen sind. Fragen nach der Entstehung, den Eigenschaften und der Systematik der Böden bilden einen gemeinsamen Komplex. Die Langfristigkeit der beteiligten Prozesse erlaubt nur beschränkt experimentelle Untersuchungen. Viele Böden weisen zudem eine komplexe Genese auf. Die Zusammenhänge zwischen Bodenprozessen und Bodenmerkmalen haben deshalb häufig hypothetischen Charakter.

Übersicht 5.1: Bodenbildende (bodengenetische) Prozesse.

---

1. Transformationsprozesse (Umwandlungsprozesse)

- Abbauprozesse:
  Verwitterung sowie Verbraunung und Rubefizierung; Mineralisierung organischer Substanz (Dekomposition)
- Aufbauprozesse (Synthese):
  Mineralneubildung und Humifizierung, Gefügebildung (biogene, hydrogene, kryogene)
- Ionenaustausch- und Redoxprozesse, z. B. Vergleyung

---

2. Translokationsprozesse (Verlagerungsvorgänge)

- Filtrationsverlagerung gelöster und suspendierter Stoffe (Eluviation, Illuviation), z. B. Lösen und Auswaschen von Salzen (Entsalzung) und Carbonaten (Entkalkung) sowie Verlagerung von Ton (Lessivierung), Wanderung von Al, Fe und organischer Substanz (Podsolierung), von Si (Lateritisierung)
- Akkumulation (Anreicherung) von Stoffen (organische Substanz; wasserlösliche Salze, Na (Versalzung, Alkalisierung), Kalk, Eisen- und Manganoxide)
- Oberflächenabtrag (Erosion)
- Durchmischungsvorgänge (Pedoturbation)
- Biologischer Stoffkreislauf

5.1 Grundprozesse

Zu den allgemeinen bodengenetischen Prozessen gehören Änderungen in der Dispersität, des stofflichen Aufbaus und der räumlichen Anordnung in der festen Phase sowie Verlagerungsvorgänge. Im einzelnen sind dies Verwitterung und Mineralbildung, Mineralisierung und Humifizierung, Bildung und Zerfall organisch-mineralischer Komplexe, Gefügebildung, Wasserbewegung und Filtrationsverlagerung, Durchmischungs- und Entmischungsvorgänge sowie Stofftransport im biologischen Kreislauf.

5.1.1 Verwitterung

Der Zerfall der Gesteine und die Zerstörung der Minerale werden als Verwitterung bezeichnet. Die Verwitterung ist eine Voraussetzung für die Bodenentwicklung (s. a. 4.2.1). Die Verwitterungsprozesse setzen sich in den Böden fort. Gesteine werden an der Erdoberfläche unter der Einwirkung der Atmosphäre und Hydrosphäre (u. a. Sauerstoff, Temperaturschwankung, Wasser, Eis) und der Organismen verändert und schließlich zerstört. In den feuchten Tropen ist die Verwitterungsrinde in ebenen Lagen wesentlich mächtiger als die Bodendecke.

Ist der Gesteinszerfall nur auf mechanische Kräfte zurückzuführen, spricht man von physikalischer Verwitterung. Durch sie entstehen vor allem die gröberen Korngrößen (Steine, Sand, Schluff), während die feineren (Ton) an die chemische Verwitterung gebunden sind. Verwitterungsprozesse können bei der Bildung der Sedimente und als paläopedologischer Vorgang bereits früher im bodenbildenden Substrat abgelaufen sein. Es kann Schwierigkeiten bereiten, diese älteren Mineralveränderungen von den rezenten zu unterscheiden. Wichtige Mineralneubildungen bei der Verwitterung sind die Tonminerale sowie die Oxide und Hydroxide von Si, Al, Fe und Mn.

Die Verwitterung von Bodenmineralen wirkt der Bodenversauerung entgegen. Sie setzt Ca, Mg und K sowie weitere Elemente frei und stellt damit eine langfristige Nährelementquelle dar. Chemisch intensiv verwitterte tropische Böden weisen nur eine geringe Fruchtbarkeit auf.

Die Verwitterung kann physikalisch (ohne Stoffumsetzungen) und chemisch (mit Stoffumsetzungen) erfolgen.

5.1.1.1 Physikalische Verwitterung

Nimmt der auf Gesteinen lastende Druck ab, dehnen sie sich aus, wobei sich Sprünge und Spalten bilden (**Druckentlastung**). Die eigentlichen Kräfte der physikalischen Verwitterung sind Insolation, Frostsprengung, Salzsprengung und Wurzeldruck. In

Bodenbildende Prozesse

Gebieten, in denen neben der Vegetation das Wasser weitestgehend fehlt (Wüsten), und solchen, in denen es häufig in fester Form als Schnee und Eis vorhanden ist (Polargebiete, Hochgebirge), herrscht die physikalische Verwitterung vor. Die Vegetationsarmut ermöglicht hier einen Strahlungsumsatz an der nackten Erdoberfläche.

Temperaturverwitterung (thermische Verwitterung, Insolation)
Durch Sonneneinstrahlung erhöht sich die Temperatur nackter Gesteine. Da das Wärmeleitvermögen der Gesteine klein ist, dehnt sich die bestrahlte Seite des Gesteins aus, während das übrige Gestein sein Volumen nicht ändert. Die Temperaturverwitterung ist um so wirksamer, je mehr sich Maximal- und Minimaltemperatur unterscheiden (z. B. Tag-Nacht-Unterschiede in tropischen Wüsten) und je häufiger und schneller der Temperaturwechsel stattfindet. Schroffer Temperaturwechsel mit hoher Temperaturdifferenz zersprengt auch große Gesteinsblöcke (Kernsprünge). Temperaturverwitterung zerstört Gesteine in heißariden Wüstengebieten ebenso wie in den nivalen Polargebieten und im Hochgebirge. Die Absoluttemperatur ist also nicht entscheidend.

Bei der Bestrahlung eines Gesteins dehnen sich die einzelnen Minerale nicht in gleichem Maße aus. Dies beruht auf ihren unterschiedlichen Ausdehnungskoeffizienten, verschieden starker Erwärmung als Folge der ungleich großen spezifischen Wärme sowie Unterschieden im Wärmeleit- und Reflexionsvermögen (Farbe). Verstärkt wird dieser Effekt noch durch das anisotrope Verhalten der meisten Minerale.

Physikalische Grundlage ist die thermische Dilatation der Minerale und Gesteine. Der lineare Ausdehnungskoeffizient α wird angegeben in grd^{-1}. Die thermische Dilatation ist eine vektorielle Eigenschaft, die ein Analogon zu den optischen Mineraleigenschaften bildet. So ist ein optisch isotroper Kristall auch thermisch isotrop. Wie bei den Mineralen nimmt α auch bei den Gesteinen mit steigender Temperatur zu.

Frostverwitterung (Kryoklastik, Frostsprengung, Spaltenfrost)
Sie ist an Gebiete gebunden, in denen ausreichend Wasser vorhanden ist und in denen die Temperaturen häufig um den Nullpunkt schwanken (oberhalb der Schneegrenze in den Hochgebirgen, Polargebiete bzw. Tundra) und damit häufiger Wechsel von Gefrieren und Auftauen Frostsprengung ermöglicht. Die Wintertemperaturen in den gemäßigten Zonen reichen meist nicht aus, um stärkere Frostverwitterung bei Gesteinen hervorzurufen. Einen schützenden Einfluß üben in diesen Gebieten die Boden- und die Vegetationsdecke aus.

Die Frostverwitterung ist auf die sprengende Kraft gefrierenden Wassers zurückzuführen, das sein Volumen beim Übergang zum festen Aggregatzustand um etwa 9 % vergrößert. Die Volumenerhöhung ist druck- und temperaturabhängig. Den Höchstdruck übt Eis bei einer Temperatur von $-22\ °C$ aus, er beträgt 220 MPa. Die Ausdehnung des gefrierenden Wassers hebt den Boden (siehe Frostaufbrüche bei Straßen).

Am anfälligsten gegenüber Frostverwitterung sind Gesteine, die ein großes Porenvolumen besitzen (Sandsteine bis 20 %), deren Poren mit Wasser vollständig gefüllt sind und bei denen sich das Eis nicht aus den Hohlräumen herausquetschen kann. Gesteine, in denen das Wasser rein kapillar gebunden ist, sind sehr resistent gegenüber Frostverwitterung, da hier das Wasser bis zu $-10\,°C$ nicht gefriert.
Die Frostverwitterung ist unter periglazialen Verhältnisen der dominierende Verwitterungsprozeß. Zeugen der im Pleistozän in Mitteleuropa stark wirkenden Frostverwitterung sind die Schuttdecken und Blockströme (Blockmeere) der Mittelgebirge (s. 4.1.4). Daneben zerkleinerte die Frostverwitterung Gesteine bis zur Sand- und Grobschlufffraktion (s. Löß) und damit zu Material, das leicht vom Wind transportiert werden kann (s. Winderosion, Kap. 9).

Salzsprengung
In den Verwitterungslösungen der Gesteine treten u. a. Sulfate, Carbonate und Chloride der Alkalien und Erdalkalien auf, die beim Herauswandern aus dem Gesteinsinneren unterhalb der Gesteinsoberfläche auskristallisieren. Der dabei entstehende Druck kann beträchtlich sein. So tritt bei der Auskristallisation einer auf das Doppelte übersättigten Alaunlösung eine Volumenzunahme um 0,58 % auf, die einem Druck von 12,7 MPa (129,5 kp cm^{-2}) entspricht. Die Wirkung dieser Salzsprengung zeigt sich in eindrucksvoller Weise in der **Wabenverwitterung** von Sandsteinen des Elbsandsteingebietes. Ursache für den Druck ist die Tatsache, daß das Volumen einer übersättigten Lösung kleiner ist als die Summe der Volumina von gesättigter Lösung und ausgeschiedenen Kristallen. Salzsprengung und Wabenverwitterung wirken vorrangig in der Wüste bei porigen, weniger festen Gesteinen, wie z. B. dem nubischen Sandstein, ein.

Hydratation
Die Hydratation (Hydratisierung) von Mineralen kann durch Volumenvergrößerung bzw. Druckentfaltung zur Gesteinszerstörung führen. Das bekannteste Beispiel einer Hydratation ist die Umwandlung von Anhydrit ($CaSO_4$) in Gips ($CaSO_4 \cdot 2H_2O$) (Volumenzunahme 60,3 %, Druck von 110 MPa). Zur mechanischen Zerstörung von basischen Alkali-Ergußgesteinen führt die Bildung von Analcim $NaAlSi_2O_6 \cdot H_2O$ aus Nephelin $(Na,K)AlSiO_4$ mit einer Volumenzunahme von 5,49 %. Zu diesem Zerfall neigende Gesteine bezeichnet man als **Sonnenbrenner**, sie sind als Schotter im Straßenbau ungeeignet, für die Bodenbildung dagegen günstig.

Mechanische Wirkungen bewegter Medien
Hierbei handelt es sich um die exogenen geologischen Vorgänge der **Erosion** (durch fließendes Wasser; lat. erodere, ausnagen), **Exaration** (schleifende und auspflügende Wirkung der Gletscher; lat. exarare auspflügen) und **Korrasion** (schleifende Wirkung des vom Wind getragenen Sandes; lat. corradere zusammenscharren). In Wüsten-

Bodenbildende Prozesse 145

gebieten, an der Meeresküste und in Hochgebirgen entstehen infolge der Sandstrahlwirkung mit Sandkörnern beladener bewegter Luft Windschliffe, die an **Windkantern** (dem Wind ausgesetzten Steinen) und Pilzfelsen sichtbar werden.
Die abschleifende und abstoßende Wirkung fließenden Wassers ist ebenfalls auf mitgeführtes festes Material zurückzuführen. Die stärkste Wirkung bewegten Wassers ist im Oberlauf der Flüsse und in der Brandungszone des Meeres zu beobachten.
Inlandeis und Gebirgsgletschern, die eingefrorenes festes Material enthalten, ist die Gesteinszerstörung an den Gleitflächen gemeinsam. Das unter dem Eis lagernde Gesteinsmaterial wird zerdrückt, zerrieben und zerrissen, an den Flanken der Gebirgsgletscher kommt es zu Abschleifungen. Aus dem Pleistozän sind in Mitteleuropa Relikte des Windschliffs (Windkanter), der Wasserwirkung (Sande der Urstromtäler, Gletschertöpfe) und der Gletscherwirkung (U-förmige Täler im Hochgebirge, Moränen) erhalten.

5.1.1.2 Chemische Verwitterung

Die mechanische Verwitterung der Gesteine führt zu ihrer Oberflächenvergrößerung und erleichtert damit die chemische Verwitterung. Diese umfaßt alle Vorgänge, bei denen die Minerale und Gesteine eine Änderung der chemischen Zusammensetzung erfahren oder vollständig aufgelöst werden (stoffliche Umbildung). Hauptagenzien sind Wasser, Sauerstoff, Kohlendioxid und Wasserstoffionen. Die chemische Verwitterung ist an flüssiges Wasser gebunden. Sie ist damit und wegen der Beschleunigung chemischer Reaktionen mit steigender Temperatur klimaabhängig. Die chemische Verwitterung erreicht ihr Maximum unter tropisch-humiden Bedingungen. Außer der Lösung und Hydrolyse von Stoffen umfaßt die chemische Verwitterung auch die zersetzende Wirkung von anorganischen und organischen Säuren sowie die oxidierende Wirkung des Sauerstoffs. Die Endprodukte dieser Verwitterung sind Lösungen und unlösliche Verwitterungsprodukte, ferner Tonminerale, Oxide, Oxyhydroxide und Hydroxide des Fe^{3+}, Al und Mn (sekundäre Minerale).
Bei meeresfernen Silicatgesteinen läßt sich Na als Leitelement für die Gesteinsverwitterung (Feldspäte) verwenden. Das Ausmaß der jährlichen Silicatverwitterung versucht man über Bilanzierungsverfahren in Wassereinzugsgebieten zu messen. Sie liegt in Abhängigkeit von Gestein und Bodenart im Bereich von < 0,2 – > 2 $kmol_c$ ha^{-1} a^{-1} (Quarzit- bis Carbonatstandorte).
Durch Verwitterung ändert sich auch der Mineralbestand und damit die chemische Zusammensetzung der Böden. In der Forstwirtschaft spricht man von „Nachschaffen des Bodens", wenn durch fortschreitende Verwitterung zunächst unlösliche Pflanzennährstoffe in einen für Pflanzenwurzeln aufnehmbaren Zustand übergehen (Maß: in HCl lösliche Mineralstoffe).

Oxydationsverwitterung

Sauerstoff übt eine oxidierende Wirkung auf die in Mineralen gebundenen Elemente niedriger Wertigkeitsstufe aus. Besonders anfällig gegenüber der Oxidationsverwitterung sind Minerale, die Eisen, Mangan und Schwefel in den niedrigen Oxidationsstufen enthalten. Die Sulfide des zweiwertigen Eisens (z. B. Pyrit, FeS_2), die u. a. in Magmatiten und tertiären Sedimenten (Abraum der Braunkohlentagebaue) enthalten sind, werden nach erfolgter Oxidation durch Hydrolyse in „Limonit" verwandelt. Neben dem Eisen wird der Sulfid-Schwefel zu Schwefelsäure oxidiert, die ihrerseits den Verwitterungsprozeß beschleunigt:

$2FeS_2 + 7O_2 + 2H_2O \rightarrow 2FeSO_4 + 2H_2SO_4$
$2FeSO_4 + \frac{1}{2}O_2 + 5H_2O \rightarrow 2Fe(OH)_3 + 2H_2SO_4$
$2Fe(OH)_3 \rightarrow Fe_2O_3 + 3H_2O$
$FeS_2 \rightarrow FeSO_4 \rightarrow Fe_2(SO_4)_3 \rightarrow Fe(OH)_3 \rightarrow FeOOH$

Auch der Siderit ($FeCO_3$) wird durch Sauerstoff in „Limonit" bzw. Eisenhydroxid umgewandelt:

$2FeCO_3 + 3H_2O + \frac{1}{2}O_2 \rightarrow 2Fe(OH)_3 + 2CO_2$
$2Fe(OH)_3 \rightarrow Fe_2O_3 + 3H_2O$.

In den humiden Klimabereichen verleihen die entstehenden Minerale den Verwitterungsprodukten und Böden ihre gelbe und braune Farbe (Goethit), in warm-trockenen Gebieten entsteht bei der Verwitterung der wasserfreie Hämatit, der die Böden rot färbt.

$2Fe_3O_4$ (Magnetit) $+ H_2O = 3Fe_2O_3$ (Hämatit) $+ 2H^+ + 2e^-$

Zweiwertige Manganverbindungen werden durch Sauerstoff zu drei- und vierwertigen Manganverbindungen oxidiert (z. B. zu MnO_2 Pyrolusit), die eine Schwarzfärbung des Gesteins und Bodens bewirken.

Die Zone, in der der Luftsauerstoff und der im Bodenwasser gelöste Sauerstoff wirken, wird als **Oxidationszone** bezeichnet. Sie kann in Abhängigkeit vom Grundwasserstand, vom Relief und vom Klima in ihrer Mächtigkeit stark schwanken. Am Oxydationsprozeß können Mikroorganismen beteiligt sein.

Pedogene kristalline Oxide und Hydroxide des Eisens werden durch Extraktion mittels Na-Dithionit-Citrat-Bicarbonat bestimmt (Fe_d), amorphe (aktive) Eisenhydroxide und Oxidhydrate durch Extraktion mit NH_4-Oxalat (Fe_o). Da sich die kristallinen Formen aus den amorphen entwickeln, können die absoluten Gehalte wie auch das Verhältnis $Fe_o/Fe_d \cdot 100$ dieser Fe-Formen zur Kennzeichnung des Verwitterungsgrades herangezogen werden. Junge Böden weisen relativ hohe Gehalte an amorphen Fe-Formen auf.

Lösungsverwitterung

Nur unter ariden Bedingungen können sich wasserlösliche Salze wie NaCl, Na_2SO_4 und Na_2CO_3 sowie Erdalkalisalze (z. B. Gips) an der Erdoberfläche anreichern. Unter humiden Bedingungen sind Gips und Anhydrit infolge ihrer schwachen Löslichkeit als bodenbildende Gesteine noch anzutreffen. Die Lösungsverwitterung des Gipses ruft Karsterscheinungen hervor. In 1 l Wasser lösen sich bei 20 °C etwa 2,5 g Gips.

$CaCO_3$ ist in reinem Wasser sehr schwer löslich (0,013 g l^{-1}). In kaltem Wasser bildet sich unter dem Einfluß des gelösten CO_2 aus Kalk das wasserlösliche Calciumhydrogencarbonat:

$$CaCO_3 + H_2O + CO_2 \rightarrow Ca(HCO_3)_2 \rightarrow Ca^{2+} + 2HCO_3^-$$

Die Löslichkeit von $CaCO_3$ beträgt in Wasser bei 25 °C und 0,33 Vol.-% CO_2 in der Bodenluft 117 mg l^{-1}. Im Boden ist stark mit CO_2 angereichertes Wasser in der Lage, etwa 500 bis 900 mg l^{-1} $CaCO_3$ zu lösen. In mit Kohlensäure gesättigtem Wasser werden 310 mg l^{-1} Dolomit und 720 mg l^{-1} Eisenspat $FeCO_3$ gelöst. Kalkstein löst sich damit dreimal so stark wie Dolomit. Im Gegensatz dazu läuft bei einer Senkung der CO_2-Konzentration (bei erhöhter Wassertemperatur, beim CO_2-Entzug durch Algen, in tieferen Bodenzonen, bei fallendem Druck) der umgekehrte Vorgang mit Ausscheidung von $CaCO_3$ ab. So scheiden Karstquellen Kalksinter und Travertin ab, im C-Horizont von Lößböden entstehen **Lößkindl** (Abb. 5.1).

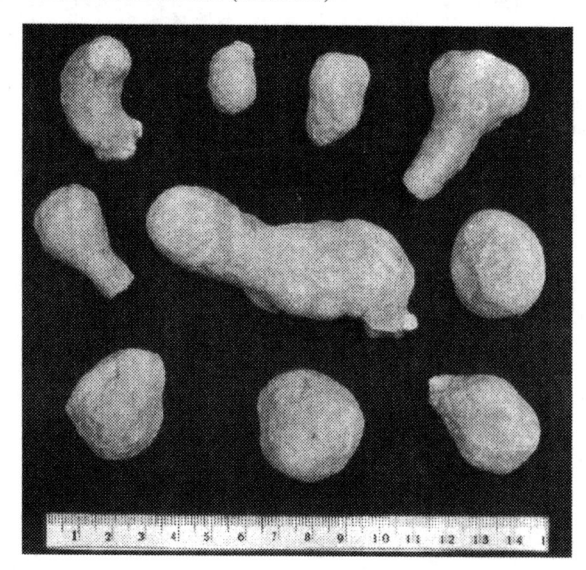

Abb. 5.1: Lößkindl (Kalkkonkretionen im Löß). Lößprofil Zehren, Elbtal bei Meißen.

Da die Kalksteine sandige oder tonige Beimengungen von Nichtcarbonaten enthalten, entsteht bei der „Kohlensäureverwitterung" ein silicatischer Rest, der die Bodenkrume aufbaut. So können 20 m Weißjurakalk etwa 1 m Verwitterungsrückstand bilden. In Kalk- und Mergelsteingebieten kommt es durch Lösungsverwitterung zu tonigen Lösungsrückständen, dem T-Horizont der Terra fusca (s. 7.3.5.1). Die Lösungsverwitterung führt zur **Verkarstung** von Kalksteinlandschaften. Typische Oberflächenformen sind die Karren (Furchen), Schlote und Dolinen. Tektonisch bedingt, treten Poljen als große, trogförmige Senken auf.

In Gesteinen, die nur wenig Kalk enthalten, wie Geschiebemergel und Löß, kommt es im humiden Klima zur Entkalkung (Bildung von Geschiebelehm und Lößlehm). An der Entstehung und Entwicklung der Marschböden ist die Lösungsverwitterung durch die Entsalzung von marinem Schlick sowie die Entkalkung des Substrats beteiligt.

Hydrolytische Verwitterung
Die Verwitterung der Silicate durch Hydrolyse kann als die mengenmäßig wichtigste Form der chemischen Verwitterung angesehen werden. Bei der Hydratation eines Silicats lagern sich an die Kationen der Grenzflächen, Kanten und Ecken Wasserdipole an. Durch das elektrische Feld der Dipole kommt es z. B. zu einer Lockerung der Kalium-Ionen im Kalifeldspat. Die Hydratation ist die Vorstufe der Hydrolyse.

Bei der **Hydrolyse** erfolgt die Umsetzung eines Salzes aus einer schwachen Base und einer starken Säure, wie Aluminiumsulfat, oder starken Base und schwachen Säure, wie Natriumacetat, mit den H- und OH-Ionen des Wassers. Die gesteinsbildenden Silicate bauen sich aus einer starken Base (Alkalien, Erdalkalien) und einer schwachen Säure (Kieselsäure) auf, sie sind in Wasser praktisch unlöslich. Durch Hydrolyse wird eine Silicatsuspension jedoch alkalisch, weil H-Ionen nach und nach die Ca-Ionen im Silicat ersetzen:

$$Ca_2SiO_4 + H_2O \rightarrow H_4SiO_4 + 2Ca^{2+} + 4OH^-$$

Der Kalifeldspat gibt bei der Hydrolyse Kaliumionen ab, an ihre Stelle treten Wasserstoffionen. Der Zusammenhalt der Gittergrenzflächenzone wird dadurch so gering, daß zunächst amorphe SiO_2- und $Al(OH)_3$-Gele entstehen, die später zu Opal oder Quarz bzw. Oxidhydroxiden und Oxiden des Al werden. Es kann jedoch auch zur Bildung von amorpher Tonsubstanz (Allophan) oder Tonmineralen aus dieser Verwitterungslösung kommen.

$$KAlSi_3O_8 + H^+ OH^- \rightarrow HAlSi_3O_8 + K^+ OH^-$$
$$2HAlSi_3O_8 + 5HOH \rightarrow Al_2Si_2O_5(OH)_4 \text{ (Kaolinit)} + 4H_2SiO_3$$
$$HAlSi_3O_8 + 4HOH \rightarrow Al(OH)_3 + 3H_2SiO_3$$
$$Al(OH)_3 + 3H^+ \leftrightarrow Al^{3+} + 3H_2O$$

Die Hydrolyse führt zu einer Freisetzung von Kieselsäure (**Desilifizierung**, s. 5.2.7). Mit steigendem pH nimmt die Löslichkeit der Kieselsäure in der Bodenlösung zu.

In warm-ariden Gebieten scheidet sie sich als Kruste an der Bodenoberfläche ab, in tropisch-humiden Gebieten kann sie aus dem Boden ausgewaschen werden. Durch Desilifizierung gehen Smectite in Kaolinit oder Gibbsit über.
Al-Ionen treten bei < pH 4 und > pH 9 in der Bodenlösung auf. Um pH 7 bildet sich $Al(OH)_3$. Eine Verwitterung, bei der Si weggeführt und Al angereichert wird, bezeichnet man als allitisch.

Sekundäre Tonminerale können nicht nur aus den Zerfallsprodukten anderer Silicate entstehen, sondern auch durch Herauslösen von Kalium-Ionen aus Glimmern. Fehlt die Hälfte der Kalium-Ionen, geht Glimmer in das glimmerartige Tonmineral Illit über.

Innerhalb geologischer Zeiträume kann die Silicatverwitterung durch Hydrolyse bedeutende Ausmaße erreichen. Die Hydrolyse wächst mit zunehmender Feuchtigkeit und Temperatur und verläuft deshalb im feuchttropischen Klima intensiv. In Europa stammt aus dem Tertiär die Wollsackverwitterung der Granite sowie die Verwitterung zu Kaolinit (Südengland, Sachsen).

Säureverwitterung (protolytische Verwitterung)
Stärker als die Hydrolyse wirken anorganische und organische Säuren über ihre freien H-Ionen zerstörend auf Minerale und Gesteine ein. Die Protolyse ist die treibende Kraft der Silicatverwitterung. Silicate werden im Boden erst angegriffen, wenn feinverteiltes $CaCO_3$ aufgelöst ist und die Bodenlösung schwach saure Reaktion annimmt.

Die Säuren stammen teils aus der Atmosphäre, teils aus chemischen und mikrobiologischen Reaktionen, die auf Gesteinsoberflächen und im Boden ablaufen. Von den anorganischen Säuren sind Kohlensäure, Schwefelsäure und Salpetersäure zu nennen, von den organischen Säuren – außer niedermolekularen Vertretern wie der Zitronensäure – die Fulvo- und Huminsäuren (s. 3.1.2).

Die Wirkung der Säuren ist auf die erhöhte Konzentration an H-Ionen im Vergleich zu Wasser zurückzuführen. Die Säureverwitterung nimmt deshalb mit der Säurekonzentration und der Säuredissoziation zu.

Mengenmäßig steht in nicht extrem sauren Böden die schwach dissoziierende Kohlensäure an erster Stelle. Sie entsteht durch die Atmung der Bodenorganismen und Pflanzenwurzeln und wird auch mit den Niederschlägen in den Boden eingetragen:

$CO_2 + H_2O = H_2CO_3 = H^+ + HCO_3^-$

In stark sauren Böden wird die Kohlensäure von der Schwefelsäure abgelöst. Die Schwefelsäure entsteht durch Oxidation von Sulfiden und H_2S sowie beim Eiweißabbau und gelangt verstärkt aus der Atmosphäre als SO_2 und H_2SO_4 in den Boden. Salpetersäure bildet sich u. a. mikrobiell im Boden durch Oxidation von Ammoniak, das selbst ein Zersetzungsprodukt von Eiweiß ist, oder aus Ammonium, das aus der Luft oder mit Düngemitteln eingetragen wird.

Die in der Bodenlösung befindlichen H-Ionen lösen die Alkalien und Erdalkalien beschleunigt aus den Silicaten heraus und nehmen deren Stelle im Kristallgitter ein. Wird die dadurch entstehende instabile Oberflächenschicht der Kristalle aufgelöst, so kann nach und nach das gesamte Mineralkorn in Lösung gehen.

Umwandlung von Plagioklas in Kaolinit:
$CaAl_2Si_2O_8 + 3H_2O + 2CO_2 = Al_2Si_2O_5(OH)_4 + Ca^{2+} + 2HCO_3^-$

Säureverwitterung des Kalifeldspats:
$KAlSi_3O_8 + 4H^+ = K^+ + Al^{3+} + 3SiO_2 + 2H_2O$

Beispiel:
Die beim Absterben und der Inkohlung der „Braunkohlenwälder" entstandenen organischen Säuren haben zu einer tiefgreifenden Kaolinisierung feldspatreicher Grundgesteine geführt. Die dabei freiwerdende Kieselsäure wurde abgeführt und an anderer Stelle als „Braunkohlen- oder Tertiärquarzit" wieder ausgeschieden.
Die Al-Hydoxidschichten der Al-Vermiculite werden bei pH-Werten < 4 unter Bildung basenarmer Smectite herausgelöst.

Eine langsame und kontinuierliche Versauerung der Böden, gesteuert von der Silicatverwitterung, fand seit dem Abschmelzen des Inlandeises statt.

Komplexbildung

Manche Metalle können mit organischen Molekülen stabile Komplexe oder Chelate bilden. Einige der von Mikroorganismen gebildeten Säuren wirken nicht nur über ihre H-Ionen, sondern auch über ihre komplexbildenden Eigenschaften auf die Verwitterung der Minerale ein.

Beispiel:
Im Unterboden und Untergrund von Waldböden trägt bei pH > 5 die Kohlensäure wesentlich zur Verwitterung primärer Silicate bei. Im sauren Oberboden bei pH < 5 wirken dagegen starke Mineralsäuren, wie Schwefel- und Salpetersäure, sowie organische Säuren und chelatbildende Verbindungen zerstörend auf die Silicate ein. Durch die puffernde Wirkung der Silicatverwitterung bei Freisetzung von Kationen wird das durch den Boden sickernde Wasser chemisch verändert.

5.1.1.3 Biologische Verwitterung

Die biologische Verwitterung schließt alle physikalischen und chemischen Vorgänge ein, durch die Organismen auf die Gesteine und Bodenminerale zerstörend wirken. Sie ist in humiden Gebieten mit dichter Pflanzendecke besonders stark. In höheren Breiten bzw. in Hochlagen wird sie durch die Temperatur begrenzt, in ariden Gebieten durch das mangelnde Wasserangebot. Die biologische Verwitterung findet vorwiegend im Solum statt, da die biologische Aktivität wie der Humusgehalt schnell mit der Tiefe abnimmt.

Von den physikalischen Vorgängen sei das Dickenwachstum von Baumwurzeln in Gesteinsspalten erwähnt. Der dabei auftretende **Wurzeldruck** beträgt 1,0–1,5 MPa und kann zur Absprengung von Steinen beitragen.

An der biologisch-chemischen Verwitterung (auch als **biochemische Verwitterung** bezeichnet) sind niedere und höhere Pflanzen beteiligt. Flechten als Lebensgemeinschaften von Algen und Pilzen sind die Erstbesiedler von Gesteinen, denen später Moose folgen. Dabei können kalk- wie kieselsäurehaltige Gesteine von Flechten besiedelt werden. Auffällig ist die gelbe Flechte *Rhizocarpon geographicum*. Häufig wachsen die Flechten kreisförmig auf der Gesteinsoberfläche, in die sie auch eindringen können, um zu den notwendigen Nährstoffen zu gelangen.

Bodenorganismen beeinflussen durch Verbrauch und Ausscheidung von Gasen (O_2, CO_2) die Zusammensetzung der Bodenluft und damit den Partialdruck dieser Gase in der Bodenlösung. Mikroorganismen beeinflussen den Ablauf von Oxidations- und Reduktionsprozessen, z. B. Eisenbakterien die Oxidation von Fe(II)-Verbindungen. Diese bilden aus Pyrit im Tide-Bereich der Küste unter aeroben Bedingungen Jarosit $KFe_3(SO_4)_2(OH)_6$.

Die Aufnahme von Bioelementen durch Organismen, insbesondere durch die Wurzeln der höheren Pflanzen, entzieht der Bodenlösung ständig einen Teil der Ionen. Dies bedingt die Umwandlung bzw. Zerstörung weniger stabiler Minerale. Durch Ausscheidung von Stoffwechselprodukten in gelöster Form (H-Ionen, organische Säuren, komplexbildende organische Substanzen, anorganische Säuren) tragen die Bodenorganismen zusätzlich zu einer Herauslösung von Ionen aus dem Kristallverband der Minerale bei (z. B. von K aus Silicaten, PO_4 aus Phosphaten). Dabei können bestimmte Mikroorganismengruppen an der Bildung bestimmter agressiver Verbindungen vorrangig beteiligt sein, so Pilze an der Bildung organischer Säuren, nitrifizierende Bakterien an der Bildung von Salpetersäure, Schwefelbakterien an der Bildung von H_2S und H_2SO_4, sowie Flechten durch die Erzeugung von **Flechtensäuren** (Abb. 5.2).

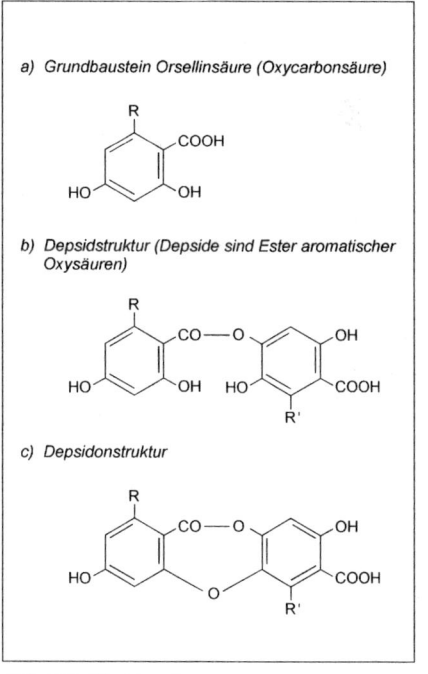

Abb. 5.2: Flechtensäuren.

Durch den mikrobiellen Prozeß der Humifizierung werden Fulvo- und Huminsäuren, durch den der Mineralisierung CO_2, NH_3 und H_2S gebildet. Von diesen Stoffen sind die Fulvosäuren besonders aggressiv. Mengenmäßig überwiegen die Humin- und Fulvosäuren die gebildeten einfachen organischen Säuren. Die Humin- und Fulvosäuren wirken über COOH- und phenolische OH-Gruppen, so daß sie auch zur Komplex- und Chelatbildung befähigt sind. Durch diese kombinierte Wirkung können sie Minerale bzw. Gesteine stark angreifen.

Höhere Pflanzen können durch Wurzelausscheidungen, z. B. durch **Siderophore** wie die Mugineinsäure, sonst nicht für sie zugängliche Spurenelemente aufnehmen.

Die starke K-Aufnahme der Wurzeln führt indirekt in ihrer unmittelbaren Umgebung zu einer beschleunigten Verwitterung des Biotits.

5.1.1.4 Verwitterungsstabilität, Verwitterungstiefe und Verwitterungsgrad

Verwitterungsstabilität
Die bei der Mineral- und Gesteinszerstörung wirkenden Kräfte kann man in äußere Faktoren, die die Zerstörung hervorrufen (z. B Wasserangebot und Temperatur am Verwitterungsort, Exposition und Inklination), und innere Faktoren, die die Zerstörung begünstigen bzw. hemmen (z. B. physikalische und chemische Eigenschaften der Minerale, Körnigkeit oder Schieferung der Gesteine), einteilen. Eine allgemeingültige Einteilung der Minerale und Gesteine nach ihrer Verwitterungsstabilität ist daher nicht möglich. Die folgenden Angaben gelten in der Regel für gemäßigt-humides Klima.

Minerale
Bei den Silicaten nimmt die Stabilität mit zunehmender Vernetzung der SiO_4-Tetraeder zu (s. 3.1.1). Wenig stabil sind die Inselsilicate, sehr stabil die Gerüstsilicate. Die große Beständigkeit der zu den Schichtsilicaten gehörenden Tonminerale resultiert daraus, daß sie als Verwitterungsneubildungen stabil gegenüber den an der Erdoberfläche herrschenden Bedingungen sind. Außer der Kristallstruktur beeinflussen die am Mineralaufbau beteiligten Kationen die chemische Resistenz, was durch die sehr unterschiedliche Stabilität der Feldspäte Orthoklas (K, höher), Albit und Anorthit (Ca, geringer) deutlich wird (Tab. 5.1). Die Verwitterungsstabilität der Minerale wird weiterhin vom Oxidationsgrad der Kationen beeinflußt, wie das die Resistenz der Schwerminerale zeigt (Tab. 5.2). Minerale mit dem höchsten Oxidationsgrad des Kations sind als Oxide stets sehr stabil.

Beispiel:
Für Parabraunerden aus Jungwürmlöß konnte folgende Stabilitätsreihe der Minerale aufgestellt werden: Calcit < Apatit < Olivin < Biotit < Augit < sonstige Pyroxene < Chlorit < Muskovit < Epidot < Hornblende < Plagioklase < K-Feldspat < Quarz.

Tab. 5.1: Verwitterungsbeständigkeit der Minerale.

unbeständig	mäßig beständig	beständig	sehr beständig
Olivin	Biotit	Orthoklas	Muskovit
Fe-Augite	Ca-Na-, Na-Ca- und	Oligoklas	Sericit
Pyroxene	Na-Plagioklase, Albit	Disthen	Limonit
Amphibole	Diopsid	Staurolith	Goethit
Apatit	Tremolit	Andalusit	Hämatit
Glaukonit	Aktinolith	sekundärer Chlorit	Magnetit
basische Plagioklase	Labrador	Kaolinit	Lepidokrokit
Anorthit	Andesin		Quarz
Leucit	Sillimanit		Gibbsit
Nephelin	Illit		Böhmit
Pyrit	Smectit		Zirkon
Calcit			
Dolomit			
Gips			

Tab. 5.2: Verwitterungsresistenz von Schwermineralen.

Beständigkeit	Mineral
unbeständig	Vesuvian, Melanit, Pyrit, Kupferkies, Zinkblende
mäßig beständig	Apatit, Epidot, Zoisit, Andradit, Grossular, Baryt
beständig	Almandin, Monazit, Xenotim, Hämatit, Magnetit, Titanit, Ilmenit, Zinnstein
sehr beständig	Topas, Spinelle, Turmalin, Zirkon, Anatas, Rutil, Brookit, Leukoxen, Korund, Diamant

Gesteine

Die Verwitterungsstabilität der Gesteine wird von ihrem Mineralbestand und ihrem Gefüge bestimmt, womit sie ein äußerst verschiedenes Verwitterungsverhalten aufweisen. Im einzelnen sind u. a. folgende Eigenschaften zu berücksichtigen:
- Korngröße und Kornbindung: Grobkörnige Tiefengesteine verwittern leichter als chemisch vergleichbare feinkörnige Ergußgesteine (Gabbro > Basalt, Granit > Quarzporphyr). Dichte Gesteine, wie der Basalt, und Gesteine mit einem Gefüge, bei dem sich mehrere Mineralarten umschließen, sind in der Regel schwer verwitterbar. Quarzreiche Gesteine mit unmittelbarer Kornbindung, wie beispielsweise Quarzite und Kieselschiefer, sind äußerst resistent. Sie verwittern zu feinerdearmen Skelettböden.

- Schieferung, Schichtung und Porosität: Ein sedimentäres oder metamorphes Gestein ist um so beständiger, je gröber die Schichtung bzw. Schieferung ist. Je steiler die Schichten bzw. Schieferungsflächen stehen, um so leichter kann Wasser in das Gestein eindringen und um so schneller und tiefgründiger verwittert es. Hohe Porosität von Gesteinen begünstigt die Aufnahme von Wasser und hat damit eine geringe Frostbeständigkeit zur Folge.
- Thermisches Verhalten: Je größer der lineare oder kubische Ausdehnungskoeffizient ist und je stärker er sich für die einzelnen Mineralarten eines Gesteins unterscheidet, um so geringer ist die Gesteinsfestigkeit.

Beispiel: Sedimentite
Die klastischen Sedimente bestehen aus sehr verwitterungsstabilen Mineralen, wie Quarz, Alkalifeldspat, Muskovit und einer Reihe resistenter Schwerminerale, z. B. Rutil, Turmalin und Zirkon. Da diese Gesteine bereits Verwitterungsrückstände darstellen, beschränkt sich der chemische Angriff der Verwitterungsagentien im allgemeinen auf die Bindemittel, die die klastischen Sedimente zusammenhalten. Diese Zemente sind meist kalkiger, toniger oder kieseliger Natur. Die Stabilität der Gesteine nimmt von kieseligem Bindemittel über tonige und kalkige Bindemittel ab. Gegenüber der physikalischen Verwitterung, insbesondere der Frostsprengung, sind die klastischen Sedimente aufgrund ihres großen Porenvolumens sehr anfällig.
Unverfestigte klastische Sedimente, wie Sand, Löß und Mergel, erfahren im wesentlichen nur noch eine Entkalkung. Bei ihnen ist zwischen einer prä- und einer postsedimentären Verwitterung zu unterscheiden.
Die chemischen und biogenen Sedimente, wie Gips, Anhydrit, Dolomit und Kalkstein, werden an der Erdoberfläche durch die kohlensäurehaltigen Wässer relativ leicht zerstört. Die tonigen, dunklen „Kalkverwitterungslehme" bilden sich aus dem Auflösungsrückstand des Muschelkalks. Sie treten primär an der Lösungsfront des Kalksteins auf (s. Kap. 7).
Kreidesandsteine bestehen vorwiegend aus verwitterungsresistentem Quarz und 1–10 % Nebenmineralen, die in pelitischer Form vorliegen. Wirkungsort der Verwitterungsprozesse sind die äußere Gesteinsoberfläche und die Gesteinsporen (Gesamtporenvolumen etwa 80–130 mm^3 g^{-1}). Auf der äußeren Oberfläche bildet sich eine dünne Schicht aus Eisenoxidhydraten bzw. Goethit und Mikroorganismen, die die Gesteinsporen verstopft. Hieran können auch Gips und Jarosit als Neubildungen beteiligt sein.
Für den Transport gelöster anorganischer und organischer Stoffe sind das Gesamtporenvolumen sowie die Größe und Verteilung der Poren wesentlich. In den Kapillarporen des Gesteins (0,1 µm–1 mm) wandern Wasser und Wasserdampf, in den Mikroporen (< 0,1 µm) kommt es zur Kapillarkondensation, der Stofftransport erfolgt hier über Diffusion. Die Porosität ändert sich bei der Verwitterung, z. B. wenn sich Nebenminerale in Säuren auflösen.

Verwitterungstiefe
Die Verwitterungstiefe wirkt über die Gründigkeit und damit den durchwurzelten Bodenraum, der Verwitterungsgrad über die kolloidchemischen und chemischen Eigenschaften auf höhere Pflanzen ein, so daß insgesamt deren Wasser- und Nährstoffversorgung von der Beschaffenheit des autochthonen oder allochthonen Verwitterungsmaterials wesentlich mitbestimmt wird. Im Muschelkalk-Hügelland entscheidet z. B. die Gründigkeit der Verwitterungsdecke über die Wasserhaltefähigkeit und damit über die Leistungsfähigkeit des Standortes.

Den Mantel aus verwittertem Material über dem anstehenden Fels bezeichnet man als Regolith. Die Mächtigkeit der Lockermaterialdecke kann reliefabhängig, je nach den Erhaltungs- bzw. Abtrags- und Akkumulationsbedingungen für das Verwitterungsmaterial, sehr unterschiedlich sein. In Mitteleuropa kann die tertiäre Vergrusungszone mehrere Meter mächtig oder völlig abgetragen sein. Die darüberliegenden pleistozänen Deckschichten mit vorwiegend physikalisch verwittertem Gesteinsmaterial besitzen in den Mittelgebirgen häufig eine Mächtigkeit von 1–2 m. Die Periglazialbildungen des Tieflandes nördlich der Lößzone überschreiten in der Regel nicht 1 m (s. 4.1.4). Somit ist die Verwitterungstiefe in unserem Raum, verglichen mit tropischen Gebieten, recht gering, sie übertrifft dagegen die der nordischen Gebiete, z. B. Finnlands.

Beispiel:
Im Rheinischen Schiefergebirge bildete sich unter subtropischen Bedingungen im Mesozoikum und Tertiär in den paläozoischen Gesteinen der Rumpffläche eine bis zu 150 m mächtige Verwitterungsdecke. Das durch Hydrolyse und Protolyse verwitterte, aber eine ungestörte Struktur besitzende Gestein bezeichnet man als **Saprolit**. Dieser besteht aus einem oberen Oxidations- und einem unteren Reduktionshorizont, die jeweils über 40 m mächtig sein können und über dem unverwitterten Schiefer lagern. Die Kaolinitisierung der Schiefer (Umwandlung des primären Chlorits in Kaolint) erfolgte in der Reduktionszone unter wassergesättigten Bedingungen bei Abfuhr der gelösten Substanzen (u. a. SiO_2, Desilifizierung). Reste des Saprolits liegen nach seiner Aufarbeitung in der Eiszeit (Periglazialgebiet) als Graulehm vor, der ein Bestandteil der Basisfolge der quartären Deckschichten sein kann.
Im nördlichen Osterzgebirge und den angrenzenden Bereichen der Elbezone kommen Paläolandoberflächen zwischen Perm und Kreide mit einer tiefgründigen ($\geq$ 60 m) präcenomanen lateritischen Verwitterungsdecke sowie im Tertiär in geringer Mächtigkeit als Braunlehm über Plänersandstein vor.

Verwitterungsgrad

Das Ausmaß der Verwitterung des in diesen Lockermaterialdecken auftretenden Substrats ist je nach Ausgangsgestein und Klimaeinfluß in physikalischer und chemischer Hinsicht stark unterschiedlich, was sich in der körnungsmäßigen, mineralogischen und chemischen Zusammensetzung äußert (Ton/Schluff-, Kaolinit/Illit-, K/Na-Verhältnis im Verwitterungsmaterial und Gestein). Der Verwitterungsgrad läßt sich auch über Indexminerale kennzeichnen, wie z. B. durch Quarz und Zirkon als schwer verwitterbare Minerale, die zu den leichter verwitterbaren in Beziehung gesetzt werden.

Der Grad der chemischen Verwitterung kann durch das K/Na-Verhältnis angegeben werden, da mit fortschreitender Verwitterung das Gesteins- und Bodenmaterial stärker an Na als an K verarmt.

$$\text{Verwitterungsgrad} = \frac{(K / Na) \text{ im Boden}}{(K / Na) \text{ im Ausgangsgestein}}$$

Eine weitere Möglichkeit besteht darin, das Verhältnis aus dem Anteil eines stabilen Minerals (z. B. Quarz) zu dem eines instabilen Minerals (z. B. Feldspat) im unverwitterten und verwitterten Material zu bilden und diese Verhältnisse miteinander ins Verhältnis zu setzen.

$$\text{Verwitterungsindex} = \frac{\text{Quarz} / \Sigma \text{ Feldspate im verwitterten Material}}{\text{Quarz} / \Sigma \text{ Feldspate im unverwitterten Material}}$$

Gegenüber vergleichbaren tropischen Böden ist der Verwitterungsgrad der mitteleuropäischen bodenbildenden Substrate gering, was u. a. im stark unterschiedlichen Gehalt an amphoteren Hydroxiden zum Ausdruck kommt. Stark verwitterte Böden haben nur geringe Gehalte an pflanzenverfügbaren Nährstoffen und geringe mineralische Nährstoffreserven.

5.1.2 Verlagerungsprozesse, Pedoturbationen

Durchmischungs- und Entmischungsvorgänge gestalten das Bodenprofil mit. Turbationen führen entweder durch eine physikalische oder biologische Zyklierung zur Vermischung von Verwitterungs- und Bodenmaterial, wobei das Solum in unterschiedlichem Maße homogenisiert wird und A/C-Böden entstehen, oder es kommt zu einer Materialsortierung. Man unterscheidet abiotische und biotische Pedoturbation.

Kryoturbation als abiotische Pedoturbation und bodenbildender Prozeß ist an einen Frost Tau-Wechsel bei Wasserüberschuß gebunden. Im Periglazialbereich bedingen häufiges Gefrieren und Auftauen eine Verlagerung des Bodenmaterials. Auf ebenem Gelände überwiegt dabei der **Frosthub**, auf geneigtem die **Solifluktion** (Bodenfließen). Als weiterer periglazialer Prozeß tritt die Hangabspülung auf.

Der Kryoturbation kommt für die Materialsortierung wie -vermengung sowie die Frosthebung und damit für die Strukturbildung in periglazialen Decksedimenten Bedeutung zu. An kryogenen Strukturen treten u. a. Polygonböden (Steinringe), Frostspalten, Eiskeile, Taschen- und Girlandenbildungen sowie Verwürgungen auf. Die Ausbildung kryogener Strukturen ist im Gebirge höhenstufenabhängig und an die ehemalige Auftauzone des Dauerfrostbodens gebunden. Im Tiefland können kryogene Prozesse sedimentäre Strukturen überprägen.

Solifluktion bezeichnet eine langsame, hangabwärts gerichtete Bodenbewegung, die zur Ausbildung zungenförmiger Solifluktionsloben oder zu Solifluktionsdecken führt. Dabei kann der im Frühjahr auftauende Boden wassergesättigt sein. Dieses frostbedingte Erdfließen wird auch als Gelifluktion bezeichnet. Solifluktion tritt rezent im Hochgebirge und in arktischen Gebieten auf. In den früheren Periglazialgebieten Mitteleuropas bewegte sich das aufgetaute, durchfeuchtete Lockergestein, der Schwerkraft folgend, langsam auf geneigter Unterlage, wobei relativ weite Strecken zurückgelegt werden können. Die Bodenbildung vollzog sich in der Auftauschicht, die beim Gefrieren von der Oberfläche und der dauernd gefrorenen unteren Zone her unter Druck gesetzt wurde, was zur Verknetung des Bodenmaterials führte. Parallel dazu verlief eine Entmischung (Sortierung) von Grob- und Feinboden bzw. das Auffrieren der Steine.

In ebenen Lagen entstanden Steinnetzböden, an schwach geneigten Hängen Steinstreifenböden. Charakteristisch sind ferner folgende Erscheinungen: Hebung des Bodens, Einwehen von Oberbodenmaterial in Frostrisse, Bildung von Brodeltöpfen, Eiskeilen und Steineinregelungen. Bezeichnungen: **Polygonböden**, Steinringböden, Steinstreifenböden, Tropfenböden.

Die im Periglazialklima entstandenen **Periglazialböden** sind in Deutschland heute fossil. In Nordamerika unterscheidet man aktuelle und fossile Periglazialböden (**Cryosols**). Ferner wird in Histic Cryosols (aus Torf) und Thixotropic Cryosols (aus mineralischem Lockermaterial) differenziert.

Hydroturbation (Hygro-, Turgo- oder Peloturbation):
Sie erfolgt bei Tonböden durch Quellungshub und Schrumpfungssackung (Vertisole; Pelosole, Marschböden). Bei anhaltendem Wechsel zwischen Austrocknung und Wassersättigung kommt es infolge von Quellungs- und Schrumpfungsvorgängen zu einer Durchmischung des Bodens, weil in die Schrumpfungsrisse Oberbodenmaterial fällt und eingearbeitet wird (Selbstmulcheffekt). Die Hydroturbation tritt überwiegend in Mulden- und Senkenlagen auf.

Bioturbation (Biotische Pedoturbation):
Pflanzenwurzeln entwässern Tonböden, deren Oberfläche dadurch sinkt; andererseits kann Wurzeldruck Sandboden heben. Waldbäume können im Fall des Windwurfs durch die an den herausgerissenen Wurzeln haftende und später durch Regen abgespülte Erde an einer Durchmischung des Bodens teilhaben (Arboturbation).

Durch im Boden wühlende Tiere (z. B. Maulwurf) findet eine besonders intensive Durchmischung statt. Das Material wird vorwiegend vertikal verlagert, und zwar sowohl von oben nach unten als auch von unten nach oben. In den Schwarzerdegebieten bewirken z. B. Hamster und Ziesel einen umfangreichen Transport von Material des dunklen humosen Oberbodens in den hellen Lößuntergrund und umgekehrt, was an den für Schwarzerden typischen **Krotowinen** (mit Erde gefüllte ehemalige Grabgänge) sichtbar ist.

Einen großen Anteil an der Bodendurchmischung haben die **Regenwürmer**, die nicht nur organische Substanzen in den Mineralboden einarbeiten, sondern auch feinste mineralische Teilchen mit der Nahrung aufnehmen und so mit den organischen Stoffen vermischen. Regenwürmer pressen den Boden seitlich weg. Bei der Regeneration „geköpfter" Profile erweitern sie ihren Lebensraum nach unten und fördern die Vermischung tieferliegender Schichten mit dem verbliebenen Oberboden.

Ameisen und Termiten entmischen den Boden.

Kultoturbation
Kultoturbation ist die Mischung von Bodenhorizonten durch tiefe Bodenbearbeitung (Rigolen in Weinbergsböden). Eine Durchmischung des Bodens erfolgt weiterhin durch die Bodenbearbeitung sowie Ernte- und Anbaumaßnahmen. Durch das Pflügen werden Bodenhorizonte verändert (Bildung eines Ap-Horizontes) oder zerstört (geringmächtige Ae-Horizonte von Podsolen).
Erosion führt zu einer Entmischung des Bodensubstrats. Wasserabtrag bewirkt eine Verlagerung der feinsten Bodenbestandteile vom Ober- zum Unterhang. Bei der Deflation bleibt zuweilen nur das gröbere Material zurück, während die anderen Bestandteile abtransportiert und als Flugsande und Lösse wieder abgelagert werden.

5.1.3 Gefügebildung

Das Bodengefüge beeinflußt den Wasser- und Gasfluß sowie die Ionenspeicherung im Boden (s. 6.1.3.2). Eine geeignete Bodenstruktur ermöglicht die gleichzeitige Verfügbarkeit von Bodenluft und Bodenlösung auf engem Raum für die Organismen. Oberflächen sekundärer Bodenaggregate sind Orte verstärkter mikrobieller Aktivität und Konzentration von Feinwurzeln und Pilzhyphen. An diesen Oberflächen findet der überwiegende Teil des konvektiven Stofftransportes mit dem Bodenwasser statt.

Zur Bildung und Aufrechterhaltung der Bodenstruktur ist ein Energieeintrag in den Boden, vorwiegend über die organische Substanz, erforderlich. Eine Bodenstruktur kann auch durch Sonneneinstrahlung oder Bodenbearbeitung entstehen. In extremen Fällen tritt ein Selbstmulcheffekt ein (s. 5.1.2). Durch häufiges Quellen und Schrumpfen tonreicher Böden entstehen Strukturhorizonte (s. 7.3.1.4, Pelosol). Bodenhorizonte, Bodentypen und Bodenformen unterscheiden sich u. a. durch ihr unterschiedliches Gefüge.

5.2 Spezielle bodengenetische Prozesse
5.2.1 Humusakkumulation und Bildung von Humusformen
5.2.1.1 Humifizierung des Ausgangsmaterials

Die organische Substanz, die durch das Absterben pflanzlicher oder tierischer Organismen auf und in den Boden gelangt, wird entweder mineralisiert oder humifiziert. Der Abbau organischer Substanz schwankt zwischen Jahren und Jahrtausenden, entsprechend unterscheidet man eine aktive und eine passive (refraktäre) organische Fraktion. Die biochemische Umwandlung abgestorbener Biomasse führt zu zunehmend schwerer abbaubaren Rückständen. Im refraktären C-Pool sind aromatische Strukturen angereichert. Je nach den Standortverhältnissen (Temperatur, Feuchtigkeit, Basengehalt des Bodens) und den Eigenschaften des organischen Ausgangsmaterials (Stickstoffgehalt, Zellulose/Lignin-Verhältnis, Zersetzlichkeit der Streu) reichert sich mit der Zeit Humus an, der eine charakteristische Morphologie besitzt. Die Humusformen werden deshalb im Gelände nach morphologischen Kriterien ausgeschieden. Man unterscheidet terrestrische, semiterrestrische und subhydrische Humusformen. Bodentypen mit überdurchschnittlicher Humusanreicherung sind die Schwarzerde und Rendzina sowie die Moore. Der Ab- und Aufbau organischer Substanzen (Mineralisierung und Humifizierung) ist für die Bodenfruchtbarkeit von zentraler Bedeutung. Die Huminstoffbildung ist ein Prozeß, für den im Boden günstige Bedingungen bestehen. Fast alle organischen Stoffe im Boden können an diesem Prozeß teilnehmen. Obligate Ausgangsstoffe sind solche mit aromatischen Strukturen, an deren Abbau und Genese Mikroorganismen beteiligt sind. Der Ablauf dieser Prozesse wird durch die Struktur der organischen Bestandtteile und die Standortbedingungen gesteuert. Von Interesse sind Struktur, Biologie und Stabilität des entstehenden Humus. Die Nährstoffnachlieferung aus dem Humus hängt entscheidend von der Humusform ab.

Streuabbau und Humifizierung in Waldböden
Waldböden sind von Natur aus reich an organischen Stoffen, da sie regelmäßig über die Streu etwa 3 000–5 000 kg ha^{-1} a^{-1} Trockenmasse erhalten. Die Einträge können auch in g TM m^{-2} a^{-1} angegeben werden. Die **C/N-Verhältnisse** der Streu schwanken pflanzenabhängig in weiten Grenzen und bestimmen mit die Intensität des Abbaus. Im Wald nimmt das C/N-Verhältnis bei Bäumen von den N$_2$-Bindern Robinie und Erle über die Laubbäume (Esche, Linde < Eiche, Buche) zu den Koniferen (Fichte, Lärche, Kiefer) zu. Mit steigendem C/N-Verhältnis ordnen sich die Waldbodenpflanzen wie folgt an: Brennessel (Nitratanzeiger), Himbeere < Heide und Heidelbeere < Adlerfarn und Sandrohr. Daneben wird der Abbau auch durch das Lignin/Cellulose-Verhältnis der Streu beeinflußt, das bei älteren Blättern häufig höher als im zugehörigen Holz liegt.

Prozesse des Steuabbaus und der Humifizierung finden in sauren Waldböden unter Kiefer und Fichte vorwiegend im Auflagehumus statt (Abb. 5.3). Die Streu unter Beständen von Esche, Ulme und Erle ist auf besser mit Ca-Ionen versorgten Böden schon wenige Wochen nach Vegetationsbeginn abgebaut, der Mineralboden ist hier reich an wertvollem Humus (Mull).

Wesentliche ökologische Faktoren, die die biologische Humifikation beeinflussen, sind Kalk, Belüftung und Temperatur. Deutlichen Einfluß auf die Humifikation übt die Pflanzenart aus. Außer dem C/N-Verhältnis bzw. Eiweißgehalt spielen Art und Gehalt der Steu an Tanninen und Polyphenolen eine Rolle. So begünstigen Esche, Erle, Robinie, Linde, Hainbuche, Gräser und Leguminosen die Mullbildung, Fichte, Kiefer und Zwergsträucher die Rohhumusbildung. Die Buche steht in der Mitte. Die gelöste organische Substanz (DOM) wirkt bei Bodenprozessen, wie der Podsolierung, mit.

a)

b)

c)

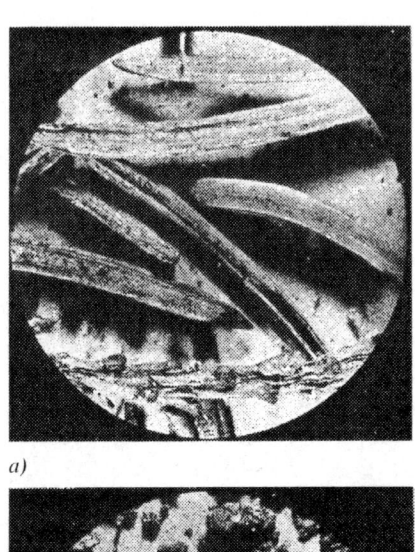

Abb. 5.3: Abbau von Fichtennadeln durch die Bodenfauna. Aufnahmen: Zoologisches Institut Tharandt, BÖSENER.
a) Material aus dem Streuhorizont eines Fichtenrohhumus.
b) Material im Grenzbereich von Streu- und Vermoderungshorizont eines ungekalkten Fichtenrohhumus, Losung von Kleinarthropoden.
c) Material an der Grenze zwischen Streu- und Kotschicht eines gekalkten Fichtenrohhumus, Regenwurmlosung.

Eine zentrale Stellung in der Humifizierung nehmen die lebenden Bodenorganismen ein (enzymatische Spaltung der Zellulose und Oxidation des Lignins, Biosynthese von Huminsäuren). Die langsame physikalisch-chemische Entwicklungsphase des humifizierten Anteils kann die erhöhte Polymerisation der Huminsäuremoleküle, vermutlich im Zusammenhang mit einer Trockenphase, und die Bindung an anorganische Substanz wie Eisenoxidhydroxyde, Allophane und Tonminerale, insgesamt eine Stabilisierung, zur Folge haben:

Bodenbildende Prozesse

Streu
⇩
Humifizierung (a) kurze biologische Phase, b) klimaabhängige Reifungsphase
⇩
Humus

Die mit Eisen und Tonmineralen gekoppelten Grauhuminsäuren sind gegen biologische Zersetzung sehr widerstandsfähig. Die jährliche Mineralisation des Humus schwankt zwischen 0,5–1 % beim Steppen- und Kalk-Mull bis zu 1–3 % beim sauren Wald-Mull.

Das Verhältnis $\dfrac{\text{Humus im Boden}}{\text{Streueintrag}}$

wird als Turnover-Rate bezeichnet. Die Abfolge der Humushorizonte ist der morphologische Ausdruck der Umwandlungsstadien der organischen Substanz. Die Humushorizonte des Auflagehumus weisen mit der Tiefe abnehmende Gehalte an oberirdischen Pflanzenresten und zunehmende Gehalte an amorpher organischer Substanz auf (Tab. 5.3).

Tab. 5.3: Abbaustadien der Streu im Auflagehumus.

Horizont	Pflanzenreste in %	amorphe Substanz in %
Ol	> 90	< 10
Of	30–90	10–70
Oh	< 30	> 70

Man unterscheidet terrestrische (aeromorphe) und hydromorphe Humusformen. Auf trockenen wie nassen Standorten kommt es zu einer Akkumulation organischer Substanz. Aus der Morphologie der Humusprofile kann auf die Intensität des Streuabbaus und damit auf die Aktivität der Bodenorganismen geschlossen werden. Bei einem Vergleich von Humusformen ist zu beachten, daß sie im Wald stark von der Bestandesgeschichte geprägt sein können (z. B. Fichtenanbau nach Buche).

5.2.1.2 Terrestrische Humusformen

Die Humusform entspricht einer bestimmtem Abfolge und Ausprägung von Humushorizonten. Den senkrechten Aufschluß des Oberbodens, der die Abfolge der Humushorizonte offen legt, nennt man **Humusprofil**. Im Wald besteht das Humusprofil aus der Humusauflage und dem Ah-Horizont. Zu den terrestrischen Humusformen

(Landhumusformen) gehören Rohhumus, Moder und Mull (Tab. 5.4 und 5.5). Die Waldhumusformen sind der morphologische Ausdruck der am Standort ablaufenden Prozesse der Stoffproduktion, der Zersetzung und der Humusbildung (Abb. 5.4).

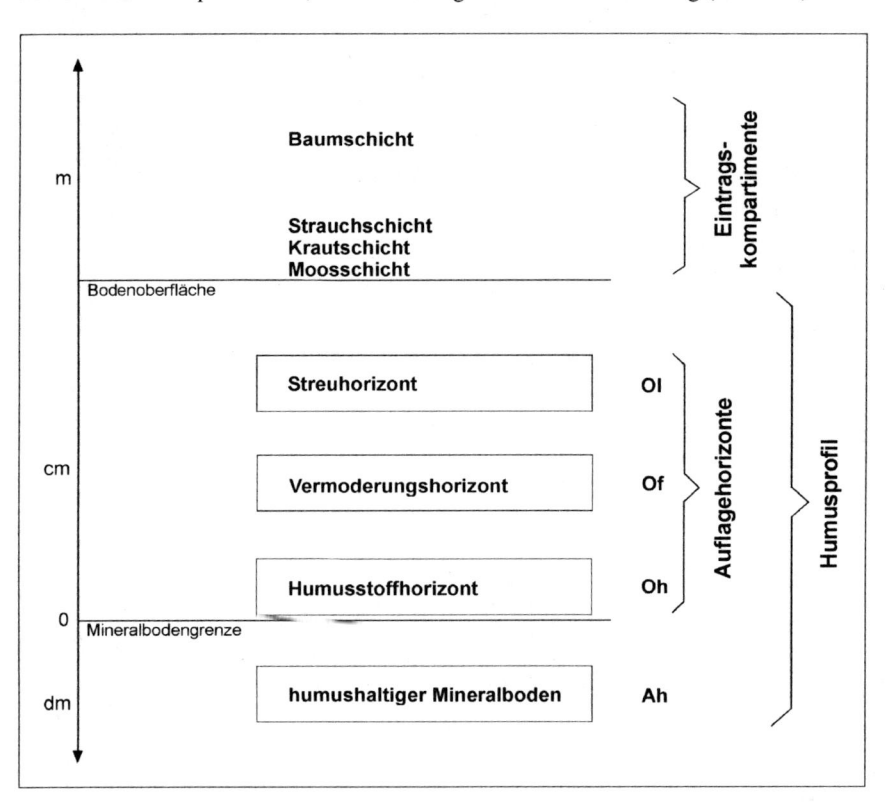

Abb. 5.4: Humuskompartiment eines Waldstandortes.

Durch den Humusformindex werden die Humusformen näher charakterisiert:

$$I = \frac{\text{Mächtigkeit Ah in [cm]}}{\text{Mächtigkeit F + H + Ah in [cm]}}$$

Je differenzierter die Horizonte der Humusauflage sind, desto geringmächtiger ist der Ah-Horizont ausgebildet. Unter naturnahen Bestandesverhältnissen charakterisiert die Waldhumusform den natürlichen Nährstoffkreislauf und die natürliche Produktionskraft des Ökosystems. Die Waldhumusform steuert die Bodenentwicklung mit. Neben Waldhumusformen mit zügiger Streuzersetzung und Vermischung von Humus und Mineralboden treten Waldhumusformen mit gehemmter Streuzersetzung und weitgehend fehlender Vermischung auf.

Die zusätzliche **chemische Beurteilung** der Humusform erfolgt über die Ermittlung des C-Gehaltes, des C/N-Verhältnisses, des pH-Wertes und der Basensättigung. Das sich unter naturnahen Bedingungen ausbildende Gleichgewicht zwischen N-Gehalt und Basensättigung wird durch anthropogene Belastungen gestört. So kann es bei stärkerem atmogenen Stickstoffeintrag zur Bildung eines N-reichen sauren Humus kommen.

Tab. 5.4: Kennziffern für den Oh-Horizont verschiedener Humusformen in Wäldern über Buntsandstein im hessischen Bergland. Nach ULRICH und SHRIVASTAVA 1978, gekürzt.

Humusform	C (g/100 g)	N (g/100 g)	C/N	C/P
Moder	36,4	1,16	31,5	364
Rohhumus	44,2	1,26	35,1	551

Tab. 5.5: Stoffliche Zusammensetzung der Humusauflage (O-Horizont) und des humosen Oberbodens (Ah-Horizont) unter einem älteren Fichtenreinbestand auf Lößlehm-Pseudogley im Revier Rossau, hochkolline Stufe des sächsischen Hügellandes. Humusform: Rohhumus. Nach HUNGER 1976.

a) Elementgehalt (% TM).

Horizont	C	N	P	K	Mg	Ca	C/N	C/P
O	33,7	1,46	0,093	0,063	0,048	0,183	23	362
Ah	9,4	0,41	0,071	1,885	0,236	0,215	23	132

b) Gesamtvorrat (kg/ha).

Horizont	C	N	P	K	Mg	Ca
O	36685	1591	101	68,6	51,4	198
Ah	36779	1591	286	7727	972	875

Humushorizonte

Jede Humusform umfaßt die auf und im Boden befindliche organische Substanz als Ganzes. Die Horizonte der Humusauflage bestehen fast völlig aus organischer Substanz und liegen dem Mineralboden auf (**Auflagehumus**). Sie stellen von oben nach unten aufeinanderfolgende Stadien der Zersetzung des Bestandesabfalls dar. Unter dem Auflagehumus schließt sich der humose Mineralboden an, der sich durch die dunkle Farbe der organischen Verbindungen deutlich von den anderen Mineralbodenhorizonten abhebt. Der Ah-Horizont kommt durch physikalische oder biologische Einmischung von organischer Substanz in den obersten Mineralboden zustande. Humus- und Mineralbodenprofil sind über den beiden gemeinsamen Ah-Horizont miteinander verbunden. In einem vollständig ausgebildeten Humusprofil werden von oben nach unten folgende genetische Humushorizonte unterschieden:

- **Streuhorizont** Ol oder L: Makroskopisch wenig veränderte Pflanzenreste (Streu (Förna), Bestandesabfall), kein wesentlicher Anteil an Feinsubstanz. Nach unten hin zunehmende Kohärenz (Zusammenhalt der Pflanzenreste) und Gewichtsverluste, Ausbreitung von Hyphen sowie Skelettierung der Pflanzenreste. Im unteren L-Horizont laufen schon erhebliche Zersetzungsvorgänge ab.
- **Vermoderungshorizont** (Fermentationshorizont) Of: Oberirdische Pflanzenreste treten im Gemisch mit geringen bis mittleren Mengen an amorpher organischer Substanz auf. Die Pflanzenreste sind meist stärker zerkleinert, Tierlosung ist erkennbar.
- **Humusstoffhorizont** Oh: Oberirdische Pflanzenreste treten kaum noch auf, Wurzelreste (schwarz) können in größerer Menge vorhanden sein. Die mineralische Bodensubstanz schwankt zwischen 0 und etwa 65 %. Die humose Substanz ist fester und brechbar (über der ebenen oder unebenen Mineralbodenoberfläche, häufig mit Wurzelanreicherung).
- **Humoser** oberster **Mineralbodenhorizont** Ah: Die oberste, 1–3 cm mächtige Zone kann sich durch höheren Humusgehalt und lockereres Gefüge gegenüber dem Hauptteil des Ah auszeichnen.

Als Hauptmerkmal für die Humushorizonte dient neben ihrer Mächtigkeit somit das Verhältnis von abgestorbener oberirdischer Pflanzensubstanz zu organischer (amorpher) Feinsubstanz. Die wesentlichen Gefügemerkmale der Humushorizonte sind Kohärenz und Dichte, die auch die Brechbarkeit bedingen.

Humusformen

Die terrestrischen Humusformen (Landhumusformen) Rohhumus, Moder und Mull bzw. Rohhumus, rohhumusartiger Moder, Moder, mullartiger Moder, Mull und kalkbeeinflußter Mull kann man als Abschnitte einer zusammenhängenden Reihe betrachten, die von den biologisch ungünstigen zu den biologisch günstigen Böden führt. Die Humusform ist ein Indikator des Ökosystemzustandes. Beim Mull verarbeiten die Bodenorganismen die jährlich anfallende Streu vollständig. Ist die Leistungsfähigkeit der Bodenorganismen vermindert, reichert sich bei Waldböden ein Auflagehumus an. Im günstigeren Fall liegt dann Moder, im ungünstigeren Fall Rohhumus vor. Die Zunahme der biologischen Tätigkeit kann auf einer Zunahme der Basensättigung sowie auf einer Verbesserung des Wärme-, Wasser- und Lufthaushaltes des Bodens beruhen. Die Grenze zwischen Mull und Moder liegt ungefähr bei einer Basensättigung von 35 %. Die Humusformen unterscheiden sich chemisch u. a. im N %-Gehalt der organischen Substanz: Mull 3–6, Moder 3,5–4,4 und Rohhumus 2,4–3,3. Rohhumus und Moder sind sich zoologisch qualitativ ähnlich. Nach der Wasser- und Luftversorgung unterscheidet man aeromorphe (z. B. Ackerbodenhumus), aerohydromorphe (nur tiefere Horizonte sind von Wasser geprägt, tiefgrabende Regenwürmer fehlen) und hydromorphe Humusformen wie Anmoor und Niedermoor.

Bodenbildende Prozesse

Rohhumus

Horizontfolge: Ol/Of/Oh/Ah. Für Rohhumus charakteristisch sind der gehemmte Streuabbau und die darauf zurückzuführende Bildung von Auflagehumus (gewöhnlich < 10 cm), die fehlende biologische Vermischung der Huminstoffe mit dem Mineralboden und das starke Auftreten von Pilzmyzel, insbesondere auch braunschwarzer Hyphen. Der Auflagehumus dieser Humusform wurde früher bei extremer Ausbildung als Trockentorf bezeichnet. Dieser „auf dem Trockenen" gebildete Humus erlangt in der Regel jährlich einen hohen Trockenheitsgrad.

Rohhumus ist gegenüber dem Mineralboden scharf abgesetzt. Auch die Abgrenzung zwischen den Humushorizonten ist deutlich ausgeprägt. Zur Differenzierung des Rohhumus eignet sich der Oh-Horizont. Beim typischen Rohhumus sind der Of- und der Oh-Horizont etwa gleich stark ausgebildet. Der Ah-Horizont ist im Vergleich zum Mull geringmächtig. Als weitere Unterform wird feinhumusarmer Rohhumus (auf trockenen Standorten; der Of-Horizont tritt stark hervor) ausgeschieden. Bei Übergängen zu vernässenden und grundwasserbeeinflußten Humusformen ist ein mächtiger, feinhumusreicher Humusstoffhorizont ausgebildet.

Rohhumus entsteht vorwiegend auf sauren Substraten und unter Pflanzen mit schwer zersetzlicher Streu. Typische „Rohhumuspflanzen" sind Zwergsträucher wie *Vaccinium myrtillus* (Heidelbeere), *Calluna vulgaris* (Heide) und *Erica tetralix* (Glockenheide) sowie Rhododendron, *Pteridium aquilinum* (Adlerfarn) und Koniferen wie Kiefer, Fichte, Zirbe und Latsche, ferner die Rentierflechte. Von den Laubbäumen neigt die Buche zur Rohhumusbildung. Klimatisch wird die Rohhumusbildung durch ein feuchtkühles Klima begünstigt.

Die stark gehemmte Zersetzung ist auf den niedigen pH-Wert (etwa pH 3) zurückzuführen. Bakterien und Aktinomyzeten treten gegenüber Pilzen stark zurück. Der Humusstoffhorizont ist vielfach von Pilzhyphen stark durchflochten, so daß er sich in Stücke brechen läßt. Die Bodenfauna besteht vorwiegend aus Milben und Collembolen. Unter diesen Verhältnissen wird die organische Substanz nur wenig mineralisiert und nur langsam humifiziert. Vom Ol zum Oh wandelt sich die strukturierte organische Substanz in amorphe Substanz um.

Der Oh-Horizont weist meist über 60 % organische Substanz auf. Die chemischen Eigenschaften sind durch ein weites C/N-Verhältnis (≥ 25) und einen hohen Fulvosäuregehalt gekennzeichnet.

Ungünstiger Buchenrohhumus besitzt nur ungefähr 2 % N. Fichtenrohhumus der mittleren und hohen Lagen im Thüringer Wald und Erzgebirge weist auf P-armen Standorten ein C/P-Verhältnis von etwa 390–450 auf. Rohhumustragende und besonders streugenutzte Sandstandorte haben nach Austrocknung einen hohen Benetzungswiderstand. Magerrohhumusformen mit Zypressenmoosvegetation (geringer N-Gehalt, weites C/N-Verhältnis und geringe Basensättigung) treten unter den gegenwärtigen Bedingungen einer N-Eutrophierung im ostdeutschen Tiefland kaum noch auf.

Moder

Horizontfolge: Ol/Of/(Oh)/Ah. Die Bodenorganismen sind auch hier nicht in der Lage, den Bestandesabfall jährlich aufzuarbeiten. Es verbleibt ein Rückstand, der sich als Auflagehumus ansammelt. Der Moder besitzt wie der Rohhumus eine dreigegliederte Humusdecke. Zur weiteren Differenzierung eignet sich der Of-Horizont. Beim typischen Moder ist der Oh-Horizont in der Regel nur 1–2 cm mächtig. Koprogene Anteile gehen auf die Tätigkeit von Arthropoden zurück. Die Humushorizonte sind lockerer gelagert, und der Übergang zwischen Oh und Ah ist weniger scharf ausgebildet als beim Rohhumus.

Der Oh-Horizont enthält im allgemeinen 30–60 % organische Substanz. Das C/N-Verhältnis verengt sich durch höheren Stickstoffgehalt derselben auf 15–25 (20). Der Anteil der Huminsäuren nimmt zu. Der pH-Wert liegt bei 3–4.

An Unterformen werden ausgeschieden: rohhumusartiger Moder, mullartiger Moder und Kalkmoder. Letzterer ist eine dem mullartigen Moder ähnliche Humusform, die aber schwach alkalische Reaktion aufweist und deren Vorkommen sich auf flachgründige und trockene Kalksteinstandorte beschränkt.

Mull

Horizonfolge: Ol/Ah. Mull ist die vorherrschende Humusform der Steppen (Schwarzerden) und kräuterreichen Laubwälder (als Bodentyp z. B. Mull-Rendzina) sowie guter landwirtschaftlich genutzter Böden.

Bei Waldböden fehlt die Humusauflage, oder Ol und Of sind nur schwach ausgebildet. Der Oh-Horizont fehlt beim Mull stets. Der Übergang vom Oberflächenhumus in den Mineralbodenhumus ist fließend. Äußerlich erscheint der Mull als ein grauer bis schwärzlicher, gut gekrümelter Mineralboden (Ah) mit zumeist typischem Erdgeruch. Zur Mullbildung kommt es, wenn die zum Boden gelangenden organischen Stoffe innerhalb eines Jahres durch die Bodenorganismen unter entscheidender Mitwirkung der Regenwürmer und z. T. auch höherer Tiere mit dem Mineralboden vermischt werden. Dabei erfolgt neben der Mineralisierung, an der sich im starken Maße Bakterien beteiligen, gleichzeitig eine Neubildung von Huminstoffen. Die organische Substanz ist amorph und stark in **Ton-Humus-Komplexe** eingebunden. Der Humus ist überwiegend zoogen. Der Unterschied zum Ah des Moders ist also deutlich ausgeprägt.

Mull bildet sich nur an begünstigten Standorten mit mildem Bodenklima, in genügend nährstoff- und kalkhaltigen Böden mit ausgeglichener Durchfeuchtung und Durchlüftung unter Pflanzengesellschaften, die nährstoffreiche und leicht zersetzliche Rückstände liefern.

Mull zeigt meist schwach saure bis schwach alkalische Reaktion und hat einen hohen Basensättigungsgrad. Das C/N-Verhältnis liegt bei 10–15. Die Huminstoffe sind nicht wanderungsfähig. Der Gehalt an organischer Substanz liegt im allgemeinen unter 20 %, der N-Gehalt derselben ist mit oft über 4% erheblich. Eine Differenzierung des Mulls kann nach der Mächtigkeit und Ausprägung des Ah-Horizontes erfolgen. Mit abnehmender Basensättigung werden die Eigenschaften des Mullhumus ungünstiger. An der Grenze zum Moder beträgt sein N-Gehalt noch etwa 3,5 %.

Sonderformen: Vom echten Mull unterscheiden sich einige Waldhumusausbildungen (Semimull, **Pseudomull**), bei denen es wegen fehlenden Tons nicht zur Ausbildung von Ton-Humus-Komplexen kommt. Diese treten in nitrophilen Schuttwäldern (z. B. bei Blockschutt aus Basalt) und Schluchtwäldern auf Hanggeröll mit Edellaubhölzern auf.

Hagerhumus tritt auf Waldstandorten auf, die Wind und Besonnung ausgesetzt sind und dadurch austrocknen und ihre Streu verlieren (Prozeß der Bodenaushagerung). Er weist nur eine dünne Humusauflage von kohliger Beschaffenheit auf.

Der Humus im A-Horizont ackerbaulich genutzter Böden wird in der Soil Taxonomy und in der FAO-Klassifikation als ochric, mollic und umbric differenziert (s. 7.1). In Anlehnung hieran werden in Deutschland für **Ackerhumusformen** die Bezeichnungen Kryptomull (humusarm) sowie Ackermoder und Wurmmull (humusreicher) vorgeschlagen. Die Trennung zwischen Wurmmull und Ackermoder beruht vornehmlich auf der höheren Basensättigung und dem engeren C/N-Verhältnis des Wurmmulls. Ackermoder findet sich oft bei sandigen Braunerden und Podsolen.

5.2.1.3 Semiterrestrische und subhydrische Humusformen

Humusformen, die sich unter dem Einfluß von Grundwasser entwickeln, werden als semiterrestrische Humusformen bezeichnet. Die Zersetzung der organischen Stoffe und die Humusbildung unterliegen hier zumindest zeitweilig anaeroben Bedingungen.

Bei hoch anstehendem Grundwasser bilden sich außerhalb des Grundwassers Feucht- oder Hydro-Mull, Feucht-Moder sowie Feucht-Rohhumus. Zu den semiterrestrischen Humusformen gehören ferner Anmoor sowie Übergangs- und Hochmoortorf.

Anmoor

Horizontfolge: L/Aa. Anmoor (Fenmull) ist eine mineralreiche, unter dem Einfluß von Grundwasser stehende Humusform. Die Losung im Humus stammt von Wasser- und Landtieren. Der Humusgehalt liegt bei 15–30 %. Anmoor leitet über zum Torf, der sich im Wasser bildet.

Dy, Sapropel, Gyttja

In stehenden und langsam fließenden Binnengewässern entwickeln sich Unterwasser-Humusformen. **Dy** besteht vorwiegend aus braunen Humusflocken, die aus einem an Humussolen reichen Wasser als Gel ausgeschieden werden. Die Bildung von **Sapropel** (Faulschlamm) erfolgt in stagnierenden, schlecht durchlüfteten Gewässern. Die organischen Rückstände werden von anaeroben Bakterien abgebaut. Unter den stark reduzierenden Bedingungen bilden sich Schwefelwasserstoff, Methan und andere Fäulnisgase. **Gyttja** entwickelt sich am Grunde intensiv belebter, gut durchlüfteter, nährstoffreicher Gewässer, in denen die anfallende organische Substanz vorwiegend von Wasserkleintieren zu Kot aufgearbeitet wird, der mit Algenresten durchsetzt ist. Zu den subhydrischen Humusformen zählt auch der **Niedermoortorf**.

5.2.2 Verlehmung und Verbraunung

Mit fortschreitender Auswaschung der Erdalkaliionen beginnt die Versauerung des Bodens. Unter diesen Bedingungen setzt eine intensive chemische Verwitterung der weniger stabilen Silicate, wie Augite, Hornblenden, Plagioklase und Biotite, ein. Durch Umwandlung der Glimmer oder aus Endprodukten der Silicatverwitterung bilden sich sekundäre Tonminerale, vor allem solche der Illit- und Smectitgruppe, und anorganische Gele (Oxide). Dieser als **Verlehmung** bezeichnete Prozeß ist mit der Erhöhung des Tongehaltes sowie einer **Verbraunung** (Braunfärbung des Bodens infolge Eisenfreisetzung, Bv-Horizont) verbunden, die besonders bei reichlichem Vorhandensein stark eisenhaltiger Minerale hervortritt. Der Prozeß läuft im Silicatpufferbereich (pH 6,2–5,0) und damit in carbonatfreien Böden ab. Die neugebildeten Eisenoxide umhüllen die Minerale rindenförmig oder bilden flockige Aggregate. Die anorganischen Bodenkolloide verbleiben bei der typischen Braunerde (s. 7.3.2) richtungsunorientiert am Ort ihrer Entstehung. Bei eisenarmen Böden ist die Verbraunung nur schwach ausgeprägt, bei hämatithaltigen Substraten, wie Sedimenten des Rotliegenden, wird die Verbraunung durch die Rotfärbung überdeckt.

5.2.3 Lessivierung (Tonverlagerung)

Die mechanische Verlagerung toniger Substanzen aus einem höheren in einen tieferen Horizont (vom A- zum B-Horizont) wird als Tondurchschlämmung, Tonverlagerung, **Lessivierung** oder Argilluvation bezeichnet. Dadurch kommt es zu einer Tonverarmung im oberen Profilteil und zu einer Tonanreicherung im darunter liegenden Profilteil (**Texturdifferenzierung**). Die Tonverlagerung geht bei einem pH-Wert von 6,5–4,5 vor sich. Sie tritt daher erst nach der Auswaschung der Carbonate im Löß und Geschiebemergel ein. In dem genannten pH-Bereich ist die Konzentration flockend wirkender Ca- und Al-Ionen gering. Die umgelagerte Tonmenge kann dabei beträchtlich sein und zu einer Gefügeverdichtung des Unterbodens führen. Die Lessivierung vollzieht sich in den Phasen Dispergierung (Tonpeptisation), Transport und Ablagerung (Tonilluvation). Der Transport der Tonsubstanz wird von perkolierendem Wasser übernommen, wobei die Verlagerung nur in Poren mit einem Mindestdurchmesser von 20 µm vor sich geht. Bevorzugt verlagert wird die Feinstton-Fraktion (< 0,2 µm). Der Ton-Illuvialhorizont ist reich an Fließplasma (Ton und Schluff). Böden mit einem guten Filtergerüst, wie es der Sandlöß besitzt, sind für die Tonverlagerung besonders geeignet, aber auch Wurmröhren, ehemalige Wurzelgänge und Schrumpfungsrisse begünstigen die Tonwanderung. In größeren Schrumpfungsrissen wird auch gröberer Ton als Suspension transportiert. Die Ablagerung des Tons erfolgt richtungsorientiert in Form geschichteter Wandbeläge oder Tonhäutchen an Kluftflächen und Gefügekörpern (s. Abb. 6.9). Im Ergebnis des Prozesses entsteht

Bodenbildende Prozesse

ein Lessivé in verschiedenen Ausprägungsgraden (s. 7.3.2; Parabraunerde als schwach ausgeprägter Lessivé, Fahlerde bei starker Texturdifferenzierung). Mit dem Ton können auch andere Stoffe, wie Oxide und organische Substanz, verlagert werden. Vermutlich fördert die Ausbildung ton-organischer Komplexe den Verlagerungsprozeß. Peptisierte organische Kolloide können zusammen mit dem Ton wandern. Ein Maß für die Intensität von Verlagerungsprozessen kann der Gehalt an dithionitextrahierbarem Eisen sein (Fe_d-Wert in g dm^{-3}, s. 5.1.1.2). Die Tonverlagerung wird im Unterboden durch Mangel an Sickerwasser bzw. bei Abnahme des Anteils wasserführender Poren oder erhöhte Ca-Konzentration beendet.

Lessivierung tritt in gemäßigt- und warm-humiden Klimagebieten auf, sie fehlt in semiariden bis ariden und in kalt-humiden Klimazonen. In Deutschland ist sie häufig in den Löß-, Sandlöß- und Jungmoränengebieten anzutreffen. Die Tonilluvation ist ein Prozeß, der in Mitteleuropa im Spätglazial, Frühholozän und in noch jüngerer Zeit abgelaufen sein kann. Im Atlantikum (7 000 bis 4 500 v. d. Z.) dürften geeignete klimatische Bedingungen geherrscht haben.

5.2.4 Podsolierung

Im Podsolierungsprozeß findet unter dem Einfluß einer Rohhumusauflage bei niedrigen pH-Werten (3,5–4,5) eine weitgehende Silicat- und Tonmineralzerstörung sowie eine Mobilisierung von Huminstoffen und Sesquioxiden statt. Von den Verwitterungsprodukten werden Al- und Fe-Verbindngen entweder allein in Form peptisierter Sole oder gemeinsam mit organischen Stoffen (als Chelate) mit dem Sickerwasser aus dem Ae-Horizont in den Unterboden verlagert, wo sie im Bhs-Horizont ausfallen. Dreiwertiges Eisen überwiegt, es kann aber im stark humosen Boden zu zweiwertigem Eisen reduziert werden. Die Al-organischen Komplexe sind löslicher als die Fe-organischen. Das Si reichert sich im Oberboden passiv an. Podsolierung erfordert die Verlagerung organischer Säuren im Boden. Dabei spielen die Sickerwassermenge und die Durchlässigkeit der Böden (grobkörnig) eine entscheidende Rolle. Die Podsolierung wird deshalb besonders dort begünstigt, wo durch ein Klima mit hohen Niederschlägen und relativ niedriger mittlerer Jahrestemperatur große Sickerwassermengen auf basen- und aluminiumoxidarmen, durchlässigen Substraten anfallen. Das kühle und feuchte Klima ist für eine gehemmte Zersetzung der organischen Substanz verantwortlich. Aus der schwer zersetzlichen Streu, z. B. von Koniferen, werden Fulvosäuren oder peptisierte Humuskolloide ausgewaschen. Der durch die Verlagerung der Zersetzungsprodukte entstehende, an Fe und Al verarmte, aschgraue Ae-Horizont besteht vorwiegend aus Quarz und hellem Glimmer. Der größte Teil der aus dem Eluvialhorizont ausgewaschenen Stoffe wird im Illuvialhorizont (Bhs) wieder ausgeschieden. Im Illuvialhorizont reichern sich im oberen Teil die organischen Substanzen, im unteren Teil die Sesquioxide stärker an. Die farblosen Al-Verbindungen wandern dabei tiefer im Profil hinab als die rostfarbenen Eisenverbindungen (Anreicherung von dithionitlöslichem Eisen). Die Wanderung der Al-Verbindungen setzt im Zuge des Podsolierungsprozesses auch früher als die der Fe-Verbindungen ein. Der zur Podsolierung gehörige Bodentyp ist der Podsol (s. 7.3.2).

5.2.5 Redoximorphose (Vergleyung, Pseudovergleyung)

Prozesse der „Hydromorphierung" treten im humiden Klima in Ebenen sowie Mulden- und Senkenlagen auf. Zu ihnen gehören die Moorbildung, Pseudovergleyung und Vergleyung je nach Stau- oder Grundwassereinfluß.

Grund- und stauwasserbeeinflußte Böden sind durch Reduktions- und Oxidationsprozesse sowie eine seitliche Filtrationsverlagerung gekennzeichnet. Dabei erfolgt der Stofftransport im Grundwasserbereich vorwiegend über größere Entfernungen, im Stauwasserbereich meist nur auf engstem Raum. Vergleyung und Pseudovergleyung unterscheiden sich in der Profilausbildung. Bei der Vergleyung wandern die gelösten Substanzen aus dem ständig wassergesättigten Grundwasserbereich in die darüber liegende wasserungesättigte Zone und werden bei Berührung mit sauerstoffreicherer Bodenluft oxidiert und vorwiegend auf der Oberfläche der Gefügekörper ausgefällt. Bei der Pseudovergleyung werden im Frühjahr in der Naßphase unter anaeroben Bedingungen an den Aggregatoberflächen zunächst Eisenoxide unter Mitwirkung gelöster organischer Substanz (DOM) und von Mikroorganismen zu mobilem Eisen reduziert. Die Verlagerung desselben erfolgt hauptsächlich von den Rändern der Aggregate in das Innere. Gebleichte Aggregataußenzonen wechseln mit durch Eisenoxid gefärbten Aggregatinnenzonen. Die Marmorierung als redoximorphes Merkmal der mineralischen Unterbodenhorizonte mit Stauwassereinfluß (Sd-Horizont) ist für Pseudogleye charakteristisch.

Die durch Grundwasser und Stauwasser geprägten Böden bezeichnet man gemeinsam auch als **hydromorphe Böden**. Voraussetzung für die Anhäufung von Fe(III)-Oxiden ist ein kontinuierliches Angebot an Fe(II)-Ionen im Stau- oder Grundwasser. An der Eisenreduktion

$$Fe^{3+} + e^- \rightarrow Fe^{2+}$$

sind eisenreduzierende Mikroorganismen beteiligt (u. a. *Bacillus polymyxa, Bacillus circulans* und *Pseudomonas aeruginosa*, fakultativ anaerob; N_2-bindende Clostridien, obligat anaerob, Sporenbildner). Die Anhäufung zweiwertigen Eisens im Boden setzt ein energielieferndes Biosystem und die Verringerung des Sauerstoffpartialdruckes voraus. In hydromorphen Böden kommt es solange nicht zur Eisenreduktion, wie O_2, Nitrate, Chlorate und MnO_2 im wassergesättigten Boden vorliegen. Die eisenreduzierenden Bakterien verwenden die Fe(III)-Verbindungen als H-Akzeptor ihrer energieerzeugenden Redoxprozesse. Die Aktivität dieser Flora ist vom Angebot organischer Verbindungen abhängig.

Vergleyung vollzieht sich hauptsächlich in Böden, bei denen das **Grundwasser** im Durchschnitt 80 cm unter Flur und höher ansteht (s. 7.3.3). Das Grundwasser greift in die humushaltige Bodenzone ein und belädt sich mit sauerstoffverbrauchenden organischen Stoffen. Die Fe(III)- und Mn(IV)-Verbindungen werden unter Mitwirkung von Mikroorganismen in lösliche Verbindungen, z. B. des zweiwertigen Fe, überführt und Sulfate zu Sulfiden reduziert. Die Verlagerung kann in Form von Komplexverbindungen erfolgen, wobei als Komplexbildner niedermolekulare organische Verbindungen auftreten, oder als Bicarbonat. Bei sauerstoffarmem Grundwasser bildet sich im Grundwasserbereich des Profils eine Reduktionszone (Gr-Horizont, **Reduktionshorizont**) aus, die fahlgrau (Siderit $FeCO_3$), graugrün (Eisenhydroxide und Eisensilicate) oder blauschwarz (Eisensulfid) gefärbt sein kann. Bei sauerstoffreichem, an organischen Substanzen armem Grundwasser kann die Reduktionszone fehlen.

Im Bereich der Grundwasserschwankung kommen die reduzierten Verbindungen mit dem von oben eindringenden Luftsauerstoff in Berührung. Die gelösten Fe(II)- und Mn(II)-Ionen in dem von der Grundwasseroberfläche aufsteigenden Kapillarwasser werden im nichtwassergesättigten Bereich des Bodens oxidiert und ausgefällt (**Oxidationshorizont**). Es bildet sich ein rostfleckiger Go-Horizont aus. In Böden mit geringer Schwankung des Grundwasserspiegels entstehen bei guter Belüftung schwarz- bis rotbraune Konkretionen unterschiedlicher Größe, zuweilen kommt es unter Mitwirkung von Mikroorganismen zu verfestigten Horizonten aus **Raseneisenstein**. Bei $Ca(HCO_3)_2$-reichem Grundwasser kann es durch Senkung der CO_2-Konzentration im Oxydationshorizont zur Ablagerung von **Wiesenkalk** kommen.

Auch im Gezeitenbereich der Küste spielen Redoxprozesse bei der Bildung schwefelreicher Böden eine wichtige Rolle. **Mangrovenböden** sind semiterrestrische bis semisubhydrische Bildungen im Übergangsbereich vom Meer zum Land in den Tropen und Subtropen. Redoxprozesse, Humusakkumulation und Moorbildung sind typisch für sie. Mangrovenböden sind das Äquivalent der Salzmarschböden im gemäßigten Klima.

Die Entwicklung der Marschen verläuft vom reduzierten, blauschwarzen Schlick zum oxidierten graubraun gefärbten Koogboden. Dabei unterliegen besonders die Elemente S, Fe und Mn in ihren Oxydationsstufen und Bindungsformen stärkeren Veränderungen. **Marschböden** können deshalb höhere Sulfid-Gehalte aufweisen (s. 7.3.2.3).

Pseudovergleyung tritt bei **Staunässe** bzw. nicht ständig wassergesättigten Böden auf. Der Stau des Niederschlagswassers wird entweder primär durch schwer wasserundurchlässige Schichten im Unterboden (Ton, verfestigte Fließerden) oder sekundär durch einen Bodenhorizont (z. B. Bt-Horizont, Ortstein) verursacht. Braunlehmmaterial als Gemengteil pleistozäner Umlagerungsmassen mit seiner geringen Durchlässigkeit ist häufig die Ursache von Staunässe im Mittelgebirgsbereich.

Der jahreszeitliche Wechsel zwischen Austrocknung und Vernässung ist ein Merkmal der Pseudovergleyung und des zugehörigen Bodentyps, des Pseudogley (s. 7.3.2). Während der nassen Fe(III)-Reduktionsphase findet ein pH-Anstieg des Bodens, während der trockenen Fe(II)-Oxydationsphase eine pH-Senkung durch Bildung von H-Ionen statt.

$$CH_2O + 4Fe(OH)_3 + 7H^+ = 4Fe^{2+} + HCO_3^- + 10H_2O$$

$$4Fe^{2+} + O_2 + 10H_2O = 4Fe(OH)_3 + 8H^+$$

Daneben gibt es auch vom Wasser geprägte Böden, die keine redoximorphen Merkmale (graue und rostige Fleckung) aufweisen und die daher schwerer zu erkennen sind. **Paddy soils** (Reisböden; s. 7.3.4.3). Für diese anthropogenen Böden ist durch die längere künstliche Überstauung mit Wasser und das „puddling" als Bodenbearbeitung zur Zerstörung der Bodenstruktur der periodische und starke Wechsel der Redoxverhältnisse charakteristisch. Das **Redoxpotential** variiert von − 300 bis + 700 mV, woran verschiedene Redoxsysteme beteiligt sind. Dabei ist Sauerstoff der wichtigste Oxidant und wirksamste Elektronenakzeptor. Nach Verbrauch des O_2 schließen sich als Elektronenakzeptoren vor allem organische Systeme, MnO_2 und FeOOH an, auch Nitrat und Sulfat können beteiligt sein. An der Grenzschicht zwischen Wasser und Boden bildet sich eine dünne Oxidationszone von < 1 bis 10 mm aus, die nach unten von der Reduktionszone abgelöst wird.

In paddy soils sind etwa 90 % des Gesamtschwefels (etwa 0,025 % S) organisch gebunden. An der Umwandlung dieses **Schwefels** beteiligen sich Mikroorganismen. Die gebildeten Sulfidionen können mit Metallionen, insbesondere Fe^{2+}, reagieren.

Redoxsystem des Schwefels:
$$SO_4^{2-} + 10H^+ + 8 e^- \leftrightarrow H_2S + 4H_2O$$
$$Fe^{2+} + S^{2-} \leftrightarrow FeS$$

Mit den Redoxverhältnissen ändert sich auch der pH-Wert des Bodens, z. B. von pH ≤ 5 bei oxidierenden zu pH 6,5 bei reduzierenden Verhältnissen. In der sauren Phase kann es dabei zu einer Freisetzung von Al-Ionen in die Bodenlösung kommen. Unter anaeroben Bedingungen entweichen Gase wie N_2, CH_4 und H_2S aus dem Boden.

Paddy soils entstehen aus unterschiedlichen Ausgangsböden durch physikalische, chemische und biologische Prozesse beim Reisanbau. Sie besitzen daher ererbte und neue Merkmale. Die Pedogenese dieser Böden ist eng an das Wasser gebunden, insbesondere an den Wechsel zwischen Vernässung und Austrocknung. Das Wasser stammt aus dem Grundwasser oder ist Bewässerungswasser.

Für die Genese spielt die Stoffauswaschung eine wesentliche Rolle, da in der Bewässerungszeit etwa 1 000 mm Wasser von relativ hoher Temperatur durch den Boden perkolieren, wobei Stoffe gelöst und verlagert werden. Gegenüber dem Bewässerungswasser ist der Gehalt an Ca-, Mg-, K- sowie Na- und Cl-Ionen im Sickerwasser daher bodenabhängig deutlich erhöht. Durch Reduktion werden insbesondere Mn und Fe löslich und verlagert, wobei Mn früher und stärker betroffen ist und sich im Illuvialhorizont anreichert. Das Entwicklungsstadium eines paddy soil kann daher an der Veränderung des Fe/Mn-Verhältnisses abgelesen werden. Ein wesentlicher Teil des reduzierten Mn und Fe wird komplex an organische Substanz gebunden und in dieser Form im Boden verlagert. Die Enteisenung der paddy soils erfolgt also durch reduktive Auswaschung, gepaart mit Komplexierung des Fe^{2+}. Maßstab für die Enteisenung ist das Al_2O_3-/Fe_2O_3-Verhältnis der Tonfraktion. Es nimmt von der Oberfläche zum Illuvialhorizont ab. Der

Fe-Gehalt ist im Illuvialhorizont bzw. der Pflugverdichtungszone erhöht, ebenso der Mn- und Basengehalt. Die aus dem Ausgangsboden stammenden Tonminerale erleiden einen Verlust an Fe und K. Durch den K-Verlust geht der Illit in Vermiculit über.

5.2.6 Versalzung, Carbonatisierung und Verkrustung

Unter **Versalzung** (Solontschakierung) versteht man die Anreicherung löslicher Salze, wie der Sulfate und Chloride des Ca, Mg, Na und K, in Bodenhorizonten. Die Salzanreicherung erfolgt im Zuge aufsteigender Bodenlösungen aus dem Grund- und Stauwasser bei starker Oberflächenverdunstung. Der Salzgehalt der Böden variiert stark, der Na-Gehalt liegt bei < 15 % der Basensättigung, der pH-Wert beträgt < 8,5. Versalzung führt im Extrem zur Salzausscheidung (Chloride, Sulfate) auf der Bodenoberfläche in Form von Salzkrusten und -ausblühungen (Bodentyp Solontschak, s. 7.2).

Die Akkumulation von Na-Ionen am Austauscherkomplex des Bodens wird dagegen als **Solonetzierung** (sodication) und **Alkalisierung** (alkalinization) bezeichnet. Die umgekehrten Vorgänge sind die **Solodisierung** und Dealkalisierung. Bei der Solonetzierung tritt eine Verlagerung organischer und mineralischer Verbindungen infolge hoher Na-Belegung (> 15 %, pH > 8,5) in den Unterboden ein, der ein Säulengefüge besitzt (Bodentyp Solonetz).

$$Na_2CO_3 + 2H_2O = 2Na^+ + 2OH^- + H_2CO_3$$

$$Na\text{-Ton} + H_2O = H\text{-Ton} + Na^+ + OH^-$$

Natriumböden reagieren demnach stärker alkalisch (bis pH 10,5) als kalkhaltige Böden (bis pH 8,2). Die hohen pH-Werte senken die Pflanzenverfügbarkeit mancher Mikronährstoffe (z. B. des Fe, Mn, Cu und Zn).

Der Gesamtsalzgehalt des Bodens wird über die elektrische Leitfähigkeit der Bodenlösung einer wassergesättigten Bodenpaste (Sättigungsextrakt) gemessen (EC_e, Einheit Dezisiemens m^{-1} (dS m^{-1}); salzhaltige Böden mit Werten von > 4 dS m^{-1}). Daneben interessiert der prozentuale Anteil des Na an der KAK, die Na-Sättigung (exchangeable sodium percentage ESP). Auf diese Weise lassen sich **Salz-, Natrium- und Salznatriumböden** unterscheiden.

In Europa kommt es zu einer Versalzung von Böden in der Umgebung von Salinen, in denen Meerwasser verdunstet (z. B. Bulgarien, Italien), bei der Bodengewinnung durch Eindeichen im Nordseegebiet (Deutschland, Holland), in Gebieten des Kalibergbaus durch salzbelastete Wässer (z. B. in Thüringen), ferner in Küstengebieten mit gelegentlichen Meerwasserüberflutungen (Nordwestdeutschland, Niederlande, Belgien, England) sowie in wärmeren Gebieten bei hoch anstehendem, aufsteigendem Grundwasser (z. B. Ungarn).

In der ariden und semiariden Zone sind die salz- und natriumhaltigen Böden weit verbreitet, da die Niederschläge zur Auswaschung löslicher Salze nicht ausreichen und das verdunstete Wasser Salze hinterläßt. Insbesondere bei Bewässerung – auch bei qualitativ gutem Wasser – kann es zu starker Salzakkumulation kommen. Die Salze sind nach Möglichkeit mittels Dränage aus dem Boden zu entfernen. Die Pflanzen werden nicht nur durch die hohe Salzkonzentration (> 0,5 %), sondern auch durch die alkalische Reaktion der Bodenlösung geschädigt. Hohe Salzverträglichkeit besitzen Baumwolle und Dattelpalme. Salzgehalte > 1 % und Sodagehalte > 0,3 % wirken auf fast alle Pflanzen toxisch. Bei Bewässerung verkrusten Salz- und Na-haltige Böden. Der Gefügeverschlechterung kann durch Ca-Ionen (Gipsdüngung) entgegengewirkt werden.

Carbonatisierung (Serosemierung) ist durch Carbonatbildung aus den Zerfallsprodukten der Silicatverwitterung bei insgesamt geringer Verwitterung gekennzeichnet (Bodentypen: Serosem, rote, braune und graue Halbwüstenböden).

In wechselfeuchten semiariden Klimaten besteht durch Kapilaranstieg von Bodenlösungen und Auskristallisation von Carbonaten und Sulfaten an der Bodenoberfläche die Tendenz zur **Oberflächenverkrustung**. Kalkkrusten entstehen dabei im Ergebnis eines kapillaren Hubs des mit $Ca(HCO_3)_2$ angereicherten Wassers und Ausfällung des $CaCO_3$ bei abnehmendem CO_2-Gehalt des Bodenwassers. Die Böden werden als Kalk-(Gips-) Krustenböden bezeichnet. Sie sind meist flachgründig und bestehen aus Verwitterungsmaterial des anstehenden kalkhaltigen Gesteins.

Im semiariden Klima treten in weiter Verbreitung Böden mit lockeren oder verfestigten **Kalkanreicherungshorizonten** auf. Die geringen Niederschläge dringen nur flach in den Boden ein, es kommt zu keinem Schluß mit dem Grundwasser. Die im Sickerwasser gelösten Ca-Salze werden in Trockenperioden in Ausfällungshorizonten angereichert. Die Anreicherung der Poren mit Kalk senkt die Permeabilität. An der Obergrenze des Kalkanreicherungshorizontes bildet sich eine undurchlässige Kalklamelle aus. Wasserundurchlässige Kalkkrusten erhöhen die Erosionsgefahr des Bodens, indem sie dessen Speicherleistung für Wasser herabsetzen und damit die Abspülung des lockeren Oberbodens bei Starkregen fördern. Nach Bloßlegung der Kruste ist der Boden weitgehend unfruchtbar.

5.2.7 Rubefizierung und Desilifizierung (Fersiallitisierung und Ferrallitisierung)

Viele tropische und subtropische Böden sind rot gefärbt. Hierher gehören rubefizierte (fersiallitische) Böden und lateritische (ferrallitische) Böden (lat. later, Lehmziegel).

Die **Rubefizierung** ist durch intensive Mineralverwitterung unter Eisenfreisetzung und anschließende Oxidation des Fe mit Rotfärbung gekennzeichnet (Hämatitbildung). Die Rubefizierung erfolgt durch Dehydratation von Eisenverbindungen in Trockenperioden. Sie ist im mediterranen Gebiet weit verbreitet.

Der Prozeß der **Lateritisierung** oder Ferrallitisierung ist eine Hydrolyse im fortgeschrittenen Stadium. Der Prozeß wird auch als **Desilifizierung** (s. 5.1.1.2) bezeichnet.

Er verläuft bevorzugt in basischen Gesteinen (viel Fe, Al, wenig Si). Soweit die aus Silicaten bei der hydrolytischen Verwitterung freigesetzte Kieselsäure nicht zur Tonmineralbildung (Kaolinit) verbraucht wird, wird sie ausgewaschen. Durch die Wegfuhr von Kieselsäure aus dem Boden kommt es zu einer relativen oder absoluten Anreicherung von Fe- und Al-Oxiden (Goethit, Gibbsit). Ferrallitisierung ist typisch für die humiden Tropen (Tab. 5.6). Ein jüngeres Stadium der Ferrallitisierung in Kombination mit Lessivierung liegt bei den Nitisols vor (s. Kap. 7). Zwischen Rubefizierung und Lateritisierung treten Übergänge auf. Ist der Boden dicht, kommt es zu einer Kieselsäureanreicherung mit Bildung von Smectiten (Prozeß der Silicifikation).

Tab. 5.6: Einfluß des Klimas auf die Verwitterung von Dolerit (Angaben in %). Nach WARD. *In* WIEGNER „*Boden und Bodenbildung"*, *Dresden 1931.*

Prozeß (Klima)	Tonbildung (humid, gemäßigt)		Lateritisierung (tropisch)	
Ort	South Straffordshire		West-Chats	
	frisch	verwittert	frisch	verwittert
SiO_2	49,3	47,0	50,4	0,7
Al_2O_3	17,4	18,5	22,2	50,5
Fe_2O_3	2,7	14,6	9,9	23,4
FeO	8,3	-	3,6	-
MgO	4,7	5,2	1,5	-
CaO	8,7	1,5	8,4	-
Na_2O	4,0	0,3	0,9	-
K_2O	1,8	2,5	1,8	-
P_2O_5	0,2	0,7	-	-
H_2O	2,9	7,2	0,9	25,0

Sesquioxide und Kaolinit dominieren die Tonfraktion vieler feucht-tropischer Böden, was eine pH-abhängige Ladung und Anionenadsorption bedingt. Bei niedrigen pH-Werten wird Phosphat sehr fest gebunden. Die Kapazität der Böden zur Bindung von basischen Kationen ist gering. Sofern in Mitteleuropa rotes Bodenmaterial auftritt, das nicht gesteinsbedingt rot ist, handelt es sich um Reste von Verwitterungsdecken früherer geologischer Perioden mit tropischem Klima.

5.3 Zusammenfassung

Die Bodenbildung ist ein langwieriger Prozeß, in dem unter Mitwirkung von Organismen anorganische und organische Stoffe verändert oder neu gebildet werden sowie das Substrat strukturiert und mit Energie angereichert wird. Der Boden bzw. die Pedosphäre entwickelt sich dabei als Teil eines Ökosystems bzw. unter Einfluß von Litho-, Atmo-, Hydro- und Biosphäre. Die Lithosphäre liefert die mineralischen Bodenbestandteile und beeinflußt damit Textur und Nährstoffgehalt des Bodens. Atmo- und Hydrosphäre bestimmen über Wasserangebot und Wärme die Intensität der Verwitterung und biologischen Stoffproduktion sowie Richtung und Ausmaß des Stofftransports im Boden. Die Biosphäre versorgt den Boden mit organischer Substanz und damit Energie und ermöglicht so ein Leben im Boden, eine Transformation organischer Stoffe und die Ausbildung einer Bodenstruktur. Je nach der örtlichen Konstellation dieser Faktoren laufen verschiedene Prozesse gleichzeitig oder nacheinander mit unterschiedlichem Gewicht im bodenbildenden Substrat ab, die zur Ausbildung qualitativ und quantitativ differenzierter Bodenhorizonte und eines Bodenprofils als Abfolge dieser Horizonte führen. Zu diesen Prozessen gehören u. a. die Anreicherung organischer Substanz, die Tonbildung und Tonverlagerung, die Anreicherung oder Auswaschung basischer oder saurer Kationen, eine intensive Verwitterung unter Freisetzung und teilweiser Verlagerung der Oxide von Fe, Al und Si sowie Redoxprozesse unter der Einwirkung von Grund- und Stauwasser. Die bodenbildenden Prozesse umfassen Transformations- und Translokationsprozesse. Prozesse wie Verlehmung und Verbraunung, Lessivierung, Podsolierung, Vergleyung, Pseudovergleyung, Versalzung, Rubefizierung und Desilifizierung enden in der Ausbildung spezieller Bodentypen.

Vergleyung, Pseudovergleyung, Versalzung, Rubefizierung und Desilifizierung enden in der Ausbildung spezieller Bodentypen.

Für Mitteleuropa kommt als bodenbildenden Prozessen der Humusakkumulation als Rohhumus, Moder oder Mull, der Verlehmung und Verbraunung (Bildung von Tonmineralen und Eisenoxiden), der Lessivierung (Verlagerung von Tonmineralen), der Podsolierung (Zerstörung von Silikaten einschließlich Tonmineralen und Tiefenverlagerung von organischer Substanz, Fe- und Al-Verbindungen) sowie der Vergleyung und Pseudovergleyung (Redoxprozesse) die größte Bedeutung zu. Flächenmäßig dominieren terrestrische Standorte, auf denen die Prozesse der Verlehmung und Verbraunung, Lessivierung oder Podsolierung ablaufen.

6 Bodeneigenschaften

Die im Ergebnis der Bodenbildung auftretenden Bodeneigenschaften können lithogen, klimatogen, phytogen, hydrogen und anthropogen sein. Als zugehörige Beispiele seien genannt: Mineralbestand der Braunerden, Bodentemperatur, Elementanreicherung im Oberboden oder Rohhumus im Forst, Marmorierung und Fe-Mn-Konkretionen bei Pseudogleyen sowie die Pflugsohlenverdichtung bei Ackerböden. Im folgenden werden physikalische, chemische und biologische Bodeneigenschaften aus qualitativer und quantitativer Sicht behandelt. Für den Bodenkundler wichtige physikalische und chemische Einheiten sind im Anhang aufgeführt. Neben SI-Einheiten werden dort auch im Ausland gebräuchliche (SI-fremde) sowie ältere Einheiten definiert, um das Literaturstudium zu erleichtern.

6.1 Physikalische Eigenschaften

Auch physikalische Bodenzustände können der Bodendynamik unterliegen. Soweit sinnvoll, sollten sie deshalb in situ und registrierend über einen längeren Zeitraum gemessen werden.

6.1.1 Gründigkeit

Unter Gründigkeit versteht man die Tiefenlage des festen Gesteins bzw. die Mächtigkeit des Lockermaterials oder der Bodenhorizonte über dem festen Gestein. Die Gründigkeit kann durch verfestigte Zonen und Steinsohlen in den Schuttdecken sowie bei Lockergesteinen sekundär durch verfestigte Bodenhorizonte (Ortstein, Raseneisenstein, Knick) eingeschränkt sein. Die Gründigkeit entscheidet über die ungehemmte Tiefenentwicklung der Pflanzenwurzeln, insbesondere bei Bäumen. Hier unterscheidet man zwischen absoluter und physiologischer Gründigkeit. Physiologische Flachgründigkeit liegt vor, wenn das Tiefenwachstum der Wurzeln durch physiologische Faktoren gehemmt wird. Ursachen können hochanstehendes Grundwasser, Bodenverdichtung, schlechte Durchlüftung (Staunässe), Säure- oder Al-Toxizität sowie pH-Sprünge sein. Im Extremfall bezieht z. B. die Fichte auf schweren Böden im Hügelland bei Vorliegen von Bodenverdichtung, Staunässe, Luftmangel und hoher Azidität Wasser und Nährstoffe nur noch über ihre im Auflagehumus wachsenden Wurzeln, während sie auf Gebirgsböden durchaus mit ihren Wurzeln in die Tiefe geht. Für die Beurteilung der Windwurfgefährdung von Bäumen wird die Gründigkeit herangezogen, da ein eingeschränktes Wurzelsystem die Standfestigkeit reduziert.

Die Größe des durchwurzelbaren Raumes bestimmt mit die Bestandesproduktivität, da hiervon die Verfügbarkeit der Wasser- und Nährstoffvorräte für die Wurzeln abhängt. Die Erschließung tieferer Bodenschichten auf biologischem, chemischem oder maschinellem Wege ist daher ein Ziel des Ackerbaus (tiefwurzelnde Pflanzen,

Untergrundkalkung, Untergrundlockerung). Die intensive Bodenbewirtschaftung der letzten Jahrzehnte führte vielerorts zu einer deutlichen **Krumenvertiefung** von 20–25 cm auf ≥ 30 cm und damit zu einer Erhöhung der Krumenmasse von 3 000 t ha^{-1} auf 4 000 t ha^{-1}.

Mit **Durchwurzelbarkeit** wird die mögliche Eindringtiefe für Pflanzenwurzeln in den Boden und in das Lockergestein bzw. zerklüftete Gestein bezeichnet, mit **Durchwurzelung** die tätsächlich beobachtete Durchwurzelungstiefe. Bei einer durchwurzelten Tiefe der Böden von > 60 cm spricht man von tiefgründig, bei 60–30 cm von mittelgründig, bei 30–15 cm von flachgründig und bei < 15 cm von sehr flachgründig. So können Hangböden, bedingt durch Verlagerungsvorgänge, am Oberhang flachgründig, am Unterhang tiefgründig ausgebildet sein.

Mit **Entwicklungstiefe des Bodens** bezeichnet man die Mächtigkeit der Bodenbildung bzw. die Mächtigkeit der von der Bodenbildung erfaßten Schuttzone. Trotz der relativ geringen Mächtigkeit der Verwitterungszone in Mitteleuropa vollzieht sich der rezente Bodenbildungsprozeß häufig nur im oberen Teil der pleistozänen Deckschichtenfolge, so daß die Bodenbildungszone nicht identisch ist mit dem pleistozänen Decksediment als Ganzem (s. 4.1.4).

6.1.2 Körnung und Bodenart (Bodentextur)

Von allen Bodeneigenschaften ist die **Körnung** die grundlegende, weil viele physikalische und chemische Eigenschaften durch sie beeinflußt werden (z. B. Wasser-, Luft- und Nährstoffhaushalt sowie Bearbeitkeit des Bodens). Die Körnung oder Textur ist eine weitgehend stabile Eigenschaft des Bodens. Die Körner eines Bodens sind unterschiedlich groß und unterschiedlich geformt.

Die Bodenteilchen werden nach ihrer Korngröße klassifiziert, die Korngrößen in Fraktionen eingeteilt (Tab. 6.1). Man unterscheidet zwischen reinen und zusammengesetzten Bodenarten. Der Mengenanteil der Kornfraktionen am Gesamtboden bzw. am Feinboden (< 2 mm) wird in Prozent angegeben. Der relative Anteil der Größengruppen der Bodenteilchen variiert stark zwischen den einzelnen Böden. Die relativen Gewichtsanteile der verschieden großen mineralischen Teilchen bestimmen die Bodentextur. Die steinfreien Mineralböden können in die drei großen **Texturklassen** Sande (S), Schluffe (U) und Tone (T) eingeteilt werden.

Die Grenze zwischen Feinsand und Schluff liegt bei 60 µm (0,06 mm). Teilchen der Durchmesserklasse 0,02–0,06 mm werden als Grobschluff bezeichnet. Diese Fraktion ist insbesondere für äolisch gebildete Substrate, wie den Löß, von Interesse (Tab. 6.2).

Ältere Einteilungen: **Staubböden** sind Böden, in denen Grob-, Mittel- und gröberer Feinsand (0,2–0,1 mm) fehlen oder stark zurücktreten, während die Korngrößen zwischen 0,1 und 0,01 mm einseitig vorherrschen. Auch der Gehalt an Feinschluff und Ton liegt verhältnismäßig niedrig (Tongehalt meist < 20 %). Bei einem Tongehalt von 10–20 % spricht man von Staublehm. Diese Böden reichen also sowohl in den Sand- als auch in den Schluffbereich hinein.

Bodeneigenschaften

Tab. 6.1: Kornfraktionen. Nach AG Boden 1994.

Korngrößenklassen Bezeichnung	Klassengrenzen Durchmesser in mm	Korngrößenklassen Bezeichnung	Klassengrenzen Durchmesser in mm
Feinboden	< 2 mm	*Grobboden*	> 2 mm
Sand	**0,063–2,0**	Grus[1], Kies[2]	**2–63**
Grobsand	0,63–2,0	Feingrus[1], Feinkies[2]	2–6,3
Mittelsand	0,2–0,63	Mittelgrus[1], Mittelkies[2]	6,3–20
Feinsand	0,063–0,2	Grobgrus[1], Grobkies[2]	20–63
Schluff	**0,002–0,063**	**Steine**	**> 63**
Grobschluff	0,02–0,063	Steine i.e.S, (Gerölle)	63–200
Mittelschluff	0,0063–0,02	Blöcke	200–630
Feinschluff	0,002–0,0063	Großblöcke	> 630 mm
Ton	**< 0,002 = 2 µm**		
Grobton	0,63–2 µm		
Mittelton	0,2–0,63 µm		
Feinton	0,063–0,2 µm		

[1] kantige Formen, [2] gerundete Formen

Tab. 6.2: Korngrößenzusammensetzung eines Lößlehm-Pseudogleys (Revier Rossau, Abt. 311).
Angaben in Masse-%, ältere forstliche Korngrößeneinteilung.

Horizont	Grobsand mm	Mittelsand mm	Feinsand mm	Staub mm	Grobschluff mm	Mittelschluff mm	Feinschluff mm	Rohton mm
	2–0,2	0,2–0,1	0,1–0,06	0,06–0,02	0,02–0,01	0,01–0,006	0,006–0,002	< 0,002
Ah	1,4	2,6	6,4	43,2	21,9	6,2	4,9	13,4
S	1,7	1,2	2,2	40,4	18,5	9,0	5,4	21,6

Die Gesamtheit der Partikel < 0,01 mm wird unter „**abschlämmbare Teilchen**" oder „Feinstes" zusammengefaßt und zur einfachen Charakterisierung landwirtschaftlicher Böden benutzt (z. B. bei der Reichsbodenschätzung).

Bodenart

Mit der Körnungsanalyse wird die Häufigkeitsverteilung des untersuchten Körnerkollektivs (Boden) ermittelt. Die nach dem Massenanteil oder nach den Eigenschaften vorherrschende Texturklasse (Körnungsklasse, Körnungsart) bestimmt den Namen der Bodenart, z. B. sandiger Ton. Grenzwerte der Bodenarten enthält Tab. 6.3. Die gleiche Menge Ton wirkt sich stärker aus als Schluff und diese stärker als Sand. Zwischen der Körnungsartenverteilung und den Kenngrößen des Bodenwasserhaushalts bestehen enge Beziehungen.

Die Zusammensetzung des Feinbodens (< 2 mm) bezüglich der Korngrößenfraktionen Sand (2,0–0,063 mm), Schluff (0,063–0,002 mm) und Ton (< 0,002 mm) in Prozent läßt sich als Punkt in einem **Körnungsartendreieck** darstellen, das auch zur Abgrenzung der Texturklassen dient (s. Abb. 6.1; Sand + Schluff + Ton = 100). Weitere Darstellungsarten für die Körnung der Feinbodenfraktion sind die **Kornverteilungskurve** (Abb. 6.2) und die **Häufigkeitssummenkurve** (Kornsummenkurve, Abb. 6.3), bei denen für die Abszisse (Korngröße) eine logarithmische Skala und für die Ordinate (Häufigkeit, Masse-%) ein linearer Maßstab verwendet wird. Aus der Summenkurve lassen sich Parameter für die Kennzeichnung eines Körnerkollektivs bzw. **sedimentpetrographische Kennwerte** ableiten. Beispiele sind Zentralwert, Sortierungskoeffizient und Feinheitsgrad, die zur Charakterisierung quartärer Deckschichten herangezogen werden.

Der **Zentralwert** M_d (**Median**) ist die Korngröße (Abszisse), bei der die 50 %-Linie (Ordinate) die Summenkurve schneidet. 50 Masse-% der Probe sind größer und 50 Masse-% kleiner als der Median. Feinkörnige Böden haben kleinere Werte als grobkörnige (s. Abb. 6.4).

Die **Quartile** Q_1 und Q_2 repräsentieren diejenigen Korndurchmesser, bei denen 25 Masse-% bzw. 75 Masse-% der Teilchen des Korngemisches kleiner als diese Korndurchmesser sind (s. Abb. 6.4).

Die Berechnung des **Sortierungskoeffizienten** S_0 (quartile Abweichung) berücksichtigt die Quartile Q_1 und Q_2. Der Sortierungskoeffizient berechnet sich nach

$$S_0 = \sqrt{\frac{Q_{75}}{Q_{25}}}$$

Je größer der S_0-Wert ist, desto schlechter ist die Sortierung. Der Wert > 2,5 weist auf eine schlechte, der Wert 1,2 auf eine sehr gute Sortierung hin.

Zur Bestimmung des **Feinheitsgrades** werden, bei der kleinsten Fraktion beginnend, die Massenprozente summiert und durch die Anzahl der verwendeten Fraktionen dividiert. Böden mit einem hohen Anteil in den kleineren Korngrößenfraktionen haben eine größere Kennzahl als solche mit gröberer Körnung.

Feinheitsgrad F = (n · a + (n–1) · b + (n–2) · c +...+ z)/n mit n Anzahl der Korngrößenfraktionen, a Masseanteil der kleinsten Fraktion, b Masseanteil der auf a folgenden Fraktion, z Masseanteil der größten Fraktion.

Tab. 6.3: Grenzwerte der Bodenarten (Anteile der Fraktionen). Nach AG Boden, 1994 (Auszug).

Bodenartenuntergruppen	Kurzzeichen	Kornfraktionen (Masse-%)		
		Ton	Schluff	Sand
reiner Sand	Ss	0–5	0–10	85–100
schwach schluffiger Sand	Su2	0–5	10–25	70–90
schwach lehmiger Sand	Sl2	5–8	10–25	67–85
mittel lehmiger Sand	Sl3	8–12	10–40	48–82
schwach toniger Sand	St2	5–17	0–10	73–95
mittel schluffiger Sand	Su3	0–8	25–40	52–75
stark schluffiger Sand	Su4	0–8	40–50	42–60
schluffig-lehmiger Sand	Slu	8–17	40–50	33–52
stark lehmiger Sand	Sl4	12–17	10–40	43–78
mittel toniger Sand	St3	17–25	0–15	60–83
reiner Schluff	Uu	0–8	80–100	0–20
reiner Ton	Tt	65–100	0–35	0–35

Bodeneigenschaften

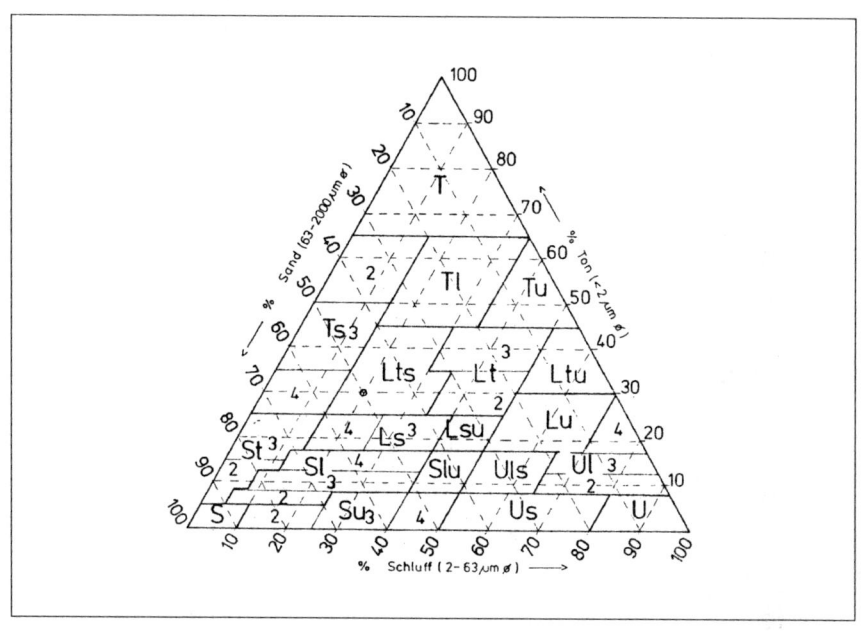

Abb. 6.1: Körnungsartendreieck nach DIN 4220 (S, s Sand, sandig; U, u Schluff, schluffig; L, l Lehm, lehmig, T, t Ton, tonig. 2,3,4, schwach, mittel, stark).

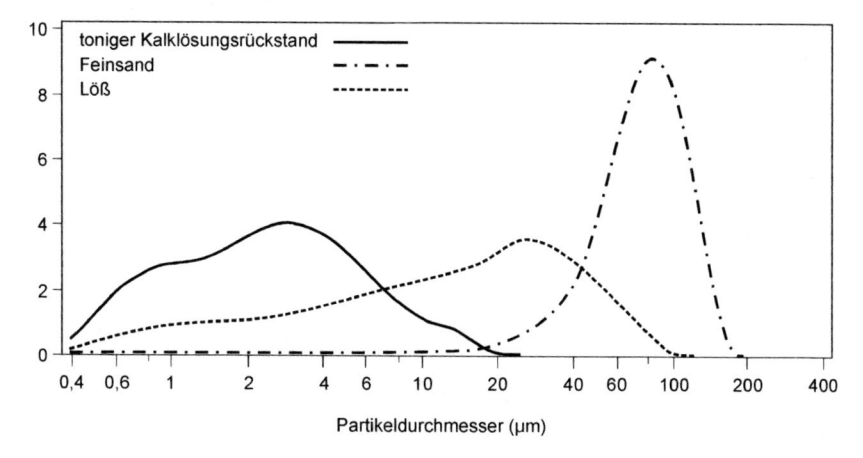

Abb. 6.2: Kornverteilungskurven. KSCHIDOCK, Tharandt.

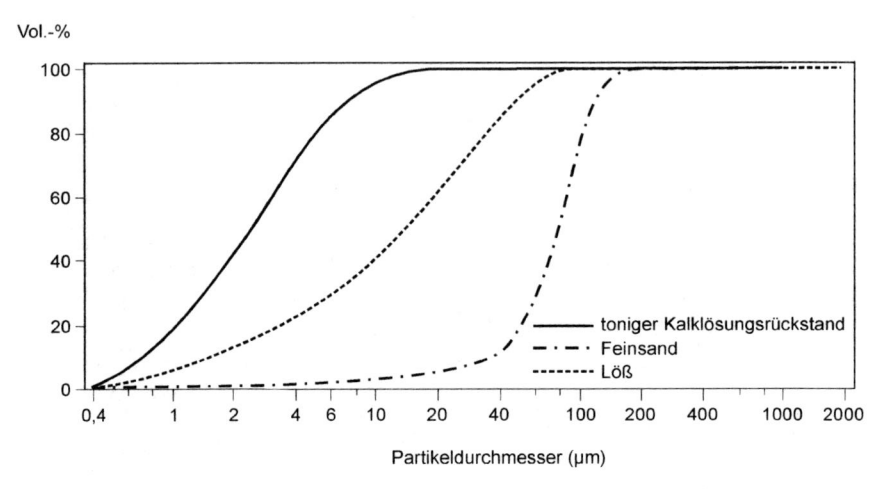

Abb. 6.3: Kornsummenkurven (Vol.-%) von tonigem Kalklösungsrückstand, Feinsand und Löß

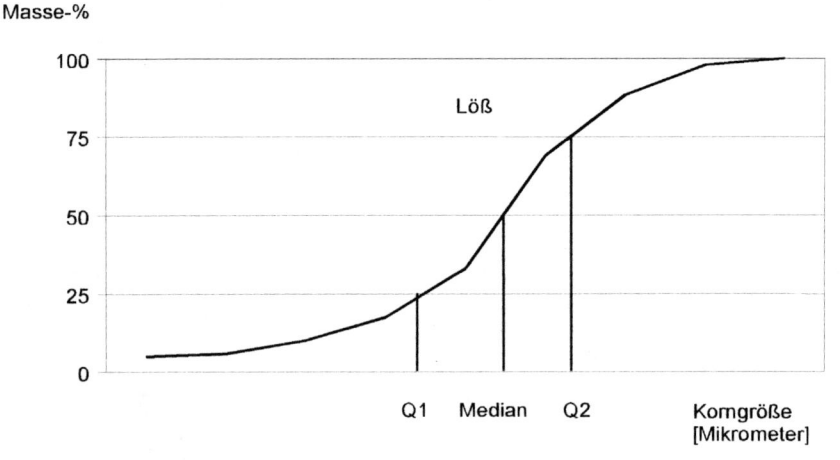

Abb. 6.4: Kornsummenkurve (Masse-%) von Löß mit Median und Quartilen (Q_{75}–Q_{25}, Interquartilbereich)

Der **Grobboden** (> 2 mm) wird bei Waldböden bzw. Gebirgsböden und steinreichen glazialen Substraten berücksichtigt und weiter differenziert. Die Fraktion 20–2 mm bezeichnet man auch als Feinskelett oder Grand. Sie ist bei der quantitativen Erfassung pedogener Stoffumlagerungen in Waldböden in die Bilanzierung mit einzubeziehen. Der Steingehalt der Waldböden wird ab 25 % beschrieben. Wenn 75 % des Gesamtbodens aus Teilen > 2 mm bestehen, spricht man von **Skelettböden** bzw. je nach der vorherrschenden Skelettart von Grand-(Kies-, Grus-), Stein- oder Blockböden.

Bodeneigenschaften

Außerhalb der Forstwirtschaft wird bereits bei > 25 Vol.-% Bodenskelett von Skelettböden gesprochen. Ihr Feinbodenanteil wird im Zusatz gekennzeichnet, z. B. sandiglehmiger Grusboden. Bei den Steinen interessiert neben ihrem Gewichts- oder Volumenanteil noch ihre Form und ihre Lage im Bodenprofil, weil dies Schlüsse auf die geologische Bildung des Bodensubstrates ermöglicht. Der Skelettgehalt des Bodens wird in der Regel am Profil geschätzt, seltener durch Grobsiebung im Freien bestimmt (Tab. 6.4).

Bei gegebenem Bodenvolumen mindert das Skelett meist das Vermögen des Bodens, Wasser und Nährstoffe zu speichern. Das Bodenskelett wird daher häufig als weitgehend inerte Matrix betrachtet, die die Eigenschaften der in der Regel allein chemisch analysierten Feinerde verdünnt. Im Untergrund tritt jedoch bei Mangel an Feinerde seine Wirkung als Puffer und Ionenaustauscher gesteinsabhängig (Porosität, Gehalt an basischen Kationen) deutlich hervor, was sich auf die Qualität des Sickerwassers, wie die Minderung seiner Azidität, positiv auswirkt.

Tab. 6.4: Anteil des Grobbodens am Gesamtboden in Vol.-%. Nach AG Boden 1994.

Bezeichnung	Gemengeanteil
sehr schwach steinig (kiesig, grusig)	< 2
schwach steinig	2–10
mittelsteinig	15–25
stark steinig	25–50
sehr stark steinig	50–75
Steine, Kies, Grus	> 75

Feinboden umfaßt das Material < 2 mm Korndurchmesser. **Sandböden** enthalten > 50 % Sand und < 15 Masse-% Ton. Sie werden in Grob-, Mittel- und Feinsandböden sowie nach ihrem Ton- und Schluffgehalt in schluffige, lehmige, anlehmige und reine Sande unterteilt. Bereits geringe Ton- und Schluffmengen ändern den Charakter eines Sandbodens stark. Sandböden sind im allgemeinen gut sortiert (S_0-Werte 1,21–1,84), haben Zentralwerte um 0,230 (0,128–0,358) mm und Feinheitsgrade < 45. In der Sandfraktion ist der Quarz sehr stark vertreten, gefolgt von Feldspäten.

Die Leistungsfähigkeit der Sandböden für die biologische Stoffproduktion steigt mit ihrem Gehalt an Schluff und Ton. Insbesondere für forstliche Zwecke ist eine feine Unterteilung der Sandböden erforderlich. Im norddeutschen Pleistozängebiet ist ein Sand aufgrund der Transportverwitterung um so silicatärmer, je feinkörniger er ist. Die silicatärmsten Sande liegen in den Urstromtälern. Es gibt jedoch auch Sande mit einem hohen Gehalt an Nährstoff nachliefernden Mineralen.

Sandböden besitzen Einzelkornstruktur und ein hohes Grobporenvolumen und damit eine intensive Durchlüftung. Sie sind gut durchwurzelbar. Sie dränen gut, sind leicht bearbeitbar, speichern aber Wasser und Nährstoffe schlecht (geringe Feld- und

Sorptionskapazität). Bei Sandböden führen bereits geringe Unterschiede in der Körnung sowie Unterschiede im Humusgehalt zu einem unterschiedlichen Wasserspeichervermögen. Sandböden neigen nicht zur Verkrustung und sind durch Wassererosion weniger gefährdet. Ein ausreichender Vorrat an organischer Substanz stellt auf Sandböden die Grundlage für den Pflanzenbau dar, gefolgt von einer ausgeglichenen Wasserversorgung.

Die Gliederung der Schluff- und Tonböden ist großzügiger als die der Sandböden. **Schluffböden** besitzen > 50 Masse-% Schluff bei nicht zu hohem Tongehalt. Lehmige Schluffböden enthalten Ton und Sand in nennenswertem Maße.

Böden mit hohem Schluffanteil weisen meist eine ungünstige Bodenstruktur, Dichtlagerung und eine unzureichende Wasserdurchlässigkeit und Durchlüftung auf. Staub- und schluffreiche Böden neigen nach Starkregen zur Oberflächenverkrustung und sind stark erosionsgefährdet. Besonders gilt dies für Lößböden bzw. Lößgebiete. Schluffböden nehmen schnell Wasser auf, wobei ihre Festigkeit und damit ihre Befahrbarkeit abnimmt.

Im Mittelgebirge lassen Böden mit hohem Schluffgehalt in den oberen Dezimetern eine Lößbeimengung erwarten. Hinsichtlich des Mineralbestandes überwiegt der Quarz, gefolgt von Feldspäten und Glimmern und einem geringen Gehalt an Tonmineralen und Oxiden.

Lehmböden sind ein Gemisch aus Sand, Schluff und Ton von gelbbrauner Farbe, das weiter differenziert werden kann, z. B. schluffiger, toniger Lehm. Ein typischer Lehm besitzt 50–60 % Grob- und Feinsand, 25–30 % Schluff und 20–25 % Ton. Lehme ohne Grob- und Mittelsand werden als Feinlehme bezeichnet. Als bodenbildende Substrate seien Geschiebelehm und Lößlehm genannt.

Das Nährstoff- und Wasserangebot für die Pflanzen ist gut (hohe nutzbare Feldkapazität), überschüssiges Wasser versickert bei guter Struktur leicht, die Bodenbearbeitung ist in einem größeren Bereich des Wassergehaltes möglich. Lehm- und Schluffböden sind weniger gut sortiert als Sandböden (S_0-Werte 1,89–4,24), der Zentralwert liegt in der Grobschlufffraktion, und die Feinheitsgrade variieren von 45–70. Sandiger Lehm besitzt eine ausgeglichene Körnung und damit günstige Eigenschaften für den Ackerbau.

Die **Tonfraktion** stellt ein wechselndes Gemisch aus verschiedenen Tonmineralen, Silicaten wie Feldspäten und Glimmern, Quarz und Nichtsilicaten (Sesquioxide, amorphe Minerale, in Böden aus Kalkstein auch Calcit) dar, und kann damit grundverschiedene Eigenschaften besitzen. Im Gegensatz zu Sandböden haben **Tonböden** einen hohen Gehalt an sekundären Mineralen. In der Regel dominieren Tonminerale und Oxide. Glimmer, Feldspäte und Quarz treten mengenmäßig zurück. Die Tonfraktion ist für die kolloidchemischen Eigenschaften des Bodens von entscheidender Bedeutung. Der Tongehalt beeinflußt stark die Kationenaustauschkapazität, die Aggregation und die Konsistenz des Bodens. Tonböden enthalten > 30 Masse-% Ton. 40 % Ton machen bereits einen ausgeprägten Tonboden. Bei mehr als 60 Masse-% Ton

Bodeneigenschaften

hoher Plastizität spricht man von schweren Tonböden. Man unterscheidet ferner sandige, schluffige und lehmige Tonböden. Letzteren sind Sand und Schluff beigemengt. Tonböden haben mit 70–80 den höchsten Feinheitsgrad. Dominierende Fraktionen sind Ton und Feinschluff (M_d-Wert < 6 µm).

Tonreiche Böden bezeichnet man bezüglich ihrer Bearbeitbarkeit als schwer, sandreiche Böden als leicht. Weitere wesentliche Unterschiede zwischen diesen Extremen liegen im Wasser-, Luft-, Wärme- und Nährstoffhaushalt. Tonböden erwärmen sich im Frühjahr nur langsam, sie sind „kalte" Böden, Sandböden erwärmen sich schnell, sie sind „hitzige" Böden. Tonböden binden reichlich Nährstoffe, sie sind schwer dränierbar, weisen das höchste Gesamtporenvolumen sowie eine hohe Feldkapazität bei geringer nutzbarer Feldkapazität auf. Ihre Durchwurzelbarkeit ist schlecht. Im Vergleich zu Schluffböden ist die Kohäsion größer und die Reibungsfestigkeit geringer.

Die Bodenarten werden außer durch die Körnungsart durch ihren **Kalk- und Humusgehalt** charakterisiert. Böden mit so erheblichen Humusanteilen (> 15–20 % Humus), daß die Mineralbodenanteile dagegen zurücktreten, werden Humusböden genannt. Kalkhaltige humose Lehmböden sind die besten Kulturböden, weil sie den meisten Kulturpflanzen gutes Gedeihen ermöglichen.

Die Textur des Bodens beeinflußt zahlreiche Bodeneigenschaften. Während sich an den feinen Bodenteilchen die physikochemischen Prozesse vollziehen, stellen die gröberen Bestandteile des Bodens das Filtergerüst. Die meisten Böden bestehen aus Mischungen verschiedener Korngrößenfraktionen. Im Gelände lassen sich mit der Fingerprobe Sand, sandiger Lehm, Lehm, schluffiger Lehm (Schlufflehm), toniger Lehm und Ton unterscheiden. Böden mit einseitiger Korngrößenzusammensetzung, wie Ton-, Schluff-, Sand- und Steinböden, weisen für das Pflanzenwachstum ungünstige Eigenschaften auf.

Substratklassifizierung

Als **Substrat** wird das nach Körnung und petrographischen Merkmalen charakterisierte Material bezeichnet, aus dem der Boden besteht. Beispiele für Substrate sind Sandlöß, Löß, Decklöß, Decklehm, Berglöß, Skelettlehm, Auenlehm, Kolluviallehm und Kolluviallöß.

Die meisten Ausgangssubstrate mitteleuropäischer Böden sind geschichtet. **Schichtung** ist eine durch Veränderung der Sedimentationsverhältnisse bedingte vertikale Differenzierung von Sedimenten. Sie ist an Unterschieden in der Lagerung, Körnung und mineralogischen Zusammensetzung erkennbar.

Die Substratsystematik dient zur Charakterisierung der Ausgangsmaterialien der Bodenbildung (s. a. 8.2.2.2), speziell der vergleichbaren Kennzeichnung der Substrate und ihrer Abfolgen bei der Ansprache von Bodenprofilen und zur Charakterisierung von Bodenarealen. Sie ist die Voraussetzung für eine systematische Ausscheidung von Bodenformen und Bodenformengesellschaften (s. Kap. 7). Zunächst werden die Substrate der Schichten einzeln gekennzeichnet (z. B. nach Grobboden,

Feinboden, Carbonatgehalt, Ausgangsgestein). Ähnlich der Bildung von bodensystematischen Einheiten durch Zuordnung von charakteristischen Horizontabfolgen werden die Abfolgen von Substratarten zu substratsystematischen Einheiten typisiert. Die Typisierung wird für einheitliche Substrate nach der Substratart (z. B. Sand, Lehm, Schluff), für geschichtete Substrate außerdem nach Schichtmächtigkeit und Schichtenfolge vorgenommen. Verbreitete Substrate und Substratkombinationen werden als Substrattypen bezeichnet. Wechselt das Material in 3 ... 4–8 ... 9 dm Tiefe, so werden je nach Substratabfolge die Kennwörter Deck-, -tief, -kerf und „über Gestein" verwendet (s. 8.2.2.2). Beispiele für Substattypen sind **Sandtieflehm** (Deckschicht Sand, unterlagernde Schicht Lehm), **Lehmkerf** (Deckschicht Lehm, unterlagernde Schicht Ton), **Decklehm** (Deckschicht Lehm, unterlagernde Schicht Kies bis lehmiger Sand) und Lehm über Gestein (Berglehm) mit Lehm als Deckschicht und Festgestein als unterlagernde Schicht. Bei einem Materialwechsel in 8 ... 9–12 dm Tiefe wird für die unterlagernde Schicht die Zusatzbezeichnung -unterlagert (z. B. lehmunterlagert) verwendet. In dieser Tiefe sind feinere Unterschiede der Bodenart ohne praktische Bedeutung, weshalb Sandlehm (stark sandiger und sandiger Lehm), Lehm und Löß (Schlufflehm) als Lehm zusammengefaßt werden. Aus den tatsächlich vorkommenden Kombinationen von Substratart, Schichtmächtigkeit und Schichtenfolge ergibt sich eine überschaubare Zahl von Substattypen. Es existiert eine für Land- und Forstwirtschaft gemeinsame Systematik bodenbildender Substrate (s. 8.3.4). Die Substratbezeichnungen werden mit den zugehörigen bodensystematischen Einheiten zu **Bodenformen** verknüpft (s. Kap.7).

6.1.3 Aggregate und Poren (Bodengefüge)

6.1.3.1 Bindigkeit

Der Zusammenhang der einzelnen Bodenteilchen und damit die Bindigkeit oder **Konsistenz** des Bodens beruht auf Kohäsion und Adhäsion. Mit **Kohäsion** bezeichnet man das Aneinanderhaften von Teilchen einunddesselben Stoffes, mit **Adhäsion** den Zusammenhalt von Teilchen verschiedener Stoffe. Der Kohäsionsgrad des Bodens entspricht dem Grad seiner Feinkörnigkeit. Tonböden zeigen demnach die stärkste Kohäsion. Der Wassergehalt des Bodens übt über den Zusammenhang von Bodenteilchen und Wasser sowohl bei Sanden als auch bei Tonen Einfluß auf die Bindigkeit aus. Trockener Sand ist wegen geringer Kohäsion „lose", feuchter Sand besitzt dagegen durch Adhäsion und im Falle von Feinsand durch Kapillarkohäsion eine erhöhte Bindigkeit. Umgekehrt ist trockener Ton wegen hoher Kohäsion „fest", feuchter Ton dagegen weich oder plastisch, da die Wasserhüllen um die Teilchen die Kohäsion reduzieren. Die Konsistenz sagt also etwas über den Zustand eines feinkörnigen Bodens aus. Der Zustand grobkörniger Böden wird dagegen durch ihre Lagerungsdichte gekennzeichnet.

In der Landwirtschaft wird ein mittlerer Bindigkeitsgrad (mild, mürbe) angestrebt, bei dem sich der Boden im trockenen Zustand leicht krümeln läßt. Für die Bearbeitbarkeit eines Bodens kommt der Bindigkeit erhebliche Bedeutung zu (Widerstand gegen Bodenbearbeitung und Widerstandsfähigkeit gegenüber Verdichtung; s. 6.1.4.8). Wegen der starken Änderung der Bindigkeit von Tonböden mit der Bodenfeuchte muß bei diesen „Stundenböden" der für die Bodenbearbeitung günstigste Feuchtigkeitszustand genau abgepaßt werden, um mit geringer Zugkraft und ohne Verschmieren des Bodens pflügen zu können. Wesentliche Änderungen erfährt die Bindigkeit eines schweren Bodens, wenn er vom Einzelkorngefüge in einen strukturierten Zustand, optimal in den des Krümelgefüges, überführt wird.

Ein Boden ist
– fest, wenn er beim Austrocknen mit tief eindringenden Rissen aufspringt und – völlig ausgetrocknet – sich nicht in kleine Stücke zerbrechen läßt;
– streng oder schwer, wenn er beim Austrocknen weniger tief aufreißt und – völlig ausgetrocknet – sich in kleine Stücke zerbrechen, aber nicht zerreiben läßt;
– mild oder mürbe, wenn er sich im trockenen Zustand ohne sonderlichen Widerstand zerbröseln bzw. zerkrümeln und in ein erdiges Pulver zerreiben läßt (für die Pflanzenproduktion günstigster Bindigkeitsgrad);
– locker, wenn er sich im feuchten Zustand zwar noch haltbar ballen läßt, trocken jedoch Neigung zum Zerfallen zeigt;
– lose, wenn er im trockenen Zustand völlig bindungslos ist, und
– flüchtig, wenn er im trockenen Zustand vor dem Winde verweht.

6.1.3.2 Bodengefüge

Unter Bodengefüge versteht man die räumliche Anordnung der Bodenteilchen. Durch diese werden Wasser-, Luft-, Wärme- und Nährstoffhaushalt und damit das Wurzelwachstum deutlich beeinflußt.

Gefügebildung

Die in der Bodentextur erfaßten Primärteilchen können einzeln oder aggregiert auftreten. An der Ausbildung eines Bodengefüges sind physikalische, chemische und biologische Prozesse beteiligt. Die Art der Aggregierung kann für Böden typisch sein. So überwiegt in Schwarzerden die biologische, in stark verwitterten tropischen Böden die chemische und in schluffreichen Böden die physikalische natürliche Aggregatbildung. Die wichtigsten **Bindesubstanzen** zwischen den Bodenteilchen, durch die es zu einer Aggregation des Bodens kommt, sind Ton- und Humuskolloide, freie Sesquioxide und Kalk. Als aggregierende Kräfte wirken Kohäsion und Adhäsion.

Die Verbindung der Teilchen kann in Sedimentgesteinen wie Böden durch Tonteilchen zwischen Sandkörnern oder durch Bildung von Kalk- oder Eisenhydroxidkrusten zwischen den Teilchen sowie durch organische Bestandteile, teils in Kombination mit Eisenverbindungen, erfolgen. Tonteilchen werden besonders durch organische Linearkolloide miteinander verbunden. Ca-Ionen fördern die Zusammenlagerung feinster Teilchen, Na-Ionen wirken dagegen dispergierend (s. 6.2.1.).

Textur und Struktur beschreiben die Bodenmatrix. Damit werden das Baumaterial des Bodens und seine Architektur charakterisiert, womit die feste Phase wie die Bodenporen erfaßt sind. Variationen treten durch die Art der Bausteine, ihre Anordnung im Raum und die Stabilität der Struktur auf. Dabei spielen Tonminerale und anorganische Ionen, organische Makromoleküle und Bodenorganismen eine wesentliche Rolle.

Mit dem Bodengefüge, das bei bewirtschafteten Böden im Gegensatz zur Bodentextur veränderlich ist, wird ein Bodenzustand charakterisiert. Jeder Boden besitzt ein Gefüge, mancher Boden auch eine Struktur. Hiermit erfaßt man die Lagebeziehungen der Bodenpartikel zueinander, ihre räumliche Anordnung und die sich hieraus ergebenden bodenökologischen Eigenschaften bzw. Funktionen.

Quellung und **Schrumpfung** von Tonmineralen wie Huminen tragen zu einer Strukturierung des Bodens bei. Quellungs- und Schrumpfungsvorgänge betreffen daher vorwiegend Ton- und Moorböden. An der Oberfläche schwerer Böden bilden sich bei längerer Trockenheit Risse aus, der Boden schrumpft. Schrumpfung ist die Folge der Wasserverdunstung oder des Wasserentzuges durch Eisbildung bei Böden mit überwiegend kleinen Poren. Bei diesen wird das Wasser nicht durch Luft ersetzt, die Tonteilchen rücken vielmehr zusammen. Die horizontale Schrumpfung führt zur Ausbildung vertikaler Risse, die vertikale Schrumpfung zu einer Senkung der Bodenoberfläche und zu horizontalen Rissen, die von der Oberfläche der Vertikalrisse ausgehen. Bei Wiederbefeuchtung des Bodens schließen sich die Risse durch Quellung der Tone (z. B. Smectit). An den Grenzflächen der Risse entstehen Tonhäutchen (slickensides). Pflügt man im Herbst, so werden die groben Schollen schwerer Böden im Winter durch den Bodenfrost in kleine Aggregate zerlegt. In tropischen Gebieten kann diese Zerlegung durch Wasserentzug bei starker Einstrahlung erfolgen.

Die **Ausprägung der Gefügebildung** kann schwach, mäßig oder stark sein. Die Bodenaggregate werden nach ihrer Größe, Form, Porosität und Stabilität gegenüber Druck im trockenen Zustand sowie gegenüber Regen weiter unterteilt. Nach der Geometrie der Aggregate unterscheidet man z. B. sphäroide (gerundete, unregelmäßige Oberfläche), prismatische, polyedrische und plattige Aggregate. Poröse, stabile, rundliche, natürlich entstandene Aggregate werden als Krümel bezeichnet. In Ackerböden werden bei der Bodenbearbeitung Aggregate von 3–5 mm Durchmesser angestrebt.

Ausbildungsformen des **Makrogefüges** sind:

Ungegliederte Gefüge:
- **Einzelkorngefüge**
  Wenn Bodenkolloide fehlen, kommt es zu keiner Bindung und Zusammenballung von Bodenteilchen, eine Aggregatbildung fehlt. Der Boden rieselt im trockenen Zustand. Dünensand besitzt z. B. ein Einzelkorngefüge und ist strukturlos. Gleiches gilt für Kies und Grobschluff.

Bodeneigenschaften

– Kohärentgefüge

Bei Ton- und Schluffböden können die Partikel miteinander Kontakt haben oder verbunden sein, ohne Gefügekörper zu bilden, es liegt ein massives oder Kohärentgefüge vor. Die Bodenteilchen bilden eine zusammenhängende, nicht gegliederte Masse. Hoher Gehalt an anorganischer kolloider Substanz führt zu starker Adhäsion und Kohäsion. Die Böden sind im feuchten Zustand plastisch und im trockenen Zustand hart. Die Art der Tonminerale variiert diese Eigenschaften. Kohärenter Ton kann für Wasser und Luft undurchlässig sein, kohärenter Löß (Bindemittel Kalk) ist dagegen für beide Medien im feuchten wie im trockenen Zustand durchlässig. Infiltrierte, ausgefällte Huminstoffe können gleichfalls ein Kohärentgefüge hervorrufen. Kohärentes **Hüllengefüge** ist im Ortstein-Horizont von Podsolen ausgebildet. Die Bildung von Feinporen ist begünstigt.

Aggregatgefüge, Aufbaugefüge:
– Feinkoagulatgefüge
Die Bodenmasse besteht aus < 0,5 mm großen Mikroaggregaten. Dieses Gefüge liegt häufig in Lehm-Braunerden unter Wald vor.

– Krümel-, Wurmlosungs- und Schwammgefüge
Krümel bauen sich aus Mikroaggregaten auf. Die rundlichen Aggregate (Krümel) setzen sich aus mineralischer und organischer Substanz zusammen und sind unterschiedlich groß (1–10 mm). Ein wesentlicher Teil einer guten Ackerkrume (humoser Oberboden) besteht aus rundlichen, porösen, wasserstabilen Aggregaten von 1 bis 5 mm Durchmesser, an deren Ausbildung Organismen, z. B. über die Wurmlosung (Ton-Humus-Komplexe), beteiligt sind. Bei einem sehr hohen Losungsanteil bzw. bei miteinander biologisch verklebten Krümeln spricht man von Schwammgefüge. Waldböden mit der Humusform Mull (Ah) und hohem Regenwurmbesatz besitzen ein wasserstabiles Schwammgefüge. Ein guter Gartenboden besteht aus Millimeter großen Gefügekörpern, er besitzt gleichfalls ein Schammgefüge. Bei diesem Gefüge liegt optimales Porenvolumen und optimale Porenverteilung vor. Die Aggregate sind zusätzlich durch Bakterienkolonien und Polyuronide (Schleimstoffe), Pilzhyphen und Haarwurzeln, insgesamt durch **Lebendverbauung** stabilisiert. Hierdurch bilden sich wasserstabile Aggregate aus. Zwischen der Menge aus dem Boden extrahierbarer Polysaccharide und seiner Aggregation besteht eine positive Beziehung. Da Mikroorganismen extrazelluläre Polysaccharide bilden, fördert die Zugabe leicht zersetzlicher organischer Stoffe zum Boden die Aggregation.

Poröse Aggregate von 5–50 mm Durchmesser werden als nußförmig bezeichnet.

Absonderungsgefüge (Segregatgefüge):
Beim Absonderungsgefüge liegen mit Prismen, Säulen und Platten kantige, polyedrische Körper aus feinkörniger mineralischer Grundmasse vor (Vorkommen u. a. bei Parabraunerde, Pararendzina und Pelosol).

- **Polyedergefüge**
  Die in Ca-reichen, schweren Bodenarten auftretenden Polyeder können porenreich sein, was für den Wasser- und Lufthaushalt dieser Böden wesentlich ist. Tonhäutchen auf den Polyedern reduzieren diesen Vorteil. Die Aggregate sind im Boden stabil, nicht jedoch an seiner Oberfläche. Die Polyeder sind vielflächig, scharfkantig, glatt, ihre Achsen etwa gleichlang. Es handelt sich um eine häufige Gefügeform in lehmigen Unterböden.
- **Prismen- und Säulengefüge**
  Beim Prismengefüge gehen die Fugen zwischen den Prismen senkrecht in den Boden. Sie dienen als Leitbahnen für Luft, Wasser und Wurzeln. Die vertikalen Achsen der scharfkantigen Aggregate sind länger als die horizontalen, die Flächen glatt. Die Aggregate treten erst im Unterboden auf.
  Beim Säulengefüge sind die säulenartigen Gefügekörper oft von Tonhäutchen überzogen und ziemlich dicht, Bodenspalten treten wie beim Prismengefüge auf. Bei Wasseraufnahme quillt der Boden, und die Spalten schließen sich, der Boden ist dicht. Kanten und Kopfflächen der Säulenkappen sind gerundet. Säulengefüge ist in Na-haltigen Böden mit hohem Tongehalt verbreitet (s. Solonetz).
- **Lamellen- und Plattengefüge**
  Die vorwiegend horizontal liegenden Lamellen (< 2 cm) oder Platten (> 2 cm) bilden sich durch Frosteinwirkung vowiegend in Lößböden und in Pflugsohlen. Die Horizontalachse ist größer als die Vertikalachse.
- **Fragmentgefüge**
  Bröckel- und Klumpengefüge (Aggregate > 2 cm) kann bei der Bodenbearbeitung entstehen.

Die Horizonte eines Bodentyps können ein unterschiedliches Gefüge aufweisen. So kann in einer Parabraunerde oder Schwarzerde aus Löß(lehm) der Ap-Horizont Krümelgefüge, der B-Horizont Polyedergefüge und der Unterboden Kohärentgefüge besitzen. Die Gefügekombination bestimmt den Wasser- und Lufthaushalt des Bodens.

Gefügestabilität
Eine besondere aggregatstabilisierende Wirkung üben die Bodenorganismen aus, seien es Regenwürmer (Schwammgefüge) oder Bodenmikroorganismen mit ihren Hyphen und Schleimstoffen (Polyuroniden). Auch die Haarwurzeln höherer Pflanzen tragen zur „Lebendverbauung" der Bodenaggregate bei, indem sie diese durchwachsen (Abb. 6.5). Auf der rauhen Aggregatoberfläche bildet sich ein Biofilm bzw. ein aktiver biologischer Rasen aus, der vorwiegend aus Mikroorganismen besteht und über eine Gelmatrix aus Schleimstoffen (Polyuroniden) an dieser haftet. Die Schleimstoffe werden von Mikroorganismen in die Umgebung ausgeschieden. Durch das Gel werden bakterielle Exoenzyme im Umfeld der Bakterien gehalten. Die hohe Mikrobenkonzentration zieht wiederum Bakterivore – Protozoen, Ciliaten, Rotatorien, Glockentierchen, Nematoden – an, so daß ähnliche Verhältnisse wie in Festbettreaktoren bei der biologischen Wasserreinigung vorliegen. Das Mikrobenkonsortium

stabilisiert nicht nur die Aggregatoberfläche, sondern ändert auch deren physikochemische Eigenschaften und übt über den Stoffwechsel chemische Wirkungen aus, wie z. B. unter aeroben Bedingungen die Ammoniumoxidation. Der Boden ist bei dieser Betrachtung ein Biofilmreaktor.

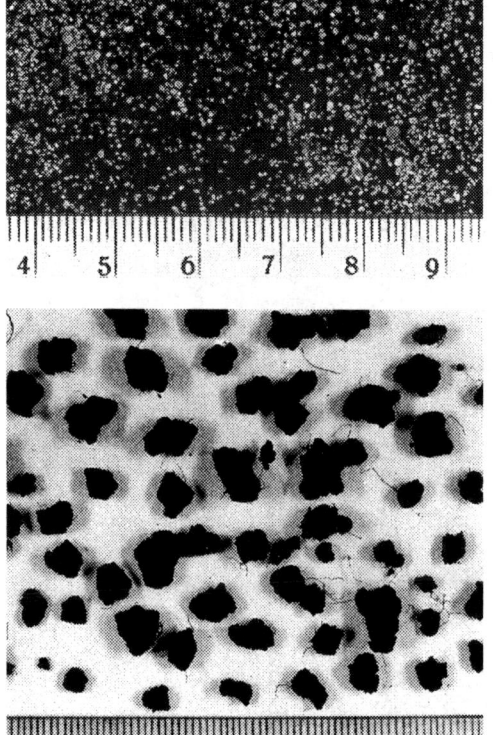

a) Einzelkorngefüge (extremer Sandboden).

b) Schwammgefüge (Wiesenboden aus Basalt. Stabilisierung der Aggregate durch Feinstwurzeln und Regenwurmlosung).

Abb. 6.5: Gefügeformen.

Die Landwirtschaft nutzt diese Möglichkeiten einer Strukturverbesserung aus, indem sie durch den mehrjährigen Anbau wurzelintensiver Pflanzen (Gräser, Leguminosen) oder die Zufuhr leicht abbaubarer organischer Substanz die biologische Aktivität im Boden fördert (Abb. 6.6 und 6.7). Dadurch werden Partikel und Mikroaggregate zu größeren und hohlraumreichen Sekundäraggregaten verbunden. Stoffe, die das Bodengefüge stabilisieren, sind außer natürlichen und synthetischen organischen Linearkolloiden (Polyuronide, Polysaccharide; Polyacrylate) der Kalk, hohe Ca- oder Al-Sättigung des Sorptionskomplexes und Eisenoxide (Abb. 6.8).

a) Wasserstabile Aggregate nach Mulchen.

b) Wasserstabile Aggregate durch Behandlung mit Polyacrylaten.

c) verschlämmter Boden ohne Behandlung.

Abb. 6.6: *Lehmboden (Röt) in unterschiedlichem Gefügezustand nach Beregnung.*

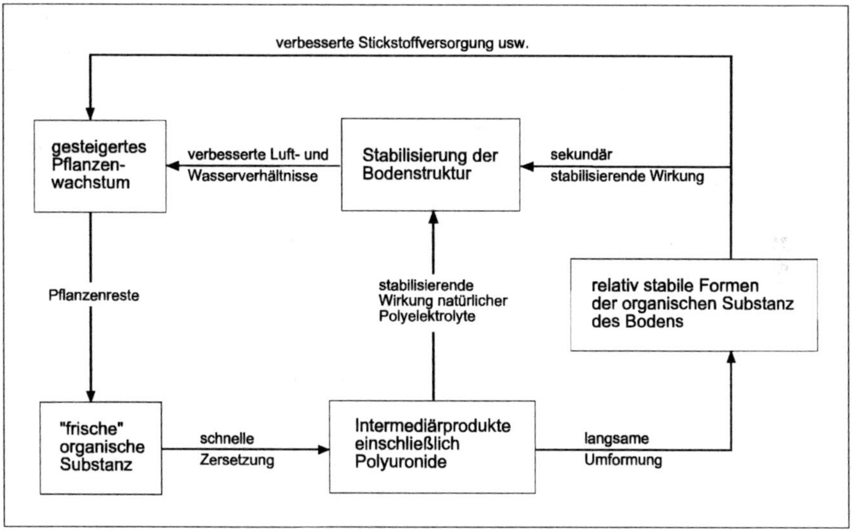
verbesserte Stickstoffversorgung usw.
gesteigertes Pflanzen-wachstum
verbesserte Luft- und Wasserverhältnisse
Stabilisierung der Bodenstruktur
sekundär stabilisierende Wirkung
Pflanzenreste
stabilisierende Wirkung natürlicher Polyelektrolyte
relativ stabile Formen der organischen Substanz des Bodens
"frische" organische Substanz
schnelle Zersetzung
Intermediärprodukte einschließlich Polyuronide
langsame Umformung

Abb. 6.7: Wechselwirkungen zwischen Bodenstruktur und Pflanzenwachstum.

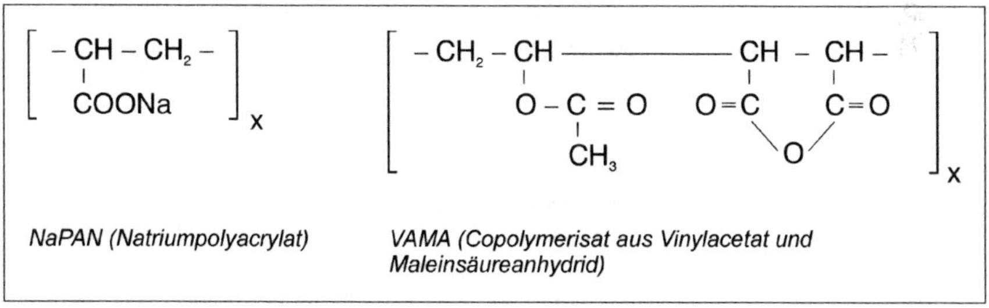
NaPAN (Natriumpolyacrylat)
VAMA (Copolymerisat aus Vinylacetat und Maleinsäureanhydrid)

Abb. 6.8: Formel von HPAN (hydrolysiertes Polyacrylnitril) und VAMA.

Bodengare

Das Bodengefüge bestimmt über die Porengrößenverteilung die Wasser- und Luftversorgung der Pflanzen und über den Wasser-, Luft- und Wärmehaushalt des Bodens die biologische Aktivität desselben. Böden, die sich aufgrund eines stabilen Krümelgefüges – bedingt durch hohe biologische Aktivität – durch hohe Lockerheit und Elastizität auszeichnen, befinden sich im Zustand der „Bodengare" (gar = fertig, bereit gemacht). Wenn ein Pflanzenbestand durch Beschattung die Bodenoberfläche vor der Austrocknung schützt und damit die biologische Aktivität bis an diese ausdehnt, spricht man von Schattengare. Die Bodengare ist der für das Wachstum landwirtschaftlicher Kulturen optimale Gefügezustand des Bodens. Ein wesentliches Ziel des Ackerbaus ist die Schaffung eines lockeren, druck- und wasserstabilen Krümelgefüges im Oberboden (der Ackerkrume) und die Offenhaltung des Unterbodens.

Waldböden mit hoher biologischer Aktivität unter dem Schatten spendenden Kronendach gestatten genügende Saatkeimung bzw. Naturverjüngung. Bodengare setzt hier die Abwesenheit einer mächtigeren Schicht von Auflagehumus voraus. Auch bei landwirtschaftlichen Böden steht der Humushaushalt in enger Beziehung zu deren Strukturzustand oder „Gare". Die organische Substanz des Bodens wirkt einerseits direkt strukturstabilisierend, sie bewirkt aber andererseits auch auf dem Wege über die bessere Entwicklung der Pflanzenwurzeln und die Intensivierung des Bodenlebens eine „Lebendverbauung" der Bodenhohlräume und eine mechanische Lockerung des Bodens (Abb. 6.5 und 6.7).

Gefügemängel
Das Gefüge in der Ackerkrume ist in Abhängigkeit von der Bewirtschaftung ständigen Veränderungen unterworfen. Es wird durch die Bodenbearbeitung stark beeinflußt (s. 8.3.4). Bei geringer Wasserstabilität der Aggregate kommt es zu einer Verkrustung der Bodenoberfläche, die den Gasaustausch des Bodens mit der Atmosphäre hemmt und durch Verringerung der Wasserinfiltration die Erosion fördert (s. Kap. 8 und 9). Bei gleichem Bodentyp ist die Stabilität der Aggregate aus Waldböden höher als die aus Ackerböden.

Änderungen der Bodenstruktur wirken sich auf wichtige Regelfunktionen des Bodens für das Ökosystem aus. Strukturschäden machen sich bemerkbar in mechanischer Hemmung des Wurzelwachstums infolge hohen Durchwurzelungswiderstandes, ferner in Luftmangel und Haftvernässung infolge geringen Grobporenanteils und im Stau des Versickerungswassers infolge verminderter hydraulischer Leitfähigkeit. Mit zunehmender Bodentiefe werden die Aggregate häufig gröber, die Dichte ihrer Lagerung nimmt zu.

Mikrogefüge
Bei mikroskopischer Betrachtung von Bodendünnschliffen wird die Architektur des Bodens bzw. der innere Bodenaufbau – Größe, Form, Art und Anordnung der Bodenteilchen, Hohlräume und Bindemittel – sichtbar (Abb. 6.9, s. Farbtafeln). In der **Mikromorphologie** wird dieses Mikrogefüge mit einer eigenen Terminologie beschrieben:

Primärpartikel	Sand, Schluff- und Tonteilchen
Mikroaggregate	< 0,25 mm
Makroaggregate	> 0,25 mm

Gruppen organischer Bindemittel	
transiente	Polyysaccharide und Polyuronide von Bodenmikroorganismen
temporäre	Hyphen und Wurzelhaare
persistente	Huminstoffe, Tonteilchen, Fe(III)-Verbindungen

Zu den Gefügeelementen gehören die Gefügekörner (z. B. primäre Minerale), Gesteinsbruchstücke und Humusteilchen (Festphase) sowie die Hohlräume. Die Gefügeelemente können Aggregate bzw. ein Elementargefüge ausbilden und in eine Richtung eingeregelt sein. Das Gerüst aus festen Bodenbestandteilen wird als **Gefügeskelett** (auch Feinboden- oder Korngerüst) bezeichnet (> 2 µm). Diesem formbeständigen Skelett stehen die beweglichen, aus Kolloiden (< 2 µm) bestehenden Bodenanteile (Feinmasse) als **Gefügeplasma** gegenüber (anorganisches Plasma aus Tonteilchen und Oxiden, organisches Plasma aus Huminstoffen). Das Gefügeplasma ist die Füllmasse zwischen den gröberen Bodenteilchen und lichtmikroskopisch nicht auflösbar. Das Mengenverhältnis von Gefügeskelett zu Plasma wird als C/F-Verhältnis bezeichnet (c: coarse, f: fine). Unter soil fabric ist die räumliche Anordnung der festen Bodenpartikel und der zugehörigen Poren oder Hohlräume zu verstehen.

Die Bodenhohlräume können mit Plasma ausgekleidet sein (Abb. 6.9, s. Farbtafeln). Auf Skelettkörnern abgelagertes Plasma aus Tonmineralen nennt man **Tonhäutchen**. Insbesondere lassen sich Verlagerungsprozesse über die Orientierung der Teilchen und einen schichtförmigen Aufbau der Kutane nachweisen. Als Folge von Spannungen bilden sich im Boden Brüche aus, die zu charakteristischen Rißsystemen führen.

6.1.3.3 Bodendichte und Bodenporosität

Dichte

Unter der **Reindichte** ρ_s (reelle Dichte, für Wasser = 1,0) versteht man die auf die Volumeneinheit (ohne Hohlräume) bezogene Masse der festen Bodensubstanz in g cm^{-3}.

Dichte der Festsubstanz $\rho_s = m_s/V_s$

mit V_s Volumen der Festsubstanz

Mäßig humose Oberböden haben eine Dichte von 2,40–2,65 g cm^{-3}. Darunter liegen die organische Substanz des Bodens mit 1,2–1,5 (1,3–1,4) und die Huminstoffe mit 1,55 g cm^{-3}.

Neben der Reindichte interessiert die **Rohdichte** ρ_a des Bodens (scheinbare Dichte, Lagerungsdichte, Volumengewicht, scheinbares spezifisches Gewicht, Raumgewicht; a: apparent). Sie bezieht sich auf den Boden in seiner natürlichen Lagerung bzw. auf die Masse der festen Bodenanteile (m_f) je Volumeneinheit Boden einschließlich der Hohlräume (V_g Gesamtvolumen). Sie hängt damit von der Reindichte der festen Substanz und dem Porenvolumen ab.

$$\text{Rohdichte } \rho_a = \frac{m_f}{V_g} \quad [\text{g cm}^{-3}]$$

Die Rohdichte kann für einen trockenen Boden (**Trockenrohdichte** ρ_d, d: dry), was die Regel ist, oder frischen Boden (Feuchtrohdichte ρ_m, m moist) bestimmt werden. Über die Trockenrohdichte ρ_d lassen sich Lockerung oder Verdichtung des Bodens gut erkennen. Je poröser (lockerer) ein Boden ist, desto geringer ist seine Rohdichte.

Die Trockenrohdichte liegt bei Mineralböden in Abhängigkeit vom Humusgehalt zwischen 1,0 und 1,8 (1,3–1,5 g cm^{-3} bzw. kg dm^{-3}), bei Moorböden zwischen 0,1 (Hochmoor) und 0,5, für die Humusauflage bei 0,2–0,3 g cm^{-3} (Tab. 6.5). Die Rohdichte aschearmer Torfe beträgt 80–170 g l^{-1}. Steigende Rohdichte hemmt in sandigen Böden die Wurzelausbreitung aufgrund der einhergehenden Erhöhung des mechanischen Durchdringungswiderstandes. Die Trockenrohdichte wird zur Charakterisierung der hydraulischen Eigenschaften eines Bodens bzw. zu bodenhydrologischen Modellierungen herangezogen.

Böden	Rohdichte [g cm^{-3}]
Sandböden	1,16–1,70
Schluffböden	1,26–1,61
Lehmböden	1,20–1,85
Tonböden	0,88–1,72
Ackerkrume	1,35–1,50

Tab. 6.5: Schwankungsbreite der Trockenrohdichte verschiedener Mineralböden (C-Gehalt < 2 %) bzw. der Ackerkrume.

Die mittlere Reindichte kompakter **Gesteine** (z. B. Granit, Quarzit) liegt bei 2,65–2,7 g cm^{-3}, poröse Gesteine (z. B. Kreidekalk, Sandstein) liegen darunter, die des humusfreien Mineralbodens beträgt 2,65 g cm^{-3} und entspricht der des Quarzes (Dichte des Orthoklas 2,56, des Glimmers 2,83, des Montmorillonits 2,75–2,78 g cm^{-3}). Bei Gesteinen und Schutten ist analog die Rohdichte (ρ_a) der Quotient aus der Masse und dem Volumen einschließlich der offenen und geschlossenen Poren des trockenen Probengutes. Die Trockenrohdichte liegt für Sandsteine bei 2,41–2,56 g cm^{-3}.

Beispiele:
Die Dichte ermöglicht die Berechnung der Bodenmasse für eine bestimmte Fläche und Bodentiefe. 1 m^3 Boden mit der Trockenrohdichte 1,5 g cm^{-3} wiegt 1,5 t, eine 10 cm mächtige Lage desselben 150 kg m^{-2}.
1 ha auf 28 cm Tiefe bearbeiteter Boden mit der Trockenrohdichte 1,5 g cm^{-3} hat eine Bodentrockenmasse von 4 000 t. 1 ha Boden mit einer Krumentiefe von 22,5 cm und einer Trockenrohdichte von 1,3 g cm^{-3} wiegt 3 000 t.
Mit Hilfe der Rohdichte kann das Ergebnis einer chemischen Bodenanalyse (Nährstoffgehalt) an einer losen Bodenprobe auf die Fläche (Nährstoffvorrat/ha) oder das Volumen bezogen werden (s. Anhang).

Porenvolumen
Böden sind poröse Systeme, sie stellen ein **Hohlraumsystem** dar, das sich nach Größe, Form und Kontinuität der Bodenporen charakterisieren läßt. Die Bodenhohlräume sind unregelmäßig gestaltet und variieren stark in ihrer Größe. So können die Poren röhren-, riß- oder spaltenförmig ausgebildet sein. Der Porendurchmesser variiert auch innerhalb eines Bodens von feinen Kapillaren bis zu Röhren von mehreren cm Durchmesser (alte Wurzelkanäle, Tiergänge). Die Bodenhohlräume oder Poren

Bodeneigenschaften

eines Bodens werden in ihrer Gesamtheit als Porenraum bezeichnet. Der Porenraum ist für Wurzeln und Edaphon der Lebensraum. Das Hohlraumsystem im Boden ermöglicht den Transport von Wasser, Sauerstoff und Kohlendioxid. An den Grenzflächen der Bodenwandungen bzw. in der aus Wasserfilmen bestehenden Zone zwischen Ton- und Humusoberflächen einerseits und der Oberfläche der Wurzelhaare andererseits vollzieht sich durch Austauschprozesse die Nährstoffversorgung der Pflanze.

Wichtige Faktoren, die die Porositätseigenschaften der Böden beeinflussen, sind die Körnung, die organische Substanz und – besonders bei tonreichen Böden – der Wassersättigungsgrad (Quellungs- und Schrumpfungserscheinungen) sowie das Gefüge. Im Gegensatz zur Textur ist das Hohlraumsystem wie das Bodengefüge stärkeren zeitlichen und bewirtschaftungsbedingten Schwankungen unterworfen.

Bodenvolumen V_B (auch Gesamtvolumen V_g) = Festsubstanzvolumen V_F + Wasservolumen V_W + Luftvolumen V_L

Das **Porenvolumen** (V_P in cm^3) eines Bodens setzt sich aus dem Wasser- (V_W) und dem Luftvolumen (V_L) zusammen:

$V_P = V_W + V_L$

$V_B = V_F + V_P$

$V_P = V_B - V_F$

Das Porenvolumen muß im Zusammenhang mit der Bodenart für die Pflanzenproduktion bewertet werden, bedingt durch die jeweils unterschiedliche Porengrößenverteilung.

Die **Porosität** P des Bodens (dimensionslos, keine Prozentzahl) ist der Quotient aus dem Porenvolumen (V_p) und dem Gesamtvolumen des Bodens (V_g).

$$P = \frac{V_p}{V_g}$$

$$P = 1 - \frac{\rho_a}{\rho_s}$$

mit ρ_a Rohdichte und ρ_s Reindichte.

Als **Porenanteil** wird das in Prozent ausgedrückte Verhältnis des Porenvolumens (offene und geschlossene Poren) eines Prüfkörpers (Gestein, Boden) zum Gesamtvolumen des Prüfkörpers (einschließlich seines Porenvolumens) bezeichnet.

$$\text{Porenanteil [Vol.-\%] } n = \frac{V_p}{V_g} \cdot 100$$

mit V_p Porenvolumen und V_g Gesamtbodenvolumen.

Reindichte (ρ_s), Rohdichte (ρ_a) und Porenanteil stehen in folgender Beziehung zueinander:

$$\text{Porenanteil [Vol.-\%] n} = \frac{\text{Reindichte} - \text{Rohdichte}}{\text{Reindichte}} \cdot 100 = (1 - \rho_a / \rho_s) \cdot 100 = 100 - \frac{\rho_a}{\rho_s} \cdot 100$$

Beispiel:
Trockenrohdichte ρ_a = 1,25 g cm^{-3}, Reindichte ρ_s = 2,65 g cm^{-3}, Porenanteil = 52,8 %.

Für gleichgroße kugelförmige Teilchen existieren zwei Extremfälle: die lockerste **Kugelpackung**, bei der benachbarte Teilchen 6 Berührungspunkte haben (Porenanteil 47,6 %, 0,48 cm^3 Poren cm^{-3}) und die dichteste Kugelpackung, bei der benachbarte Teilchen 12 Berührungspunkte besitzen (Porenanteil 24,5 %). Der Porenanteil verkleinert sich, wenn verschiedene Teilchengrößen miteinander gemischt sind, so daß sich feinere Partikel in die Hohlräume zwischen den größeren Partikeln lagern. Die Aggregatbildung im Boden ermöglicht jedoch Porenanteile, die in der Regel über 50 % liegen. Der Porenanteil beträgt im Mittel bei Ackerböden 50 % (40–60 %). Er geht nach dem Pflügen durch Absetzvorgänge und Druckwirkung von Geräten über die Saat bis zur Ernte zurück. Ein Porenanteil von 45 % tritt in den humosen Horizonten von Schwarzerden auf und kennzeichnet eine für die Pflanzenproduktion günstige Bodenstruktur. Mit zunehmender Bodentiefe und in verdichteten Horizonten nimmt der Porenanteil ab, wobei Werte < 35 % erreicht werden. Der Porenanteil nimmt in der Regel deshalb mit der Bodentiefe ab, weil die Rohdichte wegen abnehmenden Humusgehaltes und schwächerer Aggregatbildung zunimmt. In verdichteten Lehmböden kann der Porenanteil auf 25 % absinken. Im Untergrund von Waldböden beträgt der Wert nur selten < 40 %.

Für Sandsteine liegt der Porenanteil zwischen 24 und 32 Vol.-%. Bei **Gesteinen** ist neben dem Porenanteil (Gesamtporosität) noch die scheinbare Porosität von Interesse, u. a., um ihre Verwitterungsbeständigkeit zu beurteilen. Die scheinbare Porosität (offene Porosität OP) ist das in Prozenten ausgedrückte Verhältnis des Volumens der offenen mit der Atmosphäre verbundenen Poren eines Prüfkörpers zum Gesamtvolumen desselben einschließlich seines gesamten Porenraumes.

OP (Vol.-%) = y · WA

mit y = dimensionslose Größe, gleich dem Zahlenwert der Rohdichte des Probengutes in g cm^{-3}, WA = Wasseraufnahme in Masse-%.
Die Porosität der Gesteinsbruchstücke im Boden kann sich bei der Verwitterung deutlich erhöhen, damit auch ihre Wasseraufnahme und Austauschkapazität.

Beispiele:
Rohdichte 0,73 g cm^{-3}, Reindichte 2,48 g cm^{-3}, Porosität 0,706.
Einer Porosität von 0,45 entspricht ein Porenanteil von 45 %. Für die Porosität 0,45 beträgt das Volumen der Poren V_P 450 cm^3 pro 1 000 cm^3 Boden.

Bodeneigenschaften

Das Boden-Wasser-Luft-Verhältnis drückt das Volumenverhältnis von festen Bodenteilchen zu Wasser und Luft aus. Als Richtwert gilt ein Verhältnis von 50 : 30 : 20.

Porengröße
Von Interesse sind Größe, Form und Verteilung der Poren im Boden. Die Porengrößen werden in drei Klassen eingeteilt (Tab. 6.6).

Tab. 6.6: Klassen der Porengrößen.

Art der Poren	Durchmesser [µm]	Wasserspannung [pF]	Vorkommen/Füllung
Makroporen	> 2 000	0,0–0,6	Spalten, Risse
Grobporen	> 50 50–10	0,6–1,8 schnell dränend 1,8–2,5 langsam dränend	Sandboden Sickerwasser
Mittelporen	10–0,2	2,5–4,2 pflanzenverfügbar	Lehmboden, Kapillarwasser, pflanzenverfügbares Haftwasser
Feinporen	< 0,2	> 4,2 nicht pflanzenverfügbar > 1,52 MPa	Tonboden, Totwasser, nicht pflanzenverfügbares Haftwasser und Sorptionswasser

In anderen Systemen wird die Grenze zwischen Grob- und Mittelporen bei 10 µm gezogen.

Zwischen Größe, Funktion und Eigenschaften der Poren bestehen deutliche Beziehungen. In Poren von 10 µm–50 µm Durchmesser versickert das Bodenwasser unter dem Einfluß der Schwerkraft langsam, von > 50 µm an schnell. So sind die Makroporen (Wurmgänge, Wurzelkanäle, Spalten und Risse im Boden) bevorzugte Transportbahnen für das Wasser. Dies hat zur Folge, daß sich die chemischen Eigenschaften des Makroporenmaterials, wie der Gehalt an Kationen oder adsorbierten organischen Verbindungen, deutlich vom entsprechenden Gehalt der homogenisierten Feinerde des Gesamtbodens abheben kann. Poren von 30–500 µm wird für günstige Boden-Pflanze-Beziehungen (Wurzelwachstum) die größte Bedeutung beigemessen.

Grobporen (> 10 oder > 50 µm) sind kapillar nicht wirksame Poren. Aus Grobporen zieht nach starkem Regen das Wasser innerhalb von 2–3 Tagen durch die Schwerkraft ab. Grobporen enthalten in normal durchlässigen Böden deshalb in der Regel Luft und nicht Wasser (s. 6.1.5). Makroporen (d > 2mm) ermöglichen den Wasser-(Gas-)Austausch zwischen Bodenoberfläche und dem tieferen Boden. Sie sind eine Voraussetzung für hohe biologische Aktivität.

Der Wassergehalt, der in normal durchlässigen Böden nach Entleeren der Grobporen (Saugspannungsbereich 1–80 mbar) zurückbleibt, heißt Feldkapazität. Grobporen umfassen jenen Porenanteil, der von der Saugspannung 0 (wassergesättigter Boden) bis zur Saugspannung bei Feldkapazität reicht. Bei Feldkapazität steht das Wasser unter einer Saugspannung von etwa 8–30 kPa.

Grobporenreiche Böden trocknen sehr rasch aus. Sie sind für den Pflanzenbau schlecht geeignet, es sei denn, es fallen regelmäßig genügend Niederschläge, oder ein Grundwasserspiegel liegt in wurzelerreichbarer Tiefe. Reifendruck führt zu einer Abnahme des Grobporenanteils. Dadurch werden die Lebensbedingungen für Bodentiere verschlechtert. Bei Staunässe füllen sich auch die Grobporen mit Wasser. Ein ausreichender Grobporengehalt ist besonders für schwere Böden wichtig. Schwere Böden reißen beim Abtrocknen, was das Volumen der Grobporen erhöht. Wurzelhaare vermögen in Grobporen einzudringen. Wurzeln benötigen zum Wachstum Poren von $\geq 12-20$ µm.

Mittelporen sind (10–0,2 µm) weit und halten pflanzenverwertbares Wasser kapillar gegen die Schwerkraft fest. Sie enthalten verfügbares Haftwasser, das im Saugspannungsbereich zwischen Feldkapazität FK und Permanentem Welkepunkt PWP liegt (10 kPa–1,5 MPa, rund 15 at). Mittelporen erreichen in Lößböden ihr Maximum. Sie sind Lebensraum für Bodenmikroorganismen.

Ab dem „Permanenten Welkepunkt" (s. 6.1.4) befindet sich das Wasser nur noch in **Feinporen**, die $< 0,2$ µm sind. Dieses Wasser kann von den meisten Pflanzen nicht aufgenommen werden, da es mit einem Matrixpotential $< -1,5$ MPa zu fest gebunden ist. Es handelt sich um nicht verfügbares, nicht dränierendes Haftwasser. Mikroorganismen können in die Feinporen nicht eindringen.

Der prozentuale Anteil der Porengrößenklassen am Porenvolumen wird als **Porengrößenverteilung** bezeichnet. Böden mit gleichem Gesamtporenvolumen können deutliche Unterschiede in der Porengrößenverteilung aufweisen (Tab. 6.7). Günstig wirkt ein Verhältnis der Grobporen zu den Mittel- plus Feinporen von etwa 2 : 3. Anzustreben ist ein hoher Anteil an Mittelporen (für Wasser) bei ausreichendem Gehalt an Grobporen (für Luft). Mittelschwere Böden haben eine Porengrößenverteilung, die eine gute Dränung bei hohem Anteil verfügbaren Wassers ermöglicht. Tonböden können bei Feldkapazität nahezu wassergesättigt sein. Die Porengrößenverteilung kann auch über Saugspannungsklassen charakterisiert werden (s. 6.1.4).

Tab. 6.7: Porenanteil und Verteilung der einzelnen Porengrößenbereiche in verschiedenen Böden.

Bodenart	Porenanteil [%]	Grobporen [%]	Mittelporen [%]	Feinporen [%]
Sandböden	42	30	7	5
Schluffböden	45	15	15	15
Tonböden	53	8	10	35
Torfböden	90	25	50	15

Porengrößenverteilung und Porenmenge sowohl pro Volumeneinheit Boden als auch als Funktion der Bodentiefe haben einen entscheidenden Einfluß auf den Wasserhaushalt im Wurzelraum.

Neben der Gesamtporosität und der Porengrößenverteilung interessiert der relative Anteil an Wasser und Luft in den Poren. Dieser ist u. a. witterungsabhängig (s. 6.1.4.2).

6.1.4 Bodenwasser und Bodentemperatur

Die Beschäftigung mit dem System Boden – Wasser bildet seit jeher einen Schwerpunkt der Bodenphysik.

6.1.4.1 Infiltration

Das in Form von Regen auf den Boden fallende Wasser oder das bei der Schneeschmelze entstehende Wasser dringt ganz oder teilweise in den Boden ein (Infiltration in mm) und tritt in diesem als Haft- und Sickerwasser auf. Die **Infiltrationsrate** gibt die Wassermenge an, die je Flächen- und Zeiteinheit versickert. Sie hängt von der hydraulischen Leitfähigkeit des feuchten Bodens ab (s. 6.1.4.5). Die mittlere Infiltrationsrate liegt bei 20–63 l m^{-2} h^{-1} (mm h^{-1}). Ein Wert von 8 mm h^{-1} sollte nicht unterschritten werden, damit der Boden übliche Niederschlagsintensitäten „verdauen" kann. Die maximal mögliche Infiltrationsrate nennt man **Infiltrationskapazität**. Bei Starkregen oder zu starker künstlicher Beregnung kann die Infiltrationskapazität des Bodens überschritten werden, es kommt zu einem Oberflächenabfluß und zur Erosion. Durch starke Austrocknung kann die organische Substanz des Auflagehumus oder humosen Oberbodens hydrophob werden und den Oberflächenabfluß begünstigen. Die Vegetation fördert dagegen die Infiltration, sie erzeugt „hydromechanische Senken" in ihrem Wurzelraum (Abb. 6.10).

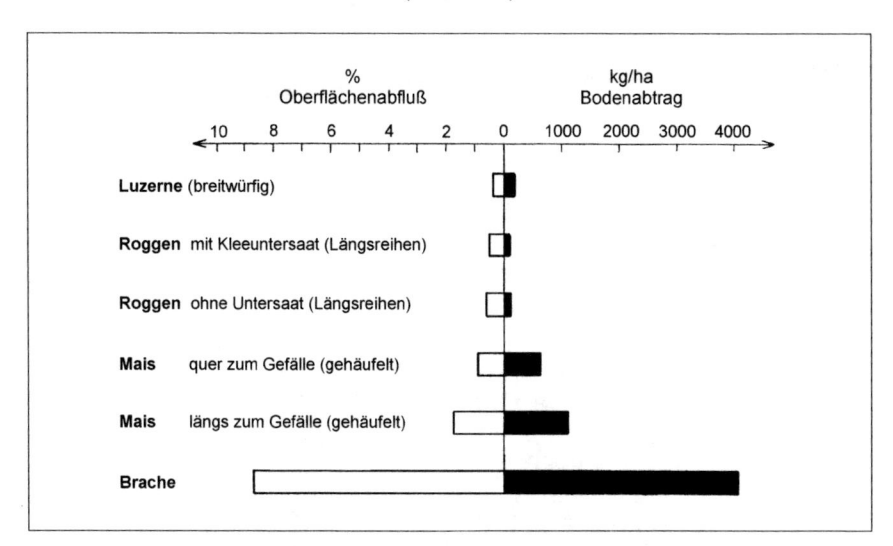

Abb. 6.10: Einfluß der Vegetation auf Abfluß und Abtrag. Lößlehm, Gefälle 12 %. Nach KURON et al. 1956

Für die Abwärtsbewegung des Wassers im Boden sorgen Schwerkraft und – bis der Boden wassergesättigt ist – der Saugspannungsgradient zwischen feuchterem Oberboden und trockenerem Unterboden. Bei konstanter Wassernachlieferung bildet sich eine Abfolge von Sättigungs-, Übergangs-, Transport- und Befeuchtungszone, die von der Befeuchtungsfront abgeschlossen wird. In grobkörnige Sande eindringendes Niederschlagswasser versickert zungenförmig, was u. a. auf Lufteinschlüsse zurückzuführen ist. Das Sickerwasser, das unter dem Einfluß der Schwerkraft in den Bodenporen versickert, und das Senkwasser, das in Spalten und Gängen schnell absinkt, bilden zusammen das **Gravitationswasser**.

Für ebene Lagen läßt sich die **Tiefenversickerung** aus der pflanzenverfügbaren Bodenwassermenge des effektiven Wurzelraumes (nFK plus kapillarer Aufstieg), den Niederschlägen und der potentiellen Evapotranspiration berechnen. Die Verlagerungstiefe des Wassers und der in ihm gelösten Stoffe, wie Nitrat, wird entscheidend von der Tiefenversickerungsrate beeinflußt.

N-Verlagerung (kg N $ha^{-1} a^{-1}$) = mittlere Nitrat-N-Konzentration (mg l^{-1}) · Tiefenversickerung (l $m^{-2} a^{-1}$)/100

Verlagerungstiefe dm a^{-1} = Tiefenversickerung (mm a^{-1})/FK (mm dm^{-1})

Zur Infiltration entgegengesetzt, also vom Grund- oder Stauwasser in Richtung Bodenoberfläche, verläuft der kapillare Wasseranstieg (s. 6.1.4.5).

Filtervermögen des Bodens
Die **Filterwirkung** wird durch das Porenvolumen und die vorherrschende Porengröße bestimmt. Sie ist in feinkörnigen Böden besser als in grobkörnigen. Die **Filterleistung** als Wassermenge/Zeiteinheit ist dagegen in grobkörnigen Böden größer. In einem biologisch aktiven Boden wird das Filtervermögen des Bodens bzw. die Wasserleitfähigkeit durch zusätzliche Faktoren, wie Wurzelbahnen und Tiergänge, beeinflußt. Feinporenreiche Böden üben selbst auf kolloidale Partikel eine mechanische Filterwirkung aus. Präferentielle Fließwege des Wassers im Boden (Poren, Risse) weisen infolge des verstärkten Angebots an Wasser, Nährstoffen und Sauerstoff einen erhöhten Besatz an Mikroorganismen auf. Auch der Stoffumsatz, z. B. von N, die Säureeinwirkung und die Nitratauswaschung sind hier größer.

6.1.4.2 Wasserspeicherung

Bodenwasser befindet sich in den Bodenporen oder haftet an der Oberfläche der Bodenteilchen (s. 3.2.1).

Für die Pflanzenproduktion ist das Ausmaß der Wasserspeicherung (gemessen in mm) im Boden wichtig. Das Wasserspeicherungsvermögen des Bodens hängt von Kräften ab, die zwischen Wassermolekülen (Dipole) und hydrophilen Teilchenoberflächen wirken (Reichweite der Bindungskräfte etwa 10 nm). **Adsorptionswasser** sitzt an der Oberfläche der Bodenpartikel, es bildet einen Wasserfilm auf diesen aus (u. a. London-van der Waalssche Kräfte). Dickere Wasserfilme können unter Bildung von Menisken (Grenzfläche Wasser – Luft) zusammenlaufen. **Kapillarwasser** bildet stark gekrümmte Menisken infolge von Adhäsions- und Kohäsionskräften. Es füllt die

Bodeneigenschaften 203

engen Bodenporen (< 10 µm). Die Kapillarkraft ermöglicht eine Wasserspeicherung gegen die Schwerkraft.

Die Fähigkeit eines Bodens, **Haftwasser** (gegen die Schwerkraft gehaltenes Wasser = Adsorptions- plus Kapillarwasser) festzuhalten, wird als Wasserhaltefähigkeit (wasserhaltende Kraft) bezeichnet.

Das größte Wasserspeicherungsvermögen haben Humus- und Tonböden, das niedrigste grobkörnige Böden. Eine 10-cm-Bodenschicht speichert bei Sand 10 mm, bei Lehm 30 mm und bei Niedermoortorf 60 mm Wasser. Innerhalb einer Bodenart variiert die Wasserspeicherung mit dem Bodengefüge bzw. dem Porenvolumen.

Die **Regenkapazität** gibt an, welche Niederschlagsmenge im durchwurzelten Bodenraum gespeichert werden kann. Sie ist die in mm Regen ausgedrückte und auf das durchwurzelte Bodenvolumen bezogene Feldkapazität. Bei einer Feldkapazität von 10 Vol.-% und einem Wurzelraum von 120 cm Tiefe beträgt die Regenkapazität des Bodens 120 mm (1 Vol.-% Wasser im Boden = 1 mm Niederschlag, bezogen auf 1 dm Bodentiefe).

Der Volumenanteil wassergefüllter Poren am Gesamtvolumen der Poren heißt **Wassersättigung**. Bei einem wassergesättigten Boden sind alle Poren mit Wasser gefüllt. Ein wasserungesättigter Boden enthält neben Wasser auch Luft. Die Gravitationskraft bewirkt, daß sich Wasser abwärts bewegt. Das durch die Schwerkraft entwässerbare Porenvolumen ist je nach der Porengrößenverteilung verschieden.

Beispiel:
Für das Wasserspeicherungsvermögen von pleistozänen Sandböden sind Unterschiede in der Körnung und im Humusgehalt maßgebend. Entsprechend können auch innerhalb eines Bodenprofils unterschiedliche hydrologische Verhältnisse herrschen. Das Wasserspeicherungsvermögen im Oberboden ist in der Regel günstiger als das im Unterboden. In einer 1 m mächtigen Bodenschicht werden 60 bis 135 l Wasser je Quadratmeter gespeichert.

6.1.4.3 Bodenwasserpotentiale

Das **Totale Wasserpotential** Ψ_t (Gesamtpotential des Bodenwassers, Totalpotential) setzt sich aus den Teilpotentialen Gravitationspotential Ψ_g und Bodenwasserpotential Ψ_w zusammen.

$$\Psi_t = \Psi_g + \Psi_w$$

Das Potential des Wassers im Boden wird auch als **hydraulisches Potential** bezeichnet. Es ist auf die Einheitsmenge Wasser bezogen.
Wird die Einheitsmenge Wasser als **Gewicht** (im Kraftfeld der Erde m · g mit m Masse und g Erdbeschleunigung) ausgedrückt, sind die Potentialeinheiten cm Wassersäule:

$\Psi = h$ (cm Wassersäule).

Das Maß für das Totale Potential pro Gewichtseinheit Bodenwasser ist die hydraulische Höhe (cm).

Bei der Bezugsgröße **Volumen** können die Wasserpotentiale in Druckeinheiten (N · m^{-2}, dyn · cm^{-2}), bei der Bezugsgröße **Masse** als geleistete Arbeit (J · kg^{-1}, erg · g^{-1}) angegeben werden. Die Potentialangabe kann somit in verschiedenen Größen erfolgen (cm Ws, pF; N · m^{-2}, Pa, dyn · cm^{-2}, bar, at; J · kg^{-1}).

Das **Bodenwasserpotential** Ψ_w charakterisiert die Intensität, mit der der Boden das Wasser bindet und damit die Verfügbarkeit des Wassers für die Pflanze, es ist ein Maß für den Gehalt des Bodenwassers an potentieller Energie. Das Bodenwasserpotential setzt sich aus den Teilpotentialen Ψ_o (osmotisches Potential), Ψ_m (Matrixpotential) und Ψ_p (Druckpotential) zusammen:

Wasserpotential $\Psi_w = \Psi_o + \Psi_m + \Psi_p$

Damit gilt $\Psi_t = \Psi_g + \Psi_o + \Psi_m + \Psi_p$

Die Summe der Teilpotentiale ergibt das Gesamtpotential Null.

Die wesentlichen Größen sind das Gravitationspotential und das Matrixpotential. Das **Gravitationspotential** Ψ_g (Geodätisches Potential, Lagepotential, auch Ψ_z) ist bodenunabhängig. Es wird durch die relative Höhe der Wassermenge im Gravitationsfeld bestimmt und entspricht dem vertikalen Abstand zwischen dem frei wählbaren Referenz- und dem Untersuchungspunkt. Liegt der erstere höher als der letztere, ist Ψg negativ. Wählt man die Bodenoberfläche als Bezugsgröße für das Gravitationspotential, so hat das Bodenwasser ein negatives Potential, weil es unter der Bodenoberfläche liegt. Wählt man dagegen den Grundwasserspiegel als Bezugsniveau, so ist das Potential Ψ_g für alle Punkte oberhalb desselben positiv.

$$\frac{\text{Gravitationspotential}}{\text{Gewichtseinheit Bodenwasser}} = \text{geodätische Höhe (Ortshöhe)} = z \text{ (Dimension cm)}$$

Das **Druckpotential** Ψ_p gilt für den gesättigten Bereich, es entspricht dem Wirken äußerer Druckkräfte bzw. dem Gewicht der aufliegenden Wassersäule. Unterhalb des Grundwasserspiegels wird das Druckpotential durch den Druck der über dem Meßpunkt befindlichen Wassersäule bestimmt (hydrostatischer Druck), es nimmt also mit der Tiefe zu. Die Messung erfolgt mit einem Piezometer (deshalb auch piezometrisches Potential, Piezometerdruckpotential genannt, immer positiv). An der freien Wasseroberfläche und allen darüber befindlichen Punkten, damit in der Wurzelzone, hat Ψ_p den Wert Null. Das Druckpotential tritt unterhalb der freien Wasserfläche an die Stelle des Matrixpotentials.

Das **osmotische Potential** oder **Lösungspotential** Ψ_o ist für den Wassertransport im Boden meist ohne, dagegen für Pflanzen auf Salzböden von wesentlicher Bedeutung (s. 5.2.6). Ψ_o bildet sich aus, wenn Wasser gelöste Stoffe (Salze, molekular gelöste Stoffe) enthält, die ein Hydratations- und Diffusionsbestreben zeigen. Das Potential entspricht der zu leistenden Arbeit, um eine Einheitsmenge Wasser durch eine semipermeable Membran aus der Bodenlösung zu ziehen. Nur für Pflanzen auf salzhaltigen Böden, wo es um die Wasserbewegung in Richtung Wurzeln geht, ist das Lösungspotential deshalb eine entscheidende Größe. Im Boden selbst hat die Osmose in Ermangelung einer semipermeablen Membran keine großen Wasserbewegungen zur Folge. Konzentrationsunterschiede werden durch Diffusion der gelösten Salze ausgeglichen.

$\Psi_o = -RTC_s$

mit Ψ_o osmotisches Potential, R Gaskonstante (82 bar cm^3 mol^{-1} K^{-1}), T absolute Temperatur [K], C_s Lösungskonzentration in mol cm^{-3}.
Das osmotische Potential ist stets negativ und numerisch gleich dem osmotischen Druck. Es kann bei mitteleuropäischen Böden und normaler Durchfeuchtung meist vernachlässigt werden.

Das **Matrixpotential** (Kapillarpotential) Ψ_m wird durch die Oberflächenkräfte der Bodenmatrix verursacht. Es faßt die Adsorptions- und Kapillarkräfte zusammen, die die Bodenmatrix auf das Wasser ausübt. Das Matrixpotential stellt die potentielle Energie dar, die in einer Einheit Bodenwasser (Volumen, Masse, meist jedoch Gewicht) infolge der Bindung durch Oberflächenkräfte der Bodenmatrix steckt. Das Matrixpotential ist eine negative Größe. Sein Zahlenwert (ohne negatives Vorzeichen) ist die **Wasserspannung**. Das Matrixpotential steht in Beziehung zum Porendurchmesser. Ein Matrixpotential tritt nur in der ungesättigten Bodenzone auf, in der die Poren nur teilweise mit Wasser gefüllt sind. An der freien Wasseroberfläche und im wassergesättigten Boden ist $\Psi_m = 0$.

Unter natürlichen Bedingungen ist das Matrixpotential ständiger Änderung unterworfen, es ist eine dynamische Bodeneigenschaft. Je mehr der Boden entwässert wird, desto größer wird die Wasserspannung (Tension) des noch im Boden vorhandenen Wassers und damit desto niedriger (negativer) das Matrixpotential. Dieses kann mit einem Tensiometer gemessen werden (**Tensiometerdruckpotential**).

pF-Kurve

Die Saugspannung ist eine Intensitätsgröße. Der Begriff Intensität wird zur Bezeichnung von volumenunabhängigen Parametern gebraucht. Die Wasserspannung des Bodenwassers (als Unterdruck des Wassers) im ungesättigten Boden kann Werte bis zu 100 000 cm Wassersäule (WS) annehmen. Um mit kleineren Zahlen zu arbeiten, wurde der pF-Wert eingeführt (p = negativer Logarithmus, F = Freie Energie des Wassers). Der pF-Wert ist der dekadische Logarithmus der negativen Saugspannung ($-\Psi$) in cm Wassersäule (pF = log cm WS). Der pF-Wert 0 entspricht der Wasserspannung von -1 cm WS (Wassersättigung), der pF-Wert 1 damit 10 cm WS, der pF-Wert 3 1 000 cm WS (1 at). Dem Permanenten Welkepunkt ensprechen pF 4,2 bzw. $-1,5 \cdot 10^4$ cm WS und dem lufttrockenen Boden pF 5,4 bzw. $-2,2 \cdot 10^5$ cm WS.
Der gesamte Saugkraftbereich der Böden entspricht 0–10^7 cm Wassersäule. Der pF-Bereich 10^2–10^4 cm WS tritt in terrestrischen Böden häufig auf. Einem gleichen pF-Wert sind in unterschiedlichen Böden (bezüglich Porengrößenverteilung und Porenvolumen) verschiedene Wassergehalte zuzuordnen, umgekehrt können bei gleichem Wassergehalt der Böden die pF-Werte unterschiedlich sein.
Die Beziehung zwischen dem Matrixpotential Ψ_m (bzw. der Wasserspannung) und dem Bodenwassergehalt im ungesättigten Bereich bezeichnet man als Wasserspannungs-/Wassergehaltskurve (**pF-Kurve**, Saugspannungskurve, Wasserretentionskurve,

pF-Wassergehaltskurve, Bodenwassercharakteristik). Es handelt sich um eine substratspezifische, nichtlineare Beziehung (Abb. 6.11). Bei pF 1,8 (50 hPa) liegt die Grenze zwischen pflanzenverfügbarem und nichtpflanzenverfügbarem, schnellbeweglichem Wasser. Sandböden mit Tongehalten < 1 % erreichen den Permanenten Welkepunkt bei einem Bodenwassergehalt von 0,5–1,5 %.

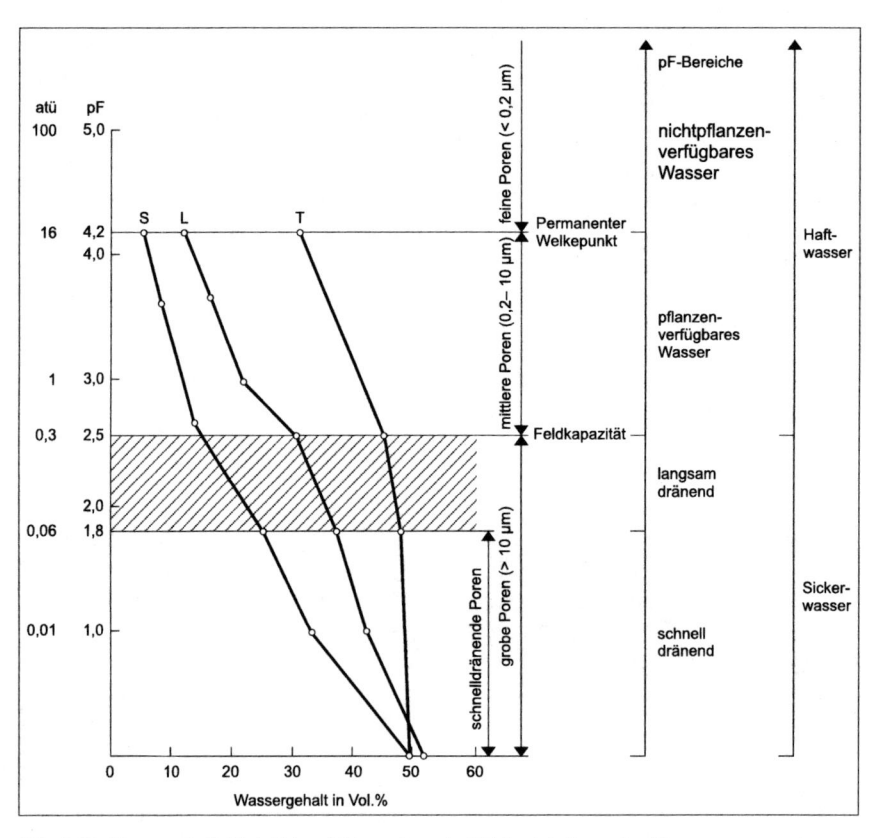

Abb. 6.11: *Wassergehalt (Vol.-%) und Wasserform in Abhängigkeit von der Wasserspannung in Sand-, Lehm- und Tonboden.*

Die Saugspannungskurve wird mit einer Druck-Membran-Apparatur aufgenommen. Als Desorptionskurve stellt sie die Beziehung zwischen dem Wassergehalt im Boden und dem Kapillarpotential während der Entwässerungsphase dar. Bei hohem Matrixpotential (z. B. – 0,5 bar) verursacht eine kleine Änderung im Wassergehalt nur eine geringe Veränderung im Matrixpotential, bei niedrigem Matrixpotential (z. B. – 10 bar) resultiert eine kleine Änderung im Wassergehalt in einer großen Änderung

Bodeneigenschaften

des Matrixpotentials. Wenn das Matrixpotential eines lehmigen Sandes von − 0,1 auf − 0,3 bar gesenkt wird, werden z. B. > 50 % des verfügbaren Wassers vom Boden abgegeben. Mit steigendem Wassergehalt fällt das Matrixpotential.
Bei gleichem Wassergehalt ist die Saugspannung um so höher, je höher der Kolloidgehalt und der Anteil der Feinporen sind. Der Kurvenverlauf spiegelt die **Porengrößenverteilung** des Bodens im pF-Bereich zwischen Feldkapazität und Welkepunkt wider (Tab. 6.8). Aus dem Kurvenverlauf kann daher auf die Porendurchmesserverteilung des Bodens geschlossen werden. Der Porendurchmesser bestimmt die Meniskuskrümmung und damit den Kapillardruck des Bodenwassers. Aus diesem Grund werden die Porengrößen durch Saugspannungsklassen erfaßt (s. a. Tab. 6.9).

Tab. 6.8: Porengrößenverteilung nach Saugspannungsklassen SK. Nach RICHARD und LÜSCHER 1987.

SK1: 0,001–0,08 bar (1–80 mbar)	durch Schwerkraft leicht entfernbares Wasser, steht Pflanze nicht zur Verfügung
SK2: 0,08–0,69 bar	durch Pflanze leicht verwertbares Wasser
SK3: 0,69–15,0 bar	nur mit hohem Energieaufwand durch Pflanze nutzbar
SK4: > 15 bar	nicht verwertbares Wasser, Saugspannung des Welkepunktes

Tab. 6.9: Beziehung zwischen Wasserspannung, Porendurchmesser und Wassergehalt.

	Wasserspannung [MPa] zur Entleerung der Poren	bar	pF	größter wassererfüllter Porendurchmesser (µm)	g Wasser/100 g Lehmboden
Feldkapazität	− 0,01	0,10	2,0	30	25
	− 0,1	1,0	3,0	3	18
PWP	− 1,5	15,0	4,2	0,2	10
lufttrocken	− 22	220,0	5,4	0,01	5

Totwassergehalt in Poren < 0,2 µm

Die **spezifische Wasserkapazität**

$C = \Delta w / \Delta S$

ist das Maß für die Steigung dieser Kurve. Sie ist die Wassermenge Δw, um die sich der Wassergehalt im Boden ändern muß (cm^3/cm^3), damit sich das Matrixpotential (die Wasserspannung) um eine Einheit ändert (ΔS).

Die Potentialbestimmung des Bodenwassers ermöglicht es, die Bindefestigkeit und damit die pflanzliche Verwertbarkeit des Wassers im Wurzelraum zu bestimmen.

6.1.4.4 Pflanzenverfügbares Wasser

Für die Wasserversorgung der Pflanzen ist die Kenntnis der kombinierten Wirkung von Saugspannung und Wasserbewegung von Interesse. Auf das Wasser im Boden wirken als bewegende Kräfte das Gravitationspotential, die Wasserspannungsunterschiede und die Osmose ein. Pflanzenwurzeln wachsen gewöhnlich in der ungesättigten Bodenzone, wo sie Luft und Wasser vorfinden. In der gesättigten Zone fehlt die Luft. Trocknet ein Boden aus, dann steigt die Saugspannung des noch im Boden zurückgehaltenen Wassers. Je größer die Saugspannung wird, um so schwerer beweglich wird das Wasser. Über Tensiometer, die man in die Hauptwurzelzone einbaut, läßt sich die Bewässerung steuern. Beträgt das gemessene Matrixpotential > – 200 cm, ist der Wasserfluß in die Pflanze gewährleistet.

Pflanzenverfügbares Wasser ist die im Wurzelraum verfügbare nutzbare Feldkapazität (s. u.) einschließlich des bei flachem Grundwasserspiegel kapillar in den Wurzelraum aufsteigenden Wassers. In terrestrischen Böden können größere Wassermengen gespeichert werden. Das pflanzenverfügbare Wasser liegt zwischen 0,08 und 15 bar. Das mit pF > 4,2 gebundene Wasser ist nicht pflanzenverfügbar. Dies betrifft das Adsorptionswasser und das Kapillarwasser in sehr engen Poren (< 0,2 µm). Je nach Pflanzenart und Klima werden ≥ 200 g Wasser für die Produktion von 1 g Trockensubstanz verbraucht. Diese erhebliche Wassermenge wird über die Wurzeln dem Boden entzogen. Die Wasserversorgung des Wurzelraums erfolgt einerseits durch das Niederschlagswasser, andererseits durch das Grundwasser.

Kennwerte der Wasserbindung

Feldkapazität und Permanenter Welkepunkt werden zur Beurteilung des Wasserhaushaltes der Böden verwendet, sie begrenzen das pflanzenverfügbare Wasser (Abb. 6.11). Die absolute Untergrenze der Wasserverfügbarkeit tritt bei der Bodenwasserspannung von – 1,5 MPa (etwa 15 at, pF 4,2) ein.

Beim **Permanenten Welkepunkt** (PWP, pF ≅ 4,2) ist der Wassergehalt eines Bodens so gering, daß die Pflanzen ihm kein Wasser mehr entziehen können und permanent zu welken beginnen. Die von den Wurzeln ausgeübte Saugspannung reicht zur Wasseraufnahme nicht mehr aus. Dieser Wassergehalt ist boden- und pflanzenabhängig. Bereits vor Erreichen dieses Punktes werden Pflanzen in Mitleidenschaft gezogen (reduzierte Transpiration und geringeres Wachstum). Der PWP ist vom Ton- und Humusgehalt des Bodens abhängig, da das Wasser in den Feinporen gebunden ist. Der Wasservorrat besteht am PWP nur aus „totem Wasser", das gesamte pflanzenverfügbare (nutzbare) Wasser ist aufgebraucht.

Unter dem Wassergehalt bei **Feldkapazität** (FK bei pF 1,8–2,5, 0,2–0,3 bar) versteht man die Wassermenge, die ein stau- und grundwasserfreier Boden erreicht und aufrechterhält, nachdem er gründlich durchfeuchtet wurde und danach für 2–3 Tage dränieren konnte (Summe aus Haftwasser und nutzbarem Sickerwasser).

Als Äquivalent für die Feld(wasser)kapazität wird die Wasserkapazität im Labor an Bodenproben in natürlicher Lagerung bestimmt. Dabei wird mit Unterdrücken gearbeitet, die der Grenze zwischen Sickerwasser und Haftwasser entsprechen (pF 1,8–2,5) Oberhalb der Feldkapazität erfolgt Versickerung, unterhalb der FK findet keine Sickerwasserbewegung statt. Bei pF 1,8 werden die Makroporen und weiten Grobporen, bei pF 2,5 der gesamte Grobporenraum entwässert. Die auf das im Boden verbliebene Wasser wirkende Schwerkraft wird durch die Kraft, die das Wasser im Boden bindet, kompensiert.

Zu Beginn der Vegetationsperiode (z. B. 1. April) entspricht in Mitteleuropa der Bodenwassergehalt in grund- und stauwasserfreien Böden der Feldkapazität. Die Evaporationsverluste des vorangegangenen Sommers sind über den Winter ausgeglichen worden. Die Saugspannung bei der Feldkapazität hängt u. a. von der Korngrößenzusammensetzung, dem Bodengefüge, dem Humusgehalt und der Kationenart des Bodens ab. Der Wassergehalt bei Feldkapazität steigt mit der Feinkörnigkeit des Bodens von Sand zu Ton und Torf. In tonarmen Böden ist er um so höher, je stärker der Grobsand zugunsten von Feinsand und Schluff zurücktritt. Außerdem steigt er mit zunehmendem Humusgehalt. Die FK wird in Gew.- oder Vol.-% Wasser, bezogen auf absolut trockenen Boden, ausgedrückt.

Die Wassermenge, die ein Boden zwischen Feldkapazität (FK) und Permanentem Welkepunkt (PWP) (pF 2,5–4,2 bei Böden mit tiefem Grundwasserstand) speichert, wird als pflanzenverfügbare (nutzbare) Wasserkapazität oder **nutzbare Feldkapazität** nFK bezeichnet.

nFK = FK – PWP

Sie entspricht der Differenz zwischen Frühjahrsfeuchtigkeit und sommerlicher Ausschöpfungsgrenze im Wurzelraum. Die höchsten Werte weisen Lehmböden mit gutem Gefüge auf. Hohe Werte der nFK liegen bei 15–20, niedrige Werte bei 5–10 mm Wasser je dm Bodenschicht (Tab. 6.10 bis 6.12, Abb. 6.12)

Tab. 6.10: Wassergehaltswerte (cm^3 cm^{-3}) verschiedener Bodenarten bei Feldkapazität und beim Permanenten Welkepunkt.

Bodenart	FK	PWP
Ton	0,43	0,27
Lehm	0,37	0,13
sandiger Lehm	0,21	0,07
Sand	0,15	0,05

Tab. 6.11: Mittlere nutzbare Feldkapazität (nFK) in Abhängigkeit von der Bodenart bei mittlerer Lagerungsdichte. Nach RENGER et al. 1974.

Bodenart	nFK (in Vol.-% bzw. mm/dm)
Grobsand, kiesiger Sand	5–7
Mittelsand	8–9
Feinsand, schwach lehmiger Sand	11–13
schwach schluffiger Ton bis Ton	14–16
lehmiger Sand, sandiger Lehm	15–18
toniger Schluff	20–22
Schluff	22–24

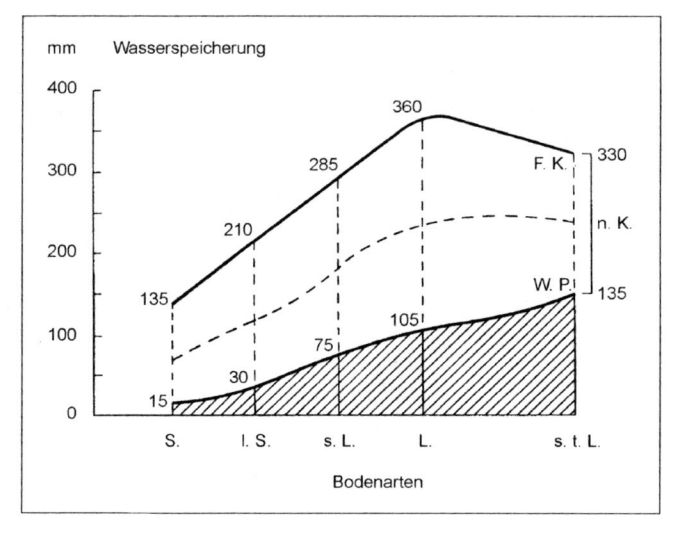

Abb. 6.12: Pflanzenverfügbares Wasser in verschiedenen Bodenarten; Profil 0–100 cm. Nach CZERATZKI 1961. (F.K. Feldkapazität, n. K. nutzbare Kapazität (pflanzenverfügbares Wasser); W. P. Permanenter Welkepunkt).

Bodenform	Feldkapazität	Nutzbare Feldkapazität
Lehm-Parabraunerde	250	175
Löß-Schwarzerde	310	225

Tab. 6.12: Hydrologische Kennwerte von Bodenformen, Bodentiefe 1 m, Angaben in $l\,m^{-2}$.

Die nutzbare Wasserkapazität nimmt bei allen Bodenarten mit steigendem Humusgehalt zu. Sie nimmt ferner bis zu einem mittleren Tongehalt zu, danach durch den steigenden Totwasseranteil wieder ab. Zwischen der Bodenzahl und der nutzbaren Wasserkapazität im durchwurzelbaren Bodenraum besteht in einer naturräumlich einheitlichen Landschaft eine enge Beziehung. Die nFK steht ferner in Beziehung zur Ertragsfähigkeit, Sickerwassermenge und Nitratrückhaltung.

In grundwasserfreien Böden kann die Wassermenge in mm, die einer Pflanze zur Verfügung steht (Wpfl), aus dem Produkt von Durchwurzelungstiefe und nutzbarer Feldkapazität berechnet werden (Abb. 6.13):

Wpfl = nFK · effektiver Wurzelraum

Wpfl = [FK (Vol.-%) – PWP (Vol.-%)] · Durchwurzelungstiefe (dm)

mit FK Feldkapazität (pF 1,8–2,2) und PWP Permanenter Welkepunkt bei pF 4,2.

Der effektive Wurzelraum hängt von der Boden- und Pflanzenart ab.

Bodeneigenschaften 211

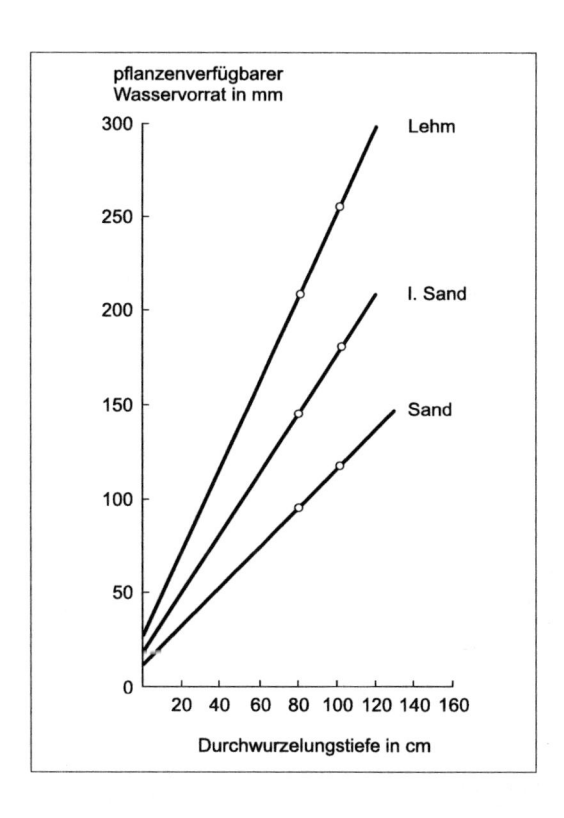

Abb. 6.13: Abhängigkeit des pflanzenverfügbaren Wasservorrates von der Durchwurzelungstiefe, schematisch. Nach CZERATZKI *1961.*

Ertragsminderungen treten ein, wenn der Bodenwassergehalt im Wurzelraum unter 30–70 %, im Mittel 50 % der nutzbaren Feldkapazität sinkt. Bei einem mittleren Wasserversorgungsgrad von 50 % im Wurzelraum ist an dessen Untergrenze mit einer Wasserspannung von etwa 70 % der nFK zu rechnen. Unter **leicht verfügbarem Wasser** versteht man eine Wassermenge bei Feldkapazität, die aufgenommen werden kann, bevor die aktuelle Evaporation kleiner als die potentielle wird und bevor Wachstumsbeschränkung eintritt. Näherungsweise macht dieser relativ locker gebundene Anteil die Hälfte der nutzbaren Feldkapazität aus. Der über 50 % der nFK hinausgehende Anteil ist also das leicht verfügbare Wasser.

Die pflanzenverwertbare Wassermenge W_v, die im Wurzelraum mindestens vorhanden sein muß, um niederschlagsfreie Perioden für die Vegetation zu überbrücken, läßt sich über die Höhe der Transpiration der Vegetation schätzen. Wenn diese z. B. 3 mm pro Tag beträgt und es 4 Wochen nicht regnet, so werden $28 \cdot 3 = 84$ mm oder 84 l m^{-2} benötigt. Bei einer Wurzelraumtiefe von 0,5 m und 1 m^2 Oberfläche entsprechend 0,5 m^3 (500 l) Bodenvolumen sind das etwa 17 Vol.-% Wasser.

6.1.4.5 Wasserbewegung (Wasserfluß)

Das Wasser fließt im Boden entweder durch das kapillare System oder das Makroporensystem. Wasser bewegt sich im Boden unter dem Einfluß eines Potentialgradienten (einer Potentialdifferenz) flüssig oder in trockenen Böden dampfförmig. Als flüssiges Wasser bewegt es sich in Form von Sicker- oder Haftwasser.

Entscheidend für die Wasserbewegung im Kapillarsystem des Bodens ist das „Wasserpotential". Die Kenntnis des Totalen Wasserpotentials an verschiedenen Punkten des Bodens ermöglicht die Aussage, in welche Richtung das Wasser fließen wird, nämlich von Orten hohen zu solchen niedrigen Potentials. Wasser bewegt sich von feuchten zu trockenen Bodenpartien bzw. von Orten geringer zu solchen hoher Wasserspannung bzw. von einem Zustand hoher potentieller Energie (höhere Lage oder niedrigere Wasserspannung) zu einem solchen mit niedrigerer potentieller Energie (niedrigere Lage oder höhere Saugspannung) und damit entlang eines Potentialgradienten. Besteht zwischen zwei Punkten keine Potentialdifferenz, so fließt auch kein Wasser.

Für den Fluß des flüssigen Wassers im Boden setzt sich das Gesamtpotential aus den Einzelpotentialen Gravitations-, Matrix- und piezometrisches Potential zusammen. Das osmotische Potential ist in diesem Fall Null. Die Summe der drei Potentiale wird als **hydraulisches Potential** Ψ_h bezeichnet.

$$\Psi_h = \Psi_g + \Psi_m + \Psi_p.$$

Oberhalb des Grundwasserspiegels bzw. bei Fehlen desselben vereinfacht sich die Gleichung zu

$$\Psi_h = \Psi_g + \Psi_m \text{ (Pa oder cm)}$$

mit Ψ_g = Gravitationspotential, Ψ_m = Matrixpotential.

Von diesen variiert das Gravitationspotential als lineare Funktion der Höhe für ein Bodenprofil nur in geringen, das Matrixpotential in Oberflächennähe dagegen in weiten Grenzen.

Unter Gleichgewichtsbedingungen, bei denen kein Wasserfluß stattfindet, ist das hydraulische Potential überall konstant, d. h., die Summe aus $\Psi_m + \Psi_g + \Psi_p$ ist in allen Tiefenstufen eines Bodenprofils gleich. Die treibende Kraft für die Bewegung flüssigen Wassers ist die Differenz im hydraulischen Potential $\Delta\Psi_h$. Bei Ungleichgewicht fließt flüssiges Wasser entsprechend dem hydraulischen Potentialgradienten.

Das Wasser kann sich im ungesättigten Boden (Boden-Wasser-Luft-System) oder gesättigten Boden (Boden-Wasser-System) bewegen. Die „gesättigte" Wasserbewegung erfolgt durch Unterschiede im hydrostatischen Druck (Gravitationspotential), die „ungesättigte" Wasserbewegung bzw. die kapillare Nachlieferung durch Unterschiede im Matrixpotential. Der **Wasserfluß** (Fließgeschwindigkeit, Geschwindigkeit der Bodenwasserbewegung) ist die Wassermenge, die den Boden je Flächeneinheit in der Zeiteinheit senkrecht zum Sickerquerschnitt durchfließt (m^3 m^{-2} s^{-1} bzw.

m s^{-1}). Der Wasserfluß hängt vom Wasserpotentialgefälle (dem **hydraulischen Gradienten**) als treibender Kraft und von der Wasserleitfähigkeit des Bodens ab. Der hydraulische Gradient (dimensionslos) ist der Unterschied in der hydraulischen Höhe des Wassers pro Längeneinheit der Distanz zwischen zwei gegebenen Orten im Boden. Das hydraulische Gefälle i der Sickerströmung im Boden ist somit definiert als Potentialdifferenz H dividiert durch die Länge des Sickerweges: i = H/l.
Die Wasserleitfähigkeit wird von Zahl, Durchmesser und Form der wasserleitenden Bodenporen beeinflußt. Der Wasserfluß ist gleich dem hydraulischen Gradienten, multipliziert mit einem Proportionalitätsfaktor. Der Proportionalitätsfaktor ist der **k-Wert nach** DARCY, auch als Wasserleitfähigkeitswert (hydraulische Leitfähigkeit, kapillare Leitfähigkeit, Permeabilitäts- bzw. Durchlässigkeitskoeffizient) des Bodens bezeichnet (k_s für den gesättigten, k_u für den ungesättigten Bereich). Er ist ein Maß für den Widerstand, der dem durch den Porenraum des Bodens strömenden Wasser entgegengesetzt wird. Er ist durch das Gesetz von DARCY definiert:

v = k · i

mit v Filtergeschwindigkeit = Q/F, Q Durchflußmenge je Zeit, F = gesamter Durchflußquerschnitt einschließlich Festsubstanz.
Der Bodenquerschnitt, durch dessen Porenanteil die Wassermenge fließt – auch als Filterfläche bezeichnet – steht senkrecht zur Achse, in der der Gradient wirkt. Die Filtergeschwindigkeit (cm s^{-1}) gibt an, mit welcher Geschwindigkeit das Wasser durch einen gegebenen Boden-Gesamtquerschnitt fließt. Sie sinkt mit abnehmendem Wassergehalt des Bodens schnell ab. Der Einfluß des Potentialgefälles auf die Geschwindigkeit geht mit zunehmender Saugkraft stark zurück (Abb. 6.14).

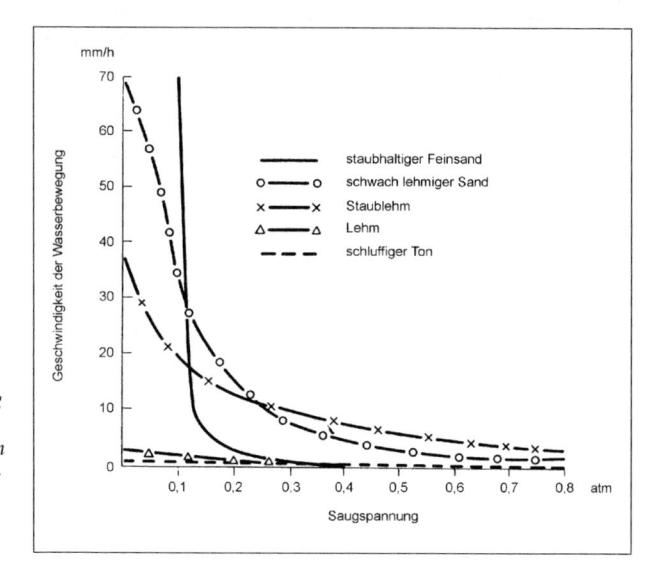

Abb. 6.14: Geschwindigkeit der Wasserbewegung in verschiedenen Bodenarten in Abhängigkeit von der Saugspannung bei einem Potentialgefälle von 0,1 atm cm^{-1}. Nach VETTERLEIN 1961.

Die **Darcy-Gleichung** für den Wasserfluß gilt für vollständige wie teilweise Wassersättigung des Bodens. Sie gibt den Zusammenhang zwischen der Wasserflußdichte und dem Gradienten des hydraulischen Potentials an:

$$J_w = -k \frac{d\Psi_h}{dz} = \frac{Q_w}{A \cdot t}$$

mit J_w Wasserflußdichte (Fließrate, Fluß, Flux, Fließgeschwindigkeit, vertikaler Wasserfluß, entspricht der Filtergeschwindigkeit), z. B. in cm s^{-1} oder cm d^{-1} (insgesamt perkolierende Wassermenge cm^3 s^{-1}, auf die Flächeneinheit bezogen cm^3 cm^{-2} s^{-1}); k = hydraulische Leitfähigkeit (cm s^{-1}; cm d^{-1}; m s^{-1}, m d^{-1}). $d\Psi_h/dz$ hydraulischer Gradient oder „grad Ψ_h", Gradient des Potentials, Veränderung des antreibenden Potentials Ψ im Verlaufe der Fließstrecke; $D\Psi_h$ Differenz im hydraulischen Potential (cm) zwischen 2 Punkten im Abstand Δz (Fließstrecke in cm) gemessen in vertikaler Richtung, stets negativ. Q_w Menge des Wassers, A Fläche, t Zeit.

Die **Wasserleitfähigkeit** kann für den gesättigten (Grund- und Stauwasser) und ungesättigten Bereich ermittelt werden. Die ungesättigte hydraulische Leitfähigkeit besitzt eine substratspezifische, nichtlineare Abhängigkeit vom Wassergehalt. Sie nimmt mit dem Wassergehalt zu, und zwar in Abhängigkeit vom vorherrschenden Porendurchmesser und der Porenlänge. Im ungesättigten Boden ist die Wasserleitfähigkeit nach DARCY (k-Wert) vom Wassergehalt und damit von der Saugspannung abhängig. In einem wassergesättigten Boden ist der hydraulische Gradient k_s (m s^{-1}) gleich 1, der k-Wert ist dann gleich der Wassermenge, die pro Zeit- und Flächeneinheit durch den Boden sickert (als Fluß bezeichnet). Der k_s-Wert (gesättigte hydraulische Leitfähigkeit) gestattet damit den Vergleich der Wasserdurchlässigkeit (Permeabilität) von Böden.

Der **k-Wert** eines Bodens hängt von seinem Gehalt an Feinanteilen und der Lagerungsdichte (ausgedrückt als Rohdichte oder Porosität) ab. Der Schwankungsbereich des k-Wertes beträgt 8–10 Zehnerpotenzen. In Abhängigkeit von der Größe des k-Wertes lassen sich Böden gut oder schlecht entwässern. Böden mit k < 10^{-6} cm s^{-1} sind praktisch undurchlässig. Einem k-Wert von x cm d^{-1} entspricht eine Sickergeschwindigkeit von x cm d^{-1}. k-Werte um 10 m d^{-1} gelten als sehr hoch, solche < 1 cm d^{-1} führen zu Wasserstau (Tab. 6.13). Die k_s-Werte in Lößdecken unterschiedlicher Bodenausbildung schwanken zwischen 0,3–1,2 m d^{-1}. Vergleichsweise liegt der k-Wert für gut durchlässige Sande bei ≥ 1,2 m d^{-1}, für dichtlagernde Tone bei ≤ 0,1 m d^{-1}.
Ist der k-Wert einer Bodenschicht im Vergleich zur darüber lagernden Schicht wesentlich kleiner, können lateral größere Wassermengen sickern (Interflow). In Hanglagen kann der Oberflächenabfluß dadurch wesentlich erhöht sein.

Tab. 6.13: Bewertung der Wasserdurchlässigkeit von Böden.

Durchlässigkeit	mittl. k_f-Wert [cm s^{-1}]	mittl. k_f-Wert [cm d^{-1}]
sehr gering	< 7 · 10^{-5}	< 6
gering	0,7–2 · 10^{-4}	6–16
mittel	2–5 · 10^{-4}	16–40
hoch	5–10 · 10^{-4}	40–100
sehr hoch	> 1 · 10^{-3}	> 100

Die ungesättigte Wasserströmung ist in einem normaldurchlässigen Waldboden die wichtigste Form der Wasserverschiebung. In einem ungesättigten (teilgesättigten) Boden ist k_u eine Funktion des Wassersättigungsgrades bzw. der Saugspannung, in einem wassergesättigten Boden ist k_s dagegen eine Konstante. Die hydraulische Leitfähigkeit hängt vom Bodenwassergehalt und damit von der Querschnittsfläche wassergefüllter Poren ab, sie nimmt stark mit fallendem Wassergehalt ab und ist beim PWP gering. Die Wasserleitfähigkeit hängt ferner von der Größe der wassergefüllten Poren ab. Der Durchfluß nimmt mit der 4. Potenz des Porenradius zu, woraus die Bedeutung der Grobporen (Kornzwischenräume bei Sand, Aggregatzwischenräume bei Lehm) für die Wasserbewegung ersichtlich ist. Wenn Böden austrocknen, nimmt ihre Wasserleitfähigkeit demnach sehr schnell ab. Sand verliert seine Leitfähigkeit bereits bei Feldkapazität. Er ermöglicht eine schnelle Dränung bei etwa – 3 kPa. Im Freiland ändern sich die Fließraten mit der Zeit und der Bodentiefe.

Beispiele:
In einem wassergesättigten Boden erreicht die Leitfähigkeit ihren größten Wert (gesättigte Wasserleitfähigkeit, Tab. 6.14). Beträgt der k-Wert eines sehr durchlässigen wassergesättigten Bodenhorizontes $1,5 \cdot 10^3$ cm d^{-1}, so legt das Wasser pro Tag einen Weg von 15 m zurück. Je m^2 Bodenquerschnitt fließen 15 m^3 Wasser hindurch. Dies übertrifft das Niederschlagsangebot. In einem sehr schwer durchlässigen Horizont (Staukörper eines Pseudogleys) kann der k-Wert z. B. nur $5 \cdot 10^{-1}$ mm d^{-1} betragen. In diesem Falle kann von oben mehr Wasser nachsickern, als dem Fluß entspricht, der Boden oberhalb des Staukörpers wird mit Wasser gesättigt.

Bodenart	Wasserleitfähigkeit cm d^{-1}
Sand	$3 \cdot 10^4 – 3 \cdot 10^2$
Schluff	$3 \cdot 10^4 – 4$
Lehm	$3 \cdot 10^4 – 1$
Ton	$3 \cdot 10^4 – 1 \cdot 10^{-2}$
Lehmböden	5–30
Lößböden mittlerer Rohdichte	3–50
Niedermoorböden	10–50

Tab. 6.14: Wasserleitfähigkeit wassergesättigter Böden (k_f-Wert).

Entscheidend für den Bodenwasserhaushalt sind die Wasserleitfähigkeit und die Wasserspannungskurve.

Wasseraufstieg vom Grundwasser
In grobkörnigen Böden ist der Wasserspiegel die Grenze zwischen gesättigtem und ungesättigtem Bodenanteil. Bei feinkörnigeren Böden befindet sich über dem Grundwasserspiegel ein wassergesättigter Bodenraum, den man **Kapillarsaum** nennt. Dieser ist über Sandboden nur 1 cm, über Tonboden aber bis zu 40 cm mächtig. Der kapillare Anstieg ist um so größer, je kleiner die Poren sind. Mit zunehmender Entfernung vom Wasserspiegel nimmt der Wassergehalt im Boden kontinuierlich ab und die Saugspannung zu. Bei kapillarem Gleichgewicht ist die Saugspannung von 100 cm Wassersäule im Boden 100 cm über dem Wasserspiegel anzutreffen (im Wasserspiegel ist die Saugspannung gleich 0).

Außer der Steighöhe des Wassers interessiert die **kapillare Aufstiegsrate** als die nachlieferbare Wassermenge. In Böden mit flachanstehendem Grundwasser (< 2 m) ist bei der Bestimmung des pflanzenverfügbaren Wassers neben der nFK des Wurzelraumes auch dieser kapillare Aufstieg (mm d^{-1}) aus dem Grundwasser in den Wurzelraum zu berücksichtigen. Er kann nach der Darcy-Gleichung berechnet werden:

$$v = -k\left(\frac{d\Psi}{dz} - 1\right)$$

mit v = Filtergeschwindigkeit (cm^3 cm^{-2} d^{-1}), mit der sich Wasser durch eine Bodensäule bewegt; k = Wasserleitfähigkeit nach DARCY, k-Wert (cm d^{-1}); Ψ die Wasserspannung (cm Wassersäule), z die Höhe über dem Grundwasser (cm), dΨ/dz hydraulischer Gradient.

Die kapillare Nachlieferung aus dem Grundwasser ist für schluffig-lehmige Böden am höchsten.

Die **Wirkung des Grundwassers auf die Vegetation** hängt von der Mächtigkeit des Saugraumes (0,2–0,5 m für Sandböden, 1– > 2m für Schluffböden) und der Geschwindigkeit des Wasseraufstiegs (Steiggeschwindigkeit) ab. Letztere nimmt mit der Entfernung von der Grundwasseroberfläche ab. Günstig auf den Ertrag landwirtschaftlicher Kulturpflanzen wirken sich folgende Grundwasserstände unter Flur aus: Sandboden 0,5 m, Schluffboden 1,6 m, Tonboden 1,1 m. Der mittlere maximale Grenzflurabstand (Durchwurzelungstiefe plus Saugraummächtigkeit) liegt bei Sandböden mit Ackernutzung bei 1,4 m, für Sandböden mit Grünlandnutzung bei 1 m. 20 cm über der Grundwasseroberfläche beträgt die Grundwasserförderleistung/Tag bei anlehmigem Sand etwa 10 mm, bei Löß etwa 5 mm. Bei einem Mittelsand 50 cm oberhalb des Grundwasserspiegels kann man mit einer kapillaren Nachlieferung von etwa 3 mm d^{-1} rechnen. Grundwasser in wurzelerreichbarer Tiefe ist daher eine zusätzliche Quelle der Wasserversorgung von Pflanzen (Tab. 6.15). Die Voraussetzungen für eine Wasserbewegung im Boden sind bei Lehmböden am besten. Die höchste Steiggeschwindigkeit liegt beim Grobschluff und Feinsand.

Tab. 6.15: Kapillare Aufstiegsrate aus dem Grundwasser in Abhängigkeit von der Bodenart. Nach RENGER und STREBEL 1980, gekürzt.

kapillare Aufstiegsrate (mm d^{-1})	mittlerer Grundwasserstand (cm unter Flur)					
	80	100	120	140	160	180
bei sandigem Lehm (7 dm eff. Wurzelraum)	> 5	5	3	1	0,5	0,3
bei lehmigem Schluff (9 dm eff. Wurzelraum)	-	> 5	> 5	5	3	1,5

Bei hoch anstehendem Grundwasser wird das unterschiedliche Wasserspeichervermögen der Böden bedeutungslos, da die Evapotranspiration von der Höhe des kapillaren Aufstiegs bestimmt wird.

Bei Aufstiegsraten < 0,2 mm · d^{-1} ist die kapillare Nachlieferung aus dem Grundwasser ohne praktische Bedeutung. Dies entspricht Grundwasserständen unter Flur von etwa 12 dm (kiesiger Sand) bis 38 dm (toniger Schluff, Löß). Von Interesse sind Aufstiegsraten von 2–4 mm (s. Tab. 6.15).

Bodeneigenschaften 217

Der Hauptwurzelraum der meisten Ackerpflanzen erreicht eine Tiefe von 0,4–0,8 m. Der Boden bis etwa 0,6 m Tiefe sollte deshalb mindestens grundwasserfrei sein. Bei leicht durchlässigem Mineralboden wird bei Entwässerung ein Flurabstand zum Grundwasserspiegel von 70–90 cm für Weiden und 80–100 cm für Acker angestrebt. Günstige Grundwaserflurabstände liegen im Mittel der Vegetationszeit für Getreide bei 60–80 cm, für Hackfrüchte bei 80–100 cm (s. a. 6.1.4.7).

6.1.4.6 Wasserdampfbewegung

Im Verhältnis zur Wasserbewegung in flüssiger Phase spielt die dampfförmige Wasserbewegung im Boden bzw. durch die Bodenoberfläche bei unseren Klimaverhältnissen und unter geschlossenen Vegetationsbeständen nur eine geringe Rolle. Die unter diesen Bedingungen im Boden auftretenden Temperaturgradienten sind relativ niedrig, und der prozentuale Anteil der Evaporation an der Gesamtverdunstung reduziert sich auf 10 % und weniger. Voraussetzung für die Wasserdampfbewegung in den luftgefüllten Poren des Bodens sind **Gradienten der Wasserdampfdichte**, wie sie vor allem bei Temperaturdifferenzen im Boden und wesentlich schwächer auch bei Unterschieden im Wasserpotential auftreten.

Bei nicht wasserdampfgesättigter Atmosphäre besteht ein Dampffluß an der Boden-Luft-Grenze der Bodenoberfläche (s. Evaporation, 6.1.4.7). Wasserdampf bewegt sich im Boden von Orten höheren zu solchen niedrigeren Dampfdrucks. Die Gradienten der Dampfdichte (des Dampfdrucks) können im Boden verursacht sein durch Unterschiede im Matrix- oder osmotischen Potential. Ausreichendes Dampfdruckgefälle setzt im Boden einen pF-Wert > 4,2 voraus. Dampfförmige Wasserbewegungen sind vor allem in ariden Gebieten von Interesse. Die Kondensation eines vom Grundwasser aufsteigenden Dampfstromes kann im Übergangsbereich von grob- zu feinporenreichen Bodenlagen erfolgen. Relativ starke Dampfdruckunterschiede werden auch durch Temperaturunterschiede im Boden hervorgerufen. Der Wasserdampf bewegt sich von wärmeren zu kälteren Orten im Boden. In kälteren Bodenpartien kondensiert Wasserdampf, wenn der Sättigungsdampfdruck überschritten wird.

Im Winter kann **Kondensation** von Wasserdampf zur **Eislinsenbildung** im Boden führen. Dadurch wird der Wassergehalt der gefrorenen Bodenzone erhöht. Dieser starke Wasseranstieg in der Krume läßt beim Wiederauftauen im Frühjahr über dem noch gefrorenen Unterboden eine Vernässung entstehen. In dieser immer wiederkehrenden Schlammperiode liegt eine besondere Gefahr für alle zur Verschlämmung neigenden Böden.

Bei niedrigen Wasserspannungen (hohen Wassergehalten) beträgt die **relative Luftfeuchtigkeit** 98–100 %, die Bodenluft ist dann weitgehend mit Wasserdampf gesättigt. Hohe Sättigung (> 90 %) der Bodenluft mit Wasserdampf ist die Regel. Die Wasserdampfbewegung ist ein Diffusionsprozeß. Wasserdampf kann in die luftgefüllten Poren der Wurzelzone diffundieren. Die stationäre Diffusion folgt dem **1. Fickschen Gesetz** (s. a. 6.1.5):

$$q = D_B \frac{dc}{dx}$$

mit q als die je Zeit- und Flächeneinheit transportierte Wassermenge (Gasfluß in Mol), D_B **Diffusionskoeffizient** im Boden ($cm^2 \, s^{-1}$), c Wasserdampfkonzentration ($mol \, cm^{-3}$), x Diffusionsstrecke in cm.

Im Gleichgewichtszustand gilt für die Dampfflußdichte J_v [$g \, cm^{-2} \, s^{-1}$ oder $kg \, m^{-2} \, s^{-1}$]:

$$J_v = - D' \, \Delta\rho/\Delta s$$

mit D Diffusionskoeffizient (durch Luft) in $cm^2 \, s^{-1}$ oder $m^2 \, s^{-1}$, $D' \cong 0{,}2 \, cm^2 \, s^{-1}$, ρ Wasserdampfdichte [$g \, cm^{-3}$] oder ρ_v [$kg \, m^{-3}$]; s = Entfernung in cm, oder

$$J_V = -D_0 \, a \, \varepsilon_g \frac{d\rho_v}{ds}$$

mit D_0 molekularer Diffusionskoeffizient von Wasserdampf durch Luft, a Faktor, ε_g dampfenthaltende Volumenfraktion des Gesamtbodens.

Bei $\Delta T/\Delta s = 1 \, K \, cm^{-1}$ ist $Jv = 0{,}02 \, g \, cm^{-2} \, d$.

Bei trockener Bodenoberfläche entspricht J_V der Evaporation.

6.1.4.7 Wasserhaushalt

Der Wasserkreislauf der Erde spielt sich in Atmosphäre, Boden und Lithosphäre sowie der Vegetation ab. Die den Wasserhaushalt steuernden klimatischen Faktoren sind Niederschlag, Lufttemperatur, Luftfeuchtigkeit, Strahlung und Windfeld. Die hydrologische Komponente des Pflanzenstandortes kann man auf die atmosphärische und pedologische Komponente aufteilen. Atmosphärisches Wasser und Bodenwasser sind dabei eng miteinander verbunden. An **Wasserhaushaltsformen** unterscheidet man Haft- und Sickerwasser, Grundwasser und Stauwasser.

Böden ohne stärkere Grundwasser- oder Staunässemerkmale oberhalb 8–9 dm unter Flur werden als **anhydromorphe Böden** bezeichnet, solche mit deutlichen Grundwasser- und Staunässemerkmalen oberhalb 4 dm unter Flur als **hydromorphe Böden**. Liegt zwischen Ah-Horizont und vernäßtem Unterboden ein anhydromorpher Bodenhorizont, so spricht man von einem semihydromorphen Boden.

Formen des Bodenwasserhaushalts

Haft- und Sickerwasser. Im gemäßigt humiden Klima Deutschlands nimmt die Sikkerwassermenge mit steigendem Niederschlag und abnehmender Verdunstung zu, z. B. von den unteren zu den oberen Berglagen. Das meiste Sickerwasser (Gravitationswasser) fällt zwischen Dezember und Mai an.

Bei anhydromorphen Böden wird der Wasserhaushalt im Gebirge über reliefbedingte Wasserhaushaltsstufen charakterisiert (s. Kap. 8). Die hydrologischen Rechenmodelle gehen von der Vorstellung aus, daß sich Sickerwasser frontal unter stetiger

Bodeneigenschaften

Abwärtsverdrängung gleichmäßig durch den Boden hindurch zum Grundwasser bewegt. In der Natur weisen viele Böden, Sand- wie Tonböden, jedoch bevorzugte Fließbahnen auf, in denen das Wasser samt der in ihm gelösten oder suspendierten Substanzen nach Erreichen der Feldkapazität unter Umgehung des mittel- und feinporigen Matrix-Filtersystems schnell zum Grundwasser gelangen kann. Die Ursachen für die trichter-, zungen- oder dochtförmigen Abflußbahnen können verschieden sein: frühere Eiskeile, Wasserbenetzungshemmung, Lufteinschlüsse, Texturunterschiede, Makroporen, alte Wurzelbahnen.

Das in den Kapillaren des Oberbodens gegen die Schwerkraft festgehaltene Niederschlagswasser wird als **hängendes Kapillarwasser** bezeichnet, im Gegensatz zu dem **aufsitzenden** oder gestützten **Kapillarwasser über** dem Grundwasser (Übersicht 6.1).

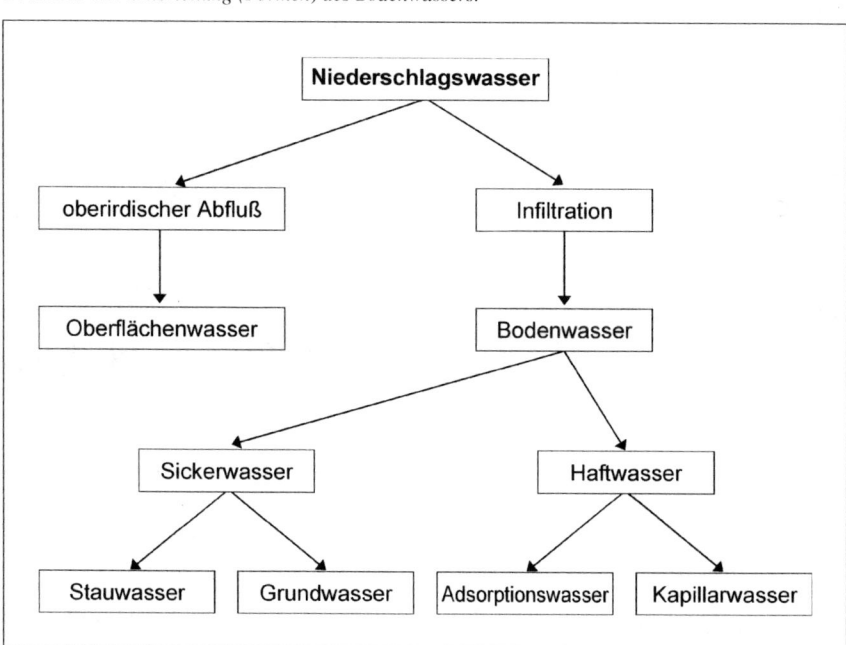

Übersicht 6.1: Unterteilung (Formen) des Bodenwassers.

```
                    Niederschlagswasser
                    /                \
        oberirdischer Abfluß        Infiltration
                |                       |
        Oberflächenwasser           Bodenwasser
                                    /         \
                            Sickerwasser     Haftwasser
                            /        \        /         \
                    Stauwasser  Grundwasser  Adsorptionswasser  Kapillarwasser
```

Die Sickerwassergeschwindigkeit beträgt bodenabhängig $< 1- > 22$ dm a^{-1}. Staut sich Sickerwasser über einem Hindernis in größerer Bodentiefe, so wird es zum **Grundwasser** (Übersicht 6.2). Dieses füllt die Hohlräume der Erdrinde bzw. des Bodens zusammenhängend aus. Es ist ganzjährig vorhanden und unterliegt der Schwerkraft. Seine obere Grenze wird **Grundwasserspiegel** genannt. Den Abstand des Grundwasserspiegels von der Bodenoberfläche nennt man Grundwasserstand. Er unterliegt witterungs- und klimabedingten Schwankungen. Lage und Schwankungsbereich des Wasserspiegels sind ein wichtiger Standortfaktor. Über dem Grundwasserspiegel bildet sich ein mit Wasser gefüllter **Kapillarsaum** aus. Der Grundwasserstand wird durch die Lage der Kapillarsaumoberfläche unter Flur charakterisiert. Der Kapillarsaum (Kapillarwassersaum, Saugsaum, Saugraum) gliedert sich in eine untere wassergesättigte und eine obere luft- und wasserhaltige Zone (geschlossener bzw. offener Saugraum). In der Landwirtschaft bezeichnet man Böden, deren Grundwasseroberfläche > 1,5–2,5 m unter der Bodenoberfläche liegt, als grundwasserfern, bei < 1,5–2,5 m als grundwassernah. Wurzeln meiden den vom Grundwasser erfüllten Bodenraum, durchdringen aber den offenen Saugraum. Das Maximum der jährlichen Grundwasserneubildung tritt im März/April auf.

Übersicht 6.2: Grund- und Stauwasser.

Grundwasser	Stauwasser
Kapillarsaum	Stauzone (Kapillarwasser)
Grundwasseroberfläche (Grundwasserspiegel)	
Grundwassersohle	Staukörper
Grundwasserträger	

Das Grundwasser fließt in Richtung des stärksten Gefälles. Angegeben werden die Stärke des Grundwasserstromes und seine Tiefenlage. Besondere Ausbildungsformen sind zeitweiliges Grundwasser und stagnierendes (stehendes) Grundwasser. Letzteres bildet sich bei Fehlen eines Gefälles oder bei beckenförmigem Relief aus. **Hangwasser** ist das Grundwasser der Hanglagen. Es fließt oberflächennah auf dichtem Untergrund ab, es kann auch zeitweilig auftreten. Bei Grundwasserböden erfolgt die Einteilung nach Grundwasserstufen, der Kapillarsaumtiefe (Kapillarhub) und der Grundwasserschwankung (Amplitude). Die Bedeutung des Grundwassers für die Wasserversorgung der Pflanzen nimmt mit der Trockenheit des Klimas und mit abnehmender nutzbarer Feldkapazität des Bodens zu.

Stauwasser ist das vor Ort gefallene, nahe der Oberfläche im Boden gestaute Niederschlagswasser (oberhalb 1,3 m oder 1,5 m Flurabstand). In der Regel verschwindet dieses oberflächennahe geringmächtige Wasser in trockenen Jahresabschnitten bzw. im Laufe der Vegetationszeit ganz oder teilweise. Es kommt also zu einem Wechsel von Naß- und Trockenphasen im Oberboden.

In Hanglagen auftretende Staunässe mit seitlicher Wasserbewegung (Zug) wird als **Hangnässe** bezeichnet. Sie ist ökologisch günstiger zu beurteilen (bessere Sauerstoffversorgung). Bei den Pseudogleyen werden z. B. 6 Staunässestufen ausgeschieden und die Geländeneigung berücksichtigt. Baumarten, die periodische Staunässe ertragen, sind Eiche und Weißtanne, daneben können Hainbuche, Buche, Lärche und Kiefer angebaut werden.

Bodeneigenschaften 221

Haftnässe wird durch Wasser verursacht, das in Poren mit einem Äquivalentdurchmesser von 0,2–50 µm in einem Saugspannungsbereich von pF 1,8 bis 4,2 auftritt, wenn der Boden gleichzeitig nur eine geringe Luftkapazität aufweist. Haftnässe tritt in lehmigen Substraten auf, in denen das Gravitationswasser nicht schnell genug abgeführt wird.

Der Wasserhaushalt wird nicht nur vom Boden, sondern auch von der Vegetation und dem Klima bestimmt.

Formen der Verdunstung

Die Evaporation wird in Interzeption, Bodenevaporation und Evaporation freier Wasserflächen untergliedert.

Interzeptionsverdunstung. Ein Teil des Niederschlags erreicht nicht den Boden, sondern wird von der benetzten Pflanzenoberfläche direkt in die Atmosphäre verdunstet. Die **Interzeption** als vorübergehende Speicherung von Niederschlägen auf der Pflanzenoberfläche entspricht der Differenz zwischen Freiland- und Bestandesniederschlag im Wald. Bei Waldböden mißt man ferner die Streuinterzeption als Differenz zwischen Kronendurchlaß und Mineralbodeneintrag. Die Interzeptionsverluste von Fichtenbeständen liegen bei etwa 35 % des jährlichen Niederschlags.

Unter **Bodenevaporation** versteht man den Entzug von Wasser aus dem Boden durch Verdunstung an seiner Oberfläche (g m^{-2} s; mm d^{-1}). Die dazu notwendige Energie stammt aus der Absorption der Sonnenstrahlung. Zur Verdampfung von Wasser von 20 °C sind 2,44 kJ g^{-1} erforderlich. Die Verdunstungsrate einer nassen Bodenoberfläche gleicht der einer offenen Wasserfläche (maximale oder potentielle Verdunstung). Trocknet die Bodenoberfläche ab, sinkt die Evaporation, da das Dampfdruckgefälle zwischen der Bodenluft und der bodennahen Luftschicht sowie die hydraulische Leitfähigkeit des Bodens abnehmen. Treibende Kraft und Wassernachlieferung sind damit verringert. Im Bereich von 0–70 % der nFK liegt deshalb die aktuelle (reale) Evaporation deutlich unter der potentiellen, im Bereich von 70–100 % können beide gleichgesetzt werden. In der Nähe des PWP beträgt E_{real} nur etwa 20 % von E_{pot}. Die Evaporation ist bei vegetationsfreien Böden hoch, bei bewachsenen macht sie etwa 5 % der Gesamtverdunstung aus.

Transpiration und Evapotranspiration. Mit **Transpiration** bezeichnet man die Wasserabgabe aus lebenden Pflanzen bzw. den Übergang des Wasserdampfs aus dem Blattinneren in die Atmosphäre.

Die Transpiration entzieht das Wasser dem Boden, der Boden trocknet aus. Die Verdunstungsrate von Grünland macht etwa 80 % von der einer offenen Wasserfläche aus. Das Ausmaß der Verdunstung hängt von der eingestrahlten Sonnenenergie ab und wird daher stark von Hangneigung und Exposition beeinflußt. Die Transpiration wird von dem Wasserpotentialgefälle zwischen Boden und Atmosphäre angetrieben. Eine Regulation durch die Pflanze erfolgt über die Stomata. Steigt im

Wurzelraum die Saugspannung an und muß deshalb schwer verwertbares Wasser von der Pflanze mit erhöhtem Energieaufwand aufgenommen werden, so reduziert die Pflanze ihre Transpiration. Mittlere Transpirationsraten entsprechen einem Verbrauch von 3–4 mm d^{-1}, geringe Transpirationsraten einem von etwa 2 mm d^{-1}. Die maximal mögliche Transpiration findet etwa zwischen -10 kPa $> \Psi_m > -50$ kPa statt. Dauernd hoher Grundwasserstand gewährleistet auch während langer Trockenzeiten eine uneingeschränkte Transpiration. Durch seine hohe Transpiration senkt älterer Wald den Staunässegrad von Pseudogleystandorten bzw. den Grundwasserstand (biologische Entwässerung, Wirkung des Waldes als Wasserpumpe).

Die Summe aus den Verdunstungsverlusten bei der Evaporation und Transpiration wird als **Evapotranspiration** (ET, in mm d^{-1}) bezeichnet. Das durch Evapotranspiration verdunstete Bodenwasser entstammt im Wald etwa der Tiefenzone 0–40 cm, bei angespanntem Wasserhaushalt etwa der Zone 40–90 cm. Im Wald ist schon bei einer Saugspannung zwischen 0,1 und 0,2 bar mit einer Abnahme der ET-Rate zu rechnen. Die Evapotranspiration von Fichtenbeständen liegt im Mittel bei etwa 600 mm a^{-1}. Mit potentieller Evapotranspiration bezeichnet man den Wasserverlust, der auftritt, wenn zu keiner Zeit im Boden ein Wasserdefizit hinsichtlich des Verbrauchs durch die Vegetation besteht. Sie ist weitgehend durch klimatische Variable bestimmbar. Die **potentielle Verdunstung** (mm d^{-1}) ist derjenige Wasserverlust eines Boden-Vegetationssystems, der dem zur Verdunstung bereitgestellten Energieangebot entspricht, sofern die Vegetation den Boden völlig bedeckt. Die gesamte Verdunstung setzt sich aus drei Komponenten zusammen:

$$V = E + I + T$$

Die Evaporation E ist bei geschlossener Vegetation und Streuschicht im Wald gering. Die Interzeption I kann als Verdunstung anhaftenden Niederschlags im Kronenraum von Fichten über 30 % vom Niederschlag erreichen. Den höchsten Anteil nimmt die Transpiration T ein. Die Evapotranspiration eines dichten Pflanzenbestandes kann 6 mm $\cdot$ d^{-1} erreichen.

Wasserbilanzen

Zusammen mit der Dynamik des Bodenwasserhaushaltes sind sie für ertragskundliche Probleme in Land- und Forstwirtschaft von Bedeutung. Der Boden ist Bestandteil des hydrologischen Kreislaufs mit Eintrag, Speicherung und Austrag. Er nimmt Einfluß auf die Speicherung und den Austrag (Abfluß) des Wassers. Beim Wasserhaushalt wird das Zusammenspiel der **Wasserhaushaltsgrößen** Niederschlag, Verdunstung, Transpiration, Abfluß und Speicherung im Boden bilanziert. Die **klimatische Wasserbilanz** ergibt sich aus Niederschlag minus potentieller Evaporation (Ep, Verdunstung). Sie ist positiv, wenn die Niederschläge höher als die potentielle Evaporation sind. Überwiegt die Evaporation, tritt ein Wasserbilanzdefizit auf.

Bodeneigenschaften

Überschüsse der klimatischen Wasserbilanz speichert der Boden nicht, sie versikkern. Anfang April entspricht der Bodenwassergehalt meist der Feldkapazität. Auf durchlässigen Standorten findet oberhalb der FK Versickerung, unterhalb derselben keine Wasserbewegung statt.

Bei der Ermittlung der Wasserbilanz eines Wassereinzugsgebietes prüft man, welche Wassermengen dem Gebiet zugeführt und wie diese wieder abgegeben werden. Die Ausgabe des in Form von Niederschlägen eingetragenen Wassers erfolgt über den Abfluß und die Verdunstung. Ein Teil der Niederschläge fließt oberflächig in die Flüsse ab, der andere versickert in den Boden. Durch die energieverbrauchende Verdunstung wird Wasser an die Atmosphäre zurückgegeben. Aus diesen Vorgängen resultiert die **Wasserbilanzgleichung**

$P = ET + R + \Delta S$

mit den hydrologischen und meteorologischen Größen
P Niederschlag (mm bzw. 1 m^{-2}), ET Verdunstung, R Abfluß und ΔS Wasservorratsänderung (Speicheränderung).

Sie ist die Grundlage aller hydrologischen Berechnungen. Die Vorratsänderung interessiert nur bei Betrachtung kurzer Zeitspannen, sie entfällt in der Regel bei längeren Perioden.

Die Wasserhaushaltsgleichung kann auch in folgender Form geschrieben werden:

$P = ET + R + S + I + \Delta S$

mit P Niederschlag, ET Evapotranspiration, R Abfluß, S Sickerwasser, I Interzeption, ΔS Wasservorratsänderung.

Auf ebenen Flächen wird R (Oberflächenabfluß) gleich 0 gesetzt. ΔS als Vorratsänderung kann mit Hilfe von Tensiometern und unter Nutzung einer pF-Kurve zur Datenumwandlung gemessen werden. Schwierigkeiten gibt es bei der Bestimmung von S (Messung von Tensionsgradienten bei verschiedenen Bodentiefen).

Verdunstung ist der Wasserstrom aus dem Boden heraus. Durch den Verdunstungsprozeß (Evapotranspiration) gehen durchschnittlich 68 % des auf die Landflächen fallenden Niederschlags verloren. Für die Berechnung der potentiellen Evaporation dienen Formeln, die die Einflußfaktoren Wind, Strahlung und Sättigungsdefizit, nicht aber Boden und Pflanzen, berücksichtigen. Die reale Evapotranspiration setzt sich aus der Transpiration, der Interzeptionsverdunstung, der Streuverdunstung und der Schneeverdunstung zusammen.

Die Evapotranspiration ET berechnet sich für anhydromorphe Standorte wie folgt:

$ET = N/V (0{,}9 + (N/Jt)^2$ mit

$Jt = (300 + 25\,t + 0{,}05\,t^3)$

t = mittlere Jahrestemperatur in °C,
N = Freilandniederschlag in mm.

Der Sickerwasseroutput SO in mm errechnet sich aus

$SO = N - ET$.

Beispiele:
Die Wassermengen, die der Boden gegen die Schwerkraft in pflanzenverfügbarer Form halten kann, sind beträchtlich. Wenn ein Boden im oberen Profilmeter 25 Vol.-% Wasser enthält (250 mm Wasser), speichert er $2,5 \cdot 10^6$ kg ha^{-1} Wasser. Durch Evaporation werden davon während der Vegetationsperiode etwa $50 \cdot 10^3$ kg ha^{-1} d^{-1} verbraucht. Ein Teil des Verlustes wird durch die Niederschläge in dieser Zeit kompensiert. Die durch Evapotranspiration verursachte Bodenwassergehaltsänderung kann in niederschlagsfreien Perioden ermittelt werden.

Für einen Kiefernbestand im Berliner Raum wurden folgende Wasserhaushaltskomponenten in mm a^{-1} ermittelt (Mittelwerte): Niederschlag 576, Interzeption 99, Evapotranspiration 411, potentielle Verdunstung 688, Tiefenversickerung 72. Die Spanne der Tiefenversickerung reichte dabei von 0–153 mm.

Die **Grundwasserneubildung** (mm d^{-1}) errechnet sich aus

$$G_n = N - (E_{real} + A_s - Z_S \pm \Delta S)$$

mit N Niederschlag, E_{real} reale Evaporation (aktuelle Verdunstung in mm d^{-1}), A_s seitlicher Abfluß, Z_S seitlicher Zufluß, ΔS Speicherungs- bzw. Wassergehaltsänderungen der ungesättigten Bodenzone zwischen Grundwasser- und Bodenoberfläche.
Auf Standorten ohne bzw. mit gleichem seitlichen Zu- und Abfluß und im Frühjahr bei Feldkapazität vereinfacht sich die Gleichung zu

$$G_n = N - E_{real}$$

Bei 100–70 % der nFK ist $E_{real} = E_{pot}$.
Die Vegetation steuert den **Wasserertrag** (z. B. Grundwasserneubildung, Abfluß). Der Wald verbraucht mehr Wasser als jede andere Vegetationsdecke. Die Bewirtschaftung nach Wasserertrag bedeutet Regulierung der Evapotranspirationsverluste. Eine extreme Maßnahme ist der Kahlschlag von Wald, der mehr Jahresabfluß bewirkt. Aber auch bei weniger starken Eingriffen geht die Erhöhung des Abflusses auf Kosten der Holzproduktion. In der Praxis strebt man eine Optimierung des Holz- und Wasserertrages an. Zu beachten ist dabei, daß im Wald weniger hohe Ablaufspitzen als in offenen Gebieten auftreten und daß der Wald die Wasserqualität meist günstig beeinflußt (Schwebstoffe, Wassertemperatur, mikrobiologische Beschaffenheit, gelöste Stoffe). So kann nach Kahlschlag die Stickstoffkonzentration im Wasser 4- bis 5fach erhöht sein. Der Waldboden wirkt als chemisches Filter, solange der Boden-Pflanzen-Kreislauf nicht gestört ist.
Reicht das verfügbare Wasser des Wurzelraumes für eine ausreichende Wasserversorgung der Pflanzen nicht aus, kann u. U. die fehlende Wassermenge durch kapillaren Aufstieg aus dem Grundwasser nachgeliefert werden. Ein Vergleich zwischen klimatischer Wasserbilanz und der nFK des Wurzelraumes zeigt, wieviel Wasser aus dem Grundwasser in den Wurzelraum kapillar aufsteigen muß, um die Wasserversorgung der Pflanzen sicherzustellen.
Als Grundlage für die Beurteilung der **Beregnungsbedürftigkeit** kann die Häufigkeit dienen, mit der 50 % der nFK im Wurzelraum im langjährigen Mittel unterschritten wird. Die Ermittlung der Häufigkeit erfolgt anhand der klimatischen Wasserbilanz und der Menge an pflanzenverfügbarem Wasser im Wurzelraum. Bei einem Mittelsand ist mit einer täglichen Aufstiegsrate von 1 mm zu rechnen, wenn der Grundwasserstand 60 cm unterhalb der Untergrenze des effektiven Wurzelraumes liegt (Aufstiegshöhe gleich 60 cm). Bei der Berechnung der pflanzenverfügbaren Wassermenge sind die täglichen Aufstiegsraten mit der Dauer der Hauptwachstumsphase (60–90 Tage) zu multiplizieren und zur nFK des Wurzelraumes zu addieren. Für grundwasserbeeinflußte Böden ist also die Gesamtmenge an pflanzenverfügbarem Wasser die Summe aus 50 % nFK + kapillarer Aufstieg.
Beregnungsbedarf = klim. Wasserbilanzdefizit – (50 % nFK + kapill. Aufstieg).

Bodeneigenschaften

6.1.4.8 Konsistenzbereiche und Scherfestigkeit

Die **Bodenkonsistenz** ist ein Maß für die mechanische Festigkeit des Bodens und damit für den Widerstand gegen das Eindringen von Werkzeugen (Bodenbearbeitung) oder Wurzeln in den Boden. In Abhängigkeit von seinem Wassergehalt kann sich der Boden wie ein fester, halbfester, plastischer oder zähflüssiger Körper verhalten (**Konsistenzbereiche**). Die Konsistenzbereiche sind durch **Konsistenzgrenzen** (Wassergehaltsgrenzen) voneinander getrennt (Übersicht 6.3). Dabei ist zwischen bindigen (Lehme und Tone) und nicht bindigen Substraten (Sande) zu unterscheiden. Der feste Konsistenzbereich tritt bei bindigen Substraten auf und zeichnet sich durch hohe Druck- und Scherfestigkeit aus. Der Boden zeigt deutliche Schrumpfungserscheinungen. Bei seiner Bearbeitung bilden sich Schollen. Nicht bindige Substrate (Sande, vermullte Torfe) weisen entsprechend einen „losen" Konsistenzbereich auf. Zwischen festem und halbfestem Zustand liegt die Schrumpfgrenze. Im halbfesten Zustand ist der Boden optimal bearbeitbar (weich-bröckelig). Er ist elastisch deformierbar. Die Plastizitätseigenschaften interessieren für feinkörnige oder bindige Böden. Zwischen dem halbfesten und plastischen Zustand liegt die **Ausrollgrenze** (untere Plastizitätsgrenze). Bei der Bearbeitung verschmiert und verdichtet der Boden. Im plastischen Zustand lassen sich Lehm- und Tonböden bruchlos beliebig verformen. Dieser Zustand wird nach oben durch die Fließgrenze (obere Plastizitätsgrenze) gegen den thixotropen Zustand begrenzt. Die **Fließgrenze** ist ackerbaulich ohne Bedeutung. Die Differenz zwischen Ausrollgrenze und Fließgrenze heißt **Plastizitätszahl**. Der flüssige Konsistenzbereich kann z. B. im Oberboden nach der Schneeschmelze bei noch gefrorenem Unterboden auftreten und Solifluktion ermöglichen.

Übersicht 6.3: Konsistenzgrenzen tonreicher Böden.

Zähflüssige Konsistenz Erstarrungsgrenze Thixotroper Zustand
Fließgrenze
weichplastische Konsistenz zähplastische Konsistenz (Boden schmiert bei Bearbeitung)
Ausrollgrenze
bröckelige Konsistenz (Boden optimal bearbeitbar) Schrumpfungsgrenze feste Konsistenz

Die Festigkeit bzw. **Scherfestigkeit** des Bodens setzt sich aus den Anteilen Reibung und Kohäsion zusammen. Der Anteil der Kohäsion ist von der Vorbelastung des Bodens abhängig (man unterscheidet erstbelastete und vorbelastete Böden).

Böden können durch frühere Eisüberdeckung vorbelastet sein. Kornform (kugelig, plattig) und Kornrauhigkeit (z. B. glatt) der Bodenminerale beeinflussen die Scherfestigkeit. Der Scherversuch mit Geräten, die eine Scherfuge erzwingen, dient der Ermittlung der Scherfestigkeit.

6.1.4.9 Strahlung, Bodenwärmefluß und Bodentemperatur

Der **Wärmehaushalt** des Bodens beeinflußt Wachstum und Stoffwechsel der Wurzeln und des Edaphons sowie die Geschwindigkeit der chemischen Reaktionen im Boden. Er hängt u. a. von der Lage des Bodens im Gelände, der Bodenart und Bodenfarbe sowie dem Wasser- und Lufthaushalt des Bodens ab.

Strahlung
Viele physikalische Prozesse im Boden haben ihre Ursache direkt oder indirekt in der Sonnenstrahlung (Globalstrahlung). Ausschlaggebend für die Wärme des Bodens ist die ihm von der Sonne zugestrahlte Energie. Die Einstrahlung beträgt etwa 8,4 J cm^{-2} min^{-1}. Die durch die Oberfläche absorbierte Nettostrahlung ist gleich der gesamten ankommenden Strahlung minus der reflektierten kurzwelligen Strahlung und der emittierten langwelligen Strahlung. Die Nettostrahlung (**Strahlungsbilanz** W m^{-2}) ist

$$R_n = R_s (1-\rho) + R_l$$

mit
R_s – die an der Oberfläche ankommende Kurzwellenstrahlung,
ρ – Albedo (Fraktion der globalen Strahlung – vor allem kurzwellige Strahlung –, die an der Oberfläche reflektiert wird; Verhältnis reflektierter zu eingestrahlter Energie). Der Wert der Albedo liegt bei etwa 0,2 (0,1–0,3),
$R_s (1-\rho)$ – Netto-Kurzwellenstrahlung,
R_l – Netto-Langwellenstrahlung (absorbierter minus emittierter Betrag).

Energie-Haushaltsgleichung:

$$R_n = H + L\,Et - G$$

mit
R_n – Nettostrahlung, die von einer Oberfläche absorbiert wird,
H – Energie zur Lufterwärmung, Wärmefluß in die Luft,
L – latente Verdunstungswärme (585 cal g^{-1} Wasser bzw. 2,449 kJ),
Et – bei der Evaporation verdunstete Wassermenge,
G – Energie zur Bodenerwärmung, Wärmefluß im Boden.

Der gesamte **Strahlungsumsatz** findet an der Erdoberfläche statt (Abb. 6.15). Die an der Oberfläche ankommende Strahlung erhält ein positives Vorzeichen, die reflektierte oder emittierte Strahlung ein negatives. Der nach oben gerichtete Fluß erhält

Bodeneigenschaften 227

ein +, der nach unten gerichtete ein – (Evaporation +, Kondensation –, Wärmefluß im Boden abwärts –, Wärmefluß in der Luft aufwärts +). Die Energie wird in cal bzw. kJ cm^{-2} d^{-1} gemessen; L Et/Rn = 0,8–1,2.

Die meiste Nettoenergie wird für die Evaporation benötigt, wenn der Boden feucht ist. Wird der Boden trocken und steht damit weniger Wasser für die Evaporation zur Verfügung, erwärmen sich Boden und Luft stärker.

Dunkle Böden absorbieren mehr Sonnenstrahlung als helle Böden und erwärmen sich daher schneller.

a) Wärmeumsatz an einem Sommermittag (Einstrahlungstyp).

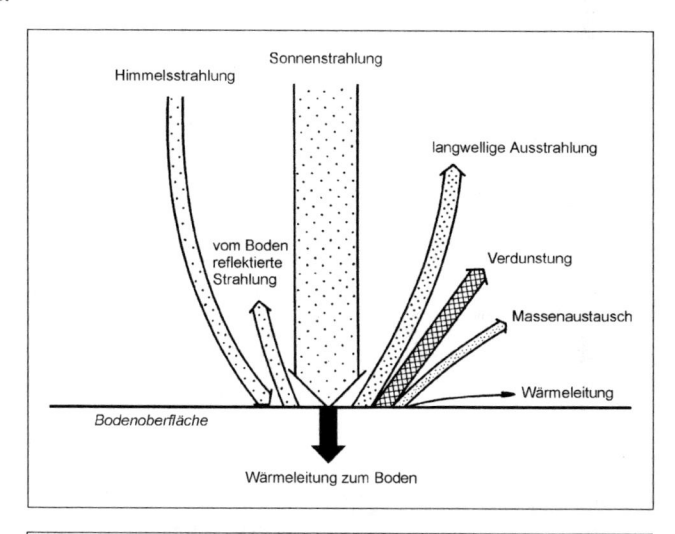

b) Wärmeumsatz bei Nacht (Ausstrahlungstyp).

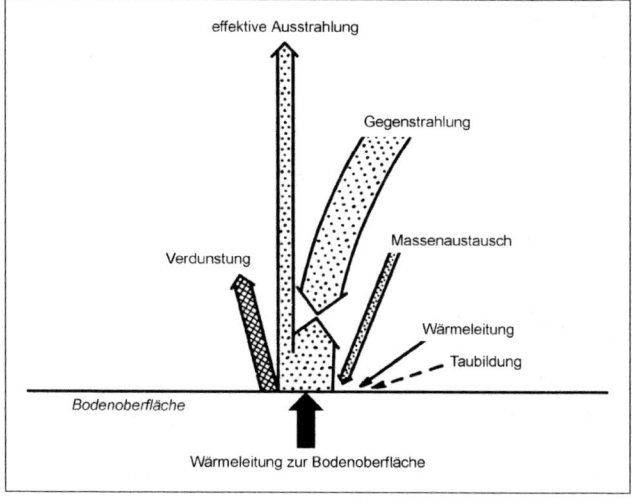

Abb. 6.15: *Wärmeumsatz an der Bodenoberfläche. Nach* GEIGER 1950, *vereinfacht (Die Breite der Pfeile entspricht den umgesetzten Wärmemengen).*

Bodenwärmefluß

Die Einheit der Wärmemenge ist das Joule (früher die Kalorie). Thermische Eigenschaften des Bodens sind seine Wärmekapazität und seine Wärmeleitfähigkeit. Die Wärmeübertragung im Boden beruht auf der langsam vor sich gehenden Wärmeleitung. Letztere erfolgt vorwiegend über die Berührungspunkte der Bodenteilchen. Das Ausmaß des Wärmeflusses im Boden beeinflußt die Bodentemperatur.

Spezifische Wärmekapazität

Die spezifische Wärme(kapazität) ist die Wärmemenge, die benötigt wird, um eine Masseeinheit eines Stoffes um 1 K zu erwärmen (J kg^{-1} K^{-1}, cal g^{-1} °C^{-1}). Bezugsgröße ist die spez. Wärme des Wassers, die auf g oder cm^3 bezogen gleich 1 ist.

$$\text{spezifische Wärme } c = \frac{\text{Wärmemenge}}{\text{Masse} \cdot \text{Temperatur}} = 1 \frac{\text{cal}}{\text{g} \cdot \text{K}} \text{ bzw. } 4{,}1868 \text{ J g}^{-1} \text{ K}^{-1}$$

Die spezifische Wärme c der anorganischen Bodensubstanz (z. B. trockener Sand) ist 0,84, die der organischen Bodensubstanz 1,26–1,67 und die der Huminstoffe 0,46–0,96 J g^{-1} K^{-1}. Die spezifische Wärme des Bodens setzt sich zusammen aus den spezifischen Wärmen des Wassers und der festen Bodenbestandteile.

Die zur Erwärmung einer Volumeneinheit eines Stoffes um 1 Grad nötige Wärmemenge heißt **Wärmekapazität**. Sie ist das Produkt aus spezifischer Wärme und Rohdichte.

$$\text{Wärmekapazität} = \text{J cm}^{-3} \text{ K}^{-1}$$

Die Wärmekapazität der Luft ist praktisch zu vernachlässigen (Tab. 6.16). Bei einem feuchten Mineralboden hängt die Wärmekapazität vorrangig von seinem Wassergehalt sowie seiner anorganischen und organischen Substanz ab (0,26 (trocken) bis 0,76 (wassergesättigt)).

$$c_v = \rho_f \cdot c_p = \rho_b \cdot (1 + Wm) \cdot c_p = \rho_b \cdot (c_{pav} + Wm\, c_{pw}) = \rho_b \cdot (0{,}84 + Wm) \text{ J g}^{-1} \text{ K}^{-1} = 0{,}84 \cdot \rho_b \text{ J g}^{-1} \text{ K}^{-1} + Wv \text{ J cm}^{-3} \text{ K}^{-1}$$

mit
c_v – Wärmekapazität auf Volumenbasis,
ρ_f – Dichte des feuchten Bodens,
c_p – Wärmekapazitat auf Massebasis = spezifische Wärme,
ρ_b – Bodendichte g cm^{-3},
Wm – Wassergehalt auf Massebasis,
c_{pav} – mittlere spezifische Wärmekapazität der festen Bestandteile $\cong$ 0,84 J g^{-1} K^{-1},
c_{pw} – spezifische Wärme des Wassers = 4,1868 J g^{-1} K^{-1}.

Zum Erreichen einer für Keimung im Frühjahr erwünschten Temperatur muß einem feuchten Boden mehr Wärme zugeführt werden als einem trockeneren.

Bodeneigenschaften

Tab. 6.16: Thermische Eigenschaften von Bodenbestandteilen und Böden.

Boden/Bestandteil	Wärmekapazität		Wärmeleitfähigkeit · 10^3
	J cm^{-3} K^{-1}	cal cm^{-3} K^{-1}	J cm^{-1} s^{-1} K^{-1}
Quarz und bodenbildende Minerale	2,0	0,48–0,52	88
organische Substanz	2,5	0,45–0,60	2,5
Wasser	4,2	1,0	5,9
Luft	0,00125	0,0003	0,25
Sand, trocken	0,4–1,7	0,1–0,4	1,7–2,9
Lehm, trocken	0,4–1,7	0,1–0,4	0,8–6,3

Wärmeleitfähigkeit (Wärmeleitungsvermögen)
Die Wärmeleitfähigkeit des Bodens ändert sich mit dem Wassergehalt und der Bodenstruktur. Wärme fließt von Orten, an denen die Temperatur hoch ist, zu solchen, an denen sie niedrig ist. Das Wärmeleitungsvermögen bemißt sich nach derjenigen Wärmemenge, die in einer Sekunde durch eine 1 cm^2 große Fläche einer 1 cm starken Platte der Substanz strömt, wenn der Temperaturunterschied zwischen beiden Seiten 1 K beträgt (J cm^{-1} s^{-1} K^{-1}). Der Wert beträgt für Wasser 0,0014 (0,0059), für Luft 0,000056 (0,000234) cal cm^{-1} s^{-1} grd^{-1} (J cm^{-1} s^{-1} K^{-1}). Somit leitet das Wasser die Wärme 25 mal besser als die Luft. Luft wirkt damit als Wärmeisolator im Boden. Für trockenen Sand liegt der Wert bei 0,0017–0,0029, für nassen Lehm bei 0,008–0,021 J cm^{-1} s^{-1} K^{-1}.

Für die Wärmemenge Qq, die durch einen Boden von z nach z + Δz fließt, gilt folgende Gleichung:

Qq = – Kq At ΔT/Δz

mit
Kq thermische Leitfähigkeit [J cm^{-1} s^{-1} K^{-1}]
A [cm^2], Querschnittsfläche des Bodens, t Zeit (Tag)
ΔT Temperaturdifferenz als treibende Kraft
ΔT/Δz Temperaturgradient in (vertikaler) z-Richtung = Intensität der treibenden Kraft

Wärmeflußdichte Jq = Qq/A t = – Kq ΔT/Δz

Bodentemperatur
Die Bodentemperatur gibt die Intensität der Wärme im Boden an. Bodentemperatur ist das Ergebnis des Eintrages von Globalstrahlung, langwelliger Emission und Wärmefluß im Boden sowie der Wärmekapazität. Die Sonne wärmt den Boden an seiner Oberfläche. Die Maximaltemperatur verzögert sich zeitlich mit der Tiefe. Je größer die Bodentiefe ist, desto später und schwächer machen sich Temperaturänderungen der Erdoberfläche im Boden bemerkbar. Im Sommer und am Tage ist der Boden oben warm und unten kalt, im Winter und nachts umgekehrt. Die Frühjahrsinversion der Bodentemperatur liegt etwa im März.

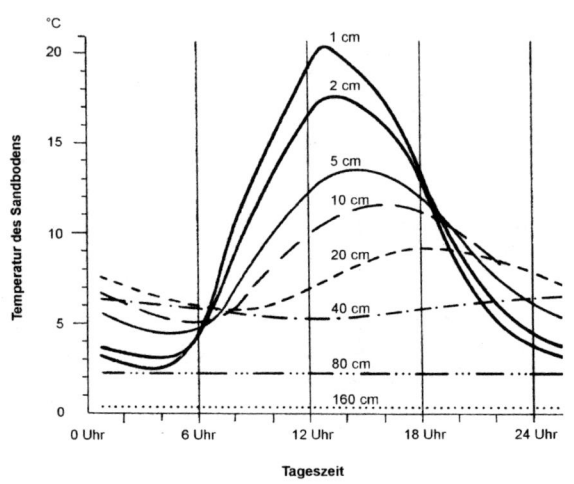

Abb. 6.16: Täglicher Temperaturverlauf in einem Sandboden im Mai. Nach LEYST, aus GEIGER 1950.

Mit der Tiefe nimmt die Amplitude der täglichen Temperaturschwankung ab (Abb. 6.16). Daneben ändern sich die mittleren Monatstemperaturen im Jahresverlauf. In 1 m unter Flur verschiebt sich das Maximum von Juni nach August (Abb. 6.17). An der Bodenoberfläche schwankt die Temperatur im Jahresverlauf am meisten (Abb. 6.18). Im Winter ist der Boden im offenen Gelände tiefer gefroren als im Wald.

Die Bodentemperatur beeinflußt die chemischen und biologischen Prozesse in Böden, häufig in Kombination mit dem Bodenwasser. Eine Erhöhung der Bodentemperatur kann in Waldböden zu einer erhöhten Mineralisation organischer Substanz, einer Reduktion des N-Gehaltes in der organischen Auflage, einer erhöhten Nitratkonzentration in der Bodenlösung bzw. einem erhöhten Nitrataustrag führen. Zu Beginn der Vegetationsperiode liegt die Temperatur im Hauptwurzelraum der Waldböden bei 4–5 °C. Optimales Wurzelwachstum erfordert eine Temperatur von etwa 20 °C. Die Bodentemperatur ist mit der Zeit und Bodentiefe variabel (tägliche und jährliche Variation). Die Schwankungen der Bodentemperatur sind um so stärker gepuffert, je feuchter der Boden ist.

Der Quotient aus Wärmeleitfähigkeit und Wärmekapazität ist die **Temperaturleitfähigkeit** (Temperaturleitzahl, thermische Diffusivität) [$cm^2\ s^{-1}$]. Sie gibt an, um wieviel $K\ s^{-1}$ sich die Temperatur bei einem Temperaturgradient von 1 $K\ cm^{-1}$ ändert. Sie ist somit ein Maß für die Geschwindigkeit des Temperaturausgleichs.

Die Wärmeverhältnisse des Bodens werden außer von den Strahlungsverhältnissen noch von weiteren Faktoren beeinflußt. In feuchten Böden tritt im Sommer durch die Verdunstung Verdunstungskälte auf. Durch Regen findet ein Wärmetransport statt. Regnet es auf einen ausgetrockneten Boden, tritt Benetzungswärme auf. Durch Wurzeln und Bodenorganismen entsteht Atmungswärme. Kondensiert feuchte Luft im Boden, werden 2,51 $kJ\ g^{-1}$ Wasser frei. Beim Gefrieren des Wassers im Boden wird ebenfalls Wärme frei (331,8 $J\ g^{-1}$ Wasser), umgekehrt wird beim Auftauen die gleiche Wärmemenge verbraucht.

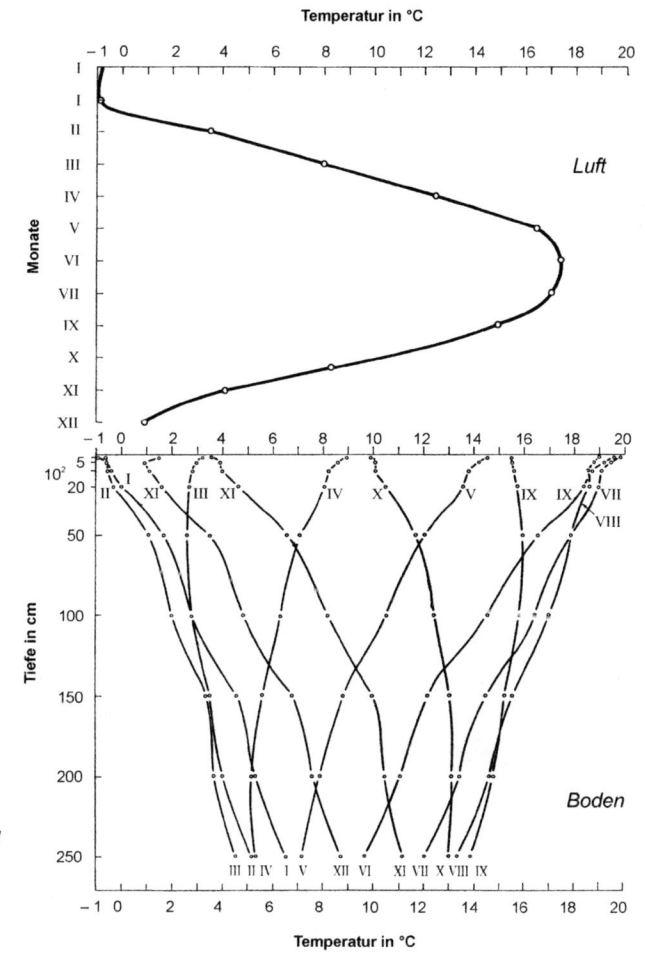

Abb. 6.17: Die jahreszeitlichen Temperaturschwankungen in der bodennahen Luftschicht und im Boden (Sand). Mittlere monatliche Werte in Wahnsdorf bei Dresden. Nach PLEISS 1964.

Bodenklima

Höhere Bodentemperaturen fallen häufig mit niedrigen Bodenwassergehalten zusammen und umgekehrt. Mit dem Ausdruck Bodenklima charakterisiert man Bodenfeuchtigkeit und Bodentemperatur gemeinsam. So spricht man z. B. von Böden mit einem kühl-feuchten Eigenklima.

Auf wechselfeuchten Standorten liegen während der Wassersättigung im Frühjahr die Temperaturen um so niedriger, je länger die hohe Wasserfüllung des Bodens anhält. Eine zu Beginn der Vegetationszeit niedrige Bodentemperatur ist ökologisch ungünstig.

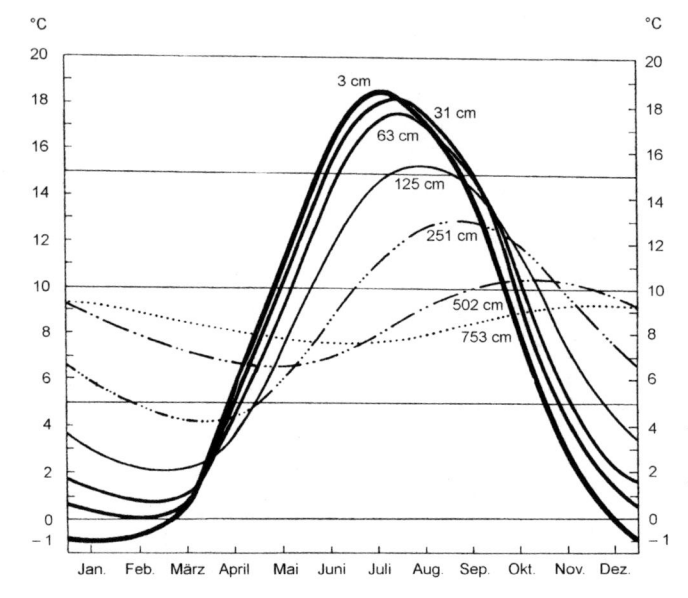

Abb. 6.18: Jährlicher Gang der Bodentemperaturen in verschiedenen Tiefen. Nach SCHMIDT UND LEYST, aus GEIGER 1950.

Mulch an der Bodenoberfläche isoliert den Boden, der Wärmefluß wird in beiden Richtungen verringert. Trockene Böden erwärmen sich an der Oberfläche schnell, was einen Wärmestrom in den Boden auslöst. Feuchte Böden verhalten sich entgegengesetzt, die meiste absorbierte Energie wird bei ihnen zur Verdunstung des Wassers verbraucht.

Die Wärmeableitung in den Boden wird beeinflußt durch seinen Wassergehalt – über Wärmeleitfähigkeit, Wärmekapazität und Wärmediffusion – und die Bodendichte – über die Wärmekapazität und die Wärmeleitung. Ein nasser Boden erwärmt sich wegen seiner großen Wärmekapazität relativ langsam, ein trockener Boden wegen geringerer Wärmekapazität und schlechterer Wärmeleitfähigkeit dagegen schneller und auf höhere Temperaturen. Dieser Unterschied (kalte und warme Böden der Praxis) macht sich im Frühjahr bei der Vegetationsentwicklung bemerkbar. Moorböden sind wegen ihres hohen Wassergehaltes im Frühjahr die kältesten Böden. Die in nassen Böden gespeicherten erheblichen Wärmemengen verzögern die Abkühlung des Bodens dafür in der kalten Jahreszeit. Mit Rohhumus bedeckte Kahlflächen zeichnen sich durch starke Temperaturschwankungen aus. Ganz allgemein bestimmen Wärmekapazität und -leitfähigkeit Schnelligkeit und Ausmaß der Temperaturschwankungen im Boden. Die relativ hohen Temperaturen im tieferen Boden im Winter und zeitigen Frühjahr erlauben es den Bäumen, über ihre Tiefenwurzeln Wasser aufzunehmen, wenn der Boden noch mit Schnee bedeckt ist, so daß ein früher Vegetationsbeginn auch in nördlichen Gebieten, wie z. B. in Finnland, möglich ist.

Bodeneigenschaften

Stark von den mitteleuropäischen Verhältnissen abweichende Temperaturbedingungen für die Bodenbildung herrschen in **Sibirien** (52–53° Breite) mit seinem sehr rauhen, kontinentalen Klima. Bei mittleren Jahrestemperaturen von $-2\ °C$ bis $-4\ °C$ und einem absoluten Minimum von $-50\ °C$ liegt die mittlere Temperatur in 7 Monaten $< 0\ °C$. Drei Sommermonate erreichen eine mittlere Temperatur von $> 10\ °C$. Der Boden friert bis 2 m Tiefe und mehr und taut bei starker Sonneneinstrahlung langsam auf, ohne daß sich ein Bodenbrei bildet. Bis Ende Juni ist der Boden meist gefroren. Die Niederschläge sind mit etwa 300 mm a^{-1}, wovon 60–80 % innerhalb von 2 Monaten fallen, sehr gering. Entsprechend ist die Schneedecke kaum über 30 cm mächtig. Das Tauwasser des Schnees geht für den Boden fast völlig verloren. Durch das Auftauen steigt die Feuchtigkeit im Boden von unten nach oben, was einer Podsolierung entgegenwirkt. Auch wegen des Vorkommens basischer Ausgangsgesteine ist die Podsolierung keineswegs so stark verbreitet, wie oft angenommen.

6.1.5 Bodengashaushalt (Gasaustausch)

Jeder Eingriff in den Wasserhaushalt eines Bodens verändert auch dessen **Lufthaushalt**. Bodenluft ist somit der Gegenspieler des Bodenwassers. Eine ausreichende Bodenbelüftung ist die Voraussetzung für ein gesundes Wurzelsystem und damit für ein gutes Wachstum der Pflanzen. Hackfrüchte stellen diesbezüglich höhere Anforderungen an den Boden als Gräser. Unter Lufthaushalt bzw. Belüftung wird die Vielfalt der Transportvorgänge der Gaskomponenten des Bodens, insbesondere O_2 und CO_2, verstanden. Jede Konzentrationsänderung einer Gaskomponente zieht eine Veränderung für die anderen Gase nach sich. Die **Bodendurchlüftung** hängt vom Luftvolumen und der Porenkontinuität ab.

Luftkapazität

In einem absolut trockenen Boden ist der Raumanteil der Bodenluft gleich dem Porenraum. Unter Luftkapazität (LK) versteht man das Luftvolumen (auch Luftgehalt genannt) eines wassergesättigten Bodens bei Feldkapazität bzw. das Porenvolumen, das bei 60 hPa Wasserspannung belüftet ist (weite Grobporen).

LK [Vol.-%] = 100 – Trockensubstanzvolumen [Vol.-%] – Bodenfeuchte [Vol.-%]
$\qquad\quad\ $ = V – (Vs + Vw)

mit
V – Gesamtvolumen, Vs – Volumen der Festsubstanz, Vw – Volumen des Bodenwassers.

Die Luftkapazität entspricht dem Anteil der nichtkapillar wirkenden Hohlräume ($> 10\ \mu m$) bzw. dem Volumen aller Grobporen bzw. dem Luftvolumen beim Wassergehalt der Feldkapazität. Das Luftvolumen beläuft sich bei Feldkapazität auf 0,05–0,3, beim Welkepunkt auf 0,25–0,35 $cm^3 \cdot cm^{-3}$. Als Grenzwert für Ackerfrüchte nimmt man 12 Vol-% LK an. Mittlere Werte der Luftkapazität betragen für Sand 40, für Lehm 20 und Ton 10 Vol.-%. Die Luftkapazität der Moorböden nimmt mit zunehmendem Zersetzungsgrad des Torfes ab.

Gastransport (Bodenbelüftung)
Die Gasflüsse aus und zu dem Wurzelraum spielen sich über die Bodenoberfläche ab (Grenze Boden/Atmosphäre). Deshalb sollte sich diese stets in einem guten Strukturzustand befinden und nicht verschlämmt bzw. verdichtet sein. Die Flüsse von CO_2 und O_2 in der Gasphase sind gegenläufig, Sauerstoff dringt in den Boden ein, Kohlendioxid entweicht aus ihm.

Atmosphäre   21 % O_2 0,03 % CO_2
Bodenluft   < 21 % O_2 > 0,03 % CO_2

Außer auf die Größe des Grobporenraumes (Interaggregatraumes) kommt es auf die Ausformung des Porenraumes (Poren- oder Porenraumgeometrie) einschließlich der Vernetzung der Grobporen für die Gastransportleistung an. Die Gasleitfähigkeit eines Bodens ist wie die Wasserleitfähigkeit eine für den Pflanzenbau wesentliche Größe. Ursache für den Gasaustausch sind weniger Luftdruck- und Temperaturschwankungen sowie Wind, als vielmehr Diffusion und Feuchtigkeitswechsel im Boden durch Niederschlag, Verdunstung und Änderung des Grundwasserstandes. Der Gastransport erfolgt dabei vorwiegend durch Diffusion, untergeordnet durch Konvektion. Zur Beurteilung des Belüftungszustandes im Wurzelraum bestimmt man den Diffusionskoeffizienten. Die Gasdiffusion q läßt sich durch das **Fick'sche Gesetz** beschreiben:

$$q = - D \, dc/dx \; [mol \, cm^{-2} \, s^{-1}]$$

mit q [cm s^{-1}] als Gasfluß/Fläche und Zeit, c – volumetrische Konzentration und x – vertikale Entfernung [cm].

D ist darin der Proportionalitätsfaktor bzw. der **Diffusionskoeffizient** eines Gases in Luft. Der Wert ist von der Art des Gases abhängig (D_0 beträgt für das System O_2 – Luft 0,178 $cm^2 \, s^{-1}$ bei 0 °C und 1 Atmosphäre Druck). Das Vorzeichen von D gibt die Diffusionsrichtung an (für Sauerstoff – D_0). Das Fick'sche Diffusionsgesetz besagt, daß die Diffusionsrate eines Gases von seinem Konzentrationsgradienten abhängt.

Der **scheinbare Diffusionskoeffizient** D_s bringt zum Ausdruck, daß die Gasdiffusion im Boden vom Wassergehalt und der Ausformung des Porenraumes bzw. vom luftgefüllten Porenraum und der Porenkontinuität abhängt (Bodenstruktur).

$$D_s = D_0 \, \tau^{-1} \, \varepsilon_a \; [mol \cdot cm^2]$$

mit τ^{-1} als „Porenkontinuität" und ε_a als luftgefüllter Porenraum.

D_s/D_0 wird als „relativer scheinbarer Gasdiffusionskoeffizient" bezeichnet.

Der diffusive Gastransport wird somit vom Anteil luftgefüllter Poren und ihrer wasserfreien Weglänge beeinflußt. Die Gasdiffusion erfolgt hauptsächlich in kontinuierlich entwässerten Makro-(Grob-)Poren.

Für eine normale Bodendurchlüftung sind nach der Bodentiefe führende luftenthaltende Poren von etwa 7 Vol.-% erforderlich. Bei Werten von 5–7 Vol.-% ist die Durchlüftung kritisch. Bei O_2-Gehalten $\leq$ 10 % wird das Wurzelwachstum von Koniferen gehemmt. Für das Wurzelwachstum landwirtschaftlicher Kulturen gilt ein Sauerstoffgehalt der Bodenluft von 10–15 % als optimal. Für Bodenpilze sollte der Sauerstoffgehalt der Bodenluft über 4 % liegen. In einem durchlässigen Boden wird der Zustand normaler Durchlüftung etwa 2–3 Tage nach der Wassersättigung erreicht.

Die Diffusion steigt mit der Temperatur an. Die Richtung des Sauerstofftransportes ist in der Regel aus der Gasphase in die flüssige Phase gerichtet. Die Leitfähigkeit von O_2 in Wasser als Produkt aus Löslichkeit und Diffusionskoeffizient ist 20 mal kleiner als die von CO_2. Die Diffusion von Sauerstoff durch das Bodenwasser ist deshalb zu gering, um die aerobe Atmung von Wurzeln und Mikroorganismen zu gewährleisten. Wassermenisken stellen eine Barriere für den diffusiven Sauerstoffaustausch dar. Deshalb kommt der Kontinuität eines mit Luft erfüllten Porenraumes im Boden besondere Bedeutung zu. Nur so kann der O_2-Transport über Dezimeterdistanzen bis zur Wurzel gewährleistet werden. Da erhöhte Feuchtigkeit des Bodens den Sauerstoffzutritt behindert, sind staunasse Böden sehr schlecht mit O_2 versorgt. In schlecht dränierten Böden mit einem Luftgehalt < 10 Vol.-% beträgt der scheinbare Diffusionskoeffizient D_g für Sauerstoff weniger als 10^{-3} cm^2 s^{-1}. Werte von $5 \cdot 10^{-3} - 2 \cdot 10^{-2}$ werden als kritisch für das Pflanzenwachstum angesehen.

Die Reichweite der Sauerstoffdiffusion in schwach entwässerten, feinporösen Bereichen beträgt nur wenige Millimeter. Für eine ausreichende Belüftung muß das Makroporensystem dräniert sein. Die Qualität der Bodendurchlüftung äußert sich im Verhältnis der Volumenanteile aerober und anaerober Bodenbereiche, also im Anteil der sauerstofffreien Zonen. Im Vergleich zum Sauerstoff ist die Mobilität des Kohlendioxids im Bodenwasser wesentlich größer, es kann daher durch die Bodenlösung teilweise abgeführt werden.

Zur Charakterisierung der Durchlüftung des Bodens kann auch sein Redoxpotential herangezogen werden (6.2.3).

Bodenrespiration

Böden sind O_2-Konsumenten (Sauerstoffsenken) und CO_2-Produzenten (Kohlendioxidquellen). Bei der **Bodenatmung** oder der Atmung der Wurzeln und Bodenorganismen dient Glukose als Elektronendonator und O_2 als Elektronenakzeptor.

$C_6H_{12}O_6 + 6O_2 = 6CO_2 + 6H_2O + $ Energie

Die Atmung erfordert eine Sauerstoffzufuhr aus der und einen Kohlendioxidabtransport in die Atmosphäre und damit einen ausreichenden Gasaustausch. Die Bodendurchlüftung ist für die Aufrechterhaltung der biologischen Aktivität im Boden (Wurzeln, Bodenorganismen) erforderlich und erfolgt in erster Linie durch Diffusion in den luftgefüllten Porenräumen. Der Gasaustausch ist somit von der Luftdurchlässigkeit des Bodens abhängig. Ist die Bodenbelüftung nicht gehemmt, so beträgt der respiratorische Quotient (CO_2-Freisetzung/O_2-Verbrauch) etwa 1. Der Quotient ist ein Indikator für die Sauerstoffversorgung des Bodens. Bei einer Erwärmung des Bodens um 10 Grad verdoppelt sich etwa die Respiration. Der Sauerstoffverbrauch bewachsener Böden liegt in der Größenordnung von 10–20, der unbewachsener Böden von 2–10 g m^{-2} d^{-1}. Unterbindet man die Sauerstoffzufuhr über die Bodenoberfläche, wird der Sauerstoffvorrat der Bodenluft innerhalb von 1–2 Tagen verbraucht.

Ein lockerer und gut durchlüfteter Boden fördert das Wurzelwachstum. Außer Reis leiden alle Kulturpflanzen unter anaeroben Bedingungen. Anaerobe Mikroorganismen können auch in O_2-freien Böden leben (anaerobe Respiration).

Schwere Böden sind häufig schlecht durchlüftet (Ursachen: Staunässe, Haftnässe). Eine Verbesserung der Sauerstoffversorgung von Baumwurzeln bei Böden mit Staunässe oder hochanstehendem Grundwasser kann außer durch Entwässerung durch Rabattierung (künstliche Bodenerhöhung) erreicht werden.

6.1.6 Bodenfarbe

Die Bodenfarbe besitzt hohen diagnostischen Wert für die Erkennung des Ausgangsmaterials der Bodenbildung und der bodenbildenden Prozesse. So sind aus dem Rotliegenden, Buntsandstein und Röt stammende Substrate sowie die Böden des „old red" in England rot gefärbt. Die Farbe des Bodens hängt ab von der Farbe der Minerale, insbesondere der Eisen- und Manganverbindungen, der organischen Substanz, der Körnung, der Bodenfeuchte und der Beleuchtung. Bei Verwendung der **Farbtafeln** von Munsell (A. H. MUNSELL 1859–1918, Lehrer der Malerei, Zeitgenosse von WILHELM OSTWALD und seiner Farbenlehre) wird sie durch drei Merkmale charakterisiert:

- **Hue.** Farbton, z. B. R rot, Y gelb, YR orange, unabhängig von der Feuchte, Werte von 0–10, je Farbton eine Tafel. Der Wert sagt nichts darüber aus, ob die Farbe dunkel oder hell, stark oder schwach ist. Die Farbe von Böden Mitteleuropas liegt in der Regel im Bereich 7,5 Y 7,5 YR bzw. gelbbraun, braun, rotbraun. Sie hängt von dem farbgebenden Bestandteil, z. B. Hämatit, und seiner Korngröße ab.
- **Value.** Farbhelligkeit (Farbwert, Dunkelstufe), zur Unterscheidung heller von dunklen Farben, 0 schwarz bis 10 weiß, in der Vertikale der Farbtafel angeordnet. Trockener Boden ist heller als feuchter Boden. Zwischen Humusgehalt und Dunkelstufe besteht eine negative Korrelation bei vergleichbaren Verhältnissen.
- **Chroma.** Farbtiefe (Farbintensität, Reinheit), zunehmende Farbsättigung bzw. Leuchtkraft in der Horizontale der Farbtafel, die Rotreihe zeigt 10, die Gelbreihe 9 Stufen.

Beispiel:
5YR 5/6 mit 5YR als hue, 5 als value und 6 als chroma.

Die organische Substanz verleiht dem Boden schwarze, graue und dunkelbraune Farbe. Während längerer Perioden der Wassersättigung wird der Sauerstoff im Boden aufgebraucht. Eisenverbindungen treten dann in der reduzierten, zweiwertigen Form auf. Die reduzierenden Verhältnisse sind an grau-blau-grün gefärbten Bodenzonen erkennbar. Analog dominiert nach Wegführung des Eisens die graue Farbe des Quarzes im Bleicherde-Horizont der Podsole. In trockeneren Perioden oder in oberflächennäheren Profilteilen kann Sauerstoff in den Boden gelangen und das Eisen in die dreiwertige, oxidierte Form überführen, was sich in Form von rostroten Flecken im Boden und an rostroten Mantelflächen von Wurzelkanälen äußert. Je mehr Oxidflecke sich in der grauen Grundmasse befinden, um so günstiger ist der Boden zu bewerten. Dies macht man sich z. B. bei der ökologischen Beurteilung von Pseudogleyen zu Nutze, indem man den Grad der Braun- oder Graufärbung des Oberbodens nach Einschlag einer Kartiererhacke beschreibt. Je feinkörniger ein Bodensubstrat ist, desto weniger kommt eine bestimmte Menge färbender Substanz zur Wirkung, wenn sie sich auf die Partikeloberfläche verteilt. Dies ist bei der Schätzung des Eisen- oder Humusgehaltes eines Bodens aus seiner Farbe zu beachten. Sandboden ist bei gleichem Humusgehalt dunkler als Lehmboden. Manche Substrate, wie der Löß oder Lößlehm, die ausreichend Eisen in nicht zu stabiler Bindungsform enthalten, sind gute „Zeichner", das heißt, bodengenetische Vorgänge werden über die Differenzierung der Eisenfärbung sehr gut sichtbar. Feuchte Böden erscheinen dunkler und besitzen intensivere Farben als trockene. Wasser wirkt auf die Färbung verdunkelnd (totale Reflexion des Lichts innerhalb der Wasserhülle), so daß die Färbung der Horizonte im Gelände an frisch angelegten, feuchteren (erdfrischen) Profilwänden beobachtet werden sollte. Zudem hat die Farbermittlung an feuchtem und trockenem Boden zu erfolgen.

6.2 Chemische Eigenschaften

Die **Bodenchemie** befaßt sich mit Problemen der Adsorption, des Ionenaustauschs, der Fixierung, der Bodenreaktion, der Chelat- und Komplexbildung, der elektrochemischen und strukturellen Eigenschaften von Bodenkolloiden sowie den Interaktionen zwischen anorganischen und organischen Bodenkolloiden. Der Grenzflächen- und Kolloidchemie kommt damit für Böden eine erhebliche Bedeutung zu. Daneben vollziehen sich die chemischen Prozesse in der Bodenlösung.

Als Kenngrößen zur Charakterisierung des chemischen Bodenzustandes können Kapazitätsparameter (z. B. Nährstoffvorräte, Vorräte an austauschbaren Kationen, Basenneutralisationskapazität) wie auch Intensitätsparameter (z. B. Konzentration der Kationen und Anionen in der Gleichgewichtsbodenlösung, pH-Wert der Bodenlösung) dienen. Häufig weisen die Kapazitätsparameter eine relativ geringe zeitliche Variabilität auf, während die Intensitätsparameter wegen ihrer zeitlichen Dynamik wiederholte Messungen in zeitlichen Abständen erfordern.

Teilchen mit einem Durchmesser von 1–(100)–200 nm werden unter dem Begriff **Kolloide** zusammengefaßt. Sie bilden mit dem Dispersionsmittel kolloidale Lösungen. Im Boden sind die kolloidalen Eigenschaften ab der Tonfraktion (< 2 µm), besonders aber bei der Körnung < 0,2 µm ausgeprägt. Kolloide zeichnen sich durch ihre stofflichen und morphologischen Unterschiede aus. Bodenkolloide setzen sich aus den feinsten anorganischen Verwitterungsprodukten und aus organischer Substanz zusammen, sie können kristallin oder amorph sein. Böden enthalten unterschiedliche Mengen an organischen und anorganischen Kolloiden. Kolloide zeichnen sich, auf das Gewicht bezogen, durch eine enorme Oberfläche (Grenzfläche) aus (Tab. 6.17). Viele chemische Reaktionen im Boden vollziehen sich an der Grenzfläche fest/flüssig (Grenzflächenchemie). An der Kolloidoberfläche findet Adsorption statt. Diese ermöglicht die Stabilität kolloiddisperser Systeme, da sie die Aggregation der Teilchen durch Kohäsionskräfte behindert. Der adsorbierende Stoff wird Sorbent, die adsorbierte Substanz Sorbat genannt. Bei **hydrophilen Kolloiden** liegt eine Hydrathülle vor, bei **hydrophoben Kolloiden** wirken Adsorptivionen stabilisierend. Bodenkolloide können hydrophil (z. B. Kieselsäuren, Eisenhydroxid, Huminstoffe) oder hydrophob (z. B. Tonminerale) sein. Hydrophile Kolloide sind in der Lage, die stark elektrolytempfindlichen hydrophoben Kolloide zu umhüllen und gegen Ausflockung zu schützen, sie wirken als **Schutzkolloide**. Diese Funktion üben im Boden organische Kolloide für Tonminerale und kristalline Eisenoxide aus.

Tab. 6.17: Spezifische Oberfläche ($m^2 g^{-1}$) von Tonmineralen, Kornfraktionen und Böden.

Kaolinit	7–30	Sand	< 0,1(2–3)
Smectite	600–700–800	Schluff	0,1–1
Vermiculit	600–700–800	Ton	≥ 2 (– 90)
Illit	70–90–130	Mull, Huminstoffe	700–1000
Allophane, Imogolit	500–700–1100	Schwarzerde	160

Bodenkolloide sind am isoelektrischen Punkt (ISP) elektrisch neutral. Bei pH-Werten oberhalb ihres ISP sind sie negativ, unterhalb desselben positiv geladen. Bodenkolloide sind in der Regel negativ geladen und sorbieren deshalb Kationen.

Kolloide können als **Gel** oder **Sol** auftreten. Durch Peptisation (Zerteilung) bilden geladene Teilchen ein Sol, durch Koagulation (Flockung) entladene Teilchen ein Gel. Bei der Koagulation trennt sich der disperse Stoff vom Dispersionsmittel (beim Boden Wasser). Die Flockung kann durch Zusatz von Ionen erfolgen, die entgegengesetzt zum Kolloid geladen sind. Für den Boden wird der Gelzustand angestrebt, dabei eignen sich zur Koagulation der Bodenkolloide besonders Ca-Ionen und Polyuronide. Die flockende Wirkung steigt mit der Elektrolytkonzentration und der Ladung der die Flockung hervorrufenden Ionen ($Al^{3+} > Ca^{2+}$ bei negativ geladenen Bodenkolloiden). Flockung kann auch durch gegensinnig geladene Kolloidteilchen eintreten. Hydrophile Kolloide koagulieren, wenn man ihnen das Wasser entzieht. Dies kann im Boden bei Frost erfolgen.

Eine „Alterung" von Gelen wird durch Kondensationsvorgänge unter Wasseraustritt eingeleitet. Zunächst ausgeschiedene energiereichere Verbindungen gehen in analoge energieärmere über. Kristallisationsvorgänge begleiten diese Umwandlung,

Bodeneigenschaften

größere Kristalle wachsen auf Kosten kleinerer. An die zunächst großen Oberflächen können Fremdionen angelagert und beim Kristallwachstum eingeschlossen oder in die Mischkristallbildung einbezogen werden.

Kolloide sind an einer Reihe von Bodeneigenschaften und -prozessen beteiligt, so der Bodenbildung, der Gefügebildung, der Erosion und Verschlemmung, dem Ionenaustausch und der Verlagerung von sorbierten Schadstoffen. In diesem Zusammenhang interessieren die Mobilisierung, der Transport, die Deposition und die Aggregierung der Kolloide.

6.2.1 Sorptionseigenschaften

Der **Sorptionskomplex** des Bodens wirkt als Nährelementspeicher und Puffersubstanz. Die an Bodenkolloide adsorbierten Kationen sind in der Regel pflanzenverfügbar. Der Ionenaustausch erfolgt durch Ausscheidung von H-Ionen seitens der Pflanzenwurzel, die aus der Atmung stammen. Die Austauschkapazität ist deshalb neben der Nutzwasserkapazität und dem biologischen Regulationsvermögen eine wichtige Eigenschaft der Böden für deren ökologisches Verhalten.

Reaktionen an Oberflächen
Mit abnehmender Größe der Bodenpartikel nimmt ihre Oberfläche zu. Sie ist damit in der Tonfraktion sehr groß. Die große Oberfläche der Tonfraktion (Tonminerale, wasserhaltige Oxide) und organischen Kolloide ermöglicht durch die Wirkung von Grenzflächenkräften die Bindung von Molekülen aus dem umgebenden Medium, so von Wasserdampf oder Gasen aus der Luft oder von organischen Molekülen, wie Farbstoffe oder Pestizide, aus der Bodenlösung. Eine echte Sorption ist reversibel. Die gesetzmäßige Beziehung bei der Sorption erfaßt die **Gleichung nach FREUNDLICH**. Nach ihr steigt die an der Grenzfläche adsorbierte Menge a mit zunehmender Konzentration c bzw. zunehmendem Dampfdruck an (wobei allerdings ein Sättigungszustand angestrebt wird).

$$a = k_t \cdot c^{1/n}$$

mit k_t und $1/n$ als Konstanten.

Tonminerale und Sesquioxide sowie Huminstoffe tragen an ihren Oberflächen elektrische Ladungen. Von diesen hängen Bodeneigenschaften, wie die Gefügestabilität und der Ionenaustausch, ab. Die Oberflächenladung der Bodenkolloide ist in der Regel negativ (Silicate bzw. Tonminerale, Siloxan-Oberfläche), in Sonderfällen (Eisenoxide) aber auch positiv. Die negative Ladung geht auf isomorphen Ersatz (**permanente, strukturbedingte Ladung** bei Tonmineralen) oder die Dissoziation exponierter Hydroxylgruppen (**variable oder pH-abhängige Ladung** bei 1:1-Tonmineralen, Fe- und Al-Oxiden, organischen Bodenkolloiden) zurück. Permanente plus variable Ladung bilden die Gesamtladung. Die negative Oberflächenladung wird durch Kationen, die positive Ladung durch Anionen kompensiert.

Böden mit variabler Ladung treten in großen Gebieten der Tropen und Subtropen auf. Es handelt sich um stark verwitterte Böden, die als Roterden, lateritische Böden, Ferralsols, Oxisols und Krasnozems bezeichnet werden (s. Kap. 7). Diese roten Böden mit Eisen- und Aluminiumoxiden unterscheiden sich deutlich in bestimmten Eigenschaften von denen mit weitgehend konstanter Ladung in den gemäßigten Zonen.

Das Ausmaß von Adsorption und Ionenaustausch geht mit dem Produkt aus Oberflächengröße und Oberflächenladung konform. Als Ladungsdichte bezeichnet man den Quotienten mval/cm^2. Sie ist bei Montmorillonit kleiner als bei Kaolinit.

Zwischen Tonmineralen und organischen Kationen wie organischen Anionen kann eine elektrostatische Bindung an den negativ geladenen Tonoberflächen und den positiv geladenen Tonmineralkanten stattfinden. **Organische Substanzen** können aber auch durch Komplexbildung an die Oberfläche von Bodenmineralen gebunden sein. Niedrig molekulare organische Substanzen werden in die Zwischenschichten mancher Dreischicht-Tonminerale eingelagert, größere ungeladene organische Moleküle durch van der Waals'sche Kräfte an Tonminerale gebunden.

Durch die Anlagerung von entgegengesetzt geladenen Ionen aus der Bodenlösung an die elektrisch geladenen Bodenpartikel bildet sich an der Teilchenoberfläche eine **elektrische Doppelschicht** aus; z. B. befindet sich die negative Schicht auf der Tonmineraloberfläche und die positive Schicht in der Lösung gegenüber derselben (Abb. 6.19). Die Kationen werden an die Teilchenoberfläche gezogen, können sich aber auch in der Lösungsphase bewegen. Die Lösung in unmittelbarer Nähe der Oberfläche (Stern-Schicht) ist wesentlich stärker mit Kationen besetzt als die anschließende „diffuse Schicht". Etwa an der Grenze dieser beiden Lösungsschichten ist das **Zetapotential** ausgebildet. Dieses Potential ist kleiner als das elektrochemische Potential auf der Teilchenoberfläche. Die Dicke der elektrischen Doppelschicht beeinflußt die Größe des ζ-Potentials. Ist die Doppelschicht sehr dünn, beträgt das Zetapotential 0 (**isoelektrischer Punkt**).

Für anorganische und organische Stoffe erhält man durch elektrokinetische Messungen Auskunft über ihren Oberflächenzustand (Das Wort elektrokinetisch impliziert die Kombination von Elektrizität und Bewegung.). Elektrokinetische Vorgänge sind an die Existenz einer elektrisch geladenen Grenzfläche zwischen einem nichtleitenden Feststoff und einer flüssigen Phase gebunden. Sie sind nur bei einer Relativbewegung zwischen einer stationären Phase und einer beweglichen Phase in einem dispersen System (hier Boden) meßbar. Die wichtigste Kenngröße, die aus elektrokinetischen Messungen erhalten wird, ist das Zetapotential (ζ). Es liefert Informationen über den Oberflächenzustand nichtleitender Feststoffe im System Feststoff/wäßriges Milieu und ermöglicht Rückschlüsse auf den Aufbau der elektrochemischen Doppelschicht und die Ladungsbildungsmechanismen an Feststoffoberflächen. Das Zetapotential ist abhängig von den Eigenschaften des untersuchten Systems (Art des Feststoffs, Zusammensetzung und Konzentration der wäßrigen Phase).

Die Dicke der elektrischen Doppelschicht hängt von der Konzentration und Zusammensetzung der Lösung ab (5–30–100 nm). Mit zunehmender Elektrolytkonzentration oder bei Anwesenheit höher geladener Ionen wird die Doppelschicht dünner. Sie beträgt deshalb in Salzböden nur wenige nm. In einer verdünnten Lösung ist die Doppelschicht etwa 100 nm mächtig. Meist dominieren Ca-, Al- und H-Ionen in der

Bodeneigenschaften

T	Teilchenoberfläche,
F	fest haftende innere Schicht,
C	locker haftende äußere Schicht mit diffuser Ionenverteilung,
d	elektrische Doppelschicht, die gleichzeitig der Innenlösung (J) entspricht,
A	Außenlösung,
E	Entfernung von der Teilchenoberfläche,
P_e	elektrokinetisches (Zeta-) Potential,
P_t	thermodynamisches Potential

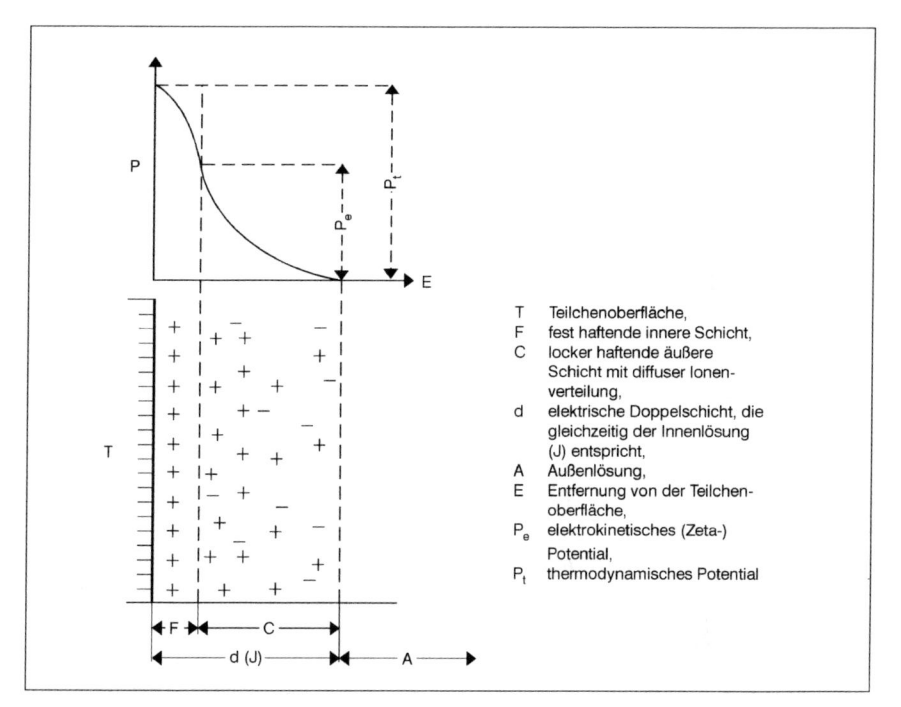

Abb. 6.19: Schematische Darstellung des elektrokinetischen Potentials an einem Kolloid mit negativ geladener Teilchenoberfläche. Nach STERN.

Doppelschicht bei Böden. Gleichsinnig geladene Teilchen stoßen sich bei niedriger Elektrolytkonzentration und damit dicker Doppelschicht voneinander ab (Dispergierung). Bei hoher Elektrolytkonzentration sind die abstoßenden Kräfte in ihrem Minimum, die Teilchen ziehen einander an (van der Waals-Kräfte; Koagulieren bzw. Aggregieren). Stabile Bodenaggregate setzen diesen Zustand voraus. Protonen (bzw. Al- und Fe-Ionen) und Ca-Ionen sind in der Lage, Flockung von Bodenkolloiden hervorzurufen. Durch sie wird die negative Ladung von Tonen an der Oberfläche neutralisiert und somit deren Abstoßung verringert. Entgegengesetzt wirken Na-Ionen. Besondere Verhältnisse liegen vor, wenn geladene polymere Moleküle, wie organische Polyanionen, auf Partikel einwirken.

In Mitteleuropa dominieren Mineralböden, deren Tonminerale eine permanente negative Ladung besitzen, wodurch sie austauschbare Kationen an ihre Oberflächen binden können. Sesquioxide, Kaolinit und Allophane sowie die organische Substanz des Bodens besitzen eine pH-abhängige variable Ladung. Ihre positive Ladung bei niedrigem pH gestattet die Bindung von Anionen (Bedeutung für tropische Böden), ihre negative Ladung bei hohem pH die von Kationen. Wenn der pH-Wert steigt, dissoziieren die Hydroxylgruppen der Fe- und Al-Verbindungen, wodurch diese

Verbindungen zunehmend negativ geladen werden. Der Ladungsnullpunkt von Sesquioxiden ist der pH-Wert, bei dem die positive Ladung gleich der negativen und die Nettoladung demnach Null ist. Er liegt für Goethit etwa bei pH 8,1. Huminstoffe, insbesondere Humin- und Fulvosäuren, besitzen eine variable negative Ladung, die mit steigendem pH zunimmt. Negative Ladungen ermöglichen die Gruppen —COOH (Carboxyl), —OH (Phenol) und —OH (Hydroxyl). Hiervon besitzen die Carboxylgruppen die größte Bedeutung und eine vergleichsweise hohe Säurestärke. Bei pH < 7 tragen nur noch die Carboxylgruppen Ladung. In sauren Böden liegt die Carboxylgruppe vorwiegend in undissoziierter Form vor.

Humus-COOH = Humus-COO$^-$ + H$^+$

Dissoziationskonstante K_a = [Humus-COO$^-$] · [H$^+$]/[Humus-COOH] $\cong$ 3–6

Bei einem pH-Wert, der gleich dem pK_a-Wert (– log K_a) ist, sind die Konzentrationen der undissoziierten und dissoziierten Carboxylgruppen gleich. Durch Alkalisierung bzw. Kalkung in der Praxis kann die Ladungsmenge angehoben werden (Maximum 400 cmol$_c$ kg^{-1} Humus). Die Kationenaustauschkapazität der organischen Substanz im Boden nimmt zu.

Carboxylgruppen können durch Chelatisierung bei pH > 5 größere Ca-Mengen fest binden. Bei pH < 4,3 sind die Carboxylgruppen im Mineralboden weitgehend mit Al-Ionen abgesättigt.

Für viele chemische Bodeneigenschaften sind die sich zwischen **Kolloidoberfläche und Bodenlösung** abspielenden Reaktionen wesentlich. Die Bindung der Ionen am Austauscher beruht auf der elektrostatischen Anziehungskraft. Die Ladungsmenge wird in mol$_c$ ausgedrückt, was $6,02 \cdot 10^{23}$ Elementarladungen entspricht.

Die **Eintauschstärke** (Adsorptionskraft) **der Ionen** nimmt mit ihrer Wertigkeit zu. Die Hydratation der Ionen sinkt mit zunehmendem Ionendurchmesser. Ionen, die im hydratisierten Zustand klein sind, werden gegenüber analogen großen bevorzugt adsorbiert. Eine dicke Hydratationshülle vergrößert den Abstand des Ions von der Tonoberfläche. Folgende **lyotrope Reihen** mit abnehmender Adsorption der Ionen lassen sich aufstellen:

$Cs^+ > Rb^+ > K^+ > Na^+ > Li^+$ für die Alkalien bzw. $H^+ > Cs^+ > K^+ \cong NH_4^+ > Na^+$

$Ba^{2+} > Sr^{2+} > Ca^{2+} > Mg^{2+}$ für die Erdalkalien.

Daraus ist u. a. die starke Bindung radioaktiven Cs und Sr im Boden ersichtlich.

Von den dreiwertigen Ionen ist praktisch nur das Al von Bedeutung.

Gesetz von SCHOFIELD: Nach dem Massenwirkungsgesetz gilt für adsorbierte [ ] und frei in Lösung ( ) befindliche Kationen folgende Gleichung:

$$[Na^+](\sqrt{Ca^{2+}}) / [\sqrt{Ca^{2+}}](Na^{2+}) = k$$

Bodeneigenschaften

Durch Umformung ergibt sich

$$(Na^+)/(\sqrt{Ca^{2+}}) = (1/k)\left\{[Na^+]/[\sqrt{Ca^{2+}}]\right\}$$

Wenn das Verhältnis der adsorbierten Kationen konstant bleibt, ist auch das Verhältnis der Kationen in Lösung konstant. Mit steigender Konzentration eines Ions in der Bodenlösung, z. B. nach Mineraldüngung, steigt auch sein Anteil am Ionenbelag der Kolloidoberfläche an.

Wird die Bodenlösung bei gleichem Ionenangebot verdünnt, so werden höherwertige Ionen stärker sorbiert als einwertige und umgekehrt. Das Ionenangebot eines Bodens im feuchten und trockenen Zustand an die Pflanze ist also verschieden. Im obigen Fall muß z. B. bei einer Verdünnung der Bodenlösung nach Regen in der Lösung das Ca wesentlich stärker abnehmen als das Na, um das Verhältnis konstant zu halten, bzw. bei der Verdünnung der Bodenlösung wird Ca^{2+} bevorzugt sorbiert und Na^+ desorbiert. Umgekehrt nimmt bei der Austrocknung des Bodens die Ca-Konzentration in der Bodenlösung stärker zu als die Na-Konzentration.

Die **Selektivität** der Austauscher bewirkt, daß bei gleicher Ladung manche Ionen stärker als andere eingetauscht werden. Im Falle von Na und K gilt:

$$\text{Selektivitätskoeffizient } K_S = \frac{(K_{sorb.}) \cdot (Na_{lös.})}{(Na_{sorb.}) \cdot (K_{lös.})}$$

mit
sorb. = sorbiert und lös. = in Lösung; in mval.

$K_s > 1$ zeigt Selektivität für Kaliumionen an.

Von **K-Fixierung** spricht man, wenn aus Glimmern hervorgegangene Tonminerale (Illit, Vermiculit) K-Ionen einlagern und dabei kontrahieren. Die Festlegung der K-Ionen erfolgt in den Sauerstoff-Sechserringnetzen der Basisflächen dieser Tonminerale. Illite und Vermiculite binden auch NH_4^+ stark und selektiv in ihren Zwischenschichten (Ammoniumfixierung).

Bei den Bodenkolloiden ergeben sich durch stärkere Bindung bestimmter Ionen folgende **Eintauschreihen**:

Kaolinit	$Ca^{2+} > Mg^{2+} > K^+ > H^+ > Na^+$
Illit	$H^+ > K^+ > Ca^{2+} > Mg^{2+} > Na^+$
Smectit	$Ca^{2+} > Mg^{2+} > H^+ > K^+ > Na^+$
Huminsäuren	$H^+ > Ca^{2+} > Mg^{2+} > K^+ > Na^+$

Wasserstoffionen werden von organischen Kolloiden im Vergleich zu den Tonkolloiden bevorzugt adsorbiert, wofür die Karboxylgruppen und phenolischen OH-Gruppen verantwortlich sind.

Die genannten Gesetzmäßigkeiten führen dazu, daß Ca^{2+} stärker als K^+ und dieses stärker als Na^+ in Böden Mitteleuropas (humides Klima) am Sorptionskomplex gebunden wird, so daß Na-Ionen stärker ausgewaschen werden und sich im Meerwasser anreichern.

Die Menge der Kationen in der Bodenlösung ist verglichen mit der an den Teilchenoberflächen gering, wodurch die Auswaschungsverluste klein bleiben. In der Bodenlösung herrscht Elektro(Ladungs)neutralität, eine Kationenladung wird stets durch eine Anionenladung ausgeglichen.

6.2.1.1 Kationenaustausch

Nur ein geringer Teil des Gesamtelementgehaltes eines Bodens ist durch Wasser oder Neutralsalzlösungen extrahierbar bzw. austauschbar (Tab. 6.18).

Tab. 6.18: Gesamt- und NH_4Cl-extrahierbare Elementgehalte einer Basalt-Braunerde (Wilisch, Sachsen). Nach KLINGER 1995.

Horizont		Ca	Mg	K	Na	Al	Fe	Mn
Ah	G	13 780	6 619	5 530	3 682	40 600	43 400	820
	A	14,6	2,4	3,0	0,98	1,9	0,64	18,4
Bv1	G	27 900	14 961	9 120	6 083	64 700	74 700	2 017
	A	4,8	0,74	1,8	0,62	0,36	0,02	8,3
Bv2	G	28 480	15 800	9 910	6 666	66 200	76 600	1 707
	A	5,8	1,0	0,97	0,72	0,13	0,01	4,6
II B/C	G	35 300	20 920	9 980	6 517	69 600	85 100	1 508
	A	4,9	1,7	0,68	1,6	0,00	0,00	1,9

G = Gesamtelementgehalt in mg kg^{-1}, A = austauschbare Elementmenge in % von G

Kationen können adsorptiv bzw. elektrostatisch an anorganische und eingeschränkt auch organische Bodenkolloide gebunden sein. Diese Bindung beruht auf negativen Ladungsüberschüssen der Sorptionsträger. Bei den Tonmineralen liegt die Ursache strukturbedingt im teilweisen Ersatz von Si^{4+} durch Al^{3+}, bei der organischen Substanz in der Dissoziation funktioneller Gruppen wie der —COOH-Gruppe. Die Bindungsintensität eines Kations hängt von seinem Hydratationsvermögen und damit von seiner Ladung und seinem Ionenradius ab. Kationsäuren werden stärker an Kationenaustauscher gebunden als basische Kationen. Der Kationenaustausch vollzieht sich augenblicklich, stöchiometrisch und reversibel. Die Elektroneutralität des Bodens bleibt gewahrt.

Kationenaustausch zwischen Ca und K:

$$]Ca + 2K^+ \leftrightarrow]K_2 + Ca^{2+}$$

mit] als negativer Oberfläche.

6.2.1.2 Kationenaustauschkapazität und Basensättigung

Der Boden enthält eine Kationenmischung. Die austauschbaren Kationen bilden den Kationenbelag des Sorptionsträgers. Die Summe der austauschbaren Kationen – Ca^{2+}, Mg^{2+}, K^+, Na^+ und NH_4^+ (austauschbare Basen, Summe = S-Wert), H^+, Al^{3+}, Fe^{3+} und Mn^{2+} (austauschbare saure Kationen, Summe = H-Wert) – liefert die **Kationenaustauschkapazität** (KAK oder AK).

KAK = Σ austauschbarer Kationen in $cmol_c$ kg^{-1} Boden.

Die Austauschkapazität ist eine Funktion der Größe der äußeren und inneren Kolloidoberflächen. Die Größe der Bodenoberfläche und der KAK werden durch den Humus- und Tongehalt, daneben auch durch den Schluff- und Oxid-Gehalt bestimmt (s. Tab. 6.19). Beim Grand des Grobbodens treten in Abhängigkeit von der Art des Gesteins und der Verwitterungsintensität Werte < 30 m^2 g^{-1} auf.

Je nach Gehalt an anorganischen Kolloiden liegen die Werte der KAK zwischen 2 (Sand) und 60 (Ton) $cmol_c$ kg^{-1}. Die Austauschkapazität tonarmer Sandböden ist dementsprechend äußerst gering und wird in erster Linie durch den Humusgehalt bestimmt. Eine geringe Anhebung des Humusgehaltes von Sandböden, z. B. durch Lupinenanbau, bewirkt eine wesentliche Steigerung ihres Speichervermögens für Kationen und damit ihrer Fruchtbarkeit. Im humusreicheren Oberboden steigt die KAKe (effektive Kationenaustauschkapazität) daher gegenüber dem humusarmen Unterboden an, in besseren Waldböden z. B. von 50–60 auf 150–170 μmol_c g^{-1}, sie liegt damit in der Größenordnung von 10–15 $kmol_c$ ha^{-1} cm^{-1}.

Tab. 6.19: Kationenaustauschkapazität von Bodenkolloiden und Böden in $cmol_c$ kg^{-1}.

Kaolinit	1–10–15
Illit	10–40–70
Vermiculit	100–150–200
Chlorit	10–40
Smectit	60–150
Allophan	20–80–150
Ton	25–80 (40–60)
Sesquioxide	2–4
Huminsäuren	100–200–500
Humus im Ap	200–300
Rohhumus	80–150
humosarmer Sand	2–5
stark humoser Sand	5–10
humoser lehmiger Sand	10–15
humoser Lehm	20–25
Parabraunerde	15
Schwarzerde	20–55

Man unterscheidet zwei Arten der KAK, die potentielle bzw. totale (**KAKt**), gemessen in gepufferten Austauschlösungen bei pH 7 oder 8,2, und die effektive (**KAKe**), gemessen in ungepufferten Austauschlösungen (Neutralsalzlösung), bei annäherndem pH der Bodenlösung. Die KAKt ist eine Funktion des Ton- und Humusgehaltes. Schwarzerden aus Löß erreichen Werte von 200 mmol$_c$ kg^{-1}. Die effektive Austauschkapazität ist gleich der Summe der beim pH-Wert des Bodens austauschbaren Kationen (z. B. Na, K, Ca und H, Al). Die KAKe nimmt ab, wenn der pH-Wert fällt. Die Differenz von KAKt und KAKe entspricht etwa der pH-abhängigen Ladung. In sauren Waldböden ist die KAKe stets niedriger als die KAKt, bedingt durch die pH-abhängige Blockierung von Austauscherplätzen durch Kationensäuren und ihre Hydroxopolymeren. Die Kationenaustauschkapazität der organischen Bodensubstanz nimmt mit steigendem pH zu. In Böden der feuchten Tropen ist bei Fehlen von Dreischicht-Tonmineralen die KAKe gering.

Die Belegung der Austauscheroberflächen mit „**basisch wirksamen Kationen**" (Mb-Kationen) und „**Kationsäuren**" (Ma-Kationen) kontrolliert den Base/Säure-Zustand der Bodenlösung. Die Äquivalentanteile der austauschbaren Kationen an der KAKe (XS-Werte) sind Funktionen des pH-Wertes. Die Ca- und Mg-Sättigung sind positiv, die Al-Sättigung ist negativ mit dem pH des Bodens korreliert.

Die Menge der austauschbaren basischen Kationen (Ca, Mg, K, Na) wird als S-Wert bezeichnet. Man gibt diesen als Prozentanteil der KAK an (% **Basensättigung**, Sättigungsgrad, V-Wert).

$$\% \text{ Basensättigung} = \frac{S}{T} \cdot 100\,\%$$

mit S = Summe der austauschbaren Basen, und T = KAK, beide in mval/100 g bzw. cmol$_c$ · kg^{-1},
% Basensättigung = austauschbare (Ca^{2+} + Mg^{2+} + K$^+$ + Na$^+$ + NH$_4^+$)-Ionen · 100/KAK bei pH 7 oder 8,2 oder dem natürlichen Boden-pH.

Von diesen Ionen werden Na und Ammonium meist nicht bestimmt. Die Basensättigung ist ein allgemeiner Indikator der Bodenfruchtbarkeit (8.3.2; Tab. 6.20). In landwirtschaftlichen Böden nimmt der Gehalt an austauschbaren Ionen in der Reihenfolge Ca > Mg > K = Na ab. Diese Reihung gilt auch für den Gehalt in der Bodenlösung.

Tab. 6.20: Bewertung des Sorptionskomplexes. Nach BLAKEMORE et al. 1987, s. BALDAUF 1991.

Niveau	KAK	Σ Basen	Ca	Mg	K	Na	BS (%)
sehr hoch	> 40	> 25	> 20	> 7	> 1,2	> 2	80–100
hoch	25–40	5–25	10–20	3–7	0,8–1,2	0,7–2,0	60–80
mittel	12–25	7–15	5–10	1–3	0,5–0,8	0,3–0,7	40–60
niedrig	6–12	3–7	2–5	0,5–1,0	0,3–0,5	0,1–0,3	20–40
sehr niedrig	< 6	< 3	< 2	< 0,5	< 0,3	< 0,1	< 20

KAK in cmol$_c$ kg^{-1} Boden. BS Basensättigung

In neutralen Böden beträgt der gemeinsame Anteil von Ca und Mg fast 100 %. Ein Boden mit 20 cmol$_c$ Ca^{2+} kg^{-1} enthält etwa 10 t austauschbares Ca^{2+} ha^{-1} im Pflughorizont (2 500 t). Für einen solchen Boden fällt der Ca-Entzug durch eine Ernte (z. B. 20 kg ha^{-1}) nicht ins Gewicht. Die K-Sättigung kann bis zu 5 % der KAK ausmachen, gewöhnlich liegt sie in Ackerböden bei 1–2 %. Bei pH > 6 ist Ca^{2+} mit Anteilen > 80 % der KAKe das dominierende Kation. In sauren Waldböden liegt eine kritische Grenze bei 15 % Ca am Sorptionskomplex. Bei Unterschreitung dieser Ca-Sättigung nimmt die Al-Konzentration in der Bodenlösung deutlich zu.

Die prozentuale Basensättigung ist in ariden Böden gewöhnlich höher als in Böden humider Gebiete, in landwirtschaftlichen Böden höher als in Waldböden und unter Laubwald höher als unter Nadelwald. Sie kann durch Kalkung erhöht werden. Fruchtbare landwirtschaftliche Böden weisen Werte > 80 % Basensättigung auf. Die Summe aus austauschbarem Ca und Mg reagiert besonders stark auf eine Bodenversauerung. Eine Differenzierung der austauschbaren sauren Kationen mit der Bodentiefe oder abnehmendem Humusgehalt ist verständlich, da H$^+$ stark an die organische Substanz gebunden ist.

Für die Einteilung salzbeeinflußter Böden werden ihr Na-Gehalt an der Sorptionskapazität und die spezifische Leitfähigkeit ihres Sättigungsextraktes herangezogen. So haben salzhaltige Nicht-Soda-Böden einen Na-Gehalt von < 15 % und nicht salzhaltige Sodaböden einen von > 15 % der KAK.

Durch die Anwendung von Mineraldüngern soll die Zusammensetzung des Ionenbelags auf den Kolloiden für die Pflanzenernährung günstiger gestaltet werden. Durch Düngung mit leicht löslichen Salzen wird das Gleichgewicht zwischen den Kationen an den Austauschern und in der Bodenlösung gestört. Das im Überschuß vorhandene gedüngte Kation verdrängt andere Kationen von der Austauscheroberfläche, die danach ausgewaschen werden können. Begründet liegt dies im Massenwirkungsgesetz.

6.2.1.3 Sauer wirkende Kationen

Bei pH < 4 macht Al^{3+} etwa 80 % der Austauscherbelegung aus. In stark sauren Böden kann der gemeinsame Anteil von H und Al bis über 90 % erreichen. Der prozentuale Anteil des H-Wertes an der KAKe ist die

$$\text{Säuresättigung} = \frac{H}{T} \cdot 100\% \text{ oder } 100 - \text{V-Wert}$$

Al, Fe und Mn bilden die Gruppe der Sesquioxide („Anderthalb-Oxide", auf 1 Metallatom entfallen 1½ Atome Sauerstoff). **Aluminium** tritt im Boden als freies Al^{3+} und in Form von Al-Hydroxo-Komplex-Ionen, Al-Hydoxo-Sulfat und organischen Al-Chelat-Komplexen auf. Unterhalb von pH 4,5 ist Al^{3+} die dominierende Ionenspezies im Mineralboden. Al^{3+} reagiert mit Wasser wie folgt:

$Al^{3+} + H_2O = AlOH^{2+} + H^+$

$AlOH^{2+} + H_2O = Al(OH)_2^+ + H^+$.

$Al(OH)_2^+$ ist zwischen pH 4,7 und 6,5, $Al(OH)_3$ zwischen pH 6,5 und 8 beständig. Austauschbares und gelöstes Al liegt als Al^{3+}, $[Al(H_2O)_6]^{3+}$, $AlOH^{2+}$ und $Al(OH)_2^+$ vor. In Lösung befinden sich ferner Hydroxo-Al-Polymere, bei denen es sich um zu größeren Einheiten verknüpfte Al-Hydroxide handelt:

$[Al(OH)_x(H_2O)_{6-x}^{(3-x)+}]_n$

mit n = Zahl der Al-Ionen im Polymer.

Ein Teil des Al ist an Huminstoffe gebunden.

Der Anteil einer Kationenart an der KAKe ist eine wesentliche Kenngröße des chemischen Bodenzustandes. Für Al gilt

$$\text{prozentuale Al-Sättigung} = \frac{\text{austauschbares Al}^{3+}}{\text{KAKe}} \cdot 100$$

Oberhalb pH 5,5 ist die Al-Sättigung des Sorptionskomplexes gering, bei stärker saurem pH dominiert Al^{3+} dagegen an demselben. Steigt die Al-Sättigung des Sorptionskomplexes auf > 60 %, so geht Al zunehmend in die Bodenlösung über. Bei pH 5 ist die vorherrschende Al-Verbindung in der Lösungsphase $Al(OH)_3$, bei pH 4,2 kann mit gleichen Anteilen von $Al(OH)_3$, $Al(OH)_2^+$ und Al^{3+} gerechnet werden. Ab < pH 4 macht Al^{3+} fast das gesamte lösliche Al neben löslichen Al-Chelat-Komplexen aus (s. a. 6.2.2.4).

Beispiel:
Für Böden auf Buntsandstein, Gneis und Granit werden Sorptionsanteile von 3–8 mval Al und 0,4–2,3 mval H je 100 g Boden bei einer Basensättigung des Mineralbodens von 6–21 % genannt.

6.2.1.4 Anionenaustausch

Anorganische **Anionen** im Boden sind Cl^- (Chlorid), HCO_3^- (Bicarbonat), CO_3^{2-} (Carbonat), NO_3^- (Nitrat), SO_4^{2-} (Sulfat), $H_2PO_4^-$, HPO_4^{2-}, PO_4^{3-} (Orthophosphat), OH^- (Hydroxyl), F^- (Fluorid), $H_2BO_3^-$, $H_4BO_4^-$ (Borat), MoO_4^{2-} (Molybdat), $Cr_2O_7^{2-}$ (Bichromat), $HAsO_4^{2-}$ (Arsenat), SeO_3^- (Selenit), $H_3SiO_4^-$ (Silicat) sowie einige anionisch vorliegende Radionuklide, u. a. $^{125}I^-$. Hinzu kommen organische Anionen (z. B. Acetat-Ionen).

Die **Anionensorption** interessiert bei hohen H-Ionenkonzentrationen im Boden. Oxide und Hydroxide des Fe und Al sowie Allophan und Kaolinit begünstigen die Anionensorption.

Eine positive Ladung von Bodenkolloiden ermöglicht Anionenaustauschreaktionen. Die **Anionenaustauschkapazität** (AAK) schwankt mit dem pH und der Konzentration der Bodenlösung. Sie übersteigt bei Sesquioxiden und Tonmineralen selten 1 $cmol_c$ kg^{-1} Boden und ist damit im Vergleich zur KAK gering. Chlorid und

Nitrat werden frei ausgetauscht. Sulfat verhält sich in neutralen Böden wie Chlorid, bei pH-Werten unterhalb des Ladungsnullpunktes wird es jedoch gebunden. Phosphat wird spezifisch adsorbiert (0,5–2 mval/100 g Boden).

6.2.2 Azidität und Pufferkapazität

Säuren sind chemische Verbindungen, die Protonen abgeben, Basen solche, die Protonen aufnehmen können. Zu jeder Säure gibt es eine Base, die ein Proton weniger besitzt, zu jeder Base gibt es eine Säure, die ein Proton mehr besitzt. Man unterscheidet zwischen Neutralsäuren (HCl, H_2SO_4, H_2O), Kationensäuren (NH_4^+, H_3O^+) und Anionensäuren ($H_2PO_4^-$, HSO_4^-, HCO_3^-). Die Säureeigenschaften treten nur bei Vorhandensein eines Protonenakzeptors auf.
Säure (Protonendonator) = Proton + Base (Protonenakzeptor)
$NH_4^+ = H^+ + NH_3$
$H_3O^+ = H^+ + H_2O$
In chemischen Systemen können freie Protonen nicht existieren.
Die Kationen der Elemente Al und Fe werden auch als Kationsäuren bezeichnet. Diese Kationen bilden bei ihrer Hydratisierung Hydroxo-Komplex-Ionen. Das hydratisierte Al ist eine Säure, da es Wasserstoffionen abgeben kann.
Man unterscheidet starke (HCl, HNO_3, H_2SO_4), mittelstarke (H_3PO_4) und schwache (H_2CO_3, H_2S, H_3BO_3) Säuren in Abhängigkeit davon, wie stark sie in verdünnten Lösungen dissoziieren.
Säure-Basen-Reaktionen:
$HCl + H_2O = H_3O^+ + Cl^-$ (elektrolytische Dissoziation)
$H_3O^+ + OH^- = 2H_2O$ (Neutralisation)
$NH_4^+ + OH^- \rightarrow H_2O + NH_3$ (Verdrängungsreaktion).

6.2.2.1 Bodenazidität und Bodenalkalität

In Lösungen werden viele chemische Reaktionen von der Wasserstoffionenkonzentration beeinflußt. Böden können saure, neutrale oder basische Reaktion bzw. niedrige oder hohe pH-Werte besitzen. Der pH-Wert steuert zahlreiche Bodeneigenschaften und Prozesse: die Löslichkeit anorganischer Verbindungen, die Artenzusammensetzung der Bodenorganismen, biochemische Stoffumsetzungen, wie die des Stickstoffs bei der Nitrifikation, und die Verwitterungsintensität. Er ist daher einer der wichtigsten Kenngrößen zur Charakterisierung von Böden.
Wasserstoffionen werden im Boden auf verschiedene Weise gebildet bzw. angereichert:
- durch CO_2-Produktion im Boden $CO_2 + H_2O \leftrightarrow H_2CO_3 \leftrightarrow HCO_3^- + H^+$,
- durch Bildung von Fulvo- und Huminsäuren,
- durch Oxydation von S- und N-Verbindungen zu H_2SO_4 und HNO_3 im Boden,
- durch Düngung mit $(NH_4)_2SO_4$ oder Superphosphat,
- durch Saure Niederschläge (pH < 5,6), die zur Bodenazidität und Auswaschung basischer Kationen, insbesondere der Ca-Ionen, beitragen,

- durch Kationenaufnahme und Ernte der Pflanzen,
- durch Hydroxide der Kationsäuren, die als schwache Basen wirken, so daß Kationsäuren durch Hydrolyse in der Bodenlösung Protonen bilden können.

Die im Boden auftretende Säure hat danach ökosystemare (interne) und externe Quellen. Interne Quellen sind u. a. das bei der Atmung der Wurzeln und des Edaphons freigesetzte CO_2, die biochemische Bildung organischer Säuren und die von den Pflanzenwurzeln im Austausch gegen aufgenommene basische Kationen abgegebenen H-Ionen. Externe Quellen sind der Saure Niederschlag bzw. im Wald der saure Bestandesniederschlag sowie zur Nitratbildung geeignete Düngemittel. In der Landwirtschaft überwiegen die internen, in der Forstwirtschaft die externen H-Quellen. Bei der Mineralisierung der organischen Substanz und der Nitrifizierung entstehen gleichfalls H-Ionen. Ammoniumdünger (Ammoniumsulfat und Ammoniumnitrat) wie auch Harnstoff sind säurebildende Düngemittel. Auch bei der Hydrolyse des Superphosphats entsteht Säure:

$Ca(H_2PO_4)_2 \rightarrow CaHPO_4 + H_3PO_4$

Die o-Phosphorsäure dissoziiert und senkt den pH-Wert.

In Kippen des Braunkohletagebaus stellt der Pyrit eine Säurequelle dar. Dagegen werden Wasserstoffionen bei der hydrolytischen Verwitterung, der Denitrifikation und der Reaktion mit Kalk verbraucht. Sie werden durch Hydroxyl-, Carbonat- und Silicat-Ionen unter Bildung schwach dissoziierender Verbindungen gebunden bzw. neutralisiert.

Im Boden sind die Wasserstoffionen entweder am Sorptionskomplex in austauschbarer Form sorbiert oder als freie Ionen in der Bodenlösung vorhanden. Beide Formen bilden die **Gesamtazidität**. Zwischen beiden Formen besteht gewöhnlich ein Gleichgewicht. Die Bodenazidität beruht mengenmäßig bei weitem auf dem Gehalt des Bodens an austauschbaren H- und Al-Ionen, die Pflanzen reagieren aber besonders empfindlich auf die in der Bodenlösung befindlichen H^+- und Al^{3+}-Ionen.

Der **pH-Wert** als Intensitätsparameter gibt die Konzentration der H-Ionen in der Bodenlösung an (**aktuelle Azidität**).

In der Bodenlösung liegen die Wasserstoffionen als H_3O^+-Ionen vor. Ihre Konzentration (mol · l^{-1}) wird als pH-Wert angegeben (negativer Logarithmus der H-Ionenkonzentration, $- \log c_{H^+}$, bzw. der Wasserstoffionen-Aktivität $- \log a_{H^+}$, dimensionslos; Abb. 6.20).

Wasser dissoziiert sehr schwach in hydratisierte H^+- und OH^--Ionen.
In neutralem Wasser ist $c_{H^+} = c_{OH^-} = 10^{-7}$ mol · l^{-1}.
pH + pOH = 14
Für Lösungen gilt als Versauerung: $HA \leftrightarrow A^- + H^+$.
Ein Maß der Säurestärke ist die Säuredissoziationskonstante Ks:
$[H^+] \cdot [A^-]/[HA] = K_{HA} = K_s$
mit [ ] Konzentrationen, vereinfacht.

Bodeneigenschaften

Der negative dekadische Logarithmus von Ks wird als pKs bezeichnet:
pKs = $-\log_{10}$ Ks
Bei pH ≥ pKs liegt Versauerung vor. Starke Säuren haben einen pKs-Wert von 0–4,5, schwache Säuren von 4,5–9,5.

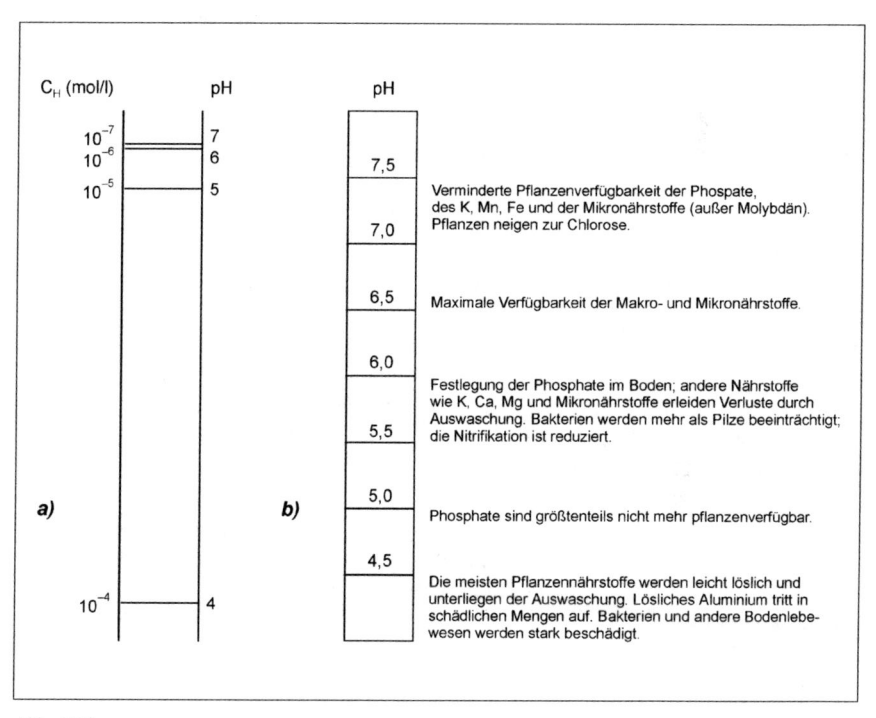

C_H (mol/l)	pH		pH	
10^{-7}	7			
10^{-6}	6		7,5	
10^{-5}	5			Verminderte Pflanzenverfügbarkeit der Phospate, des K, Mn, Fe und der Mikronährstoffe (außer Molybdän). Pflanzen neigen zur Chlorose.
			7,0	
			6,5	Maximale Verfügbarkeit der Makro- und Mikronährstoffe.
			6,0	
			5,5	Festlegung der Phosphate im Boden; andere Nährstoffe wie K, Ca, Mg und Mikronährstoffe erleiden Verluste durch Auswaschung. Bakterien werden mehr als Pilze beeinträchtigt; die Nitrifikation ist reduziert.
a)		b)	5,0	Phosphate sind größtenteils nicht mehr pflanzenverfügbar.
			4,5	
10^{-4}	4			Die meisten Pflanzennährstoffe werden leicht löslich und unterliegen der Auswaschung. Lösliches Aluminium tritt in schädlichen Mengen auf. Bakterien und andere Bodenlebewesen werden stark beschädigt.

Abb. 6.20:
a) Wasserstoffionenkonzentration (c_H) und p_H-Wert.
b) Verfügbarkeit und Festlegung von Nährstoffen in Abhängigkeit vom pH des Bodens. Nach RUSSELL 1959.

Die analytische Erfassung des Boden-pH-Wertes erfolgt in einer Bodensuspension. Die Suspendierung des Bodens (Boden : Lösung z. B. 1 : 2,5) kann mit destilliertem Wasser, einer KCl- oder einer $CaCl_2$-Lösung erfolgen. Der in Wasser gemessene pH-Wert ist je nach dem Kolloidgehalt des Bodens um etwa 0,3–0,8 Einheiten weniger sauer als der in einer Salzlösung gemessene.

Beispiel:
Die Menge der freien H-Ionen (aktuelle Azidität) beträgt bei pH 7, dem Neutralpunkt, 10^{-7} mol · l^{-1}. Sie beträgt bei pH 3 10^{-3} g H-Ionen pro Liter Wasser bzw. 1 g H in 1 000 Litern Wasser (s. a. Anhang).

Die Menge der an Bodenkolloiden austauschbar gebundenen H-, Al- und Fe-Ionen bildet den **H-Wert** bzw. die **potentielle Azidität** (Kapazitäts- oder Vorratsgröße). Die potentielle Azidität (Titrationsazidität) eines Bodens umfaßt außer dem dissoziierten auch den nichtdissoziierten Anteil der Säuren.

Das elektrostatisch an Tonminerale adsorbierte Al^{3+} kann durch andere Kationen ausgetauscht werden. Die Al-Ionen hydrolysieren nach folgender Gleichung ab $\leq$ pH 5,1 (s. a. 6.2.4):

$$[Al(H_2O)_6]^{3+} + H_2O = [Al(H_2O)_5OH]^{2+} + H_3O^+$$

$$[Al(H_2O)_5(OH)]^{2+} + H_2O = [Al(H_2O)_4(OH)_2]^+ + H_3O^+$$

Die Hydrolyseprodukte werden an die Tonminerale readsorbiert, was über eine verstärkte Hydrolyse zu mehr H-Ionen führt. Saure Mineralböden enthalten daher viel lösliches Al einschließlich seiner Hydrolyseprodukte. Austauschbares Al stellt eine Reserveazidität dar. Hochmoorböden können dagegen bei pH 4 wegen Fehlens von Al^{3+} ackerbaulich genutzt werden.

Als **Austauschazidität** bezeichnet man die Menge der H-Ionen, die durch ein Neutralsalz wie KCl vom Sorptionskomplex in die Lösung ausgetauscht wird, wo sie im Filtrat titrimetrisch bestimmt werden können. Die Austauschazidität wird entweder direkt durch Protoneneintrag oder durch eine Zunahme des austauschbar gebundenen Al nach Reaktion von Protonen mit Tonmineralen erhöht. Die Abnahme der Mb-Kationenbelegung läuft über einen Austausch gegen Al.

Die **hydrolytische Azidität** ist die Menge der H-Ionen, die nach Behandlung des Bodens mit Ca-Acetat (hydrolytisch spaltendes Salz) im Filtrat mit einer Base titriert werden kann. Die hydrolytische Azidität ist größer als die Austauschazidität.

Zwischen dem am Sorptionskomplex dominierenden austauschbaren Kation und dem pH des Bodens bestehen etwa folgende Beziehungen (s. a. Tab. 6.21):

Boden-H + H_2O, pH 3

Boden-Al^{3+} + H_2O = Boden-$AlOH^{2+}$ + H^+, pH 4–5

Boden-Ca^{2+} + H_2O, pH 7–8

Boden-Na^+ + H_2O = Boden-H^+ + Na^+ + OH^-, pH 9.

Der pH-Wert mitteleuropäischer Böden variiert zwischen 2 und 8. In diesem Bereich korrelieren hohe pH-Werte mit hohen Ca-Gehalten. Werte < 4 weisen saurer Rohhumus (Auflagehumus) und Hochmoor auf, bedingt durch organische Säuren. Stark saure Reaktion geht ferner auf Schwefelsäure und Salpetersäure im Boden zurück. Saure Böden erstrecken sich über hunderte Millionen Hektar an nichtkultivierten oder Grenzertragsböden der Erde. Bei pH > 9 werden Ca und Mg als Carbonate aus der Bodenlösung ausgeschieden, der Sorptionskomplex enthält dann vorwiegend monovalente Ionen. Der pH-Wert beeinflußt stark die Löslichkeit von Si, Al und Fe im Boden (Abb. 6.21) wie auch die in Lösung vorliegenden Bindungsformen dieser Elemente.

Tab. 6.21: $pH(H_2O)$-Werte und Sorptionsträgerbelegung (%) sächsischer Waldböden. Nach BALDAUF 1991.

Bodenform	Gestein/Ort	pH	Ca_x^{2+}	H_x^+	Al_x^{3+}+Fe_x^{3+}	Trophie-stufe [1]
Lehmsand-Podsol	Sandstein, Gohrisch, Sächsische Schweiz	3,8–4,7	2–22	0–34	36–95	A
Lehmsand-Podsol-Braunerde	Rhyolith, Oberfrauendorf, Erzgebirge	3,9–4,2	0,3–4	0–14	79–96	Z
Lehm-Sauerbraunerde	Gneis, Mulda, Erzgebirge	4,2–4,4	3–4	0–12	80–88	M
Lößlem-Braunerde-Pseudogley	Lößlehm, Rossau, Erzgebirgsvorland	4,0–4,4	10–32	0,6–13	39–78	M
Lehm-Braunerde	Basalt, Geising, Osterzgebirge	4,6–5,9	15–58	0–0,3	30–75	R

x Sättigung des Kations bezüglich seines Äquivalentanteils; [1] s. Kap. 8

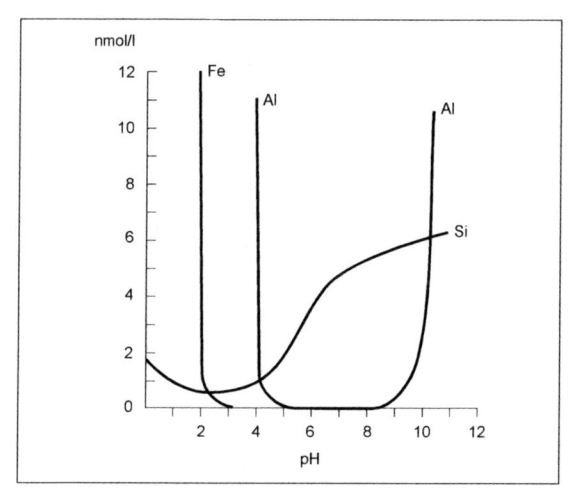

Abb. 6.21: Löslichkeit des Si, Al und Fe in Abhängigkeit vom pH-Wert. Aus CORRENS 1949.

Die Mehrzahl der **landwirtschaftlichen Kulturpflanzen** gedeiht in Wasserkultur im Bereich von pH 4,5–7,5 praktisch gleich gut. Beim Boden als Nährmedium ist die Azidität häufig der wachstumsbegrenzende Faktor. Ursache dafür können hohe Konzentrationen an H-, Mn- und Al-Ionen oder ein Mangel an Ca-, Mg- und Phosphationen sein. Auf Hochmoorböden, wo es nicht zu einer säurebedingten Freisetzung von Al, Fe und Mn kommt, verläuft das Pflanzenwachstum selbst bei pH 4,0 ungestört. In alkalischen Böden ist das Angebot an Mikronährstoffen wie Fe, Mn, Cu und Zn sowie an P oft unzureichend für das Pflanzenwachstum. Landwirtschaftliche Böden liegen häufig im Bereich von pH 5,0–7,5. Insgesamt bevorzugt man in der Landwirtschaft den schwach sauren pH-Bereich.

Die **Fruchtfolgen saurer und neutraler Böden** unterscheiden sich voneinander. Ein pH von 6,5–7,0 (neutrale Böden) ist für anspruchsvolle landwirtschaftliche Kulturpflanzen wie Zuckerrüben, Weizen, Gerste und Luzerne anzustreben. Dagegen wachsen Pflanzen der sauren Fruchtfolge (Kartoffeln, Roggen, Hafer und gelbe Süßlupinen) bei pH < 5–6. Für Grünland sind pH-Werte von 5,5–6,5 günstig. Die Tab. 6.22 und 6.23 veranschaulichen diese Zusammenhänge.

Mittelgebirgsböden unter **Nadelwald** weisen z. B. im Schwarzwald, Odenwald und Erzgebirge pH (H_2O)-Werte < 4,2 und eine Basensättigung < 5–10 % auf. Gute **Laubwaldböden** liegen bei pH 5–6. Analog gedeihen die anspruchsvolleren Laubbäume gut bei pH 6, säureverträgliche Koniferen wie Fichte und Kiefer bei pH 4–5. An saure Reaktion sind weiterhin Birke und Eiche sowie Blaubeere und andere Zwergsträucher angepaßt. Selbst Buchenwurzeln können noch bei pH 4 gut wachsen. Neutrale bis alkalische Reaktion bevorzugen Edellaubhölzer wie Esche und Bergahorn (Basensättigung > 50 %), Rosen und die „Kalkflora".

Auch beim Anbau von **Ziergehölzen** ist der pH-Wert des Bodens bzw. sein Kalkgehalt zu beachten (Übersicht 6.4.).

Übersicht 6.4: Ziergehölze mit unterschiedlichen Ansprüchen an die Azidität bzw. den Kalkgehalt des Bodens.

Saurer Boden	Kalkarmer Boden	Kalkboden
Azalee	Hortensie	Kornelkirsche
Besenginster	Magnolie	Mandelbäumchen
Besenheide	Schneeheide	Ölweide
Rhododendron	Stechpalme	Rosen
Sternmagnolie	Zaubernuß	Weißdorn

Tab. 6.22: Anzustrebender pH-Bereich für Acker- und Grünlandböden (pH in KCl bzw. 0,01 M $CaCl_2$).

Bodenart	Ackerboden	Grünlandboden
Sand	5,3–5,7	4,6–5,2
lehmiger Sand	5,8–6,2	5,1–5,7
sandiger Lehm	6,3–6,7	5,6–6,2
Lehm	6,8–7,5	6,0–6,5

Pflanze	pH 5,0	pH 7,5
Luzerne	9	100
Rotklee	21	100
Gerste	23	100
Weizen	76	100
Hafer	93	100

Tab. 6.23: Relative Pflanzenerträge bei unterschiedlichem Boden-pH.

Ein physiologisches Maß für die Al-Belastung der Pflanzen ist das Al^{3+}/Ca^{2+}-Verhältnis am Sorptionskomplex und in der Bodenlösung. Der Al-Gehalt der Wurzeln überschreitet den der Blätter um den Faktor 10–20. In der Wurzel ist Al unter Verdrängung der Erdalkalien besonders an den Apoplasten gebunden. Es reduziert das Wurzelwachstum Al-empfindlicher Pflanzen stark. Das bei pH < 4,2 dominierende Al^{3+} ist besonders toxisch. Zu den Al-toleranten Arten gehört *Calluna vulgaris*, zu den empfindlichen Arten *Salix viminalis*.

Bodenalkalität

Bodenalkalität ist in Mitteleuropa an den Kalkgehalt des Bodens gebunden.

$CaCO_3 + H_2O \leftrightarrow Ca^{2+} + HCO_3^- + OH^-$.

In kalkhaltigen Böden bestehen zwischen dem CO_2-Gehalt der Bodenluft und dem pH-Wert die in Tab. 6.24 aufgeführten Beziehungen:

% CO_2	mg $CaCO_3$ l^{-1}	pH
0,03	63	8,5
0,3	138	7,8
1,0	211	7,5

Tab. 6.24: Beziehungen zwischen CO_2-Gehalt der Bodenluft, $CaCO_3$-Gehalt der Bodenlösung und pH-Wert des Bodens.

Wasser, das sich mit Calcit und dem Kohlendioxid der Luft im Gleichgewicht befindet, hat einen pH-Wert von 8,4. Ein Anstieg des CO_2 in der Bodenluft führt zu einem Absinken des pH-Wertes. In kalkhaltigen Böden von pH 7–8,5 ist Hydrogencarbonat das dominierende Anion. H_2CO_3 ist nur bei pH > 5 existent. Eisen und Mangan werden bei alkalischer Reaktion festgelegt, was zu Chlorosen bei empfindlichen Pflanzen führt (s. a. Übersicht 6.4). Phosphatmangel ist für Kalkböden typisch.

In ariden Gebieten alkalisieren Na_2CO_3, $NaHCO_3$ und austauschbares Na den Boden (pH > 9, s. 5.2.6). Stark alkalische Reaktion fördert die Dispergierung von Ton und Humus.

6.2.2.2 Pufferkapazität und Pufferbereiche

Böden besitzen gegenüber Wasserstoffionen eine Pufferkapazität (mval/kg · pH), sie widersetzen sich einer Änderung des pH-Wertes. Böden können als Puffersysteme H-Ionen begrenzt aufnehmen, ohne ihren pH-Wert zu ändern. Unter Säurepufferung des Bodens ist seine Senkenfunktion für Protonen innerhalb des Bodenprofils zu verstehen. An ihr sind verschiedene Stoffe beteiligt: die Ton- und Humusfraktion, basische Stoffe wie Kalk, Dolomit und Mergel (Carbonate und Hydrogencarbonate), verwitternde Silicate sowie Al-, Fe- und Mn-Oxide. Die natürliche Bodenversauerung im humiden Klima wird u. a. durch Carbonat- und Silicatabbau im Boden gepuffert.

Die Pufferung wird durch 2 Variable definiert, die Pufferkapazität und die Pufferrate. Die **Säureneutralisationskapazität** (SNK, ANC) umfaßt als Kapazitätsgröße das gesamte Reservoir der basischen Komponenten im Boden (Mb-Kationen, oxidische und hydroxidische Bindungsformen der Ma-Kationen Al und Fe). Sie entspricht der Gesamtkapazität eines Bodens zur Neutralisierung eingetragener saurer Substanzen. Die SNK wird in $kmol_c\ ha^{-1}$ ausgedrückt. Sandböden besitzen eine geringe, humus- und tonreiche Böden eine hohe Pufferkapazität. Sandige Böden neigen deshalb stärker zur Versauerung als schwere Böden. Böden, die Calcit oder andere leicht verwitterbare Minerale enthalten, ändern auch bei abnehmender SNK ihren pH-Wert kaum, solange der Vorrat an diesen Mineralen nicht erschöpft ist.

Basenneutralisationskapazität (BNK oder BNC) ist dagegen die Summe von starken und schwachen Säuren, bezogen auf die organische und anorganische Fraktion der Bodenfestphase einschließlich der Lösungsphase. Sie ist die Äquivalentsumme aller Säuren, die mit einer starken Base bis zu einem vorher festgelegten Äquivalenzpunkt titriert werden können (Abb. 6.22).

Die **Pufferrate** ist die aktuelle Lösungsrate von basisch wirkenden Kationen, vor allem Ca und Mg, und sauer wirkender Kationen, vor allem Al. Die Pufferrate wird durch $\Delta SNK/\Delta t$ ausgedrückt.

Im Boden können **Pufferbereiche** und anorganische Puffersysteme entsprechend Tab. 6.25 unterschieden werden.

Tab. 6.25: Pufferbereiche in Böden. Nach ULRICH 1981.

Pufferbereich	pH(H_2O)-Bereich	Puffersubstanz, Humusform
Carbonat-P.	6,2–8,6	Kalk; Mull
Silicat-P.	> 5,0 (5,0–6,2)	kein Kalk, primäre Silicate; Mull–Moder
Austauscher-P.	4,2–5,0	Tonminerale; Moder
Aluminium-P.	3,8–4,2	Tonminerale, Al-Hydroxide; Moder–Rohhumus
Al-Fe-P.	3,0–3,8	Tonminerale, Fe-Oxide; Rohhumus
Eisen-P.	2,4–3,0	Fe-Oxide; Rohhumus

Bodeneigenschaften 257

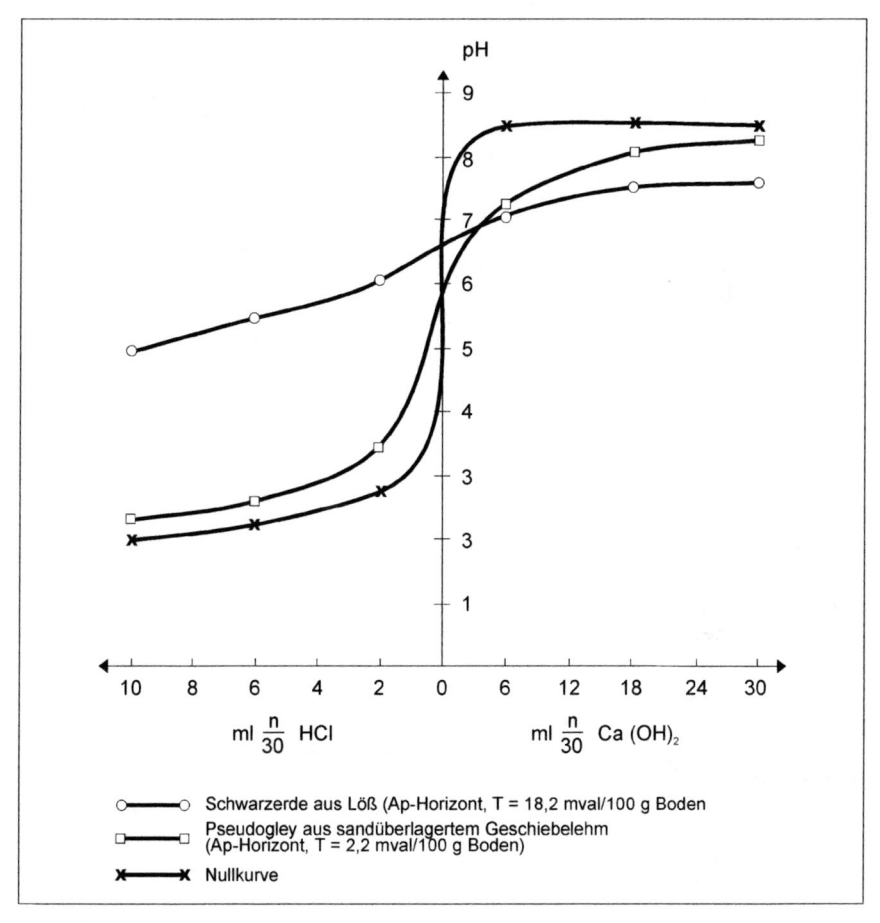

Abb. 6.22: Pufferkurven der Ap-Horizonte einer Schwarzerde aus Löß und eines Pseudogley aus sandüberlagertem Geschiebelehm, Methode JENSEN (nach NEBE und REISSIG).

Böden mit Carbonaten in der Feinerdefraktion befinden sich im **Carbonat-Pufferbereich** (pH > 6,2). Die Pufferkapazität entspricht dem Vorrat an $CaCO_3$. Ein Boden mit 5 % Kalk neutralisiert 1g H kg^{-1} bzw. 2 500 kg H ha^{-1} in den oberen 20 cm.

$CaCO_3 + 2H^+ = Ca^{2+} + H_2O + CO_2$

$CaCO_3 + 2H^+ + SO_4^{2-} = Ca^{2+} + SO_4^{2-} + CO_2 + H_2O$

Die Pufferkapazität beträgt etwa 150–300 kmol H^+ ha^{-1} dm^{-1} je % $CaCO_3$, die Pufferrate liegt bei > 2 kmol H^+ ha^{-1} a^{-1}.

Im **Silicatpufferbereich** ist die Pufferkapazität vom Silicatgehalt abhängig und in der Regel hoch, die Pufferrate wegen des hohen Verwitterungswiderstandes aber gering. Der Silicatpufferbereich wird durch eine Basensättigung > 80 % definiert. Die Pufferkapazität beträgt je % Silicat 25 kmol H^+ ha^{-1} dm^{-1}, die Pufferrate je nach Verwitterbarkeit der Silicate bzw. Bodensubstrate 0,2–2 kmol H^+ ha^{-1} a^{-1}.

Ca-Silicat + $2H^+$ = Ca^{2+} + Kieselsäure

Na-, K-, Mg- und Ca-Verluste puffern die H-Einträge. Silicatverwitterung verläuft allerdings nicht nur zwischen pH 5,0 und 6,2, sondern im gesamten pH-Bereich; dabei werden Mb-Kationen (basisch wirksame Kationen) frei. Unter pH 5,0 dominieren aber andere Puffermechanismen.

Im **Kationenaustausch-Pufferbereich** (Austauscher-Pufferbereich) ist die Pufferkapazität das Produkt aus totaler Kationenaustauschkapazität und Basensättigung. Sie entspricht einem mobilisierbaren Basenvorrat oberhalb von 5–15 % Basensättigung. Mit zunehmender Versauerung werden mehr und mehr Alkali- und Erdalkali-Ionen durch Al^{3+} verdrängt. Der Anteil der Al-Ionen an der KAKe weist Werte von 0,2–0,9 auf. Die Pufferkapazität liegt etwa bei 7 kmol H^+ ha^{-1} dm^{-1} (% Tongehalt)$^{-1}$ und ist damit relativ gering, wie auch die Pufferrate mit 0,2 kmol H^+ ha^{-1} a^{-1}. Solange der Anteil an austauschbaren Ca-Ionen an der KAKe > 15 % bleibt, wechselt der Boden nicht in den folgenden Al-Pufferbereich.

Unter diesem Schwellenwert beginnt der **Aluminium-Pufferbereich** (pH 3,8–4,2), in dem die Pufferung auf der erhöhten Löslichkeit pedogener Al-Verbindungen sowie der Verwitterung der Tonminerale (Al-Silicate) beruht. Dabei wird ionares Al freigesetzt.

AlOOH · H_2O + $3H^+$ = Al^{3+} + $3H_2O$.

Der Sorptionskomplex kann bis zu 95 % mit Al^{3+} belegt sein. Die Pufferkapazität entspricht dem Gehalt an leichtlöslichem Al. Sie ist mit 100–150 kmol H^+ ha^{-1} dm^{-1} · (% Tongehalt)$^{-1}$ hoch, wie auch die Pufferrate von > 2 kmol H^+ ha^{-1} a^{-1}. Temporäre Wirkung hat die Pufferung, wenn basische Aluminiumsulfate gebildet werden.

Im extrem sauren **Eisenpufferbereich** kann bei fehlender Reduktion des Fe^{3+} folgende Reaktion ablaufen:

$Fe(OH)_3$ + $3H^+$ = Fe^{3+} + $3H_2O$.

In Horizonten mit infiltrierter organischer Substanz beginnt dieser Prozeß bereits bei pH 3,8, in humusarmen Horizonten ab pH 3,2. Es kommt damit zur Überlagerung mit dem Al-Pufferbereich (Al/Fe-Pufferbereich). Der Bereich von pH 3,2–4,4 wird auch als „Oxid- und Hydroxidpufferbereich" bezeichnet.

Dieses stark schematisierte Einteilungsprinzip besitzt den Vorteil brauchbarer ökologischer Aussagen. Die effektivsten Puffermechanismen treten im Carbonat- und Al-Pufferbereich auf, beruhend auf den Lösungsraten von Calciumcarbonat bzw. Aluminiumhydroxiden. Im Gegensatz zu den Messungen an homogenisierten Laborproben vollzieht sich die Pufferung in natürlich gelagerten Böden vorzugsweise an den Aggregatoberflächen und weniger im Aggregatinneren. Als weitere Puffersubstanzen sind die organischen Säuren im Boden zu beachten.

Die Pufferkapazität landwirtschaftlicher Böden von Sand bis Torf liegt im Bereich von 15–130 [mmol H^+ kg^{-1} pH^{-1}]. Sie läßt sich aus dem Tongehalt und der Menge an organischer Substanz abschätzen. Die Aufkalkung des Bodens bis zu einem gewählten pH-Wert erfordert bei Sandböden geringere Kalkmengen als bei Lehmböden.

6.2.3 Redoxpotential des Bodens

Oxydationsprozesse treten in gut dränierten Böden, Reduktionsprozesse in schlecht dränierten Böden bzw. bei Wasserüberschuß (z. B. Überflutung) auf. Frische organische Substanz fördert reduzierende Bedingungen.

Als **Reduktion** bezeichnet man den Gewinn, als **Oxydation** den Verlust von Elektronen.

$Fe^{3+} + e^- \leftrightarrow Fe^{2+}$ mit → Reduktion und ← Oxydation

Bei **Redox-Reaktionen** sind Oxydations- und Reduktionsvorgang durch Elektronenübergang miteinander verbunden. In chemischen Systemen können keine freien Elektronen bestehen. Das **Redoxpotential** kennzeichnet Richtung und Intensität von Oxidations- und Reduktionsvorgängen. Ihm liegt folgende Gleichung zugrunde:

$$E_h = E_0 + \frac{RT}{nF} \ln \frac{c_{ox}}{c_{red}} = E_0 + \frac{0,059}{n} \lg \frac{c_{ox}}{c_{red}}$$

mit E_h Redoxpotential des Systems (bei 25 °C), hier des Bodens (in Volt V bezogen auf die Standard-Wasserstoffelektrode), E_0 Normal(Standard)potential (Elektodenpotential, bei dem sich die Aktivitäten der oxydierenden und reduzierenden Form wie 1 : 1 verhalten), R molare Gaskonstante (in elektrischen Einheiten = 8,31 Ws K^{-1} mol^{-1}), T absolute Temperatur, n Zahl der an der Reaktion beteiligten Elektronen, F Faraday-Konstante, c_{ox} Aktivität der oxydierenden und c_{red} Aktivität der reduzierenden Stoffe.

Potentiale können nur auf ein anderes Potential bezogen gemessen werden. Das Redoxpotential Eh ist definiert als das Potential der Platinelektrode relativ zum Potential einer Wasserstoffelektrode, deren Potential gleich Null gesetzt wird. Beim Vergleich von Redoxpotentialen muß der pH-Wert identisch sein (Bezug auf pH 6,0). Die Potentialdifferenz für eine pH-Wert-Stufe kann 50–100 (60) mV betragen. Die Abnahme des Redoxpotentials führt im neutralen bis sauren Milieu zu einem pH-Wert-Anstieg.

An vielen Redoxpaaren des Bodens sind neben Elektronen zusätzlich Wasserstoffionen beteiligt (s. Tab. 6.26), wodurch sich die obige **Nernstsche Gleichung** erweitert zu

$$E_h = E_0 + \frac{RT}{nF} \ln \frac{(Ox)}{(Red)} \cdot (H^+)^m$$

Unter der **Reduktionsintensität** rH oder rH_2 versteht man den negativen Logarithmus des Wasserstoffdruckes eines geschlossenen Systems:

$rH = - \log pH_2$.

In die Reduktionsintensität ist der pH-Wert mit einbezogen, so daß ein Vergleich verschiedener Böden ohne pH-Korrektur möglich ist.

$rH = E_h/0{,}029 + 2\ pH$ (30 °C, E_h in V)

Das Redoxpotential und die Reduktionsintensität rH sind Parameter für den Redoxzustand. Der Meßbereich von rH liegt zwischen 0 (vollständig reduzierend, in Wasserstoff) und 42,6 (vollkommen oxidierend, in Sauerstoff). Im allgemeinen gelten oxidative Bedingungen bei rH über 25, reduktive unterhalb 15. Je höher das Potential eines Systems ist, um so stärker kann es solche mit niedrigem Potential oxydieren.

An Oxidations-Reduktions-Reaktionen beteiligen sich die Elemente C, O, N, S, Fe, Mn, Se und Hg. Von diesen kommt den C-, N- und S-Verbindungen des Bodens bzw. dem Umsatz der organischen Substanz größere Bedeutung zu. Molekularer Sauerstoff ist der haupsächliche **Elektronenakzeptor**. Wenn die O_2-Versorgung im Boden gering ist, wirken Fe(III), Mn(III,IV), Nitrat und Sulfat als Elektronenakzeptoren (Tab. 6.26). Mn wird leichter reduziert als Eisen.

Tab. 6.26: Elektonenakzeptoren in Böden und Redoxpotentiale.

Oxidant + n e⁻ + m H⁺ = Reduktant	E_h^0 (V) bei 25 °C
$NO_3^- + 5e^- + 6H^+ = \frac{1}{2}N_2 + 3H_2O$	1,25
$O_2 + 4e^- + 4H^+ = 2H_2O$	1,23
$MnO_2 + 2e^- + 4H^+ = Mn^{2+} + 2H_2O$	1,23
$NO_3^- + 2e^- + 2H^+ = NO_2^- + H_2O$	0,83
$FeOOH + e^- + 3H^+ = Fe^{2+} + 2H_2O$	0,77
$SO_4^{2-} + 8e^- + 10H^+ = H_2S + 4H_2O$	0,30
$CO_2 + 8e^- + 8H^+ = CH_4 + 2H_2O$	0,17

An den Oxidations-Reduktionsreaktionen sind Wasserstoffionen direkt und indirekt beteiligt:

$MnO_2 + 4H^+ + 2e^- = Mn^{2+} + 2H_2O$

$Fe(OH)_3 + e^- = Fe^{2+} + 3OH^-$

Reduktionsprozesse führen damit zu einer Umwandlung unlöslicher in lösliche Fe- und Mn-Verbindungen. Das Redoxpotential besitzt somit sowohl ökologische Bedeutung – über die Verfügbarkeit der Nährelemente – als auch pedogenetische Bedeutung – über Fe-, Mn- und S-Verbindungen bei hydromorphen Böden.

Bakterien benötigen neben einem geeigneten pH-Wert auch einen optimalen E_h-Wert für ihr Gedeihen im Boden. Werden Böden anaerob, setzt zunächst Denitrifikation ein (bei etwa 0,4 V), gefolgt von Eisenreduktion (0–0,1 V) und Methanbildung. Die Fe(III)-Reduktion ist ein wichtiger Prozeß in Böden, an dem Mikroorganismen beteiligt sind:

$FeOOH + [H] + 2H^+ \rightarrow Fe^{2+} + 2H_2O$

mit [H] oxidierbarer Wasserstoff organischer Verbindungen.

Auf der Reduktion der Oxide und Hydroxide des Eisens beruht der Prozeß der **Vergleyung** (s. 5.2.5). Grau-vergleyte Bodenzonen können rH-Werte zwischen 16 und 9 aufweisen.

Böden besitzen Redoxpotentiale (E_h-Werte) von − 200 bis − 400 mV (anaerob, reduzierend) bis + 300 bis + 800 mV (aerob, oxidierend). Das Redoxpotential der meisten **terrestrischen Böden** bewegt sich zwischen + 450 und 700 (400–600) mV. Diese Böden sind gut belüftet, besitzen kein stagnierendes Grund- oder Stauwasser und wenig leicht umsetzbare organische Substanz. Als E_0 für Huminstoffe wird 0,7 (0,6–0,8) Volt angegeben. Sie sind damit weder ausgeprägte Elektonendonatoren noch Akzeptoren, ihr Redoxverhalten ist vom pH-Wert abhängig. Huminsäuren sind in der Lage, dreiwertiges Fe zu zweiwertigem Fe zu reduzieren, verstärkt mit zunehmendem pH-Wert.

Überflutung führt zu einem erheblichen Potentialabfall. Zunächst werden nach der Überflutung in der respiratorischen Reduktionsphase die vorhandenen Sauerstoff- und Nitratvorräte dissimiliert (Nitratreduktion (+ 200 mV) und Denitrifikation), gefolgt von der Reduktion oxidierter Mn- und Fe-Verbindungen (bis + 100 mV). Aerobe und fakultativ anaerobe Mikroorganismen zeigen deutliche Vermehrung, Mineralisationsprodukte sind CO_2, H_2 und NH_4. Der Übergang zur zweiten fermentativen Reduktionsphase ist gekennzeichnet durch das Auftreten organischer Säuren, wie der Milchsäure, und der Gase H_2 und CH_4. Anaerobe Mikroorganismen erlangen ihre stärkste Vermehrung (− 250 mV). Wenn die Böden reich an organischem Material sind, erreicht das Redoxpotential die tiefsten Werte. In Reisböden werden nach einwöchiger Überflutung Potentiale von − 250 mV gemessen.

6.2.4 Gehalt und Bindungszustand von Bodenelementen

Nährelemente können im Boden in verschiedenen Bindungsformen vorliegen: in mineralischer und organischer (etwa 98 %) sowie sorptiver Bindung und als Ionen in der Bodenlösung (etwa 2 %). Die gelösten Ionen machen 1–10 % der sorbierten aus. Leicht pflanzenverfügbar sind die austauschbare und die wasserlösliche Fraktion.

Von besonderem Interesse ist in der Landwirtschaft der Gehalt des Bodens an leicht verfügbaren Elementen im Wurzelraum. Seltener werden die Gesamtelementgehalte bestimmt (Tab. 6.27 a, b). In der Forstwirtschaft arbeitet man dagegen wegen der Langlebigkeit der Kulturen häufig mit den Gesamtgehalten des Bodens (Tab. 6.28).

Zu einer **Salzanreicherung** im Boden kann es im warmen Klima durch Zufuhr aus dem Grundwasser sowie durch Bewässerung bei fehlender Auswaschung kommen, seltener im gemäßigten Klima durch Bewässerung mit Meerwasser oder durch die Anwendung von Streusalzen auf Straßen im Winter. Dabei ist zwischen dem Gehalt an Neutralsalzen und Soda (pH > 9) zu unterscheiden. Die Pflanzen werden nicht nur durch die hohe Salzkonzentration (> 0,5 %), sondern auch durch die alkalische Reaktion der Bodenlösung geschädigt. Hohe Salzverträglichkeit besitzen Baumwolle und Dattelpalme. Salzgehalte > 1 % und Sodagehalte > 0,3 % wirken auf fast alle Pflanzen toxisch.

Tab. 6.27: Nährelementgehalte landwirtschaftlicher Böden.
a) Häufige Gesamtnährelementgehalte in landwirtschaftlichen Böden. Nach SCHROEDER 1969.

Element	%	Element	mg kg^{-1}
N	0,03–0,3	B	5–100
P	0,01–0,1	Mo	0,5–5
S	0,01–0,1	Mn	200–4000
K	0,2–3,0	Zn	10–300
Ca	0,2–1,5	Cu	5–100
Mg	0,1–1,0		

b) Mögliche Einstufung der P- und K- Versorgung von Ackerböden aus lehmigem Sand (Angaben in mg/100 g; Doppellaktatverfahren).

	niedrig	mittel	optimal	hoch	sehr hoch
P	< 3,1	3,1–5,5	5,6–8,0	8,1–12	> 12
K	< 4	4–7	8–11	12–19	> 19

Tab. 6.28: Gesamtnährelementgehalte eines Schlufflehm-Pseudogleys (Tharandter Wald, Erzgebirge, Profilbeschreibung s. Beispiel Kap. 2).
Schicht II (Basisfolge) enthält anteilig tertiären Braunlehm, Schicht I (Hauptfolge) Lößlehm. Die tonreichen Schichten II und III sind die Ursache der Pseudogleybildung. Humusauflage (O-Horizont), Mineralbodenhorizonte und Schichten unterscheiden sich deutlich in ihrem Gehalt an Mengen- und Spurenelementen.

Schicht/Horizont	P %	K %	Ca %	Mg %	Fe %	Cu ppm	Zn ppm	Mn ppm
Of	0,13	0,07	0,18	0,04	0,97	61	192	115
Oh	0,17	0,07	0,14	0,04	1,34	26	104	75
IAh	0,07	1,45	0,16	0,26	1,33	11	59	155
SAh	0,04	1,76	0,16	0,31	1,67	10	56	233
Sw	0,03	2,05	0,19	0,33	1,72	8	50	608
IISd	0,04	2,07	0,15	0,54	3,25	22	69	688
III	0,04	1,45	0,13	0,66	4,29	28	95	200

6.2.4.1 Makronährelemente

Von Interesse ist, in welchem Umfang die bodeneigenen Nährstoffe an der Ertragsbildung beteiligt sind und die zugeführten Düngernährstoffe zur Wirkung gelangen. Besondere Beachtung erfordern die Kali- und Phosphorsäurefestlegung im Boden sowie die Nitratauswaschung.

Nährstoffgehalte können in Nährstoffverhältnisse und Nährstoffvorräte umgerechnet werden. Letztere haben eine hohe Aussagekraft beim Vergleich von Standorten untereinander.

Kohlenstoff, Stickstoff und Phosphor

Kohlenstoff, Stickstoff und Phosphor können im Boden zu einem wesentlichen Anteil in organischer Bindung vorliegen.

Die Aufnahme von **Kohlenstoff** durch Pflanzen erfolgt nicht aus dem Humus, dessen Hauptbestandteil er ist, sondern als CO_2 aus der Atmosphäre.

Zur Charakterisierung des Humus und der aus ihm isolierten Huminstoffe kann die Elementaranalyse auf C, H, O, N und S sowie die Bestimmung des Aschegehaltes dienen. Gewöhnlich wird nur sein C- und N-Gehalt ermittelt, da C- und N-Zyklen miteinander verknüpft sind (s. 6.3.4.2). Der Gehalt an Corg des Humus beträgt etwa 58 %. Durch eine Huminstoffextraktion mit nachfolgender Fraktionierung erhält man einen Einblick in das komplexe organische Substanzgemisch des Humus (s. 3.1.2). Zur mikrobiologischen Umsetzung von C bzw. Humus s. 6.3.4.1.

Eine Säurehydrolyse des organischen **Bodenstickstoffs** führt zu Aminosäuren (etwa 50 %), Aminozuckern (5–10 %) und Ammoniak-N. Die nicht hydrolysierbaren N-Verbindungen bestehen aus Heterozyklen, Nitrilen und Aminen (Abb. 6.23). Ein wesentlicher Lieferant für Aminosäuren sind die Zellwände der Bodenmikroorganismen. Quelle für Aminozucker sind u. a. die Mucopolysaccharide und das Chitin (Glucosamin) der Pilzzellwände.

Durch Mineralisation der organischen Substanz werden Stickstoff und Phosphor in pflanzenaufnehmbare Verbindungen umgewandelt. Leicht mineralisierbar sind Aminosäuren und Aminozucker und Diesterphosphate. Der **Stickstoffumsatz** kann mittels des stabilen Isotops ^{15}N verfolgt werden. Organischer Stickstoff wird langsam durch nichtspezialisierte Organismen in NH_4^+ verwandelt, das schnell durch spezialisierte Autothrophe in NO_2^- und dieses sehr schnell durch andere spezialisierte Autotrophe in NO_3^- oxidiert wird (s. 6.3.4.2).

Im Auflagehumus unter Wald sind etwa < 1–1,5 t N ha^{-1} gespeichert. 8 t N ha^{-1} bis 80 cm Bodentiefe entsprechen etwa einem mittleren N-Vorrat unter Wald. Das C/N-Verhältnis im Auflagehumus von Waldböden gestattet Rückschlüsse auf den N-Umsatz zugehöriger Waldökosysteme, ebenso das Auftreten nitrophiler Pflanzen wie *Deschampsia flexuosa* und *Epilobium angustifolium*. In der organischen Substanz der Waldböden liegt das C/P-Verhältnis bei 120–150.

Die Ackerkrume kann 0,2–0,3 % N enthalten, was einer Menge von etwa ≥ 5 t N ha^{-1} entspricht. Die N-Freisetzung durch Mineralisation liegt bei Ackernutzung um 0,7 kg N ha^{-1} d^{-1}, so daß bei einer 200tägigen Vegetationsperiode etwa 140 kg N ha^{-1} den Pflanzen angeboten werden. In landwirtschaftlich genutzten Böden beträgt das **C/N-Verhältnis** etwa 10 : 1 (der Boden enthält dann etwa 0,06 % N je 1% organischer Substanz), das **C/P-Verhältnis** 50 : 1 und das **C/S-Verhältnis** 100 : 1 (Bereich 60–120). Das C/N-Verhältnis ist damit wesentlich enger als beim pflanzlichen Ausgangsmaterial (Stroh etwa < 100 : 1, Leguminosen 15 : 1) (Tab. 6.29). Allgemein liegt das C/N/P/S-Verhältnis in Böden bei 140/10/1,3/1,3.

1. als Aminogruppe $-NH_2$

2. in einer offenen Kette: $-NH-$ oder $=N-$

3. in einem heterozyklischen Ring, z. B. Indol, Pyrrol, Pyridin

4. als Brücke zwischen Chinongruppen

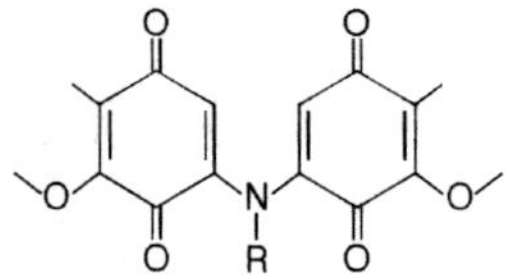

5. als freie Aminosäuren

6. als Aminosäuren in direkter Bindung an einen aromatischen Ring

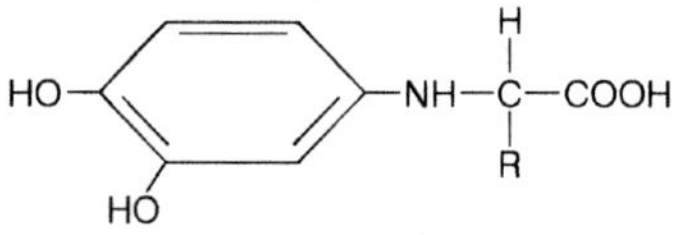

7. als Aminozucker, z. B. D-Glucosamin und D-Galaktosamin oder Muraminsäure

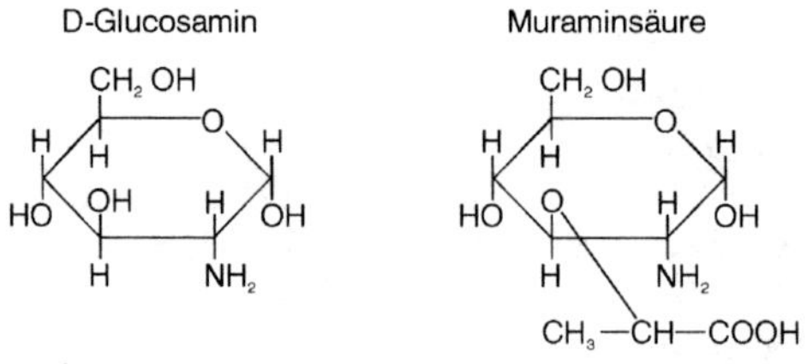

   D-Glucosamin Muraminsäure

8. als Nukleinsäuren

Abb. 6.23: *Mögliche Bindungsformen des Stickstoffs in Huminstoffen.*

Tab. 6.29: *C/N-, C/P- und C/S-Verhältnis der organischen Substanz und Nährelementfreisetzung.*

Quotient; Stoff	Gewinn	neutral	Verlust
C/N, Nitrat	< 15	15–24	> 24
C/P, Phosphat	< 200	200–300	> 300
C/S, Sulfat	< 200	200–400	> 400

In terrestrischen Ökosystemen ist der **Phosphor**-Gehalt der Böden wesentlich größer als der der zugehörigen Biomasse. P tritt als Orthophosphat (PO_4^{3-}) an Ca, Fe und Al gebunden auf, in Ionenform pH-abhängig als $H_2PO_4^-$ und HPO_4^{2-}. Daneben ist P in den Huminstoffen organisch gebunden und – wie in Pseudogleyen – in Konkretionen eingeschlossen. Die Verfügbarkeit des Boden-P ist für Pflanzen eingeschränkt wegen geringer Löslichkeit der anorganischen Verbindungen und der notwendigen vorherigen biochemischen Mineralisation der organischen Verbindungen, z. B durch Phosphatasen (Abb. 6.24). Manche Pflanzen, wie die Weiße Lupine, können durch Wurzelausscheidungen (Citrat, Protonen) fixiertes Phosphat mobilisieren. Für den P-Kreislauf eines Ökosystems kommt den Bodenmikroorganismen wesentliche Bedeutung zu. Dies betrifft den P-Umsatz, die zeitweilige P-Fixierung in ihrer Biomasse und die Mykorrhiza mit ihrer erhöhten P-Aufnahme. Der P-Bedarf der Pflanzenbestände variiert von 5–40 kg P ha^{-1} a^{-1}, wobei die Ansprüche mehrjähriger Pflanzen geringer sind als die einjähriger.

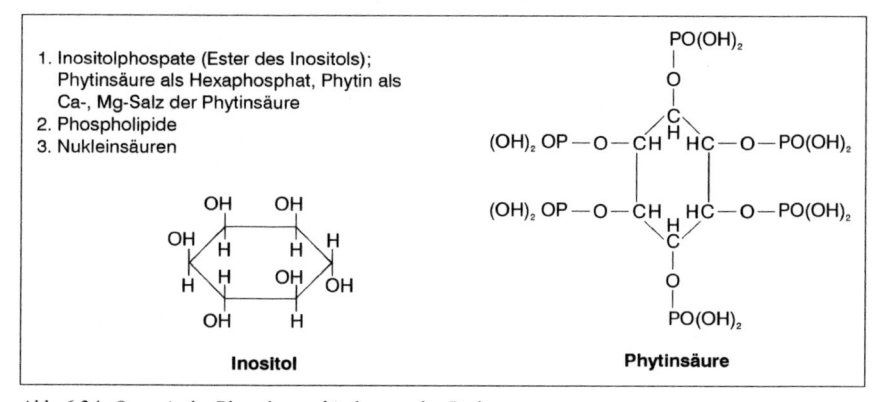

1. Inositolphospate (Ester des Inositols); Phytinsäure als Hexaphosphat, Phytin als Ca-, Mg-Salz der Phytinsäure
2. Phospholipide
3. Nukleinsäuren

Inositol

Phytinsäure

Abb. 6.24: Organische Phosphorverbindungen des Bodens.

In der deutschen Landwirtschaft übersteigen die P-Einträge in den Boden über mineralische und organische Düngung bei weitem die P-Austräge über Ernte und Auswaschung. Der P wird also im Boden gespeichert. Der Ges.-P-Gehalt liegt bei 0,4 g (0,2–0,9 g) P kg^{-1} TM.

In sauren Böden tritt P als Fe(III)- und Al-Phosphat sowie in Form von „Oberflächenphosphaten" auf, im neutralen Bereich als Ca-Phosphat. Die Verlagerung von gelöstem P ist im Mineralboden sehr gering, da er leicht durch Fällung oder Sorption immobilisiert wird. Entsprechend gering ist der P-Austrag in gelöster Form (wenige g P ha^{-1} a^{-1}). Für Gewässer gefährlich ist der partikuläre P-Transport durch Erosion (an Ton und Humus gebundener P). Die Bestimmung des pflanzenverfügbaren P erfolgt für landwirtschaftliche Böden in Deutschland vorwiegend nach der Doppel-Laktat-Methode oder bei kalkhaltigen Böden (bis 15 % $CaCO_3$) mit der Calcium-Acetat-Lactat-Methode.

Bei Waldböden bestehen im Oberboden zwischen dem Humus(C-)gehalt im Ah-Horizont und dem Gehalt an Ges.-P wegen der biogenen Phosphatakkumulation bzw. der organischen Bindung des P im Oberboden positive Beziehungen. In den humusarmen Horizonten wird der Ges.-P-Gehalt überwiegend vom Ausgangsmaterial der Bodenbildung bestimmt (Tab. 6.30).

Tab. 6.30: Mittlere chemische Beschaffenheit analoger Bodenhorizonte aus 8 mit älterem Fichtenwald bestockten Parabraunerde-Profilen aus kollinen thüringer Buntsandsteingebieten. Nach HOFMANN *und* MÜLLER *1970.*

Horizont	pH (KCl)	T-Wert $cmol_c \cdot kg^{-1}$	V-Wert %	Humus % TM	C/N
Ah	3,4	18,6	16	5,1	22
Al	3,7	9,1	26	-	-
Bt	3,8	14,4	58	-	-

HF-löslicher Gehalt, bezogen auf TM, an

	P %	K %	Mg %	Ca %	Fe %	Mn $mg \cdot kg^{-1}$	Zn $mg \cdot kg^{-1}$	Cu $mg \cdot kg^{-1}$
Ah	0,037	2,41	0,23	0,16	1,17	179	51	11
Al	0,023	2,46	0,28	0.13	1,32	442	54	10
Bt	0,037	2,66	0,59	0,15	2,51	369	76	19

Der **Schwefel** ist Bestandteil von Mineralen, der lebenden und toten organischen Substanz, des Sorptionskomplexes und der Bodenlösung sowie der nassen und trockenen Deposition aus der Atmosphäre, besonders in Wäldern.

Im humiden Klimabereich variiert der S-Gehalt des Bodens zwischen 0,02 und 2 % (Abb. 6.25). Der Schwefel-Vorrat eines Waldbodens (Podsol, Braunerde) liegt um < 900 – > 5 000 kg S ha^{-1}, mehr als 50 % tritt in organischer Bindung auf. Der in der mikrobiellen Biomasse gebundene Schwefel macht 2–3 % des Gesamtschwefels aus.

Durch Mineralisation, Immobilisierung, Oxidation und Reduktion erfolgt eine Schwefeltransformation im Boden. Bei der Mineralisation wird der organisch gebundene S (z. B. HS-CH$_2$-CHNH$_2$-COOH) durch Mikroorganismen in anorganischen S umgewandelt, die Immobilisierung verläuft in Mikroorganismen und Pflanzen in umgekehrter Richtung.

Anorganischer Schwefel tritt in gut belüfteten Böden als Sulfat auf. Unter reduzierenden Bedingungen bilden sich S^{2-}, S^0 und $S_2O_3^{2-}$. Sulfat findet sich in der Bodenlösung, in sorbierter Form und in unlöslicher oder schwerer löslicher Form (BaSO$_4$, CaSO$_4$ bzw. an CaCO$_3$ assoziiertes Sulfat). Das wasserlösliche und adsorbierte Sulfat ist pflanzenverfügbar. In stark sauren Böden wird das Sulfat etwa als Al(OH)SO$_4$ gebunden oder an Al- und Fe-Oxidhydroxide sorbiert.

Ob bei der Mineralisation unter aeroben Bedingungen eine Nettofreisetzung von SO_4^{2-} erfolgt, hängt von dem C/S-Verhältnis des organischen Substrats ab. Bei Werten um 200 : 1 wird Sulfat freigesetzt, bei Werten > 400 : 1 wird der S von den

Bodeneigenschaften

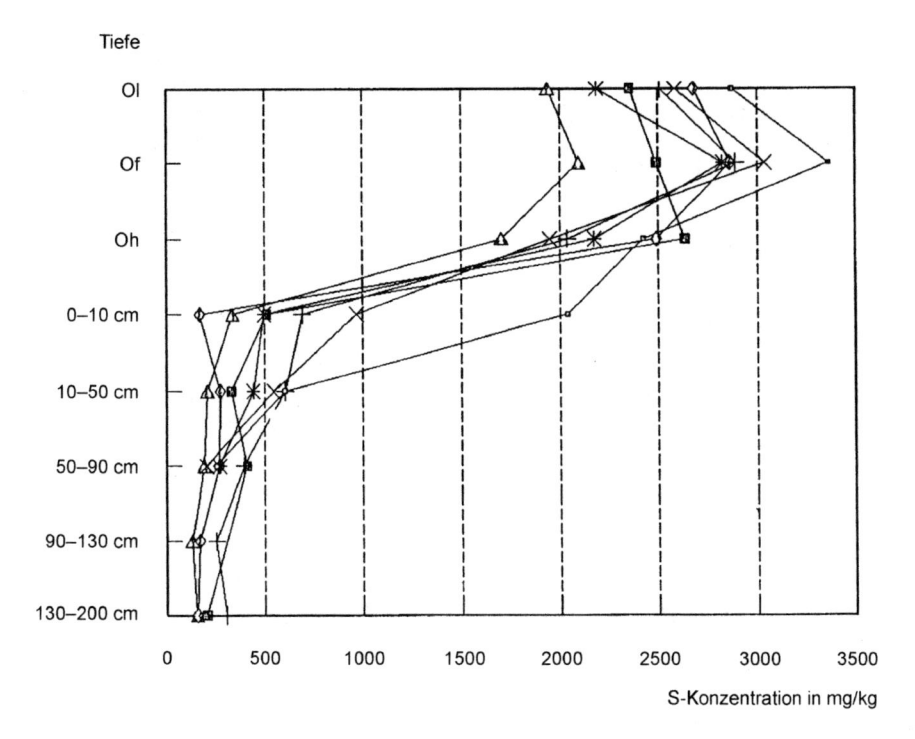

Tiefe

[Diagramm: S-Konzentration in mg/kg (0–3500) gegen Tiefe (Ol, Of, Oh, 0–10 cm, 10–50 cm, 50–90 cm, 90–130 cm, 130–200 cm)]

Abb. 6.25: *Gesamtschwefel in Humusauflage und Mineralboden über unterschiedlichen Grundgesteinen im Osterzgebirge und in NO-Deutschland (Fichtenbestände). Nach* KLINGER *1995.*

Mikroben selbst benötigt. Unabhängig von der C-Mineralisation kann Sulfat durch extrazelluläre Boden-Sulfatasen aus organischen Sulfatgruppen freigesetzt werden.
Im Zuge der Oxidation und Reduktion des Schwefels wird folgende Reihe der Oxidationsstufen durchlaufen: S^{2-} (– 2) – S^0 (0) – $S_2O_3^{2-}$ (+4) – SO_4^{2-} (+6). An der S-Oxidation sind autotrophe und heterotrophe Bodenorganismen stark beteiligt. In den Sauren Sulfatböden (Mangrovenböden) findet mit dem Wechsel von Ebbe und Flut ein ständiger Wechsel zwischen S-Oxidation (Sulfat, Versauerung) und S-Reduktion (Sulfide, Entsauerung) statt. Dissimilatorische Sulfatreduktion tritt unter anaeroben Bodenbedingungen auf, wenn Mikroorganismen, wie Desulfovibrio, Sulfat als terminalen Elektronenakzeptor in Abwesenheit von O_2 nutzen, wobei Sulfide entstehen.

Organischer Schwefel liegt im O- und Ah-Horizont zu mehr als 90 % des Gesamtschwefels vor (0,5–1,5 % des Humus).

organischer S = Gesamt-S – Sulfat-S

Nach chemisch-analytischen Gesichtspunkten werden zwei Formen des organischen S unterschieden: „an C gebundener S" und „organische Sulfate".

Die Fraktion „**an C gebundener S**" enthält S-haltige Aminosäuren (Cystein, Methionin, Abb. 6.26) und Sulfonate, sie ist relativ resistent gegenüber einem mikrobiologischen Abbau. Bestandteil dieser Fraktion sind Thiole (R-S-H) und organische Disulfide (R-S-S-R'; Disulfidbrücke). C-gebundener S umfaßt in mineralischen Böden 5–30 % des gesamten organisch gebundenen S.

kohlenstoffgebundener S = Ges.-S – HI-reduzierbarer S

mit HI = Iodwasserstoffsäure

S-haltige Aminosäuren (C-S-Bindung)

$$\begin{array}{ll} CH_2-SH & CH_2-S-CH_3 \\ | & | \\ CH-NH_2 & CH_2 \\ | & | \\ COOH & CH-NH_2 \\ & | \\ & COOH \\ \text{Cystein} & \text{Methionin} \end{array}$$

Estersulfat (Cholinsulfat)

$(CH_3)_3N^+ \cdot CH_2 \cdot CH_2 \cdot OSO_3^-$

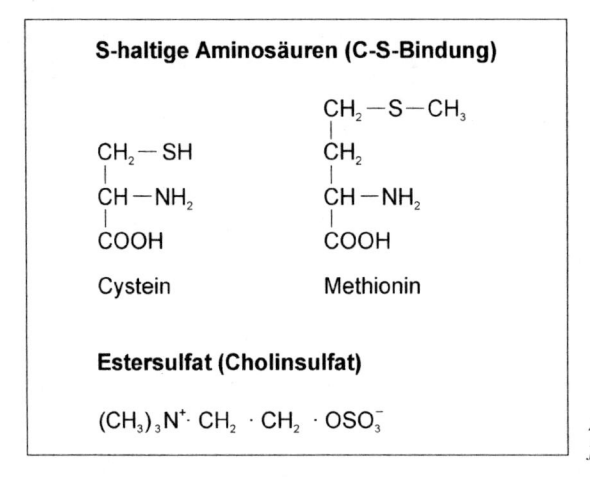

Abb. 6.26: *Organische Schwefelverbindungen im Boden.*

Organische Sulfate entstehen unter Mitwirkung der Bodenmikroorganismen und machen zwischen 30 und 70 % (10–80 %) des gesamten organisch gebundenen S aus. Sie sind mit HI reduzierbar und bestehen vorwiegend aus Sulfatestern, Thioglukosiden und Sulfamaten. Sie stellen die leicht mineralisierbare Form des organischen S dar, da sie leicht hydrolysierbar und niedermolekular sind (Abb. 6.26).

Die Mineralisierung S-haltiger organischer Verbindungen zu Sulfat, insbesondere die der Estersulfate durch Mikroorganismen und Sulfatasen, ist ein für die Pflanzenernährung wesentlicher Prozeß.

$R-SH + H_2O \rightarrow R-OH + H_2S \rightarrow SO_4^{-2} + 2H^+$

Landwirtschaftliche Pflanzen entziehen dem Boden 10–15 kg S ha^{-1} a^{-1}. Der Bedarf wird durch Superphosphat (enthält Gips, 12 % S) sowie atmosphärische S-Einträge gedeckt. Der **Bedarf des Waldes** ist mit 1–2 kg S wesentlich geringer, das Angebot aus Immissionen wegen der Filterwirkung wesentlich höher. Atmogen in Wälder eingetragener S wird vorwiegend als anorganisches Sulfat und Estersulfat im Boden gespeichert (S-Retention) und bei nachlassendem Eintrag im Laufe der Jahre als Sulfat abgegeben (S-Remobilisierung), was zu einem Verlust an Ca und Mg sowie einer Bodenversauerung führt.

6.2.4.2 Mikronährelemente

Bei **Spurenelementen** liegen die Konzentrationen unter 100 µg g^{-1}, bei Ultraspurenelementen unter 10 ng g^{-1}. Eine Übersicht über den Gehalt in Böden gibt Tab. 6.31. Von besonderem Interesse sind die Beweglichkeit dieser Elemente im Boden und ihre Bioverfügbarkeit. Die Elemente treten in verschiedenen chemischen Formen (**Spezies**) auf, ihre Beweglichkeit im Boden kann von dem Gehalt an löslicher organischer Substanz (DOC) abhängen.

Tab. 6.31: Spurenelementgehalte in unbelasteten Böden (mg kg^{-1} TM).

Hg	0,01–0,5
Co	1–40
Zn	10–80(300)
Pb	2–60 (200)
Cu	2–40 (100)
Mn	100–4000
Mo	0,2–5
Cr	5–3000

Böden mit hohen Gehalten an Ton und Humus sowie hohem pH-Wert können über hohe Gehalte an extrahierbarem **Bor** verfügen. So zeichnen sich die Lößböden im Raum Halle und Magdeburg durch eine gute B-Versorgung aus (> 1 mg kg^{-1} heißwasserlösliches B, Ges.-B > 40 mg kg^{-1}). Dies gilt auch für die tonreicheren Böden im Süden Ostdeutschlands. Bedingt durch niedrigeren Tonanteil und niedrige pH-Werte sind landwirtschaftliche Böden in NO-Deutschland (Gebiete um Rostock, Schwerin, Neubrandenburg) borärmer.

Zu den an B anspruchsvolleren Kulturen gehören Rüben, Kohlrüben, Luzerne, Raps, Mohn, Sellerie, Blumenkohl, Ackerbohnen, Erbsen, Tomaten, Tabak und Sonnenblumen. Durch 100 dt ha^{-1} Stallmist werden dem Acker etwa 50 g B zugeführt. Der Pflanzenentzug je Jahr liegt bei 120–180 g B ha^{-1}, die zu düngende Menge bei 1–3 kg B bzw. 10–30 kg Borax ha^{-1}.

Selen kommt im Boden als Selenat (SeO$_4^{2-}$), Selenit (SeO$_3^{2-}$), elementares Se, Selenid (Se^{2-}) und organische Verbindung vor. Von diesen ist das Selenat die mobilste und am besten pflanzenverfügbare Form des Se. Als organische Verbindungen seien Seleno-Aminosäuren und als flüchtige Verbindungen Dimethylselenid und Dimethyldiselenid genannt. Selenat wird wie Sulfat unspezifisch sorbiert und kann von Pflanzen aufgenommen werden. Der mittlere Se-Gehalt mineralischer Oberböden liegt weltweit bei 400 ng g^{-1}, der deutscher Böden wesentlich darunter (120–190 ng g^{-1}). Organische Düngung erhöht den Se-Gehalt.

Der **Iod**gehalt im Oberboden liegt in Westdeutschland bei 0,4–6,5, in Österreich bei 1,1–5,6 mg kg^{-1}. Böden aus carbonathaltigen Gesteinen besitzen mehr I als carbonatfreie Böden. Hauptquelle des für die Ernährung von Mensch und Tier notwendigen I im Boden ist die nasse Deposition mit $2 \cdot 10^{-4} - 2 \cdot 10^{-3}$ g m^{-2} a^{-1}. Der I-Mangel beim Menschen nimmt in Europa wie in Südostasien mit der Entfernung zum Meer und in Gebirgstälern zu.

Schwermetalle sind von Natur aus in allen Böden vorhanden. Die jeweiligen Gehalte sind dabei abhängig von den in den bodenbildenden Ausgangsgesteinen vorkommenden Konzentrationen, von den chemischen Eigenschaften der einzelnen

Schwermetalle und von der Entwicklungsgeschichte der Böden. Die Bestimmung von Gehalt, Verteilung und Bindungsform der Schwermetalle ermöglicht es häufig, periglaziale Deckschichten voneinander zu trennen und ihre Genese zu klären. Von einer eigentlichen Belastung für den Boden kann nur bei anthropogen verursachtem Schwermetalleintrag gesprochen werden.

Die Schwermetallgehalte können im Tiefland von den Sanden über die Sandlösse, Geschiebelehme und Geschiebemergel zu den stark schluffhaltigen Lössen zunehmen. Böden aus basischen Magmatiten und Metamorphiten sowie die T-Horizonte von Terra fuscen (über Kalkstein) zeichnen sich durch sehr hohe Gehalte an Schwermetallen aus. **Schwermetallträger** im Boden sind die Schwerminerale, Feldspäte, Glimmer, Eisenoxide und -oxidhydrate (Cu, Mn), die Tonsubstanz (Cu, Co, V, Ti) und der Humus (Cu). In Böden ist z. B. das Ba hauptsächlich in Feldspäten und Glimmern gebunden, da der Radius des Ba-Ions dem des K-Ions sehr ähnlich ist und es deshalb die Stelle des K einnimmt. Im Auflagehumus von Waldböden können erhebliche Mengen an Schwermetallen angereichert sein. Die schwermetallhaltigen Oxide, Carbonate, Sulfide und Silicate besitzen nur eine geringe Löslichkeit. Im reduzierenden Milieu sind Schwermetallsulfide stabil, die Sulfide des Hg, Cd und Zn sind es auch im oxidierenden Milieu. Die Mobilisierung von Schwermetallionen wird stark vom pH-Wert gesteuert. So führt Kalkzugabe zur Immobilisierung der meisten Schwermetallionen. Die Löslichkeit von Schwermetalloxiden und -sulfaten wird durch Protolyseprozesse wesentlich bestimmt:

$$MO + H_2O \rightarrow [MOH]^+ + OH^-$$

$$MSO_4 + H_2O \rightarrow [MOH]^+ + H^+ + SO_4^{2-}.$$

Nur ein kleiner Teil des **Mangans** befindet sich in Form von freien Mn(II)-Ionen in der Bodenlösung. Daneben gibt es folgende Bindungsformen:
- Mn(II)-Ionen, adsorptiv gebunden an Umtauscher, mobile Bindungsform;
- Mn-Aquoxide des Mn(IV) und Mn(III) enthalten häufig Fe und sind schwarzbraun, sie treten als kleine Konkretionen auf;
- schwerlösliche Carbonate, Phosphate und Silicate (meist des Mn(II)); größere Mengen an Mn-Carbonaten sind nur in kalkreichen Böden vorhanden; Biotit ist Mn-haltig;
- Mn in organischer Bindung.

Den Mangangehalt von Bodenlösung und Sorptionskomplex bestimmen die Art des Substrates (Tongehalt und organische Substanz), die Bodenfeuchte, der pH-Wert und die mikrobielle Aktivität. Die negative Auswirkung hoher pH-Werte auf das Angebot an pflanzenverfügbarem Mn wird bei Lößböden durch hohe Gesamt-Mn-Gehalte und durch höhere Humusgehalte abgeschwächt. Je saurer und humusreicher ein Boden ist, desto größer ist der als Austauschmangan vorliegende Anteil des Gesamt-Mangans. Oberhalb pH 6,0–6,4 macht sich bei leichten und mittleren Böden ein negativer Einfluß des pH-Wertes bemerkbar. Kalkung führt zu einem Rückgang des wasserlöslichen, austauschbaren und leicht reduzierbaren und damit pflanzenverfügbaren Mn von Ackerböden. Ein Wechsel von Durchfeuchtung und Austrocknung des Bodens führt zu höheren Gehalten an Austausch-Mn. Je nach den vorliegenden Redoxverhältnissen im Boden werden Mn(IV)- und Mn(III)- Ionen zu Mn(II)-Ionen reduziert oder letztere oxidiert. Normalerweise tritt Mn im Boden 2- oder 4-wertig auf. Das leicht reduzierbare Mn wird mittels Na_2SO_3 als gesonderte Fraktion im Boden erfaßt. In der Landwirtschaft wird der Mn-Gehalt der Böden nach der Sulfit-pH 8-Methode bestimmt. Die Grenzwert-Einstufung erfolgt in Abhängigkeit vom pH-Wert des Bodens. Die Mn-Ernährung der Pflanzen hängt stark vom Boden-pH-Wert ab. Leichte Böden sollten nicht überkalkt, Böden mit hohen pH-Werten vorwiegend mit physiologisch sauren Düngemitteln behandelt werden. Der Mn-Gehalt der leichten Böden ist in NO-Deutschland relativ gering, während die schweren Böden über ihren Tongehalt besser mit diesem Element ausgestattet sind. Letzteres trifft auch für die Mittelgebirge und ihre Vorländer zu.

Bei pH > 6,5 sind im Oberboden die gelösten **Zink**-Verbindungen zu 60–80 % organisch komplexiert. Mit abnehmendem pH-Wert nimmt die Mobilität des Zn im Boden zu. Bei pH < 5 liegen 99 % der Zn-Spezies in Form anorganischer Ionen bzw. Verbindungen vor (Zn^{2+}, $Zn(OH)^+$, $ZnSO_4$, $ZnH_2PO_4^+$).

Kupfer ist eines der im Boden am geringsten löslichen Metalle. Die Bindungen des Cu an organische und anorganische Bodenbestandteile sind sehr fest. An der organischen Substanz können 25–75 % der Cu-Ionen sorbiert sein. Organische Komplexbildner binden über 99 % der Cu-Ionen bei pH-Werten oberhalb 6. Im Unterboden sind Cu-Ionen bis zu 80 % an oxidische Phasen gebunden. Der silicatgebundene Anteil kann 1–10 % betragen. In carbonathaltigen Böden tritt $Cu_2(OH)_2CO_3$ als dominierende Verbindung auf.

In NO-Deutschland verfügen die leichten, landwirtschaftlich genutzten Böden sowie Niedermoorböden nur über geringe Cu-Gehalte, während die schweren Böden mit meist auch höherem pH-Wert mittlere bis hohe extrahierbare Cu-Gehalte besitzen. Im Süden Ostdeutschlands besitzen die Ackerböden hohe Cu-Gehalte. Die Verwitterungsböden im sächsischen Raum sind besonders gut mit Mikronährstoffen versorgt, vor allem mit Cu und Mn.

Die Vorsorgewerte für Ton, Lehm und Sand liegen bei 60–40–20 mg kg^{-1} Cu. Cu gelangt vor allem über die Schweinegülle in landwirtschaftlich genutzte Böden.

Auf die unterschiedliche geogene Ausstattung der Böden mit **Molybdän** weist Tab. 6.32 hin. Die Grenzwert-Einstufung erfolgt wie beim Mn pH-abhängig. Umgekehrt wie beim Mn verbessert sich die Versorgung der Pflanzen durch Kalkung des Bodens. Lößböden Mitteldeutschlands (Erfurt, Halle, Magdeburg) können bei intensiver Nutzung unzureichend mit Mo versorgt sein. Steigender Tongehalt der Böden wirkt sich positiv auf die Mo-Ausstattung aus. Stallmistdüngung verbessert die Mo-Versorgung. In der Landwirtschaft wurde Mo-Mangel bei Blumenkohl, Luzerne, Markstammkohl und Kohlrüben beobachtet.

Tab. 6.32: *Molybdängehalt bodenbildender Grundgesteine in Sachsen und Thüringen. Nach* RICHTER *und* FIEDLER *1976.*

Mo (mg kg^{-1})	Gestein	Gebiet/Clarke-Wert
5,7	Diabase	Harz
4,4	Tonschiefer	Harz
3,1	Quarzite, Kieselschiefer	Thüringen
2,6	Tonschiefer	Thüringen
1,0	granitische Gesteine	Clarke
0,5	Graue Gneise	Sachsen
0,4	Carbonatgesteine	Clarke
0,2	Sandstein	Clarke
0,2	Glimmerschiefer	Sachsen
0,1	Phyllite	Sachsen

6.3 Biologische Bodeneigenschaften

Die **Bodenbiologie** befaßt sich mit der biologischen Beschaffenheit bzw. dem biologischen Zustand des Bodens, mit der Klärung der Artenvielfalt im Boden, der Ökophysiologie, der Verhaltensweise und dem Lebensablauf wichtiger Arten sowie der ökologischen Synthese der Leistungen der Bodenorganismen. Untersuchungsobjekte sind der Lebensraum, die Organismen (Bodenbiota) und ihre Leistungen sowie die Wechselwirkungen in diesem Bodenökosystem. An Wechselwirkungen interessieren vorrangig die der Bodenorganismen untereinander und mit den Wurzeln der höheren Pflanzen, die der physikalischen Bodeneigenschaften und des Edaphons sowie die der chemischen und mineralogischen Bodeneigenschaften und des Edaphons. Bodenorganismen sind an der Bodenbildung und damit der Ausbildung der Bodeneigenschaften, dem Stofftransport und der Umwandlung der organischen Substanz beteiligt. Sie greifen über die Eisenbakterien, die phosphatauflösenden Bakterien und ihre Einwirkung auf Tonminerale auch in die Bodenmineralogie ein.

Für das Verständnis ökosystemarer Kreisläufe und die biologische Stoffproduktion steht der Stoff- und Energieumsatz im Teilökosystem Boden im Vordergrund. Bodenmikroorganismen tragen zur Mobilisation wie Immobilisation von C- und N-Verbindungen im Boden bei. Sie stellen damit eine Regelgröße im Umsatzgeschehen des C und N dar. Die Bewertung des biologischen Bodenzustandes setzt die Kenntnis eines Sollzustandes voraus, wobei Standortform und Nutzungstyp zu berücksichtigen sind.

Bodeneigenschaften

6.3.1 Bodenleben und biologische Vielfalt

Der Boden ist der Lebensraum der Bodenorganismen. Er wird als solcher durch biorelevante Bodenparameter gekennzeichnet, insbesondere durch biochemische und biophysikalische Eigenschaften des Oberbodens. Wesentliche Standortfaktoren sind die Bodenart, der Wasser-, Wärme- und Nährstoffhaushalt, die Humusform, das C/N-Verhältnis, der pH-Wert sowie die Kationenaustauschkapazität und Basensättigung. Bodenökosysteme oder **Habitate** sind Einheiten aus Lebensformen (durch bodenbiologische Kennwerte gekennzeichnet) und ihrer physikalischen und chemischen Umwelt, dem Lebensraum. Der Umweltraum eines Bodenorganismus ist sein **Mikrohabitat**. Das von Organismen bevorzugte Habitat spiegelt die Bedürfnisse an Nahrung, Sauerstoff, Wasser und Lebensraum wider. So stellen die Kothaufen der Regenwürmer ein Mikrohabitat dar, in dem die Bakterienzahlen erhöht und die Nematodengemeinschaft verändert ist. Beispiele für Mikrohabitate im Wald sind Streu, Totholz, Stammfüße und Baumstümpfe. Die biologischen Prozesse laufen vorwiegend in diesen Mikrohabitaten ab. Bodenorganismen halten sich in der Aggregat-, Poren-, Detritus- und Rhizosphäre auf. Für aerobe Bodenorganismen sind die Grobporen ein bevorzugter Aufenthaltsort, während anaerobe Bereiche im Innern von Aggregaten bindiger Böden arm an Organismen sind. Die Detritussphäre beträgt < 2 mm um die organische Substanz. So lassen sich Tiere gruppieren in Streubesiedler (Ol-Horizont) und solche, die im Porensystem des Mineralbodens leben. Für letztere ist das vorhandene Bodengefüge entscheidend. Zur dritten Gruppe gehören die grabenden Tiere, wie Regenwürmer, manche Ameisen und Säugetiere. Große epigäische Tiere, wie Laufkäfer, werden nicht unmittelbar durch Bodenparameter beeinflußt.

Im Habitat vollzieht sich der mikrobielle Stoffumsatz bzw. die biologische Aktivität. Diese kann auf die Einheit Boden oder die Einheit mikrobielle Biomasse bezogen werden. Entscheidend ist der Input an organischen Stoffen. Das Wirken der Habitate hängt von dem Zusammenspiel der Faktoren Umwelt, Struktur der biologischen Gemeinschaft (Diversität) und der biologischen Aktivität (Funktion) ab. Eine Habitatdiversität besteht auf der regionalen, ökosystemaren und lokalen (Bodenformen-)Ebene. Habitate stellen ein dynamisches Gleichgewicht dar, das sich in Abhängigkeit von den natürlichen und künstlichen Einflüssen kurz- oder langfristig ändert.

Der Mensch übt durch seine Tätigkeit einen Einfluß auf Art, Diversität und Stabilität der Bodenhabitate aus. Verschiedene Nutzungsformen verursachen eine unterschiedlich große Biodiversität. Die ursprüngliche Diversität nimmt durch die Nutzung in der Regel ab, weshalb Refugien für Organismen innerhalb der Nutzungszonen Bedeutung erlangen.

Manche Einwirkungen werden vom Boden abgepuffert, wodurch es zu der für die Organismen notwendigen Habitatstabilität kommt. Wird die Kapazität des Systems zur Wiederherstellung nach Belastung überschritten, wird das Habitat ausgelöscht. Die Fähigkeit eines Ökosystems, sich von Störungen zu erholen, wird als **Elastizität** bezeichnet. Die Elastizität eines Ökosystems im Rahmen zyklischer Veränderungen ist seine **Resilienz**.

Die Bodenfunktionen sind weitgehend an eine intakte Bodenbiozönose gebunden. Biotische Kennwerte sollen den Bodenzustand bzw. die bodenbiologische Bodengüte oder „Bodengesundheit" (Bodenbelebtheit) charakterisieren bzw. anzeigen. Als Kennwerte dienen u. a. Biomassen, trophische Gruppen und das Dekompositionspotential. Um zu brauchbaren Aussagen zu kommen, sind die biologischen Indikatoren mit den physikalisch-chemischen Eigenschaften des Bodens in Zusammenhang zu bringen.

Unter einer **Organismengemeinschaft** versteht man das tatsächliche Standort-(Boden-)Inventar. Die Funktion einer Gemeinschaft hängt von ihrer Zusammensetzung ab, wobei einzelne Arten eine Schlüsselrolle einnehmen können. Eine vollständige Erfassung der Artenvielfalt ist praktisch nicht möglich. Die Mikrobengemeinschaften des Bodens sind äußerst komplex. Der Boden ist z. B. von einer großen Zahl bakterieller Arten besiedelt, über deren taxonomische Stellung noch relativ wenig bekannt ist (s. 3.3). Nur 10 % aller Bodenmikroorganismen sind kultivierbar.

Bodenmikroorganismen können alternativ in zwei Formen auftreten, aktiv bzw. vegetativ und teilungsfähig oder ruhend bzw. persistent. Im Boden würden Zellen nicht lange überleben, wenn sie bei schlechten Bedingungen nicht in persistente Formen übergehen könnten. Die Artenzusammensetzung des aktiven Teils der Mikrobengemeinschaft kann sich dabei zeitlich ändern. Da die meisten Bodenorganismen eine kurze Generationszeit aufweisen, sprechen sie schnell auf veränderte Umweltbedingungen an.

Allein in Ostdeutschland rechnet man mit 13 000 Arten an Bodentieren. In einem Waldboden können bis zu 2 000 Arten der Bodenfauna auftreten. Die Ausprägung der **Zoozönose** in Wäldern wird durch die Zone aus Boden, Streu, Totholz sowie Kraut- und Strauchschicht bestimmt. Die Fauna dieser Zone ist hochdivers. In ihr treten als „trophische Kategorien" Saprophage (Primärzersetzer, Detritusfresser), Mikrophytophage (Bakterien- und Pilzfresser) und Zoophage (Räuber, Parasiten) auf. Vertreter der saprophagen Makrofauna sind Diplopoda, Isopoda und Lumbricidae (s. 3.3.2). Bodentiere wirken über die Veränderung des Bodens selbst und über den Fraßdruck und die Kotbildung auf die Mikroflora und ihre Abbauaktivität. Auf diese Weise steuern sie die Zersetzung des Bestandesabfalls.

In der Bodenkunde interessiert vorrangig die Gesamtheit der Bodenorganismen, ihr Interaktionsgeflecht und die sie verknüpfenden Nahrungsnetze innerhalb eines Pedons. Die **Zersetzergesellschaft** bildet als Interaktionsgemeinschaft von Bodentieren und Bodenmikroorganismen mit der zugehörigen Humusform einen eigenständigen Teilkomplex im Ökosystem. Die Zusammensetzung der Zersetzergesellschaft hängt bei gleichem Bodentyp von der Nutzungsform des Bodens ab. Sie ist z. B. unter Wald grundsätzlich anders als unter Grünland. Die Struktur von Zersetzergemeinschaften wird stark von der Verfügbarkeit der Nahrung bzw. limitierenden Elementen wie C oder P bestimmt.

Die Artenzusammensetzung der Tiergemeinschaft hängt mit von Bodeneigenschaften ab, die vom Ausgangsgestein bestimmt werden. Sie ist auch ein empfindlicher **Indikator** für den biologischen Bodenzustand. Als Indikatoren dienen bei den Bodentieren u. a. die Anneliden (Regenwürmer und Kleinringelwürmer), Collembolen und Nematoden. Bei den Anneliden lassen sich für das ökologische Verhalten der Arten Zeigerwerte in ähnlicher Weise wie die Ellenberg'schen Zeigerwerte bei höheren Pflanzen normieren und standortbezogen zu mittleren Zeigerwerten zusammenfassen. Bei den Mikroorganismengesellschaften beschränkt man sich meist darauf, die Leistungen im Stoffumsatz zu erfassen. Als Indikatoren des biologischen Bodenzustandes können ferner die mikrobielle Biomasse, die Bodenatmung, die Transformation des Stickstoffs sowie ausgewählte Enzymaktivitäten herangezogen werden.

Der Begriff **Biodiversität** dient zur Zustandsbeschreibung der Vielzahl der Organismen und Lebensräume in der Landschaft. Verwandte Begriffe sind biologische Qualität, biotische Ausstattung oder biologische Ökosystem-Gesundheit. Diversität ist durch den regionalen Artenpool bedingt, wird aber auch durch Faktoren wie die Heterogenität in der lokalen Gemeinschaft geprägt.

Die Diversität der Organismen kann auf die Arten oder Gruppen bezogen werden (Artenvielfalt, genetische oder **taxonomische Diversität**). Die organische Substanz des Bodens und das Bodengefüge beeinflussen die Diversität auf der Artebene. Der Wald fördert die Artendiversität. Eine Beziehung zwischen Artendiversität und spezifischen Ökosystemfunktionen läßt sich nicht aufzeigen, wohl aber zur Elastizität des Systems. Artenreiche Systeme können einige Spezies durch Störeinflüsse verlieren, ohne ihre Funktion merklich zu verändern. Entsprechende Böden besitzen eine hohe biologische Qualität. Bedeutsamer ist die **funktionelle Diversität**, die das Potential des Bodens beschreibt, verschiedene organische Substanzen abzubauen. Man hat hier zu prüfen, ob irgendwelche Veränderungen in den physiologischen Fähigkeiten der Gemeinschaft auftreten.

Umweltbedingungen, wie Wärme, Feuchte und Azidität können kurzfristig die mikrobielle Aktivität verändern, ohne die mikrobielle Diversität zu beeinflussen. Die Diversität im Boden kann verändert werden durch Sterilisation desselben, Zugabe von Bioziden, Frost-Tau-Prozesse sowie eine Störung der Umwelt (z. B. durch Pflügen).

6.3.2 Zahl, Masse und Verteilung der Organismen im Boden

Bodenzoologisch von Interesse sind neben der Artenzusammensetzung die **Siedlungsdichte** und die Vertikalverteilung der Tiere im Boden. Biomasse und Artenzahl der Regenwürmer nehmen in der Reihenfolge Koniferen-, Buchen-, Erlen- und Edellaubholz-Wald zu. Körpergröße und Siedlungsdichte verhalten sich meist umgekehrt proportional. Die Siedlungsdichte unterscheidet sich zwischen Makro- und Mesofauna um den Faktor 100. Die Abundanz einer Art wird in Individuen $\cdot$ m^{-2} angegeben. Die Bedeutung einer Tiergruppe läßt sich an der Biomasseabundanz (g m^{-2}) oder dem jährlichen Energieumsatz (kJ m^{-2}) messen.

Die Mikrobengemeinschaft des Bodens kann außer über ihre genotypische Struktur (Diversität) durch ihre **Biomasse** und trophische Funktion charakterisiert werden. Die mikrobielle Biomasse bildet die aktive Fraktion der organischen Bodensubstanz. Die trophischen Funktionen sind eng verknüpft mit der Mineralisation der organischen Bodensubstanz. Die mikrobielle Biomasse ist hinsichtlich Menge, Aktivität und Verteilung im Boden zu beschreiben. Sie wird durch Nährstoffangebot, Bodenfeuchte und Bodentemperatur beeinflußt. Mikroorganismen dominieren mengenmäßig die biotische Komponente der meisten Böden. Da die Mehrzahl der Bodenmikroorganismen heterotroph ist, kommt der Menge und Qualität der Streu bzw. der organischen Substanz des Bodens erhebliche Bedeutung für den Organismengehalt im Boden zu (Tab. 6.33). Der Anteil der Mikroorganismen an der organischen Substanz des Bodens beträgt 1–3 %. Organische Düngung erhöht den Gehalt an mikrobiellem Kohlenstoff. Aber auch die Abhängigkeit von anorganischen Nährstoffen sowie von der Bodenazidität ist deutlich ausgeprägt. Dies sei am Beispiel des Phosphors für einen Waldboden über Quarzporphyr als einem extrem P-armen Grundgestein gezeigt (Tab. 6.34).

Die Masse der Bodenmikroflora beläuft sich auf < 2 000–20 000 kg ha^{-1}, die **Individuenzahl** auf 10^{20}–10^{22} ha^{-1}. Die Biomasse der Bodentierwelt ist mit 500–5 000 kg ha^{-1} geringer. Die Individuenzahl wird auf 10^{13}–10^{14} für die Mikrofauna, 10^{10}–10^{12} für die Mesofauna, 10^{8}–10^{9} für die Makrofauna und 10^{6}–10^{7} ha^{-1} für die Megafauna (vorwiegend Regenwürmer) geschätzt.

Tab. 6.33: Einfluß der Baumart auf die chemische und mikrobiologische Beschaffenheit von Lößlehm-Pseudogley im Sächsischen Hügelland (Bakterien in 10^5 g^{-1} TM). Nach MAI und FIEDLER 1973.

Horizont	pH (KCl) Fichte	pH (KCl) Laubwald	C/N Fichte	C/N Laubwald	Bakterien Fichte	Bakterien Laubwald
Ol	3,7	4,0	29	27	106	458
Of	3,3	4,9	23	25	924	1961
Oh	3,2	4,3	24	20	19	1585
Ah	3,2	3,5	26	18	27	296

Tab. 6.34: Einwirkung einer Bestandesdüngung zu Fichte auf die Bodenmikroorganismen im Of-Subhorizont des Rohhumus. Revier Bärenburg, Osterzgebirge. Bodentyp: Braunerde-Podsol. Düngermengen in kg ha^{-1}: CaO 3 140, N 165, P_2O_5 175. Bestandesalter: 70 Jahre. Keimzahlen in 10^4 g^{-1} TM. Nach MAI und FIEDLER 1968.

Düngung	pH (KCl)	C/N	Gesamtkeimzahl	Bakterien (%)	Aktinomyzeten (%)	Pilze (%)
0	2,9	28	150	79,3	0,7	20,0
Ca	4,7	26	673	94,9	1,2	3,9
N	3,2	28	329	86,3	0,6	13,1
CaN	4,8	25	837	95,6	1,1	3,3
NP	4,6	27	1610	97,1	0,4	2,5
CaNP	5,6	25	1514	96,9	1,2	1,9

Populationen der Bodenfauna weisen eine aggregierte **Verteilung im Boden** auf, vermutlich bedingt durch örtliche Anreicherungen von Ressourcen. Auch Mikroorganismen sind im Boden heterogen verteilt und treten geballt in verschiedenen Mikrohabitaten auf. Die Lebensbedingungen der Mikrokolonien können auf kleinstem Raum stark wechseln. Pilze bevorzugen relativ trockene und aerobe Habitate. Teile der Käferfauna sowie Tausendfüßer und Asseln sind an Totholz als Habitat gebunden. Der Kot von Schnecken bildet einen Kleinlebensraum für Mikroorganismen und Springschwänze.

Bodenbakterien tragen eine Oberflächenladung und werden daher wie abiotische Bodenpartikel angezogen oder abgestoßen. Ihre **Bindung an Oberflächen** erfolgt durch van der Waals-Kräfte, elektrostatische Interaktion und organische Polymere. Durch Ausbildung von Fibrillen kann die Haftung verstärkt werden. Bodenbakterien haften an Tonteilchen und Aggregatoberflächen oder leben in Bodenaggregaten. Nur ein kleiner Teil schwimmt frei in der Bodenlösung. Entsprechend werden Mikroorganismen von Bodenbelastungen unterschiedlich betroffen.

In Böden mit Grund- und Stauwasser begrenzt der Sauerstoffgehalt des Bodens die **Vertikalverteilung** der Bodentiere und aeroben Mikroorganismen. So halten sich die meisten Kleinringelwürmer und der Regenwurm *Eiseniella tetraedra* (Nässezeiger) in der obersten sauerstoffreichen Zone auf. Tiefgrabende Regenwürmer kommen in diesen Böden nicht vor, doch vermögen Regenwürmer, die sich wie *Octolasion tyrtaenum tyrtaenum* durch Toleranz gegenüber Luftmangel auszeichnen, auch in etwas tiefere Bodenbereiche vorzudringen. *Lumbricus terrestris* als Tiefgräber kann kurzzeitige Überflutung mit sauerstoffreichem (fließendem) Wasser überleben.

6.3.3 Biologische und enzymatische Aktivität

Die biologische Bodenaktivität (Umsatzleistung) ist ein entscheidender Faktor für den Nährstofffluß in Ökosystemen und damit für die Bodenfruchtbarkeit. In der Landwirtschaft trägt der Anbau mehrjähriger Futterleguminosen zur Erhaltung und Verbesserung der biologischen Aktivität bei.

Bodenbiologische und enzymatische Parameter reagieren schnell auf Umwelteinflüsse und Bewirtschaftungsmaßnahmen, sie sind deshalb für eine Bewertung von Bodenbelastung und Bodenqualität geeignet. Während die **Pflanzengesellschaft** im Stoffkreislauf die Funktion des Primärproduzenten ausübt, bildet die **Zersetzergesellschaft** im Boden das notwendige Gegenstück (s. Kap. 3., Übersicht 6.5.). Bei beiden Gesellschaften handelt es sich um Subsysteme des Ökosystems.

Eine Steuergröße der Zersetzergemeinschaft im Waldboden ist die Streuqualität (C/N-Verhältnis, Gehalt an Lignin, Polyphenolen, Tanninen, löslichen Kohlenhydraten). Hinzu kommen physikalische und chemische Bodeneigenschaften, wie der pH-Wert, der das Pilz-Bakterien-Verhältnis wie die Biodiversität der Mikroflora beeinflußt, sowie klimatische Faktoren.

Übersicht 6.5: Auf- und Abbauprozesse in einem terrestrischen Ökosystem.

Eintrag Energie, Wasser, Nährstoffe
⇩
Energiebindung – Synthese organischer Substanz – Nährstoffaufnahme
⇩
Konsumenten, Reduzenten, Mineralisierung
⇩
Energiefreisetzung, Zersetzung organischer Substanz, Nährstofffreisetzung
⇩
Austrag Energie, Wasser und Nährstoffe

Vorrat = Eintrag – Austrag Speicherung von Energie, organischer Substanz, Wasser und Nährstoffen in Organismen und Humus

Zwischen Zersetzergesellschaft und Humusform bestehen enge Beziehungen. Für Mull gelten die den Mineralboden bewohnenden Regenwürmer (*Aporrectodea caliginosa, A. rosea, Lumbricus terrestris*) als Schlüsselarten. Bodenzoologische Abgrenzungskriterien zwischen Moder und Rohhumus fehlen, so daß nur zwischen Mull- und Moderhumusformen differenziert werden kann. Auf Umweltveränderungen reagiert die Zersetzergesellschaft im Laufe einiger Jahre, die Humusform (morphologisch) benötigt dazu einige Jahrzehnte.

Wegen der Artenvielfalt ist die Zersetzungsfunktion mit hoher Redundanz (Mehrfachbesetzung der Funktion) belegt. Mit zunehmender Größe der Bodenorganismen von der Mikroflora zur Makrofauna nimmt ihre metabolische Aktivität (z. B. Atmung, Ausscheidungen) ab.

Mikroorganismen sind am Umsatz organischer und anorganischer Verbindungen im Boden in vielfältiger Weise beteiligt: Transformation und Abbau organischer Stoffe, Humifizierung organischer Substanz, Mitwirkung bei der Verdauung der Bodenfauna, Oxydation einfacher anorganischer und organischer Verbindungen wie H_2S und CH_4, Fixierung von Luftstickstoff. Nematoden, Protozoen und Collembolen setzen Stickstoff aus dem Mikroorganismenpool frei. Mikrophytophage, wie Collembolen, steigern die mikrobielle Aktivität durch die Abweidung von Pilz- und Bakterienrasen. Die Fragmentation der Streu durch Primärzersetzer und die Produktion von Faeces erhöht die Siedlungsfläche der Mikroorganismen.

Über die **Bodenatmung** läßt sich die Wirkung aller Bodenorganismen (Pflanzenwurzeln, Bodentiere, Bodenmikroorganismen) integrieren, da alle Organismen CO_2 als Stoffwechselprodukt ausscheiden. Die CO_2-Freisetzung pro Bodenvolumen oder

Fläche und Zeit dient daher als ein Maß für die biologische Aktivität. Die Bodenatmung liegt zwischen 3 und 7 g CO_2 m^{-2} h^{-1}. Die CO_2-Produktion schwankt stark in Abhängigkeit von der Bodentemperatur und Bodenfeuchte und damit von der Jahreszeit. Die höchste CO_2-Produktion findet auf Ackerböden beim Abbau der Ernterückstände und im Wald nach dem herbstlichen Laubfall statt. Im Sommer ist der höhere CO_2-Partialdruck, im Winter die höhere Löslichkeit des Gases in Wasser für seine Wirkung im Boden, z. B. die Lösung von Kalk oder die Verwitterung von Silicaten, wesentlich. Der metabolische Quotient als das Verhältnis von Basalatmumg zur vorhandenen mikrobiellen Biomasse gilt als ein Maß für den physiologischen Zustand der Bodenmikroflora.

In terrestrischen Ökosystemen ist die biogene Umsetzung toter organischer Substanz, die **Dekomposition** oder Zersetzung (Mineralisation und teilweise Modifikation), das vorrangige Tätigkeitsfeld der Bodenorganismen. In Agroökosystemen nehmen Mikroorganismen durch ihre Beteiligung am Abbau organischer Substanz, am Nährstoffkreislauf, an der Stabilisierung der Bodenstruktur und bei der Förderung des Pflanzenwachstums eine Schlüsselstellung ein. Bei der Dekomposition und Humifikation wirken Bodenmikroorganismen und Bodentiere zusammen. Der jährlich umsetzbare Teil der organischen Bodensubstanz beträgt bei Ackerbau optimal 0,2–0,6 % des C. Niedrigere Werte führen zu einer verringerten Produktivität des Standortes. Gemessen an der Energiefreisetzung beim Abbau organischer Substanz im Boden, sind die Mikroorganismen an der Dekomposition mit mehr als 90 %, die Bodentiere mit 1–10 % beteiligt.

Ist der Anfall an zersetzlicher organischer Substanz groß, so findet bei intakter Bodenfauna ein für das Pflanzenwachstum günstiger Abbau derselben statt. Wird den Bodentieren jedoch kaum organische Nahrung angeboten, so verarmt die Bodenfauna, ihre Steuerfunktionen für Bodenmikroorganismen entfallen, und eine Strukturierung des Bodens bleibt weitgehend aus. Die Steuerfunktionen erfolgen indirekt über die Strukturänderung und Verlagerung organischer Substanz (Pelletierung, Vergrößerung der Oberfläche, Verlagerung in für den Abbau günstigere tiefere Bodenlagen) sowie direkt durch Abweiden und Sporenverbreitung. Bei Ausschluß der Bodentiere ist der Abbau gehemmt. Durch intensive Bodenbearbeitung und Düngung wird die Beteiligung der Bodenfauna am Abbau der organischen Substanz gegenüber natürlichen Bedingungen reduziert. Dagegen wird die mikrobiologische Aktivität gefördert, z. B. duch eine verbesserte Bodenbelüftung oder eine Düngung von Fichtenrohhumus mit Kalk und Phoshat.

Bodenbewirtschaftung wirkt in Richtung einer Vereinfachung der Ökosysteme und einer Reduzierung der Verschiedenheit der Habitate. Auf Änderungen in der Bodennutzung oder Bodenbewirtschaftung reagieren die Bodenorganismen deutlich.
Dies wird z. B. in der Forstwirtschaft bei einem Wechsel in der Baumart oder nach Mineraldüngung deutlich (Tab. 6.34 und 6.35). Dieser Wechsel wirkt sich auch auf den C- und N-Fluß aus. Die Streu von Mischbeständen aus Buche und Fichte wird leichter abgebaut als die von Fichtenreinbeständen. In der Landwirtschaft werden durch Brache und pfluglose Bewirtschaf-

tung besonders endogäische Regenwurmarten gefördert. Das Beweiden von Grünland hat Auswirkungen auf die Bodenorganismen im Wurzelbereich. Die biologische Aktivität nimmt danach kurzfristig über erhöhte Wurzelausscheidungen zu. Allgemein üben verschiedene Pflanzen über ihre Wurzeln unterschiedliche Effekte auf die Bodenorganismen aus.

Als **biologische Aktivitätsparameter** gelten die Ammonifikation und Nitrifikation, die mikrobielle Biomasse, die Basalatmung und Verhältniszahlen wie der Quotient aus mikrobiellem Biomasse-C zu Gesamt-C des Bodens oder aus aktueller und potentieller Stoffwechselleistung.

Am Abbau organischer Substanz einschließlich organischer Dünger im Boden beteiligen sich auch **Bodenenzyme**. Als Beispiel sei der Abbau des Harnstoffs durch Urease angeführt.

$$CO(NH_2)_2 \xrightarrow[H_2O]{Urease} (NH_4)_2CO_3 \rightarrow CO_2 + 2NH_3 + H_2O$$

Proteasen werden frei, wenn Mikroorganismen absterben. Bodenenzymatische Aktivitätsparameter sind u. a. die Dehydrogenase- und Phosphatase-Aktivität.

Die Bodenorganismen wirken teils strukturbildend, teils folgen sie einer vorangegangenen Strukturierung des Bodens. Über die Bildung von Bodenaggregaten und Ton-Humus-Komplexen sind sie an der Ausbildung der **Bodengare** beteiligt (s. 6.1.3.2; 8.3.2). Durch die Regenwurmgänge erhöht sich die Wasserdurchlässigkeit der Böden. Zur Lockerung des Bodens tragen auch höhere wühlende oder erdbewohnende Tiere bei, wie Maulwürfe, Mäuse, Ziesel, Hamster und Wildschweine.

An der **aeroben Humusbildung** haben Bodentiere einen wesentlichen Anteil. So unterscheidet man bei Waldböden die zoogenen Humusbildungen Arthropoden-Humus, Lumbriciden-Humus und eine Kombination beider.

Arthropoden-Humus. Erforderlich sind günstige Lebensbedingungen für Arthropoden (Milben, Springschwänze) und Enchytraeiden sowie eine Drosselung der Lumbricidenfauna. Ökosystemabhängig (Gestein, Basengehalt der Streu) bildet sich kalkreicher (hohe Basensättigung), milder (mittlere Basensättigung) oder saurer (geringe Basensättigung) Humus. Floristischer Anzeiger für milden bis sauren Arthropodenhumus ist *Oxalis acetosella* (Sauerklee). Bei Nadelstreu werden von Hornmilben zunächst die Innengewebe gefressen (Kavernenfraß) und zu eiförmig-zylindrischen Exkrementen umgeformt, was äußerlich nicht erkennbar ist, da die Form der Nadeln noch erhalten bleibt (s. 3.3.2). Bei Laubstreu beginnt der Abbau mit der Skelettierung. Moder wird als Grob- oder Feinmoder ausgebildet.

Lumbriciden-Humus. Bevorzugte Nahrung der Regenwürmer ist die Streu von Laubbäumen (z. B. Esche, Erle, Ahorn, Hainbuche), Kräutern und Gräsern. Die Streu von Rotbuche, Fichte und Kiefer wird schwerer angegriffen. Die Ca-reiche Streu der Tanne nimmt eine Mittelstellung ein. Im Regenwurmdarm bilden sich Ton-Humuskomplexe. Die knollig-nierige Wurmlosung ist mit Bakterien angereichert. Mull bildet sich in Form von Humus hoher Basensättigung (milder Humus), mittlerer Basensättigung (pH KCl 5,3–6,4) und in Form von saurem Mull (geringe Basensättigung, pH KCl 4,1–5,2) aus.

Eine kombinierte Humusbildung, der mullartige Moder, tritt durch die Tätigkeit von Arthropoden, Enchytraeiden und Lumbriciden in Laub-Nadel-Mischwäldern und Buchenwäldern auf.

6.3.4 Bodenbiologischer Stoffumsatz

Die Bodenbiozönose interessiert hinsichtlich ihrer Struktur und ihres Leistungsvermögens. Besondere Bedeutung besitzt der **C- und N-Umsatz** der oberirdischen Bestandesstreu und der Wurzelstreu. Beim biologischen Stoffumsatz bauen sich **Nahrungsketten** oder -netze auf. Nahrungsnetze sind die trophischen Verknüpfungen in der Gemeinschaft der Bodenorganismen. Wie am Gewässergrund bei Sedimenten dürften auch im Boden z. B. lösliche organische C-Verbindungen von Bakterien aufgenommen werden, die selbst heterotrophen Flagellaten als Nahrung dienen. Auf diesen wiederum baut die Ernährung der Ciliaten, Rotatorien und Tardigraden auf.

6.3.4.1 Kohlenstoffumsatz

Bodentiere steuern die Stoffflüsse im System Boden-Streu, sie zersetzen den Bestandesabfall. Die tote organische Substanz wird durch saprophage Tiere aufgenommen, zerkleinert und für den verstärkten Angriff der Mikroorganismen aufbereitet. Der weitere mikrobiologische Abbau geht in der Tierlosung vor sich. Die Mikrobengemeinschaft ist an den C-, N-, P- und S-Flüssen in Ökosystemen und am Abbau von Xenobiotika beteiligt. Bodenbiologische Leistungen umfassen somit Stoffkreisläufe und die Eliminierung von Schadstoffen. Die Höhe der biologischen Aktivität schlägt sich im **C/N-Verhältnis** der organischen Substanz nieder. Dieses Verhältnis beträgt bei Holz > 200, bei Stroh um < 50–100, bei Laubstreu 40–60, im Rohhumus 40, im Mull 10 sowie in Mikroorganismen 10–20. Die Entwicklung der Mikroflora in Waldböden wird bei ausreichendem C-Angebot durch N, vor allem in der Streu, und P begrenzt.

Der **Humusvorrat** der Waldböden resultiert aus der Differenz zwischen Streuanlieferung und Streuabbau, die standort- und bestandesabhängig ist. So tritt der streuzersetzende Pilz *Mycena pura* in Buchenwäldern mit der Humusform Mull und hoher Basensättigung auf. Nach waldbaulichen Eingriffen muß sich das Fließgleichgewicht neu einstellen. Die Leistungsfähigkeit und die Struktur von Zersetzergemeinschaften wird durch Klima, Bodenbedingungen und Ressourcenqualität gesteuert. So führt Bodenerwärmung nach Auflichtung von Beständen zu einem verstärkten Humusabbau. Im Fall der Glucoseoxydation gilt folgende Gleichung:

$C_6H_{12}O_6 + 6O_2 \rightarrow 6CO_2 + 6H_2O + 2867 \text{ kJ}.$

Die mikrobielle **Kohlenstoff-Mineralisationsrate** wird in µg CO_2-C mg^{-1} C_{org} d^{-1} gemessen. Hierbei handelt es sich um die mikrobielle Atmung je Einheit organischen C des Bodens und je Tag. Die auf die Biomasse bezogene Atmung, z. B. der Quotient aus Basalatmung und mikrobieller Biomasse, wird als **metabolischer Quotient** qCO_2 bezeichnet (mg CO_2-C g^{-1} C_{mic} h^{-1} bzw. µg CO_2-C $mg^{-1}C_{mic}$ h^{-1} mit C_{mic} = mikrobieller Kohlenstoff). Der Quotient schwankt je nach Nutzung zwischen 1 und 6. Er ist ein zur Charakterisierung der Gemeinschaften geeigneter biotischer Parameter, der die Respirationsrate je Einheit Biomasse und damit die Effektivität des mikrobiellen Stoffwechsels angibt. Das Verhältnis C_{mic}/C_{org} gilt als Indikator für die biologische Aktivität und die Akkumulation der organischen Substanz im Boden. Zusammen mit dem Verhältnis qCO_2/C_{org} kennzeichnet es ökophysiologisch die mikrobielle Zönose in Relation zur organischen Substanz.

Bei der **Mineralisierung** der organischen Substanz, die man auch als **Verwesung** bezeichnet und die ein oxidativer Prozeß ist, erfolgt ein Abbau derselben zu CO_2, H_2O, NH_3 und Aschebestandteilen (Abb. 6.27). Dagegen vollzieht sich unter anaeroben, reduzierenden Bedingungen der **Fäulnisprozeß** (anaerober Abbau, **Fermentation**). Unter reduzierenden Bedingungen (in feuchten oder wechselfeuchten Gebieten, beim Reisanbau) entsteht Methan (CH_4). Der größte Teil des mikrobiell gebildeten Methans wird bereits im Boden durch methanotrophe Bakterien in oberflächennäheren Bereichen wieder oxidiert (0,1–8 kg CH_4 ha^{-1} a^{-1}). Weitere Abbauprodukte sind organische Säuren und Alkohole. Eine Form dieses Prozesses ist die Vertorfung, die den Torf als Substrat der Moore bildet. Im Übergangsbereich zwischen Mineralisierung und **Vertorfung** liegen die Prozesse der **Vermoderung** und **Humifizierung**. Der Verlauf der Prozesse hängt vom Sauerstoffgehalt und der Art der organischen Substanz ab. Lignin kann z. B. nur gemeinsam mit einem leicht abbaubaren organischen Stoff mikrobiologisch zersetzt werden (priming action; pH-Optimum 4,0–4,5). Da die Zersetzung temperaturabhängig ist, reichert sich in kühlen Bodenlagen (Nordhang, hohe Bodenfeuchte, höhere Gebirgslage, nördliche Breiten) verstärkt organische Substanz an.

Komposte entstehen durch die **Rotte** organischer Abfälle, z. B. des Biomülls. Verbreitet ist die offene Mietenkompostierung. Bei der Vorrotte findet ein intensiver Abbau leichter zersetzlicher organischer Substanzen statt, wobei sich das Material bis auf 70 °C erhitzen kann. Der Prozeß wird durch „Umsetzen" der Komposthaufen (Luftzufuhr, Förderung aerober Organismen) beschleunigt. In der Nachrotte reift der Kompost, die Stoffumwandlungen vollziehen sich jetzt langsamer bei reduzierter Temperatur. Phytopathogene Pilzarten werden durch die Rotte weitgehend beseitigt. Im Endprodukt dominieren bei den Pilzen mesotherme Arten, wie Mucor, Penicillium, Aspergillus und Trichoderma.

Bodeneigenschaften

```
                    Abgestorbene
                 pflanzliche und tierische
                    Organismen
                    ↙        ↓        ↘
   Anorganische Bestandteile      Eiweiß/Kohlenhydrate/Lignin
                                        ↓
                    Umsetzung durch Mikroorganismen  →  CO₂ + H₂O + NH₃
                    ↙        ↓        ↘
   Polyuronide  Spez. Stoffwechsel-   Amino-    Lignin-Abbau-
                produkte               säuren    produkte
                (z. B. chinoider Natur)
                                ↓
                    Huminsäuren und deren Vorstufen
                    Fulvosäuren/Huminsäuren/Humine
                                ↓
                         Pflanze
                                ↓
                    Anorganisch-organische Komplexe des Bodens  →  CO₂ + H₂O + NH₃
                                ↑
                    Anorganische Bestandteile des Bodens
```

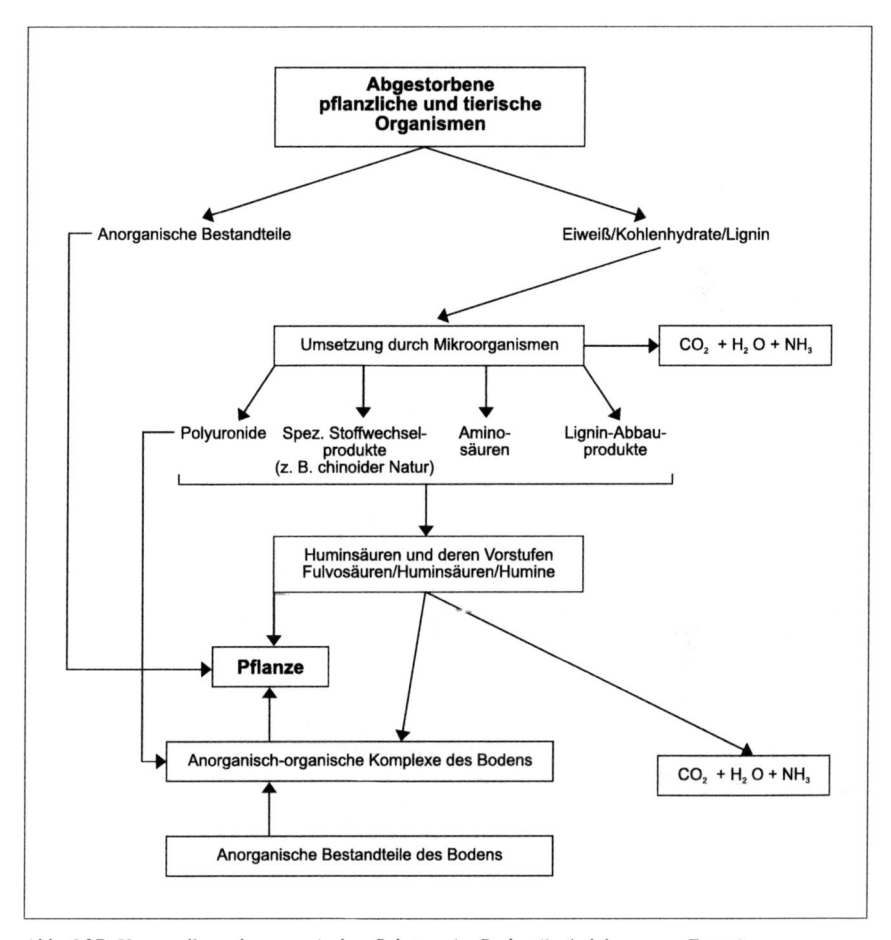

Abb. 6.27: Umwandlung der organischen Substanz im Boden (in Anlehnung an FLAIG).

Flüchtige organische Verbindungen
Die am Abbau beteiligten Pilze entsenden als sekundäre Metaboliten flüchtige Geruchsstoffe (VOC volatile organic compounds). So bilden die Pilze *Penicillium expansum* (auf Früchten) und andere Penicillien sowie *Chaetomium globosum* (Holzzersetzer) **Geosmin** ($C_{12}H_{22}O$, trans-1,10-dimethyl-trans-9-decalol). Die mikrobielle Produktion flüchtiger organischer Verbindungen bedingt den typischen **Bodengeruch**. Art und Menge der Verbindungen hängen u. a. von der Struktur und Aktivität der Mikrobengesellschaft ab. Geosmin wird außer von Pilzen durch Bakterien und Aktinomyzeten, 2-Methylisoborneol durch Aktinomyzeten und Bakterien, Terpene sowie

Naphthalen und Aromadendren werden durch Pilze gebildet. Geosmin wird vom Boden stark sorbiert. Der typische Bodengeruch beruht somit nicht allein auf der Geosminbildung durch Aktinomyzeten.

Bei der Bioabfallkompostierung tritt als bakterieller Geruchsstoff das Limonen auf. Dieses Spurengas besitzt eine geringe Wasserlöslichkeit und ist mikrobiell zersetzbar. Eine weitere hierher gehörende Substanz ist das Dimethylsulfit.

Ethylen, $H_2C=CH_2$, ein das Wachstum regulierendes gasförmiges Phytohormon, kann im Boden von verschiedenen Bakterien und Pilzen gebildet werden. Die Bildung erfolgt bevorzugt bei niedrigen Sauerstoffgehalten und deshalb auch in der Rhizosphäre.

6.3.4.2 Stickstoffumsatz

Zu den mikrobiellen N-Umsetzungsprozessen im Boden zählen die Luftstickstoffbindung, die N-Mineralisierung (Ammonifikation und Nitrifikation), die Denitrifikation und die N-Immobilisierung.

Stickstofffixierung ist die mikrobielle Umwandlung von Luftstickstoff (N_2) in Ammonium und organischen Stickstoff. Luftstickstoff kann durch Bakterien der Genera Rhizobium (schnell wachsend) und Bradyrhizobium (langsam wachsend) in **Symbiose** mit Leguminosen gebunden werden. Von den Waldbäumen sei hier die Robinie als Stickstoffbinder erwähnt. **Frankia** bildet stickstoffbindende Symbiosen mit Nichtleguminosen, z. B. Erlen. Die Symbiose kommt dadurch zustande, daß „Knöllchenbakterien" aus dem Boden in die Pflanzenwurzel (Spitze der Wurzelhaare, junge Zellen der Wurzelepidermis) eindringen und knöllchenförmige Wucherungen hervorrufen. Die in diesen Knöllchen lebenden Bakterien sind in der Lage, N_2 zu assimilieren. Enthält der Boden nicht die für die anzubauenden Pflanzen geeigneten Bakterien, lassen sich Samen oder Boden mit dem gewünschten Bakterienstamm impfen (Übersicht 6.6).

Übersicht 6.6: Bakterien, die in Symbiose mit Leguminosen Luftstickstoff binden.

Pflanze	Mikroorganismus
Medicago sativa	Rhizobium meliloti
Vicia faba	Rhizobium leguminosarum bv. [1] viceae
Phaseolus vulgaris	Rhizobium leguminosarum bv. phaseoli
Lupinus polyphyllus	Bradyrhizobium
Pisum sativum	Rhizobium leguminosarum bv. viceae
Trifolium repens	Rhizobium leguminosarum bv. trifolii
Glycine max. (Sojabohne)	Bradyrhizobium japonicum

[1] bv.: Biovar

Bodeneigenschaften

Je nach den Anbaubedingungen schwankt die jährliche N_2-Bindung zwischen 20 und 200 kg ha^{-1}. Ein hoher Gehalt an verfügbarem Stickstoff im Boden senkt die N_2-Bindung.

Aber auch einige **freilebende Bakterien** sind zur N_2-Bindung fähig, z. B. Azotobacter (aerob, neutraler pH-Wert) und Clostridium (aerob, säuretolerant). Die Bindung erfordert ein ausreichendes C-Angebot (Wurzelnähe) und eine reduzierte O_2-Versorgung. Die N_2-Fixierung durch freilebende N_2-Binder spielt in den Wäldern Mitteleuropas eine vernachlässigbare Rolle.

Diazotrophe Bakterien binden Luftstickstoff in loser Assoziation mit Pflanzenwurzeln. Hierzu gehören in den Tropen bei Mais, Reis, Zuckerrohr und Gräsern Azospirillum-Spezies, wie *Azospirillum brasiliense* (aerob) und Beijerinckia (aerob, säuretolerant), ferner *Acetobacter diazitrophicus und Alcaligenes faecalis*. Auch Cyanobakterien sind in Kombination mit höheren Pflanzen zur Stickstoffbindung fähig.

N-Mineralisierung (Ammonifikation) ist die mikrobielle Umwandlung von organischem in anorganischen Stickstoff durch Ammonifizierer.

$R-NH_2 + H_2O \rightarrow R-OH + NH_3$: $NH_3 + H_2O \rightarrow NH_4 + OH^-$

Die N-Mineralisierungsrate ist u. a. abhängig von der Bodentemperatur, der Bodenluft und dem pH-Wert. Starke Mineralisierung tritt in warmen, feuchten und humosen Böden auf. Kalkung saurer Böden, die Einarbeitung frischen Pflanzenmaterials in den Boden sowie verbesserte Bodendurchlüftung, z. B. nach Bodenbearbeitung, erhöhen die Mineralisierungsrate. Wird Grünland umgepflügt, hat dies hohe Mineralisierungsraten zur Folge.

Nitrifikation ist die Oxidation von Ammonium-N durch autotrophe und heterotrophe Mikroorganismen über Nitrit zu Nitrat:

$NH_4 \rightarrow NO_2 \rightarrow NO_3$

Die Ammoniumoxidation ist mit einer Säurebildung verbunden:

$NH_4^+ + 2O_2 = NO_3^- + 2H^+ + H_2O$

Nitrosomonas ist ein ovales bis kugelförmiges Bakterium, das Ammoniak durch Oxidation in salpetrige Säure umwandelt. Nitrobacter ist ein unbewegliches Kurzstäbchen, das anschließend salpetrige Säure zu Salpetersäure oxidiert. Beide Organismen beziehen ihre Energie aus diesem Oxidationsprozeß:

$NH_4^+ + 3/2 O_2 \rightarrow NO_2^- + H_2O + 2H^+ + 352$ kJ

$NO_2^- + 1/2 O_2 \rightarrow NO_3^- + 74,5\ (84)$ kJ

Außer diesen autotrophen gibt es auch heterotrophe Nitrifikanten (Bakterien und Pilze), die in sauren Waldböden überwiegen, in landwirtschaftlichen Böden bei neutralem pH aber ohne Bedeutung sind. Zur Ammoniumoxidation benötigen sie zusätzlich Kohlenstoffverbindungen.

Die Nitrifikation wird als obligat aerober Prozeß vom Sauerstoffgehalt der Bodenluft, zusätzlich auch von der Bodenreaktion beeinflußt. Bei der Nitrifikation wird N_2O in Mengen von etwa 0,1 % des N-Umsatzes gebildet.

Zusätze von Nitrifikationshemmern in Form spezieller organischer Verbindungen (N-Serve, DIDIN) zu mineralischen Stickstoffdüngemitteln verzögern die Umwandlung des Ammoniums in Nitrat und verringern damit die Nitratauswaschung aus dem Boden.

Denitrifikation ist die mikrobielle Reduktion von Nitrat und Nitrit durch zumeist heterotrophe Bakterien zu Lachgas und Stickstoff.

$2NO_3^- \rightarrow 2NO_2^- \rightarrow 2NO \rightarrow N_2O \rightarrow N_2$

Bei Sauerstoffmangel nutzen Denitrifizierer Nitrat, Nitrit und Distickstoffoxid als Elektronenakzeptoren. Der letzte Schritt der Denitrifikation, die N_2O-Reduktion durch Reduktase, ist in sauren Waldböden sowie durch Acetylen gehemmt. Die Denitrifikation ist ein anaerober Prozeß. Das Verhältnis von NO/N_2O wird durch die Redoxverhältnisse gesteuert. Denitrifikation führt durch Abgabe von N_2, N_2O und NO zu N-Verlusten im Boden.

Denitrifikation tritt auf, wenn die Sauerstoffzufuhr, z. B. bei hohem Bodenwassergehalt oder hohem mikrobiellen O_2-Verbrauch oder hohem Angebot an Reduktionsmitteln, begrenzt ist (Beispiele: hydromorphe Böden, Niedermoorböden, Gleye, Mineralböden mit hohen Gehalten an Sulfid und organischem Kohlenstoff). Landwirtschaftlich genutzte Böden stellen eine wesentliche Emissionsquelle für N_2O (**Distickstoffoxid**, Lachgas) als klimarelevantes Spurengas dar. Mehr als 50 % der jährlichen N_2O-Emission landwirtschaftlicher Flächen können auf Perioden mit Bodenfrost entfallen. Auch nach sommerlichen Niederschlägen kann die Emission dieses Gases stark zunehmen, desgleichen nach Stickstoffdüngung. Etwa 1–2 % des gedüngten N werden als N_2O emittiert. Das Denitrifikationspotential (kg N ha^{-1} a^{-1}) ist die Rate des Nitratabbaus durch Denitrifikation bei nicht begrenzter Nitratverfügbarkeit.

Nitrifikation (N_2O, NO) und Denitrifikation (N_2O, N_2, NO) sind für die Bildung gasförmiger Stickstoffverbindungen in Böden verantwortlich. Die Emissionen schwanken von < 0,5 bis > 1 kg N_2O-N ha^{-1} a^{-1}. Die Prozesse können in verschiedenen Bereichen des Bodens gleichzeitig ablaufen.

Die im gesättigten Untergrund bei intensiver landwirtschaftlicher Nutzung auftretenden NH_4-Gehalte gehen nicht allein auf den Eintrag mit dem Sickerwasser zurück, sondern auch auf **Nitratammonifikation** unter anaeroben Verhältnissen (Amylobacter, Crenothrix als Nitratammonifikanten).

$C_6H_{12}O_6 + 3NO_3^- + 6H^+ = 6CO_2 + 3H_2O + 3NH_4^+$ Energie = 1 817 kJ

N-Immobilisierung ist die mikrobielle Umwandlung von mineralischem Stickstoff in organischen Stickstoff (N-Festlegung durch Mikroorganismen).

$NH_4, NO_3 \rightarrow R\text{-}NH_2$

Am N-Kreislauf sind damit Ammonifizierer, autotrophe Ammoniak-Oxidierer, autotrophe Nitrit-Oxidierer, heterotrophe Nitrifizierer und Denitrifizierer sowie Stickstoffbinder beteiligt. Mineralisierung und Immobilisierung laufen zur gleichen Zeit im Boden ab. Die positive Differenz wird als Netto-Mineralisierung, die negative Differenz als Netto-Immobilisierung bezeichnet.

6.3.5 Rhizosphäre und Mykorrhiza

6.3.5.1 Rhizosphäre

Die Wurzeloberfläche, auch **Rhizoplane** genannt, entspricht der epidermalen Schicht einschließlich der Wurzelhaare und einer extrazellulären Polysaccharid-Matrix (**Mucigel**). Das Mucigel kann neben organischen und anorganischen Kolloiden auch Mikroorganismen an die Wurzel binden. Die Ektorhizosphäre beinhaltet den die Wurzel zylinderförmig umgebenden Boden in einem Abstand bis zu einigen mm von der Wurzeloberfläche.

Die Wurzeloberfläche ist mit Mikroorganismen, vorwiegend Bakterien, dicht besiedelt. Sie scheidet einfache organische Stoffe (Zucker, organische Säuren, Aminosäuren) aus. Manche Produkte der Rhizosphäre besitzen Chelateigenschaften. Diese **Wurzelexsudate**, die vermutlich 1–2 % des in die Wurzeln transportierten C betragen, dienen den Rhizosphärenmikroben als Nahrung. Dadurch kommt es in einem Zylinder um die Wurzeln zu einer starken Vermehrung von Bodenmikroorganismen (**Rhizosphäreneffekt**). Die Rhizosphäre unterscheidet sich hinsichtlich Zahl und Art der Mikroorganismen vom restlichen Boden. Bei den **Rhizobacteria** handelt es sich um aerobe, gram-negative Heterotrophe.

Zu den phytoeffektiven, assoziativen Bakterien, die mit den Wurzeln verschiedener Kulturpflanzen interagieren, gehören die Gattungen *Azospirillum* und *Pseudomonas*, ferner Bakterienstämme aus der Familie der Enterobakterien (*Enterobakteriaceae*). In der Rhizosphäre reiferer Pflanzen treten verstärkt gram-positive Mikroorganismen, wie Bakterien der Coryneform-Gruppe (z. B. *Arthrobacter*) und Streptomyzeten auf, die sich durch eine höhere Trockenresistenz auszeichnen.

In der Rhizosphäre von Raps, Kartoffeln, Tomaten und Linsen tritt das Rhizobakterium *Serratia plymuthica* auf, das das Pflanzenwachstum fördert und als Antagonist bodenbürtiger Schaderreger wie *Verticillium dahliae* (Verticillium-Welke), Rhizoctonia, Fusarium und Sklerotinia wirkt. Die Wirkung des Rhizobacteriums erfolgt über die Ausscheidung von Antibiotika und die Bildung lytischer Enzyme (Chitinasen).

Was in der Kontaktzone von Wurzeln und Mineralboden geschieht, ist für Wachstum und Stabilität vieler Ökosysteme wichtig. Höhere Pflanzen können z. B. durch Abgabe von Carbonsäuren in die Rhizosphäre die P-Aufnahme fördern. So scheidet die Weiße Lupine (*Lupinus albus*) bei Phosphormangel Citrat und Protonen aus („Proteoidwurzeln"), die in der Rhizosphäre schwerlösliche Phosphate mobilisieren. In der Rhizosphäre wachsender Fichtenwurzeln weist die Bodenlösung bis in 5–10 mm Entfernung von der Wurzeloberfläche Veränderungen auf. Die Wurzeln aktivieren K, Mg und Ca und senken die Aktivität von Al in dieser Zone.

6.3.5.2 Mykorrhiza

In Waldböden bevorzugen die Pilzhyphen den gut belüfteten Makroporenraum und die Aggregatoberflächen. Sie können bis zu 1 mm tief in die Bodenaggregate eindringen.

Mykorrhiziert werden vor allem Feinstwurzeln (< 1mm). Die Mykorrhizierung der Baumarten interessiert wegen der Schlüsselrolle der Mycorrhiza für die Wasser- und Nährstoffaufnahme derselben. Mykorrhizen leben 20–120 Tage. Die Lebensdauer ist von der Pilzart, den Standortbedingungen und dem Zeitpunkt ihrer Entstehung abhängig.

Unterschieden wird die ektotrophe, ektendotrophe und endotrophe Mycorrhiza. Die meisten Gefäßpflanzen besitzen eine endotrophe oder **arbusculare Mykorrhiza** (AM, auch Endomykorrhiza, vesicular-arbusculare Mykorrhiza VAM). Die Hyphen des Pilzes durchdringen die Rhizodermis und bilden in den Feinstwurzeln Arbuskeln und Vesikel aus. Die Arbuskeln als verzweigte Hyphen stellen die Kontaktstelle für den Stoffaustausch zwischen Wurzel und Pilz dar, die blasenförmigen Vesikel dienen dem Pilz als Reserve- und Überdauerungsorgan. Eine Pilzhülle um die Wurzel wird nicht ausgebildet. Diese Form ist im Grünland verbreitet. Zu den Bäumen mit vesikulär-arbuskulärer Mykorrhiza gehören Esche (*Fraxinus excelsior* L.), Bergahorn *(Acer pseudoplatanus* L.), Birke (Betula) und Weide (Salix). Bei der **ektotrophen Mykorrhiza** liegt dagegen eine interzellulare Infektion vor. Um die veränderten Kurzwurzeln wird ein Pilzmantel ausgebildet. Pilzhyphen bilden ein Hartigsches Netz zwischen den kortikalen Wurzelzellen aus. An der ektotrophen Mykorrhiza sind u. a. die Speisepilze Boletus, Cantharellus und Tuber sowie Russula beteiligt. Ectomykorrhiza weisen Pinaceae, Betulaceae, Salicaceae (ältere Pflanzen), Fagaceae und Ericaceae auf. Die Buche (*Fagus sylvatica*) kann mit zahlreichen Pilzarten Ektomykorrhizen ausbilden. Bäume wie Ulmus, Tilia und Populus bilden sowohl Ekto- als auch Endomykorrhiza aus.

Bei den Waldbäumen Larix, Picea und Pinus überwiegt die **ektendotrophe Mykorrhiza**. Bei ihr wird die Wurzel äußerlich von einem schwachen Hyphengeflecht eingehüllt, der Pilz dringt aber auch inter- und intrazellulär in die Wurzel ein. Hier sind Basidiomyzeten (Hymenomyzeten) und Ascomyzeten zu nennen (Übersicht 6.7).

Der Pilz versorgt die Pflanzen mit sonst nicht pflanzenaufnehmbarem Stickstoff und Phosphor, z. B. aus der Streu, und erhält von der Pflanze (Photosynthese) C-Verbindungen. Bei Erhöhung des Nährstoffangebots für die höhere Pflanze durch Düngung oder Immissionen geht die Mykorrhiza zurück. Die Lebensdauer von Mykorrhizen ist auf basenarmen Standorten größer als auf basenreichen.

Zwischen den physikalischen und chemischen Bodeneigenschaften, der Mykorrhizierung sowie dem Auftreten von Feinwurzelpathogenen können Zusammenhänge bestehen.

Bodeneigenschaften

Übersicht 6.7: Baum-Pilz-Beziehungen bei der Mykorrhiza.

Amanita muscaria (Fliegenpilz)	Kiefer, Fichte, Lärche, Birke
Amanita rubescens (Perlpilz)	Fichte
Boletinus capives (Hohlfuß-Röhrling)	Lärche
Boletus edulis (Steinpilz)	Fichte
Boletus elegans (Schöner Röhrling)	Lärche
Boletus rufus (Rothäuptchen)	Birke, Aspe
Boletus scaber (Birkenröhrling)	Birke
Cenococcum graniforme	Buche
Lactarius deliciosus (Echter Reizker)	Fichte
Lactarius porninsis (Lärchen-Reizker)	Lärche
Lactarius subdulcis	Buche
Paxillus involutus (Kahler Krempling)	Fichte
Russula mairei und R. ochroleuca.	Buche
Suillus placidus (Elfenbein-Röhrling)	Zirbe
Thylophius, Cenococcum und Dermocybe	Kiefer
Xerocomus chrysenteron	Buche

6.4 Zusammenfassung

Bodeneigenschaften, die die Bodenentwicklung widerspiegeln, sind für die Bodentaxonomie von Bedeutung. Lithogene Eigenschaften kennzeichnen vorwiegend das Substrat, pedogene Eigenschaften die Horizonte. Bodeneigenschaften bestimmen auch die Bodenfruchtbarkeit sowie die Verfahren zur Bodenbewirtschaftung, Bodenmelioration und Bodensanierung. Die Kapazität für pflanzenverfügbares Wasser, die Austauschkapazität für Kationen sowie die biologische Aktivität und das biologische Regulationsvermögen sind wichtige bodenökologische Eigenschaften.
Bodenphysikalische Eigenschaften: Böden unterscheiden sich in ihrer Gründigkeit, Durchwurzelbarkeit und Entwicklungstiefe.
Die Bodentextur ist eine grundlegende Bodeneigenschaft, mit der viele physikalische und chemische Bodeneigenschaften zusammenhängen. Teilchen >2 mm sind Bestandteile des Grobbodens, Teilchen <2 mm (Sand, Schluff, Ton) gehören zum Feinboden und solche von 1–200 nm zusätzlich zu den Bodenkolloiden. Als Substrat bezeichnet man das nach Körnung und petrographischen Merkmalen (Median, Sortierungskoeffizient) charakterisierte Ausgangsmaterial der Böden. Die sehr feinen Bodenbestandteile Ton, organische Substanz und Oxide sowie deren Kombination beeinflussen zahlreiche Bodeneigenschaften.
Das Bodengefüge charakterisiert den Zustand der Bodenmatrix über die Lagebeziehungen der Bodenteilchen zueinander. Es tritt in der Ausbildung von Aggregaten und Hohlräumen in Erscheinung. An der Ausbildung der Aggregate sind Bodenkolloide und Bodenorganismen beteiligt. Die Gefügeausbildung bestimmt den Wasser- und Lufthaushalt des Bodens. Fruchtbare

landwirtschaftliche Böden besitzen ein Krümelgefüge. Eine geringe Wasserstabilität der Aggregate führt zur Oberflächenverkrustung der Böden mit gehemmtem Gasaustausch und verminderter Wasserinfiltration. Das Porensystem des Bodens ist der Lebensraum für Wurzeln und Edaphon, es ermöglicht den Transport von wässrigen Lösungen und Gasen im Boden. Makroporen sind bevorzugte Leitbahnen für Wasser. Grobporen enthalten meist Luft, Mittelporen pflanzenverfügbares Wasser. Das Wasser der Feinporen ist nicht pflanzenverfügbar.

Die Rohdichte bezieht sich auf den Boden in seiner natürlichen Lagerung und ist ein Maß für seine Lockerung oder Verdichtung. Sie ermöglicht die Berechnung der Bodenmasse für ein bestimmtes Bodenvolumen.

Die Bindigkeit eines Bodens hängt von seiner Textur, seinem Wassergehalt und seiner Struktur ab, sie ist für seine Bearbeitbarkeit wesentlich.

Der Boden ist Bestandteil des hydrologischen Kreislaufs mit Eintrag, Speicherung und Austrag. Wird die Infiltrationskapazität eines Bodens für Wasser überschritten, kommt es zu Oberflächenabfluß und damit zur Erosion. Die Vegetation fördert die Infiltration. Für die Pflanzenproduktion ist das Ausmaß der Wasserspeicherung im Boden entscheidend.

Das Bodenwasserpotential ist ein Maß für die Intensität, mit der der Boden das Wasser bindet. Für die ungesättigte Bodenzone ist die wichtigste Teilgröße des Bodenwasserpotentials das Matrixpotential (Saugspannung). Die Saugspannungskurve gibt die Beziehung zwischen Saugspannung und Bodenwassergehalt für einen Boden wieder. Die Saugspannung des pflanzenverfügbaren Wassers liegt zwischen 0,008 und 1,5 MPa. Das mit pF > 4,2 gebundene Wasser ist nicht pflanzenverfügbar. Der „Permanente Welkepunkt" (PWP) ist boden- und pflanzenabhängig, der Wasservorrat besteht in diesem Bereich nur noch aus „totem Wasser". Die Wassermenge, die ein Boden zwischen dem PWP und der Feldkapazität FK (pF 1,8–2,2) speichert, wird als nutzbare Feldkapazität (nFK) bezeichnet. Bei flach anstehendem Grundwasser ist zur Bestimmung des pflanzenverfügbaren Wassers neben der nFK des Wurzelraumes auch der kapillare Aufstieg aus dem Grundwasser in den Wurzelraum zu berücksichtigen.

Wasser bewegt sich von Orten geringer zu solchen hoher Wasserspannung. Die Geschwindigkeit der Wasserbewegung im Boden hängt vom Wasserpotentialgefälle als treibender Kraft und von der Wasserleitfähigkeit des Bodens ab. Die hydraulische Leitfähigkeit (k-Wert nach Darcy) gestattet einen Vergleich der Wasserdurchlässigkeit von Böden. In einem wassergesättigten Boden erreicht die Leitfähigkeit ihren größten Wert.

An Wasserhaushaltsformen unterscheidet man Haft- und Sickerwasser sowie Grund- und Stauwasser. Sickerwasser versickert in großen Poren in Schwerkraftrichtung. Die Sickerwassermenge nimmt mit steigendem Niederschlag und abnehmender Verdunstung (Evapotranspiration) zu. Haftwasser als Summe von Adsorptions- und Kapillarwasser wird gegen die Schwerkraft im Boden gehalten. Bei anhydromorphen Böden wird der Wasserhaushalt im Gelände über reliefbedingte Wasserhaushaltsstufen charakterisiert. Grundwasser als zusammenhängender Wasserkörper dringt aus dem Untergrund in die Bodenhorizonte ein. Bei Grundwasserböden erfolgt die Einteilung nach Grundwasserstufen, der Saugraumtiefe und der Grundwasserschwankung.

Ausschlaggebend für die Wärme des Bodens ist die ihm von der Sonne zugestrahlte Energie. Der gesamte Strahlungsumsatz findet an der Bodenoberfläche statt. Die meiste Energie wird für die Evaporation benötigt. Thermische Eigenschaften des Bodens sind seine Wärmekapazität und seine Wärmeleitfähigkeit. Die spezifische Wärme des Bodens setzt sich aus den spezifischen Wärmen des Wassers sowie der anorganischen und organischen Substanz (geringer) zusammen. Nasse Böden erwärmen sich u. a. aufgrund ihrer hohen Wärmeleitfähigkeit nur langsam. Die Bodentemperatur ist die Intensität der Wärme im Boden. Sie ist das Ergebnis des Eintrags von Globalstrahlung, langwelliger Emission und Wärmefluß im Boden. An der

Bodeneigenschaften

Bodenoberfläche schwankt die Temperatur im Jahresverlauf am meisten. Eine zu Beginn der Vegetationszeit niedrige Bodentemperatur (nasse, kalte Böden) ist ökologisch ungünstig zu bewerten.
Die Luftkapazität entspricht dem Volumen der Grobporen des Bodens. Die Bodendurchlüftung ist für die Aktivität der Wurzeln und des Edaphons im Boden notwendig. Der Boden ist eine Senke für Sauerstoff und eine Quelle für Kohlendioxid. Der Gastransport im Boden erfolgt vorwiegend durch Diffusion in kontinuierlich entwässerten Makro- und Grobporen. Staunasse Böden sind daher sehr schlecht mit Sauerstoff versorgt.
Die Farbe des Bodens hängt von der Farbe der Bodenminerale und anorganischen wie organischen Kolloide, der Körnung und der Bodenfeuchte ab. Sie wird bei der Munsell-Farbtafel durch die Merkmale hue (Farbton), value (Farbhelligkeit) und chroma (Farbtiefe) gekennzeichnet.
Bodenchemische Eigenschaften: Die Oberflächen der Bodenkolloide tragen in der Regel negative Ladungen. Ihr Zustand wird durch das Zetapotential charakterisiert, das von der Art der Teilchen sowie der Zusammensetzung und Konzentration der wäßrigen Phase abhängig ist. H-, Ca- und Al-Ionen können Flockung von Bodenkolloiden hervorrufen. Die meisten Tonminerale besitzen eine permanente negative Ladung. Sesquioxide, Kaolinit und Allophane sowie Huminsäuren weisen dagegen eine pH-abhängige variable Ladung auf. Die negative Ladung der Sorptionsträger befähigt sie, Kationen austauschbar an ihre Oberfläche zu binden. Die Bindungsintensität eines Kations hängt dabei von seiner Ladung und seinem Ionenradius ab. Die Summe der austauschbaren basischen und sauren Kationen entspricht der Kationenaustauschkapazität (KAK), die als totale KAKt und als effektive KAKe in $cmol_c \, kg^{-1}$ gemessen wird. Sie ist eine Funktion des Ton- und Humusgehaltes sowie des pH. Die Differenz von KAKt und KAKe entspricht etwa der pH-abhängigen Ladung. Das prozentuale Verhältnis von basischen Kationen (Ca, Mg, K) zur KAK wird als Basensättigung bezeichnet. In kalkhaltigen Böden beträgt der Wert 100 %. Auch der Anteil einer einzelnen Kationenart ist eine wesentliche Größe des chemischen Bodenzustandes. Der Gehalt an austauschbaren basischen Ionen nimmt in der Regel in der Reihenfolge Ca > Mg > K ab. Mit dem pH-Wert des Bodens ist die Ca- und Mg-Sättigung des Sorptionskomplexes positiv, die Al-Sättigung negativ korreliert. In sauren Böden kann der gemeinsame Anteil von H- unnd Al-Ionen bis über 90 % der KAKe betragen. Die Menge an basischen und sauren Kationen in der Bodenlösung ist, verglichen mit der an den Teilchenoberflächen, gering.
Die Bodenazidität beruht auf dem Gehalt des Bodens an austauschbaren H- und Al-Ionen. Im Fall des Al entstehen die H-Ionen durch Hydrolyse. Die Konzentration der H-Ionen in der Bodenlösung wird als pH-Wert angegeben (negativer Logarithmus der H^+-Konzentration). Für anspruchsvolle landwirtschaftliche Kulturpflanzen wird ein pH-Wert von 6,5 angestebt. Kalkhaltige Böden besitzen einen pH-Wert von 7 bis 8,4. Der pH-Wert steuert zahlreiche Bodeneigenschaften und Bodenprozesse. Bodenversauerung äußert sich als Verlust basisch wirksamer Kationen, verursacht durch mobile Anionen wie Sulfat, Nitrat und Chlorid. Mit steigender Azidität nimmt die negative Ladung der Huminstoffe ab und die positive Ladung der Sesquioxide zu. Böden besitzen gegenüber H-Ionen eine Pufferkapazität, die bei Reichtum an Kalk, Silicaten und insbesondere Tonmineralen sowie Humus groß ist. Für ökologische Aussagen werden Pufferbereiche, wie z. B. der Kationenaustausch- oder Aluminium-Pufferbereich, unterschieden.
Das Redoxpotential kennzeichnet Richtung und Intensität von Oxidations- und Reduktionsvorgängen im Boden. An Redox-Reaktionen beteiligen sich vorrangig C-, N- und S-Verbindungen sowie Eisen und Mangan. Molekularer Sauerstoff ist der hauptsächliche Elektronenakzeptor. An den Redox-Reaktionen sind Wasserstoffionen beteiligt.

Für Pflanzenernährung, Boden- und Gewässerschutz interessieren Gehalt und Bindungszustand der Mengen- und Spurenelemente im Boden. C, N, P und S können zu einem erheblichen Anteil in organischer Bindung vorliegen. In landwirtschaftlich genutzten Böden bzw. der Humusform Mull beträgt das C/N-Verhältnis etwa 10, im Rohhumus von Waldböden > 24. Schwermetalle liegen in Böden als Oxide, Carbonate, Sulfide und Silicate sowie an Bodenkolloide sorbiert vor. Ihre Löslichkeit ist stark pH-abhängig.

Bodenbiologische Eigenschaften: Das Studium der Bodenorganismen ermöglicht es, Prozesse der Bodenbildung und des Nährstoffkreislaufs zu verstehen. Der Boden bleibt nicht mehr eine black box, in der sich chemische und physikalische Prozesse abspielen, sondern wird als Ökosystem verstanden. Bei Konstanz äußerer Bedingungen stellt sich im Boden ein Gleichgewichtszustand zwischen den Organismengruppen ein. Eine einseitige Vermehrung einer Gruppe bzw. einer Art wird dadurch verhindert, so daß phytopathogene Organismen durch Nahrungsmangel und die Bildung von Antibiotika unterdrückt werden (suppressive Böden). Durch intensive Bodenbewirtschaftung wird die Einstellung eines Gleichgewichtes immer wieder gestört.

Die Diversität der Bodenorganismen ist groß: Eukarya (pflanzliche Mikroorganismen, Pilze, Tiere), Archaea, Bacteria und Viren (Bacteriophagen). Im Boden treten als Mikroorganismen Bakterien, Aktinomyzeten, Pilze und Algen auf. Die biologischen Prozesse laufen vorwiegend in Mikrohabitaten ab (Detritus-, Aggregat- und Rhizosphäre). Die mikrobielle Aktivität hängt von der Temperatur, Feuchte und Azidität sowie dem Nährstoffangebot ab. Als Indikatoren des biologischen Bodenzustandes dienen die mikrobielle Biomasse, die Bodenatmung und die Transformation ausgewählter Stoffe sowie die Anneliden. Beispiele für die Stofftransformation bei Stickstoff sind die Fixierung des Luftstickstoffs, die N-Immobilisierung, die Ammonifikation, Nitrifikation und Denitrifikation.

Die Masse der Bodenorganismen ist heterotroph. Sie sind daher vor allem am Umsatz organischer Verbindungen im Boden beteiligt. Vorrangig bewirken die Bodenorganismen neben der Dekomposition organischer Substanz die Bildung und Stabilisierung von Bodenaggregaten. Daneben sind die äußerst komplexen Mikrobengemeinschaften an den C-, P- und S-Flüssen in Ökosystemen sowie am Abbau von Umweltchemikalien und zu kompostierender Biomasse beteiligt. Bei der Mineralisierung der organischen Substanz, die ein oxidativer Prozeß ist, entstehen CO_2, H_2O und NH_3 sowie Aschebestandteile als Abbauprodukte. Eine Gruppe von Mikroorganismen (Bakterien, Aktinomyzeten und Pilze) ist in der Lage, mineralische Phosphorverbindungen durch die Ausscheidung organischer Säuren zu lösen. Bodenmikroorganismen können anorganische Verbindungen transformieren, so z. B. Hg methylieren und Pyrit beschleunigt oxidieren, und damit Änderungen des Bindungszustandes von Schwermetallen sowie der Umweltbelastung mit Schwermetallen herbeiführen.

Neben bodenbiologischen bieten sich bodenenzymatische Parameter zum schnellen Nachweis von Umwelteinflüssen und Bewirtschaftungseffekten an.

An der aeroben Humusbildung haben Bodentiere einen wesentlichen Anteil (Lumbriciden- und Arthropoden-Humus). Im Regenwurmdarm bilden sich Ton-Humus-Komplexe als dominierender Bestandteil des Mulls aus.

7 Bodenklassifikationssysteme und bodengeographische Einheiten

Die **Bodensystematik** (Bodentaxonomie) verfolgt das Ziel, die Vielfalt der auf der Erde oder in einer Region vorkommenden Böden nach einem ordnenden Prinzip zu gruppieren. Je nach dem Zweck, dem das System dienen soll, können dazu unterschiedliche Wege beschritten werden. Folgende Einteilungsgesichtspunkte dominieren oder werden gemeinsam berücksichtigt:
- Bodenbildende Faktoren (s. Kap. 4)
- Bodenbildende Prozesse (s. Kap. 5)
- Bodeneigenschaften (s. Kap. 6).

Dabei lösen die Faktoren die Prozesse aus, die zu den Eigenschaften (Bodenmerkmalen) führen:

Bodenbildende Faktoren → bodenbildende Prozesse → Bodeneigenschaften

In großräumigen Gebieten, wie Rußland, bevorzugt man den ersten und zweiten, in kleinräumigen Gebieten, wie Deutschland, den zweiten und dritten, in den USA weitgehend den dritten Gesichtspunkt.

Bodentypen als bodengenetische Einheiten sind durch solche Merkmale zu definieren, deren Zusammengehörigkeit sich aus der Kenntnis der Bodengenese ergibt. Jeder Boden besitzt **lithogene Merkmale**, zu denen auch die durch Schichtung bedingten Unterschiede im Bodenprofil gehören, und **pedogene Merkmale**, die ihm die bodenbildenden Prozesse aufprägten. Daneben können auch **phytogene Merkmale** hervortreten, da auch das pflanzliche Material als Rohmaterial der Bodenbildung anzusehen ist. Mit der Bodenform (s. 7.3.3) wird den lithogenen wie pedogenen Merkmalen Rechnung getragen. In der deutschen Bodensystematik wird diese Konzeption jedoch durchbrochen, indem Bodentypen, wie Pararendzina und Pelosol, ausgeschieden werden, die sich in erster Linie durch charakteristische lithogene Merkmale von genetisch verwandten Böden abheben.

Taxonomie (taxis, griech., Reihe, Reihenfolge, Ordnung; nomos, griech., Recht, Brauch, Ordnung) ist die Wissenschaft über Grundsätze und Regeln für eine Klassifizierung oder Systematik von Objekten. Der Terminus Taxonomie wird manchmal als Synonym für Systematik und in der amerikanischen Bodenkunde auch in der Bedeutung einer Klassifizierung angewendet. Taxon ist eine Klassifizierungseinheit beliebigen Ranges. Klassifizierung (classis, lat., Abteilung, Teil) ist jede Aufteilung einer bestimmten Ansammlung in Klassen (Gruppen) von Objekten. Bei einer bodenkundlichen Klassifizierung sollten alle Kriterien der Einteilung unbedingt Merkmale der Böden selbst sein. **Typologie** oder typologische Systematik (typos, griech., Bild, Muster, Modell; logos, griech., Wissenschaft) ist eine Aufteilung einer Ansammlung von Objekten in Gruppen nach der größten Ähnlichkkeit mit vorher festgelegten Merkmalen (Typen). Im Unterschied zur Klassifizierung muß die Typologie nicht erschöpfend sein. In einer Klassifizierung kann kein Objekt (Boden) gleichzeitig zu zwei hierarchisch gleichrangigen Klassen gehören. Die Definierung scharfer Grenzen zwischen den Taxonen ist dagegen nicht die Aufgabe der Typologie. **Systematik** (systema, griech., etwas Eingeordnetes) beruht auf der Gruppierung und Einordnung von Objekten (Böden) zu Vereinigungen von bestimmter Struktur nach Grundsätzen, die methodologisch korrekt und theoretisch begründet sind. Sie dient dazu, wichtige Informationen über den Boden auf der Grundlage der Kenntnis des Ortes desselben im System zu erlangen und erleichtert die Lösung theoretischer und praktischer Probleme. Eine Kernfrage der wissenschaftlichen Bodensystematik ist die Auswahl taxonomischer Merkmale sowie die Einschätzung ihres Gewichts. Taxonomische Merkmale sollten einen hohen Korrelationsgrad mit einer Vielzahl anderer wichtiger Merkmale besitzen und möglichst im Gelände erfaßbar sein.

7.1 Soil Taxonomy (USA)

Bodeneigenschaften sind das Ergebnis von Prozessen, die während längerer Zeit auf das Ausgangsmaterial der Bodenbildung einwirken. Andererseits beeinflussen einige Bodeneigenschaften spezifische Prozesse und damit die Genese des Bodens. Da die Eigenschaften beobachtet und gemessen werden können, eignen sie sich als Grundlage für eine Unterscheidung der Böden.

Eine Taxonomie der Böden basiert auf Kombinationen von Bodenmerkmalen. Bei der US-amerikanischen Taxonomie, die für Zwecke der Bodenkartierung entwickelt wurde, werden die Taxa (Kategorien) strikt in Form von Bodeneigenschaften definiert (Körnung, pH, usw.). Für die höheren Kategorien werden solche Bodeneigenschaften ausgewählt, die für das Pflanzenwachstum und das Ergebnis der Pedogenese bedeutend sind bzw. letztere beeinflussen. Die Taxonomie weist hierarchische Klassen auf, die es ermöglichen, die Beziehungen zwischen Böden sowie zwischen Böden und den für ihren Charakter verantwortlichen Faktoren zu verstehen. Natürliche Böden, kultivierte Böden und anthropogen veränderte Böden kommen in demselben Taxon vor. Das System strebt an, landwirtschaftlichen und bodenkundlichen Anforderungen zu genügen.

Das amerikanische System enthält sechs Kategorien: order, suborder, great group, subgroup, family und series. In gleicher Abfolge reduziert sich die Heterogenität der Eigenschaften der in einer Kategorie zusammengefaßten Böden. Die Soil Taxonomy arbeitet mit **diagnostischen Horizonten**. Dabei wird zwischen Epipedons als diagnostischen Oberflächenhorizonten und den tiefer liegenden eigentlichen diagnostischen Horizonten unterschieden.

7.1.1 Bodennomenklatur

Der Bodenname soll wesentliche Informationen über den Boden vermitteln. Die zehn **orders** unterscheiden sich durch die An- oder Abwesenheit diagnostischer Horizonte und Merkmale. Ihre Benennungen enden mit der Silbe -sol (von solum, Boden). Jeder Name einer order enthält ein Wortbildungselement, das mit der Silbe „-sol" durch ein „o" für griechische, oder ein „i" für andere Wortwurzeln verbunden wird (Übersicht 7.1).

Übersicht 7.1: Orders und ihre Erkennungsgruppen (aus Soil Taxonomy).

Alfisol	Alf	Mollisol	Oll
Aridisol	Id	Oxisol	Ox
Entisol	Ent	Spodosol	Od
Histosol	Ist	Ultisol	Ult
Inceptisol	Ept	Vertisol	Ert

Beispiele:
order Entisol; ent = Wortbildungselement, i verbindender Vokal, sol Endung;
order Aridisol; id = Wortbildungselement; i verbindender Vokal, sol Endung.

Das Wortbildungselement dient für die Untereinheiten der order (z. B. suborders und great groups) als Endung des Namens.

Die Namen der **suborders** bestehen aus zwei Silben, die erste bezeichnet eine diagnostische Eigenschaft, die zweite gibt die zugehörige order an (Übersicht 7.2).

Übersicht 7.2: Erkennungsgruppen für suborders. Nach Soil Taxonomy.

Alb	albic Horizont
And	ando-ähnlich
Aqu	aquic Wasserhaushalt
Ar	durchmischter Horizont (arare, lat., pflügen)
Arg	argillic Horizont
Bor	kühl
Ferr	eisenhaltig
Fibr	schwächster Zersetzungszustand der organischen Substanz
Fluv	Überschwemmungsebene
Fol	Masse an Blättern
Hem	mittlerer Zersetzungszustand der organischer Substanz
Hum	Vorkommen organischer Substanz
Ochr	ochric Oberboden
Orth	normale Ausbildung
Plagg	Oberboden aus Plaggen
Psamm	Textur: Sand
Rend	hoher Carbonatgehalt
Sapr	stärkster Zersetzungszustand der organischen Substanz
Torr	torric Wasserhaushalt
Ud	udic Wasserhaushalt
Umbr	umbric Oberboden
Ust	ustic Wasserhaushalt
Xer	xeric Wasserhaushalt

Beispiele:
Suborder Aquents, Silbe „aqu" von aqua (Wasser), Silbe „ent" als Wortbildungselement der order Entisols.
Suborder Fluvents, Silbe „flu" von fluvius (Fluß), Silbe „ent" von Entisols. Fluvents sind Entisols, die aus sehr jungen Sedimenten hervorgegangen sind.

Die Namen der **great groups** setzen sich aus 3 oder 4 Silben zusammen und enden mit dem vollen Namen der suborder. Die Vorsilbe besteht aus ein oder zwei wortbildenden Elementen, die die diagnostischen Eigenschaften charakterisieren.

Beispiel:
Great group Cryofluvents; „cry" von kryos, griechisch eiskalt, „o" verbindender Vokal, fluvent Bezeichnung der suborder.
Great group Torrifluvents; „torr" von toridus, lat. heiß, trocken; „i" verbindender Vokal; fluvent Bezeichnung der suborder.

Bei den Fluvents werden also zur Differenzierung auf der Ebene der great groups die Bodenfeuchte und die Bodentemperatur herangezogen.

In der **subgroup** ergänzt man den Namen der great group durch ein oder mehrere Adjektive.

Beispiele:
Typic Torrifluvent: Torrifluvent in typischer Ausbildung;
Vertic Torrifluvent: Torrifluvent, der zusätzlich einige Eigenschaften der Vertisols besitzt.
Order: Spodosol;
Suborder: Orthod;
Great Soil Group: Fragiorthod;
Soil Subgroup: Typic Fragiorthod.

Soil series als unterste Kategorie (Kartiereinheit) werden nach einer Lokalität benannt.

7.1.2 Diagnostische Bodeneigenschaften und Bodenhorizonte

Diagnostische Bodeneigenschaften sind für die Bodensystematik wichtige primäre Bodeneigenschaften bzw. Bodenmerkmale. Hierzu rechnen Materialeigenschaften (M), der Bodenwasserhaushalt (W) und die Bodentemperatur (Bodenklima K).

Beispiele für Mineralböden:
M:
Weatherable minerals (verwitterbare Minerale). Hierzu gehören u. a. Tonminerale der Tonfraktion sowie Feldspäte, Glimmer und Apatit der Schluff- und Sandfraktion.
Sulfidic materials (sulfidhaltige Substrate). Sie enthalten oxidierbare Schwefelverbindungen, die unter aeroben Bedingungen Schwefelsäure bzw. Fe- und Al-sulfate bilden.
Albic material. Primäre Sand- und Schluffpartikel sind weiß, weil Ton und „freies Eisen" entfernt wurden.

W:
Torric moisture regime (torric oder aridic, trocken). Im ariden Klima, mit Ausnahme sehr kalter und trockener polarer Regionen und hoher Gebirgslagen.
Ustic moisture regime. Feuchte begrenzt, aber vorhanden, wenn die Bedingungen für das Pflanzenwachstum günstig sind. In tropischen Gebieten mit Monsunklima mit mindestens einer Regenperiode von 3 Monaten oder mehr.
Udic soil moisture regime (udic, humid). Üblich bei Böden des humiden Klimas. Das Wasser bewegt sich in den meisten Jahren im Boden zeitweise abwärts.

K:
Permafrost (pergelic). Lagen mit Temperaturen ganzjährig bei oder < 0 °C, Konsistenz sehr hart oder lose (trockener Permafrost).
Cryic. Sehr kalte Böden, mittlere Jahrestemperatur > 0 °C–< 8 °C.
Thermic. Mittlere Jahrestemperatur des Bodens ≥ 15 °C–< 22 °C.

Beispiele für organische Böden:
M:
Das organische Bodenmaterial wird nach dem Zersetzungsgrad des Pflanzenmaterials differenziert. Wesentlich ist der Fasergehalt, wobei unter dem Begriff Fasern Stücke pflanzlichen Gewebes, aber keine Wurzeln, im organischen Bodenmaterial zu verstehen sind. Die Beurteilung des Substrats erfolgt bis zu einer Bodentiefe von 160 cm (Mächtigkeiten: obere Lage bis zu 60 cm, mittlere Lage 60 cm und Basislage 40 cm).

Diagnostische Horizonte sind für die höheren Kategorien des Systems von Bedeutung. Dabei wird zwischen diagnostischen Oberboden- und Unterboden-Horizonten unterschieden (surface and subsurface horizons). Der Oberboden umfaßt je nach der Mächtigkeit der organischen Substanz den A-Horizont oder den A-Horizont mit Teilen des B-Horizontes, der Unterboden meist den B-Horizont.

Beispiele:
Oberboden:
Histic epipedon. 20–60 cm mächtige Lage aus ungepflügtem organischen Material (meist Torf) oder Ap-Horizont mit 8–16 Gew.-% $C_{org.}$.
Mollic epipedon (A-Horizont). Dunkle Farbe, dunkle Überzüge auf Bodenaggregaten, gute Bodenstruktur aus groben Prismen, kalkhaltig, Basensättigung > 50 %.
Umbric epipedon (umbra, Schatten). Dicker, dunkelfarbiger Horizont mit < 50 % Basensättigung.
Ochric epipedon (blaß). A- oder Ap-Horizont, der weder mollic noch umbric ist.
Die Epipeda histic, mollic, umbric und ochric können als Produkte einer konsequenten Umwandlung durch Humifikation und Mineralisation angesehen werden.

Unterboden:
Albic horizon (albus, weiß). Eluvialhorizont, > 1 cm weißes Material, unter dem A-Horizont gelegen.
Cambic horizon. Ohne Carbonat in > 25 cm Tiefe, kein mollic oder umbric epipedon.

7.1.3 Soil Orders

Die meist alphabetisch aufgeführten orders (Übersicht 7.1) lassen sich in folgender Weise gruppieren.
Organische Böden:
– Histosols
Mineralböden:
– mit zunehmender Entwicklung: Andisols, Entisols, Inceptisols ... Oxisols,
– mit Humusanreicherung: Mollisols,
– mit Tonverlagerung: Alfisols (basenreich), Ultisols (basenarm),
– mit Sesquioxidanreicherung: Spodosols, Inceptisols (Aquepts), Oxisols,
– mit Dreischichttonmineralen (Tonböden): Vertisols,
– Böden der kältesten Regionen: Gelisols.

7.1.3.1 Beschreibung der orders

Histosols (histos, gr., Gewebe), Stamm „ist", besitzen einen sehr hohen Gehalt an organischer Substanz (20–30 % Humus) in den oberen 80 cm (Moorböden). Die Bildung der organischen Substanz übertrifft ihre Zersetzung. Die Untergliederung in suborders erfolgt u. a. nach zunehmendem Zersetzungsgrad der oberen und mittleren Lage in Fibrists, Hemists und Saprists.

Andisols (an, japan., dunkel), allophan-(imogolit-, halloysit-)haltige Böden, die durch die Verwitterung von Vulkanasche bzw. Bimsstein entstehen (früher als Andepts (Inceptisols) bezeichnet). Sie haben einen hohen Gehalt an vulkanischem Glas und verwitterbaren Mineralen. Die Böden zeichnen sich durch starke Humusakkumulation bei C/N-Verhältnissen von 10–16, hohe Sorptionskapazität, variable Ladung, starke P-Bindung, „nachschaffende Kraft", einen hohen Gehalt an Mikroporen sowie gute Aggregation aus. An letzterer sind Al- und Fe-Humuskomplexe beteiligt. Die Böden besitzen extrahierbares Aluminium. Als diagnostische Horizonte besitzen sie häufig einen umbric epipedon und einen cambic horizon. Trotz niedriger Basensättigung sind die Böden nicht stark sauer. Schwermetallionen werden stark adsorbiert. Die Bodendichte liegt unter 0,85 g cm^{-3}, bedingt durch den hohen Gehalt an anorganischer amorpher Substanz und Humus. Das Porenvolumen erreicht 70–80 %. Vorkommen in Japan und dem übrigen circumpazifischen Raum (s. a. Andosols).

Aridisols (aridus, lat., trocken), Stamm „id", kommen in ariden und semiariden Gebieten (meist in Wüsten) vor und sind den größten Teil des Jahres über trocken. Sie sind stark erosionsgefährdet. An der Oberfläche treten verbreitet Krusten und „Wüstenpflaster" (hammada) auf. Die Böden haben einen niedrigen Humusgehalt (ochric epipedon) und einen hohen Basengehalt. Auf pleistozänen stabilen Landoberflächen können sie genetische Bodenhorizonte, z. B. einen Ton-(argillic-)Horizont aufweisen, sie sind dann als pleistozäne Relikte anzusehen. Der Ton stammt dabei aus dem Muttergestein oder aus der pleistozänen Verwitterung (Regenklimate). Daneben haben sich jedoch auch Böden unter einem holozänen Klima auf holozänen Oberflächen gebildet (suborder Orthids und z. T. Argids mit einem natric-Horizont, der einen Tonhorizont mit Säulengefüge, bedingt durch ≥ 15 % austauschbares Na, darstellt (s. a. Salz- und Sodaböden). In geographischer Assoziation treten Torriorthents und Torripsamments auf.

In den sehr unterschiedlichen und sehr jungen **Entisols** (recent, engl., jung), Stamm „ent", fehlen weitgehend deutlich ausgebildete pedogene Horizonte. Die Eigenschaften der Entisols werden vorwiegend durch das Ausgangsgestein (Locker- und Festgesteine) bestimmt. Die Klassifikation bezieht sich auf die oberen 50 cm des Profils, wobei zunächst zu entscheiden ist, ob es sich um einen Boden oder lediglich um ein Verwitterungsmaterial (Sediment) handelt.

Zu den fünf suborders gehören u. a. die Aquents als nasse Böden mit einem „aquic" Wasserhaushalt. Sie schließen die Marschen der Küsten ein. Als weitere suborders seien die Psamments (nicht nasse Sandböden), die Fluvents (nicht nasse alluviale Böden) sowie die Orthents (auf jungen erodierten Geländebereichen) genannt.

Bei den **Inceptisols** (inceptum, lat., Anfang), Stamm „ept" handelt es sich um Böden auf jungen Sedimenten oder in jungen Landschaften (z. B. Alluvium, Kolluvium, Löß, durch Erosion verjüngte Landschaften). Sie treten unter Umweltbedingungen auf, die bodenbildende Prozesse hemmen (z. B. niedrige Temperaturen, geringe Niederschläge; hoher Grundwasserstand, gehemmte Dränung). Die Böden sind jung, häufig postglazial, und Produkte des humiden Klimas (ustic und udic). Bodenbildende Prozesse haben zu einer erst mäßigen Horizontentwicklung geführt. Häufig tritt der cambic-Horizont (entspricht etwa dem deutschen Bv) unter einem ochric oder umbric Oberboden auf. Diese Böden sind gut dräniert und enthalten kaum Carbonat. Die hydrolytische Verwitterung eisenhaltiger Minerale führt zu Tonmineralen (Illit, Smectit, Al-Chlorit) und Eisenverbindungen, die die Unterböden (B-Horizont) braun färben. Von Natur aus liegen Waldböden über unterschiedlichen Gesteinen (z. B. Gneis, Granodiorit) im gemäßigten Klima vor.

Zu den sechs suborders gehören u. a. die Aquepts als nasse Böden mit Redoxreaktionen bei schwankendem oder hohem Wasserspiegel, sowie die Ochrepts mit Tonmineralbildung und Verbraunung.

Mollisols (mollis, lat., locker, mild), Stamm „oll", sind vorwiegend Böden des semihumiden Klimas mit zeitweiligem Wasserdefizit (Steppenböden). Die Unterteilung in suborders spiegelt klimatische Unterschiede (Feuchtigkeit, Temperatur) wider:
– Borolls – in kühlen und kalten Gebieten,
– Udolls – im gemäßigt-humiden, kontinentalen Klima,
– Ustolls – im subhumiden bis semiariden Klima,

- Xerolls – im mediterranen Klima.
Die Böden sind reich an basischen Kationen und Humus (dunkelbrauner bis schwarzer Oberboden, mollic epipedon). Die reichlich anfallende organische Substanz wird im Boden abgebaut und als Ca-humat festgelegt. Mollisols haben sich häufig in quartären Sedimenten, z. B. Löß, entwickelt. Als Tonminerale treten Illit, Vermiculit und Smectit auf.

Rendolls (suborder) bilden sich hauptsächlich unter Wald auf sehr kalkreichen Gesteinen bei einer mittleren Jahrestemperatur von 0–8 °C.

Aquolls (suborder) sind feuchte Böden mit einem aquic-Wasserhaushalt.

Spodosols (spodos, griech., Holzasche), Stamm „od", bilden sich in sauren, sandigen bis lehmigen Substraten, im kühlen oder temperierten und humiden Klima und unter einer Vegetation mit schwer zersetzlicher Streu (z. B. Kiefer, Heidevegetation) aus. Der Ah-Horizont ist durch Humus dunkel gefärbt. Darunter liegt ein grau-weißer A-Horizont (albic horizon, Eluvial- oder E-Horizont), gefolgt von je einem schwarzen und rostfarbigen Horizont (spodic horizon, Illuvial- oder B-Horizont). Der Gehalt an eisenhaltigen Mineralen im bodenbildenden Substrat bestimmt die Ausbildung der albic und spodic Horizonte. An die Stelle des spodic horizon kann ein wenige cm mächtiger verhärteter Horizont treten (placid horizon, Ortstein), der aus dem gleichen Material besteht. Der Boden weist eine Tiefenverlagerung von organischer Substanz auf. Auch das aus der Mineralzersetzung stammende Fe und Al wird aus dem A- und E- in den B-Horizont in komplexierter oder kolloidaler Form transportiert. Spodosols sind basenarm, ihre Sorptionskapazität ist weitgehend an die organische Substanz gebunden. Als Tonminerale treten Illit und Al-Chlorit auf.

An suborders werden Aquods (aquic – Wasserhaushalt), Ferrods (hoher Fe-Gehalt), Humods (hoher C-Gehalt) und Orthods (C-, Al- und Fe-Gehalt gleich stark, verbreitetste Form) ausgeschieden.

Vertisols (vertere, lat., wenden), Stamm „ert", sind in der Landschaft an ihrem „Gilgai"-Relief (Mikrorelief aus Erhebungen und Vertiefungen) sowie tiefen Rissen im ausgetrocknetem Zustand zu erkennen. Die Risse dieser dunklen Tonböden beruhen auf der starken Volumenänderung des Tonminerals Smectit bei wechselnder Feuchtigkeit (Quellung und Schrumpfung). Dadurch, sowie durch Quellungsdruck, kommt es zu einer Selbstdurchmischung (Pedoturbation, s. 5.1.2) des feintonreichen Substrates und in deren Folge zu einem zwar geringen (0,5–3,5 %), aber tiefreichendem Gehalt an organischer Substanz (stark färbend) sowie „slickensides" (Druck-Tonhäutchen – Streßkutane – auf den Gefügekörpern, glänzende Scherflächen durch eingeregelte Tonminerale). Diese schwarzen, fruchtbaren, schwer bearbeitbaren „Minutenböden" sind im feuchten Zustand hochplastisch. Trotz des hohen Tongehaltes (> 30 %) ist die Durchlässigkeit für Wasser und Luft relativ gut, es kommt nicht zur Ausbildung von Staunässe. Diagnostische Horizonte fehlen.

Vertisols treten u. a. in Rumänien und Jugoslawien (Smonitza, 1923 von STEBUTT beschrieben), vor allem aber in subtropischen und tropischen Gebieten auf (Tirs in

Afrika, black cotton soil oder regur soil in Indien; auch als Grumusol und Margalit, Indonesien, bezeichnet). Die Ausscheidung der vier suborders basiert auf Bodenverhalten und Klima (Torrerts, Uderts, Usterts, Xererts).

Die Bodeneinheiten **Alfisols** (Al, Fe; Stamm „alf") und **Ultisols** (Stamm „ult") besitzen einen Eluvialhorizont. Der verlagerte Ton (Tonminerale Illit, Smectit, Al-Chlorit) hat sich in Form eines argillic oder kandic horizon bei etwa 60 cm unter Flur akkumuliert. Der Ah- Horizont ist geringmächtig (ochric oder umbric epipedon). Die Böden können sich im humiden, warmen Klima bilden. Sie sind stark verwittert. Alfisole besitzen einen relativ hohen, Ultisole einen niedrigen Basengehalt.

Alfisols: Horizontabfolge O/Al/E/Bt. Der tonreiche Horizont hat eine Basensättigung von > 35 %. Die Dränage ist nicht behindert. Die weltweit verbreiteten Böden entwickelten sich unter Laubwald oder Grasland, heute sind sie meist Bestandteil von Landschaften mit intensiver Landwirtschaft. Das Klima ist humid-kontinental. Die Böden sind in einem Teil des Jahres trocken.

Die Untergliederung in suborders erfolgt nach dem Feuchtigkeits- und Temperaturregime:
- Aqualfs – nasse, graue Böden (aquic conditions);
- Boralfs – nicht nasse, kühle Böden;
- Ustalfs – ustic, warm oder heiß; häufige Perioden ohne pflanzenverfügbares Wasser;
- Xeralfs – xeric, kühl und feucht im Winter, mit längeren Trockenperioden im Sommer, pflanzenverfügbares Wasser für mehr als 6 Monate.

Ultisols: Typische Horizontabfolge A/E/BE/Bt/BC/C. Die mittlere Jahrestemperatur im B-Horizont liegt über 8 °C. Der Gehalt des Bodens an verwitterbaren Mineralen ist gering. Von Natur aus sind es Waldböden, in den Tropen auch Savannenböden. Die Azidität nimmt vom Oberboden (pH 5,0–5,8) zum Tonanreicherungshorizont ab (pH 4,0–5,5). Austauschbares Al bestreitet bei pH 4,2 mehr als 50 % der effektiven Austauschkapazität. Die Basensättigung im B-Horizont liegt unter 35 %. Der Gehalt an organischer Substanz ist meist niedrig, bedingt durch relativ hohe Temperaturen und gute Dränage, wodurch der aerobe Abbau der organischen Substanz gefördert wird. Hiervon weicht die suborder Humults ab, bei der, bedingt durch eine Beimischung vulkanischen Materials (Allophane), sich organische Substanz stark angereichert hat und bis in den Bt-Horizont reicht. Auch diese Böden sind gut dräniert. Die übrigen suborders unterscheiden sich im Wasserhaushalt (Aquults, Udults, Ustults, Xerults).

Oxisols (Oxide; Stamm „ox") sind chemisch intensiv verwitterte Böden und treten in alten Landschaften (Frühpleistozän oder älter) subtropischer und tropischer Gebiete auf. Sie entstehen im humiden Klima (Regenwälder und Savannen). Die Böden sind durch intensive und tiefgründige Silicatverwitterung unter feuchttropischen Klimaverhältnissen sowie durch hohe Gehalte an pedogenen Al- und Fe-Oxiden, die häufig verhärtete Krusten an der Oberfläche bilden, gekennzeichnet. Die Verwitterung reicht auf Festgestein bis 40 m Tiefe (Abfolge: Anstehendes, z. B. Granitgneis;

heller Gesteinszersatz, weißer Bleichhorizont, rot/weißer Fleckenhorizont, pisolithische Plinthit-Kruste). Das feste Gestein wechselt über einen Saprolit in das bodenbildende Substrat. Der Übergang zwischen festem Gestein und Verwitterungsmaterial kann sehr schmal sein.

Die Bodenart kann sandiger Lehm sein, Sande und lehmige Sande sind ausgeschlossen. Der Tongehalt liegt über 15 %, der Schluffgehalt ist niedrig. Die Oberböden sind reich an Kaolinit sowie Goethit oder Hämatit und Gibbsit. Glimmer und Feldspäte sind weitgehend zu Kaolinit abgebaut, im Oberboden verwittert teilweise auch Quarz. Die Bildung freien Aluminiums in Form von Gibbsit erfordert die schnelle Wegführung löslicher Verwitterungsprodukte, insbesondere des Siliciums. Die hohen Eisengehalte im Plinthit-Horizont können auch das Ergebnis einer Residualanreicherung sein.

Bei der fortgeschrittenen Verwitterung sind die basischen Kationen ausgewaschen, das Substrat ist zusätzlich an Silicium verarmt, während Eisen, Aluminium und Titan sich anreichern. Die Basensättigung ist meist gering, der Sorptionskomplex stark mit Al belegt. Der Ionenaustausch ist vorwiegend an Eisenoxide gebunden und pH-abhängig (pH 4,3–5,4). Die Böden können eine hohe Austauschkapazität für Anionen und ein hohes Fixierungspotential für Phosphat besitzen. Schwermetalle wie Ni und Cr , und Mikronährstoffe sind angereichert, vor allem durch die Sorption an Fe- und Al-Oxide.

Der oxic Horizont zeichnet sich durch geringe Plastizität aus. Der Boden zerfällt in Mikroaggregate, die durch viel freies Eisenoxid stabilisiert sind. Selbst tonige Böden können sich deshalb hinsichtlich ihrer Wasserbindung wie Sandböden verhalten. Das Wasser infiltriert schnell, der Boden dräniert gut.

Die Farbe der Oxisols ist rot (frühere Bezeichnung deshalb Roterden), gelb oder grau. Sind Oxisols in den oberen 30 cm periodisch mit Wasser gesättigt, so bildet sich in geringer Tiefe in zusammenhängender Form Plinthit aus. Nach Aufwärtsdiffusion aus dem Grundwasser scheidet sich Eisen in der Oxidationszone aus. Rote Plinthitknöllchen liegen in einer grauen Matrix. Im Extrem entsteht eine horizontale zementierte Schicht, die einen oberflächennahen Wasserstau hervorruft. Nach Erosion kann diese Zone die neue Oberfläche bilden. Unter der Einwirkung eisenreichen Grundwassers bildet sich Plinthit in tieferen Lagen der Landschaft.

Die Untergliederung in suborders richtet sich nach dem Wasserhaushalt:
- Perox – perudic,
- Udox – udic,
- Ustox – ustic.

7.2 Böden der Weltbodenkarte (FAO)

Die folgende Einteilung der Böden liegt der Weltbodenkarte der FAO (seit 1961) zugrunde (s. FAO 1990). 28 **Major Soil Groups** (Endung sol) enthalten 153 **Soil Units**. Das System wurde in der „World Reference Base for Soil Resources" (WRB) von 1998 erweitert. Die Horizontbezeichnungen sind in Übersicht 7.3 aufgeführt. Das FAO-System arbeitet wie die Soil Taxonomy mit diagnostischen Horizonten und diagnostischen Eigenschaften, wenn auch in unterschiedlicher Weise. Bodentemperatur und Bodenwasserhaushalt werden nicht als differenzierende Kriterien eingesetzt. Das FAO-System bedient sich nicht der bodenbildenden Prozesse selbst, sondern ihrer Ergebnisse in Form quantitativer morphometrischer Eigenschaften.

Übersicht 7.3: Bodenhorizontbezeichnungen bzw. Symbole im System der FAO.

A	Oberboden	j	Jarosit
B	Unterboden	k	carbonatisiert
C	Lockergestein	m	verfestigt
E	Eluvialhorizont	n	alkalisiert
H	Torf	p	bearbeitet
O	Auflagehumus	q	silifiziert
R	Festgestein	r	reduziert
b	begraben	s	sesquioxidisch
c	Konkretionen	t	tonangereichert
g	rostfleckig	y	gipshaltig
h	humusangereichert	z	salzhaltig
i	Permafrost		

Schichten werden mit arabischen Zahlen vor den Horizontsymbolen gekennzeichnet.

7.2.1 Bodengruppen

Die Major Soil Groups werden im folgenden in alphabetischer Folge behandelt. Eine Zusammenstellung derselben nach Bodenbildungsfaktoren enthält die Zusammenfassung von Kap. 4; Tab. 7.1 vermittelt einen Einblick in die Verbreitung dieser Böden.

Acrisols (acris, lat., sauer) als alte Böden auf sauren Ausgangsgesteinen besitzen einen argic B-Horizont (erhöhter Tongehalt als Folge einer Lessivierung, A(E)BtC-Profil mit geringmächtigem ochric A-Horizont), eine Basensättigung im unteren Teil des B-Horizontes von < 50 % (Ammoniumacetat-Methode) und eine niedrige KAK der Tonfraktion von < 24 $cmol_c$ kg^{-1}. Die roten, gelben oder braunen, sauren Böden (pH (H_2O) 5,5) sind stärker verwittert, kaolinitreich, nährstoffarm und erosionsgefährdet. Sie weisen Al-Toxizität und P-Festlegung auf. Bei Humusschwund verschlämmen und verdichten sie (Krustenbildung). In den feuchten Subtropen und

Tropen, z. B. in SO-Asien, sind sie wichtige, landwirtschaftlich genutzte Böden (Brandrodungsfeldbau), die Kalkung und Düngung erfordern. Sie eignen sich für den Anbau säuretoleranter Pflanzen (z. B. Kaschubaum), sollten jedoch nach Möglichkeit unter Wald verbleiben.

Tab. 7.1: Prozentualer Anteil der Böden an der Bodendecke der Erde (Gesamtfläche 12,63 · 10^9 ha). Nach FAO 1991.

Bodentyp	Anteil in %	Bodentyp	Anteil in %
Leptosols	13,1	Vertisols	2,7
Cambisols	12,5	Podzoluvisols	2,5
Acrisols	7,9	Histosols	2,2
Arenosols	7,1	Chernozems	1,8
Calcisols	6,3	Nitisols	1,6
Ferralsols	5,9	Solonchaks	1,5
Gleysols	5,7	Phaeozems	1,2
Luvisols	5,1	Solonetz	1,1
Regosols	4,6	Planosols	1,0
Podzols	3,9	Andosols	0,85
Kastanozems	3,7	Gypsisols	0,7
Lixisols	3,5	Plinthosols	0,5
Fluvisols	2,8	Greyzems	0,3

Alisols (Al: Aluminium) sind Böden mit ABtC-Profil, deren Bt-Horizont eine hohe Austauschkapazität (KAK $\geq$ 24 cmol$_{(+)}$ kg^{-1} Ton) und geringe Basensättigung (< 50 % bei pH 7) besitzt. Alisols (pH (KCl) < 4) weisen viel freies Aluminium im Unterboden auf. Die Vorkommen in den humiden Tropen und Subtropen sind für den Anbau von Ölpalmen oder für shifting cultivation mit Anbau Al-toleranter Pflanzen geeignet. In SO-Asien werden sie für den Reisanbau genutzt. Die geringe Gefügestabilität an der Oberfläche macht die Böden erosionsanfällig.

Andosols (an, japan., dunkel) haben als junge Böden aus vulkanischen Lockergesteinen (Vulkanasche, Bims) einen mollic oder umbric A-Horizont (Humusgehalt bis 30 % mit > oder < 50 % Basensättigung) über einem andic B-Horizont ($\geq$ 3 % verwitterbare Minerale ohne Berücksichtigung von Muskovit oder $\geq$ 6 % Muskovit; höherer Tongehalt als im C-Horizont, allophanreich, vulkanisches Glas). Sie sind fruchtbar und für eine dauernde landwirtschaftliche Nutzung geeignet, aber erosionsgefährdet. Deshalb ist reliefabhängig ihre Nutzung als Wald oder Weide anzustreben. Wegen ihres porenreichen Gefüges ist ihre nutzbare Wasserkapazität hoch und die Wasserleitfähigkeit gut. Andosole (s. a. Andisols) entwickeln sich typisch unter tropischen Bedingungen in vulkanischen Landschaften, kommen aber auch in Europa vor (Lockerbraunerde der Eifel; Slowakei, Frankreich).

Anthrosols treten in der Legende der FAO-Weltbodenkarte von 1988 als major soil group auf. Die Böden weisen einen mindestens 50 cm mächtigen, durch menschliche Einwirkung entstandenen anthric-Horizont auf (man made soils). Im System werden ferner „Urbic" Anthrosols geführt (s. a. Kultosole bzw. anthropogene Böden 7.3.5).

Von den anthropogenen Böden soll hier auf die Systematik der Reisböden eingegangen werden (s. 5.2.5.9).
Paddy Soils (Sumpfreisböden) sind für Bewässerungskulturen von Reis präpariert, sie stehen während der Wachstumsperiode der Pflanzen unter Wasser. Die durch den mechanischen Druck des Pfluges absichtlich verdichtete Schicht liegt im oberen Teil des B-Horizontes und wird mit P bezeichnet. Sie ist 10–20 cm dick.
Für die Klassifikation der paddy soils ist der Grad der Auswaschung das Hauptkriterium, die Lösungsauswaschung dient für die höhere, die reduktive Auswaschung für die niedrigere Kategorie der Klassifikation. Die Lösungsauswaschung wird über den Basengehalt beurteilt und in die Stufen schwach, mittel und stark eingeteilt. Die Stufe „schwach" enthält salz- oder kalkhaltige Ausgangsböden (> 2 % CaO, > 1,5 % Na_2O) von pH 7 bei oxidierenden Verhältnissen. Die mittlere Stufe umfaßt Böden mit 0,8–2 % CaO bei einem Gehalt an austauschbarem Ca von etwa 15 mval/100g Boden sowie < 1 % Na_2O. Bei starker Auswaschung sinkt der CaO-Gehalt auf < 1 % bis zu Spuren, der Na_2O-Gehalt auf < 1 % bei einem pH < 6,5.
Jede dieser Stufen wird weiter untergliedert in oxidierend, „redoxing" und reduzierend. Diese drei Subtypen lassen sich nach dem Wasserhaushalt wie folgt unterscheiden:
1. A/C-Böden mit tiefem Grundwasserspiegel. Außer in der kultivierten Schicht herrschen Oxydationsprozesse. A/P/B/C-Böden, deren Grundwasser tiefer als 1 m u. Fl. steht (oxidierende paddy soils). Bei diesen beträgt der Eh-Wert vor der Bewässerung 450–600 mV, danach sinkt er während des einwöchigen intensiven Abbaus von organischer Substanz auf – 200 bis +100 mV ab und steigt auf Eh 0 bis + 200 mV wieder an. Nach erfolgter Dränage werden vor der Ernte Werte von > 450 mV gemessen. In Bodentiefen > 25 cm u. Fl. bleibt der Eh-Wert stets im positiven Bereich.
2. A/P/B/G-Böden. Das Grundwasser steht < 1 m u. Fl, der Eh-Wert des Gley-Horizontes liegt bei < 250 mV (redoxing paddy soils).
3. A/G- und A/P/G-Profile mit sehr hohem Grundwasserspiegel und Eh von 100–200 mV oder sogar negativem Wert (reduzierende paddy soils).

Reis wächst normal unter schwach reduzierenden Verhältnissen von Eh + 400 bis + 200 mV, wobei O_2, NO_3^- und Mn^{4+} reduziert werden. Mineralische N-Dünger, bevorzugt in Ammoniumform gegeben, haben einen geringen Wirkungsgrad, was auf der späteren Denitrifikation von Nitrat beruht. Das durch Reduktion gebildete Fe^{2+} verbessert das Phosphatangebot für Reis. Die Mn-Aufnahme der Pflanzen steigt mit sinkendem pH.
Als Beispiel für ein Reisanbaugebiet sei in Thailand die vom Menam Chao Phraya durchströmte Aufschüttungsebene genannt, das notwendige Wasser liefert der Monsunregen.

Arenosols (arena, lat., Sand) entstanden aus verwitternden Sandsteinen oder grobtexturiertem Lockermaterial (z. B. Flugsand), ihre Textur ist Sand bzw. lehmiger Sand. Sie haben einen ochric A-Horizont (sehr geringer Humusgehalt). Der Skelettgehalt bis 1 m Tiefe liegt unter 35 %. Arenosols sind nur schwach horizontiert (s. a. Psamments). Es handelt sich um Böden der Sandwüsten (s. a. Yermosols) und Küstendünen.

Calcisols sind Böden der ariden und semiariden Subtropen bei weniger als 200 mm Niederschlag (z. B. Nordafrika) mit AB(t)C-Profil, einem ochric A-Horizont, sekundärer Kalk-(Carbonat-)Anreicherung im Bc- oder Cc-Horizont und alkalischer Reaktion (pH 7–8) (s. a. Gypsids, Yermosols und Xerosols). Sie besitzen einen cambic oder argic B-Horizont. Ihre organische Substanz macht 1–2 % aus (C/N > 10).

Sie eignen sich für eine extensive Weidenutzung sowie für den Anbau von Weizen und Sonnenblumen.

Cambisols (cambiare, lat., wechseln) weisen einen verwitterungsbedingten Struktur- und Konsistenzwechsel im Profil auf. Die noch relativ jungen mäßig verwitterten Böden können auch in tropischen Berglagen auftreten und sind dort für den Ackerbau geeignet. Der cambic Horizont ist das Ergebnis von Verwitterung und Mineralneubildung bei Akkumulation des Restes. Die Basensättigung liegt unter 50 %. Die verlehmten und verbraunten Böden (s. a. Braunerden, Inceptisols) besitzen einen ochric oder umbric A-Horizont über einem cambic B-Horizont.

Chernozems (russ. tschernosjom Schwarzerde, tschernij schwarz, semlja Erde, Boden) sind AC-Böden in Löß oder kalkhaltigen äolischen Sedimenten mit einem mollic A-Horizont und Kalkmyzel (s. Typischer Tschernosem) und Carbonatanreicherung im Unterboden. Der Ah-Horizont ist 50–80 cm, seltener bis 2 m mächtig, der Humusgehalt liegt bei 5(10)–16 %, das Porenvolumen im Ah bei 55–60 %. Chemische Kennwerte sind im Optimum eine KAK von 40–55 $cmol_c$ kg^{-1}, eine Basensättigung von etwa 95 % und ein pH von 7–7,5. Als AhBC-Profil weisen sie einen cambic oder argic B-Horizont auf. Sie nehmen die Mitte der Steppenzone ein (Eurasien, USA; kontinentales Klima mit etwa 500 mm a^{-1} Niederschlag). Die Böden werden ackerbaulich, z. T. mit Bewässerung, genutzt (Weizen, Gerste, Mais, Zuckerrüben, Obstplantagen).

Cryosols sind Periglazialböden mit Permafrost im Unterboden und einer sommerlichen Auftauzone im Oberboden sowie Merkmalen der Kryoturbation. Durch gestautes Schmelzwasser treten redoximorphe Merkmale und Humusanreicherung auf. Diese Böden der Tundra und Taiga werden in der kanadischen Bodensystematik weiter differenziert.

Ferralsols sind eisenreiche, unter warm-humiden (tropischen) Bedingungen stark und tief verwitterte rote oder gelbe Böden mit einer Bleichzone und einem ferralic B-Horizont (ABC-Profil). Sie treten auf alten Landoberflächen Südamerikas und Zentralafrikas auf (s. Oxisols, Latosols, Ferrallite). Als Waldböden der feuchten Tropen (tropischer Regenwald, Savanne) sind sie mit einer an Sesquioxiden (Hämatit, Goethit, Gibbsit) reichen Tonfraktion, mit Kaolinit und einer geringen KAK von < 16 $cmol_c$ kg^{-1} Ton ausgestattet. Sie zeichnen sich durch Desilifizierung, hohe Phosphatfixierung und stabile Aggregate (Pseudosand) aus. Negativ geladener Kaolinit und positiv geladene Eisenoxide bilden zusammen eine stabile Mikrostruktur aus. Die physikalischen Bodeneigenschaften sind daher günstig (hohe Infiltration, Porosität und Permeabilität, geringe Erosionsgefahr, leichte Bearbeitbarkeit). Der Gehalt an organischer Substanz ist für ihre Fruchtbarkeit wesentlich. Sie sind chemisch arm, haben einen niedrigen pH-Wert und erfordern deshalb bei landwirtschaftlicher Nutzung eine Düngung und Kalkung. Rote und lateritische Böden nehmen weltweit etwa 13 % der Landfläche ein, sie bedecken etwa ein Viertel Indiens.

Fluvisols bilden sich in Auen-, Delta- und Küstengebieten aus alluvialen Ablagerungen (fluviatile, marine, lakustrische oder kolluviale Sedimente). Die meist fruchtbaren Böden weisen einen ochric oder umbric A-Horizont oder einen H-Horizont auf. Wegen der schwachen Bodenentwicklung ist ihre Horizontierung nicht deutlich ausgeprägt. Diese jungen stratifizierten Auenböden können mit Gleysols vergesellschaftet sein. Zu ihnen gehören die acid sulfate soils.

Gleysols. Die aus Lockermaterial entwickelten nicht stratifizierten Böden besitzen oberhalb 5 dm u. Fl. hydromorphe Eigenschaften (Vernässungsmerkmale). Auf einen A- oder H-Horizont folgen nach unten ein gefleckter oxydierter und ein reduzierter Horizont. In den Tropen können die Böden für den Reisanbau oder als Weide genutzt werden.

Glossisols. Bei diesen Böden mit AEBtC-Profil greift der Tonverarmungshorizont (albic E) zungenförmig (glossic) in den Tonanreicherungshorizont (argic B) ein. Fehlt die Zungenausbildung, handelt es sich um einen Albic Luvisol. Die Böden sind an ein gemäßigtes bis boreales Klima gebunden. Sie erstrecken sich von Belgien über Deutschland und Polen bis nach Mittelsibirien. Übergangsbildungen bestehen zu den Podzols und Planosols. Im borealen Klima ist Stauwasser häufig (Stagnic Podzoluvisols). Der Boden ist arm an Basen und sauer (pH 4,0–5,5). Von Natur aus sind die Böden bewaldet (wie in der Taiga). Eutric Glossisols können nach Kalkung und Düngung landwirtschaftlich genutzt werden (bisherige Bezeichnung Podzoluvisols).

Greyzems (grey, engl., grau und semlja, russ. Erde, Boden; Grauerden bzw. Graue Waldböden) besitzen ein AhBtC-Profil mit einem mollic A-Horizont ($\geq$ 15 cm) über einem argic B-Horizont mit gebleichten Aggregatoberflächen. Der graue Belag stammt von Sand- und Schluffteilchen im Humus, die frei von Eisenoxidhüllen sind. Humusgehalt (3–5 % im Oberboden, C/N 10) und Entwicklungstiefe sind geringer als bei Schwarzerden. Chemisch sind die Böden durch eine KAK von 25–35 $cmol_c$ kg^{-1} TM, eine Basensättigung bis 100 % und einen pH-Wert von 3,5–6 charakterisiert. Die Böden treten z. B. in Rußland (Sibirien) in kühl-temperierten Gebieten im Bereich der Waldsteppe zwischen Tschernosem und Luvisol auf. Sie werden ackerbaulich oder forstwirtschaftlich genutzt.

Gypsisols sind Böden mit sekundärer Gipsanreicherung, die auch $CaCO_3$ aufweisen können. Sie treten in ariden Gebieten, z. B. im mittleren Osten, auf, sind bis 125 cm gipshaltig, besitzen einen gelbbraunen ochric A-Horizont und neutrale Reaktion. Das AB(t)C-Profil hat einen cambic oder argic B-Horizont. Sie eignen sich für Bewässerung (s. a. Gypsids). Bei nicht zu hohem Gipsgehalt lassen sich Getreide, Luzerne und Baumwolle anbauen.

Histosols als Böden aus organischem Substrat besitzen einen H-Horizont (Torf) von $\geq$ 40 (60) cm Stärke. Dystric Histosols (Hochmoor, > 6 dm Torf), Eutric Histosols (Niedermoor, > 4 dm Torf). Sie treten meist in borealen und gemäßigten Zonen, aber auch in den Tropen auf.

Kastanozems. Kalk- oder gipsangereicherte AhBC-Böden (pH etwa 7,8) mit einem cambic oder argic B-Horizont und einem mollic A-Horizont von 25–50 cm bilden sich im trocken-warmen Klima unter Steppenvegetation bei geringer Bodendurchfeuchtung aus (nördlich des Kaspischen Meeres, Westen der USA). Der kastanienfarbige Oberboden (namensgebend) ist weniger mächtig und mit 2–4 % Humus (C/N 10) ärmer als der der Schwarzerde und liegt über einem Cc-Horizont. Krotowinen treten schwächer als bei der Schwarzerde auf. Eine Differenzierung erfolgt in dunkel- und hellkastanienfarbige Böden, erstere liegen in den etwas feuchteren Gebieten. Die Wasserversorgung (Niederschlag um 370 mm a^{-1}, trockenste Zone der Steppen) begrenzt die Ertragsleistung dieser fruchtbaren Ackerböden (Bewässerung, Schwarzbrache). Sie sind durch Wind- und Wassererosion gefährdet. Chemisch sind sie durch eine KAK von 25–30 cmol$_c$ kg^{-1} TM, eine Basensättigung $\geq$ 95 % und einen pH-Wert von 7–8,5 charakterisiert.

Leptosols (leptos, gr., dünn) sind junge schwach entwickelte, flache (< 30 cm tiefe) Böden über Festgestein einschließlich Kalkstein (bisher Lithosols; Ranker, Rendzina) oder besitzen < 20 % Feinerde bis 75 cm Tiefe. Sie sind charakteristisch für Hochgebirge (A(B)R oder A(B)C-Profil).

Lithosols. Bei diesen flachgründigen Böden tritt das Festgestein innerhalb von 10 cm unter der Oberfläche auf.

Lixisols (Lixivia, lat., Auswaschung; lixa Flüssigkeit) mit ABtC-Profil, gelblichem bis rötlich-braunem argic B- und ochric A-Horizont. Ausgangsmaterial sind alluviale und kolluviale Ablagerungen. Die stark verwitterten Böden besitzen einen Bt-Horizont geringer Austauschkapazität (< 24 cmol$_c$ kg^{-1} Ton) und hoher Basensättigung (> 50 % bei pH 7), weisen aber keine Tonbeläge auf (s. a. Alfisols). Lixisols sind nährstoffarm, der pH-Wert ist relativ hoch, so daß keine Al-Toxizität vorliegt. Als Tonmineral dominiert Kaolinit. Wegen der geringen Strukturstabilität des Oberbodens sind die Böden stark erosionsgefährdet. Sie treten in semiariden Gebieten der Tropen und Subtropen, z. B. in Indien und Brasilien in Savannen, auf und werden als Weideland oder Forst genutzt.

Luvisols (luere, lat., waschen, spülen) weisen als lessivierte Böden ein ABtC-Profil mit einem argic B-Horizont (Tonanreicherungshorizont) auf, der eine KAK von $\geq$ 24 cmol$_c$ kg^{-1} und eine Basensättigung $\geq$ 50 % (bei pH 7; eutric) im unteren Teil besitzt (wie Alfisols). Weitere Kennzeichen: kein mollic A-Horizont, höherer Gehalt an 2 : 1-Tonmineralen (Smectit), C/N 10–15, schwach saurer Oberboden. Orthic Luvisols entsprechen einer Parabraunerde. Luvisols treten in der gemäßigten Zone (u. a. Mitteleuropa) und im mediterranen Gebiet auf. Ihr tropisches Gegenstück sind die Lixisols. Die mäßig stark verwitterten, fruchtbaren Böden sind von Natur aus mit Laubwald bestockt, sie werden heute vorwiegend landwirtschaftlich genutzt.

Nitisols (nitidus, lat., glänzend) sind tiefe, nicht völlig verwitterte, nährstoffreiche Böden. Sie bilden sich in den feuchten Tropen (tropischer Regenwald, Savanne) aus intermediären bis basischen Gesteinen und besitzen gewöhnlich mehr als 12 % (> 30 %) Ton von geringer KAK (Kaolinit dominiert). Nitisols haben eine polyedrische oder nußartige stabile Struktur (glänzende Kutane), sie sind leuchtend rot bzw. rotbraun (Rotlehm, Krasnozem) und lessiviert bei unscharf abgegrenztem Tonanreicherungshorizont. Staunässe fehlt, die nutzbare Wasserkapazität ist hoch. Nitisols besitzen ein ABtC-Profil mit einem argic B-Horizont. Sie treten zusammen mit Andosols in Gebieten vulkanischen Ursprungs auf. Starke Verbreitung besitzen sie in Ostafrika (Äthiopien, Kenia). Sie gehören zu den ertragreichsten Böden der humiden Tropen. Sie sind porös, durchlässig, gut **dräniert**, wenig erosionsgefährdet und besitzen einen pH-Wert von 5–6,5. Nitisols eignen sich für den Plantagenbau (Kakao, Tee, Gummi, Ananas).

Phaeozems. Der Name leitet sich von gr. phaios, schwärzlich, und russ. semlja, Boden, ab. Dem AhBC-Boden mit braun-grauem mollic A-Horizont (30–50 cm) und einem cambic oder argic B-Horizont fehlt ein kalk- oder gipshaltiger Horizont (degradierter, ausgewaschener Steppenboden, z. T. Gley und Pseudogley). Gebiete mit Phaeozems erhalten mit 750–900 mm a^{-1} deutlich höhere Niederschläge (Prärieregebiet Nordamerikas, Pampas in Argentinien) als solche mit Chernozems, entsprechend niedriger ist der pH-Wert mit 5,2 (5–7). Der Tongehalt dieser fruchtbaren, biologisch aktiven Böden übertrifft den der Schwarzerden, der Humusgehalt liegt im Ah bei 5 %, das C/N-Verhältnis bei 10–12, die Basensättigung ist hoch (65–100 %). Die Böden treten auch in inneralpinen Trockentälern mit einem Ah > 30 cm auf. In Amerika dienen die Böden zum Anbau von Soja und Weizen sowie als Weide. Ihre natürliche Vegetation ist hohes Gras oder Wald.

Planosols (planus, lat., flach, eben) mit AEBC-Profil sind gekennzeichnet durch einen ochric oder umbric A-Horizont und einen albic E-Horizont (tonarm, sandig) über einem deutlich abgesetzten schwer durchlässigen Horizont (toniger B) innerhalb 125 cm Bodentiefe. Sie weisen ferner hydromorphe Eigenschaften im E-Horizont (grau durch Naßbleichung, stagnic) bei Vorkommen in zeitweilig vernäßten ebenen Lagen oder am Hangfuß auf. Planosols zeigen ein geringes Nährstoffangebot und Versauerung im Oberboden. Klimatisch sind die Böden an das gemäßigte und subtropische Klima (Südamerika) gebunden. In den Subtropen werden die Böden als Naturweiden und für den Reisanbau genutzt. Pseudogleye und Stagnogleye (humic planosols, s. a. Stagnosols) sind hier einzuordnen. Die Durchwurzelung dieser Böden ist wegen zeitweisen Sauerstoff- oder Wassermangels, hoher Dichte des Unterbodens und Al-Toxizität erschwert. Bei schluffreichen Planosols sind die physikalischen Eigenschaften besonders ungünstig (Wechsel zwischen steinhart und breiig, je nach Feuchtegehalt). Die Böden neigen zur Vergrasung, ihre Melioration ist aufwendig.

Plinthosols (mit Plinthit; plinthos, gr., Ziegelstein) sind Plinthic Ferralsols mit lateritischem Fleckenhorizont, deren eisenreiche, humusarme Quarz-Ton-Mischung an der Oberfläche durch Austrocknung zu Laterit (Eisenstein) verhärtet (Krusten- und Panzerbildung, s. Oxisols). Tropische Böden können auch fossile Plinthitzonen enthalten. Die in den heiß-feuchten Tropen auftretenden Böden mit ABC oder AEBC-Profil sind häufig staunaß und wenig fruchtbar.

Podzols (russ., pod, unter, sola Asche) sind Böden mit einem AhEBhsC-Profil und einem albic E-Horizont als aschefarbiger Eluvialhorizont mit Einzelkorngefüge und einem spodic B-Horizont mit Humus-, Fe- und Al-Anreicherungszone (Orthic Podzols gleich Eisenhumuspodsol). Als zonale Böden kommen Podsols im gemäßigten und borealen Klima der nördlichen Hemisphäre unter Heide und Koniferen auf armen Substraten in Gebieten mit Niederschlagsüberschuß vor. Intrazonale Podsole finden sich in den Tropen unter Wald bei einem perhumiden Klima und Quarzsanden. Werden die Fulvosäuren aus Mangel an Verwitterungsprodukten oder fehlender zeitweiser Austrocknung nicht im Boden zurückgehalten, entsteht „Schwarzwasser" (Rio Negro-Gebiet, Südamerika). Ist der E-Horizont mächtiger als 125 cm, werden die Böden bei den „Albic Arenosols" eingeordnet.

Landwirtschaftliche Nutzung setzt Kalkung und Düngung sowie meliorative Bodenbearbeitung voraus. Üblich sind forstliche Nutzung oder extensiver Weidebetrieb.

Podzoluvisols (bisherige Bezeichnung; künftig Glossisols). Der Name setzt sich aus Podzol und Luvisol zusammen. Die lessivierten Böden sind durch Einstülpungen des Eluvial- in den Illuvialhorizont gekennzeichnet.

Rankers (Bezeichnung entfällt künftig) sind AC-Böden über festem Silicatgestein mit einem umbric A-Horizont < 25 cm Mächtigkeit (s. Ranker 7.3.1.2).

Regosols als AC-Böden entstehen aus Lockermaterial, das nicht grobtexturiert ist, wie Tuff, Dünensand, Gips oder Korallensand. Sie zeichnen sich durch einen ochric A-Horizont, gute Wasserleitfähigkeit und geringe Bodenentwicklung im oberflächennahen Bereich aus. Verbreitet in der arktischen Zone und den semiariden Tropen.

Rendzinas (Bezeichnung entfällt künftig) besitzen einen mollic A-Horizont über kalkreichem Substrat (≥ 40 % $CaCO_3$) oder Kalkstein (s. a. Rendzina 7.3.1.2). Die flachgründigen Böden können mit Lithosols vergesellschaftet sein.

Sesquisols, mit Plinthit, s. Plinthosols, lateritische Roterde.

Solonchaks (russ. soljonij salzig, Salz-) treten in abflußlosen Senken der ariden Zone bei hochanstehendem Grundwasser auf. Die AC- oder ABC-Profile sind im Oberboden (A-Horizont, oberhalb 50 cm) durch Aufstieg salzhaltigen Grundwassers mit löslichen Salzen angereichert (s. Salzböden, saline soils), pH $\leq 8{,}5$, $E_{c_e} > 4$ dS m^{-1} bei 25 °C, ESP (% austauschbares Na) < 15 %. Salzausblühungen an der Bodenoberfläche sind bei Anwesenheit von Chloriden und Sulfaten möglich. Die Quantität und qualitative Zusammensetzung der Salze wechselt. Hoher Salzgehalt bedingt gute Aggregation des Substrats. Wenn vor einer Nutzung die Salze ausgewaschen werden müssen, verschlechtert sich das Gefüge.

Soda-Solonchaks (saline-alkali soils) haben einen gleich großen oder geringeren Salz- bei einem höheren Na-Gehalt (ESP > 15 %) und eine stark alkalische Reaktion (pH $\geq 8{,}5-11$). Sodaböden enthalten als Anionen CO_3 und SO_4.

Diese Böden der Steppen- und Wüstengebiete tragen von Natur aus salztolerante Pflanzen (Gräser, Kräuter) oder sind vegetationsfrei. Bei einer elektrischen Leitfähigkeit von > 4 mmho cm^{-1} sind die Erträge bei den meisten Kulturpflanzen reduziert. Die Böden werden für extensive Weide genutzt.

Solonetz (non saline-alkali soils, sodic soils, solods, black alcali soils) haben ein ABtnC- oder AEBtnC-Profil mit einem natric B-Horizont. Sie sind im Oberboden salzarm (Ec_e < 4 dS m^{-1} bei 25 °C), aber reich an austauschbaren Na-Ionen im B-Horizont (natric B-Horizont, Na-Sättigung > 15 %) und in der Bodenlösung, was zu stark alkalischer Reaktion (pH 8,5–11) führt. Das Na stammt von NaCl oder Na_2CO_3. Das Na_2CO_3 kann sich aus Na_2SO_4, das anaerob zu Na_2S reduziert wird, unter H_2S-Freisetzung bilden. Ton und Humus dieser meist feintexturierten Böden sind wanderungsfähig, die Böden sind deshalb oft dunkel gefärbt. Der Bt-Horizont ist dicht und besitzt ein säulenförmiges Gefüge. Die wegen Dispergierung (feucht) und Schrumpfung (trocken) von Natur aus ungünstigen Böden sind nach Melioration mit Gips landwirtschaftlich nutzbar. Die Böden treten in temperierten und subtropischen semiariden Gebieten auf. In den Tropen dienen sie als extensive Weide. Sie liegen ferner in Südosteuropa, z. B. im westrumänischen Tiefland, und verbreitet in Steppen- und Halbwüstengebieten.

Solods sind degradierte Solonetz-Böden. Bei ihnen hat ein Austausch von Na- durch H-Ionen stattgefunden. Die Böden besitzen einen dichten Untergrund, der unter Mitwirkung der Na-Ionen in feuchten Perioden zu Wasserstau führt.

Stagnosols, oberhalb 50 cm wasserstauend (s. Planosols; Pseudogley und Stagnogley 7.3.1.8).

Umbrisols mit einem umbric Oberboden; z. T. Regosol, Braunerde.

Vertisols (vertere, lat., wenden) als selbstmulchende Tonböden mit AhC-Profil enthalten > 30 % smectitreichen Ton (s. 7.1.3.1, Pelosol). Sie sind von besonderer Bedeutung – auch im Hinblick auf die landwirtschaftliche Produktion – in subhumiden und semiariden Gebieten (Australien, Indien, Sudan, Äthiopien).

Xerosols (Bezeichnung entfällt künftig; xeros, griech., trocken) besitzen als Böden der Halbwüste (semiarides Gebiet, Trockenklima) einen schwach ausgebildeten ochric A-Horizont und einen cambic oder argillic B-Horizont (Aridisols). Sie sind oft kalkhaltig.

Yermosols (Bezeichnung entfällt künftig) sind ausgesprochene Wüstenböden (yermo, span., Wüste) mit sehr schwach ausgebildetem ochric A-Horizont (s. Aridisols). Zu ihnen gehören auch die Takyrböden Mittelasiens.

Von den genannten Bodentypen sind die Regosols, Fluvisols und Arenosols azonale, die Histosols intrazonale Böden. Lessivierung weisen Acrisols, Lixisols, Luvisols und Alisols auf. Kastanozems, Chernozems und Phaeozems gehören zu den Steppenböden.

7.3 Systematik der Böden Deutschlands

Zur Systematisierung werden nur bodeneigene Kriterien herangezogen. Hierzu gehören das geologisch bedingte **Filtergerüst** des bodenbildenden Substrats, **Richtung und Ausmaß der Perkolation** und damit der Verlagerung von Stoffen im Boden sowie der bodengenetisch bedingte **Profilaufbau**. Aus den Kriterien resultieren die wichtigsten Bodeneigenschaften und die Bodendynamik.

Die deutsche Bodensystematik arbeitet mit genetischen Horizontfolgen. Handelt es sich um ein einheitliches bodenbildendes Substrat, so versucht man, die Genese des Bodens durch Horizontvergleiche zu verstehen, wobei der C-Horizont mit seinem unveränderten bodenbildenden Substrat als Bezugsgröße dient. Sehr häufig weist das Profil jedoch lithogene Diskontinuitäten bzw. einen Substratwechsel auf, der zunächst geklärt werden muß, um jedem Horizont das richtige Ausgangsmaterial zuweisen zu können. Erst danach kann mit der pedogenetischen Deutung des Profils bzw. mit Profilbilanzierungen begonnen werden.

Dominierendes Ordnungsprinzip ist die Pedogenese. Die Böden werden nach ihrer Genese hierarchisch gegliedert. Die Abteilungen als höchste bodensystematische Einheiten werden nach ihrem Wasserregime unterschieden. Nur die Moorböden und anthropogenen Böden werden wegen ihrer Eigenständigkeit in Entstehung und Material gesondert herausgestellt. Die weitere Untergliederung erfolgt nach Klassen, Typen, Subtypen und Varietäten.

Abteilungen: Böden mit gleicher Hauptrichtung der Perkolation – terrestrische (Landböden), semiterrestrische (Grundwasserböden), semisubhydrische und subhydrische Böden (Unterwasserböden); ferner Moorböden und anthropogene Böden.

Klassen: Böden mit gleicher oder ähnlicher Horizontfolge.

Typen: Sie vereinigen Böden mit einer charakteristischen Horizontfolge und spezifischen Eigenschaften der einzelnen Horizonte. Bodentypen sind geprägt durch spezifische Bodenbildungsprozesse und spezifische Eigenschaften des Ausgangsmaterials. Bodentypen umfassen Böden gleichen Entwicklungszustandes, bei denen die Bodenbildungsprozesse ähnliche Horizontkombinationen und damit übereinstimmende Merkmale erzeugt haben.

Subtypen sind qualitative Modifikationen der Typen mit spezifischer Horizontfolge. Bei den Übergangssubtypen werden die Namen der beteiligten Typen kombiniert, wobei der wichtigere am Ende der Bezeichnung steht.

Bodenformen, die mit dem Typ oder Subtyp gebildet werden, vereinen pedogene und lithogene Merkmale.

Beispiel:
Abteilung: Terrestrische Böden,
Klasse: Braunerden,
Typen: Braunerde, Parabraunerde, Fahlerde,
Subtypen der Braunerde: Typische Braunerde, Kalkbraunerde, Lockerbraunerde, Sauerbraunerde,
Übergangstypen: Podsol-Braunerde, Pseudogley-Braunerde u. a.,
Bodenformen auf Typen-Niveau: Basalt-Braunerde (Braunerde aus Basalt), Löß-Braunerde (Braunerde aus Löß), Sand-Braunerde, Lehm-Braunerde.

7.3.1 Terrestrische Böden

Bei ihnen handelt es sich um Bodenbildungen außerhalb des Grundwasserbereiches. Die Perkolation ist bei Böden ohne Grund- und Stauwassereinfluß von der Bodenoberfläche zum Grundwasser, bei den Stauwasserböden auch horizontal (seitwärts) gerichtet. Die Terrestrischen Böden umfassen 13 Klassen.

7.3.1.1 Klasse: Terrestrische Rohböden – Ai/C-Profil

Mit der Besiedlung des bodenbildenden Substrats durch niedere und anspruchslose Pflanzen beginnt sich ein Ai-Horizont auszubilden. Auf Lockergestein kann die chemische Verwitterung sofort einsetzen, auf Festgestein muß eine physikalische Verwitterung voraus- oder parallel gehen. Schwache Humusanreicherung und geringe chemische Verwitterung kennzeichnen diese Böden (FAO: Leptosole, Regosole).

Typen: Syrosem (russ., rohe Erde) als Rohboden aus Festgestein und **Lockersyrosem** als Rohboden aus Lockergestein. Die Bezeichnung Rohboden ist nur in Verbindung mit dem Ausgangsgestein sinnvoll, da die Eigenschaften dieser Böden weitgehend durch dasselbe geprägt werden (Carbonat- und Silicatrohböden: z. B. Kalkstein-, Löß- und Granit-Rohboden).

Unter humiden Klimabedingungen stellt der Rohboden gewöhnlich ein Initialstadium der Bodenbildung dar (z. B. Kipprohböden auf den Kippen von Tagebauen). In Hanglagen mit starkem Bodenabtrag, in Gegenden mit großer Trockenheit oder Kälte kann der Boden dagegen ein Dauerstadium sein (z. B. im Hochgebirge oberhalb der alpinen Rasengrenze).

7.3.1.2 Klasse: Ah/C-Böden

Böden ohne verlehmten Unterboden, außer Steppenböden. Das Ausgangsgestein bestimmt die Eigenschaften des Gesamtbodens. Ah < 40 cm. (FAO: Leptosole, Arenosole, Regosole.)

Typ: Ranker. Aus einem Syrosem entwickelt sich bei fortschreitender Verwitterung und Besiedlung mit Organismen ein Ranker. Die Bezeichnung stammt von Kubiena (Rank gleich Steilhang, Berghang). Ranker treten auf kalkfreien (Silicat- oder Quarz-)Festgesteinen auf (deshalb auch „Humussilicatböden" genannt), sie besitzen im Gegensatz zu den Rohböden bereits einen deutlich ausgeprägten A-Horizont. Die Eigenschaften sind noch weitgehend vom anstehenden Grundgestein bestimmt. Als flachgründige Böden (Verwitterungsdecke 10–25 bzw. < 30 cm) besitzen sie ein geringes Vermögen zur Wasserspeicherung. Auf basenreichen Gesteinen, wie Basalt oder Diabas, entstehen unter Laubwald Mull oder mullartiger Moder, auf basenarmen Gesteinen, wie Quarziten und manchen Sandsteinen, bildet sich unter Nadelholzbestockung Rohhumus.

Ranker können das Klimaxstadium des Bodens im semiariden Gebiet (Xeroranker) und im Hochgebirge (alpiner Ranker) darstellen. In Mittelgebirgen und Hügelländern Deutschlands findet man Ranker nur gelegentlich auf Kuppen und steilen Hängen (z. B. Brockengebiet im Harz).
Subtypen: Brauerde-Ranker und Podsol-Ranker.

Bei stärkerer Berücksichtigung der Substrattypen schloß früher der Ranker die heutigen Bodentypen Regosol und Pelosol mit ein.

Typ: Regosol. Er ist der dem Ranker entsprechende Bodentyp aus kalkfreiem bzw. Silicat-Lockergestein. Bodenbildende Substrate sind Küsten- und Binnendünen sowie sandige Kippen des Braunkohlentagebaus.

Typ: Rendzina (polnisch von rzedzic, rascheln; Bezeichnung nach MIKLASZEWSKI, Professor für Bodenkunde in Warschau). Ranker und Rendzina unterscheiden sich durch das Substrat. Rendzinen sind die dem Ranker entsprechende Bodenbildung auf Carbonat- und Sulfatgestein. Sie bilden sich in flachen Hangschutten aus und sind deshalb flachgründig, steinreich, kalkreich und trocken. Für ihre Leistungsfähigkeit ist deshalb der jeweilige Wasserhaushalt entscheidend. Im A-Horizont kommt es zu einer erheblichen Anreicherung von Humus (meist > 5 %). Humusformen können Mull (pH um 7, C/N um 10), Moder und Tangelhumus sein. Der dunkle, lockere Mullhumus liegt dem übermäßig durchlässigen, feinerdearmen Kalksteinschutt auf.

Der Boden ist aus Kalkstein, Mergelkalk, Dolomit, Gips- oder Anhydritgestein bzw. ihren periglaziären Schutten hervorgegangen (deshalb auch Humuscarbonatboden genannt). Die Unterschiede im Ausgangsgestein (Kalkstein, Gips, Löß, kalkhaltiger Ton) können über die Bodenform (Gips- oder Sulfat-Rendzina, Löß-Rendzina, Ton-Rendzina, Schutt-Rendzina) oder durch eigene Typennamen (Pararendzina, Pelosol) berücksichtigt werden. Pararendzina entsteht aus carbonathaltigem, festem oder lockerem Kiesel- oder Silicatgestein, wie Löß, Geschiebemergel und Kalksandstein. Die Substrate besitzen einen geringeren Kalkgehalt (10–50 %), können entkalken und versauern. Rendzinen aus Gips (Gips- oder Sulfat-Rendzinen) sind sehr flachgründig.
Subtypen
Braunerde-Rendzina findet sich in Geländebereichen, in denen eine geringmächtige Lößablagerung über Carbonatgestein liegt. In der fast skelettfreien Deckschicht ist ein bis 20 cm mächtiger Ah-Horizont ausgebidet, unter dem ein bis 10 cm mächtiger Bv-Horizont folgt. Das Liegende ist Kalkgrus oder anstehendes Gestein. Die pH(KCl)-Werte sinken auf ≤ 5,5 ab, der Mullzustand wird kaum erreicht (C/N 15–17). Die biologisch aktiven Böden können über Letten und Mergeln (Polyedergefüge) landwirtschaftlich, über Festgesteinen forstwirtschaftlich genutzt werden.
Terra fusca-Rendzina besteht aus Kalksteinschutt mit „Terra-Material" als Zwischenmittel (s. 7.3.5.1).
Varietäten
In Gebirgsrendzinen können Humusgehalte über 50 % auftreten (Tangelhumus der **Tangelrendzina**, subalpin). Auf Gipsgestein entwickelt sich wegen saurer Reaktion und Trockenheit eine **Moderrendzina**, auf Kalkstein bei neutraler bis schwach alkalischer Reaktion eine Mullartige oder Mullrendzina. Die **Mullrendzina** als günstigste Ausbildungsform tritt an stärker

geneigten schattseitigen Hängen in lockerem lößfreiem Kalksteinschutt fester Kalkgesteine auf. Bei relativ gleichmäßiger Durchfeuchtung und einer üppigen Krautflora bildet sich ein bis zu 50 cm mächtiger A-Horizont mit besten Sorptionseigenschaften aus. Charakteristisch für diese Böden ist die starke Regenwurmtätigkeit. Mullrendzina tritt auch als Erosionsprofil an Lößböschungen unter Wald kleinflächig auf.

Rendzinen sind für das Waldwachstum um so günstiger, je mehr silicatische Beimengungen vorhanden sind, je mehr organische Substanz gebildet worden ist und je wirksamer der Schutz gegen Einstrahlung und Erosion ist. So findet man auf Muschelkalk-Nordhängen humusreiche Rendzinen mit üppigem Buchenmischwald, während auf den Südhängen humusärmere Rendzinen mit Steppenheidevegetation anzutreffen sind.

Verbreitung: In Schichtstufenlandschaften aus Kalkstein, z. B. auf Muschelkalk in Thüringen, und in Karstgebieten (Abb. 7.1 und 7.2, Tab. 7.2.)

Abb. 7.1: Syrosem-Rendzina (Protorendzina) auf Muschelkalk mit Blaugras. Thüringen. Kleiner Hörselberg bei Eisenach.

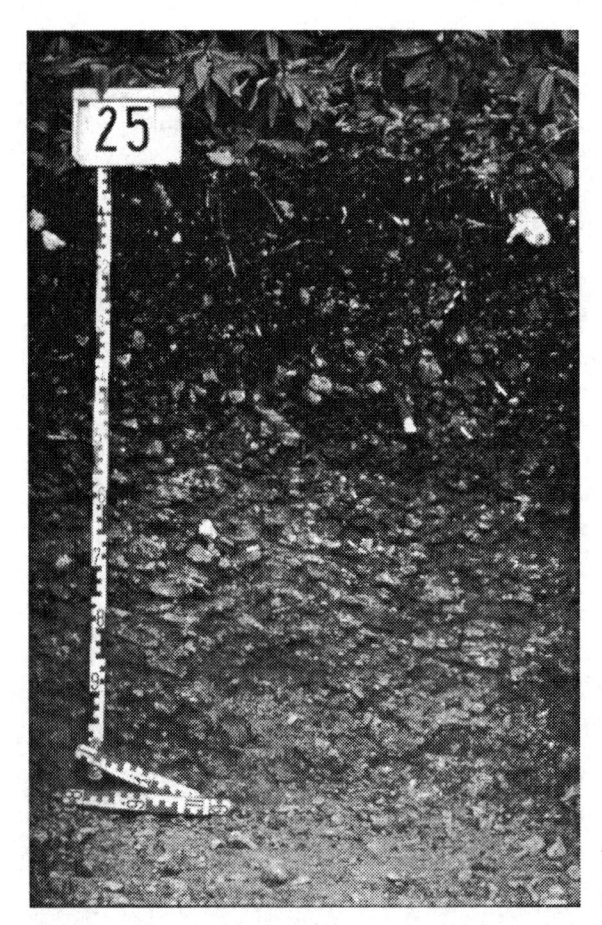

Abb. 7.2: Mullrendzina unter Wald auf Muschelkalk, Thüringen. Aufnahme: HUNGER.

Tab. 7.2: Bodentyp Rendzina (Thüringen, Wellenkalk mu2, Oberhang). Nach KSCHIDOCK *1999.*

Horizont	Tiefe [m]	Carbonat [%]	pH (H$_2$O)	V [%]	C [%]	T [cmol$_c$ · kg^{-1}]	Ton [%]	Schluff [%]	Feinheitsgrad
Ah	0,00–0,02	33	7,6	92	17,5	25	15	58	63
AhCv	0,10–0,15	53	7,8	96	10,4	27	24	65	74
C	0,70–0,80	47	8,3	97	7,3	21	35	56	78

7.3.1.3 Klasse: Schwarzerden (Steppenböden) Ah/C-Profil

Aus carbonathaltigem, feinbodenreichem Lockergestein, oft Löß, entstanden unter Steppenklima im Postglazial (Spätglazial bis Atlantikum) Ah/C-Profile mit einem Ah > 40 cm. FAO: Phaeozem, Kastanozem, Chernozem, Greyzem u.a.
Typ: Tschernosem (Schwarzerde). Die Bezeichnung Tschernosem wurde 1763 von LOMONOSSOV eingeführt. Die wissenschaftliche Bearbeitung erfolgte durch DOKUCAEV (s. 10.3.5). An der Schwarzerdebildung sind die Prozesse Humusakkumulation in Form von Mull, Bioturbation und biogene Gefügebildung beteiligt (s. 5.2.1).

Die organische Substanz für die starke Humusakkumulation stammt von der Steppenvegetation (Gräser und Kräuter), deren Abbau durch Trockenheit im Sommer und Kälte im Winter zeitlich begrenzt ist. In der übrigen Zeit verwandeln die Bodenorganismen die organische Substanz in Mull. Die Schwarzerde ist der Klimaxboden des kontinentalen, semihumiden Klimas, wie es heute noch in der Ukraine herrscht. In Mitteleuropa sind Tschernoseme als Reliktböden aufzufassen. Im mitteldeutschen Trockengebiet begann die Humusakkumulation bereits im Alleröd mit seinem kontinentalen Klima. Die Hauptmasse des Schwarzerdehumus wurde im Frühholozän gebildet. Im Atlantikum war die Tschernosembildung abgeschlossen. Schwarzerden werden seit der Jungsteinzeit (8 000 bis 5 000 v. d. Z.) ackerbaulich genutzt.

Als typischer Tschernosem wird in Rußland eine Steppenschwarzerde bezeichnet, deren Ah-Horizont 80–100 cm mächtig und etwa 50–70 cm tief entkalkt ist. In Mitteleuropa ist der Ah-Horizont nur 50–80 cm mächtig. Er besitzt im feuchten Zustand eine braunschwarze bis dunkelgrauschwarze Farbe, im trockenen Zustand ist er braun bis grauschwarz. Unterhalb des Ah scheidet sich ein Ca-Horizont mit Kalkkonkretionen aus.

Die physikalischen und chemischen Eigenschaften der Schwarzerde werden entscheidend vom Ausgangsmaterial beeinflußt (Löß, Kalksand, sandiger Mergel bzw. kalkreiche Grundmoräne, kalkhaltige Tone). Bei Tschernosemen aus Löß hängen die physikalischen Eigenschaften vom Grad der Entkalkung ab. Die mitteleuropäischen Schwarzerden sind vorwiegend schluffige Feinlehme mit guter Krümelstruktur im oberen Teil des Ah-Horizontes und mit porösen Polyedern im unteren Teil. Die Schwarzerden haben ein optimales Porenvolumen von 50 % und sind in der Lage, den größten Teil der winterlichen Niederschläge im Wurzelraum zu speichern.

In der Zone der humusreichen Tschernoseme der GUS-Staaten werden Humusgehalte bis 10 % (750 t ha^{-1}) erreicht. Mitteleuropäische Schwarzerden enthalten nur 2–4 % organische Substanz bei 120–230 t Humus pro ha. Diese liegt vorwiegend in Form organo-mineralischer Verbindungen vor. An chemischen Eigenschaften sind eine schwach alkalische bis schwach saure Reaktion, ein hoher Anteil austauschbarer Ca- und Mg-Ionen am Austauschkomplex, ein hoher V-Wert (> 90 %) und eine reiche Reserve an Humusstickstoff hervorzuheben. Die Tschernoseme enthalten bei einem C/N-Verhältnis von 9–13 in der Ukraine 12–35, in Mitteleuropa 6–14 t N ha^{-1}. Die biologische Aktivität ist hoch und umfaßt den gesamten A-Horizont (Gänge und Höhlen von Kleinsäugern, Wurmgänge bis in den carbonathaltigen Löß hinein, starker Bakterienbesatz).

In Rußland werden die Schwarzerden in vier Facies eingeteilt: warme südeuropäische Tschernoseme, gemäßigte osteuropäische Tschernoseme, kalte west- und mittelsibirische Tschernoseme und tiefgefrorene ostsibirische Tschernoseme. Schwarzerden findet man in großer Ausdehnung in den Steppen- und Waldsteppengebieten der GUS-Staaten südlich der Linie Kiew-Tula-Kasan. Von da aus reichen sie westwärts über Rumänien, Bulgarien und die ungarische Tiefebene bis Österreich (osteuropäisch-sibirisches Schwarzerdegebiet). Inselartige Vorkommen gibt es in Polen, Tschechien, der Slowakei und Deutschland.

Größere Schwarzerdeflächen treten in der Magdeburger Börde im Regenschatten des Harzes, im Thüringer Becken, im Halleschen Ackerland, im Leipziger Tiefland, in der Hildesheim-Braunschweiger Lößbörde (Abb. 7.3) und in der Pfalz auf. In Sachsen-Anhalt nehmen Schwarzerden 21,3 % der Fläche bei Bodenwertzahlen zwischen 83 und 100 ein. Sie sind im humosen Oberboden meist entkalkt. Im mitteldeutschen Trockengebiet sind die typischen Schwarzerden auf den trockensten und wärmsten Kern (etwa 450–480 mm Jahresniederschlag) beschränkt. Bei höheren Niederschlägen und unter landwirtschaftlicher Nutzung gehen sie in degradierte Schwarzerden über (Humusverlust, Verdichtung, Wind- und Wassererosion; Abb. 7.4, s. Farbtafeln). Abhängig von Substrat und Klima treten die Schwarzerden mit Parabraunerden und Braunerden vergesellschaftet auf.

Typ: Kalktschernosem zeichnet sich im gesamten Solum durch Kalkpseudomycel (Sekundärcarbonat) aus.

Abb. 7.3: Schwarzerde in der Hildesheimer Börde mit Eiskeilen an der Untergrenze des Löß.

Subtypen
Im mitteldeutschen Raum sind Schwarzerden mit Pararendzinen und Parabraunerden vergesellschaftet. Neben Typischen Tschernosemen kommen Braunerde- und Parabraunerde-Tschernoseme vor.

Braunerde-Schwarzerde mit einem Bv-Horizont > 20 cm.
Pseudogley-Schwarzerde (Ah/Ah-Sw/Sw/IISd/C) bei dichtem Untergrund wie Kalk- oder Keuperton und Geschiebemergel.
Gley-Schwarzerde (Ah/Ah-Go/Go/Gr) in Senken und Talmulden. Pseudogley- und Gley-Schwarzerden werden auch als Feuchtschwarzerden (Wiesentschernoseme, Wiesenböden) bezeichnet.
Schwarzerdeähnliche Böden (Parabraunerde-Tschernosem und Tschernosem-Parabraunerde; Phaeozems; degradierte Schwarzerden). In Schwarzerden kann unter fehlenden Erhaltungsbedingungen (nach der Entkalkung) eine vertikale Verlagerung der (dunklen) Ton-Humuspartikel aus dem A-Horizont einsetzen (Lessivierung). Übergangsbildungen zwischen Schwarzerde und Fahlerde werden auch als Griserde (Ah/Ahl/Bth-Bt)/Cc/C) bezeichnet. Sie treten außerhalb des mitteldeutschen Schwarzerdegebietes auf, in Grenzgebieten zur Schwarzerde und in trockenen Landschaften mit alter Ackerkultur (Niederhessische Senke). Desgleichen bilden sie sich aus Löß in den wärmsten, ackerbaulich genutzten Teilen der Gäuflächen bei Stuttgart, auf den Löß-Hochflächen Sachsen-Anhalts und im Jungmoränengebiet der Ostsee-Inseln Fehmarn und Poel. Griserden werden auch als ton- und humusdurchschlämmte Böden mit Schwarzerde-Vergangenheit charakterisiert. Die russischen Grauen Waldböden ähneln den Griserden. Sie kommen von Osteuropa bis Sibirien vor und liegen zwischen den Schwarzerden und Dernopodsolen.
In der **Lommatzscher Pflege** bei Meißen mit einer Lößmächtigkeit von 10–20 m lagert Lößlehm über Löß. Innerhalb des Gebietes der Braunerden hat sich hier ein steppenbodenartiger Typ ausgebildet, der einen mächtigen, sehr dunklen, bei etwa 1 m Tiefe allmählich in das hellbraune Substrat übergehenden A-Horizont besitzt. Der sehr gute Ackerboden liegt in einem Hochflächenareal zwischen zwei Bachtälern, das seit der Jungsteinzeit ein Hauptsiedelgebiet ist. Als fördernder Faktor kommt das Klima in Frage. Die lange Ackerkultur kann an der speziellen Bodenausbildung beteiligt sein.
In den mächtigen Lößablagerungen der **Wetterau** sind neben der Parabraunerde als Klimaxboden im Regenschatten des Hintertaunus schwarzerdeähnliche Böden (Tschernosem-Parabraunerde) verbreitet, die vermutlich aus dem Präboreal oder Boreal stammen.
In der vorwiegend ackerbaulich genutzten **Uckermark** (Jungmoränengebiet mit kuppigen Grundmoränen, Jahresniederschlag um 520 mm, subkontinentales Klima) haben sich im kalkhaltigen Beckenschluff (17–25% Ton, 15–50 % Kalk) Übergänge zwischen Tschernosem und Parabraunerde mit 2–4 % Humus ausgebildet. Diese Griserden treten in Hanglage auf und sind mit Parabraunerden, Kolluvisols und Niedermooren vergesellschaftet. Die Böden haben reliktischen Charakter, die Humusbildung reicht bis zu 6 000 Jahre zurück. Zeitraum der Schwarzerdebildung waren das Boreal und das beginnende Atlantikum. Ton-Humus-Komplexe wurden durch Lessivierung verlagert, so daß heute folgendes Profil vorliegt: Ap/Ah, fAh/Bht/Cc. Durch Bildung von Sekundärcarbonat besitzen die Böden jetzt einen pH-Wert von 7–8, sie waren früher im Unterboden entkalkt. Das Gebiet ist die nördlichste Siedlungsexklave der frühneolithischen Bandkeramiker. Im alten Siedlungsbereich tritt hier, wie auch im Elbtal, ein humusreiches (bis 15 % Humus) und intensiv schwarz gefärbtes Kolluvium auf.

7.3.1.4 Klasse: Pelosole Ah/P/C- Profil

Pelosole (pelos, griech., Ton; Bezeichnung nach Vogel, München) entstehen in tonigen bzw. mergelig-tonigen Gesteinen. Sie weisen ein Prismen- und Polyeder-Gefüge, Quellung und Schrumpfung sowie Trockenrisse auf.

Typ: Pelosol
Der P-Horizont (> 45 M-% Ton) ist hochplastisch und carbonatfrei, er hebt sich farblich vom bodenbildenden Substrat kaum ab. Der Pelosol kommt z. B. auf tonigen Sedimenten des Röt (Oberer Buntsandstein) und Keuper (Tonmergel des Lettenkeuper) in Thüringen und Südwestdeutschland sowie des Jura und Tertiär vor. Als Tonminerale können Illit (Keuperton) oder Kaolinit (Tertiärton) auftreten. Vertisol (s. 7.1.3.1) zeigt im Gegensatz zum Pelosol Selbstmulchen durch die starke Quellung der Smectite im feuchten Zustand.

7.3.1.5 Klasse: Braunerden

Kennzeichnend ist der meist braune Bv-Horizont (FAO: u. a. Cambisole).

Typ: Braunerde (Ah/Bv/C-Profil)
Die Braunerde wurde 1905 von RAMANN als selbständiger Bodentyp eingeführt (s. 10.3.5). Sie gehört zu den verbreitetsten Bodentypen Mitteleuropas. Die Braunerde ist eine Bodenbildung des gemäßigt humiden Klimas und entwickelt sich auf den unterschiedlichsten Grundgesteinen und unter mannigfaltigen Reliefbedingungen. Das Spektrum reicht von eutrophen Berglehm-Braunerden bis zu Sand-Braunerden des Tieflandes. Dem humosen graubraunen Ah-Horizont von 5–20 cm Mächtigkeit schließt sich ein Bv-Horizont unterschiedlicher Mächtigkeit an. Die braune Farbe beruht auf feinverteiltem Goethit und entsteht im Zuge des Verbraunungsprozesses (s. 5.2.2). Bilden sich die Böden aus rotem, hämatithaltigen Gestein, wie dem Röt oder dem Rotliegenden, so behalten sie diese Farbe bei.

Der Übergang vom Ah- zum Bv-Horizont vollzieht sich allmählich. Die Untergrenze des Bv folgt vielfach der Grenze pleistozäner Schuttdecken bzw. Umlagerungszonen. Das Ausgangsgestein beeinflußt stark die Körnung (lehmiger Sand bis toniger Lehm) und chemischen Eigenschaften der Böden (Tab. 7.3 und 7.4).

Eine Unterteilung der Braunerden kann nach ihrer Trophie (Nährstoffgehalt) in oligotrophe, mesotrophe und eutrophe, nach der Basensättigung in solche mit niedrigem, mittlerem und hohem Basengehalt sowie nach der Azidität in saure und schwachsaure erfolgen.

Subtypen und Varietäten
Typische oder Basenreiche Braunerden sind schwach bis mäßig sauer, haben eine hohe Basensättigung und sind biologisch sehr aktiv (Mull). Die Basensättigung liegt meist über 50 %, der pH-Wert zwischen 5 und 6 (in Wasser) oder 4–5,5 (in KCl). Die Humusform ist unter naturnaher Laubwaldbestockung stets Mull mit einem C/N-Verhältnis um 10. Unter Wald und Grünland beträgt der Humusgehalt im Ah 3–8 %, er geht bei Ackernutzung auf 2–3 % zurück. Die Basenreiche Braunerde tritt flächenmäßig stark zurück (Vorkommen über Basalt, Diabas, Melaphyr und Andesit).

Tab. 7.3: *Bodenform Lehm-Braunerde, Revier Lungkwitz, Wilisch-Berg, 425 m NN, Osterzgebirge, Grundgestein: Olivin-Augit-Nephelinit („Basalt"), Humusform: moderartiger Mull. Angaben in mval/100 g. Perkolation mit 1 N NH₄Cl-Lösung. Nach* BALDAUF *1991.*

Horizont	Tiefe (cm)	Hc	K	Ca	Mg	Fe	Al
Ah	0–8	0,26	0,47	6,62	2,02	1,00	4,05
Bv2	100–110	0,0	0,46	12,06	5,78	< 0,01	< 0,01

Hc=Wasserstoff, berechnet nach PRENZEL 1983

Tab. 7.4: *NH₄Cl-extrahierbare Elementmengen von Braunerden über Basalt und Gneis in Sachsen (Angaben in mmol IÄ kg^{-1}). Nach* KLINGER *1995.*

Schicht/Horizont	Summe	H	Al	Fe	Mn	Na	K	Mg	Ca
Bodenform Basalt-Braunerde									
Ah	247,2	20,7	86,5	14,9	5,5	1,6	4,3	13,2	100,5
Bv1	116,7	2,3	26,2	0,7	6,1	1,6	4,1	9,1	66,6
Bv2	112,7	0,6	9,4	0,4	2,9	2,1	2,4	13,0	81,9
IIB/C	123,7	0	0	0,1	1,0	4,4	1,7	29,7	86,8
Bodenform Gneis-Braunerde									
Ah	124,9	50,3	52,0	8,5	0,8	1,3	1,7	1,9	8,4
Bv	77,5	5,3	62,7	0,8	3,4	1,3	1,1	0,8	2,1
IICv1	45,1	1,5	38,3	0,1	1,1	1,2	1,3	0,4	1,2
IICv2	36,6	0,9	30,5	0	0,9	1,7	1,3	0,6	0,7
IICv3	24,2	1,0	18,6	0	0,5	1,1	1,3	0,9	0,8

Beispiele:
Braunerde mittlerer bis hoher Basensättigung über Diabas, Humusform Mull, Bestockung: Buche mit Beimischung von Esche und Ulme. Revier Breitenstein, Harz, 510 m NN. pH (KCl) 3,8–4,9, V-Wert 45–80 %. Bodenart: lehmiger Ton bis toniger Lehm, Wasserhaushalt frisch. Analog Braunerde über Augit-Nephelin-Basalt von Zechenbach im Vogtland, Mull, im kühlhumiden Hochlagenklima, 790 m NN.
Lehm-Braunerden über Basalt im Erzgebirge besitzen eine KAKe von 10–25 (15) mval/100g. Ihre Säuresättigung steigt mit zunehmender Höhenlage. Die Böden zeichnen sich durch einen hohen Gehalt an organischer Substanz und eine ausreichende Ca- und Mg-Versorgung aus, eine beginnende Entbasung ist aber offensichtlich.
Die **Sauerbraunerde** (Basenarme oder Dystrophe Braunerde, Varietät) nimmt auf den Schuttdecken der Mittelgebirge bzw. Ca-ärmeren Substraten weite zusammenhängende Flächen ein (z. B. über Gneis, Granodiorit, Syenit, Phyllit und Grauwacke (Abb. 7.5 sowie Farbtafeln Abb. 7.6 und 7.7). Die Bodenfarbe ist heller. Die Basensättigung im Bv liegt nur im Bereich von 10–20 %, der pH-Wert im Ah- und Bv-Horizont bei ≤ 4,6 (in Wasser) oder ≤ 4,4 (in KCl). Das C/N-Verhältnis im Humus schwankt zwischen 15 und 25. Die Humusform der Sauerbraunerde ist ein mullartiger Moder (Beispiel: Lehm-Braunerden über Granodiorit im Czornebohgebiet, Oberlausitz, Sachsen).

Abb. 7.5: Sand-Braunerde unter
Wald, NO-Deutschland. Profil:
Forstliche Standortkartierung.

Kalkbraunerden zeichnen sich durch einen $CaCO_3$-Gehalt im gesamten Profil aus, der aus lateraler Zuführung stammt, wie z. B. beim Rötsockel am Fuße der Muschelkalksteilstufe (pH um 6,5). Die Humusform ist Mull, der Bcv-Horizont ist deutlich verlehmt.
Lessivé-Braunerde (Parabraunerde-Braunerde) (Ah/Al-Bv/IIBtv/Bv/C-Profil): Dieser Übergangstyp ist in Mitteleuropa weit verbreitet. An Stelle eines geschlossenen BtBv-Horizontes können im Untergrund dünne Tonilluvialbänder auftreten.
Podsol-Braunerde (Ahe/Bv/C-Profil): Braunerden auf basenarmen Silicatgesteinen sind unter kühl-feuchten Klimaverhältnissen der Podsolierung ausgesetzt, die an einer beginnenden Fe-Verlagerung zu erkennen ist. Durch Auflösung der Fe-Oxid-Krusten der Bodenteilchen im Ah-Horizont beginnt sich ein Ae-Horizont herauszubilden. Die Podsolierung wird durch Rohhumusbildung gefördert. Podsol-Braunerden kommen verbreitet auf pleistozänen Sanden sowie auf Schuttdecken über Buntsandstein, Kreide- und Keupersandsteinen vor (pH (KCl) im Bv um 4, V-Wert 10–40 %). Die zwischen Braunerde und Podsol liegenden Übergänge wurden unter der Bezeichnung **Braunpodsole** zusammengefaßt.

Beispiel:
Podsol-Braunerden über Glimmerschiefer im Erzgebirge (Tab. 7.5) weisen eine mittlere bis niedrige Sorptionskapazität, eine niedrige Basensättigung und eine Säureäquivalentsättigung um 95 % auf. Das Mg/Al-Äquivalentverhältnis von < 0,04 weist auf eine kritische Mg-Versorgung hin. Der Bv-Horizont ist mit pH < 3,8 sehr sauer.

Tab. 7.5: Bodenform Lehm-Podsol-Braunerde, Revier Pöhla bei Schwarzenberg, 775 m ü. N. N., Erzgebirge, Sachsen. Grundgestein Muskovit-Glimmerschiefer, Humusform: mittlerer Rohhumus; Methode: Perkolation mit 1 N NH$_4$Cl-Lösung. Nach BALDAUF 1991.

Horizont	Tiefe (cm)	pH	K_x	Ca_x	Mg_x	Al_x	SS	Ca/Al
Ahe	0–9	3,1	< 0,01	0,04	0,01	0,54	0,95	0,07
Bv	21–30	4,5	0,02	< 0,01	< 0,01	0,94	0,97	< 0,01

x = Sättigung des Kations bezüglich seines Äquivalentanteils
SS = Säuresättigung

Pseudogley-Braunerde (Ah/Bv/Sw/IISd-Profil). Bei Braunerden aus mehrschichtigem Substrat können als Staukörper dichtgelagerte oder tonig-schluffige Schichten auftreten. Die Staunässezone kann dabei unter dem Bv-Horizont liegen (Ah/Bv/S/C-Profil) oder in den Bv-Horizont hineinragen (Ah/Bv/SBv/C-Profil). Der pseudovergleyte Horizont ist schwach bis mäßig marmoriert.

Gley-Braunerde (Ah/Bv/Go/Gr-Profil). In grundwassernahen Gebieten mit einem wenig schwankenden Grundwasserspiegel bei 1–2 m unter Flur treten Braunerden auf, die im Untergrund vergleyt sind. Der Gley-Horizont schließt sich an den Bv-Horizont an.

Bodenformen
Als **Lockerbraunerde** (FAO: Andosol) wird eine Braunerde in magmatischen Lockergesteinen (Tuffe wie Bims, gleich Trachyttuff, allophanhaltig), die mit Staublehmen gemischt sein können, bezeichnet. Diese auch als Subtyp geführten Böden treten in den Bimsverbreitungsgebieten (z. B. Neuwieder Becken, tertiärzeitliche Innensenke des Rheinischen Schiefergebirges) auf. Die Böden zeichnen sich durch einen tiefreichenden und relativ hohen Humusgehalt (Horizontabfolge Ah/ABv/ABCv/C), ein extrem niedriges Trockenraumgewicht und hohe Gesamtporenvolumina (> 60 %) bei hohen Gehalten an schnelldränenden Poren, aus. Es handelt sich um saure Braunerden (pH< 4,8) mit auffallend lockerem Gefüge, das durch Fe-und Al-Ionen stabilisiert ist.

Rostbraunerden sind podsolige Braunerden aus Sand mit einem rostfarbenen Bv-Horizont. Sie treten auf silicatreichen Sanden weichseleiszeitlicher Ablagerungen in Norddeutschland auf und werden als Ackerböden genutzt (s. a. 7.3.1.7).

7.3.1.6 Klasse: Lessivés

Charakteristisch ist die Texturdifferenzierung im Profil (Abb. 7.8). Man unterscheidet schwach (Sol brun lessivé, Parabraunerde) und stark lessivierte (Sol lessivé, Fahlerde) Böden (FAO: Luvisol, Glossisols).

Typ: Parabraunerde O/Ah/Al/Bt/C-Profil. Parabraunerde ist das Ergebnis der Tonverlagerung oder Lessivierung (s. 5.2.3). Es handelt sich um körnungsdifferenzierte Böden (Texturprofil) mit Tonhäutchenhorizont (Abb. 7.8 und Tab. 7.6). Die Parabraunerde ist auf ehemals kalkhaltigen, sandig-lehmigen bis staubig-schluffigen Substraten ausgebildet (Löß, Geschiebemergel, Lockersedimente mittleren Tongehalts).

An der Verlagerung ist vor allem Feinton beteiligt. Der Bt-Horizont kann auch humose Beläge auf den Gefügekörpern aufweisen (Bth), was jedoch selten der Fall ist (7.3.1.3). Der an Ton verarmte A-Horizont (tonarmer, lehmiger Schluff) ist in der Regel 30–50 cm mächtig und gliedert sich in einen schmalen (3–7 cm) Ah-Horizont und einen fahlgelben Al-Horizont. Darunter folgt der kräftig braune Bt-Horizont, in dem der Ton bis zu 30–40 % angereichert ist (tonreicherer Lößlehm). Seine Mächtigkeit variiert stark. Der Übergang zwischen Al- und Bt-Horizont kann zungen- oder wellenförmig ausgebildet sein. Zwischen Bt- und C-Horizont kann ein Bv-Horizont eingeschaltet sein. Der Untergrund kann Carbonatanreicherung aufweisen (Cc-Horizont).

In feuchteren Lagen kann im tieferen Profil eine Lamellenfleckenzone ausgebildet sein, in der schmale tonigere und schluffigere Bänder abwechseln.
Als Parabraunerden werden nicht nur Böden mit nachgewiesener Tondurchschlämmung bezeichnet, sondern auch solche mit texturell leichterem oberem und texturell schwererem, meist Tonhäutchen führendem unterem Horizont, unabhängig davon, ob die Profildifferenzierung durch Schichtung, Tonneubildung oder Tondurchschlämmung zustande gekommen ist. So sind die Parabraunerden auf mit Geschiebedecksand überlagertem Geschiebemergel im nordostdeutschen Jungmoränengebiet bodengeologisch vorgeprägt, der Al entspricht dem Decksand, der Bt dem Geschiebelehm. Die Bodenbildung wird entscheidend von den periglaziären Umlagerungszonen beeinflußt (s. 4.1.4). Auch für Parabraunerden aus Löß in Hessen wird angenommen, daß der Al-Horizont das Decksediment der Lößfläche darstellt. Der höhere Tongehalt im Bt-Horizont müßte dann durch Verlehmung in situ entstanden sein. Die Tonhäutchen wären das Ergebnis einer Tonwanderung innerhalb des Bt-Horizontes. Dem würde die Horizontfolge A/Bv/IIfBt entsprechen.

Der Oberboden bildet ein plattiges, der Unterboden ein polyedrisches bis prismatisches Gefüge aus. Dunkelbraune Tonhäutchen (engl. cutaneous, kutan; clay coatings) überziehen die Wände der Schwundrisse und Wurzelröhren bzw. Strukturkörper. Bei starker Tonanreicherung und Verdichtung bewirkt der Bt-Horizont einen zeitweiligen Wasserstau, der im Al-Horizont schwach ausgeprägte Merkmale einer (sekundären) Pseudovergleyung hinterläßt.

Mikromorphologisch liegt ein Braunlehm-Teilplasma vor. Es zeigt eine Teilcheneinregelung der blättchenförmigen Tonminerale parallel zur Basisfläche (Orientierungsdoppelbrechung).

Im Ah- und Al-Horizont ist die Basensättigung mittel bis gering und die Bodenreaktion sauer, während im Bt-Horizont die Basensättigung hoch und die Reaktion nur schwach sauer ist.

Die organische Substanz liegt als Mull oder Moder vor. Das C/N-Verhältnis variiert zwischen 10 und 18. Der Ah-Horizont weist mittlere bis hohe Humusgehalte auf. In der Calenberger Börde bei Hannover treten Parabraunerden mit mächtigen humosen Oberböden auf (s. a. 7.3.1.3).

Subtyp Pseudogley-Lessivé (Pseudogley-Parabraunerde, Ah/Sw-Al/Sd-Bt/C-Profil). Mit zunehmender Toneinschlämmung verdichtet der Bt-Horizont des Lessivé immer mehr, so daß in Zeiten erhöhter Wasserzufuhr vorübergehend Staunässe im Al- und Bt-Horizont auftreten kann. Dabei entstehen im Bt Reduktions- und Oxidationsflecke und im Al-Horizont zuweilen kleine Fe-Mn-Konkretionen.

Abb. 7.8: Lößlehm-Parabraunerde unter Laubwald, Thüringen, bei Weimar.

Tab. 7.6: Bodentyp Parabraunerde (schwach pseudovergleyt; Thüringen, Muschelkalk, eben; Hauptlage über Basislage, Lößlehm über schluffigem Kalksteinschutt). Nach KSCHIDOCK *1999.*

Horizont	Probentiefe [m]	Carbonat [%]	pH (H$_2$O)	T [cmol$_c$ · kg^{-1}]	C [%]	C/N	Ton [%]	Schluff [%]	Gefüge
Ah	0,00–0,03	0	5,0	16	4,2	13	15	73	plattig
Al	0,23–0,26	0	5,4	8	0,6	9	19	73	plattig
SAl	0,65–0,80	0	6,1	10	0,3	7	22	74	plattig
Bt	0,96–1,04	0	6,8	16	0,4	8	34	64	plattig-kohärent
cCv	1,17–1,34	97	8,3	55		6		86	kohärent

Typ: Fahlerde Ah/Ael/Ael+Bt/Bt/C-Profil (sol lessivé; gray brown podzolic soil; fahl gleich hellbraungrau; gebleichte braune Waldböden bei H. STREMME). Der Unterschied im Tongehalt zwischen Al- und Bt-Horizont ist stark ausgeprägt und der Übergang scharf, teils zungenförmig. Eine starke Tonverarmung im Ah- und Al-Horizont führt im Verein mit niedriger Basensättigung und Versauerung leicht zur Podsolierung. Der A-Horizont besitzt eine feinplattige (kryogene Lamellenbildung), der B-Horizont eine polyedrische bis prismatische Struktur. Unter Wald ist die Humusform meist mullartiger Moder (C/N 10–16).

Vorkommen: Parabraunerden und Fahlerden treten in den teilweise entkalkten Löß- und Geschiebemergel-Gebieten verstärkt auf. Parabraunerde bzw. Lessivé hat sich im temperiert humiden Klima unter Laubwäldern entwickelt. Die Böden werden heute vorwiegend ackerbaulich genutzt. Sie verschlämmen leicht und sind erosionsgefährdet. Die Böden sind in den Ebenen Mittel-und Westeuropas verbreitet. In Ostdeutschland kommen Böden mit Tonverlagerung besonders häufig in den Löß- und Sandlößgebieten sowie im Bereich der Jungmoränen vor. Im Thüringer Becken sind Parabraunerde und Pseudogley-Lessivé in den Randerhebungen mit kühl-feuchtem Klima ausgebildet, während in trocken-warnen Beckeninneren die Schwarzerde dominiert. Böden mit Tonverlagerung treten auch am östlichen Harzrand und im Bereich des Elbingeröder Komplexes in Löß und Skelettlöß auf. Verbreitet sind Böden mit Bt-Horizont als Reliktböden mit Schichtwechsel im Solum. Im südwestdeutschen Alpenvorland trifft man in der Jungmoränenlandschaft Parabraunerden geringer Entkalkungstiefe, in der Altmoränenlandschaft Parabraunerden großer Entkalkungstiefe (Bt/Bv/C) an.
Braunerde-Lessivé (Ah/BvAl/Bt/BC/C-Profil) unter Wald wurde für das Ostthüringer Buntsandsteingebiet beschrieben (pH (KCl) 3,1–4,5, V-Wert 15–94 %, C/N 16–21).
Die russischen Dernopodsole weisen gleichfalls Tonverlagerung auf und stehen den Fahlerden und Pseudogleyen nahe.

7.3.1.7 Klasse: Podsole

Typ: Podsol (O/Ahe/Ae/B(s)h/B(h)s/C-bzw. O/Ah/Ae/Bhs/C-Profil) (FAO: Podzol).

Die von DOKUCAEV stammende russische Bezeichnung (ascheähnlich) soll den grauen oberen Teil dieser Profile (Ae-Horizont) charakterisieren. Podsole (Bleicherden) sind das Ergebnis des Podsolierungsprozesses (s. 5.2.4). Die Podsolierung setzte vermutlich im kühleren Subatlantikum ein.

Die organische Auflage weist in der Regel eine größere Mächtigkeit auf und hebt sich scharf vom Mineralboden ab. Sie ist als Rohhumus ausgebildet. Der schwarzgraue Ah-Horizont enthält eingeschlämmte organische Bestandteile und ist relativ gut durchwurzelt. Er erreicht eine Mächtigkeit bis 15 cm. Der anschließende Bleichhorizont Ae ist häufig 20–40 cm mächtig. Der Übergang zum Illuvialhorizont erfolgt abrupt. Bei vorherrschender Humusanreicherung ist der B-Horizont dunkelbraun bis schwarz, bei dominierender Eisenanreicherung rötlichbraun. Die Horizontgrenzen zwischen Ae- und B- sowie B- und C-Horizonten folgen in Deckschutten über Festgestein häufig quartärgeologischen Schichtgrenzen. Der Eluvialhorizont ist in der Deckfolge, der Illuvialhorizont in der Hauptfolge entwickelt. Übergangshorizonte zur Braunerde (Bvs oder Bsv) weisen auf eine Braunerde-Vergangenheit mancher dieser Böden hin.

Im A-Horizont der Podsole liegt meist Einzelkorngefüge vor, während es im B-Horizont häufig zur Bildung eines Hüllengefüges kommt. Der B-Horizont kann als lockere Orterde oder als fester Ortstein ausgebildet sein. Beim Ortstein sind Humus und Sesquioxide im Bhs-Horizont gesteinsartig verfestigt. Podsole aus sandigen Substraten ohne Verfestigung sind stark wasserdurchlässig und besitzen eine geringe Wasserkapazität. Verfestigung führt zur Ausbildung von Staunässe.

Chemisch fallen die starke Versauerung (pH (KCl) 2,8–4,4) und Armut an Nährelementen im Oberboden auf (V-Wert < 15 %). Das C/N-Verhältnis der Humusauflage ist mit > 25 sehr weit, die biologische Tätigkeit stark eingeschränkt. Die Bodendurchwurzelung ist vielfach auf die Humusauflage O und den Anreicherungshorizont Bhs beschränkt, während der Ausbleichungshorizont Ae wurzelarm ist.

Vorkommen: Podsole sind in NW-Deutschland unter Heidevegetation, im Gebirge unter Koniferen anzutreffen; Abb. 7.9, s. Farbtafeln. Außerhalb Mitteleuropas treten Podsole verbreitet auf in Skandinavien, Rußland (südliche Tundra und Taiga) und Kanada. Podsole entstehen aus kalk- und silicatarmen, quarzreichen Sanden (z. B. Dünensanden) sowie verwitterten Sandsteinen, Quarziten und Kieselschiefern bzw. blockreichen Hangschutten dieser Gesteine. Podsole treten ferner in grobkörnigem, lehmarmem Granitgrus (z. B. Eibenstocker Turmalingranit, Erzgebirge) sowie in den Deckschutten der Mittelgebirge auf. Im Tiefland Ostdeutschlands weisen schluffärmere Decksedimente einen höheren Podsolierungsgrad auf als schluffreichere.

Beispiele:
Podsol über Mittlerem Buntsandstein, Rohhumus, Kiefernbestand, Teufelstal bei Jena in Thüringen. Böden mit diesem Ausgangsmaterial weisen vorwiegend die Minerale Quarz, gefolgt von Alkalifeldspäten, Oligoklas (als Mineral der Plagioklasreihe) und Glimmer (Muskovit >> Biotit) auf.
Podsole sind im Gebirge an kuppige oder stärker hängige Lagen und den hier auftretenden gröberen Deckschutten gebunden. Häufig handelt es sich um nährstoffarme Härtlingsgesteine wie Granite, Quarzite, Kieselschiefer und Quarzporphyre (Podsol mit Rohhumus über Quarzitschiefer, Hochfläche von Kottenheide, Vogtland; Podsole, z. T. mit Ortstein im blockreichen Hangschutt des Mittleren Buntsandsteins im Schwarzwald).
Die Podsole über Kreidesandstein in Sachsen besitzen eine niedrige KAK mit 1 mval/100 g im Eluvial- und 10 mval/100 g im Bhs-Horizont, bedingt durch die Humus-Sesquioxid-Anreicherung in letzterem. Die substratbedingte Nährstoffarmut, der hohe Anteil an H- und Fe-Ionen sowie ein niedriges Basensättigungsverhältnis kennzeichnen den ungünstigen chemischen Bodenzustand (Tab. 7.7).

Tab. 7.7: Bodenform Lehmsand-Podsol, Quirl-Massiv, Revier Gohrisch, Elbsandsteingebiet, Elbsandstein-Hangschutt. Rohhumus. Angaben in mval/100g Boden. Aufforstung. Nach BALDAUF 1991.

Horizont	Tiefe (cm)	Hc	K	Ca	Mg	Fe	Al
Ah	1–7	0,91	0,14	0,56	0,07	0,25	0,80
Ae	15–20	0,14	0,12	0,22	0,06	0,07	< 0,05
Bhs	28–36	1,19	0,11	0,72	0,08	2,40	5,40

Hc = Wasserstoff, berechnet nach PRENZEL 1983

Subtypen
Eisenhumuspodsol mit Ah/Ae/Bh/Bs/C- oder Ah/Ae/Bhs/C-Horizontabfolge ist der sogenannte Normpodsol, der am häufigsten auftritt.
Eisen-Podsol mit Ah/Ae/Bs/C-Profil besitzt in Mitteleuropa nur geringe, in Nordeuropa größere Verbreitung.
Humus-Podsol mit O/Ah/Ae/Bh/C-Profil ist an ein sehr silicatarmes, sandiges Substrat gebunden und tritt deshalb selten in Deutschland auf (z. B. tertiäre Sandinseln in NO-Deutschland, Quarzsande des Senon bei Haltern/Westfalen).
Braunerde-Podsol Ah/Ae/Bhs/Bv/C-Horizontabfolge. Als Braunpodsole werden stark saure Waldböden mit Bsv-Horizont bezeichnet. Rosterden sind ärmere ackerbaulich genutzte Böden mit Ap/Bsv/C-Horizont. Ihre nur schwach saure Bodenreaktion ist das Ergebnis der Kalkung (s. a. 7.3.1.5).
Pseudogley-Podsol Ah/Ae/Bhs/Sw/IISd/C-Profil.
Stagnogley-Podsol (Ortseinstaupodsol) weist Podsolierung, Staunässe und Eisenhydroxid-Verkittung auf.
Gley-Podsol Ah/Ae/Bhs/Go/Gr-Profil: Der Ah-Horizont ist meist stark ausgeprägt. Der Ae-Horizont ist heller als bei grundwasserfreien Podsolen. Das Grundwasser muß so tief stehen, daß ein typischer Bhs-Horizont ausgebildet werden kann, an den sich unmittelbar der G-Horizont anschließt. Gley-Podsol entsteht auf basenarmen Lockergesteinen (Abb. 7.10, s. Farbtafeln). Mit größerem Flächenanteil kommt er in den pleistozänen Talsand- und Sandergebieten vor.

7.3.1.8 Klasse: Stauwasserböden

Als selbständiger Typ wurden Stauwasserböden zuerst von KRAUSS (1928) herausgestellt und als „gleiartige Böden" bezeichnet. Der Name Pseudogley geht auf KUBIENA (1953) zurück (Synonym: Staunässegley, MÜCKENHAUSEN 1954). Charakteristisch für Stauwasserböden sind Bleichung, Marmorierung und Konkretionsbildung. Pseudogley, Stagnogley wie auch Gley gehören zu der Gruppe der mineralischen Naßböden. Staunässeböden werden mit den Grundwasserböden (s. 7.3.2) zu den hydromorphen Böden zusammengefaßt. Vorgeschlagen wurde, die Typen Stau(wasser)gley, Haft(wasser)gley und Stagnogley in einer Klasse „Pseudogleye" zusammenzufassen (FAO: u. a. Planosols).

Typ: Pseudogley Ah/S(e)w/IISd-Profil.
Pseudogleye (Staugleye) sind zeitweise vernäßte Böden. Sie sind durch ein Bodenwechselklima gekennzeichnet. In der Sättigungsphase erfolgt der Stofftransport allseitig gerichtet. Der Pseudogley bildet sich im gemäßigt-humiden Klima bei dichtem Unterboden, der die Versickerung des Niederschlages hemmt oder verhindert. Ursache für Staunässe können dichtgelagerte, tonreiche Reliktböden sein (s. 7.3.5.2). Das Stauvermögen der Staunässesohle ist bei einem kf (cm s^{-1}) von 10^{-4}–10^{-5} schwach, 10^{-5}–10^{-6} mäßig und $< 10^{-6}$ stark ausgeprägt.
Der Pseudogley ist vor allem in den ebenen, muldigen und schwach geneigten Lagen des Flach- und Hügellandes sowie der unteren Mittelgebirgsstufen ein weit verbreiteter Bodentyp (Abb. 7.11, s. Farbtafeln). Er kommt vorwiegend auf den zur Dichtlage-

rung neigenden Feinlehmen vor (Lößlehm, Geschiebelehm, Staub-, Schluff- und Tonböden). Die Böden besitzen im typischen Fall einen hellgrauen, tonärmeren Oberboden mit Eisen-Mangan-Konkretionen (Hirse- bis Taubenei-Größe) und einen grau-rostfarbig marmorierten tonreicheren Unterboden. Letzterer ist in der Regel mit grauen Adern durchzogen, die von rostgelben Säumen begleitet sein können. Die „Marmorierung" kann das Ergebnis von Mobilisation, Transport und Wiederausfällung von Fe- und Mn-Verbindungen sein. Die Böden sind durch einen Wechsel von Vernässungs- und Trockenphasen mit Reduktions- und Oxidationsvorgängen gekennzeichnet (s. 5.2.5.). Die nasse Phase dauert um so länger, je höher der Niederschlag und je tiefer die Temperatur ist, je weniger Staunässe seitlich abziehen kann, je tiefer der Staukörper liegt, je dichter er ist und je weniger Wasser die Vegetation verbraucht. Für Pseudogleye mit ausgeprägter Trockenphase sind eine oberflächennahe, geringmächtige ($\leq$ 3 dm) Stauzone Sw – auch Staunässeleiter oder Stauwasserleiter genannt –, ein dichter Staukörper Sd (Stauwassersohle) und ein schlechtes Eindringen der Sommerniederschläge (Benetzungswiderstand) charakteristisch.

Der Staukörper, der den Wasserstau verursacht, liegt beim Pseudogley definitionsgemäß höher als 1,5 m unter Flur. In der darüberliegenden Stauzone, die zeitweilig mit Stauwasser gefüllt ist, kommt es zur Sackungsverdichtung und damit zu hoher Kapillarität. Bei Verdunstung erfolgt ein intensiver Aufstieg des Wassers in den Kapillaren, was die Verarmung an nutzbarem Bodenwasser beschleunigt. Nach starker Austrocknung verhärtet der Boden und wird rissig; es tritt eine erhebliche Verminderung der Benetzbarkeit ein. Während der nassen Phase (Winter, Frühjahr, Frühsommer) werden alle Poren des Bodens völlig mit Wasser gefüllt, so daß die Pflanzenwurzeln unter Luftmangel leiden (Abb. 7.12). Pseudogleye erwärmen sich im Frühjahr wegen des hohen Wassergehaltes nur langsam.

Die meisten Pseudogleye sind, wie im Nordwestsächsischen Hügelland, basenarm und weitgehend versauert (pH (KCl) 2,7–4,0; V % 7–16 im Oberboden), so daß es zu einem Tonzerfall und hohen Gehalt an gelöstem Fe und Al kommt. Pseudogleye mittlerer und hoher Basensättigung treten auf Geschiebemergel (Mecklenburg, Pommersches Stadium) oder auf Diabas (Vogtland) und Basalt (Rhön) auf. Bei den landwirtschaftlich genutzten Pseudogleyen aus jungpleistozänem Geschiebemergel ist der kompakte carbonathaltige Horizont der Staukörper, der über diesem liegende kalkfreie lehmige Profilteil die Stauzone. Pseudogleye geringer Basensättigung weisen als Humusform Grobmoder und Rohhumus und eine Oberbodenmächtigkeit von nur 5–10 cm auf, solche hoher Basensättigung mullartigen Moder und Mull.

In primären Pseudogleyen ist der Wasserstau vornehmlich gesteinsbedingt (schwere Tonböden, Ausbildung von Rostflecken), in den sekundären Pseudogleyen eine Folge der Verdichtung des Unterbodens durch bodenbildende Prozesse (s. Tonverlagerung; Marmorierung und Ausbildung von Konkretionen). Im südwestdeutschen Alpenvorland sind Primär-Pseudogleye in den würmzeitlichen Eisstaubecken sowie auf Tonmergeln der Molasse verbreitet. Sekundär-Pseudogleye, hervorgegangen aus Parabraunerden, sind hier Bestandteil der Altmoränen- und Deckenschotterlandschaft.

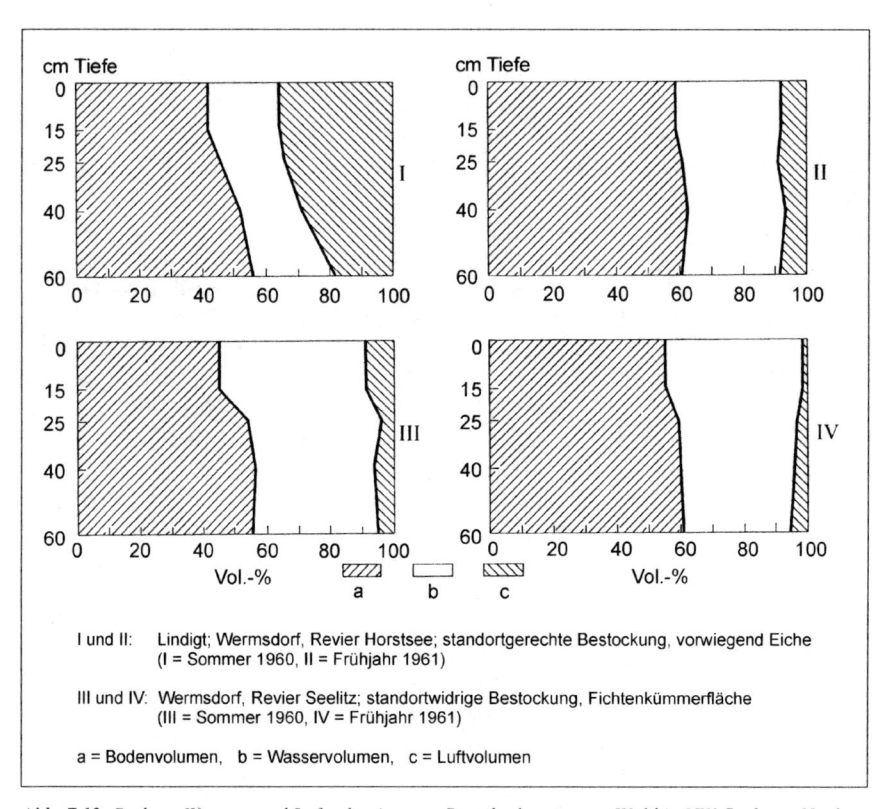

I und II: Lindigt; Wermsdorf, Revier Horstsee; standortgerechte Bestockung, vorwiegend Eiche (I = Sommer 1960, II = Frühjahr 1961)

III und IV: Wermsdorf, Revier Seelitz; standortwidrige Bestockung, Fichtenkümmerfläche (III = Sommer 1960, IV = Frühjahr 1961)

a = Bodenvolumen, b = Wasservolumen, c = Luftvolumen

Abb. 7.12: *Boden-, Wasser- und Luftvolumina von Pseudogleyen unter Wald in NW-Sachsen. Nach* RIEDEL *1961.*

Bei Pseudogleyen in geringmächtigen Lößlehmdecken nimmt das wasserstauende Liegende einen deutlichen Einfluß auf das Profilbild. Bei Profilen mit mächtigen Lößlemdecken (z. B. 2 m) nimmt das Liegende keinen Einfluß auf die Bodenentwicklung, die Pseudovergleyung spielt sich innerhalb einer geologisch einheitlichen Schicht ab.

In Pseudogleyen ist oft ein altes Spaltennetz sichtbar. Das Verhältnis von Ausprägungsgrad zu Staunässegrad ist in Bodenprofilen unterschiedlich. So sind hämatitreiche Böden schlechte, lößreiche Böden gute „Zeichner". Letztere verleiten zur Überschätzung der Staunässe.

Subtypen
Übergangsbildungen des Pseudogleys bestehen zu den Bodentypen Schwarzerde, Braunerde, Lessivé, Podsol und Gley. Unter dem Einfluß von Hangwasser bildet sich der Hangpseudogley.

Typ: Haftnässepseudogley (Haftpseudogley, Haftstaugley Ah/Sg-Profil). Der Boden ist reich an Schluff und Feinsand, eine Differenzierung in Sw- und Sd-Horizont fehlt, eine Trockenphase tritt kaum auf. Diese Böden sind durch Haftnässe und einen Sg-Horizont gekennzeichnet. Bei einer länger anhaltenden Vernässung tritt Luftmangel auf, freies Wasser ist nicht vorhanden. Unter dem Sg-Horizont können grobporenreiche, luftführende Horizonte auftreten. In ihnen werden reduzierte Eisenverbindungen oxidiert, wodurch sich makroskopisch rostfarbene Eisenflecke bilden.

Typ: Stagnogley Sw-Ah/Srw/II Sd-Profil (Synonyme: Molkenböden, Humusstaugley). Stagnogleye sind klima- und reliefbedingte Böden. Diese stark vernäßten Böden mit langer Naßphase treten u. a. in höheren Mittelgebirgslagen auf. Die starke Naßbleichung (Reduktion im Srw-Horizont) führt zur Graufärbung des Oberbodens, in dem keine Konkretionen ausgebildet werden. Der Stagnogley leitet zum echten Gley über.

Vorkommen: Die Böden sind, wie im ostthüringischen Buntsandsteingebiet, in der Regel bewaldet. Sie sind häufig sauer und basenarm (z. B. im Weserbergland pH (KCl) 3,2–3,8, V 1–7 %). In abflußlosen Lagen der Ostabdachung des Schwarzwaldes liegen auf alten wasserstauenden Verwitterungsdecken des Buntsandsteins die „Missen". Diese armen Standorte weisen – meist vermoorte – Stagnogleye auf. Stagnogleye treten auch in der südöstlichen Altmoräne des südwestdeutschen Alpenvorlandes auf. Im sächsischen Erzgebirge sind sie kleinflächig in Abhängigkeit vom geologisch bedingten Relief anzutreffen.

7.3.1.9 Kolluvisole (Ah/M/II-Profil)

Typen: Kolluvium (fluviatiles Kolluvium) und **Äolium** (äolisches Kolluvium).

Kolluvialböden bilden sich u. a. in Abtragungsmaterial an Hangfüßen und in Senken. Teilweise stammt das Substrat somit von Böden höher gelegener Landschaftsteile (Bodensedimente). Kolluviales Material wurde über kurze Strecken von Wasser oder Wind transportiert, es erreicht Mächtigkeiten von > 40 cm. Darunter liegt der ehemalige Boden als alte Oberfläche. Kolluvisole sind häufig durch Erosion nach Waldrodung oder nach Vergrößerung der Ackerflächen entstanden.

Die Böden lassen sich statt durch einen eigenen Bodentyp auch durch den jeweils vorliegenden Bodentyp (z. B. Podsol, Parabraunerde) in Kombination mit dem Substrattyp kennzeichnen.

7.3.2 Semiterrestrische Böden (Grundwasser- und Überflutungsböden)

Die Abteilung der semiterrestrischen Böden wird in drei Bodenklassen untergliedert. Sie sind gekennzeichnet durch starken Grundwassereinfluß, z. T. stark schwankenden Grundwasserstand oder durch Überflutung und Überstauung (Druckwasser hinter Deichen). Das Grundwasser steht höher als 1,3 m u. Fl., zeitweilig reicht der geschlossene Kapillarsaum bis 4 dm u. Fl. Nach dem jährlichen Schwankungsbereich des Grundwassers im Boden und den damit verbundenen Redoxprozessen (s. 5.2.5) wird zwischen Auenböden und Gleyen unterschieden. Zu den Böden mit Überflutung gehören Auen- und Marschböden. Marschböden bilden sich im Küstenbereich unter dem Einfluß der Gezeiten.

7.3.2.1 Klasse: Auenböden

Unter diesem Namen (Bezeichnungen nach Kubiena; FAO: Fluvisols) werden die Bodenbildungen auf Auensedimenten (holozän, fluviatil) in den Talebenen (den von Überschwemmungen beeinflußten Auen) der Flüsse und größeren Bäche zusammengefaßt. Die höher gelegenen Flußterrassen gehören nicht zur Flußaue.

In langen Abschnitten der Kaltzeiten schotterten die Flüsse auf (geringere Wassermengen). Die holozänen Alluvionen ruhen häufig auf Schottern der reduzierten weichseleiszeitlichen Niederterrasse. Im Hangenden ist eine mehrgliedrige, 1 bis 5 m mächtige Auenlehmdecke entwickelt. Die Sedimentation des Auenlehms setzte im stärkeren Umfang im jüngeren Alleröd bis ins Boreal ein (anthropogen unbeeinflußt) und wiederholte sich jeweils nach den einzelnen Rodungsperioden (mittelalterliche Periode ab etwa 500 n. d. Z. und 15. Jahrhundert). Am mächtigsten und am weitesten verbreitet ist der im Subatlantikum entstandene Jüngere Auenlehm.

Die Entstehung von Böden in Auenlandschaften ist durch Überschwemmungs- und Grundwassereinflüsse sowie Überstauungen gekennzeichnet. Entscheidende Standortfaktoren sind die Tiefenlage und chemische Qualität des Grundwassers, das Eintreten von Überflutungen und die Wasserkapazität des Bodensubstrats (für die Hartholzstufe). Das Grundwasser schwankt stark in Abhängigkeit vom Flußwasserspiegel. In Mitteleuropa sind die Auenböden häufig eingedeicht, teilweise wird ihr Wasserhaushalt reguliert. Nach Eindeichung können die Böden bei Ansteigen des Grundwasserspiegels durch „Qualmwasser" (Druckwasser) überstaut werden, das bei Abnahme des Wasserstandes nur langsam durch Versickerung und Verdunstung zurückgeht. Damit sind die Böden anthropomorph verändert.

Das Substrat der Auenböden wechselt mit dem Einzugsgebiet. Am Rande der Hochgebirge bestehen die Ablagerungen aus Gesteinsschutt, in dem sich autochthone Auenböden entwickeln. In Mitteldeutschland sind schluffreiche Auenlehme (bis 80 % Schluff) verbreitet. In Richtung auf die Flußmündung nimmt der Feinheitsgrad der Sedimente zu. In den Flußniederungen beginnen die Ablagerungen im Liegenden mit gerundeten Schottern, darüber folgen Kiese bzw. Sande, und den Abschluß bildet eine bei Hochwasser abgelagerte Hochflutlehmdecke von < 1,5–2,5 m Mächtigkeit. Tiefgründige Hochflutlehme in den Mittel- und Hochlagen der Aue besitzen in der Regel ein Ah/Bv/Go-Profil. Die Bodenbildung erfolgt bei Auenböden diskontinuierlich, sie wird immer wieder durch Prozesse der Sedimentation und Erosion unterbrochen. Aus den erodierten Bodensedimenten bildeten sich anderenorts allochthone Auenböden.

Auenböden weisen im Frühjahr einen hohen, im Sommer einen tiefen Grundwasserstand auf. Die intensive Durchlüftung bei tiefem Grundwasserstand läßt im oberen

Profilteil keine Fleckenbildung entstehen. Erst unter dem Kapillarsaum, der meist tiefer als 80 cm liegt, treten geschlossene Gleyhorizonte auf. Ein Gr-Horizont ist wegen des Sauerstoffreichtums des fließenden Grundwassers selten entwickelt, selbst der Go-Horizont ist meist schwach ausgebildet.

Entwickelte Auenböden besitzen vorwiegend hohe Wasserkapazität, hohe Basensättigung sowie hohe biologische Aktivität und sind demzufolge sehr fruchtbar. Die besten Böden befinden sich auf Schwemmland der größeren Täler, da sich hier Böden eines höheren Reifegrades als im Gebirge entwickeln konnten.

Vorkommen: In unmittelbarer Flußnähe liegt die gehölzfreie Aue, an die sich die **Weichholzaue** mit Weiden und Pappeln bis zur mittleren Hochwasserlinie und oberhalb davon die **Hartholzaue** mit Baumarten wie Stieleiche, Ulme, Hainbuche und Traubenkirsche anschließt. Die Silberweide verträgt langzeitige Überschwemmung. In der Hartholzaue liegt der mittlere Grundwasserstand unterhalb des Hauptwurzelraumes.

Auen haben Bedeutung für den Hochwasserschutz. Mit der Begradigung und Einbettung der Flüsse sowie der wirtschaftlichen Entwicklung ging die Fläche der Auenböden seit der Mitte des 19. Jahrhunderts stark zurück. Kaum 10 % der flußbegleitenden Auenwälder sind in Deutschland noch erhalten, am Oberrhein sind es nur noch 2 %.

Im mitteleuropäischen Raum treten Auenböden entlang der meisten Flüsse auf. Beispiele sind die Donau-, Elbe-, Saale-, Elster-, Helme-, Unstrut- und Leine-Aue sowie die Auen der Täler der Niederrheinischen Bucht. Im Bereich der Hochgebirge findet sich auf wenig verwittertem Ausgangsmaterial der Auenrohboden (Rambla) bzw. der Junge Auenboden (z. B. Kalkpaternia im Oberlauf der Isar) und auf besonders kalkreichen Sedimenten der Rendzinaartige Auenboden (Borowina).

Typ: Rambla (Auensilicatrohboden und Auencarbonatrohboden) – aAi/aC/aG-Profil aus jungem Flußsediment.

An den Unterläufen der Flüsse ist der Braune Auenboden (Vega) weit verbreitet; gelegentlich treten auch Schwarzerdeartige Auenböden auf. Letztere sind in den Flußauen der Schwarzerde- und Lößgebiete anzutreffen, ferner in der Donau- und Weichselniederung.

Typ: Vega (Braunauenboden, umfaßt Autochthone Vega und Allochthone Vega; Tab. 7.8) aAh/aM/IIaC (aG). Dieser braune Auenboden ist ein in Mitteldeutschland verbreiteter Bodentyp auf Substraten von Ton bis sandiger Lehm (z. B. Aue der Weißen Elster, pH (KCl) 5,6–6,7, C/N 9, V 70–100 %). Grundwassereinfluß ist ab 8–9 dm

Tab. 7.8: Bodentyp Vega mit der Humusform Mull; Weißeritzaue, Revier Tharandt. Naturschutzgebiet; Grundgestein: Holozäne Talsedimente (Auenlehm über verlagertem Gneis- und Quarzporphyrmaterial). Bestockung: (Erlen-)Ahorn-Eschen-Mischbestand.

Schicht	Horizont	Tiefe [cm]	pH (H$_2$O)	T [cmol$_c$ · kg^{-1}]	V [%]	Ges.-Ca [%]	C [%]	C/N
I	Ah1	0– 10	4,6	33,9	65	0,67	3,8	14
I	Ah2	10– 35	5,0	26,8	85	0,72	1,6	10
I	Bv	35– 55	5,3	38,2	85	0,30	1,0	9
II	Go1	55– 90	5,5	30,6	80	0,20	-	-
III	Go2	90–135	5,1	18,1	83	0,14	-	-

unter Flur möglich. Die Bodenentwicklung ist in dem braunen Substrat schwach ausgeprägt. Der M-Horizont zeichnet sich durch ein polyedrisches bis prismatisches Bodengefüge aus (Gefügeumbildungshorizont). Bei höherem Grundwasserstand entsteht ein Auengley.
Typ: Tschernitza (Schwarzerdeartiger Auenboden; FAO: Mollic Fluvisol). Der Bodentyp tritt u. a. im Thüringer Becken und im Bekatal bei Göttingen auf (pH 7, C/N 12–13, V 95 %).
Nutzung: als Wald oder Grünland, nach Eindeichung auch als Ackerland.

7.3.2.2 Klasse: Gleye

Typ: Gley. Der Name Gley entstammt der russischen bodenkundlichen Literatur und bedeutet soviel wie schlammige Bodenmasse (FAO: Gleysols). Die Böden mit Ah/Go/Gr-Profil sind das Ergebnis des Vergleyungsprozesses (s. 5.2.5) bei hohem Grundwasserstand mit geringer Schwankungsamplitude.

Bei den Gleyen folgt unter dem schwarzen stark humosen Ah-Horizont gewöhnlich ein rostfleckiger bis roststreifiger Go-Horizont, der sich deutlich vom darunterliegenden weißgrauen bis bläulichen Gr-Horizont abhebt (rH ≤ 19; Abb. 7.13, s. Farbtafeln). Nur gering schwankendes Grundwasser fördert an der Grenze zwischen Go- und Gr-Horizont die Bildung von Raseneisenstein (s. 3.1.1.3; Subtyp Brauneisengley).

Die vorwiegend quartärzeitlichen Lockersedimente, in denen sich Gleye bilden, variieren in der Körnung von feinerdearmen Kiesen und Schottern bis zu schluffig-tonigen Lehmen. Carbonat- und sauerstoffreiches, nicht zu hoch anstehendes Grundwasser fördert die biologische Aktivität und damit die Zersetzungsbedingungen für die organische Substanz. Bei neutraler bis schwach saurer Reaktion bilden sich die Humusformen Mull und Moder, bei hoch anstehendem, sauerstoffarmem Grundwasser entstehen Rohhumus und Torfauflagen. Grundwassergüte und Humusform laufen unter natürlicher Bestockung weitgehend parallel, weshalb man die Gleyböden ökologisch in Mull-, Moder- und Rohhumusgleye gliedert. Nach künstlicher Absenkung des Grundwassers verändert sich bei den Gleyen der Humusgehalt des Ah-Horizontes sehr rasch, während der Oxidationshorizont noch sehr lange erhalten bleibt. Gleye kommen in Tälern, Niederungen, z. B. Talsandgebieten, sowie Hanglagen und im Einflußbereich von Quellaustritten vor.

Beim Gley existieren zahlreiche **Subtypen**, z. B. Oxygley (Ah/Go, ohne Gr-Horizont) und Kalkgley mit Sekundärcarbonat (Gco). Bei den Semigleyen sind zwischen A- und G-Horizont Horizonte terrestrischer Böden eingeschaltet, z. B. Podsol-Gley mit Ah/Ae/Bhs-Go/Gr-Profil (u. a. im Emsland) und Braunerde-Gley mit Ah/Bv/Bv-Go/Gr-Profil.
Die Varietäten berücksichtigen u. a. Humus und Basen (Beispiele: Mullgley, Eutropher Gley).

Typ: Naßgley (Go-Ah/Gr-Profil), Grundwasser lange nahe der Oberfläche, Humusgehalt < 15 %. Vorkommen u. a. im Unterspreewald.
Typ: Anmoorgley Go-Aa/Gr-Profil (Humusgehalt 15–30 %, Anmoor). Das ganzjährige, hohe Wasserangebot und die im Frühjahr bis an die Oberfläche reichende Nässe bedingen eine schlechte Durchlüftung und eine Anhäufung organischer Substanz. Je nach dem Basengehalt werden oligotrophe, mesotrophe und eutrophe Anmoorgleye unterschieden.
Typ: Moorgley H/IIGr-Profil (Humusgehalt > 30 %, organische Auflage bis 30 cm mächtig). Das Grundwasser steht lange nahe der Oberfläche. Als Subtypen werden Hoch-, Nieder- und Hangmoorgley ausgeschieden. Im Bereich von Quellaustritten entstehen Böden mit starker und meist ständiger Vernässung (Quellenmoorgley).

7.3.2.3 Klasse: Marschen

Marsch ist die Landschaftsbezeichnung für den niedrig gelegenen Küstensaum der Nordsee. Die Bezeichnung Marsch ist für die hier vorkommenden, grundwassernahen, schweren Böden des Gezeitenbereiches mit Ah/Go/Gr-Profil übernommen worden. Die Böden bilden sich in Meeressedimenten (zunächst Na-, später Ca-Belegung) und Flußsedimenten des Deltabereichs (Mg Belegung) bzw. in marinen, brackischen oder tidalfluviatilen Sedimenten aus. Marschböden weisen Sedimentationslagen unterschiedlicher Körnung sowie öfter fossile Ah-Horizonte auf. In ihrer Morphologie ähneln sie den Gleyen. Allgemein lassen sich die Marschböden gliedern in salzhaltige oder kalkreiche Böden, oberhalb 3–4 dm kalkfreie unverdichtete oder verdichtete Böden, in solche mit verdichteten fossilen Ah- oder Go-Horizonten (Dwog), in stark verdichtete Böden mit solonetzartigem S-Horizont und stark versauerte, an Pflanzenresten reiche Böden. Marschböden sind durch die Eindeichung meist anthropomorph verändert.
Schlick setzt sich aus wechselnden Anteilen Feinsand, Schluff und Ton sowie Salz, Kalk, Sulfiden und organischer Substanz zusammen. Sturmfluten führen zu Übersandungen der feinkörnigen Sedimente. Durch Aufschlickung wächst der Schlick zum **Watt**, einer Grenzbildung zwischen Boden und Sediment. Diese Sedimente des jüngeren Holozäns bestehen aus Quarz, Silicaten, Kalk und organischer Substanz und weisen eine stark wechselnde Schichtung und Körnung (tonfreier Feinsand bis schwerer Ton) auf. Fraktionen > 100 μm fehlen fast gänzlich. Mit zunehmendem Tonanteil steigt der Gehalt an organischer Substanz bis zu 10–15 % an. Der Carbonatanteil kann anfangs 30–35 % betragen, geht aber durch die Bildung von Schwefelsäure unter oxidativen Bedingungen zurück. Aufgrund häufiger Überflutungen und damit erneuter Sedimentation ist die Bodenbildung nicht weit fortgeschritten. Der hohe Grundwasserstand (See-, Brack- und Flußwasser) geht mit der Tide konform. Der Tidenhub beträgt an der deutschen Nordseeküste 2,5–3,5 m.
Während der Schlickphase werden Meerwassersulfate durch Mikroorganismen im Schlick reduziert und schwerlösliche Eisensulfide und elementarer S akkumuliert. In der Entwicklung der Marschen vom reduzierten, blauschwarzen Schlick bis zum belüfteten und oxidierten, graubraun gefärbten „Koogboden" unterliegen die vom Redoxpotential abhängigen Elemente

S, Fe und Mn, die vorwiegend die Farbe der Schlicke und Böden bestimmen, in ihren Gehalten, Oxydationsstufen und Bindungsformen großen Veränderungen.
Für die Genese der Marschen und ihre Entkalkung ist besonders die **Schwefelmetabolik** charakteristisch. In Abhängigkeit von den jeweils herrschenden Redoxpotentialen und pH-Werten treten S-Verbindungen unterschiedlicher Oxidationsstufen und Bindungsformen auf.
Die Umwandlung von FeS durch Oxidation erfolgt stufenweise und entspricht der Gesamtgleichung

$$4FeS + 6H_2O + 9O_2 \rightarrow 4H_2SO_4 + 4FeOOH$$

Bei der Oxidation von FeS wird zuerst das Sulfid zu elementarem Schwefel und dann das zweiwertige Fe zu dreiwertigem umgeformt. Anschließend erfolgt die Oxydation des elementaren Schwefels zu Schwefelsäure. Die Schwefelsäure zerstört Carbonate in äquivalenten Mengen.

$$S^{--} = S^0 + 2\,e$$

$$Fe^{++} = Fe^{3+} + e$$

$$2S^0 + 2H_2O + 3O_2 \rightarrow 2H_2SO_4$$

$$H_2SO_4 + CaCO_3 \rightarrow CaSO_4 + CO_2 + H_2O$$

Bei langer Entwicklungszeit im Vorland der Deiche und alternierend auftretenden Reduktions- und Oxidationsphasen können bereits im Einflußbereich des Meeres carbonatfreie Böden entstehen.
Die Untergliederung in Bodentypen erfolgt im Folgenden nach Bodenmerkmalen, sie kann auch nach sedimentationsbedingten Landschaftsräumen (**See-, Brack-, Fluß- und Moormarsch**) oder dem Bodenalter (**Roh-, Jung- und Altmarsch**) erfolgen. Die Brackmarschen sind durch Sedimentation in stärker salzhaltigem Wasser entstanden. Flußmarschen entstehen im Gezeiten-Rückstau in Flußmündungen mit starkem Gezeiteneinfluß. Ihr Salzgehalt ist gering, die Sedimente sind meist kalkfrei. Die Flußmarsch nimmt 40 % der Wesermarsch ein. Moormarschen sind flußnahe Niedermoore, deren Schlickdecke < 4 dm ist. Die Sedimente sind kalkarm.

Typ: Rohmarsch (Salzmarsch) mit Go-Ah/Gr-Profil. Der Boden (auch Vorlandmarsch genannt, vor den Deichen gelegen) weist noch in allen Horizonten einen Salzgehalt auf, der aber im Vergleich zum Wattschlick erniedrigt ist (z. B. 4–6 mval Na/100g). Der Oberboden ist bereits bis in eine Tiefe von 70 cm belüftet. Die Oxidation der reduzierten Schwefelverbindungen beschleunigt die Entkalkung. Der Ges.-S weist mit Gehalten bis 5 ‰ in den belüfteten Oberböden sehr viel niedrigere Werte auf als in den Schlicken (bis 13 ‰). Nach Besiedlung mit höheren Pflanzen (Halophyten) setzen intensive Mineralisierungsprozesse ein, die ebenfalls eine Auflösung der Carbonate bewirken. Die Salze sind in wenigen Jahren ausgewaschen. Der pH-Wert liegt um den Neutralpunkt.

Typ: Kalkmarsch mit Ah/Go/Gr-Profil. In der Kalkmarsch (Seemarsch) sind die Salze im Ah- und Go-Horizont ausgewaschen, die Entkalkungsvorgänge aber noch nicht abgeschlossen (Dauer etwa 100 Jahre; Entkalkungstiefe < 4 dm). Durch die Belegung des Sorptionskomplexes mit Ca-Ionen (etwa 10–20 mval Ca/100 g) ist ein sehr günstiges Bodengefüge vorhanden. Die Böden können daher sehr fruchtbar sein. Der Na-Gehalt des Sorptionskomplexes ist auf ≤ 0,1 mval/100g gefallen.

Kleimarsch mit Ah/Go-Bv/Gr-Profil. In diesen See- und Brackmarschen (Entkalkungstiefe > 4 dm) sind Entkalkung, Versauerung und Silicatverwitterung soweit fortgeschritten, daß die Prozesse der Verbraunung und Tonmineralbildung einsetzen. Unter dem Ah- entwickelt sich ein Bv-Horizont (pH (KCl) um 4,8).

Typ: Knickmarsch mit Ah/Sw/Sq/Gr-Profil. Dieser staunasse Marschboden mit Knickhorizont (Sq, > 2 dm) entspricht einer Knick-Brackmarsch. Im Oberboden weist die Knickmarsch etwa die gleichen Verhältnisse wie die Kleimarsch auf. Die Durchlässigkeit des Bodens wird aber sehr stark durch den Knick in 30–70 cm Tiefe beeinträchtigt (kf etwa 1 cm d^{-1}), der zu Staunässe führt. Als Knick werden tonreiche Unterbodenhorizonte oder Schichten bezeichnet, die durch Sedimentation oder Tonverlagerung entstanden sind und bei Na- und Mg-Belegung den Boden undurchlässig machen (Abb. 7.14). Carbonat tritt erst unterhalb 7 dm auf.

Abb. 7.14: Marschboden mit Knick unter Grünland, Nordseeküste.

Typ: Organomarsch – oft mit Zwischenlagen von Torf und Mudde (Torfmarsch, Moormarsch) – tritt im Übergang von der Marsch- zur Geestlandschaft auf. Eine geringmächtige Kleidecke (stark sauer) überlagert Torfschichten des Nieder- oder Hochmoores (Ah/Go/HGr/H- bzw. oAh/oGo/oGr-Profil mit H Torf und o organisch, sedimentär).

7.3.3 Subhydrische Böden und Moorböden

In der Tideregion der Meeresküste befinden sich semisubhydrische Böden. Erwähnt seien die **Wattböden** an der Nordseeküste (Bodentyp: Watt; s. 7.3.2.3). Sie besitzen einen F-Horizont und sind weitgehend vegetationsfrei. Im Küstenbereich liegt das Schlickwatt, das meerwärts über ein Mischwatt in ein Sandwatt übergeht.

In den Binnengewässern liegen die subhydrischen Bodentypen (Unterwasserböden) **Dy, Sapropel und Gyttja** vor. Sie besitzen für Südschweden größere Bedeutung. Ihre organogenen Unterwasserbildungen werden als F-Horizont bezeichnet.

Typ: Dy bildet sich aus dunkelbraunen Humusgelen in sauren nährstoffarmen Gewässern.

Typ: Sapropel entsteht in sauerstoffarmen Gewässern, in denen sich schwärzlicher Faulschlamm absetzt und Methan und Schwefelwasserstoff bilden.

Typ: Gyttja tritt in nährstoffreichen, gut belüfteten Gewässern auf und besteht aus einem chlorophyllhaltigen Schlamm, der reich an Organismen ist.

Da sich das skandinavische Festland seit 10 000 Jahren hebt, haben sich hier Unterwasserböden wie Gyttja in Richtung terrestrische Böden umgewandelt.

Abteilung: Moore

Das Substrat dieser Böden, der Torf, ist als geologisches Material zu betrachten (s. 4.1.2.2). Die typologische Benennung der Böden geht auf die gleichnamigen Landschaftsbezeichnungen zurück. Moorböden sind hydromorphe Böden mit > 2–3 dm Torfauflage und > 30 % Humus oberhalb 8 dm unter Flur. Im Vergleich zu Mineralböden sind Moorböden (FAO: Histosole) instabile Systeme.

7.3.3.1 Klasse: Natürliche Moore

Typ: Hochmoor. Das Hochmoor entsteht unabhängig vom Grundwasser, es ist niederschlagsbedingt und wird daher auch ombrogenes Moor oder Niederschlagsmoor genannt. Der Profilaufbau läßt eine Dreigliederung erkennen. Unter dem nach Entwässerung auftretenden Vererdungshorizont folgt der wenig zersetzte Weißtorf, der durch einen „Grenzhorizont" vom darunter liegenden stark zersetzten Schwarztorf abgesetzt ist.

Das Hochmoor besitzt etwa 86–99 % organische Substanz (Weißtorf 52, Schwarztorf 58 Gew.-% Ct bei einem C/N-Verhältnis von 60 bzw. 40–50) und 1–4 % mineralische Bestandteile. Hochmoorböden sind stark sauer (pH (KCl) 2,5–3,5). H-Ionen dominieren am Sorptionskomplex, die KAK ist stark pH-abhängig. Al-Ionen fehlen. Kulturpflanzen wachsen deshalb schon ab pH 3,5 gut.

Im Hochmoor beherrscht die Nässe den bodenphysikalischen Zustand. Grobporenvolumen, Wasserhaltevermögen und horizontale Wasserdurchlässigkeit sind hoch. Weißtorf kann das 7–9fache seiner Trockenmasse an Wasser aufnehmen. Der Boden ist sauerstoffarm und weist nur eine schwach entwickelte Mikroflora auf, so daß der Torf, wie allgemein organische Substanzen, konserviert wird.

Werden Hochmoore entwässert, so verändern sich die oberflächennahen Lagen durch aerobe Zersetzungsvorgänge im Weißtorf unter Grünland. An den Zersetzungsvorgängen sind Pilze und Milben besonders beteiligt. Mit der Zeit entwickelt sich eine stark zersetzte Lage zwischen dem Wurzelfilz und dem unveränderten Torf.

Die Porenvolumina schwach zersetzter Hochmoortorfe sind in noch nicht entwässerten Mooren extrem hoch (unveränderter Weißtorf 95 % Porenvolumen). Sie werden durch die nach der Entwässerung ablaufende Sackung stark vermindert. Die aerobe Umwandlung fördert die Verdichtung. Das Material, in das der Weißtorf nahe der Oberfläche übergeht, ist relativ krümelig und zerfällt leicht im trockenen Zustand.

Auf den nährstoffarmen, sauren Hochmoorböden (dystric histosol) können nur wenige Pflanzenarten gedeihen (Torfmoose oder Sphagnen, Scheidiges Wollgras oder *Eriophorum vaginatum*, Moosbeere oder *Oxycoccus quadripetalus*). Ungestörte Hochmoore bieten Sträuchern und Bäumen sehr schlechte Wuchsbedingungen oder sind baumfrei.

Typ: Niedermoor. Im Gegensatz zu Hochmooren werden **Flachmoore** (Niedermoore) nicht vom Regenwasser, sondern von mineralhaltigem Bodenwasser gespeist (Hang-, Bach-, See- und Grundwasser). Flachmoore passen sich dem Gelände an, müssen also nicht flach sein. Aufgrund günstigerer chemischer Verhältnisse (eutric histosol) ist die Flora artenreicher als auf Hochmooren.

Niedermoore bildeten sich im Holozän. Das Profil gliedert sich in einzelne Torfhorizonte, die sich hinsichtlich Ausgangsmaterial, Zersetzungsgrad und Farbe unterscheiden (Abb. 7.15). Nährstoff- und basenreiche Niedermoortorfe sind meist stark humifiziert. Der obere grauschwarze Horizont ist gewöhnlich gut zersetzt.

Abb. 7.15: Niedermoor unter Grünland, NO-Deutschland (Wasserspiegel für die Aufnahme abgesenkt).

Die physikalischen Eigenschaften des Niedermoors werden vom Wasser bestimmt. Infolge des hohen Porenvolumens (75–90 %) ist das Wasserhaltevermögen groß. Niedermoorböden können bis zum 2fachen ihres Trockengewichtes an Wasser festhalten. Sie erwärmen sich daher nur langsam und erleiden durch Verdunstung große Wärmeverluste. Die Böden sind kalt und frostgefährdet.

Die chemischen Eigenschaften sind vom Nährstoffgehalt des Grundwassers und der Art des pflanzlichen Ausgangsmaterials abhängig. Niedermoor enthält 60–95 % organische und 5–40 % anorganische Stoffe. Die Stickstoffversorgung ist meist gut (C/N 10–30 bzw. 14–21), die Kalium- und Phosphorversorgung ungenügend (K 0,1–0,5 mval/100 g). Nach dem Kalkgehalt unterscheidet man Niedermoore mit hoher, mittlerer und geringer Basensättigung. Die Bodenreaktion ist schwach alkalisch bis schwach sauer (pH 6–8). Bei Fehlen von Carbonat beträgt sie pH 5–6,5. Basenreiche Niedermoore können einen hohen Regenwurmbesatz aufweisen.

Die **Bodenformen** unterscheiden sich durch ihre Torfmächtigkeit, vorhandene oder fehlende Muddeunterlagerung des Torfes oder anthropogene Veränderung. Die Muddeschichten können als Mineralmudde (Schluff-, Lehmmudde) oder Torfmudde ausgebildet sein. Durch Inkulturnahme wurden viele Niedermoore in Anmoore umgewandelt. Der Humusschwund ist irreversibel. Vorkommen: in Urstromtälern (Tälern) und Niederungen (Ried, Fehn), vorwiegend in Ostdeutschland, z. B. in der Havelländischen Niederung. Nutzung als Grünlandstandorte.

Typ: Übergangsmoore sind bezüglich Wasser- und Nährstoffhaushalt zwischen den Hoch- und Flachmooren einzuordnen. Sie werden teils vom Regenwasser, teils vom Mineralbodenwasser vernäßt. Das Übergangsmoor wird auch als Zwischenmoor bezeichnet. Der pH-Wert des Bodens liegt zwischen 4 und 6.

7.3.4 Anthropogene Böden

Diese Böden sind durch einen sehr deutlichen menschlichen Einfluß (bis 50 cm Tiefe, Verlust der ursprünglichen Horizontabfolge) entstanden (FAO: Anthrosol). Sie treten vorwiegend in Stadt-, Industrie-, Verkehrs- und Bergbaugebieten auf. Anthropogene Veränderungen der Böden werden u. a. durch Entwässerung, Bewässerung, Tiefkultur und Versiegelung hervorgerufen. Normale Ackerböden (Ap-Horizont) gehören nicht hierzu. Anthropogene Böden bilden als künstliche Böden das Gegenstück zu den natürlichen Böden und erfordern eine eigene Systematik wie auch besondere Untersuchungsmethoden. Böden in urban-industriell geprägten Räumen zeichnen sich häufig durch fehlende Horizontausbildung, starke Verdichtung, große horizontale und vertikale Substratvariabilität und Substratschichtung, hohe Carbonat- und erhöhte Schadstoffgehalte (Schwermetalle) aus. Böden aus Aschen, Schlacken, Hüttensanden und Schlämmen sind häufig stark alkalisch und weisen erhebliche Silicatanteile auf. Dadurch können größere Mengen an Si und Al freigesetzt werden. Unter dem Begriff **Stadtböden** (urbane Böden) faßt man urban, gewerblich, industriell und montan überformte Flächen zusammen.

Die Klassifizierung anthropogener Böden befindet sich noch im Fluß. Die Abteilung der Anthropogenen Böden kann in die Klassen der Terrestrischen Kultosole, Moorkultosole, Bergbauböden (Bergeböden), Auftragsböden (Deposole), Versiegelte Böden, Bewässerungsböden und Reduktosole untergliedert werden.

Die ursprüngliche Horizontfolge einiger Kultosole wurde durch die Bodenkultur weitgehend zerstört. Hierher gehören u. a. Plaggenesch, Hortisol (tiefgründiger Gartenboden) und Rigosol. Die Moorkultosole umfassen die Böden der Fehn-, Sanddeck- und Sandmischkultur. Bergbauböden entstehen im Ergebnis des Erz-, Stein- und Kohlebergbaus. Hinzu kommen in urbanen Gebieten die Auf-, Abtrags- und Eindringböden (Depo-, Denu- und Intrusole). Ihre Substratzusammensetzung ist mannigfaltig. Zu den Bewässerungsböden zählen die Reis- und Rieselfeldböden.

7.3.4.1 Terrestrische anthropogene Böden (Terrestrische Kultosole)

Hierher gehören Böden in Stadt-, Industrie-, Verkehrs- und Bergbaugebieten.

Abtragsböden (Denusole) entstehen aus dem nach Abtrag verbliebenen Material. Sie können das Ergebnis einer Reliefmelioration sein, bei der die Oberfläche durch Planieren oder Terrassieren für die Nutzung verbessert wird.

Auftragsböden (Deposole) mit natürlichem und künstlichem Auftragssubstrat Y. Montan-industrielle Standorte bestehen häufig aus aufgeschütteten technogenen Substraten wie Schlacken, Aschen, Bergematerial (mit 5–15 % Kohle beim Steinkohlenbergbau neben Sandstein und Schieferton; pH zu Beginn 8–9, bei Pyritgehalt Absinken auf pH 3), Industrieschlämme, Hafenschlick in Spülfeldern, Bauschutt und Müll, die skelettreich und mit Bodenaushub vermischt sein können. Die Substate können hohe Schadstoffgehalte besitzen. Skelettreiche Böden aus Bau- und Trümmerschutt entstanden im Innenbereich der im 2. Weltkrieg zerstörten Städte. Als Bodentypen können sich Lockersyrosem und Rendzina sowie Reduktosol entwickeln. Zu den Auftragsböden gehört auch der Plaggenesch.

Plaggenesch (Ah,Ap/E/II-Profil, E für Esch, hofnahe Ackerfläche) als Ergebnis der Plaggenwirtschaft in Ortsnähe ist hauptsächlich zwischen Weser und Ems und in den Niederlanden verbreitet. Die Mächtigkeit der Auflage variiert zwischen < 4–15 (7–8) dm. Der Boden ist grau, graubraun oder braun (Varietäten). Unter der Plaggenauflage kann ein alter Eisen-Humus-Podsol aus Sand ausgebildet sein. Der mächtige humose Oberboden des Plaggeneschs ist das Ergebnis einer schwachen Zersetzung der organischen Substanz, bedingt durch die saure Bodenreaktion und das schwer zersetzliche Pflanzenmaterial.

Typischer Plaggenesch mit Ap/E/II fAe/Bhs/C-Profil (Plaggenesch über Podsolprofil) entstand durch jahrhundertelangen Auftrag von Heide- oder Grasplaggen, vermischt mit Stalldung (Plaggendüngung), bis zur Mitte des vorigen Jahrhunderts.

Agrosole (Ap1-Ap2/C-Profil) sind z. B. aus Sandböden durch Vertiefung der Akkerkrume (> 30 cm) mittels Bodenbearbeitung und Humusanreicherung entstanden.

Hortisol (Gartenschwarzerde Ap/Ex/C-Profil mit Ex als aus Kompostmaterial entstandener Horizont mit starker Bioturbation) ist ein alter, intensiv kultivierter, nährstoffreicher, schwach saurer bis neutraler Gartenboden (starke Bearbeitung und organische Düngung mit Kompost, Torf und Fäkalien, hohe biologische Aktivität) mit Ah > 40 cm und > 4 % organische Substanz. Hortisole treten in Hausgärten sowie Kleingärten in Stadtrandlage auf. Der Oberboden zeichnet sich durch einen besonders hohen P-Gehalt aus.

Rigosol (R-Ap/R/C- oder R/C-Profil; mit R-Ap als regelmäßig bearbeiteter oberer Teil des R-Horizontes) entsteht durch turnusgemäßes Rigolen (tiefes Umgraben oder Umbrechen). Beispiele sind Weinbergsböden, Friedhofsböden, ferner Böden bei der Fehnkultur abgetorfter Hochmoore. Bei ihnen ist durch tiefe Bodenbearbeitung, z. B. Tiefpflügen, die Horizontabfolge verlorengegangen.

Tiefumbruchboden, Treposol. Durch einmaliges Tiefpflügen entstandene Ackerböden, bei dem ein tiefer gelegener, die Bodenkultur störender Horizont unterfahren wurde (z. B. Ortsteinhorizont, fester Go-Horizont, Bt-Horizont). Für einen Heidekulturboden aus Podsol ergibt sich folgende Horizontierung: R-Ap/R+Bhs/C.

Bergbauböden bilden sich in Gebieten mit Untertagebau aus abgelagertem Bergematerial und in Gebieten mit Tagebau auf Kippen. Bei der Erzaufarbeitung entstehen Spülfelder bzw. Sedimentationsteiche, die sich durch Dichtlagerung, extreme pH-Werte und toxische Substanzen auszeichnen. Bergbauböden lassen sich durch ihre Entstehungsweise und ihre Substratmerkmale kennzeichnen. Sie weisen nicht nur durch den Bergbau, sondern auch durch Sanierung und Rekultivierung unterschiedliche Voraussetzungen für die Bodenbildung auf. Besonderheiten können der Grobbodenreichtum (Leptosole) oder der Sulfidgehalt (Sulfosole) sein, was ein verringertes Feinbodenvolumen oder eine extreme Versauerung (Schwefelsäure) zur Folge hat. So versauert der S- Gehalt der Kohlebeimengungen die sonst meist neutralen Böden.

Beispiel:
Kippböden. Die Bodenformengliederung berücksichtigt u. a. Körnung, Kohle- und Kalkgehalt. Kippböden können durch Auftrag von Asche- und Kohlenstaub zusätzlich verändert sein. Die C-Anreicherung im Boden aus Kohlenstaub kann die aus pflanzlichem Material übertreffen. Der Ca- und Mg-Gehalt der Flugstäube führt zur Erhöhung des pH-Wertes und der Basensättigung sowie des Schwermetallgehaltes. Auf Kippen des Braunkohlenbergbaus im Süden Leipzigs (Großtagebau Espenhain) verkippte Quartärlehme (Kipp-Kalklehm, Kipp-Lehm) unterliegen als landwirtschaftliche Rekultivierungsflächen einer Bodenentwicklung (Ausbildung einer Ackerkrume). Junge Kippböden (Kipp-Lockersyroseme) sind im Profil morphologisch kaum differenziert. Schläge, die älter als 20 Jahre sind, besitzen demgegenüber einen deutlich ausgeprägten humosen Ap-Horizont. Der Unterkrumenbereich ist schon nach wenigen Bewirtschaftungsjahren stark verfestigt (Trockenrohdichte um 1,9 g cm^{-3}). In der Krume ist die Dichte infolge der Bodenbearbeitung dagegen verringert. Die Anreicherung mit organischer Substanz bleibt auch nach 22jähriger Rekultivierung auf den Pflughorizont beschränkt. Nach 20–40 Jahren sind Kipp-Regosole oder Kipp-Pararendzinen ausgebildet. Die Grenze zwischen diesen Böden und dem vorangehenden Kipp-Rohboden (Syrosem) liegt bei praxisüblicher

Bewirtschaftung zwischen dem 7. und 15. Rekultivierungsjahr. Bei bindigen Kipp-Böden, insbesondere bei Krumenbasisverdichtung, läuft die Entwicklung in Richtung Kipp-Staugley (Pseudogley).

Bewässerungsböden. Hierzu gehören Böden der Rieselfeldstandorte und manche Sportflächen sowie z. T. die Reisböden als hydromorphe Kulturböden.

Bei den **Reduktosolen** als Böden von Mülldeponien entstehen die redoximorphen Bodeneigenschaften nicht durch Wasserüberschuß und den damit verbundenen Luftmangel, sondern durch Gase wie Kohlendioxid und Methan, die den Sauerstoff verdrängen, oder durch Sauerstoffzehrung bei einem hohen Gehalt an leicht oxydierbaren organischen Substanzen. Hierher gehören auch die früher als Methanosol bezeichneten Böden, die über dicht gelagerten Deponien in den Abdeckschichten durch Eindringen von CH_4 entstehen. Ihre Yr-Horizonte besitzen Reduktionsfarben, ihre Yo-Horizonte sind durch Fe-Oxide rotbraun gefärbt. In gut durchlüfteten Bereichen mächtigerer Auflagedecken reichern sich methanverwertende (oxydierende) Bakterien an. Die Bodentypen-Bezeichnungen sind noch im Fluß.

Versiegelte Böden: Hier ist zwischen teil- und vollversiegelten Böden zu unterscheiden (s. 9.2.1.6)

7.3.4.2 Anthropogen veränderte Moorböden und kultivierte Moore

Bei intensiver landwirtschaftlicher Nutzung und anhaltender Entwässerung von flachgründigen Niedermooren (85 000 ha in NO-Deutschland) stellen sich relativ schnell Folgeböden ein, die von der Art des Untergrundmaterials (Sand, Lehm, Mudden) abhängig sind. So können u. a. Sand-Anmoor oder Sand-Humusgley entstehen.

Durch Entwässerung und Nutzung ändert sich die Wasser-, Gefüge- und Nährstoffdynamik der Moore, es kommt zur Vererdung und Vermulmung des Oberbodens. Die im Moorkörper entstehenden Bodentypen bilden die **Entwicklungsreihe Ried, Fen, Erdfen** und **Mulm**. Die Oberbodenhorizonte von Fen, Erdfen und Mulm leiten sich aus dem Gefüge und dem Humifizierungsgrad ihrer Torfe ab. Niedermoor des Bodentyps Erdfen ist für das Pflanzenwachstum optimal. Im Vererdungshorizont liegt stark zersetzter Torf mit Krümelgefüge vor. Die Vererdung der Moore ist das Ergebnis aerober Abbau- und Umwandlungs- bzw. Bodenbildungsprozesse. Als degradiert sollte Moorboden eingestuft werden, wenn im Oberboden vermulmter Torf und im Unterboden Klumpen- oder Bröckelgefüge auftritt. Im Vermulmungshorizont ist der Torf stark zersetzt, im trockenen Zustand pulverartig und schwer benetzbar. Die Lagerungsdichte des Ober- und Unterbodens steigt im Zuge der Bodenentwicklung vom Ried zum Mulm um 100–400 % an.

Typ: Erdniedermoor, entwässert, basenreich, vererdet.
Typ: Mulmniedermoor, entwässert, basenreich, vererdet, segregiert.
Typ: Erdhochmoor, entwässert, basenarm, vererdet.

Nach Teilabtorfung und Entwässerung bildet sich die gut zersetzte dunkelbraune Bunkerde als Oberboden. Erst durch kulturtechnische Eingriffe in Moore, wie tiefes Pflügen, Sandüberdeckung oder Vermischen von Torf und Sand entstehen **Moorkultosole**:

Moordeckkultur-Boden. Er ist das Ergebnis einer Sanddeckkultur, bei der eine 10–20 cm mächtige Deckschicht aus Sand oder sandigem Lehm meist über Niedermoor liegt. Die Überdeckung vermindert den Humusschwund und die Vermulmung, sie verbessert die Befahrbarkeit und das bodennahe Klima.

Moormischkultur-Boden: Er liegt bei geringmächtigem Hochmoor nach tiefem Pflügen (bis 2,5 m) meist als Mischung von Hochmoortorfen mit dem darunter liegenden Mineralboden (Sand) vor, z. B. als Sandmischkulturboden (Hochmoor-Treposol) im Emsland (s. 8.3.4). Die beim Pflügen entstehenden schräg liegenden Schichten werden in den obersten 30 cm durch normale Bodenbearbeitung gemischt. Acker- und Grünlandnutzung sind möglich.

7.3.5 Quartäre und präquartäre Paläoböden

Böden oder Bodenhorizonte, die in früheren Zeitabschnitten entstanden sind, bezeichnet man als Paläoböden. Sie haben für die Quartärstratigraphie, Archäologie und Paläoklimatologie als Zeitmarken und Klimaindikatoren Bedeutung. Böden sind somit Indikatoren globaler Klimaänderungen. Die Paläopedologie untersucht fossile und reliktische Böden sowie deren stratigraphische Stellung. **Fossile Böden** sind Paläoböden, die durch jüngere Sedimente oder Böden überdeckt wurden und sich dadurch nicht weiter entwickeln konnten (Abb. 7.16). **Reliktböden** sind dagegen Paläoböden, die sich im Wirkungsbereich rezenter Bodenbildung befinden. In Mitteleuropa interessieren Paläoböden des Quartär, Saprolite und Paläoböden auf alten Rumpfflächen sowie Paläoböden innerhalb mesozoischer Schichten (Trias, Jura, Kreide).

Vorkommen: Reste fossiler Pedo- oder Dekompositionssphären lagern auf alten Verebnungsflächen im Osterzgebirge. Im Hochflächenbereich des Buntsandsteins in Ostthüringen tritt als Ergebnis tropischer Verwitterung der kaolinisierte Buntsandstein auf. In Thüringen weisen die Hochflächen aus Ceratitenschichten des Oberen Muschelkalkes fossile, gelbliche, plastischtonige Verwitterungsprodukte auf. Im Thüringer Schiefergebirge sind Rotlehme das Ergebnis fossiler Verwitterung.

7.3.5.1 Klasse: Terrae calcis

Die Böden (Ah/T/C-Profil, Kalksteinlehme) liegen im Lösungsrückstand der Carbonatgesteine. Sie sind sehr tonreich, im oberen Profilteil weisen sie meist eine Lößbeimengung auf. Oft handelt es sich um umgelagerte Paläoböden (präholozänes Alter, z. B. Tertiär). Terra fusca und Terra rossa treten in Mitteleuropa und im Mittelmeerraum fossil wie reliktisch auf.

Abb. 7.16: Fossile Böden. a) Kolluviale Lößlehmschichten mit rezenten Ackerboden über alter Bodenbildung und bandkeramischer Grube (unten rechts).

b) Im unteren Teil begrabene, z. T. nachmittelalterlich erodierte Bodenbildung. Rechts unten: dunkle Abfallgrube der älteren Stichbandkeramik (etwa 3 900 v. u. Z.), darüber geschichtetes Material einer zusedimentierten Hochwasserrinne und nachmittelalterliche Hanglehmablagerungen. Dresden-Prohlis, Ziegelei Herrnsdorf. Aufnahmen: BAUMANN, Dresden.

Typ: Terra fusca (fuscus, lat. rotbraun). Kalkstein-Braunlehme sind leuchtend ockerfarbig bis rötlichbraun, plastisch und dicht. Die Feinerde ist carbonatfrei; der T-Horizont enthält > 45 (> 65) % Ton und weist Polyedergefüge auf. Die tertiäre Terra fusca ist kaolinitreich, die pleistozäne und holozäne Ausbildung illitreich. Die tonreichen Böden vernässen nicht, da sie eine stabile Struktur aufweisen und das unterlagernde Kalkgestein gut dräniert. Terrae fuscae mit Mull als Humusform kommen in den Alpen und im Thüringer Muschelkalkgebiet vor. Terra fusca ist der verbreitetste Bodentyp in der Schwäbischen Alb (Hochalb). Die Entwicklung des Bodens ist an ein warm-humides Klima gebunden.
Subtyp. Braunerde-Terra fusca mit Bv-T-Horizont durch Lößlehmbeimengung und damit Tongehalten zwischen 45–65 % (Tab. 7.9).

Tab. 7.9: Bodentyp Terra fusca (Oberer Muschelkalk mo 1 in Thüringen; Basislage; ebene Geländeform). Nach KSCHIDOCK 1999.

Horizont	Substrat	Tiefe (m)	Carbonat %	pH (H₂O)	V %	C %	Ton %	Schluff %	Gefüge
Ah	lehmig-tonig	0,00–0,02	0	5,3	40	16,9	33	39	Polyeder
AhT1	toniger Kalksteinschutt	0,05–0,12	0	5,3	67	10,3	61	35	Polyeder
T2	toniger Kalksteinschutt	0,17–0,25	1	7,2	94		62	34	Polyeder
Cv+Tc	toniger Kalksteinschutt	0,30–0,40	15	7,6	96		54	38	Polyeder

Typ: Terra rossa. Aus Kalksteinen mit höherem Tongehalt hervorgegangene Kalksteinrotlehme treten auf dem Gestein und in seinen Vertiefungen und Hohlräumen (z. B. Dolinen) auf. Die leuchtend ziegelroten Böden sind skelettarme, tonige Lehme bis lehmige Tone (T-Horizont mit > 65 % Ton). Im feuchten Zustand ist das Material plastisch, im trockenen Zustand hart. In Deutschland tritt der Bodentyp selten und kleinflächig auf (Alb), im mediterranen Gebiet ist er stark vertreten (Rubefizierung; Hämatit).

7.3.5.2 Klasse: Fersiallitische und ferrallitische Paläoböden bzw. Plastosole und Latosole

Diese Böden alter Landoberflächen wurden im tropisch-subtropischen Klima gebildet und treten heute in Mitteleuropa in Form solifluidaler Umlagerungen auf. Sie sind weitgehend kaolinisiert und von jüngeren Deckschichten überlagert. Tropische „Lehme", eigentlich Tone, sind die Bodentypen **Braunlehm** (Brauner Plastosol), **Rotlehm** (roter Plastosol) und **Graulehm** (grauer Plastosol). Sie weisen ein „lehmiges Gefüge" mit geringer Aggregatstabilität auf.

In den Mittelgebirgen sind im Bereich alter Landoberflächen (Verebnungsflächen, Rumpfflächen) Verwitterungsreste und Substrate alter Bodenbildungen eines feuchtwarmen oder arktischen Klimas erhalten geblieben. Substrate tropischer Böden des Tertiärs sind teilweise in die Basisfolge pleistozäner Schuttdecken eingearbeitet oder durch diese Schuttdecken überdeckt worden. Die Verwitterungsdecke war ursprünglich sehr mächtig, wurde aber durch Erosion und Solifluktion stark reduziert.

Gesteinszersatz. Auch der in Stärken von cm bis m auftretende, die Böden unterlagernde Zersatz der anstehenden Silicatgesteine ist zu einem wesentlichen Teil tertiärer Entstehung. Beim Gesteinszersatz liegt das anstehende Gestein nicht in frischer Ausbildung, sondern in mürber Form vor, wobei das Gefüge des ursprünlichen Gesteins noch gut erkennbar ist. Die Körnung des Zersatzes hängt mit von der Art des Ausgangsgesteins ab, sie ist im Fall des Gneises oder Quarzporphyrs ein Grus, bei einem Sandstein ein Sand (s. 4.1.4.1, 4.2.1).

Plastosole (Fersiallite, „Lehme", Ah/B/Cv/C-Profil, z. B. tertiär).

Rotlehmrelikte treten in Mitteleuropa auf silicatischen Gesteinen großflächiger auf. Unter dem fossilen Rotlehm folgt ein grauer Gesteinszersatz. Vorkommen liegen u. a. in Basaltgebieten (Vogelsberg; Rheinisches Schiefergebirge). Das meist umgelagerte Rotlehmmaterial ist im oberen Profilteil häufig mit Lößlehm vermengt.

Die Braunlehme (Brauner Plastosol) sind gelb-kreßfarben (gelbbraun bis ockergelb). Vorkommen sind für den Frankenwald (aus Tonschiefer, feinkörnige Grauwacke) und das Osterzgebirge (aus Plänersandstein) beschrieben worden. Das Material ist im feuchten Zustand plastisch und tritt als Bestandteil der Basisfolge oder vermengt mit Lößlehm in der Hauptfolge auf. In Fließerden eingearbeitete tropische Lehme, verbreitet der Braunlehm, können die Ursache für die Ausbildung von Pseudogleyen als rezente Böden sein.

Graulehme sind graue, oft rostgelb gefleckte, dichte, plastische Böden, die fossil und reliktisch in Mitteleuropa auftreten. Sie sind extrem wasserstauende Böden.

Latosole (Ferrallite, Ah/B/Cv/C-Profil) mit den **Bodentypen Rot-, Gelb- und Plinthitlatosol** sind rot oder gelb, nichtplastisch und von erdigem Gefüge mit hoher Aggregatstabilität. Diese „Erden" sind aus basischen Silicatgesteinen, wie Basalt, im Tertiär entstanden. Lehmiger Ton (bis 60 % Ton, reich an Kaolinit und Hämatit) liegt über einer mächtigen weißgrauen Zersatzzone des anstehenden Gesteins, das Substrat ist sauer und stark verwittert. Vorkommen befinden sich im Taunus und Westerwald.

Roterde (Rotlatosol) ist ein eisen- und aluminiumreicher sowie kieselsäurearmer tropischer Boden, der sich durch geringe Plastizität auszeichnet. Er tritt in Mitteleuropa fossil und reliktisch auf.

7.3.5.3 Paläoböden des Quartärs

Sie entstanden in den Interglazialen (Warmzeiten), z. B. im Eem-Interglazial, in ähnlicher Ausprägung wie die rezenten Böden, in den Interstadialen in schwächerer Ausprägung. In den darauffolgenden Kaltzeiten wurden die Paläoböden z. T. durch

Gletscher, fließendes Wasser oder Solifluktion abgetragen. Jüngere Geschiebemergel und Schmelzwassersande überdeckten anschließend die Paläoböden bzw. ihre Reste, wodurch sie zu fossilen Böden wurden. Auch Kryoturbationen, Eiskeile oder Solifluktionsdecken und Flugsande sind geeignet, das interglaziale Alter von Paläoböden erkennen zu lassen. Allgemein sind die fossilen Paläoböden – unter jüngeren Sedimentdecken – leichter stratigraphisch einzuordnen als die reliktischen, die von rezenten Bodenbildungen überprägt werden. Insbesondere in Lößen und ihren Derivaten sind Paläoböden erhalten. Aus der Holstein-Warmzeit stammt der „Freyburger Bodenkomplex" (Parabraunerde), aus der Eem-Warmzeit der „Naumburger Bodenkomplex". Die Lößfolge der Weichseleiszeit wird von der „Kösener Verlehmungszone" unterteilt (Thüringen).

Im Tiefland und Hügelland wird die Pedostratigraphie für die Quartärstratigraphie eingesetzt. Bodenbildungen auf Moränen und Flußterrassen sowie in Lößablagerungen spielen eine größere Rolle.

Beispiele:
In **Schleswig-Holstein** verwitterte die Elstermoräne in der Holstein-Warmzeit. Der Paläoboden ist ein Pseudogley mit Bleichlehm-Horizont. In der älteren Saale-Eiszeit wurde dieser Boden gestaucht und von Geschiebemergel überlagert. Der ältere Saale-Geschiebelehm verwitterte in der Treene-Warmzeit (zwischen älterer Saale- und Warthe-Eiszeit gelegen) unter Bildung eines Podsol-Pseudogleys. Die Paläoböden der Treene-Warmzeit auf Moränen sind durch eine besonders mächtige Verwitterung ausgezeichnet. Paläoböden der Eem-Warmzeit (zwischen Warthe- und Weichseleiszeit gelegen) kommen als Reliktboden verbreitet auf warthezeitlichen Moränen vor. Sie sind durch die holozäne Bodenbildung überprägt. An anderen Orten sind diese Paläoböden (z. B. Podsol-Lessivé, Podsol-Pseudogley, Podsol-Gley) von weichseleiszeitlichen Sedimenten überdeckt. Ihre Bt-, S- oder G-Horizonte sind über 1 m mächtig.

Im **Thüringer Becken** (Gebiet Erfurt/Gotha) konnten unter dem Löß auf den glazigenen Sedimenten, vor allem Schmelzwasserkiesen der äußersten Elster-Eisrandlage, fossile Verwitterungsrinden der Holstein-Warmzeit angetroffen werden (Holstein-Böden auf elsterkaltzeitlichen Kiesen). Der Kies, der 30–50 % Kalkstein enthält, weist einen leuchtend rotbraunen bis gelb-braunen B-Horizont auf. Gleichfalls im Thüringer Becken und im östlichen Harzvorland tritt ein eem-interglazialer Waldboden (Tschernosem-Parabraunerde) mit Bt-Horizont auf sowie ein altweichselzeitlicher Boden (Braunerde-Tschernosem) mit A/Bv/Ca/C-Horizontfolge.

Im älteren Würmlöß Mitteleuropas existieren u. a. in Niederösterreich und Mähren drei Humuszonen, die Interstadialen zuzuordnen sind.

Auenlehmdecken können durch fossile Böden getrennt sein.

7.4 Bodengesellschaften und Bodenverbreitung

Für Planungsaufgaben und in der **Bodengeographie** interessiert die Verbreitung der Böden, insbesondere die Vergesellschaftung der Bodentypen und ihrer Substrate in der Landschaft. Die Ergebnisse entsprechender Untersuchungen werden in Bodenkarten niedergelegt. Die landschaftsbestimmenden Faktoren entsprechen weitgehend den bodenbildenden Faktoren. Die Bodengeographie behandelt die Bodenvergesellschaftung und Regionalisierung von Böden. Sie faßt das in einer Landschaft auftretende Bodenmosaik in Abhängigkeit von der Größe des Landschaftsraumes zusammen, beschreibt es und stellt es kartographisch dar. Die Geographie bedient sich dabei der Dimensionsbegriffe topisch, chorisch und regionisch. Diesen Dimensionen entsprechen als Raumeinheiten Geotop, Geochore und Georegion.

Aber auch der Landwirt nutzt nicht einzelne Bodentypen, sondern Ausschnitte von Bodenlandschaften mit oft recht unterschiedlichen Böden. Ein weiterer Interessent ist die Territorialplanung, die u. a. eine optimale Standortverteilung der Bodennutzung anstrebt. Sie benötigt dazu Kenntnisse über die naturräumliche, edaphische wie klimatische Beschaffenheit des Landes, weil eine nachhaltige Pflanzenproduktion nur bei optimaler Berücksichtigung der natürlichen Standortbeschaffenheit möglich ist.

7.4.1 Bodenformen, Bodengesellschaften und Bodenregionen

Bodenform

Um mit den in Rußland geprägten Bodentypen in Mitteleuropa forstwirtschaftliche Probleme bearbeiten zu können, bei denen feinere Unterschiede der Ausformung des Verwitterungsprofils und der Humusbildung zu berücksichtigen sind, führten Krauss und Härtel 1935 den Begriff der Bodenform ein. Heute erfaßt man die durch das Ausgangsmaterial gegebenen lithogenen und die durch die Bodenbildung erworbenen pedogenen Eigenschaften gemeinsam in der Bodenform (s. a. 8.2.2.2). Sie wird durch Substrat-, Schichten- und Horizontabfolge charakterisiert bzw. aus Substrat und Bodentyp abgeleitet. Aus der Bezeichnung der Bodenform sind die wesentlichen edaphischen Merkmale abzulesen. Dabei läßt die Substratbezeichnung (z. B. Sand, Löß, Lößlehm) Schlüsse auf die lithogenen Eigenschaften und die bodenphysikalische Beschaffenheit des Bodens zu, während der Bodentyp (z. B. Braunerde, Schwarzerde, Gley) vor allem bodenchemische, bodenbiologische und bodenhydrologische Merkmale erkennen läßt. In einer Bodenform werden alle Böden zusammengefaßt, die in ihren bodensystematischen und praktisch wichtigen Eigenschaften weitgehend übereinstimmen, also dem gleichen Substrat und dem gleichen Bodentyp oder deren niederen Kategorien angehören. In einer Hauptbodenform zusammengefaßte Böden stimmen innerhalb der oberen 8–12 dm im Substrat und in der Horizontfolge weitgehend überein. In der Lokalbodenform werden feinere Substratunterschiede und bodentypologische Unterschiede berücksichtigt, die für die örtliche Bodenkennzeichnung von Interesse sind. Für Sachsen wurden 700 Lokalbodenformen ausgeschieden.

In der Naturraumordnung bezeichnet man mit „top" die unterste, mit „chore" die mittlere und mit „region" die obere Ordnungsstufe. Kartierungseinheiten der **topischen Dimension** sind der Pedotop und der Pedokomplex. **Pedotope** sind weitgehend homogene Kartierungseinheiten. Ihr bodensystematischer Inhalt wird durch ein Polypedon als streng homogenem Ausschnitt aus der Bodendecke (als der Gesamtheit der in einem Gebiet vorkommenden Böden) charakterisiert. Ein **Pedokomplex** ist ein Bodenkomplex, dessen systematischer Inhalt durch zwei oder mehrere Polypedons charakterisiert ist. Er besteht damit aus engräumig wechselnden Arealen mit unterschiedlichen Bodenmerkmalen weniger bodensystematischer Einheiten. Bei der Bewirtschaftung und Untersuchung dieser Areale erfolgt die notwendige Integration über den Pflanzen-(Wald-)Bestand und über das Wassereinzugsgebiet.

Die verschiedenen Böden einer Landschaft sind miteinander vergesellschaftet und stehen zu Grundgestein, Relief und Klima dieser Landschaft in Beziehung. Dieses Beziehungsgefüge bzw. die Vergesellschaftung und räumliche Verknüpfung der Bodenformen (das Bodenmosaik) bezeichnet man auch als **Struktur der Bodendecke**. Sie ist das gesetzmäßige räumliche Muster der Böden. Die Kennzeichnung der Struktur der Bodendecke setzt die Analyse topischer Einheiten voraus (großmaßstäbliche Bodenkartierung).

Bodenformengesellschaft
In der **chorischen Dimension**, die an mittlere Maßstäbe gebunden ist, werden heterogene Bodenverbände aus topischen Einheiten untersucht. Die Bodenformen faßt man hier – zur Kennzeichnung der Bodendecke für Zwecke der Landschaftsforschung – derart zu **Bodenformengesellschaften** zusammen, daß sie zu geomorphen Einheiten in Beziehung stehen. Damit gelangt man von homogenen Bodenarealen in Form der Pedotope zu heterogenen Bodenarealen in Form der **Pedochoren**. Pedochoren werden durch die Gesamtheit der sie aufbauenden Pedotope und deren räumliche Ordnung charakterisiert. Sie werden mit Hilfe von Leit- und stetigen Begleitpedotopen benannt und lassen sich durch Katenen (Bodenabfolgen) und Mustertypen (Anordnungsmuster der Pedotope auf einer Karte) charakterisieren. Die Leitbodenformen (z. B. Löß-Schwarzerde oder Hanglehm-Podsol-Braunerde) verweisen auf die nach Häufigkeit und flächenhafter Ausdehnung wichtigsten bodenbildenden Prozesse in einer Pedochore. Eine Leitbodenform muß – bei nur einer Bodenform – einen Flächendeckungsgrad von über 60 % haben. Die Pedotope der Begleitbodenformen unterscheiden sich häufig von den Leitbodenformen durch ihre spezifische Lage im Verbreitungsmuster. Ein weiteres Merkmal der Pedochoren ist ihr pedoökologischer Kontrast bzw. ihre inhaltliche Heterogenität als Maß für die ökologische Unterschiedlichkeit der vergesellschafteten Bestandteile. Im einzelnen unterscheidet man einen substratbestimmten, einen hydromorphiebestimmten sowie einen substrat- und hydromorphiebestimmten Kontrast. Darin kommt zum Ausdruck, daß unter mitteleuropäischen Bedingungen die Haupttendenzen der Bodenbildung vor allem durch Substrat- und Bodenwasserverhältnisse gesteuert werden, wenn man von den klimatischen Einflußgrößen absieht.

Die räumliche Heterogenität dient als Maß für die flächenhafte Streuung der Pedotope in der Pedochore (Frequenz als Häufigkeit der in der Bodengesellschaft auftretenden Pedotope verschiedenen Inhalts in % der Gesamtzahl der Pedotope, Verbreitungsdichte als Vergleichsmaß, das die durchschnittlichen Anteile der Pedotope pro km² einer Pedochore angibt, Deckungsgrad als Flächenanteil eines Typus an der Gesamtfläche der Pedochore, mittlere Flächengröße als durchschnittliche Flächengröße der einzelnen Areale des jeweiligen Typs innerhalb der Pedochore). Pedotopkombinationen können als Pedochoren (Bodenlandschaften) typisiert werden. Pedochoren dienen als Kartierungseinheiten für Bodenkarten mittlerer Maßstäbe (1 : 50 000 bis 1 : 500 000).

Um zu den bodengeographischen Einheiten der **regionischen Ebene**, den Bodenregionen, zu gelangen, faßt man die Bodenformen zu **Bodentypengesellschaften** zusammen. Die **Bodenregionen** sind damit als Bereiche gekennzeichnet, innerhalb deren die Bodenbildung im wesentlichen die gleichen Tendenzen aufweist. Ihre Grenzen werden entsprechend durch das Verbreitungsgebiet der jeweiligen Bodentypengesellschaften bestimmt. Bodenregionen werden durch Benennung des in der Bodentypengesellschaft vorherrschenden Bodentyps, des sogenannten Leit- oder Normbodens unter Berücksichtigung seiner jeweiligen Begleittypen, bezeichnet.

Bodenformen- und Bodentypengesellschaften vereinigt man unter dem Begriff **Bodengesellschaft**. Bodengesellschaften bezeichnen damit den Inhalt chorischer oder regionischer bodengeographischer Einheiten. Pedochoren und Bodenregionen werden in Bodenlandschaftskarten dargestellt. Sie sind eine wesentliche Hilfe bei der regionalen und territorialen Bodennutzungsplanung, erfordern aber für bestimmte Nutzungszwecke eine spezielle Interpretation, z. B. für die Verwendung der Böden als land- oder forstwirtschaftliche Nutzflächen bzw. als Filterflächen.

Bodenregionen und Bodengroßlandschaften

Die Bodenregionen stellen in Deutschland das oberste Niveau der bodengeographischen Einteilung dar. Sie werden mit Bodengroßlandschaften untersetzt. Letztere erfassen lithogenetische Einheiten mit charakteristischen Leitböden. Einen Vorschlag für Bodenregionen Deutschlands bringt Übersicht 7.4.

Übersicht 7.4: Bodenregionen Deutschlands. Nach AG Bodenkunde 1994.

Flußlandschaften
Jungmoränenlandschaften
Altmoränenlandschaften
Deckenschotterplatten und Tertiärhügelländer im Alpenvorland
Löß- und Sandlößlandschaften
Berg- und Hügelländer mit hohem Anteil an nichtmetamorphen Sedimentgesteinen im Wechsel mit Löß
Berg- und Hügelländer mit hohem Anteil an nichtmetamorphen carbonatischen Gesteinen
Berg- und Hügelländer mit hohem Anteil an nichtmetamorphen Sand-, Schluff-, Ton- und Mergelgesteinen
Berg- und Hügelländer mit hohem Anteil an Magmatiten und Metamorphiten
Berg- und Hügelländer mit hohem Anteil an Ton- und Schluffschiefern
Alpen

7.4.2 Bodenlandschaften Deutschlands

Im Folgenden wird beispielhaft die Verbreitung der Böden in Deutschland für das Gebiet von der Nord- und Ostsee (Schleswig-Holstein, Mecklenburg) über den Harz bis zu Thüringen und Sachsen im Süden auf geomorphologischer Basis dargestellt. Den geomorphologischen Einheiten entsprechen die Bodenregionen bzw. Bodengroßlandschaften, die sich durch stark voneinander abweichende Böden auszeichnen.
Das **norddeutsche Flachland** gliedert sich in einen östlichen und einen westlichen Teil. Die Grenzlinie verläuft längs durch Schleswig-Holstein und weiter entlang der Westgrenze der Weichselvereisung. Der westliche Teil besteht vorwiegend aus altpleistozänen Ablagerungen bei ausgeglichenen Geländeformen. Die Grundmoräne der älteren Vereisung ist stärker entkalkt als die der jüngeren Vereisung. Das Alter der Böden ist in den jung- und altpleistozänen Gebieten etwa gleich, da die interglazialen Böden durch den letzten Eisvorstoß und die damit zusammenhängenden periglazialen Prozesse zerstört wurden. Fast alle bodenbildenden Substrate sind Lockergesteine.
Die Südgrenze des nordöstlichen Flachlandes entspricht dem Nordsaum des mitteldeutschen Lößgürtels (Linie Niesky–Kamenz–Radeburg–Riesa–Eilenburg–Köthen–Magdeburg). Im nordostdeutschen Tiefland üben folgende Faktoren auf die Struktur der Bodendecke einen starken Einfluß aus: Grundwasser und Staunässe; Substratunterschiede; spät- und postglaziale Landschaftsentwicklung (glaziär, periglaziär und temperat). Entsprechend basiert die forstliche Standortkartierung in diesem Gebiet auf einer Rahmengliederung mit den Komponenten Bodenart und Wasserhaushalt.
In Nordwestdeutschland erstrecken sich von N nach S folgende Landschaften (Flachland bis Mittelgebirge):
- Küstenland (Dünen, Watten, Marschen),
- Geest (Endmoränen, Platten, Niederungen; Nieder- und Hochmoore),
- Lößbörden,
- Berg- und Hügelland (u. a. Schichtkämme und Schichtstufen),
- Mittelgebirge (Harz).

Diesen geomorphologischen Einheiten liegen folgende geologische Baueinheiten zugrunde:
- Norddeutsches Tiefland aus Lockergesteinen des Quartärs,
- Bergzüge des Leine- und Weserberglandes sowie des Harzvorlandes aus mesozoischen Gesteinen.
- **Harz** als Scholle des paläozoischen Grundgebirges mit Gesteinen des Devons im östlichen und mittleren Teil und Grauwacken des Unterkarbons im westlichen Teil. Hinzu kommen als magmatische Gesteine Diabase, Granite sowie Porphyre und Rhyolite (Rotliegendes).

Die geologische Karte **Thüringens** weist als flächenmäßig bedeutsame Vorkommen Schiefer, Rotliegendes und Zechstein (Paläozoikum), Buntsandstein, Muschelkalk und Keuper (Mesozoikum) sowie Basalt (Tertiär), Löß und Schotter (Pleistozän) sowie holozäne Auensedimente auf. Als Bodenbezirke lassen sich das Verbreitungsgebiet der Schwarzerden, die Randplattenbereiche des Thüringer Beckens und Südwestthüringens als Triasgebiet (Fahlerden, Kalkstein- und Sandsteinböden) sowie der Mittelgebirgsbereich mit dem Thüringer Schiefergebirge und dem Thüringer Wald und den dort dominierenden Braunerden ausscheiden.
Die Bodenkarte **Sachsens** weist drei Bodenregionen auf: die Sandregion des Tieflandes, die Lößregion des Bergvorlandes und Tieflandes und die Festgesteinsregion des Berglandes und Bergvorlandes. Die weitere Unterteilung erfolgt in Bodenlandschaften. Für die Festgesteinsregion Sachsens werden u. a. folgende Bodenlandschaften ausgeschieden: obere Lagen und

Kamm des Erzgebirges; mittlere und untere Lagen des Erzgebirges; Elbsandsteingebirge und Zittauer Gebirge; Oberlausitzer Bergland.

7.4.2.1 Bodengesellschaften der norddeutschen Jung- und Altmoränenlandschaften

In der **Küstenlandschaft der Nord- und Ostsee** zieht sich längs der Küste als schmaler Saum eine Dünenkette aus angewehtem Meeressand hin. Die Dünen sind an der Nordseeküste stärker entwickelt als an der deutschen Ostseeküste. Humides Klima und grobes Filtergerüst fördern die Podsolierung. Die **Dünenböden** an der Ostsee entwickeln sich vom Rohboden über den Regosol zum Podsol. So liegen an der Ostsee im Gebiet des Altdarß bzw. im Forstrevier Prerow extrem stark ausgebildete Eisen-Humus-Podsole vor.

Bei den Watten handelt es sich um einen wenige Kilometer breiten Übergangsbereich zwischen Festland und offenem Meer. Der **Wattboden**, entstanden durch tidebedingte Auflandung, fällt bei Ebbe trocken. Die **Marschen** liegen als wenige Kilometer breite Ebene zwischen Watt und Geest. Ackerland dominiert in der jungen Marsch (Kalkmarsch), Grünland in der alten Marsch.

Schleswig-Holstein gliedert sich in die Landschaften des östlichen Hügellandes (**Jungmoränen**), der Geest und der Vorgeest (**Altmoränen**) sowie der Marsch und der Inseln (**Küstenholozän**). Das östliche Hügelland weist weichselzeitliche Sedimente, insbesondere Geschiebemergel und Geschiebesand auf. Hier dominieren Parabraunerden aus Geschiebelehm, die in ebenen Lagen mit Pseudogleyen vergesellschaftet sind. In Geschiebe- und Schmelzwassersanden haben sich Braunerden entwickelt. In der Geest (Altmoränenlandschaft) dominieren dagegen Podsole, Braunerde-Podsole und Pseudogleye, die aus Ablagerungen der Saale- und Warthevereisung hervorgegangen sind. Die sich an das östliche Hügelland anschließende Vorgeest ist durch mit Flugsand überzogene sanft geneigte Sanderflächen sowie flächenhaft verbreitete Niederungen geprägt. Auf Sandersanden entstanden in trockenen Lagen Braunerden, auf grundwasserbeeinflußten Flugsanden Podsole und Gleye. In den Niederungen treten Nieder- bzw. Hochmoore auf. Westlich schließt sich die Hohe Geest an, die aus stärker periglaziär überprägten, flach geneigten Ablagerungen des Saaleglazials besteht. In Fließerde und Geschiebedecksand entstanden Braunerden, in Geschiebemergel Pseudogleye. Stärkere Überdeckung mit Flugsand führt zu Podsolierung. In allen Böden Schleswig-Holsteins herrschen illitische Tonminerale vor.

Im Westen haben sich in der Marsch aus Schlicken die Bodentypen See-, Brack- und Flußmarsch entwickelt. Die im Stillwasserbereich abgelagerten tonreichen Sedimente liefern die wenig durchlässigen Knick- und Dwogmarschen, die schluffreicheren Ablagerungen des Bewegtwassers die Kalk- und Kleimarschen. Eingedeichte Marschböden in Schleswig-Holstein gehen bis auf das 15. Jahrhundert zurück (Kreis Südtondern). Zwischen Nordseeinseln und Festland verläuft die Zone der Wattböden.

Die der Ostsee vorgelagerten Inseln Fehmarn (jüngste Grundmoräne) und Poel weisen als Besonderheit schwarzerdeähnliche Bodenbildungen auf. In den fruchtbaren Regionen des Östlichen Hügellandes und der Marsch wirtschaften viehschwache spezialisierte Ackerbaubetriebe, während auf den sandigen Böden der Geest vor allem spezialisierte Milchvieh/Futterbaubetriebe etabliert sind.

Die Oberflächengestalt und die Lockersedimente **Mecklenburgs** werden in entscheidendem Maße von den **Jungmoränen der Weichsel-Kaltzeit** geprägt. Die Hauptendmoränen des Frankfurter und Pommerschen Stadiums durchziehen das Gebiet in nordwest-südöstlicher Richtung und bilden mit der von ihnen eingeschlossenen Seenplatte den Mecklenburgischen Landrücken. Die südliche Randlage der Weichselvereisung ist die Brandenburger Endmoräne.

Zu den spätglazialen Eisrandlagen im Norden gehören die Rosenthaler Staffel und die Ostrügensche Staffel. Letztere ist als Stauchendmoräne entwickelt, die an den Kliffs der Inseln Hiddensee, Rügen und Usedom aufgeschlossen ist. Über dem gestauchten Komplex liegt diskordant ein Geschiebemergel.

Die Pommersche Hauptendmoräne hat ein besonders stark ausgebildetes Relief. Das Frankfurter Stadium ist wiederum reliefreicher ausgeprägt als die Brandenburger Randlage. Mit steigender Reliefenergie (wellige und kuppige Oberflächengestalt) nimmt bei Ackerbau der Anteil gekappter und kolluvial überprägter Böden stark zu. Durch Bodenbearbeitung wird die Denudation der Kuppen und Oberhangbereiche ausgelöst, wobei zunächst der Geschiebedecksand vom Abtrag erfaßt wird. Im Ergebnis dieses Prozesses können sich Pararendzinen bilden.

Im Bereich der Brandenburger und Frankfurter Randlage werden Taschenböden, Frostspalten und Windkanter angetroffen. Vom Pommerschen Stadium ab sind die Periglazialerscheinungen selten.

Die jungpleistozäne, glazial-geprägte Landschaft NO-Deutschlands ist mit ihrer durch die glazialen Serien geprägten Morphologie, ihren sandigen bis sandiglehmigen Böden, ihren Niedermooren und Gewässern in sich heterogen. Dies äußert sich u. a. in der Mächtigkeit und Zusammensetzung der glazialen Sedimente wie auch der Bodendecke und in der stark variierenden lokalen Hydrologie, wobei die Skala von Naß- bis zu Trockenstandorten reicht. Die Parabraunerden über Geschiebelehm tragen Laubwälder, die Podsole über Talsanden und Sandern Nadelwald. Die Hügelketten der Endmoränen Mecklenburgs sind meist forstlich genutzt.

Die Sand-Hochflächen sind frei von hydromorphen Böden, da kein oberflächennahes Grundwasser ansteht. Die Sand-Niederungen sind dagegen von oberflächennahem Grundwasser erfüllt, das Bodenmosaik wird vom Grundwasser bestimmt. Im Gegensatz zu den Sand-Niederungen verdanken die Lehmniederungen ihren hohen Anteil hydromorpher Böden nicht dem unterirdischen Zuzug von Grundwasser, sondern der gehemmten Entwässerung infolge der beckenartigen Lage. Die Lehm-Hochflächen werden abhängig von der Lage zum Vorflutsystem mehr oder weniger schnell entwässert.

Aus schwach lehmigen Decksanden und Treibsanden über Schmelzwasser- und fluviatilen Talsanden bildeten sich in grundwasserfernen Bereichen Braunerden und

Braunerde-Podsole, auf Dünensanden Podsole aus. In den Niederungen mit hohem Grundwasserstand kommen Gleye, vergesellschaftet mit Gley-Podsolen und Anmoorgleyen verbreitet vor.

Entscheidend für die Entwicklung der Bodentypen auf jungpleistozänen Grundmoränen ist die Korngrößenzusammensetzung, die von reinem Sand bis zu tonigem Lehm schwankt. Je nach Ausprägung des Filtergerüstes entstehen Braunerden unterschiedlichen Podsolierungsgrades, Lessivés, basenreiche Pseudogleye und Stagnogley. Die unsortierten Moränensubstrate sind bei Feldkapazität leicht verdichtbar. Im Unterbodenbereich überschreitet die Trockenraumdichte häufig 1,7 g cm^{-3}. Im Untergrund beträgt das dränbare Porenvolumen lehmiger Moränebildungen oft weniger als 5 %. Die Ackerkrume neigt zur Verschlämmung. Die Verbesserung der Bodenstruktur ist deshalb ein wichtiges landwirtschaftliches Anliegen.

Die Körnung der Endmoränen wechselt auf kleinstem Raum. Leichtere Bodenarten herrschen vor. Charakteristisch sind Blockpackungen und Kieslager. Die Bodentypen reichen von Pararendzina über Braunerde zu Podsol und Pseudogley.

Die weite Verbreitung von Geschiebedecksand auf lehmiger Moräne macht zweischichtige Substrate zur Regel (sandiger Oberboden, lehmiger Unterboden). In NO-Mecklenburg haben sich Braunerde-Fahlerden aus Decksand (4–5 dm) über Geschiebelehm (6–8 dm) über Geschiebemergel entwickelt. Zwischen Decksand und Geschiebelehm befindet sich in der Regel eine Steinsohle. Die Horizontfolge ist Ah/Bv/Ael/Ael+Bt/Bt/C bzw. Ah/Bv/IIfAel/IIfBt. Im Decksand sind Ah- und Bv-Horizont ausgebildet, im Geschiebelehm Ael- und Bt-Horizont.

Bei tonigem Untergrund treten in Senken Pseudogleye auf, die im Gegensatz zu den sächsischen Pseudogleyen nicht versauert sind. Unterhalb des obersten Geschiebemergels ist mit gespanntem Grundwasser zu rechnen. Bei Grundwassernähe bilden sich Gleye, Anmoore und Moore aus.

Ein großer tiefgründiger (10 m) Niedermoorkomplex (9 300 ha) ist die „Friedländer Große Wiese" im Gebiet des Oderhaffstaubeckens in Mecklenburg-Vorpommern. Die nordostdeutschen Niedermoore nehmen einen Flächenanteil von etwa 200 000 ha ein. Ein erheblicher Anteil derselben ist durch Torfschwund oder tiefes Pflügen in Mineralböden umgewandelt worden. Ackerbaulich genutzte Niedermoore machen 45 000 ha aus. Durch optimale Entwässerung kann es zur Entwicklung fruchtbarer Grünlandstandorte, durch unangebrachtes Vorgehen und intensive landwirtschaftliche Nutzung zu Moorbodendegradierung kommen. Bewaldete Niedermoore nehmen in NO-Deutschland etwa 70 000 ha ein.

Die Altmoränenlandschaft wurde während der letzten Eiszeit periglazial überformt. Den größten Anteil am Altmoränengebiet hat NW-Deutschland. Ablagerungen der Saale-Eiszeit erstrecken sich in Ostdeutschland bis zu den Mittelgebirgen. Böden, die aus dem Geschiebemergel der saaleeiszeitlichen Grundmoräne hervorgegangen sind, zeigen im Profil ungefähr folgendes Bild: Unter einer schwachen, periglazial entstandenen Sanddecke liegt der Geschiebelehm, als Bodentyp tritt die Parabraunerde auf. Obwohl der Tonanreicherungshorizont als Bodenart meist nur einen sandigen Lehm darstellt, findet man infolge seiner Dichtlagerung im Profil meist Staunässemerkmale. Der Wasserstau findet außerhalb der Vegetationsperiode statt. Bei muldenförmiger Lage des Bt-Horizontes ist die Vernässung stärker ausgeprägt.

Auf den altpleistozänen sandigen Lockersedimenten verschlechtert sich die Ausstattung mit Ca, Mg, K und P mit abnehmendem Silicatgehalt der sauren Böden. In den altpleistozänen Gebieten zwischen Löß und Mittelgebirge sind die Böden der Kiefernwälder häufig durch frühere Streunutzung geschädigt.

Im **Nordwestdeutschen Tiefland** sind die Ablagerungen des Elsterglazials weitgehend von denen des Saale-Glazials überdeckt. Das Eis des Weichselglazials hat diesen Raum nicht bedeckt, Löß fehlt. Sandlöß ist jedoch in einem Gürtel (Hamburg, südliche Lüneburger Heide) vorhanden. Er entstand im trocken-kalten Hochglazial der Weichselkaltzeit. In den Sandlößinseln der Altmark dominieren Fahlerden, Parabraunerden und Braunerden.

Die Geest erstreckt sich von der Marsch bis zur Lößgrenze im Süden. Die aus Geschiebelehm bestehenden Grundmoränenplatten der Geest werden ackerbaulich genutzt. Die Endmoränen (Hohe Geest) sind als Stauchmoränen ausgebildet und in der Regel bewaldet, die saumförmigen Sander tragen Kiefernwald. Die Urstromtäler (Elbe, Aller-Weser) sind heute eben, wenige Kilometer breit und mit Talsand gefüllt. In ihnen treten Flugsanddecken, Anmoore, Übergänge zwischen Gley und Podsol sowie im grundwasserfernen Bereich Podsole auf. Die Moränen und Schmelzwasserablagerungen der Geest sind weitflächig mit Geschiebedecksanden überzogen, die das Ergebnis periglazialer Prozesse sind. Auf den grundwassernahen Standorten der Geest haben sich seit dem Spätglazial (vor 8 000 Jahren) Moore entwickelt.

Die **Oberlausitz** erstreckt sich südlich des Niederlausitzer Grenzwalls, dem Endmöränengebiet der saalekaltzeitlichen Eisrandlage. Sie umfaßt Gebiete des pleistozänen Tieflandes (Ablagerungen der Saale- und Elsterkaltzeit, weichselzeitliche periglaziale Umlagerungen, z. B. das Oberlausitzer Heide- und Teichgebiet) und des sich südlich anschließenden Lößgürtels (Bautzener Lößhügelland) und das Oberlausitzer Bergland. Diese naturräumlichen Haupttypen drängen sich in N-S-Abfolge auf 15–20 km zusammen, während sie westlich der Elbe einen breiten Raum einnehmen. In den Heiden des Tieflandes treten Braunerde-Podsole auf, auf denen Kiefern stocken. Ihr Nordteil ist durch den Braunkohlenbergbau (Senftenberg–Hoyerswerda) mit seinen Kipp-Rohböden geprägt. Die Muskauer Heide als Talsandfläche mit Kiefernwald ist das größte Binnendünengebiet Deutschlands. Die Dünen weisen eine deutliche Vegetations- und Bodendifferenzierung zwischen N- und S-Seite auf (Regosol bzw. Podsol). Ertragsbegrenzend wirkt für den Wald das geringe Speichervermögen für Wasser und Nährstoffe. Im Urstromtal des Warthestadiums kommt es durch hoch anstehendes Grundwasser zur Vernässung und Vermoorung (Sand-Gley, Anmoor). Der Granodirituntergrund des Urstromtales und des sich südlich anschließenden Gebietes weist eine < 20 bis zu 50 m mächtige kaolinitische Verwitterungsdecke auf (Kamenz-Neschwitzer Kaolinton-Gebiet, Tiefton-Staugley).

Das **nordsächsische Tiefland** liegt zwischen dem Norddeutschen Tiefland und dem Hügelland der Sächsischen Gefildezone. Das Gebiet ist durch den Wechsel von Altmoränenhügelgebieten und -platten mit Durchragungen des präpleistozänen Untergrundes und den Wandel periglaziäolischer Decksedimente an der Oberfläche geprägt. Zu diesen geringmächtigen pleistozänen Deckschichten gehören Löß, Sandlöß, Geschiebedecksand und Decklehm. Die äolischen Decken werden durch eine Steinsohle von den liegenden saalekaltzeitlichen Sedimenten getrennt. Saalezeitliche Randlagen mit vorgelagerten Sandflächen bestimmen die Oberflächengestalt in den **Dahlen-Dübener Heiden**, die durch das Torgauer Urstromtal voneinander getrennt sind und auf Dünen Podsole aufweisen. Durch eine Verjüngungswirtschaft mit Laubgehölzen (Eiche,

Buche, Linde) wird ein Waldumbau von den gleichaltrigen, einschichtigen Kiefernbeständen zum Dauerwald, bei dem Ernte, Verjüngung und Pflege gleichzeitig erfolgen, angestrebt (Reduktion der Kiefer von jetzt > 80 % auf 40 %).
Flache, abflußlose Wannen und tonige Verwitterungsdecken des Quarzporphyrs sowie lehmige Grundmoräne schaffen im Bereich der **Wermsdorfer Platte** Voraussetzungen für die Pseudogleybildung. Im Nordsächsischen Tiefland verbreitete Bodenformen sind Sand-Braunerden der Trophiestufen M und Z, begleitet von Sand-Rostpodsolen der Trophiestufe A und Lehm-Pseudogleyen.

7.4.2.2 Bodengesellschaften der Löß- und Sandlöß-Landschaften

Bodengesellschaften im Verbreitungsgebiet von Löß, Lößderivaten und Sandlöß sind an kolline und planare Höhenstufen gebunden und kommen in Sachsen in einem breiten Gürtel von dem Oberlausitzer Hügelland bis zum Grundmoränengebiet des Leipziger Tieflands vor. Hinsichtlich der Bodenart treten kalkhaltige bis entkalkte schluffig-sandige Lehme über Geschiebemergel oder Schmelzwassersand auf. An Bodentypen seien Schwarzerde, Parabraunerde und Pseudogley genannt.
Der Löß der Lausitz (**Bautzener Pflege**) erreicht im Kerngebiet 3–5 m Mächtigkeit. Auf den von Löß (vorwiegend Lößlehm) bedeckten Platten sind Parabraunerden und in Mulden Pseudogleye entstanden. Die Parabraunerden sind sehr gute Ackerböden. Als Lößgebiet sei ferner das Elbtal von Dresden bis Meißen genannt. Das Kernlößgebiet der **Lommatzscher Pflege** gehört mit seinen tiefgründigen stark humosen Böden zu den fruchtbarsten Gebieten Deutschlands (Lessivé mit Übergängen zu Schwarzerde).
Im **Leipziger Tiefland** liegen aus der Elstereiszeit bis 30 m mächtige Grundmoränen. Auf die elstereiszeitlichen Sedimente wurde eine 0,4–0,8 m mächtige weichseleiszeitliche Löß- und Sandlößdecke aufgeweht. Auf dieser Grundlage bildeten sich Schwarzerden und deren Übergänge zu Parabraunerde sowie Übergänge zwischen Parabraunerde und Pseudogley aus. Kiesige und sandige Böden der Endmoränen sind als Braunerden und Podsol-Braunerden, Staublehmböden über pleistozänen Sanden und Kiesen als Podsol-Braunerden und Lessivé-Braunerden, Staublehmböden über Geschiebelehmen und tertiären Tonen als Übergänge zwischen Lessivé und Pseudogley sowie als Stagnogley ausgebildet.
In Sachsen-Anhalt führt das Trockengebiet im Lee des Harzes, die **Magdeburger Börde**, Löß-Schwarzerden, Lößtieflehm-Schwarzerden bei Lehmunterlagerung und Decklöß-Schwarzerden bei Unterlagerung mit sandigem Material. Stärker verbraunte Schwarzerden sind im Randbereich des Gebietes verbreitet. Hier und in der Goldenen Aue sind die besten Ackerböden Deutschlands zu finden.
Auch im **Thüringer Becken** ist weichselkaltzeitlicher Löß stark verbreitet. Der Löß nimmt vom Zentrum zum Rande hin an Mächtigkeit und Geschlossenheit ab. In Abhängigkeit von der Klima- und Vegetationsentwicklung in der Zeit nach der Ablagerung des Lösses im Hochglazial haben sich in dem mineralogisch einheitlichen Material unterschiedliche Böden ausgebildet. Während im Trockengebiet der zentralen Keuperlandschaft (N ≤ 480 mm, t = > 8,5 °C) Tschernosem verbreitet ist, werden in den das Keuperbecken allseitig umrandenden Muschelkalk- und Buntsandsteinhöhenzügen (N ≥ 600 mm, t = < 8,0 °C) statt dessen Parabraunerden und Pseudogley-Parabraunerden angetroffen. Im Übergangsgebiet treten abgewandelte Tschernoseme (Braunerde-Tschernosem, Parabraunerde-Tschernosem) auf. Der unverwitterte Löß im Thüringer Becken besitzt etwa 20 % $CaCO_3$ und 25 % Ton. Die genannten Böden sind jedoch entkalkt, als Tonmineral dominiert Illit.

Im inneren Thüringer Becken (Thüringer Ackerebene) begann die mittelalterliche Rodung im 9. Jh. Die Lehm-Schwarzerden über Unterem Keuper sind heute ausschließlich Ackerflächen. Südthüringen ist lößfrei, woraus sich deutliche Abweichungen in den Böden bei sonst vergleichbaren Grundgesteinen ergeben.

7.4.2.3 Bodengesellschaften der Berg- und Hügelländer

Mit zunehmender Höhe über N.N. nehmen die Lößdecken im Mittelgebirge ab, und es entstehen in den mittleren Berglagen Böden, die stark vom Relief und Gestein der Schuttdecken beeinflußt sind. Über basenreichen Gesteinen, wie Basalten, herrscht die Braunerde-Dynamik vor. Bei mittlerer Basenversorgung treten zusätzlich Podsolierungserscheinungen auf. Bei basenarmen Gesteinen überwiegt die Podsolierung.

Hügelland

Am Rand des Thüringer Beckens sind auf **Zechstein,** der tonig ausgebildet sein kann oder Beimengungen aus Lößlehm aufweist, die Bodentypen Pelosol, Rendzina, Kalkbraunerde, Parabraunerde und Pseudogley anzutreffen. Die Ausstrichbereiche des Zechsteins werden vorwiegend ackerbaulich genutzt (z. B. steinarme Hanglehme im Orlatal).

Unter den Böden aus **Thüringer Buntsandstein** oder den zugehörigen Deckschichten dominieren Braunerden, Staunässe-Böden und Podsole in Abhängigkeit von der Textur und Schichtung des Sedimentgesteins. Bei sandigen, durchlässigen und basenarmen Böden kann der Ae-Horizont der Podsole mehrere dm mächtig sein. Auf Röt (Oberer Buntsandstein, tonreich) können sich Pelosole (Ton-Rendzinen) ausbilden. Die Böden sind auch im gequollenen Zustand aufgrund ihres Kluftsystems wasserdurchlässig. Beeinflussung des Rötsubstrats durch Kalkstein-Hangschutt tritt häufig auf.

Das ostthüringer Buntsandsteinhügelland ist lößbeeinflußt, was zum Auftreten von Parabraunerde-Pseudogleyen führt. Die auf den Hochflächen auftretenden kaolinisierten tonig-sandigen Verwitterungsprodukte fördern die Ausbildung von Pseudogley und Stagnogley. Der Mittlere Buntsandstein liefert gewöhnlich leichtere Böden als der Untere Buntsandstein. Unterer und Mittlerer Buntsandstein sind in Ostthüringen meist von Nadelwäldern bedeckt (Holzland). Sandig-lehmige Bereiche mit Podsol-Braunerden werden ackerbaulich genutzt. Der Nährstoffgehalt der Böden des Westthüringischen Buntsandsteinbezirkes, der sich vom Rande des Thüringer Waldes zum Sohlental der Werra neigt, ist besser als der des ostthüringischen Buntsandsteinbezirkes.

Die wichtigsten Bodensubstrate im **Thüringer Muschelkalk** (Schichtstufenlandschaft) sind Löß bzw. Lößlehm, Mischungen aus Kalkstein-Lösungsrückständen und Löß, Kalksteinschutte toniger bis schluffiger Ausprägung und regional Geschiebelehm. In Gesellschaft der Rendzinen (Mullrendzina, s. Abb. 7.2; Kolluvial-Rendzina) treten kleinflächig und geringmächtig Relikte von Kalkstein-Braunlehm (Terra fusca) auf (s. Tab. 7.9). Ausgebildet sind Übergänge zwischen Rendzina und Terra fusca, Rendzina und Braunerde, Braunerde und Parabraunerde, ferner Übergänge zwischen Terra fusca und Braunerde bzw. Parabraunerde. Weiterhin tritt Kalkbraunerde auf.

Böden aus Thüringer Muschelkalk bereiten einer landwirtschaftlichen Nutzung durch Flachgründigkeit, hohen Steingehalt und ungünstigen Wasserhaushalt Schwierigkeiten. Für eine Nutzung als Ackerland sprechen aber die z. T. hohe Basensättigung, die lehmige Bodenart und die gute Humusform. Böden auf Oberem Muschelkalk sind überwiegend tonreich (z. T. 50–70 % Ton). Die flachwelligen Bereiche der Ceratitenschichten (Oberer Muschelkalk) mit Lößeinfluß werden vorwiegend ackerbaulich genutzt. Unter Wald liegt über Ceratitenschichten mit Lößschleier eine tonige Braunerde mit Mull als Humusform vor. Die bodenbildenden Gesteine des Mittleren Muschelkalkes sind Mergelkalk und Mergel, die zugehörigen Böden die besten auf Muschelkalk. Sie sind sicherer im Wasserhaushalt als die Wellenkalk-Böden, da ihr Untergrund nicht klüftig ist. Der meist als Steilhang ausgebildete Untere Muschelkalk wird forstlich genutzt.

Der **Keuper** des südlichen Thüringens bildet als nördlicher Ausläufer des großen schwäbisch-fränkischen Keupergebietes größere zusammenhängende Flächen. Er besteht aus einer Schichtenfolge von Sandsteinen, Letten und Mergeln, denen auch Gips und Kohle sowie Salze eingelagert sein können. Die Böden des Keuper in Thüringen wie in Südwestdeutschland zeichnen sich durch einen kleinflächigen extremen Wechsel aus. Die Bodenart variiert von Grobsand bis Ton. Häufig sind mehrschichtige Böden („Kerfe") ausgebildet. Der Unterboden besteht aus Ton, der Oberboden ist sandig, schluffig oder lehmig. Besteht letzterer aus Lößlehm, liegt ein „Lehmkerf" vor.

Im Thüringer Keuperbecken (Erfurt, Sömmerda) werden die Keupersedimente meist durch quartäre Ablagerungen verhüllt (Löße und Schwemmlöße bis zu 3 m Mächtigkeit, daneben Schotter und Moränenreste der Elstervereisung). Im Gebiet des hier verbreiteten Unteren Keupers treten Löß-Schwarzerde, Löß-Rendzina, Löß-Kolluvialschwarzerde, Ton-Schwarzerde sowie Dolomit- und Sandstein-Rendzina auf. Ton-Rendzinen (Pelosole) sind im Mittleren Keuper verbreitet; sie können staunaß sein. Der Obere Keuper tritt bodenbildend bei den „Drei Gleichen" auf.

Mittelgebirge

Im Mittelgebirge dominieren Bodengesellschaften im Verbreitungsgebiet von grobbodenhaltigen Umlagerungsdecken über Festgestein. Typisch sind schluffhaltige, sandig-lehmige Fließerden über mehrschichtigen Schutten. Je nach Reliefposition und Trophie der Decksubstrate liegen als sickerwasserbestimmte Böden Ranker, Braunerden, Übergänge zwischen Braunerden und Podsolen sowie Podsole vor. Pseudogleye bzw. Stagnogleye sind in Mulden und schwach geneigten Hanglagen entwickelt.

Das **Oberlausitzer Bergland** ist ein wellenförmiges Granit-Granodioritgebiet (Braunerden, Podsol-Braunerden) mit starkem Lößeinfluß in den Tälern und unteren Lagen (Parabraunerde, Pseudogley). Das Zittauer Gebirge ist dagegen ein Kreidesandstein-Gebiet mit Phonolith-Durchragungen (Hochwald, Lausche; Buchenwald), sein Klima ist in Sachsen am stärksten kontinental geprägt (Fichtenwald). Ausgedehnte Blockfelder ziehen sich die Hänge hinunter. Als Substrattypen treten Decklöß, Lehm-Sandstein, Sandstein und Phonolith auf. Böden aus Phonolith und Lößlehm sind für den Waltersdorfer Mosaikbereich, solche aus Sandstein für den Oybiner Mosaikbereich typisch. Von Natur aus treten Buchenwald-, Kiefern-Eichenwald- und Fichtenwaldgesellschaften auf.

Im **Sächsischen Erzgebirge** haben folgende Böden größere Bedeutung: Braunerden, Podsol-Braunerden, Braunerde-Podsole, Podsole, Stagnogleye, Anmoore und Moore. Untergeordnet treten auf: Ranker, Parabraunerden, Pseudogleye, Hang- und Grundwasser-Gleye, Schwemmböden und Rotlehme.

Böden über Graugneis sind im östlichen und mittleren Erzgebirge verbreitet, sie werden land- oder forstwirtschaftlich genutzt. Das Gestein besitzt eine starke Neigung zur Bildung grusigen Zersatzes. Die Gneis-Braunerde trägt unter Fichtenbestockung die Humusform Moder, die Wuchsleistung der Fichte ist hoch. Waldböden aus Muskovitglimmerschiefer finden sich großflächig waldbodenbildend im mittleren Erzgebirge und Vogtland. Das Gestein verwittert schwer, entsprechend können flachgründige Böden auftreten. Die nachschaffende Kraft ist geringer als beim Gneis wegen des hohen Quarz- und Muskovitgehaltes. Als Bodentyp dominiert im Vogtland die Podsol-Braunerde. Waldböden aus Turmalingranit treten als geschlossener Komplex im Westerzgebirge um Eibenstock auf. Das grobkörnige Gestein neigt zu starker Zersatzbildung (bis 1 m). Die grusig-grobsandigen Humus-Eisen-Podsole mit typischem Rohhumus sind meist mit Fichte bestockt. Die im Westerzgebirge auftretenden Phyllitböden stehen den Böden auf Tonschiefer im Vogtland in vielen Eigenschaften nahe. Die Verwitterung liefert einen staubig-schluffigen Feinboden. Auf den Tonschieferstandorten mit ihrem trockenen Bodenklima bilden sich Podsol-Braunerden mit feinhumusärmerem Rohhumus. Die schluffigen, basenarmen Oberböden neigen stark zur Dichtlagerung. Im oberen Vogtland und im westlichen Obererzgebirge finden sich großflächig Böden auf Quarzitschiefer, die sehr geringwüchsige Fichtenbestände tragen. Die blockig-steinige Schuttdecke wird von einer schluffigen Feinerdedecke überlagert (Podsol und Podsol-Gley).

Im Ah dieser Mittelgebirgsböden liegt der Humusgehalt zwischen 16 und 26 %, das C/N-Verhältnis der Braunerden bei 12–19 und das der Podsole bei 27–31 (unter Reinluftbedingungen). Das Mg-Angebot der Böden hat für das Auftreten neuartiger Waldschäden Bedeutung. Es ist bei Böden über Turmalingranit und Quarzitschiefer schwach, im Falle von Basalt, Gneis und Glimmerschiefer reichlich bis ausreichend. Die Podsole sind wesentlich schwächer mit Ca versorgt als die Braunerden.

Das **Thüringisch-Vogtländische Schiefergebirge** einschließlich des Frankenwaldes und Schwarzburger Sattels ist als breite Pultscholle entwickelt, die sich nach N und NO allmählich abdacht. Die Schiefer verwittern zu steinigen, staubig-schluffigen, sandarmen Lehmen von großer Basenarmut und hoher Neigung zur Dichtlagerung des Feinbodens. Die tief zertalte alte Rumpffläche (Hochfläche) wird von Quarzithärtlingen und Diabaskuppen überragt. In den Deckschichten sind Braunerden und Pseudogley-Braunerden ausgebildet. Skelettreiche Quarzitschutte tragen Podsole und Ranker, Diabase basenreiche Braunerden. Fossile Verwitterungen sind in den Plateau-Lagen verbreitet.

Über Tonschiefern und Grauwacken aus dem Karbon (Dinant) haben sich im Ostteil des Thüringer Schiefergebirges mit seinen im Tertiär angelegten Hochflächen und Flachhängen Schuttdecken entwickelt, die je nach Lößbeimengung von feinbodenarm bis feinbodenreich variieren, oder es liegen Lößlehmdecken mit beigemengtem Schiefermaterial vor. Auch kann tertiärer Zersatz beigemengt sein (Plothener Seenplatte). Die Bodentypen variieren zwischen Sauerbraunerde, Parabraunerde und Pseudogley.

Der **Thüringer Wald** schließt sich im Nordosten an das Schiefergebirge an und zieht sich bis zur Eisenacher Mulde im Nordwesten. Im Thüringer Wald dominieren Sedimente des Rotliegenden (Konglomerate, Sandsteine) und Porphyre als bodenbildende Gesteine, ergänzt durch Granite, Gneise und Phyllite. In den Schuttdecken der

Waldböden sind Sauerbraunerden und Podsol-Braunerden ausgebildet. Im nordwestlichen Thüringer Wald findet man auf Quarzporphyr Podsole in Höhenlagen von 460–760 m ü. N. N. Auf Hauptgranit entwickelte sich bei günstigem Wasserhaushalt unter Laubmischwald Braunerde mit Mull.
Die **Rhön** ist durch Vulkanismus im Tertiär und nachfolgende Abtragungsprozesse geprägt. Den Sockel der Rhön bilden Triassedimente, die von phonolithischen und basaltischen Magmen durchbrochen wurden. Durch die spätere Abtragung wurden die Basaltschlote (heutiges Kuppenrelief) und die zunächst unterirdischen Basalttafeln (heutige Basalthochplateaus) herausgearbeitet. Im Quartär bildeten sich Hangschutt bzw. mächtige Basaltblockdecken (Ostabfall der Langen Rhön) und auf abflußlosen Sattellagen Hochmoore aus. Die Muschelkalk- und Buntsandsteinhänge sind mit Basaltschutt überrollt (Blockschuttböden) oder von Basalt beeinflußt.
Der **Harz** ist ein Pultschollengebirge und wird geologisch in den Ober- (Acker-Bruchberg-Zug mit Quarziten; Devonsattel; Diabaszug), Mittel- (u. a. Elbingeröder Komplex mit Massenkalk, Tanner Grauwackenzug) und Unterharz (u. a. Selke-Mulde, Wippraer Zone) gegliedert, wobei diese Gliederung auch die Grundlage der Standortgliederung bildet. Charakteristisch für den Oberharz sind Granitklippen und Blockmeere. An der landwirtschaftlichen Nutzfläche des Unterharzes sind vorrangig Fahlerde, Braunerde sowie Gley und Pseudogley beteiligt.
Morphologisch dominieren großräumige Einebnungsflächen als Ergebnis tertiärer Verwitterung und Abtragung. Auf ihnen haben sich Grau- und Braunlehmreste erhalten. Die Harzhochfläche wird von Härtlingen überragt (Diabas, Granit, Porphyr). Im Westharz kommen nur paläozoische Gesteine vor.
Auch im Harz besteht zwischen Deckschichten und Böden ein enger Zusammenhang. Die im Harz weit verbreitete weichselzeitliche Lößdecke nivelliert die grundgesteinsbedingten Bodenunterschiede bis zu einer Tiefe von etwa 40 cm.
Großflächig sind Braunerden (Sauerbraunerden), schwache Braunpodsole und Fahlerden (Parabraunerden) unterschiedlicher Ausprägung verbreitet. Die Entstehung der Podsole wird durch das Auftreten gröberer Deckschutte oder nährstoffarmer Gesteine begünstigt, so daß diese Böden mehr auf lokale Gegebenheiten beschränkt sind. Am Südrand des Harzes hat sich im Stufen- und Hügelland des Zechsteins ein Sulfatkarst mit Gips-Rendzina entwickelt.
Im anhydromorphen Bereich dominiert das Substrat als bodenprägender Faktor. Braunerden auf Diabas zeichnen sich durch einen stärkeren humosen Oberboden aus. Auf Diabas und auf Tonschiefer, der mit Diabas durchmischt ist, bilden sich besonders fruchtbare Böden in Form von Braunerden mittlerer und hoher Basensättigung. Aus Kulm-Grauwacke und Kulm-Tonschiefer entwickeln sich podsolige Braunerden. Über Kieselschiefer und Quarzporphyr treten dagegen Podsole auf.

7.4.2.4 Bodengesellschaften der Flußlandschaften

In den Auen bedecken sandige, lehmige und schluffig-tonige Schwemmsubstrate kiesig-sandige Flußschotter. Unter schwankendem Grundwassereinfluß überwiegen Auenböden sowie Gleye, die mit Vega-Gleyen, Naßgleyen und Anmoorgleyen im Wechsel auftreten. Die Böden der Auenwaldstandorte sind sehr ertragsstark.

Beispiel:
In der **Elbaue** Böhmens liegt der Gley in der weichen Aue (Pappel-Weidenaue mit hoch anstehendem Grundwasser und regelmäßiger Überflutung), der humose Semigley in der Übergangsstufe (Pappelaue als ertragsreichste Standorte des Auenwaldes mit optimalen Wasser- und Luftverhältnissen), die frische braune Vega in der unteren Stufe der harten Aue (geophytenreiche Ulmenaue als produktivste Auenwaldgesellschaft für Harthölzer auf höher gelegenen, nicht überfluteten Standorten; auch für Gemüse- und Zuckerrübenanbau intensiv genutzt) und die austrocknende braune Vega in der oberen Stufe der harten Aue (Eichen-Ulmenaue, im durchwurzelten Profil nicht mehr vom Grundwasser beeinflußt; auch Zuckerrübenanbau). Alle diese Böden zeichnet die Humusform Mull und eine entsprechend starke biologische Tätigkeit aus (C/N 10).

Die Magdeburg-Torgauer Elbtalniederung ist gekennzeichnet durch die weichselkaltzeitlichen Niederterrassen und die holozänen Auenterrassen. Auf den Niederterrassen treten verbreitet Binnendünen auf.

An der Elbe hat insbesondere die Elbwische (45 000 ha) Bedeutung für die landwirtschaftliche Produktion. Fluviatile bindige Ablagerungen von 0,5 bis 3,0 m liegen über sandigen/kiesigen Grundwasserleitern, der Grundwasserflurabstand beträgt 1–3 m.

Die zur Saale entwässernden Flüsse bilden in Leipzig eine ausgedehnte Aue mit Gley und Brauner Vega als Bodentypen. In den Talauen der Weißen Elster und Pleiße (Leipziger Raum) treten Vega-Braunauenboden, Auengleye und Vega-Gleye auf.

Im 60 000 ha LF umfassenden **Oderbruch**, das um 1750 vollständig eingedeicht wurde, finden sich überwiegend Tonböden. Das Gebiet liegt 1–4–8 m ü. N. N. und wird durch offene Gräben und Dränung entwässert. Durch 150jährige intensive Ackernutzung der Böden ist der ehemals hohe Humusgehalt zurückgegangen. Im Westen wird das Oderbruch von der höher gelegenen Lebuser Platte und der Hochfläche des Barnim begrenzt.

7.4.3 Bodenkarten

Bodenkundliches Wissen wird u. a. in Kartenwerken und Flächendatenbanken festgehalten. Die Bodenkartierung liefert Angaben zum Aufbau, zur Verbreitung und Vergesellschaftung der Böden, sie ist eine flächendeckende Bodeninventur bzw. eine Bestandsaufnahme der Böden von Landschaften. Eine enge Zusammenarbeit von Bodenkartierung mit Geodäsie, Photogrammetrie (Luftbild) und Kartographie erweist sich als nützlich. Bodenkarten erfassen die flächenmäßige Verbreitung der Böden. Moderne Bodenkarten basieren meistens auf Bodenformen. Ihre Entwicklung erfolgt heute unter Nutzung von Bodeninformationssystemen. Wichtige Bodenkarten sind in Flächendatenbanken abgelegt. Außer den klassischen allgemeinen Bodenkarten sind Themenkarten gefragt, so zum Bodenschutz (z. B. stoffliche Belastungen, nichtstoffliche Belastungen, Bodenbelastung in Einzugsgebieten von Flüssen, Schutzwürdigkeit, potentielle Erosionsgefährdung).

Bodenkarten Deutschlands erscheinen in dem Maßstabsbereich 1 : 5 000 bis 1 : 100 000. Man unterscheidet großmaßstäbige Karten (1 : 10 000 und größer), mittelmaßstäbige Karten (1 : 50 000 bis 1 : 100 000) und kleinmaßstäbige Karten (kleiner als 1 : 100 000). Bodenübersichtskarten sind das Ergebnis der Generalisierung von

Bodenkarten (Bereich < 1 : 100 000 bis 1 : 2 000 000 für Deutschland). Besondere Bedeutung kommt hier der Bodenübersichtskarte im Maßstab 1 : 200 000 zu (obere Grenze auf Landesebene). Der Bedarf an Bodenkarten auf der Ebene von Bund, Ländern und Regierungsbezirken bzw. für überregionale Betrachtungen liegt in den Maßstabsbereichen kleiner als 1 : 200 000, z. B. 1 : 1 000 000, auf der Ebene der Kreis- und Kommunalverwaltungen in Maßstäben größer als 1 : 50 000, z. B. 1 : 25 000. Je größer der Maßstab, um so einheitlicher sind die Böden in den dargestellten Kartiereinheiten. Zur Darstellung der Bodenregionen in Deutschland bedarf es eines Maßstabes < 1 : 1 000 000 bis < 1 : 5 000 000.

Analytische Karten, auch Merkmalskarten genannt, stellen Einzelmerkmale, wie den pH-Wert oder die Bodenart dar, synthetische Karten beinhalten Bodentypen oder Bodenformen. Anzustreben ist eine zusätzliche Berücksichtigung der Deckschichten.

Land- und forstwirtschaftliche Boden- und Standortkarten
- Karten der Reichsbodenschätzung. **Bodenschätzungskarten** der Finanzbehörden sowie der Geologischen Landesämter liegen in den Maßstäben 1 : 5 000, 1 : 10 000, 1 : 25 000 bzw. auf Landesebene 1 : 100 000 vor. Kartierung 1935–1954. Kennzeichnung der Bodenbeschaffenheit und Ermittlung der Ertragsfähigkeit (Bodenbonitierung) (s. Kap. 8). Die Standortkundliche Ergänzung der Bodenschätzung im Maßstab 1 : 10 000 liegt für Nordostdeutschland vor (Substratkarten des Ober- und Unterbodens mit Darstellung des Grundwasser- und Staunässeeinflusses).
- Agraratlas für das Gebiet der DDR (Matz 1956), 1 : 200 000, Auswertung und Interpretation der Ergebnisse der Bodenschätzung für Acker- und Grünland.
- **Mittelmaßstäbige Landwirtschaftliche Standortkartierung** (MMK). Die farbigen Übersichtskarten der MMK stellen ein Informationsmittel über die Verbreitung der natürlichen Böden und Standorte, ihre Qualität und räumliche Beziehung dar. Im Zeitraum von 1974–1981 wurden die landwirtschaftlich genutzten Flächen Ostdeutschlands einheitlich kartiert (Maßstab 1 : 100 000, 1 : 25 000). Die Kartiereinheiten sind Bodengesellschaften. Die Kartierung erfaßt heterogene natürliche Standorteinheiten nach den Merkmalen Substrat, Bodenwasser, Struktur der Bodendecke und Relief. Die Einheiten gehören zu den chorischen Einheiten und besitzen als räumliche Kombination von Bodenformen ein Pedotopgefüge. Darunter versteht man ein charakteristisches Bodenformenmosaik, das in Beziehung zum Ausgangsmaterial der Bodenbildung, zum Relief und/oder zu den Wasserverhältnissen der Böden steht. Als Grundformen der gesetzmäßigen räumlichen Anordnung der Böden (Gefügestil) werden bei der Kartierung berücksichtigt:
  • Hanggefüge als eine regelmäßige Abfolge der Böden in der Gefällerichtung, hervorgerufen durch reliktische oder aktuelle Verlagerung von Substanz und/oder durch Veränderung der Bodenwasserverhältnisse hangabwärts.

- Senkengefüge, sie weisen eine gesetzmäßige räumliche Ordnung der Böden auf in Abhängigkeit von den Grundwasserverhältnissen, der jährlichen und mehrjährigen Dynamik des Grundwassers sowie der Entwicklung der Vorflut.
- Plattengefüge, sie lassen eine regelhafte Ordnung der Böden in Abhängigkeit von Substratunterschieden erkennen, in denen die Pedotope relativ statisch nebeneinander liegen.

Die Rahmenlegende der MMK umfaßt 3 Niveaustufen (chorische Einheiten):
1. Standortgruppe (StG): oberes Niveau der Gliederung der Kartiereinheiten, zusammengefaßt nach Hauptmerkmalen der Substrat- und Wasserverhältnisse der Bodendecke, z. B. Grundwasserferne Sandstandorte.
2. Standorttyp (StT): mittleres Gliederungsniveau, zusammengefaßt nach definierten Substrat- und Bodenwasserverhältnissen und ausgewählten typologischen Merkmalen, z. B. Sickerwasserbestimmte Sande und Sande mit Tieflehm (vernässungsfrei, > 60 % schwachlehmiger Sand oder Sand, bis 40 % Tieflehm).
3. Standortregionaltyp (StR): Grundeinheit, die durch das Bodenformeninventar und charakteristische Kombinationen von Substrat-, Hydromorphie- und Hangneigungsflächentypen gekennzeichnet ist, z. B. Sand der ebenen bis kuppigen Platten mit Tieflehm, z. T. Decklehmsand (Sand-Braunerde und Sand-Rosterde mit Tieflehm-Fahlerde).

Beispiele:
- Sickerwasserbestimmte Tieflehme und Lehme; Tieflehm-Fahlerde-Plattengefüge,
- Grund- und stauwasserbestimmte Sande und Tieflehme; Tieflehm-Fahlerde/Sand-Braungley-Platten-Hanggefüge,
- Stauwasserbestimmte Lösse und Berglehme; Berglehm-Braunerde/Löß-Staugley-Hanggefüge.

Die Flächentypen werden nach Art und Flächenanteil ausgewählter Merkmale gebildet:
- Substratflächentyp, gekennzeichnet durch Flächenanteile von Substrattypen bzw. Substrattypengruppen,
- Hydromorphieflächentyp, gekennzeichnet durch Flächenanteile sicker-, stau- und grundwasserbestimmter Böden,
- Hangneigungsflächentyp, gekennzeichnet durch Flächenanteile mit vorherrschender und extremer Hangneigung.

- Für Meliorationsvorhaben sind Spezialkarten im Maßstab 1 : 10 000 und 1 : 25 000 erforderlich und für Teilgebiete Ostdeutschlands vorhanden.
- Bei **Karten der forstlichen Standortkartierung** 1 : 10 000 sind Flächen von 1 ha Größe noch abgrenzbar. Allein im nordostdeutschen Tiefland wurden 1,7 Mio. ha mit 90 % der Waldfläche erfaßt.
- **Naturraumkarten** für die Gesamtlandschaft im Maßstab 1 : 25 000 bis 1 : 100 000 liegen für Teilgebiete Ostdeutschlands vor.

Bodenkundliche Landesaufnahmen

Großmaßstäbiger Bereich (1 : 5 000 bis 1 : 50 000)

Karten im Maßstab 1 : 5 000 bis 1 : 10 000 werden auf der unteren Planungsebene (Kreis- und Gemeindeebene) eingesetzt. Karten 1 : 5 000 sind eine gute Grundlage für Bodenschutzplanungen, wie z. B. die Ableitung der potentiellen Erosionsanfälligkeit von Böden. Niedersachsen und Nordrhein-Westfalen verfügen über einen umfangreichen Kartensatz.

Bodenkarten im Maßstab 1 : 10 000, wie sie in Nordrhein-Westfalen oder bei der Bodenschätzung vorliegen, eignen sich für die kommunale Ebene (Gemeinden).

Karten der Maßstäbe 1 : 25 000 und 1 : 50 000 stützen sich auf eingehende Geländeaufnahmen. Die Benennung der Kartiereinheiten erfolgt nach dem Leitboden (Bodenform, häufig unter Angabe des Subtyps). Sie liegen für die meisten Bundesländer vor und werden für die mittlere Planungsebene (Regionalebene) genutzt. Eine flächendeckende Erstellung wird derzeit für die Karte 1 : 50 000 angestrebt.

– Bodenkarte 1 : 25 000 von Bayern sowie von NRW: Kartierungseinheiten sind die Areale der Bodenformen (Pedotope). Darstellung ferner von Bodentyp und Bodenart mit Substratschichtung.
– Bodenkarte 1 : 50 000 von Nordrhein-Westfalen. Geol. L.-Amt Nordrh.-Westf.; Krefeld 1983, 1998. Diese Bodenkarte liegt analog und digital vor. Sie beschreibt jede Bodeneinheit durch die nach Flächenanteilen quantifizierten Bodentypen, die Grundwasser- und Staunässeverhältnisse, die Geogenese bzw. Gesteinsart mit ihrer Stratigraphie und die Bodenartenschichtung. Letztere enthält je Schicht nach Flächenanteilen quantifizierte Angaben zu den Fein- und Skelettbodenarten, Humus- und Kalkgehalten und der Spanne der Mächtigkeiten. Der allgemeinen Charakterisierung jeder Einheit dienen klassifizierte Angaben zur Sorptionsfähigkeit, Wasserspeicherkapazität und Durchlässigkeit sowie die Spanne der Bodenwertzahlen.
– Bodenübersichtskarte 1:50 000 von Hessen. Die Legende unterteilt Hessen in drei Bodenregionen mit 18 Bodengroßlandschaften und 61 Bodenlandschaften.
– Bodenkarte Halle und Umgebung im Maßstab 1: 50 000. Geologisches Landesamt Sachsen-Anhalt 1996.

Aus der Bodenübersichtskarte (BÜK) 50 können Bodenkarten kleineren Maßstabs (1 : 200 000, 1 : 500 000) rechnergestützt abgeleitet werden.

Übersichtskarten (1 : 100 000 bis 1 : 500 000)

Diese Karten dienen für die obere Planungsebene (Landesebene).

Im Maßstab 1 : 100 000 existieren Bodenübersichtskarten von Nordrhein-Westfalen.

Bodenübersichtskarte 1 : 200 000 der Bundesanstalt für Geowissenschaften und Rohstoffe (BÜK 200) als bundesweites und bundeseinheitliches Kartenwerk, z. B.

- Bodenkarten von Baden-Württemberg, Niedersachsen, Sachsen-Anhalt und Rheinland-Pfalz. Neuere Karten enthalten Angaben über die flächenbezogene Substratausbildung und die Substratvergesellschaftung. Es werden nicht Bodenformen, sondern Bodengesellschaften mit Leit- und Begleitböden dargestellt. Die Grenzen der Bodeneinheiten sind häufig auch Grenzen hydrographisch-geomorphologischer Einheiten.
- Bodenkundliche Übersichtskarten im Maßstab 1 : 250 000, 1 : 300 000 oder 1 : 500 000 gibt es für alle alten Bundesländer.
- Übersichtskarte der Böden des Freistaates Sachsen im Maßstab 1 : 400 000. Sächsisches Landesamt für Umwelt und Geologie, Freiberg 1993.
- Bodengroßlandschaften und Bodenlandschaften von Niedersachsen 1 : 500 000.
- **Bodenübersichtskarte der Bundesrepublik Deutschland**, 1 : 1 000 000, Bundesanstalt für Geowissenschaften und Rohstoffe, Hannover 1994/1997.
- **Bodenkarte Europas** 1 : 1 000 000 European Communities (R. TAVERNIER, A. LOUIS; Gent (Belgien) 1984).
- **Weltbodenkarte** (Soil map of the world) FAO/UNESCO seit 1961, Maßstab 1 : 5 000 000. Vol. I Legend. UNESCO Paris 1974. Revised Legend, Rom 1988.

Bodengeologische Karten

Die Bodengeologie vermittelt zwischen Geologie und Bodenkunde. Sie deckt die Beziehungen zwischen den geologischen Ausgangsmaterialien einschließlich der Deckschichten und den daraus entstandenen Böden sowie deren Bodenbildungsprozesse auf. Bodengeologische Karten geben deshalb Kartierungseinheiten wieder, die die Deckenausbildung und -mächtigkeit (Substrat der pleistozänen Deckschicht und Substrat des liegenden Materials) sowie die zugehörigen Bodentypen beinhalten. Sie bringen neben den Bodentypen oder deren Vergesellschaftung auch die Substrate einschließlich Substratschichtung und geringmächtige Deckschichten bis zu einer Tiefe von etwa 2 m zum Ausdruck. Die Ergebnisse regionaler bodengeologischer Arbeiten werden in bodengeologischen Spezialkarten (1 : 25 000 und größer) und Übersichtskarten (1 : 50 000, 1 : 100 000, 1 : 200 000) sowie in bodengeologischen Anteilen im Rahmen der geologischen Meßtischblattkartierung niedergelegt. Für einige Gebiete Ostdeutschlands (Sachsen, Thüringen) liegen diese Karten im Maßstab 1 : 25 000 und 1 : 100 000 vor.
Lithofazieskarten Quartär 1 : 50 000, für Ostdeutschland. Sie stellen die quartären Schichten und die Quartärbasis dar.
Quartärbasiskarte für Ostdeutschland 1 : 500 000 von 1968.
Kippbodenkarten der Braunkohlenreviere (unterschiedliche Maßstäbe).

Ergänzende Karten:
- Topographische Karten 1 : 50 000; TK 25.
- Hangneigungskarten für Belange der Landwirtschaft liegen in den neuen Bundesländern im Maßstab 1 : 10 000 vor (Geologische Landesämter).
- Hydrogeologische Karten (1 : 20 000, 1 : 50 000) informieren über den Grundwasserstand und seine Veränderungen.

Geologische Karten
Sie geben Hinweise zur Zusammensetzung, Verbreitung und Entstehung sowie zum Alter des Ausgangsgesteins der Bodenbildung. Als Beispiele seien genannt:
- Geologische Übersichtskarte des Freistaates Sachsen 1 : 400 000. Sächsisches Landesamt für Umwelt und Geologie, Freiberg 1992.
- Geologische Übersichtskarte von Sachsen-Anhalt 1 : 400 000. Halle 1993.
- Geologische Karte von Thüringen 1 : 500 000. Gotha und Leipzig 1971.
- Geologische Übersichtskarte von Niedersachsen 1 : 500 000. Hannover 1985.
- Quartärgeologische Übersichtskarte von Niedersachsen und Bremen, 1 : 500 000. Hannover 1995.
- Atlas zur Geologie von Brandenburg 1 : 1 000 000. Potsdam 1997. Landesamt für Geowissenschaften und Rohstoffe Brandenburg.
- Geologische Karte der Bundesrepublik Deutschland 1 : 1 000 000. Bundesanstalt für Geowissenschaften und Rohstoffe, Hannover 1993/94.

Klimakarten
- Karte der Klimastufen in Sachsen. Sächsische Landesanstalt für Forsten. Schriftenreihe Sächs. Landesanst. Forsten 8 (1996).
- Klimaatlas von Bayern. Bayerischer Klimaforschungsverbund. München 1996.
- Klimaatlas für das Gebiet der DDR. Berlin 1953

7.5 Zusammenfassung

Jedes Land strebt eine an seine spezifischen Verhältnisse angepaßte Systematik der Böden an. Die Systeme der europäischen Länder basieren auf der russischen bodengenetisch ausgerichteten Schule und sind deshalb untereinander verwandt. Grundsätzlich anders ist das System der USA, das auf Bodeneigenschaften aufbaut. Um Böden weltweit vergleichen zu können, werden internationale Systeme benötigt. Hier hat sich das System der UNESCO/FAO bewährt, das mit Bodentypen und quantitativen Abgrenzungen arbeitet. In Deutschland gilt das System der Deutschen Bodenkundlichen Gesellschaft. Ein davon abweichendes System wurde für die Boden- und Standortkartierung in Ostdeutschland angewandt. Die Berücksichtigung bodengeologischer und bodengenetischer Gegebenheiten bei der Profilbeschreibung ist für Mitteleuropa notwendig. Wegen der grundsätzlich unterschiedlichen Herangehensweise bei der Systematisierung der Böden ist die Transformation der Bodenbezeichnungen von einem System zum anderen schwierig.

In Deutschland sind die Bodenverhältnisse in Karten unterschiedlicher Maßstäbe, durch die Reichsbodenschätzung sowie neuere Boden- und Standortkartierungen der land- und forstwirtschaftlich genutzten Flächen weitgehend erfaßt. Standortgeographisch lassen sich die Böden in solche des Tieflandes, Hügellandes, Mittelgebirges und Hochgebirges gliedern, wobei Differenzierungen innerhalb dieser Gebiete nach Geologie, Relief und Klima notwendig sind. Dies wird durch die Ausscheidung von Bodenzonen berücksichtigt. Da ganz Deutschland früher von Wald bedeckt war, werden die heutigen Wald- und Ackerböden in einem gemeinsamen System erfaßt. Nur wenn dieser Ursprung der Böden nicht mehr erkennbar ist oder nicht existiert, scheidet man anthropogene Böden aus.

Im norddeutschen Flachland findet man als Waldböden auf Geschiebemergel Mull-Rendzina (bei hohem Kalkgehalt), Restcarbonat-Braunerde, Übergänge zwischen Lessivé und Braunerde, Lessivé (größte Fläche) und Podsol-Lessivé. Aus Sanden haben sich im gleichen Gebiet unter Wald Mull-Rendzina (selten), Lessivé-Braunerden (silicatreichere Sande), Übergänge zwischen Braunerde und Podsol (weite Verbreitung, mäßig silicathaltige Sande) sowie Eisen- (schwach bis mäßig silicathaltige Sande) und Humus-Eisen-Podsole (z. B. Nordhänge der Binnendünen) gebildet. Grundtyp der Sanderflächen sind mäßig entwickelte Podsole auf grundwasserfreien, mittelkörnigen Sanden. Flugsanddecken mit Humus-Eisen-Podsolen sind verbreitet. In den Tal- und Beckensandgebieten überwiegen die Sandböden mit Grundwassereinfluß. An Bodentypen treten Übergänge zwischen Gley und Podsol sowie Gley und Moor auf. Auf terrestrischen Standorten sind im nördlichen Jungmoränengebiet (Pommersches Stadium) lehmsandige Deckschichten über Geschiebemergel ausgebildet. Zugehörig ist eine Parabraunerde/Pseudogley-Bodengesellschaft. Auf den Grundmoränenplatten des Brandenburger und Frankfurter Stadiums dominieren übersandete Geschiebemergel. Hier treten als Bodengesellschaften Fahlerde/Bänderbraunerde/Braunerde und Podsol-Braunerde/Braunerde auf.

Die sich an das Flachland im Süden anschließende Lößzone erstreckt sich von den Niederlanden über die Kölner und Münsterländerbucht, das südliche Niedersachsen, Sachsen-Anhalt, Thüringen, Sachsen bis nach Südpolen. Der Löß weist Übergänge zu Flottsand und dieser zu Geschiebedecksand (Düben-Dahlener Heide) auf. Im Löß sind Braunerden mittlerer bis hoher Sättigung (Kölner Bucht), Pseudogleye mäßiger und starker Ausprägung, lessivierte Schwarzerden (Hildesheim, Wolfenbüttel) sowie Schwarzerden (Magdeburger Börde) ausgebildet. Flottsand tritt inselartig im Fläming sowie im nördlichen Niedersachsen auf, wo er ackerbaulich genutzt wird.

Mittelgebirgsböden sind häufig in Schuttdecken aus verwittertem Gestein (Metamorphite, Magmatite, Sedimentite) und eingewehtem Löß (Hauptfolge) ausgebildet. Sie treten lageabhängig vorwiegend als Braunerde und ihren Übergängen zum Podsol, als Podsol, Pseudogley und Stagnogley sowie als Übergangs- und Hochmoor auf.

8 Bodenökologie und Bodenkultur

Der Boden ist gleichermaßen ein Umweltmedium wie eine Ressource. Er ist der Lebensraum von unterirdischen Pflanzenorganen und Bodenorganismen, eine integrale Komponente terrestrischer Ökosysteme und die Grundlage für den Anbau von Kulturpflanzen. Ziel ist die Erhaltung und nachhaltige Bewirtschaftung der Ressource Boden. Eine ökologische Einschätzung der Böden kann sich nicht nur auf Labordaten stützen, sie erfordert vielmehr die Berücksichtigung der Wasser-, Sauerstoff- und Temperaturverhältnisse vor Ort und deren saisonaler Dynamik. Die Einteilung der Böden nach ökologischen Kriterien unterscheidet sich grundsätzlich von der nach genetischen Gesichtspunkten. In einer genetischen Systematik werden z. T. Körnung, Wasserhaushalt, Trophie und Bodenklima erst sehr spät oder gar nicht berücksichtigt. Für die Bewertung der Ressource Boden interessieren Bodenfruchtbarkeit, Bodenproduktivität und nachhaltige Bodenfunktionalität. Das Ökosystem und das Teilökosystem Boden stellen ein Beziehungsgefüge zwischen Organismen, Stoffen (einschließlich Wasser) und Energie dar. Ihre Bewertung erfolgt anhand von Stoff- und Energieflüssen. Von Interesse ist, welche Prozesse wie gesteuert werden.

8.1 Bodenfunktionen

Unter **Bodenqualität** versteht man das Vermögen eines Bodens zur Erfüllung bestimmter Funktionen. Sie wird durch die physikalischen, chemischen und biologischen Eigenschaften des Bodens bestimmt. Die Bodenorganismen und die enzymatischen Stoffumsetzungen im Boden stellen die biologische Komponente der Bodenqualität dar.

Die Wirkungen des Bodens in Bezug auf andere Umweltmedien oder Lebewesen werden meist als **Bodenfunktionen** bezeichnet. Zusammenfassungen einzelner Funktionen erfolgen unter Benennung des vorherrschenden Anspruchs an den Boden. So lassen sich die Bodenfunktionen Speicher für Wasser und Puffer für Nährstoffe zur Produktionsfunktion des Bodens bündeln. Geschützt werden nicht einzelne Bodenfunktionen, sondern das **Funktionsprofil** des Bodens, mithin der Boden als Einheit. Der Schutz der natürlichen Bodenfunktionen ist die Grundlage zur langfristigen Sicherung der Bodennutzung (s. Kap. 9).

Der Boden erfüllt im Kreislauf der Natur und im Dienste des Menschen eine Vielfalt von Funktionen. Entsprechend unterscheidet man natürliche Funktionen (z. B. Regelungs- und Lebensraumfunktion) und Nutzungsfunktionen (z. B. Produktionsfunktion). Eine andere Gliederung differenziert zwischen ökologischen (z. B. Boden als Lebensgrundlage von höheren Pflanzen, Mikroorganismen und Tieren), sozioökonomischen (z. B. Bodenfruchtbarkeit) und immateriellen Funktionen (z. B. Boden als Archiv der Natur- und Kulturgeschichte). Ein Teil der Bodenfunktionen steht mit der Sicherung der pflanzlichen Produktion und der Erhaltung der Umweltqualität in Beziehung. Folgende Funktionen seien hervorgehoben:

- Natürlicher Lebensraum
  Die Lebensraumfunktion bezieht sich auf den Boden als Standort für Lebewesen, wie die natürliche Vegetation, Kulturpflanzen und Bodenorganismen.

- Produktionsgrundlage mit natürlicher Bodenfruchtbarkeit
  Die Produktionsfunktion bezieht sich auf den forst- und landwirtschaftlich genutzten Boden, auf dem Pflanzen als Nahrung, Futter und technischer Rohstoff angezogen werden.

- Archiv und Urkunde der Landschafts-, Natur- und Kulturgeschichte
  Hier interessiert die kulturhistorische und landschaftsgeschichtliche Dokumentationsfunktion des Bodenprofils. Folgende Bodenmerkmale haben historischen Quellenwert: Lage von bodengeologischen Schichten zu Fundobjekten, Lage von Humus, Holzkohle oder Pollen im Profil, Gehalt an chemischen Elementen als Siedlungs- (P) und Industrieanzeiger (Schwermetalle), Wölbäcker – mit einer etwa 50 cm starken Aufwölbung, z. T. heute unter Wald – als Zeugnis einer mittelalterlichen Bodenbearbeitung. Kolluvium und gekappte Profile zeigen eine Landnutzungsänderung an.

- Reinigungssystem
  Filter-, Puffer- und Transformationsfunktion für organische und anorganische Stoffe wie Abfall, Abwasser und Schadstoffe. Regenwasser, Beregnungswasser und Abwasser werden bei der Bodenpassage gefiltert und dabei durch Ionenaustausch und Pufferung chemisch verändert. Bei der Wassergewinnung in Wasserschutzgebieten macht man sich diese Funktionen zu Nutze. Eine Filter- und Pufferfunktion übt der Boden aber auf der gesamten Oberfläche gegenüber Einträgen von Nähr- und Schadstoffen aus (z. B. beim Sauren Regen).
  Beim Stoffabbau liegt eine Transformationsfunktion des Bodens vor. Die von den photosynthetisch aktiven höheren Pflanzen, den Produzenten, erzeugte organische Masse wird von den Bodenmikroorganismen als Destruenten bzw. Reduzenten bis hin zu Wasser, Kohlendioxid und Mineralstoffen abgebaut. Am Abbau sind auch Tiere auf und in dem Boden beteiligt. Die pflanzenfressenden Tiere werden als Konsumenten 1. Ordnung, die fleischfressenden Tiere als Konsumenten 2. Ordnung bezeichnet. Da die Endprodukte des Abbaus wieder den höheren Pflanzen als Nahrung dienen, liegt im Ökosystem ein Stoffkreislauf vor, ohne den das Leben auf der Erde in wenigen Jahrzehnten beendet wäre. Ein weiteres Beispiel für Transformationsprozesse ist die Umwandlung von Feldspaten in Tonminerale.

– Regelungsfunktion
Der Boden übt in Stoffkreisläufen Quellen- und Senkenfunktionen bezüglich Nähr- und Schadstoffen aus. Er kann feste, flüssige und gasförmige Stoffe sowie Energie speichern. Der Boden wirkt z. B. als Speicher und Ausgleichskörper im Wasserkreislauf. Die Regelungsfunktion des Bodens bezieht sich auf die Speicherfunktion sowie den Fließwiderstand für Wasser. Durch seine Fähigkeit, Wasser gegen die Schwerkraft zu speichern und dieses langsam abzugeben, übt der Boden als Ausgleichsmedium eine wesentliche Rolle im Wasserkreislauf und bei der Regulation des Wasserhaushalts einer Landschaft aus. Ein Bodenverlust durch Erosion, eine Bodenverdichtung oder eine Bodenversiegelung hat daher negative Folgen für den Wasserhaushalt einer Landschaft.

Die Funktionen gilt es durch geeignete Kriterien und Parameter zu bewerten. So kann die landwirtschaftliche Produktionsfunktion durch die Kriterien Ertragsvermögen und Erodierbarkeit sowie die Parameter Ertragsmeßzahlen der Bodenschätzung, Ton- und Humusgehalt und Wasserrückhaltevermögen bewertet werden. Zur Beschreibung der Funktion von Böden als Ausgleichskörper für den Wasserkreislauf kann die Feldkapazität dienen.

Die Böden unterscheiden sich in ihrer Eignung für die genannten Funktionen. Die verstärkte Inspruchnahme einzelner Funktionen beeinträchtigt die Qualität anderer Funktionen. Für Aussagen zum Bodenschutz werden klein- und mittelmaßstäbige Bodenfunktionskarten verwendet (s. 7.4.3).

Unter dem Begriff **Bodenpotential** versteht man die Leistungsfähigkeit eines Bodens im Hinblick auf seine Nutzung und als Regulator im Wasser- und Stoffhaushalt einer Landschaft.

8.2 Bodenfonds und Nutzungsformen des Bodens

8.2.1 Bodenfonds und Flächenerhalt

Der Boden ist als Pflanzenstandort das wichtigste Produktionsmittel der Land- und Forstwirtschaft. Diese nutzen in Deutschland rund 84 % des Bodens (Tab. 8.1). Zwei

Tab. 8.1: *Flächennutzung 1997 in Deutschland. Angaben in % der gesamten Bodenfläche. Nach Statistisches Jahrbuch 1998.*

Nutzungsart	%	Nutzungsart	%
Landwirtschaftsfläche	54,1	Gebäude- u. Freifläche	6,1
Waldfläche	29,4	Betriebsfläche	0,7
Wasserfläche	2,2	Verkehrsfläche	4,7
Erholungsfläche	0,7	sonstige Nutzung	2,1

Drittel davon dienen der landwirtschaftlichen Produktion. In Deutschland entfallen auf einen Einwohner etwa $^1/_3$ ha landwirtschaftliche und $^1/_4$ ha forstwirtschaftliche Nutzfläche. Von der landwirtschaftlichen Nutzfläche (17,335 · 10^6 ha) entfallen 11,832 · 10^6 ha auf Ackerland und 5,274 · 10^6 ha auf Dauergrünland. Rund 10,7 · 10^6 ha sind bewaldet. Die Waldfläche nahm in den letzten 40 Jahren in Deutschland um etwa 0,5 · 10^6 ha zu. Der Staatswald macht 34 % des Waldbesitzes in Deutschland aus. In Deutschland wurde der Wald bis 1 500 n. d. Z. auf seine heutige Ausdehnung von etwa 30 % der Landesfläche zurückgedrängt. Rodungen großen Ausmaßes fanden bereits um 1000 n. d. Z. statt. Der Wald erfüllt heute Nutz-, Schutz- und Erholungsfunktionen.

Für die Entwicklung eines Landes werden durch Siedlung, Straßenbau und Industrie im erheblichen Umfang Böden in Anspruch genommen. Mit „Boden-(Flächen-)Verbrauch" umschreibt man die **Flächeninanspruchnahme** außerhalb der landbaulichen Nutzung. In Deutschland wurden und werden täglich etwa 80 bis 150 (125) ha Freifläche in Siedlungs- und Verkehrsfläche umgewandelt. Die Nutzungsprioritäten sollten so gesetzt werden, daß die ertragreichsten Standorte für die Nahrungs- und Futtermittelproduktion erhalten bleiben. Die Folgenutzung von Altstandorten hat aus Bodenschutzgründen Vorrang vor der Umnutzung wertvoller Landbaustandorte (Flächenrecycling, Nutzung industrieller Brachflächen für Gewerbegebiete, Vermeidung der Zersiedlung des städtischen Umlandes, s. a. Kap. 9).

Besonders in Ballungsgebieten kommt es zu starkem Flächenverbrauch, zu Bodenbelastungen und Bodenveränderungen. Die Art und Intensität der anthropogenen Bodenbeeinträchtigung ist auf kleinem Raum sehr unterschiedlich. Die Palette reicht von naturnahen Bodenbildungen aus natürlichen Substraten mit leicht erhöhten Schadstoffgehalten bis zu anthropogen geprägten Bodenbildungen aus überwiegend technogenen, stark belasteten Substraten mit und ohne Überdeckung (s. 7.3.5). Durch Abgrabungen, Bebauung und Versiegelung werden die natürlichen Bodenfunktionen stark beeinträchtigt oder zerstört. Deshalb sollte die Flächeninanspruchnahme für Siedlung, Industrie, Infrastruktur (Verkehrswege) und militärische Zwecke auf das unbedingt notwendige Maß beschränkt und nach Möglichkeit durch Entsiegelungsmaßnahmen ausgeglichen werden.

Durch die Zunahme der Verkehrs- und Siedlungsflächen sind in der Nachkriegszeit erhebliche Bodenverluste eingetreten. Die Zunahme dieser Bodennutzungen vollzieht sich vorwiegend zu Lasten der landwirtschaftlichen Bodennutzung. Dem fortschreitenden irreversiblen Flächenverlust an Böden muß konsequent Einhalt geboten werden. Insbesondere ist der Entzug fruchtbarer Böden einzuschränken. Eine Bebauung guter Ackerböden fand z. B. nach der Wiedervereinigung Deutschlands in nicht vertretbarem Umfang in den neuen Bundesländern statt (Industrieanlagen, Einkaufs- und Gewerbezentren auf Ackerland). Bis heute ist die landwirtschaftliche Nutzfläche in Deutschland und Europa ungenügend geschützt.

In urbanen und Industrie-Landschaften bzw. Ballungsgebieten steht die biologische Stoffproduktion nicht so sehr im Vordergrund. Hier ist insbesondere auf die Verrringerung der Inanspruchnahme von Grund und Boden bei der Siedlungsentwicklung hinzuwirken. Beim Verkehrswegebau sollte der Ausbau gegenüber dem Neubau bevorzugt werden, nicht mehr benötigte Verkehrsflächen könnten renaturiert werden. Energie- und sonstige Leitungen sind nach Möglickeit zu bündeln und sollten geschlossene Waldflächen umgehen, statt sie zu zerschneiden.

Die für eine intensive forst- oder landwirtschaftliche Nutzung geeignete Bodenfläche ist von Natur aus begrenzt und verringert sich durch Zunahme anderweitiger Bodenflächennutzungen (Städtebau, Industie, Bergbau, Infrastruktur), Erosion und Bodendegradation ständig. Dem stehen nur geringe Zugänge durch Boden, der dem Meer abgewonnenen wird, und Rekultivierungsmaßnahmen gegenüber. Die starke Bevölkerungszunahme (Bevölkerung der Erde z. Z. 6 Mrd. bei einem Anstieg von 1,3 % a^{-1}) bringt eine Ausdehnung der Ackerfläche auf Kosten von Grünland und Forst und der noch verbliebenen natürlichen Ökosysteme sowie eine Intensivierung der land- und forstwirtschaftlichen Produktion im Weltmaßstab mit sich. Weltweit schätzt man derzeit die landwirtschaftliche Nutzfläche auf 0,27 ha/Kopf und die Waldfläche auf 0,6 ha/Kopf. Landwirtschaftliche Übernutzung und entsprechende Landverluste und Bodendegradationen (Desertifikation) treten besonders auf marginalen Standorten, wie z. B. der Sahel-Zone, auf.

Etwa 11 % der Erdoberfläche sind kultiviert (1475 · 10^6 ha), 230 · 10^6 ha werden bewässert. Erhebliche Bodenverluste sind in ariden, semiariden und semihumiden Gebieten bzw. entlang von Wüstengrenzen zu verzeichnen. Der durch ungeeignete Landnutzungspraktiken bedingte Rückgang des Wasserangebotes seitens des Bodens an die Pflanze (**Aridisierung des Bodens**) führt zu einer Verringerung der Produktivität. Ziel der Bewirtschaftung müssen eine erhöhte Infiltration und Wasserkapazität sowie eine verbesserte Dränage bei Bewässerung sein.
Die höchste Gefahr geht von der Übernutzung des Bodens bzw. überhöhten Tierbeständen in diesen Gebieten aus. Das Bevölkerungswachstum führt zu einer Erhöhung des Ackeranteils, einer Reduzierung der Weideflächen und damit zu einer überstarken Beweidung. Dies, die Zerstörung der Wälder durch den erhöhten Brennholzbedarf und die meist brach liegenden Äcker (1 Ernte in 5–10 Anbauten) resultiert in einem starken Bodenabtrag durch Wasser und Wind. Der infolge falscher Bewässerung in historischer Zeit eingetretene Bodenverlust wird auf 20 · 10^6 ha geschätzt. Der weltweite Schwund an kultivierbarem Land entsprach in den letzten 20 Jahren der gesamten Ackerfläche der USA.
Die Folgen des starken Bevölkerungswachstums werden aus folgenden Zahlen deutlich: Wälder bedecken 26,6 % der Landoberfläche (1,3 Mrd. ha Primärwald, 3,4 Mrd. ha Sekundärwald). In den Tropen wurden im Zeitraum 1991–1995 pro Jahr 11,3 Mio. ha Wald abgeholzt oder verbrannt. Derzeit nehmen die **Tropenwälder** um 13 Mio. ha a^{-1} ab. Im brasilianischen Amazonasgebiet sind bisher 150 000 km^2 Wald in landwirtschaftliche Nutzung überführt worden mit erheblichen Folgen für den biogeochemischen Kreislauf (verstärkte Freisetzung von CO_2 und Stickoxiden). Von 1980–1995 gingen 180 Mio. ha Wald weltweit verloren, eine Fläche von der Größe Mexikos. Seit 1900 sind bis zu 30 % des Tropenwaldes und der Savannen in landwirtschaftliche Nutzflächen (Acker- und Weideland) umgewandelt worden.

Während in Mitteleuropa die Wald-Feld-Verteilung weitgehend feststeht und sich nur in Abhängigkeit von den ökonomischen Bedingungen im begrenzten Umfang ändert, ist die richtige Wald-Feld-Verteilung in Entwicklungsländern ein wesentliches Problem, so lange es an einer Standortkartierung (bzw. einer Ausscheidung von capability und suitability classes oder agrarökologischen Zonen der FAO) fehlt bzw. die sozioökonomischen Bedingungen ihre Beachtung nicht ermöglichen. Etwa 150 Mio. Menschen leben von der **Brandrodung** in Kombination mit **Wanderfeldbau**. Durch Brandrodung erfolgt etwa 90 % der Tropenwaldzerstörung.

Allgemein gilt es, die Bodenverluste so gering wie möglich zu halten und den Boden nachhaltig zu bewirtschaften. Eine **haushälterische Nutzung** des Bodens erfordert eine
- Verringerung der Verluste an „gewachsenem" (naturnahem) Boden,
- bevorzugte Nutzung leistungsschwacher Böden als Baugrund und Siedlungsraum,
- standortgerechte Verteilung von Wald-, Acker- und Grünland,
- Erhaltung und Mehrung der Bodenfruchtbarkeit.

8.2.2 Art und Intensität der Landnutzung

Bei den Nutzungsformen von Landschaften sollen hier Aspekte der Primärproduktion und einer nachhaltigen, standortangepaßten Landnutzung im Vordergrund stehen. Die zweckmäßigste Form der Bodennutzung ist abhängig vom jeweiligen Standort. Langfristig stabil erscheinen nur Ökosysteme mit Äquivalenz zwischen Pflanzenansprüchen und Standortleistungen. Aus standortkundlicher Sicht ist es also die erste Aufgabe des Landbaus, sich an gegebene Standorteigenschaften (Klima und Boden) durch geeignete Pflanzenwahl anzupassen und die durch Ernteentzug gestörten Kreisläufe möglichst wieder zu schließen. Die zweite Aufgabe besteht darin, die Befriedigung der Ansprüche gegebener Kulturpflanzen durch gezielte Verbesserung wuchsbegrenzender (edaphischer) Standorteigenschaften sicherzustellen. Durch eine intensive Nutzung der Landschaft kann es zu Störungen des ökologischen Gleichgewichtes kommen, die sich in einem Rückgang der Biodiversität, in Bodendegradation und einer Beeinträchtigung der Gewässerqualität äußern.

Landnutzungsformen sind u. a. Landwirtschaft – mit Ackerbau, Grünlandwirtschaft sowie Anbau von Gemüse und Sonderkulturen – und Forstwirtschaft. Art und Intensität der Landnutzung wirken sich direkt und indirekt auf die Diversität, Leistungsfähigkeit und Funktionalität der biologischen Komponenten der Ökosysteme bzw. die Organismengesellschaft aus Pflanzen, Tieren und Mikroorganismen eines Landschaftsausschnitts aus. Anzustreben ist ein integriertes Land-, Wasser- und Naturschutzmanagement im ländlichen Raum, wobei es den einzelnen Bestand, den Landschaftsausschnitt und die Landschaft bzw. Wassereinzugsgebiete unterschiedlicher Größe zu beachten gilt.

Die Nutzungsform eines Bodens kann sich durch Änderung des Klimas und der Tätigkeit des Menschen ändern. Der menschliche Einfluß wächst in der Richtung

Wald, Forst, Wiese, Weide, Acker, Garten, Siedlung. So kann Wald in Grünland und Grünland in Acker umgewandelt werden, womit eine Änderung von Bodeneigenschaften einhergeht. Dies betrifft u. a. die Humusform, die Humusverteilung im Bodenprofil und die Humusmenge. Durch die ackerbauliche Nutzung tritt häufig eine Verringerung des Bodenvorrats an organischer Substanz und eine Bodenverdichtung ein. Die negative Humus- und Stickstoffbilanz geht mit auf die Steigerung der mikrobiologischen Aktivität durch das Pflügen zurück. Die Veränderungen vollziehen sich in den ersten Jahren schnell, später langsamer. Bis zur Einstellung eines neuen Gleichgewichtes können einige Jahrzehnte vergehen. Analoges gilt auch für die Rekultivierung humus- und stickstofffreier Kippen, auf denen z. B. bei kombiniertem Leguminosen- und Baumanbau die C- und N-Anreicherung nur anfangs sehr schnell verläuft.

Zur **Abgrenzung konkurrierender Bodennutzungsformen** können Faktoren wie Bodenform, Ausgangsgestein, Gründigkeit, Durchwurzelbarkeit, Relief und Erosionsgefährdung herangezogen werden. Insgesamt ist der Ackerbau die anspruchsvollste Bodennutzungsform.

Forstliche Nutzung ist enger an das Grundgestein gebunden als landwirtschaftliche Nutzung mit intensiver Düngung. Der Ackerbau wird durch die Bodenart stark beeinflußt. Er bevorzugt Böden mit < 30 % Ton (leichte Böden) und tiefgründige Standorte (> 8 dm). Dauergrünland ist auch auf mittel- bis flachgründigen Standorten (8–2 dm) möglich. Sichere Ackerstandorte zeichnen sich durch gute Durchwurzelbarkeit aus. Der Ackerbau wird von allen Nutzungsarten durch Staunässe am stärksten negativ beeinflußt. Grünlandstandorte des Tieflandes sind häufig grundwasserbeeinflußt. Alle hydromorphen Böden sind erst dann für Maschinen tragfähig, wenn das Grundwasser > 80 cm unter Flur steht. Stärkere Hangneigungen erschweren gleichfalls den Maschineneinsatz. Ackerbau und bedingt die Wiesennutzung bevorzugen daher die Ebene. Dagegen ist die Wald- und Weidenutzung weitgehend reliefunabhängig. Südhanglagen sind für den Weinbau, nicht dagegen für die Grünlandnutzung geeignet. Ackerbaulich genutzte Böden werden durch Wasser und Wind leicht abgetragen. Wald und Grünland wirken erosionshemmend.

Die jeweilige Nutzungsart hinterläßt in den Böden deutliche Spuren. So führt landwirtschaftliche Nutzung zu einer Anreicherung mit Hauptnährstoffen (N, P, K, Ca). Auch Landschaftspflegeverfahren zur Offenhaltung der Landschaft, wie Beweidung, Mähen und Mulchen, wirken auf den Boden ein. Von Interesse sind heute auch die Änderungen von Bodeneigenschaften, die durch die Stillegung landwirtschaftlicher Produktionskapazität bei der Brache oder nach Aufforstung landwirtschaftlicher Flächen einsetzen, besonders die allmähliche biologische Regeneration des Bodens.

Ackeraufforstung und Plantagenwirtschaft: In Deutschland wird die landwirtschaftliche Überschußfläche auf 1–5 · 10^6 ha, in der EU auf 12–20 · 10^6 ha geschätzt. Neben Flächenstillegungen bestehen Nutzungsalternativen in einer Extensivierung der landwirtschaftlichen Bodennutzung, der Produktion nachwachsender Rohstoffe (Öl, Fasern) und der Aufforstung. So sollen in Sachsen im Rahmen des EU-Programms etwa 44 000 ha landwirtschaftliche Nutzfläche in Forsten umgewandelt werden. Die Vergrößerung der Waldfläche in bisher waldarmen Gebieten ist ein wichtiges Ziel der Forstpolitik der Bundesregierung.

Wieder aufgeforstete Ackerböden lassen sich noch nach Jahrzehnten an ihren erhöhten P-Gehalten erkennen. Nach Einstellen der Nutzung besteht auf Acker- und Grünlandböden die Gefahr der N-Mobilisierung und Nitratauswaschung. Da Grünlandumbruch zu starker Nitratauswaschung führt, sollte der Aufforstung von Grünland nur eine streifenweise Bodenbearbeitung vorangehen. Auch eingeschobener Ackerbau zur Abschöpfung eines Nährstoffüberschusses kann zweckmäßig sein. Düngung wird in den Plantagen erst nach Ablauf einiger Jahre wieder erforderlich.

Schadverdichtungen landwirtschaftlicher Böden können sich nach Aufforstung in den ersten Jahrzehnten negativ auf die Wurzelentwicklung und -gesundheit der Bäume auswirken. Pflugsohlen stellen ein Hemmnis für Baumwurzeln dar. Die Plantagenwirtschaft führt zu merklichen Veränderungen der Bodeneigenschaften. Wert ist auf die Erhaltung eines ausreichenden Humusspiegels zu legen. Die Humusakkumulation vollzieht sich im Oberboden, weniger auf der Bodenoberfläche. Im homogenen Ap- Horizont bildet sich langsam ein Ah- Horizont mit weiterem C/N-Verhältnis und eine horizontale Differenzierung im Basengehalt aus. Die Diversität und Aktivität der Bodenorganismen nimmt zu, bedingt durch Reduktion von Bodenbearbeitung, Bodenverdichtung und Agrochemikalien.

Die Produktion von Holz bzw. Lignozellulose für Energiezwecke durch Plantagenwirtschaft mit schnell wachsenden Bäumen (Salix, Alnus und Populus in Mittel- und Nordeuropa) bei kurzer Umtriebszeit führt zu Erträgen von 8–12 t TM $ha^{-1} a^{-1}$. Auch Fichten-Plantagen zur Rohstoffgewinnung für die Zellulose- und Papierindustrie wurden erprobt. Optimale Produktionsbedingungen liegen vor bei gut dränierten, tief durchwurzelbaren sowie ausreichend mit Wasser und Nährstoffen versorgten Böden. Beim ersten Umtrieb auf verdichteten oder zur Verschlämmung neigenden Böden kann ein gehemmtes Wurzelwachstum Ursache für geringe Erträge sein.

Aufforstung kann langfristig zur Versauerung der Böden durch Bildung starker organischer Säuren und Ausfilterung von Säuren aus der Atmosphäre führen.

8.2.2.1 Forst- und wasserwirtschaftliche Nutzung

„Ohne zureichende Kenntnis des Waldbodens geht der Forstmann im Finstern; der Einfluß des Bodens auf die Pflanzenvegetation ist zu groß, als daß dem Forstmann das Mineralreich fremd sein dürfte."

HEINRICH COTTA (1763–1844), Tharandt 24. 5. 1811

Forstökosysteme sind für die Forstwirtschaft räumlich definierte Systeme, die mit gezielten Eingriffen zur Befriedigung menschlicher Bedürfnisse bewirtschaftet werden. Der Wald ist Produktionsmittel. Die von der Gesellschaft oder Wirtschaft gesetzten Ziele sollen in optimaler Art und Intensität mit geringem Aufwand nachhaltig erreicht werden. Nachhaltigkeit ist dabei eine Nutzungseinschränkung der heutigen Ansprüche zugunsten späterer Generationen. Diesen sollen intakte, stabile Forstökosysteme überlassen werden. In der Forstwirtschaft wird bereits seit langer Zeit nach dem Prinzip der Nachhaltigkeit gewirtschaftet. Angestrebt wird eine ökosystemgerechte, multifunktionelle Waldnutzung. Zu den wichtigen Funktionen der Wälder gehören neben der Nutzungsfunktion die Lebensraum-, Regelungs- sowie Kultur- und Sozialfunktion (s. 8.1).

Die wissenschaftliche Beschäftigung mit Waldböden reicht in den Anfang des 19. Jahrhunderts zurück, als sich die Wälder durch Übernutzung in einem sehr schlechten Zustand befanden. Holz wurde als Energiequelle und Baustoff von Haushalten, Handwerk, Bergbau und Hüttenwesen im erheblichen Umfang benötigt. Die Beseitigung der Waldschäden bzw. die Steigerung der Holzproduktion erforderte eine gründliche Beschäftigung mit den jeweiligen Boden- und Standortverhältnissen und einen verstärkten Anbau von Koniferen.

Der Waldboden ist nicht nur Substrat, Nährstoff- und Wasserquelle für die Waldpflanzen, sondern ein Kompartiment des Waldökosystems selbst. Im Vergleich zu Freilandboden ist er gekennzeichnet durch größere Durchlässigkeit, höheres Speichervermögen für Wasser und reichere Lebewelt und damit eine bessere Struktur. Der Waldboden vermindert den Oberflächenabfluß und so Erosion und Hochwasserspitzen. Das in den Waldboden einsickernde Wasser wird gefiltert und rein, langsam und ausgeglichen dem Grundwasser und den Quellen zugeführt.

In Deutschland läuft eine **Zustandserhebung der Waldböden** (BZE), der ein 8 · 8 km Rasternetz zugrunde liegt. Dadurch werden Grundlagen für eine bodenpflegliche Waldbewirtschaftung gelegt und die Folgen einer langfristigen Immissionsbelastung für den Waldboden aufgezeigt. Das in den Mittelgebirgen weit verbreitete lößlehmreiche Decksediment nivelliert teilweise die gesteinsbedingten Unterschiede im Untergrund. Die Oberböden sind stark sauer bzw. versauert und häufig arm an Ca und Mg. Der überwiegende Teil des Sorptionskomplexes ist mit Al-Ionen belegt, gefolgt von H- und teilweise Fe-Ionen. Die Ca-Sättigung erreicht häufig kaum 5 %. Die in der Humusauflage gespeicherten Ca- und Mg-Mengen sind relativ hoch.

Die Baumartenverteilung in Deutschland beträgt für Kiefer und Lärche 31 %, für Fichte und anderes Nadelholz 35 %, für Eiche 9 % und für Buche und anderes Laubholz 25 %. Laub- und Laubmischwälder, die heute knapp ein Drittel der Waldfläche Deutschlands einnehmen, sollen durch den Umbau von Nadelwäldern auf etwa 50 % der Waldfläche zunehmen. Damit gewinnt die Erforschung von Stoffflüssen in Böden von Laubwäldern, seien sie kalkhaltig oder kalkfrei, erhöhtes Interesse. Die Ablösung der heute in Nordostdeutschland dominierenden Kiefernwälder durch Buche und Eiche auf ehemaligen Laubwaldstandorten erhöht langfristig die Fruchtbarkeit des Oberbodens über eine Intensivierung des Nährstoffkreislaufs. Dies äußert sich in einer Verbesserung der Humusform.

Im Mittelgebirge und Hügelland nimmt der Boden unter Buche und Fichte unterschiedliche Eigenschaften an. Der Vorrat an organischer Substanz im O-Horizont ist unter Fichte doppelt so hoch wie unter Buche. Entsprechend geringer ist die Humusakkumulation im Mineralboden. Das C/N-Verhältnis ist im Boden unter Fichte weiter. Die höhere Bioelementakkumulation im O-Horizont unter Fichte kann mit zur Wurzelverteilung beitragen, die in diesem Horizont ausgesprochen stark ist.

In jüngerer Zeit wird in entwickelten Ländern ein Teil des Waldes für Erholungszwecke vorgesehen. Hierbei handelt es sich um stadtnahe Zonen, reizvolle Landschaften in Form von Schutzgebieten und besondere Waldbilder bzw. Biotope. Auch für diese nichtproduktiven Zwecke sind gründliche Kenntnisse über den Boden und die Boden-Pflanzen-Beziehungen erwünscht, um diese Gebiete richtig zu bewirtschaften bzw. zu pflegen.

Bewaldete **Wassereinzugsgebiete** sind für die Gewinnung und Güte des Trinkwassers von erheblicher wirtschaftlicher Bedeutung. Die Bodenart und der Bodenzustand entscheiden mit über die Wasserinfiltration und Wasserspeicherung im Boden und damit über das Ausmaß der Bodenerosion und die Notwendigkeit der Anlage von Talsperren zum Hochwasserschutz. Insbesondere die Waldgebiete der Mittelgebirge unterliegen einer Mehrfachnutzung für Holz- und Wassergewinnung sowie für Erholungszwecke, was entsprechende Schutzmaßnahmen für diese Böden erfordert. Der Anteil der Wasserschutzgebiete der Länder liegt bei 20 %.

Die natürlichen Wälder in der Welt wie auch die **naturnahen Wälder** in Mitteleuropa nehmen ständig ab, so daß es dringend notwendig ist, einen Teil derselben, allein schon wegen der Erhaltung ihrer Böden, unter Schutz zu stellen. Andernfalls verlieren wir das Bezugsobjekt und den Maßstab, um die durch den Menschen eingetretenen Veränderungen erkennen, die natürliche Leistungsfähigkeit der Böden beurteilen und die natürlichen Eigenschaften und Bodenprozesse wissenschaftlich untersuchen zu können. Entsprechende bewaldete Standorte werden durch die Standortkartierung als **Weiserflächen** ausgeschieden. Sind die menschlichen Eingriffe in einem Waldökosystem schwach, pendelt es sich wieder in seinen natürlichen Zustand ein, entspechend bleiben die langsamer reagierenden Böden in ihrem natürlichen Zustand erhalten. Sind die Eingriffe des Menschen aber so stark, daß es zu bleibenden Veränderungen des Systems kommt, ändern sich mit der Vegetation langfristig auch die Böden. Solche Bodenveränderungen folgen einem Wechsel vom natürlichen Wald über einen standortgerechten Forst bis zu einer nichtstandortgerechten Monokultur und der Ersetzung des Waldes durch Günland oder Acker.

Sowohl die Bewirtschaftung der Wälder für die Rohholzerzeugung als auch die von Wäldern für spezielle Anliegen der Landeskultur (Wasser-, Küsten- und Erosionsschutzwälder) ist eng an die Lösung umweltbezogener bodenkundlicher Probleme gebunden. Weil etwa 25 % aller Forstflächen auf Gebirgsregionen mit schwierigen Geländeverhältnissen und Erosionsgefährdung entfallen, sind Forstmaschinen und Arbeitsmethoden nötig, die nur geringstmögliche Schäden an diesen Waldböden und am Wert des Waldes für den Landschaftsschutz verursachen.

Einbindung des Bodens in die forstliche Standortsystematik
„Wer den Boden untersucht, wird dann etwas Brauchbares leisten, wenn es ihm gelingt, gleichzeitig die Gesamterscheinung des Standortes zu erfassen".
W. WITTICH, 1938

Standortanalyse. Das Wachstum der Pflanzen hängt außer vom ihrem Erbgut vom Einfluß der Umwelt, den Standortfaktoren, ab. Ein forstlicher Standort wird durch

Bodenökologie und Bodenkultur

die Gesamtheit der für das Waldwachstum wichtigen ökologischen Faktoren gekennzeichnet. Die der Atmosphäre entstammenden Standortfaktoren, wie Strahlung, Wärme und Niederschlag, werden zum Standortfaktorenkomplex Klima, die der Lithosphäre entstammenden Faktoren, wie Mineralbestand, Körnung und Nährstoffe des Bodens, zum Standortfaktorenkomplex Boden zusammengefaßt. Bei der Standortbeurteilung über die abiotischen Standortfaktoren wird zwischen den Stamm- und den Zustandseigenschaften eines Standortes unterschieden. Die Stammeigenschaften können durch menschlichen Einfluß nur schwer, die Zustandseigenschaften dagegen leicht verändert werden. Beispiele sind die Bodentextur bzw. die Humusform. Atmogene Fremdstoffeinträge sind in den letzten Jahrzehnten zu einem zusätzlichen Standortfaktor geworden.

Die Wirkung der Komplexe Klima und Boden wird durch die **Lage** modifiziert, z. B. durch die Höhenlage, die Lage zum Meer und die Lage im Relief (Übersicht 8.1).

Übersicht 8.1: Angaben zur Lage (allgemeine und besondere Lage, Formeigenschaften).

Geographische Länge und Breite

Höhe über N. N. (s. Tab. 8.3)

Lage zum Meer, Ost-West-Lage

Lage zur Umgebung

Landschaftsart

Gestein

Exposition (z. B. N Nord, SW Südwest) und **Inklination** (Hangneigung von sehr flach geneigt bis sehr steil)

Geomorphologische Reliefanalyse (Gestalt; Wölbung, Grundrißform; Art der vertikalen Wölbung: konvex (erhoben, ausgebogen, voll); konkav (hohl, eingebogen); gestreckt (ohne Wölbung); Kombinationen möglich, s. Abb. 4.18)

Klima. Das Wetter stellt den jeweiligen Zustand der Atmosphäre zu einem bestimmten Zeitpunkt an einem bestimmten Ort dar und ergibt sich aus dem Zusammenspiel der einzelnen meteorologischen Elemente. Verfolgt man das Wetter mehrere Tage, Wochen oder Monate, so spricht man von der Witterung des betreffenden Zeitabschnitts. Betrachtet man die Mittelwerte der meteorologischen Elemente für einen bestimmten Ort über einen langen Zeitraum hinweg, z. B. 50 Jahre, so erhält man einen Anhalt für das Klima. Das Klima ist die zeitliche Gesamtheit von Wetter und Witterung. Je nach der Größe des betrachteten Gebietes unterscheidet man Makro-, Meso- und Mikroklima.

Zu einer regionalklimatologischen Darstellung gehören Angaben über die Klimaelemente Temperatur und Niederschlag, aber auch Strahlung, Wind, Verdunstung und Luftqualität. In der forstlichen Standortlehre unterscheidet man zwischen dem **Stammklima** (Basisklima, Standortklima im engeren Sinne) und dem **Zustandsklima** (Standortklima im weiteren Sinne). Das Stammklima hängt von der Lage, der

Meereshöhe und dem Relief bzw. dem Klimastockwerk sowie dem Stau- oder Leegebiet ab. Die Erdoberfläche wird als frei von Gehölzen angenommen. Beim Zustandsklima kommen die Gehölze hinzu. Es ist auf engem Raum variabel. Zu berücksichtigen sind der Bewaldungsgrad, Aufforstungen und Abholzungen.

Das Klima eines Standortes ist u. a. mittels des mittleren jährlichen **Trockenheitsindex** nach Reichel einzuschätzen (Tab. 8.2).

Tab. 8.2: Trockenheitsindex nach Reichel und seine Bewertung für die intensive Pflanzenproduktion. Aus Klima-Atlas 1953.

Index	Bewertung
≤ 25	sehr trocken
> 25–30	trocken
> 30–35	mäßig trocken
> 35–50	teilweise trocken
> 50–60	mäßig feucht
> 60–80	feucht
> 80	sehr feucht

Grundlagen- und Auswerteeinheiten. Im Anschluß an die geowissenschaftliche Standortanalyse werden die Einzelstandorte in **Grundlageneinheiten**, den **Standortformen**, zusammengefaßt und kartiert. Die Standortform umfaßt Geländeteile mit gleicher Ausstattung an schwer beeinflußbaren Standorteigenschaften. Sie ist ein Kollektiv von Einzelstandorten mit definierter Variationsbreite der Faktorenkomplexe Lage, Klima und Boden (sowie der Organismen). Die Standortform entspricht etwa der Landschaftszelle der Geographie.

Zur Kennzeichnung der schwer beeinflußbaren Standorteigenschaften der Standortformen dienen Angaben zu Lage, Klima, Wasserhaushalt und Boden. Die Kennzeichnung der leicht beeinflußbaren Eigenschaften erfolgt über die Humusform. Im einzelnen werden folgende Teileinheiten unterschieden:
- **Reliefform.** Man unterscheidet drei Grundtypen: Hohlformen, Vollformen und Flachformen.
- **Makroklimaform.** Sie wird als klimageographische Arealeinheit durch klimatologische Meßwerte charakterisiert und durch die Bewertung der Vegetation untermauert.
- **Wasserhaushaltsstufen.** Die anhydromorphen Standorte werden auf der Ebene der Standortform nach ihrem reliefbedingten Wasserhaushalt untergliedert, im Tiefland in 3, im Mittelgebirge in 9 Stufen. Grundwasserstufen werden bei grundwasserbeeinflußten Böden aus sandigem Substrat angewandt. Sie berücksichtigen die Spiegeltiefe des Grundwassers. Staunässestufen werden bei Böden ausgeschieden, die oberhalb 0,8 m unter Flur einen Staukörper besitzen. Sie sind nach dem Vernässungsgrad gegliedert, der sich nach der Länge der nassen Phase und der Tiefe der Staunässeobergrenze während der nassen Phase differenziert. Die

Grundwasser- und Staunässestufen spiegeln sich in der Bodenform im engeren Sinne und in der Humusform wider. Die Feuchteabstufungen der Humusform werden mittelbar mit Hilfe der Bodenvegetation angesprochen. Die Länge der nassen Phase im Oberboden ist aus dem Humusvorrat ableitbar. Die Trennung in Grundgleye und Staugleye entspricht dem Unterschied zwischen Grundwasser und Stauwasser. Grundgleye sind an die sandigen Substrattypen, Staugleye an die lehmigen und tonigen gebunden. Zwischen den Grund- und Staugleyen stehen die Amphigleye mit Staugleymerkmalen im oberen und Grundgleymerkmalen im unteren Profilteil. Die Amphigleye sind mit den Substraten Decklehm und Deckton gekoppelt.

- **Bodenform.** Darin werden Einzelböden mit sehr ähnlichen pedogenen und lithogenen, für die Vegetation wesentlichen Eigenschaften vereinigt. Die Hauptbodenformen werden nach Substrattyp, Schichttyp und Bodentyp bezeichnet. Böden einer Hauptbodenform stimmen in den oberen 8–12 dm in den petrographischen, geologischen, bodengenetischen und hydrologischen Gegebenheiten überein. Die Lokalbodenformen berücksichtigen feinere Differenzierungen innerhalb der Hauptbodenform. Sie werden nach Substrattyp, Bodentyp und einer geographischen Örtlichkeit benannt, an der die Lokalform typisch ausgebildet ist.

Beispiele:
Lokalbodenform: Höckendorfer Sandstein-Podsol; Nedlitzer Sand-Braunerde.
Standortform: mäßig frische Gneislehm-Braunerde unter Moder in der Glashütter Makroklimaform.

Die Teileinheiten der Standortform (Übersicht 8.2) werden unabhängig voneinander kartiert, wobei eine Differenzierung zwischen den leicht- und schwerbeeinflußbaren Standorteigenschaften erfolgt. Die Bodenformen werden nur nach standorteigenen Merkmalen und nicht nach ihrer Produktionskraft definiert. Sie sind naturwissenschaftliche Grundlageneinheiten, die aber auch für praktische Fragen, wie Bodenbearbeitung und Düngung, Bedeutung besitzen.

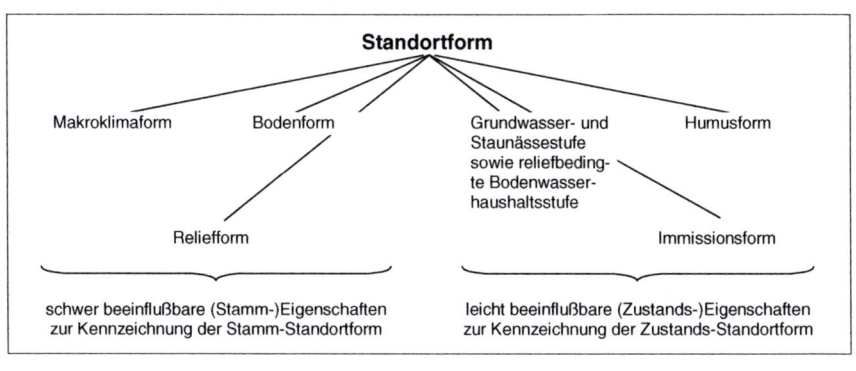

Übersicht 8.2: Gliederung der Standortform.

```
                          Standortform
        ┌──────┬──────────┬──────────────┬──────────┐
   Makroklimaform  Bodenform   Grundwasser- und    Humusform
                              Staunässestufe
                              sowie reliefbeding-
                              te Bodenwasser-
                              haushaltsstufe
              Reliefform                  Immissionsform
```

schwer beeinflußbare (Stamm-)Eigenschaften zur Kennzeichnung der Stamm-Standortform	leicht beeinflußbare (Zustands-)Eigenschaften zur Kennzeichnung der Zustands-Standortform

Die Grundlageneinheiten können zu ökologischen oder standortgeographischen **Auswerteeinheiten** zusammengefaßt und kartiert werden. Die forstökologisch orientierten Auswerteeinheiten werden als Standortgruppen, die standortgeographischen als Mosaikbereiche bezeichnet.
Standortgeographische Einheiten. Standortformen lassen sich standortgeographisch zu **Mosaikbereichen** zusammenfassen (Übersicht 8.3). Mosaikbereiche sind durch eine Standortsequenz (Standortkette) charakterisiert. Sie besitzen häufig geologische oder geomorphologische Grenzen und liegen innerhalb einer Klimastufe. Der Mosaikbereich entspricht etwa einer Teillandschaft der Geographie. Größere standortgeographische Einheiten sind die **Wuchsgebiete** (s. Übersichten 8.3 u. 8.4).

Standortform
mäßig frische Gneislehm-Braunerde unter Moder in der Glashütter Makroklimaform
⇩
Mosaikbereich
Liebenauer Gneismosaikbereich
⇩
Wuchsbezirk
Östliches Erzgebirge
⇩
Wuchsgebiet
Erzgebirge

Übersicht 8.3: Standortgeographische Einheiten (Beispiel aus dem Erzgebirge).

Übersicht 8.4: a) *Forstliche Wuchsgebiete (Auswahl).*

NO-Deutschland	Sachsen	
Küstengebiet	Leipziger Sandlöß-Ebene	
Mecklenburger Jungmoränengebiet	Sächsisch-Thüringisches Löß-Hügelland	
Westliches Altmoränengebiet	Erzgebirgsvorland	
Nordbrandenburger Jungmoränengebiet	Westlausitzer Platte und Elbtalzone	
Mittelbrandenburger Talsand- und Moränenland	Lausitzer Löß-Hügelland	
Hoher Fläming	Elbsandsteingebirge	
Düben-Niederlausitzer Altmoränenland	Oberlausitzer Bergland	
östliche Altmoräne und Lausitz	Zittauer Gebirge	
	Erzgebirge	
	Vogtland	
Baden-Württemberg	**Thüringen**	
Odenwald	Harz	Oberfränkisches Trias-Hügelland
Neckarland	Thüringer Gebirge	Ostthüringisches Trias-Hügelland
Schwäbische Alp	Frankenwald-Fichtelgebirge und Steinwald	Nordthüringisches Trias-Hügelland
Südwestdeutsches Alpenvorland	Rhön	Sächsisch-Thüringisches Löß-hügelland
Oberrheinisches Tiefland	Vogtland	Fränkische Platte
Schwarzwald	Mitteldeutsches Trias-Berg- und Hügelland	Fränkischer Keuper
Baar-Wutach	Südthüringisches Trias-Hügelland	Thüringer Becken

Bodenökologie und Bodenkultur

Übersicht 8.4 b) Forstliche Wuchsbezirke im Wuchsgebiet Erzgebirge. Nach SCHWANECKE 1992.

Wuchsbezirk	Klimastufe; Höhe ü. N. N.	Wuchsbezirk	Klimastufe; Höhe ü. N. N.
Westliches Oberes Erzgebirge	Mf, Hf, Kf; 550–1 200	Obere Nordabdachung, Mittleres Erzgebirge	Mf; 500–700
Mittleres Oberes Erzgebirge	Hf, Kf; 700–900	Obere Nordabdachung, Osterzgebirge	Mf; 500–700
Östliches Oberes Erzgebirge	Hf, Kf; 700–900	Untere Nordostabdachung, Erzgebirge	Uf; 300–500
NW-Abdachung des Erzgebirges	Mf, Uf; 400–650	Untere Nordabdachung, Mittleres Erzgebirge	Uf; 350–500

Standortökologische Einheiten. Die **Standortgruppen** als ökologische Einheiten vereinen alle Standortformen, die sich durch eine forstökologisch gleichwertige Kombinationswirkung ihrer Teileinheiten auszeichnen. Dabei kennzeichnen die schwer beeinflußbaren natürlichen Haupteigenschaften Klimastufe, Reliefstufe, Nährkraftstufe und Feuchtestufe die Stamm-Standortgruppe (Übersicht 8.5). Die Standortgruppe ist die Einheit der forstlichen Auswertung und Grundlage für alle standortgerechten Wirtschaftsmaßnahmen. Die Forsteinrichtung ist besonders an Anzahl, Form, Größe, Grenzziehung und Leistungskriterien der Standortgruppen interessiert.

Die in Übersicht 8.5 aufgeführten Teileinheiten der Standortgruppe lassen sich wie folgt charakterisieren:

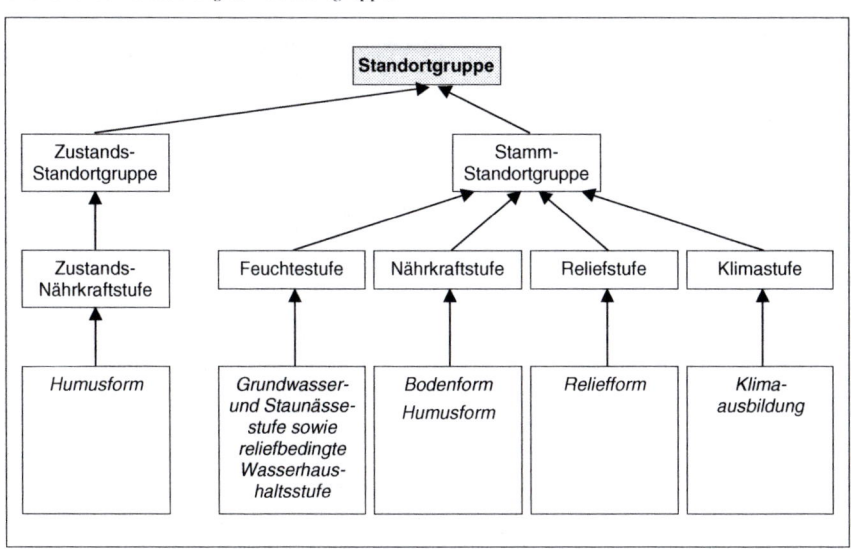

Übersicht 8.5: Gliederung der Standortgruppe.

```
                        Standortgruppe
                       ↗              ↖
        Zustands-                      Stamm-
      Standortgruppe                Standortgruppe
            ↑              ↗    ↗    ↑    ↖    ↖
      Zustands-      Feuchtestufe  Nährkraftstufe  Reliefstufe  Klimastufe
    Nährkraftstufe        ↑              ↑              ↑            ↑
            ↑
       Humusform     Grundwasser-    Bodenform      Reliefform   Klima-
                     und Staunässe-  Humusform                   ausbildung
                     stufe sowie
                     reliefbedingte
                     Wasserhaus-
                     haltsstufe
```

In der **Klimastufe** sind alle diejenigen Klimaausbildungen vereinigt, die sich in ihren klimatologischen Verhältnissen so weit ähneln, daß die gleiche Pflanzenart auf geomorphologisch und edaphisch gleich ausgestatteten Arealeinheiten ökologisch uneingeschränkt anbaufähig ist. Die Klimastufen gliedern sich primär nach **Höhenstufen** (der Lage über dem Meer), da die Höhenlage mit der für das Pflanzenwachstum wichtigen Jahresmitteltemperatur korreliert (Tab. 8.3; Übersicht 8.6, Abb. 8.1).

Tab. 8.3: Klimastufen für das Mittelgebirge und Hügelland Ostdeutschlands. Nach SCHWANECKE 1975.

Klimastufe		Höhe ü. N. N. m	Niederschläge mm/Jahr	Temperatur °C/Jahr	Leitbaumarten
Kammlagen					
Kff	sehr feuchte	> 800	> 1100	< 4,5	Fi
Kf	feuchte	> 800	> 1000	< 4,8	Fi
Höhere Berglagen					
Hff	sehr feuchte	650–800	>950	4,4–5,5	Fi, Bu
Hf	feuchte	650–800	>850	4,8–5,6	Fi, (Bu)
Hm	mäßig feuchte	650–750	850–950	5,0–6,0	Fi, Ta, (HKi)
Mittlere Berglagen					
Mff	sehr feuchte	450–650	850–1100	5,5–6,2	Bu, Fi, (Ta)
Mf	feuchte	450–650	700–1000	5,8–6,8	Fi, Bu, (Ta)
Mm	mäßig feuchte	450–650	680– 800	6,0–6,5	Fi, HKi, (Ta)
Untere Berglagen					
Uff	sehr feuchte	350–450	650–900	6,2–7,2	Bu, Fi, (Tei)
Uf	feuchte	250–450	600–850	6,8–8,0	Bu, Tei, Fi, (Ki)
Uk	mäßig feuchte kühle	350–450	600–720	6,5–7,6	Fi, Ki, Ta, (Ei)
Um	mäßig trockene	120–350	550–720	7,5–8,5	Tei, Bu, Wb, (Ki)
Ut	trockene	100–250	500–650	8,0–8,8	Tei, Li, Wb, (Ki)
Utt	sehr trockene	50–180	< 550	8,5–9,5	Tei, Li, Frü, Wb

Fi Fichte, Bu Buche, Ta Tanne, Ki Kiefer, Hki Höhenkiefer, Ei Eiche, Tei Traubeneiche, Li Linde, Wb Weißbuche, Frü Feldrüster

Übersicht 8.6: Höhenstufengliederung in Mitteleuropa.

planar	Eichenstufe
kollin	Buchen-Eichenstufe
hochkollin	Eichen-Buchenstufe
submontan	Buchenstufe
montan	Tannen-Buchenstufe
hochmontan	Fichten-Tannen-Buchenstufe
oreal	Fichtenstufe
subalpin	Knieholzstufe
alpin	Mattenstufe
nival	Schneestufe

Bodenökologie und Bodenkultur 385

Höhenstufe/Klimastufe	Niederschlag [mm]	Temperatur [°C] im Jahresmittel
Mittlere und Höhere Berglagen sowie Kammlagen	680–1300	< 6,8
Untere Berglagen und Hügellagen/sehr feucht	750–900	6,0–7,8
Untere Berglagen und Hügellagen/feucht–mäßig feucht	600–750	6,6–7,8
Untere Berglagen und Hügellagen/mäßig trocken	540–680	7,5–8,5
Hügelland/trocken	500–580	8,0–8,6
Hügelland/sehr trocken	< 500	8,5–9,0
Südgrenze der planaren Stufe		

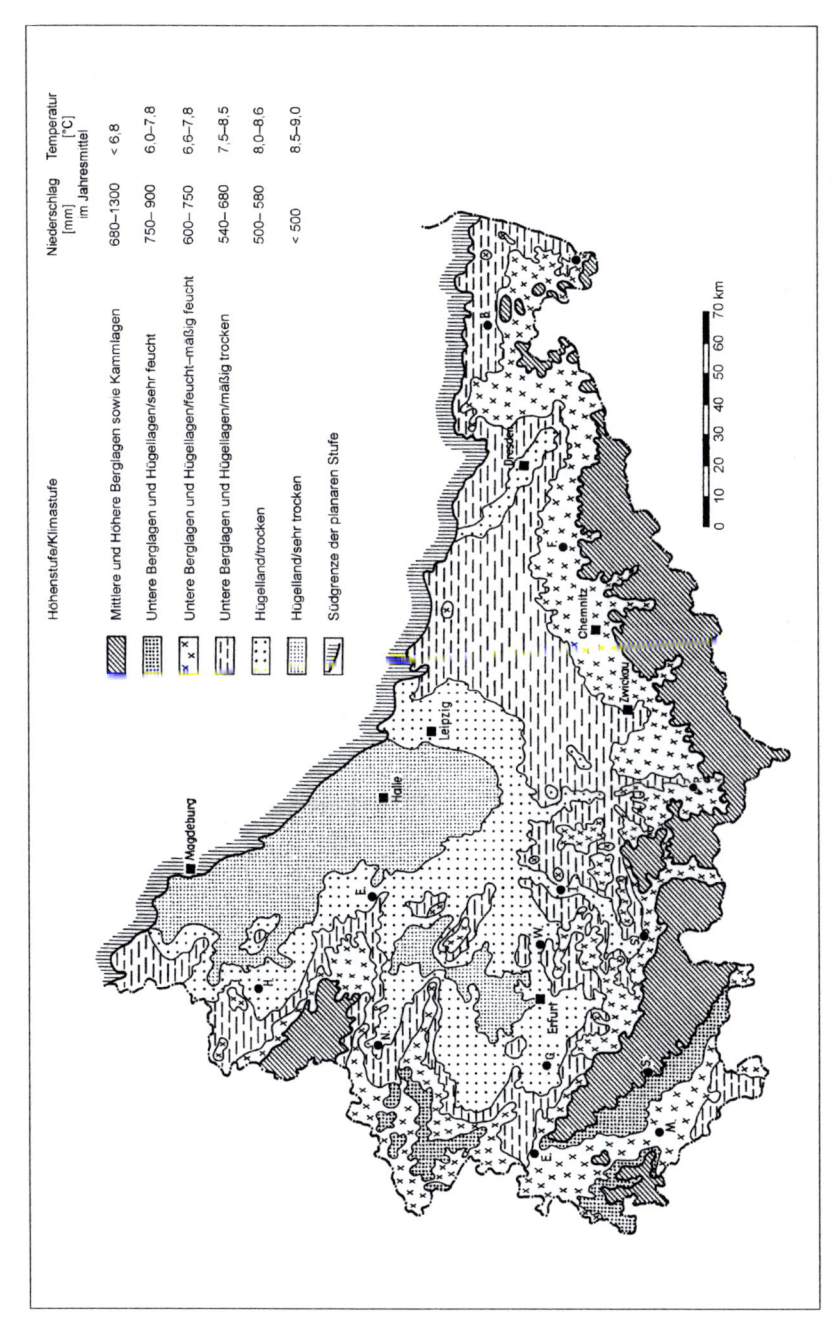

Abb. 8.1: a) Klimastufen im Hügelland und Mittelgebirge Ostdeutschlands. Nach SCHWANECKE 1970, vereinfacht.

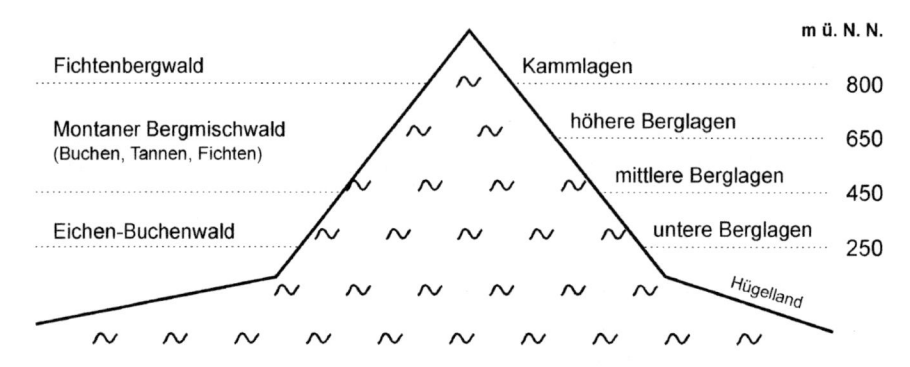

```
                            m ü. N. N.
Fichtenbergwald        Kammlagen
                                              800
Montaner Bergmischwald     höhere Berglagen
(Buchen, Tannen, Fichten)                     650
                           mittlere Berglagen
                                              450
Eichen-Buchenwald          untere Berglagen
                                              250
                                    Hügelland
```

Abb. 8.1 b) Natürliche Waldgesellschaften (rezente Situation: Dominanz der Fichte aus wirtschaftlichen Gründen; Ausfall der Tanne aus gesundheitlichen Gründen seit Jahrzehnten; Zurückdrängung der Buche auf Schutzwaldstandorte).

Die Wasserhaushaltsstufen werden für die ökologische Auswertung zu **Feuchtestufen** zusammengefaßt (Übersicht 8.5 und 8.7).

Übersicht 8.7: Feuchtestufen der Standortgruppen. Nach Forstliche Standortkartierung in Ostdeutschland.

O I–III	Gebirgsmoore, mit von I nach III ansteigendem Leistungsvermögen
O 1–3	Brücher und Moore in den unteren Berglagen, im Hügelland und Tiefland, mit von 1 nach 3 ansteigendem Leistungsvermögen
N	mineralische Naßstandorte (Gleye, Stagnogleye) (Ein Boden ist naß, wenn das in den Poren des Bodens gestaute Wasser rasch in eine angelegte Bodengrube einfließt.)
N1	nasse Standorte
N2	feuchte Standorte
W	Standorte mit Bodenwechselklima (Pseudogleye)
W1	wechselfeuchte Standorte
W2	wechselfrische Standorte
B	Bachtälchen-Standorte in meist schmaleren Bachtälern des Mittelgebirges und Hügellandes
Ü	auenartige Standorte der breiten Niederungen
(T)	normal bewirtschaftbare terrestrische Standorte ebener und hängiger Lagen bis 25° Neigung (das T wird in der Standortgruppenformel der Kürze halber meist weggelassen)
(T)1	überdurchschnittlich wasserversorgte Standorte
(T)2	durchschnittlich wasserversorgte Standorte
(T)3	unterdurchschnittlich wasserversorgte Standorte
F	schwer bewirtschaftbare, feuchtkühle, schluchtwaldartige Standorte
S	schwer bewirtschaftbare Standorte auf Roh-, Block- oder Felsböden oder mit Hangneigung > 25°
X	schwer bewirtschaftbare, sehr trockene und schutzwaldartige Standorte

Bei forstlichen Standorten wird der Nährstoffhaushalt zunächst komplex erfaßt und qualitativ ohne Betrachtung der einzelnen Nährstoffe als **Trophie** beurteilt: **Nährkraft-(Trophie-)Stufen:** R reiche Standorte, K kräftige Standorte, M mittlere (mäßig nährstoffhaltige) Standorte, Z ziemlich arme oder schwache Standorte, A arme Standorte (s. Tab. 8.4)

Tab. 8.4: Trophiestufen.
a) Nährkraftstufen und ihre Merkmale im Hügelland und Mittelgebirge. Nach SCHWANECKE *1970.*

Stufe	Bodentyp	Humusform	Vegetatiostyp	V-Wert [%]	S-Wert [mval]	pH (KCl)
R	Rendzina; Braunerde, eutroph	Mull	Bingelkraut Kräuter	≥ 50	5	5–7
K	Braunerde, mesotroph; Lessivé	mullartiger Moder	Goldnessel	30–50	4	4–6
M	Braunerde, oligotroph; podsolige Braunerde, Lessivé	Moder	Hainsimsen Drahtchmielen	15–30	2–5	3–5
Z	Braunpodsol, Podsol	rohhumusartiger Moder, Rohhumus	Drahtschmielen- Heidelbeer Heidelbeer	10–15	1, 2–3	3–4
A	Podsol	Rohhumus	Beerkraut	10	2	3

b) Sorptionsträgerbelegung (in %) mit Kationen bei Waldböden unterschiedlicher Trophiestufen im Osterzgebirge. Nach BALDAUF *1991.*

Trophiestufe	Sorptionsträgerbelegung		
	Ca^{2+}	H^+	$Al^{3+} + Fe^{3+}$
R	25–64	0–2	16–61
M	9–24	1–9	56–82
M, Z, A	3–13	1–19	63–92

c) Trophieansprache in der submontanen Zone (Hessische Landesanstalt für Forstwirtschaft 1997).

Waldgesellschaft	Nährstoffversorgungsstufe
Waldgersten-Buchenwälder	karbonat-eutroph
Waldmeister-Buchenwälder	eutroph
Hainsimsen-Waldmeister-Buchenwälder	schwach eutroph
Flattergras-Buchenwälder	gut mesotroph
Hainsimsen-Buchenwälder mit Traubeneichen	mesotroph
Heidelbeer-Traubeneichen/Buchenwälder	oligotroph

Beispiele:
Standortgruppe UfK2 mit Uf als Klimastufe, K als Nährkraftstufe und 2 als Feuchtestufe. Zusätzlich können Degradationsstufen berücksichtigt werden. Auf dieser Basis beruht die einheitliche Kennzeichnung der ökologischen Standortgruppen in Ostdeutschland (s. Tab. 8.5).

Tab. 8.5: Standortgruppengliederung für das nordostdeutsche Tiefland ohne Makroklimaformen (vereinfacht).

Feuchtestufe		Nährkraftstufe				
		R	K	M	Z	A
unvernäßte Standorte (T)	trockner 3	R3	K3	M3	Z3	A3
	mittelfrisch 2	R2	K2	M2	Z2	A2
	frischer 1	R1	K1	M1	Z1	A1
wechselfeuchte Standorte W	wechselfrisch 2	WR2	WK2	WM2	WZ2	
	wechselfeucht 1	WR1	WK1	WM1	WZ1	
Überflutungsstandorte Ü	frisch 2	ÜR2	ÜK2	ÜM2		
	feucht 1	ÜR1	ÜK1			
dauerfeuchte Standorte N	feucht 2	NR2	NK2	NM2	NZ2	NA2
	naß 1	NR1	NK1	NM1	NZ1	NA1
Bruch- und Sumpf-Standorte O	trockene Brücher 4	OR4	OK4	OM4	OZ4	OA4
	Brücher 3	OR3	OK3	OM3	OZ3	OA3
	Sümpfe 2		OK2	OM2	OZ2	OA2
	nasse Sümpfe 1		OK1	OM1		OA1

Den Nährkraftstufen entsprechen bei geeigneter Bestockung bestimmte Humusformen. So besitzt die Stamm-Nährkraftstufe R (reich) die Humusform Mull, die Stufe K bei naturnahem Laubwald mullartigen Moder, die Stufe M Moder und die Stufe A Rohhumus. Negative Abweichungen von der Gleichgewichtszustandsform werden als Degradation, positive Abweichungen als Aggradation bezeichnet. Abweichungen vom Normalzustand der Standortfruchtbarkeit (Standortunterschiede) werden nach dem Unterschied zwischen der Humusform im derzeitigen Zustand und der Humusform unter vom Menschen nicht beeinflußten Standortverhältnissen beurteilt. Tritt bei der Stufe M statt Moder Rohhumus auf, liegt eine Degradation vor. Ursachen für Abweichungen vom natürlichen Zustand können u. a. der Anbau nicht standortgerechter Baumarten, Streunutzung, Hutung und Staubeinwehungen sein. Die labilen Standorteigenschaften führen zu einer Differenzierung der Standortgruppen nach **Zustandsstufen**, womit aktuelle und potentielle Standortgüte gesondert erfaßt sind (s. a. Übersicht 8.8). Die Humusform ist die wichtigste Komponente zur Kennzeichnung des Standortzustandes. Sie spiegelt insbesondere den Fruchtbarkeitszustand des Oberbodens wider. Analytisch bestimmt werden das C/N-Verhältnis und die Basensättigung.

Bodenökologie und Bodenkultur

Übersicht 8.8: *Stabile und labile Bodeneigenschaften.*

Stabile Eigenschaften	Bodenart, Bodenminerale und ihr Verwitterungsgrad, Wasserhaushalt
Eigenschaften mittlerer Stabilität	pH, austauschbare Ionen, Sorptionswerte
Labile Eigenschaften	Humusmenge und -form, Gefüge, biologische Aktivität, Bodenfruchtbarkeit, Infiltration, Dränung

Vegetation. Leitbaumarten kennzeichnen die Klimaverhältnisse auf geomorphologisch und edaphisch vergleichbaren Arealen. Die **Leitgesellschaft** spiegelt Lage, Regionalklima und Geologie großräumig wider, die **Standortgesellschaft** Abwandlungen durch lokale Unterschiede (Geländeklima, Wasserführung, Bodensubstrat).

Über die **ökologischen Zeigerwerte** von Blüten- und Farnpflanzen lassen sich sowohl klimatische Faktoren wie Licht, Wärme und Kontinentalität als auch Bodenfaktoren wie Feuchtigkeit, Bodenreaktion und Stickstoffversorgung beurteilen. Die Beurteilung erfolgt nach ELLENBERG über eine 9stufige Skala, wobei 1 das geringste, 5 das mittlere und 9 das größte Ausmaß des betreffenden Faktors bedeutet. Mit den Feuchte-, Reaktions- und Stickstoffzahlen werden nicht die physiologischen Ansprüche der Pflanzen, sondern ihr ökologisches Verhalten im Gelände unter Konkurrenzbedingungen beurteilt. Am besten gesichert ist die Feuchtezahl, mit der das durchschnittliche ökologische Verhalten gegenüber der Bodenfeuchtigkeit ausgedrückt wird (s. Übersicht 8.9). Die Pflanzenarten lassen sich nach ihren ökologischen Amplituden bezüglich der Ökofaktoren zu ökologischen Artengruppen zusammenstellen.

Übersicht 8.9: *Standortzeigergruppen.*

Wasserhaushalt	*naß*	*frisch*	*trocken*
	Kappen-Helmkraut	Frauenfarn	Graslilie
	Gilbweiderich	Gemeiner Wurmfarn	Dürrwurz-Alant
	Wasser-Schwertlilie	Buchenfarn	Hügelmeier
	Mädesüß	Eichenfarn	Karthäuser-Nelke
Trophie	*reich*	*mittel*	*arm*
	Bingelkraut	Hainsimse	Heidekraut
	Giersch	Waldkreuzkraut	Adlerfarn
	Lungenkraut	Waldweidenröschen	Preißelbeere
	Einbeere	Waldhabichtskraut	Borstgras
	Sanikel	Echter Ehrenpreis	Weißmoos
Azidität	*stark sauer – sauer*		*schwach sauer – alkalisch*
	gemeines Heidekraut		Echter Erdrauch
	Heidelbeere		Frühlings-Scharbockskraut
	Kleines Habichtskraut		Gänse-Fingerkraut
	Europäischer Siebenstern		Leberblümchen
	Drahtschmiele		Gemeines Knäuelgras
	Blaues Pfeifengras		Wald-Flattergras
Stickstoff	*reich*		*arm*
	Wald-Frauenfarn		Enzian
	Stechender Hohlzahn		Rippenfarn
	Himbeere		Berg-Wohlverleih
	Fuchs' Kreuzkraut		Feldbeifuß

Vegetationsaufnahmen erfolgen nach der Artenmächtigkeitsskala von BRAUN-BLANQUET (1951). Vorkommen und Verteilung der Pflanzenarten werden unter Berücksichtigung ihres Zeigerwertes mit statistischen Verfahren analysiert.

Die Arbeitsergebnisse der Standorterkundung sind in den Standortkarten, Maßstab 1 : 10 000, niedergelegt (s. 7.4.3).

Bei dem abweichenden „Südwestdeutschen standortkundlichen Verfahren" werden zunächst Wuchsgebiete und Wuchsbezirke als regionale ökologische Einheiten unter starker Berücksichtigung klimatischer Gesichtspunkte ausgegeschieden. Die Standortgliederung erfolgt dann innerhalb dieser Einheiten. Die unterschiedenen Standorttypen sind jeweils auf die regionale Einheit zugeschnitten. Eine Vergleichbarkeit mit Standorten anderer Wuchsgebiete oder über die Grenzen des jeweiligen Bundeslandes hinaus ist nicht gegeben.

8.2.2.2 Landwirtschaftliche Bodennutzung

Weltweit werden Andosols, Chernozems, Fluvisols, Luvisols, Nitisols, Phaeozems und Vertisols intensiv landwirtschaftlich genutzt.

Auch bei der landwirtschaftlichen Produktion darf man den Boden nicht losgelöst von den anderen Kompartimenten des Ökosystems betrachten. Eine Charakterisierung des Bodens als Standortfaktor landwirtschaftlicher Produktion hat das Standortklima, die Oberflächengestalt und die Standortansprüche der anzubauenden Pflanzen zu beachten (s. a. Übersicht 8.10) .

Übersicht 8.10: Beziehungen zwischen Geomorphologie, Bodenart und Bodennutzung in Norddeutschland.

Geologie	Morphologie	Bodenart	Steingehalt	Nutzung
junge Grundmoräne, Geschiebemergel	eben, flach wellig	lehmiger Sand/ sandiger Lehm	mäßig	Weizen, Zuckerrübe, Luzerne
alte Grundmoräne, Geschiebelehm	eben	lehmiger Sand	mäßig	Hafer, Roggen, Kartoffel
Endmoräne, Moränenschutt	rückenförmig	stark wechselnd	stark, blockreich	Wald, Weidefläche
Sander, Sandersand	sehr schwaches Gefälle	silikatreicher Sand	gering	Wald, Roggen, Kartoffel, Lupine
Urstromtal, Talsand	eben	silikatarmer Sand	fehlend	Wald, Roggen, Hafer, Lupine

Die Veränderungen des Bodens durch landwirtschaftliche Nutzung betreffen die Ausbildung einer Ackerkrume, den Nährstoffzustand, die Bodenazidität, den Humuszustand, das Bodengefüge, den Grad der Erosionsgefährdung sowie den Wasserhaushalt.

In den humiden Tropen haben sich besondere Landnutzungssysteme herausgebildet. Von den Tälern über die Hänge zum Plateau lösen sich Naßreisanbau, annuelle Kulturen, wie Mais, Agroforstsysteme als Mischnutzungssysteme, z. B. mit Kakao oder Kaffee unter schattenspendenden Bäumen (meist Leguminosen), Waldgärten und Primärwald bei abnehmender Anbauintensität ab. Die beste Nachhaltigkeit an Hängen gewähren die Waldgärten. Die Waldkonversion durch Brandrodung erfolgt mit dem Ziel, annuelle Kulturen anzubauen. Beim Brandrodungsfeldbau folgen auf fünf Anbaujahre bis zu 15 Jahre Brachephase mit Sekundärvegetation. Bei öfterer Wiederholung nimmt die Bodenqualität ab bis zur Ausbildung wertlosen Graslandes.

Für landwirtschaftliche Maßnahmen wie Bodenbearbeitung und Düngung kommt dem Substrat eine besondere Bedeutung zu (6.1.2). Substratcharakter und Schichtaufbau dienen als Grundlage für die Beurteilung der Bearbeitbarkeit der Böden und die Bemessung von Meliorationsverfahren. Die alte Einteilung nach der Bearbeitbarkeit in leichte, mittlere und schwere Böden lehnt sich dagegen eng an die Körnungsarten Sand, Lehm und Ton an.

Die in einer Bodenform zusammengefaßten Böden stimmen in ihren bodensystematischen und praktisch wichtigen Eigenschaften so weit überein, daß sie für die landwirtschaftliche Auswertung als einheitlich angesehen werden können.

Nach dem Bundes-Bodenschutzgesetz gewährleisten die **Grundsätze der „guten fachlichen Praxis"** der landwirtschaftlichen Bodennutzung eine nachhaltige Fruchtbarkeit und Leistungsfähigkeit des Bodens. Zu diesen Grundsätzen gehört, daß
- die Bodenbearbeitung unter Berücksichtigung der Witterung grundsätzlich standortangepaßt zu erfolgen hat,
- die Bodenstruktur erhalten oder verbessert wird,
- Bodenverdichtungen soweit wie möglich vermieden werden,
- Bodenabträge durch eine standortangepaßte Nutzung, insbesondere durch Berücksichtigung der Hangneigung, der Wasser- und Windverhältnisse sowie der Bodenbedeckung möglichst vermieden werden,
- die naturbetonten Elemente der Feldflur, insbesondere Hecken, Feldgehölze und Feldräne sowie Ackerterrassen, die zum Schutz des Bodens notwendig sind, erhalten werden,
- die biologische Aktivität des Bodens durch entsprechende Fruchtfolgegestaltung erhalten oder gefördert wird und
- der standorttypische Humusgehalt des Bodens durch eine ausreichende Zufuhr an organischer Substanz (Humusersatzwirtschaft) und durch Reduzierung der Bearbeitungsintensität erhalten wird.

Nutzung als Acker
Ackerbau erfordert ebene steinfreie und möglichst nährstoffreiche Böden mit nicht extremem Wasserhaushalt bei hoher nutzbarer Feldkapazität. Sind diese Eigenschaften von Natur aus nicht vorhanden, können sie z. T. durch Düngung und Melioration

künstlich geschaffen werden. Die Einwirkung des Ackerbau treibenden Menschen auf den Boden bedarf einer wissenschaftlichen Grundlage und einer entsprechenden Lenkung, damit die positiven Einflüsse der Bodenkultur überwiegen. Ackerbau schafft einen günstigen Nähr- und Wohnraum für Bodenorganismen und einen Wirkungsraum, in dem zugeführte Produktionsfaktoren, wie z. B. Düngemittel, in hohe Leistungen transformiert werden. Beim konventionellen Ackerbau dominieren Bodenbakterien, bei Direktsaatverfahren (ohne Pflügen) werden die Bodenpilze in der Auflagestreu wegen ihrer größeren Toleranz gegenüber Trockenheit gefördert.

Die Ackerkrumen (Ap) stellen kein bloßes Gemisch aus dem Material der entsprechenden Ausgangshorizonte der Waldböden dar, sondern sind qualitativ neue Horizonte. Langandauernde Ackerkultur führt zu tiefgreifenden Änderungen der primären Waldböden bzw. ihrer Bodeneigenschaften. Aus dem Verlust diagnostischer Horizonte durch die Bodenbearbeitung ergeben sich Schwierigkeiten bei der systematischen Einordnung dieser Böden.

Beispiele:
Aus einer **Fahlerde** unter Wald im nordostdeutschen Jungmoränengebiet wird durch Ackerbau eine „Kulturfahlerde", was mit folgenden Änderungen verbunden ist: Der O- und Ah-Horizont und ein Teil des Mineralbodens des Waldbodenprofils sind in die Ackerkrume einbezogen. Das Bodengefüge hat sich in dieser verschlechtert, das Porenvolumen im Ap ist um etwa 15 % verringert, der Boden unterhalb der Ackerkrume verdichtet. Die Azidität hat in der Ackerkrume und in tieferen Bereichen (bis etwa 1,5 m) abgenommen. Gehalt und Menge an organischer Substanz sind im Ap-Horizont erniedrigt (Humusgehalt 0,9–1,2 %). Das C/N-Verhältnis hat sich von 16 auf 9 verengt. Die P-, Ca- und K-Mengen haben zugenommen.
Bei den **Podsolen** ergaben sich folgende nutzungsbedingte Unterschiede zwischen Wald- und Ackerböden: Durch die Ackernutzung nahmen die Gehalte an organischer Substanz und Stickstoff stark ab, das C/N-Vehältnis verengte sich, blieb aber für Ackerböden noch relativ weit. Der pH-Wert erhöhte sich im Oberboden stark, im Unterboden schwach. P reicherte sich in den obersten Horizonten, besonders im Orthorizont, stark an. Der Podsolierungsprozeß ist in den kultivierten Podsolen nicht mehr wirksam. Gründe dafür sind das Fehlen der organischen Auflage und die veränderten Aziditätsverhältnisse.

Das instabile Gefüge der Ackerböden bedarf einer ständigen Aufbesserung. Dafür werden vorwiegend natürliche Substanzen als Bodenverbesserungsmittel zugesetzt. Hierzu gehören Stallmist und Kompost, Kalk, bei Salzböden Gips, in Sonderfällen auch synthetische organische Substanzen wie Krilium oder industrielle Abprodukte.

Beispiel:
Ackerbau in der **Marsch** erfordert gut gedräntes Land. Nur bei ausreichend tief abgesenktem Grundwasser können Maschinen rentabel eingesetzt werden. Das Bodengefüge muß so stabil sein, daß auch beim Befahren mit schweren Maschinen und nach langen Regenfällen der für Pflanzenwurzeln und Bodenorganismen notwendige Porenraum erhalten bleibt. Diese Voraussetzungen werden erfüllt bei einem Gehalt von 15–35 % Ton und ebensoviel Feinsand. Außerdem muß der Boden mit Kalk (pH $\cong$ 7, möglichst 1 % Kalk), Phosphorsäure und Humus (> 3 %) genügend versorgt sein.

Nutzung als Grünland

Grünland (Wiesen und Weiden) benötigt viel Wasser. Deshalb steht die Wasserversorgung des Bodens und Standortes bei der Standortwahl vor der Bodenart. Grünland gehört auf Moore, schwere Böden (Marschen) oder Gebirgsböden höherer Lagen. Entsprechend stammt die Wasserversorgung aus dem bodennahen Grundwasser oder reichlichen Niederschlägen. Bei der Nährstoffversorgung müssen Gesichtspunkte der Tierernährung zusätzlich zum Bedarf der Pflanzen berücksichtigt werden. Dies betrifft die Ausstattung des Bodens oder seine Düngung mit Ca, P und Mikronährstoffen. Der verbreiteten Versauerung des Grünlandes ist durch Kalkung entgegenzuwirken. Bei der Nutzung des Grünlandes als Weide ist bodenabhängig darauf zu achten, daß die Trittschäden durch das Vieh nicht zu groß werden. Analoges gilt für den Einsatz schwerer Maschinen, z. B. auf Moorstandorten. Die Nitratauswaschung ist unter beweidetem Grünland höher als bei Schnittnutzung, da ein N-Rücklauf über die Exkremente erfolgt.

Beispiel:
In der **Marsch** sind die Bodenverhältnisse die Ursache für den extrem hohen Grünlandanteil (in der Wesermarsch 96 %). Zur Grünlandmarsch gehören außer der „alten Marsch" (gealterte Seemarschböden, die ihr zunächst stabiles Gefüge verloren haben und zur Dichtschlämmung neigen) auch die Brack- und Flußmarschböden (s. 7.3). Diese ton- und schluffreichen, kalkarmen und weniger hoch aufgelandeten Böden sind dem Grundwasser näher als die Seemarschen und schwer zu bearbeiten. Sie sind dicht gelagerte, staunasse und kalte Böden. Geringmächtige tonreiche Schichten im Hauptwurzelbereich (Knick, Humusdwog) genügen, um ihre Nutzungs- und Meliorationseignung zu begrenzen.

8.3 Erhaltung und Mehrung der Bodenfruchtbarkeit

„... fällt auf fruchtbaren Boden und bringt vielfältige Frucht" (MATTHÄUS 13,8)

8.3.1 Bodeneigenschaften und Bodenfruchtbarkeit

Voraussetzung für die Bodenkultur ist die Fruchtbarkeit des Bodens und damit seine Fähigkeit, Pflanzen zu tragen und Erträge zu erzeugen. Bodenfruchtbarkeit ist ein Faktor, der den Pflanzenertrag mitbestimmt. Sie ist der Gebrauchswert des Bodens in der Pflanzenproduktion. In jüngster Zeit werden vielfach die Bezeichnungen Bodenqualität und Bodengesundheit synonym mit Bodenfruchtbarkeit verwendet. Indikatoren eines gesunden Bodens sind gute Wasserinfiltration, genügend Humus, keine Verdichtung und hohe Aktivität der Bodentiere.

Die Fruchtbarkeit eines Bodens (Standortes) wird bestimmt durch die Gründigkeit und Durchwurzelbarkeit sowie den Wasser-, Luft-, Wärme- und Nährstoffhaushalt desselben, also durch die Summe seiner physikalischen, chemischen und biotischen

Eigenschaften (wie Textur und Gefüge, Wasservorrat, Belüftung, Temperatur, Sorptionseigenschaften und Bodenreaktion, Redoxpotential, Verfügbarkeit von Nährstoffen, Salinität, Quantität und Qualität der organischen Substanz, toxische Stoffe, Bodenlebewesen, Schaderregerbesatz und biochemische Stoffumsetzungen). Ein fruchtbarer Boden bietet den Pflanzenwurzeln alles das bedarfsgerecht an, was sie zur Stoffproduktion aufnehmen müssen (Wasser, Sauerstoff, Nährelemente). Von zentraler Bedeutung ist das Transformations- und Speichervermögen des Bodens. Entsprechend können Belastungen der Pflanzen, die vom Boden des Wurzelraumes ausgehen, folgende Ursachen haben: mechanischer Bodenwiderstand, Wassermangel, Sauerstoffmangel, Nährstoffmangel, Nährstoffüberschuß, Gehalt an toxischen Stoffen, Salzgehalt, ungeeignete Temperaturen.

Die Standortbeurteilung in der **Landwirtschaft** dient der Prüfung und Bewertung der gegenwärtigen Standortfruchtbarkeit und damit der Auswahl standortgerechter Kulturpflanzen. Darüber hinaus zeigt sie Wege auf, die zur Abänderung der Bodenfruchtbarkeit führen, um auch nichtstandortgerechten, leistungsfähigen Kulturpflanzen optimale Entwicklungsmöglichkeiten zu bieten. Hierbei erfolgt eine Angleichung des Bodens durch Veränderung seiner Eigenschaften an die Standortansprüche der gewählten Pflanzen (z. B. durch Düngung und Melioration, s. 8.3.4). In der landwirtschaftlichen Praxis wird der für einen Boden optimale Fruchtbarkeitszustand, besonders in physikalischer Hinsicht (Bodengefüge, Porenvolumen), als **Bodengare** bezeichnet. Voraussetzung zur Erreichung dieses Zustandes sind gründliche Bodenbearbeitung, geeignete Fruchtfolge und ausreichende Humus- und Nährstoffversorgung des Bodens.

Zu den beeinflußbaren, fruchtbarkeitsbedingenden Bodenmerkmalen gehören Humusform, Basensättigungsgrad des Sorptionskomplexes und Porosität. Sie ergänzen die stabilen Eigenschaften einer Bodenform wie Körnung und Wasserhaushalt. Zwischen der organischen Substanz des Bodens und den fruchtbarkeitsbestimmenden Bodeneigenschaften bestehen enge Beziehungen.

Neben den physikochemischen Bodeneigenschaften bestimmen die Leistungen der Bodenorganismen die Bodenfruchtbarkeit über den Umsatz der organischen Substanz und die Nährstofffreisetzung sowie die Bodendurchmischung und Lebendverbauung der Bodenaggregate. Die biologische Aktivität wird durch vielgliedrige Fruchtfolgen, gute Bodenbedeckung, organische Dünger sowie überlegte Bodenbearbeitung, Kalkung und Mineraldüngung gefördert. Das Wachstum der autothrophen höheren Pflanzen wird jedoch durch andere Faktoren begrenzt als das der vorwiegend heterotrophen Bodenorganismen. Es müssen daher nicht unbedingt Zusammenhänge zwischen der mikrobiellen Biomasse und Ertragsgrößen bestehen.

Auch die Standortbeurteilung in der **Forstwirtschaft** verfolgt das Ziel, Schwächen der Böden, die ihre Leistung begrenzen, festzustellen, um sie durch gezielte Eingriffe beseitigen und damit die Bodenfruchtbarkeit heben zu können. Die Fruchtbarkeit des Waldbodens wird wesentlich mitbestimmt von der Körnung, dem Mineralbestand,

Bodenökologie und Bodenkultur

dem Gefüge, der Azidität sowie der Humusmenge und Humusqualität. Die Ermittlung der Bodenart ist auch heute noch der erste Schritt zur Beurteilung des Fruchtbarkeitszustandes eines Waldbodens. Bei Waldböden bestehen zwischen der petrographischen Beschaffenheit des Bodensubstrats und dem Nährstoffreichtum des Bodens deutliche Beziehungen:
– sehr nährstoffreich: Böden aus basischen Ergußgesteinen, Porphyriten und Tonmergel,
– nährstoffreich bis mäßig kräftig: Böden aus Granodiorit, Gneis, Grauwacke, Tonschiefer und tonigem Kalkstein,
– geringer Nährstoffgehalt: Böden aus Granit, quarzreichem Phyllit, pleistozänem Sand sowie Kalkstein mittleren Tongehalts,
– nährstoffarm: Böden aus Quarziten, quarzitischen Sandsteinen und tertiären Sanden.

Das Bodenprofil läßt in Abfolge und Mächtigkeit der verschiedenen Mineralbodenhorizonte Rückschlüsse auf die Gründigkeit, die Sauerstoffversorgung der Wurzeln und – unter Berücksichtigung von Textur und Struktur – auf die Speicherkapazität des Wurzelraumes für Wasser und Nährstoffe zu. Das Humusprofil ermöglicht nach Abfolge und Mächtigkeit der verschiedenen humosen Bodenhorizonte Rückschlüsse auf den biologischen Bodenzustand und damit den Stickstoffhaushalt. Die Stickstoffernährung der Bäume verschlechtert sich von Mull über Moder zu Rohhumus und innerhalb dieser Humusformen mit abnehmendem Humusvorrat.

Die Humusform **Mull** ist das äußere Kennzeichen besonders fruchtbarer Böden. Bei gutem Vorrat an austauschbarem Ca, pH > 5 und ausreichender Bodenfeuchte leisten tiefgrabende Regenwurmarten (*Lumbricus herculeus*, Gattungen der Arten Allolobophora und Octolasium) einen wesentlichen Beitrag zur Fruchtbarkeit durch Verbesserung der Bodenporosität und der Ausbildung von Ton-Humus-Komplexen. Bei günstigen Lebensbedingungen für die Regenwürmer kann der ganze Mullhorizont aus Wurmkot von 3–4 mm Durchmesser aufgebaut sein. Durch dessen Verklebung kommt es zu einem schwammähnlichen, wasserstabilen Gefüge. Mullböden (Schwammgefüge) besitzen eine hohe Porosität, die Wasserdurchlässigkeit, gute Durchlüftung und ein starkes Aufsaugvermögen für pflanzenverfügbares Wasser ermöglicht. Voraussetzung für den Erhalt dieses Zustandes ist, daß die Regenwürmer günstige Lebensbedingungen vorfinden (Wurmbesatz 10–20 dt Lebendgewicht/ha; eiweißreiche Streu von Erlen, Edellaubhölzern und Hainbuche, ausreichende und dauernde Bodenfeuchte, etwa neutrale Reaktion, keine Bodenverdichtung). Fruchtbarkeitsfördernde waldbauliche Maßnahmen sind darauf auszurichten, einen größeren Vorrat an nährstoffreichem Humus im Mineralboden und eine größere Durchlässigkeit für Wasser, Luft und Wurzeln durch Anlage eines Grobporensystems im Unterboden zu schaffen.
In Kiefernbeständen auf Sand- und lehmigen Sandböden kann zur Hebung der Bodenfruchtbarkeit die perennierende Lupine (Blaue Lupine) mit eingesetzt werden, wenn der Rohhumus ausreichend mit Kalk und Phosphat gedüngt wurde. Auch können auf geeigneten Standorten durch Laubholzbeimischung (z. B. Buche und Eiche in der Dübener Heide) zu Koniferen Nährstoffreserven aus dem Unterboden in den Kreislauf eingebracht und dieser insgesamt beschleunigt werden. Die größere Nährelementzufuhr über die Streu führt zu einem günstigeren Fruchtbarkeitszustand des Oberbodens.

Die Umsetzungsstärke bei der Zersetzung von Kiefern- und Fichtenstreu läuft ungefähr mit dem Ca-Gehalt der Streu parallel. Auch auf schweren Böden läßt sich die Streuzersetzung durch eine Kombination aus Edellaubholz, Kalkung oder Kalk-Phosphatgabe fördern. Dies äußert sich in einer Verbesserung der Humusform und Porosität des Bodens, mitbedingt durch die Förderung des Bodenlebens. Auch der Anbau der Erle als Hilfsholzart bietet sich auf diesen Böden in der Fichtenwirtschaft an.

Zu den fruchtbarsten Waldböden zählen Auenböden, Böden an Unterhängen, Böden der Jungmoränenlandschaft und der lößbedeckten Ebenen, ferner tiefgründige Braunerden über Basalt und Diabas sowie Andosols über vulkanischen Aschen. Für die Fruchtbarkeit von Sandböden ist der Gehalt an organischer Substanz wichtig, da die Mineralisierungsintensität hoch ist, die Sorptionskapazität vorrangig vom Humusgehalt abhängt und die Druckempfindlichkeit durch den geringen Gehalt an Feinanteilen und organischer Substanz im Vergleich zu anderen Böden hoch ist.

Die **Bodenfruchtbarkeit** besteht in physikalischen, phytosanitären und technologischen Funktionen, die auf dem Zusammenwirken biologischer, chemischer und physikalischer Prozesse im Boden und mit ihnen in Wechselwirkung stehender Bodeneigenschaften beruhen. Die Bodenfruchtbarkeit ist auf eine Pflanze oder Fruchtfolge zu beziehen. Sie schließt alle die Bodeneigenschaften ein, die das Wachstum und die Vitalität der Pflanzen beeinflussen. Erfaßt werden können nur einzelne, die Fruchtbarkeit des Bodens mitbestimmende (Standort)faktoren. Diese physikalischen, chemischen und biologischen Faktoren müssen gemeinsam interpretiert werden. Die Ermittlung der Durchwurzelbarkeit, der Wasserspeicherkapazität und damit der nutzbaren Feldkapazität im durchwurzelbaren Bodenraum sowie der Nährstoffverfügbarkeit steht im Vordergrund.

Nach VATER (s. Kap. 10) wird die Fruchtbarkeit eines Standortes von dessen ungünstigster Eigenschaft begrenzt. Für einen bestimmten Standort gibt es nach ihm keine Fruchtbarkeit schlechthin, sondern er besitzt für jede Pflanze eine andere Fruchtbarkeit. Nach der standortgemäßen bzw. wirtschaftlich vorteilhaftesten Pflanze wurde früher der Standort bezeichnet und von Weizen-, Wiesen- oder Fichtenboden gesprochen. Auf die standortgemäße Pflanze wurde die Fruchtbarkeit des Standortes schlechthin bezogen.

8.3.2 Bodenfruchtbarkeit und Ertragsfähigkeit

Die Bodenfruchtbarkeit ist der quantitativ schwer faßbare Wirkungsanteil des Bodens an der pflanzlichen Produktion bzw. am Ernteertrag. Im Gegensatz zur Bodenfruchtbarkeit ist die Standortertragsfähigkeit oder **Produktivität des Standortes** gut meßbar. Produktivität bezeichnet die Potenz eines landwirtschaftlich genutzten Standortes zur Pflanzenproduktion. Die Produktivität des Standortes ist eine Funktion von Klima, Bodenfruchtbarkeitszustand und Bewirtschaftung einschließlich Fruchtfolge.

Die praktische Bewertung der Böden erfolgt deshalb über ihre Ertragsfähigkeit. Die Ertragsfähigkeit stellt das Ergebnis des Zusammenwirkens der menschlichen

Kulturmaßnahmen mit der Fruchtbarkeit des Bodens bzw. des Standortes oder der Biogeozönose dar. Der Begriff der Ertragsfähigkeit bringt zum Ausdruck, daß der Boden bei Anwendung von Kulturmaßnahmen die Fähigkeit besitzt, im Zusammenwirken mit Klima und Pflanzenbestand einen bestimmten Ertrag an organischer Substanz auszubilden. Der Wirkungskomplex Klima – Pflanze – Mensch bringt auf verschiedenen Böden einen unterschiedlichen Ertrag hervor.

Zum Agrarmanagement gehören zeitlich und sachlich richtige Feldarbeiten wie Aussaat, Düngung, Schädlingsbekämpfung und Meliorationsmaßnahmen. Der Ertrag eines Jahres wird durch Bodenfruchtbarkeit, Pflanzenbestand, Bestandespflege und Witterung bestimmt. Die Ertragsfähigkeit von Böden kann durch die Bewertung der Bodeneigenschaften unter Einbeziehung von Klima und Relief abgeschätzt werden (s. Bodenzahlen, 8.5).

Zur Charakterisierung der Produktivität landwirtschaftlicher und forstlicher Standorte können die Begriffe der **aktuellen** (tatsächlichen, unter den gegebenen Bedingungen) **und potentiellen** (bei Anwendung optimaler Bewirtschaftungsmethoden erreichbaren) **Ertragsfähigkeit** herangezogen werden. In der Forstwirtschaft ist es üblich, die natürliche Bodenfruchtbarkeit bzw. die Bodenfruchtbarkeit des natürlichen (ursprünglichen) Ökosystems als Bezugspunkt zu nutzen. Durch lange Bewirtschaftung eines Bodens wird seine natürliche Fruchtbarkeit abgewandelt. Gehalt und Qualität der organischen Substanz des Bodens sind ein Maß zur Bewertung der Bodenbewirtschaftung der jeweils zurückliegenden 10 bis 30 Jahre.

Für die Produktivität terrestrischer Ökosysteme sind Menge, Qualität und Umsatz der organischen Substanz von zentraler Bedeutung, auch wenn diese mit 1–4 % im Ap-Horizont gegenüber dem anorganischen Bodensubstrat mengenmäßig stark zurücktritt. In den natürlichen Ökosystemen spielt sich für den Gehalt an organischer Substanz im Boden ein standortabhängiges Gleichgewicht ein. Dieses wird durch die Bewirtschaftung gestört, da sich Eintrag, Umsatz, Verteilung im Profil und Austrag der C-Verbindungen ändern. Wesentlich für einen fruchtbaren Boden ist ein stetiger Humusumsatz, wobei die organische Substanz als Substrat für die heterotrophen Bodenorganismen und als Quelle von Nährstoffen, insbesondere Stickstoff, für die höheren Pflanzen dient. Ausreichender Humusgehalt begünstigt das Wachstum saprophytischer Bodenorganismen und unterdrückt so indirekt das Wachstum von Parasiten (bodenhygienische Wirkung). In Ackerbaubetrieben ist daher eine geregelte Humuswirtschaft, die eine Humusbilanzierung voraussetzt, von zentraler Bedeutung. Dies trifft besonders für viehlose Betriebe mit hohem Ackeranteil und für grundwasserferne Sandböden mit ihrem geringen Humusgehalt zu. Die praktischen Möglichkeiten zur Erhöhung des Humusgehaltes von Sandböden sind sehr begrenzt. Besondere Bedeutung kommt dem umsetzbaren, labilen Humus, dem „Nährhumus", zu. Höchsterträge erfordern eine Kombination organischer und mineralischer Düngung.

Für die Erhaltung der Bodenfruchtbarkeit ist die Aufstellung geeigneter **Fruchtfolgen** erforderlich. Die Gründe sind vielfältig: Menge an organischer Substanz, die nach der Ernte auf dem Feld verbleibt, C/N-Verhältnis derselben und Einfluß auf den C- und N-Kreislauf, Einfluß auf das Ausmaß der Bodenerosion, an den Anbau der Pflanzen gebundene Bodenbearbeitung (z. B. Hackfrüchte) sowie Unterbrechung von Krankheits- und Schädlingskreisläufen. Insgesamt resultieren aus einer geeigneten Fruchtfolge nachhaltig hohe Erträge bei vertretbarem Einsatz von Agrochemikalien.

8.3.3 Reproduktion der Bodenfruchtbarkeit

Als dynamisches System weist der Boden eine wandelbare Bodenfruchtbarkeit auf. Die Fruchtbarkeit des Bodens geht bei falscher Behandlung schnell zurück, andererseits dauert es lange, sie wieder herzustellen. Bodenbearbeitung, Düngung und Melioration dienen der Reproduktion der Bodenfruchtbarkeit. Sie sichern die Funktionstüchtigkeit des Bodens über den Nährstoff-, Wasser- und Lufthaushalt. Landnutzende Wirtschaftszweige sollten eine nachhaltige, naturverträgliche Bewirtschaftungsweise als Verpflichtung betrachten. Von zentraler Bedeutung ist die Erhaltung der organischen Substanz des Bodens, die eine **geregelte Humuswirtschaft** voraussetzt.

Die Einschaltung von Klee(Leguminosen)-Gras-Gemischen in die Fruchtfolge ist eine bewährte Maßnahme, um die organische Substanz im Ackerboden anzureichern und seine biologische Aktivität zu erhöhen. Gaben von Stalldung, Kalk und Phosphat verbessern die Humusqualität. Gründüngung bewirkt nur eine vorübergehende Humusmehrung, trägt aber durch die Steigerung der mikrobiellen Aktivität zur Verbesserung der Bodenstruktur bei. Strohdüngung erfordert ergänzende Stickstoffdüngung oder Kleeanbau zur Einstellung eines günstigen C/N-Verhältnisses für den Abbau. Der klimatisch und erntebedingten Entbasung des Bodens ist durch Kalkung zu begegnen. Durch wurzelintensive Pflanzen in der Fruchtfolge gelingt es, das Krümelgefüge wieder aufzubauen. Der durch die Bodenbearbeitung ausgelöste verstärkte Humusabbau und die damit zusammenhängende Schwächung der Gefügestabilität müssen also durch organische Düngung sowie Einschaltung von wurzelintensiven Grünlandpflanzen in die Fruchtfolge kompensiert werden. Fruchtfolgen unter Einsatz organischer und mineralischer Dünger sind die Voraussetzung für einen guten Bodenzustand und hohe Erträge. Wird auf die mineralische Düngung verzichtet, sinken in der Regel mit der Zeit die Erträge und die Qualität der Ernteprodukte. Dies macht deutlich, daß die dem Boden entzogenen Nährstoffe diesem in erforderlicher Menge wieder zugeführt werden sollten. Dabei sind Einträge aus Verwitterung und Atmosphäre sowie Austräge mit dem Sickerwasser zu berücksichtigen (s. 8.4.1).

Beispiel:
In dem alten Dauerversuch „Ewiger Roggenbau" in Halle geht es um den Einfluß einer Monokultur auf den Humusgehalt des Bodens bzw. die Bodenfruchtbarkeit und Ertragsfähigkeit unter Berücksichtigung von mineralischer und organischer Düngung. Heute interessiert die Auswirkung des Anbaus von *Miscanthus sinensis* auf die Bodenfruchtbarkeit bzw. den Humusgehalt. Diese Dauerkultur erzeugt viel Biomasse (17–30 t ha^{-1} oberirdische Trockenmasse, 10–20 t ha^{-1} Rhizome) bei günstiger Nährstoffverwertung.

Bodenökologie und Bodenkultur

8.3.4 Grundlagen der Bodenbearbeitung, Düngung und Melioration

Art und Intensität der Bodennutzung wirken sich über die Gestaltung der Fruchtfolgen sowie die zugehörigen Bodenbearbeitungs- und Düngungsmaßnahmen auf die Bodenfruchtbarkeit und damit Ertragsfähigkeit aus.

8.3.4.1 Bodenbearbeitung

Bodenbearbeitung ist die Grundlage der ackerbaulichen Produktion. Langandauernde Ackerkultur führt zu tiefgreifenden Veränderungen der Böden. Ziel einer Bodenbearbeitung oder Bodenmelioration ist die Ertragssteigerung oder -sicherung bei reduziertem Nutzungsaufwand.

Bodenbearbeitung erfolgt jährlich und relativ flach, ihre Wirkung ist kurzfristig. Bei größerer Bearbeitungstiefe spricht man von meliorativer Bodenbearbeitung. Durch Bodenbearbeitung sollen für den Pflanzenanbau u. a. das Bodengefüge und damit die Wasser-, Luft- und Wärmeverhältnisse eines Bodens verbessert werden. Böden mit instabilen Bodenaggregaten verkrusten, wodurch der Gasaustausch durch die Oberfläche gehemmt ist. Durch mechanische Bearbeitung müssen die Krusten wiederholt aufgebrochen werden. Um die Verkrustung zu vermeiden, sind Maßnahmen zur Erhöhung der Wasserstabilität der Aggregate anzustreben. Bodenbearbeitung schafft das geeignete Gefüge für das Saatbett. Sie verändert die Verteilung der anorganischen und besonders der organischen Substanz im Vergleich zu einem nicht bearbeiteten Boden.

Bodenbearbeitung mit dem Pflug

Beim Pflügen wird der Boden krumentief gewendet, wobei er an natürlichen Bruchzonen in Aggregate zerfällt. Die konventionelle Bodenbearbeitung (Lockerbodenwirtschaft) verwendet den Scharpflug (Streichblech), der bis zu 30 cm Tiefe den Boden lockert, die oberen 15 cm wendet und dabei Ernterückstände und Dünger einpflügt bzw. auf die Pflugsohle transportiert. Gleichzeitig wird das Unkraut mechanisch bekämpft. Es entsteht eine „saubere" Ackeroberfläche des auf Krumentiefe gewendeten Bodens. Die Bearbeitung mit dem Pflug stellt den intensivsten Eingriff in das Bodengefüge und die Lebensbedingungen der Gemeinschaft der Bodenorganismen dar. Das organische Material, z. B. Stroh, verschwindet dabei vollständig von der Bodenoberfläche. Das Wenden des Bodens wirkt einer Auswaschung von Nährstoffen entgegen. Durch das Pflügen kann in Abhängigkeit von der Bodenart der Verlust an organischer Substanz 0–25 % betragen, das C/N-Verhältnis verengt sich, die Mobilisierung von Nährstoffen wird entsprechend gefördert. In den Boden eingepflügte Ernterückstände werden unter den gleichmäßigeren Temperatur- und Feuchtebedingungen und durch den engeren Bodenkontakt schneller abgebaut als die an der

Bodenoberfläche verbliebenen organischen Stoffe. Wird Neuland für die ackerbauliche Nutzung gepflügt, so nimmt der Humusgehalt u. a. durch die bessere Belüftung und damit Förderung des aeroben mikrobiellen Abbaus zunächst schnell, dann langsamer ab, bis sich nach einigen Jahrzehnten ein neues Gleichgewicht zwischen C-Zufuhr und C-Verlust einstellt. Die Bodenlockerung ist auf die Fruchtfolge abzustimmen.

Beim Schichtengrubber wird der Boden nicht gewendet, sondern tiefgründig durchmischt und gelockert. Die Ernterückstände verbleiben nahe der Bodenoberfläche.

Die Bodenbearbeitungsgrenze liegt feuchtemäßig bei schweren Böden bei einem pF-Wert von 2–3, bei leichten Böden von 1,8–2. Zum Zeitpunkt der Lockerung des Bodens muß sein Wassergehalt unterhalb der **Ausrollgrenze** liegen, denn bei höheren Wassergehalten sind Böden plastisch verformbar (s. 6.1.4.8). Die Wassermenge W, die einem nassen Boden durch die Planzen bis zur Bearbeitungstiefe entzogen werden muß, um die Ausrollgrenze zu erreichen, errechnet sich nach

$W(mm) = FK (Vol-\%) - [A(Vol-\%) \cdot Lockerungstiefe (dm)]$
mit FK Wassergehalt bei Feldkapazität pF ≅ 1,8, A Wassergehalt bei der Ausrollgrenze in Vol.-%.

$A(Vol.-\%) = A(Gew.-\%) \rho_t$
mit ρ_t Trockenrohdichte

Der Wassergehalt bei der Ausrollgrenze liegt z. B. für einen stark tonigen Schluff bei 25 Vol.-%, was einem pF von 3,3 entspricht.

Die Bodenbearbeitung schwerer Tonböden führt nur innerhalb eines schmalen Feuchtigkeitsbereiches zur Krümelbildung. Meistens ist zusätzlich die Einwirkung des Bodenfrostes erforderlich.

Durch das Pflügen kann es zur Ausbildung einer Pflugsohle kommen (s. 9.2.1.3). Bei nicht zur Verdichtung neigenden Böden ohne Grund- und Stauwassereinfluß kann grundsätzlich auf das Pflügen verzichtet werden. Auf von Grund- oder Stauwasser geprägten Standorten oder bei extrem feuchtem Witterungsverlauf ist Ackerbau dagegen mit dem Pflug zu betreiben. Bei stärker erosionsgefährdeten Böden ist die konservierende Bodenbearbeitung oder die Direktsaat vorzuziehen.

Konservierende Bodenbearbeitung ohne Pflug
Die konservierende Bodenbearbeitung steht hinsichtlich der Bearbeitungsintensität zwischen der Bodenbearbeitung mit Pflug und der Direktsaat. Auf die wendende Bodenbearbeitung mit dem Pflug wird verzichtet. Ernterückstände sollen zur Strukturstabilisierung an der Bodenoberfläche verbleiben. Eine reduzierte Intensität der Bodenbearbeitung kann eine Bodenschutzmaßnahme darstellen. In der nichtwendenden Festbodenmulchwirtschaft werden nur die obersten 12–15 cm des Bodens bearbeitet, die Erntereste verbleiben an der Oberfläche oder werden oberflächlich eingemischt. Ein Grubber bricht den Boden auf, ohne ihn zu wenden. Es folgt eine Mulchsaat mit

oder ohne Saatbettbereitung. Optimaler Erosionsschutz wird durch eine Mulchsaat ohne Saatbettbereitung erzielt. Die Saatbettbereitung ist auf schwer erwärmbaren und dichtlagernden Böden angebracht. Der konservierende Ackerbau betreibt also eine flache, nicht wendende Bodenbearbeitung und berücksichtigt zusätzlich gefügeschonende Maßnahmen. Im oberen Krumenbereich tritt eine Erhöhung des Humus- und Nährstoffgehaltes ein. Die bodenbiologische Aktivität und die Wurzelentwicklung werden hier durch längere Bodenruhe bzw. erhöhtes Nährstoffangebot gefördert. Die Lagerungsdichte in tieferen Bodenzonen (15–30 cm) nimmt bei Sandböden zu. Die Bodenerosion und der Nitrataustrag in das Grundwasser sind abgeschwächt. Mulchsaatverfahren werden im Zuckerrüben- und Maisanbau als bodenschonende Bewirtschaftungsmaßnahmen eingesetzt.

Direktsaat ohne Bodenbearbeitung
Bei der Direktsaat verbleibt das organische Material an der Oberfläche des unbearbeiteten Bodens. Dadurch werden das Verschlämmungsrisiko und die Erosionsgefährdung der Böden gemindert. Dies entspricht einem Mulchen, schont das Gefüge und mindert die Erosion.

In extensivierten pfluglosen Ackerbausystemen kommt den biologischen Selbstregulationsmechanismen der Böden erhöhte Bedeutung zu. Sowohl die Regenwurmdichte als auch die Biomasse der Regenwürmer ist hier gegenüber dem konventionellen Anbausystem erhöht. Grundsätzlich ist die Umwandlung und Mineralisation von Ernteresten ohne Pflugeinsatz jedoch verlangsamt.

8.3.4.2 Kalkung und Düngung

Über die unterschiedlichen Nutzungssysteme nimmt der Mensch Einfluß auf die Wasser- und Nährstoffdynamik. Da Wasser- und Nährstoffflüsse miteinander verbunden sind, ist eine gemeinsame Wasser- und Nährstoffbilanzierung anzustreben. Voraussetzung für eine nachhaltige und produktive Landnutzung ist eine ausgeglichene Nährstoffbilanz. Ist diese negativ, ist mit Ertragseinbußen und nachteiligen Folgen für benachbarte Ökosysteme zu rechnen (z. B. Al-Eintrag in Gewässer aus sauren Waldböden). Auch positive Bilanzen können nachteilig sein (Nitrat im Grundwasser, Versauerung in Wäldern durch atmogenen NH_3-Eintrag aus der Landwirtschaft).

Um hohe Erträge zu erzielen, sind sämtliche Pflanzennährstoffe zu berücksichtigen. Der ökonomisch optimale Düngereinsatz liegt unter dem Bedarf für den jeweiligen Maximalertrag, der für die Umwelt verträgliche Einsatz kann noch darunter liegen. Den Einsatz der Düngung in der Landwirtschaft regelt die **Düngeverordnung** (s. 9.5). Sie behandelt die Anwendungsgrundsätze, die Bedarfsermittlung für Düngemittel und die Pflicht zur Aufstellung von Nährstoffbilanzen. Die Bilanzen (betriebs-, schlag- oder fruchtfolgebezogen) zeigen Düngerbedarf, Nährstoffverluste,

Gefährdungspotentiale und Nährstoffeffizienz an. Insbesondere P kann nach Bilanzen gedüngt werden. In den Düngemitteln können die Nährelemente an leicht mobilisierbare Anionen starker Säuren (Chloride, Sulfate) gebunden sein oder als Karbonate, Silikate und Phosphate vorliegen. In Deutschland ist der Verbrauch an N-, P- und K-Düngemitteln in den letzten Jahren stark zurückgegangen. Der Nährstoffaufwand betrug 1998/1999 bei N 105, P_2O_5 24, K_2O 39 und CaO 105 kg · ha^{-1} LF. Neben mineralischen Düngern gelangen auch betriebseigene und Sekundärrohstoffdünger, wie kompostierte Siedlungsabfälle und Klärschlämme, zum Einsatz (s. 9.2). In Deutschland besteht durch die Höhe der Viehhaltung und den Futtermittelimport (letzterer liefert etwa 400 000 t N) ein deutlicher N-Überschuß. In viehreichen Regionen kann es auch zu einem P-Überschuß kommen. Düngekonzepte für viehhaltende Betriebe sind daher notwendig.

Bei der Düngung steht zunächst die direkte Reaktion der Pflanzen im Vordergrund. Hier soll dagegen die direkte Wirkung von Kalkung und Düngung auf den Boden wie auch ihre indirekte Wirkung auf denselben über Pflanzen und Bodenorganismen betrachtet werden. Anzustreben ist eine Mineraldüngung und Kalkung der Böden in Kombination mit organischer Düngung und einer Förderung des bodenbiologischen Stoffumsatzes.

Kalkung

Im humiden Klima verlieren die Böden Ca-Ionen bzw. Kalk durch Auswaschung (etwa 300–450 kg CaO ha^{-1} a^{-1} in der Landwirtschaft). Dieser Verlust wird durch den Austrag von Biomasse bei der Ernte (etwa 50 kg CaO ha^{-1} a^{-1} in der Landwirtschaft) sowie durch sauren Regen oder kalkverbrauchende Düngemittel wie Ammonsulfat (etwa 300 kg CaO je 100 kg N) noch verstärkt. Um die Böden vor Ca- und Mg-Verarmung sowie Versauerung zu schützen, ist die Zufuhr basischer Kationen in Form basisch wirksamer Verbindungen erforderlich (Carbonate, Oxide und Hydroxide des Ca und Mg). Man unterscheidet ungebrannte, gebrannte, gelöschte und hydraulische Kalke. Branntkalk ist ein Sammelbegriff für gebrannte Kalke und Dolomite. Branntkalk in feingemahlener Form wird Feinkalk genannt.

Kalkformen
Kalk (Kohlensaurer Kalk), 80–95 % $CaCO_3$ + $MgCO_3$, 45–56 % CaO
Dolomitkalk (Kohlensaurer Magnesiumkalk) $CaMg(CO_3)_2$, ≥15 % $MgCO_3$; 22 % MgO, 30 % CaO
Branntkalk (Calciumoxid) CaO + MgO; 75–95 % CaO
Magnesium-Branntkalk, ≥15 % $MgCO_3$
Löschkalk (Calciumhydroxid, Weißkalkhydrat) $Ca(OH)_2$, 69–75 % CaO
Mischkalk (gemahlener Branntkalk + Kalksteinmehl oder Kalkhydrat + Kalksteinmehl), 60–65 % CaO + MgO
Kalkmergel, Mg-Mergel, tonhaltiger Kalkstein (kohlensaurer Kalk)
Hüttenkalk (Ca-Silikat), gemahlene Hochofenschlacke, 50–70 % CaO

Ca-haltige N-Düngemittel
Kalkammonsalpeter NH_4NO_3 + $CaCO_3$
Kalksalpeter $Ca(NO_3)_2$
Kalkstickstoff $CaCN_2$ + C, mit CaO vermahlen.

Kalk ist vorrangig ein Bodendünger. Ist die Kalkversorgung sehr niedrig, erfolgt eine **Gesundungskalkung**, ist sie niedrig, eine **Aufkalkung**, ist sie optimal, eine **Erhaltungskalkung**. Die Kalke wirken neutralisierend und puffernd, sie erhöhen den pH-Wert und nach Umsatz mit Wasser und Kohlensäure im Boden den Gehalt an Ca-Ionen in der Bodenlösung und am Sorptionskomplex. Sie senken dadurch den Gehalt der Bodenlösung an potentiell toxischen Al- und Schwermetallionen. Die Sorptionskapazität des Bodens, auch des Humus, wird erhöht. Die intensivste Wirkung geht vom CaO aus, das auch ohne vorherigen Umsatz mit Kohlensäure wirksam ist und deshalb auf schweren, biologisch inaktiven Böden eingesetzt wird. Hüttenkalk und Kalk ($CaCO_3$) wirken dagegen allmählich und schonend auf das Wurzelsystem ein. Ca^{2+} flockt die Bodenkolloide und fördert damit die Bodenstruktur. In gleicher Richtung wirkt der erhöhte Bakteriengehalt über die Bildung von Linearkolloiden. Ca^{2+} senkt den K^+-Gehalt am Austauscher-Komplex.

Die anthropogene Versauerung der Waldböden führt zu ihrer Degradation. Für die Regradation derselben ist eine Kalkung erforderlich. Diese erfolgt in Beständen oberflächlich in Gaben von etwa 3 t ha^{-1} im Abstand von 10 Jahren oder bei der Kulturbegründung durch Einarbeiten größerer Gaben in den Boden.

Stickstoffdüngung

Stickstoffdünger sind unter Beachtung der Relief- und Bodenverhältnisse zeitlich und mengenmäßig so auszubringen, daß der Nährstoff von den Pflanzen weitestgehend ausgenutzt werden kann, um Verluste in die Gewässer und Atmosphäre gering zu halten. Mit einem gewissen N-Überschuß der Gabe (Größenordnung 30–50 kg N ha^{-1} a^{-1}) über die Entnahme durch die Pflanzen muß jedoch gearbeitet werden. Landwirtschaft ist ohne N-Emissionen nicht zu betreiben. Um jedoch unnötige **Verluste** zu vermeiden, muß der Boden für Stickstoffdünger aufnahmefähig sein, was im Fall wassergesättigter oder gefrorener bzw. schneebedeckter Böden nicht der Fall ist. Beim Ausbringen von ammoniakhaltigen Flüssigdüngern wie Gülle und Jauche ist durch bodennahe Ausbringung eine NH_3-Abgabe an die Atmosphäre gering zu halten. Auf unbestelltem Land ist eine zügige Einarbeitung in den Boden anzustreben. Alkalische Reaktion fördert NH_3-Verluste:

$NH_4^+ + OH^- \leftrightarrow NH_3 + H_2O$

N-Verluste nach Stickstoffdüngung durch NH_3-Verflüchtigung oder NO_3-Auswaschung können durch Einsatz von **Inhibitoren** gesenkt werden. So hemmt bei Harnstoff ein Zusatz von Phosphorsäurephenylesterdiamid die Hydrolyse und damit den Ammoniakverlust. Harnstoff und Gülle werden Dicyandiamid und 1-Carbamoyl-3(5)-methylpyrazol als Nitrifikationsinhibitoren zugesetzt.

Landwirtschaftliche Pflanzen entziehen dem Boden 100–250 kg N ha^{-1} a^{-1}. Für ackerbaulich genutzte Flächen rechnet man mit N-Auswaschungsverlusten von 15–65 kg ha^{-1} a^{-1}, die vorwiegend im Winter eintreten, und mit gasförmigen N-Verlusten von 5–30 kg $ha^{-1} a^{-1}$. Bei hoher Stickstoffversorgung sind Nitrifikation und Denitrifikation Hauptquellen für die Emission von Distickstoffmonoxid. Wald benötigt im Durchschnitt etwa 50 kg N ha^{-1} a^{-1} (Tab. 8.6).

Tab. 8.6: Rahmenwerte für Düngergaben je ha in der Forstwirtschaft.

Stickstoff	50–300 kg N
Phosphat	150–200 kg P_2O_5
Kali	100–180 kg K_2O
Kalk	10–20 dt CaO

In der Landwirtschaft sollte die Ausbringung von Wirtschaftsdüngern tierischer Herkunft maximal um 200 kg Ges.-N ha^{-1} a^{-1} betragen. Die Düngung organischen Stickstoffs ist durch 20–30 % mineralischen Stickstoffs zu ergänzen. Hohe Erträge lassen sich bereits mit einer kombinierten organisch-mineralischen Düngung von 100–120 kg N ha^{-1} erzielen. Um die Düngung richtig zu dosieren, sind die im Boden verfügbaren und während des Pflanzenwachstums pflanzenverfügbar werdenden Nährstoffmengen zu berücksichtigen.

Etwa 95 % des im humosen Oberboden befindlichen Stickstoffs liegt in organischer Bindung vor. Dieser Stickstoff wird mikrobiologisch zu Ammonium und Nitrat transformiert (**Mineralisierung**). Die Intensität des Prozesses hängt von der Temperatur, dem Wassergehalt des Bodens und dem C/N-Verhältnis der organischen Substanz sowie der biologischen Aktivität ab. Bei Schwarzerden (C/N = 10) liegt die Mineralisierungsrate bei 75–160 kg N ha^{-1} a^{-1}. Humusreiche Böden setzen durch Mineralisation eine erhebliche Mengen an anorganischen Stickstoff frei, die als Nitrat außerhalb der Vegetationszeit das Grundwasser belasten. Zu große Vorräte an Nitratstickstoff im Spätherbst (Restnitrat) sind zu vermeiden, da sie eine Nitratauswaschung in das Grundwasser erleichtern. In Ackerböden können Gehalte zwischen 50–80 kg Restnitrat-N ha^{-1} auftreten.

Die Nitratrichtlinie der EG von 1991 erlaubt die Aufbringung von 210 kg N ha^{-1} für Grünland und von 170 kg N ha^{-1} für Ackerland. Mineralische wie organische Stickstoffdüngung erhöht auf Ackerböden die N_2O-Freisetzung.

Über gängige **N-, P- und K-Düngemittel** informiert Übersicht 8.11.

Übersicht 8.11: Düngemittel.

Stickstoffdüngemittel	Kalidüngemittel	Phosphatdüngemittel	Mehrnährstoffdünger
Kalkammonsalpeter	Korn-Kali (KCl) 40 % K_2O, 6 % MgO	Superphosphat [1]	NP, NK
Harnstoff	Patentkali (K_2SO_4) 30 % K_2O, 10 % MgO	Thomasphosphat	PK
organische Dünger	60er Kali (KCl) 60 % K_2O	Triplesuperphosphat	NPK
	Kaliumsulfat (K_2SO_4) 50 % K_2O, 18 % S		

[1] Ausgangsmaterial ist Apatit, der Dünger enthält Gips

Phosphor- und Kalidüngung

Der schnellen Adsorption des gedüngten löslichen **Phosphats** an Partikeloberflächen folgt eine pH-abhängige langsamere Umwandlung in schlechter pflanzenverfügbare Formen (u. a. Al- und Fe-Phosphate). So wird lösliches Ca-Phosphat (Mineraldünger) bei reichlichem Angebot an Ca-Ionen und hohem pH zu Apatit rückverwandelt:

$$Ca(H_2PO_4)_2 + Ca^{2+} \leftrightarrow 2CaHPO_4 + 2H^+$$
$$6CaHPO_4 + 2Ca^{2+} \leftrightarrow Ca_8H_2(PO_4)_6 + 4H^+$$
$$Ca_8H_2(PO_4)_6 + 2Ca^{2+} + 2H_2O \leftrightarrow Ca_{10}(PO_4)_6(OH)_2 + 4H^+$$

Im Anwendungsjahr nehmen die Pflanzen 20–25 % des gedüngten P auf, weitere Anteile werden in den Folgejahren verwertet. Wegen der geringen P-Diffusion im Boden düngt man nach Möglichkeit die Phosphate in Wurzelnähe (z. B. Streifendüngung oder Pflanzlochdüngung statt Flächendüngung). Zur Reduktion der Bodenfestlegung wird der Dünger granuliert. Den Pflanzen ist eine P-Aufnahme aus der Bodenlösung bis hinab zu 0,03 mg P l^{-1} möglich.

Zur Ermittlung der P-Versorgung von Böden dienen unterschiedliche Extraktionsverfahren, z. B. mit Wasser, Laktat- oder Natriumbikarbonatlösungen. Ackerböden sind im Ap-Horizont meist gut mit Phosphat versorgt (40–150 mg laktatlösliches P kg^{-1}), so daß die Düngung vorwiegend eine qualitative Verbesserung des Erntegutes für die Tierernährung bewirkt. Unter diesen Bedingungen wird die Düngergabe nach dem Pflanzenentzug bemessen. Für Mineralböden ist P-Auswaschung nur bei Gülledüngung (organisch gebundener P) zu beachten.

Phosphatdüngung hat einen günstigen Einfluß auf die Bodenstruktur und die Festlegung von Schwermetallen.

Hinsichtlich ihrer Beweglichkeit im Boden lasssen sich verschiedene **Kalium**-Fraktionen unterscheiden: im Kristallgitter gebundenes K, in den Zwischenschichten der Tonminerale sitzendes K, an Bodenkolloide adsorbiertes K und in der Bodenlösung befindliches K. Die kleinste Fraktion bildet dabei das gelöste K mit etwa 15 kg K ha^{-1} Oberboden. Das adsorbierte K macht bereits einige hundert kg und das Zwischenschicht-K 1 000 bis 10 000 kg aus. Gelöstes und sorbiertes K streben einen Gleichgewichtszustand an, sie dienen der Pflanzenernährung.

Veränderung des austauschbaren K-Gehalts = Düngereintrag – Pflanzenaufnahme + (Freisetzung – Fixierung + atmosphärischer Eintrag – Auswaschung).

Unter K-Freisetzung versteht man den Übergang des Kaliums aus der nichtaustauschbaren in die austauschbare Bindungsform. Fixierung betrifft den umgekehrten Prozeß. Eine Düngung von 60 kg K ha^{-1} (2 500 t Boden ha^{-1} bei 20 cm Tiefe) entspricht 24 mg K kg^{-1} oder 0,06 $cmol_c$ kg^{-1} (molare Masse 39,1 g mol^{-1}). Sandige, skelettreiche und kalkhaltige Unterböden können K nur schwach zurückhalten. In skelettreichen Böden sind die K-Nachlieferung gering und die K-Verluste relativ groß, so daß die Pflanzen an K-Mangel leiden können. Die „Pufferstärke" des Kaliums im Boden kann als die K-Menge definiert werden, die je kg Boden erforderlich ist, um die Konzentration der Lösung um eine Einheit (mmol l^{-1} bzw. mmol$_c$ kg^{-1}) zu verändern. Die meisten Nährstoffe, so auch K, erreichen die Wurzeln über Diffusion. Trockene Böden erfordern deshalb eine höhere K-Versorgung als feuchte Böden. Manche Pflanzen, wie Weizen und Weiße Lupine, haben ein gutes Aufschlußvermögen für nichtaustauschbares Kalium.

Nährstoffversorgung landwirtschaftlich genutzter Böden
Der Nährstoffgehalt für P, K und Mg wird jeweils in die Klassen A–E unterteilt, wobei A „sehr niedrig", C „optimal" und E „sehr hoch" entspricht. Die Gehalte werden in mg Element/100 g Boden angegeben. Die Untersuchung auf P und K erfolgt mit der Doppel-Laktat-Methode, pH-Wert und Mg-Gehalt werden im CaCl$_2$-Extrakt bestimmt.

Beispiel:
Der Landwirt ist nach der neuen Düngeverordnung verpflichtet, regelmäßig die Kalk- und Nährstoffversorgung der Böden untersuchen zu lassen. Auch für Kalk gelten fünf Versorgungsstufen. In Sachsen waren 1995/96 nur 30 % der Böden ausreichend mit Kalk versorgt, 30 % derselben hatten deutlichen Kalkmangel. Auch der P-Versorgungszustand der Böden war unbefriedigend. Nur 25 % waren optimal mit Phosphor versorgt. 30 % der Acker- und 60 % der Grünlandböden wiesen eine niedrige bis sehr niedrige P-Versorgung auf. Böden mit niedriger bzw. sehr niedriger K-Versorgung machten 25 % aus. Der Anteil mit Mg niedrig und sehr niedrig versorgter Böden hat stark zugenommen und betrug 1995/96 61 %.

Organische Düngung
Die organische Düngung erfolgt mit Stalldung, Kompost, Gründüngung, z. T. auch durch Gülle und Stroh, früher auch durch Plaggen (Gemisch aus Heide- oder Grasplaggen mit Stalldung). Das weite C/N-Verhältnis der Ausgangssubstanzen (Sägespäne > 200, Stroh 60–100) wird durch den Rotteprozeß eingeengt, in dem mikrobiell gebildetes CO_2 entweicht. Kompostgaben sind nach ihren Nährstoffgehalten zu bemessen. Dabei ist zu berücksichtigen, daß im Anwendungsjahr nur etwa 5 (–15) % des Gesamt-N von Komposten pflanzenverfügbar sind. Mit 10 t ha^{-1} a^{-1} Stalldung werden etwa 75 kg N und 20 kg P ha^{-1} a^{-1} ausgebracht. Bei höheren Gaben besteht die Gefahr von Nährstoffverlusten. Der Anstieg im C_{org}-Gehalt von Ackerböden durch langjährige Stalldunggaben liegt in der Größenordnung von 0,3 %.

Bodenverbesserungsmittel sind Stoffe, die dem Gartenboden zugeführt werden, um dessen physikalische und biologische Eigenschaften zu verbessern. Ihr Gehalt an Schwermetallen soll gering sein. Die Produkte liegen in fester Form mit ≥ 20 % TM und ≥ 20 % organische Substanz vor. Sie dürfen Keimung und Pflanzenwachstum nicht nachteilig beeinflussen.

Bodenökologie und Bodenkultur 407

8.3.4.3 Bodenmeliorationen

Durch Meliorationen sollen die Böden langfristig verbessert werden. Sie dienen der Steigerung der Bodenfruchtbarkeit. Die Bodenverbesserungen greifen tief in den Boden ein, sie wirken ertragssichernd. Meliorationen werden nötig, wenn Bodenzonen vorliegen, die das Wurzelwachstum und die Wasserbewegung im Boden behindern, wenn im Oberboden unerwünschte Substanzen vorliegen und wenn Nachteile grobkörniger Substrate gemindert werden sollen. Danach stehen extreme Eigenschaften von Ton-, Sand- und Moorböden sowie Grundwasser- und Staunässeböden im Vordergrund. Mit der technischen Entwicklung und dem Streben nach hohen Erträgen gewann die Melioration landwirtschaftlicher Böden nach 1945 schnell ein erhebliches Ausmaß.

Physikalische Meliorationsverfahren

Entsteinung
Diese Arbeit ist im Handbetrieb sehr arbeitsaufwendig und maschinell ausgeführt sehr teuer. Durch das Auffrieren der Steine ist das Absammeln in Abständen zu wiederholen. Besonders betroffen sind Ackerböden in Gebirgslagen und auf Sedimenten, die viel pleistozäne Geschiebe führen, sowie Olivenbaumplantagen auf Kalkstein im Mediterrangebiet.

Gefügemelioration
Bei Gefügemängeln können folgende Meliorationsverfahren in Abhängigkeit von den Standortbedingungen einzeln oder in Verfahrenskombination eingesetzt werden: Kalkung und Förderung des Wurzelwachstums, partielle Krumenvertiefung, Tiefpflügen, meliorative Tieflockerung, Krumenbasislockerung, melioratives Segmentpflügen, Schlitzfräsen, Ritzen, Maulwurflockerung und Mengwühlen, Dränung.

Krumenvertiefung
Die Pflugtiefe sollte zunächst der Mächtigkeit des A-Horizontes des natürlichen Bodens angepaßt sein. Sie kann damit bei einer Schwarzerde tiefer (etwa 35 cm) als bei einer Parabraunerde (25 cm) oder einem Pelosol (10 cm) liegen. Die Krumenvertiefung ist allmählich vorzunehmen, indem jährlich ein weiterer cm des Unterbodens in den biologisch aktiven Krumenboden eingemischt wird. Die Grenze zwischen Krume und Unterboden soll durch tierische Tätigkeit unscharf bleiben, was bei zu großer und zu schnell angestrebter Vertiefung nicht mehr gegeben ist.

Tiefpflügen und Tieflockerung
Hierbei handelt es sich um Verfahren der Unterbodenmelioration. Beim Tiefpflügen beträgt die Pflugtiefe ≥ 60 cm. Zur Moormelioration wurden Pflüge mit einer Arbeitstiefe bis zu 2,20 m eingesetzt. Tieferes Wenden erfolgt auch zur Zerstörung und

zum Heraufpflügen des Ortsteins in Podsolen. Im geringeren Ausmaß werden ferner Parabraunerden zur Vermengung von Eluvial- und Illuvialhorizont tief gepflügt. Eine Melioration schwerer Tonböden ist mittels Tiefpflügen möglich, wenn dabei leichtere Bodenschichten nach oben gebracht werden. Tiefpflügen ist auch für staunasse land- und forstwirtschaftliche Böden mit dem Ziel der Gefügeverbesserung von Interesse. Der Zugkraftbedarf hängt von der Pflugtiefe sowie von der durch Bodenart und Rohdichte bestimmten Scherspannung ab.

Bei der **Tieflockerung** erfolgt die Trennung von Ober- und Unterboden durch den Pflugsohlenschnitt. Münden genügend Wurzel- und Wurmröhren des Unterbodens offen in den Oberboden, so sind Lockerungsmaßnahmen unnötig. Fehlen die Öffnungen oder sind sie durch ungeeignetes Pflügen verschlossen (Ausbildung einer dichten Pflugsohle) oder durch Raddruck zusammengepreßt, so sollte der Boden im mäßig ausgetrockneten Zustand gelockert werden (Krumenbasislockerung).

Unter Tieflockerung versteht man Lockerungsmaßnahmen unterhalb der Ackerkrume. Diese können den gesamten Unterboden (bis etwa 40 cm) erfassen oder sich als Streifenlockerung bis in den Untergrund (bis 80 cm) erstrecken. Durch die Tieflockerung von dichten, staunassen Böden (Pseudogleyen) sollen folgende Ziele erreicht werden: Erhöhung des Speichervermögens für pflanzenverfügbares Wasser im Wurzelraum sowie Verbesserung des Lufthaushalts und der Durchwurzelbarkeit.

Nach Möglichkeit ist die Unterbodenlockerung mit einer Tiefkalkung und dem anschließenden Anbau tiefwurzelnder Pflanzen zu verbinden, um die Hohlräume chemisch und biologisch zu stabilisieren.

Bei der Untergrundlockerung werden tiefer liegende Bodenverdichtungen, wie z. B. Ortstein, mit einem Bodenmeißel aufgebrochen (s. 9.2.1.2). Vielfach werden auch Spatenmaschinen und Tieffräsen zur Beseitigung von Unterbodenverdichtungen eingesetzt. Eine zonale Lockerung wird beim „Schachtpflügen" angestrebt.

Im Weinbau wird vor einer Neuanpflanzung bis zu 60 cm tief rigolt, um den Boden zu lockern und die auf der Bodenoberfläche ausgebrachte Vorratsdüngung einzubringen. An Steilhängen des Weinbaus ist Tieflockerung in Kombination mit einer Tiefdüngung bei Seilzugeinsatz von Interesse.

Beispiel:
Bei Niederschlägen über 600–650 mm a^{-1} oder stärkerem Fremdwassereinfluß sollte eine Tieflockerung des **Pseudogley** mit einer Dränung kombiniert werden, um eine erneute Dichtlagerung bei starker Vernässung zu vermeiden. Dabei kann man mit einem größeren Dränabstand auskommen, da durch die Gefügemelioration der Wirkungsgrad der Dränung beachtlich erhöht wird. Angestrebt wird eine Lockerungstiefe, bei der das Niederschlagswasser vollständig kapillar gebunden wird, so daß sich Staunässe nicht erst ausbilden kann. Bei dieser Melioration kommt es also darauf an, die Wasserspeicherung des Bodens durch Strukturverbesserung und stärkere biologische Erschließung der Unterböden zu erhöhen und zeitweilig verbleibendes überschüssiges Wasser schadlos abzuführen. In der Forstwirtschaft wurden für Pseudogleye standortangepaßte kombinierte Meliorationsverfahren entwickelt (in Sachsen das Wermsdorfer und Rossauer Verfahren).

Bodenökologie und Bodenkultur

Bei den azidischen Staugleyen tritt neben der Ungunst des Stauhorizontes noch die Bodenazidität als leistungsmindernder Faktor hinzu (pH bis 3,6). Bei einer Lockerungstiefe von 70 cm können hier Kalkmengen von 250 dt ha^{-1} erforderlich sein, ersatzweise kann eine Tieflockerung mit einer Krumenkalkung (30 dt ha^{-1}) kombiniert werden.

Dränung

Vernäßte Böden sind für die meisten Kulturpflanzen ungeeignet. Dränung ist erforderlich, um überschüssiges Wasser aus dem Boden zu entfernen und die Belüftung des Bodens zu verbessern. Danach läßt sich eine größere Anzahl von Kulturpflanzen anbauen und ein höherer Ertrag erzielen. Diese positiven Effekte sind mit dem Verlust an Naßstandorten, der Änderung natürlicher Ökosysteme und einem erhöhten Stoffaustrag abzuwägen.

Durch Dränung wird der Grundwasserspiegel im Boden abgesenkt. Röhrendränung wird auf einigen Millionen Hektar Grundwasserböden eingesetzt. Die Abführung des Überschußwassers erfolgt durch Anlegen von offenen Gräben oder geschlossenen Dränsystemen (unterirdische Rohrleitungen, Rohrdräne). Die Veränderung des Grundwasserstandes hat weitreichende Folgen für die Bodennutzung, so für das Verhältnis von Acker zu Wiese, aber auch für die Zusammensetzung und Stabilität des Waldes. Bei Bewässerung sollen akkumulierte Salze durch Dränung aus der Wurzelzone getragen werden.

Die Beschaffenheit des Bodens übt großen Einfluß auf den Dränabstand und die Dräntiefe aus. Bei der Anlage von Dränsystemen sind zu beachten: die Tiefe der Dräne, die Abstände zwischen den Dränen, die Bewässerungsrate, der Abstand bis zur undurchlässigen Grenzschicht, die hydraulische Leitfähigkeit des Bodens (s. 6.1.4.8). Der k-Wert wird zur Berechnung der Dränabstände herangezogen. Die Dränabstände liegen häufig zwischen 8 und 16 m. Ungünstige bodenphysikalische Eigenschaften schwerer Böden können auch durch eine Maulwurfdränung verbessert werden, bei der nicht nur die Krume entwässert, sondern auch eine merkliche Bodenlockerung erzielt wird.

Bevor man mit der Melioration beginnt, ist der Boden nach Profilaufbau und Durchlässigkeit (k-Wert) zu charakterisieren und so auf seine Entwässerbarkeit zu untersuchen. Die unterschiedliche Porengrößenverteilung und die davon abhängige Wasserdurchlässigkeit bedingen, daß nicht alle Böden gleich gut zu entwässern sind. Besitzen die Böden in der Nähe des Wurzelraums einen Wasserspiegel, so führt die Entwässerung zu einer Vergrößerung des darüber befindlichen wasserungesättigten Bodenkörpers. Wird das Profil von einer tonreichen bzw. sehr schwer durchlässigen Schicht durchzogen (k < 1 cm d^{-1}), so sättigen die anfallenden Niederschläge den darüber liegenden Boden und vernässen ihn damit im ökologischen Sinn. Entspricht oberhalb der undurchlässigen Schicht die Porengrößenverteilung der eines normal durchlässigen Bodens, so ist zur Entwässerung ein Grabensystem in relativ weitem Abstand (> 6m) bis auf die Höhe der undurchlässigen Schicht zu legen. Je dicker die undurchlässige Schicht ist und je näher sie an die Bodenoberfläche reicht, um so schwieriger wird jedoch eine Melioration. Fehlen Grobporen und sind nur wenig Mittelporen vorhanden, so sind diese äußerst undurchlässigen Böden im entsprechenden Klima profilumfassend vernäßt, arm an Sauerstoff und schwer oder nicht zu entwässern.

Beispiele:
Die von den Tiden geprägten Sedimente der Marsch reifen bei ausreichender Entwässerungsintensität relativ schnell zu ertragreichen Böden. Für ihre landwirtschaftliche Nutzung ist die Dränung eine notwendige Meliorationsmaßnahme der Ertragssicherung. Die Dränwirkung ist jedoch abhängig vom stratigraphischen Aufbau des Substrats. Häufiger Wechsel von Bodenart und Lagerungsdichte haben eine schlechte vertikale Durchlässigkeit zur Folge. So treten Staunässemerkmale oft erst nach Dränung dieser grundwassernahen Böden deutlicher hervor.

Eine ökologisch wirksame Entwässerung stößt bei sehr schwer durchlässigen Waldböden, wie z. B. Lehm-Pseudogleyen, auf große Schwierigkeiten. Unter ungestörten Verhältnissen kann ein solcher Boden oberhalb der undurchlässigen Schicht nur durch Evapotranspiration, d. h. unter starkem Einfluß der Vegetation, entwässert werden. Kahlschläge sind deshalb zu unterlassen. Sollen vernäßte Waldböden in leistungsfähige Böden umgewandelt werden, so muß der Wasserspiegel soweit abgesenkt werden, daß der Boden oberhalb der undurchlässigen Schicht möglichst ungesättigt bleibt. In den wasserungesättigten Porenraum dringt Luft ein, und diese verbessert die Wurzelatmung. Die Länge der wasserungesättigten Perioden ist abhängig von der Menge und Häufigkeit der Niederschläge und der Wahl des Grabenabstandes. Eine Grabenentwässerung wirkt sich verstärkt an den Grabenrändern aus und führt dadurch zu ungleichen Wuchsleistungen auf der Fläche. Durch Steinklee wird der Boden stark durchwurzelt sowie mit Stickstoff angereichert. Mit seinem Anbau wird die physikalische Lockerung schwerer Waldböden stabilisiert.

Moorkultur

Man unterscheidet entweder zwischen Niedermoor- und Hochmoorkultur oder zwischen ausgesprochenen Moorkulturen und Sandmisch- oder Sanddeckkulturen.

Der weitaus größte Teil der Moor- und Anmoorflächen Deutschlands ist während des letzten Jahrhunderts in landwirtschaftliche Nutzung genommen worden, vornehmlich zum Zwecke einer Grünlandnutzung und ohne vorherige Abtorfung (gewachsenes Profil ohne nennenswerte Mineralbodenanteile, ausgesprochene Moorkulturen). Die tiefgründigen Niedermoore sollten auch heute vorwiegend als Grasland (Mähweide) genutzt werden. Der Oberboden soll ausreichend mit Wasser versorgt bleiben (u. U. zeitweiliger Grundwasseranstau).

Um die Tragfähigkeit der Moore zu erhöhen und die Erträge zu steigern, geht der Nutzung gewöhnlich eine **Entwässerung** voraus. Anschließend kommt es durch **Sackung**, Schrumpfung bzw. Verdichtung und Mineralisation (Mineralisation von 4 000–6 000 kg C und 150–250 kg N ha^{-1} a^{-1} bei Grünland) zu Höhenverlusten der Moore (Torfschwund 0,5–3 cm a^{-1}) sowie durch Mineralisation und Humifizierung zu stofflichen Veränderungen derselben.

– Die **Niedermoorschwarzkultur** erfolgt ohne Umbruch oder weist nur eine 2–3 dm tiefe Pflugfurche auf. Das Substrat ist kalk- und stickstoffreich. Die Nutzung kann

als Dauergrünland oder Acker erfolgen, solange die Torfe erst wenig zersetzt sind. Ackernutzung bei N-reichen Niedermoorschwarzkulturen führt aber bald zu unbefriedigenden Ergebnissen.
- Bei der **Deutschen Hochmoorkultur** ist das Substrat stickstoff- und mineralstoffarm, sehr sauer und weist eine etwa 2 dm tiefe Bodenbearbeitung auf. Um die Tragfähigkeit des Bodens für Maschinen und Tiere zu erhöhen, muß der Grundwasserspiegel auf > 80 cm u. Fl. abgesenkt werden. Solange die Torfe wenig zersetzt sind, erfolgt die Nutzung als Acker, sonst als Grünland, vor allem als Weide. Nach Dränung kann die Trockenrohdichte von 50 g l^{-1} auf 300 g l^{-1}, bedingt durch Sackung, ansteigen. Die nach Dränung verbesserte Bodenbelüftung führt in NW-Deutschland im Verein mit Kalkung und Düngung zu einem jährlichen Verlust an organischer Substanz von 0,5–1,0 cm bei Hochmooren und 1–2 cm bei Niedermooren. Nach einer Anzahl von Jahren mit Sackung, Schrumpfung und Mineralisation wird eine erneute und tiefere Dränung erforderlich.

Sinkt die Moormächtigkeit unter 1 m und sind die Torfe stärker zersetzt, so sind die Voraussetzungen für eine Moorkultur ungünstig. Die Bedeckung oder Vermischung der Krume mit mittelkörnigem, tonarmem Sand wird notwendig. Etwaige undurchlässige Horizonte im Unterboden werden durch tiefgreifende Bodenbearbeitung zerstört. Die anschließende Nutzung erfolgt vorwiegend als Acker. Nach tiefgreifender Umwandlung unter Zuhilfenahme von Mineralboden entstehen folgende Kulturprofile:
- **Niedermoor-Sanddeckkultur:** Flachgründige Niedermoore (< 80 cm) sind am wirkungsvollsten durch eine Tiefpflug-Sanddeckkultur zu verbessern. Die Sanddecke soll 30 cm betragen. Danach kann eine intensive Ackernutzung mit Getreide- und Kartoffelbau betrieben werden. Beim Niedermoor sind Sand und Torf nicht zu mischen. Anderenfalls treten hohe Verluste an organischer Substanz auf. Deshalb muß die Sandabdeckung hier auch mindestens 20 cm betragen und die Pflugtiefe begrenzt werden. Die pH-Werte werden relativ niedrig gehalten, um die Mineralisation zu hemmen.
- **Horizontal geschichtete Sandmischkultur** (holländische Fehnkultur auf abgetorften Hochmooren; Kuhlmaschine): Das Substrat ist hochmoorartig, sauer und nährstoffarm. Es eignet sich als Acker bei Anbau von Gerste und Zuckerrüben im Wechsel mit mehrjährigem Kleegras.
- **Schräg geschichtete Sandmischkultur:** Die Deutsche Sandmischkultur ist eine Tiefpflugkultur von Hochmoor. Das Substrat ist stark sauer und nährstoffarm. Anzustreben ist ein pH(KCl)-Wert von 4,5–5. Ein höherer pH-Wert bedingt eine zu schnelle Mineralisation des Torfes. Der meliorierte Boden dient als Acker und Dauerweide. Die Deutsche Sandmischkultur ist das wichtigste bodentechnologische Verfahren zur Rekultivierung gealterter deutscher Hochmoorkulturen und teilabgetorfter Hochmoore (Leegmoore). Der Tiefpflug liefert stark aufgelockerte, schräggestellte Torf- und Sandbalken, die einer anschließenden Setzung unterliegen.

Durch die Schrägstellung der Profilschichten wird die vertikale Wasserführung verbessert. Dabei wechseln schräggestellte Torfbalken (zur Wasserspeicherung) mit schräggestellten Sandbalken (zur Dränung). In NW-Deutschland sind über 150 000 ha Hochmoor tiefgepflügt worden (maximale Pflugtiefe 2,4 m). Hochmoor erfordert bei der Mischung ein Sand/Torf-Verhältnis (Dünensand, Weißtorf) von 1 : 2, ferner Kalkung und Düngung. Vor dem Tiefpflügen ist das Grundwasser ausreichend tief abzusenken, weil sonst die wassergesättigten Sande in die Pflugfurche zurückfließen. Die Torf- und Sandlagen werden durch den Pflug überkippt und schräg gestellt. Die durch anschließende Mischung entstandene Krumenschicht von 20–30 cm kann auf 30–40 cm vertieft werden. Eine 10 cm dicke Sanddecke gibt ausreichende Tragkraft.

Beispiel:
In den GUS-Staaten gib es über 25 Millionen ha Sumpfwälder. Durch Dränage (Wasserspiegelabsenkung) dieser Naßstandorte läßt sich eine beachtliche Produktionssteigerung erzielen. Die Dränage ist darauf ausgerichtet, daß bei Beginn der Vegetationsperiode der Wasserspiegel unterhalb des Hauptwurzelraumes, der sich bei 20–30 cm Tiefe für Fichten und Kiefern befindet, liegt. Steht der Wasserspiegel vor der Dränage bei 20 cm Tiefe, genügen etwa 1 m tiefe Gräben in etwa 50 m Abstand, um das Wasser in die Hauptgräben zu leiten. Die Durchlüftung der Bodenzone unmittelbar oberhalb des Wasserspiegels ist für das Wurzelwachstum entscheidend.

8.4 Standortgerechte und nachhaltige Nutzung des Bodens

Die **landwirtschaftliche Bodennutzung** soll nach „guter fachlicher Praxis" erfolgen, um eine nachhaltige Sicherung der Bodenfruchtbarkeit und Leistungsfähigkeit des Bodens zu gewährleisten. Der Vorsorge für die physikalische Beschaffenheit des Bodens dient § 17 des Bundes-Bodenschutzgesetzes, der Vorsorge für die chemische Beschaffenheit das Düngemittelgesetz, die Düngeverordnung und das Pflanzenschutzgesetz (s. 9.5). Bei der guten fachlichen Praxis geht es vor allem um die Art der Bodenbearbeitung sowie die Erhaltung oder Verbesserung der organischen Substanz, der bodenbiologischen Aktivität und des Bodengefüges und damit auch um die Vermeidung von Bodenverdichtung und Bodenabtrag.

Zwischen Boden, Pflanzendecke und Bodenleben bilden sich im Laufe der Zeit mannigfaltige Wechselbeziehungen aus. Alter Wald und altes Dauergrünland überprägen so den Boden, auf dem sie gediehen. Bei einer **Kulturumwandlung**, sei es von Wald in Acker beziehungsweise Dauergrünland oder von Acker in Dauergrünland beziehungsweise Wald bedarf es längerer Zeit, ehe sich ein neues Gleichgewicht ausgebildet hat. Grünlandumbruch mit anschließender Ackernutzung hat negative Auswirkungen auf das System Boden – Grundwasser. Neubildung von Grundwasser und dessen Nitratgehalt erhöhen sich.

Im Hinblick auf den erheblichen Umfang zu erwartender Neuaufforstungen sollte der Kulturumwandlung eine bodenkundliche Begutachtung vorausgehen, die auf die Eignung der Böden für die vorgesehene Maßnahme und auf die zu erwartenden Umweltbelastungen hinweist.

Beispiel:
Bei der Umwandlung von Dauergrünland in Acker können bei Sandboden innerhalb von 2–4 Jahren etwa 100 t ha^{-1} organisch gebundener C, 5–6 t ha^{-1} organisch gebundener N und etwa 1 t ha^{-1} Gesamt-S durch Mineralisation abgebaut werden. Dadurch kommt es in dieser Zeit zu einer stark erhöhten Nitratbelastung des Grundwassers und einem starken Versauerungsschub (350 kmol IÄ ha^{-1}). Letzterer muß durch Kalkgaben bis 80 dt CaO ha^{-1} kompensiert werden. Gleichzeitig nehmen die Bodendichte zu und das Gesamtporenvolumen ab.

8.4.1 Nährstoffkreislauf und Nährstoffbilanzen von Waldökosystemen

Der Nährelementkreislauf im Wald ist zu einem erheblichen Teil mit dem Wasserkreislauf gekoppelt (Abb. 8.2 und 8.3). Die Nährstoffnachlieferung aus der Zersetzung der organischen Substanz stellt einen zentralen Prozeß im Stoffhaushalt von Waldökosystemen dar. Einen Einblick in den Elementhaushalt eines Ökosystems erhält man über die Inventur der Elementvorräte im Ökosystem und seinen Kompartimenten, durch die Messung von Element-Transportraten zwischen dem Ökosystem und seiner Umgebung sowie zwischen den Kompartimenten. Angestrebt werden somit Kenntnisse über die **Kapazität der Kompartimente** und die **Intensität der Elementflüsse**. Bei der Verlagerung der Elemente innerhalb des Ökosystems oder durch seine Grenzflächen ist fast immer Wasser das Transportmedium. Als Transportraten interessieren die Element-Einnahmen (Input) des Ökosystems sowie der Verlust (Output) an das Wasser des tieferen Untergrundes, das Oberflächenwasser oder die Atmosphäre. Die Transportraten (Flüsse) sind an folgenden Stellen des Systems zu messen:

1. An der Oberfläche des Bestandes: Elementeintrag, Transportmedium ist in der Regel das Niederschlagswasser.
2. An der Bodenoberfläche: Tranportmedium sind der Bestandesabfall und das Niederschlagswasser, das sich aus der Kronentraufe und dem Stammablauf zusammensetzt. Eintragsgrößen sind die Stoffflüsse mit Streufall und Bestandesniederschlag.
3. Innerhalb des Bodens oberhalb und unterhalb des Hauptwurzelraumes sowie an der Untergrenze des durchwurzelten Bodens: Transportmedium ist das Sickerwasser.

Die Differenz zwischen Input und Output ist auf eine **Vorratsänderung des Systems** zurückzuführen. So kann das Waldökosystem einen Gewinn an Stickstoff und einen Verlust an Al erfahren. Bestimmen lassen sich die Stoffausträge aus der Humusauflage, in der Prozesse der Stoffbindung und -freisetzung stattfinden, sowie in etwa 2 m Tiefe.

Bodenökologie und Bodenkultur

Wasserflüsse

Freilandniederschlag,
Bestandsniederschlag
(Kronentraufe),
Transpiration,
Evaporation,
Infiltration,
Versickerung

Nährstoffflüsse

Produkt aus Niederschlagsmenge und -qualität,
Aufnahme und Leaching
in den Baumkronen,
Streufall nach Menge
und Zusammensetzung,
Wurzelaufnahme,
Produkt aus Sickerwasser-
menge und -qualität

Stoffeinträge
Verdunstung
Pufferung
Atmung

Speicherung
von Wasser
und Nähr-
stoffen,
Wachstum

Nährstoff-
abgabe: Aus-
waschung,
Streufall

Verdunstung

Speicherung
von Wasser
und Nähr-
stoffen

Humifizierung,
Mineralisierung,
Verwitterung
Ionenaustausch

Wasser-
und Nähr-
stoffauf-
nahme

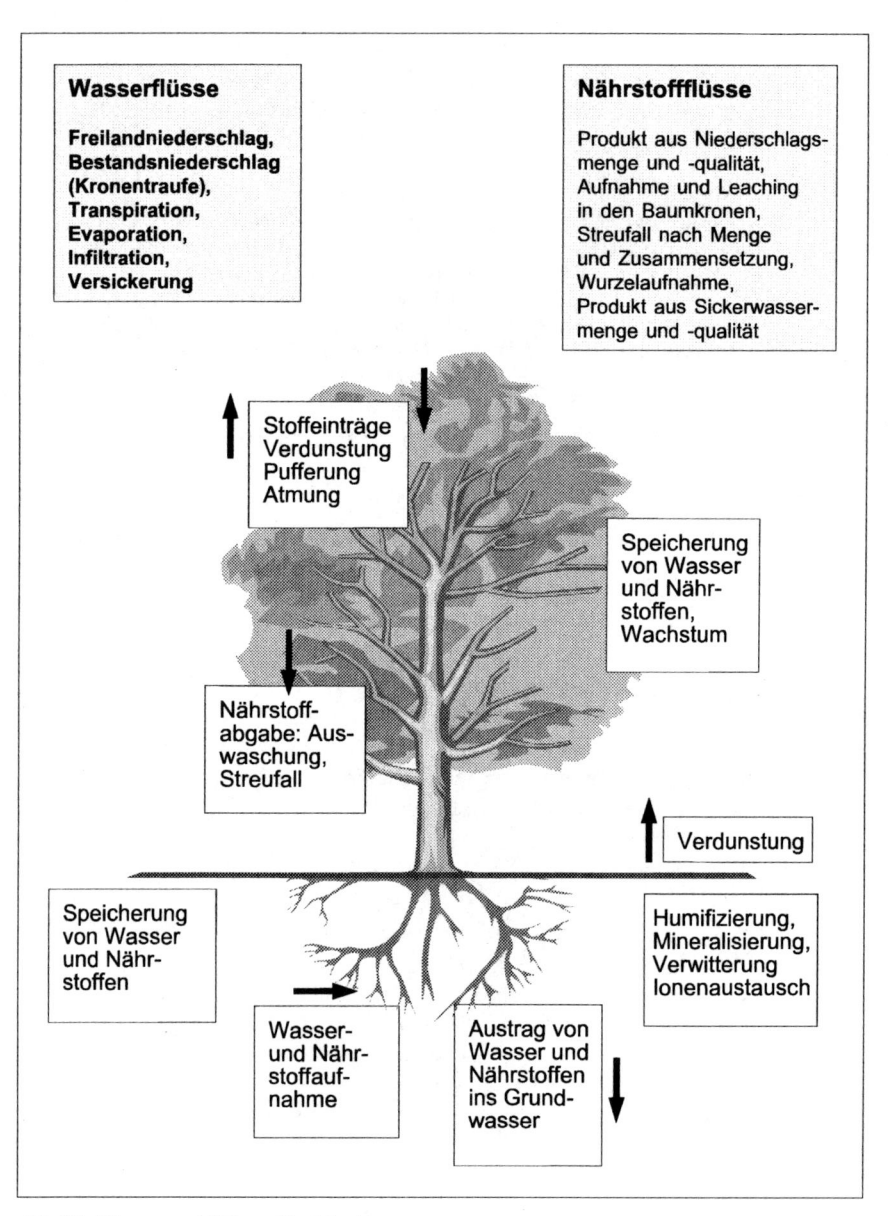

Austrag von
Wasser und
Nährstoffen
ins Grund-
wasser

Abb. 8.2: Wasser- und Nährstoffkreislauf.

Bodenökologie und Bodenkultur

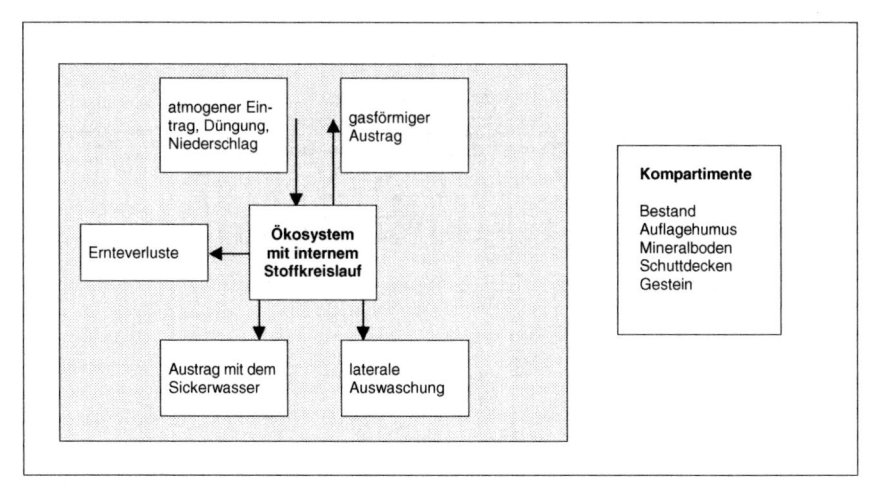

```
┌─────────────────────────────────────────────────────────────────┐
│                                                                 │
│    ┌──────────────┐   ┌──────────────┐                          │
│    │ atmogener    │   │ gasförmiger  │                          │
│    │ Eintrag,     │──▶│ Austrag      │                          │
│    │ Düngung,     │   │              │                          │
│    │ Niederschlag │   └──────────────┘                          │
│    └──────────────┘          ▲         ┌────────────────────┐   │
│            │                 │         │  Kompartimente     │   │
│            ▼                 │         ├────────────────────┤   │
│   ┌────────────┐    ┌──────────────┐   │ Bestand            │   │
│   │Ernteverluste│◀──│ Ökosystem    │   │ Auflagehumus       │   │
│   │            │    │ mit internem │   │ Mineralboden       │   │
│   └────────────┘    │ Stoffkreis-  │   │ Schuttdecken       │   │
│                     │ lauf         │   │ Gestein            │   │
│                     └──────────────┘   └────────────────────┘   │
│                     │              │                            │
│                     ▼              ▼                            │
│            ┌──────────────┐  ┌──────────────┐                   │
│            │ Austrag mit  │  │ laterale     │                   │
│            │ dem Sicker-  │  │ Auswaschung  │                   │
│            │ wasser       │  │              │                   │
│            └──────────────┘  └──────────────┘                   │
└─────────────────────────────────────────────────────────────────┘
```

Abb. 8.3: Kompartimente, Prozesse und Stoffflüsse in einem Waldökosystem.

Beispiele:
Elementeintrag mit dem Freiland- und Bestandesniederschlag sowie der Streu. Atmogene Stoffeinträge erfolgen in Ökosysteme als nasse (im Niederschlag gelöst) und trockene Deposition (Gase, Staubpartikel). SO_2 und NH_3 werden teilweise direkt von Blättern und Nadeln aufgenommen. Im **Osterzgebirge** sind Hauptbestandteile des Niederschlagswassers in abnehmender Reihenfolge Stickstoff (NH_4- und NO_3-N), Schwefel (Sulfat-S), Chlorid und Protonen (0,4 kmol$_c$ ha^{-1} a^{-1}, pH 4,7). Bei der Passage durch den Kronenraum werden etwa 30 % des Ges.-N zurückgehalten. Der Anreicherungsfaktor für S liegt bei 3, für Cl bei 2 und für H bei 3,5 (Abb. 8.4). Nach der Passage durch den Kronenraum der Fichten überwiegt der N-Eintrag. Die Protonenfracht hat sich auf 1,3–1,7, örtlich auf 2,7 kmol$_c$ ha^{-1} a^{-1} erhöht (pH 3,9–4,0). Die Protonenpufferung im Kronenraum kann bis zu 34 % betragen (siehe Abb. 8.4).
Mit dem Streufall von 2–3 t TM ha^{-1} gelangen im Osterzgebirge folgende Nährstoffmengen in kg ha^{-1} zum Boden: K 5–10, Ca 10–18, Mg 1–1,5, Mn 0,5–4, N 25–30, P 1,5–2. Beim K dominiert die Rückführung durch die Kronenraumauswaschung über die durch die Streu, bei Ca, Mg und Mn ist es umgekehrt, beim N entspricht der externe Eintrag etwa dem mit der Streu.

In Kiefernwäldern des **Berliner Ballungsraumes** sind die Kiefernkronen Senken für H^+, NH_4^+ und NO_3^-, wogegen K^+, Ca^{2+} und Mg^{2+} aus ihnen ausgewaschen werden. Aufgrund des sauren pH-Wertes werden die Austauscherplätze im Mineralboden vorwiegend von Al eingenommen. Der Auflagehumus weist durch die hohen atmogenen Ca-Einträge zurückliegender Jahre eine relativ hohe Ca-Sättigung auf, desgleichen erhöhte Schwermetallgehalte. Die Humusauflage ist für Ca, Mg, Mn, S und Pb eine Senke. In der Bodenlösung bestreiten die Sulfationen 85 % der Anionensumme, Ca und Al dominieren mit jeweils 30 % an der Kationensumme. Die Stickstoffausträge mit dem Sickerwasser liegen noch unterhalb der Trinkwassergrenzwerte. Der N-Eintrag mit dem Bestandsniederschlag liegt bei 20 kg ha^{-1} a^{-1} und damit über der kritischen Belastung (critical load) von 10–12 kg N ha^{-1} a^{-1}.

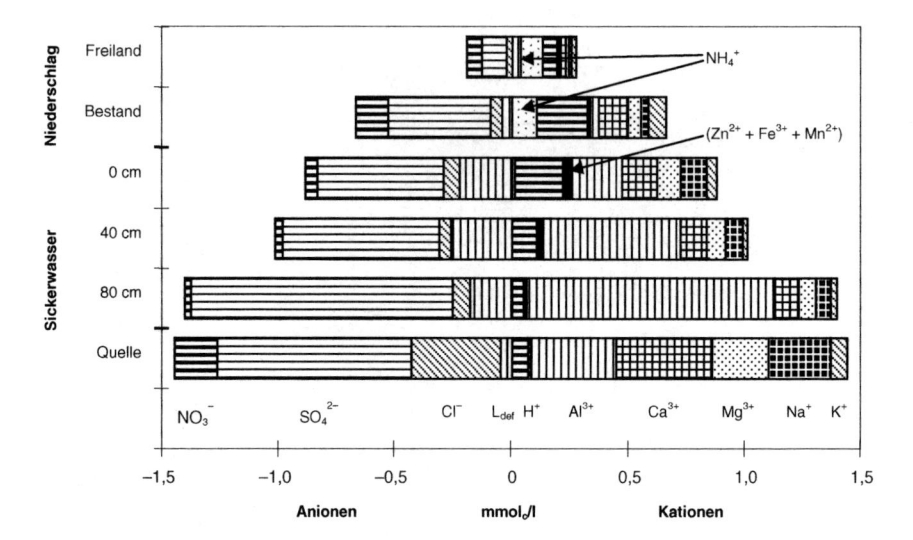

Abb. 8.4: Ionenkonzentrationsprofil in den verschiedenen Kompartimenten eines Fichtenökosystems (Einzugsgebiet Rotherdbach im oberen Osterzgebirge). Gegenüberstellung von Anionen und Kationen (L_{def} Ladungsdefizit bzw. C_{org}). Nach ABIY, Tharandt.

Kohlenstoff und Stickstoff

C- und N-Zyklen sind in Waldökosystemen miteinander verknüpft. Da C und N bei den Umsetzungsprozessen Phasenwechseln unterworfen sind, müssen zur vollständigen Bilanzierung die C- und N- Flüsse nicht nur im Boden, sondern auch in der Bodenlösung und in der Bodenluft erfaßt werden.

Waldböden sind eine wichtige **Kohlenstoff-Senke** und in der Regel erheblich C-reicher als landwirtschaftlich genutzte Böden. Der Vorrat an organischer Substanz in Waldböden entspricht einem Fließgleichgewicht aus Streuanlieferung und Streuabbau, dessen Lage durch lokale Standortfaktoren gesteuert wird. Waldbauliche Eingriffe können dieses Fließgleichgewicht erheblich verschieben. Auflichtungen und Kalkung aktivieren zeitweilig die C-Umsetzung und die CO_2-Produktion. Der C-Pool hat eine aktive Komponente (Umsatz < 5 Jahre, leicht abbaubare Pflanzenstreu, Wurzelausscheidungen, Mikrobenmasse) und mit Übergängen (5–30 Jahre) eine passive Komponente, die einige tausend Jahre alt werden kann. Die Umsatzgeschwindigkeit ist dabei temperaturabhängig. Die Dynamik der C-Vorräte ist eng mit Regelungsfunktionen der Waldböden verknüpft. So ist beim Abbau von Mineralbodenhumus mit einer Verschlechterung der Bodenstruktur zu rechnen. Die CO_2-Emission wird nach Entwaldung, insbesondere in den Tropen, erhöht. Um den Gehalt des Treibhausgases CO_2 in der Atmosphäre zu senken, wird u. a. eine Verringerung der CO_2-Abgabe des Bodens und eine verstärkte Humusanreicherung im Boden angestrebt.

Dazu geeignete Verfahren sind eine Verringerung des Pflügens, ein verstärkter Einsatz von Leguminosen in der Fruchtfolge, organische Düngung und Aufforstung.

In der organischen Substanz des Bodens ist mit etwa 215–860 kmol N ha^{-1} viel **Stickstoff** gespeichert. So kann ein Buchenwald über Basalt im Boden 750 kmol N ha^{-1} besitzen. Pflanzenverfügbarer Stickstoff ist unter natürlichen Bedingungen jedoch ein Mangelfaktor.

In Reinluftgebieten beträgt der **Stickstoffeintrag** in Wälder nur 0,07–0,36 kmol N ha^{-1} a^{-1} und liegt damit in der gleichen Größenordnung wie die gleichfalls niedrige Luftstickstoffbindung durch freilebende Mikroorganismen (0,14–0,36 kmol N ha^{-1} a^{-1}). Der NO$_2$-Gehalt der Luft beträgt 15–50 µg m^{-3}. Der Stickstoffeintrag mit der Niederschlagsdeposition liegt in Wäldern Deutschlands im Mittel bei 1,2 kmol N ha^{-1} a^{-1}. Die Stickstoffdeposition ist in Europa seit 1950 stark angestiegen. Sie liegt im Freiland bei etwa 20 kg ha^{-1} a^{-1}, im Kronentrauf belasteter Wälder (z. B. Solling) bei 30–40 kg und in stark belasteten Wäldern (Holland) sogar bei 50–70 kg ha^{-1} a^{-1}. Hinzu kommen etwa 10 kg N, die aus der Deposition von den Blättern direkt aufgenommen werden. Dies führt neben einem zunächst verbesserten Baumwachstum und einer Beschleunigung des N-Kreislaufs mit den Jahren zu einer N-Sättigung der Ökosysteme, die sich in einer Zunahme nitrophiler Arten (*Sambucus nigra* (Schwarzer Holunder), *Solanum dulcamara* (Bittersüßer Nachtschatten), *Moehringa trinerva* (Wald-Nabelmiere), *Urtica dioica* (Große Brennessel)) bis zur Massenausbreitung sowie einer Nitratauswaschung aus der Wurzelzone selbst in der Vegetationszeit äußert (s. a. Übersicht 8.9). Die **Austragsrate** deutscher Wälder liegt im Mittel bei 1,5 kmol N ha^{-1} a^{-1}. Bleibt die Gesamtdeposition an Stickstoff unter 1 kmol ha^{-1} a^{-1}, so treten in der Regel keine Nitratverluste auf. N-Einträge von 1–4,3 kmol N ha^{-1} a^{-1} ($\bar{x}$ = 1,8 kmol) übersteigen den Bedarf für die Biomassebildung (Zuwachs) der Wälder von 0,7–1,4 kmol N ha^{-1} a^{-1} ($\bar{x}$ = 1 kmol) häufig, der Boden reichert sich mit Stickstoff an.

Die **Stickstoffixierung** durch Leguminosen (Rhizobium-Bakterien) variiert zwischen 50 und 450 kg N ha^{-1} a^{-1}. In der Landwirtschaft werden zur Stickstoffbindung vor allem Klee, Luzerne, Gelbe Lupine, Bohnen und Erbsen angebaut. Hohe Werte setzen ein ausreichendes Angebot an P und K sowie einen geeigneten pH-Wert voraus. In Wäldern und Forstkulturen werden bei ausreichendem Lichtgenuß für Blaue Lupine, Steinklee und Robinie Werte um 50 kg N ha^{-1}a^{-1} erzielt. Die Luftstickstoffbindung durch Roterlenbestände (Frankia als Symbiont) liegt bei 3,5–11,0 kmol N ha^{-1} a^{-1}.

Die durchschnittlichen **Mineralisierungsraten** des im Oberboden organisch gebundenen N liegen bei 0,5–2 % des N-Vorrats. Bei N-reichen Böden mit engem C/N-Verhältnis ist die Mineralisierungsrate mit 1–2 % höher als bei stickstoffarmen Böden. Bei Podsolen rechnet man mit einer Mineralisierungsrate von 20–50, bei Parabraunerden von 50–75 kg N ha^{-1} a^{-1}.

Im Wald führt ein Bestandeswechsel von Buche zu Fichte zu einer Mineralisierung des Bodenhumus und über eine längere Zeitspanne zu Nitratausträgen, die bei 10 kg N ha^{-1} a^{-1} liegen. Die **Nitrifikation** der atmosphärischen N-Einträge verstärkt die Bodenversauerung, da zusammen mit dem Nitrat zunächst basische Kationen ausgetragen werden. Die Belastung der Puffersysteme kann 1,5 käq ha^{-1} a^{-1} erreichen, womit die kritische Belastung der Waldböden überschritten wird. Langfristig nimmt der Mangel an anderen Nährstoffen zu und die Bodenfruchtbarkeit ab.

Die Nitrifikation ist auch die Voraussetzung für Stickstoffverluste durch **Denitrifikation**. In Waldböden betragen die N-Verluste durch Denitrifikation bis zu 6 kg ha^{-1} a^{-1}. Die Stickstoffverluste steigen nach Stickstoffdüngung sowie in tropischen Wäldern nach selektiver Nutzung mit nachfolgender Bodenverdichtung und -vernässung an.

Etwa 85 % der **Ammoniakemission** entstammen der landwirtschaftlichen Tierhaltung, der Rest verteilt sich auf die Mineraldüngung und die Verbrennung fossiler Energieträger. Die Ammoniakabgabe landwirtschaftlicher Nutzflächen in die Atmosphäre, z. B aus den Exkrementen des Weideviehs oder nach Harnstoff- und Gülledüngung, wird durch einen hohen pH-Wert sowie warme Witterung gefördert.

$$NH_4^+ \leftrightarrow NH_3 + H^+$$

Bis zu 60 % des N in der Kronentraufe der Waldbäume kann NH_4-N sein, etwa $^1/_3$ ist NO_3-N. Der O-Horizont des Waldbodens sorbiert das NH_4 stärker. Eine langfristige Speicherung von Ammonium findet durch ihn jedoch nicht statt.

Das Verhältnis von organisch gebundenem Kohlenstoff und Gesamtstickstoff (**C/N-Verhältnis**) des Bodens eignet sich zur Kennzeichnung des Humuszustandes. Bei den Ausgangsstoffen der Humusbildung liegt es sehr weit (Holz 200–300, Laubstreu der Buche 40–60), in der Humusauflage bei 20–30, in der mikrobiellen Biomasse bei 10–20. Da die organische Substanz des Waldbodens eine Senke für eingetragenen Stickstoff ist, verengt sich ihr C/N-Verhältnis. Dies kann später zu einem erhöhten Nitrataustrag führen, zumal auch Humus und damit der Stickstoff (etwa 20 kg ha^{-1} a^{-1}) in den letzten Jahrzehnten akkumulierten.

Der **N-Zyklus** in Koniferen-Ökosystemen ist durch geringe N-Mineralisation, weitgehendes Fehlen von verfügbarem N im Boden sowie durch eine Mitwirkung der Mykorrhizen gekennzeichnet. Der Waldboden speichert wesentlich mehr Stickstoff als der zugehörige Waldbestand.

Ökosysteme betrachtet man als mit Stickstoff gesättigt, wenn der Eintrag aus Mineralisierung und Atmosphäre die Rückhaltefähigkeit des Systems langfristig übersteigt und regelmäßige Nitratausträge beginnen. Die „**kritische Belastung**" eines Ökosystems für Stickstoff ist so festgelegt, daß der Sättigungszustand auch langfristig nicht erreicht wird. Sie ist die maximale Rate des N-Eintrags, die zu keinen negativen Veränderungen führt – verändern kann sich die Zusammensetzung der Vegetation, der Nitratgehalt des Grundwassers oder die Vitalität der Bäume. Die kritische Belastung liegt bei nur 2–5 kg N ha^{-1} a^{-1} für Naturwälder ohne Biomasseentzug, bei 4–10 kg in Forsten mit Stammholznutzung und 7–20 kg N in Forsten mit Ganzbaumernte. Dieser Schätzung liegen folgende Werte je Jahr und Hektar zugrunde: N-Auswaschung 2 kg,

Denitrifikation < 1 kg N, N_2-Bindung < 1 kg N, Akkumulation im Humus 1–3 kg N, Akkumulation in der oberirdischen Biomasse je nach Standortfruchtbarkeit 5–15 kg N. Aus forstlicher Sicht ist ein Wert von 15 kg N ha^{-1} a^{-1} zu tolerieren. Die Deposition übersteigt also heute die kritische Belastung.

$N_{\text{kritische Belastung}} = N_{\text{Vegetation}} + N_{\text{Denitrifikation}} + N_{\text{Immobilisation}} + N_{\text{Austrag}}$

Höhere Denitrifikation als hier angenommen kann die Bilanz bessern, doch ist eine verstärkte Produktion von N_2O im Wald im Hinblick auf die globale Erwärmung nicht erwünscht.

Schwefel

Der Leitwert für SO_2 der EU liegt bei 40–60 µg · m^{-3} Luft und wird in weiten Teilen Deutschlands heute wieder unterschritten.

Der Eintrag von S in den Boden findet statt durch atmosphärische Deposition (SO_2 und Sulfate, S^0; 2–150 kg S ha^{-1} a^{-1}), Verwitterung des bodenbildenden Gesteins (Pyrit), Anwendung S-haltiger Düngemittel (Sulfate, Superphosphat) sowie pflanzliche und tierische Rückstände (Streu und organische Dünger). In Fichtenbeständen liegt der S-Eintrag durch die Streu bei 6–7 kg ha^{-1} a^{-1}, die S-Festlegung im Zuwachs bei 1–1,5 kg ha^{-1} a^{-1}.

Der Austrag aus dem Boden erfolgt durch Transport mit dem Sickerwasser, durch die Ernteprodukte sowie untergeordnet durch gasförmige Emissionen.

Kationen

Im Osterzgebirge liegt die mittlere jährliche Deposition an **Wasserstoffionen** bei 2,0–2,5 $kmol_c$ ha^{-1}, der Austrag an H-Ionen bei 0,15–0,36 $kmol_c$ ha^{-1} a^{-1}. Die **Gesamtsäurebelastung** ist mit 3,6–10,5 (5,5–7,3) $kmol_c$ ha^{-1} a^{-1} dagegen wesentlich höher. Sie ergibt sich aus der Summe der Input-Output Bilanzen von H-Ionen, H-Ionen aus der N-Transformation und der Desorption von S (0,7–7,7 $kmol_c$ ha^{-1} a^{-1}). Die Protonenbelastung infolge von N-Einträgen und N-Austrägen liegt zwischen 0,2 und 1,0 $kmol_c$ ha^{-1} a^{-1}. Protoneneinträge von > 2 $kmol_c$ ha^{-1} a^{-1} übersteigen die Pufferkapazität der auf armen Substraten stockenden Wälder. Die Rate der **Silicatverwitterung** (Verbrauch an H-Ionen) liegt etwa bei 0,2–2 $kmol_c$ ha^{-1} a^{-1} ($\bar{x} = 0,5$). Die Säurepufferung bzw. die Konsumtion der eingetragenen Säuren erfolgt durch die Freisetzung von basischen (**Mb**) und sauren (**Ma**) **Kationen** und die Speicherung (Adsorption, Ausfällung, Aufnahme durch die Vegetation) von Anionensäuren. Der Anteil der Mb-Kationen an der Säurepufferung liegt im Osterzgebirge bei 38–62 %. (Die Anionenspeicherung (bis 24 %) ist u. a. auf die Aufnahme der Nitrationen durch die Vegetation zurückzuführen.)

Bei den Erdalkalien hat die externe Deposition gegenüber der Freisetzung aus dem Boden gegenwärtig keine Bedeutung mehr. Durch verstärktes Wachstum und erhöhte Holzernten sowie Säuredeposition hat die Basensättigung des Waldbodens in den letzten Jahrzehnten stark abgenommen (in Südschweden jährlich um 2–3 % des austauschbaren Ca-Vorrats). In Fichtenbeständen des Osterzgebirges liegt der Netto-Kationenaustrag (Mb + Ma) mit 3–11 kmol$_c$ ha^{-1} a^{-1} sehr hoch. Die Ökobilanz ist also negativ, der Boden übt eine Quellenfunktion aus. Der Al-Austrag mit dem Sikkerwasser erreicht im Osterzgebirge 10–50 kg ha^{-1} a^{-1} bei pH < 4. Der Fe-Austrag liegt dagegen mit < 1 kg ha^{-1} a^{-1} bedeutend niedriger.

8.4.2 Bodentyp, natürliche Vegetation und Bodennutzung

Die biologische Erzeugung von Stoffen gehört zur Funktion der naturnahen Landschaft und der Agrarlandschaft. Boden und Wasser bestimmen die Struktur und Funktion der Landschaft und damit die biologische Stofferzeugung wesentlich mit. **Bodennutzung** bedeutet in biologischer Sicht die Verwendung des Bodens als Standort von Kulturpflanzen. Um die Erhaltung der Kulturlandschaft zu gewährleisten, hat die Bodenbewirtschaftung im Einklang mit der Natur zu erfolgen. Landwirtschaftlich genutzte Böden wurden seit den 50er Jahren im Zuge der Intensivierung durch einseitige Betonung ihrer Produktionsfunktion stark umgestaltet (Nährstoffanreicherung, Verdichtung, Erosion, Be- und Entwässerung, reduzierte biologische Aktivität). Neben der Produktion pflanzlicher Nahrungsgüter und Rohstoffe hat die Bodennutzung Aufgaben der Landschaftsgestaltung und -pflege zu erfüllen bzw. zu berücksichtigen. Die Bodenbewirtschaftung ist daher eine Voraussetzung für die weitere Existenz unserer Kulturlandschaft. Die geologischen und bodenkundlichen Voraussetzungen für eine Bodennutzung sind innerhalb Deutschlands sehr unterschiedlich. Ausgedehnten Lößlehmböden in Thüringen und Sachsen steht die Verbreitung von Sandböden in Nordostdeutschland gegenüber. So beträgt der Anteil von Ackerflächen mit einer Ackerzahl < 31 in Brandenburg etwa 61 % (s. 8.5.1).

Rohböden in Hanglage werden vorwiegend forstlich genutzt, wobei Pionierbaumarten angebaut werden. Kipprohböden in ebener Lage können auch für die Landwirtschaft geeignet sein.

Ranker unterliegen der forstlichen Bewirtschaftung oder werden als Weideland genutzt. Auf basenarmen Grundgesteinen dominieren Kiefernwaldgesellschaften, auf nährstoffreichen gedeihen Laubwaldgesellschaften, die in kontinental getönten Gebieten von xerothermen Gebüsch- und Trockenrasengesellschaften abgelöst werden.

Vorwiegende Nutzungsformen von **Rendzinen** sind Wald und Hutung. Neben der Buche sind besonders die anspruchsvolleren Baumarten wie Rüster, Ahorn, Esche und Linde anbaugeeignet. Leitgesellschaft der Mullrendzinen auf thüringer Muschelkalk ist der Bingelkraut-Buchenwald (*Mercuriali-Fagetum*). Die Wuchsleistungen der Baumarten hängen von der Gründigkeit und dem Wasserhaushalt ab. A-C-Böden auf Kalkgestein versorgen bei ausreichendem Humusvorrat die Bäume genügend mit

Stickstoff. Bei Nadelbäumen kann eine Unterversorgung mit Kalium und Spurenelementen eintreten. Auf Standorten mit Wassermangel durchwurzeln die Bäume tiefreichend tonerfüllte Gesteinsspalten. Im mediterranen Gebiet kann sich der Hochwald aus Buchen, Eichen und Ulmen mit Alpenveilchen als Bodenvegetation zusammensetzen. Unter den Koniferen dominiert die Pinie (Kiefer). Bei Entwaldung sowie Schaf- und Ziegenhaltung ist Bodenerosion verbreitet. Rendzinen werden im mediterranen Gebiet auf den weniger erosionsgefährdeten ebenen bis schwach geneigten Lagen stärker ackerbaulich genutzt. Diese Böden variieren stark im Humus- und Steingehalt. Verbreitet ist der Anbau von Olivenbäumen, Wein und Getreide. Die im Kalkhügelland von den Feldern abgesammelten Steine umsäumen als Mauern die Felder oder dienen zur Terrassierung der Hänge. Die Mineraldüngung hat die Elemente K, P, B und Cu zu beachten.

Schwarzerden werden in Deutschland ausschließlich als Ackerböden genutzt. Sie erreichen die höchsten Bodenwertzahlen. Angebaut werden anspruchsvolle Kulturpflanzen wie Weizen, Zuckerrüben, Obst und Gemüse. Die Böden besitzen eine hohe Wasserspeicherfähigkeit, einen meist ausgeglichenen Wasserhaushalt, ein hohes Nährstoffpotential und Kalkreserven im Untergrund. In Gebieten mit < 500 mm Niederschlag wird Bewässerung zur Ertragssteigerung eingesetzt. Erst nach weitgehender Entkalkung tritt eine Strukturverschlechterung ein. Krumendegradation von Ackerböden ist an einer Aufhellung und Verdichtung des Pflughorizontes (Humusverlust, polyedrisches oder plattiges Gefüge) zu erkennen.

Braunerden werden reliefabhängig forstwirtschaftlich oder landwirtschaftlich genutzt. Ihre natürliche Bestockung besteht aus Laubwäldern. In der Vergangenheit sind zumindest auf den Sauren Braunerden die Laubwälder von Fichtenforstgesellschaften weitgehend verdrängt worden. Die landwirtschaftlich genutzten Braunerden liefern bei entsprechender organischer und mineralischer Düngung gute bis sehr gute Erträge.

Auf Sauren Braunerden findet man Hainsimsen-Buchenwälder neben Buchenmischwäldern und leistungsstarken Nadelholzbeständen. Auf Sandbraunerden des NO-deutschen Tieflandes ist die Kiefer stark verbreitet. Auf rohhumusartigem Moder entwickelt sie ihre höchste Vitalität. Bei landwirtschaftlicher Nutzung kommen anspruchslosere Pflanzen wie Hafer, Roggen und Kartoffeln in Betracht. Die Böden erfordern vor der Ackernutzung insbesondere eine starke Kalkung. Daneben ist mit NPK und organischer Substanz zu düngen.

Basenreiche Braunerden sind sehr gute Waldböden. Neben Buche, Eiche und Tanne gedeihen auf diesen Standorten fast alle Edellaubhölzer (u. a. Rüster, Esche, Ahorn). Als Wiesen genutzte eutrophe Basalt-Braunerden liefern ein hochwertiges Futter.

Die natürliche Vegetation der Kalkbraunerden sind leistungsfähige kräuterreiche Laubwälder.

Parabraunerden (Lessivés) werden land- wie forstwirtschaftlich genutzt und gehören zu den ertragreichsten Böden. Größtenteils werden sie aber intensiv landwirtschaftlich genutzt. Anspruchsvolle Feldfrüchte bringen Erträge, die denen auf Schwarz-

erde nur wenig nachstehen. Lange Bearbeitung hat dazu geführt, daß der Oberboden (schluffreicher Al-Horizont) örtlich durch Erosion reduziert oder ganz abgetragen ist. Die Bodenbearbeitung findet dann im Bt-oder Bv-Horizont statt.
Laub- und Nadelholzbestände erreichen Wuchsleistungen bis zur I. Bonität. Die Traubeneiche liefert auf solchen Standorten im Thüringer Becken Furnierholz. Ein Kiefernreinbestand kann die natürliche Fruchtbarkeit der Lessivés nicht voll ausnutzen.

In Mitteleuropa beschränken sich die **Podsol**-Vorkommen auf die höheren Lagen der Gebirge und die stärker humiden Gebiete mit ärmeren geologischen Ablagerungen (Nordwestdeutschland, Ostseeküste).

Die forstlich genutzten Podsole werden hauptsächlich von Nadelbaumarten (Fichte, Kiefer, Lärche) bestockt und liefern in der Regel nur mittlere bis geringe Erträge. Ursachen dafür sind vor allem ungünstige physikalische Bodenverhältnisse sowie der angespannte Nährelementhaushalt. Durch Ausbildung von Orterde bzw. Ortstein kann es zu einer erheblichen Einschränkung des Wurzelraumes und damit zu Störungen im Wasser- und Lufthaushalt kommen. Je flacher der Ortsteinhorizont liegt, desto schwerer sind die Schäden, die sich in Windwurf, Insekten- und Dürreschäden äußern. Ob und in welchem Grade sich die verfestigten Orthorizonte negativ auf das Wachsen der Kulturpflanzen auswirken, hängt von der Tiefe dieser Horizonte und von der Kulturpflanzenart ab.

Podsole können nur dann landwirtschaftlich genutzt werden, wenn durch Aufreißen des verfestigten Illuvialhorizontes, Kalkung sowie organische und mineralische Düngung günstigere Wachstumsbedingungen geschaffen werden. Unter den Bedingungen der Ackerkultur bilden sich die Orthorizonte nicht neu. Bei längerer Ackernutzung verlieren die Podsole allmählich ihre ursprünglichen ungünstigen Eigenschaften und entwickeln sich im Pflughorizont zu braunerdeähnlichen Böden.

Eisen-Humus-Podsol: Hauptverbreitungsgebiete sind die nordischen Calluna- und Erica-Heiden. Im nordwestdeutschen Tiefland tritt dieser Subtyp gleichfalls im Bereich der Calluna-Heide auf, während er im nordostdeutschen Tiefland stellenweise auch unter Kiefernwäldern mit dichten Heidelbeer- und Preiselbeerdecken anzutreffen ist. In den Gebirgen Mitteleuropas kommen Eisen-Humus-Podsole auf ärmerem Grundgestein (z. B. Quarzporphyr, Sandstein) sowie in der Waldzone unterhalb der Zwergstrauchstufe (subalpiner Eisen-Humus-Podsol) vor.
Eisen-Podsol: Die Pflanzendecke besteht in den Berglagen in erster Linie aus Fichtenwäldern, im Hügelland und in Teilen der planaren Stufe aus bodensauren Eichen-Birkenwäldern und im hohen Norden aus Birkenwäldern. Auf weiten Strecken sind Eisen-Podsole auch unter Kiefernwäldern zu finden, so z. B. in Finnland und Schweden. In der subalpinen Stufe der Alpen sind es vor allem heidel- und preiselbeerreiche Fichtenwälder, näher der oberen Waldgrenze Lärchen- und Zirbenwälder.
Humus-Podsol: Typische Vorkommen sind aus den Heiden der Nord- und Ostseeküste bekannt (z. B. Lüneburger Heide, Nordbelgien). In den Alpen tritt dieser Subtyp unter den Zwergstrauchgesellschaften der oberen Waldgrenze auf.
Pseudogley-Podsol: Das Wurzelwachstum wird durch den gestörten Luft- und Wasserhaushalt (Ortstein, dichter Untergrund) gehemmt. Bei der forstlichen Nutzung ist der Anbau wurzelintensiver Baumarten wie Kiefer, Stieleiche und Hainbuche zweckmäßig. Nach einer Melioration

(Lockerung des Ortsteins, Anbau von Hilfspflanzen und Düngung mit Ca, P und N) gedeihen auch anspruchsvollere Baumarten.
Die landwirtschaftliche Nutzung des Bodens lohnt sich erst nach seiner Melioration. Sofern vorhanden, muß die Ortsteinlage aufgebrochen werden. Danach erfolgt eine Aufkalkung sowie die Zufuhr organischer Substanz und mineralischer Nährstoffe. Eine Beregnung des Bodens erhöht seine Ertragssicherheit.
Gley-Podsol: Das Grundwasser ist für die meisten Pflanzen erreichbar. Der Boden ist für Kiefer in Mischung mit anspruchslosen Laubhölzern, in den montanen Lagen auch für die Fichte geeignet. Wenig säureempfindliche Baumarten (Kiefer, Sitkafichte, Weymouthskiefer, Birke, Stieleiche) können auf Gley-Podsolen gute Leistungen erreichen.

Beispiel:
In den oberen Lagen des Osterzgebirges ist neben Basis- und Hauptfolge auch die Deckfolge bis 40 cm Mächtigkeit ausgebildet. Als Bodentypen treten Eisen-Humus-Podsol, Braunerde-Podsol und Staupodsol (an Talhängen) auf. Die Humusauflage erreicht 85 t ha^{-1} TM bei einem C/N-Verhältnis von 22–29 und pH(H_2O)-Werten im Oh von 3,6–4,1. Im Mineralboden über Rhyolith variiert der pH-Wert in Wasser von 4,6 (Cv) bis 3,9 bzw. in KCl von 4,1–2,8. Bei den austauschbaren Kationen hat H^+ im Ahe und Al^{3+} im B-Horizont sein Maximum. Der Anteil der Erdalkalien an der AKe ist mit 7 % sehr niedrig. Zwischen dem Gehalt an Ges.-S und Al^{3+} besteht eine enge Korrelation.

Pseudogleye sind verbreitet am Rande des mitteleuropäischen Lößgebietes, im Bereich pleistozäner Geschiebelehme (z. B. altpleistozäne Geschiebelehme der nord- und süddeutschen Vereisung) und auf mehrschichtigen geologischen Substraten. Sie treten ferner in Plateaulagen der Mittelgebirge auf, wo geringmächtige Lößdecken tonige geologische Substrate überziehen (Elbsandsteingebiet, Thüringisch-Sächsisches Vogtland, Ostthüringisches Buntsandsteingebiet, Kaufunger Wald, Reinhardswald, Solling und Münsterland).

Pseudogleye mit langer Naß- und kurzer Trockenphase werden als Wald- und Grünlandstandorte genutzt. Je länger die zwischengeschaltete Feuchtphase, um so eher ist die intensive Nutzung als Weide möglich. Für eine erfolgreiche Grünlandbewirtschaftung sind ausreichende Kalkung und Düngung erforderlich. Kurze Naßphase und lange Sommertrockenheit machen die Ackernutzung möglich. Die ackerbauliche Nutzung setzt im allgemeinen eine Hydromelioration voraus. Mit Hilfe einer Gefügemelioration läßt sich der Wasserhaushalt und damit die Ertragsleistung der Pseudogleyböden verbessern.

Auf nährstoffreicheren Ausbildungen dominiert als natürliche Pflanzengesellschaft der Eichen-Hainbuchen-Wald, auf nährstoffärmeren der Eichen-Birkenwald. Den ungünstigen physikalischen Bodenverhältnissen paßt sich die Eiche am besten an, bei mäßig ausgeprägtem Bodenwechselklima vermag sie den Staukörper noch befriedigend zu durchwurzeln. Mit dem Rossauer und Wermsdorfer Meliorationsverfahren werden Gefügemeliorationen durchgeführt, bei denen tiefer Vollumbruch, Kalkung und Anbau standortgerechter Baumarten kombiniert sind. Neben der Eiche sind Hainbuche, Lärche, Buche, Kiefer, Linde, Pappel und Aspe anbaugeeignet. Pseudogleye neigen zur Unterversorgung der Pflanzen mit Phosphor wegen des Phosphateinschlusses in Konkretionen.

Im Mittelgebirge kann auch die Fichte auf Pseudogleyen angebaut werden. Auf sauren Pseudogleyen des sächsischen Hügellandes mit ihrer dichten Lagerung, zeitweiligen Vernässung und ihrem durch Sauerstoffmangel gekennzeichneten Lufthaushalt bildet die hier nicht standortgerechte Fichte eine extrem flache Bewurzelung aus, was zu einer starken Sturmgefährdung der Bestände wegen schwacher Verankerung im Boden führt. Dies ist insbesondere bei einem wasserübersättigten Oberboden der Fall. Auch durch fachgerechte Pflege können keine stabilen Bestände erzogen werden, weshalb die Fichte durch wurzelintensivere Baumarten, wie Eiche, Hainbuche oder Buche, zu ersetzen oder zu ummanteln ist.

Mit zunehmender Höhe im Mittelgebirge löst der **Stagnogley** den Pseudogley ab. Standorte sind Flachmulden auf Hochplateaus bzw. Verebnungen. Häufig bildet Sandstein mit undurchlässigen Schichten das anstehende Grundgestein, wie bei den Stagnogley-Vorkommen im Ostthüringer Buntsandstein, im hessisch-niedersächsischen Buntsandstein (Kaufunger Wald, Reinhardswald, Solling), im Buntsandstein-Schwarzwald und im sächsischen Kreidesandstein. Der Stagnogley tritt in den genannten Gebieten häufig mit dem Pseudogley vergesellschaftet auf.

Für eine landwirtschaftliche Nutzung ist der Stagnogley ungeeignet. Auch die forstliche Bewirtschaftung bereitet Schwierigkeiten. Sie setzt eine Regulierung des Wasserhaushaltes und eine Bekämpfung der Torfmoose voraus, was bei der Lage dieser Böden mit erheblichem Aufwand verbunden ist. Die Bestockung wird im Hügelland vorwiegend von der Kiefer (Ostthüringer Buntsandstein), im Mittelgebirge von der Fichte und teilweise auch von der Spirke (Schwarzwald) gebildet. Die Wuchsleistung der Bestände ist gering. Eine Düngung lohnt sich nicht.

Auenböden sind von Natur aus mit Wald bestockt. Größere zusammenhängende Flächen werden heute landwirtschaftlich genutzt. Dabei beschränkt sich der Ackerbau im wesentlichen auf die Schwarzerdeartigen Auenböden, wie in der Unstrutaue, während die Braunen Auenböden hauptsächlich als Grünland bewirtschaftet werden. Die forstwirtschaftliche Nutzung erfolgt über den Hartholz-Auenwald (Stieleiche, Feldulme, Esche), seltener in Form des Weichholz-Auenwaldes (Weide, Pappel). Wichtige Faktoren sind die Überflutung der Böden und ihr Sauerstoffgehalt im Wurzelbereich. Auen sind durch die Landwirtschaft stark anthropogen überprägt, weshalb örtlich eine „Revitalisierung" angestrebt wird. Der Grünlandanteil soll dabei gegenüber dem Acker verstärkt werden. Das Biosphärenreservat „Flußlandschaft Elbe" liegt im mittleren Abschnitt der Elbe (375 000 ha) und umfaßt Auenwälder und ein breites Deichvorland.

Gleye finden sich vorwiegend in den Tieflandern, vor allem in den eiszeitlichen Urstromtälern. Im Hügellands- und Mittelgebirgsbereich sind nur kleinflächige Vorkommen anzutreffen. Der biologische Bodenzustand und die allgemeine Nährstoffversorgung werden entscheidend durch den Ca- und Sauerstoff-Gehalt des Grundwassers beeinflußt.

Die natürliche Vegetation der Gleye ist Wald. Auf den nährstoffreichen Gleyen erreichen Stieleiche, Esche, Rüster, Linde und Ahorn gute bis sehr gute Wuchsleistungen. Bei geringer Basensättigung sind neben Stieleiche die weniger anspruchsvollen Baumarten Birke, Kiefer, Fichte und Lärche anbaugeeignet.

Eine landwirtschaftliche Nutzung der Gleye ist bei nicht zu hohem Grundwasserstand als Grünland, seltener als Ackerland möglich.

Die mitteleuropäischen **Marschböden** beschränken sich auf die Nordseeküste von Dänemark bis Belgien und den Südosten Englands.

Die Salzmarsch dient als Schafweide. Die Fruchtbarkeit der Marschen nimmt von der jungen, kalkhaltigen Kalkmarsch über die Kleimarsch zur Knickmarsch hin deutlich ab. Frisch eingedeichte Kalkmarschen gehören zu den ertragreichsten Ackerböden. Auch die im Oberboden bereits entkalkten Kleimarschen können bei tief anstehendem Grundwasser noch mit gutem Erfolg ackerbaulich genutzt werden. Bei hoch anstehendem Grundwasser dienen sie als Grünland. Die Knickmarsch wird in der Regel nur als Grünland genutzt, desgleichen die Moormarsch, die aus der Überschlickung von Niedermoortorfen hervorgeht.

Große **Niedermoor**-Flächen haben sich vor allem im Bereich der Urstromtäler des norddeutschen Tieflandes (Spreewald, Oderbruch, Wümmeniederung) und im süddeutschen Alpenvorland (Erdinger Moos, Dachauer Moos, Donau-Moos) gebildet. Der kennzeichnende Moortyp dieser Landschaften ist von Natur aus das Talmoor (Durchströmungsmoor). Die Niedermoore im norddeutschen Tiefland sind vorwiegend basenarm, die Niedermoore Bayerns dagegen vorwiegend basenreich.

Natürliches oder naturnahes Niedermoor trägt Bruchwald oder Feuchtwiesen. Nur ein flächenmäßig geringer Teil unterliegt der forstlichen Bewirtschaftung. Die forstliche Nutzung der Niedermoore beschränkt sich meist auf den Erlen-Niederwaldbetrieb, selten trifft man auf den Erlen-Hochwaldbetrieb. Nur bei geringmächtigen Mooren und nicht zu hohem Grundwasserstand können auch Esche und Pappel angebaut werden.

Landwirtschaftlich werden Niedermoore hauptsächlich als Grünland, daneben auch als Ackerland genutzt. Für die landwirtschaftliche Nutzung ist die Regulierung des Grundwasserstandes eine notwendige Voraussetzung. Dabei darf das Grundwasser aber nicht zu tief abgesenkt werden, da sonst die oberen Torfschichten austrocknen, übermäßig locker werden und sich bei Befeuchtung nur schwer benetzen (Mineralisierung und Degradation durch Torfschrumpfung, Vererdung und Vermullung). Tiefgreifende Entwässerungen führten zu weiträumiger Degradierung von Moorstandorten sowie zu Torfverlusten von 6 000–20 000 kg TM ha^{-1} a^{-1} und entsprechend starker Nährstofffreisetzung. Ein mäßig entwässertes, als Grasland genutztes Moor ist dagegen ein stabiles Ökosystem. Heute wird eine Grünlandextensivierung angestrebt, nicht dagegen Saat-Grasland und Ackernutzung. Häufiger handelt es sich bei den entwässerten Moorstandorten heute um Grenzertragsstandorte.

Niedermoore hoher Basensättigung bedürfen zunächst keiner Kalkung und Stickstoffdüngung. Die Niedermoorböden sind von Natur aus arm an K (0,05-0,1 % K der TM) und P (< 0,1–0,2 % P der TM) sowie reich an N und Ca. Entsprechend können auf Grünland durch PK-Düngung Ertragssteigerungen und Veränderungen in der Artenzusammensetzung der Vegetation erzielt werden. Die Bindung des K an die organische Substanz ist jedoch schwach, so daß eine jährliche K-Düngung in Höhe des Pflanzenentzuges notwendig ist. In den schwach sauren Böden wird gedüngter Phosphor in weitgehend pflanzenverfügbarer Form (Fe-Phosphate) festgelegt. N wird aus organischer Bindung durch Mineralisierung freigesetzt (Torfzersetzung, Vererdungsprozeß). Das Ausmaß hängt vom Grundwasserstand ab. Die gebräuchlichsten Verfahren der Niedermoorkultivierung sind die Schwarzkultur und die Sanddeckkultur (s. 8.3.4).

Größere zusammenhängende **Hochmoor**-Flächen treten in Nordwestdeutschland auf (355 000 ha). Kleinere Hochmoore finden sich in den höheren Lagen der Mittelgebirge. Die Hochmoore sind etwa zu 80 % kultiviert und vorwiegend landwirtschaftlich genutzt. Die Kultivierung erfolgt im wesentlichen nach zwei Verfahren, der Deutschen Hochmoorkultur für die extensive Grünlandnutzung und der Deutschen Sandmisch-Kultur für die intensive Ackernutzung (s. 8.3.4).

Die forstlich genutzten Hochmoore beschränken sich auf die Mittelgebirge. Hochmoore tragen von Natur aus nur eine lichte Bestockung, an deren Aufbau die Baumarten Gemeine Kiefer, Berg-Kiefer, Fichte und Birke beteiligt sind.

Moorböden sind häufig unzureichend mit K und P versorgt. Auch bei tiefem pH ist Zurückhaltung bei der Kalkung angebracht, da Al im Gegensatz zu den Mineralböden nicht als Schadstoff auftritt.

Die **Produktionskapazität** europäischer Standorte läßt sich auch **nach** Klimagebieten unter Berücksichtigung ihrer typischen Böden gliedern.

Im kühl-humiden Klimagebiet mit seiner kurzen Vegetationszeit, dem hohen Sickerwasseranfall und Podsolen werden vorwiegend Roggen, Hafer und Gerste sowie Kartoffeln und Futterpflanzen angebaut. Verbreitet ist der Nadelwald. In West- und Mitteleuropa mit gemäßigt-warmem humiden Klima sind Braunerden und Lessivés dominierend. Die Intensität der Bodennutzung in diesem primär von Laubwäldern besiedelten Gebiet ist hoch. Die Böden im sommertrockenen mediterranen Gebiet sind im entwaldeten Zustand stark erosionsgefährdet. Ihre Leistung hängt vom Wasserspeichervermögen oder der Grundwassernähe ab. Ein wesentliches Mittel zur Ertragssteigerung ist hier die Bewässerung. In den semihumiden und semiariden Gebieten werden Schwarzerden und Kastanienfarbige Böden landwirtschaftlich genutzt. Klimatisch bedingter Wassermangel hemmt die Produktion auf diesen sehr fruchtbaren Böden, die sich besonders zum Getreideanbau eignen. Ertragssteigerungen sind durch Bewässerung unter Beachtung der Versalzungsgefahr möglich. Im Übergangsbereich humid/semihumid bei gemäßigt warmem Klima und Böden, die sich durch einen mächtigen humosen Oberboden und hohe Wasserkapazität auszeichnen (Übergänge von Braunerde zu Schwarzerde, Graue Waldböden), ist mit Düngung eine hohe Pflanzenproduktion möglich.

8.5 Bodenbewertung und Bodeninformationssysteme

8.5.1 Bodenbewertung und Bodenschätzung

Bodenbewertung wird als standortdifferenzierte Beurteilung von Böden, Bodenfunktionen und Bodenpotentialen definiert. Bodenbewertungen können aus bodenökologischer, wasserwirtschaftlicher oder ertragskundlicher (land- und forstwirtschaftlicher) Sicht erfolgen. Die **Bodenschätzung** ist die gesetzlich festgelegte Methode zur Bodenbewertung landwirtschaftlich nutzbarer Böden. Grundlage ist das Bodenschätzungsgesetz von 1934.

Die im Wirkungsbereich des Finanzministeriums durchgeführte Bodenschätzung führte eine Bodenaufnahme mit primär fiskalischer Zielsetzung durch. Sie ist in der Regel auf die Schaffung von Bewertungsgrundlagen für steuerliche Zwecke im Bereich der landwirtschaftlichen Nutzfläche begrenzt. Die Untersuchung und Bewertung erstreckt sich auf die Bodenbeschaffenheit und Ertragsfähigkeit bzw. auf die für den Ertrag wesentlichen Bodenmerkmale. Die Daten der Bodenschätzung stellen eine wesentliche Informationsbasis über die Böden in Deutschland dar. Sie werden deshalb heute auch beim Aufbau eines Bodeninformationssystems und der Erstellung von Bodenkarten sowie im Umweltschutz genutzt. Im Liegenschaftswesen wird der Wert des Bodens im Bodenpreis ausgedrückt.

Sorgfältige Bodeninventuren wurden in den deutschen Staaten bereits frühzeitig durchgeführt. In der „Geschäftsanweisung zur Abschätzung des Grundeigentums im Königreich Sachsen" von 1838 werden nach dem Ertrag 12 Ackerklassen, 11 Wiesenklassen und je 5 Klassen für die verschiedenen Waldbestände ausgegrenzt. Die Acker- und Wiesenklassen berücksichtigen die Wirkung der natürlichen Standorteigenschaften und den Ertrag. Dieses Vorgehen führt bei den Äckern zu 43 Beschaffenheitsklassen, wobei jede derselben noch in 21 Höhenstufen gegliedert ist. Die Wiesen werden in 19 Beschaffenheitsklassen eingeteilt. Die Ergebnisse hielt man in einem Flurbuch und in einer Flurkarte fest (s. a. 10.3.3).

Im Rahmen der Reichsbodenschätzung (seit 1934 bis Mitte der 60er Jahre auf 17 Millionen ha) ist die **Bodenzahl** als Maß der Ertragsfähigkeit Ausdruck des Bodenwertes. Die Bodenschätzung bezweckt neben der Schaffung von Grundlagen für die Besteuerung auch die planvolle Gestaltung der Bodennutzung, die genaue Kennzeichnung des Bodens nach seiner Beschaffenheit sowie die Festlegung der Ertragsfähigkeit. Die ermittelten Parameter sind im Schätzungsrahmen miteinander verknüpft. Schätzungsrahmen existieren für Acker- und Grünland. Mit ihrer Hilfe kann der Reinertrag in Relativzahlen ermittelt werden. Die Klassifizierung der Ertragsfähigkeit der Böden erfolgt nach Verhältniszahlen (Bodenzahlen 7–100, Grünlandgrundzahlen 7–88 als Reinertragsverhältniszahlen). Beim **Ackerland** wird die Bodenzahl auf Grund des geologischen Substrats, der Bodenart und der Zustandsstufe ermittelt. Beim geologischen Substrat wird differenziert zwischen pleistozänen oder älteren Lockersedimenten (D Diluvialböden), Lößböden (Lö), holozänen Ablagerungen (Al Alluvialböden, z. T. grundwasserbeeinflußt) und aus festen Gesteinen entstandenen

Verwitterungsböden (V oder Vg bei hohem Steingehalt). Der Bodenart liegt der Gehalt an abschlämmbaren Teilchen (< 10 µm) zugrunde. Man unterscheidet 8 Bodenarten und die Moorgruppe. Den Entwicklungsgrad der Böden erfassen 7 Zustandsstufen vom Rohboden (7) über Parabraunerde (3), Tschernosem-Parabraunerde oder degradierte Schwarzerde (2) bis zur Schwarzerde (1). Die beste Schwarzerde erhält die Bodenzahl 100 (Tschernosem der Magdeburger Börde). Die Bodenzahlen drücken die vom Boden her bestimmten Ertragsunterschiede für mittlere Lage-, Klima- und Wirtschaftsbedingungen aus. In klimatisch einheitlichen Regionen korrelieren die Bodenzahlen mit der nFK des Wurzelraumes. Die Bodenzahl setzt den nachhaltig erzielbaren Reinertrag eines Bodens zu dem des fruchtbarsten Bodens (100) in Beziehung (Tab. 8.7). In der **Ackerzahl** werden Abweichungen hiervon in den nicht bodenbedingten natürlichen Ertragsfaktoren berücksichtigt.

Tab. 8.7: Ackerschätzungsrahmen. Nach ROTHKEGEL 1952, gekürzt.

Bodenart	geologisches Substrat[1]	Zustandsstufe						
		1	2	3	4	5	6	7
Sand	D	–	41–34	33–27	26–21	20–16	15–12	11–7
	Al	–	44–37	36–30	29–24	23–19	18–14	13–9
	V	–	41–34	33–27	26–21	20–16	15–12	11–7
Lehm	D	90–82	81–74	73–66	65–58	57–50	49–43	42–34
	Lö	100–92	91–83	82–74	73–65	64–56	55–46	45–36
	Al	100–90	89–80	79–71	70–62	61–54	53–45	44–35
	V	91–83	82–74	73–65	64–56	55–47	46–39	38–30
Ton	D	–	71–64	63–56	55–48	47–40	39–30	29–18
	Al	–	74–66	65–58	57–50	49–41	40–31	30–18
	V	–	71–63	62–54	53–45	44–36	35–26	25–14

[1] D pleistozäne Lockersedimente außer Löß; Al – holozäne Lockersedimente; V – Verwitterungsmaterial aus festen Gesteinen; Lö – Löß

Beispiel: sL5 Lö 50/56 sandiger Lehm aus Löß, Zustandsstufe 5, Bodenzahl 50, Ackerzahl 56.

Flächen mit unter 25 Punkten werden in Zukunft nicht mehr vollständig landwirtschaftlich genutzt werden können. Die Ausscheidung von **Grenzertragsböden** stellt heute eine wesentliche Aufgabe in Land- und Forstwirtschaft dar. Beispiele für landwirtschaftliche Grenzertragsböden sind: flachgründige Böden auf Schotter, dichtlagernde Lehme und extrem schwere, bindige Böden (tertiäre Tone) mit starker Staunässe, flachgründige Böden auf Kalk und Dolomit, leicht erodierbare Böden in Hanglage (schluffreiche Böden, lößbedeckte Hänge im Hügelland, Weinbergsböden), extreme Grundwassergleye, stark überschwemmungsgefährdete Böden, grobskelettreiche Böden (Moränen, Gebirge), stark versumpfte Böden, flachgründige, wenig gereifte Auenböden, magere Hutweiden in Steillagen der Alpen.

Beim **Grünland** berücksichtigt man das geologische Ausgangsmaterial nicht, die Zahl der Hauptbodenarten ist auf vier und die Moorgruppe, die Zahl der Bodenstufen auf drei (gut, mittel, schlecht) reduziert. Dafür untergliedert man die Wasserverhält-

Bodenökologie und Bodenkultur

nisse in fünf Wasserstufen (1 sehr günstig) und die Jahresmitteltemperaturen in drei Gruppen (a = > 8 °C). Aus diesen Angaben leitet sich die **Grünlandgrundzahl** ab. Eine landwirtschaftliche und forstliche Boden- oder Standortkartierung ist stärker ökologisch ausgerichtet als die Bodenschätzung. Hier kann die Bewertung der landwirtschaftlichen Produktionsfunktion, z. B. über die nutzbare Feldkapazität und die Kationenaustauschkapazität, als bodenkundliche Maßzahlen erfolgen. Bewertet wird die Fähigkeit des Bodens, der anzubauenden Pflanze als Wuchsort und als Nährstoff- und Wasservermittler optimale Lebensbedingungen zu bieten. Man betrachtet den Boden als Transformator von Aufwand in Ertrag.

Boden-Monitoring
Erhebungen zum **Waldbodenzustand** finden seit 1997 europaweit auf der Grundlage des transnationalen 16 · 16 km Monitoring-Netzes statt. In Europa liegen saure Oberböden mit Basensättigungen von 20 % und darunter oder pH-Werten < 3,5 bei etwa 40 % aller Aufnahmepunkte vor. Die niedrigsten pH-Werte im obersten Mineralboden wurden in der nördlichen Slowakei, in Tschechien und in Deutschland gemessen. Auch Süd- und Mittelschweden weist niedrige Werte (< 3,2–4,0) auf. Extrem niedrige Werte wurden in Gebieten mit hoher atmogener Säurebelastung gefunden (pH < 3). Das C/N-Verhältnis in der organischen Auflage liegt in Mitteleuropa bei 20. Höhere Werte treten klimabedingt und wegen geringeren atmogenen N-Eintrags in den borealen und mediterranen Zonen auf.

Im Zuge des vorsorgenden Bodenschutzes werden in Deutschland seit 1986 länderweise Waldbodeninventuren durchgeführt. Dabei handelt es sich um ein Stichprobenverfahren im 8 · 8 km-Raster, eingehängt in das Netz der Waldschadensinventur. In Sachsen erfolgt das Umweltmonitoring im Wald im 4 · 4-km-Netz, das durch vier Dauerbeobachtungsflächen ergänzt wird.

Für die Waldgebiete Ostdeutschlands wurden **Standortwertziffern** von 1 bis 12 auf der Basis der Standortgruppen festgelegt (s. 8.2.2.1). Sie sollen das nachhaltige Holzertragsvermögen der Standorte kennzeichnen und können zur Bemessung von Bodennutzungsgebühren herangezogen werden. Dabei wird vom Standortzustand unter naturnaher Bestockung ausgegangen, Degradationsstufen werden also nicht berücksichtigt (Tab. 8.8).

In der Umweltplanung interessiert der Wert des Bodens für die Leistungsfähigkeit des Naturhaushaltes und als Lebensgrundlage des Menschen. Als Kriterium für die Bodenbewertung dienen Bodenfunktionen (s. 8.2.2). Dabei handelt es sich jedoch meist um komplexe Landschaftsfunktionen, innerhalb derer der Boden als Einflußfaktor in Erscheinung tritt: Grundwasserneubildungsfunktion und Retentionsfunktion für Niederschläge, Erholungs- und Landschaftsbildfunktion, klimatische Regelungsfunktion. Bewertet man den Boden im Hinblick auf seine Funktion als Lebensraum, so scheidet man bodenbiologische Bodengüteklassen aus. Im Bodenschutz erfolgen Bodenbewertungen im Rahmen von Umweltverträglichkeitsuntersuchungen (s. Kap. 9).

Tab. 8.8: *Bewertungstabelle zur Ermittlung der Standortwertziffern nach Standortgruppen. Auszug für terrestrische Standorte. Staatliches Komitee für Forstwirtschaft, Berlin 1967.*

Höhenstufen	Klima-stufen	Trophie-stufen	Wasserhaushaltsstufen				
			W1	W2	T1	T2	T3
Untere Berglagen und Hügelland	ff-f	R	11	11	12	11	7
	k-m		11	9	11	9	5
	t-tt		10	9	11	9	4
	ff-f	K	11	10	12	10	6
	k-m		10	8	11	8	5
	t-tt		9	8	9	7	4
	ff-f	M	9	7	10	8	5
	k-m		9	5	9	6	4
	t-tt		7	5	8	5	3
	ff-f	Z	8	6	8	6	4
	k-m		7	5	7	5	3
	t-tt		6	4	6	4	2
	ff-f	A				4	3
	k-m					4	2
	t-tt					3	2
Tiefland	f	R		11	12	11	7
	m			10	12	10	6
	t				11	9	5
	f	K		10	11	10	6
	m			9	10	9	5
	t			8	9	8	4
	f	M		8	9	7	5
	m			7	8	6	4
	t			7	7	6	3
	f	Z		7	8	6	4
	m			6	7	5	3
	t			6	6	5	3
	f	A			6	4	2
	m				5	3	2
	t				5	3	2

8.5.2 Bodeninformationssysteme

Durch den Einsatz elektronischer Informationstechniken kann ein umfangreiches bodenkundliches Datenmaterial für Aufgaben der Bodennutzung und des Bodenschutzes gespeichert, bearbeitet und bereitgestellt werden. Dies betrifft die Bodenverbreitung (Profil- und Flächendatenbank, rechnergestützte Bodenkartierung), die Bodeneigenschaften (Labordatenbank, Bodenkennwerte) und die Bereitstellung von Auswertungsmethoden (Methodenbank). Ein vollständiges Bodeninformationssystem umfaßt ein Kernsystem und spezifische Fachinformationssysteme (FIS). Das Kernsystem weist Daten und Methoden nach. In den Fachinformationssystemen sind die Fachdaten und fachlichen Methoden organisiert. Sie berücksichtigen geowissenschaftliche Grundlagen – hier ist das Fachinformationssystem Boden angesiedelt –, anthropogene Einwirkungen auf den Boden sowie Naturschutz und Landschaftspflege. Die Methodenbank stellt die fachlich korrekte Verbindung von Daten und Methoden sicher.

8.6 Zusammenfassung

Böden sind ein multifunktionaler Bestandteil der Landschaften. Sie besitzen im Naturhaushalt Regelungs-, Produktions- und Lebensraumfunktionen. Die Regelungsfunktionen umfassen u. a. Filter-, Puffer-, Speicher- und Transformationsfunktionen. Die Minderung oder der Verlust einer Bodenfunktion kommt einer Bodendegradation gleich. Unter Bodenqualität versteht man das Vermögen eines Bodens zur Erfüllung bestimmter Funktionen, wie als Reinigungssystem oder als Archiv der Natur- und Kulturgeschichte.
Der Boden ist das wichtigste Produktionsmittel der Land- und Forstwirtschaft. Er unterliegt einem stetigen Flächenverbrauch durch Siedlungen, Industrie, Bergbau und Infrastruktur. Anzustreben ist die Entkopplung der Flächeninanspruchnahme für Siedlung und Verkehr vom wirtschaftlichen Wachstum und die Reduzierung der Siedlungs- und Verkehrsflächenzunahme auf 30 ha d^{-1}.
Die Nutzungsform des Bodens ist abhängig von den Standortverhältnissen, wobei die Ansprüche der Kulturpflanzen mit den Standortleistungen möglichst übereinstimmen sollten, um die sonst notwendige Verbesserung wuchsbegrenzender edaphischer Standorteigenschaften in Grenzen zu halten. Waldböden zeichnen sich im Vergleich zu Freilandböden durch hohe Infiltration und Durchlässigkeit sowie großes Speicherungsvermögen für Wasser und eine reichere Lebewelt aus. Sie sind hinsichtlich Wassermenge und -güte für die Wasserwirtschaft von vorrangigem Interesse. Beim Übergang von Wald oder Grünland in Ackerland tritt meist ein Verlust an organischer Substanz und eine Bodenverdichtung ein. Ackerbau ist die anspruchsvollste Bodennutzungsform. Sichere Ackerstandorte weisen gute Durchwurzelbarkeit, Fehlen von Staunässe und nicht zu hoch anstehendes Grundwasser auf.
Unter dem Begriff Standort werden Klima und Boden als Standortfaktoren-Komplexe zusammengefaßt. Der Bodentyp reicht zur Kennzeichnung und Beurteilung der für die Bodennutzung örtlich bedeutungsvollen Standortverschiedenheiten nicht aus. Deshalb werden die Böden als Bodenform erfaßt. In der Standortsystematik werden Standortformen als Grundlageneinheiten ausgeschieden und zu ökologischen wie standortgeographischen Auswerteeinheiten, den Standortgruppen bzw. Mosaikbereichen, zusammengefaßt. Labile Standorteigenschaften, wie der Humus, führen zu einer Differenzierung der Standortgruppen nach Zustandsstufen.
Die Fruchtbarkeit eines Bodens wird durch seine physikalischen, chemischen und biologischen Eigenschaften bzw. durch Prozesse bestimmt, die die Versorgung der Pflanzen mit Wasser, Nährelementen und Sauerstoff ermöglichen. Die Bodenfruchtbarkeit als qualitative Größe ist der Wirkungsanteil des Bodens am Ernteertrag. Durch Änderung der Bodenfruchtbarkeit schafft die Landwirtschaft auch für nicht standortgerechte, leistungsfähige Kulturpflanzen optimale Entwicklungsbedingungen. Die Bodenfruchtbarkeit ist in der Landwirtschaft auf eine Fruchtfolge zu beziehen. Meßbar ist dagegen die Standortproduktivität. Sie ist bedingt durch Bodenfruchtbarkeit, das Klima, die Fruchtfolge und die Bewirtschaftungsmaßnahmen.

Für die Produktivität terrestrischer Ökosysteme sind Menge, Qualität und Umsatz der organischen Substanz von zentraler Bedeutung. Den durch Bodenbearbeitung bedingten Humusabbau gilt es durch organische Düngung sowie Anbau wurzelintensiver Pflanzen zu kompensieren. Entzogene Pflanzennährstoffe sind dem Boden wieder zuzuführen, wenn Nachhaltigkeit gewährleistet werden soll. Düngung, Bodenkalkung und Melioration sind Mittel zur Steigerung der Ertragsfähigkeit. Die Bodenbearbeitung bildet die Grundlage des Ackerbaus. Sie hat u. a. die Aufgabe, den Wasser- und Lufthaushalt sowie das Nährstoffangebot zu verbessern. Be- und Entwässerung der Böden stehen bei der Melioration an erster Stelle.

Die Nährstoffnachlieferung aus der Zersetzung der organischen Substanz ist im Stoffhaushalt von Waldökosystemen ein zentraler Prozeß. Einen Einblick in den Elementhaushalt eines Ökosystems erhält man über die Inventur der Elementvorräte im Ökosystem sowie die Messung der Elementtransportraten zwischen dem Ökosystem und seiner Umgebung sowie zwischen den Kompartimenten. C- und N-Zyklen sind miteinander verknüpft. Terrestrische Ökosysteme sind eine wichtige C-Senke. Unter natürlichen Bedingungen ist Stickstoff ein Mangelfaktor. Bei starker NO_x-Belastung der Luft besteht dagegen langfristig die Gefahr einer N-Übersättigung der Ökosysteme. Die kritische Belastung der Forsten liegt bei ≤ 15 kg N ha^{-1} a^{-1}. Über 95 % des im humosen Oberboden befindlichen N liegt in organischer Bindung vor, seine Mineralisierung beträgt 0,5–2 % des N-Vorrats. Das Verhältnis des organisch gebundenen C zum Gesamt-N, das C/N-Verhältnis, eignet sich zur Kennzeichnung des Humuszustandes.

Zur guten fachlichen Praxis der landwirtschaftlichen Bodennutzung gehört die nachhaltige Sicherung der Bodenfruchtbarkeit und Leistungsfähigkeit des Bodens. Langandauernde Ackerkultur führt zu tiefgreifenden Änderungen der primären Waldbodeneigenschaften, insbesondere zu dem qualitativ neuen Ap-Horizont. Das instabile Gefüge der Ackerböden bedarf einer ständigen Aufbesserung.

Zwischen Bodentyp, natürlicher Vegetation und Bodennutzung bestehen Zusammenhänge. Die Reichsbodenschätzung ist ein Bewertungsverfahren für die Ertragsfähigkeit landwirtschaftlich genutzter Böden. Sie bewertet die Böden in Abhängigkeit von ihren natürlichen Ertragsbedingungen nach dem Acker- und Grünlandschätzungsrahmen. Die beste Schwarzerde erhält die Bodenzahl 100.

Eine Standortkartierung bewertet die jeweilige Boden-Klima-Kombination als Wuchsort sowie Nährstoff- und Wasservermittler. Darüber hinaus sind Verfahren für die Bewertung von Bodenfunktionen in Planungs- und Zulassungsverfahren erforderlich, so in der Bauleitplanung und für die Flurbereinigung. Die Ausscheidung von Grenzertragsböden in Land- und Forstwirtschaft stellt heute eine wesentliche Aufgabe dar.

9 Bodenschutz und Bodensanierung

Der Begriff Empfindlichkeit kennzeichnet Böden hinsichtlich ihres Verhaltens gegenüber mechanischer und stofflicher Belastung. Der Schutz des Bodens und der Bodenqualität erfordert die Erhaltung des Bodens als Naturkörper mit seinen Funktionen sowie die Verbesserung mechanisch geschädigter oder kontaminierter Böden einschließlich ihrer Funktionen. Der zeitliche Bewertungsrahmen für den Boden betreffende Entscheidungen ist von jetzt 100 Jahren künftig auf etwa 200 Jahre auszuweiten. Bodenschutz sollte am Prinzip der Nachhaltigkeit ausgerichtet werden. Der Boden ist auch deshalb zu schützen, weil er Wasser und Luft belasten kann. Der Schutz der verschiedenen Medien bedarf noch einer stärkeren gegenseitigen Integration. Bodenschutz kann sehr teuer sein, so daß die Grenzen der Sanierbarkeit schnell erreicht werden.

9.1 Begründung und Ziele

Bodenschutz befaßt sich mit dem Schutz des Bodens bei der Bodenkultur, in seiner Funktion für den vorbeugenden Gewässerschutz, im kommunalen und industriellen Bereich sowie beim Tourismus, ferner bei Bodenbelastungen durch Immissionen. Böden sind ein **Nutzgut** und ein **Schutzgut**. Für den Bodenschutz ist die Nutzung der Böden und ihre dadurch eintretende Veränderung von besonderer Bedeutung. Eine umweltgerechte Landwirtschaft ist bestrebt, Boden und Wasser vor Schaden zu bewahren. Physikalische und chemische Umweltbelastungen können schon durch eine Nutzungsänderung, wie die Umwandlung von Grünland in Ackerland (Wiesenumbruch), ausgelöst werden.

Ein Wandel der Nutzungsformen hat aus politischen und ökonomischen Gründen wiederholt stattgefunden. So wurde im Mittelalter Wald in Acker umgewandelt. Nach Kriegen wurden aus Not naturnahe Flächen, u. a. Wald und Moore sowie schwer bewirtschaftbare Böden, wie Pseudogleye, in landwirtschaftliche Kultur genommen. In jüngster Zeit löste die Landwirtschaftspolitik der Europäischen Union gegenläufige Veränderungen aus.

Der Schutz bzw. die Sanierung der Böden kann örtlich ihre Multifunktionalität zum Ziel haben. Die Schutzziele sind dann ökologisch und nicht nur nutzungsorientiert zu formulieren. Häufig steht aber schon aus Kostengründen die Nutzungsorientierung im Vordergrund.

Eine wissenschaftliche **Begründung** für den Schutz des Bodens ist die Notwendigkeit seiner Erhaltung als Naturkörper und Bestandteil natürlicher Ökosysteme. Hinzu kommt für Mitteleuropa, daß sich gerade die besonders schützenswerten Böden mit hoher Fruchbarkeit in den gemäßigten Breiten befinden. Bei der juristischen Begründung ist nicht primär der Boden, sondern die Bodenfunktion der Schutzgegenstand (s. 9.5. Bundes-Bodenschutzgesetz). Da die Bodenfunktion aber an das Bodensubstrat gebunden ist, bedeutet Bodenschutz den Schutz der Funktionalität des Bodens durch Schutz der Bodensubstanz. Der Schutz der Bodenfunktionen hat seinen Grund in der Abhängigkeit des Menschen von deren nachhaltiger Wirksamkeit. Böden werden wegen ihrer lebenserhaltenden Funktionen für den Menschen geschützt. Bodenschutz reflektiert immer die Nutzungsansprüche an den Boden und die Nutzungseignung des Bodens. Er setzt damit eine nichtbodenkundliche Wertsetzung voraus. Die Bewertung von Böden nach ihrer Schutzwürdigkeit verknüpft die bodenkundlich fachlichen Kriterien der Beschreibung (Bodenkarte) mit juristischen Kriterien (Bodenschutzgesetz). Objekte des Bodenschutzes sollten nach Möglichkeit nicht einzelne Pedotope, sondern ganze Pedochoren (Landschaften) sein. Entsprechend sollte man von einer Bodenbewirtschaftung zu einer Landnutzung übergehen.

Die Böden werden weltweit zunehmend durch die ständig wachsende Weltbevölkerung beansprucht. Dies äußert sich in einer beschleunigten Bodenerosion und Wüstenbildung, Bodenverlusten durch Siedlung sowie Bodenbelastungen durch radioaktive Stoffe, Säuren, Schwermetalle und Agrochemikalien. Die Dringlichkeit des Bodenschutzes erwächst daraus, daß in den letzten Jahrzehnten mehr Boden zerstört wurde als durch alle vorangegangenen Generationen, weltweit und auch in Deutschland. Bodenschutz ist zu einer gesamtgesellschaftlichen und nicht etwa nur landwirtschaftlichen Aufgabe geworden. Eine wachsende Weltbevölkerung ist von einer sich verkleinernden Bodenfläche bei abnehmender Bodenqualität zu ernähren. Vorsorgender und nachsorgender Bodenschutz liegt im Verantwortungsbereich der nationalen Regierungen. Aufgrund der Stellung des Bodens in den Stoff- und Energiekreisläufen der Landschaft sollte er als Schutzgut behandelt und damit die Bodenschutzplanung zu einem zentralen Teil der Landschaftsplanung gemacht werden. Wegen seiner Bedeutung für die Erhaltung der natürlichen Lebensgrundlagen haben der unmittelbare Schutz des Bodens, z. B. vor besonderen Gefährdungen, und der mittelbare Bodenschutz, z. B. durch Sicherung bestimmter Freiräume (Agrar- und Waldgebiete) und Freiraumfunktionen, einen hohen Stellenwert in der Raumordnung und Landesplanung. Die Begrenztheit der Ressource Boden erfordert eine Minimierung des Landverbrauchs, eine Wiedernutzbarmachung brachliegender Liegenschaften sowie eine Sicherung des fruchtbaren Oberbodens (Mutterbodens) bei notwendigen Abgrabungen bzw. Bodenzerstörungen (s. 8.2.1).

Um die in Deutschland vorkommenden Böden beispielhaft in natürlicher oder naturnaher Form zu erhalten, sollten **Bodenschutzgebiete** eingerichtet werden. Diese werden für wissenschaftliche Untersuchungen und als Bezugsgrößen für Bodenveränderungen benötigt, die bei der Nutzung eintreten. Diese Schutzgebiete sollten mit Dauerbeobachtungsflächen ausgestattet werden, um langfristige Veränderungen der Bodeneigenschaften als Folge von Umweltveränderungen erfassen zu können. In diesen Schutzgebieten sind die Böden so zu nutzen, daß ihre ökologischen Funktionen und ihre natürliche Leistungsfähigkeit erhalten bleiben. Dies schließt standortabhängig bestimmte Nutzungen wie auch den Einsatz betimmter Chemikalien aus.

Mit den Bemühungen um Rationalisierung, Spezialisierung und Intensivierung setzte in Deutschland etwa ab 1960 eine stärkere Belastung der Böden ein. In der Bundesrepublik wird seit 1986 ein Meßnetz von **Bodendauerbeobachtungsflächen** zur langfristigen Überwachung der Belastung und Belastbarkeit von Böden sowie ihrer Phyto- und Zoozönosen mit folgender Zielstellung eingerichtet:
- Ersterfassung des Bodenzustandes,
- Ermittlung von lang- und kurzfristigen Veränderungen der Bodenfunktionen,
- Basis für Auswertungsmodelle und Ableitung von Bodennormwerten,
- Ausweisung von Referenzflächen zur Beurteilung regionaler Belastungen,
- Ausweisung von Eichstandorten.

Die ausgewählten Flächen umfassen Dauerbeobachtungsflächen mit repräsentativen Boden-, Landschafts- und Nutzungsmerkmalen, solche mit Bodenbelastung und sensitiven Bodentypen.

Ziel des **vorsorgenden Bodenschutzes** ist die Erhaltung der natürlichen Bodenfunktionen und damit die dauerhafte Erhaltung der multifunktionalen Nutzbarkeit der Böden auf einem möglichst großen Teil der Landesfläche. Dazu sind Bodenuntersuchungen und Bodenbewertungen nötig. Das Schutzziel schließt auch die Funktion des Bodens als Lebensraum für Bodenorganismen ein. Die Nutzung der Böden soll ihre Leistungsfähigkeit und ökologischen Funktionen möglichst wenig und nicht dauerhaft beeinträchtigen. Besondere Sorge bereiten deshalb Langzeitschäden der Böden.

Jeder, der auf den Boden einwirkt, hat sich so zu verhalten, daß keine schädlichen Bodenveränderungen hervorgerufen werden. Die Bodennutzung muß langfristig geplant werden. Anzustreben sind Vorsorgemaßnahmen zur Verhinderung von Bodendegradationen.

Unter **Bodendegradation** versteht man eine anthropogene Veränderung des Bodens als Naturkörper, die bewirkt, daß der Boden immer weniger in der Lage ist, seine ökologischen Funktionen zu erfüllen. Bodendegradation führt zu einem schrittweisen Verlust der Bodenproduktivität oder zu einer Zerstörung des Bodens als Naturkörper, meist hervorgerufen durch die Art der landwirtschaftlichen Bodennutzung. Liegen durch ungeeignete Bodennutzung bereits Degradationen vor, so gilt es, ursprüngliche Bodeneigenschaften und Bodenproduktivität durch geignete Maßnahmen wiederherzustellen (Bodenremediation, Regradation).

Weltweit stellen die Bodenerosion und die Bodenversalzung die größten Gefahren für den Kulturboden und seine Ertragsfähigkeit dar. Heute beschränkt sich die Bodendegradation nicht mehr auf diese Prozesse, sondern sie ist auch das Ergebnis negativer Effekte der Industrialisierung und Urbanisierung (z. B. durch Schwermetalle und Abwässer). Gegenwärtig wird eine beträchtliche Zunahme der Fläche mit degradierten Böden beobachtet (Übersicht 9.1).

Übersicht 9.1: Prozesse der Bodendegradation.

physikalische	Gefügeverschlechterung, Verdichtung, Verkrustung
chemische	Versauerung, Nährstoffverarmung, Versalzung, Alkalisierung
biologische	Abnahme der Diversität und Aktivität der Bodenorganismen
Bodenzerstörung	Bodenabtrag durch Wind und Wasser oder durch Abschieben

Mit **Desertifikation** bezeichnet man eine Landdegradation in ariden, semiariden und trockenen subhumiden Gebieten. Sie ist das Ergebnis des Zusammenwirkens klimatischer und anthropogener Faktoren. Desertifikation beeinträchtigt die Lebensbedingungen von etwa einer Milliarde Menschen. Jährlich sollen der Wüstenbildung 150 000 km^2 unterliegen.

Bodenverunreinigungen können über Nahrung und Trinkwasser die menschliche Gesundheit gefährden. Sie können aber auch die Funktionen des Bodens als Kompartiment von Ökosystemen und insbesondere die Bodenorganismen beeinträchtigen. Der Transfer der belastenden Stoffe im Boden sowie zwischen den Umweltmedien bedarf der Überwachung.

Altlasten sind nach § 2 des BBodSchG
- stillgelegte Abfallbeseitigungsanlagen sowie Grundstücke, auf denen Abfälle behandelt, gelagert und abgelagert worden sind (Altablagerungen),
- Grundstücke stillgelegter Anlagen und sonstige Grundstücke, auf denen mit umweltgefährdenden Stoffen umgegangen worden ist (Altstandorte),

durch die schädliche Bodenveränderungen oder sonstige Gefahren für den Einzelnen oder die Allgemeinheit hervorgerufen werden. Unter dem Begriff Altlasten versteht man räumlich begrenzte verunreinigte Flächen, wie Kokereigelände, wilde Müllkippen und alte Chemiestandorte. Ihre Klassifikation erfolgt nach der Schadstoffart (z. B. Phenole), dem Gefährlichkeitsgrad der Stoffe (hoch z. B. bei radioaktiven Stoffen) und nach der Belastungstiefe. Für die **Gefährdungsabschätzung** (Risikoanalyse) sind als Standortfaktoren u. a. die geologischen und hydrologischen Verhältnisse (Art des Substrates, seine Durchlässigkeit und Sorptionskapazität) und die Schadstoffeigenschaften zu berücksichtigen. In Bodenschutzgesetzen interessieren häufig die Altlasten mehr als der land- und forstwirtschaftlich genutzte Boden. Bei der Kompliziertheit des Bodens als Teilökosystem muß jedoch der Vorsorge und dem Schutz größere Aufmerksamkeit als der Sanierung und Rekultivierung geschenkt werden.

9.2 Bodenbelastungen und Bodenveränderungen

Mit der Verwertung und Entsorgung von Abfällen über den Boden sowie dem diffusen Eintrag von Luftverunreinigungen sind für Böden terrestrischer und aquatischer Ökosysteme Risiken verbunden. Die Wirkungen dieser Stoffe können physikalischer, chemischer und biologischer Natur sein. Die größte Beachtung erlangen die chemischen Wirkungen. So wird die Verwertung von organischen Abfällen auf Böden in erster Linie unter Schad- und Nährstoffaspekten gesehen. Eine Aufbringung von Abfällen auf Böden ist nur dann vertretbar, wenn diese unschädlich sind bzw. ein kritischer Bodenschadstoffgehalt eingehalten wird, und wenn ein pflanzenbezogener Bedarf bzw. ein standortbezogener konkreter Nutzeffekt besteht. Durch diese Vorgaben wird die Aufbringungsmenge meist auf wenige Tonnen pro ha begrenzt.

9.2.1 Physikalische Belastungen

9.2.1.1 Radioaktive Strahlung

Radionuklide zerfallen unter Aussendung von α-, β- oder γ-Strahlen in andere Nuklide.

α-Zerfall: Emission eines Helium-Kerns ($_2^4 He$)

β-Zerfall: Emission eines Elektrons (β^-, β^+) und eines Neutrinos,

γ-Strahlung: Emission energiereicher elektromagnetischer Strahlung.

Die Radioaktivität bzw. Bodenbelastung wird in Becquerel (Bq kg^{-1} oder m^{-2}) gemessen. Die natürliche β-Aktivität des Bodens liegt zwischen < 50 und > 350 Bq kg^{-1}. Über die Ausgangsgesteine sind die Böden mit **natürlichen Radionukliden** ausgestattet. Hervorzuheben ist hier das ^{40}K, das in tonreichen Böden stärker vertreten ist. Der Anteil des K an der β-Aktivität der Böden beträgt 40–90 %. Ferner sind im natürlichen Boden ^{87}Rb und Elemente der Zerfallsreihen von ^{238}U vorhanden. Das natürliche ^{14}C (β-Strahler) ist kosmogen, daneben tritt es als Produkt kerntechnischer Prozesse auf. Im Boden ist es Bestandteil des Humus sowie der Kohlensäure und Carbonate.

Anthropogene Radionuklide stammen vorwiegend von den oberirdischen Kernwaffenexplosionen der Jahre 1951–63 (radioaktiver Niederschlag, fall-out) und jüngeren Reaktorhavarien (Tschernobyl, 1986) sowie aus der Kohleverbrennung. Erwähnt seien von den langlebigen Radionukliden das ^{90}Sr (Kernwaffen) und das ^{137}Cs neben ^{134}Cs sowie ^{106}Ru (Reaktor). Nach Reaktorunfällen treten ferner kurzlebige Iod-Isotope auf. Bei der Kohleverbrennung werden Radionuklide des K, U und Th freigesetzt, die über die Flugasche den Boden kontaminieren.

Der Uranbergbau in Thüringen und Sachsen von 1947–1990 in paläozoischem Gestein hat eine örtliche Belastung dortiger Böden mit radioaktiven Stoffen mit sich gebracht. Der Uran und Schwermetalle enthaltende Rückstandsschlamm der Erzaufbereitung wurde in Absetzbecken deponiert. Über Halbwertszeiten des Abbaus radioaktiver Elemente unterrichtet Tab. 9.1.

Tab. 9.1: Halbwertszeiten radioaktiver Elemente.

Element	Halbwertszeit
Ru-106	365 a
U-238	1,28 · 10^9 a
Ra-226	1620 a
Sr-90	27 a
C-14	5730 a
K-40	1,8 · 10^9 a
K-42	12,4 h
Rb-87	5 · 10^{10} a
J-129	1,7 · 10^7 a
S-35	88 d
P-32	14 d

^{137}Cs wird wie K von den Illiten gebunden, ^{90}Sr wie Ca von Tonmineralen und Huminstoffen. Die Einträge dieser Elemente in den Boden nehmen in der Regel mit der Höhe über N. N. bzw. der Niederschlagsmenge zu. Im Auflagehumus von Waldböden und in ihm wachsender Pilze kann es zu einer zeitweiligen Anreicherung von Radionukliden kommen, so z. B. von ^{137}Cs. Die vertikale Migration von ^{137}Cs im Boden ist gering. Über die Kette Boden – Vegetation/Futter – Tier/Milch reichern sich Radionuklide im menschlichen Körper an. Der Transferfaktor gibt das Verhältnis zwischen der Radioaktivität im Boden und der aus ihm durch Pflanzen aufgenommenen Radioaktivität an. Er beträgt für Cs 0,002–0,02.

9.2.1.2 Bodenverdichtungen

Physikalisch bedeutet Verdichtung eine Einregelung von Bodenpartikeln in vorhandene Hohlräume. Sie kann auf geologische (fossile Verwitterungslagen, Eisdruck im Pleistozän), hydrologische (Grundwasser oder Staunässe; Sackung infolge Eigengewichts) und bodenkundliche (Verlagerung von Bodenkolloiden wie Ton, Eisen und Humus) **Ursachen** zurückgehen oder das Ergebnis anthropogener Einflüsse sein (Befahren eines zu feuchten Bodens mit zu hohen Radlasten). Bodenverdichtungen können in Grund- oder Stauwasser und in fossilen Verwitterungslagen eine natürliche Ursache haben. Sie werden aber häufig durch Kräfte hervorgerufen, die von außen auf den Boden wirken. So wird beim Pflügen über die Räder (Traktor, Pflug) eine Kraft auf den Grund der Furche ausgeübt. Entsprechend sind Waldböden weniger dicht gelagert als Ackerböden, sofern flächiges Befahren und unpflegliches Holzrücken bei der Holzernte vermieden wird. Aufgeschüttete und planierte Böden, wie im Braunkohlenbergbau, können durch das Befahren im feuchten Zustand mit beladenen Lastkraftwagen und Planierraupen schwer zu beseitigende Verdichtungen aufweisen.

Der Boden kann auf mechanische Belastung elastisch oder mit einer plastischen Verformung reagieren. Bei letzterer bleibt die Verdichtung nach Entlastung irreversibel. Dies ist der Fall, wenn der Scherwiderstand überschritten wurde. Die Verdichtbarkeit eines Bodens wird durch das Volumen des Porenwassers begrenzt.

Eine Schadverdichtung liegt bei landwirtschaftlichen Böden vor, wenn die Dichte im Ober- und Unterboden, z. B. durch den Bodendruck von Fahrzeugen, über den Bereich der substratspezifischen optimalen Lagerungsdichte angestiegen ist.

Bodenschadverdichtungen hemmen die Wasserinfiltration, sie führen zu Vernässung und Luftmangel im Boden (Pflanzenwurzeln benötigen einen Mindestsauerstoffgehalt von etwa 12 %). Ökologisch wichtig ist die Tiefenlage der Verdichtungen im Boden und die Stärke ihrer Ausprägung. Entscheidend für die Abwehr von Bodenschadverdichtungen ist eine standortangepaßte Landbewirtschaftung.

Bodenverdichtungen haben mit der Schwere der Landmaschinen und der Überrollhäufigkeit der Böden zugenommen. Der Boden wird durch die Schwere der Geräte zusammengedrückt und durch die Bewegung der Räder geknetet. Das Porenvolumen wird dabei verringert. Bodenverdichtungen führen insbesondere zu einer Abnahme der Grobporen und damit der Bodenluft und natürlichen Dränage. Sie sind bei der Bodenbearbeitung und beim Befahren des Bodens tunlichst zu vermeiden. Außer den Rädern der Fahrzeuge wirkt auch der Tritt von Mensch und Tier verdichtend auf den Boden ein.

Die Sand-, Lehmsand- und Sandlehmböden des nordostdeutschen Tieflandes reagieren empfindlich auf technogene Druckeinwirkung mit Überschreitung der Dichtegrenzwerte und Ertragsrückgängen.

Mit **Befahrbarkeit** wird ein Bodenzustand charakterisiert, der die schlupfarme Übertragung von Antriebs- und Zugkräften der Traktoren und Arbeitsmaschinen gestattet. Die Befahrbarkeit des Bodens hängt von einer Faktorenkombination ab (Bodenform, Wassergehalt, Fließ- und Ausrollgrenze, statischer Bodendruck, Kontaktflächendruck). Während eines Bearbeitungsjahres wird der größte Teil einer landwirtschaftlichen Fläche durch zwei oder drei Überfahrten belastet. Hinzu kommen noch die häufiger befahrenen Fahrgassen. Auch der Forstmaschineneinsatz sollte bodenschonend erfolgen.

Neben diesen exogenen Faktoren bestimmen bodenendogene Größen wie Textur, Gehalt an organischer Substanz, Aggregierungsgrad, Lagerungsdichte, Scherfestigkeit und Wassergehalt bzw. Wasserspannung die Bodenstabilität. Besonders feinsand- und schluffreiche Böden sind strukturell instabil, wenn sie nicht über genügend Humus verfügen. Zunehmende Wassergehalte im Boden verringern in der Regel die Eigenstabilität durch Verringerung der Kohäsion als auch des „Winkels der inneren Reibung". Bei stauwasserbeeinflußten Böden und semiterrestrischen Böden ist mit einer Verdichtungsgefährdung zu rechnen.

Bei der Bearbeitung des Bodens in zu feuchtem Zustand kann es zur Ausbildung einer **Pflugsohle** kommen, die den Wurzelraum einschränkt (Abb. 9.1). Von der

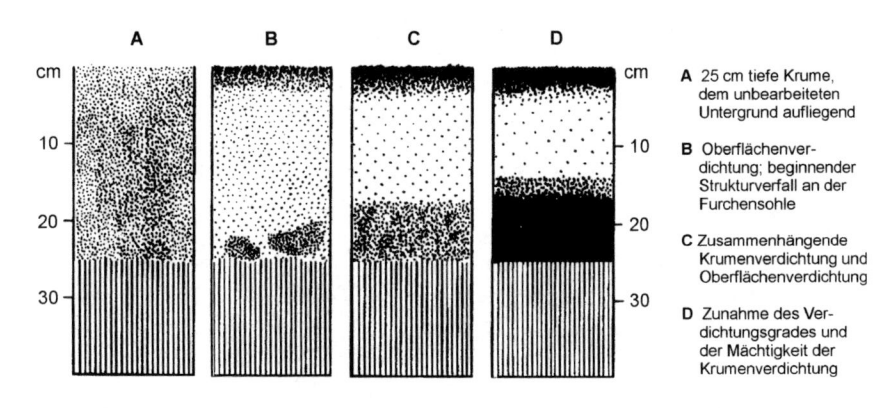

A 25 cm tiefe Krume, dem unbearbeiteten Untergrund aufliegend

B Oberflächenverdichtung; beginnender Strukturverfall an der Furchensohle

C Zusammenhängende Krumenverdichtung und Oberflächenverdichtung

D Zunahme des Verdichtungsgrades und der Mächtigkeit der Krumenverdichtung

Abb. 9.1: Strukturverfall der Ackerkrume. Nach SEKERA *1951.*

Verdichtung sind besonders tonreiche und nasse Böden betroffen. Die mechanische Stabilität der Böden nimmt mit zunehmendem Wassergehalt ab. In nassen Böden pflanzt sich der Druck von Traktorreifen weiter als in trockenen Böden in tiefere Lagen fort. Bei schweren Maschinen und feuchten Böden kann die Verdichtung 60 bis 90 cm in die Tiefe reichen. Bei tonreichen Böden ist der Bearbeitungszeitraum sehr eng. Gegenmaßnahmen sind eine gute Humusversorgung der Böden zur Gefügeerhaltung, die Verwendung breiter Reifen mit geringem Luftdruck, die Bearbeitung im meist trockeneren Herbst statt im Frühjahr und die Einhaltung eines Fahrgassensystems sowie der Wechsel zwischen Grünland und Acker (Anbau von wurzelintensiven Klee-Gras-Gemischen). Eine konservierende Bodenbearbeitung mit reduziertem Pflugeinsatz und einer Begrenzung der Achs- bzw. Radlasten wird empfohlen. Große Schläge fördern durch die langen Wegstrecken auf dem Felde indirekt die Bodenverdichtung. Der Verdichtung kann durch Pflügen der obersten 30 cm entgegengewirkt werden.

Verdichtete Böden können durch **meliorative Bodenbearbeitung** wieder gelockert werden. Beim mechanischen Aufbruch kommt es zu einer Destabilisierung des Bodenverbandes und zu einer Verringerung der mechanischen Belastbarkeit. Ganzflächige und großvolumige Aufbrüche sind schwer stabilisierbar. Kleinvolumige Lockerungszonen mit vertikaler Begrenzung (Schachtpflügen, Segmentpflügen) verzögern die Wiederverdichtung. Durch gute Humusversorgung, Anbau tiefwurzelnder Pflanzen und reduzierte Bodenbearbeitung kann die Tragfähigkeit erhöht werden. Zur Beseitigung von Pflugsohlenverdichtungen werden Tieflockerung und Tiefpflügen eingesetzt.

Krumenbasisverdichtungen (3–5 dm unter Flur) verschlechtern die Durchwurzelbarkeit des Bodens, begünstigen den Oberflächenabfluß und die Verdunstung und verringern die Grundwasserneubildung. Beim mechanischen Aufbruch eines verdichteten Bodens strebt man eine Zertrümmerung des dichtlagernden Bodenverbandes an, um grobe Sekundärporen für Durchlüftung, Sickerwasserbewegung und Wurzelwachstum zu schaffen. Nach erfolgter Bodenbearbeitung vollzieht sich unter dem Einfluß der Schwerkraft eine normale Sackung des Bodens (Verfestigung, Konsolidierung), bei der sich das Porenvolumen verringert. Die Wirkung von herkömmlichen Krumenbasislockerungsverfahren hält zufolge erneuter Verdichtung nur 2–4 Jahre an.

Kultivierte Böden können nach Starkregen unter Bildung einer wenige Millimeter dicken dichten Verschlämmungsschicht oberflächlich verkrusten. Die **Oberflächenverkrustung** fördert den Oberflächenabfluß und damit die Erosion. Die Kruste muß daher mechanisch zerteilt und der Boden an der Oberfläche chemisch und besonders biologisch durch Bildung wasserstabiler Aggregate stabilisiert werden.

9.2.1.3 Bodenerosion

Am **Bodenabtrag** bzw. der Verlagerung von Bodenmaterial an der Bodenoberfläche sind Wasser und Wind beteiligt. Den Abtrag durch Wasser bezeichnet man als Erosion (*erodere*, lat. ausnagen), den durch Wind als Deflation. Häufig wird der Begriff Bodenerosion aber erweitert im Sinne von Bodenabtrag benutzt. Abrasion ist die marine Erosion durch die Brandung.

Durch Erosion können Geländebereiche mit vorwiegendem Abtrag (gekürzte, gekappte oder geköpfte Profile) und Bereiche mit vorwiegendem **Bodenauftrag** (Akkumulation, Auftragsprofile oder Kolluvien) entstehen. Dadurch ändern sich Gründigkeit, Ton- und Humusgehalt sowie Nährstoffgehalt der Böden auf kleinem Raum. Man unterscheidet zwischen linearen und flächenhaften Erosionsformen. Den flächenhaften Abtrag durch verschiedene Prozesse nennt man auch Denudation.

Bodenerosion ist ein natürlicher Prozeß, der im Laufe geologischer Zeiträume selbst zur Einebnung von Hochgebirgen führt und in bodenkundlichen Zeiträumen zur Verjüngung der Böden beiträgt. Beim Ersatz des Waldes durch Äcker kann dieser Prozeß aber wesentlich verstärkt werden (beschleunigte Erosion), so daß die negativen Auswirkungen im Vordergrund stehen. Hierbei handelt es sich um einen Bodenverlust, der die Bodenneubildung übertrifft und die Mächtigkeit der Bodendecke bzw. des Wurzelraumes verkleinert (Entstehen flachgründiger Böden), insbesondere aber den fruchtbaren Oberboden mit seinen Kolloiden und Nährstoffen beseitigt. Das vom Wasser abgetragene Material sedimentiert anderen Orts, kann dabei an Hängen bislang intakte Böden überdecken (Kolluvium, Hanglehme), oder bildet entlang von Flüssen Auensedimente und vergrößert Deltagebiete. Wind verlagert Sand und Schluff, im Ergebnis entstehen oder wandern Dünen (Küsten- und Binnendünen), oder diese Sedimente werden in kalt-ariden Gebieten auf ältere Oberflächen abgelagert (z. B. als Löß). In allen Fällen muß die Bodenbildung neu beginnen.

In Mitteleuropa haben solche Verlagerungsprozesse im **Pleistozän** die gesamte Oberfläche betroffen und zur Beseitigung der tertiären tropischen Böden geführt (Solifluktion, Erosion, Deflation). Im Ergebnis entstanden junge Lockersedimente, in denen sich die rezenten Böden in den letzten 10 000 Jahren ausbildeten. Im **Holozän** überwog die Ausbildung von Flußtälern und Auensedimenten. Vom Ende der Eiszeit bis ins 7. Jahrhundert verhinderten Wälder eine Erosion. Im Mittelalter führten Bevölkerungswachstum, veränderte Bodennutzung und Klimaverschlechterung zu starker Bodenerosion. Ab 1000 n. d. Z. (Beginn der mittelalterlichen Warmzeit) wurde durch Waldrodung und den gestiegenen Getreideanbau der Oberflächenabtrag stark gefördert, wodurch es zur Bildung des Auenlehms kam. Der Waldanteil sank von > 90 % auf < 20 %. Im 14. Jahrhundert (Klimaverschlechterung, „Kleine Eiszeit") verursachten gehäufte Starkregen erheblichen Bodenabtrag.

Das Ausmaß der Erosion hängt von verschiedenen **Faktoren** ab, so von erosiven Wetterlagen, einer geeigneten Topographie, der Anfälligkeit des Bodensubstrats für Wasser- oder Windtransport und der Art der Bodennutzung. So führt z. B. das Relief in einer Jungmoränenlandschaft mit ihren markanten Endmoränen und der kuppigen Grundmoräne zu stärkerer Erosion als in der heute ausgeglicheneren altpleistozänen

Landschaft. Die vom Menschen durch den Ackerbau ausgelöste beschleunigte Erosion führt nicht nur zu Ertragsverlusten in der Landwirtschaft, sondern beeinflußt auch die Wasserwirtschaft in vielfacher Weise negativ (Eutrophierung der Gewässer, Sedimentbildung und Verlust an Speicherkapazität in Stauseen, Verringerung der Wasserspeicherung durch den Boden und damit Verstärkung der Hochwassergefahr). Wind kann die humose Ackerkrume abtragen, Pflanzenbestände wie ein Sandstrahlgebläse vernichten und die Luft mit Staubteilchen bzw. Aerosolen belasten (Staubstürme).

Beispiel:
Im stärker reliefierten Jungmoränengebiet Mecklenburgs nördlich der Pommerschen Randlage wie im ehemaligen Ostpreußen kommt es bei Ackerbau zu starker Erosion. Die Böden im Kuppen- und Oberhangbereich sind gekappt, die Böden im Unterhangbereich kolluvial überdeckt. Erosionsbodentyp ist die Pararendzina (erodierte Parabraunerde), im Kolluvium liegen Pseudogley-Kolluvisol und Kolluvisol-Gley. In der Uckermark tritt an ihre Stelle der Kolluvisol-Tschernosem im „Schwarzen Kolluvium". Letzteres ist das Umlagerungsprodukt vom Humushorizont des schwarzerdeähnlichen Bodens.

Mitteleuropa ist durch Bodenabtrag gefährdet, was an der Verbreitung gekappter Bodenprofile erkennbar ist. Die Bodenbearbeitung erfolgt dann z. B. im Bt-Horizont einer Parabraunerde, weil der ursprüngliche Ah- und Al- oder Ap-Horizont erodiert ist. Die ausgeglichenen klimatischen Verhältnisse und die an die jeweilige Gefährdung angepaßte Nutzung halten aber die meist schleichende Erosion in Grenzen.

Wesentlich stärker abtragsgefährdet sind jedoch abgeholzte Hänge in den feuchten Tropen und Ackerflächen in semiariden Zonen. Die Erosion kann in diesen Gebieten verheerende Ausmaße annehmen. Ihre Eindämmung erfordert die Berücksichtigung der Umwelt- und sozioökonomischen Verhältnisse. Acker- und pflanzenbaulichen Erosionsschutzmaßnahmen kommt wegen ihrer flächenhaften Wirkung in allen Klimaten besonderes Gewicht zu.

Wassererosion
Regentropfen zerstören durch ihre kinetische Energie sowie die Sprengkraft der in befeuchteten Bodenkörpern eingeschlossenen Luft wasserinstabile Aggregate, deren Primärpartikel dann, der Schwerkraft folgend, mit dem im hängigen Gelände abfließenden Wasser abtransportiert werden. Dem Bodenabtrag geht immer ein Oberflächenabfluß voraus. Oberflächenabfluß ist das Ablösungs- und Transportmedium für Wassererosion. Der stärkste Abfluß und Abtrag erfolgt an konvexen Hangbereichen. Erosiv wirken insbesondere Starkregen (Gewitterregen) auf trockenen Boden, der von keiner Pflanzendecke oder Streuschicht (Mulch) geschützt ist. Die Zerstörung der Bodenstruktur im Oberflächenbereich führt zu einer verringerten Infiltration und zu einem verstärkten Oberflächenabfluß des Regenwassers mit seiner Stofffracht. Das fließende Wasser wirkt dann selbst erosiv. Der Flächenabtrag kann in eine Rillen-, Rinnen- und schließlich Grabenerosion übergehen. Die flächenhafte Erosion

wird u. a. durch Hanglänge und Hangneigung, die linienförmige Erosion durch die Hangform sowie linienförmige Strukturen (Fahrspuren, Wege) bestimmt. Maßgeblichen Einfluß auf den Bodenabtrag besitzen der Ton-, Humus- und Wassergehalt, da die Zunahme dieser drei Faktoren zu einer erhöhten Stabilität der Bodenaggregate in Ackerböden führt. Die **Aggregatstabilität** gilt als zentraler Faktor der Bodenerodierbarkeit. Die Erosionsgefährdung ist um so größer, je größer die Hangneigung, je länger der Hang und je geringer die Regenverdaulichkeit sowie die Gefügestabilität sind.

Bei der Wassererosion werden feine Korngrößen bevorzugt transportiert. Da Phosphat vor allem an diese Fraktionen adsorbiert ist, kommt es zu einer Anreicherung von P im Erosionsmaterial. Entsprechend gelangen bodennutzungsbedingte P-Einträge überwiegend mit erodiertem Bodenmaterial in die Gewässer.

Das Ausmaß der Wassererosion bzw. der langjährige mittlere Bodenabtrag A wird von verschiedenen Faktoren beeinflußt: der Erodibilität des Bodens, der Regenerosivität, der Hangneigung, der Hanglänge, der aktuellen Bodenbedeckung und eventuellen Erosionsschutzmaßnahmen. Diese Faktoren sind in der **Allgemeinen Bodenabtragsgleichung** multiplikativ verbunden (universal soil loss equation für den langjährigen, mittleren, jährlichen Bodenabtrag in t ha^{-1}):

$$A = R \cdot K \cdot L \cdot S \cdot C \cdot P$$

mit
R – Regen- oder Oberflächenabflußfaktor in N h^{-1},
K – Bodenerodierbarkeitsfaktor,
L – Hanglängenfaktor, dimensionslos, bei einer Hanglänge von 22,13 m = 1,
S – Hangneigungsfaktor, dimensionslose Größe, bei 9 % Gefälle = 1, gültig für Gesamterosion,
C – Bedeckungs(Fruchtfolge)- und Bearbeitungsfaktor, Nutzungsfaktor,
P – Erosionsschutzfaktor.

Der Bodenabtrag nimmt in Abhängigkeit vom Gefälle zwischen 0 und 30 % um etwa das Hundertfache, in Abhängigkeit von den anderen Faktoren nur um das 2- (L-Faktor bei 1 %) bis 9fache (C-Faktor) zu. Die Hanglänge hat also einen wesentlich geringeren Einfluß als die Hangneigung. Erweiterte Formeln gestatten eine Differenzierung zwischen Gesamt-, Zwischenrillen- und Rillenerosion.

Die Gleichung weist nur Abtrag aus, jedoch keine Akkumulation. Das abgetragene Bodenmaterial kann innerhalb einer Fläche auch vorwiegend umgelagert oder in abflußlosen Hohlformen abgelagert werden. Ablagerungen bzw. Kolluvienbildung erfolgen u. a. am Hangfuß (flache Unterhänge) sowie in der Grenzzone von landwirtschaftlicher Nutzfläche und Fließgewässer (Uferstreifen). Der Bodenabtrag durch lineare Erosion wird gleichfalls durch die Bodenabtragsgleichung nicht berücksichtigt. Trotzdem werden in der Planungspraxis hauptsächlich auf dieser Gleichung aufbauende Modelle verwendet. Prozeßorientierte, deterministische Modelle werden wegen des hohen Parametrisierungsaufwandes bzw. des großen Aufwandes für die Datenerhebung nur zu Forschungszwecken eingesetzt.

In Mitteleuropa wird die Wassererosion gefördert durch Niederschläge > 5mm h^{-1} bzw. langanhaltende Niederschläge mit > 7,5 mm, eine Hangneigung > 4 %, bei Löß noch darunter, eine geringe Bodenbedeckung (< 50 %), Hanglängen > 50 m und Bodenarten im Bereich von sandigen Lehmen bis lehmigen Sanden. Wassergesättigte Böden können bereits durch geringe Niederschläge hohe Bodenverluste erleiden, z. B. bei der Schneeschmelze mit Frost im Boden. Den größten Teil des Bodenverlustes bestreiten meist wenige Ereignisse wie Starkregen oder Gewitterregen mit ihrer hohen Intensität, ihren großen Tropfen und ihrer hohen kinetischen Energie.

Die Bodenneubildung wird mit < 1 t ha^{-1} a^{-1} geschätzt, sie deckt nicht die Verluste. In Mitteleuropa wird ein jährlicher Bodenverlust von 8–10 t ha^{-1} als „tolerierbar" angesehen. Einem Bodenabtag von 10–15 t ha^{-1} entspricht etwa eine Profilverkürzung um 1 mm. Bei Ackerbau in gefährdeten Gebieten lassen sich Erosionsverluste nicht völlig vermeiden.

Tolerierbarer Bodenabtrag: A (t ha^{-1} a^{-1}) = ρ_b (z_0-z_1) t^{-1}

mit

ρ_b – Raumgewicht,
z_0 – Anfangsmächtigkeit des Bodens,
z_1 – Endmächtigkeit des Bodens bzw. Grenzmächtigkeit, unterhalb derer die Nutzung geändert werden muß,
t – Zeit, in der z_0-z_1 erodiert wird, sie ist als Abschreibungszeit festzulegen.

Durch Quotientenbildung aus berechnetem und tolerierbarem Bodenabtrag lassen sich Flächen ausscheiden, die den tolerierbaren Bodenabtrag überschreiten. Ersetzt man den Bodenabtrag durch den tolerierbaren Abtrag und löst die Gleichung nach der Hanglänge (L-Faktor) auf, erhält man eine Karte, die die maximal zulässige Hanglänge flächendeckend darstellt. Eine im Hinblick auf die Nachhaltigkeit geeignetere Bezugsgröße im Erosionsschutz als der „tolerierbare Bodenabtrag" dürfte bei Ackerböden der bei konservierender Bodenbearbeitung mit Mulchsaat verbleibende Bodenabtrag sein.

Wird der tolerierbare Bodenabtrag überschritten, so müssen **Erosionsschutzmaßnahmen** ergriffen werden. Zur Verringerung des Oberflächenabflusses ist die Wasserinfiltration zu erhöhen. Dies ermöglichen eine gute Versorgung des Bodens mit organischer Substanz und Kalk, eine Erhöhung der Wasserstabilität der Bodenaggregate, ein Feuchthalten der Oberflächenschicht durch Mulchen und eine Verringerung der Aufschlagkraft der Regentropfen durch eine ständige Bedeckung mit Bodenvegetation (grünes Fließband im Ackerbau), Zwischenfrüchte (Stoppelfrüchte oder Winterzwischenfrüchte) und Untersaaten, Mulchsaat (ohne Saatbettbereitung, pfluglose Bodenbearbeitung), Umwandlung in Grünland oder Wald. Konservierende Bodenbearbeitung trägt durch Mulchauflage, höhere Aggregatstabilität und höhere Makroporenzahl wesentlich zur Verminderung der Bodenerosion bei. Durch pfluglose Bodenbearbeitung und Zwischenfruchtbau verringern sich Oberflächenabfluß und Bodenabtrag je nach den örtlichen Bedingungen bis zu 50 %. Die Erosion wird durch

Reihenfrüchte ohne ausreichende Bodenbedeckung, wie Zuckerrüben, Mais und Kartoffeln, sowie langsam wachsende Früchte, wie Zwiebeln, gefördert. Bei Mais mit seiner langsamen Jugendentwicklung und seinem weiten Pflanzenabstand beträgt der Bedeckungszeitraum des Bodens nur etwa 4 Monate. Im Gegensatz hierzu wirken Winterweizen und Winterraps als frühdeckende Kulturarten erosionsmindernd. Eine Grasnarbe ermöglicht eine ganzjährige Bodenbedeckung. Diese wird auch beim Anbau von Zwischenfrüchten, durch den Anbau perennierender Kulturen sowie das Belassen größerer Mengen an Pflanzenrückständen auf der Bodenoberfläche oder das Strohmulchen beim Weinanbau in hängiger Lage angestrebt. Der Anbau massenwüchsiger Gründüngungspflanzen dient der Strukturverbesserung des Bodens. Die Vermeidung des Umbruchs von Grün- in Ackerland wirkt bodenschützend. Eine Ausweitung der Fruchtfolge und eine stärkere Bodenbedeckung wird in Betrieben mit ökologischer Wirtschaftsweise angestrebt. Bei der Strukturierung der Nutzflächen ist auf eine Verkürzung der Fließwege und eine Stabilisierung der Abflußbahnen zu achten.

Besonders erosionsanfällig sind schluffreiche **Bodensubstrate** wie Löß, Lößlehm und schluffige Sande sowie frisch geschüttete Kippen des Braunkohlenbergbaus. Böden sind durch Erosion um so gefährdeter, je feiner die Textur und je geringer die Kohäsion ist. Besonders zu schützen sind flachgründige Böden und Böden an Hängen über 12 % Neigung. Zu empfehlen sind die Anlage von Konturdämmen und begrasten Wasserabzugsbahnen, Fruchtartenwechsel in parallelen Streifen quer zum Gefälle, ferner die Lockerung von Fahrspuren in Richtung des Hanggefälles sowie eine verminderte Bodenbearbeitung in Kombination mit Mulchen zur Gefügeverbesserung.

Steile **Hänge** sind hangparallel (entlang den Höhenlinien) zu pflügen (**Konturpflügen**). Hangabwärts gerichtete Fahrspuren sind zu vermeiden. Bewirtschaftete Steilhänge (Reisanbau in den Tropen, Weinanbau, Olivenanbau im Mittelmeergebiet) können durch Anlage von Terrassen oder flachen Erdwällen entlang den Höhenlinien vor Wassererosion geschützt werden, in der Regel wird man diese Hänge bewaldet lassen (Schutzwald). Im Gebirge ist für Erosionsschutz und Wildbachverbau folgendes zu beachten: bauliche Maßnahmen zur Stabilisierung von Gerinne und Hang in Verbindung mit der Wiederherstellung der Waldvegetation, mit Bodenverbesserungen und der Verwendung von gutem Pflanzmaterial sowie Einschränkung der Bewirtschaftung (Beweidung).

Die **Pflanzendecke** ist im Hochgebirge, in ariden Gebieten und auf Salzböden sehr empfindlich und muß daher als Erosionsschutz vor mechanischer Beschädigung, z. B. bei Baumaßnahmen, und vor zu starker Beweidung, insbesondere durch Ziegen, bewahrt werden.

Die Bekämpfung der Erosion ist vor allem dort wichtig, wo Land urbar gemacht oder von einer Nutzungsart in eine andere überführt wird. Solange der Wald intakt ist, erfüllt er weitgehend seine Funktion als Erosionsschutz. Pflanzen, wie Mais, die die Bodenoberfläche wenig schützen, sind in erosionsgefährdeten Gebieten nicht anzubauen.

Die Planung von Erosionsschutzmaßnahmen sollte auf der Basis von Wassereinzugsgebieten erfolgen. Ökologische Ausgleichsflächen sollten u. a. an erosionsgefährdete Orte gelegt werden, damit sie einen wirksamen Beitrag zum Boden- und Gewässerschutz leisten. Anzustreben ist eine Begrenzung der **Schlaggrößen** auf 10–20 ha und das Arbeiten mit Fruchtfolgen, gebietsweise Extensivierung und Aufforstung. Eine Vergrößerung landwirtschaftlicher Schläge erhöht die Erosionsgefährdung, wenn damit die erosive Hanglänge zunimmt.

Die Bodenerosion durch Wasser ist in den humiden Tropen die wichtigste Form der Landdegradation. In Agroforstsystemen sind hier neben technischen Vorrichtungen (Terrassen, Infiltrationsgräben) vor allem biologische Bodenerhaltungsmaßnahmen (Anbau von Bäumen und Leguminosen-Sträuchern auf erosionsgefährdeten Stellen der landwirtschaftlich genutzten Fläche bzw. parallel zu den Höhenlinien, Gründüngung, Mulch, Untersaat und Kompostierung zur Verbesserung der Bodenstruktur) anzustreben. Der Boden soll möglichst das ganze Jahr über bedeckt gehalten werden, sein Gehalt an organischer Substanz und damit das Bodenleben ist zu mehren.

Winderosion
Die Erodierbarkeit des Bodens durch Wind ist von der Textur und der Aggregierung des Bodens abhängig. Der Bodenabtrag durch Wind von vegetationsfreien Oberflächen nimmt mit der Windgeschwindigkeit zu und der Partikelgröße ab. So können Kies und Grobsand nur am Boden gerollt werden, Teilchen von 0,05 bis 0,5 mm bewegen sich springend fort (Saltation), Staub (< 0,05 mm) wird dagegen vom Wind über große Strecken getragen. Durch Wind transportierter Saharastaub (< 6 μm) gelangt in Mengen von etwa 0,4 g m^{-2} a^{-1} nach Mitteleuropa. Charakteristisch ist die rote Farbe sowie der Gehalt an Palygorskit.

Im Pleistozän wurde Staub aus dem Eisvorfeld in Norddeutschland bis an den Mittelgebirgsrand im Süden transportiert. Der Bodenabtrag wird ferner durch die Bodenrauhigkeit beeinflußt – sie ist die Summe der körnungs-, aggregierungs- und bearbeitungsbedingten Rauhigkeit. Anzustreben sind eine Aggregierung und eine bearbeitungsbedingte Rauhigkeit quer zur Windrichtung.

Winderosion ist das Ergebnis des Zusammenwirkens von besonderen Witterungsbedingungen, Bodeneigenschaften und Formen der Bodenbewirtschaftung und deren Einwirkung auf Bodenstruktur und Vegetationsdecke. Der **Bodenabtrag** durch Wind läßt sich als Funktion folgender Faktoren abschätzen:

A = f(I, K, C, L, V)

mit
I – Bodenerodierbarkeitsindex,
K – Rauhigkeit der Bodenoberfläche,
C – Klimafaktor,
L – Länge des ungeschützten Landes in Windrichtung,
V – Index der Pflanzenbedeckung.

I ist von der Körnung abhängig und kann im Windkanal ermittelt werden. C berücksichtigt Windgeschwindigkeit, Regenmenge und Evapotranspiration.

Nach der „Revised Wind Erosion Equation" berechnet sich der Bodenabtrag durch Wind in t ha^{-1} a^{-1} aus einem Wetter-, Boden- und Managementfaktor. Der Wetterfaktor berücksichtigt u. a. die Windgeschwindigkeit.
In Mitteleuropa tritt Winderosion auf, wenn folgende Faktoren zusammentreffen: eine Windgeschwindigkeit von > 8 m s^{-1} in 10 m Höhe, trockener Mittel- und Feinsand (z. B. Talsand) oder trockenes (degradiertes, vermulmtes) Anmoor, eine Bodenbedeckung < 20 % und Windoffenheit in der Landschaft. Der stärkste Abtrag tritt auf ebenen oder schwach geneigten Flächen auf. In Mecklenburg-Vorpommern sind $^2/_3$ der Landesfläche mittel bis stark durch Winderosion gefährdet.

Binnendünen werden in Deutschland durch Wald (Kiefern) am Wandern gehindert, Küstendünen, wie auf der Insel Sylt oder an der Ostsee, zunächst durch Strandhafer, später auch durch Heide und Kiefer, befestigt. Frische Kippen schützt man durch eine Bodenvegetation aus Leguminosen und forstet sie dann schnell auf. In der Ebene bewähren sich **Windschutzstreifen** mit Flurgehölzen. Ihre Wirkung erstreckt sich auf das 5fache der Höhe der Bäume vor und das 20fache hinter der Anpflanzung. Auch der streifenweise Anbau von Kulturpflanzen quer zur Windrichtung bei Belassen der Ernterückstände in Form von Stengeln über dem Boden ist hilfreich. Eine geringe Schutzwirkung gegen Winderosion besitzen Sommergetreide, Feldgemüse, Kartoffeln, Mais und Zuckerrüben. Eine Verbesserung kann durch den Anbau von Zwischenfrüchten erreicht werden. Anzustreben sind eine rauhe, grob-strukturierte Bodenoberfläche und eine hohe Bodenfeuchte.

Erfassung und Ausmaß erosionsgeschädigter Böden, Erosionsmodelle

Die Wind- und Wassererosion besaß in den letzten Jahrzehnten weltweit verheerende Ausmaße, gepaart mit einem Verlust an Bodenfruchtbarkeit und Ertragsfähigkeit. Bei einer Neubildung von Boden in Höhe von 1 t ha^{-1} a^{-1} liegt die mittlere Erosion in Europa und Nordamerika bei etwa 17 t und in Asien, Afrika und Südamerika noch höher (bis zu 50 t ha^{-1} a^{-1}). Ackerböden sind dabei am stärksten gefährdet. Aber auch Weideland kann stark erosionsgefährdet sein, wenn die Tiere die Grasnarbe zerstören. Wege, Tierpfade und Traktorspuren können starke Erosion auslösen. Unter Wald läßt sich dagegen die Erosion bis auf 0,05 t ha^{-1} a^{-1} absenken.
Für Deutschland liegt bisher keine Abschätzung der Bodenerosion nach einheitlicher Systematik vor. Voraussetzung für das Erfassen von Erosionsschäden im Satellitenbild ist, daß mit der Erosion auch spektral erkennbare Oberflächenveränderungen einhergehen.
Die Bestimmung erosionsgefährdeter Areale erfolgt heute verstärkt unter Verwendung GIS-gestützter Bodenerosionsmodelle. Die Verfahren stützen sich dabei z. T. auf die Allgemeine Bodenabtragsgleichung bzw. erosionsrelevante Reliefformen, Widerstand des Bodens gegen Wassererosion, Landnutzung und Niederschlag. Im Ergebnis entsteht eine qualitative Bodenerosionsgefährdungskarte. Die Berechnung der potentiellen Erosionsrate landwirtschaftlicher Nutzflächen kann nach Schmidt erfolgen. Mit Hilfe des Erosionsmodells Water Erosion Prediction Projekt, Einzugsgebiet-Version (USDA, 1995), lassen sich Oberflächenabfluß und Bodenabtrag in kleinen Wassereinzugsgebieten, z. B. für unterschiedliche landwirtschaftliche Bewirtschaftung, berechnen. Als Eingabe benötigt das Modell Informationen über Klima, Boden, Bewirtschaftung und Topographie im Einzugsgebiet. Geographische Informationssysteme unterstützen die Inputerstellung für dieses Modell.

Beispiele:
In der Landwirtschaft **Sachsens** werden erosionsmindernde Anbauverfahren in Form konservierender Bodenbearbeitung mit Zwischenfruchtanbau und nachfolgender Mulchsaat auf etwa 10 % der Ackerfläche durchgeführt. Das Ausmaß der Wassererosion bei pfluglosen Bestellverfahren und Mulchsaat wird gegenüber konventionellen Anbauverfahren um etwa 90 % reduziert, was vor allem auf die erhöhte Wasserinfiltration zurückzuführen ist. Von den sächsischen Ackerflächen sind ca. 450 000 ha (60 % der Ackerfläche) durch Wassererosion und ca. 150 000 ha (20 % der Ackerfläche) durch Winderosion bedroht. Wassererosion gefährdet die Ackerflächen in den mittleren und südlichen Regionen Sachsens. Sie wird hier durch hängiges Gelände, bei gleichzeitig großflächiger Verbreitung schluffreicher, verschlämmungsanfälliger Ackerböden, gefördert (u. a. Sächsisches Lößhügelland). Der durchschnittliche Bodenabtrag liegt in der Landwirtschaft Sachsens bei 3,5 t ha^{-1}. In den nördlichen Gebieten Sachsens mit vorherrschend sandigen Ackerböden überwiegt die Winderosion.
Bergvölker im Norden **Thailands** betreiben als Wanderbauern nach Brandrodung des Waldes Ackerbau auf Berghängen (Mais, Bananen, Tabak, Mohn, Baumwolle, Erdnüsse). Nach etwa 4 Jahren, wenn der Ertrag zurückgeht („Die Geister wollen uns nicht mehr"), wird der Standort gewechselt. Die Erosion der Gebirgsböden führt zur Rotfärbung der Flüsse. Der thailändische König bemüht sich um eine Verbesserung der Situation durch Seßhaftmachung der Völker, Aufforstung und Aufklärung: „Wir haben unsere Erde verwundet, sie blutet, wir müssen sie wieder heilen." Die Erosion in chinesischen Lößgebieten führt z. B. zu einer Gelbfärbung des Mekong und zu einer mehrere Meter mächtigen Ablagerung von schluffreichem Auensediment.

9.2.1.4 Bodenvernässung

Bodenvernässung kann im humiden Klima das Ergebnis eines natürlichen Prozesses sein. Wenn durch Tonanreicherung im Unterboden (Sd-Horizont) dränierende Bodenporen fehlen, z. B. als Ergebnis einer Anreicherung tropischer Tone durch quartärgeologische Prozesse oder einer Verstopfung durch Lessivierung (Bt-Horizont), ist Vernässung die Folge. Die Stärke der Bodenverdichtung und ihre Tiefenlage sind entscheidend für Auftreten und Ausmaß einer Vernässung.
Mit dem Kahlschlag oder Absterben des Waldes durch Immissionen verliert der Boden seine Wasserpumpe, so daß sich in schwach ausgebildeten Senken die Staunässe erheblich verstärkt (Pseudogley, Stagnogley). Die Wiederaufforstung ist dann insbesondere in Frostlagen sehr erschwert und häufig nur durch Hydromelioration zu erreichen. Luftmangel und reduzierende Verhältnisse im Boden als Folge der Vernässung wirken sich ungünstig auf die Durchwurzelung aus.
Im Bodenschutz interessiert die Vernässung als Folge einer Bodenverdichtung, die das Ergebnis einer falschen Bearbeitung strukturlabiler Bodensubstrate, wie z. B. von Geschiebelehm als Kippbodensubstrat, ist. Ein Befahren von feinkörnigen Böden bei zu hoher Bodenfeuchte, wie z. B. Pseudogleyen im zeitigen Frühjahr, führt zu einem Zusammenbruch des Gas- und Wasseraustausches und somit zur Vernässung. Die Bodenbearbeitung vernäßter Böden sollte auf den relativ trockenen Herbst gelegt werden.

9.2.1.5 Bewässerung

Die Bewässerung von Kulturen in der Landwirtschaft Mitteleuropas erfolgt bei Wassergehalten unter 50 (30–40) % der nutzbaren Feldkapazität. Sie wird als Beregnung, Tröpfchenbewässerung oder Überstauung durchgeführt. Die Bewässerungstechnik muß gewährleisten, daß durch Regelung der Wassermenge, Bewässerungsintensität und Tropfengröße kein Luftmangel im Boden und keine Oberflächenverkrustung eintritt (s. a. 8.3.4.3).

In Deutschland werden etwa 530 000 ha landwirtschaftlicher Nutzfläche beregnet. Ein hoher Flächenanteil liegt in Niedersachsen auf den leichten Sandböden bei negativer klimatischer Wasserbilanz in der Vegetationszeit. Düngung und Beregnung müssen aufeinander abgestimmt werden, um Nährstoffauswaschung zu vermeiden.

Abwassergaben können in Form der Berieselung oder Beregnung erfolgen. Leichte, durchlässige Böden sind für die Berieselung geeignet. Bei der Beregnung ist eine Verschlämmung der Bodenoberfläche zu vermeiden.

Beispiel:
Jahrzehntelang fand Abwasserverrieselung auf **Rieselfeldern** von Großstädten, wie Paris und Berlin, statt. In Berlin nahmen sie eine Fläche von 12 000 ha ein. Nach Einstellung der Berieselung mußten diese Flächen einer neuen Nutzung unterworfen werden, nachdem sie zuvor jährlich etwa 2 000–4 000 mm Abwasser erhalten hatten und die Erscheinung der „Rieselmüdigkeit" aufwiesen, worin eine stark geminderte Bodenfruchtbarkeit zum Ausdruck kommt (u. a. gestörte Nährelementrelationen).

Die Bewässerung in ariden und semiariden Gebieten kann über den Salzgehalt des Bodenwassers zu Schäden an Pflanzen und Böden führen. Die Qualität des Beregnungswassers wird in Trockengebieten über die Messung der elektrischen Leitfähigkeit (Salzgehalt) und über den Gehalt an Na bewertet (s. 5.2.6). Unter unseren Klimabedingungen führt die Verregnung von Abwasser mit erhöhten Konzentrationen an Natriumsalzen gleichfalls zu einer Boden- und Pflanzenbelastung. Insbesondere auf tonreichen Böden muß wegen der dispergierenden Wirkung der Na-Ionen mit Strukturschäden gerechnet werden. Geringer sind diese Schäden im Fall einer guten Ca- oder Kalkversorgung der Böden.

9.2.1.6 Bodenversiegelung

Unter Versiegelung von Bodenflächen wird die Abdichtung des Bodens mit ihren negativen Folgen für die Grundwassererneuerung, das Stadtklima (Verdunstung) sowie Flora und Fauna verstanden. Die Versiegelung bei freistehenden Einfamilienhäusern beträgt 20–40 %, bei Reihenhäusern 30–50 % und in der Stadtkernbebauung (Blockbebauung) 75–95 %. Die geringere Versiegelung ist dabei mit einer höheren Zersiedelung gekoppelt. Die Versiegelung nimmt vom Stadtrand zur Innenstadt und den Industriegebieten zu. Heute sind etwa 5,6 % der Gesamtfläche versiegelt. Die unbebaute versiegelte Fläche ist etwas größer als die bebaute versiegelte Fläche. Neben dem Versiegelungsgrad ist die Art der verwendeten Materialien für die Versickerung ausschlaggebend. Der Abflußbeiwert (0–1) ist ein Maß für den von einer Fläche abfließenden Niederschlag:

$$\frac{\text{max. Regenabflußspende} [1 \ s^{-1} \ ha^{-1}]}{\text{max. Regenspende} [1 \ s^{-1} \ ha^{-1}]}$$

Durch die Verwendung von Rasengittersteinen auf natürlichem Boden kann eine Verfestigung bei hohem Abflußbeiwert erreicht werden. Durch Gesetze soll dem besorgniserregenden Flächenverbrauch und der Versiegelung entgegengewirkt werden. Nicht mehr genutzte Flächen, deren Versiegelung im Widerspruch zu planungsrechtlichen Festsetzungen steht, sollten entsiegelt werden. In Berlin existiert z. B. eine Verordnung über Geldleistungen zum Ausgleich von Bodenversiegelung. Über die Bauleitplanung kann Einfluß auf die Flächenversiegelung genommen werden.

9.2.1.7 Streunutzung und Waldbrand

Vor Einführung der Mineraldüngung war die Landwirtschaft auf armen Böden nicht in der Lage, ihren Ende des 18. Jahrhunderts mit dem Übergang zur Stallfütterung des Viehs gestiegenen Bedarf an Einstreu zu decken. Die erzeugten geringen Strohmengen wurden meist verfüttert. Die fehlende Streu wurde vorwiegend dem Walde durch Zusammenrechen der Bodendecke (O-Horizont oder Teile desselben) entnommen. Die **Streugewinnung** konnte ein Servitut bilden. Die Nutzung der Waldstreu dauerte örtlich bis nach dem 2. Weltkrieg an. Die Bodenfruchtbarkeit wurde weiterhin durch Brandrodung, Waldweide und intensive Holzernte gemindert.

Durch die Streunutzung werden dem Boden Nährstoffe, insbesondere Stickstoff, Calcium und Phosphor, entzogen, der Boden versauert. Neben dem akkumulierten N-Kapital werden besonders die leicht mineralisierbaren Stickstofformen reduziert. Ferner wird bei Sandböden durch den Humusverlust die Sorptions- und Wasserkapazität des Bodens reduziert. Als Humusform liegt auf früher streugenutzten Böden heute Rohhumus vor, den es durch Meliorationsmaßnahmen in Richtung Moder zu verändern gilt. Bodenabhängig verschlechtern sich Ernährungszustand und Wachstum der Bäume. Mineralische Stickstoffdüngung oder biologische Melioration der Standorte mit Blauer Lupine waren in der Zeit vor dem starken atmogenen N-Eintrag angebracht. Streugenutzte Lehmböden werden steinhart. Den Bodenorganismen werden die Nahrungsquelle und ihr Habitat entzogen. Durch Streunutzung, Streuverwehung, Waldweide, Verheidung oder Plaggennutzung devastierte bodensaure Standorte weisen noch nach Jahrzehnten einen ungünstigen biologischen Bodenzustand auf.

Die Kiefernwälder des nordostdeutschen Tieflandes sind im großen Umfang durch die frühere Streunutzung geschädigt worden. Durch Streunutzung degradierte Standorte nehmen im nordostdeutschen Tiefland eine Fläche von 800 000 ha ein. In Ostthüringen war die Streunutzung noch in der 2. Hälfte des 19. Jh. eine „wesentliche Forstbelastung", obwohl sie bereits ab 1801 (Fürstentum Schwarzburg-Rudolstadt) gesetzlich eingeschränkt wurde. In den Privatwaldungen wurde sie bis zur Mitte des 20. Jahrhunderts fortgesetzt.

Bei **Waldbränden** oder Brandrodungs-Wanderfeldbau entsteht pyrogener Kohlenstoff. Bodenfeuer verbrennen insbesondere die oberen Lagen der Waldstreu, wobei Verluste von 10–60 % der Humusauflage eintreten können. Der Humus im Mineralboden wird kaum beeinflußt. Durch Waldbrand erfolgt eine Freisetzung und Umwandlung der in Humus und in Organismen gebundenen Nährstoffe, z. T werden diese in die Atmosphäre abgegeben. Erhebliche Verluste treten bei N auf, der in Form von Stickoxiden entweicht. Die kahle, dunkle Oberfläche nach Waldbrand führt zu einer Bodenerwärmung und einem Anstieg der mikrobiologischen Aktivität. Trotz hoher N-Verluste kann es über die Stimulierung der Mineralisation und Nitrifikation zu einem erhöhten Gehalt an Nitrat und zu Auswaschungsverlusten an N kommen, zumal, wenn es an einer üppigen Bodenvegetation fehlt. In der Asche auf der Oberfläche des Bodens sind Nährstoffe wie K, Mg und Ca in pflanzenverfügbarer (wasserlöslicher) Form angereichert, was mit einem pH-Anstieg und einer erhöhten Basensättigung im verbliebenen Auflagehumus verbunden ist. Phosphat und Ammonium sowie basische Kationen werden nach Verlagerung mit dem Sickerwasser am Sorptionskomplex des Mineralbodens gebunden.

Die Brandrodung in tropischen Gebieten ruft starke Erosionsschäden hervor. Durch wiederholte Waldbrände im mediterranen Gebiet wird die Fruchtbarkeit armer Böden über den Verlust des Auflagehumus weiter gemindert.

9.2.2 Chemische Belastungen

Die Böden sind in den letzten Jahrzehnten durch Industrie- und Verkehrsemissionen sowie Abfälle der Kommunen im erheblichen Ausmaß mit anorganischen und organischen Schadstoffen kontaminiert worden. Die stofflichen Belastungen können punktförmig (kleinflächig) oder diffus (großflächig) eintreten. Als Quellen für Schadstoffeinträge seien Altlasten, Deponien, Luftverunreinigungen (SO_2, NO_x, NH_3, Fluorverbindungen und Schwermetalle), Klärschlamm, Stadtkompost, Gülle und Auftausalze erwähnt. Auf montan-industriellen Standorten können z. B. als Schadstoffe Schwermetalle, wie Cr in Stahlwerksschlacken, und durch Teer (Asphalt) erhöhte PCB- und PAK-Konzentrationen auftreten. Von besonderer Bedeutung für den Wirkungspfad Boden-Pflanze-Mensch sind die Stoffe Aldrin, Benzopyren, DDT, Hexachlorbenzol, Hexachlorcyclohexan, polychlorierte Biphenyle und Dioxine/Furane.

Die Gefahr besteht, daß Schadstoffe in das Grundwasser ausgewaschen oder über Pflanze und Tier in die Nahrungskette gelangen. Aber auch physikalische, chemische und biologische Prozesse im Boden können erheblich gestört werden.

9.2.2.1 Eutrophierung

Die Landwirtschaft der Welt soll Nahrungsmittel nachhaltig, ausreichend und umweltschonend für 6 Mrd. Menschen produzieren. In Mitteleuropa auftretende Umweltbelastungen durch die Landwirtschaft sind auch die Folge einer Überbeanspruchung des Puffer-, Filter- und Transformationsvermögens der Böden. Die Überschreitung dieser Potentiale läßt sich durch ökologisch sinnvolles Wirtschaften vermeiden. Insbesondere sind die betrieblichen Nährstoffkreisläufe möglichst geschlossen zu halten, um damit die Nährstoffabgabe an Grundwasser und Atmosphäre zu minimieren.

Bei der Stickstoffdüngung ist die Düngergabe deshalb dem zeitlichen Verlauf der Entzüge anzupassen. Wesentlich wäre eine Begrenzung der Viehbesatzdichte auf 2 GE ha^{-1}. Durch Stickstoffüberdüngung (Nitrat) entstehen der Wasserwirtschaft erhebliche Kosten bei der Wasserreinigung. Bei Stickstoff besteht in Deutschland ein Bilanzüberschuß von etwa 100 kg N ha^{-1} LF a^{-1}, der auf 50 kg reduziert werden sollte. Langfristige erhebliche Futter- und Nahrungsmittelimporte führen zu einer Eutrophierung der Ökosysteme über Gülle und Klärschlamm, solange diese Stoffe über den Boden entsorgt werden.

Es gilt, den Boden vor Anreicherung von Pflanzennährstoffen bis zur Schadwirkung (z. B. durch Überdüngung) zu schützen. Landwirtschaftliche Böden waren früher weitgehend nährstoffarm. Durch verstärkten Leguminosenanbau, Futtermittelimporte und überhöhte Tierhaltung, mineralische und organische N-Düngung mit dem Ziel von Höchsterträgen sowie durch N-Immissionen aus der Luft sind sie heute mit Stickstoff und Phosphat häufig überversorgt (Eutrophierung). Über Gründüngungspflanzen wird versucht, den aus der Herbstmineralisierung stammenden Nitratstickstoff zu konservieren. Der Phosphateintrag aus landwirtschaftlichen Quellen führt zu einer Eutrophierung des Oberflächenwassers. Hohe Güllegaben bringen wegen des hohen Anteils an mobilem organisch gebundem P die Gefahr der P-Auswaschung mit sich.

Die diffusen N-Einträge in Gewässer stammen überwiegend aus der Landwirtschaft. Dies trifft zu einem erheblichen Anteil auch für Phosphor zu, nachdem nur noch P-arme Waschmittel verwendet werden und die Abwässer in steigendem Umfang durch eine zusätzliche Phosphatfällung gereinigt werden.

Beispiel:
Die **Nitratbelastung** sächsischer landwirtschaftlich genutzter Böden lag am Ende der Vegetationszeit 1995 bei 71 kg NO$_3$-N ha^{-1}. Die höchsten Rest-Nitratgehalte traten nach dem Anbau von Kartoffeln, Ölfrüchten und Mais auf, die niedrigsten Werte auf Ackerfutter- und Grünlandflächen. Strohdüngung führt zu einer vorübergehenden N-Festlegung in organischer Substanz. Da Nitrat kaum im Boden gebunden wird, sind die Höchstmengen an N-Dünger so zu begrenzen, daß ein Nitratwert von 50 mg l^{-1} im Grundwasser nicht überschritten wird (angestrebt: ≤ 170 kg ha^{-1} a^{-1}).

Auch in der forstlichen Bodennutzung war bis vor wenigen Jahrzehnten Stickstoff der ertragsbegrenzende Nährstoff. Durch den hohen atmogenen N-Eintrag in Form nasser und trockener Deposition (NH_4^-, NO_3^-, NO_2, NO) führte die Entwicklung über Ertragssteigerungen zu einer gebietsweisen N-Überernährung der Koniferenbestände und zu einem starken Rückgang der Heidevegetation.

Von N-Eutrophierung betroffen sind Kiefernwälder in Gebieten mit hoher Industrieproduktion (z. B. Stickstoffdüngemittelwerke) und landwirtschaftlicher Massentierhaltung. So konnte im gesamten NO-deutschen Tiefland eine Stickstoffbelastung der Wälder nachgewiesen werden. Durch Stickstoffeutrophierung wird von der Bodenvegetation besonders *Calamagrostis epigeios* (Sand-Reitgras, Sandrohr) neben *Deschampsia flexuosa* (Drahtschmiele) gefördert. Die Vergrasung aufgelichteter Kiefernforsten mit rohhumusartigem Moder bereitet dem Waldbau erhebliche Schwierigkeiten.

Bei N-Sättigung wird der Stickstoff als ertragsbegrenzender Nährstoff durch einen anderen Faktor abgelöst. N-Sättigung eines Waldökosystems kann zu chronischer Versauerung durch HNO_3 führen.

9.2.2.2 Belastungen des Bodens durch Luftverunreinigungen

In urban-industriell geprägten Räumen war der **Staubeintrag** in die Böden hoch. Er führte zu einer Veränderung in der Körnung und chemischen Zusammensetzung derselben. Häufig handelte es sich um alkalische Stäube (Zement, Kalk, Magnesit, Aschen).

Der chemische Zustand des Waldbodens ist entscheidend für die Ernährung der Waldbäume und die Stabilität der Waldbestände gegenüber biotischen und abiotischen Stressoren. Luftverunreinigungen können meßbare Schäden an Waldböden und -beständen verursachen (Tab. 9.2). Die kritischen Konzentrationswerte von Schadgasen in Waldgebieten liegen für SO_2 bei 20, für NO_2 bei 30 und für NH_3 bei 8 µg m^{-3}, bezogen auf die Dauer von einem Jahr.

Eingetragenes **Sulfat** stammt aus der Verbrennung fossiler Energieträger und eingetragenes **Nitrat** aus dem Kraftfahrzeugverkehr bzw. aus Verbrennungsprozessen bei hohen Temperaturen (NO_x). Natürliche Quellen für NO_x sind Gewitter und Waldbrände. Der Boden emittiert N_2O und NO_x im Prozeß der Nitrifikation und Denitrifikation.

$2SO_2 + O_2 \rightarrow 2SO_3$
$SO_3 + H_2O \rightarrow H_2SO_4$
$N_2 + O_2 \rightarrow 2NO$
$2NO + O_2 \rightarrow 2NO_2$
$NO_2 + NO + H_2O \rightarrow 2HNO_2$

Anthropogene NH_3-Emissionen stammen aus der Intensivtierhaltung, der Düngung und industriellen Aktivitäten (z. B. der Produktion von Salpetersäure, Ammoniak und

Harnstoff). Unter den landwirtschaftlichen Emissionen kommt dem **Ammonium** als Stickstoff- und Säurequelle für Waldböden die größte Bedeutung zu. 80 % der Ammoniumverbindungen in der Luft stammen aus den NH_3-Emissionen der Landwirtschaft. Bei hohen SO_2- und NH_3-Emissionen kommt es zu einer beachtlichen Deposition von $(NH_4)_2SO_4$. Zusammensetzung und Konzentration der Luftschadstoffe unterlagen in den letzten Jahrzehnten starken Veränderungen. Der N-Eintrag überwiegt in Westeuropa, der S-Eintrag in Mittel- und Osteuropa. Im letzten Jahrzehnt ist die Deposition von SO_4^{2-}, H^+ und Ca^{2+} in einigen Teilen Mitteleuropas erfreulicherweise um 50 % (35–80 %) zurückgegangen. Ursache ist die verringerte Emission an SO_2 und Staub. In Sachsen sanken zwischen 1990 und 1998 der Staubausstoß von 300 auf < 10 kt a^{-1} und die SO_2-Emission von > 1400 auf 230 kt a^{-1}. Im Nordostdeutschen Tiefland treten Pflanzenschäden durch SO_2 nicht mehr auf. Dafür machen Stickstoffverbindungen heute oft den Hauptanteil der atmogenen Belastung aus. Die Ammoniak-Konzentrationen erreichen nur in Emittentennähe für Pflanzen kritische Werte. Die N-Einträge in Waldböden liegen häufig über 15 kg ha^{-1} a^{-1}. Im Erzgebirge betrug 1989 der Gesamtstoffeintrag für H 2–7, SO_4-S 50–150 und N 30–60 kg ha^{-1}, denen 40–80 kg ha^{-1} Ca gegenüberstanden. Bis 1998 war der jährliche Eintrag in sächsische Wälder auf 20–35 kg S ha^{-1} und 20–30 kg N ha^{-1} gesunken.

Tab. 9.2: Immissionsbelastung.
a) SO_2- Belastungsstufen der Atmosphäre ($\mu g\ m^{-3}$, Zeitraum 1 Jahr).

I	< (20)40	Beeinträchtigung des Wachstums von Flechten und Moosen
II	(21)41–60	
III	> 60	Beeinträchtigung des Wachstums von Kulturpflanzen

b) SO_2-Belastung im Erzgebirge ($\mu g\ m^{-3}$).

Zeitraum	SO^2- Jahresmittel	Spitzenwerte
60er Jahre	> 100	> 4000
1993	< 50	> 300
1997	30	
kritischer Wert	20	

Schwefel

Für nicht anthropogen belastete Gebiete liegen die S-Einträge bei < 10 kg S ha^{-1} a^{-1} (0,3 kmol S ha^{-1} a^{-1}). Eine S-Belastung von 15–30 kg S ha^{-1} a^{-1} führt bereits zu Versauerungserscheinungen. In Westdeutschland lag 1978 die S-Immission im Bereich von > 100 kg S bis < 25 kg S ha^{-1} a^{-1} (> 3,1– < 0,8 kmol S ha^{-1} a^{-1}). Im Erzgebirge wurden unter Wald in den Jahren 1984–86 Einträge von 48–160–380 kg S ha^{-1} a^{-1} gemessen (Abb. 9.2). Gegenüber dem Freiland sind die Werte in Fichtenbeständen durch Ausfilterung etwa 2,5fach erhöht. Waldböden haben in der Vergangenheit Sulfat teils spezifisch, teils unspezifisch akkumuliert. Die größte Sulfat-Fraktion ist die wasserlösliche, reversibel gebundene. Eine Ausfällung von Al-Sulfaten wird vermutet.

Bodenschutz und Bodensanierung

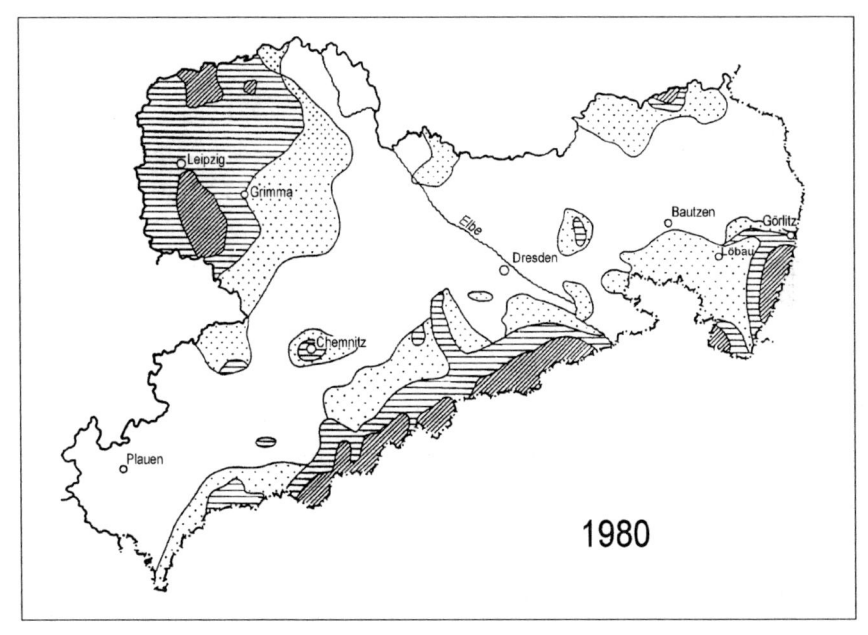

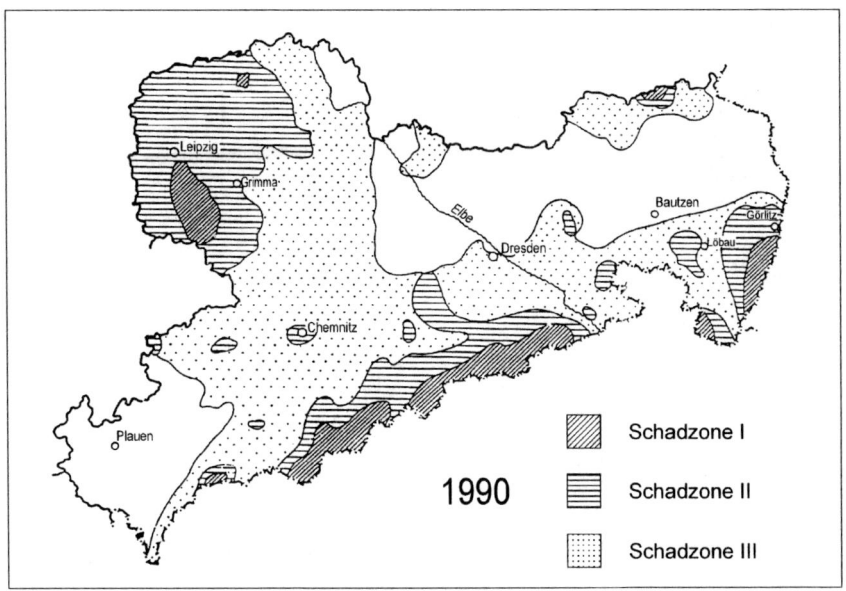

Abb. 9.2: Verteilung der Immissionsschadzonen in Sachsen (I starke, III schwache Belastung). Staatsministerium für Umwelt und Landesentwicklung, Freistaat Sachsen.

$Al(OH)_3 + H_2SO_4 \leftrightarrow AlOHSO_4 + 2H_2O$

Mit abnehmender Sulfatdeposition setzt eine Sulfatdesorption ein, die vermutlich mehrere Jahrzehnte anhalten wird. Die Abnahme der Sulfatkonzentration in der Bodenlösung verläuft daher nicht proportional zur Abnahme der S-Immission. In den letzten Jahren übertreffen im Erzgebirge die S-Austräge aus dem Boden mit bis zu 200 kg ha^{-1} a^{-1} die S-Einträge.

Stickstoff

In Waldökosystemen Österreichs liegt die N-Deposition bei 12–30 kg N ha^{-1} a^{-1}. Der Eintrag an NH$_4^+$ und NO$_3^-$ in hiesige Fichtenwälder beträgt in den letzten Jahren 30–40 kg N ha^{-1} a^{-1}, in Buchenbeständen ist er um 45–85 % niedriger. Die N-Deposition ist damit meist höher als der jährliche N-Bedarf für das Waldwachstum. Sie entspricht etwa 50 % des N-Fluxes mit dem Streufall. Dies hat eine Steigerung des Waldwachstums von etwa 10 % und eine Zunahme stickstoffliebender Bodenpflanzen, insbesondere auch der Gräser, zur Folge.

Der Wald wirkt bisher noch als N-Senke, sein N-Pool (Boden und Bestand) nimmt zu, das C/N-Verhältnis der organischen Substanz ab. In Mitteleuropa liegt es im Auflagehumus bei etwa 20. Die Auswirkungen erhöhter N-Depositionen hängen von der N-Umsetzung im Boden ab. Eingetragener N kann nitrifiziert, immobilisiert oder denitrifiziert, aber auch als Nitrat direkt ausgewaschen werden. Atmogene N-Einträge der letzten Jahre führten zu einer Zunahme der N-Vorräte und der potentiell mobilisierbaren N-Fraktionen im Oberboden von Wäldern. Als Folge waldbaulicher Maßnahmen nimmt dann die N-Mineralisation und damit die Gefahr einer Nitratauswaschung zu. Überschreitet das N-Angebot das Optimum für Koniferen, ist eine Umstellung auf Laubwald mit seinen höheren N-Ansprüchen angebracht. Der Bedarf für die Ernährung der Bäume liegt bei 5–20 (10–15) kg N ha^{-1} a^{-1}. Bei einem atmogenen N-Eintrag von 10–15 kg N ha^{-1} a^{-1} ist mit einem N-Austrag aus Wäldern und damit erhöhten N-Gehalten in Gewässern zu rechnen. Hohe N-Austräge treten bei Einträgen > 25 kg N ha^{-1} a^{-1} auf.

Ca-Eintrag und Protonenbelastung

Die Ca-Deposition in Fichtenbeständen des Solling betrug 1973–1985 18 kg ha^{-1} a^{-1} und war damit größer als die Ca-Zufuhr mit dem Streufall (etwa 11 kg ha^{-1} a^{-1}). Da der austauschbare Ca-Pool des Bodens nur 100 kg ha^{-1} betrug, senkt reinere Luft die Ca-Konzentration in der Bodenlösung und erhöht damit die Al-Wirkung. Durch ein Absinken der basischen Staubeinträge ohne entsprechende Senkung der Säureeinträge kann es also zu einem Anstieg der tatsächlichen Säurebelastung kommen.

Der Niederschlag in Form des **Sauren Regens** hat einen pH-Wert bis < 3 (natürlich etwa pH 5,6). Die Protonenbelastung der Waldböden war und ist hoch. Sie resultiert aus dem H-Eintrag, der im Gebirge durch die Filterwirkung der Fichtenkronen besonders hoch ist, und der N-Umsetzung, vorwiegend des eingetragenen Ammoniums

(0,1–3,5 kmol H ha^{-1} a^{-1}). Im Solling betrug die Gesamt-H-Last 2,9 kmol ha^{-1} a^{-1} mit 1,3 kmol H$^+$ aus der Deposition und 1,6 kmol ha^{-1} a^{-1} aus der N-Umwandlung. Im Schwarzwald wurden Gesamtsäureeinträge in Fichtenbestände von 1,7 kmol$_c$ ha^{-1} a^{-1} gemessen. Im Erzgebirge lagen 1997 die Einträge bei 1,8–0,8 kg H ha^{-1} a^{-1}, in den Jahren davor waren sie mit etwa 4–2 kg H ha^{-1} a^{-1} wesentlich höher. Die Protonenproduktion liegt jetzt häufig bei $\leq$ 0,5 kmol ha^{-1} a^{-1}. Der H-Eintrag übersteigt örtlich immer noch den H-Verbrauch bei der Verwitterung (0,2–2,0 kmol$_c$ ha^{-1} a^{-1}). Entsprechend nimmt der Basengehalt der Böden ab.

In sauren Waldböden vollziehen sich durch den verringerten atmogenen Eintrag von Ca-Verbindungen und hohe N-Einträge folgende **Prozesse**: Fortschreiten der Bodenversauerung, Verluste der Austauscher an basischen Kationen, Abnahme der Ca-Konzentration in der Bodenlösung, Freisetzung von Al-Ionen in die Bodenlösung und Abnahme des Al-Pools, Abgabe früher gespeicherten Sulfats, Anreicherung des N in der organischen Substanz, Anstieg der N-Verfügbarkeit für Waldbäume sowie Versauerung auch tieferer Bodenzonen. Insgesamt nehmen Waldböden, die sauer und stickstoffreich sind, zu. Dies ruft Nährstoffungleichgewichte bei der Vegetation und eine allgemeine Destabilisierung bestehender Ökosysteme hervor. Hierzu trägt auch die zum B-Horizont zunehmende Al-Konzentration bei, die zusammen mit den H-Ionen einen Streß auf Wurzeln und Bodenorganismen ausübt. Zusätzlich können Grundwasser, Quell- und Bachwasser versauern, so daß auch die aquatischen Ökosysteme betroffen sind. Eine weitere Senkung der Emissionen an SO$_2$, NH$_3$ und NO$_x$ ist erforderlich, wenn sich die Böden erholen sollen.

Beispiele:
In der Umgebung Berlins sank seit Mitte der achtziger Jahre die SO$_2$-Belastung von 100 auf 25 mg SO$_2$ m^{-3}, gleichzeitig auch die Schwebstoffkonzentration. Der Niederschlag wurde dabei durch Zunahme anderer Säurebildner (NO$_2$) und durch geringeren Ca-Gehalt im Staub saurer, der pH-Wert sank von pH 5 auf pH 4,5. Die Kiefernbestands- und Freiflächeneinträge zeigen eine hohe Belastung mit Ca und Sulfat, der Protoneneintrag sinkt seit 1991 nicht mehr. Die Kiefernkronen dienen als Senke für H, NH$_4$ und NO$_3$, dagegen werden K, Ca und Mg aus ihnen ausgewaschen.

9.2.2.3 Versauerung, Entbasung und Alkalisierung von Waldböden

Versauerung und Entbasung
Bodenversauerung ist ein weit verbreiteter natürlicher Bodenprozeß, der besonders auf der Nordhalbkugel der Erde anthropogen verstärkt ablaufen kann. Zur Beschreibung des Bodenversauerungsprozesses verwendet man **Kapazitäts**-(Vorrats-) und **Intensitätsparameter**. Als Beispiele seien der Vorrat an austauschbaren Al-Ionen oder basischen Kationen bzw. der pH-Wert der Bodenlösung genannt.

Bei der Bodenversauerung nimmt die Basensättigung ab, dafür nehmen vor allem die Al-Ionen neben den Wasserstoffionen zu. Die Bodenversauerung läßt sich als eine Abnahme der Säureneutralisierungskapazität (ANC oder SNK) definieren. Aktuelle Bodenversauerung äußert sich durch einen Verlust basisch wirksamer Kationen (Abnahme der ANC), verursacht durch mobile Anionen. Potentielle Bodenversauerung entspricht in erster Linie der Akkumulation von Sulfat und Nitrat, z. B. aus der Deposition (Zunahme der BNK).

Bei starker Säurebelastung des Bodens können innerhalb weniger Jahrzehnte deutliche Basenverluste entstehen. Eine Folge der Versauerungsprozesse im Wald ist die irreversible Veränderung des Mineralbestandes im Boden. Mit steigender Azidität nimmt die negative Ladung der Huminstoffe ab und die positive Ladung der Sesquioxide zu, Al und die meisten Schwermetalle werden leichter löslich, die Phosphatlöslichkeit nimmt ab.

Für zunehmende Versauerung sind sowohl Säurezufuhr als auch Auswaschung erforderlich, ferner der Entzug basisch wirksamer Kationen durch intensives Ernten.

Bodenversauerung ist auf kalkfreien Böden verbreitet. Für eine Versauerung des Mineralbodens kommen folgende Ursachen in Frage: Wurzelatmung, Auswaschung, saure Niederschläge (S- und N-Verbindungen, Gesamtsäureeintrag in Wäldern 200 bis > 4 000 mol ha^{-1} a^{-1}), Basenentzug durch wachsende Pflanzen und erhöhte Ernte, Kationenanreicherung im Humus, Bildung und Dissoziation von Kohlensäure und organischen Säuren beim Streuabbau im Walde, Nitrifikation und Nitratauswaschung, saurer Stammabfluß (Buche), Aufforstung landwirtschaftlicher Flächen mit Koniferen sowie sauer wirkende Dünger. Folgen einer Bodenversauerung sind: erhöhte Mobilität der Schwermetalle, Al-Toxizität, erschwerte Aufnahme von Phosphor und Molybdän durch Pflanzen, ein verstärktes Ammonium-Angebot, ferner eine Schwächung der Wurzeln. Dies hat Auswirkungen auf die Zusammensetzung der Pflanzendecke. So können sich säureverträgliche, stickstoffliebende Pflanzen verstärkt in immissionsbelasteten Waldökosystemen ausbreiten. Manche Pflanzen sind in der Lage, durch Ausscheidung organischer Säuren das toxische Al^{3+}-Ion zu komplexieren und damit zu entgiften. Bei Al-toleranten Bäumen, wie der Fichte, wird das Ion weitgehend an der Wurzeloberfläche, u. a. durch Bindung an Phosphat, festgelegt.

Die Bodenversauerung ist ein meist langsamer Prozeß, dessen Geschwindigkeit vom H^+-Angebot und dem Puffervermögen des Bodens abhängt. Dabei erreicht der Boden pH-Werte < 5. Die Protonenpufferung führt zur Abnahme der Säureneutralisationskapazität als Folge einer Basenverarmung (Ca, Mg, K). Bei der natürlichen Versauerung im humiden Klima ist die Kohlensäure die dominierende Säure. Die Akkumulation von Kationsäuren wird erst unter der Einwirkung stärkerer Mineralsäuren, die aus der atmosphärischen Säuredeposition stammen können, hervorgerufen. Die Bodenversauerung wird sichtbar in der Abnahme der Basensättigung, der Zunahme der Säuremenge im Boden und in der Verdrängung schwächerer Säuren durch stärkere Säuren, was zu einer pH-Absenkung führt. Eine deutliche Bodenversauerung erfordert also das Vorhandensein starker Säuren in Form von Schwefel- und Salpetersäure sowie organischen Säuren. Stark versauerte Böden finden sich vor allem in Mitteleuropa als dem Gebiet mit der stärksten atmogenen Schadstoffbelastung. Mit Beginn der Industrialisierung, insbesondere nach 1950, verstärkten sich die SO_2- und NO_x-Einträge in den Boden und beschleunigten die auch natürlich ablaufende Versauerung desselben. Die Aufnahme von Ammonium-Ionen durch Pflanzen und verstärkte Nitrifikation mit anschließender Nitratauswaschung führen zur Bodenversauerung. NO_x bildet leicht Salpetersäure:

$$2NO_2 + H_2O = HNO_2 + HNO_3$$

Die Ammoniakemissionen der Landwirtschaft führen zu Stickstoffüberschüssen in Wäldern und beschleunigen die Versauerung der Waldböden. Die bei Umsetzung von überschüssigem Ammonium im Boden auftretende Versauerung führt zu verstärkten Basenverlusten und muß durch eine Kalkung und Mineraldüngung kompensiert werden.

NH_4^+ kann in NO_3^- umgewandelt werden, wodurch es wie H^+ wirkt. 1 Mol H^+ wird für jedes Mol NH_3 gebildet, das zu NO_3^- oxidiert wird. Wird das Nitrat mit dem Sickerwasser ausgetragen, entfallen 2 Mol H auf 1 Mol N. Nimmt die Pflanze NO_3^- im Austausch gegen OH-Ionen auf, so wird 1 Mol H^+ neutralisiert, die kumulative Säureproduktion ist Null. Das Vorauseilen der Nitrifikation vor der Nitrataufnahme führt zu einer zeitweiligen Anreicherung von Salpetersäure und damit einer Erhöhung der Bodenazidität. Bei der Wiederbefeuchtung des Bodens nach einer trockenwarmen Phase, z. B. im Herbst, kann es mit einer verstärkten Mineralisierung des organisch gebundenen Stickstoffs zu „Versauerungsschüben" kommen. Stickstoffeinträge aus der Atmosphäre können diese verstärken. Folgt später eine Nitrataufnahme durch die Pflanze, ist diese mit einer Entsauerung des Bodens verbunden.

Fixierung atmosphärischen N_2 oder Einträge des nichtionischen NH_3 haben keinen direkten Einfluß auf die Bodenazidität, wenn der Stickstoff in organischer Form gebunden wird. Geht der Stickstoff aus einem Pool aus organischem N in einen anderen über, z. B. aus dem Humus in die Vegetation, so heben sich die Protonenflüsse auf.

Die Bestimmung des mit dem **N-Kreislauf** verbundenen H^+-Flusses erfolgt nach folgender Beziehung, falls nur ionischer Stickstoff beteiligt ist:

(NH_4^+-Austrag – NH_4^+-Eintrag) – (NO_3^--Austrag – NO_3^--Eintrag).

Ein negativer Wert besagt, daß im Ökosystem H-Ionen durch N-Transformation gebildet, ein positiver, daß H-Ionen verbraucht werden. Der NH_4-Austrag kann gewöhnlich vernachlässigt werden.

Im Stickstoffkreislauf der Ökosysteme vollziehen sich u. a. folgende Säure/Base-Reaktionen:
- H^+-indifferenter Prozeß der N_2-Bindung:
$N_2 + H_2O + 2ROH = 2RNH_2 + 3/2\ O_2$

- H^+-Transferprozesse:
  - Ammoniumaufnahme
    $NH_4^+ + ROH = RNH_2 + H_2O + H^+$
  - Nitrifikation
    $NH_4^+ + 2O_2 = NO_3^- + 2H^+ + H_2O$
  - Mineralisation organischen Stickstoffs und Nitrifikation
    $RNH_2 + 2O_2 = ROH + NO_3^- + H^+$
  - Denitrifikation
    $2NO_3^- + 2H^+ = N_2 + 5/2 O_2 + H_2O$

Durch Umsetzung der H-Ionen mit den Bodenbestandteilen werden basische (Ca, Mg, K, Na) und saure (Al, Fe, Mn, Zn) Kationen zusammen mit überschüssigen (nicht von Pflanzen aufgenommenen oder vom Boden adsorbierten) Anionen (NO_3, SO_4, Cl) in äquivalenten Mengen ausgewaschen. In sauren Böden Mitteleuropas kommt dem mengenmäßig in der Bodenlösung dominierenden Anion Sulfat eine Schlüsselrolle beim Transport von Azidität in tiefere Bodenbereiche zu. Sulfat unterliegt Adsorptions- (an Oxiden) und Fällungsprozessen (als Al-Hydroxo-Sulfat) im Boden.

Die Versauerung hat zu erheblichen Ca- und Mg-Vorratsverlusten der Waldböden geführt (Tab. 9.3). Der **Versauerungsindex** der Bodenlösung errechnet sich wie folgt:

$$I = \frac{mmol\ IÄ\ (Ca + Mg)}{mmol\ IÄ\ (SO_4 + NO_3 + Cl)}$$

Der Index schwankt bei sauren Waldböden im Bereich von < 0,5 – > 0,8, bei Wiesenböden um 6–7.

Tab. 9.3: *Nährstoffaustrag in kg $ha^{-1}\ a^{-1}$ aus sauren Waldböden im Mittelgebirge.*

S	50–70	**Na**	9–19
N	4–8	**K**	3–6
Cl	9–25	**Al**	0,1–9
Ca	28–60	**Mn**	0,03–2,1
Mg	10–25		

In sauren Waldböden finden sich als Tonminerale Übergänge zwischen Illit und Vermiculit. Vermiculit und Smectit – im natürlichen Zustand mit Ca- und Mg-Ionen in den Zwischenschichten ausgestattet – sind in versauerten Böden häufig chloritisiert. Ihre Zwischenschichträume sind dann ganz oder teilweise durch Hydroxokationen (Poly-Hydroxo-Al-Polymere) belegt. Mit Erreichen des Al-Pufferbereichs werden die Al-Hydroxide wieder aus den Zwischenschichten herausgelöst (etwa ab pH 4). Bei pH < 3,6 sind die Minerale erneut quellfähig.

Wechselt der Boden in den **Al-Pufferbereich**, so verschiebt sich das Erdalkali-Al-Verhältnis für die Pflanzen in ungünstige Richtung, Störungen der Nährstoffaufnahme sind die Folge (Tab. 9.4). Schon niedrige Al-Gehalte verringern die Ca- und Mg-Aufnahme durch die Pflanze und besetzen die Austauschplätze im Apoplast. Die Stoffkreisläufe im Wald sind nicht mehr geschlossen (s. 8.4.1). Die Bodenversauerung kann zu einer Mobilisierung von Schwermetallionen im Boden führen.

Tab. 9.4: Ca/Al- und Mg/Al-Molverhältnisse der austauschbaren Kationen einer Basalt- und einer Gneis-Braunerde des Osterzgebirges. Nach KLINGER *1995.*

Profil/ Horizont	Ca/Al	Mg/Al
Basalt-Braunerde		
Ah	1,74	0,23
Bv1	3,80	0,52
Bv2	13,00	20,6
Gneis-Podsol-Braunerde		
Aeh	0,24	0,06
Bv	0,05	0,02
Cv1	0,05	0,02

Die in sauren Waldböden akkumulierten Säuremengen können beträchtlich sein (Tab. 9.5).

Tab. 9.5: In sauren Waldböden akkumulierte Säuremengen. Nach ULLRICH.

	H^+-Äquivalente kmol ha^{-1}	entsprechen dt $CaCO_3$ ha^{-1}
Auflagehumus		
H^+ und Kationsäuren	100–200	50–100
organisch gebundener Stickstoff (1000–2000 kg N ha^{-1})	(70–140)	(30–70)
Mineralboden (Wurzelraum)		
bei Neutralisation bis pH 5	100–800	50–400
Summe	**200–1000**	**100–500**

Anzustreben ist die Wiederherstellung einer 30 %igen Basensättigung der Waldböden. Hierzu dienen oberflächige Bestandeskalkungen bzw. auf Freiflächen die Einarbeitung von Kalk in den Boden im Zusammenhang mit der Aufforstung bei Erhöhung des Laubholzanteils.

Beispiele:
Zur Ermittlung des Bodenzustandes der Waldböden wurde 1997 auf einem europäischen **Monitoringnetz** (16 km · 16 km) eine Untersuchung auf Azidität und Elementgehalt durchgeführt. Saure Oberböden mit Basensättigungen von 20 % und darunter oder pH-Werten unter 3,5 wurden bei 42 % aller Aufnahmepunkte gefunden. Die meisten organischen Auflagen haben pH-Werte zwischen 3,2 und 3,6; in den oberen Mineralböden liegt der pH-Wert meist im

Bereich 3,3–4,0. Die niedrigsten pH-Werte im obersten Mineralboden wurden in Gebieten Mittel- und Osteuropas gefunden (Südwest-Polen, Tschechien, nördliche Slowakei, Deutschland). In Süd- und Mittelschweden lagen die Werte mit pH < 3,2–4,0 gleichfalls niedrig. Oberböden mit pH ($CaCl_2$) < 3,0 lagen ausschließlich in Regionen mit sehr starker Luftschadstoffbelastung. Gleichzeitig besitzen diese Böden einen sehr geringen Vorrat an austauschbaren Basen. Auf den Fichtenstandorten des oberen Erzgebirges weisen die A-Horizonte eine hohe H-Sättigung auf (17–50 %). Mit zunehmender Bodentiefe steigt die Al-Sättigung von 30–67 % im A- auf 70–90 % im B- und C- Horizont an. Das Sickerwasser weist mit pH 3,3–4,3 sehr niedrige Werte auf. Am Kationenaustrag sind Al-Ionen wesentlich beteiligt (30–98 %). Von dem eingetragenen N verbleiben 13–28 kg ha^{-1} a^{-1} in Fichtennadeln und Auflagehumus. Die N-Austräge von 13–16 kg ha^{-1} a^{-1} sind für Wald sehr hoch. Der Mehraustrag an S gegenüber dem Eintrag streut zwischen 11 und 119 kg ha^{-1} a^{-1}. Der Boden wirkt somit als S-Quelle.
Auf schwach belasteten Koniferenstandorten Norddeutschlands liegt der Säureaustrag in das Grundwasser mit etwa 1 kmol ha^{-1} a^{-1} um 20 % über den derzeitig gemessenen atmogenen Einträgen, was auf eine Freisetzung aufgespeicherter Azidität im Boden hinweist.
Im NO-deutschen Tiefland ist stärkere Bodenversauerung in den Wäldern NO-Brandenburgs, der Altmark und des Stendaler Altmoränenlands sowie des nördlichen Vorpommerns zu verzeichnen. Die Waldböden in Nordrhein-Westfalen erwiesen sich 1996 im mittleren Profilbereich (10–30 cm) als am stärksten versauert (pH und Basensättigung). Selbst in 60–90 cm Tiefe wiesen noch etwa 60 % der Waldböden einen pH (KCl)-Wert < 4,2 auf.

Eine Senkung der S- und N-Deposition vermindert über die reduzierten Sulfat- und Nitratgehalte die Auswaschung basischer Kationen aus Waldböden. Es wird jedoch Jahrzehnte dauern, bevor das ursprüngliche Angebot an basischen Kationen wieder erreicht ist. Der Zeitraum hängt u. a. von der Intensität der Verwitterung und des Ca-Kreislaufes ab, die in der Regel niedrig sind.

Grundwasserversauerung
Böden üben eine Wasserschutzfunktion aus. Die chemische Zusammensetzung des Grund- und Oberflächenwassers in Wassereinzugsgebieten wird besonders vom Säurehaushalt der Böden gesteuert. Betroffen sind u. a. H-, Al-, Fe- und Mn-Ionen. Tiefgründige Entbasung (Basensättigung < 15 %) und erhöhte Konzentrationen mobiler Anionen sind Voraussetzung für die Versauerung des Sickerwassers. Der atmogene H$^+$-Eintrag beschleunigt die langfristige natürliche und nutzungsbedingte Bodenversauerung. Mobile Anionen starker Mineralsäuren, wie Sulfat und Nitrat, ermöglichen einen Kationenverlust mit dem Sickerwasser auch unterhalb des durchwurzelten Bodens. Organische Säuren bzw. Anionen sind dagegen weitgehend auf den Oberboden beschränkt. Der tiefere Sickerkörper (Untergrund) wirkt in Abhängigkeit von seiner mineralogischen Zusammensetzung (Feldspatverwitterung) und der Durchlässigkeit abhängigen Verweilzeit des Sickerwassers säurepuffernd. Der Eisengehalt des Sickerwassers ist an reduzierende Verhältnisse und wasserlösliche organische Komplexbildner (Fulvosäuren) gebunden. Erhöhte Mn-Konzentrationen des Wassers treten in wechselfeuchten Böden auf. In durchlässigen Böden erfolgt die Mobilisierung von Mn bei schwach saurer, von Al bei stärker saurer und die von Fe bei sehr stark saurer Bodenreaktion.

Alkalisierung
Zur Milderung der Bodenversauerung bzw. zur Neutralisierung des laufenden Säureeintrags führt die Forstwirtschaft Bodenschutzkalkungen mit etwa 3 t ha^{-1} Kalk durch, die nach einigen Jahren zu wiederholen sind. Diese geringe Dosierung führt weder zu einer Umwandlung der Humusform noch zu einer grundlegenden, langfristigen Veränderung der Zersetzergesellschaft.

Die Stäube von Kalk-, Karbid- und Zementwerken sowie Kraftwerken können dagegen zu einer Alkalisierung und starken Erhöhung der Ca-Versorgung der Böden in ihrer Umgebung führen, besonders in einer 10-km-Zone. Magnesitwerke in der Slowakei führten vor der verstärkten Staubfilterung durch die Immission von CaO, MgO und Carbonaten zu einer übermäßigen Anreicherung mit diesen Verbindungen und einer Alkalisierung (pH 7,8–9,1), teils sogar zu einer Verkrustung der Böden in ihrer Umgebung. Die Folge ist ein starker Rückgang in der Diversität der Vegetation.

Die durch frühere starke Staubimmissionen verursachte gebietsweise Aufbasung der Waldböden in Teilen des NO-deutschen Tieflandes ist gegenwärtig durch bessere Staubfilterung in eine Versauerung derselben umgeschlagen, die auf sorptionsschwachen Sandböden auch tiefere Bereiche erfaßt. In der Landwirtschaft reichen die Ca-Einträge aus Mineraldüngung und Atmosphäre in der Regel nicht aus, um die starken Ca-Verluste durch Ernteentzug und säurebedingte Auswaschung zu kompensieren.

Beispiel:
Die Verbrennung von Braunkohle führte in der Vergangenheit zu einer Belastung der Landschaft um Kraftwerke durch Flugaschesedimentation und zu starke SO_2-Immission. Die alkalische Flugasche bewirkte eine Aufkalkung des Bodens, die SO_2-Belastung eine Versauerung, so daß eine teilweise Kompensation vorlag.

9.2.2.4 Belastung mit Schwermetallen

Spurenelemente treten in Konzentrationen < 0,1 Masse-% auf. Die Elementgehalte werden in mg kg^{-1} Bodentrockensubstanz angegeben. Für Organismen lebensnotwendige Spurenelemente werden als Mikronährstoffe bezeichnet. Der natürliche oder geogene Grundgehalt eines Bodens stammt aus dem Ausgangsmaterial der Bodenbildung. Durch bodenbildende Prozesse kann es zu einer An- oder Abreicherung dieser Elemente kommen. Der Bodengehalt hängt damit vom Ausgangsgestein bzw. von der Zusammensetzung der periglazialen Deckschicht und dem jeweiligen Bodenhorizont ab. Die geogenen Grundgehalte werden in der oberen Bodenzone durch Einträge aus der Umwelt überprägt. Bei Zn, Pb, Cd und Cu werden die natürlichen Grundgehalte stark von anthropogen bedingten Schwermetallanteilen überlagert; bei Ni und Cr ist das nur in geringem Maße und örtlich der Fall. Geogene Grundgehalte und diffuse Stoffeinträge in den Oberboden bilden zusammen die **Hintergrundgehalte**. Die Differenz zwischen **Vorsorgewert** und Hintergrundwert entspricht der tolerierbaren Anreicherung von Schadstoffen im Boden (s. Tab. 9.5 und 9.6).

Die Gefahr der Schadstoffanreicherung im Boden besteht für Stoffe, die nicht oder nur schwer abbaubar sind, wie Schwermetalle und gewisse organische Verbindungen. Der Auflagehumus von Waldböden dient als Senke für Schwermetalle. Bodenrichtwerten für Schwermetalle und schwer abbaubare organische Schadstoffe muß die Funktion zukommen, emissionsseitig verschärft gegen die Quellen vozugehen, da hier eine Belastung zu irreversiblen Schäden führt. Bei der Festlegung von Bodenrichtwerten sind die Wirkungen der Schadstoffe auf die Bodenmikroorganismen und ihre Leistungen mit zu berücksichtigen.

Das Umweltrisiko, das von einem bestimmten Gesamtgehalt an Schwermetallen im Boden ausgeht, hängt im starken Maße von dessen Eigenschaften ab. Bei der Beurteilung der relativen Bindungsstärke der Böden für Schwermetalle und einer daraus resultierenden Gefährdungsabschätzung für das Grundwasser berücksichtigt man die Bodenparameter pH-Wert sowie Ton-, Sesquioxid- und Humusgehalt. Zu beachten ist, daß Fe, Mn und Al in kleinen Wassergewinnungsanlagen nicht eliminiert werden.

Tab. 9.6: Vorsorgewerte für Spurenelemente in Abhängigkeit von der Bodenart (Angaben in mg kg^{-1} TM, Königswasserextrakt; s. Bundes-Bodenschutzgesetz 1998).

Element	Ton	Lehm	Sand
Cd	1,5	1	0,4
Pb	100	70	40
Cu	60	40	20
Cr	100	60	30
Hg	1	0,5	0,1
Ni	70	50	15
Zn	200	150	60

Schwermetalleinträge erfolgen außer durch Verwitterung durch atmosphärische Deposition, Düngung und Abfallverwertung (Müllkompost, Klärschlamm u. a.), Schwermetallausträge durch Ernteentzüge, Auswaschung, Erosion und Ausgasung.

Hüttenwerke und Kraftwerke und bislang der Autoverkehr führen zur Schwermetallkontamination des Bodens. Sie ist für urbane Ballungsräume charakteristisch. Böden in Überschwemmungsgebieten von Flüssen, insbesondere solcher aus Gebieten mit Erzbergbau, sind schwermetallbelastet. Hochgelegene Waldgebiete, wie Plateaulagen des Harzes, weisen gegenüber tieferen Lagen erhöhte Schwermetallbelastungen auf, was zu einer deutlichen Schwermetallakkumulation im Auflagehumus führt.

Das jeweilige Verhalten der Schwermetalle im Boden bzw. ihre Bindungsform (z. B. Bildung löslicher Komplexe oder schwerlöslicher Verbindungen) bewirkt ihre Beweglichkeit im Boden und ihre Verfügbarkeit für Pflanzen.

Eine besondere Stellung nehmen **metallorganische Verbindungen** des Pb, Hg, Sn und As ein, bei denen eine Metall-Kohlenstoff-Direktbindung vorliegt. Organometallspezies treten in Böden und besonders in Altlasten auf (im Sickerwasser und in Deponiegasen). Sie können in ihnen durch biotische Methylierung entstehen oder als fertige Verbindungen aus der Umwelt in sie eingetragen werden. Die Verbindungen zeichnen sich durch eine hohe Mobilität in wäßriger Lösung und in der Regel hohe Toxizität (z. B. Dimethyl-Hg) aus. Ihr Abbau erfolgt unter oxidativen Bedingungen.

Langjährige Abwasserverrieselung mit 2 000–4 000 (800–5 000) mm Abwasser pro Jahr, wie auf den **Rieselfeldern** im Raum Berlin (seit 1878, 12 000–22 000 ha) oder Paris, führen zu einer Erhöhung der Gehalte an pflanzenverfügbarem Mn, Cu sowie C, N und P der Böden. Weitere angereicherte Schwermetalle sind Cd, Cr, Ni, Pb und Zn.

Die Oberböden der Rieselfelder sind weiterhin mit organischen Schadstoffen angereichert (PAK, PCB, MKW und Dioxine). Die Einstellung der Abwasserverrieselung (nach dem Bau von Kläranlagen) kann sich negativ auswirken über eine verstärkte Mineralisation der angereicherten organischen Substanz und eine damit verbundene Freisetzung von Nitrat, Sulfat, H-Ionen und Schwermetallen. Mögliche Gegenmaßnahmen sind eine pH-Wert-Stabilisierung oder die teure Zufuhr von Klarwasser. Häufig wurde die landwirtschaftliche Produktion auf den ehemaligen Rieselfeldern aufgegeben.

Nach Einführung der Klärschlammverordnung ist die Gefahr einer Schwermetallbelastung der Böden bei Anwendung von **Klärschlamm** relativ gering (s. 9.5).

Toxische Schwermetalle
Im humosen Oberboden werden **Blei**-Ionen bis zu 80 % an organische Bodenbestandteile sorbiert (metallorganische Komplexe hoher Stabilität). In den Waldböden werden höchste Pb-Gehalte in der Humusauflage gefunden.

Pb geht bei pH ≤ 4 in Lösung. Eine pH-Erniedrigung auf 3 verursacht jedoch nur eine vergleichsweise schwache Mobilisierung im Vergleich zu reduzierenden Bedingungen, die zu einer starken Mobilisierung der Blei-Ionen unter Bildung löslicher organischer Komplexe führen. 75–85 % der Bleiionen werden in mäßig sauren bis alkalischen Böden an Oxidphasen (Al-, Fe- und Mn-Oxide) gebunden. Pb-Adsorbate sind oberhalb pH 5 nur sehr schwach löslich. Schwerlöslich sind Pb-Phosphat sowie Bleisulfid (reduzierendes Milieu). Die geringe Löslichkeit von Pb-Verbindungen führt zu einer nur geringen Verlagerung oder Auswaschung von Pb. Von Ton über Lehm zu Sand werden Vorsorgewerte von 100–70–40 mg kg^{-1} vorgeschagen. Bei diesen Werten ist ein Transfer vom Boden in die Pflanze auszuschließen. Bodengehalte von 40–100 mg Pb kg^{-1} werden unter natürlichen Bedingungen kaum überschritten. In Sachsen (Bergbau, Hüttenwesen) liegen jedoch auf 1 000 ha LF Bodenwerte von 1 000 mg Pb kg^{-1} bzw. von 5 mg Cd kg^{-1} örtlich vor, während die mittleren Gehalte sächsischer Ackerböden 33 mg Pb kg^{-1} und 0,21 mg Cd kg^{-1} betragen.

Der mittlere Pb-Entzug durch die Ernte beläuft sich auf 7g ha^{-1} a^{-1} für Acker und 16 g ha^{-1} a^{-1} für Grünland. Die tolerierbaren Eintragswerte liegen bei 17 g ha^{-1} a^{-1} für Acker und 26 g ha^{-1} a^{-1} für Grünland. Vergleichsweise betrug die nasse Deposition 1994–1996 in ländlichen Gebieten 14–36 g ha^{-1} a^{-1}. Die Pb-Einträge durch Düngung liegen bei etwa 13 g ha^{-1} a^{-1}.

In Nord- und Südeuropa als Gebieten niedriger Emission liegen die mittleren Pb-Gehalte bei 25 mg kg^{-1} Humusauflage, während in Regionen höchster atmosphärischer Belastung die Werte auf > 80 mg kg^{-1} Humus steigen. Auch die Zn-Konzentrationen stiegen in diesen europäischen Regionen von sonst 50 auf > 80 mg kg^{-1} Humus.

Cadmium gehört zu den mobilen Schwermetallen in Böden, niedrige pH-Werte des Bodens steigern seine Mobilität. Die Bioakkumulation des Cd ist hoch. Vorsorgewerte für leichte, mittlere und schwere Böden sind 0,4–1,0–1,5 mg kg^{-1} Boden. Hintergrundgehalte für die Bodenart Sand liegen bei < 0,4 mg Cd kg^{-1}. Die Stabilität organischer Komplexe des Cd im Boden ist wesentlich geringer als die des Hg, was aus der folgenden Stabilitätsreihe für Fulvo- und Huminsäurekomplexe (pH 5–5,5) hervorgeht:

$Hg^{2+} > Fe^{3+} > Al^{3+} > Cu^{2+} Pb^{2+} > Fe^{2+} > Cd^{2+} > Zn^{2+} > Ca^{2+} > Mg^{2+}$

Die Cd-Auswaschungsrate wird bei landwirtschaftlichen Nutzflächen mit 1 g ha^{-1} a^{-1} angenommen. Mittlere Cd-Austräge durch die Ernte betragen in Deutschland auf Acker 0,7 g ha^{-1} a^{-1} und auf Grünland 0,9 g ha^{-1} a^{-1}. Die mittleren Cd-Einträge durch Düngung liegen bei 1,4 g ha^{-1} a^{-1}, die nasse Cd-Deposition erreicht Werte zwischen 1,3 und 4,0 g ha^{-1} a^{-1}. Die tolerierbaren Eintragswerte liegen bei 1,7 g ha^{-1} a^{-1} für Acker und 1,9 g ha^{-1} a^{-1} für Grünland. Bei Pb und Cd ist die atmosphärische Deposition als Eintragspfad bedeutender als die landwirtschaftliche Düngung. Beide Elemente treten zusammen mit As auch in der Muldenaue auf, die durch den Uranbergbau des Erzgebirges belastet ist. Pb und Cd wurden auch durch Oker und Innerste aus dem Bergbaugebiet des Harzes weit in das Harzvorland transportiert (s. 7.3.2.1). Der Cd-Hintergrundwert landwirtschaftlich genutzter Böden in Sachsen beträgt 0,37 mg kg^{-1}. Der Cd-Grenzwert gemäß Klärschlammverordnung liegt mit 1,5 mg kg^{-1} wesentlich höher.

Quellen für **Quecksilber** sind Vulkanexhalationen, Lagerstätten, Erzverhüttung – insbesondere Goldgewinnung –, manche Chemiebetriebe und die Verbrennung fossiler Energieträger. Die hohe Flüchtigkeit des Elements erleichtert den atmosphärischen Transport, durch den es in oxydierter Form in Ökosysteme eingetragen wird.

Die Hg-Konzentration in Böden liegt häufig zwischen 0,02 und > 0,20 mg kg^{-1}. Die Klärschlammverordnung legt einen Bodengrenzwert von 1 mg Hg kg^{-1} fest.

Im Fichtenhumus steigt der Hg-Gehalt vom Ol- über den Of- zum Oh-Horizont an und fällt zum Ah-Horizont ab. Der Oh-Horizont ist daher für den Nachweis einer umweltbedingten Hg-Akkumulation besonders geeignet. Die Amplitude der Gehalte im Oh-Horizont reicht bei nicht besonders belasteten Fichtenstandorten in Ostdeutschland von 0,18 bis 0,86 mg kg^{-1}. Stärkere Unterschiede im Grundgestein wirken sich auf den Hg-Gehalt des Ah-, nicht aber auf den des Auflagehumus aus. Steigende Niederschläge erhöhen durch verstärkten Eintrag den Hg-Gehalt im Tiefland und Mittelgebirge.

In Wassereinzugsgebieten beeinflußt die Hg-Belastung der terrestrischen Ökosysteme den Hg- und Methylquecksilber-Gehalt der zugehörigen aquatischen Ökosysteme. Im Vergleich zu den anorganisch gebundenen Hg-Spezies ist das organisch gebundene Hg toxischer. Der größte Teil des Gesamt-Hg ist organisch gebunden und immobil und gelangt damit nicht ins Grundwasser.

Hg(II) ist der dominierende Oxidationszustand im Boden. In quecksilberorganischen Verbindungen ist das Quecksilber gleichfalls zweiwertig. Durch Reduktion und Methylierung des Hg entstehen im Boden die Verbindungen Hg°, CH_3Hg^+ und CH_3HgCH_3. Methylquecksilber besitzt eine höhere Mobilität als Hg^{2+}. Hierdurch, sowie durch lösliche Fulvosäurekomplexe des Hg, wird die Beweglichkeit des Elementes im Boden stark erhöht.

Die Bindung zwischen Hg und C ist covalent und in Wasser, schwachen Säuren und Basen stabil. Die Bildung des **Methylquecksilbers** unter reduktiven Bedingungen erfolgt durch Mikroorganismen, daneben ist auch eine chemische Methylierung möglich. Die Methylquecksilberkonzentrationen in Böden schwanken zwischen 0,05–4,3 µg kg^{-1}. Da Hg^{2+} und etwas schwächer CH$_3$Hg$^+$ an Huminsäuren gebunden werden, reichert sich Hg im Auflagehumus und humosen Oberboden von Waldböden an.

Sonstige Schwermetalle: Über die Schwermetallbelastung der Böden des Osterzgebirges im Vergleich zu denen in Mecklenburg-Vorpommern unterrichtet Tab. 9.7. Über **Düngemittel** wird neben Cd auch Chrom (Thomasphosphat) in den Boden eingetragen. Bei intensiver Landwirtschaft kommt es über die Tierhaltung zu einer Schwermetallbelastung der Böden. **Gülle** enthält insbesondere die Elemente Cu und Zn. Dieser Zn-Effekt kann größer als der von Klärschlamm sein. Zink wird ferner in großen Mengen durch die Industrie, aber auch durch Haushalte emittiert und gelangt über die Atmosphäre oder organische Dünger (Stadtkomposte) in den Boden.

Tab. 9.7: Mittlere Gesamtelementgehalte in Waldböden des Osterzgebirges (OEG) und Mecklenburg-Vorpommerns (MV). O- bis einschließlich B/C-Horizont. Nach KLINGER 1995.

Element		OEG	MV	Quotient
As	[mg/kg]	93	5	18,6
Pb	[mg/kg]	248	27	9,2
Cd	[mg/kg]	0,54	0,11	4,9
Zn	[mg/kg)	129	30	4,3
V	[mg/kg]	93	13	3,7
Mg	[g/kg]	3,35	0,93	3,6
Fe	[g/kg)	22,75	6,50	3,5
Ni	[mg/kg]	14,5	5	2,9
Co	[mg/kg]	14	5	2,8
Al	[g/kg]	44,01	16,30	2,7
K	[g/kg]	11,80	4,54	2,6
Cr	[mg/kg]	62	24	2,5
Cu	[mg/kg]	13	5	2,6
Ti	[g/kg]	3,75	1,50	2,5
pH (H$_2$O)		4,00	4,19	1,8
pH (KCl)		3,22	3,57	2,3
S	[mg/kg]	1320	660	2,0
C	[g/kg]	218,5	115	1,9
Na	[g/kg]	5,19	2,73	1,9
Ba	[mg/kg]	423	235	1,8
N	[g/kg]	13,8	8,1	1,7
Mn	[mg/kg]	641	377	1,7
P	[mg/kg]	702	413	1,7
Sr	[mg/kg]	78	49	1,6
Ca	[g/kg]	3,77	2,69	1,4

9.2.2.5 Belastung mit organischen Stoffen

Die organischen Schadstoffe sind vorwiegend anthropogener Herkunft. Im Boden sind hydrophobe organische Chemikalien stärker an dessen feste oder gelöste organische Substanz gebunden, woran die Wasserstoffbrückenbindung beteiligt ist (Abb. 9.3). Eine Differenzierung nach Bodenarten, wie bei den Schwermetallen, wird daher nicht vorgenommen. Die wasserlösliche organische Substanz (DOM) des Sickerwassers verlagert hydrophobe Schadstoffe.

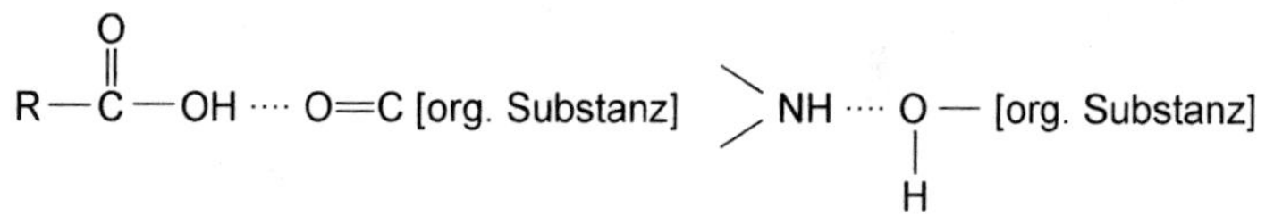

$$R-\overset{\overset{O}{\|}}{C}-OH \cdots O=C\,[\text{org. Substanz}] \qquad \underset{H}{\overset{}{>}}NH \cdots O-[\text{org. Substanz}]$$

Abb. 9.3: *Wasserstoffbrückenbindung zwischen organischen Verbindungen und Huminstoffen.*

Durch die Filterwirkung des Waldes erhalten die Waldböden erhöhte Einträge an organischen Schadstoffen. Die organische Substanz des Bodens stellt den wichtigsten Sorbenten für diese Stoffgruppe dar. Die Anreicherung im Boden erfolgt im O- und Ah-Horizont. Die höchsten Gehalte treten im Oh-Horizont auf. Höhere Konzentrationen als im Boden können die Schadstoffe in Bodenorganismen erreichen.

Die organischen Schadstoffe können im Boden mikrobiell abgebaut werden. Beim mikrobiellen Abbau werden aus hochpolymeren Stoffen niedermolekulare gebildet, die unter Umständen als Gase den Boden verlassen. Einige der entstehenden Metaboliten können selbst kanzerogen wirken. Zwischenprodukte des Abbaus können an die organische Substanz des Bodens in nicht extrahierbarer Form gebunden werden („gebundene Rückstände").

Niedermolekulare organische Stoffe wie Trichlormethan sind im Boden leicht beweglich und gefährden deshalb das Grundwasser. Noch abbaubar sind Verbindungen wie Benzen, Toluen, Xylen, Kohlenwasserstoffe (Mineralöl-Kohlenwasserstoffe MKW) und Erdöl. Persistent sind hochtoxische, schwerlösliche, ringförmige synthetische Verbindungen, wie polyaromatische Kohlenwasserstoffe, polychlorierte Biphenyle, polychlorierte Dibenzofurane (PCDF) und polychlorierte Dibenzodioxine (PCDD), halogenierte aromatische Verbindungen mit Sauerstoffatomen, aromatische Amine und manche Pestizide. Halogenorganische Substanzen sind in der obersten Bodenschicht von industriellen Ballungsgebieten, wie der Bitterfelder Region, angereichert. Ihr mikrobiologischer Abbau gelingt nur über Kometabolismus, wobei eine Hydroxylierung häufig der erste Schritt ist. Unter Kometabolismus versteht man die Metabolisierung eines nicht zum Wachstum nutzbaren Substrats in Gegenwart eines zum Wachstum geeigneten Substrats. Die Halbwertszeit für den mikrobiellen Abbau von DDT beträgt unter aeroben Bedingungen 5 400 Tage, unter anaeroben Verhältnissen nur 200 Tage.

Spezielle Organische Verbindungen
Toxizität, Abbaubarkeit und Mobilität bestimmen das Gefährdungspotential organischer Umweltchemikalien. Sie werden zur Analyse mit organischen Lösungsmitteln aus dem Boden extrahiert. Erwähnt seien Hexachlorbenzol, Hexachlorcyclohexan und Pentachlorphenol, ferner die Mineralölkohlenwasserstoffe.
Mineralölkohlenwasserstoffe (MKW) umfassen n-Alkane (C_{10}–C_{39}), Isoalkane und aromatische Kohlenwasserstoffe. Bodenverunreinigungen mit ihnen gehen auf die Gewinnung, den Transport und den Umgang mit Erdöl und Erdölprodukten (Rohöl, Heizöl, Dieselöl, Schmieröl) zurück. Benzin enthält kurzkettige Alkane (C_4–C_{12}) und Monoaromate.
Eine besondere Gefährdung stellen **polycyclische aromatische Kohlenwasserstoffe** (PAK) dar, die verschiedene mutagene und kanzerogene Verbindungen enthalten. Beispiele sind Naphthalin, Acenaphthylen, Acenaphthen, Fluoren, Phenanthren, Anthrazen (MG 178 g mol^{-1}), Fluoranthen ($C_{15}H_{10}$), Pyren (MG 202 g mol^{-1}), Benz(a)anthracen, Chrysen, Benzo(b)fluoranthen, Benzo(k)fluoranthen, Benzo(a)pyren (besonders toxisch und persistent, kancerogene und mutagene Aktivität), Dibenzo(a, h)anthracen, Indeno(1,2,3-cd)pyren und Benzo(g, h, i)perylen (Abb. 9.4).

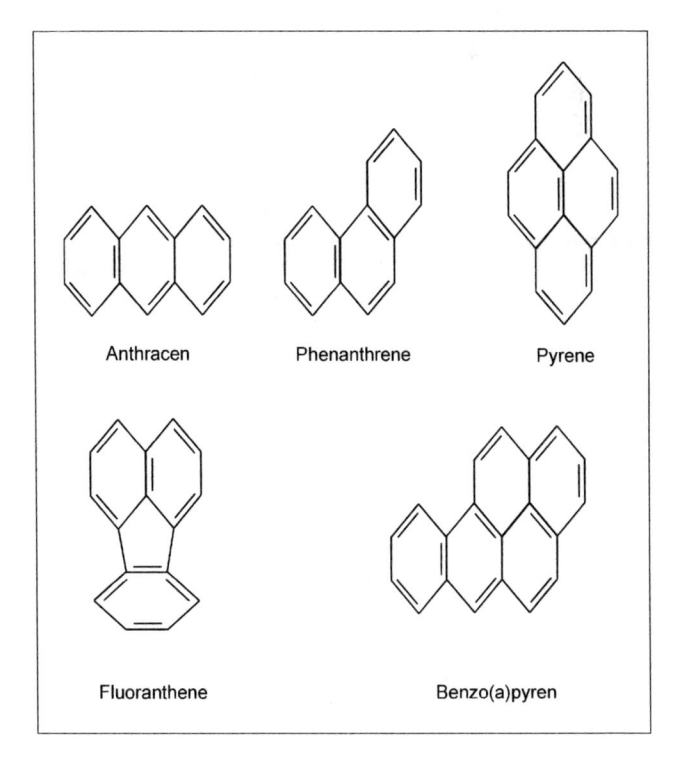

Abb. 9.4: Organische Schadstoffe.
a) Polycyclische aromatische Kohlenwasserstoffe (PAK).

Abb. 9.4: Organische Schadstoffe.
b) Polychlorierte Biphenyle (PCB) $C_{12}H_{10-(x+y)}Cl_{(x+y)}$.

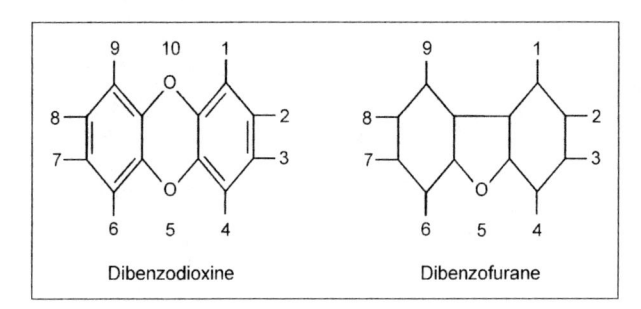

Mögliche Substitution von H durch Cl in den Molekülhälften x und y

c) Dibenzodioxine und Dibenzofurane. Polychlorierte Dibenzodioxine (PCDD) und polychlorierte Dibenzofurane (PCDF) können Cl-Atome in den Positionen 1–4 und 6–9 aufweisen.

Die polycyclischen aromatischen Kohlenwasserstoffe (PAK) weisen unterschiedliche Molekulargewichte auf (z. B. 2-Ring Naphthalin, 3-Ring Anthracen, 4-Ring Fluoranthen, 5-Ring Benzofluoranthen, 6-Ring Benzoperylen). Niedermolekulare PAK (2 und 3 Ringe) können im Boden gelöst verlagert und durch Bakterien mineralisiert werden, vier- und mehrkernige Verbindungen sind auf den Kotransport mit gelöster organischer Substanz angewiesen und hoch persistent. PAK entstehen bei allen natürlichen wie technischen unvollständigen Verbrennungsprozessen. Sie treten auf den hochbelasteten Standorten der Gaswerke und Kokereien (Steinkohlenteer, Teeröl) auf. PAK-Einträge erfolgen heute vorwiegend über die Luftpfad (Emissionen von Verbrennungsanlagen) sowie durch Einträge in flüssiger (Holzschutzmittel) und fester Form (Teer, Dachpappe). Verbrennungsrückstände aus Kohleheizungen liefern Phenanthren, Benzanthrazen und Benzopyren. Die PAK können mit der organischen Substanz des Bodens feste Verbindungen eingehen. Für Pyren ist die Sorptionskapazität aufgrund der stärkeren Hydrophobizität dieser Verbindung deutlich höher als für Phenanthren. Für Ackerböden schwankt das 90-Perzentil zwischen 0,1 und 0,8 mg kg^{-1} Boden. Waldböden können höhere Gehalte als Ackerböden aufweisen. Bei Ferntransport nimmt hier der Gehalt mit steigender Höhenlage insbesondere im Auflagehumus zu (Summengehalte 2–30 mg kg^{-1}). Urbane Böden sind oft mit PAK und polychlorierten Biphenylen (s. u.) belastet. Böden von Kokereistandorten können Benzol, Xylol und PAK aufweisen. Bei Toluol findet eine tiefgründige Verlagerung statt.
Der Boden ist das wichtigste Speichermedium für PAK in der Umwelt. Der Vorsorgewert für Böden mit einem Humusgehalt < 8 % liegt bei 3 mg kg^{-1} Boden. Nach holländischen Maßstäben liegt der Wert für 10 PAK im Falle guter Bodenqualität bei 1 mg kg^{-1}, der Interventionswert, bei dem die Umwelt gefährdet ist, bei 40 mg kg^{-1}. Hintergrundwerte bayerischer Waldböden betragen im O-Horizont 2,5 mg kg^{-1} und im Oberboden 2,0 mg kg^{-1}. Im Einflußbereich von Heizkraftwerken kann der Boden erhöhte Werte annehmen. In Nordostbayern wurden im Oh-Horizont unter Wald zwischen 1,5 und 19 mg kg^{-1} gemessen.

Polychlorierte Biphenyle (PCB) sind technischer Herkunft und ubiquitär verbreitet. Ihr Vorsorgewert liegt im Falle geringen Humusgehalts des Bodens bei 50 µg kg^{-1} (90-Perzentil). Insbesondere die höhermolekuraren Verbindungen sind persistent und wegen ihrer geringen Wasserlöslichkeit im Boden nur wenig beweglich. Ihre Sorption im Boden erfolgt über Huminstoffe. Bodensanierung ist ab 10 mg kg^{-1} Boden-TM erforderlich. Seit 1985 ist das Inverkehrbringen dieser Verbindungen in der EU verboten. Erwähnt seien die Tri-, Tetra-, Penta-, Hexa- und Heptachlorbiphenyle.

Feuerungsanlagen einschließlich Müllverbrennungsanlagen, Straßenverkehr sowie Metallerzeugung und -verarbeitung können Quelle atmosphärischer Depositionen von polychlorierten **Dibenzo-p-dioxinen** und **Dibenzofuranen** sein, die den Boden belasten. Die Stoffe können auch aus Rückständen der Chloralkalielektrolyse stammen. Dioxine sind tricyclische, chlorierte aromatische Ether, sie besitzen durch Sauerstoff verbundene Phenylringe. Bekannt ist das „Sevesogift" 2,3,7,8-Tetrachlordibenzo-p-dioxin (2,3,7,8-TCDD). Sehr giftig ist auch das 2,3,4,7,8-Pentachlordibenzofuran.

Tenside (Detergenzien, grenzflächenaktive Stoffe) setzen die Grenzflächenspannung von Wasser und anderen Flüssigkeiten herab. Sie besitzen einen hydrophoben Kohlenwasserstoffrest und eine hydrophile Gruppe. Man unterscheidet kationische, anionische, nichtionische und Amphotenside, ferner aromatische und aliphatische Tenside. Die anionaktiven Tenside enthalten als hydrophile Gruppe –COO$^-$ oder –SO$_3^-$ (s. Formel):

primäres Alkylsulfat R-CH$_2$-OSO$_3$Na mit R z. B. C$_{13}$H$_{27}$.

Als weitere Beispiele für Tenside seien lineare Alkylbenzensulfonate (LAS) und Cetylbenzyldimethylammoniumchlorid genannt. Tenside ermöglichen eine Myzellbildung um Partikel, sie besitzen bakteristatische Eigenschaften. Kationische Tenside können Ca-Ionen mobilisieren. Kationtenside und nichtionische Tenside bewirken eine Hydrophobierung der Schichtsilicatoberfläche.

Tenside gelangen in den Boden als Zusätze zu Pflanzenschutzmitteln (sie stabilisieren Emulsionen), ferner über die Verregnung unzureichend gereinigten Abwassers und die Verwendung von Klärschlamm (3 000–12 000 mg Kationtenside/kg Klärschlamm). Als mögliche Sanierungsverfahren für Böden, die mit diesen organischen Verbindungen belastet sind, kommen in Frage: Förderung natürlicher Bodenorganismen oder Einbringen von mikrobiellen Abbauspezialisten; Bodenwäsche mit Chemikalien, die die Löslichkeit der Schadstoffe erhöhen; Zugabe von Sorbenten zur Immobilisierung der Stoffe.

Trinitroaromaten (Pikrinsäure, 2,4,6-Trinitrotoluol) als eine Kriegsaltlast (Sprengstoff) können durch oxidativen mikrobiellen Angriff häufig nicht vollständig mineralisiert werden, da die Nitrogruppe die initiale Oxygenierung erschwert. Während Pikrinsäure noch bakteriell angegriffen und durch Niederschläge aus dem Boden ausgewaschen werden kann, ist TNT kein Wachstumssubstrat für Bodenorganismen und daher im Boden sehr resistent. Unter anaeroben Bedingungen ist aber eine Reduktion zum 2,4,6-Triaminotoluol möglich.

Pflanzenschutzmittel

Diese auch als Pestizide bezeichneten Stoffe dienen der Ertragssicherung. Der Aufwand sollte möglichst niedrig gehalten werden. Die Stoffe gelangen bei ihrer Anwendung auch in den Boden. Abbau und Verlust eines Pflanzenschutzmittels (PSM) im Boden werden durch mikrobielle und chemische Abbauprozesse sowie physikalische Verteilungsprozesse (Adsorption – Desorption, Verflüchtigung und Mobilität) bestimmt (Übersicht 9.2).

Oxidation	Dehalogenierung
Reduktion	Hydroxylierung
Hydrolyse	Dealkylierung

Übersicht 9.2: Prozesse, die Pestizide im Boden transformieren.

Der **Abbau** von Pflanzenschutzmitteln wird studiert, um die Abbaugeschwindigkeit bzw. Persistenz derselben sowie die Art und Menge ihrer Abbauprodukte zu ermitteln. Zur Charakterisierung der Stabilität der Wirkstoffe dient die **Halbwertszeit**. Diese liegt für Stoffe wie Simazin und Atrazin je nach Boden bei 35–110 Tagen. Der Abbau im Boden hängt dabei von Bodentemperatur und Bodenfeuchte sowie dem Humusgehalt und damit der mikrobiellen Aktivität ab. Der größte Teil der ausgebrachten Biozide wird im Oberboden abgebaut. Die meisten amtlich zugelassenen Pflanzenschutzmittel sind nach Ablauf eines Jahres im Boden nicht mehr nachweisbar. Der mikrobielle Abbau wird gefördert durch flache Einarbeitung von Ernterückständen bzw. leicht abbaubaren organischen Substanzen in die Ackerkrume, durch Anbau von Zwischenfrüchten und durch Belüftung des Bodens (flache Bodenbearbeitung). An der Grenzfläche Boden/Luft erniedrigt sich die Konzentration einiger Pflanzenschutzmittel durch Verflüchtigung, sie gehen im gasförmigen Zustand in die Atmosphäre über. Die Volatilität wird u. a. durch die Bodentemperatur und Bodenfeuchtigkeit beeinflußt.

Die **Mobilität** der Pestizide und ihrer Rückstände bestimmt die Auswaschung und damit die Wahrscheinlichkeit für eine Grundwasserkontamination. Eine Reduzierung der Sickerwassermenge und damit der Auswaschung ist über eine verstärkte Nutzung des Bodenwassers (Transpiration) möglich. Zusätzlich werden auch Kenntnisse über die Mobilität der Abbauprodukte der Wirkstoffe im Boden benötigt.

Die triazinhaltigen Herbizide Atrazin und Simazin wurden wiederholt im Grundwasser nachgewiesen (Abb. 9.5). Die Verlagerung von Pflanzenschutzmitteln im Boden bis zum Eintrag in das Grundwasser tritt jedoch relativ selten auf. Abweichungen hiervon sind bei Böden möglich, die sich durch einen hohen Gehalt an Makroporen (Wurzelkanäle, Regenwurmröhren, Risse, Klüfte) auszeichnen. Schluffböden können dadurch durchlässiger sein als Sandböden.

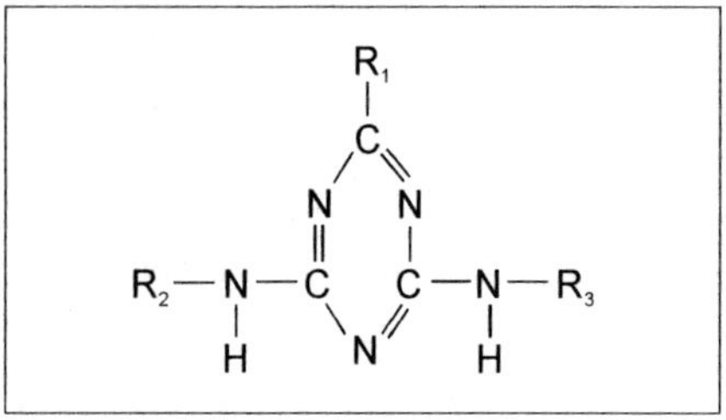

Abb. 9.5: Triazine.

Die **Adsorption** der Wirkstoffe an Bodenpartikel beeinflußt nicht nur ihre biologische Wirkung, sondern auch ihre Verfügbarkeit für Abbaureaktionen. Für niedrige Lösungskonzentrationen steigt die je Gewichtseinheit Boden adsorbierte Biozidmenge proportional zur Konzentration des Stoffes in der Gleichgewichtslösung. Für erhöhte Konzentrationen gilt die Freundlich-Adsorptionsisotherme.

Pestizide verteilen sich im Boden auf Luft, Bodenlösung und feste Phase. Dadurch wird die Mobilität und biologische Verfügbarkeit bestimmt. Besonders interessiert die Adsorption der Stoffe aus der Bodenlösung, weil sie Rückschlüsse auf das praktische Verhalten und die geeignete Anwendung der Mittel erlaubt. Es gibt Stoffe, die sehr stark, und solche, die so gut wie nicht sorbiert werden. Nichtionisierte meist hydrophobe Pestizide werden von der organischen Substanz des Bodens adsorbiert. Ionisierte Pestizide, sofern Kationen, werden an Tonminerale gebunden. Wenn sie schwache Säuren oder Basen sind, ist ihre Adsorption pH-abhängig. So werden Pestizide als schwache Säuren bei niedrigem pH stärker sorbiert, während ihre Anionenform von den negativ geladenen Oberflächen abgestoßen wird.

Unter den organischen Pestiziden gibt es persistente Stoffe, für die im Falle wiederholter Anwendung die Gefahr der Akkumulation im Boden besteht. Solche Substanzen, insbesondere halogenierte Aromaten, sollten deshalb nur in Ausnahmefällen eingesetzt werden. Die **Persistenz** dem Boden zugesetzter organischer Stoffe, wie Insektizide, Fungizide, Herbizide, Mittel gegen Nematoden, Nitrifikationsinhibitoren und Wachstumsregulatoren, hängt von der Verfügbarkeit (Lösung), von Transferprozessen (Auswaschung, Evaporation) und von dem eigentlichen Abbau der Stoffe bzw. der Stabilität ihrer funktionellen Gruppen ab. Die Persistenz variiert von Wochen bis Jahren. Der mikrobielle Abbau entfällt weitgehend im Unterboden. Die Belastung des Bodens durch Biozide ist groß, wenn diese stark sorbiert werden und kaum flüchtig sind und ihre chemische wie biologische Degradation gering ist. Organochlor-Insektizide wie DDT gehören in diese Gruppe von Verbindungen.

Bodentiere, wie Regenwürmer, können die Biozide in ihrem Körper gegenüber dem Boden anreichern. Sie schleusen diese Stoffe in die Nahrungskette ein. Im Intensivobstbau sind die Bodenorganismen starken Belastungen durch Agrochemikalien ausgesetzt.

Auf einen chemischen Pflanzenschutz kann nicht verzichtet werden. Er sollte aber auf das unbedingt notwendige Maß beschränkt bleiben. Eine genaue Dosierung sowie der zeitlich richtige Einsatz der Biozide ist wesentlich, weil die Dekontamination belasteter Böden schwierig ist.

9.2.2.6 Rezyklierung organischer Abprodukte

Der interne Stoffkreislauf landwirtschaftlicher Betriebe ist wegen des hohen Ausstoßes an Pflanzen- und Tierprodukten nicht geschlossen. Deshalb besteht die Notwendigkeit einer Zufuhr von organischer Substanz aus anderen Quellen.

Die Bioabfälle werden unter aeroben Bedingungen kompostiert, was gleichzeitig ihrer Hygienisierung dient, oder unter anaeroben Bedingungen vergoren. Die Komposte oder Gärrückstände müssen seuchen- und phytohygienisch unbedenklich sein. Innerhalb von drei Jahren dürfen nicht mehr als 20–30 t Bioabfall-TM ha^{-1} ausgebracht werden. Während dieser Zeit darf nicht gleichzeitig mit Klärschlamm gedüngt werden. Die Anwendung ist bodenanalytisch zu überwachen. Mit 30 t Bioabfallkompost-TM werden etwa 0,5 t N, 0,3 t P, 0,3 t K, 1,1 t Ca und 0,2 t Mg verabreicht. In Wäldern werden bisher keine Bioabfälle ausgebracht.

Klärschlamm ist das Nebenprodukt der aeroben mechanisch-biologischen Reinigung meist häuslicher Abwässer. Die Frischschlämme werden unter anaeroben Bedingungen ausgefault (Faulschlamm). Der in großen Mengen anfallende Klärschlamm wird wegen seines Gehaltes an organischer Substanz und Pflanzennährstoffen seit langem zur Verbesserung des Bodengefüges und der Pflanzenernährung eingesetzt. Klärschlamm wird jedoch nur selten direkt in den Boden eingebracht, sondern vorher einem biologischen Rotteprozeß (aerob) unterworfen, über den auch die hygienischen Voraussetzungen für den Einsatz dieser Stoffe zu erfüllen sind (s. 9.2.3). Gleichzeitig wird ein Teil der halogenierten Kohlenwasserstoffe abgebaut und die Bildung von H_2S verhindert.

Die Verwendung dieser organischen Dünger wird aber durch Begleitstoffe eingeschränkt. Hierzu rechnen neben unerwünschten persistenten organischen Verbindungen (Chloraromate) die Schwermetalle (Zn, Pb, Cu, Cd). Deshalb dürfen nur solche Klärschlämme und Müllsorten zu organischen Düngern verarbeitet werden, deren Schwermetallgehalt relativ gering ist. Klärschlamm sollte folgende Gehalte in mg · kg^{-1} TM an Schwermetallen nicht überschreiten:

- Cu: 600–1 200
- Zn: 1 500–3 000
- Pb: 200–1 200
- Ni: 100– 200
- Cr: 150–1 200
- Cd: 4–   20
- Hg: 5–   25 ppb.

Als Anhalt sei eine Ausbringungsmenge von 5 t Klärschlamm-TM je Hektar in 3 Jahren genannt. Die alkalische Reaktion von Klärschlamm und Stadtkompost sorgt für eine geringe Löslichkeit der Schwermetalle. Geeignete Objekte für den Einsatz dieser Dünger sind Industriepflanzen bzw. nachwachsende Rohstoffe und Zierpflanzen.

Böden unter Wald sowie in Wassereinzugs- und Naturschutzgebieten sind von einer Materialeinbringung zum Zwecke der Rezyklierung weitgehend auszunehmen.

Beispiel:
Im Jahre 1995 wurden in Deutschland 19 030 t Klärschlamm und Klärschlammkompost-Trockenmasse auf insgesamt 3 374 ha Ackerfläche ausgebracht. Die Schadstoffbelastung der Klärschlämme war gegenüber früheren Jahren deutlich gesunken. Der Cd-Gehalt lag bei 1,75 mg kg^{-1}.

Komposte als Ausgangsstoffe für Kultursubstrate müssen salzarm (chlorid- und natriumarm), ausgereift, fremdstoffarm (Glas, Metall), strukturstabil und hygienisch einwandfrei sein.

9.2.3 Biologische Belastungen

Mit **Bodengesundheit** wird die Fähigkeit des Bodens bezeichnet, als belebtes System innerhalb eines Öko- oder Landnutzungssystems fortlaufend zu wirken. Bodenorganismen und biotische Prozesse können daher als Indikatoren der Bodengesundheit dienen. Die Böden sind vor nachteiligen Veränderungen der Populationen von Bodenorganismen in quantitativer und qualitativer Hinsicht zu schützen. Schützenswert und häufig gegenüber Schadstoffen empfindlich sind die biologische N-Bindung (Rhizobium), die Mykorrhizapilze, die Nitrifikation (Nitrosomonas, Nitrobacter), das mikrobielle Artenspektrum als Abbaupotential sowie die Mineralisierung von organisch gebundenem C, N, P und S. Reversible Beeinträchtigungen, die weniger als 50 % ausmachen und nicht länger als 60 Tage (Regenerationszeit) dauern, sind tolerierbar. Solche Störungen kommen häufig beim Einsatz von Pflanzenschutzmitteln (Bakteriziden, Fungiziden) vor.

Die Pflege der Bodenorganismen mit dem Ziel, ihre Leistungen zu gewährleisten und zu steuern, trägt zum Bodenschutz bei. Solche bodenbiologischen Leistungen sind die Bildung und Stabilisierung von Bodenkrümeln, die Mineralisierung der organischen Substanz und die Ausübung antagonistischer Wirkungen gegenüber Krankheitserregern, insbesondere Phytopathogenen. Bei der Mineralisierung sind Unterwie Überaktivitäten der Organismen zu vermeiden, um sowohl im Wald den Abbau der Streu und die Nährstofffreisetzung aus der organischen Substanz des Bodens zu gewährleisten als auch einen Humusschwund zu vermeiden, wie er bei intensiver Ackernutzung oder bei Grundwasserabsenkungen auftreten kann.

Die **Bodenhygiene** untersucht den hygienischen Status von Böden sowie von Dünge- und Bodenverbesserungsmitteln. Zu erfassen ist der sanitär-hygienische bzw. sanitär-epidemiologische Zustand, der durch das Vorhandensein von Schadstoffen und pathogenen Organismen bzw. deren Indikatoren gekennzeichnet ist.

Die Rezyklierung tierischer und menschlicher Exkremente als Stallmist, Jauche, Gülle, Klärschlamm und Abwasser, ferner von pflanzlicher Substanz mit Parasitenbefall sowie weiterer infizierter Stoffe läßt die Frage nach der hygienischen Unbedenklichkeit entsprechender Verfahren aufkommen. Bei der aeroben **Stallmistrotte** und der **Kompostierung** erhitzen sich die Substrate als Folge mikrobiologischer Abbauprozesse so stark, daß tierische und pflanzliche Krankheitserreger absterben. Die verbleibenden thermophilen Mikroorganismen werden nach Anwendung der Rotteprodukte von der stabilen Mikrobenpopulation des jeweiligen Bodens im Wettbewerb um die Nahrung schnell reduziert, so daß keine Bedenken zu bestehen brauchen.

In Kompostierungsanlagen soll bei einem Wassergehalt von $\geq 40 \%$, pH 7 und optimaler Belüftung eine Temperatur von ≥ 55 °C über 2 Wochen gehalten werden. Bei Vergärungsanlagen

werden solche Temperaturen für 24 h erreicht, ergänzt durch eine kurze thermische Nachbehandlung bei 70 °C oder eine aerobe Nachrotte (Kompostierung) der Gärrückstände. Bei der Endproduktkontrolle wird auf Abwesenheit von Salmonellen und keimfähigen Samen geprüft.
Humanpathogene Mikroorganismen sind bis auf folgende Ausnahmen natürlicher Weise nicht im Boden angesiedelt: *Clostridium tetani* (Erreger des Tetanus), *Cl. botulinum* (Erreger des Botulismus), *Cl. perfringens* (Erreger des Gasbrandes), *Aspergillus fumigatus* und einige andere Erreger von Hautmykosen. Pathogene Mikroorganismen gelangen jedoch durch Fäkalien von Mensch und Tier in den Boden, z. B. Enterobacteriaceae (Salmonellen, Shigellen), Lactobacteriaceae (Enterococcen) sowie Enteroviren. Auch Staphylokokken können als Bodenkontaminanten auftreten. Fäkalien des Menschen können zusätzlich einen hohen Gehalt an Helminthen aufweisen.
Spezifische Kontaminationsquellen des Bodens sind Klärschlamm, Gülle und Abwässer.
Im **Siedlungsmüll** können neben humanpathogenen Keimen, wie solchen der TPE-Gruppe, auch pflanzenpathogene Keime enthalten sein. Beim **Stadtkompost** wird in der technischen Herstellungsvariante die organische Substanz mit Wasser und Luft versetzt und auf etwa 70 °C erhitzt, so daß sich die natürlichen Prozesse beschleunigt abspielen. Das Endprodukt wird einer Nachrotte unterzogen, so daß auch hier die primären Organismen ausgeschaltet sind. Die Kontamination des Bodens mit pathogenen Keimen ist deshalb gering.
Faulschlamm mit 3–10 % TM wird in Trockenbeeten zu einem Produkt mit 40–50 % TM oder über Trocknung bei 65 °C bis 100 °C zu Trockenschlamm mit 85–90 % TM umgeformt. Im **Klärschlamm** wird durch den Faulprozeß die Zahl der pathogenen Keime reduziert. Ausgefaulter Klärschlamm enthält aber noch Keime, wie z. B. solche der Salmonella-Gruppe und Viren. Da eine Entseuchung des Klärschlammes in der Regel nicht erfolgt, muß er als gesundheitsgefährdend angesehen werden. Die pflanzenbauliche Verwendung von Klärschlamm erfordert deshalb die Einhaltung von Hygienenormativen. Die anzustrebende Kompostierung von Klärschlamm mit anderen Abfallstoffen wirkt sich auf den hygienischen Zustand positiv aus. Die Ausbringung von Klärschlamm ist auf forstwirtschaftlich genutzten Böden verboten.
Gülle kann als pathogene Keime u. a. MKS-Viren, Mykobakterien, verschiedene Leptospiren und Salmonellen enthalten. Da eine Entseuchung nicht stattfindet, muß Gülle als potentiell infektiös angesehen werden. Salmonellen sind besonders in Geflügelgülle (Enten, Hühner) enthalten.
Bei der Verwertung kommunaler **Abwässer** werden dem Boden außer organischen Substanzen auch Mikroben zugeführt. 1 ml Rohabwasser kann > 10^6 Keime enthalten, von denen etwa 10 % pathogen sind, darunter die in Fäkalien enthaltenen pathogenen Darmkeime der TPE-Gruppe. Aber auch Leptospiren, pathogene E. coli, Vibrionen, Clostridien, Mykobakterien, Yersinen, verschiedene Enteroviren sowie Reo-, Adeno- und Hepatitisviren können im Rohabwasser enthalten sein. Selbst bei zweistufigen Abwasserreinigungsverfahren werden die Krankheitserreger nur teilweise eliminiert.
Kontaminierter Boden besitzt ein Selbstreinigungsvermögen, das zur Eliminierung pathogener Keime bei Abwasserverregnung führt. Aufgrund seiner Filterwirkung (Feinporen < 0,2 µm) hält der Oberboden die meisten Mikroben aus Abwassergaben mechanisch zurück. Diese allochthonen Mikroben werden durch die autochthone Mikroflora des Bodens beseitigt (Antibiotica- und Säurebildung, Konkurrenz um Nahrung, Bakteriophagen). Das Reinigungvermögen des Bodens hängt stark von der Bodenart und dem Bodengefüge sowie von dem Auftreten von Tiergängen, Wurzelbahnen und Bodenspalten ab. Zu kurze Zeiten zwischen den Abwasser-(Gülle-)Gaben setzen das Filtrationsvermögen des Bodens herab. Begrünte (Rhizosphäre) sowie saure Böden verkürzen die Überlebenszeit pathogener Mikroben im Vergleich zu unbewachsenen bzw. neutralen Böden. Coliforme Bakterien überleben im Boden länger als Salmonellen.

9.2.4 Bodendauerbeobachtungsflächen und Grundwasserschutzgebiete

Böden unterliegen natürlichen wie anthropogenen Veränderungen. Veränderungen der Bodenqualität erfolgen häufig unmerklich über lange Zeiträume und sind meist schwer rückgängig zu machen. Um Langzeitveränderungen im Boden bzw. negative Entwicklungen erkennen und ihnen rechtzeitig entgegenwirken zu können, wurden ab 1986 **Bodendauerbeobachtungsflächen** durch die Geologischen Landesämter für typische Standorte eingerichtet. An diesen Flächen sollen Bodenveränderungen unter verschiedenen Einwirkungen und auf unterschiedlichen Standorten durch Zeitreihenuntersuchungen erfaßt werden. Berücksichtigt werden z. B. Bodenrepräsentanz, Belastungssituationen (Immissionsgebiete), Wald-, Acker- und Grünlandböden, Flächen ohne Nutzung (Naturschutzflächen), Feuchtstandorte, Grundwassergewinnung, gewässerschonende Landbewirtschaftung, Düngung, Flächen mit und ohne Erosion. Auf Bodendauerbeobachtungsflächen werden bodenphysikalische, bodenchemische und bodenbiologische Untersuchungen durchgeführt. Diese Flächen gestatten, Bodenbelastungen schneller zu erkennen, wenn man ihre übliche Merkmalsdokumentation zur Beschreibung des aktuellen Zustandes des Bodens durch Messungen von Stoffein- und -austrägen sowie der Stoffanreicherung im Boden ergänzt.

Ein Ziel der Bodendauerbeobachtung ist die langfristige Überwachung der Veränderungen der Böden. Sie erfüllt die Aufgabe eines Frühwarnsystems für schädliche Bodenveränderungen und ist Bestandteil eines integrierten Umweltmonitorings. Dem gleichen Ziel dienen periodische Waldbodeninventuren (Bodenzustandserhebungen im Wald, BZE, $8 \cdot 8$- oder $4 \cdot 4$-km-Raster; s. 8.5) und forstliche Dauerbeobachtungsflächen (DBF) mit kontinuierlicher Zustandserfassung. Letztere repräsentieren die wichtigsten Waldökosysteme. Sie dienen u. a. der Erfassung chemischer Parameter im Niederschlag, in der Bodenlösungs- und der Bodenfestphase.

Die Medien Wasser und Boden nehmen eine zentrale Stellung im Naturhaushalt ein. Der Schutz des Grundwassers ist von dem des Bodens nicht zu trennen, zumal der Boden Grundwasser speichert. Für die Bodennutzung und Düngung in **Grundwasserschutzgebieten** wurden besondere Richtlinien erlassen. Nitrifikation und Denitrifikation stehen dabei im Vordergrund. Die Entfernung des Stickstoffs aus dem Wasser kostet fünfzigmal soviel wie seine Zufuhr als Düngemittel. Die Grundwasserqualität wird am stärksten durch Nitrat beeinflußt. Für die Bewertung des Nitratrückhaltevermögens des Bodens werden die nutzbare Feldkapazität des effektiven Wurzelraumes nFKWe und die mittlere klimatische Wasserbilanz gewählt. Die nFKWe liegt im mittleren Bereich bei 90–140 mm, bei Schwarzerden und Parabraunerden ist sie mit > 200 mm sehr hoch. Die nutzbare Feldkapazität im Wurzelraum kennzeichnet sowohl den Wasserhaushalt als auch die Güte des Bodens als Pflanzenstandort. Die Stickstoffdüngung muß sich deshalb an der nFKWe bzw. an dem Ertragspotential des Standortes orientieren. Da bei Brache der N-Entzug durch die Ernte wegfällt, wirkt sie sich bis zur Einstellung eines neuen Gleichgewichtes negativ auf die Wasserqualität aus. Die höchste Nitrataustragsgefährdung geht von flachgründigen Standorten aus.

Die Abnahme der Nitratmengen und -konzentrationen in der Grundwasserzone (Grundwasserleiter) gegenüber dem Sickerwasser beruht bei reduzierenden Verhältnissen auf Denitrifikation, Nitratammonifikation und auf Verdünnungseffekten.
- Heterotrophe-chemoorganotrophe Denitrifikation:
$$5C + 4NO_3^- + 2H_2O \rightarrow 2N_2 + 4HCO_3^- + CO_2$$
- autotrophe-chemolithotrophe Denitrifikation:
$$FeS_2 + 14NO_3^- + 4H^+ \rightarrow 7N_2 + 10SO_4^{2-} + 5Fe^{2+} + 2H_2O$$

Nährstoffe sollen nur in der Wachstumsperiode und nur gemäß dem Pflanzenbedarf ausgebracht werden. Ackernutzung von Sandböden ist trotzdem mit einem Nitrataustrag verbunden. Deshalb wird eine Mischnutzung aus Acker, Grünland und Forst angestrebt. Aufforstung setzt einen vorhergehenden mehrjährigen Abbau von Stickstoffüberschüssen gegenüber dem Bedarf voraus (Hagerung der Böden). Da die Grundwasserneubildung unter Wald niedriger als unter Acker und Wiese ist, verbietet sich eine Aufforstung in niederschlagsarmen, der Wassergewinnung dienenden Gebieten. Zur Minderung des Nitrataustrages in das Grundwasser sollte bei Grünlandnutzung kein Umbruch erfolgen, eine mittlere Nutzungsintensität angestrebt werden und eine intensive Beweidung unterbleiben. Bei Ackernutzung sind eine ganzjährige Begrünung, eine Teilung der Düngergaben, eine Minimierung der Bodenbearbeitung im Herbst und eine Ausbringung organischer Dünger im Frühjahr anzustreben. Der Einsatz von Siedlungsabfällen soll unterbleiben.

9.2.5 Extensivierung und Bodenrenaturierung

Die Zeit umfangreicher, tiefgreifender Meliorationen zur Ertragssteigerung nach dem 2. Weltkrieg währte am längsten in Ostdeutschland. Seit einigen Jahren wird durch Extensivierungs- und Stillegungsprogramme Einfluß auf die landwirtschaftliche Nutzung genommen. Dazu gehören Biotopprogramme im Agrarbereich und die Flächenstillegung der EU zur Begrenzung des Anbaus bestimmter Kulturen, z. B. von Getreide und Ölfrüchten. Umweltgerechte und den natürlichen Lebensraum schützende landwirtschaftliche Produktionsverfahren werden gefördert. Aspekte des Ressourcenschutzes sollen über eine standortbezogene Landnutzung stärker in die konventionelle Landwirtschaft einbezogen werden (Agrarumweltprogramm). Eine Verknüpfung von Landschaftsschutz und landwirtschaftlicher Nutzung wird angestrebt (z. B. in der Schorfheide; Chorin). Agrarpolitische Instrumente wie Stillegung und Extensivierung können zur Erhaltung ökologisch wertvoller Flächen genutzt werden (ökologisch orientierte Flächenstillegung in Kombination mit umweltschonenden extensiven Produktionsverfahren).

Als Maßnahme zum Bodenschutz sollen etwa 10 % der Kulturlandschaft (ohne Wald, Moor, Siedlungs- und Industriegebiete) für naturbetonte Biotope zur Verfügung stehen. Der Vernetzung kleinerer Biotope kommt dabei erhöhte Bedeutung zu. Der Naturschutz ist überwiegend an Feucht- und Trockenbiotopen, also landwirtschaftlich marginalen Standorten, interessiert. Die marktwirtschaftliche Lage in der EU zwingt zu einer Extensivierung der landwirtschaftlichen Bodennutzung. Um dies mit ökologischen Vorteilen zu verbinden, wird eine großflächige Extensivierung durch Zurücknahme der Nutzungsintensitäten für alle Standorte erwogen. Extensivpflanzen für oligotrophe Standorte sind z. B. Faserlein und Buchweizen. Eine andere Möglichkeit ist die Aufforstung als längerfristige Flächenumwidmung. Dabei sind aus ökologischer Sicht standortgerechte Baumarten anzustreben und die Notwendigkeit von Bodenvorbereitungsarbeiten zu prüfen.

In **Mooren** herrschen anaerobe Verhältnisse, die verminderte Stoffumsetzungen bedingen. Die Entwässerung bei der Moornutzung beschleunigt die Mineralisierung. Bei Entwässerung nimmt der Luft- und Feststoffanteil des Bodens zu, die Mächtigkeit des Moores, der Porenanteil, die gesättigte Wasserleitfähigkeit, die Speicherkapazität für pflanzenverfügbares Wasser und die Benetzbarkeit ab. Der Verlust der Schichtmächtigkeit beruht vorwiegend auf Schrumpfung, daneben auf Humifizierung. 90 % aller Niedermoore Deutschlands sind entwässert.

Niedermoore können sich von Nährstoffsenken (C, N) nach Entwässerung in Richtung Nährstoffquellen (u. a. CO_2) entwickeln. Da Niedermoore stickstoffreich sein können, kommt den N-Umsetzungen einschließlich der Lachgasbildung (N_2O) neben der Methanemission größere Bedeutung zu. Will man ihre früheren Funktionen als Senke und Feuchtbiotop wiederherstellen, müssen sie wiedervernäßt werden. Dadurch sowie durch eine extensive Grünlandbewirtschaftung werden der Humusabbau und der Stickstoffaustrag vermindert.

Beispiel:
In Nordostdeutschland wurden in den 60er und 70er Jahren die Niedermoore großflächig melioriert und zu 80 % intensiv landwirtschaftlich genutzt, was schließlich zu ihrer erheblichen Degradierung führte. Vererdung und schließlich Vermulmung der degradierten Moore sind die Folge (Bodentypen Erdfen, Mulm). Die Niedermoore unterliegen nach der intensiven landwirtschaftlichen Nutzung in den zurückliegenden Jahrzehnten derzeit starken Nutzungsänderungen (Extensivierungen, Auflassungen, Wiedervernässung durch Grabeneinstau oder Überrieselung) mit dem Ziel umweltverträglicher Nutzungsformen. Eine teilweise Renaturierung der Moore wird angestrebt. Die Wiedervernässung führt zu einer nur schwachen Rückquellung und chemischen Veränderungen wie erhöhten P-Austrägen. In Mecklenburg-Vorpommern lassen sich durch Wiedervernässung nur < 20 % der Niedermoorfläche renaturieren (u. a. Peenetal-Projekt).

9.3 Bodensanierung

Sanierungen im Sinne des Bundes-Bodenschutzgesetzes sind Maßnahmen zur
- Beseitigung oder Verminderung schädlicher Veränderungen der physikalischen, chemischen oder biologischen Beschaffenheit des Bodens,
- Verhinderung oder Verminderung einer Ausbreitung der Schadstoffe, ohne sie zu beseitigen (Sicherungsmaßnahmen),
- Beseitigung oder Verminderung von Schadstoffen (Dekontaminationsmaßnahmen).

Nach dem gleichen Gesetz ist der Verursacher einer schädlichen Bodenveränderung verpflichtet, den Boden sowie durch schädliche Bodenveränderungen verursachte Verunreinigungen der Gewässer dauerhaft zu sanieren. Um bei der Gefährdungsabschätzung festzustellen, ob eine schädliche Bodenveränderung vorliegt, sind im Rahmen der Untersuchung und Bewertung zu berücksichtigen: Art und Konzentration der Schadstoffe, Möglichkeit ihrer Ausbreitung in die Umwelt und ihrer Aufnahme durch Organismen sowie die Nutzung des Grundstücks.

Die Wiedernutzbarmachung von Industriebrachen (Flächenrecycling, Flächenmobilisierung) kann ein Sanierungsbegehren auslösen. Je nach Sensibilität der Nutzung ist ein unterschiedlich hoher Aufwand für die Sanierung des Bodens nötig. Hierfür stehen unterschiedliche Technologien zur Verfügung. Für ein bestimmtes Boden-Schadstoff-System wird angestrebt, das Risiko durch den Schadstoff auf ein vertretbares Maß zu senken oder den Schadstoff vollständig zu beseitigen. Nur selten kann der unbelastete Ausgangszustand des Bodens wiederhergestellt werden.

Die oft sehr kostspielige Bodensanierung ist an ein bestimmtes Nutzungsziel zu binden. Dies gilt auch für die im Zuge des Strukturwandels im Braunkohle- und Uranerzbergbau nicht mehr benötigten großen Flächen, die es zu sichern und zu sanieren gilt. Jede Sanierung unterliegt einer Umweltverträglichkeitsprüfung. Künftig sollte sich das Schwergewicht von der Sanierung auf die Vermeidung neuer Belastungen durch rechtzeitige Beratung und vorausschauende Planung verlagern.

Ziele bzw. **Bewertungskriterien von Sanierungsmaßnahmen** sind der Schutz der menschlichen Gesundheit und der Umwelt, die Wiederherstellung des Bodens bei Einhaltung von Standards und das Erreichen einer Langzeitwirkung oder Dauerlösung. Der Bewertung einer Kontamination und der durch sie bedingten Umweltgefährdung liegen Gesichtspunkte der Toxikologie, der Umwelthygiene, des Bodenschutzes und der Schadstoffausbreitung in Gewässern zugrunde. Sehr häufig sind standortspezifische Maßnahmen erforderlich. Bei der Wahl eines geeigneten Verfahrens sind zu berücksichtigen: die Art und Schwere der Verunreinigung, die Bodeneigenschaften, die zu erhaltenden Bodenfunktionen bzw. die spätere Verwendung des Substrats, das Langzeitverhalten gebundener Rückstände im Boden im Hinblick auf eine mögliche Verwertung des sanierten Bodens, die Grundwassergefährdung, die Kontamination von Nutzpflanzen, das Aufnahmevermögen des Bodens für organische Fluide und die Kosten. Die Sanierung eines Bodens kann nur dann als Erfolg verbucht werden, wenn seine Fruchtbarkeit erhalten bleibt, er also z. B. nicht Minerale, organische Substanz oder Organismen bei der jeweiligen Verfahrensweise in merklichen Mengen verliert. Die hohen Kosten, die eine Behandlung großer Bodenmengen mit sich bringt, haben die Entwicklung von In-situ-Technologien gefördert. Den In-situ-Verfahren stehen die Ex-situ-Verfahren gegenüber. Diese lassen sich in On-site- und Off-site-Verfahren untergliedern. Sie erlauben einen verstärkten Einsatz technischer Mittel. Man unterscheidet dabei Trocken- und Naßverfahren bzw. Festbett- und Suspensionsreaktoren. Aber nicht alles, was technisch machbar ist, ist ökologisch unbedingt erforderlich und ökonomisch sinnvoll. Anzustreben sind Verfahren der Biodegradation und der Entfernung kontaminierender Stoffe. Viele Verfahren befinden sich noch im Pilotstadium. Im Freiland anwendbar sind z. B. einige biologische Degradationsverfahren (Bioremediation) sowie die Extraktion flüchtiger Stoffe aus dem Boden.

Bodensanierungen sind arbeitsaufwendig und kostspielig. Sie sollten deshalb soviel wie nötig und so wenig wie möglich durchgeführt werden. Nicht jeder kontaminierte Boden muß saniert, nicht jeder Ausgangszustand wiederhergestellt werden. Nur Böden, die mit giftigen Stoffen erheblich verunreinigt sind und bei denen die Probleme durch einen Nutzungswechsel nicht gelöst werden können, sind für eine Reinigung vorzusehen. Entscheidend ist, ob für die jeweilige Nutzung ein kritischer Wert überschritten ist. Auf landwirtschaftlich genutzten Flächen kommen als Schutz- und Beschränkungsmaßnahmen die Anpassungen der Nutzung und der Bewirtschaftung von Böden oder die Veränderung der Bodenbeschaffenheit in Betracht.

Die Kontamination des Bodens kann jedoch ein Ausmaß erreichen, bei dem seine Nutzung durch die pflanzliche Produktion nicht mehr zu verantworten ist. Auch wenn man den Boden aus der Nutzung herausnimmt, stellt er eine Gefährdung für die Umwelt dar, da weiterhin Pflanzen und Tiere die Ernährungskette belasten. Eine hohe Bodenkontamination kann ferner die Nutzung des Bodens für Spiel und Sport und selbst für Bau-, Gewerbe- und Industriezwecke ausschließen. In diesen Fällen wird eine Boden- oder Substratsanierung als Alternative zum Sondermüll erforderlich. Sie kann mit physikalischen, chemischen oder biologischen Verfahren im gewachsenen Boden (in situ), im abgetragenen Boden nahe seinem Vorkommen (on-site) sowie im abtransportierten Boden (off-site) erfolgen.

Die Sanierung betrifft anorganische Schadstoffe wie Säuren, Salze, Schwermetalle und Radionuklide sowie leicht- und schwerlösliche organische Stoffe (Organica, u. a. Dioxine, Furane). Chemische Verfahren wie Oxidation, Reduktion, Ausfällung und Ionenaustausch können zur Festlegung oder Entgiftung von Schadstoffen in situ dienen. Meist wird hierbei mit wäßrigen Lösungen gearbeitet. Die Vorteile einer mikrobiologischen Bodensanierung liegen in ihrer hohen Umweltverträglichkeit. Das Verfahren ermöglicht die Mineralisation bzw. Elimination von Schadstoffen bei geringem Energieeinsatz und ohne Schaffung neuer Entsorgungsprobleme.

Zur **Bewertung des Sanierungserfolges** bzw. Testung gereinigter Böden dienen chemisch-analytische Verfahren zum Nachweis spezieller Schadstoffe im Boden oder ökotoxikologische (biologische) Testverfahren (z. B. Regenwurmtest), die die Kombinationswirkung aller vorhandenen Substanzen erfassen (Untersuchung von Bodenextrakten). Die Bewertung erfolgt nutzungs- und expositionsbezogen.

Sanierungsmaßnahmen umfassen Sicherungsmaßnahmen und Dekontaminationsmaßnahmen.

9.3.1 Deponierung und Bodensicherungsverfahren

Zur **Deponierung** gehören das Ausheben und Entfernen des kontaminierten Bodens und seine anschließende ordnungsgemäße Deponie (Ablagerung) ohne vorherige Behandlung. Das Schadstoffpotential bleibt erhalten. Die Umlagerung erfolgt von einem Ort mit hoher Gefährdung zu einen Standort, dessen Gefährdungspotential durch Sicherungsmaßnahmen niedriger ist. Ist nur die Bodenoberfläche kontaminiert, wie z. B. mit Schwermetallen in Städten oder mit radioaktivem fallout in begrenzten Gebieten, so kann die obere Bodenschicht abgetragen und auf einer Sonderdeponie gelagert werden. Bodenumlagerung findet auch bei Unfällen statt, wenn eine akute Gefährdung, z. B. durch versickerndes Öl, für das Grundwasser vorliegt. Eine nachträgliche Sanierung des umgelagerten Materials ist möglich. So läßt sich ölhaltiger Boden auf einer Sonderdeponie mit Klärschlamm und Baumrinde kompostieren und damit auf mikrobiologischem Wege reinigen. Am Schadstofftransport in Deponien sind mobile Kolloide wesentlich beteiligt. Eine Alternative zur Deponierung von Böden, die mit organischen Schadstoffen belastet sind, bilden Reinigungsverfahren, wie das mit geringem technischen Aufwand durchzuführende Mietenverfahren.

Sicherungsmaßnahmen belassen den Schadstoff im Boden, mindern aber seine Wirkung bzw. verhindern seinen Austrag in das Grundwasser oder seine Aufnahme durch die Pflanze. Sicherungsmaßnahmen sind zur Sanierung geeignet, wenn sie gewährleisten, daß von den im Boden verbleibenden Schadstoffen langfristig keine Gefahren ausgehen. Bei den Sicherungsverfahren unterscheidet man zwischen Einschließung (Einkapselung), Fixierung, Stabilisierung und Verfestigung.

Als Sicherungsmaßnahme gilt auch eine geeignete **Abdeckung** schädlich veränderter Böden bzw. von Deponien mit einer Bodenschicht oder eine Versiegelung, insbesondere, wenn damit eine Abtragung von schädlichem Bodenmaterial durch Wasser oder Wind oder die Verlagerung von Schadstoffen über das Sickerwasser verhindert wird. Deponien und Altlasten werden „eingekapselt", um die Ausbreitung von Schadstoffen in fester, flüssiger oder gasförmiger Form zu reduzieren. Dazu dienen eine Basis- und eine Oberflächenabdichtung. Als Kapillarsperre wirken feinporige Bodenzonen über grobporigen. Sie können das Eindringen von Niederschlagswasser in den Deponiekörper verhindern.

Bodenschutz und Bodensanierung

Beispiel:
Deponien, z. B. von Stäuben verschiedener Industriezweige, sind abzudecken oder abzudichten (Basis-, Oberflächen- und Seitenabdichtungen), damit es nicht durch Niederschläge zu an der Oberfläche überlaufenden oder aus der Seite austretenden Sickerwässern oder bei Trockenheit zur Staubentwicklung kommt. Dies erfolgt durch Kombinationen aus Deckschicht (Rekultivierungsschicht), Dränagen und Sperrschichten. Als letztere dienen Tondichtungen bzw. Bentonitmatten sowie Kapillarsperren. Bei den Dichtungsmatten ist Tonmaterial zwischen zwei Vliesstofflagen eingebettet. Der Boden der Rekultivierungsschicht soll über seine Bodenart und Mächtigkeit das Sickerwasser möglichst stark reduzieren. Eine Begrünung der Deponie erhöht die Verdunstungsrate. Damit die Oberflächenabdichtung des eigentlichen Deponiekörpers lange hält, ist sie vor Erosion, Frost, Austrocknung, Durchwurzelung und Durchwühlung zu schützen.

Bei der **Immobilisierung** werden lösliche anorganische Schadstoffe im Boden (in situ) in schwerlösliche Verbindungen überführt oder im Boden bewegliche organische Stoffe sorbiert.

In der Landwirtschaft gilt es, die Bodenbewirtschaftung der veränderten Bodenbeschaffenheit anzupassen. So reduziert bei Böden, die mit Schwermetallen belastet sind, eine Zufuhr von Kalk, Humus und Phosphat ihre Auswaschung aus dem Boden und ihre Aufnahme durch die Pflanze. Verunreinigungen der Ackerkrume durch Spurenelemente können durch Tiefpflügen verdünnt und bei kalkhaltigem oder sorptionsstarkem Unterboden gleichzeitig festgelegt werden. Von **Diskriminierung bei der Ionenaufnahme** von Pflanzen spricht man, wenn ein gedüngtes Element die Aufnahme eines Schadstoffes erschwert. So kann bei schwach mit Ca gesättigten Böden die Aufnahme von ^{90}Sr durch Kalkung, in anderen Fällen die von ^{137}Cs durch Kalidüngung gehemmt werden, ohne daß die Schadstoffe im Boden fester gebunden würden.

Verfestigungs- und Stabilisierungstechniken beseitigen freie Lösung, erhöhen die Tragfähigkeit, mindern die Oberfläche des Abfalls, über die der Transfer des Kontaminanten erfolgt, oder produzieren einen monolithischen Festkörper (Mikro- und Makroeinkapselung, Verdichten, Einschmelzen). Sie reduzieren das Schadstoffpotential des Abfalls, indem sie die Kontaminanten in ihre am wenigsten lösliche, bewegliche oder toxische Form überführen. Dabei müssen sich die physikalischen Eigenschaften des Abfalls nicht notwendiger Weise verändern. Eine Verbesserung der physikalischen Eigenschaften des Abfalls erfolgt bei der Umwandlung flüssiger und halbflüssiger Stoffe in einen Festkörper oder die Reduktion der Löslichkeit des Schadstoffes im behandelten Abfall. So lassen sich schadstoffkontaminierte Böden und Schlämme (schwach radioaktiver Abfall, Schwermetalle) durch Zement, Kalk, Flugasche oder Mischungen dieser Stoffe einbinden. Eine Verfestigung in situ kann auch durch Injektionen erfolgen. Entscheidend ist die gleichmäßige Mischung des Zusatzes mit dem Boden oder Schlamm in situ. Die Sorption von Flüssigkeiten kann durch Zugabe von Stoffen wie Aktivkohle, Tone, Zeolithe, Gips und wasserfreies Na-Silicat erfolgen.

Bei der Verwertung des so sanierten Bodens ist das Langzeitverhalten gebundner Rückstände zu beachten.

9.3.2 On-site-Dekontaminationsverfahren

Durch Dekontaminationsmaßnahmen werden die Schadstoffe aus dem kontaminierten Boden entfernt bzw. in ihm physikalisch, chemisch oder mikrobiologisch abgebaut. Die Kontamination wird bis zur Höhe des vorgegebenen Sanierungsziels beseitigt. Von In-situ(vor Ort)-Behandlung spricht man, wenn die Schadstoffe vor Ort behandelt werden, wenn möglich, ohne sie physikalisch vom Boden zu trennen. In-situ-Behandlung führt zu Reduktionen bezüglich Volumen, Toxizität und Mobilität der Schadstoffe (s. a. 9.3.1).

9.3.2.1 In-situ-Reinigungsverfahren

Eine gründliche, auf die Problematik zugeschnittene Standortanalyse unter Berücksichtigung geologischer und hydrologischer Verhältnisse ist die Voraussetzung für die richtige Wahl einer In-situ-Technologie. Der Standort der In-situ-Behandlung schränkt Anwendung und Wirksamkeit zahlreicher Verfahren ein.

In-situ-Verfahren sind anzustreben, wenn es sich um große Massen kontaminierten Bodens handelt und der Grad der Kontamination nicht sehr hoch ist. In diesen Fällen läßt es sich häufig ökonomisch nicht rechtfertigen, große Bodenmassen auszuheben, um kleine Schadstoffmengen zu beseitigen. Das kontaminierte Bodenmaterial wird in seiner natürlichen Lagerung vor Ort gereinigt, wozu Extraktionsverfahren mit Pflanzen und Lösungen, das Absaugen der Bodenluft und mikrobiologische Verfahren herangezogen werden. Ferner lassen sich physikalisch-chemische Trenntechniken, wie elektrokinetische Technologien und bedingt auch elektrochemische Verfahren, einsetzen.

Beispiel:
Mit Mineralöl kontaminierte Böden werden mit einer Kombination aus Bodenluftabsaugung und mikrobiologischem Ölabbau im Boden saniert. Das Porengefüge des Bodens muß Stofftransportvorgänge zulassen, das Mineralöl sollte im Boden gleichmäßig verteilt vorliegen.

Physikalische Verfahren
Bei den **Bodenwaschverfahren** wird die Dekontamination des Bodens mit (warmem) Wasser oder wäßrigen Lösungen von Komplexbildnern, Säuren bzw. Tensiden (auch als Laugen, leaching oder soil flushing bezeichnet) ausgeführt (In-situ- wie Ex-situ-Verfahren). Die Überführung der Kontaminanten in die Waschlösung erfolgt durch Lösung, Emulsionsbildung oder chemische Reaktion mit der Waschlösung. Da ein großes Lösungsvolumen benötigt wird, müssen die Lösungsmittel billig sein. Wasser wird für Salze und andere wasserlösliche Stoffe, Säuren werden für Metalle und basische organische Stoffe (Amine, Ether, Aniline), Basen für Metalle (Zn, Sn, Pb) und Phenole eingesetzt. Bei der Auswahl der Waschmittel ist ihre Reaktion mit dem

Bodenschutz und Bodensanierung **485**

Kontaminanten wie mit dem Boden zu beachten. Das ausgebrachte Spülmittel durchsickert den Boden, wird in Vorflutern oder Brunnen aufgefangen, gereinigt, aufbereitet und erneut eingesetzt (Auswaschungs-Rezyklierungssystem). Für diese Behandlung geeignete Schadstoffe sind Salze, Schwermetalle, Mineralöle und niedermolekulare Aromaten. Mit dem Bodenwaschen erzielt man beste Ergebnisse in stark durchlässigen Böden mit geringem Gehalt an organischer Substanz. Wiederholungen sind bei diesem Verfahren nicht erforderlich.

Die Behandlungen verändern den Boden, z. B. seinen pH-Wert oder seine Dichte nach dem Überfluten. Bei der Heterogenität der Bodendurchlässigkeit besteht die Gefahr einer unvollständigen Entfernung von Kontaminant und Lösung. Ein Eindringen der Waschlösung in das Grundwasser muß unbedingt vermieden werden.

Beispiel:
Mehrmonatiges Ausspülen von Tetrachlorethylen aus dem Boden mit Wasser im Kreislaufverfahren und seine Adsorption an Aktivkohle.

Leichtflüchtige Verbindungen (leichtflüchtige Kohlenwasserstoffe einschließlich einiger chlorierter Kohlenwasserstoffe, Lösungsmittel) können aus der wasserungesättigten oberen Bodenzone durch längeres **Absaugen der Bodenluft** (Bodenluftabsaugtechnik, Bodendampfextraktion, venting) mit Saugzuggebläsen bzw. durch Einblasen reiner Luft in den Boden mittels Lanzen und Absaugen der mit dem Schadstoff angereicherten Luft entfernt werden (u. a. Vakuumextraktion des mit Folie abgedeckten Bodens). Die Luft muß anschließend gereinigt werden. Bei dem Verfahren wird das Flüssigkeit-Dampf-Gleichgewicht im Boden gestört. Grobporige Böden (Kies, Sand, Grobschluff) sind für das Verfahren vorteilhaft. Es läßt sich bei einer Verseuchung des Bodens mit hochflüchtigen Stoffen wie Benzin, Trichlorethylen und Tetrachlorkohlenstoff anwenden. Die Behandlungsdauer beträgt einige Wochen. Von Vorteil ist, daß kein Chemikalienzusatz erforderlich ist. Zur Oxidation organischer Schadstoffe in der ungesättigten Bodenzone kann auch Sauerstoff oder Ozon zur Bodenbelüftung (Bioventing) eingesetzt werden.

Für flüchtige Stoffe kann die Wasserdampfdestillation unter Mitwirkung von Erwärmungsverfahren (**steam stripping**) eingesetzt werden. Bei dieser In-situ-Sanierung der ungesättigten Bodenzone wird heißer Wasserdampf unterhalb der kontaminierten Bodenzone eingeleitet. Unterstützt durch ein Vakuum an der Bodenoberfläche werden die Kontaminanten an einem Punkt gesammelt und weiter verarbeitet. Besonders geeignet ist das Verfahren für Alkane und zugehörige Alkohole wie Oktanol und Butanol. Dampf heizt den Boden auf, Luft und Wasserdampf dienen als Träger der flüchtigen Stoffe zur Oberfläche. Die Trennung des kondensierten Wassers von der organischen Substanz erfolgt durch Destillation. Die Behandlungsdauer beträgt einige Stunden.

Thermische Bodensanierung kann durch Einsatz hochfrequenter elektromagnetischer Felder erfolgen. Im **Hochfrequenzfeld** erwärmt sich der Boden homogen durch Umwandlung mechanischer Schwingungsenergie in Wärme (dielektrische Erwärmung). Für Lösungsmittel und Brennstoffe, die sich zwischen 80–300 °C verstärkt verflüchtigen (Trichlorethylen, Dichlorethan, Tetrachlorethylen, flüchtige und halbflüchtige organische Verbindungen, Benzin), kann ein konzentrierter Extraktionsgasstrom gewonnen werden, indem man den Boden mit elektromagnetischer Energie im Radiofrequenzband (6,8 MHz bis 2,45 GHz) über Elektroden, die sich in Bohrlöchern befinden, aufheizt. Die Bodentemperatur läßt sich innerhalb von 8 Tagen auf etwa 150 °C anheben. Das Verfahren eignet sich für die schnelle und gleichmäßige Erhitzung von bis zu 150 m^3 sandigen Bodens in situ. Die Kontaminanten sollten nicht zu tief im Boden sitzen. Durch eine tägliche einmalige Erwärmung bis auf 35 °C können biologische Abbauprozessse im Boden beschleunigt werden.

Die Energie wird von einem Hochfrequenzgenerator erzeugt (Leistung bis 100 kW). Der kontaminierte feuchte Boden stellt das Dielektrikum dar, er weist ein hohes Absorptionsvermögen für elektromagnetische Energie auf. Die HF-Energie schafft ein elektromagnetisches Feld mit permanent wechselnder Polarität, was zu einer allmählichen Erwärmung über die Schwingungen der Wassermoleküle führt. Da der Boden kein reines Dielektrikum ist und einen elektrischen Leitwert durch seinen Salzgehalt besitzt, entstehen untergeordnet zusätzlich Wechselströme, die gleichfalls Wärme erzeugen.

Chemische Verfahren

Die **chemische Degradation** in kontaminierten Böden zielt auf die Reaktion der verunreinigenden Stoffe mit dem Reagenz, um weniger toxische und weniger lösliche Stoffe zu erzeugen. Die chemischen In-situ-Behandlungstechniken bedienen sich der Oxydations- und Reduktionsverfahren, der Dechlorierung und der Polymerisation.

Bei den **Oxidationen**, die vorwiegend für organische Substanzen von Interesse sind, unterscheidet man Reaktionen, die durch den Boden katalysiert werden, von solchen, bei denen oxidierende Stoffe wie H_2O_2 und O_3 zugegeben werden. Im ersten Fall muß das Redoxpotential des Bodens (s. 6.2.3) über dem der zu oxydierenden Chemikalie liegen. Katalytisch wirkende Bodenbestandteile sind Fe- und Al-Verbindungen sowie Spurenelemente in Schichtsilicaten. Die Oxidation der organischen Substanz erfolgt nach ihrer Adsorption an Tonminerale. Wasserlöslichkeit der organischen Substanz und ein relativ niedriges Oxidationspotential derselben fördern die Oxidation. Eine geringe Wassersättigung der Böden (höherer Sauerstoffgehalt) wirkt gleichfalls günstig.

Für die Ringspaltung aromatischer Verbindungen ist Sauerstoff erforderlich. Zugebenes H_2O_2 greift alle organischen Substanzen an. Es oxydiert Aldehyde (Formaldehyd), Phenole und Alkohole, Dialkylsulfide, anorganische Sulfide, Dithionate, Stickstoffverbindungen und Cyanide.

$6H_2O_2 \rightarrow 6H_2O + 3O_2$

Oxidationsmittel können als wäßrige Lösung auf der Bodenoberfläche ausgebracht oder in den Boden injiziert werden. Ozon wird mit einem Ozongenerator erzeugt. (K, Na, Ca)-Hypochlorit sollte nicht als Oxidationsmittel eingesetzt werden, da es zur Bildung chlorierter organischer Verbindungen mit hoher Toxizität kommen könnte. Viel Fe^{2+} und viel Humus reduzieren die Oxidationswirkung.

Durch **Reduktion** können reduzierbare Verbindungen in situ abgebaut werden. Dazu führt man dem Boden reduzierende Verbindungen zu. Die einsetzbaren Chemikalien sind teuer (z. B. Zn-Pulver und Essigsäure), die Effektivität der chemischen

Reduktion im Boden ist unbestimmt. Als Reduktionsmittel können auch Blattstreu oder saurer Kompost in Kombination mit Eisensulfat (Fe^{2+}) erprobt werden. Zur Bodenversauerung kann S eingesetzt werden. Nach erfolgter Reduktion erfolgt die Ausfällung der Metalle bei pH 4,5–5,5 durch Kalkung.

Für den Abbau einiger halogenierter Xenobiotica kann die Einstellung anaerober Verhältnisse für die reduktive Dechlorierung versucht werden, gefolgt von einem anschließenden weiteren aeroben Abbau. Die Senkung des Redoxpotentials im Boden erreicht man durch Zusatz leicht abbaubarer organischer Substanz, Verdichtung des Bodens zur Minderung der Sauerstoffdiffusion sowie Anfeuchten des Bodens bis zur Sättigung. Ein Überfluten des Bodens ist wegen der Auswaschungsgefahr bedenklich.

Beispiele: Reduktive Dehalogenierung chlorierter Organica
$Fe + H_2O + RCl \leftrightarrow RH + Fe^{2+} + OH^- + Cl^-$ (z. B. Transformation von DDT zu DDA) oder Reduktion des im Boden beweglichen und hochtoxischen Cr(VI) zu dem weniger toxischen und durch Hydroxyl leicht fällbaren Cr(III).

Ziel der chemischen **Dechlorierungsreaktionen** ist die Entfernung von Cl-Atomen aus aromatischen Verbindungen wie der polychlorierten Biphenyle. Zur Dechlorierung dioxinverseuchter Böden werden spezielle Chemikalien eingesetzt (metallisches Natrium oder KOH, Polyethylenglycoll als wesentlicher Bestandtteil, O_2). Ein geeignetes Lösungsmittel ist Dimethylsulfoxid. Eine Erwärmung des Bodens beschleunigt den Prozeß.

Zur Immobilisierung organischer Stoffe mit mehr als einer Doppelbindung eignet sich eine **Polymerisation** im Boden. In Frage kommen Monomere wie Styren, Vinylchlorid, Isopren und Acrylnitril. Für die Polymerisation werden Katalysatoren und Aktivatoren benötigt, die getrennt zuzugeben sind. Die Zugabe eines Benetzungsmittels fördert die schnelle und- gleichmäßige Dispersion der Lösungen in der kontaminierten Zone.

Elektrochemische Bodensanierungsverfahren
Durch elektrokinetischen Transport gelingt die Entfernung mobiler Kontaminanten wie der Schwermetalle. Das Verfahren ist auch in bindigen Böden einsetzbar.
Elektrochemisch induzierte Reaktionen in der Bodenmatrix werden noch erprobt. Eine elektrochemische Reaktion ist nur an Substraten mit einer hinreichenden elektrischen Leitfähigkeit möglich. Als Mikroleiter können u. a. Filme von Fe- und Mn-Verbindungen und Huminstoffe dienen. Eine mikroleiterhaltige Bodenmatrix im elektrischen Feld kann als „verdünnter" elektrochemischer Festbettreaktor betrachtet werden. Von Interesse ist der Umsatz immobiler organischer Schadstoffe durch Oxidation, Reduktion oder direkten elektrochemischen Umsatz am Mikroleiter.

Biologische Verfahren
Ziel der biologischen Verfahren zur Bodensanierung (Biodegradation, Bioremediation) ist die Reduktion oder Beseitigung angereicherter toxischer Chemikalien oder Abfälle durch Organismen.

Bei der biologischen Degradation erfolgt ein beschleunigter meist **aerober Abbau** organischer Schadstoffe (xenobiotische organische Verbindungen, häufig Kohlenwasserstoffe) in situ durch Mikroorganismen. Dabei werden die organischen Abfallstoffe in Biomasse und unschädliche Stoffwechselprodukte, wie CO_2, umgewandelt. Unerwünscht ist eine im Boden verbleibende Restkontamination oder die kovalente Bindung von Metaboliten an Huminstoffe. Der Aufwand ist bei biologischen Sanierungsverfahren relativ gering, die Erhaltung und Wiederverwendung des Bodens gewährleistet. Dafür sind die biologischen Verfahren aber zeitaufwendig und mit Unsicherheiten behaftet. Sie führen auch bei flächenhafter Kontamination (Altlastenböden) zu einer merklichen Reduzierung bei einem breiten Spektrum organischer Schadstoffe, ausgenommen sind wenige abbauresistente Verbindungen. Biologische Techniken werden meist als Bestandteil von Verfahrenskombinationen eingesetzt.

Die mikrobiologischen Abbauprozesse werden durch Sauerstoff stark gefördert, so daß selbst polymere aromatische Verbindungen (Lignine und Huminstoffe) sowie Kohlenwasserstoffe abgebaut werden. Die Verbindungen, deren Molekularmassen < 200 betragen sollten, werden durch bakterielle Oxygenasen angegriffen. Höhermolekulare und polare Verbindungen, die die Zellmembran nicht durchdringen können, werden durch das ligninolytische Enzymsystem der Pilze abgebaut.

Ein erprobtes Anwendungsgebiet ist der Abbau von Benzin und Mineralöl im Boden. Alkane (C_{10}–C_{20}) werden von Mikroorganismen als C- und Energiequelle genutzt und gut abgebaut (Gattungen Pseudomonas, Acinetobacter, Bacillus, Nocardia, Rhodococcus und Mycobacterium, ferner Hefen und Schimmelpilze). Der Abbau erfolgt vorwiegend aerob, die Sanierung in situ und ex situ.

Auch der Abbau mancher Phenole, wie sie in karbochemischen Werken anfallen, oder Sprengstoffen, wie Pikrinsäure (leicht abbaubar) und 2,4,6-Trinitrotoluol (TNT, schwer abbaubar), ist möglich. Zu den chemischen Strukturen, die biologisch schwer abbaubar sind, gehören aromatische Verbindungen (nach Einführung von Hydroxylgruppen O_2-abhängige Ringspaltung), die Trifluormethylgruppe, eine Häufung von Nitrogruppen oder von Chlor als Substituent aromatischer Verbindungen. TNT läßt sich im Bioreaktor unter anaeroben Bedingungen durch Mischkulturen abbauen. Die Nitrogruppen werden unter Bildung von Triaminotoluol reduziert. Die Abbauprodukte binden sich kovalent an Huminstoffe. Eine auf Mineralisation ausgerichtete biologische Sanierung ist nicht möglich (s. 9.2.2.5).

Chlorkohlenwasserstoffe (CKW) können methanotrophen Bakterien als C- und Energiequelle dienen. Diese Organismen kann man durch In-situ-Begasung des Bodens mit O_2 und CH_4 anreichern. Eine Entgiftung ist durch oxidative Dechlorierung möglich.

Polycyclische aromatische Kohlenwasserstoffe (PAK) mit 5 und mehr Ringen können von Bodenorganismen nicht abgebaut werden. Bei einer geringeren Ringzahl ist ihre Nutzung als C- und Energiequelle von Bakterien, Schimmelpilzen und ligninolytischen Pilzen im Zuge des Kometabolismus möglich. Beim **Kometabolismus** werden nicht zum Wachstum nutzbare Substanzen in Gegenwart eines für das Wachstum geeigneten Substrats metabolisiert (s. 9.2.2.5).

Der Weißfäule-Basidiomyzet *Phanerochaete chrysosporium* ist für die biologische Sanierung kontaminierter Böden von Interesse, da er extrazelluläre Enzyme (Peroxydasen) bildet, die am Abbau polyclischer aromatischer Kohlenwasserstoffe (PAK) als wesentlichen Bestandteilen des Kohleteers beteiligt sind.

Aus der Vielzahl der Bodenbakterien reichern sich die an, die über ein entsprechendes Enzymsystem zum Abbau des Schadstoffes verfügen. Deshalb ist es in den meisten Fällen nicht nötig, den Boden mit Spezialisten unter den Mikroben zu beimpfen. In Sonderfällen kann eine Impfung des Bodens mit Mikroorganismen, die an den Schadstoff adaptiert sind, erfolgen, z. B. Pseudomonas-Arten. Der Einsatz von Spezialkulturen wird auch als Bioaugmentation bezeichnet. Diese außerhalb des Bodens kultivierten Mikroorganismen können aus Anreicherungskulturen stammen oder gentechnisch manipuliert sein. Sie können durch wiederholten Kontakt an die abzubauende Verbindung angepaßt sein. Dies trifft z. B. für chlororganische Verbindungen zu, die durch die bodeneigene Mikroflora nicht abgebaut werden. Um polychlorierte Biphenyle (PCB) wirksam zu mineralisieren, bedarf es einer Mischung von zum Abbau befähigter Mikroben (Bakterien und Pilze). Die Mikroben werden als Suspension oder mittels fester Träger den zu reinigenden Systemen (Boden, Wasser) zugeführt. Ein vollständiger Abbau kann längere Zeit in Anspruch nehmen. Skepsis gegenüber der Anwendung mikrobiologischer Präparate ist angebracht, da das Bodenmilieu die mikrobielle Aktivität bestimmt und damit den Erfolg von außen zugeführter Mikroben, über deren Überleben, Wachstum und Wirkung im Boden wenig bekannt ist. Hierzu sind deshalb Voruntersuchungen nötig, ebenso wie über die Ausbreitung der Mikroben vom Injektionspunkt zum Gebiet der Bodenkontamination (Konkurrenz durch bodeneigene Mikroben um Nährstoffe, Antibiotica). Eine Beimpfung kann nur dann Erfolg haben, wenn die autochthone Biozönose zu der erforderlichen Leistung nicht fähig ist.

Zur Förderung der biologischen Aktivität wird der Boden erforderlichenfalls bewässert oder dräniert, mit leicht abbaubaren organischen Stoffen versetzt (z. B. Gründüngung), mit Kalk (pH um 7 für Bakterien) und NPK versorgt und durch Bodenbearbeitung belüftet. Dadurch werden die natürlichen Selbstreinigungskräfte gefördert.

Biologische Behandlungsmethoden beruhen demnach auf der Anregung der mikrobiologischen Aktivität im Boden und der natürlichen Selektion von Mikrobenpopulationen mit der Fähigkeit zum Abbau toxischer Abprodukte. Bei der biologischen In-situ-Sanierung kommt es aber auch auf eine ausreichende Bioverfügbarkeit matrixgebundener Schadstoffe an. Um diese zu erhöhen, werden dem mit organischen Stoffen kontaminierten Boden mikrobiell abbaubare **Tenside** als oberflächenaktive Substanzen zugesetzt.

Auch der Einsatz zellfreier Enzyme wurde versucht, z. B. zum Abbau von Pestiziden (organische Phosphate, enzymatische Hydrolyse von Parathion oder Diazinon). Problematisch ist auch hier, ob die Enzyme im aktiven Zustand verbleiben. Enzyme, die Cofaktoren oder Coenzyme benötigen, scheiden für den Boden aus. Die Enzyme unterliegen dem mikrobiologischen Abbau oder können durch Sorption an Bodenkolloide inaktiviert werden. Über Freilandanwendungen bzw. die Verläßlichkeit dieser Technologien liegen kaum Erfahrungen vor.

Phytoremediation: Bei dieser besonderen Form der Bioremediation dienen höhere Pflanzen mitsamt der Rhizosphärenmikroflora zur Reinigung des Bodens von Schadstoffen. Voraussetzung für die Schadstoffaufnahme durch Pflanzen (Bioakkumulation, Phytoextraktion) ist, daß diese gegenüber den Kontaminanten tolerant sind. Aufgenommen werden können anorganische (z. B. Stickstoff und Spurenelemente) und

bedingt organische Stoffe, z. T. erfolgt eine Anreicherung in oder an den Wurzeln bei gleichzeitig geförderter mikrobieller Degradation der organischen Verbindungen. Durch Bodenbearbeitung und Pflanzenanbau können die Abbaubedingungen für organische Kontaminanten deutlich verbessert werden.
Metallakkumulierende Pflanzen (Wild- und Kulturpflanzen wie Steinkresse und Täschelkraut bzw. Sonnenblume, Sareptasenf und Mais) können zur Sanierung schwermetallbelasteter Böden herangezogen werden. Die hohen Metallkonzentrationen in Hyperakkumulatoren werden durch die höheren Erträge bei Kulturpflanzen kompensiert. Entscheidend ist der Gesamtentzug.

Die Wurzeln und Mikroorganismen sind zur Ausscheidung chelatisierender Substanzen befähigt (Metallophore, **Phytosiderophore**). Die Metallaufnahme kann durch Zugabe von Komplexbildnern oder Säuren zum Boden erhöht werden. In den meisten Fällen können die Pflanzen jedoch nur geringe Mengen des Kontaminanten entfernen, so daß sich der Entzug von Schwermetallen über die Pflanzenaufnahme über mehrere Jahrzehnte erstrecken muß. Häufig sind diese Sanierungszeiträume zu groß. Auch müssen die Pflanzen anschließend aufgearbeitet (z. B. verbrannt) werden. Für kontaminierte Wässer stellt die Kombination Boden – Pflanze ein wirksames Reinigungssystem dar.

9.3.2.2 Ex-situ-Reinigungsverfahren

Hier werden nur die Verfahren behandelt, die on site durchführbar sind.

Mechanische Verfahren
Bei der **Hochdruckwäsche** (Wasserstrahlverfahren) kontaminierter Böden werden die abschlämmbaren Teilchen von den gröberen Matrixbestandteilen (Kies, Sand) getrennt. Letztere enthalten kaum Schwermetall- oder Mineralölverunreinigungen und können am Ort verbleiben. Schluff, Ton und Humus mit dem jeweiligen Schadstoff werden entsorgt.

Thermische Verfahren
Sie umfassen das Ausdampfen von Schadstoffen bei Temperaturen über 200 °C (**thermische Desorption**) und das Ausglühen des Bodens (**Verbrennen der organischen Substanz**) bei Temperaturen über 550 °C. Bei der Verbrennung der organischen Schadstoffe verliert der Boden gleichzeitig seine natürliche organische Substanz. Über 600 °C setzt zusätzlich die Zerstörung der Tonminerale ein. Deshalb wird versucht, die zur Beseitigung organischer Schadstoffe in Böden erforderlichen Temperaturen zu senken, z. B. durch Zusatz von $NaHCO_3$, im Fall von PCB auf etwa 350 °C. Von den Schwermetallen werden Hg und Cd bei den Hochtemperaturverfahren aus dem Boden ausgetrieben.

Bodenschutz und Bodensanierung **491**

Beispiel:
Für die Verdampfung von Benzin und Benzol sind Temperaturen von 200–300 °C, für ihre Zersetzung aber 800 °C erforderlich. Bei Temperaturen um 450 °C können sich aus halogenierten organischen Verbindungen die toxischen Dioxine bilden, die durch Nachbrenntemperaturen um 1 200 °C zu zerstören sind.

Beet- und Mietenverfahren
Hierbei handelt es sich um eine biologische Sanierung durch mikrobiellen Abbau von organischen Schadstoffen. Das Ausheben verunreinigten Bodens, kombiniert mit einer biologischen On-site-Behandlung, ist eine häufiger angewandte Technologie. Beim Beetverfahren wird der ausgehobene, belastete Boden auf einer Folie mit Sandlage (zur Dränung) gestapelt und wie bei der Kompostierung durch „Umsetzen" belüftet.

Bei den Mietenverfahren wird der kontaminierte Boden zu Mieten von 0,5–3 m Höhe aufgeschüttet. Zur Beschleunigung der Abbauprozesse kann der Boden wiederholt gewendet werden, um eine ausreichende Sauerstoffversorgung der Bodenorganismen zu sichern. Im Falle von Hochmieten (4–6 m) ist eine Hochdruckbelüftung über Belüftungslanzen erforderlich. Der Abbau in diesen „Regenerations- oder Sanierungsmieten" kann durch Einmischen von Trägerstoffen, die mit spezifischen Bakterien getränkt sind, Bewässerung und Düngung gefördert werden. Den Mieten werden Kompost, Klärschlamm, Rinden, Stroh und Sägespäne zugesetzt.

Flaches Ausbreiten des Bodens auf fester (trockener) Unterlage und Besonnung, Austrocknen von Mieten unter Bedachung und Zwangsbelüftung derselben sowie die Erhitzung von Komposten im Rotteprozeß fördern die Entgasung kontaminierender, leicht flüchtiger Stoffe (s. a. thermische Desorption). Mietenverfahren sollten deshalb in geschlossenen Räumen (Zelte, Hallen) durchgeführt werden. Die Behandlung erstreckt sich auf Wochen bis Monate.

9.3.3 Off-site-Reinigungsverfahren

Stationäre Anlagen ermöglichen einen höheren Durchsatz und schwierigere Trennoperationen bzw. die Durchführung kombinierter Verfahren.

Thermische Verfahren
Der Einsatz von Drehrohröfen mit Temperaturen von 1 200 °C ermöglicht die **Sinterung** von Bodenmaterial zur Immobilisierung von Schwermetallen sowie die Beseitigung polycyclischer aromatischer Kohlenwasserstoffe (PAK) mit hohem Molekulargewicht. PAK lassen sich auch im zweistufigen Verfahren bei 600 °C entgasen und bei ≥1 200 °C verbrennen. Organische Verbindungen können ferner durch Wasserdampfdestillation aus dem Boden entfernt werden.

Extraktion
Für Stoffe wie Dioxin, polychlorierte Biphenyle (PCB) bzw. polycyclische aromatische Kohlenwasserstoffe (PAK) setzt man spezifische chemische Extraktionsverfahren

ein. Mit organischen, unpolaren Lösungsmitteln wird eine Gegenstromextraktion durchgeführt. Der Einsatz organischer Extraktionsmittel zur Stoffextraktion aus feinkörnigen Substraten erfordert die spätere Trennung von Boden und Extraktionsmittel und die Regenerierung des letzteren. Der anfallende Schlamm aus Schadstoffen und Bodenkolloiden ist zu entsorgen.

Wird bei Bodenwaschverfahren Wasser zur Entfernung organischer Stoffe eingesetzt, ist ein Zusatz von Tensidmischungen erforderlich.

Bioreaktoren

Die bei der Kompostierung ablaufenden Prozesse werden in Bioreaktoren (Drehtrommeln, **Festbettreaktoren**) unter kontrollierten Bedingungen (Temperatur, Feuchtigkeit, Belüftung, Impfung, Durchmischung) durchgeführt, wobei die Intensität des Abbaus erhöht und die erforderliche Zeit erheblich verkürzt wird (wie beim Prozeßablauf der technischen Stadtmüllkompostierung).

In **Suspensionsreaktoren** wird der kontaminierte grob- oder feinkörnige Boden in Wasser suspendiert und damit homogenisiert, belüftet sowie mit Nährstoffen und Mikroben versetzt. Der Prozeß läuft einige Tage, die Reinigungsleistung ist hoch.

Beispiel:
In Deutschland werden jährlich etwa 3 Millionen Tonnen Boden, der mit Schwermetallen belastet ist, gereinigt. Bei mit Schwermetallen kontaminierten Böden gilt es zunächst, die kontaminierte Bodenmasse zu verkleinern bzw. ihre metallhaltige Fraktion anzureichern. Durch Siebung oder Sedimentation des zerkleinerten Bodens erhält man eine kaum verunreinigte gröbere Fraktion und die mit Schwermetallen angereicherte feinere Fraktion. Letztere wird dispergiert und gelaugt, um die Schwermetalle in wäßrige Lösung zu überführen. Die Überführung von Sulfiden und an organische Substanz gebundenen Metallen erfordert eine gleichzeitige Oxydation. Die wäßrige Schwermetallösung wird nach chemischen Verfahren aufgearbeitet.

Biologische Laugung (Mikrobielles Leaching). Schwermetallhaltige Sedimente und Böden läßt man durch Zugabe von Schwefel oder Eisensulfat und Förderung der Thiobakterien (*Thiobacillus thiooxidans, T. ferrooxidans, Leptospirillum ferrooxidans*) versauern: $MeS + 2O_2 \rightarrow MeSO_4$. Die aus den mineralischen Sulfiden gelösten Metalle werden dann durch Auswaschung (Laugung, leaching) entfernt.

Daneben sind auch Leachingprozesse mit heterotrophen Mikroorganismen, wie Pilzen, möglich, da durch Komplexbildner, wie organische Säuren, Schwermetalle im Boden mobilisiert werden können.

9.3.4 Altlastensanierung und komplexer Bodenschutz

Altlasten im engeren Sinne sind vor längerer Zeit durch den unsachgemäßen Umgang mit umweltgefährdenden Stoffen kontaminierte Standorte, im wesentlichen Altablagerungen, sofern sie eine Gefährdung für die drei Umweltmedien und die menschliche Gesundheit darstellen. Bei Altlasten kann der kontaminierte Boden zum Emittenten von Schadstoffen werden. Unter

Bodenschutz und Bodensanierung 493

dem Begriff Altlastensanierung wird die Sanierung von Deponien, Erden und Böden zusammengefaßt, weil ein gemeinsames Ziel in der Entfernung oder im Unwirksammachen von Schadstoffen besteht und die einsetzbaren technologischen Verfahren zum Teil identisch sind. Die verbleibenden Unterschiede sind jedoch so groß, daß eine getrennte Behandlung der genannten Sanierungsobjekte angebracht ist (s. a. 9.1).

Bei **Deponien** handelt es sich um räumlich eng begrenzte Abfallablagerungen, die man in der Landschaft als anthropogene geochemische Anomalien betrachten kann. Sie können eine hohe Schadstoffkonzentration aufweisen. Technologische Verfahren zu ihrer Konservierung, ihrer Volumen-, Masse- und Energiereduktion, sowie zur Selektierung des zu deponierenden Materials bieten sich an. Deponien können als Beimengungen Erdstoffe, organische Substanzen sowie Organismen enthalten, ohne damit aber ein Boden zu sein. Die organische Substanz wird zunächst aerob, danach anaerob abgebaut. Die anaerobe saure Gärung belastet das Sickerwasser stark mit organischen Säuren. In der sich anschließenden Methanphase findet Gasentwicklung statt (Mischung aus CH_4 und CO_2), später dringt wieder Außenluft in die Deponie ein. Abdeckung einer Deponie mit Kompost ermöglicht eine mikrobielle Methan-Oxidation.

Ein breites Spektrum von Sanierungstechnologien ist auch für **Erdstoffe** geeignet. Hierunter versteht man im Bauwesen anorganische Substrate bzw. Lockersedimente oder Verwitterungsmassen. Bei ihrer kleinflächigen Kontamination lassen sich physikalische und chemische Dekontaminationen in situ, on site und off site durchführen.

Im Gegensatz zu Deponien und Erdstoffen handelt es sich bei den **Böden** um Ökosysteme oder besser Teilökosysteme umfassenderer terrestrischer Ökosysteme. Als solche besitzen sie einen Lebensraum aus Festsubstanz und mit Wasser und Luft gefüllten Hohlräumen, der Boden im engeren Sinne, sowie Organismen, die diesen Lebensraum besiedeln und zu einem Ökosystem erweitern. Die Bodenfruchtbarkeit ist das qualitative Unterscheidungsmerkmal zu Erdstoffen bzw. Substraten. Die Sanierung der Böden kann nur dann als Erfolg verbucht werden, wenn ihre Fruchtbarkeit erhalten bleibt, sie also z. B. nicht Minerale, organische Substanz, Organismen oder ihre Struktur bei der jeweiligen Verfahrensweise im merklichen Ausmaß verlieren. Der Boden ist demnach möglichst als Naturkörper und Teilökosystem zu erhalten.

Wendet man die gleichen Verfahren wie bei Erdstoffen auf einen Boden an, so schädigt oder vernichtet man ihn häufig. Aus der beabsichtigten Bodensanierung wird eine Erdstoffproduktion. Ein Verständnis für die Möglichkeiten und Grenzen der Bodensanierung setzt daher Kenntnisse über die besonderen Eigenschaften der Böden voraus.

Bei **kleinflächigen Verunreinigungen** sollten aus bodenökologischer Sicht In-situ- und biologische On-site-Sanierungsverfahren bevorzugt werden. Verfahren, bei denen durch hohe Temperaturen die Organismen getötet, die organische Substanz verbrannt und die Tonminerale zersetzt werden, scheiden aus. Aber auch die Zerstörung des gewachsenen Bodenprofils und der Bodenstruktur können zu einer Minderung der Bodenfruchtbarkeit sowie zu einer Erhöhung der Erosionsanfälligkeit führen. Bei den technischen In-situ-Verfahren, die im Falle der Auswaschverfahren an eine geeignete Hydrologie des Standortes gebunden sind, könnten die heute verbesserten Möglichkeiten der Horizontalbohrtechnik zu einer Verbreitung der Anwendungsmöglichkeiten führen. Bei den On-site-Verfahren in Form der Bodenmieten bzw. des „soil farming" wird zwar das Bodenprofil zerstört, meist handelt es sich aber nur um den Ap-Horizont, bei dem einzelne Fruchtbarkeitseigenschaften (Bodenleben, Bodenaggregation, Sorptionskomplex) durch die bodenökologischen Verfahren sogar noch verbessert werden können.

Bei **großflächigen Bodenbelastungen** mit Schadstoffen, wie bei atmogenen Immissionen, beschränkt sich die Technologie notgedrungen auf die in der Landwirtschaft üblichen Verfahren der Bodenbearbeitung, Düngung sowie Be- und Entwässerung. Dabei wird eine Verdünnung der oberflächennahen Kontamination durch Einmischen in den Boden (z. B. bei Schwermetallen), eine Intensivierung des biologischen Abbaus (bei organischen Verunreinigungen), eine Änderung der Löslichkeitsverhältnisse und damit entweder eine Festlegung oder ein Stofftransport aus dem Boden angestrebt. Die chemischen Bodenverhältnisse sind der jeweiligen Zielsetzung anzupassen. Für die mikrobielle Tätigkeit sind u. a. pH-Wert, C-, N-, P- und K-Angebot sowie die Redoxverhältnisse wesentlich. Dem geringeren technischen Aufwand dieser Verfahren steht ein höherer Zeitaufwand gegenüber. Bezieht man jedoch die Wiederherstellung der Bodenfruchtbarkeit mit in die Betrachtung ein, so dürften die schonenden ökologischen Verfahren den radikalen Sanierungsverfahren vorzuziehen sein.

Bodensanierungen erfordern bei land- und forstwirtschaftlicher Folgenutzung finanzielle Subventionen. Sie sollten daher durch einen Nutzungswandel oder eine Umstellung in der Bewirtschaftung auf das unbedingt notwendige Maß beschränkt werden. So sind unter Umständen schwermetallbelastete Flächen auch ohne Sanierung landwirtschaftlich zu nutzen, wenn folgende Maßnahmen beachtet werden: Kalkung, organische Düngung und Phosphatdüngung, Wahl der Pflanzen und Ernteprodukte, Vermeidung von Obst- und Gemüseanbau bei atmogener Immission, Verschnitt des örtlichen Futters mit importiertem unbelastetem Futter und das Verwerfen schwermetallreicher Innereien von Schlachttieren. Auch kann versucht werden, lösliche Schwermetalle durch Pflanzen langjährig zu extrahieren, die einer industriellen Nutzung zugeführt werden. Bei Kontamination mit schwer abbaubaren organischen Stoffen kann Gründüngung sowie Düngung mit anderen leicht abbaubaren organischen Stoffen über den mikrobiellen Cometabolismus die Zersetzung der Schadstoffe beschleunigen.

Komplexer Bodenschutz ist die Alternative zur nachsorgenden Bodensanierung. Der hohe Aufwand sowie die teilweise unbefriedigenden Ergebnisse von Bodensanierungen machen deutlich, daß die Standortsicherung für eine biologische Stoffproduktion einen umfassenden Bodenschutz erfordert. Dieser hat zu sichern, daß Stoffzumischungen und -entnahmen, Veränderungen des Sorptionskomplexes und der Bodenlösung sowie des Gefüges die Toleranzgrenzen des Ökosystems nicht überschreiten. Die durch Industrie und Wirtschaft bisher entstehenden Bodenschäden lassen sich künftig häufig durch verbesserte technologische Verfahren im Betrieb vermeiden (Stoff-Recycling-Prozesse, Senkung der Emission von Schadstoffen) oder durch geeignete Freilandtechnologien im Bergbau reduzieren. Außer der Verringerung des flächenmäßigen Bodenverbrauchs gilt es, insbesondere die Kontamination des Bodens mit Schwermetallen und radioaktiven Elementen langer Halbwertszeit sowie mit kanzerogenen organischen Stoffen zu vermeiden. Der Schädigung terrestrischer Ökosysteme einschließlich ihrer Böden durch Saure Niederschläge sowie Schwefel- und Stickstoffeutrophierung sollte durch Reduzierung der Emissionen sowie durch Kompensationsmaßnahmen wie Kalkung und Waldumbau entgegengewirkt werden.

Besorgniserregend ist die Tatsache, daß trotz ausreichender wissenschaftlicher und technologischer Kenntnisse zum Schutz des Bodens die Bodenverluste in der Welt wie in Europa und die Bodenbelastung in Deutschland noch nie so groß waren wie in den letzten Jahrzehnten (s. 8.2.1). Wir benötigen deshalb eine Bodenpolitik, die auf Nachhaltigkeit ausgerichtet ist und die den Boden als Lebensgrundlage und Bestandteil der Lebensqualität des Menschen schützt. Der Boden ist zu wertvoll, um ohne Not verbraucht oder großflächig als Deponie zur Entsorgung von Abprodukten mißbraucht zu werden. Dies schließt ein gelenktes Recycling ökosystemverträglicher Stoffe über den Boden im Rahmen der Humuswirtschaft, Nährstoffbilanzierung und Azidätsregulierung nicht aus.

Bodenschutzgesetze fehlten oder greifen ungenügend. Dies hat z. T. sachliche Gründe, weil der Boden als Umweltmedium schwerer als Wasser und Luft über Grenzwerte zu überwachen ist. Die Widerstände sind jedoch vorwiegend durch ökonomische Ängste bedingt. Es liegt aber zumindest im ökonomischen Interesse der Regierungen, Bodenschutzgesetze zu verabschieden, weil vorbeugen billiger als sanieren ist und das Verursacherprinzip erzieherisch wirkt, indem es anregt, über die Vermeidung von Kontaminationen und billigere Sanierungsverfahren nachzudenken. Bodensanierungen müssen die Ausnahmen bleiben, weil sonst die Kosten für die Gesellschaft nicht tragbar sind. Der Erkundungsaufwand für Altlasten und altlastenverdächtige Flächen der letzten Jahre steht in keinem Verhältnis zu den finanziellen Sanierungsmöglichkeiten.

9.4 Bodenrestaurierung in Bergbaufolgelandschaften

Mineralische Rohstoffe werden durch den Bergbau in Form von Braunkohle (193 Mio. t), Steinkohle, Erdöl, Erzen, Steinen, Erden und Industriemineralen gewonnen, in Deutschland 1995 im Umfang von 1,2 Mrd. t an festen mineralischen Rohstoffen im Jahr. Dabei werden die Böden durch Abbau oder Überschüttung in Mitleidenschaft gezogen. Die durch Aufschlußarbeiten im Tagebaubetrieb veränderte Erdoberfläche wird als verritztes Gelände bezeichnet. Halden sind Aufschüttungen von Abraum des Bergbaus auf unverritztes Gelände, Kippen solche auf verritztes Gelände. Um Braunkohlentagebaue betreiben zu können, muß das Grundwasser stark abgesenkt werden. In der Lausitz beträgt die Absenkung in den Sanierungsgebieten noch 30 m. Steigt bei Kippen mit gleichkörnigen Sanden nach Einstellen des Bergbaus oder Flutung der Restlöcher der Grundwasserspiegel erstmalig an, kann Setzungsfließen auftreten. Der Wasseranstieg kann außer zu Rutschungen auch zu Vernässungsschäden führen. Der **Braunkohlenbergbau** am Südrand des Norddeutschen Tieflandes hat große Flächen devastiert. Die über dem Flöß liegenden Deckschichten werden abgetragen und als Kippen abgelagert. In Ostdeutschland entstanden etwa 60 000 ha Kippenflächen. Die Kippen sind in ihrer physikalischen und chemischen Beschaffenheit abhängig vom Ausgangssubstrat, von der Abraum- und Verkippungstechnik und von Setzungsvorgängen. Ausgangssubstrate für die Bodenentwicklung sind verkippte quartäre und tertiäre Lockergesteine. Bei Kippböden ist das geogene Gefüge zerstört, ein pedogenes Gefüge muß sich erst entwickeln.

Wesentliche **bodenbildende Substrate** sind:
- quartäre bindige Substrate (Auenlehm, Löß, Sandlöß, Becken- und Talschluff, Geschiebemergel und -lehm); die daraus durch Verkippung gebildeten Kippenböden mit einer Mächtigkeit von etwa 1 m sollten nicht schwerer als sandiger Lehm sein;
- quartäre sandige Substrate (Schmelzwasser-, Tal- und Beckensande);
- tertiäre Substrate (Sande, Schluffe, Tone), Auftreten sulfidisch gebundenen Schwefels, meist nährstoffarm und zu extremer Bodenversauerung fähig;
- Substratgemenge beim Abbau (mit Problemen bei Ton und Sand).

Braunkohlentagebau und Rekultivierung sind an das Rheinische (Abbau $100 \cdot 10^6$ t a^{-1}) sowie an das Mitteldeutsche und das Lausitzer Braunkohlenrevier (Abbau zusammen 60–70 $\cdot 10^6$ t a^{-1}) gebunden.

Im **Mitteldeutschen Braunkohlenrevier** wurden bisher 50 000 ha Fläche benötigt. Davon wurden 26 000 ha rekultiviert mit einem Anteil von 11 000 ha landwirtschaftlicher Fläche. Bei den im Raum Halle/Leipzig vorkommenden Kippen dominieren die Substrattypen Kipp-Kalklehme, Kipp-Kalkschluffe, Kipp-Gemengelehme und Kipp-Lehme. Bei den aus den kalkhaltigen Substraten hervorgegangenen jungen Böden handelt es sich um Lockersyrosem-Pararendzinen, bei den aus Lehmen entwickelten um Lockersyrosem-Regosole. Nach Ausbildung eines deutlichen A-Horizontes bei älteren Neulandböden liegen Regosole bzw. Pararendzinen (kalkhaltig) vor. Die Bodenformen Kipp-Lehme und Kipp-Kalklehme (aus Geschiebelehm/-mergel) sind mit 53 % an der Kippenoberfläche beteiligt. Beispiele für weitere Hauptbodenformen sind Kipp-Kohlesande, Kipp-Kalksande und Kipp-Kalkkohlesande. Im mitteldeutschen Braunkohlengebiet (mit Zonen um Leipzig-Borna-Altenburg, Zeitz-Weißenfels-Hohenmölsen, Bitterfeld sowie Halle-Merseburg), in dem sich früher fruchtbare Böden aus Löß und Sandlöß wie Schwarzerden und Parabraunerden befanden, steht die ackerbauliche Nutzung der Kippenflächen im Vordergrund. Die forstliche Nutzung konzentriert sich auf Geschiebedecksandgebiete. Auf ärmeren Standorten, wie Kipp-Sanden, wird eine Bestockung aus Pionierbaumarten mit Birke, Roterle, Lärche und Kiefer angestrebt, auf Kipplehmen ein Eichenmischwald (Eiche, Linde, Ahorn, Hainbuche).

Im **Lausitzer Braunkohlenrevier** wurden 77 000 ha durch den Bergbau beeinflußt, etwa 35 000 ha stehen zur Rekultivierung an. In der Niederlausitz schwankt die Mächtigkeit der Quartärablagerungen zwischen 10 und 150 m. Abgebaut wird das im Tertiärprofil liegende 2. Lausitzer Flöz mit einer Mächtigkeit von 10–14 m in einer Tiefe von 50–110 m im Tagebau. Für die Rekultivierung eignen sich vorrangig die quartären Substrate des abzutragenden Deckgebirges über der Kohle, die in bodengeologischen „Vorfeldgutachten" ausgewiesen und durch selektives Gewinnen und Verkippen (Abschlußkippe) als Ausgangssubstrate der Bodenbildung genutzt werden. Als Abschlußschichten dienten zu 49–59 % quartäre und zu 12–18 % tertiäre Substrate. Die Bodenartenhauptgruppe Sand macht in Ostsachsen 88 % und in Westsachsen 20 % aus, die Hauptgruppe Lehm in Ostsachsen < 3 % und in Westsachsen 59 %. Die Kippböden im Lausitzer Revier sind nicht älter als 50 Jahre. Es handelt sich um Lockersyroseme (ca. 75 % der Fläche) und Regosole (20 %). Eigenschaften und Entwicklung der Böden werden in dieser Anfangsphase der Bodenbildung durch das Ausgangssubstrat, die Grundwasserflurabstände sowie die Grundmelioration (Kalk, Kraftwerksasche) und Düngung bestimmt. 60 % der Flächen fallen für die forstliche Rekultivierung an (sandige Kippsubstrate). Die meisten landwirtschaftlich genutzten Kippenflächen liegen über Geschiebemergel. Probleme bereiten die Heterogenität der Körnung, kohle- und pyrithaltige Beimengungen auf etwa 60 % der Kippenflächen, Schadverdichtungen und variierende Mächtigkeit des Kulturbodenauftrags. Die Pyritoxidation als der initiale Bodenbildungsprozeß führt zu einer beschleunigten Silicatverwitterung. Die Bodenlösung kann hohe Elementkonzentrationen aufweisen. Eine Besonderheit dieses Gebietes ist die landwirtschaftliche Nutzung von Flächen aus Kraftwerksasche mit sehr flachgründigen Böden und einem in Tiefen > 10 cm verfestigten Substrat.

In Ostdeutschland wurde bei der Wiedernutzbarmachung (Wiederherstellung der Kulturfähigkeit) zwischen der Wiederurbarmachung (technische Rekultivierung) und der Rekultivierung (biologische Rekultivierung, erste land- oder forstwirtschaftliche Bewirtschaftung) unterschieden. Nach der Wiedervereinigung steht die Bezeichnung Rekultivierung für den Vorgang der Wiederherstellung von Flächen. Entscheidend ist der Kulturwert der Deckgebirgsschichten, die nach Abbau der Kohle die neue Oberfläche bilden. In bodengeologischen Kippengutachten werden die Substrate gekennzeichnet und bewertet. Quartäre bindige Substrate sind mit mäßigem bis hohem Silicat- und Nährelementvorrat ausgestattet, ihr jeweiliger Gehalt an Dreischicht-Tonmineralen bedingt ihre Sorptions- und Pufferkapazität. Tertiäre kohle- und schwefelhaltige Substrate werden gemieden, da sie durch Eisensulfidoxidation (Pyrit, Markasit) mit Schwefelsäurebildung und Freisetzung von Al- und Fe-Ionen einen hohen Neutralisationsaufwand erfordern.

Die aufgrund der früher eingesetzten Abraumtechnologie als Abschlußschicht auftretenden schwefelhaltigen Kippkohlelehmsande erfordern Kalkaufwandmengen bis zu 100 t CaO und mehr, die in Form von Kalk oder Kraftwerksaschen bis 30 cm tief eingearbeitet werden. Im Unterboden können die pH-Werte auf < 3 fallen. Im Zuge der Pyritverwitterung bildet sich im Boden Gips aus.

An der Sulfidoxidation sind Schwefelbakterien beteiligt. Die Sickerwässer, besonders im Lausitzer Braunkohlenrevier, besitzen niedrige pH-Werte (pH 3) und erhöhte Fe-, Al-, Schwermetall- und SO_4-Gehalte.

$4FeS_2 + 15O_2 + 2H_2O = 2Fe_2(SO_4)_3 + 2H_2SO_4$

Entsprechend können die Bergbaurestseen niedrige pH-Werte und hohe Gehalte an Sullfat, Fe und Mn besitzen. In der Tiefe der Seen sind deshalb anaerobe Verhältnisse erwünscht, da sich dann wieder Pyrit bildet und der pH- Wert ansteigt. Die durch Sauerstoff aus dem Seewasser ausfallenden Eisenhydroxide binden und entfernen das Phosphat.

Bergbaufolgelandschaften sind in Mitteleuropa Kulturlandschaften, die einen Unterhaltungsaufwand erfordern. Die Nachhaltigkeit der Sanierung ist durch Nachsorge zu sichern. Dies betrifft die Wasserwirtschaft wie die Bodenkultur.

Kippenböden unterscheiden sich von natürlichen Böden durch größere Heterogenität auf kleinem Raum, Kohleanteile, sowie zu Nutzungsbeginn Gefügelabilität, Mangel an N und P, niedrigen Humusgehalt und geringe biologische Aktivität. Auch können toxische Bestandteile, wie Schwefel, Schwermetalle und Salze, den Wert der Böden mindern. Der Bodenverbesserung bzw. der Beseitigung vegetationshemmender Eigenschaften dienen Grundmeliorationen mit Kalk und Makronährstoffen. Auf den Rekultivierungsflächen des Braunkohlentagebaues lassen sich Müllkompost und Klärschlamm zur Anreicherung des bodenbildenden Substrates mit organischer Substanz einsetzen. Zur Melioration werden ferner basenreiche Braunkohlenasche, nährstoffhaltige Industrieabwässer und Mineraldünger eingesetzt. Starke industriebedingte Staubdepositionen (mit Kalk, Corg, S, Fe, Al und toxischen Schwermetallen) beeinflussen die O- bzw. A-Horizonte (Auflagen bis 30 cm), wodurch der pH-Wert > 5–5,5 liegt. Die Staubsedimente haben ein hohes Porenvolumen und eine hohe nutzbare Feldkapazität, sie sind stark durchwurzelt.

Für die ackerbauliche Nutzung rekultivierter Kippen ist zunächst eine konservierende Bodenbearbeitung zu empfehlen, um die bodenbiologische Aktivität und die Gefügebildung zu fördern. Die Eigenschaften von Kippenböden werden durch den Luzerneanbau verbessert. Gute Durchwurzelung und Sickstoffbindung führen zu einer Erhöhung der Netto-N-Mineralisationsrate. Nach 30jähriger Nutzung hat sich ein bis 30 cm mächtiger humoser Ap-Horizont ausgebildet.

Bodenschutzziele im Braunkohlenbergbau sind ein geringer Flächenverbrauch durch den Bergbau und die Einhaltung der Bodenqualitätsziele bei der Rekultivierung der Kippen und Halden. Der Einhaltung der Bodenqualitätsziele dienen die selektive Verwendung kulturfähiger Substrate, die chemische Melioration sowie die Vermeidung von Bodenverdichtungen und Erosion.

Für das Bodenqualitätsziel **Bodendichte** soll beispielsweise bei Kippböden aus Löß 1,65 g cm^{-3}, für solche aus Geschiebelehm 1,75 g cm^{-3} nicht überschritten werden. Kippsubstrate aus Lehm (z. B. Flurkippe Espenhain bei Leipzig) werden durch die Verkippung, anschließende Planierung und im Laufe der Bewirtschaftung im Unterkrumenbereich hochgradig verdichtet. Dies hat eine verringerte Durchwurzelbarkeit zur Folge. Böden mit einer Trockenrohdichte von > 1,80 g cm^{-3} werden nicht mehr durchwurzelt. Die Verbesserung der physikalischen Bodeneigenschaften ist deshalb ein Hauptziel der Rekultivierungsmaßnahmen. Bei einer Rohdichte von > 1,69–1,75 g cm^{-3} reicht für Lehme die alleinige Anwendung biologischer Maßnahmen nicht aus. Angestrebt wird eine Kombination aus Tieflockerung, bodenschonender Bewirtschaftung und biologischer Stabilisierung der Bodenstruktur.

Beispiel:
Unterkrumenverdichtungen > 1,70 g cm^{-3} treten bei den Rheinischen Lößkippen auf. Die physiologische Flachgründigkeit der Böden trägt dazu bei, daß die Erträge nicht die Vorfeldergebnisse erreichen. Traditionelle Rekultivierungsmaßnahmen, wie Bodenbearbeitung einschließlich Tieflockerung, mineralische und organische Düngung sowie Pflanzenartenwahl, reichen nicht aus, um die Fruchtbarkeit stetig zu verbessern. Kombinierte technisch-biologische Meliorationsmaßnahmen sind nach etwa 15 Jahren erforderlich, wobei eine Verstärkung der Regenwurmtätigkeit anzustreben ist.

Halden des **Steinkohle- und Erzbergbaus** sind aufgrund der Relief- und Substratverhältnisse nur für eine Begrünung oder forstliche Nutzung geeignet. Vorteilhaft ist das Abdecken der Haldenoberfläche mit organischem Material (u. a. Klärschlamm und Kompost in geeigneter Form).

Bodenschutz und Bodensanierung

Beispiel:
Das **Uran** im **Ronneburger Revier** befindet sich in den dunklen silurischen Schiefern und in Teilen des ordovizischen hellen Lederschiefers in Konzentrationen von 0,1 % (u. a. Pechblende UO_2 in Mischung mit Pyrit; Untere Graptolithenschiefer). Der Uranerzbergbau in Ostthüringen (Ronneburger Lößhügelland) schuf Halden aus Bergematerial (u. a. Schutt aus silurischen Ton- und Kieselschiefern, silicatisches und carbonatisches Haldenmaterial) im Umfang von $200 \cdot 10^6$ m^3. Durch Verwitterungsprozesse kann eine Uranmobilisation auftreten (Uranylionen). Durch Zugabe von CaO zum Haldenmaterial wird versucht, das Uran bei pH 11–12 als Ca-Uranat zu immobilisieren. Hinzu kommen Absetzbecken der Erzaufbereitung (Rückstände der sauren sowie soda-alkalischen Uranerzlaugung). Die Rückstände sind radioaktiv (Uran, Radium und seine Folgeprodukte) und chemisch-toxisch belastet. Dieses Material kann das Wasser mit Radionukliden, Schwermetallen und Sulfat, die Luft mit Radon und seinen Folgeprodukten sowie Staub belasten.
Um eine stärkere Säurebildung zu verhindern, muß im Haldenmaterial („schwarze Masse") die Pyritoxydation des S-reichen Gesteins, u. a. Alaunschiefer, eingeschränkt werden. Zur Unterbindung der Staubverwehung und Auswaschung von Schadstoffen ist eine flächendeckende, das Niederschlagswasser verbrauchende Vegetation erforderlich. Dies sowie die Bekämpfung endogener Brände der vorliegenden Mischung aus Pyrit, Kohlenstoff (10–12 %) und Sauerstoff im Haldenmaterial macht in der Regel eine Abdeckung der Halden mit einem für die Bodenbildung geeigneten Substrat nötig. Abdeckung und Pflanzenbewuchs mindern die Abgabe belasteter Wässer und des Radons. Bestehen keine Strahlenschutzprobleme, so reicht eine Abdeckschicht von 30–50 cm Mächtigkeit aus mineralischem Substrat aus, um eine Begrünung zu erzielen. Soll jedoch das Entweichen von Radon oder die Aufnahme von radioaktiven Stoffen und Schwermetallen durch Pflanzen mit einer Dämmschicht verhindert werden, so benötigt man eine Zweischichtabdeckung mit einer dichten Unterschicht, die z. B. Wurzeln nicht durchdringen können – im Falle von Bodensubstraten mit der Dichte 1,8 g cm^{-3} und einem kf-Wert von $6 \cdot 10^{-8}$ m s^{-1} –, und eine lockere Oberschicht als Wurzelraum. Letztere sollte den anfallenden Niederschlag speichern können und den Wurzeln ausreichenden Raum bieten, was eine Mächtigkeit von etwa 1,5 m erfordert. Uran wird stark in den Wurzeln angereichert, aber nur schwach in den Sproß weitergeleitet.

9.5 Rechtliche Regelungen (Bodenschutzgesetz)

Für die Einschränkung des Verbrauchs an Boden und die Erhaltung einer ausreichenden Qualität desselben gilt es, eine gesamtgesellschaftliche Verantwortung zu wecken. Auf einer naturwissenschaftlich fundierten Grundlage bedarf es hierzu der Mitwirkung der Geisteswissenschaften und der Kunst. Notwendige Veränderungen im Umgang mit dem Boden erfordern entsprechende Gesetze und Verordnungen, zusammen mit einer Offenlegung der Ursachen für Bodenverschwendung und Bodenzerstörung, sowie Begündungen für einen sparsamen und schonenden Umgang mit der Bodenressource. Bei dem Boden als einem nicht vermehrbaren Gut müssen neben wirtschaftlicher Effizienz gleichrangig soziale und ökologische Gesichtspunkte berücksichtigt werden. Eine gelenkte ökosoziale Marktwirtschaft sollte hier Verbrauchsbremsen einbauen. Ohne Bodenschutzmaßnahmen in Europa wie in der Welt, begleitet von entsprechenden Veränderungen im Erziehungs-, Bildungs- und Rechtswesen, ist eine langfristige positive Entwicklung der Lebensqualität für die Menschheit nicht möglich.
Das Umweltrecht soll Konflikte lösen, die sich bei der Sicherung der natürlichen Lebensgrundlagen der Menschen, insbesondere der Ressourcen Luft, Wasser und Boden (medialer Umweltschutz) ergeben. Zu unterscheiden sind Bundes- und Landesgesetze sowie Bundes- und Landesrechtsverordnungen. Der Schutz des Bodens als Teil der Umwelt wird in Deutschland in mehreren Gesetzen berücksichtigt. Leider gibt es bisher kein europäisches Bodenschutzrecht.

Die zentrale Stellung des Bodens und seiner Funktionen im Landschaftshaushalt fand ihren Niederschlag in Bodenschutzgesetzen des Bundes und der Länder. Durch Bodenschutzgesetze sollen die Böden als Lebensgrundlage und Naturgut geschützt und Gefahren durch Bodenbelastungen vermieden werden.

Das **Bundes-Bodenschutzgesetz** (Gesetz zum Schutz vor schädlichen Bodenveränderungen und zur Sanierung von Altlasten) vom 17. März 1998 trat am 1. März 1999 in Kraft. Das Gesetz findet Anwendung, soweit nicht schon andere Rechtsvorschriften Einwirkungen auf den Boden regeln.

Das Gesetz berücksichtigt den Schutz des Bodens als Naturgut sowie die Nutzungsgeschichte und die wirtschaftlichen Interessen der Industriegesellschaft. Kernstück des untergesetzlichen Regelwerkes zu diesem Gesetz ist die Bundes-Bodenschutz- und Altlastenverordnung (BBodSchV), die am 17. Juli 1999 in Kraft trat. Sie konkretisiert bundeseinheitlich die Anforderungen des Gesetzes an die Untersuchung und Bewertung von Flächen mit dem Verdacht einer Bodenkontamination oder Altlast, bestimmt Sicherungs-, Dekontaminations- und Beschränkungsmaßnahmen und regelt Verfahrensfragen bei der Sanierung. Zum Anwendungsbereich gehören ferner Anforderungen zur Vorsorge gegen das Entstehen schädlicher Bodenveränderungen und die Festlegung von Prüf- und Maßnahmewerten sowie von Vorsorgewerten. Damit bestehen einheitliche Maßstäbe für die Gefahrenabwehr bei belasteten Flächen sowie für Vorsorgemaßnahmen gegen das Entstehen schädlicher Bodenveränderungen. Unter letzteren sind Beeinträchtigungen der Bodenfunktionen zu verstehen, die geeignet sind, Gefahren, erhebliche Nachteile oder erhebliche Belästigungen für den Einzelnen oder die Allgemeinheit herbeizuschaffen. Die Verordnung dient zur Sanierung von Altlasten bzw. Bodenschäden (Nachsorge) sowie zum Schutz vor schädlichen Bodenveränderungen (Vorsorge), wobei das Schwergewicht auf der Nachsorge liegt.

In seinem vierten Teil definiert das Bundes-Bodenschutzgesetz Anforderungen an die landwirtschaftliche Bodennutzung, wobei vom Vorsorgegrundsatz ausgegangen wird. Ziel dieses Gesetzes ist es nach § 1, nachhaltig die natürlichen und Nutzungsfunktionen des Bodens zu sichern oder wiederherzustellen. Hierzu sind schädliche Bodenveränderungen abzuwehren sowie Böden und Altlasten, sofern sie Gewässerverunreinigungen verursachen, zu sanieren. Bei Einwirkungen auf den Boden sollen Beeinträchtigungen seiner natürlichen Funktionen sowie seiner Funktion als Archiv für Natur- und Kulturgeschichte soweit wie möglich vermieden werden. Nach dem Gesetz hat sich jeder, der auf den Boden einwirkt, so zu verhalten, daß schädliche Bodenveränderungen nicht hervorgerufen werden.

Die Verordnung enthält in Anlage 2 **Prüf-, Maßnahme- und Vorsorgewerte**. Bei der Gefährdungsabschätzung unterscheidet man Bodenwerte zur Beurteilung von bestehenden Belastungen (Prüf- und Maßnahmewerte) und zur Beurteilung künftiger Belastungen (Vorsorgewerte). Prüf- und Maßnahmewerte sind bodennutzungs- und schutzgutbezogen definiert. Ein Schutzgut ist z. B. die menschliche Gesundheit. Die Gefahrenschwelle für die Gesundheit wird durch die Prüf- und Maßnahmewerte markiert.

Hintergrundwerte sind Werte für die Stoffkonzentration in nicht spezifisch belasteten Böden (geogene und allgemeine anthropogene Hintergrundgehalte). Die geogenen Gehalte anorganischer Stoffe in Böden werden durch die Zusammensetzung des bodenbildenden Substrats und pedogene Prozesse geprägt. Organische Stoffe gelangen anthropogen ubiquitär in die Böden.

Prüfwerte sind Werte, bei deren Überschreiten unter Berücksichtigung der Bodennutzung eine einzelfallbezogene Prüfung durchzuführen und festzustellen ist, ob eine schädliche Bodenveränderung oder Altlast vorliegt. Liegt der Gehalt eines Schadstoffes unterhalb des jeweiligen Prüfwertes, ist der Verdacht einer schädlichen Bodenveränderung oder Altlast in bezug auf diesen Schadstoff ausgeräumt.

Eine schädliche Bodenveränderung besteht nicht bei Böden mit naturbedingt erhöhten Gehalten an Schadstoffen, soweit diese Stoffe nicht durch Einwirkungen auf den Boden in erheblichem Umfang freigesetzt wurden oder werden (Tab 9.8).

Tab. 9.8: *Prüfwerte für Schadstoffe in mg kg^{-1} Boden (Quelle: LABO-LAGA, Bundes-Bodenschutzgesetz 1998).*

Stoff	Kinderspielflächen	Wohngebiete	Park- und Freizeitanlagen	Industrie- und Gewerbegebiete
Arsen	25	50	125	140
Blei	200	400	1000	2000
Cadmium	10	20	50	60
Chrom	200	400	1000	1000
Nickel	70	140	350	900
Quecksilber	10	20	50	80
Aldrin	2	4	10	
PAK (16 EPA)	20	40	100	120
Benzo(a)pyren	2	4	10	12
DDT	40	80	200	
Hexachlorbenzol	4	8	20	200
Hexachlorcyclohexan	5	10	25	400
polychlorierte Biphenyle (PCB)	2	4	10	200

Um Einträge in das Grundwasser aus kontaminierten Böden beurteilen zu können, ist das Bodensickerwasser am Eintrittsort in das Grundwasser hinsichtlich seiner Stoffkonzentration mit den Prüfwerten zu vergleichen. Daraus ergibt sich, ob mit der Entstehung von Grundwasserschäden gerechnet werden kann.

Maßnahmewerte sind Werte für Einwirkungen oder Belastungen, bei deren Überschreiten unter Berücksichtigung der jeweiligen Bodennutzung in der Regel von einer schädlichen Bodenveränderung oder Altlast auszugehen ist. Prüf- und Maßnahmewerte gelten für eine Bodentiefe von 0–30 cm bei Acker sowie 0–10 cm bei Grünland. Maßnahmewerte eines Schadstoffes werden für bestimmte Wirkungspfade festgelegt. Werden sie überschritten, besteht Handlungsbedarf.

Beispiel:
Für die Schadstofftransferpfade Boden – Mensch, Boden – Pflanze und Boden – Grundwasser sind Stoffgehalte abzuleiten, die für die Gefahrenabwehr geeignet sind. Bei dem Pfad Boden – Mensch handelt es sich um die direkte (orale) Aufnahme von Boden, die für Kinderspielplätze interessiert. Beim Pfad Boden – Pflanze steht der Schwermetalltransfer im Vordergrund. Von der höchstzulässigen Schwermetallkonzentration in der Pflanze werden die Prüf- und Maßnahmewerte abgeleitet. Als Prüfwert wird die Konzentration im Boden vorgeschlagen, bei der die maximal zulässige Konzentration in der Pflanze mit einer statistischen Sicherheit von 20 % überschritten wird. Beim Maßnahmewert liegt eine Überschreitung mit 50 %iger Sicherheit vor.

Bei der Wirkung, die von schädlichen Bodenverunreinigungen auf Bodenmikroorganismen ausgeübt wird, sind neben den persistenten Verbindungen auch die nichtpersistenten Schadstoffgruppen in die Untersuchung einzubeziehen.

Die Vorsorgewerte gewährleisten die volle Funktionstüchtigkeit der Böden. Sie sind Bodenwerte, bei deren Überschreiten unter Berücksichtigung von geogenen oder großflächig siedlungsbedingten Schadstoffgehalten in der Regel davon auszugehen ist, daß das Entstehen einer schädlichen Bodenveränderung zu besorgen ist. Sie sollen den langfristigen Schutz der Böden vor zukünftigen Einwirkungen ermöglichen und den Boden vielfältig nutzbar erhalten. Vorsorgewerte können damit nicht wie die Prüf- und Maßnahmewerte hinsichtlich Nutzungen, Schutzgütern und Wirkungspfaden differenziert werden. Sie finden keine Anwendung bei Böden in Überschwemmungsgebieten und solchen mit mehr als 15 % Humus.

Werden Vorsorgewerte überschritten, sind Vorkehrungen zu treffen, um weitere Schadstoffeinträge zu vermeiden oder zu vermindern. Im Zusammenhang mit der Vorsorge kann die zulässige Zusatzbelastung des Bodens festgelegt werden. Grundstückseigentümer sind verpflichtet, Vorsorge gegen das Entstehen schädlicher Bodenveränderungen zu treffen. Bei der landwirtschaftlichen Bodennutzung wird die Vorsorgepflicht durch die „gute fachliche Praxis" (s. Kap. 8) erfüllt. Zur Vorsorgepflicht gehört auch, daß durch die Auf- und Einbringung von Materialien auf oder in Böden keine schädlichen Bodenveränderungen entstehen.

Die Ableitung von Vorsorgewerten ist für Schwermetalle, polychlorierte Biphenyle und polycyclische aromatische Kohlenwasserstoffe angebracht (s. 9.2.2.5). Die Vorsorgewerte sind mit Boden-Hintergrundgehalten abzustimmen. Die Differenz zwischen dem Vorsorgewert und dem Hintergrundgehalt dient als Spielraum für eine hinnehmbare Anreicherung.

Das Gesetz erleichtert einen gebietsbezogenen Bodenschutz, indem es die Einrichtung und das Betreiben von Bodeninformationssystemen und Boden-Dauerbeobachtungsflächen sowie die Anwendung von Schutzmaßnahmen bei Vorliegen großflächiger Bodenschäden vorsieht.

Bodenqualitätsziele sollten auf die Erhaltung bestimmter Bodenfunktionen ausgerichtet sein. Es gilt, die Grenzen aufzuzeigen, an denen die natürlichen Bodenfunktionen durch die Nutzung irreversibel geschädigt werden. Für die Beurteilung der Bodenqualität im Hinblick auf die Produktionsfunktion liegen größere Erfahrungen vor, wie z. B. über optimale Nährstoffgehalte. Ein Maß für die Bodenqualität kann die Multifunktionalität des Bodens sein. Der Boden soll dann so beschaffen sein, daß er für alle Zwecke genutzt werden kann. In anderen Fällen bezieht sich die Qualität auf eine besondere Bodenverwendung. Für unterschiedliche Landnutzungen können Böden verschiedener Qualität dienen. An Böden für Wohngebiete müssen andere Anforderungen als an solche für Industriegebiete gestellt werden. Umweltaspekte sind also für die Bewertung der Bodenqualität von Bedeutung.

Weitere Gesetze, die Bodenschutzfragen berühren, sind
- das **Bundes-Immissionsschutzgesetz** vom 14. Mai 1990 und das
- Gesetz über Naturschutz und Landschaftspflege (**Bundes-Naturschutzgesetz**) in der Fassung vom 12. März 1987.

Die folgenden Grundsätze des Naturschutzes und der Landschaftspflege ergeben sich aus § 2 BNatSchG: Erhaltung der Leistungsfähigkeit des Naturhaushaltes, Erhaltung unbebauter Bereiche, sparsame Nutzung von Kulturgütern und Schonung wertvoller Landesteile bei Abbau von Bodenschätzen. Das Bundes-Naturschutzgesetz ermöglicht es, Naturschutzgebiete, Nationalparke, Landschaftsschutzgebiete, Naturparke, Naturdenkmale und geschützte Landschaftsbestandteile auszuscheiden. Auch im Bereich der Raumplanung wird der Bodenschutz berücksichtigt:
- Das **Raumordnungsgesetz** vom 25. August 1997 schreibt langfristig die Gestaltung der Raumnutzung fest zur Erhaltung land- und forstwirtschaftlicher Flächen und für den Schutz, die Pflege und die Entwicklung von Natur und Landschaft.

In die Landschaftsplanung als Teil der Gesamtplanung geht der Bodenschutz indirekt ein. Dabei sind verschiedene Planungsebenen zu unterscheiden:

Ebene	Gesamtplanung	Landschaftsplanung
Land (z. B. Sachsen)	Landschaftsentwicklungsplan	Landschaftsprogramm
Region	Regionalplan	Landschaftsrahmenplanung
Gemeindegebiet	Flächennutzungsplan	Landschaftsplan
Teil des Gemeindegebietes	Bebauungsplan	Grünordnungsplan

Die Landschaftsplanung ist ressourcenökonomisch und ökologisch orientiert. Dem kommunalen Bodenschutz dienlich sind die Landschaftsplanung, die Bauleitplanung (Bodenschutzklausel, § 1 a BauGB) und die Umweltverträglichkeitsprüfung. Beim Bauen soll mit Boden sparsam und schonend umgegangen werden (z. B. getrennte Lagerung von Unter- und Oberboden vor der Wiederverwendung, Rückbau von Baustraßen). Bei der Flächennutzungsplanung kann durch Steuerung der Inanspruchnahme von Böden versucht werden, Bereiche mit wertvollen Bodenfunktionen zu schonen bzw. schutzwürdige Böden zu erhalten.
- Das **Kreislaufwirtschafts- und Abfallgesetz** als Gesetz zur Vermeidung, Verwertung und Beseitigung von Abfällen vom 27. September 1994 gewährleistet, daß zu den Altlasten nicht noch Neulasten hinzukommen. Die Kreislaufwirtschaft stellt einen Entsorgungsanspruch an die Böden. Dabei ist aber deren Leistungsfähigkeit und nachhaltige Nutzbarkeit zu beachten. Nach dem Gesetz sollen geeignete

organische Abfälle landbaulich als Sekundärrohstoffdünger, Bodenhilfsstoff oder im Gartenbau als Kultursubstrat verwendet werden. Nachhaltigkeit in der Wirtschaft erfordert eine Kreislaufwirtschaft mit relativ geringer Energie- und Stoffzufuhr. Das Gesetz enthält Vorschriften über das Aufbringen von Abfällen zur Verwertung als Sekundärrohstoffdünger oder Wirtschaftsdünger im Sinne des Düngemittelgesetzes sowie der Klärschlammverordnung. Die Verwertung organischer Siedlungsabfälle in der Landwirtschaft ist neben der Zufuhr von Nährstoffen und organischer Substanz auch mit dem Eintrag organischer und anorganischer Schadstoffe in den Boden verbunden. Er wird durch

- die **Klärschlammverordnung** vom 15. April 1992 geregelt (Kriterien für die Ausbringung sind u. a. die Schadstoffbelastung der Siedlungsabfälle und die Hintergrundbelastung der Böden.),
- die **Gülleverordnung** geregelt (Sie behandelt die Ausbringungszeiten und -mengen für Gülle, um eine umweltschädliche Ausbringung derselben zu unterbinden.),
- die **Bioabfallverordnung** von 1998 geregelt (Sie legt die Verwertung von unbehandelten und behandelten Bioabfällen auf landwirtschaftlich, forstwirtschaftlich und gärtnerisch genutzten Böden fest. Pflanzenreste, die auf land- und forstwirtschaftlich genutzten Böden anfallen und dort verbleiben, gelten nicht als Bioabfälle.),
- die **Düngungsverordnung** bestimmt (Sie regelt den sachgemäßen Einsatz der Mineraldünger und soll verhindern, daß wesentlich mehr gedüngt wird als Nährstoffe durch die Pflanzen entzogen werden.),
- und das **Strahlenschutzvorsorgegesetz,** § 3 festgelegt (Die Überwachung der Radioaktivität der Böden erfolgt durch amtliche Meßstellen der Länder.).
- Das Gesetz über die **Umweltverträglichkeitsprüfung** (UVP) vom 12. Februar 1990 ermöglicht es, alle Umweltwirkungen eines Vorhabens fühzeitig medien- und fachübergreifend zu ermitteln, zu beschreiben und zu bewerten, also auch die Auswirkungen auf den Boden. Durch Umweltverträglichkeitsuntersuchungen (§ 3) wird für das Schutzgut Boden der Ist-Zustand erfaßt. Bewertet werden können der Boden als Naturkörper (Seltenheit, Naturnähe, Abweichung vom regionalen Optimum, besondere Eigenschaften) sowie die Beeinträchtigung natürlicher Bodenfunktionen, z. B. durch Schad- oder Nährstoffanreicherung, durch landwirtschaftliche Kulturmaßnahmen (z. B. Dränung), oder Bodenveränderungen durch Abtrag, Auftrag und Versiegelung. Es muß zum Ausdruck kommen, ob der Boden als Naturkörper schützenswert ist oder nicht. Im Gegensatz zur Bewertung in der Raumplanung, die zu funktionsbezogenen Aussagen führt, erfolgt die Bodenbewertung im Rahmen einer Umweltverträglichkeitsprüfung (UVP) vorhabensbezogen. Hier werden für definierte Bodeneinheiten eines Gebietes Funktionen hinsichtlich ihrer Bedeutung in Form einer quantifizierten Skalierung ausgewiesen. Aus der Aggregation der Bedeutung der Einzelfunktionen ergibt sich die Gesamt-

bedeutung der Bodeneinheit. So wird die Regelungsfunktion des Bodens z. B. in seiner Fähigkeit, Schadstoffe aufzunehmen, zu binden, umzuwandeln oder abzubauen, gesehen. Zur näheren Charakterisierung werden als Teilfunktionen das mechanische und physiko-chemische Filtervermögen sowie sein Speichervermögen herangezogen. Unter mechanischer Filterfunktion wird die Fähigkeit des Bodens verstanden, grob- und kolloiddisperse Schmutz- und Schadstoffe während der Perkolation zu binden. Eine hohe mechanische Filterleistung weisen lockere, humose, lehmig bis schluffig-sandige Böden auf. Zur Beurteilung der Gesamtfilterwirkung von Bodenschichten kann die Luftkapazität und die Kationenaustauschkapazität herangezogen werden.

Hingewiesen sei ferner auf das bestehende **Berggesetz**, das durch das Gesetz zur Änderung des Bundes-Berggesetzes vom 12. Februar 1990 um den Problemkreis der Umweltverträglichkeitsprüfung erweitert wird.

– Bei der Bodenbewertung im Rahmen der Eingriffsregelung geht es darum, die Böden im vom Eingriff betroffenen Raum hinsichtlich ihrer Funktionen zu bewerten. Bewertet werden Lebensraum- und Regelungsfunktion sowie die landschaftsgeschichtliche Dokumentationsfunktion, nicht aber die Ertragsfunktion. Beeinträchtigungen der genannten Bodenfunktionen durch Vorhaben sind, soweit sie nicht vermieden oder gemindert werden können, zu ermitteln und hinsichtlich ihrer Erheblichkeit und Nachhaltigkeit zu prüfen. Solche Beeinträchtigungen der Bodenfunktion können durch Versiegelung, Bodenabtrag, Verdichtung, Entwässerung oder Stoffeinträge erfolgen.

Weitere Bezüge zum Bodenschutz finden sich im Wasserrecht und Verkehrsrecht sowie in der Planzenschutzmittelverordnung.

Zahlreiche, die Belastung von Boden, Wasser und Luft betreffende Probleme bestehen deshalb, weil in Mitteleuropa mehr pflanzliche und tierische Nahrung produziert wird als zu einer gesunden Ernährung der Bevölkerung notwendig ist. Die damit verbundene Intensivierung der Produktion führt zwangsläufig zu Schäden, die sich durch Einsatz wissenschaftlich durchdachter Verfahrensweisen nur mindern lassen. Auf einem Höchstertragsniveau umweltverträglich zu produzieren ist derzeit nicht notwendig, zudem schwierig und bei volkswirtschaftlicher Gesamtbetrachtung auch nicht billig.

Die **Agenda 21** (Rio de Janeiro 1992) ist ein globales Umwelt- und Entwicklungsprogramm. Es berücksichtigt gleichermaßen ökologische, ökonomische sowie soziale Gesichtspunkte und setzt auf nachhaltige Entwicklung. Bestandteil sind u. a. Umwelt, Landwirtschaft, Tropenwald und Minderung der Entwaldung, Bewirtschaftung empfindlicher Ökosysteme, Erhaltung der biologischen Vielfalt, Bodenbewirtschaftung und Bodenschutz sowie der Umgang mit Abfällen.

9.6 Zusammenfassung

Böden stellen als Naturkörper und Kompartimente von Ökosystemen ein schützenswertes Gut dar. Die Belastbarkeit der Böden mit Schadstoffen steigt mit deren Gehalt an Bodenkolloiden und Carbonaten sowie der Mächtigkeit der Bodendecke. Sie wird ferner von den Eigenschaften der Schadstoffe bestimmt. Anzustreben ist, daß toxische Stoffe nicht in der Lösungsphase auftreten. Zur Beurteilung der Schwermetallkontamination der Böden müssen deren natürliche Hintergrundwerte bekannt sein. Die Belastbarkeit des Bodens kann in Beziehung zu seinem Abbaupotential für Schadstoffe gesetzt werden. Für die Belastbarkeit eines Bodens mit organischen Stoffen ist vor allem die Aktivität der Mikroorganismen entscheidend. Diese steigt mit zunehmenden Gehalten an umsetzbarer organischer Substanz. Deshalb und wegen ihrer starken Sorption von Schadstoffen ist die chemische Belastbarkeit eng an Menge und Qualität der organischen Substanz des Bodens gebunden. Bodenbelastungen äußern sich nur zum Teil als leicht wahrnehmbare Schäden.

Die Schädigung von Böden durch Vorgänge wie Erosion, Versauerung, Verdichtung und Schadstoffeintrag wird als Bodendegradation bezeichnet. Erosionsgefährdet sind in Mitteleuropa Jungmoränen- und Lößgebiete sowie Gebirgsregionen. In Trockengebieten liegt eine besondere Form der Bodendegradation, die Desertifikation (Wüstenbildung), vor. Ursache ist eine Übernutzung des Bodens bzw. Ökosystems (Wald, Weideland, Ausdehnung des Ackerbaus in dafür zu trockene Gebiete; hohe Erosionsgefährdung arider Gebiete). Besonders betroffen sind Afrika (Beispiel Sahel-Zone) und Asien. Bodendegradationen führen zu einem Verlust an biologischer Diversität und Produktivität.

Die Bedeutug des Bodens für die Versorgung der Menschheit mit Nahrungsmitteln und Wasser wird heute durch internationale Organisationen betont, die auch die Politiker zum Handeln gegen die Bodenerosion und Desertifikation aufrufen. Vor allem die Bodenerosion schädigt die Höhe und Nachhaltigkeit der landwirtschaftlichen Produktion. Der gegenwärtige Bodenverlust durch Erosion wird auf $10 \cdot 10^6$ ha Land im Jahr geschätzt. Dies sollte alarmieren, da der Boden die universelle Grundlage alles Lebens in ihm und auf ihm ist. Er hat maßgebenden Anteil an der Biodiversität (Vielfalt des Lebens). Im Rahmen des Umweltprogramms der UNO (UNESCO) laufen seit 1982 Bemühungen, angesichts der globalen Dimension der Bodendegradation die Desertifikation regional zu bekämpfen und eine Weltbodenpolitik zu definieren und den Regierungen als Handlungsgrundlage zu empfehlen. Zu einem verantwortungsvollen Umgang mit dem Boden fordern internationale Dokumente bzw. Bodenkonventionen auf: Europarat. European Soil Charter. Strasbourg 1989; Food and Agriculture Organization (FAO). World Soil Charter. FAO, Rom 1981. Als globaler Rahmen für eine nachhaltige Nutzung der Böden wird eine internationale Bodenkonvention benötigt (Entwurf „Übereinkommen zum nachhaltigen Umgang mit Böden", Tutzingen 1997).

Strukturverfall des Bodens und Bodenverdichtung kann das Ergebnis eines falschen Maschineneinsatzes und mangelnder organischer Düngung sein. Oberflächenverkrustung, Krumenbasisverdichtung und Pflugsohlen reduzieren die Wasserinfiltration und den Gasaustausch und hemmen das Wurzelwachstum. Gegen die Erosion gerichtete Maßnahmen haben zum Ziel, die kinetische Energie des Regens vor dem Bodenkontakt zu verringern und die Infiltration über das Makroporensystem zu verbessern, um damit den Oberflächenabfluß zu mindern. Dazu trägt eine gute Bodenstruktur mit wasserstabilen Aggregaten bei. Bodenversauerung hemmt den biologischen Abbau der organischen Substanz im Boden und verschlechtert die Humusqualität. Die Kationenaustauschkapazität und die Phosphatlöslichkeit sinken, die Auswaschung basisch wirksamer Kationen sowie der Gehalt an Al-, Mn- und Fe-Ionen am Sorptionskomplex und in der Bodenlösung nimmt zu.

Sekundäre Versalzung und Alkalisierung als Folge der Bewässerung oder eines veränderten Landschaftswasserhaushalts in semiariden und ariden Gebieten führen zu einer Verschlechterung des Pflanzenwachstums über einen erhöhten osmotischen Druck und pH-Wert, gehemmte Nährstoffaufnahme, Anreicherung toxischer Ionen und Verschlechterung des Bodengefüges. Salzböden treten großflächig besonders in Südamerika, Nord- und Zentralasien sowie Australien auf.

Großflächige Bodensanierungen sind häufig die Folge vorangegangener unsachgemäßer Bodennutzung bzw. unterlassenen komplexen Bodenschutzes. Durch eine ordnungsgemäße Bodenbewirtschaftung sowie moderne industrielle Produktionsverfahren lassen sich Bodenerosion, Bodenverdichtung, Nährstoffverarmung und Eutrophierung, Bodenversauerung und -alkalisierung sowie Belastungen mit anorganischen und organischen Fremdstoffen weitgehend vermeiden.

Umwidmungen der Flächennutzung bei Objekten der Industrie, des Bergbaus, des Verkehrswesens und des Militärs sowie die gegenwärtigen atmogenen Schadstoffdepositionen können jedoch Sanierungen sowie die Entwicklung neuer Böden erforderlich machen. Dabei ist hinsichtlich der anzuwendenden Technologien zwischen großflächigen (Braunkohlentagebau, Uranbergbau, atmogene Depositionen) und kleinflächigen Objekten (verunreinigte Betriebsflächen, Bodenbildung auf Deponien) zu unterscheiden.

Die Vielzahl der existierenden Bodenformen (Einheiten aus Bodentyp und Bodensubstrat) und möglichen Verunreinigungen erfordern stets Überlegungen zur Sanierungsfähigkeit und eine Anpassung der Standardverfahren an den jeweiligen Standort (Lage, Geologie, Hydrologie, Klima und Boden). Ziel der Sanierungen sollte die Wiederherstellung der benötigten Eigenschaften und Funktionen des Bodens sein. Diese Ansprüche sind bei der Bodenkultur am höchsten. Die Herstellung des ursprünglichen Bodenzustandes durch Sanierung ist meist aus bodenkundlichen, technischen und ökonomischen Gründen nicht möglich und auch nicht erforderlich. Häufig reicht z. B. eine Minderung der Fremdstoffwirkung und eine der Belastung angepaßte Nutzung aus.

Bei Sanierungen ist zwischen Boden- und Substratsanierungen zu unterscheiden. Wird ein Boden bei der Sanierung in ein Substrat rückverwandelt, so muß der erneuten Bodennutzung eine Kultivierung vorangehen. Um dies zu vermeiden, ist ökotechnologischen Sanierungsverfahren der Vorzug zu geben. Diese nutzen zudem die Selbstreinigungskraft des Bodenökosystems und erhalten seine Fruchtbarkeit. Tone, Zeolithe, Kalk und organische Substanz tragen zur Immobilisierung mancher bodenbelastender Stoffe bei.

Zweck des Bundes-Bodenschutzgesetzes ist der Schutz der Böden vor Schäden aller Art und die Wiederherstellung der Funktionsfähigkeit geschädigter Böden. Das Bundes-Bodenschutzgesetz macht die Bodenfunktionen zum Bestandteil der Rechtsordnung. Der Schutz der Bodenfunktionen ist bei Planungs- und Zulassungsverfahren zu beachten, z. B. bei der Aufstellung von Bauleitplänen oder der Umweltverträglichkeitsprüfung. Es gilt zu prüfen, welche Bodenfunktionen an dem betroffenen Standort besonders wertvoll sind und wie sich eine geplante Maßnahme auf den Boden auswirkt.

Über Dauerbeobachtungsflächen und Bodenzustandserhebungen sucht man Langzeitveränderungen der Böden, z. B. durch Immissionsbelastung, zu erkennen. Die Bewertung des Bodens in der Raumplanung führt zu funktionsbezogenen, diejenige im Rahmen der Umweltverträglichkeitsprüfung zu vorhabensbezogenen Aussagen.

Während in ländlichen Räumen der Boden vorwiegend als Produktionsmittel der Land- und Forstwirtschaft interessiert, tritt seine Produktionsfunktion in Ballungsgebieten zurück. In diesen urban-industriellen Gebieten tritt neben die intensiv betriebene landwirtschaftliche Bodennutzung der Gartenbau und der Erholungszwecken dienende Grüngürtel um Städte. Für Bevölkerung und Industrie spielt die Bereitstellung von Wasser in ausreichender Menge und

Güte sowie der Hochwasser- und Erosionsschutz über eine zweckentsprechende Behandlung der Böden in Wassereinzugsgebieten und Hanglagen eine dominierende Rolle. Die Filter- und Speicherfunktion des Bodens für Wasser tritt gleichwertig neben die biologische Stoffproduktion, insbesondere in Wäldern. Der Boden ist in Ballungsgebieten erheblichen Belastungen ausgesetzt. Diese sind flächendeckend atmogene Immissionen in Form von Stäuben, Saurem Regen und Gasen sowie örtliche stoffliche Belastungen durch Industriebetriebe, Deponien, Abwasserreinigung und Recycling industrieller und kommunaler Abfälle, z. B. in Form von Industriekalken, Klärschlamm und Stadtkomposten. Besonderes Gewicht kommt dabei toxischen Spurenelementen und persistenten, die Gesundheit gefährdenden organischen Verbindungen zu. Hinzu kommen eine Alkalisierung der Böden im stadt- und kraftwerksnahen Bereich sowie eine Versauerung und Eutrophierung von Böden und Gewässern durch Schwefel- und Stickstoffverbindungen aus Bergbau, Industrie und Tierproduktion. Entlang der Straßen können die Böden Blei- und Salzbelastung aufweisen. Der Wasserhaushalt wie das Klima wird in Städten durch den hohen Anteil versiegelter Böden negativ beeinflußt. Es gilt daher, belastete Böden (Altlasten) zu sanieren, Flächen nach Möglichkeit zu entsiegeln, Deponien mit Böden und Vegetation zu überziehen, Bodenverdichtungen in Erholungsgebieten einzuschränken und auf nicht mehr benötigten Lagerflächen zu beseitigen. Die Bodennutzung in Ballungsgebieten bedarf der hygienischen Kontrolle und auf belasteten Standorten gewisser Einschränkungen. Flächenverbrauch, Nutzung und Schutz der verbliebenen Böden verdienen daher in dicht besiedelten Ballungsräumen besondere Beachtung.

10 Geschichte der Bodenkunde

10.1 Frühe Erfahrungen bei der Bodenkultur

Obwohl die Bodenkunde als Geodisziplin im Vergleich zu anderen Naturwissenschaften eine relativ junge Wissenschaft ist, gehen die Anfänge der Bodenkultur und des Wissens über Böden bis in die ältesten Zeiten zurück. So vollzog sich in Mitteleuropa der Übergang zum Ackerbau im Neolithikum. Die Entwicklung früher Kulturen ist an fruchtbare Böden oder ertragreiche Standorte und das Wissen um die Bedeutung des Bodens für die Erzeugung von Nahrung gebunden. Beispiele sind die Siedlungen der Bandkeramiker in Deutschland am Rande von Lößgebieten sowie die Kulturen im Euphrat-, Tigris- und Nilgebiet mit künstlicher oder natürlicher Bewässerung der Böden.

In den alten Kulturzentren der Menschheit, häufig in subtropischen ariden Gebieten, lernte man durch Bewässerung bei straffer staatlicher Organisation und Einsatz technisch anspruchsvoller Bewässerungsanlagen zeitweise hohe Erträge im Ackerbau zu erzielen (15–40 facher Ertrag im Vergleich zur Aussaat). In den Ländern der Dürrezone war der Ackerbau mit Bewässerung staatserhaltend. Die Versalzung der Böden durch unzureichende Entwässerung trug mit zum Untergang dieser Kulturen bei. In den nördlichen Gebieten Mesopotamiens und in Syrien wurde dagegen natürlicher Regenfeldbau betrieben.
Im altägyptischen Mythos werden Osiris und Isis als Begründer des Ackerbaus genannt. In **Ägypten** existierte im Überschwemmungsbereich des Nils schon um 3500 v. u. Z. eine geregelte Bodenkultur. In dem am Euphrat gelegenen Staat **Mari** (1. Hälfte des 3. Jahrtausends bis 1695 v. u. Z.) hing der Ackerbau von einer planmäßigen Bewässerung der von Natur aus fruchtbaren Böden ab. Die Könige von Mari ließen daher Deiche und Kanäle bauen und unterhalten, siedelten Soldaten zur systematischen Unterstützung der Wasserwirtschaft in der Nähe der Flüsse an und bestraften hart Vergehen gegen die Bewässerungsordnung. Schriftliche Berichte sprechen von der Sorge der Gouverneure bei Dammbrüchen und Überschwemmungen und den damit verbundenen Schäden an den Ländereien. Im Reich **Urartu** (etwa 1250 bis 585 v. u. Z.), das im Hochland von Armenien im Gebiet des Vansees lag, wurden zur Hebung der Erträge des Acker- und Weinbaus technisch schwierige Bewässerungsanlagen, wie Stauseen mit gewaltigen Staudämmen und Kanälen, ausgeführt. In den Königreichen **Saba** und **Kataba** waren die Besteuerung und Bewirtschaftung von Grund und Boden geregelt. Die Abgabe wurde nach dem Bodenertrag festgesetzt. Der am Rande der Wüste im alten Jemen gelegene Staudamm bei der Stadt Ma'rib der Sabäer wurde im Altertum als Weltwunder betrachtet. Er speicherte das Wasser des Wadi Denne mit einem Einzugsgebiet von etwa 1 650 km^2. Der 600 m lange Damm diente neben dem Wasserstau gleichzeitig dazu, Überschwemmungen und damit die Bodenerosion zu verhüten. Mit Hilfe von Schleusen und Wasserverteilungsbauten konnte das Wasser das ganze Jahr hindurch nach Bedarf auf die Felder geleitet werden. Die Bewässerung der fruchtbaren Böden verlieh dem Gebiet eine so hohe Ertragsleistung, daß noch Mohammed, zu dessen Zeiten der Dammbruch ein knappes Jahrhundert zurücklag, in der 34. Sure des Korans Saba mit dem Paradies verglich. Mit dem Dammbruch um etwa 550 u. Z. war Sabas Blüte vernichtet. Auch in den alttestamentarischen Schriften der Bibel findet man Hinweise über Erde, Ackerbau und Bodenbearbeitung. Ackerbau ist also eine der ältesten Tätigkeiten des Menschen. Auch China kann auf einen langen Ackerbau zurückblicken. Erste

Bodenkarten entstanden hier bereits 2500 v. d. Z. mit gelben (Löß), schwarzen (Schwarzerden), weißen (Salzböden) und blauen (Gleie) Erden.

In Amerika entwickelten die Indianer (Azteken) ein tiefes Verständnis für die Faktoren, die die Verteilung der Vegetation und ihre Qualität beeinflussen. Unter allen Hochkulturen der Welt ist die der **Mayas** die einzige ohne Pflug. Aufgrund des primitiven Ackerbaus (Brandrodung, Pflanzstockbau von Mais ohne Düngung) und der damit verbundenen starken Bodenerosion waren die Mayas vermutlich gezwungen, auf dem Höhepunkt der Kultur des Alten Reiches ihre Städte zu verlassen und etwa 400 km weiter nördlich das Neue Reich auf jungfräulichem Boden zu gründen.

Die Landwirtschaft der **Griechen** wies im 5. und 4. Jh. v. u. Z. noch eine geringe Entwicklung auf. Die Griechen bildeten sich jedoch über die für das mediterrane Gebiet wesentlichen Bodeneigenschaften und die Beziehungen zwischen Boden und Pflanze genauere Vorstellungen. XENOPHON aus Athen (430–354 v. u. Z.) gibt in seinem Oikonomikos Anweisungen für den Gutsbetrieb. Der Boden wird beurteilt nach dem Wachstum der Feldfrüchte bzw. bei nicht in Kultur stehenden Böden nach dem Vorkommen wildwachsender Pflanzen. Auch Fragen der Bodenbearbeitung werden behandelt. In der Schrift „de natura pueri", die uns mit naturphilosophisch-medizinischen Anschauungen bekannt macht, wird die Erde als der Magen der Pflanze bezeichnet. Die Pflanze soll aus der Erde die Nahrung in einer für die Aufnahme fertigen Form erhalten. Fruchtbarkeit und Unfruchtbarkeit der Böden werden ebenso wie die geographische Verbreitung der Pflanzen durch Vorhandensein, Überschuß oder Mangel an Feuchtigkeit bestimmt. Auch auf Fragen des Wasserhaushaltes wird durch Hinweis auf die Beziehungen zwischen Verdunstung, Bodenfeuchtigkeit und Abfluß eingegangen. Ferner werden die verschiedene Erwärmbarkeit der oberen und unteren Bodenschichten sowie die Möglichkeit der mechanischen Bodenanalyse beschrieben. Von besonderer Bedeutung für die Weiterentwicklung boden- und standortkundlichen Wissens sind die Arbeiten von ARISTOTELES (384–322 v. u. Z.) und seines Schülers THEOPHRAST (etwa 370–285 v. u. Z.). In ihren Schriften wird die Bodentextur nur wenig differenziert, zur Kennzeichnung der Lockerheit oder Festigkeit des Bodens werden dagegen zahlreiche Ausdrücke verwandt. Die Böden werden danach unterschieden, welche Kulturpflanzen sie gut zu tragen vermögen. Die Nährstoffaufnahme der Pflanzen soll in Form von Wasser und Erde durch die Wurzeln erfolgen. Durch die Bodenbearbeitung soll Luft in den Boden gebracht werden. Von einem guten Boden fordert man, daß er warm ist. Man betont, daß die Umweltbedingungen bei allen landwirtschaftlichen Maßnahmen zu beachten sind und daß ein gutes Klima einen schlechten Boden ausgleicht und umgekehrt. Zur Standortbeschreibung werden Ausdrücke für Lage, Klima und Boden verwandt. Aufgabe der Landwirtschaft ist es, optimale Bedingungen für die Pflanzen zu schaffen.

In der Landwirtschaft des hellenistischen Ägypten wurden im Vergleich zu der Zeit der Pharaonen hinsichtlich Bodenbearbeitung, Bodenbewässerung und Düngung wesentliche Fortschritte erzielt.

Verschiedene römische Schriftsteller, die über den Ackerbau berichteten, gehen auch auf bodenkundliche Fragen ein (CATO, 200 v. u. Z. (De agricultura); PALLADIUS (De re rustica); VERGIL, 70 v. u. Z. bis 19 n. u. Z. (Vom Landbau, Georgica), COLUMELLA, 1. Jh. u. Z. (De re rustica)). Die **Römer** prüften den Boden mit der Fingerprobe sowie nach Geruch und Geschmack. Eine nach Ausheben einer Grube bei anschließendem Wiedereinfüllen des Bodens auftretende Volumenvergrößerung wird als günstige Bodeneigenschaft angesehen. Die Römer kannten die Ansprüche der wichtigsten Kulturpflanzen an den Boden: Weizen soll auf bindiges, nährstoffreiches, unkrautfreies Land; Lupine auf sandige, nicht kalkreiche Böden angebaut werden; Linsen gehören auf arme rötliche Böden, Erbsen auf warme, lockere Böden. VARRO unterscheidet fette, magere, zähe und mürbe Böden, VERGIL schwere und leichte Böden. COLUMELLA betont den Nutzen der Gründüngung, PALLADIUS und PLINIUS schreiben über Entwässerung der Böden. PLINIUS D. Ä. betrachtet den Mergel als Schmalz der Erde, das ein Ernährer der Feldfrüchte ist, aber nur in einer dünnen Schicht und möglichst mit Salz oder Mist gemischt auf das gepflügte Land gebracht werden soll. Bereits THEOPHRAST hatte von „fetten Böden" gesprochen, und dieser im Sinne von nahrungsreich bzw. sich fett anfühlend gebrauchte Ausdruck taucht in späterer Zeit noch häufig auf. PLINIUS weist auf den Wert der Pflanzenasche als Düngemittel hin und berichtet über die Lupinendüngung. Die römische landwirtschaftliche Literatur wurde im Jahre 1240 durch PETRUS DE CRESCENTIIS (Senator von Bologna) in seinem Buch „De agricultura vulgare" zusammengefaßt.

Nach CÄSAR und TACITUS (54–117 u. Z.) haben die **Germanen** nur einen dürftigen Ackerbau betrieben. Sie kannten jedoch den eisernen Scharfpflug. Durch den Kontakt mit den Römern gelangten deren Erfahrungen in der Bodenkultur sowie zahlreiche Nutzpflanzen nach Norden. Aber auch dieser Raum kann auf eine lange eigenständige Entwicklung zurückblicken. So berichtet das finnische Nationalepos Kalevala, das etwa 3000 Jahre alt ist, von den Beobachtungen und Erfahrungen der in engem Kontakt mit der Natur stehenden Menschen. In ihm werden die für die verschiedenen Baumarten günstigen Standorte angegeben.

Seit Beginn des Ackerbaus in Mitteleuropa (5000–3500 v. d. Z.) wurden die bodenschützenden Eichen-Mischwälder flächenhaft zerstört, was zu verstärkter Erosion führte. Hinweise für Ackerbau mit dem Hakenpflug liegen für die Stein- und Bronzezeit aus Schweden und Jütland vor.

In den auf den Zerfall des Römerreiches folgenden Jahrhunderten (500–1500 u. Z., **Mittelalter**) wurden die Kenntnisse auf dem Gebiet der Bodenkultur und Bodenkunde kaum bereichert. In dem ehemals von den Römern besetzten Gebiet Germaniens nahm die Bodenkultur jedoch einen bedeutenden Aufschwung. Gebiete mit guten Böden, wie im Raum Flandern – Aachen, im Harzvorland, im Raum Mainz – Speier, in Sachsen und Thüringen (Unstrutgebiet) entwickelten sich schneller als solche mit ungünstigen Böden bzw. Standorten. Seit dem frühen Mittelalter kam den Klöstern große Bedeutung zu. Um 800 hatten die Klöster das Bildungsmonopol, sie vermittelten auch das Wissen der Antike. Der römische Erfahrungsschatz wurde durch Mönchsorden (besonders Benediktiner und Zisterzienser) nach Norden und Osten getragen. Neue landwirtschaftliche Räume wurden durch Rodungstätigkeit und Gründung von Siedlungen erschlossen.

Ab dem 5. Jh. nimmt die Landnahme zu, weite Ländereien werden kolonisiert. Die Rodungen vom 11. bis in das 13. Jh. erfaßten auch den hochkollinen und submontanen Bereich. Sie brachten neben einem Gewinn an landwirtschaftlicher Fläche auch verstärkte Erosion und Sedimentation von Auenlehm mit sich. Vom 11.–13. Jh. wurde Dreifelderwirtschaft betrieben. Im 14. und 15. Jh. eroberte der Wald zuvor kultivierte Ackerflächen zurück (Bevölkerungsrückgang, spätmittelalterliche Wüstungsperiode). Im 16. und 17. Jh. setzen erneut umfangreiche Waldrodungen ein, an der Nordseeküste werden größere Gebiete eingedeicht. Anfang des 18. Jh. begannen die Erträge abzusinken. Man verbesserte die Dreifelderwirtschaft und begann mit der Moorkultivierung (z. B. Niedermoorentwässerung in Brandenburg).

In der **frühen Neuzeit** entwickeln sich die Naturwissenschaften. B. V. PALISSY (1499–1589) weist 1563 auf die Notwendigkeit hin, pflanzenaufnehmbare Salze dem Boden durch Stallmist und Strohverbrennen zurückzugeben. Der in Amsterdam lebende deutsche Chemiker J. R. GLAUBER (1650) nahm an, daß die Fruchtbarkeit des Bodens und der Wert des Düngers auf ihrem Salpetergehalt beruhen (De concentratione vegetabilium, Miraculum Mundi,1656). FREIHERR W. H. VON HOHBERG bringt in seiner 1682 erschienenen Georgica curiosa einige Bemerkungen über das Mergeln, den Einfluß der Bodenbearbeitung und den Wert der Krümelung des Ackerbodens. Bei der Ermittlung der Bodenfruchtbarkeit greift er z. T. auf Kenntnisse der Römer zurück: Feststellung der Krumentiefe, Anfeuchten der Krume zur Prüfung auf Bindigkeit, Geruch des Bodens, Vegetationsbeobachtungen sowie Schlämmen des Erdreichs und Kosten des Schlämmwassers.

10.2 Beginn der wissenschaftlichen Bodenkunde im 18. Jahrhundert

J. B. V. ROHR (1688–1742) unternahm aufgrund seiner Erfahrungen in Sachsen den ersten Versuch einer Bodenklassifizierung seit den Römern Varro und Columella. Den steinigen Boden unterteilt er nach der Art des Erdreichs, das mit den Steinen gemengt ist, den sandigen Boden nach dem Grad der Leichtigkeit und das tonige Land nach der Höhe der Säuerung. Berghauptmann H. C. V. CARLOWITZ aus Freiberg in Sachsen berichtet 1713 in seiner „Silvicultura oeconomica" über Klima, Boden, Standort und Humus (Abb. 10.1). Er unterscheidet Sand-, Ton- und Mergelböden und beurteilt sie nach Gefühl, Geruch und Geschmack. Er weist auf die Bedeutung der Bodenflora und die Waldstreu hin, beschreibt die sächsischen Moore und geht auf Fragen der Bodenmelioration einschließlich Ent- und Bewässerung ein.

Abb. 10.1: HANS CARL V. CARLOWITZ, Freiberg.

Im Jahre 1737 hatte die Akademie der Wissenschaften zu Bordeaux die Preisfrage gestellt: Was ist die Ursache der Fruchtbarkeit des Bodens? Der sächsische Militärarzt J. A. KÜLBEL (Abb. 10.2) kam in seiner Dissertation über dieses Thema 1793 durch vergleichende Untersuchungen von Wasserauszügen verschieden fruchtbarer Böden zu der Erkenntnis, daß die Bodenfruchtbarkeit auf das Vorhandensein einer „feinen fettigen Erde", die mit Salzen verbunden ist, zurückzuführen ist. KRUTZSCH (1842, Tharandt) faßt die Gedanken KÜLBELS hundert Jahre später wie folgt zusammen:
1. Der fruchtbarere Boden ist der, der mehr und bessere Früchte erzeugt. Die Menge und Masse der Gewächse kann nur von einem reichlicheren Zutritt und von einer reichlicheren Aufnahme des Nährsaftes, und die bessere Beschaffenheit derselben nur von der besseren Beschaffenheit des Nährsaftes herrühren.
2. Regen, Sonnenschein und warme Witterung in ihrem Wechsel sind allgemeine Ursachen der Fruchtbarkeit. Da aber gleichwohl unter denselben klimatischen Verhältnissen und Witterungseinflüssen der eine Boden sich fruchtbar, der andere unfruchtbar erweist, so muß eine gewisse Beschaffenheit des Bodens gesetzt werden, ohne welche die genannten Förderungsmittel des Wachstums wirkungslos bleiben.
3. Da auch ein fruchtbarer Boden bei mangelndem Regen seine Fruchtbarkeit nicht äußert, so ist es klar, daß die Feuchtigkeit, welche der Boden durch den Regen bekommt, den Hauptteil des Pflanzennährstoffes ausmache.
4. Allein die Gewächse bestehen nicht bloß aus wässrigen, sondern auch aus erdigen (festen) Teilen; es muß also der Pflanzennährsaft zugleich aus „erdigen" Teilen bestehen.
5. Diese würden aber durch die dem bloßen Auge unwahrnehmbar feinen Poren der Pflanzenwurzeln nicht in den Pflanzenkörper eingehen können, so fein sie auch sein möchten, wenn sie darin bloß schwämmen, sondern sie müssen im Wasser gelöst sein.

Abb. 10.2: JOHANN ADAM KÜLBEL, königlicher Arzt der Festungen Königstein und Sonnenstein, Sachsen, Grabstein auf der Festung Königstein.

Auch J. G. WALLERIUS (1709–1785, Uppsala) versuchte das Problem der Bodenfruchtbarkeit und Pflanzenernährung durch Boden- und Pflanzenuntersuchungen zu lösen. Seine „Agricultura fundamenta chemica" ist das erste Werk, das sich mit dem Boden als selbständigem Objekt befaßt. In einer als „Humustheorie" bezeichneten Auffassung, wonach sich die Pflanze aus ihr ähnlichen, gleichartigen Stoffen ernährt, die sie aus dem Boden bekommt, erkennt man die Nachwirkung der Theorie des Aristoteles. Die Salze sollten nur mittelbar als Lösungsmittel wirken. Diese Humustheorie war bis in das 19. Jahrhundert Gegenstand zahlreicher Kontroversen. WALLERIUS unterscheidet Humus und Torf, nennt physikalische Eigenschaften des Humus und kennt Wechselwirkungen zwischen Boden und Atmosphäre. Er weist darauf hin, daß der Ton die Auswaschung durch Regenwasser verhindert und der Sand den Boden locker und luftdurchlässig erhält.

Im 18. Jh. wurden in Norddeutschland verstärkt Deichbau und Entwässerung in den großen Flußtälern (z. B. der Oder) zur Förderung der Landwirtschaft durchgeführt. An der Wende des 18. zum 19. Jh. setzte in der Forstwirtschaft zugleich mit der Anwendung der Pflanzung eine umfangreiche Aufforstungstätigkeit in Thüringen und Sachsen ein. Es wurden vorwiegend Reinbestände fast ausschließlich mit Fichte, daneben auch mit Kiefer, begründet.

10.3 Entwicklung der Bodenkunde als Wissenschaft seit dem 19. Jahrhundert

Das 19. Jahrhundert bringt eine Trennung von Natur- und Geisteswissenschaften und auf allen Gebieten der Naturwissenschaft und Technik (Industrialisierung) einen großen Aufschwung mit sich, so auch in der Bodenkunde und Bodenkultur. Die Entwicklung der Landwirtschaftswissenschaften wird in Deutschland weitgehend durch das Wirken von THAER und LIEBIG beeinflußt. Letzterer sah die Landwirtschaft als angewandte Naturwissenschaft an. Im folgenden sollen nun die wesentlichen Entwicklungsrichtungen in der Bodenkunde aufgezeigt werden.

10.3.1 Bodengeologische Richtung

Die Bodenkunde besaß am Anfang ihrer Entwicklung eine sehr enge Bindung an die Geologie und Agrikulturchemie. In der geologischen Richtung waren die Eigenschaften des Muttergesteins für die Bodenbildung ausschlaggebend. Entsprechend wurden Bezeichnungen wie Granitboden oder Buntsandsteinboden eingeführt.

Am frühesten ist das Studium der Waldböden in den Ländern Mitteleuropas aufgenommen worden. Im gemäßigten Klima Mitteleuropas waren in den bewaldeten Mittelgebirgen geologische Unterschiede prägend für die Bodenbildung. Die forstliche Bodenkunde lehnte sich daher eng an Geologie und Petrographie an. Die geologisch-petrographische Richtung ist bis heute von Bedeutung für die Forstwirtschaft dieses Raumes, da sie in stärkerem Maße als die Landwirtschaft von den geologischen Ausgangsbedingungen abhängt. Als Bindeglied zwischen Geologie und Bodenkunde fungiert die Verwitterungslehre und mit ihr die „oberste Lockerschicht der festen Erdrinde". Durch die Anwendung geologischer, petrographischer und mineralogischer Untersuchungsverfahren auf den Boden ließ sich insbesondere das bodenbildende Substrat genau kennzeichnen.

Einen ersten Beitrag zu Klassifikation der Böden auf petrographischer Grundlage lieferte J. CHR. HUNDESHAGEN (Tübingen 1783–1834), der 1825 auf die unterschiedliche mineralische Kraft der aus verschiedenen Gesteinen hervorgegangenen Böden und deren Wirkung auf den Ertrag der Wälder hinwies.

Dank der Mannigfaltigkeit der geologischen Verhältnisse und des hohen Standes der geologischen Forschung wurde der geologisch-petrographische Zweig der Bodenkunde besonders in Sachsen und Thüringen gepflegt. An der Forstakademie in Dreißigacker (Herzogtum Meiningen) verfaßte BEHLEN 1826 eine Gebirgs- und Bodenkunde in Beziehung auf das Forstwesen, und BERNHARDI vertrat hier bereits 1832 die Inlandeistheorie, die 43 Jahre später von O. M. TORELL bewiesen wurde. C. GREBE (Eisenach 1816–1890) erläutert 1853 die Abhängigkeit des Bodens von der Art des anstehenden Muttergesteins und die Beziehungen zwischen Güte und Menge des Waldhumus. F. SENFT (1810–1893, Eisenach, Abb. 10.3) richtete sein Augenmerk auf die Verwitterungsvorgänge. Bereits 1847 wurde von ihm ein umfangreiches mineralogisch-petrographisches Bodenklassifikationssystem auf geologischer Grundlage erstellt. Der Petrographie wurde hierin der Vorrang vor der Formationslehre eingeräumt. Die Hauptgliederung erfolgte in Verwitterungs- und Gebirgsböden einerseits und in Schlämm- und Tieflandsböden andererseits. In seinem 1877 erschienenen „Lehrbuch der Gesteins- und Bodenkunde" beschreibt SENFT die Bodenarten in den verschiedenen geologischen Formationen und geht auf die Beziehungen zwischen Boden und Pflanzenwelt ein (s. a. SENFT 1888). Er betrachtet den Boden als Naturkörper, unabhängig von seiner Bedeutung als Produktionsmittel der Land- und Forstwirtschaft. Senft unterteilte das Bodenprofil schon 1847 in Oberboden, Unterboden und Untergrund, die späteren Horizonte A, B, C von DOKUCAEV.

Beispiel:
SENFT (1877) unterscheidet bei Verwitterungsböden folgende „Lagen oder Schichten": „zu oberst als Decke: abgestorbene, noch in der Humification begriffene Pflanzenreste; darunter eine dunkelbraun erdige, moderig riechende, feuchtwarme Lage von Humus; darunter der eigentliche Verwitterungsboden, aber

1) in seiner obersten Lage untermischt mit feinzertheiltem Humus;
2) in seiner mittleren Lage untermischt mit noch in Vermoderung begriffenen Wurzelabfällen;
3) in seiner untersten Lage nur Mineralboden,

und zu unterst endlich Felsgerölle oder festes Gestein."

Abb. 10.3: FERDINAND SENFT, Professor an der Forstlehranstalt zu Eisenach.

In Tharandt begründete K. L. KRUTZSCH (geb. 23. Mai 1772 in Wünschendorf/ Erzgebirge, gest. 6. November 1852 in Tharandt, Abb. 10.4) eine auf den Naturwissenschaften aufbauende bodenkundliche Ausbildung für Forstleute. In seiner „Gebirgs- und Bodenkunde" (1827, 1842) geht er u. a. auf Körnung (Grunderden als Endprodukte der Verwitterung), Humus (Dammerde), Bodenfruchtbarkeit und die Bedeutung der Bodentiere ein. Außer der ökologischen Differenzierung des Humus wurde geprüft, ob die Grunderde mit der Dammerde gemischt ist und welches Verhältnis von Auflage- zu Bodenhumus vorliegt. In seinen Ausführungen zur Bodenbeschreibung werden die wesentlichen, für die Bodenkartierung auch heute noch geltenden Gesichtspunkte klar herausgearbeitet. Das Bodenprofil untergliedert er in Untergrund, Obergrund und Bodenbedeckung. Der Obergrund entspricht bei Ackerböden der Ackerkrume, bei Waldböden dem Bereich, in dem Grund- und Dammerde gemengt sind. Er unterscheidet gleichartige und mehrschichtige Böden und zieht das Geländeklima mit in die Standortbeschreibung ein.

Abb. 10.4: KARL LEBRECHT KRUTZSCH, *Professor für Bodenkunde in Tharandt von 1814–1849.*

Wie in Tharandt, wird auch an der Akademie in Schemnitz (Banská Stiavnica, Slowakei) eine auf naturwissenschaftlicher Grundlage – einschließlich Bodenkunde und Standortlehre, damals „Forstmännische Lehre von dem Oertlichen" – aufbauende Forstwirtschaft durch H. D. WILCKENS (geb. 1763 in Wolfenbüttel) gelehrt, nachdem er zuvor an der Forstlehranstalt von BECHSTEIN in Waltershausen (Thüringen) gewirkt hatte. Er beschreibt die Dammerde, an die nach ihm die Fruchtbarkeit des Bodens gebunden ist, als schwarzbraunes bis schwarzes Gemenge von Erde und vermoderten Pflanzenteilen und charakterisiert sie näher physikalisch. WILCKENS beurteilt die Güte der Böden in Abhängigkeit von der Höhenlage, dem Grundgestein sowie der Lage im Relief und beschreibt ihre Eignung für Holzgewächse.

In Sachsen löste F. A. FALLOU (1795–1877, zunächst Advokat und Steuerrevisor in Waldheim, Sa.) die Bodenkunde aus ihrer landwirtschaftlichen Zweckgebundenheit. Er gilt als Wegbereiter einer naturwissenschaftlichen Bodenkunde und prägte den Begriff Pedologie. Fallou beschäftigte sich mit dem Schichtenbau des bodenbildenden Substrats im Gebirge und mit der **Einteilung der Böden nach bodeneigenen Merkmalen**. Für ihn war der Boden eine besondere Naturerscheinung, entsprechend forderte er eine **selbständige naturwissenschaftliche Bodenkunde**. Von ihm stammen u. a. die Bücher „Pedologie oder allgemeine und besondere Bodenkunde" (1862), „Grund und Boden des Königreiches Sachsen" (1868) und „Die Hauptbodenarten der Nord- und Ostseeländer des Deutschen Reiches naturwissenschaftlich wie landwirtschaftlich betrachtet" (1875). Nach H. VATER (Tharandt 1887–1925, Abb. 10.5) ist die geologisch-petrographische Anordnung der Böden für zusammenfassende Untersuchungen über den Einfluß des Bodens auf die Pflanze am geeignetsten. Auch für die eingehende bodenkundliche Darstellung von Landschaften empfiehlt er die geologische Anordnung. Seit VATER ist die Berücksichtigung des Standortes als einer Funktion von Lage, Klima, Geologie und Boden nicht mehr aus der Forstwirtschaft wegzudenken. Hierzu haben insbesondere

Abb. 10.5: HEINRICH VATER, Professor in Tharandt.

auch die boden- und standortkundlichen Arbeiten von G. A. KRAUSS (Tharandt 1925–1935, München 1935–1954, Abb. 10.6) beigetragen.

F. W. SCHUCHT verdanken wir neben seinem Lehrbuch der Bodenkunde (1930) die eingehende Behandlunng der Muschelkalk- und Keuperböden Mitteldeutschlands (1935). An der Versuchsstelle für forstliche Bodenkunde in Jena arbeiteten E. BRÜCKNER, R. JAHN und W. BUJAKOWSKI, später E. EHWALD und H. JAEGER bei standortkundlicher Ausrichtung eng mit der Geologischen Landesuntersuchung (W. HOPPE) in Thüringen zusammen.

Abb. 10.6: GUSTAV ADOLF KRAUß, Professor in Tharandt und München.

In den letzten Jahrzehnten hat die geologisch-petrographische Richtung im Zusammenhang mit dem Erkenntniszuwachs auf quartärgeologischem Gebiet neue Akzente für das Verständnis der Bildung des Bodensubstrates und für die Bodenkartierung gesetzt. Die mineralogische Richtung half über die Aufklärung der Struktur der Tonminerale (seit 1920) und die Erforschung der Eisenoxide (U. SCHWERTMANN, Weihenstephan) bodenchemische und bodengenetische Prozesse besser zu verstehen.

10.3.2 Bodenchemische Richtung

„Kurz, die chemische Analyse und die Chemie überhaupt giebt dem Landwirthe das beste und wohlfeilste Verfahren an die Hand, wie er den Ertrag seiner Äcker, Wiesen und Weiden auf eine bisher nicht gekannte Höhe bringen kann."
CARL PHILIPP SPRENGEL, 1828

Die agrikulturchemische Richtung in der Bodenkunde befaßt sich vor allem mit den physikalisch-chemischen Eigenschaften der Böden mit dem Ziel, die Ernteerträge der Kulturpflanzen qualitativ und quantitativ zu verbessern. Der Behandlung des Bodens als Speicher für austauschbare Nährstoffe galt das besondere Interesse der Land- und Forstwirschaft. Durch den Ersatz der dem Boden entzogenen Nährstoffe war es möglich, die Ernteerträge deutlich anzuheben. Daneben wurden von der Bodenchemie auch entscheidende Beiträge zur Lösung bodenphysikalischer (Bodenverbesserungsmittel), bodenbiologischer (enzymatischer Stoffabbau), kolloidchemischer und bodengenetischer Probleme (Humuschemie, Sesquioxide) geleistet.

TH. DE SAUSSURE (1767–1845) und H. DAVY (1778–1829) sind als die Begründer der Agrikulturchemie anzusehen. Während ersterer bei seinen Humusuntersuchungen die Kohlendioxidbildung und den Sauerstoffverbrauch feststellte und durch seine Entdeckungen über den Gasstoffwechsel bewies, daß der Kohlenstoff der Pflanzensubstanz nicht aus dem Humus, sondern aus dem Kohlendioxid der Atmosphäre entstammt, analysierte der englische Chemiker DAVY erfolgreich den Boden (Salzsäureauszug) und berichtete über Nitrifikation und Denitrifikation. DAVY sieht die Bodenbildung als das Ergebnis der Gesteinsverwitterung und der Zersetzung organischer Substanzen an. Entsprechend wurde die Gesteinsverwitterung chemisch untermauert („Elements of agricultural chemistry", 1813).

In Deutschland waren SPRENGEL, LIEBIG UND STÖCKHARDT, in Frankreich J. B. BOUSSINGAULT (1802–1887) herausragende Vertreter der Agrikulturchemie. C. PH. SPRENGEL (1787–1859, geb. in Schillerslage bei Hannover; Abb. 10.7), ein Schüler THAERS, machte sich besonders um den Ausbau der bodenchemischen Analysenmethoden verdient und bereicherte die Bodenkunde durch humusanalytische Untersuchungen (Die Bodenkunde 1837). Gleichzeitig schuf er die Grundlagen der modernen Pflanzenernährung durch seine Arbeiten über die Aschenbestandteile in Pflanzen.

Er wies nach, daß die Aschenbestandteile und der Stickstoff von der Pflanze in Form von anorganischen Verbindungen aufgenommen werden („Mineraltheorie" im Gegensatz zur „Humustheorie"). Er erkannte bereits das Auswahlvermögen der Pflanzen für einzelne Nährstoffe. SPRENGEL war in Göttingen, Braunschweig und Regenwalde (Hinterpommern) tätig. J. VON LIEBIG (1803–1873; Abb. 10.8) ist als erfolgreicher Verfechter dieser zunächst umstrittenen Mineraltheorie und des bereits von SPRENGEL erkannten Gesetzes des Minimums bekannt geworden. Danach ist der Pflanzenertrag von der Menge desjenigen Nährelementes abhängig, welches am wenigsten vorhanden ist. Damit war ein Wechsel von der Dreifelderwirtschaft zum Fruchtwechsel möglich geworden. In seinem Buch „Die Chemie in ihrer Anwendung auf Agricultur und Physiologie" (1840) schenkte LIEBIG auch dem Boden gebührende Beachtung. Die Humustheorie erhielt durch SPRENGEL und LIEBIG den Todesstoß. Die tragenden Begriffe der Humustheorie waren die „Extraktivstoffe der Ackererde" und die „Lebenskraft (vis vitalis)". SPRENGEL wies auf die physikalische und chemische Bedeutung des Humus, insbesondere des Gehaltes an N, Ca und Mg im „milden Humus" (Mull) für die Ernährung der Pflanzen hin. Nach LIEBIG besteht die Hauptfunktion des Humus darin, Kohlensäure zu liefern. Das Kohlendioxid der Luft wird von nun an als alleinige Quelle des Kohlenstoffs in der Pflanze angesehen. LIEBIG verwies mit Nachdruck auf die Bedeutung der Mineralstoffe im Boden. Seinem Wirken ist die Gründung der deutschen Düngemittelindustrie zu danken.

Abb. 10.7: CARL PHILIPP SPRENGEL.

Abb. 10.8: JUSTUS VON LIEBIG, Professor in Gießen.

Abb. 10.9: JULIUS ADOLPH STÖCKHARDT, Professor in Tharandt.

J. A. STÖCKHARDT (geb. 4. Januar 1809 in Röhrsdorf bei Meißen; gest. 1. Juni 1886; Tharandt) gilt als der LIEBIG Sachsens (Abb. 10.9). Er wurde 1847 nach Tharandt auf den ersten Lehrstuhl für Agrikulturchemie in Deutschland berufen, um „die praktische Anwendbarkeit der chemisch-agronomischen Ansichten und Theorien des Professors LIEBIG" zu überprüfen. Die Agrikulturchemie umfaßt die Wissensgebiete Bodenkunde, Pflanzenernährung und Düngung sowie Tierernährung und Futtermittelkunde. Wie LIEBIG weckte STÖCKHARDT das Interesse breiter Kreise der Landwirtschaft an agrikulturchemischen Fragen, insbesondere der Düngung. STÖCKHARDT gab die Zeitschrift „Der chemische Ackersmann" heraus (1855–1874, Leipzig) und ist Verfaser der „Chemische Feldpredigten für deutsche Landwirthe" (Leipzig 1851). Durch die **Gründung landwirtschaftlicher** (agrikulturchemischer) **Versuchsstationen** erwarb er sich ein besonderes Verdienst (als erste Möckern bei Leipzig 1852; Gründung des Verbandes landwirtschaftlicher Versuchsstationen 1888 in Weimar, heute VDLUFA, Verband Deutscher Landwirtschaftlicher Untersuchungs- und Forschungsanstalten). Das landwirtschaftliche Versuchs- und Untersuchungswesen, insbesondere die Ermittlung der leichtlöslichen, pflanzenverfügbaren Nährstoffe, ist das Arbeitsgebiet dieser Einrichtungen. In diesem Zusammenhang sei auf die 1877 erfolgte Gründung der „Staatlichen Moor-Versuchsstation in Bremen" in Nachbarschaft des Teufelsmoores hingewiesen, in der im vorigen Jahrhundert W. BADEN und H. KUNTZE wirkten.

Die Anwendung der Kolloidchemie auf den Boden vertiefte das Verständnis für Bodeneigenschaften und bodengenetische Prozesse wesentlich. Der Agrikulturchemiker P. A. KOSTYCEV (1845–1895; St. Petersburg 1871–1893, Lehrstuhl für Bodenkunde der Forsttechnischen Akademie) stellte Beziehungen zwischen Bodenchemie und Bodengenetik her. J. M. VAN BEMMELEN behandelte 1888 die im Boden vorhandenen, zur Adsorption fähigen Stoffe. Neben G. WIEGNER (1883–1936, Zürich, Bodenkolloide) hat auch K. K. GEDROIC (1872–1932; St. Petersburg/Leningrad 1918–1930; Abb. 10.10) bemerkenswerte Arbeiten über den Sorptionskomplex (1912–1914) geliefert. Hier sei nur auf die Bedeutung des Ionenaustauschs für die Beziehungen Boden – Pflanze hingewiesen. Sein Nachfolger TJURIN (Leningrad 1930–1951) wurde durch seine humuschemischen Arbeiten bekannt. In jüngerer Zeit befaßten sich F. SCHEFFER (Jena 1936–1945, Göttingen bis 1967; geb. 1899 in Haldorf bei Fritzlar, gest. 1979 in Göttingen) und P. O. SCHACHTSCHABEL (Hannover 1948–1971, geb. 4. Juni 1904 in Gumperda, Thüringen, gest. 4. Februar 1998 in

Abb. 10.10: K. K. GEDROIZ, St. Petersburg.

Hannover) mit der Sorption der Bodenkolloide und den Nährstoffen im Boden sowie W. FLAIG (Braunschweig-Völkenrode) mit der Chemie des Humus. Probleme der Bodenchemie, Pflanzenernährung und Düngung haben auch in der **Forstwirtschaft** in den letzten Jahrzehnten ständig an Bedeutung gewonnen. H. VATER (Tharandt) kann als Pionier der Forstdüngung angesehen werden, SÜCHTING (Hann. Münden 1912–1948) und W. WITTICH (Eberswalde 1936, Hann. Münden 1949–1965, geb. 11. April 1897 in Borken, Bez. Kassel, gest. 6. August 1977) bauten die Waldernährungslehre aus. WITTICH befaßte sich mit der Streunutzung, den Auswirkungen der Baumart auf die Humusform und der Aktivierung der Rohhumusdecken. Ungestörte Waldböden erwiesen sich als besonders geeignet, bodenchemische Untersuchungen auf bodengenetischer Grundlage durchzuführen (W. LAATSCH, Halle, Kiel, München; 1905–1997, Lehrbuch „Dynamik der mitteleuropäischen Mineralböden").

Die Waldschäden der vergangenen Jahre haben intensive chemische Untersuchungen der Waldböden bezüglich ihrer Versauerung, Schwermetallbelastung sowie Schwefel- und Stickstoffeutrophierung ausgelöst. Insbesondere wurden diese Untersuchungen auf ökosystemarer Grundlage ausgeführt, wobei Nährstoffbilanzen und Nährstoffkreisläufe im Mittelpunkt standen (K. E. REHFUESS, München; B. ULRICH, Göttingen; H. W. ZÖTTL, Freiburg). Die Abgabe von Spurengasen durch den Boden ist im Zusammenhang mit der Klimaerwärmung ein neues bodenchemisches Arbeitsgebiet.

10.3.3 Bodenphysikalische Richtung

Um die landwirtschaftliche Bodenkunde hat sich besonders A. D. THAER (geb. 14. Mai 1752 in Celle, gest. 26. Oktober 1828 auf Gut Möglin bei Wriezen; Abb. 10.11) verdient gemacht, der eine landwirtschaftliche Lehranstalt in Möglin am Rande des Oderbruchs leitete und als Begründer der Landwirtschaftswissenschaften gilt. In seinem Buch „Grundsätze der rationellen Landwirtschaft" von 1809 stehen vor allem praktische Gesichtspunkte wie Melioration oder Ent- und Bewässerung der Böden im Vordergrund. Gemeinsam mit H. EINHOF (bis 1808) und E. W. CROME

(1780–1813) erarbeitete er eine Einteilung der Böden aufgrund ihrer Körnung, die als Thaersche Bodenklassifikation (1811) bekannt wurde. Den Bodenarten liegen hier Grenzwerte für den Gehalt an Sand, Ton, Humus und Kalk zugrunde (s. a. SCHMALZ 1824, KRAUSE 1832). Die weitere Unterteilung der 11 Hauptbodenarten (z. B. Sand-, Lehm-, Ton-, Mergel-, Kalk- und Humusboden) erfolgte nach den hauptsächlich anzubauenden Feldfrüchten in Roggenböden, Weizenböden usw. THAER war ein Vertreter der Humustheorie. Den Grundstein zur eigentlichen Bodenphysik legte G. SCHÜBLER (1787–1834). Er wies durch exakte Versuche nach, daß die physikalischen Eigenschaften der Böden von außerordentlicher Bedeutung für deren Fruchtbarkeit sind. SCHÜBLER verbesserte die mechanische Bodenanalyse, untersuchte die Erwärmbarkeit unterschiedlich gefärbter Böden, arbeitete über den Wasser- und Lufthaushalt und stellte Versuche über die Hygroskopizität an.

Abb. 10.11: ALBRECHT DANIEL THAER, Möglin.

In Sachsen wurden mit der Einführung eines neuen Grundsteuersystems (1843) Tabellen zur Klassifikation und Reinertragsermittlung des Ackerlandes herausgegeben, in denen 12 Klassen des Ackerlandes unterschieden werden nach dessen physikalischer Beschaffenheit, Gründigkeit und Untergrund sowie Anforderungen hinsichtlich der Lage, der Bodenbearbeitung und der Hauptfrüchte:

Klasse

I	sehr tiefer, reicher Auen-Boden
II	sehr tiefer, reicher Mittel-Boden; milder, warmer Lehm-Boden
III	tiefer, schwerer, sehr vermögender Thon- oder Lehm-Boden der Hügel
IV	tiefer, frischer Mittel-Boden; sandhaltiger Lehm
V	feuchter, schüttiger Mittel-Boden; kalkgründiger Lehm-Boden
VI	Thon und dürftiger, strenger Lehmboden; träger, feuchter Boden
VII	leichter, thätiger Mittel-Boden; magerer, sandiger Lehm-Boden
VIII	vermögender lehmiger Sand-Boden; feuchter humoser Sand-Boden
IX	zäher, kalter, armer Berg-Boden; träger, naßkalter Thon- und Lehm-Boden; Schluff-Boden; mooriger, torfiger Boden; Letten
X	gewöhnlicher Sand-Boden
XI	armer Sand- und Kies-Boden
XII	schlechter, roher Boden.

Später traten auf dem Gebiet der Bodenphysik besonders E. WOLLNY (1846–1901, München) mit seiner Zeitschrift „Forschungen auf dem Gebiete der Agrikulturphysik", A. ATTERBERG und E. MITSCHERLICH hervor. Die für den Ackerbau bedeutsamen Gebiete des Wasser-, Luft- und Wärmehaushalts wurden von mehreren Forschern erfolgreich bearbeitet. Durch Dränung konnte eine Vergrößerung der landwirtschaftlich nutzbaren Fläche erzielt werden. Auf den Gebieten Bodenerhaltung (Erosionsforschung) und Bodenphysik (Aggregation, Stabilität und Plastizität der Böden) hat sich besonders H. KURON (1904–1963, Gießen) hervorgetan.

Durch die Entdeckung natürlicher und synthetischer organischer, die Bodenstruktur stabilisierender Substanzen erhielt die bodenphysikalische Forschung einen starken Auftrieb um 1960–1970. Später gestatteten neue Verfahren, Bodenfeuchte und Bindungsintensität des Wassers im Gelände zu messen. Auf dem Gebiet der Bodenhydrologie wurde die Modellierung verstärkt eingesetzt. Stärker als in Mitteleuropa wurde die Bodenphysik in großräumigen Gebieten wie den USA und der ehemaligen Sowjetunion betont, in denen die Ertragssteigerung durch Mineraldüngung eine geringere Bedeutung besaß.

10.3.4 Bodenbiologische Richtung

Die biologische Richtung in der Bodenkunde betont den Einfluß der natürlichen Vegetation eines Gebietes auf die Bodenbildung. Hieraus resultieren Bodenbezeichnungen wie Steppen- und Savannenböden, wobei auf bodeneigene Kriterien verzichtet wird. Von Ökologen wird das System Pflanze-Boden als Einheit begriffen. H. VATER befaßte sich in seiner Standortlehre mit den Wechselwirkungen zwischen Wald und Standortfaktoren, insbesondere Klima und Boden, wobei er zwischen Bodenkunde und Waldbau trennte, die früher häufig eine Einheit bildeten. Um die Verbesserung der Sandböden im norddeutschen Tiefland durch den Anbau der Lupine zur Gründüngung hat sich ALBERT SCHULTZ (1831–1899) in Lupitz (Altmark) verdient gemacht.

Eine andere Richtung betrachtet die Bodenorganismen als integrierten Bestandteil des Bodens. Während größere Bodentiere seit der Römerzeit in indirekte Beziehung zur Bodenfruchtbarkeit gesetzt wurden, entwickelte sich die Bodenmikrobiologie erst in den letzten Jahrzehnten des 19. Jahrhunderts, nachdem die optischen Untersuchungsmethoden sich verbessert hatten.

Die Zeit von 1861–1890 sieht man als die Gründungszeit der Bodenmikrobiologie an. ROBERT KOCH führte 1881 die Gelatine-Plattenmethode für das Studium der Bakterien ein. Bereits 1862 wies L. PASTEUR darauf hin, daß die Nitrifikation ein bakterieller Prozeß ist, was von SCHLOESING und MÜNTZ 1877 experimentell gestützt werden konnte. Der dänische Bakteriologe M. W. BEIJERINCK (1851–1931) führte die Anreicherungskultur ein, mit deren Hilfe er und S. N. VINOGRADSKIJ (1856–1953, Frankreich; Abb. 10.12)) für Bodenprozesse wichtige Bakterien isolieren konnten (N_2-Bindung durch *Azotobacter chroococcum* und *Chlostridium Pasteurianum*,

Trennung von Nitrit- und Nitratbakterien; Schwefelbakterien). H. HELLRIEGEL (1831–1895; Abb. 10.13), der zunächst als Assistent im chemischen Laboratorium in Thararandt tätig war, bevor er Professor und Direktor der Versuchsstation in Bernburg wurde, und sein Assistent HERMANN WILFARTH stellten 1886 in Gefäßversuchen fest, daß die Leguminosen Luftstickstoff mit Hilfe der Knöllchenbakterien binden. Er erweiterte das Liebig'sche Gesetz des Minimums. BEIJERINCK gelang es dann 1888, die für die Knöllchenbildung verantwortlichen Bakterien zu isolieren. Erst durch diese Arbeiten war es möglich, die bis dahin ungelösten Probleme der Stickstoffernährung der Pflanzen sowie des Stickstoffhaushalts landwirtschaftlich genutzter Böden zu klären.

Abb. 10.12: S. N. VINOGRADSKIJ.

Später wurde versucht, die Aktivität der Bodenbakterien zur Bodenfruchtbarkeit in Beziehung zu setzen. An der Entwicklung entsprechender Methoden arbeitete u. a. F. LÖHNIS (1874–1930; „Handbuch der landwirtschaftlichen Bakteriologie"), der zunächst in Leipzig, später in den USA wirkte. Aber auch die Bodenpilze und Aktinomyzeten sowie die Wechselwirkungen der Mikroorganismen untereinander wurden bearbeitet. S. A. WAKSMAN faßte in seinem 1927 erschienenen Buch „Principles of Soil Microbiology" den Wissensstand zusammen. Die Zersetzung der organischen Substanz des Bodens konnte auf die Tätigkeit der Bodenorganismen zurückgeführt werden. Speziell mit dem Zelluloseabbau beschäftigte sich F. HOPPE-SEYLER. Seit dem 2. Weltkrieg traten Fragen der Antibiotikaforschung in den Vordergrund, die in die industrielle Erzeugung von Stoffen wie Penizillin, Streptomyzin und Aureomyzin mündeten. Gleichzeitig versuchte man, die Bedeutung dieser Stoffe für die Vorgänge im Boden zu klären.

Abb. 10.13: HERRMANN HELLRIEGEL, Professor in Bernburg.

Der biologischen Arbeitsrichtung kommt das Verdienst zu, der organischen Substanz des Bodens die ihr gebührende Stellung wiedergegeben zu haben. Die Zersetzung organischer Stoffe und die Humusbildung wurden dabei nicht nur von mikrobiologischer, sondern auch von zoologischer Seite behandelt. Hervorgehoben sei die Arbeit von CHARLES DARWIN (1809–1882) über die Bedeutung des Regenwurms für die Ackerkrume. Für die Schwarzerdebildung wurde von P. KOSTYCEV auf die Bedeutung biologischer Prozesse hingewiesen. Die Arbeiten des Dänen P. E. MÜLLER (1887) über die natürlichen Humusformen des Waldbodens stellten diese als ein organisiertes Ganzes dar. Er unterschied die beiden Humusformen „muld" und „mör" (Mull und Moder/Rohhumus). Eine stärkere Bearbeitung bodenzoologischer Fragen setzte mit Beginn des 20. Jahrhunderts ein. Nach dem 2. Weltkrieg entstanden in mehreren europäischen Ländern Forschungszentren für Bodenzoologie. Der bodenbiologische Umsatz der Elemente C, N, S und P wurde seitdem weitgehend erforscht. Neben der bisherigen Stallmistrotte und Kompostierung wurden das Recycling organischer Abfallstoffe, wie Biomüll, und der mikrobielle Abbau von toxischen Umweltchemikalien im Boden bearbeitet.

Die jüngste Entwicklung ist durch die Anwendung immunologischer und molekularbiologischer Methoden gekennzeichnet, die eine Bestimmung von Mikroorganismen in situ und von bisher nicht erfaßbaren Arten ermöglichen. Ferner wird dem Bodenökosystem stärkere Beachtung zuteil.

10.3.5 Bodengenetische und bodensystematische Richtung

In der 2. Hälfte des vorigen Jahrhunderts entwickelte sich die genetische Richtung der Bodenkunde, nachdem die Bodeneigenschaften bereits näher erforscht waren. Im Gegensatz zu der vorwiegend analytischen Betrachtungsweise der bisher behandelten bodenkundlichen Arbeitsrichtungen steht in der Bodengenetik und Bodensystematik – wie in der Standortlehre – die vergleichende, holistische Betrachtungsweise im Vordergrund. So faßte V. V. DOKUCAEV (geb. 1. März 1846 in Miljukowo bei Smolensk, gest. 8. November 1903; Abb. 10.14) die Böden als selbständige natürliche Körper auf, die unter dem Einfluß von Umweltfaktoren entstehen und eine Entwicklungsgeschichte besitzen. Er betrachtete die Böden als Teil der Landschaft und untersuchte die Verteilung derselben in der Landschaft (die „Struktur der Bodendecke"). DOKUCAEV erkannte, daß es sich bei den Veränderungen der Böden um gesetzmäßige Entwicklungsvorgänge handelt. Als bodenbildende Faktoren, unter deren gemeinsamem Einfluß in der Natur der Bodenbildungsprozeß verläuft, sah er das Klima, das Muttergestein, die lebenden und abgestorbenen Organismen, das Alter des Landes (die Zeit) und das örtliche Relief an. Die Naturfaktoren sind durch die Arbeit zu ergänzen, mit der der Mensch in die Bodenentwicklung eingreift. Mit dieser Erkenntnis wurde DOKUCAEV zum Begründer einer Bodenklassifikation auf genetischem Prinzip (1876). Die vokstümlichen russischen Bezeichnungen cernozem, glej und solonec wurden von ihm in die Bodensystematk eingeführt. Obwohl DOKUCAEV die wichtigsten bodenbildenden Faktoren berücksichtigte, spielt der Faktor Klima in seinem System die überragende Rolle. Auf DOKUCAEV geht die russische geographisch-genetische Schule zurück. Diese betont die Abhängigkeit der Bodeneigenschaften von den bodenbildenden Faktoren. Von N. SIBIRCEV (1860–1900, Schüler von DOKUCAEV, Lehrstuhl für Bodenkunde in Pulawi (Novo-Aleksandria) ab 1894) und K. D. GLINKA (1901 Nachfolge von SIBIRCEV) wurden die Lehre von den genetischen Bodentypen sowie die Bodengeographie weiter ausgebaut.

SIBIRCEV betont die Abhängigkeit der bodenbildenden Prozesse von der geographischen Lage. Er unterscheidet zonale, intrazonale und azonale Böden. Als zonal bezeichnet er Böden, welche an die klimatischen und biologischen Verhältnisse bestimmter geographischer Zonen gebunden sind und die ebenen Flächen ohne Grundwassereinfluß dieser Zonen bedecken (z. B. tropische Laterite, Tundraböden). Die intrazonalen Böden sind dagegen nicht an bestimmte Zonen gebunden. Sie verdanken ihre Entstehung einer extremen Zusammensetzung des Ausgangsgesteins oder besonderen, durch die Geländeform bedingten hydrologischen Verhältnissen (Rendzina, Solonetz, Moorböden). In die Klasse der azonalen Böden wurden die unentwickelten Böden, wie z. B. die Auenböden mit jährlicher Überschwemmung und die Rohböden, eingeordnet.

Abb. 10.14: V. V. DOKUCAEV. 1886–1897 Inhaber des Lehrstuhls für Mineralogie und Kristallographie der Petersburger Universität, 1891–1895 Leiter des Instituts für Land- und Forstwirtschaft in Pulawy bei Lublin.

K. GLINKA teilt in seinem Buch „Die Typen der Bodenbildung" die Böden in „endodynamomorphe" und „ektodynamomorphe" ein (1914). Die Entwicklung ersterer wird vorwiegend durch innere Faktoren, wie das Ausgangsgestein, bestimmt, die der ektodynamomorphen vorwiegend durch das Klima und die Vegetation.

Die russische Schule schuf die genetischen Bodentypen. 1886 schlug DOKUCAEV folgende Festlandböden (Terrestrische Vegetationsböden) vor: hellgraue nördliche Böden (Dernopodsolböden), Graue Erden (Graue Waldböden), Tschernoseme, Kastanienfarbig-graue Böden, Braune solonetzisierte (versalzte) Böden des äußersten südlichen und südöstlichen Rußland (Dernoböden besitzen einen durch Gras-(Kraut-)Wurzeleinfluß humosen A-Horizont).

Beiträge zur Bedeutung des Klimas für die Bodenbildung und zur Ausscheidung von Bodentypen kamen auch aus den USA und Deutschland.

Der Geologe E. W. HILGARD (1833–1916) wirkte seit 1875 als Professor der Agrikulturchemie an der Universität von Kalifornien. Sein System der Bodenklassifikation ist auf einem klimatisch-genetischen Prinzip aufgebaut. Hilgard studierte den Einfluß humider und arider Klimate auf die Ton- und Humusbildung sowie die Wirkung des Klimas auf chemische Bodenprozesse und das Pflanzenwachstum. Er legte die Grundlage für eine moderne, mit der Landwirtschaft verbundene Bodenkunde in den USA. C. F. MARBUT (National Soil Survey, bis 1934) machte sich mit den Ideen GLINKAS vertraut und entwickelte 1927 ein Bodenklassifikationsschema. Sein Nachfolger war C. E. KELLOGG (Federal Soil Survey Division; Soil Taxonomy 1975, 1999). Die Lehre von den bodenbildenden Faktoren wurde in jüngerer Zeit von H. JENNY (Schweiz, USA) weiter ausgebaut. Er betrachtet die bodenbildenden Faktoren als Zustandsfaktoren und das Bodensystem als Funktion dieser unabhängigen Variablen.

E. RAMANN (geb. 30. April 1851 in Oberndorf bei Arnstadt, gest. 19. Januar 1926 in München, Abb. 10.15.) war nach absolvierter chemischer Ausbildung zunächst Assistent des Mineralogen REMELÉ am chemischen Institut der Forstakademie Eberswalde. 1895 übernahm er an dieser die neugeschaffene Professur für Bodenkunde. 1893 erschien sein Lehrbuch „Forstliche Bodenkunde und Standortslehre" (Neuauflage 1905 als „Bodenkunde"). 1901 publizierte er über die klimatischen Bodenzonen Europas. RAMANN folgte 1905 einem Ruf nach München als Nachfolger E. EBERMAYERS auf den Lehrstuhl für Bodenkunde und Agrikulturchemie. In seiner Klassifikation (1918) trennte er die Böden mit vorwiegend physikalischer Verwitterung von denen mit vorwiegend chemischer Verwitterung ab. Letztere unterteilte er in humide und aride Böden. Zu den humiden Böden mit deutlicher Auswaschung stellte er die Bleicherden oder Podsole, die Braunerden (deren Entdecker er ist) sowie die Gelb- und Roterden, zu den ariden Böden, in denen die Auswaschung weitgehend fehlt, die Tschernoseme, kastanienfarbenen Trockensteppenböden, die braunen Wüstenböden sowie die Salz- und Alkaliböden.

Abb. 10.15: EMIL RAMANN, Professor in München.

Die weitere Entwicklung der Bodentypologie wurde in Deutschland durch STREMME, KUBIENA und MÜCKENHAUSEN gefördert. H. STREMME gab unter Berücksichtigung der russischen Schule (Faktoren der Bodenbildung, Bodentypen) eine Bodenkarte Deutschlands (1935) und Europas (1938) heraus. Er berücksichtigte bereits Kunstböden (Esch, Rieselfeldboden, Auftrags- und Abtragsböden). Die Bodenkartierung ist gegenwärtig Aufgabe der bodenkundlichen Abteilungen der Geologischen Landesämter. Fragen der Bodenentwicklung und Bodensystematik wurden in Europa bzw.

Geschichte der Bodenkunde

Deutschland besonders durch den österreichischen Bodenkundler W. L. KUBIENA (1897–1970, u. a. Hamburg), der eine geobotanische bis ökologische Richtung vertrat, und E. MÜCKENHAUSEN (Bonn, bei dem die Bodenprozesse im Vordergrund stehen) in den letzten Jahrzehnten bearbeitet. Hervorgehoben seien auch die Beiträge von E. EHWALD (Eberswalde, Berlin 1951–1970), R. GANSEN (Freiburg), D. KOPP (Potsdam), G. REUTER (Rostock), E. SCHLICHTING (Stuttgart-Hohenheim) und D. SCHRÖDER (Kiel).

Der deutschen Bodentypensystematik liegt ein morphogenetisches Prinzip zugrunde. Grundsätzlich andere Wege, die Böden zu systematisieren, wurden in den USA beschritten, wo man sich von dem zunächst übernommenen genetischen System löste und zu einer pragmatischen, auf Bodeneigenschaften beruhenden Einteilung wechselte. Um die Entwicklung einer internationalen Bodenklassifikation (FAO-UNESCO) hat sich besonders R. DUDAL (Leuven, Belgien) verdient gemacht.

In den nördlichen Gebieten der Erde und den zeitweise vereisten Gebieten der Südhalbkugel entwickelten sich die Böden in quartärem Material periglazialen Ursprungs. Durch die forstliche Standortkartierung in Ostdeutschland wurde auf die Bedeutung quartärer, im periglazialen Raum entstandener Schuttdecken bzw. Sedimente für die Bodenentwicklung hingewiesen und die Bodenform als Kartierungseinheit aus Substrat und Bodentyp eingeführt. Auf diese bodengeologischen Erscheinungen war die russische Schule nicht eingegangen.

Die russische Bodenforschung hat sich im Flachland und Hügelland entwickelt. Hier ist frühzeitig auch die Kenntnis der Waldböden gefördert worden (S. S. MOROSOW, G. N. WYSSOTZKY). Die waldbedeckten Böden des Kaukasus und Ural wurden erst später in Angriff genommen. Die nordamerikanische Bodenkunde beschäftigte sich in früheren Jahrzehnten wenig mit den Waldböden, sondern betrachtete die Böden in erster Linie vom landwirtschaftlichen Standpunkt.

Bereits im 19. Jahrhundert wurden Bodenbewertungen in den deutschen Ländern durchgeführt. Seit 1934 schuf WALTHER ROTHKEGEL (1874–1959, Berlin) mit der Reichsbodenschätzung solide Grundlagen für die Beurteilung der landwirtschaftlichen Böden in Deutschland. Die Arbeit war Anfang der 50er Jahre abgeschlossen.

Die hier skizzierten Entwicklungsrichtungen der Bodenkunde weisen fließende Übergänge auf und haben sich gegenseitig befruchtet. Die Bodenkunde wurde in Deutschland zunächst nur als Wissenschaft innerhalb der Land- und Forstwirtschaft betrieben, so daß von landwirtschaftlicher und forstlicher Bodenkunde gesprochen wurde. Eine wesentliche Erweiterung ihres Aufgabengebietes erhielt sie im Rahmen der Umweltwissenschaften.

10.4 Zusammenfassung

Bodenkunde ist eine Naturwissenschaft mit starkem Umwelt- und Anwendungsbezug. Als unmittelbares Ergebnis der Erfahrung bildete sich zunächst bei den sammelnden, später bodenbearbeitenden Menschen empirisches bodenkundliches Wissen aus. Einzelne Eigenschaften des Bodens und äußere Zusammenhänge zwischen diesen und den Pflanzen wurden dabei erkannt. Die übernommenen empirischen bodenkundlichen Kenntnisse genügten dem Ackerbau treibenden Menschen bei dem niedrigen Niveau seiner Arbeitsmittel lange Zeit für die Produktion. Die zunehmenden Bedürfnisse der Bevölkerung führten jedoch schließlich zu höheren Anforderungen an die biologische Stoffproduktion und damit zu einer Entwicklung der Kenntnisse über den Boden und die Technologien der Pflanzenproduktion.

An das Stadium der vorwissenschaftlichen Kenntnisse schließt sich das der wissenschaftlichen Erkenntnisse an. Hierbei geht es vor allem um die Aufstellung von Gesetzmäßigkeiten, die die Entstehung und Ausbildung sowie Eigenschaften der Böden betreffen, sowie um gesetzmäßige Beziehungen zwischen Bodeneigenschaften und Pflanzenwachstum. Für die wissenschaftliche Bodenkunde reichten die bisherigen empirischen Kenntnisse für Zwecke der Analyse und Verallgemeinerung nicht aus, es mußten über Beobachtung und Experiment zusätzliche Kenntnisse erarbeitet werden. Daher entwickelten sich nach und nach die instrumentelle Beobachtung und das Experiment, und zwar im Zusammenhang mit einer auf das Experiment begründeten Naturwissenschaft (Ende des 15. Jh.). Die damit verbundene Entwicklung geologischer und biologischer Wissenschaften war die notwendige Voraussetzung für die Entwicklung der Bodenkunde und Pflanzenernährung als angewandte naturwissenschaftliche Disziplinen. Hier galt es, die Wirksamkeit und Nutzbarkeit der Gesetze der belebten und unbelebten Natur für Boden und Pflanze und damit für Forstwirtschaft, Landwirtschaft und Gartenbau zu ergründen.

Eine beschleunigte Entwicklung begann gegen Ende des 19. Jh. und führte in den letzten Jahrzehnten zu einem starken Differenzierungsprozeß in der Bodenkunde wie auch ihrer Grundlagenwissenschaften. Dabei entstanden Spezialgebiete der Bodenkunde, die die enge methodische Bindung zu ihren Grundlagen zum Ausdruck bringen, wie Bodenmineralogie, Bodenphysik, Bodenchemie und Bodenbiologie. Als notwendige Ergänzung hierzu verläuft aber gleichzeitig die Entwicklung in Richtung einer Integration zu einer „Einheit in wachsender Vielfalt", z. B. in Form der Bodengenese, der Bodenökologie, der Betrachtung des Geokomplexes, der Ökosysteme und der Prozesse und Bilanzen auf Landschaftsebene und schließlich der Umwelt. Ferner wurden die statischen, chemisch betonten Betrachtungen an der Ackerkrume durch die Untersuchung dynamischer Prozesse an Bodenformen abgelöst. Die verschiedenen Arbeitsrichtungen sind in den nationalen Bodenkundlichen Gesellschaften sowie in der Internationalen Bodenkundlichen Gesellschaft (gegründet 1924 in Rom, seit 1998 Internationale Bodenkundliche Union bzw. International Union of Soil Sciences IUSS) zusammengefaßt. Die Gründung der Deutschen Bodenkundlichen Gesellschaft fällt in das Jahr 1926. Sie zählt heute etwa 2 500 Mitglieder. Während forschungsmäßig früher die Bedeutung des Bodens für die land- und forstwirtschaftliche Biomasseproduktion im Vordergrund stand, werden gegenwärtig verstärkt ökosystemare und umweltrelevante Themen bearbeitet.

11 Literatur

11.1 Zeitschriften

Agrobiological Research. Zeitschrift für Agrobiologie – Agrikulturchemie – Ökologie. VDLUFA, Darmstadt.

Archiv für Acker- und Pflanzenbau und Bodenkunde (Archives of Agronomy and Soil Science). harwood academic publ.

Biogeochemistry. Kluwer Academic Publ., Dordrecht.

Biology and Fertility of Soils. Springer, Berlin.

Bodenschutz. Erhaltung, Nutzung und Wiederherstellung von Böden. Schmidt, Berlin.

Canadian Journal of Soil Science. The Agricultural Institute of Canada, Ottawa.

Catena. Elsevier, Amsterdam.

Die Bodenkultur. Austrian Journal of Agricultural Research. WUV-Universitätsverlag, Wien.

European Journal of Soil Science. Blackwell Science, Oxford.

Forstwissenschaftliches Zentralblatt. Blackwell-Wissenschaft, Berlin.

Geoderma. Elsevier, Amsterdam.

Microbial Research. Urban & Fischer, Jena.

Mitteilungen der Deutschen Bodenkundlichen Gesellschaft. DBG, Oldenburg.

Nutrient Cycling in Agroecosystems. Kluwer Academic Publ., Dordrecht.

Pedobiologia. Urban & Fischer, Jena.

Plant and Soil. Kluwer Academic Publ., Dordrecht.

Potschwowedenije, Nauka, Moskau.

Sciences of Soils. Springer, Berlin.

Soil Biology & Biochemistry. Elsevier, Amsterdam.

Soil Science. Lippincott, Williams & Wilkins, Baltimore.

Soil Science Society of America Journal. Soil Science Society of America, Madison, Wisconsin, Springer, New York.

Soil Technology. Elsevier, Amsterdam.

Soil & Tillage Research. Elsevier, Amsterdam.

Wasser & Boden. Zeitschrift für Wasserwirtschaft, Bodenkunde und Abfallwirtschaft. Parey, Berlin.

Zeitschrift für Acker- und Pflanzenbau (Journal of Agronomy and Crop Science). Blackwell Science, Berlin.

Zeitschrift für Kulturtechnik und Landesentwicklung. Blackwell Science, Berlin.

Zeitschrift für Pflanzenernährung und Bodenkunde (Journal of Plant Nutrition and Soil Science). Wiley-VCH, Weinheim.

11.2 Lehr- und Fachbücher

ADRIANO, D. C., BOLLAG, J.-M., FRANKENBERGER JR., W. T., SIMES, R. C. (Eds.): Bioremediation of Contaminated Soils. Agronomy Monograph 37. American Society of Agronomy. Madison, Wisconsin 1999.

AGASSI, M. (Ed.): Soil Erosion, Conservation, and Rehabilitation. Marcel Decker, New York 1996.

AGTEREN, M. H. van, KEUNING, S., JANSSEN, D. B.: Handbook on Biodegradation and Biological Treatment of Hazardous Organic Compounds. Kluwer Academic Publ., Dordrecht 1998.

AHNERT, F.: Einführung in die Geomorphologie. Ulmer, Stuttgart 1996.

ALEF, K: Biologische Bodensanierung. VCH, Weinheim 1994.

ALLOWAY, B. J.: Schwermetalle in Böden. Springer, Berlin 1999.

ALEXANDER, M.: Biodegradation and Bioremediation. Academic Press, London 1994.

ANDERSON, W. C.: Soil Washing/Soil Flushing. Springer, Berlin 1993.

Arbeitskreis Stadtböden der Deutschen Bodenkundlichen Gesellschaft (Hrsg.): Urbaner Bodenschutz. Springer, Berlin 1996.

Autorenkollektiv: Soils and Landscapes in Germany. Mitt. Dtsch. Bodenkl. Ges. Bd. 46–51 (1986).

BACON, P. E. (Ed.): Nitrogen Fertilization in the Environmennt. Marcel Decker, New York 1995.

BACHMANN, G., THOENES, H.-W.: Wege zum vorsorgenden Bodenschutz. Schmidt, Berlin 2000.

BAHLBURG, H., BREITKREUZ, CH.: Grundlagen der Geologie. Enke, Stuttgart 1998.

BEHLEN, ST.: Lehrbuch der Gebirgs- und Bodenkunde in Beziehung auf das Forstwesen. Teil 8, Bd. 4. In: BECHSTEIN, J. M. (Hrsg.): Die Forst- und Jagdwissenschaft nach allen ihren Theilen. Hennings, Gotha/Erfurt 1826.

BENCKISER, G. (Ed.): Fauna in Soil Ecosystems. Recycling Processes, Nutrient Fluxes, and Agricultural Production. Marcel Dekker, New York 1997.

BENDA, L. (Hrsg.): Das Quartär Deutschlands. Bornträger, Berlin, Stuttgart 1995.

BENN, D. I., EVANS, D. J. A.: Glaciers and Glaciation. Arnold, London 1997.

BERDÉN, M., NILSSON, S. I., ROSÉN, K., TYLER, G.: Soil Acidification. Extent, Causes and Consequences. National Swedish Environment Protection Board. Report 3292, Solna 1987.

BETECHTIN, A. G.: Lehrbuch der speziellen Mineralogie. 2. Aufl., Berlin 1957.

BIGHAM, J. M., CIOLKOSZ, E. J. (Eds.): Soil Color. Soil Sci. Soc. Amer. Spec. Publ. 31, Madison, Wisconsin 1993.

BIOL, S. W., HOLE, F. D., MCCRACKEN, R. J., SOUTHARD, R. J.: Soil Genesis and Classification. 4th ed. Iowa State University Press, Ames 1997.

BIRKELAND, P. W.: Soils and Geomorphology. 3rd ed., Oxford University Press, Oxford 1999.

BLANCK, E. (Hrsg): Handbuch der Bodenlehre. Bd. 1–10 und 1 Erg. Band. Springer, Berlin 1929–1932; 1939.

BLAND, W., ROLLS, D.: Weathering. An Introduction to the Scientific Principles. Arnold, London 1998.

BLASCHKE, R. u. a.: Interpretation geologischer Karten. Enke, Stuttgart 1977.

BLUME, H.-P.: Handbuch des Bodenschutzes. 2. Aufl., ecomed, Landsberg 1992.

BLUME, H.-P., FELIX-HENNINGSEN, P., FISCHER, W.-R., FREDE, H.-G., HORN, R., STAHR, K.: Handbuch der Bodenkunde. ecomed, Landsberg 1998.

BÖHM, W.: Ewald Wollny, Bahnbrecher für eine neue Sicht des Pflanzenbaues. Böhm, Göttingen 1996.

BORMANN, F. H., LIKENS, G. E.: Pattern and Process in a Forested Ecosystem. Springer, New York 1979 (1994).

BRAUN-BLANQUET, J.: Pflanzensoziologie. 3. Aufl., Springer, Wien 1964.

BREEMEN, N. VAN: Plant-Induced Soil Changes: Processes and Feedbacks. Kluwer Academic Publ., Dordrecht 1998.

BREEMEN, N. VAN, BUURMAN, P.: Soil Formation. Kluwer Academic Publ., Dordrecht 1998.

BREMER, H.: Boden und Relief in den Tropen: Grundvorstellungen und Datenbank. Relief-Boden-Paläoklima, Bd. 11. Bornträger, Berlin 1995.

BRUSSAARD, L., FERRERA-CERRATO, R. (Eds.): Soil Ecology in Sustainable Agricultural Systems. Springer, Berlin 1997.

BRYAN, R. B. (Ed.): Rill Erosion. Catena Supplement 8. Catena, Cremlingen 1987.

BURINGH, P.: Introduction to the Study of Soils in Tropical and Subtropical Regions. 3rd ed., Centre for Agricultural Publishing and Documentation. Wageningen 1979.

CAIRNEY, T.: Contaminated Land. Blackie Academic & Professional, London 1992.

CAMPBELL, G. S.: Soil Physics with Basic. Elsevier, Amsterdam 1985.

CARLOWITZ, H. C. V.: Sylvicultura oeconomica, oder haußwirthliche Nachricht und naturgemäßige Anweisung zur wilden Baumzucht. Leipzig 1713. 2. Aufl. mit einem 3. Teil von ROHR, B. V. Braun Erben, Leipzig 1732.

CHIRIȚA, C. D.: Ecopedologie cu baze de pedologie generala, edit. Ceres, Bucuresti 1974.

CLEEMPUT, O. VAN, HOFMAN, G., VERMOESEN, A.: Progress in Nitrogen Cycling Studies. Kluwer Academic Publ., Dordrecht 1997.

COLEMAN, D. C., CROSSLEY, D. A.: Fundamentals of Soil Ecology. Academic Press, San Diego, London 1996.

CORNELL, R. M., SCHWERTMANN, U.: The Iron Oxides. VCH, Weinheim 1996.

COTTA, B.: Deutschlands Boden, sein geologischer Bau und dessen Einwirkungen auf das Leben der Menschen. Brockhaus, Leipzig 1854.

COYNE, M.: Introduction to Soil Microbiology. International Thomson Publishing Services. Andover (UK) 1999.

CRAUL, P. J.: Urban Soils. Applications and Practices. Wiley, New York 1999.

DARWIN, CH.: The Formation of Vegetable Mould through the Action of Worms, with Observations of their Habits. Murray, London 1881.

DATE, R. A., GRUNDON, N. J., RAYMENT. G. E., PROBERT, M. E.: Plant-Soil Interactions at Low pH: Principles and Management. Kluwer Academic Publ., Dordrecht 1995.

DAVY, H.: Elements of Agricultural Chemistry, in a Course of Lectures for the Board of Agriculture. London 1813.

DECKERS, G., NACHTERGAELE, F., SPAARGAREN, O. (Eds.): World Reference Base for Soil Resources. 1. The Introduction to the Reference Soil Groups. 2. The Atlas. ACCO, Leuven 1998.

DEER, W. A., HOWIE, R. A., ZUSSMAN, J.: An Introduction to the Rock-Forming Minerals. 2nd ed., Longman Scientific & Technical. Harlow (UK) 1992.

DENT, D., YOUNG, A.: Soil Survey and Land Evaluation. Spon, London 1993.

Deutsches Institut für Fernstudienforschung an der Universität Tübingen (Hrsg.): Veränderung von Böden durch anthropogene Einflüsse. Springer, Berlin 1997.

DIXON, J. B., WEED, S. B. (Co-Eds.): Minerals in Soil Environments. 2nd ed. Soil Sci. Soc. of America. Madison, Wisconsin, 1989.

DOKUCAEV, V. V.: Socinenia (Werke). 9 Bde. Verl. Akad. Wiss. UdSSR, Moskau – Leningrad 1949–1961.

DOMSCH, K.: Pestizide im Boden. VCH, Weinheim 1993.

DRIESSEN, F. M., DUDAL, R.: The Major Soils of the World. Agricultural University Wageningen. Katholieke Universiteit Leuven 1991.

DUCHAUFOUR, Ph.: Handbook of Pedology. Soils, Vegetation, Environment. Balkema, Rotterdam, Brookfield 1998. (Übersetzung aus dem Französischen).

DUNGER, W.: Tiere im Boden. 3. Aufl., Ziemsen, Wittenberg 1983.

EDWARDS, C. A., BOHLEN, P. J.: Biology and Ecology of Earthworms. Chapman and Hall, London 1996.

EHLERS, W.: Wasser in Boden und Pflanze. Dynamik des Wasserhaushalts als Grundlage von Pflanzenwachstum und Ertrag. Ulmer, Stuttgart 1996.

ELLENBERG, H.: Vegetation Mitteleuropas mit den Alpen. 5. Aufl., Ulmer, Stuttgart 1996.

ELLIS, B., FOTH, H.: Soil Fertility. 2. Aufl., Springer, Berlin; CRC Lewis, Boca Raton 1997.

ELSAS, J. D. VAN, TREVORS, J. T., WELLINGTON, E. M. H.: Modern Soil Microbiology. Marcel Decker, New York 1997.

EVERETT, D. H.: Grundzüge der Kolloidwissenschaft. Steinkopff, Darmstadt 1992.

Fachbereich Bodenkunde des Niedersächsischen Landesamtes für Bodenforschung: Böden in Niedersachsen. Teil 1. Hannover 1997. Schweizerbart, Stuttgart.

Fachgruppe Wasserchemie in der GDCh (Hrsg.): Chemie und Biologie der Altlasten. VCH, Weinheim 1997.

FALLOU, F. A.: Die Ackererden des Königreichs Sachsen, geognostisch untersucht und classificirt. In Commissio von Engelhardt, Freiberg, 1853.

FALLOU, F. A.: Pedologie oder allgemeine und besondere Bodenkunde. Schönfeld, Dresden 1862.

FALLOU, F. A.: Grund und Boden des Königreichs Sachsen und seiner Umgebung in sämmtlichen Nachbarstaaten in volks-, land- und forstwirthschaftlicher Beziehung naturwissenschaftlich untersucht. Schönfeld, Dresden 1868.

FAO: Word Soil Resources. An Explanatory Note on the FAO World Soil Resources Map at 1: 25 000 000 Scale. FAO Soil Resource Report 66, Rome 1991.

FAO: World Reference Base for Soil Resources. The Technical Key. ISSS-ISRIC-FAO. World Soil Resources Reports 84, Rome 1998.

FELIX-HENNINGSEN, P.: Die mesozoisch-tertiäre Verwitterungsdecke (MTV) im Rheinischen Schiefergebirge. Relief-Boden-Paläoklima. Bd. 6. Bornträger, Berlin 1990.

FIEDLER, H. J.: Bodennutzung und Bodenschutz. Fischer, Jena 1990.

FIEDLER, H. J., HUNGER, W.: Geologische Grundlagen der Bodenkunde und Standortslehre. Steinkopff, Dresden 1970.

FIEDLER, H. J., GROßE, H., LEHMANN, G., MITTAG, M.: Umweltschutz. Grundlagen, Planung, Technologien, Management. Fischer, Jena 1996.

FIEDLER, H. J., REIßIG, H.: Lehrbuch der Bodenkunde. Fischer, Jena 1964.

FIEDLER, H. J., RÖSLER, H. J.: Spurenelemente in der Umwelt. 2. Aufl., Fischer, Jena 1993.

FIEDLER, H. J., THALHEIM, K.: Erdgeschichte Mitteleuropas. Studienmaterial. 2. Aufl., TU Dresden 1989.

FIEDLER, H. J. et al.: Lehrbriefreihe Bodennutzung und Bodenschutz. Studienmaterial für die Weiterbildung. TU Dresden (1970–1989).

FINCK, A.: Fruchtbarkeit tropischer Böden. In: Handbuch der Landwirtschaft und Ernährung in den Entwicklungsländern. Bd. II, S. 99–125. Ulmer, Stuttgart 1971.

FLESSA, H., BEESE, FR., BRUMME, R. et al. (Hrsg.): Freisetzung und Verbrauch der klimarelevanten Spurengase N_2O und CH_4 beim Anbau nachwachsender Rohstoffe. Zeller, Osnabrück 1998.

FRAEDRICH, W.: Spuren der Eiszeit. Landschaftsformen in Europa. Springer for Science, Ijmuiden 1996.

FRISCH, W., LOESCHKE, J.: Plattentektonik. 3. Aufl., Wiss. Buchgesellschaft, Darmstadt 1993.

FRITSCHE, W.: Mikrobiologie. 2. Aufl., Fischer, Jena 1999.

FÜCHTBAUER, H. (Hrsg.): Sedimente und Sedimentgesteine. Schweizerbart, Stuttgart 1988.

GANSSEN, R.: Bodengeographie. 2. Aufl., Koehler, Stuttgart 1972.

GEDROIC, K. K.: Ausgewählte Werke. 3 Bde. Staatsverl. landwirtsch. Literatur, Moskau 1955.

GERRARD, J. G.: Soil Geomorphology. Chapman & Hall, London 1992.

GISI, U., SCHENKER, R., SCHULIN, R., STADELMANN, F. X., STICHER, H.: Bodenökologie. Thieme, Stuttgart 1997.

GEIGER, R.: Das Klima der bodennahen Luftschicht. 4. Aufl., Vieweg, Braunschweig 1961.

GLINKA, K.: Die Typen der Bodenbildung, ihre Klassifikation und geographische Verbreitung. Gebr. Borntraeger, Berlin 1914.

GLINSKI, J., LIPIEC, J.: Soil Physical Conditions and Plant Roots. CRC Press. Boca Raton, Florida 1990.

GREBE, C.: Gebirgskunde, Bodenkunde und Klimalehre in ihrer Anwendung auf Forstwirthschaft. Baerecke, Eisenach 1853; 4. Aufl., Berlin 1886.

GREENLAND, D. J., HAYES, M. H. B.: The Chemistry of Soil Processes. Wiley, Chichester 1981.

GRIM, R. E.: Applied Clay Mineralogy. McGraw-Hill, New York 1962.

GUPTA, U. C. (Ed.): Molybdenum in Agriculture. Cambridge University Press, Cambridge 1997.

HAAN, F. A. M. DE, VISSER-REYNEVELD, M. I. (Eds.): Soil Pollution and Soil Protection. Wageningen Agricultural University, International Training Centre, 1996.

HANKS, R. J. & Ashcroft, G. L.: Applied Soil Physics. Springer, Berlin 1980.

HARTKE, K. H., HORN, R.: Einführung in die Bodenphysik. 3. Aufl., Enke, Stuttgart 1999.

HEIDEN, ST. (Hrsg.): Innovative Techniken der Bodensanierung. Spektrum, Heidelberg 1999.

HEIM, D.: Tone und Tonminerale. Enke, Stuttgart 1990.

HENNINGSEN, D., KATZUNG, G.: Einführung in die Geologie Deutschlands. 5. Aufl., Enke, Stuttgart 1998.

HILGARD, E. W.: Über den Einfluß des Klimas auf die Bildung und Zusammensetzung des Bodens. Winters Univ.-Buchhandlung, Heidelberg 1893.

HILGARD, E. W.: Soils; their Formation, Properties, Composition, and Relations to Climate and Plant Growth in the Humid and Arid Regions. McMillan, New York, London 1906, 1914.

HILLEL, D.: Environmental Soil Physics. Academic Press, London 1998.

HILLER, D. A., MEUSER, H.: Urbane Böden. Springer, Berlin 1998.

HINTERMAIER-ERHARD, G., ZECH, W.: Wörterbuch der Bodenkunde. Enke, Stuttgart 1997.

HOFFMANN, J., VIEDT, H.: Biologische Bodenreinigung. Ein Leitfaden für die Praxis. Springer, Berlin 1998.

HOLZAPFEL, A. M.: Flächenrecycling bei Altlasten (Sanierung und Wiederverwendung brachliegender Industrie- und Gewerbeflächen am Beispiel des Ruhrgebietes). Schmidt, Berlin 1992.

HOLZWARTH, Fr., RADTKE, H., HILGER, B., BACHMANN, G.: Bundes-Bodenschutzgesetz und Bundes-Bodenschutz- und Altlastenverordnung. Handkommentar. 2. Aufl., Schmidt, Berlin 1999.

HÜTTL, R. F.: Mg-Deficiency in Forest Ecosystems. Kluver Academic Publ., Dordrecht 1997.

HUANG, P. M. (Ed.): Soil Chemistry and Ecosystem Health. SSSA Special Publication no. 52. SSSA, Madison, Wisconsin 1998.

HUNDESHAGEN, J. CHR.: Die Bodenkunde in land- und forstwirthschaftlicher Beziehung. Laupp, Tübingen 1830.

INSAM, H., RANGGER, A. (Eds.): Microbial Communities. Functional Versus Structural Approaches. Springer, Berlin 1966.

JASMUND, K.: Die silikatischen Tonminerale. VCH, Weinheim 1955.

JASMUND, K., Lagaly, G. (Hrsg.): Tonminerale und Tone. Steinkopff, Darmstadt 1993.

KILHAM, K.: Soil Ecology. Cambridge University Press, Cambridge 1995.

KIMBLE, J. M., AHRENS, R. J.: Proceedings of the Meeting on the Classification, Correlation, and Management of Permafrost-Affected Soils. USDA-Soil Conservation Service, National Soil Survey Center 1994.

KLAPP, E.: Lehrbuch des Acker- und Pflanzenbaus. Parey, Berlin 1967.

KOEHLER, H., MATHES, K., BRECKLING, B.: Bodenökologie interdisziplinär. Springer, Berlin 1999.

KÖSTLER, J. N., BRÜCKNER, E., BIBELRIETHER, H.: Die Wurzeln der Waldbäume. Parey, Berlin 1968.

KOPP, D., SCHWANECKE, W.: Standörtlich-naturräumliche Grundlagen ökologiegerechter Forstwirtschaft. Dt. Landwirtschaftsverlag, Berlin 1994.

KOSTYCEV, P. A.: Ausgewählte Werke. Leningrad. Izd. Akad. Nauk. USSR, Moskau 1951.

KRAUSE, G. C. L.: Bodenkunde und Klassifikation des Bodens nach seinen physischen und chemischen Eigenschaften, Bestandtheilen und Kulturverhältnissen. Flinzer, Gotha 1832.

KREUTZER, K., GÖTTLEIN, A. (Hrsg.): Ökosystemforschung Höglwald – Beiträge zur Auswirkung von saurer Beregnung und Kalkung in einem Fichtenaltbestand. Parey, Hamburg 1991.

KRUTZSCH, K. L.: Gebirgs- und Bodenkunde für den Forst- und Landwirth. Bd. 1 Die Gebirgskunde. 1827; Bd. 2 Die Bodenkunde. 1842. Arnoldische Buchhandlung. Dresden, Leipzig.

KUBIENA, W. L.: Entwicklungslehre des Bodens. Springer, Wien 1948.

KUBIENA, W. L.: Bestimmungsbuch und Systematik der Böden Europas. Enke, Stuttgart 1953.

KÜLBEL, J. A.: Cause de la fertilité des terres. Bordeaux 1741. Philippum Bonk, Lyon 1743.

KUNDLER, P.: Waldbodentypen der Deutschen Demokratischen Republik. Neumann, Radebeul 1965.

KURON, H., JUNG, L., SCHREIBER, H.: Messungen von Oberflächenabfluß und Bodenabtrag auf verschiedenen Böden Deutschlands. Hamburg 1956.

LAATSCH, W.: Dynamik der mitteleuropäischen Mineralböden. 4. Aufl., Steinkopff, Dresden 1957.

LAATSCH, W.: Bodenfruchtbarkeit und Nadelholzanbau. BLV, München 1963.

LAL, R.: Soil Quality and Soil Erosion. Springer, Berlin, Heidelberg 1998.

LAL, R., SANCHEZ, P. A. (Eds.): Myths and Science of Soils of the Tropics. SSSA Special Publication Number 29, Madison, Wisconsin, 1992.

LANG, H. J., HUDER, J.: Bodenmechanik und Grundbau. Das Verhalten von Böden und die wichtigsten grundbaulichen Konzepte. 4. Aufl., Springer, Berlin 1990.

LANG, G.: Quartäre Vegetationsgeschichte Europas. Fischer, Jena 1994.

LIBAU, FR.: Structural Chemistry of Silicates. Springer, Berlin 1985.

LIEBEROTH, I.: Bodenkunde. 4. Aufl., Landwirtschaftsverlag, Berlin 1991.

LIEBIG, J. V.: Die organische Chemie in ihrer Anwendung auf Agricultur und Physiologie. Vieweg, Braunschweig 1840 und 1876.

LIKENS, G. E., BORMANN, F. H.: Biogeochemistry of a Forested Ecosystem. 2nd ed., Springer, New York 1999.

LÖHNIS, F.: Handbuch der landwirtschaftlichen Bakteriologie. Bornträger, Berlin 1910.

LÖHNIS, F.: Vorlesungen über landwirtschaftliche Bakteriologie. Borntraeger, Berlin 1913.

MARBUT, C. F., BENNETT, H. H., LAPHAM, J. E., LAPHAM, M. H.: Soils of the United States. USDA Bur. Soils Bull. 96 (1913).

MARESCH, W., MEDENBACH, O., unter Mitarbeit von TROCHIM, H. D.: Gesteine. Mosaik, München 1987.

MARGESIN, R., SCHNEIDER, M., SCHINNER, F.: Praxis der mikrobiologischen Bodensanierung. Springer, Berlin 1995.

MARSCHNER, H.: Mineral Nutrition in Higher Plants. Academic Press, 2nd ed., London 1995.

MARSHALL, T. J., HOLMES, J. W., ROSE, C. W.: Soil Physics. 3rd ed., Cambridge University Press, Cambridge 1966.

MARTINI, I. P., CHESWORTH, W. (Eds.): Weathering, Soils and Paleosols. Elsevier 1992.

MATSCHULLAT, J., TOBSCHALL, H. J., VOIGT, H.-J.: Geochemie und Umwelt. Relevante Prozesse in Atmo-, Pedo- und Hydrosphäre. Springer, Berlin 1997.

MAYNARD, D. G. (Ed.): Sulfur in the Environment. Marcel Decker, New York 1998.

MCBRIDE, M. B.: Environmental Chemistry of Soils. Oxford University Press, New York, Oxford 1994.

MENGEL, K.: Ernährung und Stoffwechsel der Pflanze. Fischer, Jena 1984.

MENSCHING, H. G.: Desertifikation. Wissenschaftliche Buchgesellschaft, Darmstadt 1990.

MERBACH, W. (Hrsg.): Rhizosphärenprozesse, Umweltstreß und Ökosystemstabilität. Teubner, Stuttgart, Leipzig 1997.

METTING, F. B. (Ed.): Soil Microbial Ecology. Applications in Agricultural and Environmental Management. Marcel Dekker, New York 1992.

MEYEN, E., SCHMITHÜSEN, J. et al.: Handbuch der naturräumlichen Gliederung Deutschlands. Bundesanstalt für Landeskunde und Raumforschung. Selbstverlag, Bad Godesberg 1953–1962.

MORGA, R. P. C.: Bodenerosion und Bodenerhaltung. Enke, Stuttgart 1999.

MORTON, J.: Bodenkunde. Übersetzung der 4. Aufl. aus dem Englischen. Magazin, Leipzig 1844.

MÜCKENHAUSEN, E.: Entstehung, Eigenschaften und Systematik der Böden der Bundesrepublik Deutschland. 2. Aufl., DLG, Frankfurt a. M. 1977.

MÜCKENHAUSEN, E.: Bodenkunde und ihre Grundlagen. 3. Aufl., DLG, Frankfurt/M. 1985.

MÜLLER, P. E.: Studien über die natürlichen Humusformen und deren Einwirkung auf Vegetation und Boden. Springer, Berlin 1887.

MÜLLER, S., GLATZEL, K., JAHN, R.: Süddeutsche Waldböden im Farbbild. Schrift.-reihe Landesforstverwaltung Baden-Württemberg, 23. Stuttgart 1967.

NAGEL, H.-D., GREGOR, H.-D. (Hrsg.): Ökologische Belastungsgrenzen – Critical Loads & Levels. Springer, Heidelberg 1999.

NEGENDANK, J.: Geologie. Mosaik, München 1981.

NILSSON, L. O., HÜTTL, R. F., JOHANSSON, U. T. (Eds.): Nutrient Uptake and Nutrient Cycling in Forest Ecosystems. Kluwer Academic Publ., Dordrecht 1995.

O'NEILL, P. Chemie der Geo-Bio-Sphäre. Enke, Stuttgart 1998.

OTTEN, A., ALPHENAAR, A., PIJLS, Ch., SPUIJ, F., WIT, H. DE: In Situ Soil Remediation. Kluwer Academic Publ., Dordrecht 1997.

PANKHURST, C., DOUBE, B., GUPTA, V.: Biological Indicators of Soil Health. CAB INTERNATIONAL, Wallingford, UK 1997.

PATON, T. R., HUMPHREYS, G. S., MITCHELL, P. B.: Soils. A new Global View. UCL Press, London 1995.

PAUL, E. A., CLARC, F. E.: Soil Microbiology and Biochemistry. 2nd ed., Academic Press, London 1996.

PETRUS DE CRESCENTIIS: De agricultura, omnibusque plantarum et animalium generibus. Libri XII 1538. Basileae, per H. Petrum.

PFAFF-SCHLEY, H. (Hrsg.): Bodenschutz und Umgang mit kontaminierten Böden. Springer, Berlin 1996.

PFLUG, W. (Hrsg): Braunkohlentagebau und Rekultivierung. Landschaftsökologie – Folgenutzung – Naturschutz. Springer, Heidelberg 1998.

PICCOLO, A. (Ed.): Humic Substances in Terrestrial Ecosystems. Elsevier 1996.

RAMANN, E.: Forstliche Bodenkunde und Standortslehre. Springer, Berlin 1893.

RAMANN, E.: Bodenbildung und Bodeneinteilung (System der Böden). Springer, Berlin 1918.

RAMANN, E.: Bodenkunde. 3. Aufl., Springer, Berlin 1911.

RASPE, S., FEGER, K. H., ZÖTTL, H. W. (Hrsg.): Ökosystemforschung im Schwarzwald. ecomed, Landsberg 1998.

RAYMOND, L. A.: Petrology. The Study of Igneous, Sedimentary, Metamorphic Rocks. Brown Communications, Dubuque, IA 1995.

REHFUESS, K. E.: Waldböden. Entwicklung, Eigenschaften und Nutzung. 2. Aufl., Parey, Hamburg 1990.

REUSS, J. O., JOHNSON, D. W.: Acid Deposition and the Acidification of Soils and Waters. Springer, New York 1986.

RICHARD, F., LÜSCHER, P., STROBEL, T.: Physikalische Eigenschaften von Böden der Schweiz. Bd. 1–4. Eidgen. Anstalt Forstl. Versuchswesen. Birmensdorf 1978–1987.

RICHARDS, L. A. (Ed.): Diagnosis and Improvement of Saline and Alkali Soils. USDA Agricultural Handbook no 60. US Salinity Laboratory Staff, USDA, Washington 1954.

RICHTHOFEN, F. V.: China. Bd. 1 u. 2. Reimer, Berlin 1877, 1882.

ROHR, J. B. V.: Obersächsisches Hauswirtschaftsbuch. Leipzig 1722, 1751.

RÖSLER, H. J, LANGE, H.: Geochemische Tabellen. 2. Aufl., Deutscher Verlag für Grundstoffindustrie, Leipzig 1975.

ROLLS, D., BLAND, W. J.: Weathering. An Introduction to the Basic Principles. Arnold, London 1998.

ROSENKRANZ, D., BACHMANN, G, EINSELE, G., HARRESS, H.-M.: Bodenschutz. Ergänzbares Handbuch. Schmidt, Berlin.

ROTHKEGEL, W., KUTSCHER, G.: Landwirtschaftliche Schätzungslehre. Ulmer, Stuttgart 1966.

ROUNSEVELL, M. D. A., LOVELAND, P. J.: Soil Responses to Climate Change. Springer, Berlin 1994.

ROWELL, D. L.: Bodenkunde. Untersuchungsmethoden und ihre Anwendungen. Springer, Berlin 1997.

RUBIN, H., NARKIS, N.: Soil and Aquifer Pollution. Springer, New York 1998.

SACHSSE, H. F.: Wald und Welt. Forschungszentrum Waldökosysteme d. Universität Göttingen, Göttingen 1997.

SALOMONS, W., FÖRSTNER, U., MADER, P. (Eds.): Heavy Metals. Problems and Solutions. Springer, Berlin 1995.

SANCHEZ, P. A.: Properties and Management of Soils in the Tropics. Wiley, New York 1976.

SAUERBECK, D.: Funktionen, Güte und Belastbarkeit des Bodens aus agrikulturchemischer Sicht. Kohlammer, Stuttgart 1985.

SAUSSURE, TH. DE: Recherches chimiques sur la vegetation. Leipzig 1805.

SCHACHTSCHABEL, P., BLUME, H.-P., BRÜMMER, G., HARTGE, K.-H., SCHWERTMANN, U.: Lehrbuch der Bodenkunde. 14. Aufl., Enke, Stuttgart 1998.

SCHAEFER, M.: Die Bodenfauna von Wäldern: Biodiversität in einem ökologischen System. Steiner, Stuttgart 1996.

SCHINNER, F., SONNLEITNER, R.: Bodenökologie: Mikrobiologie und Bodenenzymatik. Bd. I. Grundlagen, Klima, Vegetation und Bodentyp. Bd. II. Bodenbewirtschaftung, Düngung und Rekultivierung. Springer, Berlin 1996.

SCHLÜTER, K.: The Fate of Mercury in Soil – a Review of Current Knowledge. Soil and Groundwater Research Report N; Commission of European Communities; Luxembourg 1993.

SCHMALZ, F.: Versuch einer Anleitung zum Bonitiren und Klassificiren des Bodens. Gleditsch, Leipzig 1824.

SCHNUG, E. (Ed.): Sulphur in Agroecosystems. Kluwer Academic Publ., Dordrecht 1998.

SCHREIBER H.: Mündliche Mitteilung, Bergakademie Freiberg 1996.

SCHRÖDER, D.: Bodenentwicklung in spätpleistozänen und holozänen Hochflutlehmen des Niederrheins. Habil.-Schrift, Bonn 1979.

SCHRÖDER, P. Die Klimate der Welt. Enke, Stuttgart 1999.

SCHUCHT, F.: Die Muschelkalkböden Mitteldeutschlands und ihre land- und forstwirtschaftliche Nutzung. Berlin 1935.

SCHUCHT, F., KURON, H.: Die Keuperböden Mitteldeutschlands und ihre land- und forstwirtschaftliche Nutzung. Berlin 1940.

SCHÜBLER, G.: Untersuchungen über die physischen Eigenschaften der Erden. Landwirtschaftliche Blätter von Hofwyl: 5, Leipzig 1817.

SCHULTE, A., RUHIYAT, D.: Soils of Tropical Forest Ecosystems. Characteristics, Ecology and Management. Springer, Berlin 1997.

SCHWERTMANN, U., RICKSON, R. J., AUERSWALD, K. (Eds.): Soil Erosion Protection Measures in Europe. Soil Technology Series 1. Catena, Cremlingen-Destedt 1989.

SCHWERTMANN, U., VOGL, W., KAINZ, M. : Bodenerosion durch Wasser. Vorhersage des Abtrags und Bewertung von Gegenmaßnahmen. 2. Aufl., Ulmer, Stuttgart 1987.

SEHGAL, J., BLUM, W. E. H., GAJBHIHYE (Eds.): Red and Lateritic Soils. Vol. 1 and 2. Balkema, Rotterdam, Brookfield 1998.

SEIM, R., TISCHENDORF, G.: Grundlagen der Geochemie. Deutscher Verlag f. Grundstoffindustrie, Leipzig 1990.

SEKERA, F.: Gesunder und kranker Boden. Parey, Berlin 1951.

SEMMEL, A.: Grundzüge der Bodengeographie. 3. Aufl., Teubner, Stuttgart 1993.

SEMMEL, A.: Periglazialmorphologie. 2. Aufl., Wissenschaftliche Buchgesellschaft, Darmstadt 1994.

SENFT, F.: Lehrbuch der Bodenkunde. Mauke, Jena 1847.

SENFT, F.: Lehrbuch der Gesteins- und Bodenkunde. Springer, Berlin 1877.

SENFT, F.: Der Erdboden nach Entstehung, Eigenschaften und Verhalten zur Pflanzenwelt. Hahn, Hannover 1888.

SHOJI, S., NANZYO, M., DAHLGREN, R. A.: Volcanic Ash Soils. Genesis, Properties and Utilization. Elsevier, Amsterdam 1993.

SIBIRCEV, N. M.: Bodenkunde. St. Petersburg 1898, in Ausgewählte Werke. 2 Bde. Staatsverl. landwirtsch. Literatur, Moskau 1951.

SIMMER, K.: Grundbau 1. Bodenmechanik und erdstatische Berechnungen. Teubner, Stuttgart 1994.

SKAGGS, R. W., SCHILFGAARDE, J. VAN: Agricultural Drainage. ASA Monograph 38. American Society of Agronomy, Madison, Wisconsin 1999.

SMITH, S. E., READ, D. J.: Mycorrhizal Symbiosis. Academic Press, London 1996.

Soil Survey Staff: Soil Taxonomy: A Basic System of Soil Classification for Making and Interpreting Soil Surveys. Soil Conservation Service. U. S. Department of Agriculture. Agriculture Handbook No. 436. U. S. Government Printing Office, Washington 1975.

Soil Survey Staff: Keys to Soil Taxonomy. SMSS Technical Monograph No 19, 8. ed., Procahontas Press Inc., Blacksburg, Virginia; USDA, Washington 1998.

Spaagaren, O. C. (Ed.): World Reference Base for Soil Resources. Draft. ISSS/ISRIC/FAO, Wageningen/Rome 1994.

SPARKS D. L.: Environmental Soil Chemistry. Academic Press, London 1995.

SPARKS D. L.: Soil Physical Chemistry. 2nd ed., Springer, Berlin 1999.

SPOSITO, G.: Bodenchemie. Enke, Stuttgart 1998.

SPRENGEL, C.: Die Bodenkunde oder die Lehre vom Boden. Müller, Leipzig 1837, 2. Aufl. 1844.

SPRENGEL, C.: Die Lehre vom Dünger. Müller, Leipzig 1839.

STANLEY, St. M.: Historische Geologie. Eine Einführung in die Geschichte der Erde und des Lebens. Spektrum, Heidelberg 1994.

Statistisches Bundesamt: Statistisches Jahrbuch 1999 für die Bundesrepublik Deutschland. Wiesbaden 1999. Metzler-Poeschel, Stuttgart.

STEVENSON, F. J.: Humus Chemistry. 2nd ed., Wiley, New York 1994.

STEVENSON, F. J., COLE, M. A.: Cycles of Soil. Carbon, Nitrogen, Phosphorus, Sulfur, Micronutrients. 2nd ed., Wiley, New York 1999.

STEWART, B. A., HARTGE, K. H. (Eds.): Soil Structure. Springer, New York; CRC Lewis, Boca Raton 1995.

STÖCKHARDT, J. A.: Chemische Feldpredigten für deutsche Landwirthe. Wigand, Leipzig 1851.

SUCCOW, M.: Landschaftsökologische Moorkunde. 2. Aufl., Fischer, Jena 1999.

SYERS, J. K., RIMMER, D. L.: Soil Science and Sustainable Land Management in the Tropics. CAB International, Wallingford, UK 1994.

SUMNER, M. E.: Handbook of Soil Science. CRC Press, Boca Raton 1999.

TAN, KIM H.: Principles of Soil Chemistry. 3rd ed., Marcel Decker, New York 1998.

TAN, KIM H.: Environmental Soil Science. 2nd ed., Marcel Decker, New York 2000.

TATE, R. L.: Soil Microbiology. Wiley, New York 1995.

TESTA, S. M.: Reuse and Recycling of Contaminated Soil. Springer, New York; CRC Lewis, Boca Raton 1997.

THAER, A.: Grundsätze der rationellen Landwirtschaft. Bd. 2 u. 3. Verlag Realschulbuchhandlung, Berlin 1810, 1819.

TROMMSDORFF, V., DIETRICH, V.: Grundzüge der Erdwissenschaften. Kristallographie – Mineralogie – Petrographie. 5. Aufl., vdf Hochschulverlag AG an der ETH Zürich 1994.

TSUYOSHI, M.: Water Flow in Soils. Marcel Decker, New York 1997.

ULRICH, B., SUMNER, M. E. (Eds.): Soil Acidity. Springer, Berlin 1991.

UNEP: World Soils Policy and Draft Plan of Action for its Implementation. – Report of the Governing Council on the Work of its Tenth Session. Nairobi 1982.

VANGRONSVELD, J., CUNNINGHAM, S. D.: Metal-Contaminated Soils. In Situ Inactivation and Phytorestoration. Springer, Berlin 1998.

VANMECHELEN, L., GROENEMANS, R., RANST, E. van: Forest Soil Condition in Europe. Technical Report. EC und UN/ECE, Brüssel, Genf 1977.

VARMA, A., HOCK, B.: Mycorrhiza. 2nd ed., Springer for Science, Ijmuiden 1999.

VDLUFA: Hoher P-Gehalt im Boden – mögliche Folgen für die Umwelt – Konsequenzen für die Ausbringung von phosphorhaltigen Düngemitteln. VDLUFA-Schriftenreihe 50/1999.

VEERHOFF, M., ROSCHER, S., BRÜMMER, G. W.: Ausmaß und ökologische Gefahren der Versauerung von Böden unter Wald. Ber. d. Umweltbundesamtes 1/96. Schmidt, Berlin 1996.

VERGIL: Georgica. Hüber, München 1957.

WAGENET, R. J., BOUMA, J. (Eds.): The Role of Soil Science in Interdisciplinary Research. SSSA Special Publication Nr. 45. American Society of Agronomy, Madison, Wisconsin 1996.

WAKSMAN, S. A.: Soil Microbiology. Wiley, New York 1952.

WALLACE, A., Terry, R. E.: Handbook of Soil Conditioners. Marcel Dekker, New York, Basel 1997.

WALLERIUS, J. G.: Agriculturae fundamenta chemica. Upsala 1761, Berlin 1764.

WALTER, H.: Vegetationszonen und Klima. Die ökologische Gliederung der Biogeosphäre. 3. Aufl. Ulmer, Stuttgart 1977.

WALTER, R.: Geologie von Mitteleuropa. 6. Aufl., Schweizerbart, Stuttgart 1995.

WENDT, G.: Carl Sprengel und die von ihm geschaffene Mineraltheorie als Fundament der neuen Pflanzenernährungslehre. Fischer, Wolfenbüttel 1950.

WHITE, A. F., BRANTLEY, S. L. (Eds): Chemical Weathering Rates of Silicate Minerals. Reviews in Mineralogy. Vol. 31. Mineralogical Society of America, Washington 1995. (Kap. 9 Böden).

WIEGNER, B. G.: Boden und Bodenbildung in kolloidchemischer Betrachtung. 5. Aufl., Steinkopff, Dresden, Leipzig 1918, 1929.

WILDING, L. P., SMECK, N. E., HALL, G. F. (Eds.): Pedogenesis and Soil Taxonomy. II. The Soil Orders. Elsevier, Amsterdam 1983.

Wissenschaftlicher Beirat der Bundesregierung: Welt im Wandel – die Gefährdung der Böden. Economica, Bonn 1994.

WITTICH, R. M.: Biodegradation of Dioxins and Furans. Springer, New York 1998.

WITTICH, W.: Der heutige Stand unseres Wissens vom Humus und neue Wege zur Lösung des Rohhumusproblems im Walde. Schriftenreihe der Forstlichen Fakultät der Universität Göttingen 1952.

WOLFF, B., RIEK, W.: Deutscher Waldbodenbericht 1996. Hrsg.: BML, Ref. 615, Bonn.

WOOD, M.: Environmental Soil Ecology. 2nd ed., Chapman & Hall, London 1994.

Xenophon: Die sokratischen Schriften. Memorabilien, Symposion, Oikonomikos, Apologie. Kröner, Stuttgart 1956.

YAALON, D. H., BERKOWICZ, S. M. (Eds.): History of Soil Science – International Perspectives. Catena, Reiskirchen 1997.

YARON, B., CALVET, R., PROST, R.: Soil Pollution. Processes and Dynamics. Springer, Berlin 1996.

YOUNG, A.: Land resources. Now and for the Future. Cambridge University Press. Cambridge 1998.

YU, T. R. (Ed.): Chemistry of Variable Charge Soils. Oxford University Press, Oxford 1998.

Literatur

YU TIAN-REN (Ed.): Physical Chemistry of Paddy Soils. Springer, Berlin 1985.

ZEPP, H.: Klassifikation und Regionalisierung von Bodenfeuchteregime-Typen. Relief-Boden-Paläoklima, Bd. 9. Bornträger, Berlin 1995.

ZIECHMAN, W.: Huminstoffe. VCH, Weinheim 1980.

ZIECHMAN, W.: Huminstoffe und ihre Wirkungen. Spektrum, Heidelberg 1996.

–: Glossary of Soil Science Terms. 2nd ed., Soil Science Society of America, Madison, Wisconsin 1997.

–: Waldschadensbericht 1998. Freistaat Sachsen. Staatsministerium für Umwelt und Landwirtschaft. Dresden.

11.3 Methodenbücher und Karten

AG Boden (Arbeitsgruppe Bodenkunde der Geologischen Landesämter der Bundesrepublik Deutschland): Bodenkundliche Kartieranleitung. 4. Aufl., Schweitzerbart. Stuttgart, Hannover 1994.

AG Boden: Methodendokumentation Bodenkunde. Auswertungsmethoden zur Beurteilung der Empfindlichkeit und Belastbarkeit von Böden. Geol. Jb. F 31. Hannover 1994.

AGERER, R. (Ed.): Colour Atlas of Ectomycorrhizae. Einhorn, Schwäbisch Gmünd 1987–1997.

AK Bodensystematik der DBG: Systematik der Böden und der bodenbildenden Substrate Deutschlands. Mitt. Dtsch. Bodenkundl. Ges. 86 (1998): 1–180.

AK Stadtböden der DBG: Empfehlungen für die bodenkundliche Kartieranleitung urban, gewerblich und industriell überformter Flächen (Stadtböden) 1997.

AK Forstliche Standortskartierung: Forstliche Standortsaufnahme – Begriffe, Definitionen, Einteilungen, Kennzeichnungen, Erläuterungen. 5. Aufl., IHW, Eching 1996.

AK Forstliche Standortskartierung: Forstliche Wuchsgebiete und Wuchsbezirke in der Bundesrepublik Deutschland. Landwirtschaftsverlag, Münster-Hiltrup 1985.

AK Waldbodenuntersuchung der ÖBG: Waldbodenuntersuchung. Geländeaufnahme – Probennahme – Analyse. Österreichische Bodenkundliche Gesellschaft, Wien 1986.

ALEF, K., NANNIPIERI, P.: Methods in Applied Soil Microbiology and Biochemistry. Academic Press, London 1995.

ALLOWAY, B. J.: Schwermetalle in Böden. Analytik, Konzentration, Wechselwirkungen. Springer, Berlin 1998.

ALTERMANN, M., KNAUF, C., MAUTSCHKE, J., SCHRÖDER, H., HURTTIG, H., RAU, D., WÜNSCHE, M., GATZKE, A.: Arbeitsrichtlinie Bodengeologie. VEB Kombinat Geologische Forschung und Erkundung Halle, Halle 1979.

AMONETTE, J. E., ZELAZNY, L. W. (Eds.): Quantitative Methods in Soil Mineralogy. Soil Sci. Soc. of America, Inc., Madison, Wisconsin 1994.

BÖHM, W.: Methods of Studying Root Systems. Ecological Studies, Vol. 33. Springer, Heidelberg 1979.

BOUTTON, T. W., YAMASAKI, S. (Eds.): Mass Spectrometry of Soils. Marcel Dekker, New York 1996.

Bundesgütegemeinschaft Kompost e. V. (Hrsg.): Methodenbuch zur Analyse von Kompost. 3. Aufl., Abfall Now, Stuttgart 1994.

Bundesministerium f. Ernährung, Landwirtschaft und Forsten: Bundesweite Bodenzustandserhebung im Wald (BZE), Arbeitsanleitung, 2. Aufl., Bonn 1994.

Bund-Länder-Arbeitsgemeinschaft Bodenschutz, LABO: Hintergrund- und Referenzwerte für Böden. LABO-Heft 4. Bayerisches Staatsministerium für Landesentwicklung und Umweltfragen. München 1995.

BURROUGH, P. A.: Principles of Geographical Information Systems for Land Resources Assessment. Clarendon Press, Oxford 1994.

BUURMAN, P., LAGEN, B., VELTHORST, E. J. VAN (Eds.): Manual of Soil and Water Analysis. Backhuys Publ., Leiden 1996.

Council/Soil Testing (Ed.): Handbook of Reference Methods for Soil Analysis. Springer, Berlin 1999.

Deutscher Verband für Wasserwirtschaft und Kulturbau (DVWK; Hrsg.): Bodenkundliche Untersuchungen im Felde zur Ermittlung von Kennwerten zur Standortscharakterisierung. Teil 1: Ansprache der Böden. Wirtschafts- u. Verl.-Ges. Gas u. Wasser.

DORAN, J. W., JONES, A. J. (Eds.): Methods for Assessing Soil Quality. SSSA Special Publication Number 49. Soil Science Society of America. Madison, Wisconsin 1997.

DUNGER, W., FIEDLER, H. J. (Hrsg.): Methoden der Bodenbiologie. Fischer, Jena 1997.

ELLENBERG, H., WEBER, H. E., DÜLL, R., WIRTH, V., WERNER, W., PAULIßEN, D.: Zeigerwerte von Pflanzen in Mitteleuropa. 2. Aufl., Scripta Geobotanica 18. Goltze, Göttingen 1992.

FAO-Unesco: Soil Map of the World. Revised Legend. Rome 1988 und ISRIC Technical Paper 20 (1989): 1–138, Wageningen.

FAO: Guidelines – Land Evaluation for Irrigated Agriculture. FAO Soils Bull. 55, Rome 1985.

FAO: Guidelines for Soil Description. 3rd ed., Rom 1990.

FIEDLER, H. J.: Die Untersuchung der Böden. Bd. II. Steinkopff, Dresden 1965.

FIEDLER, H. J., ILGEN, G.: Bodenkundliches Praktikum. TU Dresden, Tharandt 1988.

FIEDLER, H. J., SCHMIEDEL, H.: Methoden der Bodenanalyse. Bd. 1. Feldmethoden. Steinkopff, Dresden 1973.

FINNERN, H.: Die Bodenübersichtskarte der Bundesrepublik Deutschland 1 : 200 000 (BÜK 200). Mitt. Dtsch. Bodenkundl. Ges. 72 (1993): 889–892.

HALL, G. S.: Methods for the Examination of Organismal Diversity in Soils and Sediments. CAB INTERNATIONAL, Wallingford, UK, 1996.

HARTGE, K. H., HORN, R.: Die physikalische Untersuchung von Böden. 3. Aufl., Enke, Stuttgart, 1992.

HARTWICH, R., BEHRENS, J., ECKELMANN, W. u. a.: Bodenübersichtskarte der Bundesrepublik Deutschland 1 : 100 000. Bundesanstalt für Geowissenschaften und Rohstoffe, Hannover 1995.

HEAD, K. H.: Manual of Soil Laboratory Testing. Vol. 1–3, 2nd ed., Wiley, Chichester 1998.

HEINRICHS, H., HERRMANN, A. G.: Praktikum der analytischen Geochemie. Springer, Berlin 1990.

HOOD,T. M., JONES, J. B. (Eds.): Soil and Plant Analysis in Sustainable Agriculture and Environment. Marcel Decker, New York 1997.

HUANG, P. M., SENESI, N., BUFFLE, J. (Eds.): Structure and Surface Reactions of Soil Particles. Wiley, Chichester 1998.

KELLNER, J.-M., OTTO, M, WIDMER, H. M. (Eds.): Analytical Chemistry. Wiley-VCH, Weinheim 1998.

KÖNIG, N., FORTMANN, H.: Probenvorbereitungs-, Untersuchungs- und Elementbestimmungs-Methoden des Umweltanalytik-Labors der Niedersächsischen Forstlichen Versuchsanstalt und des Zentrallabors II des Forschungszentrums Waldökosysteme. Teile 1–3. Berichte des Forschungszentrums Waldökosysteme, Reihe B, Bd. 46–48. Göttingen 1996. Bd. 49 (1999) Teil 4: Probenvorbereitungs- und Untersuchungsmethoden, Qualitätskontrolle und Datenverarbeitung. 1. Ergänzung: 1996–1998, Teil 1 u. 2, Elementbestimmungsmethoden Bd. 58 (1999); Teil 3 Bd. 60 (1999).

KOPP, D., DIEKMANN, O., KONOPATZKY, A.: Methode der Humusformenansprache bei der forstlichen Standortskartierung im Nordostdeutschen Tiefland. Mitt. Dtsch. Bodenkl. Ges. 80 (1996): 205–216.

KOPP, D., SCHWANECKE, W. u. Mitarb.: Anweisung für die forstliche Standortskartierung in der DDR (SEA). VEB Forstprojektierung Potsdam, Potsdam 1974, 1980.

KRAUSS, G., HÄRTEL, F.: Zur Waldboden-Untersuchung. Bodenkundliche Forschungen Bd. IV (1935) No 3: 207–216.

LAL, R., BLUM, W. H., VALENTIN, C.: Methods for Assessment of Soil Degradation. Springer, Berlin 1997.

Landesamt für Umwelt und Geologie: Kippsubstratkarten von den Böden der Braunkohlenbergbaufolgelandschaften in Sachsen. Materialien zum Bodenschutz, Freiberg 1997.

Landesamt für Umwelt und Geologie: Immobilisierung von Schadstoffen in Altlasten. Materialien zur Altlastenbehandlung. Freiberg 1996.

Landesumweltamt Nordrhein-Westfalen: Bestimmung von polyzyklischen aromatischen Kohlenwasserstoffen (PAK) in Bodenproben. Merkblätter LUA NRW Nr. 1, Essen 1994.

LEWANDOWSKI, J., LEITSCHUH, S., KOß, V.: Schadstoffe im Boden. Eine Einführung in Analytik und Bewertung. Springer, Berlin 1997.

LIEBEROTH, I., CRONEWITZ, E., GONDEK, H. u. Mitarb.: Hauptbodenformenliste mit Bestimmungsschlüssel für die landwirtschaftlich genutzten Standorte in der DDR. Institut für Bodenkunde. Eberswalde 1971.

MEIVES, K.-J., KÖNIG, N., KHANNA, P. K., PRENZEL, J., ULRICH, B.: Chemische Untersuchungsverfahren für Mineralböden, Auflagehumus und Wurzeln zur Charakterisierung und Bewertung der Versauerung in Waldböden. Ber. d. Forschungsz. Waldökosysteme/Waldsterben Univ. Göttingen, Bd. 7 (1984): 1–67.

Meteorologischer und Hydrologischer Dienst der DDR (Hrsg): Klima-Atlas für das Gebiet der DDR. Akademie-Verlag, Berlin 1953.

MIDDLETON, N., THOMAS, D. (Eds.): World Atlas of Desertification. 2nd ed., Arnold, London 1997.

MÜLLER, U.: Auswertungsmethoden im Bodenschutz. Dokumentation zur Methodenbank des Niedersächsischen Bodeninformationssystems (NIBIS). 6. Aufl., Nds. L.-Amt Bodenforsch., Hannover 1997.

MUNSELL, A. H.: MUNSELL – a Color Notation. 15. ed. Macbeth. Div. of Collmorgen, Baltimore 1988.

MURPHY, C. P.: Thin Section Preparation of Soils and Sediments. A B Academic Publ., Berkhamsted 1986.

PAGE, A. L. et al. (Ed.): Methods of Soil Analysis. Part 1 and 2. 2nd ed., Agronomy Monograph 9 (1982/86).

RAU, D. et al.: Bodengeologische Übersichtskarte i. M. 1:100 000 Bezirk Gera. Haack, Gotha 1969.

ROESCHMANN, G.: Bodenkarte der Bundesrepublik Deutschland 1:1 000 000, Legende und Erläuterungen. Bundesanstalt für Geowissenschaften (Hrsg.), Hannover 1986.

RUSSELL BOULDING, J.: Description and Sampling of Contaminated Soils. 2nd ed., Lewis Publ., Boca Raton 1994.

SCHINNER, F., ÖHLINGER, R., KANDELER, E., MARGESIN, R. (Eds.): Methods in Soil Biology. Springer, Heidelberg 1996.

SCHLICHTING, E., BLUME, H.-P., Stahr, K.: Bodenkundliches Praktikum. 2. Aufl., Blackwell, Berlin 1995.

TRÖGER, W. E.: Optische Bestimmung der gesteinsbildenden Minerale. Teil 1 Bestimmungstabellen, Teil 2 Textband. Schweizerbart, Stuttgart 1972.

VANDECASTEELE, C., BLOCK, C. B.: Modern Methods for Trace Element Determination. Wiley, Chichester 1997.

VDLUFA: Methodenbuch Bd. I. Die Untersuchung von Böden. 4. Aufl., VDLUFA, Darmstadt 1991.

VDLUFA: Methodenbuch Bd. 7. Umweltanalytik. VDLUFA, Darmstadt 1996.

Walther, H., Lieth, H.: Klimadiagramm-Weltatlas. Fischer, Jena 1960–1967.

Wild, J. R., Varfolomeyev, S. D., Scozzafava, A.: Perspectives in Bioremediation. Technologies for Environmental Improvement. Kluwer Academic Publ., Dordrecht 1997.

WÜNSCHE, M., WEISE, A., SCHÜTZENMEISTER, W. et al.: Übersichtskarte der Böden des Freistaates Sachsen im Maßstab 1 : 400 000. Freiberg 1993. Landesanstalt f. Umwelt u. Geologie, Sachsen.

–: Klimatologische Normalwerte für das Gebiet der DDR 1901 bis 1950. 1. Lief. Temperatur; 2. Lief. Niederschlag. Akademie-Verlag, Berlin 1955, 1961.

11.4 Zeitschriften- und Buchartikel, Dissertationen

ABIY MENGISTU: Standortskundliche und hydrochemische Untersuchungen in zwei Wassereinzugsgebieten des Osterzgebirges. Diss. TU Dresden, Tharandt 1997.

ADAM, C.: Beiträge zur Kenntnis der Kaoline und Tertiärtone in Nordostsachsen. Abh. Zentr. Geol. Inst. 17, Berlin 1974.

AGREN, G. L., BOSATTA, E.: Nitrogen Saturation of Terrestrial Ecosystems. Environ. Pollut. 54 (1988): 185–197.

ALTERMANN, M., LIEBEROTH, I., SCHWANECKE, W.: Zur Nomenklatur des Ausgangsmaterials von Mittelgebirgsböden. Arch. Acker-Pflanzenbau Bodenkd. 32 (1988): 497–500.

ALTERMANN, M., RABITZSCH, K.: Zur Gliederung und Dokumentation der wichtigsten Lockersedimente der Mittelgebirge, Ztschr. angew. Geologie 23 (1977): 130–135.

Autorenkollektiv: Das Niedersächsische Bodeninformationssystem NIBIS. Geologisches Jahrbuch, F 27 (1993), Hannover.

BALDAUF, L.: Untersuchungen zur Kationenumtauschkapazität und Kationenbelegung des Sorptionskomplexes saurer Waldböden über Silikatgesteinen des Erzgebirges und seines Vorlandes. Diss. TU Dresden, Tharandt 1991.

BECK, L.: Zur Bedeutung der Bodentiere für den Stoffkreislauf in Wäldern. Biologie in unserer Zeit 23 (1993): 286–294.

BENECKE, P., PLOEG, R. R. VAN DER: The soil environment. S. 539–559. In: LANGE, O. L. et al.: Physiological Plant Ecology I. Springer, Berlin 1981.

BERGER, C.: Bodenbewertung in Umweltverträglichkeitsuntersuchungen. UVP-report 1/95: 10–14.

Bodenkundliche Gesellschaft der Schweiz: Bodenschutz und schweizerisches Umweltschutzgesetz. Bulletin 7 (1983): 5–61.

BÖER, W.: Vorschlag einer Einteilung des Territoriums der DDR in Gebiete mit einheitlichem Großklima. Zschr. Meteorologie 17 (1963): 267–275.

BÖLLING, W. H.: Bodenkennziffern und Klassifizierung von Böden. Anwendungsbeispiele und Aufgaben. Springer, Wien 1971.

BOGAEVSKIJ, B.: Erde und Boden in den landwirtschaftlichen Vorstellungen des alten Griechenland. Z. Minist. Volksbildg. 1912, Neue Serie 37, Januar. Abt. Klass. Philol., 1–26, St.Petersburg.

BREEMEN, N. VAN, MULDER, J., DRISCOLL, C.T.: Acidification and alkalinization of soils. Plant Soil 75 (1983): 283–308.

BRÜMMER, G., SCHRÖDER, D.: Landschaften und Böden Schleswig-Holsteins – insbesondere: Böden der Marschlandschaft. Mitt. Dtsch. Bodenkundl. Ges. 13 (1971): 7–57.

BÜHL, H., STICHER, H., BARMETTLER, K.: Die Bodenkunde im Dienst der Archäologie. Jahrb. d. Schweizer. Ges. f. Ur- u. Frühgeschichte 72 (1989): 215–226.

BURGHARDT, W.: Soils in urban and industrial environments. Z. Pflanzenernähr. Bodenk. 157 (1994): 205–214.

CORNELIUS, R., FAENSEN-THIEBES, A., MARSCHNER, B., WEIGMANN, G.: Ballungsraumnahe Waldökosysteme Berlin. S. 1–36. In: FRÄNZLE, O., MÜLLER, F., SCHRÖDER, W.: Handbuch der Umweltwissenschaften. V–4.9. ecomed, Landsberg 1997.

CZERATZKI, W.: Die Beregnung der Zuckerrübe nach der Bodenfeuchte. Zucker 14 (1961): 244–249.

DELSCHEN, TH., KÖNIG, W.: Untersuchung und Beurteilung der Schadstoffbelastung von Kulturböden im Hinblick auf den Wirkungspfad Boden – Pflanze. BoS 26. Lfg. V/98 S. 1–27.

EHWALD, E.: Entwicklungslinien in der Geschichte der Bodenkunde. A.-Thaer-Archiv 8 (1964): 5–36.

EHWALD, E.: V. V. Dokucaevs „Russkij cernozem" und seine Bedeutung für die Entwicklung der Bodenkunde und Geoökologie. Petermanns Geogr. Mitt. 1 (1984): 1–11.

EHWALD, E.: Das Problem der Bodenentwicklung. DAL zu Berlin, Berichte und Vorträge IV/1959. Berlin 1960, S. 67–97.

EIKMANN, T., KLOKE, A.: Nutzungs- und schutzgutbezogene Orientierungswerte für (Schad)stoffe in Böden. Bodenschutz, Nr. 3590. Schmidt, Berlin 1993.

EIMERN, J. VAN: Zum Begriff und zur Messung der potentiellen Evapotranspiration. Meteorol. Rdsch. 17 (1964): 33–42.

EISSMANN, L.: Das quartäre Eiszeitalter in Sachsen und Nordostthüringen. Altenburger nat. wiss. Forsch. 8. (1997).

FALLOU, F. A.: Die Gebirgsformationen zwischen Mittweida und Rochlitz, der Zschopau und beiden Mulden, und ihr Einfluß auf die Vegetation. Acta societatis Jablonovianae Nova, Tomus IX, Leipzig 1845.

FELIX-HENNINGSEN, P.: Die mesozoisch-tertiäre Verwitterungsdecke im Rheinischen Schiefergebirge. Relief, Boden, Paläoklima 6, Berlin/Stuttgart 1990.

FIEDLER, H. J.: Die Entwicklung der standortskundlichen Forschung in Tharandt seit der Gründung der königlich-sächsischen Forstakademie im Jahre 1816. Sitzungsber. d. SAW zu Leipzig, math.-naturw. Kl. Bd. 124, H. 4. Akademie Verlag, Berlin 1994.

FIEDLER, H. J., HOFMANN, W., PIETRUSKY, R.: Periglaziale Deckschichten und Böden auf Kreidesedimenten des Sächsischen Erzgebirges. Arch. Acker-Pflanzenbau Bodenkd. 22 (1978): 211–221.

FIEDLER, H. J., Klinger, TH.: Die Spurenelementsituation in den Waldböden des Osterzgebirges. S. 679–697. In: SAW zu Leipzig: Wege und Fortschritte der Wissenschaft. Akademie Verlag 1996.

FIEDLER, H. J., ROTSCHE, J.: Bindungsform und Verteilung von Spurenelementen in Waldböden über Buntsandstein. Chem. Erde 36 (1977): 190–208.

HUNGER, W.: Die Böden Sachsens. Sächs. Heimatblätter 2 (1992): 91–98.

FLEMMING, G.: Klimatypen für die Regional- und Umweltklimatologie. Wiss. Z. TU Dresden 46 (1997) 6: 81–84.

FLÜHLER, J.: Sauerstoffdiffusion im Boden. Mitt. Eidgen. Anst. Forstl. Versuchswes. 49 (1973): 125–250.

FRIELINGHAUS, M. (Hrsg.): Merkblätter zur Bodenerosion in Brandenburg. ZALF-Bericht Nr. 27, Müncheberg 1997.

FRYREAR, D. W., SALEH, A.: Revised wind erosion equation. User-Handbook, USDA-ARS (1995).

GANSSEN, R.: Atlas zur Bodenkunde. Bibliographisches Institut, Mannheim 1965.

GEHL, O.: Die Hochmoore Mecklenburgs. Geologie, Beih. 2 (1952).

GLÖSS, St.: Bodenbewertung im Rahmen von Umweltplanungen. ZALF-Bericht Nr. 28, Müncheberg 1997, S. 81–93.

GRAEFE, U.: Von der Spezies zum Ökosystem: der Bewertungsschritt bei der bodenbiologischen Diagnose. Abh. Ber. Naturkundemus. Görlitz 69 (1997) 2: 45–53.

HÄUSLER, W.: Böden aus Kalkstein in der Südlichen Frankenalb. Diss. TU München 1992.

HEINSDORF, D., WUDOWENZ, R.: Walter Wittich, Forstliche Biographien. Eberswalde 1997.

HEINZE, M.: Boden-Pflanze-Beziehungen auf natürlichen und künstlichen Gipsstandorten Thüringens. Diss. B, TU Dresden, Tharandt 1987.

HEINZE, M., SÄNGER, H.: Die Durchwurzelung künstlicher Rohböden auf Halden. Geowissenschaften 14 (1996): 467–469.

HIEROLD, W., SCHMIDT, R.: Kennzeichnung und Bewertung von Böden für eine nachhaltige Landschaftsnutzung. ZALF-Bericht Nr. 28, Müncheberg 1997.

HILDEBRAND, E. E.: Der Einfluß der Bodenverdichtung auf die Bodenfunktionen im forstlichen Standort. Forstw. Cbl. 102 (1983): 111–125.

HILDMANN, E., WÜNSCHE, M.: Bergbau, Wiedernutzbarmachung und Landentwicklung im Mitteldeutschen Braunkohlenrevier. Z. f. Kulturtechnik u. Landesentwicklung 37 (1996): 227–232.

HOFMANN, W., MÜLLER, W.: Beitrag zur Erforschung der Koniferenstandorte im Thüringer Buntsandsteingebiet. Diss. TU Dresden, Tharandt 1971.

HUNGER, W.:Über periglaciale Profilmerkmale erzgebirgischer Gneisböden. Jb. Staatl. Mus. Mineral. Geol. 1961: 49–63.

ILGEN, G., FIEDLER, H. J.: Abhängigkeit des Quecksilbergehaltes im Fichtenhumus von Boden- und Standortsfaktoren. Chem. Erde 42 (1983): 121–130.

JUNG, F. W.: Die Bändertone Mitteldeutschlands und angrenzender Gebiete. Altenburger nat. wiss. Forsch. H. 9, 1988.

KELLER, H. M.: Der Einfluß des Waldes auf den Kreislauf des Wassers. Ber. Eidgen. Anstalt Forstl. Versuchswes., Birmensdorf. Nr. 81 und Schweizerische Ztschr. f. Forstwesen. Nr. 10, Oktober 1971.

KELLOGG, C. E.: Soil genesis, classification and cartography: 1924–1974. Geoderma 12 (1974): 347–362.

KLINGER, TH.: Mengen- und Spurenelemente in Waldböden über unterschiedlichen Grundgesteinen des Osterzgebirges. Diss. TU Dresden, Tharandt 1995.

Königl. Sächs. Finanzministerium: Gesetz, die Einführung des neuen Grundsteuersystems betreffend vom 9. September 1843. Mittheilungen aus der Verwaltung der direkten Steuern im Königreich Sachsen. Bd. III, S. 57–234. Heinrich, Dresden 1885.

KONOPATZKY, A., KIRSCHNER, G.: Zum Standorts- und Vegetationswandel in den Wäldern der Länder Brandenburg, Mecklenburg-Vorpommern und des Tieflandsteils von Sachsen-Anhalt. Ber. d. Forschungszentrums Waldökosysteme d. Univ. Göttingen, B, Bd. 56, 1997.

KOPP, D., KIRSCHNER, U. G.: Erfassung des Klimas bei der topischen und chorischen Naturraumerkundung durch die forstliche Standortskartierung im Tiefland der DDR. Z. Meteorol. 35 (1985): 137–145.

KOWALKOWSKI, A.: Wiek i geneza gleb. In: Przemiany srodowiska geograficznego Polski Wszechnica PAN, Ossolineum Wroclaw 1988 (Die Entwicklung der geographischen Umwelt in Polen. Verl. Poln. Akad. Wiss., Breslau 1988).

KOWALKOWSKI, A.: Evolution of holocene soils in Poland. Quaestiones Geographicae 11/12 (1985/86), University Press, Poznan 1990: 93–120.

KRATZ, W.: Rieselfelder in Berlin und Brandenburg. Landschaftsentwicklung und Umweltforschung Nr. 101, TU Berlin 1996.

KRAUSS, G., HÄRTEL, F., MÜLLLER, K., GÄRTNER, G., SCHANZ, H.: Standortsgemäße Durchführung der Abkehr von der Fichtenwirtschaft im nordwestsächsischen Niederland. Thar. Forstl. Jb. 90 (1939): 481–716.

KUNDLER, P.: Zur Kenntnis der Rasenpodsole und Grauen Waldböden Mittelrußlands im Vergleich mit den Sols lessivés des westlichen Europas. Z. Pflanzenernähr., Düng., Bodenk. 86 (1959): 16–36.

KUNDLER, P.: Beurteilung forstlich genutzter Sandböden im nordostdeutschen Tiefland. Arch. Forstw. 5 (1956): 585–672.

KUNTZE, H. : Moore als Senken und Quellen für C und N. Mitt. Dtsch. Bodenkundl. Ges. 69 (1993): 277–280.

LAATSCH, W.: Das Abschätzen der Wasserversorgung von Waldbeständen auf durchlässigen Standorten ohne Grund- und Hangzugwasser. I. Leicht durchlässige Standorte. Forstw. Cbl. 88 (1969): 257–271.

LAATSCH, W., SCHLICHTING, E.: Bodentypus und Bodensystematik. Z. Pflanzenernähr., Düng., Bodenk. 87 (1959): 97–108.

LABO Bund/Länder-Arbeitsgemeinschaft Bodenschutz: Hintergrundwerte für anorganische und organische Stoffe in Böden. In: ROSENKRANZ, D., EINSELE, HARREß (Hrsg.): Handbuch Bodenschutz, Kennziffer 9006, Berlin 1998.

LAVES, D.: Zum derzeitigen Kenntnisstand über die Entstehung von körnungsdifferenzierten Böden mit Tonhäutchenhorizont in subborealen bis borealen Waldgebieten. Ber. dtsch. Ges. geol. Wiss. B. Miner. Lagerstättenf. 15 (1970): 363–381.

LENTSCHIG, S.: Chemische und mineralogische Untersuchungen an ausgewählten Braunerden und Podsolen des Mittelgebirges. Diss. TU Dresden, Tharandt 1965.

LIEBEROTH, I., SCHMIDT, R.: Überblick über die Verbreitung der Standortsgruppen und Standortstypen in der DDR. Arch. Acker-Pflanzenbau Bodenkd., Berlin 26 (1982): 1–8.

LÜSCHER, P.: Humusbildung und Humuswandlung in Waldbeständen. Diss. ETH Zürich 1991.

MAI, H., FIEDLER, H. J.: Bodenmikrobiologische Untersuchungen an Pseudogleyböden unter Wald im Sächsischen Hügelland. Zbl. Bakt. Abt. II, 128 (1973): 551–565.

MAI, H., FIEDLER, H. J.: Bodenmikrobiologische Untersuchungen an einem Bestandesdüngungsversuch zu Fichte im Osterzgebirge. I. Arch. Forstwes. Berlin 17 (1968): 1141–1153.

MAKESCHIN, F.: Bodenökologische Aspekte von Erstaufforstungen vormals landwirtschaftlich genutzter Standorte. Wiss. Z. TU Dresden 46 (1997) 6: 101–105.

MAKESCHIN, F., FRANCKE, S., REHFUESS, K. E., RODENKIRCHEN, H.: Melioration saurer, devastierter Phyllitstandorte unter Kiefer im Bayer. Forstamt Sassen. Forst- u. Holzwirt 40 (1985): 499–506.

MANSFELDT, T.: Cyanide in Gichtgasschlämmen und Kokereiböden. Habil.-Schrift, Univ. Bochum 2000.

MARSCHNER, B.: Sorption von polyzyklischen aromatischen Kohlenwasserstoffen (PAK) und polychlorierten Biphenylen (PCB) im Boden. J. Plant. Nutr. Soil Sci. 162 (1999): 1–14.

MATZNER, E.: Der Stoffumsatz zweier Waldökosysteme im Solling. Ber. d. Forschungszentrums Waldökosysteme/Waldsterben. Univ. Göttingen A 40 (1988).

MATZNER, E., MURACH, D.: Soil changes induced by air pollutant deposition and their implication for forests in Central Europe. Water, Air and Soil Pollution 85 (1995): 63–76.

MEYER-WENKE, H.: Bodenversauerung in naturnahen Waldökosystemen der Mittelgebirge Westdeutschlands zwischen 1950/70 und 1990/91. Berichte d. Forschungszentrums Waldökosysteme, Univ. Göttingen A, Bd. 140, 1996.

MIEHLICH, G., LUX, W.: Eintrag und Verfügbarkeit luftbürtiger Schwermetalle und Metalloxide in Böden. VDI Berichte Nr. 837 (1990): 27–51.

MÜLLER, W.: Zu Eigenschaften, Horizontaufbau und Gliederung der „Haftnässepseudogleye". Z. Pflanzenernähr. Bodenk. 1997.

MÜLLER, W.: Zur Genese der Marschböden. Z. Pflanzenernähr. Bodenk. 157 (1994): 1–9.

MÜLLER, W., RENGER, M., BENECKE, P.: Bodenphysikalische Kennwerte wichtiger Böden. Erfassungsmethodik, Klasseneinteilung und kartographische Darstellung. Beih. geol. Jahrb. Bodenkd. Beitr. 99/2 (1970): 13–70.

NEBE, W., FIEDLER, H. J.: Zur Anlage von Düngungsversuchen im Thüringer Gebiet nach petrographischen Gesichtspunkten. Tag.-Ber. Nr. 112 Dt. Akad. Landwirtsch.-Wiss. Berlin (1970): 105–113.

Niedersächsisches Landesamt für Bodenforschung: Böden in Niedersachsen. CD, Hannover 1997 und Schweizerbart, Stuttgart 1997.

NILSSON, J. (Eds.): Critical loads for sulphur and nitrogen. Nordic Council of Ministers and the United Nations Economic Commision for Europe (ECE). 1990.

OELKERS, K.-H., VOSS, H.-H.: Konzeption, Aufbau und Nutzung von Bodeninformationssystemen: Das Fachinformationssystem Bodenkunde (FIS Boden) des Niedersächsischen Bodeninformationssystems NIBIS. In: ROSENKRANZ, D. et al: Bodenschutz, 26. Lfg. V/98, S. 1–54.

OTTOW, J. C. G., GLATHE, H.: Pedochemie und Pedomikrobiologie hydromorpher Böden. Merkmale, Voraussetzungen und Ursache der Eisenreduktion. Chem. Erde 32 (1973): 1–44.

RAU, D.: Untersuchungen zur Morphologie und Genese der Lößböden im Thüringer Becken. Abhandl. Zentr. Geol. Inst. Berlin, H. 4, 1965.

RAU, D., Böden. S. 967–985. In: HOPPE, W., SEIDEL, G.: Geologie von Thüringen. Gotha/Leipzig 1974.

RENGER, M., STREBEL, O.: Beregnungsbedarf landwirtschaftlicher Kulturen in Abhängigkeit vom Boden. Wasser Boden 32 (1980): 572–575.

RENGER, M., STREBEL, O.: Jährliche Grundwasserneubildung in Abhängigkeit von Bodennutzung und Bodeneigenschaften. Wasser Boden 32 (1980): 262–366.

RENGER, M., VOIGT, H., STREBEL, O., GIESEL, W.: Beurteilung bodenkundlicher, kulturtechnischer und hydrologischer Fragen mit Hilfe von klimatischer Wasserbilanz und bodenphysikalischen Kennwerten. I u. II. Z. f. Kulturtechnik u. Flurbereinigung 15 (1974): 148–160 u. 206–221.

REUTER, G.: Profilmorphologische Studie zur „disharmonischen" Polygenese von Podsolen. J. Plant Nutr. Soil Sci. 162 (1999): 97–105.

RICHARD, F.: Porengrößenverteilung und Entwässerbarkeit von Böden. Ber. Eidgen. Anstalt Forstl. Versuchswes., Birmensdorf. Nr. 105 (1973): 1–12.

RICHARD, F.: Über die Durchlässigkeit und Entwässerbarkeit von Böden. Schweizerische Z. f. Forstwesen 124 (1973): 415–431.

RICHTER, B., FIEDLER, H. J.: Zum Mikronährstoffgehalt bodenbildender Gesteine im Mittelgebirge und Mittelgebirgsvorland. Arch. Acker- Pflanzenbau Bodenk. 20 (1976): 621–630.

RICHTER, H., HAASE, G., LIEBEROTH, I., RUSKE, R. (Hrsg.): Periglazial – Löß – Paläolithikum im Jungpleistozän der DDR. Ergänzungsheft Nr. 274 zu Petermanns Geogr. Mitt., 1970.

ROESCHMANN, G.: Die Böden der norddeutschen Geestlandschaft. Mitt. Dtsch. Bodenkundl. Ges. 13 (1971): 151–231.

ROTSCHE, J. : Mineralogische und chemische Untersuchungen an ausgewählten Bodenprofilen auf Thüringer Buntsandstein unter besonderer Berücksichtigung der quartärgeologischen Verhältnisse. Diss. TU Dresden, Tharandt 1971.

RUSKE, R., WÜNSCHE, M.: Löße und fossile Böden im mittleren Saale- und unteren Unstruttal. Geologie 10 (1961): 9–29.

Sächsische Landesanstalt für Forsten (Hrsg.): Wald und Boden. Heft 7/96. Graupa.

SALY, R.: Pleistozäne Periglazialbildungen als Muttersubstrat der Böden in den Westkarpaten. Geoderma 7 (1970): 79–92.

SCHACK-KIRCHNER, H.: Struktur und Gashaushalt von Waldböden. Ber. d. Forschungszentrums Waldökosysteme d. Univ. Göttingen, A, Bd.112 (1994).

SCHAEFER, M., SCHAUERMANN, J.: The soil fauna of beech forests: comparison between a mull and moder forest. Pedobiologia 34 (1990): 299–314.

SCHAFFER, G.: Entwicklung und Aufgaben der Bodenkunde und ihre Beziehungen zu Nachbardisziplinen. Mitteilungen des Braunschweigischen Hochschulbundes. 1962/1: 1–16.

SCHILLING, W., WIEFEL, H.: Jungpleistozäne Periglazialbildungen und ihre regionale Differenzierung in einigen Teilen Thüringens und des Harzes. Geologie 11 (1962): 428–460.

SCHIMMING, C.-G., BLUME, H.-P.: Landschaften und Böden Schleswig-Holsteins. Mitt. Dtsch. Bodenkundl. Ges. 70 (1993): 68–72.

SCHINK, A.: Bodenschutz in der Bauleitplanung. Zeitschr. f. deutsches u. intern. Baurecht. H. 4 u. 5 (1995).

SCHMIDT, J.: Entwicklung und Anwendung eines physikalisch begründeten Simulationsmodells für die Erosion geneigter, landwirtschaftlicher Nutzflächen. Berliner Geogr. Abhandl. 61, Inst. f. Geogr. Wiss. FU Berlin 1996.

SCHMIDT, R.: Grundlagen der mittelmaßstäbigen landwirtschaftlichen Standortskartierung. Arch. Acker- Pflanzenbau Bodenkd. 19 (1975): 533–543.

SCHMIDT, R.: Genese und anthropogene Entwicklung der Bodendecke am Beispiel einer typischen Bodencatena des Norddeutschen Tieflandes. Petermanns Geogr. Mitt. 1 (1991): 29–37.

SCHMIDT, S.: Zusammenhang von Wasser- und Stoffhaushalt in der Langen Bramke – Vergleich unterschiedlicher zeitlicher und räumlicher Maßstäbe. Ber. d. Forschungszentrums Waldökosysteme, A, Bd. 146, Göttingen 1997.

SCHRAPS, W. G., SCHREY, H. P.: Schutzwürdige Böden in Nordrhein-Westfalen – Bodenkundliche Kriterien für eine flächendeckende Karte zum Bodenschutz. Z. Pflanzenernähr. Bodenk. 160 (1997): 407–412.

SCHRÖDER, D., STEPHAN, S., SCHULTE-KARRING, H.: Eigenschaften, Entwicklung und Wert rekultivierter Böden auf Löß im Gebiet des Rheinischen Braunkohlen-Tagebaus. Z. Pflanzenernähr. Bodenk. 148 (1985): 131–146.

SCHRÖDER, H.: Geologische und bodenkundliche Grundlagen der Standortsbeurteilung im Harz. Diplomarbeit, Tharandt 1972.

SCHRÖDER, H., FIEDLER, H. J.: Nährstoffgehalt und Trophiegliederung waldbodenbildender Grundgesteine des Harzes. Hercynia 12 (1975) 1: 40–57.

SCHWANECKE, W., KOPP, D.: Forstliche Wuchsgebiete und Wuchsbezirke im Freistaat Sachsen. Schriftenr. LAF Graupa, H.8/96.

SCHWERDTFEGER, G.: Klassifizierung anthropogener Böden. Mitt. Dtsch. Bodenkundl. Ges. 84 (1997): 61–64.

SCHWERTMANN, U.: Mineralogische und chemische Untersuchungen an Eisenoxiden in Böden und Sedimenten. Neues Jb. Miner. Abh. 93 (1959): 67–86.

SCHWERTMANN, U.: The effect of pedogenic environments on iron oxide minerals. Advances in Soil Science 1 (1985): 172–200.

SCHWERTMANN, U., SÜSSER, P., NÄTSCHER, L.: Protonenpuffersubstanzen in Böden. Z. Pflanzenernähr. Bodenk. 149 (1987): 702–717.

SMU: Leitlinien des Bodenschutzes im Freistaat Sachsen. Dresden, Februar 1997.

SPRENGEL, C.: Über Pflanzenhumus, Humussäure und humussaure Salze. Arch. Ges. Naturlehre, hrsg. von K. W. Kastner. 8 (1826) 2: 145–220.

STAHL, P. D., PARKIN, T. B.: Microbial production of volatile organic compounds in soil microcosms. Soil Sci. Soc. Am. J. 60 (1996): 821–828.

STAHR, K.: Die Bedeutung periglazialer Deckschichten für Bodenbildung und Standortseigenschaften im Südschwarzwald. Freiburger Bodenkundliche Abhandlungen. 9 (1979).

STICHER, H.: Die Bodenfruchtbarkeit und deren Beeinflussung durch den Menschen. Schweiz. Landw. Forschung 29 (1990): 5–6.

STICHER, H.: Der Boden als Lebensraum: Wechselwirkungen zwischen belebter und unbelebter Natur. Mitt. Dtsch. Bodenkundl. Ges. 85 (1997): 39.

STREBEL, O., RENGER, M., GIESEL, W.: Bestimmung des Wasserentzugs aus dem Boden durch die Pflanzenwurzeln im Gelände als Funktion der Tiefe und der Zeit. Z. Pflanzenernähr. Bodenk. (1975) H. 1: 61–72.

STRECKEISEN, A. L.: Classification and nomenclature of igneous rocks. Neues Jb. Miner. Abh. 107 (1967): 144–244.

STREMME, H.: Die Böden des Deutschen Reiches und der Freien Stadt Danzig. Petermanns Mitt. Ergänzungsheft Nr. 226 (1936).

STRZEMSKI, M.: Die Bodenkunde im alten Rom (Polnisch). Meander (Warszawa) 13 (1958): 371–382, 424–432.

TAMM, C. O., HALLBÄCKEN, L.: Changes in soil acidity in two forest areas with different acid deposition: 1920 to 1980s. AMBIO 17 (1988): 56–61.

THALHEIM, K.: Mineralogische und granulometrische Charakterisierung quartärer Deckschichten, insbesondere des Mittelsediments, unter Wald im Osterzgebirge. Diss. TU Dresden, Tharandt 1987.

THIERE, J., SCHMIDT, R.: Kriterien von Flächentypen bei der mittelmaßstäbigen landwirtschaftlichen Standortkartierung. Arch. Acker-Pflanzenbau Bodenkd., Berlin 23 (1979): 529–537.

THUM, J., WÜNSCHE, M., FIEDLER, H. J.: Rekultivierung im Braunkohlenbergbau der östlichen Bundesländer. Handb. Bodensch. Schmidt, Berlin 1992, S. 1–38.

TYLER, G.: Macrofungal flora of Swedish beech forest related to soil organic matter and acidity characteristics. Forest Ecol. Management 10 (1985): 13–29.

UBA (Umweltbundesamt): Bodenschutz und Landschaftsverbrauch. Texte 15/99. Berlin 1999.

ULRICH, B.: Die Bedeutung von Rodung und Feuer für die Boden- und Vegetationsentwicklung in Mitteleuropa. Forstw. Cbl. 99 (1980): 376–384.

ULRICH, B.: Natürliche und anthropogene Komponenten der Bodenversauerung. Mitt. Dtsch. Bodenkundl. Ges., Bd. 43/1 (1985): 159–187.

ULRICH, B.: Ökologische Gruppierung von Böden nach ihrem chemischen Bodenzustand. Z. Pflanzenernähr. Bodenk. 144 (1981): 289–305.

ULRICH, B., SHRIVASTAVA, M. B.: Schätzung quantitativer Bodenparameter bei der forstlichen Standortskartierung am Beispiel des hessischen Berglandes. II. Nährstoffhaushalt. Forstw. Cbl. 97 (1978): 41–50.

UN/ECE, EC: Der Waldzustand in Europa. Kurzbericht 1999. Bundesanstalt für Holz- u. Forstwirtschaft, Hamburg 1999.

USDA.: WEPP User Summary, USDA-Water Erosion Prediction Project. NSERL Report No. 11, National Soil Erosion Research Laboratory, USDA-ARS-MWA, West Lafayette, Indiana, 1995.

VATER, H.: Forstliche Standortslehre. Merksätze und Zahlenangaben zum Lehrvortrage an der Forstlichen Hochschule in Tharandt 1925. Inst. f. Bodenkunde und Standortslehre, TU Dresden.

VÖLKEL, J.: Periglaziale Deckschichten und Böden im Bayerischen Wald und seinen Randgebieten. Z. f. Geomorph., Suppl., 96. Berlin, Stuttgart 1995.

WELP, G., ERLENKEUSER, H., BRÜMMER, G. W.: Bodennutzung und Bodenerosion seit dem Mittelalter am Beispiel einer lößbedeckten Mittelgebirgslandschaft des Bonner Raumes. Mitt. Dtsch. Bodenkundl. Ges. 91 (1999) 3: 1367–1370.

WIECHMANN, H.: Sinn und Möglichkeiten der Klassifizierung von Ackerhumusformen. Mitt. Dtsch. Bodenkundl. Ges. 80 (1996): 197–200.

WIEFEL, H.: Jungtertiäre Bodenrelikte und Zersatzbildungen im ostthüringisch-vogtländischen Schiefergebirge. Ber. Geol. Ges. DDR 10 (1965): 611–628.

WILCKE, W., ZECH, W.: Polycyclic aromatic hydrocarbons (PAHs) in forest floors of the northern Czech mountains. Z. Pflanzenernähr. Bodenk. 160 (1997): 573–579.

WINOGRADSKY, S.: Sur l'assimilation de l'azote gazeux de l'atmosphére par les microbes. Compt. Rend. Acad. Sci. 116 (1893): 1385–1388.

WISCHMEIER, W. H., SMITH, D. D.: Predicting rainfall erosion losses – a guide to conservation planning. U. S. Dept. of Agriculture, Agriculture Handbook, No. 537. USDA. Washington, D. C. 1978.

WITTMANN, O.: Beziehungen zwischen Ertrag und Bodenbewertung durch die Bodenschätzung. Mitt. Dtsch. Bodenkundl. Ges. 29 (1979): 849–856.

WÜNSCHE, M.: Die Standortsverhältnisse und Rekultivierungsmöglichkeiten der Halden des Zwickau-Lugau-Oelsnitzer Steinkohlenreviers. Freiberger Forschungshefte C 153 (1963).

WÜNSCHE, M.: Die Bewertung der Abraumsubstrate für die Wiederurbarmachung im Braunkohlenrevier südlich von Leipzig. Z. Neue Bergbautechn., 6 (1976) 5: 382–387.

WÜNSCHE, M., et al.: Die Klassifikation der Böden auf Kippen und Halden in den Braunkohlenrevieren der DDR. Bergbautechnik, Leipzig 11 (1981) 1: 42–48.

ZACHARIAE, G.: Spuren tierischer Tätigkeit im Boden des Buchenwaldes. Forstwiss. Forsch. H. 20, 1965.

ZECH, W., GUGGENBERGER, G.: Organic matter dynamics in forest soils of temperate and tropical ecosystems. S. 101–170. In: PICCOLO, A. (ed.): Humic Substances in Terrestrial Ecosystems. Elsevier Science, Amsterdam 1996.

–: Gesetz zum Schutz des Bodens. Bonn, BGBl. I. G 5702. Nr. 16 vom 23. 3. 98, S. 502–510.

–: Erstes Gesetz zur Abfallwirtschaft und zum Bodenschutz im Freistaat Sachsen (EGAP). Sächsisches Gesetz- und Verordnungsblatt, Nr. 22/1991.

–: Bodennutzung und Bodenfruchtbarkeit. Bd. 2.: Bodengefüge. Sonderheft 204; Bd. 3.: Bodenerosion. Sonderheft 205. Ber. ü. Landwirtschaft, Parey, Berlin 1991.

–: Bodennutzung und Bodenfruchtbarkeit. Bd. 6: Recycling kommunaler und industrieller Abfälle in der Landwirtschaft. Berichte über Landwirtschaft, Sonderheft 208. Landwirtschaftsverlag, Münster-Hiltrup 1994.

–: Bioabfallverordnung. Verordnung über die Verwertung von Bioabfällen auf landwirtschaftlich, forstwirtschaftlich und gärtnerisch genutzten Böden. Bundesgesetzblatt 1998, Teil 1 Nr. 65.

Anhang

Maßeinheiten und Umrechnungen

Zehnerpotenzen, Vorsilben und Symbole

10^6	Mega	M
10^3	Kilo	k
10^2	Hekto	h
10^{-1}	Dezi	d
10^{-2}	Zenti	c
10^{-3}	Milli	m
10^{-6}	Mikro	µ
10^{-9}	Nano	n

Physikalische Einheiten

Zeit t

Sekunde	s (SI-Einheit)
Minute	min
Stunde	h
Tag	d
Jahr	a

Länge l

m (SI-Einheit) = 10^2 cm
1 µm (Mikrometer) = 10^{-6} m = 10^{-3} mm
1 nm (Nanometer) = 10^{-9} m = 10^{-6} mm = 1mµ (Millimikron) = 10 Ångström
1 Ångström (Å) = 10^{-10} m = 10^{-8} cm = 10^{-7} mm (veraltet)
1 pm (Picometer) = 10^{-12} m

Geschwindigkeit v

$cm\ s^{-1} = 10^{-2}\ m\ s^{-1}$

$1\ cm\ d^{-1} = 1{,}1574\ 10^{-7}\ m\ s^{-1}$

Fläche A

$1\ km^2 = 100\ ha = 10^6\ m^2$
$1\ ha = 100\ a = 10^4\ m^2 = 10^8\ cm^2 = 2{,}471\ acres$
$1\ a = 10^2\ m^2$
$1\ acre = 0{,}4047\ ha = 4\ 047\ m^2$

Volumen V

$1\ m^3 = 10^6\ cm^3 = 10^3\ l$
$1\ l = 1\ dm^3 = 10^3\ cm^3 = 10^{-3}\ m^3$
$1\ ml = 10^{-3}\ l = 1\ cm^3$
$1\ \mu l = 1\ mm^3$

Volumenanteil eines Stoffes in einer Mischphase m^3/m^3 oder l/l, %, ‰, ppm, ppb.

Verhältnisgrößen:

Prozent $1\ \% = 10^{-2}$

Promille $1\ ‰ = 10^{-3}$

pro Million (parts per million) $1\ ppm = 10^{-6}$

pro Milliarde (parts per billion) $1\ ppb = 10^{-9}$

1 mm Wasser je dm Bodenschicht = 1 Vol.-% Wasser

1 Vol.-% Wasser bei FK = 1 ml Wasser/100 ml Boden =
1 mm (oder $1\ l\ m^{-2}$) Wasser dm^{-1} Wurzelraum

Bodenvolumen:

$1\ ha\ 1cm = 100\ m^3$
$1\ ha\ 20\ cm\ Tiefe = 2\ 000\ m^3$

Maßeinheiten und Umrechnungen

Masse m

kg (SI-Einheit) = 10^3 g = 10^{-3} t
1 kg = 2,205 lb (pound); 1 lb = 0,454 kg
1 t (Tonne) = 10 dt = 10^3 kg = 10^6 g
1 dt (Dezitonne) = 100 kg
1 mg (Milligramm) = 10^{-3} g
1 µg (Mikrogramm) = 10^{-6} g

Mengen (Stoffvorräte) in kg m^{-2}, kg ha^{-1}, dt ha^{-1} oder kmol/ha
Stoffflüsse in kg · ha^{-1} · a^{-1}
Massenanteil eines Stoffes in einer Mischphase kg kg^{-1} sowie g kg^{-1}, mg kg^{-1}, mg g^{-1}, %, ‰, ppm, ppb
mg kg^{-1} = 1 ppm = 10^{-4} %
Bodentrockenmasse von 1 ha bei 20 cm Tiefe, Bodendichte 1,3 g cm^{-3}, gleich 2 600 t
kg ha^{-1} = 10^{-3} t ha^{-1} = 0,892 lb $acre^{-1}$, 1lb $acre^{-1}$ = 1,12 kg ha^{-1}

Dichte

ρ = m V^{-1} = kg m^{-3} (SI-Einheit) = 10^{-3} g cm^{-3}; t m^{-3}
ρ = g cm^{-3} (übliche Angabe für den Boden) = kg dm^{-3} = 10^3 kg m^{-3}

Kraft F

Newton N (SI-Einheit) = kg m s^{-2} (SI-Einheit) = 0,1020 kp = 10^5 dyn
Pond 1 p = 0,980665 10^{-2} N (veraltet); 1 kp = 9,81 N
Dyn 1 dyn = 10^{-5} N (veraltet)
Gewichtskraft m · g; g Erdbeschleunigung = 9,81 m s^{-2}

Druck, Spannung (Kraft/Fläche) p

Pascal (SI-Einheit) Pa = N m^{-2} = kg m^{-1} s^{-2} = 9,81 · 10^{-6} at = 10^{-5} bar = 10 dyn cm^{-2} = 7,501 · 10^{-4} cm Hg

1 kp cm^{-2} = 0,1 N mm^{-2}

1 dyn cm^{-2} = 10^{-1} N m^{-2}

Bar (bar) SI-Einheit; 1,0 bar = 10^3 mb = 10^5 Pa = 0,10 MPa = 10^5 N m^{-2} = 3,0 pF (veraltet)

1 bar ≈ 1000 cm Wassersäule (genau 1 020 cm) oder = 1,020 at oder 100 J kg^{-1} oder 10^6 dyn cm^{-2} = 10^6 erg g^{-1}.

1 bar = 0,9869 atm = 75,01 cm Hg

1 atm (physikalische Atmosphäre) = 1,013 · 10^5 N m^{-2} oder Pa = 101,3 kPa = 1,033227 kp cm^{-2} = 76 cm Hg (veraltet)

1 at (technische Atmosphäre) = 1 kp cm^{-2} = 98066,5 Pa (veraltet) ≅ 1 000 cm Wassersäule

1 cm WS (Wassersäule) = 0,98 mbar

1 hPa (Hekto-Pascal) = 1 mbar

10 hPa = pF 1

60 hPa = pF 1,5

300 hPa = pF 2,5

1,5 MPa = 15 bar = 15,3 at =1,53 10^4 cm Ws = pF 4,2

1 J kg^{-1} = 1000 Pa = 1 kPa = 0,01 bar ≅ 0,01 at ≅ 10,2 cm Ws ≅1 pF

1 Torr (mm Hg, Millimeter Hg-Säule) = 133,3224 Pa = 1,333 mbar (veraltet)

1 bar = 750,1 Torr

Energie, Arbeit W, Wärmemenge Q

Joule J (SI-Einheit); 1 J = m^2 kg s^{-2} = N m = 0,2388 cal = 2,39 · 10^{-4} kcal = 10^7 erg

Kilojoule 1 kJ = 1000 J = kN m = 0,2388 kcal

Kalorie; 1 cal = 4,1868 J (veraltet)

Erg; 1 erg = 10^{-7} J = 2,389 · 10^{-8} cal (veraltet)

spez. Wärme des Wassers: 4,1868 J g^{-1} K^{-1}

exotherme Reaktion: Verlauf unter Wärmeabgabe, – ΔQ

endotherme Reaktion: Verlauf unter Wärmeaufnahme, + ΔQ

Temperatur T

Kelvin K (SI-Einheit) ist sowohl Einheit der Temperatur als auch der Temperaturdifferenz. Die Differenz $t = T-T_0$ ($T_0 = 273{,}15$ K) wird in Grad Celsius (°C) angegeben.

$T = nK \mathrel{\widehat{=}} t = (n + 273{,}15)$ °C
$T = 298{,}15$ K $= 25$ °C

Temperaturdifferenz:
1 grd = 1 K (veraltet)
1 °C = 1 K (veraltet)

Elektrischer Leitwert

Siemens S = A V^{-1} (Ampere, Volt) = s^3 A^2 m^{-2} kg^{-1} = 1 Ω^{-1} (Ohm) = 1 mho
1 mS (Millisiemens)
Elektrische Leitfähigkeit (EC$_e$)
Siemens je Meter (S · m · m^{-2} = S m^{-1}) = 10 dS m^{-1} = s^3 A^2 m^{-3} kg^{-1} = 10 mmho cm^{-1}
Angaben auch in mS cm^{-1} und µS cm^{-1}

Radioaktivität

Becquerel (SI-Einheit); 1 Bq = 1 s^{-1}
Curie Ci = $3{,}7 \cdot 10^{10}$ s^{-1} = $3{,}7 \cdot 10^{10}$ Bq (veraltet)

Chemische Einheiten

Stoffmenge

Gesetz von Avogadro: Alle Gase enthalten im gleichen Volumen bei gleicher Temperatur und gleichem Druck die gleiche Anzahl von Teilchen. Als Avogadrosche Zahl N_A wird die Anzahl der Atome in 12 g des Kohlenstoffisotops ^{12}C bezeichnet.
Avogadro-Konstante N_A: $6{,}022 \cdot 10^{23}$ mol^{-1} = Zahl der Atome pro Grammatom eines Elementes. Anzahl der in einem Mol enthaltenen elementaren Einheiten, z. B. Moleküle. Ein Mol hat die Masse von N_A Teilchen.

$6{,}022 \cdot 10^{23}$ Gasmoleküle nehmen bei 1,013 bar (760 Torr) und 273,15 K (0 °C) ein Volumen von 22,414 l (Normalvolumen) ein.

Loschmidt-Konstante $N_L = 2{,}687 \cdot 10^{19}$ cm^{-3} = $2{,}687 \cdot 10^{25}$ cm^{-3}. Anzahl der bei 0 °C und 760 Torr in 1 cm^3 eines Gases enthaltenen Moleküle.

Faraday-Konstante $F = N_A \, e = 9{,}6485 \cdot 10^4$; [C/mol]; C = Coulomb = elektrische Ladung; e = Elementarladung $1{,}602 \cdot 10^{-19}$ C

Die absolute Atommasse entspricht der tatsächlichen Masse eines Atoms.

Die relative Atommasse (dimensionslos) gibt an, wievielmal größer die Masse eines Atoms ist als $^1/_{12}$ der Masse des Kohlenstoffisotops ^{12}C. Die relative Atommasse ist gleich dem Zahlenwert der Molmasse.

Beispiele:

	Wasserstoff H	**Phosphor**
Teilchenzahl von 1 mol	$6{,}022 \cdot 10^{23}$ Atome	$6{,}022 \cdot 10^{23}$ Atome
absolute Atommasse m_A	$1{,}673 \cdot 10^{-24}$ g	$5{,}136 \cdot 10^{-23}$ g
relative Atommasse A_r (früher Atommasse)	1,008	30,97[1]
M molare Masse (Molmasse)	1,008 g mol^{-1}	30,97 g mol^{-1}

[1] $5{,}136 \cdot 10^{-23}$ g $\cdot$ 12 : $1{,}99 \cdot 10^{-23}$ g = 30,97
1 mol C = 12 g = $6 \cdot 10^{23}$ Atome von $1{,}99 \cdot 10^{-23}$ g

Eine Objektmenge, die N_a elementare Einheiten, wie Atome, Moleküle oder Elektronen enthält, bezeichnet man als ein **Mol**. Das Mol ist die Stoffmenge eines Systems, das aus so vielen gleichartigen elementaren Teilchen besteht, wie Atome in 0,012 kg des Kohlenstoffisotops ^{12}C enthalten sind. Die absolute Atommasse benötigt man nur in seltenen Fällen. Die relative Atommasse gibt an, wievielmal größer die Masse eines Atoms ist als $^1/_{12}$ der Masse des Kohlenstoffisotops ^{12}C. Die relative Molmasse ist identisch mit dem Zahlenwert der Molmasse. Die relativen Molmassen sind die Summe der relativen Atommassen gemäß chemischer Formel. Die relative Molmasse einer chemischen Verbindung in g entspricht 1 mol. Die molare Masse (M) ist der Quotient aus der Masse eines Stoffes in g (m) und der Stoffmenge in mol (n): M = m/n.

Molmasse $M_H = 1{,}008$ g mol^{-1}. Ein Mol H-Atome hat die Masse 1,008 g.

Sauerstoff 16 g, Stickstoff 14 g, Kohlenstoff 12 g

1 mol = 1 val (bei der Wertigkeit z = 1)

1 mol = 2 val (bei der Wertigkeit z = 2)

1 cmol$_c$ (Centimol) = 10^{-2} mol/Ionenladung; c (tief) von charge, Ladung

1 mmol (Millimol) = 10^{-3} mol

Stoffmengenkonzentration, Molarität : mol l^{-1}, (auch M), mmol l^{-1}

Molarität (M) = Zahl der Mole einer Substanz/l Lösung

1 mmol l^{-1} = 2 mval l^{-1} = 40,08 mg l^{-1} Ca^{2+} = 24,305 mg l^{-1} Mg^{2+}

1 mg l^{-1} Ca^{2+} = 0,0250 mmol l^{-1} = 0,0499 mval l^{-1}

Molalität mol kg^{-1}, mmol kg^{-1}

1 $mmol_c$ kg^{-1} = 1 μmol_c g^{-1} (übliche Angabe der Kationenaustauschkapazität des Bodens)

Für einwertige Ionen ist 1 mol = 1 mol_c, für zweiwertige Ionen ist 1 mol = 2 mol_c. Verwendet man die Einheit Centimol Ladung kg^{-1} ($cmol_c$ kg^{-1}), so entspricht dies der früher gebräuchlichen Ladungseinheit Milliäquivalente/100 g Boden (meq/100 g, mäq/100 gmval/100 g).

Molekulargewichte: Wasser – 18 g mol^{-1}, CO_2 – 44 g mol^{-1}, K – 39,1 g mol^{-1}

1 mol H^+ l^{-1} $\cong$ 1g l^{-1}

1 kg NO_3^- = 16,1 mol

1 kg NH_4^+ = 55,6 mol

1 kg SO_4^{2-} = 10,4 mol

molare Gaskonstante R = 8,31451 J mol^{-1} K^{-1}

Äquivalentgewicht

Das Äquivalentgewicht (die Äquivalentmasse) gibt diejenige Menge einer Verbindung an, die 1,008 g Wasserstoff oder das Äquivalent eines anderen Elementes enthält (dimensionslos).

Val val = Äquivalentstoffmenge = 1 mol/z
(Grammäquivalent, Stoffmengeneinheit u. a. von Ionen; z stöchiometrische Wertigkeit)

$$\text{Äquivalentgewicht } Ä = \frac{\text{Atomgewicht}}{\text{Wertigkeit}} = M/W$$

(M molare Masse)

m [g] = M [g mol^{-1}] · n [mol]
mit m Masse, M molare Masse, n Stoffmenge

$M_{\ddot{A}}$ [g mol^{-1}] = M/z [g mol^{-1}]

mit

$M_{\ddot{A}}$ = Äquivalentmasse
z = stöchiometrische Wertigkeit der jeweiligen Reaktion
M = molare Masse

1 val H_2SO_4 = 49,039 g

1 mval (Milliäqiuvalent) = 10^{-3} val = $\dfrac{\text{Atomgewicht bzw. Molekulargewicht}}{\text{Wertigkeit}} \cdot 10^{-3}$ g

1 mval = 1 mg H$^+$, 20,04 mg Ca^{2+}, 12,5 mg Mg^{2+}, 39,096 mg K$^+$, 8,99 mg Al^{3+}, 48,03 mg SO$_4^{2-}$

1 mval kg^{-1} = 1 mmol$_c$ · kg^{-1}
(c von charge)

1 meq/100 g = 1 mval/100 g = 10 mval kg^{-1} = 1 cmol$_c$ kg^{-1} =1 cmol$_{(+)}$ kg^{-1} =
1 Millimol Ionenäquivalent [mmol IÄ]/100 g

10 mval/100 g = 100 µmol$_c$ g^{-1}

Kationenaustauschkapazität: mol kg^{-1} (SI- Einheit) oder mval/100 g

ESP = exchangeable sodium percentage = (austauschbares Na$^+$/Σ austauschbare Kationen) · 100 %

Azidität

0,1 M HCl	pH 1	0,001 M NaOH	pH 11
0,001 M HCl	pH 3	0,1 M NaOH	pH 13

Umrechnung von pH in [H$^+$]

pH 5,82

[H$^+$] = $10^{-5,82}$ mol l^{-1} = $10^{-5} \cdot 10^{-0,82}$

log $10^{-0,82}$ = – 0,82 = 0,18 – 1, zugehöriger numerus = 0,15

$10^{-5,82}$ = 10^{-5} · 0,15

[H$^+$] = 0,000 0015 g l^{-1} = 1,5 · 10^{-6} mol l^{-1}

Maßeinheiten und Umrechnungen

Umrechnung von [H^+] in pH

$[H^+] = 4{,}7 \cdot 10^{-3}$ mol l^{-1}

$\log 4{,}7 = 0{,}67$

$\log 10^{-3} = -3{,}00$

$4{,}7 \cdot 10^{-3} = 10^{-2,33}$

$= $ pH 2,33

1 mol H^+ l^{-1} → pH 0 und pOH 14 (Konzentration der OH-Ionen $1 \cdot 10^{-14}$ mol l^{-1});
1 mol OH l^{-1} → pOH 0 und pH 14.

Umrechnungsfaktoren

% $C_{Carbonat} = 0{,}12 \cdot $ % $CaCO_3$

% organische Substanz des Bodens = $1{,}724 \cdot $ % organischer C (bei einem C-Gehalt der organischen Substanz von 58 %). Bei Auflagehumus kann unter Umständen mit dem Faktor 2 gearbeitet werden.

basische Wirksamkeit: $MgO \xrightarrow{1,391} CaO$

$MgCO_3 \xrightarrow{1,187} CaCO_3$

Der Nährstoffgehalt von Düngern wird häufig in Oxidform angegeben. Zur Umrechnung auf den Reinnährstoffgehalt dienen die Umrechnungsfaktoren der Tabelle sowie

$CaO \xrightarrow{1,785} CaCO_3$; $CaCO_3 \xrightarrow{0,560} CaO$

$Ca \xrightarrow{2,497} CaCO_3$; $CaCO_3 \xrightarrow{0,40} Ca$

Umrechnungsfaktoren zwischen Element und Oxid

Elementoxid	Molare Masse Elementoxid	Molare Masse Element	Ermittlung der Elementmenge aus dem Oxid durch Multiplikation mit	Ermittlung der Oxidmenge aus dem Element durch Multiplikation mit
Na_2O	61,976	22,990	0,7419	1,348
K_2O	94,203	39,098	0,8301	1,205
MgO	40,311	24,305	0,6029	1,659
CaO	56,080	40,080	0,7147	1,399
FeO	71,846	55,847	0,7773	1,286
Fe_2O_3	159,692	55,847	0,6994	1,430
Al_2O_3	101,961	26,982	0,5293	1,889
SiO_2	60,085	28,055	0,4669	2,142
MnO	70,938	54,938	0,7745	1,291
MnO_2	86,937	54,938	0,6319	1,582
P_2O_5	141,945	30,974	0,4364	2,291

Der Gesamtvorrat eines Elementes in einem Bodenhorizont berechnet sich wie folgt:

$$C\ [kg\ m^{-2}] = C_{FE}\ [mg\ g^{-1}]\ FE\ [\%]\ h\ [dm]\ d\ [g\ cm^{-3}]\ 0{,}001$$

mit
C = jeweiliges Element
FE = Feinerdeanteil
h = Horizontmächtigkeit
d = Raumdichte.

Sachregister

A

abschlämmbare Teilchen 179
Absonderungsgefüge 189
Abtragsböden 341
Abwasser 449, 476
Ackeraufforstung 375, 376, 446, 479
Ackerböden 7, 9, 36, 45, 50, 52, 57, 60
86, 126, 188, 196, 198, 217, 254, 262,
263, 271, 306, 308, 317, 319, 323,
326, 353, 357
Ackerhumusformen 167
Ackerschätzungsrahmen 427
Ackerzahl 428
Acrisols 303
Adhäsion 186, 202
Adsorptionswasser 202
Agenda 21 505
Aolium 331
Aggregatgefüge 189
Aggregatstabilität 186, 188–192, 287,
302, 306, 310, 440, 443
Agrosol 341
Aktinomyzeten 62, 283
Albedo 226
Albiit 16
Alfisols 301
Algen 64
Alisols 304
Alkalinität s. Sickerwasser
Alkalisierung 32, 173, 462
Allerödzeit 135, 136, 317
Allophan 23, 298, 304
Alpenvorland 326, 329, 331
Altlasten 436, 492, 493
Altmoränenlandschaft 103, 133, 329,
353, 355
Aluminium 32, 33, 242, 247, 248, 255,
258, 302, 304, 329, 420, 458
Aluminiumkomplexe 169, 252
Aluminiumoktaeder 14, 23
Aluminium-Pufferbereich 258, 461
Aluminiumsilicate 16
Alumosilikate 16
Ameisen 54, 59 157

Ammoniakemission 403, 418, 453, 459
Ammonifikation 285
Amphibole 18
Analcim 144
Andisols 23, 298
Andosols 304
Anionen 248, 416
Anionenaustauschkapazität 23, 248, 302
Anmoor 167
Anmoorgley 335
Anthrosols 304
Apatit 32, 35, 404, 405
Arenosols 305
Aridisols 298
Arthropoden 58, 166
Arthropoden-Humus 58, 280
Atlantikum 92, 124, 135, 169, 317
Auenböden 307, 332, 362, 424, 466
Auenlehm 87, 126, 132, 332, 348, 441,
448
Auflagehumus 161, 163, 464, 466, 467,
470
Auftauboden 109, 157
Auftragsböden 341, 499
Ausrollgrenze 225, 400
Austauschazidität 252
austauschbarer Elementgehalt 244
Austauscherselektivität 243
Austauscher-Pufferbereich s. Kationen-
austauscher-Pufferbereich
Auswaschung 402, 403, 458, 478,
Azidität 249
aktuelle 250, 389
hydrolytische 252
potentielle 252
Azotobacter 285

B

Bakterien 60, 61
– ammonifizierende 285
– diazotrophe 285
– eisenreduzierende
– methanotrophe 49, 282, 488
– nitrifizierende 285

– stickstoffbindende 284, 285
Bakterivore 190
Ballungsgebiete 372
Bändersilicate 15
Bändertone 87,130, 131
Bandkeramiker 319
Basalt 77, 78, 244, 320, 361, 461
Basenmineralindex 22
Basenneutralisisationskapazität 256
Basensättigung 245, 246, 301, 387, 461
Basidiomyzeten 63, 288, 488
Basisfolge 10, 98
Basislage 98
Bauleitplanung 503
Beetverfahren 491
Befahrbarkeit 439
Benzinabbau 488
Beregnungsbedürftigkeit 224
Bergbauböden 342
Bergbaufolgelandschaften 495
Bewässerung 174, 449, 509
Bewässerungsböden 172, 343
Bewurzelung 50
Bimstuff 79, 131, 135, 323
Bindigkeit s. Konsistenz
Bioabfälle 474
Bioabfallverordnung 504
Bioakkumulation 123, 465, 489
Biodegradation 481
Biodiversität s. Diversität
biologische Aktivität 277, 280, 281, 489
Bioreaktor 7, 492
Biotit 18, 152
Biotope 479
Bioturbation 157, 317
Bioventing 485
Blei 465
Blockschutt 81, 104, 116, 144, 359, 361
Boreal 319
Böden
– alkalische 310, 311, 340
– alluviale 299
– anhydromorphe 121, 218
– anthropogene 126, 340
– aride 111, 445
– arktische 108, 109
– automorphe 132
– azonale 311, 527

– begrabene 132
– fossile 132, 157, 309, 344, 348
– gesteinsbedingte 139
– hydromorphe 121, 170, 218, 260, 307, 309, 328, 338, 375
– intrazonale 106, 311, 527
– kalte 329, 340
– klimaphytomorphe 124, 139
– lateritische 103, 174
– lithomorphe 68, 137
– organische 36, 297, 298
– reliefbedingte 138, 139, 331
– reliktische 319, 328, 344
– rezente 127, 135, 137, 138
– rubefizierte 174
– semiterresrische 331, 439
– syngenetische 132
– subhydrische 122, 338
– terrestrische 313, 341
– urbane s. Stadtböden
– tropische 111, 133, 134, 174, 175, 240, 300, 301–309, 446
– versiegelte 449
– vorbelastete 225
– zonale 107, 120, 138, 527
Bodenabtrag, s. Erosion
Bodenabtragsgleichung 443
Bodenaggregate s. Aggregatgefüge
Bodenalkalität 249, 253, 255
Bodenalter 132
Bodenart 178–180, 428
Bodenaridisierung 373
Bodenatmung 53, 235, 278
Bodenauftrag 441
Bodenazidität s. Azidität
Bodenbearbeitung 399
– konservierende 400, 444, 498
– meliorative 440
Bodenbefahrbarkeit s. Befahrbarkeit
Bodenbelastungen 436, 493, 494
– biologische 475
– chemische 451, 461, 468
– physikalische 437
Bodenbestandteile 13,44
– feste 13
– flüssige 43
– gasförmige 43
Bodenbewässerung s. Bewässerung

Sachregister

Bodenbewertung 427, 429
Bodenbewirtschaftung 125
Bodenbildung 106, 141, 312, 350
– polygenetische 132, 134
Bodenbildungsfaktoren 67, 293, 526
Bodenbildungsprozesse 293
– zeitlicher Wandel 133, 135
Bodenbiologie 123, 272, 524
Bodenbiozönose 281
Bodenchemie 237, 519
Bodenchlorit 28
Bodendampfextraktion 485
Bodendatierung 132
Bodendauerbeobachtungsflächen 435, 477, 502
Bodendecke 2–4
Bodendefinition 3, 12, 13, 67, 141, 369, 431, 493
Bodendegradation 2, 435
Bodendichte s. Dichte
Bodendurchlüftung 233, 234
Bodendurchwurzelung s. Durchwurzelung
Bodeneigenschaften 177, 293, 294, 393
– biologische 272
– chemische 237
– diagnostische 296
– labile 389
– lithogene 293
– pedogene 293
– physikalische 177, 201
– phytogene 293
– stabile 389
– thermische 229
Bodenentwicklungstiefe 178
Bodenenzyme 277, 280
Bodenerosion s. Erosion
Bodenfarbe 33, 236
Bodenfauna 53, 274, 277
– Aktivität 55, 166, 279
– Biomasse 57, 276
– Größenklassen 54
– systematische Gruppen 55
Bodenfonds 371
Bodenform 186, 293, 349, 381, 391
Bodenformengesellschaften 350
Bodenfruchtbarkeit 3, 393, 396, 398, 481

Bodenfunktionen 11, 274, 369, 396, 431, 433, 502, 505, 507
Bodengare 193, 280, 394
Bodengase s. Gase
Bodengefüge s. Gefüge
Bodengenetik 67, 526
Bodengeographie 293, 348, 527
Bodengeologie 366, 515
Bodengeruch 166, 283
Bodengesellschaften 348, 351
– Berg- und Hügelländer 358, 359
– Flachland 353
– Flußlandschaften 361
– Lößlandschaften 357
Bodengesundheit 274, 393, 475
Bodengroßlandschaften 351, 365
Bodenhorizonte 5, 7, 8
– anthropogene 8
– diagnostische 294, 297, 303
– mineralische 8
– organische 8
Bodenhygiene 474, 475
Bodeninformationssysteme 430, 502
Bodenkalkung s. Kalkung
Bodenkarten s. Karten
Bodenklima 231
Bodenkolloide s. Kolloide
Bodenkonsistenz s. Konsistenz
Bodenkontamination s. Bodenverunreinigung
Bodenkultur 369
Bodenkunde 1
Bodenlagen 7
Bodenlandschaften 352
Bodenlösung 45, 47, 405
Bodenluft 48, 255
Bodenmatrix 188
Bodenmechanik 1
Bodenmelioration s. Melioration
Bodenmerkmale s. Bodeneigenschaften
Bodenmikroorganismen s. Mikroorganismen
Bodenminerale 13, 34, 184, 229, 296
Bodenmonitoring 429, 461
Bodennutzung 2, 374, 390, 420, 427
Bodennutzungsformen 371, 375, 391, 393, 433

- forstwirtschaftliche 372, 373, 376, 420
- landwirtschaftliche 372, 373, 390, 391, 412, 420, 479
- nachhaltige 412
- standortgerechte 374, 412
- wasserwirtschaftliche 376

Bodenökologie 369
Bodenökosystem 12
Bodenorganismen 49, 275
- Arten 53, 59
- Masse 276
- Verteilung 277
- Wirkung 122, 160, 276
- Zahl 275, 276

Bodenpflanzen s. Bodenvegetation
Bodenphysik 522
Bodenporosität s. Porosität
Bodenpotential 371
Bodenprofil 7, 8, 395
Bodenqualität 369, 502
Bodenrauhigkeit 446
Bodenregionen 351, 365
Bodenrenaturierung 478
Bodenrespiration s. Bodenatmung
Bodenrestaurierung 495
Bodensanierung 433, 480, 485
- Bewertung 482
- biologische 487, 491, 492
- chemische 486, 491
- Dekontaminationsmaßnahmen 480, 484
- elektrochemische 487
- Gefährdungsabschätzung 480
- mikrobiologische 487
- Sicherungsmaßnahmen 480, 482
- thermische 485, 490, 491

Bodensanierungsverfahren 481
- in situ 483, 484, 486, 488
- ex situ 490
- on-site 484
- off-site 491

Bodenschätzung 427, 523
Bodenschätzungskarten 363
Bodenschichten 4, 8
Bodenschutz 433
- komplexer 492, 494
- vorsorgender 435

Bodenschutzgebiete 434

Bodenschutzgesetz 3, 391, 412, 433, 436, 499
Bodenskelett 406
Bodenstruktur s. Bodengefüge
Bodensubstrate s. Substrate
Bodensystematik 293
- Abteilungen 312
- amerikanische 293, 294
- deutsche 311
- FAO/UNESCO 303
- Klassen 312
- russische 109
- Subtypen 312
- Typen 312

Bodentemperatur 226, 229, 297
Bodentextur s. Körnung
Bodentiere s. Bodenfauna
Bodentypen 6, 68, 113, 114, 120, 133, 135, 157, 293
- FAO 303, 304, 353
- Bodennutzung 390, 420

Bodentypengesellschaften 351
Bodenübersichtskarten 362, 365
Bodenvegetation 159, 255, 263, 280, 453, 456, 458
Bodenverbesserungsmittel 183
Bodenverbreitung 348
Bodenverdichtung 376, 438
Bodenvernässung 438, 448
Bodenversauerung 413, 453, 457
Bodenversiegelung 449
Bodenverunreinigungen 436, 480
- kleinflächige 493
- großflächige 494

Bodenwärmefluß 226, 228
Bodenwaschverfahren 484
Bodenwasser s. Wasser
Bodenwasserpotential 203
Bodenwechselklima 328
Bodenzahl 427, 428
Bodenzonen 107, 108,
- wassergesättigte 214, 215
- wasserungesättigte 214, 215, 485

Bodenzustand, biologischer 275, 450
Bor 269
Boreal 131, 132
Brache 391, 478
Brandrodung 304, 374, 391, 451

Sachregister

Braunerde 244, 320–323, 421, 461
Braunhuminsäuren 41
Braunkohle 128, 134, 463
Braunkohlenreviere
– lausitzer 128, 356, 496
– mitteldeutsches 128, 496
– rheinisches 496, 498
Braunkohlentagebau 495
Braunlehm s. Plastosol
Braunpodsole 322, 328
Bröckelgefüge s. Fragmentgefüge
Brucit 22, 29
Brücher 388
Bundes- Naturschutzgesetz 503
Buntsandstein 14, 320, 322, 327, 331, 344, 358

C

Cadmium 465, 474
Cäsium 242, 437, 483
Calcisols 305
Calcit 31, 88, 147
Calcium 35, 187, 247, 377, 387, 456
Cambisols 306
Carbonate 31
Carbonatisierung 174
Carbonat-Pufferbereich 257
Catena 116
Chelate 40
chemische Degradation 486
Chernozems 306
Chlorit 29
Chloritisierung 29
Chlorkohlenwasserstoffe s. organische Verbindungen
Chroma 236
Chronosequenz 127, 133
Clostridium 285
C/N-Verhältnis 38, 159, 263, 264, 281, 338, 406, 418, 429
Collembolen 58, 165, 275, 278
C/P-Verhältnis 38, 263, 264
Cristobalit 19
Cryosols 108, 157, 306
C/S-Verhältnis 38, 263, 264, 266

D

Darcy-Gleichung 214, 216
Dauerfrostboden s. Permafrostboden
Dauerhumus 43
Dechlorierungsverfahren 487
Decklehm 186
Decksedimente 100
Deflation s. Winderosion
Dekomposition 279
Dekontaminationsverfahren s. Bodensanierung
Denitrifikation 260, 286, 403, 418, 478
Denudation 441
Denudationspflaster 102
Deponie 482, 483, 493
– Abdeckung 482
– Abdichtung 482
Deposition 453, 462
– Schwefel 454
– Staub 453, 463, 498
– Stickstoff 453, 454, 456
Desertifikation 436
Desilifizierung 148, 155, 174, 306
Destruenten 370
Deutsche Hochmoorkultur 411, 426
Deutsche Sandmischkultur 411, 426
Diabas 78, 321, 361
Diagenese 79, 92
Dichte 195, 498
Diffusionskoeffizient 218, 234, 235
Dioktaederschicht 22
Dioxine 471
Direktsaat 401
Distickstoffoxid 286
Diversität 60, 274, 275
Dolomit 31, 147
Dränung 409
Dreischichttonminerale 23, 24, 26
Druckpotential 204
Dünen 314, 353, 356, 447
Düngemittel 250, 402, 404
Düngungsverordnung 401, 412, 504
Düngung 247, 276, 397, 399, 401, 404
Durchwurzelbarkeit 178
Durchwurzelung 50, 178
Durchwurzelungstiefe 52, 178, 210
Dy 167, 338

E

Edaphon 49
Eem-Interglazial 131, 136
Eintauschstärke 242, 243
Einzelkorngefüge 188
Eisen 146, 255, 260, 302, 306
Eisenbakterien 151, 170, 260
Eisen-Humus-Podsol 328, 353, 422, 423
Eisenoxide 33, 146, 191, 302, 465
Eisenpodsol 422
Eisen-Pufferbereich 258
Eisenverbindungen 32, 33, 146, 169, 170, 172
Eiskeile 110, 156
Eislinsen 217
Eisrandlagen 354
elektrische Doppelschicht 240, 241
elektrische Leitfähigkeit 173
Elektrokinetisches Potentia s. Zeta-Potential
elektrokinetische Sanierungsverfahren 487
Elektronenakzeptoren 260, 267, 286
Elsterkaltzeit 129, 356
Enchytraeiden 56
Endmoränen 114, 130, 354
Energiehaushaltsgleichung 226
Entisols 299
Entkalkung 336, 337, 421
Entsiegelunng 372
Entsteinung 407
Entwässerung s. Dränung
Epipedon 294, 297
Erdfen 343, 479
Erdgeruch 62
Erdhochmoor 343
Erdniedermoor 343
Erdöl 469
Erdstoff 1, 493
Ergußgesteine 70
Erlen 62, 284, 396, 417, 425
Erosion 126, 132, 137, 144, 201, 365, 441
– Ausmaß 447
– Faktoren 441, 443
– Schutzmaßnahmen 401, 442, 444–446
– tolerierbare 444

Erosionsmodelle 447
Ertragsfähigkeit 396, 397, 427
Erzgebirge 69, 120, 360, 382, 383, 415, 420, 423, 457, 461, 467
Eutrophierung 452
Evaporation 217, 218, 221, 227
Evapotranspiration 221, 222, 233, 410
Exaration 144
Extensivierung 478
Extensivwurzelschicht 52
Extraktionsverfahren s. Bodensanierung

F

Fäulnißprozeß 167, 282
Fahlerde 101,169, 326, 392
Farbtafel 236
Feinboden 169, 183
Feinheitsgrad 180
Feinkoagulatgefüge 189
Feinporen 199, 200
Feinwurzeln 53, 288
Feldkapazität 206, 208, 209, 233
– nutzbare 209, 224, 477
Feldspäte 16, 71, 148, 150, 152
Fen 343
Fermentation 282
Ferrallitisierung 174
Ferralsols 306
Fersiallitisierung 174
Feuchterohdichte 44
Feuchtestufen 386, 388
Feuerstein 88,
Filterfunktion 370, 505
Filtergeschwindigkeit 213, 216
Filtergerüst 168, 311
Filterleistung 202, 476
Flächenverbrauch 371, 372
Flachland s. Tiefland
Flachmoor 89, 339
Flachwurzler 51
Flechten 65, 151
Flechtensäuren 65, 151
Fließerden 97, 130, 131
Fließgeschwindigkeit 214
Fließgrenze 225
Fließplasma 168
Fließwasserbereich 122

Sachregister

Flugsande 82
Flußterrassen s. Talterrassen
Fluvisols 307
Forstdüngung 404
Forstökosysteme 376, 413, 420
Fragmentgefüge 190
Frankia 62, 284, 417
Freundlich-Gleichung 239, 473
Frosthub 156
Frostmusterböden s. Permafrostboden
Frostverwitterung 130, 143
Fruchtfolge 254, 397
Fulvosäuren 41, 152, 169
Furane 471

G

Gasaustausch s. Gashaushalt
Gase 45, 48
Gashaushalt 233
Gastransport 234
Gebirgsböden 120, 182, 314, 378, 445
Gebirgslöß 84
Gebirgsmoore 426
Geest s. Altmoränenlandschaft
Gefüge 186, 187, 355
Gefügebildung 158, 187, 496
Gefügeformen 311, 323, 324, 327
Gefügemelioration 407
Gefügeplama 195
Gefügeskelett 195,
Gefügestabilität 190, 193
Gel 238
Gelifluktion 156
Gelisols 298
gelöste organische Substanz 47, 468
Geochore 349
geologischer Stockwerksbau 112
geologische Zeitskala 79, 127
Geomorphologie 111
Geosmin 283
Geotop 349
Gerüstsilicate 15
Geschichte 509
– bis zum 18. Jahrh. 509
– bis zum 19. Jahrh. 512
– seit dem 19. Jahrh. 515
– bodenbiologische Richtung 524

– bodenchemische Richtung 519
– bodengenetische Richtung 526
– bodengeologische Richtung 515
– bodenphysikalische Richtung 522
Geschiebe 81
Geschiebedecksand 83, 355
Geschiebelehm 87
Geschiebemergel 31, 87
Gesetz von
– Darcy 213
– Fick 217, 234
– Henry 45
– Schofield 242
Gesteine 67, 95, 96
– basische 71, 175
– saure 71
Gesteinsdefinition 69
Gesteinseigenschaften 77, 95, 196, 272, 395
Gesteinsgefüge 69, 70
Gesteinssystematik 69
Gesteinsverwitterung s. Verwitterung
Gesteinszersatz s. Zersatzzone
Gibbsit 22, 29, 33, 175, 302
Gilgai-Relief 300
Gips 32, 89, 144, 147, 307, 314, 361, 404
Gipsdüngung 174
Glaziale 129
Glaziale Serie 114
Gley 334, 424
Gley-Podsol 423
Gleysols 307
Glimmer 18
Glimmerschiefer 93, 323, 360
Glossisols 307, 310
Gneis 77, 93, 321, 360, 461
Goethit 33, 146, 175, 242, 301
Granat 13, 34, 93
Grand 182, 245
Granit 76, 104, 327, 360
Granodiorit 26, 75, 77, 321, 359
Grauer Waldboden 107, 319
Grauhuminsäuren 41, 161
Graulehm s. Plastosol
Grauwacken 26, 82
Gravitationspotential 204, 212
Gravitationswasser 202
Great groups 296

Grenzertragsböden 126, 425, 428
Grenzflurabstand 216
Grenzhorizont (Moor) 338
Greyzems 307
Grobboden 179, 182, 183
Grobporen 199, 209, 215, 287
Grubber 400
Gründigkeit 154, 177
Grünland 52, 63, 92, 114, 216, 217, 221, 254, 279, 285, 288, 337, 339, 340, 353, 404, 411, 428
Grünlandgrundzahl 427, 429
Grund und Boden 7
Grundmoränenlandschaft 114
Grundwasser 171, 215, 216, 219, 220, 331, 462, 478
Grundwasseraufstiegsraten s. Wasseraufstieg
Grundwasserböden 121, 331
Grundwasserneubildung 220, 224
Grundwasserschutzgebiet 477
Grundwasserspiegel s. Wasserspiegel
Gruppensilicate 15
Grus 104, 179
Gülle 403, 452, 467, 476
Gülleverordnung 504
Gypsisols 307
Gyttja 167, 338

H

Habitat 273, 279
Haftnässe 9, 221
Haftnässepseudogley 331
Haftwasser 203, 206, 212, 218
Hagerhumus 167
Halden 495, 498
Halloysit 24, 26
Hämatit 33, 146, 174, 302
Hangabspülung 156, 441
Hangböden 114, 116, 126, 178, 214, 319, 327, 408, 441, 445
Hangexposition 108, 115, 221, 315
Hanglänge 443
Hangneigung 115, 221, 364, 367, 443
Hangwasser 220, 330
Harnstoff 280, 403
Harz 95, 136, 326, 352, 361, 466

Hauptfolge 98, 101
Hauptlage 98, 100
Herzwurzler 51
Hintergrundgehalte 463, 466, 470, 501, 502
Histosols 298, 307
Hochdruckwäsche 490
Hochgebirge 120, 126, 156, 308, 313, 445
Hochmoor 89, 91, 338, 339, 426
Hochmoorpflanzen 339
Hochmoortorf s. Torf
Höhenstufengliederung 120, 384, 386, 387
Holozän s. Postglazial
Horizontsymbole 8, 303
Hornblende 18
Hortisol 342
Hue 236
Hügelland 96, 116, 328, 329, 358, 385
Hüllengefüge 189
Humifizierung 37, 158, 282
Humine 42
Huminsäuren 40, 41, 243, 245
Huminstoffe 35, 37, 238, 261, 263, 264
– Einteilung 40
– Fraktionierung 39, 40
– funktionelle Gruppen 39, 242
Humus 35, 132
Humusakkumulation 158, 298, 304, 314, 317, 335
Humusbildung 37
Humusdegradation 388
Humuseigenschaften 37–42
Humusformen 158, 164, 278, 314, 388
– aeromorphe 164
– hydromorphe 164
– semiterrestrische 167
– subhydrische 167
– terrestrische 161
Humusformindex 162
Humusgehalt 35, 36, 185, 317, 320
Humushorizonte 162, 163
Humuskohle 42
Humusmarsch s. Marschböden
Humus-Podsol 422
Humusprofil 161, 395
Humusstickstoff 37

Sachregister

Humusstoffhorizont 10, 163, 164
Humusvorrat 36, 281
Humuswirtschaft 397, 398
H-Wert 247, 252
Hydrargillit s. Gibbsit
Hydratation 144, 148
hydraulischer Gradient 212–216
hydraulisches Potential 203, 212
Hydrolyse 148
Hydroturbation 157

I

Illit 27, 28, 149
Immissionsbelastung 454, 463
Immissionsschadzonen 455
Immobilisierung 483
Imogolit 23
Inceptisols 299
Infiltration 201, 444
Inselsilicate 15
Intensivwurzelschicht 52
Interglaziale 124, 129, 130
Interzeption 221
Interzeptionsverdunstung 221
Iod 269, 437
Ionenradien 14
Isoelektrischer Punkt 238, 240
isomorpher Ersatz 16, 23

J

Jarosit 32, 151
Jauche 403
Jungmoränengebiet 114, 133, 319, 324, 326, 353–355, 442

K

Känozoikum 127
Kalidüngemittel 404
Kalidüngung 405, 483
Kalifeldspat 16
Kalium 26, 35, 148, 149, 173, 340, 437
– austauschbares 45, 262
Kaliumfixierung 243, 405
Kaliumfraktionen 405
Kalkanreicherungshorizont 174

Kalkformen 402
Kalkgehalt 185, 255, 340
Kalkkrusten 174
Kalkmarsch 336, 353
Kalkstein 88, 147, 314
Kalkung 271, 401–403, 462, 483, 497
Kalkverwitterungslehme 154, 181, 182, 346
Kaolin 26, 103, 134
Kaolinit 22, 24, 26, 27, 149, 150, 155, 302, 303, 306, 308, 356, 358
kapillare Aufstiegsrate 216
Kapillarpotential s. Matrixpotential
Kapillarsaum 215, 220
Kapillarwasser 202
– aufsitzendes 219
– hängendes 219
Karstlandschaft 88
Karten 362
– bodengeologische 366
– bodenkundliche 351, 365
– geologische 69, 367
– forstlich-standortkundliche 364, 390
– landwirtschaftlich-standortkundliche 363
Kastanozems 107, 308
Kationen 416, 244, 246, 247, 419
Kationenaustausch 244
Kationenaustausch-Pufferbereich 258
Kationenaustauschkapazität 23, 242, 245
– effektive 245, 246
– totale 246
Kettensilicate 15
Keuper 357, 359
Kies 179
Kieselsäure 174
Kippböden 313, 342, 366, 496, 497
Kippen 495
Kippengutachten 497
Kippsubstrate 314, 445, 496
Klärschlamm 465, 474, 476
Klärschlammverordnung 465, 466, 504
Kleimarsch 337, 353
Klima 103, 106–108, 136, 299, 305, 379, 389, 426
– arides 86, 147, 173, 255, 297, 298, 442
– arktisches 104, 297
– chemisches 106

- gemäßigt-humides 104, 110, 301, 308, 320, 326, 328
- tropisches 103, 106, 171, 175, 297, 346, 442
- Verwitterung 103, 149, 152, 175
Klimakarten 367
Klimastufen 367, 384, 385
klimatische Wasserbilanz 222
Klimatypisierung 108
Klimawandel 111
Klimaxboden 103, 127, 134, 317
Knickhorizont 337
Knickmarsch 337, 353
Knöllchenbakterien s. Rhizobium
Körnung 187
Körnungsartendreieck 180,181
Kohärentgefüge 189
Kohäsion 186, 202, 225
Kohlendioxid 46, 48, 62, 147, 234, 255, 279
Kohlensäure 149, 255
Kohlenstoff 263, 279
- pyrogener 451
Kohlenstoffkreislauf 416
Kohlenstoff-Mineralisationsrate 282
Kohlenstoffumsatz 281
Kohlenwasserstoffe s. organische Verbindungen
Kolloide 39, 42, 195, 237–239, 245
- hydrophile 238
- hydrophobe 238
Kolluvisol 331, 442
Kolluvium 126, 321, 442
Kometabolismus 468, 488, 494
Komplexbildung 150, 152, 172, 242, 247, 271, 300, 464–466
Komposte 282, 406, 474, 475
Kompostierung 284, 474, 475
Konkretionen, Fe-Mn 329, 423
Konsistenz 186, 225
Konsistenzbereiche 255
Konsistenzgrenzen 225
Konsumenten 370
Kontaktmetamorphose 93
Kontinentaldrift 111
Konturpflügen 445
Koordinationszahl 14
Korngrößenklassen

- Böden 178, 179
- Sedimente 80, 81
Kornsummenkurve 180
Kornverteilungskurve 83, 84, 180
Korrasion 144
Kreidesandstein 359, 424
Kreidezeit 134
Kreislaufwirtschafts- und Abfallgesetz 503
Kristallgitter 14
kritische Belastung 415, 418
Kronentraufe 416, 418
Krotowinen 157
Krümelgefüge 188, 189
Krumenbasisverdichtung 440
Krumenvertiefung 178, 407
Krustenbildung 301, 303, 309, 440
Kryoturbation 135, 156
Küstenlandschaft 127, 131, 332, 353
Kugelpackung 198
Kultoturbation 158
Kultosole 341, 344
Kulturlandschaft 124
Kulturumwandlung 413, 418, 433, 444
Kupfer 33, 271
k-Wert nach Darcy 213, 215, 328, 409

L

Ladung (Kolloide)
- permanente 239
- variable 24, 239, 246, 298
Ladungsdichte 240
Lage (Standortfaktor) 114, 379
Lamellengefüge 190
Landnutzung s. Bodennutzung
Landschaftsformen 113
Landschaftsplanung 503
Laterit 34, 103, 155, 174
Latosole 346
Laubwald 254, 280, 308, 313, 320, 325, 326, 354, 377
Lebendverbauung 189
Lebensraumfunktion 370
Leguminosen 284, 395, 417, 447
Lehmböden 184, 196, 209, 234, 254
Lehmkerf 186
Leichtminerale 13

Sachregister

Leitbodenformen 350
Leipziger Tiefland 318
Leitgesellschaft 420
Lepidokrokit 33
Leptosols 308
Lessivé 323
Lessivierung 132, 168, 298, 303, 307–309, 319
Ligninabbau 37, 59, 62–64, 123, 160, 282, 488
Limonit s. Goethit
Lithosols 308
Lixisols 308
Lockerbodenwirtschaft 399
Lockerbraunerde 323
Lockergesteinsdecken 96
Lockersyrosem 313
Löß 14, 16, 84–86, 100, 113, 116, 131, 133, 144, 181, 182, 189, 269, 271, 306, 348, 361, 445, 498
Lößböden 16, 27, 34, 135, 147, 190, 300, 314, 317, 319, 326
Lößkindl 9,31, 147, 317
Lößlehm 86
Lösungspotential s. osmotisches Potential
Lösungsverwitterung 147
Lufthaushalt s. Gashaushalt
Luftkapazität 233
Luftstickstoff s. Stickstoff
Luftverunreinigungen 453
Lumbriciden 56, 157, 275, 277, 278, 395, 401, 473
– Lebensformen 57, 279
Lumbriciden-Humus 42, 280
Luvisols 308
lyotrope Reihen 242

M

Magdeburger Börde 318, 357, 428
Magmatite 70
– chemische Zusammensetzung 71
– Gefügemerkmale 70
– Mineralbestand 75
– Systematik 72–74
Magnesium 27, 29, 35, 94, 360
Major soil groups 303

Makrofauna 54
Makrogefüge 188
Makroklimaform 380
Makronährelemente 262
Mangan 33, 171, 172, 255, 270
– leicht reduzierbares 271
Manganoxide 34
Mangrovenböden 171, 267
Marschböden 171, 392, 393, 410, 425
Marschen 335, 353
Maßeinheiten 563
Maßnahmewerte 500, 502
Matrixpotential 204, 205, 208, 212
Meliorationsverfahren 94, 364, 399, 407
menschliche Arbeit 124
Mergel s. Geschiebemergel
Mesofauna 54
metabolischer Quotient 279, 282
Metamorphite 92
Methanbildung 48, 167, 172, 260, 261, 282, 493
Methylquecksilber 464, 467
Mietenverfahren 482, 491
mikrobielles Leaching 492
Mikrofauna 54
Mikrogefüge 194
Mikromorphologie 194
Mikronährelemente 269
Mikroorganismen 59, 274
– anaerobe 261
– autochthone 476
– Biomasse 60
– humanpathogene 62, 476
– thermophile 475
Mikrophytophage 274, 278
Milben 58, 165
Mineralbestand (Böden) 34
Minerale 196
– primäre 13, 34
– sekundäre 13, 34
Mineralböden 298
Mineralisation 37, 263, 266, 410, 411, 413
Mineralöl 469, 484, 485
Mineralverwitterung s. Verwitterungsstabilität
Mittelalter 125, 126, 132, 137, 332, 433, 441, 512

Mittelgebirge 98, 104, 105, 116, 120, 133, 331, 359, 385
Mittellage 98, 100
Mittelporen 199, 200
Mittelschutt 100
Moder 13, 166, 280
– mullartiger 281
Molasse 112
Mollisols 299
Molybdän 271, 272
Monitoring s. Bodenmonitoring
Montmorillonit s. Smectit
Moorböden 188, 232, 298, 338
Moordeckkultur 344
Moore 89, 131, 135, 136
– anthropogen veränderte 343, 479
– natürliche 338, 356
Moorentwässerung 410, 479, 512
Moorgley 335
Moorkultosole 344
Moorkultur 410
Moormischkultur 344
Moorsackung 410, 411
Mosaikbereich 382
Mucigel 50, 287
Mudde 90, 340
Mulchen 445
Mulchsaat 444
Mull 58, 166, 280, 315, 320, 325, 395
Mulm 343, 479
Mulmniedermoor 343
Muschelkalk 119, 325, 344, 346, 358, 420, 518
Muscovit 18
Mykorrhiza 53, 63, 287, 288, 289

N

Nacheiszeit s. Postglazial
Nährelemente 95, 261, 262
Nährhumus 43
Nährkraftstufen s. Trophiestufen
Nährstoffaustrag 460
Nährstoffbilanzen 269, 401, 413, 419, 420
Nährstoffkreislauf 281, 395, 413, 414, 452, 473
Nährstoffversorgung 406

Nadelwald 254, 313, 354, 357–359, 377, 395, 435
Nahrungsketten 281
Naßgley 335
Naßstandorte, mineralische 328, 331
Natrium 145, 187, 243, 449
Natriumböden 173, 310, 311
Natriumsättigung 173, 247
Naturkörper Boden 1, 3, 433
Naturraumkarten 364
Nematoden 56, 275
Niedermoor 91, 271, 339, 355, 425, 479
Niedermoor-Sanddeckkultur s. Sanddeckkultur
Niedermoor-Schwarzkultur 410
Nitisols 175, 308
Nitratammonifikation 286
Nitrat 45, 418, 453, 478
Nitratbelastung 404, 413, 452
Nitratrichtlinie 404
Nitrifikation 285, 403, 418
Nitrifikationshemmer 286, 403
Nitrobacter 285
Nitrosomonas 285

O

Oberboden 7, 297
Oberflächenabfluß 442
Oberflächenladung s. Ladung
Oberflächenverkrustung s. Krustenbildung
Obergrund 7
Oberlage 98, 100
Oberlausitz 356, 359
Ökosysteme 6, 7, 265–281, 374, 376, 413, 416, 418, 433, 466, 475
Olivin 18
Opal 19
Orders 294, 295
organische Böden s. Böden
organische Düngung 406
organische Substanz 35, 279, 283, 397
organische Verbindungen 240, 465, 468–471, 488, 501
– aromatische 470, 471
– flüchtige (VOC) 283

Sachregister

- halogenierte aromatische 468, 470, 471, 502
- metallorganische 464, 466
- polyzyklische aromatische 468, 469, 502
- Trinitroaromaten 471
- wasserlösliche s. gelöste organische Substanz

Organismen 5, 54, 122
Organismengemeinschaft 274
Organomarsch 337
Orogenese 112, 128
- variszische 112
Orterde 327
Ortstein 300, 327, 328, 408 422
osmotisches Potential 45, 204
Oxidationshorizont 171
Oxidationszone 146, 155, 172
Oxide 32
Oxisols 26, 33, 134, 301
Oxydationsprozesse 172, 336, 497
Oxidationsverfahren 486
Oxydationsverwitterung 146

P

Paddy soils 64, 172, 261, 305
Paläoböden 106, 344
- ferrallitische 346
- fersiallitische 346
- präquartäre 344
- quartäre 135, 347, 348
Paläopedologie 133
Palygorskit 446
Parabraunerde 152, 169, 210, 266, 324, 325, 408, 421
Pararendzina 314
Pedochoren 350
Pedogenese s. Bodenbildung
Pedokomplex 349
Pedologie s. Bodenkunde
Pedon 6
Pedosphäre s. Bodendecke
Pedotope 349
Pedoturbation 156
Pelite 86
Pelosol 319
periglaziäre Deckschichten 96

periglaziäre Deckzone 102
Periglazialböden 157, 306
Periglazialgebiet 103, 105, 156
Perkolation 311, 313
Permafrostboden 108, 109, 135, 297, 306
Permanenter Welkepunkt 206, 208, 209, 233
Perstruktionsprofil 102
Pestizide 471–473
Pfahlwurzler 51
pF-Kurve 205, 206
pF-Wert 199, 205, 250, 254, 400
Pflanzenbewurzlung 50
Pflanzendecke 445, 446, 499
Pflanzengesellschaft s. Vegetation
Pflanzenschutzmittel s. Pestizide
Pflug 399
Pflugsohle 400, 439, 440
Pflügen 399, 438
Phaeozems 309
Phosphor 263, 281, 287, 340, 376, 402, 423
Phosphorverbindungen 263
- anorganische 35, 265, 404
- organische 38, 265, 452
- pflanzenverfügbare 262, 265
Phosphatdüngung 262, 276, 405, 467
Phosphatfixierung 23, 302, 303, 306
pH-Wert 172, 173, 250–255, 259, 260, 271, 387, 429, 461, 462
Phyllit 93, 94, 360
Phytoopal 19
Phytoremediation 489
Piezometerdruckpotential 204
Pilze 62–64, 165, 263, 282, 283, 288, 488
Plaggenesch 341
Plagioklas 16, 150
Planosols 309
Plastizitätszahl 225
Plastosole 134, 155, 346
Plattengefüge s. Lamellengefüge
Pleistozän 124, 128, 134, 145, 441
Plinthit 302
Plinthosols 309
Podsol 170, 276, 326, 392, 422
Podsolierung 169, 233
Podzols 310

Podzoluvisols s. Glossisols
Polyacrylnitril 193
polychlorierte Biphenyle s. organische Verbindungen
Polyedergefüge 190
Polygonböden 108, 110, 129, 156
Polymerisationsverfahren 487
Polypedon 6
Polysaccharide 42, 123, 189
Polyuronide 42, 190
Porenanteil 197
Porengröße 199
Porengrößenverteilung 200, 207
Porenvolumen 196, 197, 330, 339
Porosität
– Böden 5, 195, 197
– Gesteine 154, 198
Postglazial 131, 135, 136, 332, 339, 441
potentielle Verdunstung 221, 222
Prismengefüge 190
Produktionsfunktion 370
Produktionskapazität 426
Produktivität s. Ertragsfähigkeit
Protolyse s. Säureverwitterung
Protozoen 55
Prüfwerte 47, 500–502
Psammite 81
Psephite 81
Pseudogley 163, 172, 215, 257, 262, 276, 328–331, 355, 357, 358, 408, 410, 422, 423
Pseudovergleyung 171, 325, 347
Pufferbereiche 256
Pufferkapazität 249, 256
Pufferfunktion 370
Pufferrate 256
Pyrit 32, 89, 146, 151, 250, 499
Pyroklastika 79
Pyrolusit 146
Pyroxene 18

Q

Quartär 128
Quartile 180, 182
Quarz 14, 19–21, 34, 71, 85
Quarzite 94, 150
Quarzitschiefer 327, 360

Quarzporphyr s. Rhyolith
Quecksilber 464, 466
Quellung 29, 42, 157, 158, 188, 300, 319

R

radioaktive Elemente 437, 483
Radon 43, 49
Rambla 333
Ranker 310, 313, 420
Raseneisenstein 33, 171, 334
Raumordnungsgesetz 503
Redoximorphose 170, 329, 343
Redoxpotential 172, 259–261, 271, 305, 486, 487
Reduktionshorizont 171
Reduktionsintensität 259, 260
Reduktionsprozesse 170, 172, 259, 260, 267, 282
Reduktionsverfahren 486
Reduktionszone 155, 172
Reduktosole 343
Reduzenten 370
Regelungsfunktion 371
Regenkapazität 203, 443
Regenwürmer s. Lumbriciden
Regenwurmtest 482
Regionalmetamorphose 93
Regolith 155
Regosols 310, 314
Reichsbodenschätzung 427
Reindichte 13, 22, 195, 196
Rekultivierung 497
relative Luftfeuchtigkeit 48, 217
Relief 111, 157, 354
Reliefform 115, 380
Reliefstufe 383
Reliktböden 344
Rendolls 300
Rendzina 310, 314, 420
Rezyklierung 473, 475
organische Abprodukte 473
Rhizobakteria 287
Rhizobium 284
Rhizoplane 53, 287
Rhizosphäre 50, 287, 489
Rhizosphäreneffekt 60, 287
Rhön 361

Sachregister

Rhyolith 77, 101, 276
Ried 343
Rieselfelder 449, 464, 465
Rieselmüdigkeit 449
Rigolen 408
Rigosol 342
Rillenerosion 443
Ringsilicate 15
Rißsysteme 188, 195, 202,329
Rodungsperioden s. Waldrodung
Rohböden 313, 336, 420
Rohdichte 195, 196
Rohhumus 163, 165, 327
Rohhumuspflanzen 165, 327
Rostbraunerde 323
Roterde s. Oxisols
Rotlehm s. Plastosol
Rotteprozeß 282, 406, 474, 475
Rubefizierung 174

S

Saalekaltzeit 130, 355, 356
Säulengefüge 173, 190
Säurebelastung 456, 461
Säuren 149, 150, 249
Säureneutralisationskapazität 256, 458
Säuresättigung s. H-Wert
Säureverwitterung 149
Saharastaub 446
salpetersäure 149, 459
Salzanreicherung 173, 261, 310
Salzböden 107, 173, 240, 445
Salzmarsch 336
Salznatriumböden 173
Salzsprengung 144
Salzverträglichkeit 174, 261, 336
Sand 22, 83, 179, 180, 234
Sandböden 183, 196, 200, 205, 209, 215, 216, 230, 254, 299, 305
Sanddeckkultur 411
Sander 83, 114
Sandlöß 83, 326, 356
Sandsteine 81, 144, 198, 327
Sandtieflehm 186
Saprolit 155, 302
Sapropel 167, 338
Saprophage 274, 281

Sauerbraunerde 321, 421
Sauerstoff 48, 60, 146, 234–236, 260, 277, 424
Saugsaum s. Kapillarsaum
Saugspannung 205, 213
Saugspannungskurve s. pF-Kurve
Saurer Regen 456
Schadstoffanreicherung, tolerierbare 463
Schadstoffe
– anorganische 451, 501
– organische 451, 468, 469, 501
Scherfestigkeit 225
Schichtkammlandschaft 113
Schichtsilicate 15
Schichtstufenlandschaft 88, 113, 116
Schichtung 80, 154, 185
Schiefer 93, 94
Schiefergebirge 360
Schieferung 93, 154
Schlaggrößen 446
Schlick 171, 335
Schluffböden 184, 196, 200, 216, 329, 445
Schluff 178–180
Schotter 130–132
Schrumpfung 42, 110, 157, 158, 188, 300, 311, 319
Schuttdecken 96, 144
Schutzkolloide 238
Schwammgefüge 189, 191
Schwarzerde s. Tschernosem
schwarzerdeähnliche Böden 319
Schwarztorf 89, 338
Schwefel 172, 266, 267, 336, 342, 419
– anorganischer 167, 266, 296
– Immission 268, 454
– organischer 38, 266–268
– Oxidationsstufen 171, 266
Schwefelbakterien 32, 172, 267, 492, 497
Schwefeldioxid 46, 149, 419, 453, 454
Schwefelsäure 149, 453, 459
Schwermetalle 94, 269, 302, 463, 464, 490
– toxische 464, 465, 483
Schwermetalleinträge 502
Schwermetallgehalt 467, 474
Schwerminerale 13, 14, 34, 85, 153

Sedimentgesteine 79, 95, 154
– biogene 87
– chemische 87
– Gefügemerkmale 80
– klastische 80, 154
– quartäre 496
– Schichtfolge 79
– tertiäre 496
sedimentpetrographische Kennwerte 180, 183–185
Selbstreinigungsvermögen 476
Selektivitätskoeffizient 243
Selen 269
Semigleye 334
semiterrestrische Böden 331
Sequenz 116
Serpentin 16, 18, 22, 94
Serpentinit 18,94
Sesquioxide 32, 169, 175, 242, 247, 253, 298, 301, 306, 310, 387
Sequum 10
Sickerwasser 121, 183, 206, 212, 218, 219, 223, 497, 501
– Alkalinität 47
– Zusammensetzung 46, 47, 172
Siderit 31, 89, 146, 147, 171
Siderophore 152, 490
Siedlungsmüll 476
Silanolgruppe 23
Silicate 14
Silicatpufferbereich 168, 258
Silicatstrukturen 15
Silicatverwitterung 148,149, 152, 419
Silicatzahl 22
Silicium 169
Siliciumtetraeder 14, 15, 22, 23
Sillimanit 16
Sinterung 491
Skelettböden 182
Smectit 27–29, 149, 175, 300
Soil orders 298
Soil series 296
Soil taxonomy 294
– Nomenklatur 294–296
Sol 238
Solifluktion 156
Solifluktionsschutt 97
Solling 457

Solodisierung 173
Solods 311
Solonchaks 173, 310
Solonetz 173, 190, 311
Solum 10
Sonnenbrenner 144
Sorptionskomplex 239, 246, 253, 387
Sortierungskoeffizient 180
spezifische Oberfläche 238
spezifische Wärme 228
spezifische Wasserkapazität 207
Spodosols 300
Springschwänze s. Collembolen
Spurenelemente 14, 47, 269, 270, 463
Stabilisierungstechniken 483
Stadtböden 340, 470
Stadtkompost 476
Stagnogley 331, 424
Stagnosols 311
Stallmist 406
Stallmistrotte s. Rotteprozeß
Standortanalyse 378, 484
Standortbeurteilung 394
Standortform 380, 381
Standortgruppe 364, 382, 383, 388, 430
– Zustandsstufen 388, 389
Standortkarten s. Karten
Standortklima 379
Standortlehre 7
Standortproduktivität 431, 432
Standortregionaltyp 364
Standortsystematik
– forstliche 378
– landwirtschaftliche 363, 3664
Standorttyp 364
Standortwertziffern 429, 430
Standortzeigergruppen 389
Staubböden 178, 179, 329
Staubeintrag s. Deposition
Staubfraktion 446
Staugley s. Pseudogley
Staukörper 329
Staunässe 171, 220, 330, 337
Stauwasserböden 121, 220, 328, 439
Stauzone 329
Steam stripping 485
Steine 179, 182
Steinringe 156

Steinsohle 102
Steinzeit 124, 132, 317, 319, 509
Steppenböden 299, 306, 308, 310, 317
Stickstoff 281, 389, 417
Stickstoffbindung 37, 62, 65, 284, 395, 417, 459
Stickstoffbindungsform 264
Stickstoffdüngung 286, 402–404, 452
Stickstoffeintrag 417, 456
Stickstofffixierung 284, 285, 417
Stickstoffimmobilisierung 286
Stickstoffkreislauf 286, 403, 416, 418, 419, 459
Stickstoffmineralisierung 285, 376, 404, 417
Stickstoffsättigung 417, 453
Stickstoffüberschuß 402, 403, 452
Stickstoffumsatz 263, 284, 459
Stickstoffverbindungen 263, 264, 403
Stickstoffverluste 286, 403, 417, 418, 456
Stickstoffvorrat 263, 318, 456
Stoffumsatz, bodenbiologischer 281
Strahlenschutzvorsorgegesetz 504
Strahlung 226
Strahlungsbilanz 226
Strahlungsumsatz 226, 227
Strengit 32
Streu 277, 280, 281, 256, 415
Streuabbau 159, 160, 396
Streuhorizont 10, 164
Streunutzung 356, 450
Strontium 242, 437, 483
Struktur der Bodendecke 350
Subatlantikum 89, 92, 131, 136, 327, 332
Subgroups 296
Suborders 295
Substrat 185, 391, 445
– tertiäre 497
– quartäre 496, 497
Substratklassifizierung 185
Substrattypen 186, 364
Sulfat 453–456, 460
Sulfide 296
Sumpfreisböden s. paddy soils
Superphosphat 250
S-Wert 246
Syrosem 313

T

Taiga-Böden 107–109, 306, 327
Täler 114, 116, 129, 132, 334
Talsande 83, 328, 334, 356
Talterrassen 116, 332
Tangelhumus 120, 314
Tangelrendzina 314
Taxa 294
Taxonomie 293, 294
Tektonik 111, 128, 129
Temperaturleitfähigkeit 230
Temperaturverwitterung 143
Tenside 471, 489, 492
Tensiometerdruckpotential s. Matrixpotential
Termiten 59, 157
Terrae calcis 88, 344
Terra fusca 148, 346
Terra rossa 346
Tertiär 128, 134
Texturdifferenzierung 168
Texturklassen s. Korngrößenklassen
Thüringer Becken 318, 326, 334, 348, 357, 422
Thüringer Wald 95, 360
Tiefengesteine 70, 71
Tiefenversickerung 202
Tiefland 102, 105, 114, 352
– Leipziger 357
– nordostdeutsches 354, 364, 388
– nordsächsisches 356
– nordwestdeutsches 356
Tieflockerung 407
Tiefpflügen 407
Tiefumbruchboden 342
Tiefwurzler 51
Tierlosung 281
Ton 179, 180, 214, 234
Tonböden 157, 184, 188, 196, 200, 209, 215, 216, 298, 300, 311, 319, 320, 329, 346, 359
Tonfraktion 31, 34, 184
Tonhäutchen 188, 195, 300, 324
Ton-Humus-Komplex 42, 166
Tonminerale 22, 23, 238, 243, 245, 258, 320, 353, 460
– dioktaedrische 23

– trioktaedrische 23
– Wechsellagerung 31
Tonschiefer 93, 360, 361
Tonverlagerung s. Lessivierung
Torf 89, 167, 200, 338, 410, 425
Transformationsfunktion 370, 394
Transformationsprozesse 141
Transpiration 211, 221, 222
Travertin 147
Treibhausgase 43, 49
Treibsand 82
Trioktaederschicht 22
Trockenheitsindex 380
Trockenrohdichte s. Rohdichte
Trophiestufen 387, 389, 395
Tschernitza 334
Tschernosem 42, 107, 131, 210, 257, 317, 421, 428
Tuffe 23, 78, 298, 304
Tundra-Böden 107–109, 131, 306
Turmalin 13

U

Überflutung 261
Überflutungsböden 331, 424, 502
Übergangsbodentypen 312
Übergangshorizonte 8
Übergangsmoore 340
Übergangszone, periglaziäre 102
Uckermark 319, 442
Ultisols 26, 33, 301
Umbrisols 311
Umrechnungsfaktoren 563
Umweltverträglichkeitsprüfung 429, 480, 504
Unterboden 7, 190, 297
Untergrund 8
Uranerzbergbau 437, 466, 499
Urstromtal 114, 131, 183, 340, 356

V

Value 236
Variscit 32
VAMA 193
Vega 333
Vegetation 123, 216, 224, 277, 317, 387, 389, 420
– ökologischer Zeigerwert 389, 417
Verbraunung 168, 337
Verdunstung 221, 223, 226
Verfestigungstechniken 483
Vergärung 476
Vergleyung 171, 261
Vergrusungszone 104, 155
Verkarstung 148
Verkrustung 194
Verlagerungsprozesse 141, 156
Verlehmung 168
Vermiculit 29, 150
Vermoderung 282
Vermoderungshorizont 10, 164
Versalzung 173, 509
Versauerungsindex 460
Versiegelung 482
Vertebraten s. Wirbeltiere
Vertisols 29, 300, 311, 320
Vertorfung 282,
Verwesung 282
Verwitterung 103, 131, 142, 153, 168
– allitische 149
– biochemische 151
– biologische 150
– chemische 145
– hydrolytische 103, 148
– physikalische 142
– protolytische 149
– thermische 143
Verwitterungsgrad 155, 156
Verwitterungsstabilität 152
– Gesteine 153
– Minerale 153
– Schwerminerale 153
Verwitterungstiefe 154, 301
Vierschichttonminerale 29
Vivianit 32, 89
Vorfeldgutachten 496
Vorsorgewerte 271, 463–466, 470, 471, 500, 502
vulkanische Aschen s. Tuffe
Vulkanismus 112

Sachregister

W

Wabenverwitterung 144
Wälder 136, 167, 222, 224, 281
– naturnahe 333, 359, 378, 418
– tropische 373
Wärmehaushalt 226
Waldböden 36, 38, 45, 49, 52, 57, 63, 159, 162, 182, 189, 194, 198, 224, 230, 236, 245, 253, 262, 266, 276, 285, 287, 299, 306, 310, 377, 396, 410, 416, 457, 460, 467, 470
– Zustandserhebung 377, 429
Waldbrand 451
Waldgesellschaften 384, 386, 387, 420, 423
Waldökosysteme 164
– Stoffflüsse 268
Waldrodung 125, 126, 137, 332, 358, 372, 373, 441, 512
Wärmeflußdichte 229
Wärmekapazität 228, 229
Wärmeleitfähigkeit 229
Wanderfeldbau 374
Warmzeiten 348
Warven 87, 130
Wasser 44, 121, 201, 219
– pflanzenverfügbares 205, 208, 211
Wasseraufstieg 202, 215, 215
Wasserbewegung 212, 213
Wasserbilanzgleichung 233
Wasserbindung 203
Wasserdampfbewegung 217
Wasserdampfdichte 217
Wasserdampfkondensation 217
Wasserdampfdurchlässigkeit 214
Wassereinzugsgebiet 378, 466
Wassererosion 442
Wasserertrag 224
Wasserfluß s. Wasserbewegung
Wassergehalt 44
Wasserhaushalt 218, 389
Wasserhaushaltsformen 218
Wasserhaushaltsgrößen 222
Wasserhaushaltsstufen 218, 380
Wasserkreislauf 414
Wasserleitfähigkeit s. k-Wert
Wasserpotential, totales 203, 212
Wassersättigung 203, 205, 208
Wasserspannung s. Saugspannung
Wasserspeicherung 202, 210
Wasserspiegel 215, 216, 219
Wasserstoffbrückenbindung 24, 26
Wasserstoffionen 249, 251, 419
Wattböden 335, 338, 353
Weichselkaltzeit 131, 136, 354
Weinanbau 408, 445
Weiserflächen 378
Weißtorf 89, 338
Weltbodenkarte 303, 366
Wiedernutzbarmachung 480, 497
Wiederurbarmachung 497
Wiesenkalk 31, 87, 171
Winderosion 441, 446
– Faktoren 446, 447
Windkanter 145
Windschutzstreifen 447
Wirbeltiere 59, 157
Wuchsbezirk 338
Wuchsgebiet 382
Wüstenböden 174, 311
Wurmlosung 57, 58, 160, 189
Wurmmull 167
Wurzelbiomasse 50, 53
Wurzeldruck 151
Wurzelexsudate 50, 287
Wurzeln 43, 49, 196, 200, 287, 327
– Durchmesserklassen 53
Wurzelraum 52
Wurzelwachstum 255

X

Xenobiotika 281
Xerosols 311

Y

Yermosols 311

Z

Zechstein 358, 361
Zeit 127
Zentralatom 14
Zentralwert 180

Zersatzzone 97, 104, 347
Zersetzergesellschaft 54, 274, 277, 278
Zetapotential 240
Ziergehölze 254
Zink 271, 467
Zirkon 18, 32, 34
Zoophage 274
Zoozönose 274
Zweischichttonminerale 22, 24
Zwischenflächendurchwurzelung 51, 52

Farbtafeln

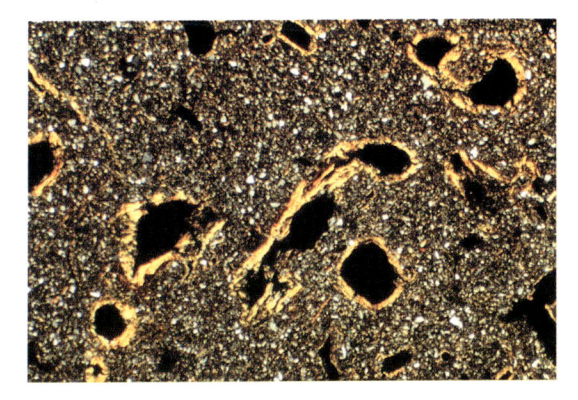

a) Bt-Horizont einer Parabraunerde. In der lehmigen Matrix sind die Poren durch parallel geschichtete Tonhäutchen ausgekleidet.

b) TBt-Horizont einer Parabraunerde-Terra fusca. In die schluffig-tonige Grundmatrix mit Karbonatskelett sind Relikte stark doppelbrechenden, parallel eingeregelten Tones eingemischt.

c) TCv-Horizont einer Terra fusca. Der tonige Feinboden weist ein Fließgefüge auf, in dem karbonatische Skelettanteile und kleinste Tondomänen eingeregelt sind.

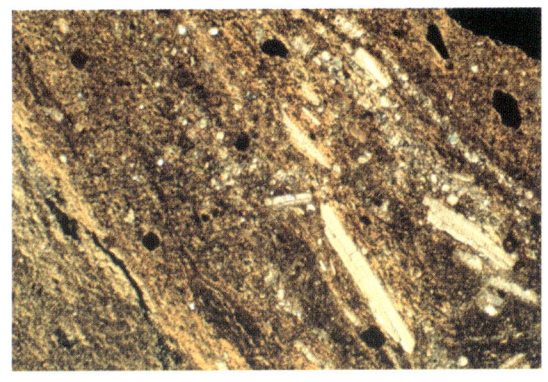

Abb. 6.9: Mikrogefüge. Polarisationsmikroskopie, gekreuzte Polarisatoren. Nach KSCHIDOCK, Tharandt.

Abb. 7.4: Schwarzerde in Löß mit degradiertem Ap-Horizont sowie Krotowinen, Rumänien.

Abb. 7.6: Lehm-Braunerde. Tharandter Wald. Schuttdecke mit Haupt- und Basisfolge (Grenze bei 04) über anstehendem Plänersandstein.

Abb. 7.7: Braunerde auf Granit unter Wald. Sächsische Schweiz. Hauptfolge über Basisfolge. Aufnahme: HUHN.

Abb. 7.9: Podsol mit Ortstein auf Buntsandstein, Paulinzellaer Buntsandsteinbezirk, Thüringen; Aufnahme: HUHN.

Abb. 7.10: Sand-Gley-Podsol unter Nadelwald, Dresdner Heide (Grundwasserspiegel abgesenkt).

Abb. 7.11: *Lehm-Pseudogley unter Eiche; am Königstein, Elbsandsteingebiet. Aufnahme:* SCHMIEDEL.

Abb. 7.13: *Gley unter Nadelwald, NW-Sachsen, Wermsdorf, Revier Collm, Wiesenlehm über Bachschotter. Aufnahme:* THOMASIUS.

expert verlag®

Dr.-Ing. H. J. Seng

ir. S. H. Brunekreef, S. Frenck, Dipl.-Geol. Wolf-D. Hagelauer, Dipl.-Ing. agr. Klaus Heinrichsmeier
Dipl.-Ing. Emil Hildenbrand, Dipl.-Ing. Erich Hock, Hermann J. Kirchholtes, M. Kissel
Dipl.-Ing. agr. Raimund Kohl, Dipl.-Ing. agr. Manfred Lehle, drs. ing. F.P.J.M. Pulles
Dr. Heinz Reinfelder, Thomas Reinhardt, Christoph Salm, R. Schlechter, Peter Westphal

Aktives Bodenaushubmanagement

Grundlagen, gesetzliche Bestimmungen, Kosten

192 Seiten, , 42 Bilder, 21 Tabellen, 25 Literaturstellen, DM 69,--
Kontakt & Studium, Band 502
ISBN 3-8169-1394-6

Der Themenband zeigt die verschiedenen Möglichkeiten der Vermeidung, Wiederverwendung und Verwertung von Bodenaushub auf. Neben den rechtlichen Rahmenbedingungen werden vor allem die Anforderungen an die stoffliche Zusammensetzung des Bodenaushubs und der verschiedenen Reststoffe für verschiedene Wiederverwertungs- und -verwendungswege dargestellt. In der Praxis auftretende Fragestellungen und Probleme werden aus der Sicht der Bauwirtschaft, der Landwirtschaft, des Landschaftsschutzes, der Kommunen und der Verwaltung beleuchtet. Insbesondere werden die Probleme bei der Überwachung der Stoffströme aufgezeigt und Lösungsmöglichkeiten diskutiert.

Inhalt:
Bodenaushub und Bodenschutz in Theorie und Praxis - Bodenschutzrecht - Verwertung von Bodenaushub - Erosions- und Verdichtungsprobleme bei der Handhabung des Bodenaushubs - Chancen und Risiken der Bodenaushubverwertung aus Sicht der Bauwirtschaft - Bodenfunktionsbewertung - Zusammenspiel der Planungs- und Genehmigungsbehörden - Funktionen privater Gutachter- und Planungsbüros bei der technischen Verwertung von Bodenaushub - Wohin mit kontaminiertem Boden? - Situationsbericht Stadt Stuttgart - Bodenleitstelle bei der Stadt Karlsruhe

Fordern Sie unsere Fachverzeichnisse an!
Tel. 07159/9265-0, FAX 07159/9265-20
e-mail: expert @ expertverlag.de
Internet: http://www.expertverlag.de

expert verlag GmbH · Postfach 2020 · D-71268 Renningen

expert verlag®

Dipl.-Ing. Emil Hildenbrand, Dipl. Agr. Biol. Dr. Günther Turian (federführend)

Dipl.-Ing. agr. Klaus Heinrichsmeier, Dipl.-Ing. agr. Dr. Eberhard Mayer
Dipl. Agr. Biol. Dr. Lothar Monn, Rainer Ziegler

Bodenprobennahme und Bewertung von Bodenkontaminationen

Anforderungen aufgrund des Bodenschutzgesetzes Baden Württemberg

185 Seiten, 32 Bilder 18 Tabellen, 36 Literaturstellen, DM 67,--
Kontakt & Studium, Band 507
ISBN 3-8169-1402-0

Spektakuläre Bodenbelastungsfälle haben in den vergangenen Jahren das Schutzgut Boden verstärkt in das öffentliche Interesse gerückt und die Bedeutung des Bodenschutzes hervorgehoben.

Für einen wirksamen Bodenschutz ist ein entsprechendes rechtliches und fachliches Instrumentarium erforderlich. Baden-Württemberg hat deshalb 1991 als erstes Bundesland ein Bodenschutzgesetz verabschiedet. In den Folgejahren wurden Verwaltungsvorschriften zur Bodenprobennahme und zur Ermittlung und Einstufung von organischen und anorganischen Schadstoffen eingeführt.

Das Buch stellt die wesentlichen Inhalte des Bodenschutzgesetzes vor. Die Regelungsinhalte der Verwaltungsvorschriften werden im Detail beschrieben. Das Vorgehen bei der Probennahmeplanung, bei der Entnahme von Bodenproben sowie bei der Bewertung von Schadstoffgehalten im Boden wird anhand von Beispielen aus der Praxis gezeigt.

Das Buch ist deshalb eine wesentliche Arbeitsgrundlage für jeden, der mit der Ermittlung und Bewertung des Bodenzustandes befaßt ist.

Fordern Sie unsere Fachverzeichnisse an!
Tel. 07159/9265-0, FAX 07159/9265-20
e-mail: expert @ expertverlag.de
Internet: http://www.expertverlag.de

expert verlag GmbH · Postfach 2020 · D-71268 Renningen